Georgi / Hohl
Einführung in LabVIEW

W0034389

Bleiben Sie auf dem Laufenden!

Hanser Newsletter informieren Sie regelmäßig
über neue Bücher und Termine aus den verschiedenen Bereichen der Technik. Profitieren
Sie auch von Gewinnspielen und exklusiven
Leseproben. Gleich anmelden unter

www.hanser-fachbuch.de/newsletter

Wolfgang Georgi • Philipp Hohl

Einführung in
LabVIEW

6., erweiterte Auflage

Mit 1018 Bildern und 163 Aufgaben

Fachbuchverlag Leipzig
im Carl Hanser Verlag

Prof. Dipl.-Math. Wolfgang Georgi
Hochschule Ravensburg-Weingarten für Technik, Wirtschaft und Sozialwesen
M.Eng. Philipp Hohl
Hochschule Ravensburg-Weingarten für Technik, Wirtschaft und Sozialwesen

Bibliografische Information der Deutschen Nationalbibliothek

Die Deutsche Nationalbibliothek verzeichnet diese Publikation in der Deutschen Nationalbibliografie; detaillierte bibliografische Daten sind im Internet über http://dnb.d-nb.de abrufbar.

ISBN: 978-3-446-44272-6
E-Book-ISBN: 978-3-446-44407-2

Fachbuchverlag Leipzig im Carl Hanser Verlag

© 2015 Carl Hanser Verlag München
Internet: http://www.hanser-fachbuch.de

Lektorat: Franziska Jacob, M. A.
Herstellung: Dipl.-Ing. (FH) Franziska Kaufmann
Satz: Kösel Media GmbH, Krugzell
Covergestaltung: Marc Müller-Bremer, www.rebranding.de, München
Coverrealisierung: Stephan Rönigk
Druck und Bindung: Pustet, Regensburg
Printed in Germany

Vorwort zur sechsten Auflage

Dieses Lehrbuch führt wie in der ersten Auflage in das Programmieren mit LabVIEW ein. Damals mussten wir noch erklären, dass sich LabVIEW für messtechnische Anwendungen eignet und in der Industrie mehr und mehr geschätzt wird. Heute ist das allgemein bekannt, auch, dass es sich bei dieser von der Firma National Instruments entwickelten Software um ein Werkzeug handelt, das sich weit über die Messtechnik hinaus vorteilhaft anwenden lässt.

Um einen guten Lernerfolg zu erzielen, sollte der Leser möglichst viele Beispiele und Übungen am PC durcharbeiten. Alle Beispielprogramme wurden für die LabVIEW-Version 2014 geschrieben. Wir setzen also voraus, dass der Leser die Version 2014 von LabVIEW installiert hat. Frühere Versionen wie LabVIEW 2009 oder LabVIEW 8.0 sind im Kern recht ähnlich. Programme, die mit diesen Versionen erstellt werden, laufen auch unter der Version 2014. Doch trifft das Umgekehrte naturgemäß nicht zu, weil jede neue Version auch neue Möglichkeiten bietet. Weiter wird vorausgesetzt, dass der PC unter einem der Betriebssysteme Windows 7 oder Linux arbeitet.

Das Buch wendet sich an Studierende, aber auch an Ingenieure, die unter dem Stichwort "Lebenslanges Lernen" versuchen, neueren Trends in der Industrie zu folgen.

Das Lehrbuch gliedert sich in vier Teile:

Teil I: Grundlagen des Programmierens in LabVIEW
Teil II: Technische Anwendungen
Teil III: Kommunikation
Teil IV: Fortgeschrittene Techniken

In Teil I werden Installation und Aufruf von LabVIEW, grundlegende Arbeitsmittel wie (Front-)Panel, Diagramm, Paletten für Eingabe/Ausgabe, Funktionen und Werkzeuge behandelt, ferner Konzepte von LabVIEW, Datentypen, Grundlagen der Programmierung und Visualisierungstechniken.

Teil II befasst sich mit Anwendungen wie Fouriertransformation, Filterung, Lösen von Differenzialgleichungen und Differenzialgleichungssystemen in der Technik.

Teil III geht auf die Kommunikation ein. Hier sind zwei Aspekte von Bedeutung:

- Externe Kommunikation mit anderen Geräten und Rechnern, z.B. über USB, Datenerfassungskarten, TCP/IP (Internetanbindung),
- Kommunikation mit anderen Softwarepaketen, z.B. mit der Erstellung und Anbindung selbst geschriebener C-Module.

Teil IV befasst sich mit Zustandsautomaten, mit der objektorientierten Programmierung (OOP), mit Tabellenkalkulation (Excel) und Datenbankanwendungen (Access), mit dem

Datenaustausch über Intra- und Internet, mit dem Compact RIO-System von National Instruments samt FPGA-Programmierung und Verwendung von XControls und XNodes.

Neu hinzugekommen sind in der sechsten Auflage Kapitel 23 und 24, in denen wir Scripting und das bisher recht unzugängliche Konstrukt der XNodes behandeln.

Weitgehend neu haben wir das Kapitel 20 gestaltet. Abschnitt 20.5 wurde ins Internet (http://www.geho-labview.de) gestellt und ersetzt durch das seit LabVIEW 2013 neu eingeführte Konzept des Webdienstes.

Mehr als in der fünften Auflage haben wir verschiedene Kapitel ergänzt mit dem Ziel, dem Leser anhand von Beispielen 'guten Programmierstil' zu vermitteln.

Das Lehrbuch ist trotz seines dadurch stark gewachsenen Umfangs immer noch knapp gehalten. Es kann also nur eine Einführung sein, die allerdings versucht, die wichtigsten Aspekte von LabVIEW zu berücksichtigen. Bei einem so umfangreichen Softwaresystem wie LabVIEW sind jedoch Lücken unvermeidlich. Hier verweisen wir auf weiterführende Literatur, auf die Veröffentlichungen von National Instruments, auf User Groups und auf das Internet ganz allgemein. Diese Hinweise werden wir in den verschiedenen Kapiteln des Lehrbuchs noch vertiefen.

Wir bedanken uns ganz herzlich bei allen, die uns geholfen haben:

Besonders bei Herrn Thakur Adhikari, der sich in seiner Masterthese mit XNodes befasst und damit regelungstechnische Anwendungen entwickelt hat. Ohne seine gründlichen Recherchen zu den in der Literatur nur unzulänglich dokumentierten XNodes wäre es nicht möglich gewesen, Kapitel 24 noch in dieser Auflage herauszugeben.

Schließlich danken wir allen Lesern, die mit ihren Fragen Verständnisprobleme deutlich gemacht und uns damit zur Verbesserung mancher Erklärung angeregt haben. Wir sind auch weiterhin für Anregungen und Kritik dankbar. Diese können Sie uns jetzt auch direkt über die Internetseite http://www.geho-labview.de übermitteln.

Weitere Informationen zu LabVIEW sowie die Downloads der Test- bzw. Studentenversionen finden Sie unter: www.ni.com/download-labview/d/

Dem Fachbuchverlag Leipzig, und hier besonders Frau Werner, Frau Jacob und Frau Kaufmann, danken wir für die gründliche Korrektur und ihre Ratschläge zur Gestaltung des Layouts.

Weingarten, Juni 2015   W. Georgi
Wolfegg   P. Hohl

Inhalt

Teil I: Grundlagen des Programmierens in LabVIEW

Systematische Einführung in die wichtigsten Konzepte von LabVIEW. Das umfasst:

Installation und Aufruf von LabVIEW, grundlegende Arbeitsmittel wie Frontpanel, Diagramm, Paletten für Eingabe/Ausgabe und ihre Anpassung an Benutzerwünsche, ferner Bedienelemente und Funktionen, Datentypen, das Erstellen von Unterprogrammen, Visualisierungstechniken, Umgang mit Referenzen sowie das Schreiben und Lesen von Daten auf bzw. von der Festplatte. Kapitel 9 gibt eine Kurzübersicht über den Aufbau von LabVIEW und zusätzliche Hilfen zum Erlernen dieser grafischen Programmiersprache.

1 Was ist LabVIEW?

Lernziel

Der Leser soll anhand eines sehr einfachen Beispiels einen ersten Eindruck von LabVIEW, von der Idee der Datenflussprogrammierung und den wichtigsten Programmierkonzepten gewinnen. Er kann einfache VIs von Beginn an entwickeln.

1.1 Entwicklungsstufen

Software wurde und wird unter verschiedenen Aspekten geschaffen. Bekannt sind Begriffe wie 'strukturierte Programmierung', 'objektorientierte Programmierung' usw. In jüngerer Zeit spielt auch die **Prozessvisualisierung** eine zunehmende Rolle.

Ursache ist die ständig komplizierter werdende Technik. Sie verlangt bessere Darstellungsmöglichkeiten, damit der Anwender den Überblick nicht verliert. Man beschränkt sich heute bei der Abbildung technischer Prozesse nicht mehr allein auf konventionelle Anzeigeinstrumente, sondern stellt auch den Prozessablauf selbst auf dem Bildschirm eines Rechners grafisch dar. Es geht um Anschaulichkeit. Die Füllstandsanzeige eines Behälters wird z.B. nicht mehr nur durch ein analoges Manometer auf dem Bildschirm verkörpert, sondern durch die Zeichnung des Kessels selbst, in dem bunt gefärbt die Flüssigkeit auf- und absteigt. So kann auch der Laie erahnen, in welchem Zustand sich ein technischer Prozess gerade befindet. Um die Programmierung solcher grafischen Oberflächen mit anschaulichen, teilweise auch bewegten Bildern zu unterstützen, sind verschiedene Programmierwerkzeuge entwickelt worden.

Eines davon ist das Softwarepaket **LabVIEW** von National Instruments. LabVIEW ist die Abkürzung von Laboratory Virtual Instrument Engineering Workbench. Es ist **Entwicklungsumgebung** und **grafische Programmiersprache** zugleich.

Grafische Hilfsmittel in Papierform wie Programmablaufpläne oder Flussdiagramme gibt es schon seit langem, doch 'Zeichnen am Computer' wurde erst möglich, als die Rechner hinreichend leistungsfähig und Bildschirme als Ausgabe- und Eingabegeräte mit hoher Auflösung verfügbar wurden. Das geschah gegen Ende der 70er-Jahre. Zu der Zeit hatten zwei der Gründer der Messtechnikfirma National Instruments, Jim Truchard und Jeff Kodosky, die Idee, die Software zum Testen ihrer Messgeräte ähnlich wie diese selbst zu strukturieren. Sie nannten einzelne Bausteine deshalb virtuelle Instrumente oder VIs, eine Bezeichnung, die sich bis heute als Datei-Erweiterung eines jeden LabVIEW-Programms erhalten hat. Eine andere Idee bestand darin, die Programmierung nicht, wie bisher üblich, zeilenweise in Form von Anweisungen, genannt 'Statements', niederzuschreiben, sondern Funktionsblöcke in einem Blockdiagramm auf dem Bildschirm darzustellen. Dies gestaltet sich ganz so, wie man das auch früher schon mit Bleistift und Papier gemacht hatte.

Die Entwicklung der ersten lauffähigen LabVIEW-Version war eng geknüpft an das Aufkommen leistungsfähiger Personalcomputer, speziell des Macintosh von Apple. Anfang der 80er-Jahre bot nur dieser PC die grafischen Voraussetzungen zur Realisierung der mit LabVIEW verfolgten Ideen. Die erste LabVIEW-Version erschien 1986. Seitdem gab es folgende Entwicklungsstufen:

1986: LabVIEW 1.0 für den Macintosh II
1988: LabVIEW 1.2
1990: LabVIEW 2.0
1992: LabVIEW 2.5
1993: LabVIEW 3.0
1996: LabVIEW 4.0 (erst ab 1995 war Microsoft Windows so weit verbessert, dass LabVIEW
                 auch unter diesem Betriebssystem lauffähig wurde)
1998: LabVIEW 5.0
2000: LabVIEW 6.0 (auch 'LabVIEW 6i' genannt)
2001: LabVIEW 6.1
2003: LabVIEW 7.0 (auch 'LabVIEW 7 Express' genannt)
2004: LabVIEW 7.1
2005: LabVIEW 8.0
2006: LabVIEW 8.2 (eigentlich LabVIEW 8.20 wegen damals 20 Jahren LabVIEW)
2007: LabVIEW 8.5
2008: LabVIEW 8.6
2009: LabVIEW 2009 (von da an wurde das Jahr zur Versionsnummer)

2013: LabVIEW 2013
2014: LabVIEW 2014

LabVIEW hat sich in den letzten Jahren stark verbreitet. Gleichzeitig hat es sich von einer anfangs messtechnisch orientierten zu einer universellen Programmiersprache entwickelt. National Instruments bietet LabVIEW inzwischen längst nicht mehr nur für das Betriebssystem MacOS von Apple-Rechnern an, sondern für eine Fülle anderer Systeme, von denen hier nur genannt seien:

Microsoft Windows 7 (32 Bit, 64 Bit)
Betriebssystem von Sun-Workstations (Solaris)
Linux und andere UNIX-Varianten

Die Aufzählung der verschiedenen Vorteile von LabVIEW sprengt den Rahmen dieses Abschnitts. Nur so viel sei einleitend erwähnt:

LabVIEW erlaubt die Anbindung an gängige Programmiersprachen. Damit wird unter LabVIEW z.B. die Nutzung von C-Code möglich. Von LabVIEW 8.2 an wurde die objektorientierte Programmierung erleichtert.

Heutzutage ist das Internet aus unserem Leben nicht mehr wegzudenken. Konsequenterweise verfügen die heutigen Versionen von LabVIEW über Module, welche die Anbindung an das Internet erleichtern und so z.B. die **Fernüberwachung** von Maschinen und Anlagen erlauben.

1.2 Was will dieses Lehrbuch?

Das vorliegende Lehrbuch führt in die Programmierung mit LabVIEW ein. Es setzt voraus, dass der Leser die Beispiele und Übungen am PC durcharbeitet.

Die neueste Ausgabe von LabVIEW ist die Version 2014 (zum Zeitpunkt der Drucklegung dieses Buches). Die Bilder in diesem Buch und die Beispiele sind durchgängig auf LabVIEW 2014 unter Windows 7 abgestellt.

Man kann davon ausgehen, dass derzeit noch viele Leser Zugang zu einem PC mit den älteren Versionen haben, z.B. wenn sie Mitarbeiter einer Firma sind und sich in die Behandlung messtechnischer Probleme mit LabVIEW einarbeiten müssen. Auch Besitzer von älteren LabVIEW-Versionen können dieses Buch zu Rate ziehen, denn die Unterschiede bei den einführenden Beispielen sind nicht sehr groß. Programme, die mit den Versionen 8.2, 8.6, 2009 erstellt wurden, laufen auch unter der Version 2014.

Doch trifft das Umgekehrte naturgemäß nicht zu, weil jede neue Version auch neue Möglichkeiten bietet. Braucht man diese allerdings nicht, kann man zu einer früheren Version zurückgehen, indem man z.B. bei einem unter Version 2014 entwickeltes Programm 'Für vorige Version speichern...' anklickt und anschließend eine der Versionen 2013 bis 8.2 aussucht. Das Programm lässt sich dann mit der gewählten Version aufrufen.

1.3 Installation

Die Installation der LabVIEW-Version 2014 von DVD ist selbsterklärend. Als Betriebssysteme sind z.B. Microsoft Windows XP, Microsoft Windows 7, ein Apple-Betriebssystem oder Linux geeignet. Die Hardware des PC muss den Anforderungen des jeweiligen Betriebssystems entsprechen. Alle Beispiele in diesem Buch wurden unter den Betriebssystemen Windows 7 (32 Bit) und, soweit möglich, unter Linux getestet.

1.4 Einführendes Beispiel

Angenommen, Sie wollen die Summe

$c = a + b$

berechnen. Programmiersprachen wie C, C++, C# und ihre Vorläufer sind so konzipiert, dass sie genau diese Art von Aufgaben perfekt lösen können. Man schreibt einfach:

$c = a + b;$

und muss also anscheinend nur das Semikolon hinzufügen.

Doch übersieht man dabei Eingabe und Ausgabe. Der Anwender will Werte für a und b eingeben und am Bildschirm das Ergebnis ablesen. Fügt man die entsprechenden Programmteile hinzu, ist ein C-Programm längst nicht mehr so übersichtlich.

LabVIEW verringert diese Schwierigkeiten mit zwei Methoden:

- **grafische** Programmierung nach dem **Datenflussprinzip,**
- Verwendung umfangreicher **Funktionsbibliotheken** für Ein- und Ausgabe.

Bild 1.1 macht deutlich, dass Eingabe, Ausgabe und mathematische Operationen nach dem Datenflussprinzip organisiert sind. Das ist hier am Beispiel $c = a + b$ erklärt. Die folgende Skizze in Bild 1.2 reduziert dieses Prinzip auf seinen Kern.

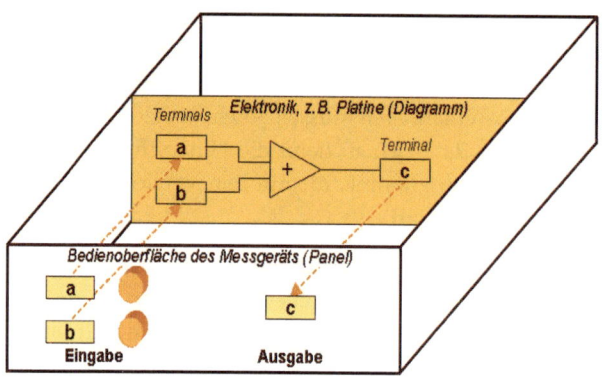

Bild 1.1 Idee der Simulation eines realen Messgeräts mit Hilfe von (Front-)Panel und (Block-)Diagramm in LabVIEW

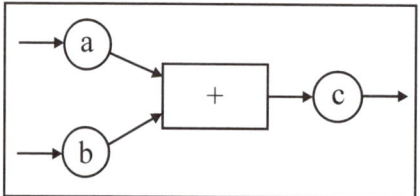

Bild 1.2 Idee der Datenflussprogrammierung am Beispiel von $c = a + b$. Links die Eingabe, rechts die Ausgabe

Aufruf von LabVIEW

Ein linker Mausdoppelklick auf das LabVIEW-Icon auf dem Desktop öffnet eine Startseite, im Beispiel dargestellt für die Version 2014. Man kann das aber auch mit 'Programme' – 'National Instruments' – 'LabVIEW 2014' im Windows-Startmenü erreichen. Dann öffnet sich nach einigen Sekunden das in Bild 1.3 dargestellte Fenster.

Dort erlaubt das Feld 'Neu' – 'Leeres VI' die Anfertigung eines LabVIEW-Programms. Mit 'Öffnen' kann man ein bereits existierendes VI von der Festplatte laden, z.B. um es zu modifizieren. 'Beispiele' – 'Beispiele suchen…' ermöglicht das Erlernen von LabVIEW anhand von Beispielen. Hilfreich sind auch die Rubriken 'Hilfe' – 'Erste Schritte mit LabVIEW'. Für Fortgeschrittene, die sich bereits mit einer älteren Version auskennen, sind 'Hilfe' – 'Liste aller neuen Funktionen' und 'Online-Unterstützung' nützlich.

Wählt man nun 'Neu…' – 'Leeres VI', so erscheinen zwei Fenster: das eine mit dem Titel 'Unbenannt 1 Frontpanel', das andere mit dem Titel 'Unbenannt 1 Blockdiagramm'. Sie sind in Bild 1.4 und Bild 1.5 dargestellt.

Bild 1.3 Startfenster, das sich beim Aufruf von LabVIEW 2014 öffnet

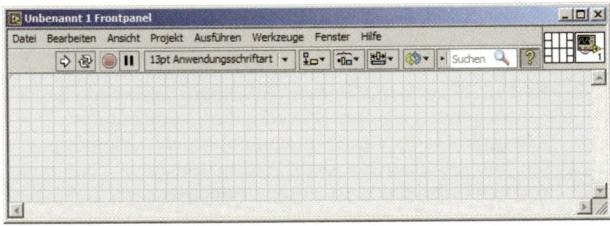

Bild 1.4 Frontpanel oder kürzer 'Panel', für die Benutzeroberfläche des späteren Programms

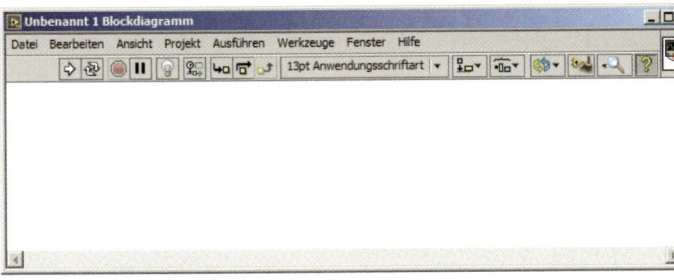

Bild 1.5 Blockdiagramm oder kürzer 'Diagramm', zur Programmierung und grafischen Darstellung des Programms

Wichtig für die Programmierung ist die 'Werkzeugpalette' nach Bild 1.6. Sie erscheint bei entsprechender Voreinstellung automatisch. Wenn nicht, kann man sie vom Panel oder vom Diagramm aus mit 'Ansicht' – 'Werkzeugpalette' holen. Zur Programmerstellung brauchen Sie ferner die Elementepalette gemäß Bild 1.7 und die Funktionenpalette nach Bild 1.8.

Bild 1.6 Werkzeugpalette

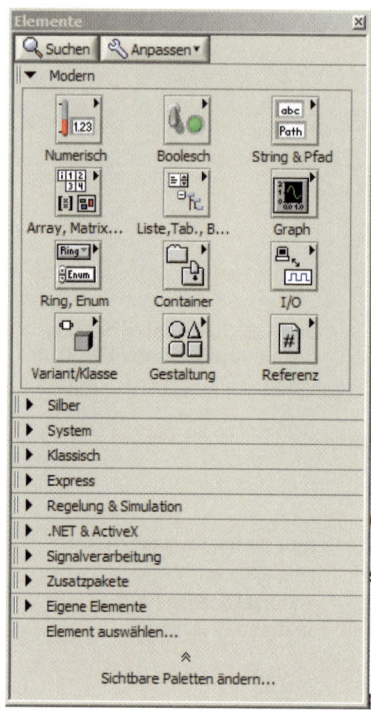

Bild 1.7 Palette mit 'Elementen', die zur Gestaltung des Panels genutzt werden. Hier wird die Palette aus der Kategorie 'Modern' gezeigt. Voreingestellt ist allerdings die Kategorie 'Express'. Doch lässt sich leicht von einer Einstellung zur anderen wechseln.

Man kann auch statt der voreingestellten Palettenkategorie oder zusätzlich zu ihr weitere Kategorien wählen und öffnen wie z.B. 'Silber', 'System' oder 'Klassisch'.

Man erhält die Paletten aus Bild 1.7, indem man im **Frontpanel** (Bild 1.4) mit der **rechten** Maustaste auf die freie Fläche klickt. Mit der **linken** Maustaste kann man diese Palette dauerhaft sichtbar machen, indem man sie 'anpinnt', d.h. die kleine Reißzwecke links oben im zugehörigen Loch versenkt. Danach kann man mit dem Doppelpfeil unten weitere Kategorien anzeigen und gegebenenfalls zu einer von ihnen durch Linksklick wechseln. Erneuter Linksklick lässt die Elemente einer geöffneten Kategorie verschwinden. Auf diese Weise kann man die Ansicht von Bild 1.7 gewinnen.

Die Palette der Funktionen in Bild 1.8 erhält man, indem man im **Diagramm** (Bild 1.5) mit der **rechten** Maustaste auf die freie Fläche klickt.

Man kann diese Paletten auch unter 'Ansicht' – 'Elementepalette' im Panel bzw. unter 'Ansicht' – 'Funktionenpalette' im Diagramm finden. Manche Fenster lassen sich ebenso mit **Shortcuts** öffnen, etwa das Blockdiagramm vom Panel aus mit <Strg>+<E> oder das Panel vom Blockdiagramm aus mit denselben beiden Tasten, die gleichzeitig zu drücken sind.

In den folgenden Abschnitten werden wir uns meist auf die Teilpalette 'Programmierung' beziehen. Man kann sie **dauerhaft** zur voreingestellten Palette machen, indem man aus einem VI heraus die Elementepalette (bzw. Funktionspalette) aufruft und nach Anpinnen mit 'Anpassen' – 'Sichtbare Paletten ändern…' ein Fenster öffnet, in dem man eine **einzige** Kategorie markiert und alle anderen nicht. Beim Rechtsklick auf das Frontpanel erscheint dann später **nur diese** Palette ganz oben und bereits geöffnet. Entsprechendes gilt für die Funktionenpalette.

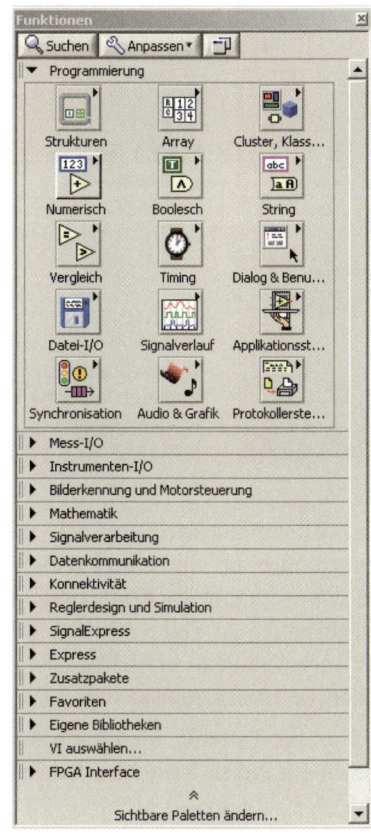

Bild 1.8 Palette mit Funktionen, mit deren Hilfe das Programm im Diagramm erstellt wird. Hier ist die Teilpalette 'Funktionen' – 'Programmierung' geöffnet. Die Voreinstellung bei Version 2014 ist wieder 'Express'. Die letzte Zeile wird nur angezeigt, wenn man vorher das Zusatzmodul 'FPGA Interface' mit installiert hat.

Der Anwender kann leicht von einer Palette auf die andere umschalten. Auch lassen sich zusätzlich andere Unterpaletten wie 'Mess-I/O', 'Mathematik', 'Express' usw. öffnen

1.4.1 Programmierung von c = a + b

Folgende Schritte sind auszuführen:

1. Kontrollieren, ob 'Bearbeitungsmodus' eingestellt ist. Das sieht man an den Symbolen (Icons) unter der Menüzeile im Frontpanel. Im Bearbeitungsmodus ist dort das Suchfenster zu sehen. Fehlt es, befindet man sich im 'Ausführungsmodus', der keine Programmierung erlaubt, sondern anzeigt, wie das Frontpanel während der Ausführung aussehen wird. Zur Umstellung 'Ausführen' – 'In Bearbeitungsmodus wechseln' anklicken oder <Strg>+<M> drücken.

2. Eingabefelder für die Variablen a und b anlegen. Zu diesem Zweck 'Elemente' gemäß Bild 1.7 holen, indem man dort Cursor zum Icon links oben bewegt. Es erscheint die Überschrift 'Numerisch'. Ein Mausklick führt zur nächsten Unterpalette. Wiederum das Icon links oben ('Numerisches Bedienelement') anklicken und aufs Panel ziehen. Das Ergebnis dieser Operation sieht man in Bild 1.9. Gleichzeitig verändert sich automatisch das Diagramm durch ein zugeordnetes 'Terminal', siehe Bild 1.10.

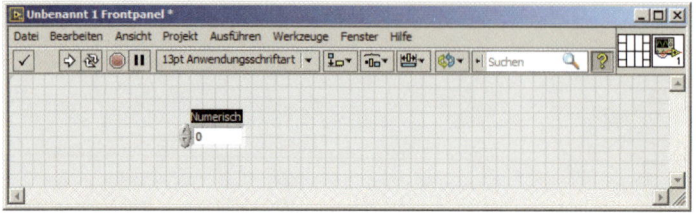

Bild 1.9 Panel mit numerischem (Bedien-)Element

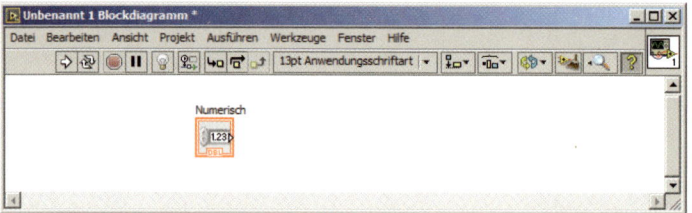

Bild 1.10 Diagramm mit 'Terminal', das dem (Bedien-)Element auf dem Panel entspricht

Das 'DBL' im Symbol von Bild 1.10 bedeutet, dass die Eingabedaten vom Typ 'Double Precision' sind (Gleitkommazahlen doppelter Genauigkeit). Voreingestellt ist auch die Darstellung des Symbols als Quadrat. Wir können jedoch auch auf eine platzsparende Darstellung umschalten, indem wir mit Rechtsklick auf dieses Symbol das Kontextmenü öffnen und dort die Markierung vor 'Als Symbol anzeigen' entfernen. Dann erhalten wir ein kleineres Rechteck. Diese Darstellung können wir auch dauerhaft einstellen, siehe dazu Kapitel 2, Bild 2.4. Wir verwenden für Terminals stets Rechtecksymbole.

3. Das Eingabefeld in Bild 1.9 dient zur Zahleneingabe über die Tastatur. Man kann die Zahlenwerte aber auch mit den Aufwärts-Abwärts-Pfeilen am linken Rand des Bedienelements ändern.

4. Wie schon erwähnt, wird das zugehörige Terminal im Diagramm automatisch gebildet. Man kann es als Darstellung der Durchführung auffassen, die in einem realen Messinstrument vom Gehäuse zur Platine führt und den vom Benutzer eingestellten Wert an die elektronische Schaltung weitergibt. Siehe dazu nochmals Bild 1.1.

> **Merke:** Die Wahl des Datentyps DBL ist voreingestellt. Wir werden später sehen, dass es viele andere Datentypen gibt.

Wir können die Beschriftung 'Numerisches Element' für die Eingabevariable in Bild 1.9 durch einen eigenen sinnvollen Namen ersetzen, z.B. durch 'a'. Das kann entweder unmittelbar nach der Platzierung des Elements auf dem Panel erfolgen, wenn die Schrift noch schwarz unterlegt ist, siehe Bild 1.9. Oder man muss, wenn man die Beschriftung **später** ändern will, in der Werkzeugpalette das große **'A'** wählen, die Beschriftung mit der Maus schwarz einfärben und dann mit der gewünschten Bezeichnung überschreiben. Eine zweite Möglichkeit besteht im Links-Mausdoppelklick auf die Beschriftung, was der Wahl von 'A' entspricht. Das Ergebnis ist in Bild 1.11 dargestellt.

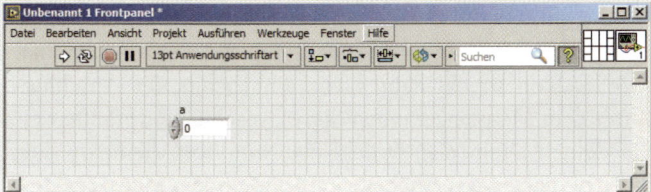

Bild 1.11 Panel mit Bedienelement für die Variable a

5. In gleicher Weise geht man mit der Variablen b um.

6. Dagegen muss man c als Ausgabevariable (Anzeigeelement) etwas anders behandeln, weil ihr Wert nicht vom Anwender gewählt, sondern vom LabVIEW-Programm errechnet wird. Man erhält sie in der Unterpalette der Palette von Bild 1.7 unter 'Numerisch' – 'Numerisches Anzeigeelement'. Bild 1.12 zeigt das Ergebnis.

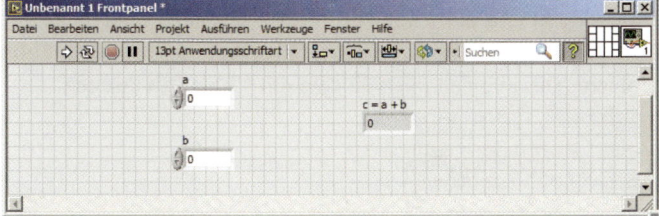

Bild 1.12 Panel mit zwei Eingabevariablen a und b sowie der Ausgabevariablen $c = a + b$

7. Haben Sie versehentlich ein falsches Element platziert, müssen Sie es löschen. Dazu das rechteckige Feld in der ersten Zeile der Werkzeugpalette anklicken und auf die Farbe Grün stellen, was Automatikbetrieb bedeutet. Je nach Anwendung wählt nun LabVIEW automatisch das der jeweiligen Aufgabe entsprechende Werkzeug. In diesem Fall das falsch gesetzte Symbol mit ständig gedrückter linker Maustaste umfahren. Es bildet sich ein gestricheltes Rechteck, dessen Ränder blinken. Nun mit der <Entf>-Taste löschen. Allgemein gilt: Fehler lassen sich mit 'Bearbeiten' – 'Rückgängig…' oder mit <Shift>+<Z> korrigieren. Zurück zum alten Zustand mit 'Wiederherstellen…' oder mit <Strg>+<Shift>+<Z>.

8. Verknüpfen der Eingabe- mit der Ausgabevariablen über die gewünschte Funktion 'Addieren'. Das geschieht im Diagramm. Zunächst wählen Sie in der Funktionenpalette von Bild 1.8 das Symbol 'Numerisch' (Zahlen 123 und Pluszeichen). Die Unterpalette zeigt Symbole, wie man sie von elektrischen Schaltplänen her kennt. Hier ist der Plusoperator links oben anzuklicken und ins Diagramm zu ziehen, siehe Bild 1.13.

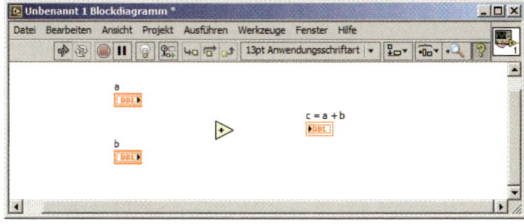

Bild 1.13 Diagramm mit Additionsfunktion in der Mitte

9. Nun sind die Symbole noch mit Drähten zu verbinden, wie schon in Bild 1.2 angedeutet wurde. Dazu dient die Drahtrolle in der Werkzeugpalette. Entweder wählt man diese

Rolle durch Mausklick oder man verlässt sich auf den Automatik-Modus der Werkzeugpalette. Die Drahtrolle wird wirksam, wenn man sich entweder einem Terminal oder einer Funktion nähert. Jedes Icon streckt dann kleine Fühler aus, die Anschlüsse der Funktion. Berührt man mit dem Mauszeiger einen dieser Anschlüsse, verändert er seine Form und wird zu einer kleinen Drahtrolle. Drückt man nun dort die linke Maustaste und bewegt die Maus, so zieht man eine gestrichelte Linie hinter dem Mauszeiger her, mit der sich die Icons verbinden lassen. Die Verbindung ist hergestellt, sobald man an einem der Fühler des zweiten Icons die Maustaste loslässt. Die Wegeführung des Drahtes ist ebenfalls zu beeinflussen, indem man an beliebigen Zwischenpunkten die Maus kurz loslässt. Dieser Punkt ist dann fixiert, und der Programmierer kann die Drahtrichtung ändern. Das Endergebnis ist in Bild 1.14 zu sehen.

10. Falsche Verbindungsleitungen kann man löschen, indem man sie hinreichend weit von den Anschlüssen entfernt anklickt und dann auf <Entf> drückt. Dabei wird meist nur ein Teil der Verbindungslinie gelöscht. Alle restlichen Teile beseitigt man mit dem Shortcut <Strg>+<B>. Das ist einfacher, als alle Teillinien einzeln mit <Entf> zu löschen.

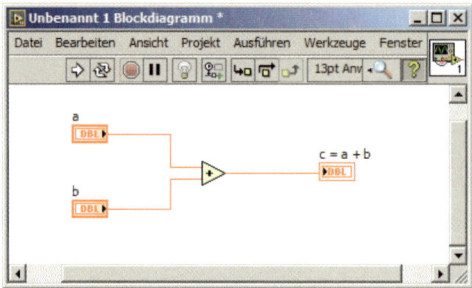

Bild 1.14 Diagramm des fertigen Programms zur Berechnung von $c = a + b$

1.4.2   Speicherung als Programm Add.vi

Das fertige Programm sollte jetzt unter einem einprägsamen Namen auf der Festplatte gespeichert werden. Zum Beispiel könnte man unser Programm mit 'Datei' – 'Speichern unter...' mit dem Namen 'Add.vi' ablegen. Die Datei-Erweiterung 'vi' ist erforderlich, wenn man das Programm später aus einem Ordner heraus mit Mausdoppelklick aufrufen möchte. Sie wird automatisch angehängt und muss nicht mit eingegeben werden. Hier speichern wir das Programm der besseren Auffindbarkeit wegen als '0115-Add.vi'.

1.4.3   Starten und Stoppen von Add.vi

Das Programm kann in den Hauptspeicher geladen werden:
- durch Doppelklick auf seinen Namen in dem Ordner, in dem es gespeichert ist,
- vom LabVIEW-Startfenster aus mit 'Öffnen…' und Pfadwahl,
- von einem anderen, bereits geöffneten VI aus mit 'Datei' – 'Öffnen…' und Pfadwahl.

Sobald Add.vi geladen ist, kann man es vom Panel aus auf dreierlei Wegen starten:
- Durch Anklicken des in der Symbolleiste ganz links stehenden Pfeils. Dann läuft das Programm genau einmal und stoppt dann.
- Durch Anklicken von 'Ausführen' – 'Starten'. Gleiche Wirkung wie oben.

- Durch Anklicken des zweiten Icons links oben mit der Bezeichnung 'Wiederholt ausführen', das zwei verschlungene Pfeile zeigt. Jetzt wird das Programm ständig ausgeführt, und zwar so lange, bis es der Anwender mit Hilfe des dritten Icons mit dem roten Stoppzeichen anhält.

Bild 1.15 zeigt das Programm Add.vi im Modus 'Wiederholt ausführen', wobei der Anwender als Eingabedaten die Werte $a = 7$ und $b = -3$ eingestellt hatte. Er kann diese Werte während des Programmlaufs beliebig verändern. Dazu klickt man das gewünschte Eingabefeld an und ändert den Variablenwert entweder mit den Aufwärts-Abwärts-Pfeilen oder man klickt direkt ins Eingabefeld und gibt den Wert über die Tastatur ein.

Hinweis: Der Modus 'Wiederholt ausführen' sollte möglichst vermieden werden. Besser lässt man das VI in einer Schleife ablaufen. Näheres siehe Abschnitt 3.4, While-Schleife

Solange im letzteren Fall die Eingabe noch nicht abgeschlossen ist, erscheint in der Symbolleiste links vom Startsymbol ein weiteres Icon mit einem kleinen Haken. Sobald man diesen Haken mit der Maus anklickt, betrachtet LabVIEW die Eingabe als beendet und rechnet von dem Moment an mit dem neuen Variablenwert. Statt den Haken anzuklicken, kann man aber einfacher mit der Maus unmittelbar neben das Eingabefeld klicken oder die Returntaste betätigen. Auch in diesem Fall verschwindet das Icon mit dem Haken.

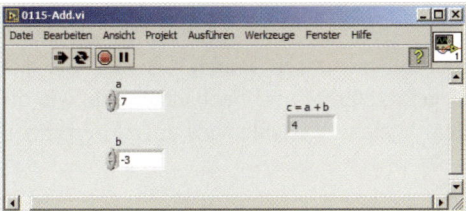

Bild 1.15 Panel im Modus 'Wiederholt ausführen'

1.4.4 Fehlersuche in Add.vi (Debugging)

Die Fehlersuche in diesem VI erscheint unnötig. Das Programm ist zu einfach. Doch lässt sich das Prinzip gut erklären: Zum Debuggen, d.h. Fehler suchen, geht man ins Diagramm und klickt auf das Icon mit der Glühlampe (fünftes Symbol von links, Bezeichnung 'Highlight-Funktion'). Die Lampe färbt sich dann gelb. Ein erneuter Mausklick macht sie wieder weiß. Im gelben Zustand verzögert die Lampe den Programmlauf, so dass man die Datenströme mit bloßem Auge verfolgen kann. Dazu zeigt Bild 1.16 einen während des Debuggens aufgenommenen Schnappschuss. Um den Ablauf noch genauer verfolgen zu können, klickt man auf das Pause-Icon in der Symbolleiste. Damit wird eine Pause erzwungen.

Danach kann man das Programm mit der Pfeiltaste zwei Kästchen rechts von der Glühlampe in Einzelschritten ausführen. Die zwei zusätzlichen Pfeiltasten dienen zum Überspringen von Unterprogrammen bzw. zum Verlassen des VI. Im Beispiel von Bild 1.16 sieht man zwei kleine Kugeln, die an den Terminals für a und b starten und nach rechts laufen. Sie repräsentieren die Datenströme. Im Moment befinden sie sich innerhalb des Additionssymbols. Die Momentanwerte von a und b werden ebenfalls angezeigt. Das Ergebnis $c = 4,00$ erscheint einen Moment später rechts vom Additionssymbol. **Ausprobieren!**

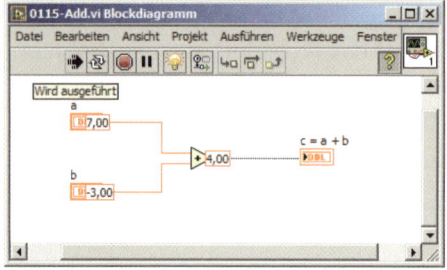

Bild 1.16 Debuggen
im Modus 'Wiederholt ausführen' während der
Berechnung von c = a+b

Aufgabe 1.1

Schreiben Sie ein neues LabVIEW-Programm, das zwei Zahlen x und y einliest, die Ergebnisse u, v und w nach den Formeln

$$u = x + y, \quad v = x - y, \quad w = x \cdot y$$

berechnet und diese auf dem Panel anzeigt. Starten Sie zur Übung ganz von vorn mit dem Aufruf von LabVIEW.

Aufgabe 1.2

Lassen Sie das Programm im Modus 'Wiederholt ausführen' laufen. Schalten Sie den Debug-Modus ein (Lampe im Diagramm ist gelb gefärbt) und beobachten Sie, wie die Werte u, v, w der Reihe nach gebildet werden. Welche Variable wird zuerst berechnet, welche als Zweite, welche zuletzt?

1.5 Beispiel für eine Grafik in LabVIEW

Das bisherige Beispiel der Addition ist nicht sehr überzeugend, wenn es darum geht, die Leistungsfähigkeit von LabVIEW zu zeigen. Deshalb ein weiteres Beispiel, das erkennen lässt, mit wie wenig Aufwand eine grafische Ausgabe programmiert werden kann:

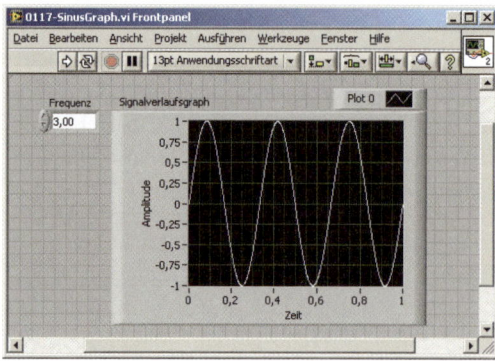

Bild 1.17 Panel zur Anzeige einer
Sinusfunktion der Frequenz 3 Hz

Bild 1.17 und Bild 1.18 stellen Panel und Diagramm eines VI dar, das Sinuskurven beliebiger Frequenz erzeugt und in einem 'Signalverlaufs-Graphen' anzeigt. Einzelheiten zur Programmierung werden später behandelt.

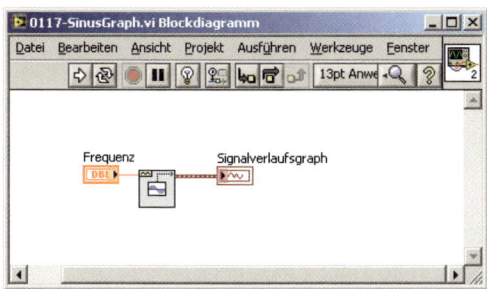

Bild 1.18 Diagramm zur Bildung und Anzeige einer Sinusfunktion variabler Frequenz in Bild 1.17

1.6 Grundlegende Konzepte von LabVIEW

Die Beispielaufgaben im vorigen Abschnitt verwiesen bereits auf ein wichtiges Konzept von LabVIEW, nämlich auf das Programmieren in den zwei Fenstern (Front-)Panel und (Block-) Diagramm. Im Folgenden geben wir eine kurze Übersicht über die wichtigsten Konzepte, die beim Programmieren mit LabVIEW zu beachten sind. Eine genauere Beschreibung ist der Literatur zu entnehmen. Hier ist 'Erste Schritte mit LabVIEW' von National Instruments zu empfehlen, das vom LabVIEW-Startfenster aus zu finden ist. Siehe auch das Literaturverzeichnis sowie die Links unter 'http://www.geho-labview.de'.

1.6.1 Frontpanel

Auf dem **Frontpanel**, kürzer Panel, sind vor allem zu platzieren:

- **(Bedien-)Elemente** zur Simulation von Knöpfen, Schaltern, Tastaturen,
- **(Anzeige-)Elemente** zur Simulation von Manometern, grafischen Anzeigen und dgl.,
- Elemente zur **Kommentierung** und **Dekoration**.

1.6.2 Blockdiagramm

Das **Blockdiagramm**, kürzer Diagramm, enthält den Quellcode eines LabVIEW-Programms in grafischer Form, niedergelegt in der Programmiersprache G. Die folgenden Begriffe sind wichtig:

- **Knoten**,
- **Anschlüsse** (auch Terminals genannt),
- **Verbindungslinien** oder 'Drähte'.

Knoten

sind die ausführenden Elemente eines LabVIEW-Programms, vergleichbar den Operatoren, Anweisungen, Funktionen in herkömmlichen Programmiersprachen wie C, C++ oder C#.

Beispiel: der Additionsoperator in LabVIEW. Dargestellt wird er durch ein '+'-Symbol in einem Dreieck mit zwei Eingängen und einem Ausgang, siehe Bild 1.14.

Anschlüsse (Terminals)

sind als Dateneingänge und -ausgänge den Bedien- und Anzeigeelementen auf dem Panel zugeordnet. Wenn man sie löscht, zerstört man folglich gleichzeitig das zugehörige Element auf dem Panel und umgekehrt. Entsprechend entsteht automatisch ein Anschluss, wenn man ein Bedien- oder Anzeigeelement auf dem Panel platziert.

Allgemeiner gilt: Anschlüsse sind Punkte im Diagramm, an die man Verbindungslinien oder 'Drähte' anheften kann. In diesem Sinne kann auch eine **Konstante** (die nur im Diagramm auftreten kann) als Anschluss interpretiert werden. Daher gilt der Merksatz:

> **Anschlüsse dienen zur Versorgung von Knoten mit Daten und zur Weiterleitung der Ergebnisse der Knoten.**

Verbindungslinien

Verbindungslinien sind Datenpfade, die von einer 'Quelle' kommen (z.B. Eingabeterminal, verbunden mit einem Bedienelement) und mit einer oder mehreren 'Senken' (z.B. Ausgabeterminal, verknüpft mit einem Anzeigeelement) verbunden sind. Abhängig vom Datentyp haben die Verbindungslinien in LabVIEW verschiedene Farben und Stärken.

> **Ein Knoten wird genau dann ausgeführt, wenn alle verdrahteten Eingangsanschlüsse mit Daten versorgt sind. Danach versorgt er alle seine Ausgangsanschlüsse mit Daten.**

Letzteres hat eine Konsequenz, die in konventionellen Programmiersprachen unbekannt ist.

> **Achtung:** Sofern keine Datenabhängigkeit besteht, werden alle Knoten in einem LabVIEW-Programm simultan (oder quasisimultan bei nur einem Prozessor-Core) ausgeführt, es sei denn, der Programmierer trifft spezielle Vorkehrungen dagegen.

Der Abschluss der Ausführung verschiedener Knoten ist dem Anwender in der Regel nicht bekannt. Er hängt von der Reihenfolge der Konstruktion des LabVIEW-Programms ab. Man kann daher bei Aufgabe 1.2 beobachten, dass je nach Konstruktionsreihenfolge des VIs manchmal zuerst die Addition ausgeführt wird, dann die Subtraktion und zuletzt die Multiplikation. Bei anderer Entwicklung des Programms wird zuerst multipliziert, dann addiert usw. Beim Debugging kann man das gut beobachten. Versuchen Sie es selbst!

1.7   Rezepte

LabVIEW starten, VI holen, programmieren und speichern

LabVIEW starten	LabVIEW-Icon auf Desktop mit linker Maustaste zweimal anklicken oder aufrufen über Windows-Startmenü mit 'Programme' – 'National Instruments LabVIEW 2014'.
Neues VI anlegen	Im Startfenster nach Bild 1.3 'Leeres VI' anklicken. Man erhält ein leeres Panel und ein leeres Diagramm.

Vorhandenes VI holen	Wenn Startfenster von LabVIEW bereits vorhanden: 'Öffnen', das VI suchen und Doppelklick mit linker Maustaste auf das gewünschte VI. Wenn LabVIEW noch nicht geöffnet, VI im Dateimanager suchen und mit Doppelklick öffnen.
VI speichern	a) Wenn das VI unbenannt ist: im Frontpanel oder Blockdiagramm 'Datei' – 'Speichern unter…', geeigneten Ordner suchen, Namen eintragen und speichern. b) Wenn das VI schon einen Namen hat (z.B. Add.vi): im Panel oder Diagramm 'Datei' – 'Speichern'.
Bedienelement oder Anzeigeelement auf das Panel bringen	Mit rechter Maus irgendwo auf die freie Fläche des Panels klicken. Man erhält die Palette 'Elemente' (Bild 1.7). Dort geeignetes Element aussuchen. Mit gedrückter linker Maustaste auf das Panel ziehen. Im Diagramm wird automatisch jeweils das entsprechende Terminal gebildet.
Knoten auf das Diagramm bringen (Operatoren wie '+', '–' usw.)	Sinngemäß wie unter Punkt 5. Nur ist hier mit der rechten Maustaste auf eine leere Stelle im Diagramm zu klicken. Man erhält die Palette 'Funktionen' (Bild 1.8).
Element auf Panel oder Diagramm löschen	Werkzeugpalette auf 'Automatische Werkzeugwahl' (Anzeige grün) stellen, zu löschendes Element rechteckförmig umfahren und mit <Entf> löschen. Siehe auch 'Allgemeine Editieroperationen' nächste Seite!
Terminals und Knoten verbinden	Mit linker Maustaste an die 'Fühler' der zu verbindenden Elemente fahren. Der Mauszeiger erhält die Form einer kleinen Drahtrolle. Mit Linksklick heftet man die gestrichelte Verbindungslinie an einen Anschluss des ersten Elements, fährt mit gedrückter Maustaste zu einem Anschluss des zweiten Elements und lässt dort los.

1.8 Shortcuts

Die Rezepte in Abschnitt 1.7 bezogen sich alle auf die Verwendung der Maus, mit der Menüs geöffnet und Objekte aufs Panel oder Diagramm gezogen wurden.

Manche Benutzer ziehen die Verwendung von so genannten **Shortcuts** vor. Darunter versteht man das gleichzeitige Drücken von zwei, manchmal auch drei Tasten. Einige häufig benutzte Shortcuts und ihre Wirkung werden nachstehend zusammengestellt. Dabei bedeutet <Strg> Betätigung der Steuerungstaste mit der Aufschrift 'Strg', <E> die Betätigung der Taste mit der Aufschrift 'E' usw. Das '+'-Zeichen bedeutet: Tasten gleichzeitig drücken. Die Klammerzeichen und das '+' werden **nicht** mit eingegeben.

Manipulation von Fenstern

1. <Strg>+<E>	Wechsel zwischen Panel und Diagramm
2. <Strg>+<F>	Öffnet ein Suchfenster, in dem man nach Objekten (z.B. Plusoperator) oder nach Texten suchen kann

3. \<Strg\>+\<G\>	Sucht im VI nach dem nächsten Auftreten eines mit \<Strg\>+\<F\> gefundenen Objektes. Hat ein VI z.B. an 10 verschiedenen Stellen einen Plusoperator, kann man diese einen nach dem anderen aufsuchen
4. \<Strg\>+\<H\>	Schaltet Kontext-Hilfe an oder aus
5. \<Strg\>+\<L\>	Öffnet Fehlerliste
6. \<Strg\>+\<T\>	Ordnet Panel und Diagramm nebeneinander an

Dateioperationen

7. \<Strg\>+\<N\>	Öffnet ein neues leeres VI
8. \<Strg\>+\<W\>	Schließt ein VI
9. \<Strg\>+\<S\>	Speichert ein VI auf Festplatte (häufig anwenden!)

Allgemeine Editieroperationen

10. \<Strg\>+\<Z\>	Nimmt letzten Schritt beim Programmieren zurück
11. \<Strg\>+\<Shift\>+\<Z\>	Hebt das letzte \<Strg\>+\<Z\> auf
12. \<Strg\>+\<X\>	Schneidet ein selektiertes Objekt aus
13. \<Strg\>+\<C\>	Kopiert das selektierte Objekt
14. \<Strg\>+\<V\>	Ausgeschnittenes oder kopiertes Objekt einfügen
15. \<Strg\>+\<B\>	Entfernt alle gestrichelten, d.h. ungültigen Verbindungslinien im Diagramm

Eine vollständige Übersicht findet man im LabVIEW-Startfenster oder von jedem VI aus unter 'Werkzeuge' – 'Optionen' – 'Menüverknüpfungen'. Dort kann man auch die Voreinstellungen ändern und sich Shortcuts nach eigenem Geschmack zulegen.

Aufgabe 1.3

Sorgen Sie dafür, dass Sie beim Rechtsmausklick auf das Diagramm eines VIs zuerst stets folgende Ansicht der Funktionspalette erhalten:

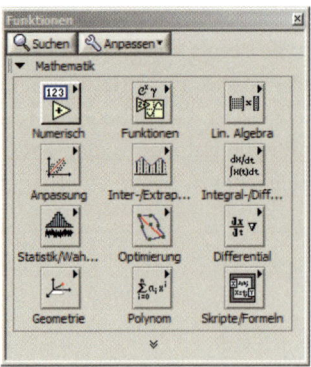

2 Einstellungen, Paletten

Lernziele

1. Einige wichtige Voreinstellungen für die Gestaltung von Panel und Diagramm kennen und nach persönlichem Bedarf verändern können.
2. Mehr Details über Werkzeug-, Funktionen- und Elemente-Palette kennen.
3. Palettenansicht an Benutzerwünsche anpassen können.

Abschnitt 2.3 kann von eiligen Lesern übersprungen werden.

2.1 Einstellungen

Das Beispiel in Kapitel 1 wurde unter einer Reihe von Bedingungen entwickelt, die dem Anwender zunächst vermutlich unbewusst geblieben sind. Sie betreffen das Erscheinungsbild der Terminals als quadratische Symbole oder 'Icons' im Diagramm, das Raster auf dem Panel während der Erstellung der Bedienoberfläche und vieles andere. Die Parameter dafür sind voreingestellte Standardwerte ('Default-Werte'), doch kann sie der Anwender ändern.

Dazu gibt es zwei Wahlmöglichkeiten:

1. 'Werkzeuge' – 'Optionen…' (Einstellungen von LabVIEW)
2. 'Datei' – 'VI-Einstellungen…' (Einstellungen des aktuellen VI)

Wir befassen uns hier mit der ersten Wahlmöglichkeit. Öffnet man vom Panel oder vom Diagramm aus das Optionsangebot, erhält man (voreingestellt) eine Ansicht nach Bild 2.1.

2.1.1 Einstellungen von LabVIEW

Die Optionen in Bild 2.1 zeigen verschiedene Möglichkeiten der Parameteränderung. Man kann unter anderem die Einstellungen beeinflussen für:

- Frontpanel,
- Blockdiagramm,
- Elemente- und Funktionenpalette,
- Pfade usw.

Das in älteren LabVIEW-Versionen vorhandene 'Ausrichtungsgitter' ist bei LabVIEW 2014 zum Teil unter 'Frontpanel', zum anderen Teil unter 'Blockdiagramm' zu finden.

Wir wollen uns hier näher mit dem Frontpanel und dem Blockdiagramm befassen.

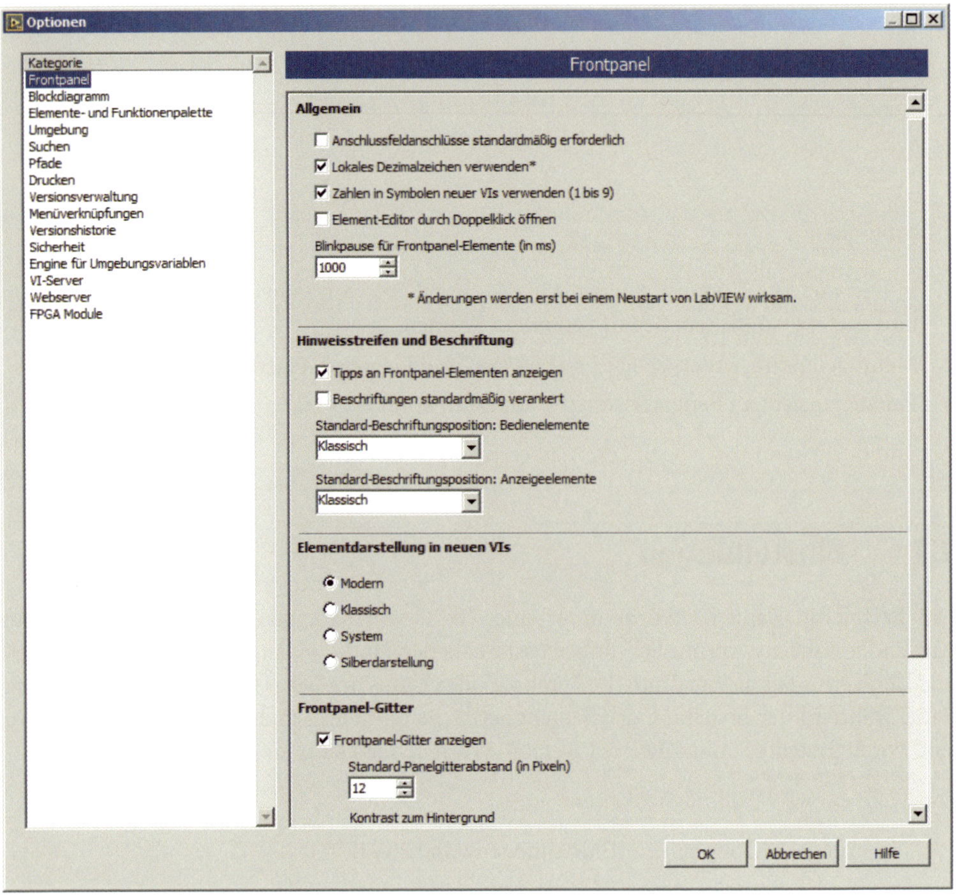

Bild 2.1 Optionen zur Gestaltung der verschiedenen Kategorien, hier Frontpanel

2.1.2   Frontpanel

Die generellen Frontpanel-Einstellungen erreicht man mit 'Werkzeuge' – 'Optionen…' – 'Frontpanel'. Bild 2.1 zeigt das zugehörige Fenster.

Interessant ist hier die zweite Zeile rechts mit 'Lokales Dezimalzeichen verwenden*'. Ist sie angekreuzt, nutzt LabVIEW dasjenige Zeichen als Dezimalpunkt, das unter Windows in der Systemsteuerung bei 'Ländereinstellungen' – 'Zahlen' eingetragen wurde. Ist dort der Punkt das Dezimaltrennzeichen, übernimmt LabVIEW diese Einstellung. Ist das Komma Dezimaltrennzeichen, geschieht Entsprechendes.

Ist aber die Zeile 'Lokales Dezimalzeichen verwenden*' **nicht** angekreuzt, arbeitet LabVIEW generell mit dem Dezimalpunkt. Das kann zu Fehlern führen, wenn ein LabVIEW-

Programm z.B. mit Microsoft Excel zusammenwirken soll. Haben beide Programmsysteme verschiedene Dezimaltrennzeichen, lesen sie wechselseitig die Daten falsch.

Im Frontpanel kann auch der Stil der Elemente für Ein- und Ausgabe voreingestellt werden. Der Standardwert ist 'Modern', wir nutzen **in diesem Buch aber auch die 'Silberdarstellung'**.

2.1.3 Blockdiagramm

Wählt man die Kategorie 'Blockdiagramm', erhält man eine Übersicht, deren oberer Teil in Bild 2.2 dargestellt ist. Dort sieht man rechts oben unter 'Allgemein' die Eintragung 'Frontpanel-Elemente als Symbole darstellen'. Sie ist im vorliegenden Fall **nicht** markiert. Das bedeutet, dass per Voreinstellung die Terminals als kleine Rechtecke dargestellt werden, wie wir das z.B. von Bild 1.13 her kennen. Markiert man dagegen diese Option, werden die Terminals als größere quadratische Symbole (Icons, siehe Bild 2.3) dargestellt. Man kann trotzdem später im Blockdiagramm von einer Darstellung zur anderen wechseln, indem man individuell für jedes Terminal das Kontextmenü aufruft und bei 'Als Symbol anzeigen' die Markierung setzt oder entfernt.

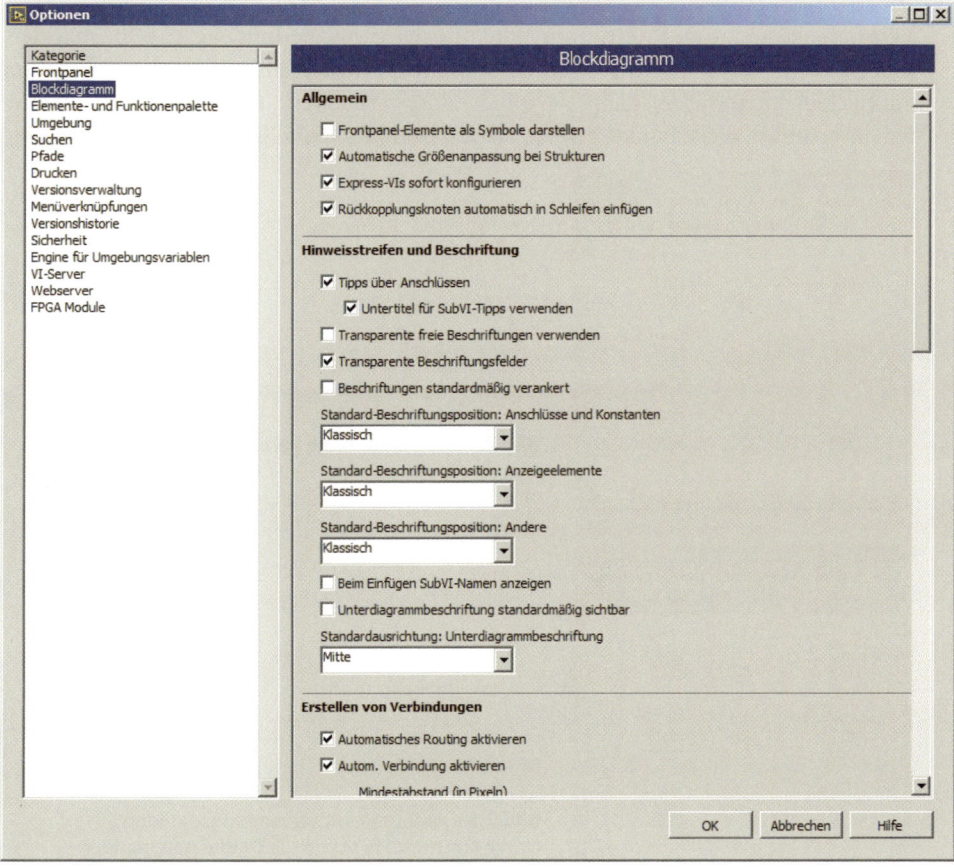

Bild 2.2 Optionen zur Gestaltung des Blockdiagramms

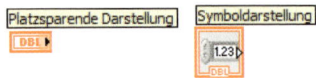

Bild 2.3 Terminaldarstellungen

Welche Art der Darstellung man wählt, ist weitgehend Geschmackssache. Zu bedenken ist allerdings, dass die quadratischen Symbole mehr Platz im Diagramm brauchen. Bereits gesetzte Terminals sind von einer generellen Umstellung nicht betroffen. Sie behalten ihr ursprüngliches Aussehen. Weiter sind folgende Optionen interessant:

- 'Transparente Beschriftungsfelder' unter 'Hinweisstreifen und Beschriftung' in Bild 2.2 ist **angekreuzt**. Das bedeutet, dass Kommentare, die man mit der A-Funktion der Werkzeugpalette schreibt, **keinen Rand** erhalten. Auch die Namen von Eingabe- und Ausgabefeldern werden zunächst randlos dargestellt. Ist dagegen das Kontrollkästchen **nicht angekreuzt**, wird im Diagramm automatisch ein **schwarzer Rand** gezeichnet, auf dem Panel erscheint die Schrift als Relief. Man kann das individuell für jeden Kommentar und jedes Terminal mit dem Farbpinsel für Vordergrund und Hintergrund in der Werkzeugpalette ändern. **Transparenz** erhält man, wenn man bei der **Farbwahl das große** T wählt.

- 'Verbindungspunkte an Kreuzungen' unter 'Erstellen von Verbindungen' sollte **markiert** sein. Das sorgt dafür, dass man Verbindungslinien im Diagramm, die sich nur kreuzen, von solchen unterscheiden kann, die miteinander verbunden sind. Im letzten Fall werden dort nämlich dicke Punkte gesetzt. Siehe dazu Bild 2.4 und Bild 2.5.

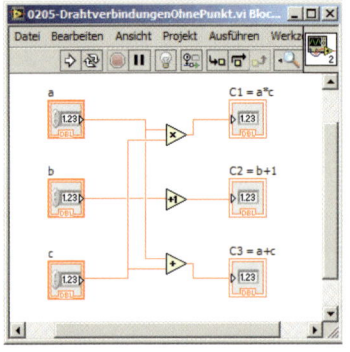

Bild 2.4 Diagramm **ohne** Verbindungspunkte an allen Draht-Kreuzungen und jeweils zwei Transparenzeinstellungen für Beschriftungen

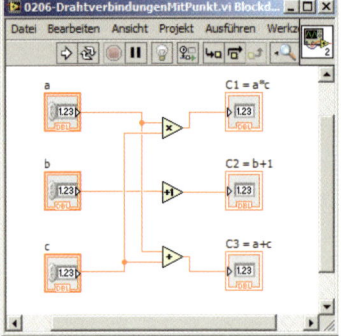

Bild 2.5 Diagramm **mit** Verbindungspunkten an Draht-Kreuzungen, sofern die Drähte miteinander verbunden sind

- 'Automatisches Routing aktivieren' unter 'Erstellen von Verbindungen' heißt, dass Verbindungen zwischen zwei Funktionen nicht in jedem Fall vom Programmierer gezogen werden müssen, sondern sich bei entsprechend geringer Distanz von selbst bilden (wenn auch nicht immer in sinnvoller Weise).

2.1.4 Ausrichtungsgitter

Bereits ab LabVIEW 7.0 erhielt das Frontpanel während des Editierens (Programm erstellen) ein Gitter. Es dient der besseren Ausrichtung der Eingabe- und Ausgabeelemente. Auch hier lassen sich einige Parameter ändern, siehe dazu Bild 2.1 und Bild 2.2.

Man kann auf die Anzeige des Frontpanel-Gitters verzichten, andererseits lässt sich aber auch zusätzlich ein Gitter auf dem Blockdiagramm erzeugen. All das trifft nur für die Editierphase zu, d.h. für die Entwicklung des Programms. Zur Laufzeit verschwindet das Gitter automatisch. Man erhält das Raster, wenn man unter 'Frontpanel-Gitter' nach Bild 2.1 'Frontpanel-Gitter anzeigen' markiert. Damit die Ausrichtung am Raster wirksam wird, muss man zusätzlich 'Ausrichtung an Gitter aktivieren' ankreuzen. Entsprechend kann man im 'Blockdiagramm' nach Bild 2.2 unter 'Blockdiagrammgitter' markieren 'Blockdiagrammgitter anzeigen' bzw. 'Ausrichtung an Diagrammgitter aktivieren'. Ferner kann man mit 'Standard-Diagrammgitterabstand in Pixeln' die Feinheit des Gitters bestimmen sowie den Kontrast Gitter – Hintergrund erhöhen oder abschwächen.

Hat man ein Raster eingestellt, an dem sich die Elemente auf dem Panel ausrichten, gibt es im Zweifelsfall immer noch die Möglichkeit, ein nicht gut passendes Objekt in kleineren Schritten zu verschieben. Dazu das Objekt mit der Pfeiltaste der Werkzeugpalette anklicken und anschließend mit Hilfe der Pfeiltasten der PC-Tastatur verschieben. Drückt man gleichzeitig die Umschalttaste am PC, verschiebt man das Objekt schrittweise im Gitterabstand.

2.1.5 Wiederherstellungen

Unter 'Werkzeuge' – 'Optionen…' – 'Umgebung' ist unter 'Allgemein' die Zahl der Wiederherstellungen als 'Zulässige Rückgängigschritte pro VI' auf 99 voreingestellt. Bedeutung: Bemerkt der Programmierer einen Fehler bei der Entwicklung eines VIs, kann er maximal 99 Programmierschritte mit 'Bearbeiten' – 'Rückgängig …' bzw. mit dem Shortcut <Strg>+<Z> zurückgehen.

Auf zusätzliche Möglichkeiten, Parameter mit 'Datei' – 'VI-Einstellungen…' zu ändern, werden wir später eingehen.

2.2 Paletten

In Kapitel 1 wurden bereits die wichtigsten Paletten genannt, die man zum Programmieren in LabVIEW braucht. Sie sollen nun ausführlicher besprochen werden.

2.2.1   Werkzeugpalette (Tools Palette)

Beim Starten von LabVIEW erscheint die Werkzeugpalette automatisch, falls sie beim vorigen Aufruf bereits geöffnet war. Ist das nicht der Fall, holt man sie mit dem Aufruf der Menüs 'Ansicht' – 'Werkzeugpalette' vom Frontpanel oder vom Blockdiagramm. Bild 2.6 zeigt nochmals diese Palette, die bereits in Kapitel 1 erwähnt wurde.

Bild 2.6 Werkzeugpalette

Die Werkzeugpalette enthält 11 Felder. Das oberste dient zur Aktivierung/Deaktivierung der automatischen Werkzeugwahl mit der Anzeige Grün/Schwarz.

Bei automatischer Wahl versucht das System, ein geeignetes Werkzeug zu finden, sobald man mit dem Mauszeiger über die Objekte im Panel oder Diagramm fährt. Es schaltet z.B. auf die Drahtrolle um (zweite Zeile unter dem Automatiksymbol, links), wenn man sich Terminals oder Funktionen nähert, die man verbinden könnte. Doch ist mancher Programmierer mit der speziellen Arbeitsweise der Automatik nicht einverstanden und verzichtet deshalb auf die Bequemlichkeit der automatischen Werkzeugwahl.

Will man ohne Automatik arbeiten, muss man die Schaltflächen darunter mit der linken Maustaste anklicken. Im Einzelnen haben sie folgende Bedeutung:

- **Erste** Zeile links (Hand mit gestrecktem Zeigefinger, Bezeichnung: 'Wert einstellen'): Dateneingabe, etwa durch Anklicken der Pfeile an einem Eingabesymbol oder durch Anklicken des Datenfeldes und Eingeben auf der Tastatur.
- Erste Zeile Mitte (Pfeil nach links oben, Bezeichnung: 'Position/Größe/Auswahl'): Auswählen von Objekten zur Positionierung oder Vergrößerung, auch zum anschließenden Löschen mit <Entf>. Beim Positionieren muss man in die Mitte des Objektes zeigen, beim Verändern der Größe auf irgendeine Ecke, dann linke Maustaste drücken und ziehen. In Bild 2.6 ist dieses Werkzeug gerade angewählt und deshalb grau gefärbt.
- Erste Zeile rechts (Buchstabe A): Texteingabe. Anklicken einer beliebigen Stelle im Panel oder Diagramm erzeugt ein rechteckiges Feld, in das man Text eingeben kann, z.B. als Kommentar. Damit lassen sich aber auch Namen und Wert eines Bedien- oder Anzeigeelements ändern.
- **Zweite** Zeile links (Drahtrolle): Verbinden von Objekten im Diagramm mit Datenpfaden.
- Zweite Zeile Mitte (Pfeil mit Schubkasten): Ermöglicht Öffnen des Kontext-Menüs des angeklickten Objekts mit der **linken** statt mit der rechten Maustaste.
- Zweite Zeile rechts (Hand mit ausgestreckten 5 Fingern): Bewegen aller Objekte in einem Fenster.
- **Dritte** Zeile links (rote Stopptaste): Setzen/Löschen von Haltepunkten ('Breakpoints') bei der Fehlersuche, dem so genannten Debugging.

- Dritte Zeile Mitte (gelber Kreis mit P): Anzeigen von Probedaten ('Probes') an Drähten zum Debuggen. Bewirkt das Erscheinen eines 'Sondenüberwachungsfensters' mit Werten der übertragenen Daten. Wirkt auch im Normalbetrieb, nicht nur im Debug-Modus.
- Dritte Zeile rechts (Pipette) und ganze vierte Zeile: Kolorieren, d.h. Farbe setzen und Farbe übernehmen. Damit kann man Panel und Diagramm nach eigenem Wunsch umfärben oder auch einzelne Elemente darauf wie LEDs, Tankfüllung usw.

Benutzt man die Automatik der Werkzeugpalette **nicht** (Anzeige oben schwarz), gelten folgende nützliche Hinweise:

- Leertaste (Space Bar) bewirkt **Werkzeugwechsel** zwischen 'Position/Größe/Auswahl' und 'Wert einstellen' (Hand mit gestrecktem Zeigefinger).
- <Tab> wechselt zwischen 'Wert einstellen', 'Position/Größe/Auswahl', 'Text bearbeiten' und 'Anschlüsse verbinden' (bzw. 'Set Color', falls sich noch keine Controls auf dem Frontpanel desVIs befunden haben)
- <Shift>+<Tab> stellt um auf Automatik.

Weitere wichtige Hinweise dienen dem **Positionieren** und **Kopieren** von Objekten:

- <Strg> + Bewegung mit links gedrückter Maustaste schiebt alle umliegenden Objekte auseinander, je nach Bewegungsorientierung in horizontaler oder in vertikaler Richtung oder auch gleichzeitig in beiden Richtungen.
- Cursortaste bewegt markiertes Objekt (gekennzeichnet durch gestrichelten Rand) um jeweils einen Pixel.
- <Shift> + Cursortaste bewegt markiertes Objekt um einen Gitterabstand.
- Markieren und Bewegen des Objektes mit der Maus bei gedrückter <Strg>-Taste kopiert das Objekt.
- <Shift> + Maus bewegt ein markiertes Element (oder mehrere markierte Elemente) nur senkrecht oder nur waagerecht, wobei die Richtung durch die zuerst registrierte Mausbewegung festgelegt wird.

2.2.2   Eingabe-/Ausgabe-Elemente

Wie bereits in Abschnitt 1.4 erwähnt, ist beim Aufruf von LabVIEW 2014 die Palette für die Bedienelemente voreingestellt. Wir können das aber entsprechend Bild 2.7 ändern, indem wir auf 'Anpassen' – 'Sichtbare Paletten ändern…' klicken und diejenige Palette **als einzige** markieren, die wir auf dem Frontpanel sehen wollen.

Wir sehen hier eine Fülle von kleinen Symbolen, die man für die Ein- und Ausgabe auf das Panel ziehen kann. Dazu muss man aber zunächst eines der 12 Symbole anklicken, um das zugeordnete Untermenü bzw. Unter-Untermenü zu öffnen.

Rezept: Bei angepinnter Palette und n i c h t gedrückter Maustaste so lange durch die sich öffnenden Menüs gehen, bis das gewünschte Element gefunden ist. Dann linke Maustaste drücken. Nun erscheint eine Hand, die das Element hält. Dieses an die vorgesehene Stelle im Panel ziehen und dort loslassen.

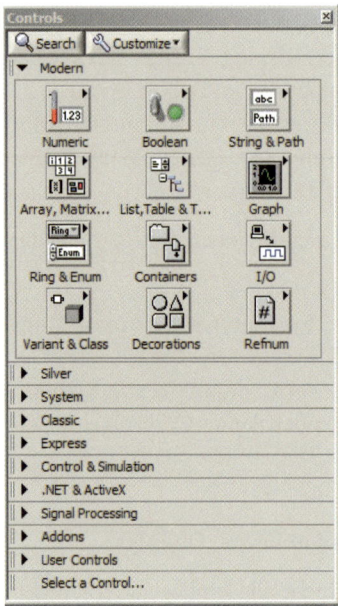

Bild 2.7 Palette 'Elemente'. Diese Elemente verwendet der Programmierer zur Gestaltung des Frontpanels. Hier wurden alle verfügbaren Palettenkategorien ausgewählt

Es ist nicht nötig, jedes Mal den ganzen Weg von der obersten Palette durch alle Unterpaletten zu verfolgen, bis man das gewünschte Element gefunden hat. Will man mehrere Elemente aus einer Unterpalette ins Panel ziehen, fixiert man diese mit dem kleinen Reißnagel links oben. Holt man die Palette nicht mit der rechten Maustaste, sondern über 'Ansicht' – 'Elementepalette', ist die Fixierung bereits automatisch erfolgt.

Bild 2.8 zeigt die Unterpalette, die zum oben links stehenden Symbol 'Numerisch' gehört. Sie wird angezeigt, wenn man unter 'Werkzeuge' – 'Optionen' – 'Elemente- und Funktionenpalette' – 'Formatierung' als Palette 'Kategorie (Symbol **und Text**)' eingetragen hat.

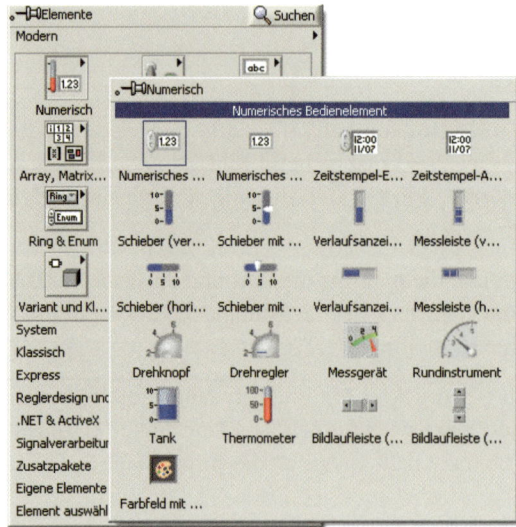

Bild 2.8 Unterpalette 'Numerisch'

Man sieht dann in der Unterpalette Elemente für die Ein- und Ausgabe von Zahlen (oben links, erstes und zweites Element), daneben entsprechend für Zeiteingaben und -ausgaben. Die zweite Zeile enthält verschiedene Formen vertikaler Schieberegler, die dritte horizontale Schieberegler. In der vierten Zeile findet man manometerartige runde Anzeigeinstrumente, die aber auch zur Eingabe verwendet werden können. In der fünften Zeile sind ein Tank (links), ein Thermometer und Bildlaufleisten angebracht, in der sechsten Zeile ein Farbfeld.

In ähnlicher Weise findet man auch unter den anderen Symbolen der Palette in Bild 2.7 Eingabe- und Ausgabeelemente. Ausprobieren! Zusammenfassend kann man die Bedeutung der Symbole in 'Elemente' – 'Modern' bei einer Anordnung 4 x 3 wie folgt beschreiben:

 'Numerisch', **erste** Zeile links: Elemente zur Ein- und Ausgabe numerischer Zahlentypen.

 'Boolesch', **erste** Zeile Mitte: Elemente, die nur zwei Zustände annehmen können, wie Schalter oder LEDs, OK-Schaltfläche oder der Stopp-Knopf.

 'String & Pfad', **erste** Zeile rechts: Ein- und Ausgabe von Text, wobei die einzelnen Zeichen im ASCII-Code verschlüsselt werden. LabVIEW unterscheidet die Datentypen 'String' und 'Pfad'.

 'Array, Matrix & Cluster', **zweite** Zeile links: Ein- und Ausgabe von Vektoren, Matrizen oder höherdimensionalen Feldern. Die einzelnen Elemente müssen vom gleichen Datentyp sein. Ferner Cluster, entsprechend den Strukturen in C. Hier dürfen die einzelnen Elemente auch von unterschiedlichem Datentyp sein.

 'Liste & Tabelle & Baumstruktur', **zweite** Zeile Mitte.

 'Graph', **zweite** Zeile rechts: grafische Darstellung von Funktionen und Relationen.

 'Ring & Enum', **dritte** Zeile links: zyklische Bedienelemente zur Steuerung von Fallunterscheidungen.

 'Container', **dritte** Zeile Mitte: zum Beispiel Registerkarte oder Trennbalken Frontpanel.

 'I/O', **dritte** Zeile rechts: Eingabe/Ausgabe (Input/Output) von Signalen.

'Variant und Klasse', **vierte** Zeile links: erlaubt die Ausgabe beliebiger Datentypen auf dem Frontpanel, z.B. von numerischen, booleschen oder Stringdaten, ferner 'LabVIEW-Objekt'.

 'Gestaltungselemente', **vierte** Zeile Mitte: zur grafischen Kommentierung eines VIs, z.B. durch Hinweispfeile, Kästchen oder Kreise mit Kommentaren.

 'Referenz', **vierte** Zeile rechts: zur Bildung von Referenzen auf verschiedene LabVIEW-Objekte, z.B. Applikationen, VIs, Elemente usw.

Weitere Frontpanel-Elemente findet man in den unterhalb der Rubrik 'Modern' befindlichen Zeilen 'Silver', 'System', 'Klassisch' (Stil von Elementen früherer LabVIEW-Versionen), 'Express', '.NET & ActiveX' usw. Wir werden auf einzelne dieser Elemente näher eingehen, sobald wir sie in einem der später folgenden Beispielprogramme benötigen.

2.2.3 Funktionenpalette

Die Programmierung findet im Blockdiagramm statt, in dem der Entwickler des VIs je nach Aufgabenstellung verschiedene Funktionen platzieren und mit 'Drähten' verbinden muss. Diese Funktionen sind der Palette nach Bild 2.9 zu entnehmen. Siehe dazu auch Kapitel 1, Bild 1.8.

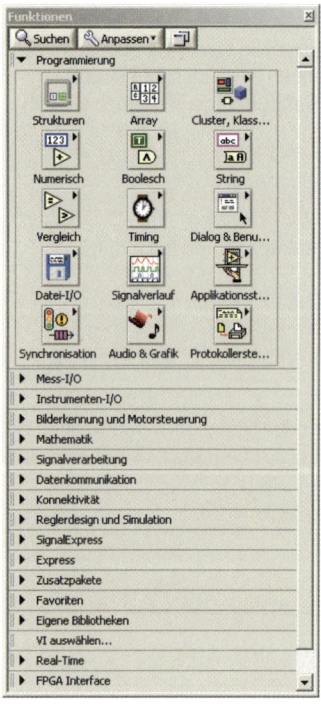

Bild 2.9 Funktionenpalette mit der Kategorie 'Programmierung'. Die Elemente dieser Palette bzw. ihrer Unterpaletten verwendet der Entwickler eines VIs zum Aufbau des Programms im Diagramm

Wie schon bei der Elementepalette sind die dort zusammengestellten Symbole nicht unmittelbar zu verwenden. Sie verweisen vielmehr auf Unterpaletten oder Unter-Unterpaletten. Die Staffelung ist in einigen Fällen tiefer, so dass man die gewünschte Funktion unter Umständen erst nach drei Suchschritten findet.

Bild 2.10 zeigt ein Beispiel: Will man eine Datei auf der Festplatte löschen, benötigt man die Funktion 'Löschen' in der Unter-Unterpalette 'Funktionen' – 'Programmierung' – 'Datei-I/O' (vierte Zeile links) – 'Fortgeschrittene Dateifunktionen' (ganz unten links) und dort das Symbol mit dem Mülleimer 'Löschen'. Bild 2.9 bis Bild 2.11 zeigen diese Paletten.

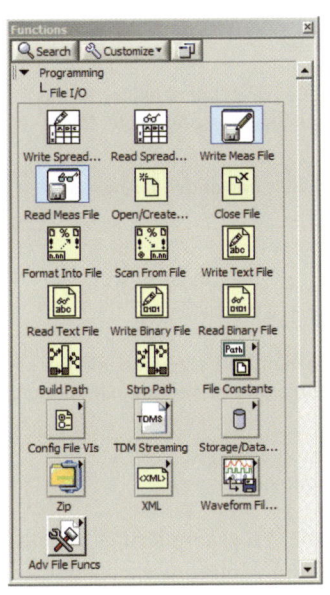

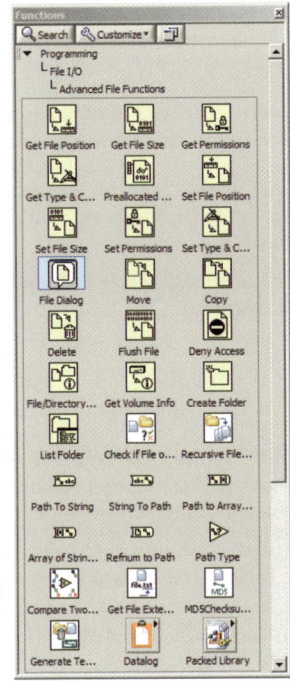

Bild 2.10
Unterpalette 'Datei-I/O' in der Funktionenpalette

Bild 2.11
Unter-Unterpalette 'Fortgeschrittene Dateifunktionen' in der Datei-I/O-Unterpalette

Es folgt ein Überblick über die Symbole der Funktionenpalette:

'Strukturen', **erste** Zeile oben links: wichtige Programmstrukturen wie Sequenz, Case-Struktur, Schleife, Ereignis; ferner lokale und globale Variable.

'Array', **erste** Zeile Mitte: Funktionen zur Bearbeitung von Feldern (Arrays) wie Vektoren und Matrizen.

'Cluster, Klasse, Variant', **erste** Zeile rechts: Funktionen zur Bearbeitung von Clustern wie Aufschlüsseln und Bündeln, Umwandlung in Array und umgekehrt. Clusterkonstante. Ferner Datenumwandlung in variablen Typ und umgekehrt.

'Numerisch', **zweite** Zeile links: Operatoren und Konstanten für numerische Datentypen wie Addieren, Multiplizieren, Dividieren usw. Umwandlung numerischer Datentypen wie Integer I32 in DBL u. dgl.

'Boolesch', **zweite** Zeile Mitte: logische Operatoren und Konstanten für boolesche Daten wie Und, Oder, Negation.

'String', **zweite** Zeile rechts: Operatoren und Konstanten für Strings und Pfade, z.B. Stringlänge, Stringverkettung, Umwandeln String nach Pfad und umgekehrt.

'Vergleich', **dritte** Zeile links: Vergleich von Daten, z.B. $a < b$.

 'Timing', **dritte** Zeile Mitte: Zeitfunktionen wie Warten, Verzögern, Abfrage Momentanzeit.

 'Dialog & Benutzeroberfläche', **dritte** Zeile rechts: Funktionen für den Dialog Benutzer – Computer, Fehlermeldungen u.a.

 'Datei-IO', **vierte** Zeile links: Funktionen zum Lesen von und Schreiben in Dateien. Datei-konstanten wie Pfad zum momentan laufenden LabVIEW-VI.

 'Signalverlauf', **vierte** Zeile Mitte: behandelt 'Waveforms'. Das sind Datenpakete, die aus Messwerten, der Anfangszeit und dem Zeitschritt zwischen der Erfassung zweier Mess-werte bestehen.

 'Applikationssteuerung', **vierte** Zeile rechts: Steuerung von VIs und anderen Anwendun-gen, z.B. Microsoft Excel.

 'Synchronisation', **fünfte** Zeile links: Synchronisierung parallel laufender VIs oder von Teilen von VIs. Datenübertragung zwischen parallel laufenden VIs (VI-Teilen).

 'Audio & Grafik', **fünfte** Zeile Mitte: Funktionen, mit denen man Töne erzeugen und Au-diodaten abspielen kann. Ferner Funktionen zur Programmierung bewegter Animationen, z.B. zur Darstellung einer schwingenden Feder.

 'Protokollerstellung', **fünfte** Zeile rechts: Funktionen zur programmgesteuerten Erzeu-gung eines Berichts, z.B. in Zusammenhang mit der Messdatenerfassung.

Weitere Funktionen findet man in den unterhalb der Kategorie 'Programmierung' befind-lichen Zeilen 'Mess-I/O', 'Instrumenten-I/O', 'Bilderkennung und Motorensteuerung' usw. Wir werden auf einzelne dieser Elemente näher eingehen, sobald wir sie in einem der später folgenden Beispielprogramme benötigen.

Aufgabe 2.1

Öffnen Sie ein leeres VI, ändern Sie über 'Werkzeuge' – 'Optionen' einige der oben in Abschnitt 2.1 besprochenen Einstellungen und testen Sie diese in ihren Auswirkungen auf ein einfaches Programm, z.B. das aus Aufgabe 1.1. Welche Einstellungen sind für Sie besonders ansprechend? **Achtung!** Notieren Sie sich Ihre Änderungen, damit Sie in der Lage sind, den ursprünglichen Zustand wiederherzustellen.

Aufgabe 2.2

Experimentieren Sie mit Ein-/Ausgabeelementen aus der Palette 'Modern' oder 'Silver', besonders mit den Unterpaletten 'Numerisch' und 'Boolesch'. Verschaffen Sie sich einen Überblick über die dort bereitgestellten Symbole. Verknüpfen Sie Eingabeelemente (z.B. einen 'Schieber') mit Ausgabeelementen (z.B. einem 'Tank'). Starten Sie das Programm mit 'Wiederholt ausführen' und ändern Sie die Eingabedaten während des Programmlaufs.

Aufgabe 2.3

Experimentieren Sie mit Funktionen aus der Funktionenpalette. Auch hier sollten Sie sich zunächst nur in der Unterpalette 'Numerisch' umsehen. Versuchen Sie z.B., eine Zufallszahl (Würfelsymbol) nach dem Prinzip des VI in Abschnitt 1.5, Bild 1.18, zur Anzeige zu bringen. In Abweichung von dieser Vorgabe sollten Sie aber ein 'Signalverlaufs-Diagramm' und keinen 'Signalverlaufs-Graphen' als Anzeigeelement wählen.

2.2.4 Palette konfigurieren

Anwender können ihre eigenen Paletten erzeugen, die z.B. nur die für sie wichtigen Funktionen oder Unterpaletten enthalten. Dazu aufrufen 'Werkzeuge' – 'Fortgeschritten' – 'Palette bearbeiten'. Man erhält dann die drei Fenster 'Elemente und Funktionspalette bearbeiten', 'Elemente' und 'Funktionen'. Damit und unter Beiziehung der Online-Hilfe kann man solche Paletten erstellen. Die Einzelheiten zu finden, bleibt eine Übungsaufgabe für den Leser.

3 Programmstrukturen

Lernziele

1. Grundzüge der strukturierten Programmierung verstehen.
2. Flache Sequenzen programmieren und mit lokalen Variablen arbeiten können.
3. Mit Hilfe der Case-Struktur Alternativen und Mehrfachalternativen programmieren können.
4. For-Schleifen programmieren können, auch unter Zuhilfenahme von Schieberegistern.
5. While-Schleifen programmieren können, u.a. zum Ersetzen der Startoption 'Wiederholt ausführen'.

3.1 Strukturiertes Programmieren

Im Laufe der Entwicklung der Programmiertechnik erkannte man, dass sich jedes Programm prinzipiell aus drei Bausteinen oder Strukturblöcken aufbauen lässt. Diese Bausteine heißen

- Sequenz,
- Alternative,
- Schleife.

Beschränkt man sich bei der Programmentwicklung konsequent auf diese drei Elemente, spricht man von 'strukturierter Programmierung'. Strukturierte Programme lassen sich mit Hilfe von Struktogrammen leicht grafisch veranschaulichen.

Tabelle 3.1 zeigt die Paletten von LabVIEW 2014, welche die Strukturen Sequenz, Alternative und Schleife enthalten.

Tabelle 3.1 Strukturblöcke in LabVIEW, Version 2014

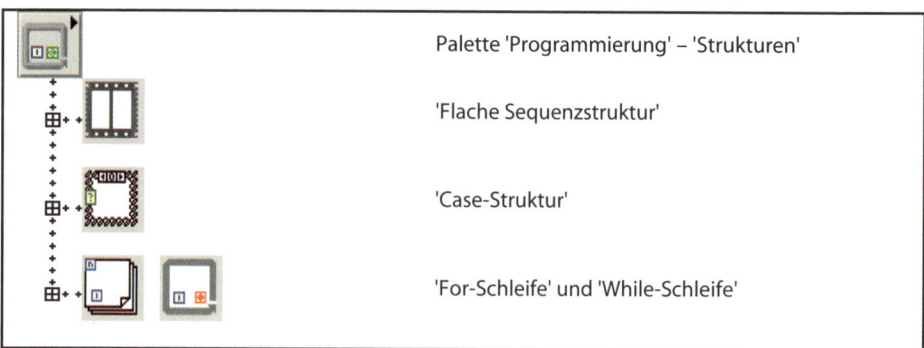

Tabelle 3.2 gibt einen Überblick über die Strukturen.

Tabelle 3.2 Grundtypen von Strukturblöcken und ihre Darstellung. Links Programmablaufplan, in der Mitte Struktogramm, rechts C-Notation

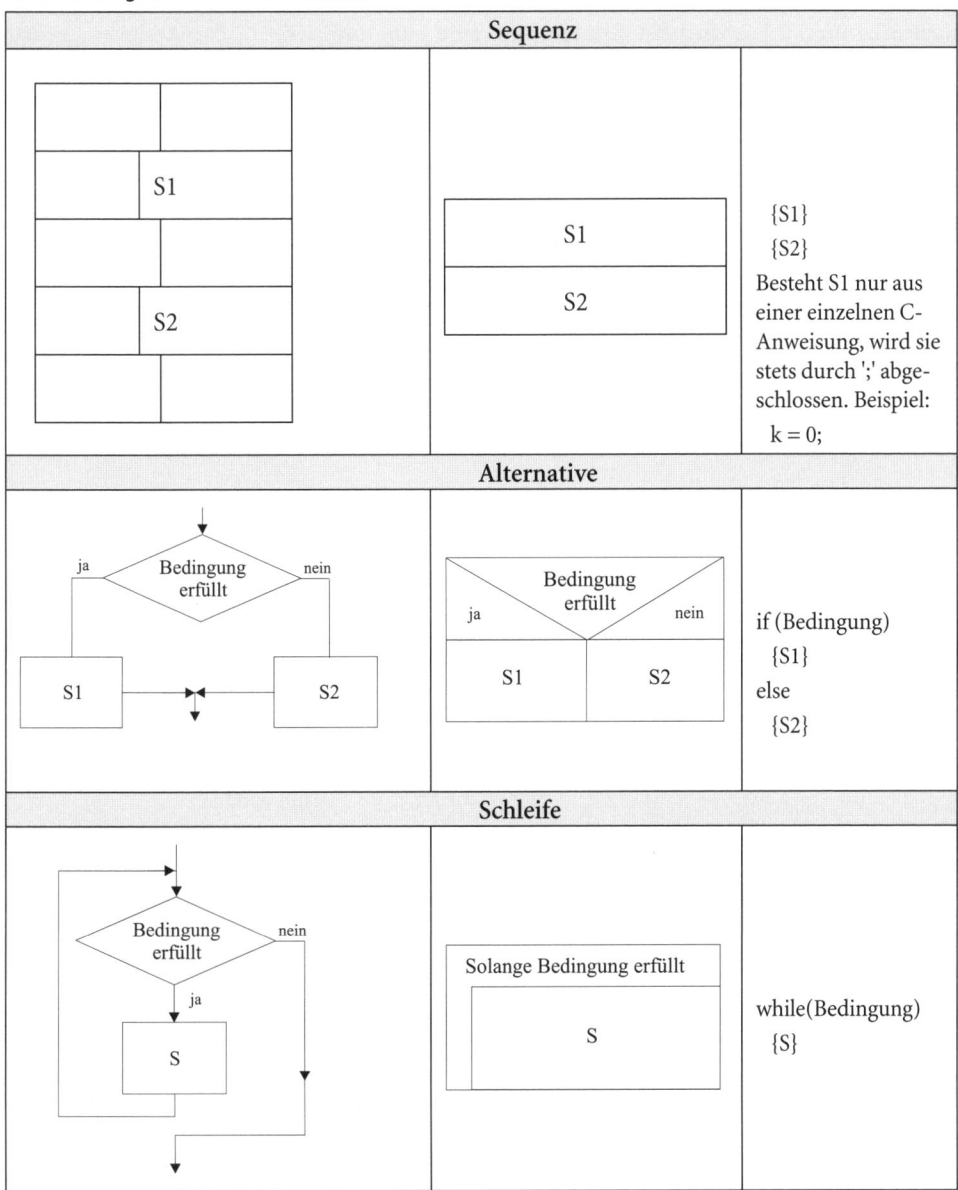

Die Frage ist natürlich, inwieweit das Konzept der strukturierten Programmierung von konventionellen Programmiersprachen auf LabVIEW übertragbar ist bzw. welche Modifikationen erforderlich werden. Im Prinzip besteht jedenfalls die Möglichkeit der Übertragung.

3.2   Sequenz

Nach Abschnitt 1.6.2 wird **ein Knoten,** d.h. eine Funktion wie z.B. das Addieren, **genau dann ausgeführt,** wenn alle seine Eingabe-Terminals mit Daten versorgt sind. Danach versorgt dieser Knoten alle seine Ausgabe-Terminals mit Daten. Funktionen, die voneinander bezüglich der Versorgung mit Daten unabhängig sind, werden in LabVIEW **parallel** ausgeführt. Ein sequenzieller Ablauf ist in LabVIEW-Programmen also keineswegs selbstverständlich. Die Funktionen, die zuerst alle notwendigen Daten über die Verbindungsleitungen erhalten, werden als Erste ausgeführt. Läuft eine Leitung parallel zu verschiedenen Funktionen, ist nicht vorhersagbar, welche Funktion zuerst abläuft. In vielen Fällen ist das auch gleichgültig. Manchmal ist aber eine gewisse Reihenfolge unabdingbar. Dann ist die **Sequenzstruktur** nützlich.

Ein einfaches Beispiel für den Gebrauch der Sequenz ist die Aufgabe, den Zeitbedarf für eine gewisse Zahl von Operationen zu bestimmen. Wir wollen z.B. wissen, wie lange LabVIEW auf einem gegebenen PC braucht, um die Reihe

$$s_5 = 1 + \frac{1}{2} + \frac{1}{3} + \frac{1}{4} + \frac{1}{5}$$

zu berechnen und das Ergebnis anzuzeigen. Ein erster einfacher Ansatz zur Summenbildung besteht in der Entwicklung eines Programms gemäß Bild 3.1.

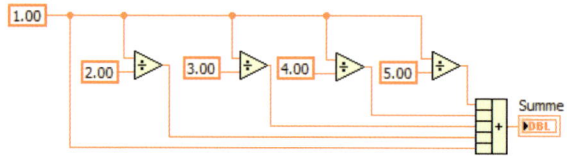

Bild 3.1 Erster Schritt zur Programmentwicklung für die Messung des Zeitbedarfs bei der Berechnung einer Reihe aus fünf Summanden

Die Konstante 1,00 erhält man aus 'Funktionen' – 'Programmierung' – 'Numerisch' als 'Numerische DBL-Konstante' links im unteren Teil der Palette. In unserem Beispiel wurde anschließend im Kontextmenü dieser Konstante über 'Anzeigeformat…' auf 'Fließkomma' und 2 Kommastellen umgestellt sowie der Haken vor 'Abschließende Nullen ausblenden' entfernt. Die übrigen Konstanten wurden aus der 1,00 durch Kopieren und Wertänderung erstellt. Das erspart die wiederholte Anpassung des Anzeigeformats. Die 5 Summanden werden mit der Funktion für Mehrfacharithmetik (unter 'Funktionen' – 'Numerisch') addiert, die hier auf fünf Eingänge erweitert wurde. Anschließend folgen ein Rechtsmausklick auf den Ausgang dieses Operators und die Auswahl von 'Erstellen' – 'Anzeigeelement'. Die Beschriftung (Label) des so gebildeten Elements wurde in 'Summe' umbenannt, das Anzeigeformat auf 3 Stellen nach dem Komma erweitert.

Für die Zeitberechnung nutzt man eine Funktion, welche die Millisekunden zählt, die seit dem Einschalten des Rechners vergangen sind. Man findet sie unter 'Funktionen' – 'Programmierung' – 'Timing' links oben. Bezeichnung: 'Timerwert (ms)'. Die Programmierung der Zeitmessung nach dem Muster von Bild 3.2 schlägt fehl! Wegen der Parallelverarbeitung in LabVIEW könnte z.B. zuerst die Endzeit ermittelt werden, dann die Anfangszeit und erst danach die Summe. Auch eine andere Abfolge wäre möglich. Sie hängt von der

Reihenfolge der Programmierschritte ab, mit denen das LabVIEW-Programm gebildet wurde. Sie ist dem Anwender in der Regel nicht bekannt.

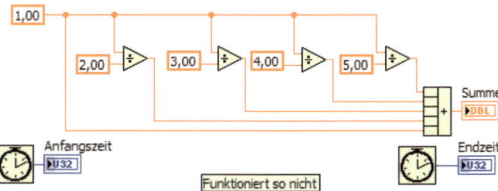

Bild 3.2 Falsche Behandlung der Aufgabe, die Zeit zur Berechnung und Anzeige einer Summe zu ermitteln

Das Programm in Bild 3.2 ist zwar lauffähig, zeigt aber dieselben Werte für Anfangszeit und Endzeit, wie man Bild 3.3 entnimmt.

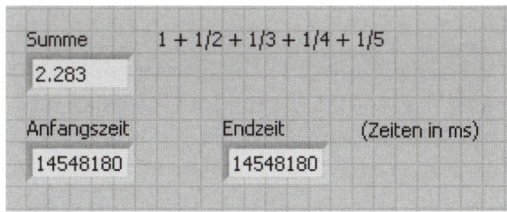

Bild 3.3 Anfangszeit und Endzeit sind infolge fehlerhafter Programmierung identisch

Den richtigen Ansatz zeigt das Diagramm in Bild 3.4. Der dreiteilige Rahmen ist eine Sequenz, die unter 'Funktionen' – 'Programmierung' – 'Strukturen' als 'Flache Sequenzstruktur' steht. Sie hat zunächst nur einen einzelnen Rahmen und wird in diesem Fall mit Hilfe des Kontextmenüs und 'Rahmen danach einfügen' auf drei Rahmen erweitert. Diese Rahmen werden zur Laufzeit des Programms stets von **links nach rechts** abgearbeitet.

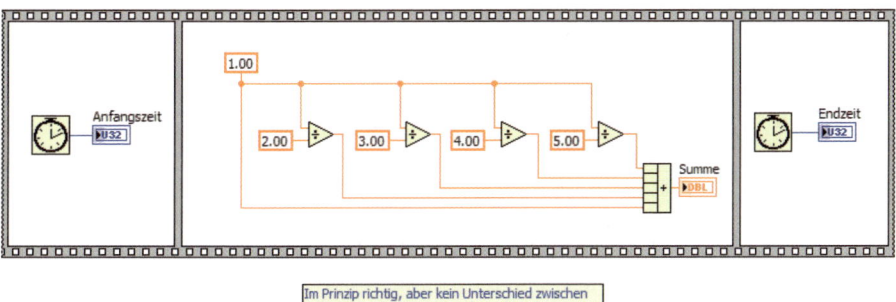

Bild 3.4 Richtiger Ansatz zur Zeitmessung: Verwendung einer flachen Sequenz

Der Ansatz ist jetzt zwar richtig, doch liest man bedauerlicherweise auf dem Panel nach dem Start des Programms immer noch die gleichen Millisekundenwerte für Anfangszeit und Endzeit ab. Das ist kein Programmierfehler, sondern liegt einfach an der hohen Leistungsfähigkeit von LabVIEW und modernen PCs. Innerhalb einer Millisekunde kann die Reihenberechnung **nebst** der – wesentlich zeitintensiveren – Anzeige mehrfach durchgeführt werden. Deshalb erweitern wir das Programm im Vorgriff auf Abschnitt 3.4 um eine For-Schleife, die n-mal durchlaufen wird, siehe Bild 3.5.

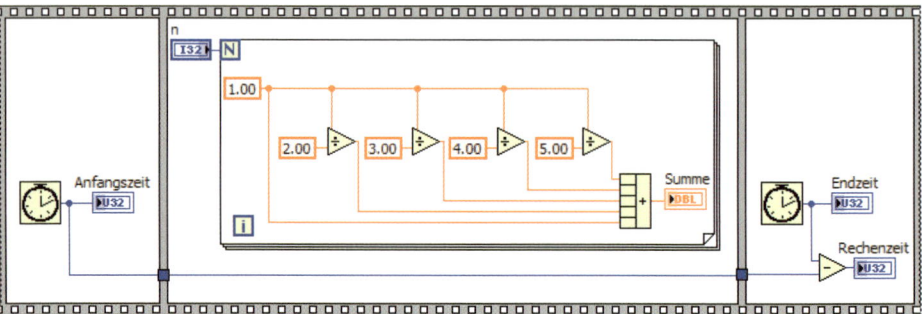

Bild 3.5 Korrektes Programm zur Zeitmessung

Folgende Änderungen wurden vorgenommen:

- Um die Summenberechnung wurde eine For-Schleife gelegt und an den Anschluss links oben mit der Inschrift 'N' ein Bedienelement 'n' per Kontextmenü (mit 'Bedienelement erstellen') angeschlossen. Man findet die For-Schleife unter 'Funktionen' – 'Programmierung' – 'Strukturen'.

- Anfangszeit und Endzeit werden nicht mehr angezeigt. Dazu links in der Sequenz einen Rechtsmausklick auf das Terminal 'Anfangszeit' ausführen und im Kontextmenü 'Anzeigeelement ausblenden' wählen. Entsprechend im Rahmen 2 mit 'Endzeit' verfahren. Natürlich hätte man in diesem Beispiel auch die entsprechenden Anzeigeelemente löschen können. Die interessierende Rechenzeit wird als Differenz von Endzeit minus Anfangszeit gebildet.

Bild 3.6 verdeutlicht das Ergebnis nach Ausführung der Rechnung.

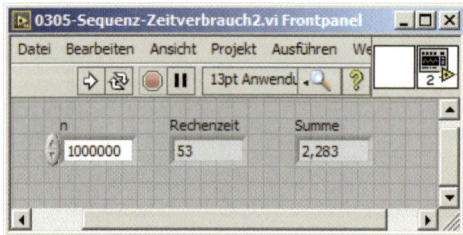

Bild 3.6 Das Programm braucht für die einmillionenfache Berechnung mit Ergebnisanzeige der fünfgliedrigen Reihe nur 53 ms. Die Rechenzeit wird wesentlich kürzer, wenn man die Anzeige von 'Summe' aus der For-Schleife nimmt (dann nur 5 ms!, siehe Aufgabe 3.1)

Es zeigt unmittelbar nach dem Laden die Parameter *Rechenzeit = Summe* = 0 sowie $n = 1$ Mio. Diese Werte wurden nach der Erstellung des Programms zusammen mit diesem gespeichert. Dazu muss man zunächst die Werte in den drei Feldern eintragen und dann 'Bearbeiten' – 'Aktuelle Werte als Standard' wählen. Zuletzt ist das so modifizierte Programm zu speichern. **Der Vorteil**: Beim späteren Laden des VI von der Festplatte müssen diese Daten nicht erneut eingegeben werden.

> **Merke:**   In einer Sequenz läuft zuerst Rahmen 0 ab (der Rahmen ganz links in der flachen Sequenz), dann Rahmen 1 usw. Rahmen 0 übergibt die Steuerung erst dann an Rahmen 1, wenn er alle seine Funktionen, die ihrerseits quasiparallel ablaufen, beendet hat. Sinngemäß das Gleiche gilt für die anderen Rahmen.

Aufgabe 3.1

Programmieren Sie das Beispielprogramm zur Zeitmessung von Anfang an, wobei Sie aber die Rechenzeit des VI verringern, indem Sie die Anzeige von 'Summe' aus der For-Schleife herausnehmen.

3.3 Case-Struktur

Tabelle 3.2 zeigte nur **ein** Muster für die Alternative: die Ja-Nein-Entscheidung. Theoretisch genügt das auch. Eine Entscheidung, die eine von drei oder vier oder mehr Möglichkeiten zulässt, kann stets auf eine Folge von Ja-Nein-Entscheidungen zurückgeführt werden. In der Praxis ist es aber günstig, wenn eine Programmiersprache außer der Ja-Nein-Entscheidung auch Mehrfachalternativen unterstützt. LabVIEW sieht **nur** die Case-Struktur vor, d.h. die Mehrfachalternative, wobei die gewöhnliche Alternative der Sonderfall einer Case-Struktur mit genau zwei Fällen ist. Die folgenden Beispiele zeigen das.

Bild 3.7 zeigt das Panel des Programms Case2.vi, das kommunizierende Röhren simuliert. Wenn das Ventil geöffnet ist (boolescher Wert gleich 'Auf' oder TRUE), soll sich bei beliebigem Anfangsstand der Flüssigkeiten in beiden Tanks der Mittelwert einstellen. Ist das Ventil geschlossen (boolescher Wert gleich 'Aus' oder FALSE), darf sich am Flüssigkeitsstand in beiden Behältern nichts ändern. Dies erreicht man mit dem Programm in Bild 3.8. Es nutzt die **Case-Struktur** mit zwei Fällen, die Alternative.

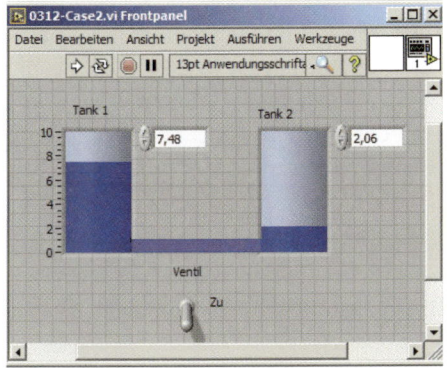

Bild 3.7 Beispiel einer Alternative. Der Anwender stellt beliebige Flüssigkeitsniveaus in beiden Tanks ein und startet dann das VI. Ist das Ventil geschlossen, geschieht nichts. Ist es geöffnet, gleichen sich die Flüssigkeitsstände aus

Man findet die Case-Struktur unter 'Funktionen' – 'Programmierung' – 'Strukturen'. Sie ist voreingestellt für zwei Fälle, die als TRUE und FALSE bezeichnet werden.

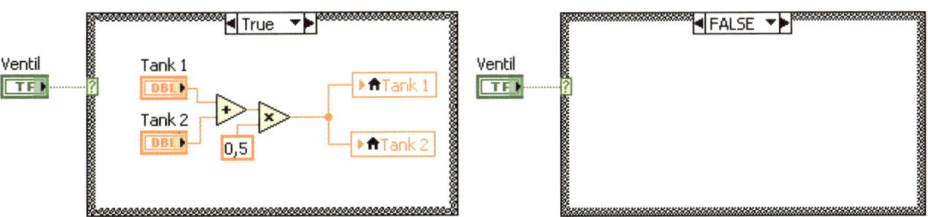

Bild 3.8 TRUE-Teil (links) und FALSE-Teil (rechts) einer Case-Struktur mit zwei Fällen

Das Fragezeichen im Rahmen der Case-Struktur, der so genannte **Auswahlanschluss**, ist im Fall der Alternative mit einem Terminal zu verbinden, das einer booleschen Variablen, hier einem Schalter auf dem Panel, zugeordnet ist. Es handelt sich um den 'Ventil' genannten Schalter in Bild 3.7. Steht dieser Schalter auf 'Auf' (entspricht dem Wert TRUE, wird der Mittelwert der Behälterstände von Tank 1 und Tank 2 gebildet und gleichermaßen zu den lokalen Variablen von Tank 1 und Tank 2 geleitet. Eine zusätzliche Sequenzstruktur ist hier nicht nötig, weil die Speicherung erst erfolgt, nachdem der Multiplikationsknoten seine Arbeit abgeschlossen hat. Dann erst werden nach dem Prinzip von Abschnitt 1.6.2 die alten Werte von Tank 1 und Tank 2 überschrieben.

Bemerkungen zur Programmierung von Case2.vi

- Die Tanks auf dem Panel von Bild 3.7 sind unter 'Elemente' – 'Modern' – 'Numerisch' im unteren Teil der Palette zu finden.

- Beide Tanks erhalten der genaueren Ablesbarkeit wegen rechts eine digitale Anzeige, und zwar durch Anklicken von 'Sichtbare Objekte' – 'Zahlenanzeige' im Kontextmenü.

- Die Zahlendarstellung hat im Normalfall 6 signifikante Stellen, wobei abschließende Nullen unterdrückt werden. Im Beispiel wurde dies über das Kontextmenü des linken Tanks und die Festlegung von 'Anzeigeformat' auf 2 Kommastellen und Nichtunterdrückung abschließender Nullen umgestellt.

- Der rechte Tank hat keine Skala. Man erreicht das im Kontextmenü auf dem Frontpanel mit 'Skala' – 'Darstellung' und Wahl des Symbols ohne Skala in der mittleren Zeile rechts.

- Die zwei Tanks sind auf dem Panel durch eine Art von Rohrleitung verbunden. Das ist reine Dekoration und hat keinen Einfluss auf die durchgeführten Rechnungen. Solche Dekorationen stehen als 'Gestaltungselemente' unter 'Elemente' – 'Modern'. Von dort wurde ein 'Quadrat' auf das Panel gezogen und mit dem Farbpinsel der Werkzeugpalette blau gefärbt. Zu beachten ist, dass man Vorder- und Hintergrund der Box blau färben muss. Andernfalls sieht man einen feinen Rand.

- Die voreingestellten Bezeichnungen EIN und AUS am Ventil kann man sichtbar machen, wenn man 'Boolescher Text' im Kontextmenü 'Sichtbare Objekte' wählt. Sie lassen sich mit der 'Text bearbeiten'-Funktion in der Werkzeugpalette durch Bezeichnungen eigener Wahl (hier 'Auf' und 'Zu') ersetzen.

Programmierung von Case3.vi

Das Programm '0314-Case3.vi' enthält eine Case-Struktur, die nicht nur zwei, sondern fünf Fallunterscheidungen aufweist. Das Panel in Bild 3.9 Case-Struktur mit fünf verschiedenen Fällen: 'Kein Zufluss', 'Zulauf Tank 1', 'Zulauf Tank 2', 'Mischen Tank 1 und Tank 2', und 'Leeren Tank 3'. Die Steuerung erfolgt über die Enum-Variable 'Wahl'. Tank 3 ist tiefer angeordnet. Damit wird angedeutet, dass die Flüssigkeitsströme nur von Tank 1 und Tank 2 ausfließen können. Die Gestaltung der Oberfläche erfolgt im Prinzip wie in Case2.vi. Der wesentliche Unterschied besteht darin, dass 'Ventil' von Bild 3.7 durch das Element 'Wahl' ersetzt wurde. Sein Datentyp ist **'Enum'** oder 'Aufzählung'. Man findet 'Enum' unter 'Elemente' – 'Modern' – 'Ring & Enum'. Hierbei handelt es sich um eine

16-Bit-Integerzahl, die mit Texten verknüpft werden kann. Dazu wählt man in der Werkzeugpalette den Buchstaben 'A', klickt mit dem Mauszeiger in das Bedienelement und schreibt einen Text. Im Beispiel lautet die erste Eintragung 'Kein Zufluss'. Im Kontextmenü wählt man anschließend 'Objekt danach einfügen' und schreibt die zweite Eintragung, im Beispiel 'Zulauf Tank 1'. In dieser Weise fährt man fort mit 'Zulauf Tank 2', 'Mischen Tank 1 und Tank 2' und zuletzt 'Leeren Tank 3'.

Eine andere Methode, eine Enum-Variable mit Texten zu füllen, besteht im Aufruf von 'Objekte bearbeiten…' im Kontextmenü. Das weitere Vorgehen erklärt sich von selbst.

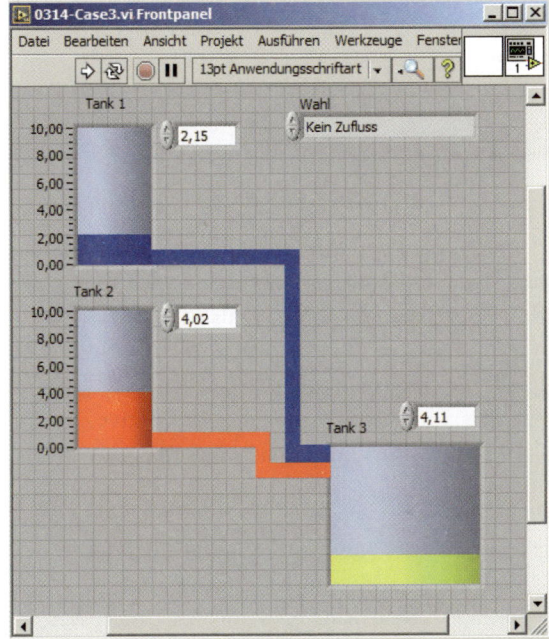

Bild 3.9 Case-Struktur mit fünf verschiedenen Fällen: Kein Zufluss, Zulauf Tank 1, Zulauf Tank 2, Mischen Tank 1 und Tank 2, und Leeren Tank 3. Die Steuerung erfolgt über die Enum-Variable 'Wahl'

Verbindet man das Terminal von 'Wahl' im Diagramm mit dem Auswahlanschluss der Case-Struktur, so werden die voreingestellten Überschriften 'TRUE' und 'FALSE' in den zwei Rahmen durch 'Kein Zufluss', 'Standard' und 'Zulauf Tank 1' ersetzt. Um auch Rahmen für die restlichen drei Eintragungen zu schaffen, muss man die Case-Struktur ähnlich behandeln wie die Enum-Variable. Das heißt: Rahmen 'Zulauf Tank 1' einstellen, dann im Kontextmenü dreimal 'Case danach einfügen' aufrufen. Nun erscheinen automatisch die anderen Eintragungen 'Zulauf Tank 2' usw. (Alternativ kann man auch im Kontextmenü der Case-Struktur 'Case für jeden Wert hinzufügen' anklicken). Die Case-Struktur unterscheidet jetzt fünf Fälle und muss nur noch programmiert werden. Bild 3.10 zeigt das Diagramm für 'Zulauf Tank 2', Bild 3.11 für 'Mischen Tank 1 und Tank 2'.

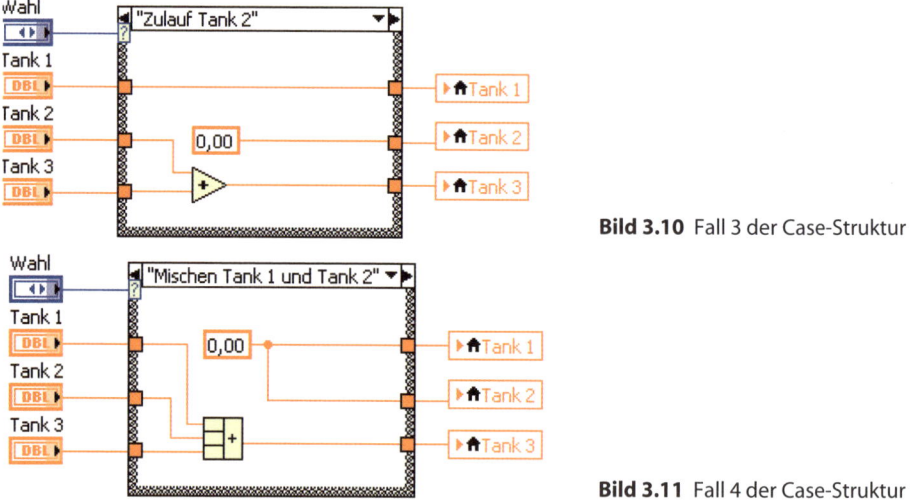

Bild 3.10 Fall 3 der Case-Struktur

Bild 3.11 Fall 4 der Case-Struktur

An diesem Beispiel kann man bereits erkennen, dass der Datentyp 'Enum' eine zyklische Struktur hat. Geht man am Bedienelement 'Wahl' die fünf Fälle der Reihe nach durch, erscheint automatisch wieder der erste Fall. Intern wird gezählt: 0,1, 2, 3, 4, 0, 1, 2, 3, 4, …

> **Merke:** Die Case-Struktur ist auf zwei Fälle voreingestellt, die mit TRUE und FALSE überschrieben sind. Das Fragezeichen links am Rahmen der Alternative, der sogenannte Auswahlanschluss, ist dann mit einem Schalter bzw. mit einem booleschen Wert zu verbinden.
>
> **Merke:** Will man in der Case-Struktur mehr als zwei Fälle unterscheiden, benötigt man zur Steuerung einen anderen Datentyp. Hierfür ist 'Enum' geeignet. Aber auch Datentypen wie 'Text-Ring', 'Menü-Ring' usw. aus der Unterpalette 'Ring & Enum' sind möglich.

Ergänzungen

- Das Feld oben am Rand der Case-Struktur heißt **Selektorfeld**. Hier kann man auch mehrere Fälle zusammenfassen, indem man sie durch Kommas trennt oder mit zwei Punkten '..' verbindet. Letzteres bedeutet so viel wie 'von .. bis'. Bild 3.12 zeigt ein Beispiel.

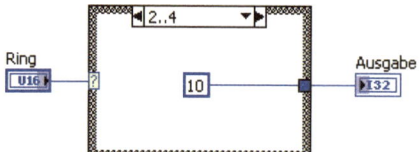

Bild 3.12 In den Fällen 2, 3 und 4 wird der Ausgabevariablen derselbe Wert 10 zugewiesen. Man benötigt dazu nur **einen** Rahmen an Stelle von drei

- Führt man eine Verbindung aus einer Case-Struktur nach außen, so muss das aus allen Rahmen heraus geschehen. Andernfalls ist das VI nicht ausführbar, siehe Bild 3.13. Man kann nun entweder der Reihe nach in allen Rahmen einen geeigneten Ausgabewert programmieren oder man wählt generell einen Defaultwert, der in Bild 3.13 gleich 0 ist.

Bild 3.13 Fehlerhaftes VI. Fall '1' liefert keinen Wert für die Ausgabevariable

Dazu am Ausgabetunnel das Kontextmenü aufrufen und 'Standard verwenden, wenn nicht verbunden' anklicken. Diese Methode funktioniert natürlich nur, wenn auch die übrigen Rahmen ohne eigene Ausgabe den Defaultwert als Ausgabe übergeben sollen. Im Diagramm zu 'Case3.vi' könnte man so mehrfach auf die Konstante 0 verzichten.

Aufgabe 3.2

Ergänzen Sie die Programmierung für die fehlenden Fälle im Beispiel Case3.vi.

Aufgabe 3.3

Schreiben Sie ein Programm Case4.vi, bei dem die Case-Struktur durch eine Variable vom Typ 'Text-Ring' aus der Unterpalette 'Ring & Enum' gesteuert wird. Im Übrigen soll das Programm dieselbe Funktion wie Case3.vi haben.

Anleitung: Nach Platzieren des Bedienelements im Kontextmenü 'Objekte bearbeiten…' aufrufen und die gewünschten Texte in die daraufhin erscheinende Liste eintragen.

3.4 Schleifen

Tabelle 3.2 kommt mit nur einem Schleifentyp aus, dem der While-Schleife. Die For-Schleife kann auf eine Kombination von Sequenz und While-Schleife zurückgeführt werden. Doch wird sie so häufig verwendet, dass alle bekannten höheren Programmiersprachen sie als eigenen Typ anbieten, so auch LabVIEW.

For-Schleife

Ein erstes Beispiel wurde bereits in Abschnitt 3.2 in Zusammenhang mit der Sequenz für die Zeitmessung vorgestellt. Dabei handelte es sich um eine simple Wiederholung immer gleicher Operationen, die dazu diente, die für die Zeitmessung notwendige Rechenzeit zu erzeugen.

Bild 3.14 zeigt ein anderes einfaches Beispiel. Hier wird der in der For-Schleife unten links verfügbare **Schleifenzähler i** (i-Terminal) benutzt, um einen einfachen Zähler zu programmieren, der im Sekundentakt aufwärtszählt, und zwar die n Schritte von 0 bis $(n-1)$.

Das Metronom im Diagramm sorgt dafür, dass der Takt für die Wiederholung der For-Schleife 1000 Millisekunden bzw. 1 Sekunde beträgt. Darin ist die übrige Rechenzeit, hier für das Hochzählen des Indexes und die Ausgabe des Zählerwertes, bereits enthalten. Man findet das Metronom unter 'Funktionen' – 'Programmierung' – 'Timing'.

Eine Alternative zum Metronom ist die Funktion links daneben, die Armbanduhr.

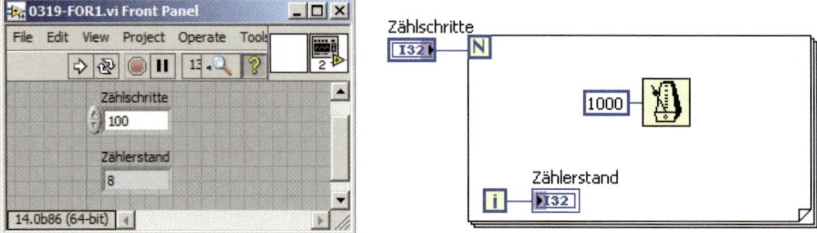

Bild 3.14 Hundert Zählschritte im Sekundentakt von 0 bis 99

Die For-Schleife im Blockdiagramm weist **rechts unten** stets eine Art von Eselsohr auf (siehe Bild 3.14). Das soll andeuten, dass man sich eine For-Schleife als Kartenstapel vorstellen kann, von dem im Laufe der Rechnung eine Karte nach der anderen abgehoben wird. Die Karten sind nummeriert. Welche Karte gerade an der Reihe ist, zeigt der **Schleifenzähler**, das Terminal i in der **linken unteren Ecke**. Die Zahl der Karten kann, wie in unserem Beispiel geschehen, durch Verknüpfung des Eingangs N in der **linken oberen Ecke** mit einer Variablen oder Konstanten festgelegt werden.

Häufig muss man bei der Schleife wie auch bei der Sequenz die Variablenwerte von einer Karte zur nächsten transportieren. Warum das nötig sein kann, zeigt am besten das Beispiel Sequenz_Zeitverbrauch4.vi in Bild 3.15. Es geht darum, die Programmierung der Reihe

$$s_5 = 1 + \frac{1}{2} + \frac{1}{3} + \frac{1}{4} + \frac{1}{5}$$

aus Abschnitt 3.2 einfacher zu gestalten. Dazu ersetzt man den mittleren Rahmen der Sequenz in Bild 3.5 durch die Struktur in Bild 3.15. Hier wird ein **Schieberegister** verwendet. Man erhält es im Kontextmenü am rechten oder linken Rand der For-Schleife durch Wahl von 'Schieberegister hinzufügen'. Die Bedeutung erschließt sich aus Bild 3.16.

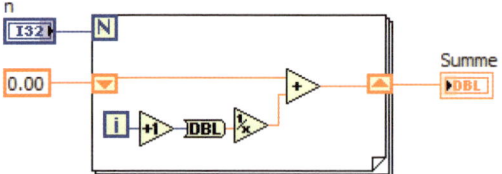

Bild 3.15 Programmierung der Summe der Kehrwerte von $i = 1$ bis n mit dem Schieberegister der For-Schleife. Das DBL-Symbol zwischen Inkrementierung und Invertierung ist nicht notwendig, wird aber empfohlen, weil man so die **implizite** Typumwandlung I32 → DBL vermeidet

Anders als bei der früheren Methode der Programmierung ist die Zahl der Elemente der Reihe hier variabel. Man ist nicht darauf festgelegt, nur 5 Elemente zu addieren. Ebenso gut kann man im Panel $n = 7$ eingeben und erhält dann als Ergebnis die Reihe

$$s_7 = 1 + \frac{1}{2} + \frac{1}{3} + \frac{1}{4} + \frac{1}{5} + \frac{1}{6} + \frac{1}{7}$$

Zum besseren Verständnis des Schieberegisters in der For-Schleife ist das Bild des – auseinandergezogenen – Kartenstapels für den Fall $n = 3$ in Bild 3.16 hilfreich.

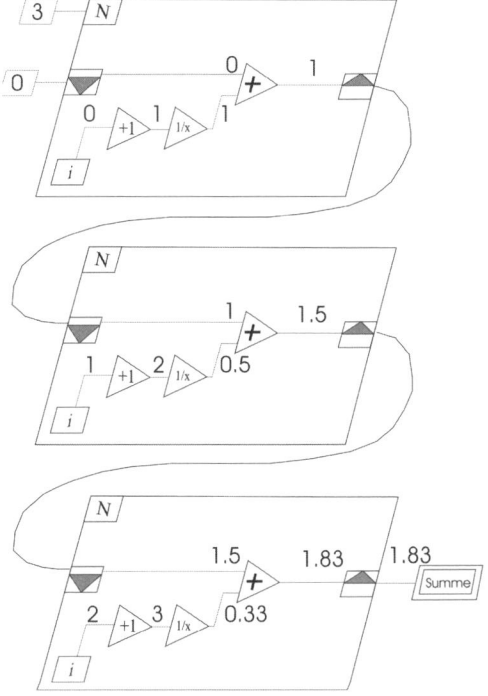

Bild 3.16
Datentransfer bei der For-Schleife mit Hilfe von Schieberegistern

Zum Beginn der Rechnung benötigt das Schieberegister einen Anfangswert. Im Beispiel erhält es diesen durch Programmierung der Konstanten 0. Diese Initialisierung wirkt nur auf die **oberste** Karte des Stapels. Entsprechend wird das Ergebnis 'Summe' erst von der **untersten** Karte ausgegeben, hier als 1,83, der Summe von $1 + 1/2 + 1/3$.

Aufgabe 3.4

Bestätigen Sie den Datenfluss in Bild 3.16, indem Sie das entsprechende Programm entwickeln und dann im Debug-Modus laufen lassen.

Nützlich ist auch die Möglichkeit, ein Schieberegister mit **mehr als einem Anfangswert** versorgen zu können. Man kann das z.B. zur Bildung des arithmetischen Mittelwerts von Zahlenfolgen nutzen. Dies wird in Kapitel 4 im Zusammenhang mit Datenfeldern, den so genannten 'Arrays', beschrieben. Schieberegister können übrigens **alle Datentypen** übertragen, nicht nur numerische.

For-Schleifen können in LabVIEW 2014 zusätzlich ein Bedingungsterminal erhalten und damit auch **vor** dem Zählerablauf beendet werden. Dazu im Kontextmenü 'Bedingungsanschluss' wählen.

While-Schleife

Die einfachste Anwendung der While-Schleife besteht darin, den 'Wiederholt ausführen'-Startknopf in der Symbolleiste zu ersetzen. Das Programm Add.vi in Bild 1.15 z.B. muss man mit 'Wiederholt ausführen' starten, will man verschiedene Zahlenbeispiele testen, ohne jedes Mal den Startknopf 'Ausführen' betätigen zu müssen. Add1.vi in Bild 3.17 und Bild 3.18 zeigt eine Alternative. Die Programmierung beginnt damit, dass man Add.vi nach Add1.vi kopiert. Dann holt man die While-Schleife aus 'Funktionen' – 'Programmierung' – 'Strukturen' und legt sie um das ursprüngliche Programm. In der rechten unteren Ecke der While-Schleife sieht man einen roten Knopf als **Schleifenbedingung**, den man im Kontextmenü mit Hilfe von 'Bedienelement erzeugen' mit einem Stopp-Knopf verbindet. Nach Start des Programms wird die Schleife so lange wiederholt, bis der Bediener diesen Knopf betätigt und damit auf TRUE umschaltet. Das Panel von Add1.vi unterscheidet sich also vom alten Add.vi zunächst nur durch den zusätzlichen Stopp-Knopf. Ein weiterer, eher äußerlicher Unterschied besteht darin, dass die Terminals im Diagramm per Kontextmenü mit 'Als Symbole anzeigen' in Quadrate umgewandelt wurden.

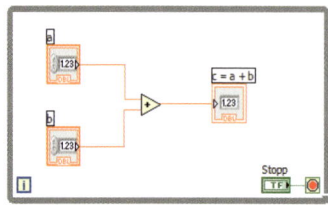

Bild 3.17 Modifiziertes VI zur kontinuierlichen Addition von zwei Zahlen

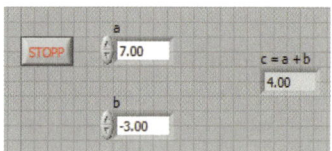

Bild 3.18 Panel des modifizierten VI aus Bild 3.17

Im Übrigen kann man die While-Schleife auch für alle Aufgaben verwenden, die sich mit der For-Schleife behandeln lassen.

Aufgabe 3.5

Modifizieren Sie das Programm von Aufgabe 3.4 unter Verwendung einer While-Schleife.

Anleitung: Die While-Schleife hat keinen Eingang für die Zahl N der Wiederholungen. Der Abbruch muss daher durch einen Vergleich des Index 'i' in der linken unteren Ecke mit einem vorgegebenen 'n' erfolgen. Auch hier kann 'n' entweder eine Konstante (z.B. 3) sein oder eine Variable, die der Anwender auf dem Panel eingibt. Der Vergleich erfolgt mit einem der Operatoren, die man unter 'Funktionen' – 'Programmierung' – 'Vergleich' findet. Das Ergebnis des Vergleichs ist ein boolescher Wert (TRUE oder FALSE, grüner Verbindungsdraht), der mit der Schleifenbedingung unten rechts in der While-Schleife zu verbinden ist.

Bemerkung

Der Bedingungsanschluss der While-Schleife ist auf das rote Haltzeichen als Standardsymbol voreingestellt. Es hat die Bedeutung 'Stopp wenn TRUE'. Im Kontextmenü kann man dieses Zeichen durch 'Bei TRUE fortfahren' ersetzen. Das Symbol dafür ist ein gelbliches Quadrat mit gekrümmtem Pfeil im Inneren. Manchmal ist die eine, manchmal die andere Ausgangsbedingung bequemer zu programmieren. Im Prinzip würde aber eine einzige Art von Ausgangsbedingung genügen. Benötigt man die invertierte Bedingung, kann man diese leicht durch den Operator 'NICHT' unter 'Funktionen' – 'Programmierung' – 'Boolesch' selber erzeugen. In alten LabVIEW-Versionen gab es tatsächlich auch nur die Ausgangsbedingung 'Bei TRUE fortfahren'.

Merke: Die For-Schleife wird genau N-mal durchlaufen, wobei der N-Eingang mit dem Terminal eines Bedienelements oder mit einer Konstanten verbunden werden muss. Innerhalb der Schleife können Daten mit Schieberegistern übertragen werden. Der Schleifenzähler i links unten zählt die Zahl der Durchläufe minus eins.

Merke: Die While-Schleife wird so lange durchlaufen, bis eine Bedingung erfüllt ist. Diese ist mit dem Terminal im Inneren rechts unten, der so genannten 'Schleifenbedingung', zu verknüpfen. Der Stopp-Knopf liefert die einfachste Bedingung. Der Index i zählt die Zahl der Durchläufe minus eins. Eine While-Schleife wird aber, anders als die For-Schleife, mindestens einmal durchlaufen.

3.5 Guter Programmierstil

Nachdem Sie das Wichtigste über Schleifen und Strukturen gelernt haben, geben wir Ihnen einige Ratschläge, wie Sie effektiv mit LabVIEW arbeiten und ganz nebenbei einen guten Programmierstil entwickeln.

Bei der Verwendung einer While-Schleife ist stets darauf zu achten, dass Sie diese mit einem Timing versehen. Dafür wird in die While-Schleife entweder das 'Metronom' oder die 'Armbanduhr' aus 'Funktionen' – 'Programmierung' – 'Timing' einbezogen und mit einer kleinen Wartezeit von z.B. 100 ms versehen. Welchen Vorteil bringt das?

Sobald die While-Schleife eine Iteration ausgeführt hat, beginnt sie sofort mit der nächsten.

Ohne Timing läuft die Schleife deshalb "so schnell sie kann" und treibt damit die CPU-Auslastung in die Höhe. Enthält die Schleife dagegen eine Wartezeit, wird zunächst der Programmcode in der Schleife ausgeführt, danach gibt LabVIEW in der restlichen Wartezeit den Prozessor für andere Aufgaben des Betriebssystems frei. Die CPU-Belastung durch die While-Schleife verringert sich somit. Das geschieht allerdings nur dann, wenn der Programmcode weniger Zeit als die Wartezeit in der Schleife benötigt, da beide parallel verarbeitet werden.

Manchmal kommt es vor, dass zeitkritische Aufgaben in der While-Schleife zu behandeln sind, die es notwendig machen, die Schleife so schnell wie möglich zu wiederholen. Auch in diesem Fall sollte man eine Wartefunktion vorsehen, dabei aber die Wartezeit auf 'Null' setzen. Dadurch wird die Schleife zwar ebenfalls sehr rasch wiederholt, das Betriebssystem hat aber die Möglichkeit, bei Bedarf noch interne Aufgaben "zwischenzuschieben".

In den Beispielen in diesem Kapitel wurde auf eine Wartefunktion in den While-Schleifen absichtlich verzichtet, um den Leser nicht zu verwirren. Später werden wir aber immer Wartezeiten verwenden.

Merke: (While-)Schleifen sollten immer mit einem Timing versehen werden.

4 Datentypen

Lernziele

1. Datentypen 'numerisch', 'boolesch', 'String' und 'Pfad' unterscheiden und ins Programm einbeziehen können.
2. Darstellung und Genauigkeit numerischer Datentypen anpassen können.
3. Arrays für verschiedene Datentypen anlegen und mit ihnen arbeiten können. Arrays in For-Schleifen, auch unter Zuhilfenahme von Schieberegistern, verarbeiten können.
4. Cluster anlegen, bündeln und aufschlüsseln können, interne Reihenfolge der Elemente beachten.
5. Verschiedene Typen aus 'Ring & Enum' nutzen können.
6. Daten in Datentyp 'Variant' verwandeln und zurückverwandeln können.
7. Frontpanel und Diagramm übersichtlich gestalten können.

4.1 Numerische Datentypen

Bis jetzt haben wir hauptsächlich mit numerischen Datentypen gearbeitet, und zwar mit dem Typ 'DBL', d.h. mit Gleitkommazahlen doppelter Genauigkeit, der Standardeinstellung in LabVIEW für variable numerische Datentypen. Sie werden mit 6 signifikanten Ziffern dargestellt, wobei **nach dem Dezimalkomma** Nullen am Ende der Zahl **nicht** angezeigt werden. Sowohl den Datentyp als auch die Darstellung auf dem Panel kann man ändern. Dazu geht man ins Kontextmenü eines Bedien- oder Anzeigeelements und wählt 'Darstellung' für den Datentyp bzw. 'Anzeigeformat…' für die Art der Darstellung. Im Diagramm kommt man über 'Eigenschaften' einer numerischen Konstante zum Anzeigeformat.

4.1.1 Kontextmenü: 'Darstellung'

Das Untermenü für 'Darstellung' in Bild 4.1 zeigt vier Reihen mit

- Gleitkommazahlen in der ersten Zeile,
- ganzen Zahlen **mit** Vorzeichen in der zweiten Zeile (I-Typen),
- ganzen Zahlen ohne Vorzeichen in der dritten Zeile (U-Typen),
- komplexen Zahlen (Paare von je zwei Gleitkommazahlen) in der vierten Zeile.

Auf der linken Seite findet man jeweils die genauesten, rechts die ungenauesten, dafür aber am meisten Speicher sparenden Datentypen.

Holt man sich aus dem Untermenü 'Funktionen' – 'Programmierung' – 'Numerisch' links im unteren Teil eine 'Numerische Konstante', so ist deren Typ auf 'I32' voreingestellt. Auch hier kann man den Konstantentyp wie bei den Variablen durch Aufruf von 'Darstellung' im Kontextmenü ändern. Bild 4.1 zeigt die Palette 'Darstellung'.

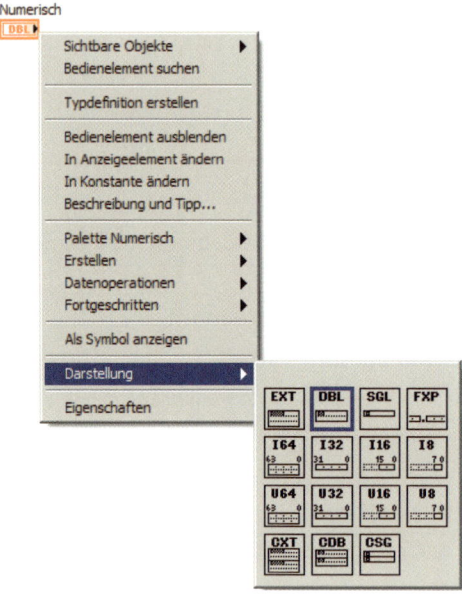

Bild 4.1 Kontextmenü 'Darstellung' zu einem Bedien- oder Anzeigeelement im Diagramm, ähnlich auch bei Konstanten

4.1.2 Kontextmenü: 'Anzeigeformat...'

Bild 4.2 zeigt das Fenster beim Öffnen von '**Anzeigeformat...**'. Man sieht vier verschiedene Arten der Darstellung von Gleitkommazahlen: 'Fließkomma', 'Wissenschaftlich' (Exponentialdarstellung), 'Automatisch formatieren' und 'SI-Schreibweise'. Links in Bild 4.3 sieht man, von oben nach unten geordnet, die Auswirkungen auf die Anzeige der stets gleichen Zahl 0,0000601.

Eine weitere Möglichkeit ist die Umwandlung einer gegebenen Zahl in das absolute oder relative Zeitformat. Die Zahl 0 im Format DBL (Gleitkommazahl) wird beim absoluten Zeitformat in Datum und Uhrzeit 1.1.1904, 0 Uhr, 0 Minuten und 0 Sekunden verwandelt, vorausgesetzt, es wurde in der Systemsteuerung die Zeitzone GMT (Greenwich Mean Time, z.B. London) eingestellt. Stellt man in der Systemsteuerung z.B. die Zeitzone auf Berlin, erhält man (nach Neustart von LabVIEW) für die Zahl 0 die Angabe 1.1.1904, **1 Uhr**, 0 Minuten und 0 Sekunden. Eine Zahl von 1000 zählt einfach um 1000 Sekunden weiter, liefert also Datum und Uhrzeit 1.1.1904, 0 Uhr, 16 Minuten und 40 Sekunden.

Beim relativen Zeitformat wird die als Sekunden gedeutete Zahl **ohne Datumsbezug** in Stunden, Minuten und Sekunden umgewandelt. Damit lassen sich Differenzzeiten bestimmen.

Bild 4.2 zeigt auch, dass die Auswahl von 'Hexadezimal', 'Oktal' und 'Binär' nicht aktiv ist (Graufärbung der entsprechenden Zeilen). Diese Wahlmöglichkeit ist für ganze Zahlen reserviert. In Bild 4.3 sieht man das Frontpanel von 'Zahlendarstellung.vi' als Beispiel für die Umwandlung der dezimal geschriebenen ganzen Zahl 1000 in das hexadezimale (Basis 16), oktale (Basis 8) und binäre (Basis 2) Zahlensystem.

Schließlich findet man auf der rechten Seite des Fensters in Bild 4.2 noch die Möglichkeit, statt der Zahl der signifikanten Stellen die Zahl der (Nach-)Kommastellen einzugeben. Auch kann man die Voreinstellung 'Abschließende Nullen ausblenden' aufheben. Unter der

Zahl der signifikanten Stellen versteht man die Zahl der anzuzeigenden Stellen von der ersten Ziffer ungleich null an, gleichgültig, ob sie vor oder nach dem Dezimalpunkt stehen. Ziffern vor dem Komma werden gegebenenfalls gerundet und durch Nullen ergänzt. Auf diese Weise wird etwas über die relative Genauigkeit der Darstellung ausgesagt.

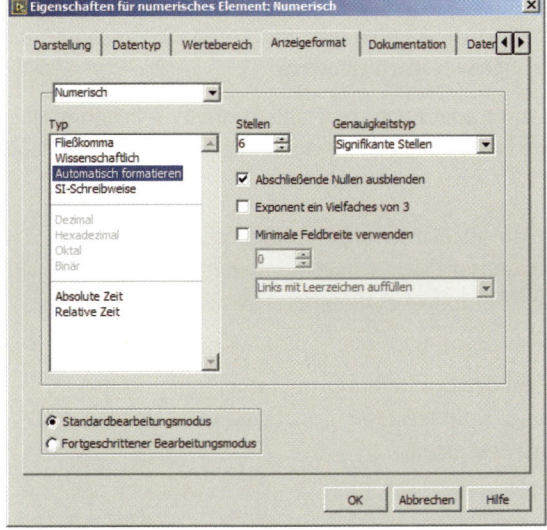

Bild 4.2 Eigenschaftsfenster 'Anzeigeformat' eines Bedien- oder Anzeigefeldes, kann direkt nur vom Frontpanel aus aufgerufen werden (indirekt auch vom Diagramm über 'Eigenschaften'). Bei Konstanten muss man das Diagramm wählen, weil sie nur dort angezeigt werden

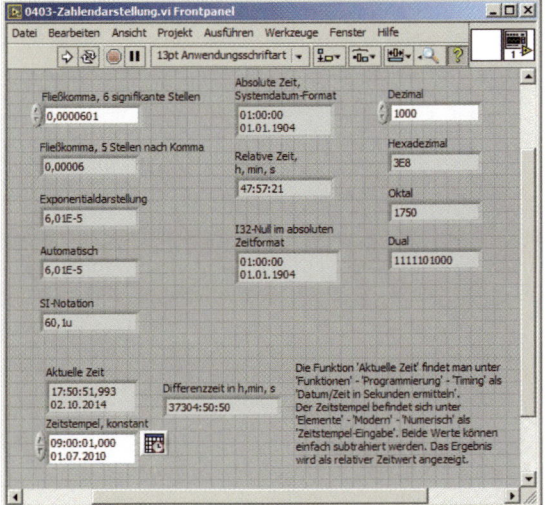

Bild 4.3 Verschiedene Darstellungen der Zahl 0,0000601 mit Unterdrückung abschließender Nullen in der ersten und zweiten Spalte. In der dritten Spalte Darstellung der Zahl 1000 = 1k als Hexadezimal-, Oktal- und Dualzahl

Unten Beispiel für das Arbeiten mit relativen Zeitwerten

Es sei nochmals darauf hingewiesen, dass für Greenwich (GMT) der 1.1.1904, 0 Uhr als Nullpunkt der Zeitzählung festgesetzt wurde. Jede positive Zahl zählt von da an in **Sekunden** weiter. Die Zahl 60 entspricht also 1 min, 0,0000601 dagegen nur 0 Sekunden. In Deutschland mit GMT + 1:00 erhöht sich die absolute Zeit um 1 Stunde.

Aufgabe 4.1

Schreiben Sie ein kleines Programm, das eine Zahleneingabe im DBL-Format in eine absolute Zeitangabe umwandelt.

Tipp

Die Umwandlung von Format und Genauigkeit bezieht sich immer nur auf **ein einziges** Bedien- oder Anzeigeelement. Will man mehrere solcher Elemente umwandeln, ist es zweckmäßig, zuerst **ein** Element auf dem Panel zu platzieren, dann die Umwandlung durchzuführen und zuletzt dieses Element in der gewünschten Anzahl zu kopieren. LabVIEW vergibt automatisch neue eindeutige Namen, indem es die Kopien mit einer fortlaufenden Nummer versieht. Bei Bedarf kann man diese durch eigene Namen ersetzen.

Numerische Funktionen für das Diagramm findet man unter 'Funktionen' – 'Programmierung' – 'Numerisch'. Davon wurde bereits in Abschnitt 1.4.1 Gebrauch gemacht, siehe dazu auch Bild 1.8 und die Bilder 1.14 oder 1.18.

Merke: Für numerische Bedien- und Anzeigeelemente kann man mit Hilfe des Kontextmenüs 'Darstellung' Gleitkommazahlen, vorzeichenbehaftete und vorzeichenlose ganze Zahlen sowie komplexe Zahlen (letztere als Paare von zwei Gleitkommazahlen) einstellen.

Merke: Das Format und die Genauigkeit der Darstellung von numerischen Datentypen auf dem Panel lässt sich im Kontextmenü 'Anzeigeformat…' für jeweils ein Bedien- oder Ausgabeelement einstellen.

4.2 Boolesche Datentypen

Man findet boolesche Datentypen für das Panel unter 'Elemente' – 'Modern' – 'Boolesch', siehe Bild 4.4.

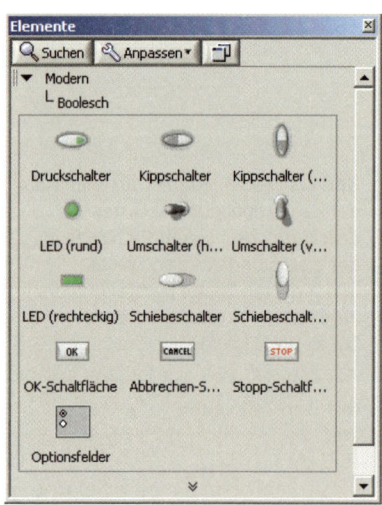

Bild 4.4 Boolesche Bedien- und Anzeigeelemente. Es handelt sich im Wesentlichen um senkrechte und waagerechte Schalter verschiedener Ausführung sowie um Anzeige-LEDs. Auch gibt es Knöpfe für OK, CANCEL und STOP

Bei den **booleschen** Bedienelementen lässt sich im Kontextmenü 'Schaltverhalten' die **mechanische Wirkung** verschiedener Schaltertypen simulieren, siehe Bild 4.5.

Ein gutes Beispielprogramm zur Erläuterung des Schaltverhaltens ist 'Mechanical Actions of Booleans.vi' unter '…Labview 2014\examples\Controls and Indicators\Boolean\ Mechanical Action.vi'.

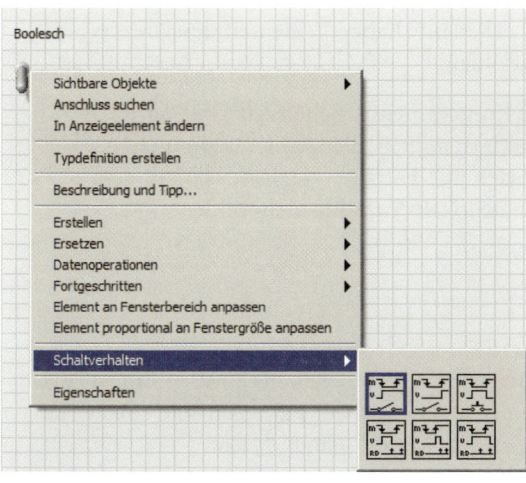

Bild 4.5 Schaltverhalten eines booleschen Bedienelements:

Erste Zeile:
    Beim Drücken schalten
    Beim Loslassen schalten
    Bis zum Loslassen schalten
Zweite Zeile:
    Latch (deutsch: verriegelt) beim
    Drücken
    Latch beim Loslassen
    Latch bis zum Loslassen

Wichtig: Zu booleschen Bedienelementen, deren Schaltverhalten gemäß
Zeile 2 eingestellt ist, lassen sich **keine
lokalen Variablen** bilden!

Boolesche Funktionen für das Diagramm findet man unter 'Funktionen' – 'Programmierung' – 'Boolesch'. Siehe dazu Bild 4.6.

Boolesche Variablen wurden bereits im Zusammenhang mit der While-Schleife verwendet,
z.B. in Bild 3.22 und Bild 3.23 der Stopp-Knopf. Bild 4.7 zeigt eine Endlosschleife, die mit der
booleschen Konstanten 'TRUE' arbeitet.

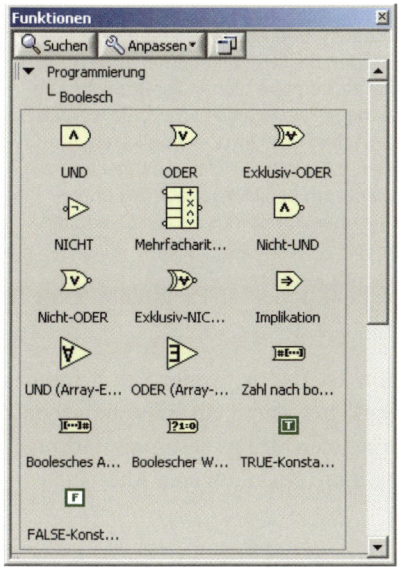

Bild 4.6 Verschiedene logische Funktionen zur Verknüpfung boolescher Variablen. Ferner gibt es in den
zwei letzten Zeilen die booleschen Konstanten TRUE
und FALSE

Bild 4.7 Endlosschleife. Die Abbruchsbedingung
wurde im Kontextmenü auf 'Bei TRUE fortfahren'
eingestellt und mit der booleschen Konstanten 'TRUE'
verbunden. Genauso gut hätte man die Abbruchsbedingung auch auf 'Stopp wenn TRUE' einstellen und
mit der Konstanten 'FALSE' verbinden können

Merke: Boolesche Bedien- und Ausgabeelemente haben keine weiteren Untertypen, anders als die numerischen Variablen.

Merke: Man kann jedoch mit Hilfe des Kontextmenüs 'Schaltverhalten' sechs verschiedene mechanische Schaltarten für Bedienelemente simulieren. Stellt man eine der drei Schaltarten mit 'Latch…' ein, lässt sich mit dem betreffenden Bedienelement keine lokale Variable mehr bilden.

4.3   String und Pfad

Unter einem String versteht man eine Kette von ASCII-Zeichen, die zu einer Einheit zusammengefasst und wie bei den numerischen oder booleschen Variablen mit einem Namen versehen wird. Beispiel: 'abc' (name_1) oder 'Hans Meyer' (name_2) usw.

Man findet den Datentyp String für das Panel unter 'Elemente' – 'Modern' – 'String & Pfad' (Bild 4.8). Der Datentyp 'Pfad' (dort in der zweiten Zeile der Unterpalette) wird erst später im Zusammenhang mit Lesen und Schreiben von der bzw. auf die Festplatte besprochen.

Bild 4.8 Bedien- und Anzeigeelemente für String und Pfad. Oben die Stringelemente, unten die Pfadelemente. Letztere dienen zur Bezeichnung von Datei- oder Verzeichnis-namen. Sie werden zwar auch in der Form von Zeichenketten geschrieben, z.B. als '0403-Zahlendarstellung.vi' für das Programm in Bild 4.3., LabVIEW unterscheidet sie aber von Strings als verschiedenen Datentyp

Stringfunktionen für das Diagramm findet man unter 'Funktionen' – 'Programmierung' – 'String'. Siehe dazu Bild 4.9.

Bild 4.10 und Bild 4.11 zeigen als Beispiel das Programm '0410-Zeit_String.vi', welches das aktuelle Datum einliest und mit verschiedenen Strings verkettet, damit ein vollständiger Satz ausgegeben werden kann. Ferner wird die Länge des verketteten Strings bestimmt und angezeigt. Bild 4.12 und Bild 4.13 zeigen Frontpanel und Diagramm einer kürzeren Alternative.

Aufgabe 4.2

Schreiben Sie ein Programm, das eine Zahleneingabe im DBL-Format in eine absolute Zeitangabe umwandelt. Es soll, anders als in Aufgabe 4.1, auch eine Stringfunktion verwenden.

Hinweis: In 'Timing' findet man die Funktionen 'Datum-/Zeit-String lesen' und 'Datum/Zeit formatieren', die als Eingabe auch numerische Werte akzeptieren (andere Zeitfunktionen benötigen Cluster, die erst später behandelt werden).

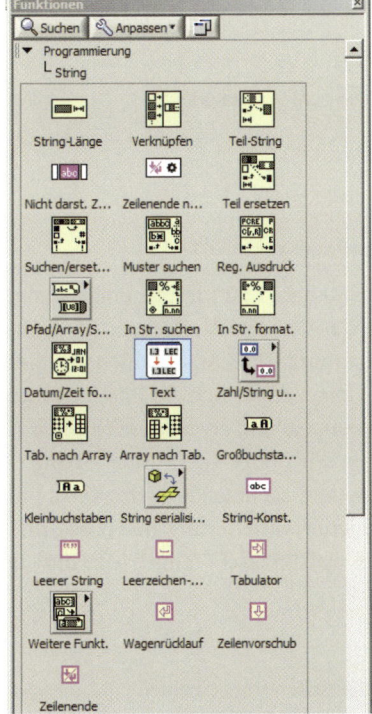

Bild 4.9 Funktionen zur Bearbeitung von Strings. In der ersten Zeile von links:
String-Länge: ermittelt Zahl der Zeichen in einem String
Strings verknüpfen: fügt zwei oder mehr Strings zusammen zu einem String (Verkettung). Verkettet auch die Elemente von String-Arrays.
Teil-String: bildet einen Teil des Strings, beginnend an einer vom Anwender vorgegebenen Stelle mit bestimmter Länge.
Wichtig sind ferner: a) Weitere String-Funktionen (vorletzte Zeile links), b) Zahl/String-Konvertierung (fünfte Zeile rechts) und c) Pfad/Array/String-Konvertierung vierte Zeile links). Einzelheiten sind aus 'Hilfe' – 'Kontext-Hilfe anzeigen' zu entnehmen.
Konstanten: sind in den letzten vier Zeilen zu finden

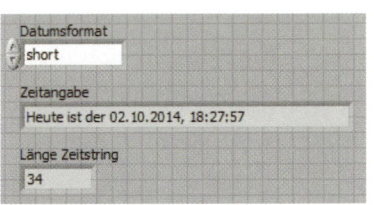

Bild 4.10 Panel des Programms '0410-Zeit_String.vi', welches das momentane Datum und die Uhrzeit anzeigt. Dazu wird im zugehörigen Diagramm in Bild 4.11 ein vollständiger deutscher Satz aus Teilstrings gebildet.
Wichtig: Das Datumsformat muss bei den Einstellungen des Betriebssystems entsprechend gewählt sein!

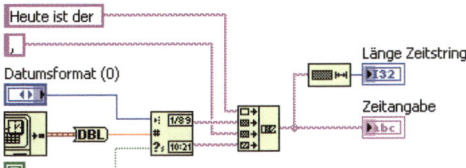

Bild 4.11 Verkettung von Strings zu einem Satz, der in Bild 4.10 angezeigt wird.
Man benötigt dazu die Stringkonstanten 'Heute ist der' und ', '. Datum und Zeitangaben werden automatisch gebildet, sobald man die Funktion 'Datum-/Zeit-String lesen' aus der Palette 'Timing' aufruft. Ferner benötigt man im VI noch 'Datum/Zeit in Sekunden ermitteln' für das Lesen der aktuellen Zeit und die zwei Stringfunktionen 'Strings verknüpfen' und 'String-Länge' aus der Palette 'String'

Eine Alternative zum VI in Bild 4.11 zeigt Bild 4.12. Auch das Frontpanel ist jetzt vereinfacht, siehe Bild 4.13.

Ein weiteres Beispiel zu Stringfunktionen zeigen Bild 4.14 und Bild 4.15. Es handelt sich um ein VI zur Übersetzung deutscher Worte in englische. Dazu werden die deutschen Bezeichnungen für die 12 Monatsnamen auf dem Panel in eine Enum-Variable geschrieben.

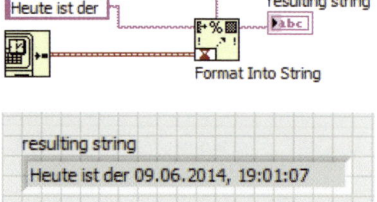

Bild 4.12 Alternative zum VI von Bild 4.12

Bild 4.13 Frontpanel zum VI von Bild 4.12

Auf diese Weise sind sie automatisch mit den zwölf Zahlen 0 bis 11 verknüpft. Einzelheiten dazu kann man in Abschnitt 3.3 (Programmierung von Case3.vi) nachschlagen. Im Kontextmenü zum Bedienelement 'Deutsch' klickt man auf 'Sichtbare Objekte' – 'Zahlenanzeige'. Dann sieht man die Zahlen, die jeweils den Monatsnamen zugeordnet sind. In Bild 4.14 und Bild 4.15 sieht man weiter, dass die einem bestimmten Monatsnamen, etwa 'März', zugeordnete Zahl 2 der Stringfunktion 'Zeile auswählen' übergeben wird (zu finden unter 'String' – 'Weitere String-Funktionen'). Diese Funktion holt sich aus dem Mehrzeilen-String links mit englischen Namen die Zwischenkette 'March', da die Zeilennummerierung mit 0 beginnt. Der gewählte String wird an den konstanten String 'heißt auf Englisch:' angehängt und in Bild 4.14 rechts im Anzeigeelement 'Englisch' ausgegeben.

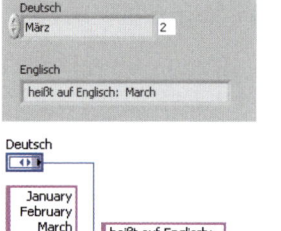

Bild 4.14 Übersetzung der 12 deutschen Monatsnamen in die englischen Entsprechungen im Programm '0412-String-Uebersetzung.vi'

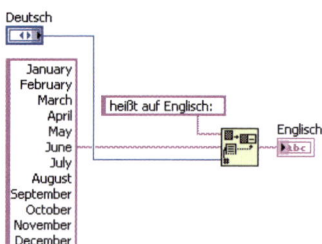

Bild 4.15 Diagramm zum Panel in Bild 4.14

Für den Datentyp String gibt es weder den Begriff der Genauigkeit noch eine Eigenschaft, die dem booleschen Schaltverhalten entspricht. Jedoch lässt sich ein String auf dem Panel auf **unterschiedliche Art darstellen**, wie Bild 4.16 zeigt.

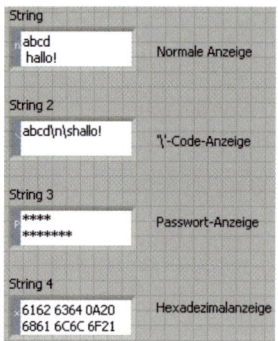

Bild 4.16 Verschiedene Möglichkeiten, ein und denselben String 'abcd …' anzuzeigen ('0416-StringAnzeige.vi')

Es gibt vier Möglichkeiten: Man wählt eine dieser Darstellungsoptionen im Kontextmenü zum Bedien- oder Anzeigeelement einer Stringvariablen auf dem Frontpanel bzw. bei einer Stringkonstanten im Diagramm.

Außerdem lässt sich der Anzeigetyp ähnlich wie bei den numerischen Datentypen ('Sichtbare Objekte' – 'Radix' im Kontexmenü) mit 'Sichtbare Objekte' – 'Anzeigemodus' durch kleine Symbole links im Anzeigefeld kennzeichnen, siehe Bild 4.16 .

Merke: Für Stringdatentypen kann man keine Genauigkeit definieren. Dafür hat man folgende Auswahl bei der Darstellung:
- Normale Anzeige
- '\'-Code-Anzeige
- Passwortanzeige
- Hexadezimalanzeige

4.4 Arrays

Wie alle höheren Programmiersprachen kennt auch LabVIEW die Datenstruktur 'Feld' oder 'Array'. In einem Array werden **mehrere Datenelemente** eines bestimmten Datentyps **unter einem Namen** zusammengefasst. **Alle Elemente müssen vom gleichen Datentyp sein.** Verschiedene Elemente eines Arrays werden durch ihren **Index** unterschieden. Arrays können mehrere **Dimensionen haben:**

- **1-dimensionale** Arrays: Hier läuft der Index von 0 bis $(n-1)$, wenn das Array aus n Datenelementen besteht. Man nennt ein solches Array auch Vektor.

- **2-dimensionale** Arrays: Der Index ist ein Zahlenpaar, das von (0,0) bis $(m-1, n-1)$ läuft. Ein 2-dimensionales Array heißt auch **Matrix.**

- Man kann in LabVIEW in entsprechender Weise auch höherdimensionale Arrays der Dimension 3, 4 usw. bilden. Doch ist ihre praktische Bedeutung geringer.

4.4.1 Definition und Initialisierung eines 1-dimensionalen Arrays

Man kann Arrays nicht nur mit numerischen Datentypen bilden, sondern auch z.B. mit Daten vom Typ boolesch oder String. Deshalb verläuft der Prozess der Definition eines Arrays stets mehrstufig: zuerst das Symbol für Array wählen, dann ein Bedien- oder Anzeigeelement, das den gewünschten Datentyp repräsentiert:

1. Unter 'Elemente' – 'Modern' – 'Array, Matrix & Cluster' das winkelartige Symbol 'Array' links oben anklicken und mit der Maus aufs Panel ziehen. Man sieht ein Quadrat, an dessen linker Seite ein Indexfeld angeheftet ist. Das Array ist noch nicht funktionsfähig.

2. Bedienelement oder Anzeigeelement des gewünschten Datentyps unter 'Elemente' suchen, anklicken und ins Innere des Array-Rahmens ziehen. Dieser ändert dabei seine Gestalt. Bild 4.17 zeigt einige Beispiele.

3. Nach diesen zwei Schritten ist ein 1-dimensionales Array **definiert**. Man kennt seinen Typ, aber noch nicht den Inhalt. Die Festlegung des Inhalts heißt **Initialisierung**. Sie geschieht entweder durch manuelle Eingabe der Werte von n Datenelementen oder mit Hilfe von speziellen Array-Funktionen. Bild 4.18 zeigt Arrays mit verschiedenen Datentypen nach **manueller** Initialisierung. Bei Arrays von Anzeigeelementen müssen die Daten per Programm erzeugt und zugeordnet werden.

Das Programm '0417-Arrays.vi' in Bild 4.17 ist nicht ausführbar, weil dem Array links oben noch kein Datentyp zugeordnet wurde. Darunter sieht man auf korrekte Weise angelegte 1-dimensionale Arrays vom Datentyp numerisch, boolesch und String. Links erscheinen sie in komprimierter Form, rechts aufgezogen zu drei, vier oder zwei Elementen. Diese Arrays sind **definiert**, aber noch **nicht initialisiert**. Das heißt, sie haben noch keinen Inhalt.

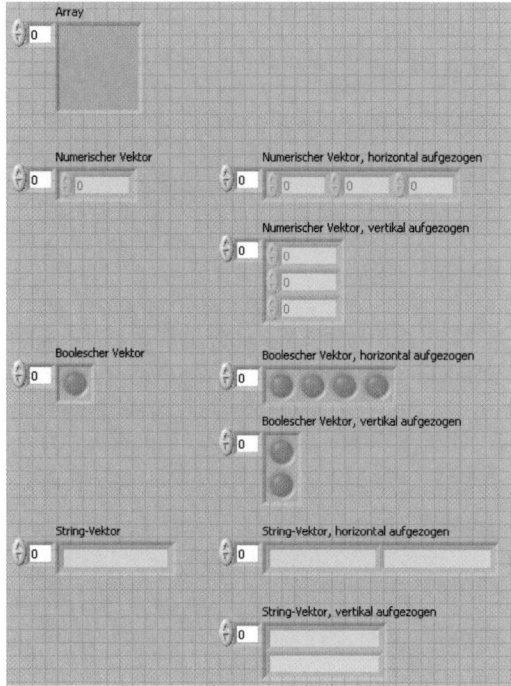

Bild 4.17 Verschiedene 1-dimensionale Arrays. Links oben der leere Array-Rahmen, mit dem die Bildung eines Arrays gestartet wird

Die **manuelle** Initialisierung erfolgt, indem man über die Tastatur Werte für jedes Element des Arrays eingibt. Bei einem aufgezogenen Array klickt man einfach das entsprechende Element an und gibt dessen Wert bei numerischen Arrays entweder über die Pfeiltasten links am Element ein oder über die Tastatur, nachdem man den Mauszeiger ins Feld gesetzt hat. Ist das Array nicht aufgezogen, d.h. besteht es nur aus einem einzigen Datenfeld, muss man zuvor links den entsprechenden Index einstellen.

Die manuelle Initialisierung **muss nicht bei jedem Aufruf** des VIs erneut durchgeführt werden. Man kann alle Initialisierungsdaten erhalten, indem man 'Bearbeiten' – 'Aktuelle Werte als Standard' wählt und anschließend das VI zusammen mit diesen Werten speichert.

Wie zieht man ein Array auf? – Anzeige mehrerer Array-Elemente

Man macht **mehrere** Elemente eines Arrays sichtbar ('zieht das Array auf'), indem man mit dem linken Mauszeiger die rechte obere oder untere Ecke fasst und nach rechts zieht (horizontal aufziehen) oder indem man nach oben oder unten zieht (vertikal aufziehen). Bild 4.17 und Bild 4.18 zeigen das Ergebnis. Das Aufziehen ist nur bei kleineren Arrays sinnvoll. Im Falle größerer Arrays bekommt man schnell Platzprobleme auf dem Panel.

Ist ein 1-dimensionales Array **vertikal** aufgezogen, kann man es erst dann horizontal aufziehen, nachdem man es **zuvor wieder auf ein Element** verkleinert hat.

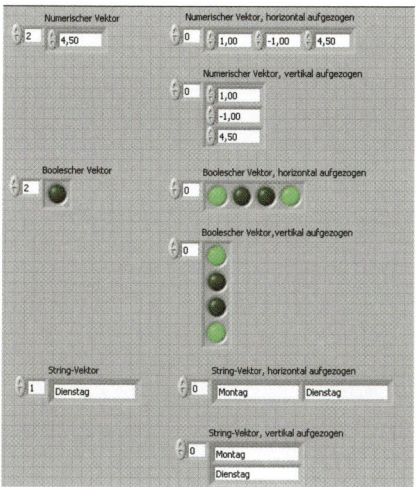

Bild 4.18 Initialisierte Arrays mit verschiedenen Datentypen in '0418-ArraysManuellinitialisiert.vi'. Stellt man einen Indexwert ein wie z.B. 2 links oben für den numerischen Vektor, so wird der Wert des entsprechend indizierten Datenelements angezeigt. Ist das Array aufgezogen, steht das Datenelement mit dem kleinsten Index ganz links bzw. ganz oben

Im Umgang mit größeren Arrays ist die **programmatische Initialisierung** unumgänglich. Man nutzt in diesem Fall 'Funktionen' – 'Programmierung' – 'Array' – 'Array initialisieren'. Dabei wird das Array mit n gleichen Werten für den gewählten Datentyp gefüllt, z.B. mit 1000 Nullen beim Typ numerisch oder mit 25-mal TRUE für den booleschen Datentyp usw. Bild 4.19 zeigt ein Beispiel. Sind die Inhalte im Array nicht alle gleich, muss man komplexere VIs schreiben, siehe z.B. Abschnitt 4.4.7.

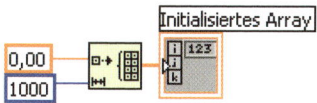

Bild 4.19 Programmatische Initialisierung eines 1-dimensionalen Arrays mit 1000 Datenelementen vom Typ numerisch (DBL) und dem Wert 0,00

4.4.2 Definition und Initialisierung eines 2-dimensionalen Arrays

Die ersten beiden Schritte sind die gleichen wie beim 1-dimensionalen Array. Danach fasst man das kleine Indexfeld links mit dem Mauszeiger an der unteren Kante und zieht es nach unten. Auf diese Weise öffnet man ein zweites Index-Eingabefeld. Es zeigt den Spaltenindex, während das obere Eingabefeld den Zeilenindex enthält. In gleicher Weise kann man auch 3- oder höherdimensionale Arrays erzeugen. Eine Erhöhung der Dimension ist auch **im Kontextmenü** des Indexfeldes möglich ('Dimension hinzufügen').

Wie beim 1-dimensionalen Array kann man auch hier das Array aufziehen, um alle Datenelemente sichtbar zu machen. Doch ist das natürlich aus Platzgründen nur bei sehr kleinen Arrays sinnvoll. Die Initialisierung erfolgt wie beim 1-dimensionalen Array manuell oder programmatisch. Die Initialisierung per Programm zeigt Bild 4.20, während Bild 4.21 die manuelle Initialisierung an verschiedenen Beispielen 2-dimensionaler Arrays vom Typ numerisch, boolesch und String darstellt.

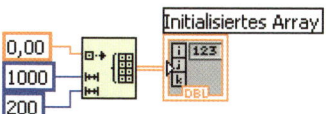

Bild 4.20 Programmierte Initialisierung eines 2-dimensionalen Arrays mit 1000 × 200 Datenelementen vom Typ numerisch (DBL) mit dem Wert 0,00. Die Zahl der Dimensionen kann man durch Aufziehen der Funktion 'Array initialisieren' einstellen

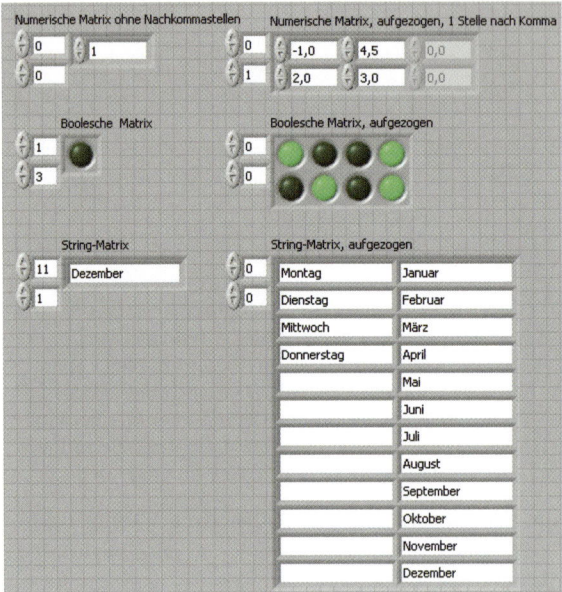

Bild 4.21 Beispiele verschiedener 2-dimensionaler Arrays, auch Matrix genannt

Aufgabe 4.3

Schreiben Sie ein VI mit einem Panel wie in Bild 4.21. Speichern Sie das Programm so ab, dass beim nächsten Laden des Programms von der Festplatte wieder die gleichen Werte angezeigt werden.

4.4.3   Array erstellen

Man kann Arrays auch aus Arrays niederer oder gleicher Dimension bilden. Dazu dient die Funktion 'Array erstellen' unter 'Funktionen' – 'Programmierung' – 'Array'. Bild 4.22 zeigt einige Möglichkeiten.

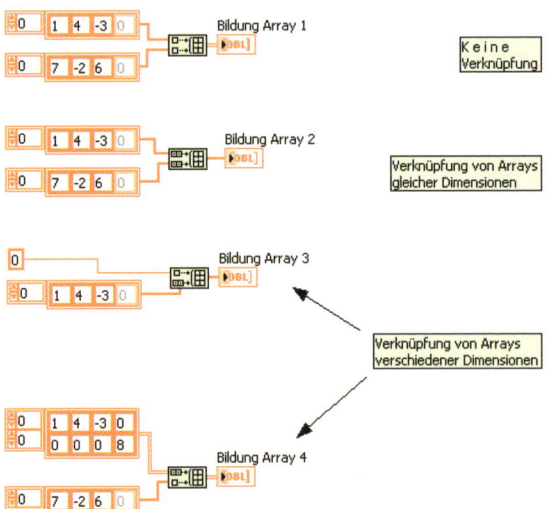

Bild 4.22 Bildung von Arrays aus vorgegebenen **konstanten** Arrays oder aus Zahlen mit Hilfe der Funktion 'Array erstellen'

Bei Arrays **gleicher** Dimension kann man im Kontextmenü 'Eingänge verknüpfen' einstellen (an den kleinen Pünktchen im Symbol erkennbar) oder nicht. Bei Arrays **verschiedener** Dimension ergibt sich die Einstellung von selbst. Bild 4.23 zeigt die Ergebnisse nach Start des Programms '0422-ArrayAusAnderenArrays.vi'.

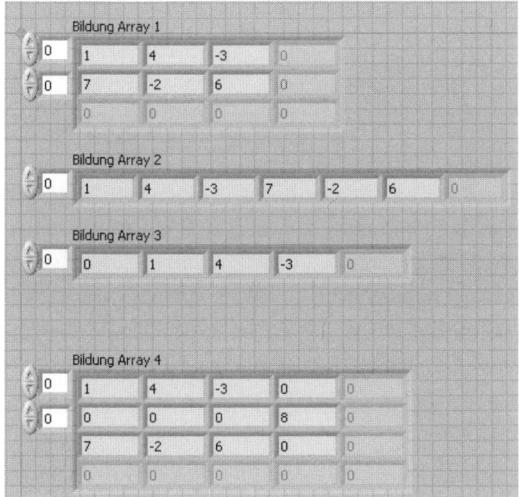

Bild 4.23 Ergebnisse beim Ablauf des VIs '0424-ArrayAusAnderenArrays.vi' in Bild 4.22

4.4.4 Rechnen mit Arrays: Addition

Viele Funktionen von LabVIEW sind **polymorph**. Das bedeutet, der Typ der Eingangsdaten kann variieren, ohne dass man als Anwender jeweils eine andere Funktion wählen muss. Ein typisches Beispiel ist der Plusoperator, den wir bereits in Abschnitt 1.4.1 verwendet haben. Er ist zu finden unter 'Funktionen' – 'Programmierung' – 'Numerisch' und hat die Bezeichnung 'Addieren'. Diesem Operator kann man zwei Summanden in jeder Form der zwölf numerischen Datentypen zuführen, z.B. als zwei Integerzahlen mit 32 Bit, 16 Bit oder 8 Bit, mit oder ohne Vorzeichen. Ebenso lassen sich mit dem gleichen Operator Gleitkommazahlen addieren und auch komplexe Zahlen mit beliebiger Genauigkeit.

Die Polymorphie des Plusoperators reicht sogar noch weiter: Man kann auch Matrizen beliebiger Dimension addieren, wie Bild 4.24 und Bild 4.25 zeigen.

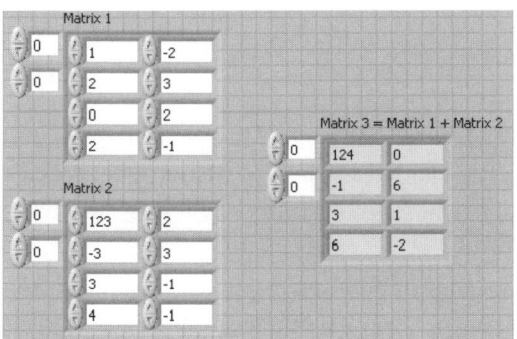

Bild 4.24 Addition zweier Matrizen mit Hilfe des polymorphen Plusoperators. Siehe Bild 4.25

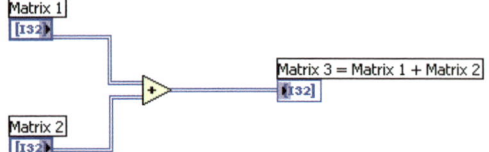

Bild 4.25 Diagramm zur Matrizenaddition in Bild 4.24

Es folgen Erläuterungen zur Matrizenaddition im Programm '0424-MatrAdd.vi'.

Dieses in Bild 4.24 und Bild 4.25 dargestellte VI kann wie folgt entwickelt werden:

- Definition und Initialisierung von 'Matrix 1' als Bedienelement,
- Definition und Initialisierung von 'Matrix 2' als Bedienelement. Die einfachste Methode besteht im Kopieren von 'Matrix 1'. Diese dazu so anklicken, dass sich ein gestrichelter Rahmen um die ganze Matrix bildet. Dann <Strg> drücken und die Matrix mit gedrückter linker Maustaste an eine andere Stelle im Panel ziehen.
- Die Kopie von 'Matrix 1' erhält automatisch den Namen 'Matrix 2'. Man kann ihn bei Bedarf unter Benutzung der Werkzeugtaste 'A' beliebig ändern.
- Entsprechend erhält man 'Matrix 3'. Sie ist im Kontextmenü in ein Anzeigeelement umzuwandeln!
- Im Diagramm ist nun noch der Additionsoperator abzusetzen und entsprechend Bild 4.25 mit den Terminals zu verbinden. Nach Start des Programms berechnet er Matrix 3$[i][k]$ = Matrix 1$[i][k]$ + Matrix 2$[i][k]$ für alle Indexpaare $[i][k]$. Das bedeutet bei einer Matrix mit m Zeilen und n Spalten, dass $[i][k]$ von $[0][0]$ bis $[m-1][n-1]$ läuft. Äußerlich erkennt man den Unterschied zur Addition von einzelnen Zahlen nur an den doppelt ausgezogenen Verbindungslinien der Datenpfade in Bild 4.25.
- Startet man das Programm im Modus 'Wiederholt ausführen', kann man die Elemente in den Eingangsmatrizen Matrix 1 und Matrix 2 ändern und unmittelbar die Summenbildung in Matrix 3 beobachten.

4.4.5 Rechnen mit Arrays: Multiplikation

Bekanntlich verläuft die Multiplikation von zwei Matrizen A, B mit C = A × B **nicht** nach der Formel

$$c_{ik} = a_{ik} \cdot b_{ik}$$

Vielmehr gilt

$$c_{ik} = \sum_{j=1}^{n} a_{ij} \cdot b_{jk} \qquad i = 1,...,m; \ k = 1,...,l \quad \text{und} \quad j = 1,...,n \qquad (4.1)$$

wobei A eine Matrix mit m Zeilen und n Spalten ist und B eine Matrix mit n Zeilen und l Spalten. Das heißt, die Spaltenzahl der im Produkt links stehenden Matrix A muss gleich der Zeilenzahl der rechts stehenden Matrix B sein. Andernfalls ist das Produkt nicht definiert. Am einfachsten ist die Multiplikation zweier quadratischer Matrizen mit $n = m = l$.

Versucht man nun einfach, den Additionsoperator in Bild 4.25 durch den Multiplikationsoperator zu ersetzen, erhält man im Falle $n = m = l$ zwar wiederum eine quadratische Matrix, jedoch nicht das Matrizenprodukt im mathematischen Sinne. Bild 4.26 zeigt ein Beispiel. Hier wird eine 2 × 4-Matrix A mit einer 4 × 2-Matrix multipliziert. Die elementweise

Multiplikation mit dem Multiplikationsoperator ('Funktionen' – 'Programmierung' – 'Numerisch' – 'Multiplizieren') ist nur für die ersten beiden Zeilen und Spalten möglich. LabVIEW erkennt das und berechnet automatisch nur diese vier Produkte. Das Matrizenprodukt nach Formel (4.1) dagegen besteht hier aus vier **Skalarprodukten**:

$$c_{11} = a_{11} \cdot b_{11} + a_{12} \cdot b_{21} + a_{13} \cdot b_{31} + a_{14} \cdot b_{41}$$

$$c_{12} = \dots$$

bzw. weil die Indizes in LabVIEW nicht mit 1, sondern mit 0 beginnen:

$$c_{00} = a_{00} \cdot b_{00} + a_{01} \cdot b_{10} + a_{02} \cdot b_{20} + a_{03} \cdot b_{30}$$

$$c_{01} = \dots$$

Bild 4.26 zeigt das Panel, Bild 4.27 das Diagramm eines VI, das beide Arten der Produktbildung durchführt. Die Berechnung der Skalarprodukte muss nicht explizit vom Programmierer vorgenommen werden. LabVIEW hat eine eigene Funktion zur Bildung des Matrizenprodukts, die man unter 'Funktionen' – 'Mathematik' (einige Zeilen unter 'Programmierung') – 'Lineare Algebra' als 'A × B' findet. Diese Funktion bildet nicht nur ein einziges Skalarprodukt, sondern alle, die für eine spezielle Matrizenmultiplikation erforderlich sind. Außerdem ordnet sie die Einzelergebnisse in der richtigen Reihenfolge als Matrix an.

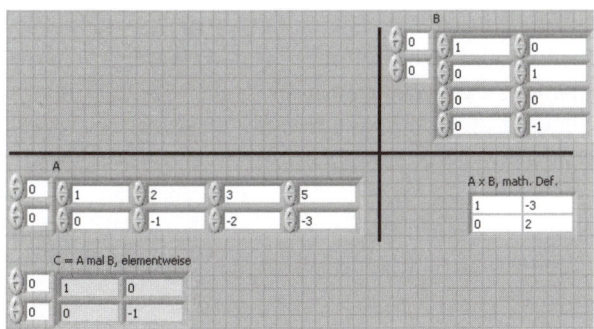

Bild 4.26 Multiplikation der Matrizen A und B, elementweise und gemäß mathematischer Definition

'C = A mal B elementweise' erscheint in Matrizendarstellung auf dem Frontpanel, wenn man den Ausgang von A x B mit 'Erstellen' – 'Anzeigeelement' nutzt und die so gebildete Matrix im Kontextmenü entsprechend der Anzeige links umformt

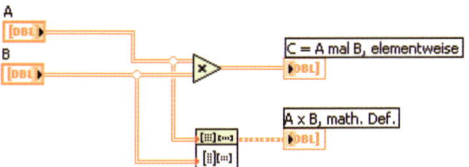

Bild 4.27 Multiplikation der Matrizen A und B: oben elementweise, unten entsprechend der mathematischen Definition

4.4.6 Steuerung von For-Schleifen mit Arrays

In Abschnitt 3.3 wurde die For-Schleife eingeführt. Die Zahl der Schleifendurchläufe wurde durch Anschluss des N-Eingangs an das Terminal eines Bedienelements bestimmt. Beispiele finden sich in den Bildern 3.17 und 3.18. Auch der Anschluss einer Konstante ist möglich. Fehlt der N-Anschluss, ist das VI fehlerhaft und kann nicht gestartet werden.

In vielen Fällen ist es eleganter, die Zahl der Schleifendurchläufe mit Hilfe eines Arrays festzulegen. Bild 4.28 und Bild 4.29 zeigen ein Beispiel, bei dem die Quadrate der Arrayelemente addiert werden und anschließend die Wurzel gezogen wird. Deutet man das Array als Vektor, erhält man so seine Länge.

Entsprechendes gilt auch für 2- oder mehrdimensionale Arrays.

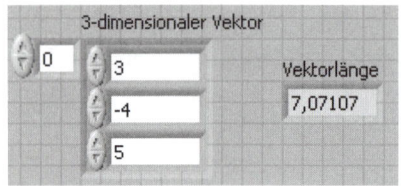

Bild 4.28 Berechnung der Länge eines 3-dimensionalen Vektors im Programm '0428-Vektorlänge.vi'

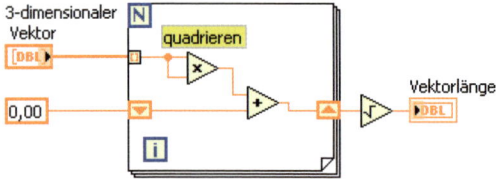

Bild 4.29 Implizite Bestimmung der Anzahl der Durchläufe einer For-Schleife durch ein Array vom Typ Vektor (1-dimensionales Array)

Bemerkungen zu Bild 4.28 und Bild 4.29

- Der Anschluss N wird nicht benötigt. LabVIEW entnimmt die Zahl der Schleifendurchläufe der Zahl der Elemente im Array '3-dimensionaler Vektor'.

- Wichtig ist, dass beim Eintritt des Datenpfades vom Array in die For-Schleife die Indizierung aktiviert ist. Falls das nicht automatisch geschieht, im Kontextmenü des Eintrittstunnels (kleines Quadrat) 'Indizierung aktivieren' aufrufen. Die Verbindungslinie im Innern der For-Schleife wird so dünner. Das bedeutet, dass nicht alle Daten des Arrays zusammen transferiert werden, sondern pro Schleifendurchlauf nur jeweils ein Datenelement: Datenelement 0 beim ersten Durchlauf, Datenelement 1 beim zweiten Durchlauf usw.

- Im Beispiel wird also über das Eingangsterminal zuerst der Wert 3 vom Panel geholt, quadriert und zum Initialisierungswert 0 des Schieberegisters addiert. Beim zweiten Durchlauf kommt über das Schieberegister der Wert $9 = 3^2$ zurück. Aus dem Array wird das Element –4 entnommen, ebenfalls quadriert und dann zu 9 addiert. Das Ergebnis ist 25. Im dritten Durchlauf wird $25 = 5^2$ gebildet und zu 25 addiert, Ergebnis 50. Die Schleife wird nun verlassen, die Wurzel von 50 gleich 7,07107 gebildet und auf dem Panel in Bild 4.28 angezeigt.

Weitere Ergänzungen zum Programm '0428-Vektorlänge.vi'

- Dieses Programm kann nicht nur die Länge eines 3-dimensionalen Vektors, sondern eines n-dimensionalen Vektors mit beliebigem $n = 0, 1, 2, 3, 4,\ldots$ berechnen. Man muss im Array nur die entsprechende Zahl von Elementen initialisieren.

- Will man z.B. die Länge eines 5-dimensionalen Vektors berechnen, zieht man das 1-dimensionale Array auf fünf Elemente auf und initialisiert die letzten beiden Komponenten, indem man irgendwelche Zahlen einträgt. **Anmerkung:** Vektoren sind stets 1-dimensionale Arrays. Die Zahl ihrer Komponenten heißt Dimension des Vektors (nicht des Arrays!).

- Hat ein Vektor bereits fünf initialisierte Komponenten und möchte man ihn auf zwei Komponenten reduzieren, wählt man für die nicht mehr erwünschten Bestandteile das Kontextmenü und dort 'Datenoperationen' – 'Element löschen'.

Frage: Was geschieht, wenn man in einer For-Schleife die Zahl der Durchläufe zweifach bestimmt, nämlich a) direkt durch Anschluss des N-Eingangs und b) durch **indirekte** Bestimmung mit Hilfe eines Vektors der Dimension n?

Antwort: Der **direkte N-Anschluss** bestimmt das Verhalten der Schleife, wenn $N < n$ ist, sonst der indirekte.

Aufgabe 4.4

Schreiben Sie ein VI, das ein 1-dimensionales Array mit den Quadratzahlen $1^2, 2^2, \ldots, n^2$ initialisiert und anschließend die Summe dieser Quadratzahlen berechnet. Verwenden Sie dazu die indirekte Festlegung für die Zahl der Schleifendurchläufe.

Aufgabe 4.5

Überzeugen Sie sich vom Vorrang der direkten Festlegung der Zahl der Schleifendurchläufe für $N < n$, indem Sie ein VI schreiben, bei dem eine For-Schleife sowohl durch einen konstanten N-Eingang von 2 bzw. 4 als auch durch einen 3-dimensionalen Vektor gesteuert wird. Testen Sie das VI im Debug-Modus.

Aufgabe 4.6

Schreiben Sie ein VI für die Inversion einer Matrix mit Hilfe der eingebauten LabVIEW-Funktion. Die Funktion zur Berechnung der Inversen einer quadratischen Matrix ist unter 'Funktionen' –'Mathematik' – 'Lineare Algebra' mit der Bezeichnung 'Inverse Matrix' zu finden.

Anleitung: Es muss gelten $A \times A^{-1} = E$. Dabei ist E die Einheitsmatrix, deren Elemente 0 sind mit Ausnahme der Hauptdiagonalen (von links oben nach rechts unten), in der nur Einsen stehen. Das sollten Sie in Ihrem Programm überprüfen!

Aufgabe 4.7

Schreiben Sie ein VI für die Berechnung des Skalarprodukts zweier n-dimensionaler Vektoren. Siehe dazu Abschnitt 4.4.5.

Allgemeine Hinweise

1. Bekommt man Schwierigkeiten bei der Platzierung neuer Elemente auf dem Panel oder im Diagramm, kann man sich Platz verschaffen, indem man <Strg> drückt und anschließend mit der linken Maustaste ein kleines leeres Rechteck aufzieht. Alle Objekte werden dann automatisch verschoben.

2. Terminals für Funktionen kann man automatisch erzeugen, indem man das Kontextmenü aufruft und dort 'Erstellen' – 'Bedienelement' bzw. 'Erstellen' – 'Anzeigeelement' wählt.

4.4.7   Behandlung einzelner Arrayelemente

Die Initialisierung größerer Arrays mit der LabVIEW-Funktion 'Array initialisieren' führt dazu, dass alle Elemente denselben Wert haben. Das ist nicht immer erwünscht. Wie kann man z.B. programmgesteuert eine Einheitsmatrix erzeugen, bei der alle Elemente der

Hauptdiagonalen den Wert 1 und alle anderen den Wert 0 haben? In Bild 4.30 und Bild 4.31 wird eine mögliche Lösung gezeigt:

Zunächst wird eine noch namenlose quadratische (n,n)-Matrix mit 0 initialisiert. Das Ergebnis wird einer Schleife zugeführt, welche der Reihe nach die n Zeilen 0, 1, … $(n-1)$ durchläuft. In der i-ten Zeile wird nun mit Hilfe der Funktion 'Teilarray ersetzen' (aus 'Funktionen' – 'Programmierung' – 'Array', erste Zeile rechts) die 0 in der i-ten Spalte mit einer 1 überschrieben.

Beachten Sie, dass eine Sequenzstruktur hier nicht nötig ist. Die Sequenz wird durch die Datenabhängigkeit erzwungen. Die For-Schleife wird erst ausgeführt, wenn die von links kommende Doppellinie alle n^2 Nullen aus 'Array initialisieren' zur Verfügung stellt.

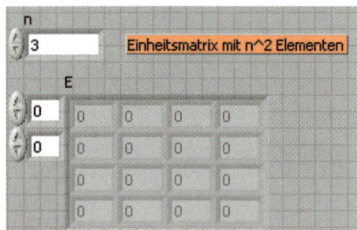 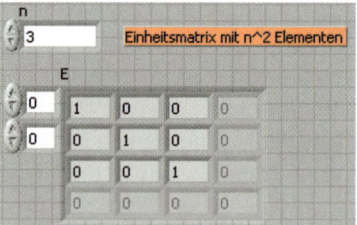

Bild 4.30 Erzeugung und Anzeige einer 3-reihigen Einheitsmatrix **vor** dem Start und **nach** dem Ende. Das Diagramm ist in Bild 4.31 zu sehen

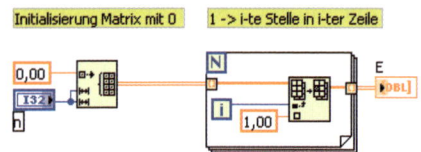

Bild 4.31 Programm '0430-ArrayEinheitsmatrix.vi' zur Erzeugung einer Einheitsmatrix, siehe auch Bild 4.30

Wichtig ist ferner, dass Eingang und Ausgang des Datenpfades aus der For-Schleife auf 'Indizierung aktiviert' stehen.

> **Merke:** Ein Array ist die Zusammenfassung mehrerer Datenelemente gleichen Typs unter einem Namen. Die einzelnen Elemente unterscheiden sich durch ihren Index.
>
> **Merke:** 1-dimensionale Arrays nennt man Vektoren. 2-dimensionale Arrays heißen Matrizen. LabVIEW kennt auch 3- oder mehrdimensionale Arrays.
>
> **Merke:** Haben Arrays den Datentyp numerisch, kann man sie addieren und multiplizieren ähnlich wie einzelne Zahlen. Die Matrizenmultiplikation A × B erfolgt (anders als die elementweise Multiplikation) mit einem speziellen Programm aus 'Funktionen' – 'Mathematik' – 'Lineare Algebra'.
>
> **Merke:** Mit Arrays lassen sich For-Schleifen steuern.

LabVIEW stellt noch viele andere Funktionen zur Bearbeitung von Arrays zur Verfügung, wie Bild 4.32 zeigt. Wir werden einige davon später bei Bedarf besprechen.

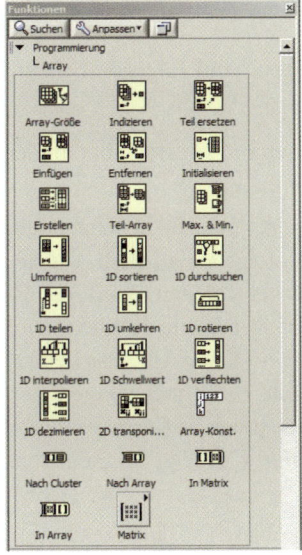

Bild 4.32 Palette 'Funktionen' – 'Programmierung' – 'Array'

Aufgabe 4.8

Schreiben Sie ein VI, das aus einer quadratischen Matrix die Elemente der Hauptdiagonalen auswählt und als Vektor ausgibt.

Hinweis: Verwenden Sie die Funktion 'Array indizieren' unter 'Funktionen' – 'Programmierung' – 'Array'.

4.5 Cluster

Auch Cluster sind Zusammenfassungen mehrerer Datenelemente unter einem Namen. Im Gegensatz zu Arrays können hier jedoch Datenelemente **verschiedenen Typs** vereinigt werden. Die Verbindungslinie eines Clusters wird wie beim Array durch eine **einzige** Leitung dargestellt. Das macht das Diagramm eines VI sehr viel übersichtlicher. Man kann **Cluster nicht indizieren**, jedoch werden die Elemente **intern nummeriert**. Das wird wichtig, wenn man Operationen mit Clustern ausführt. Ein Beispiel einer Funktion, die ein Cluster als Ausgabe liefert, ist die LabVIEW-Funktion 'Einfacher Fehlerbehandler'. Sie ist zu finden unter 'Funktionen' – 'Programmierung' – 'Dialog & Benutzeroberfläche'. Bild 4.33 zeigt die Panelanzeige. Sie erscheint, wenn man per Kontextmenü rechts bei 'Fehler (Ausgang)' dieser Funktion ein Anzeigeelement erstellt.

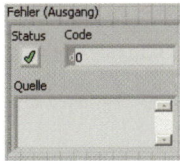

Bild 4.33 Anzeige des Fehlerausgangs der Funktion 'Einfacher Fehlerbehandler' auf dem Panel

Das Cluster in Bild 4.33 enthält drei Elemente:

- Status, boolesche Variable,
- Code, Fehlercode vom Typ I32,
- Quelle, Beschreibung des Fehlers in Worten vom Typ String.

4.5.1   Erzeugung eines Clusters

Um ein Cluster wie das in Bild 4.33 auf dem Panel zu erzeugen, sind folgende Schritte erforderlich:

1. Unter 'Elemente' – 'Modern' – 'Array, Matrix & Cluster' das Symbol 'Cluster' oben in der Mitte anklicken und aufs Panel ziehen. Man sieht einen leeren Rahmen.

2. Wie bei den Arrays muss man den Cluster-Rahmen mit Anzeige- oder Bedienelementen beliebigen Datentyps füllen. Dabei ist die gewünschte Reihenfolge einzuhalten. Cluster mit gleichen Elementen, doch **anderer Reihenfolge gelten als verschieden**. Beim Auffüllen mit Datenelementen (Bedien- oder Anzeigeelementen) stellt man im Kontextmenü des Cluster-Rahmens anfangs besser 'Auto-Größenanpassung' – 'Keine' ein. Das bedeutet, dass sich der Rahmen nicht automatisch auf die Größe des ersten eingefügten Elements zusammenzieht. Man erweitert nun den Cluster-Rahmen auf eine passende Größe und füllt ihn mit allen gewünschten Datenelementen. Bild 4.34 zeigt ein mögliches Ergebnis. Hier wurde gewählt:

   - boolesches Anzeigeelement 'Leuchte (rechteckig)' aus 'Boolesch'. Die Bezeichnung 'Boolesch' des Elements wurde mit 'Status' überschrieben, das Element selbst zu einem Quadrat aufgezogen.

   - numerisches Anzeigeelement aus 'Numerisch'. Der Name 'Numerisches Element' wurde überschrieben mit 'Code'.

   - 'String-Anzeige' aus 'String & Pfad'. Der Name 'String' wurde mit 'Quelle' überschrieben.

Bild 4.34 zeigt das Ergebnis.

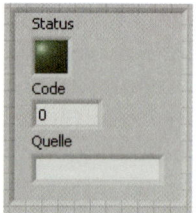

Bild 4.34 Cluster, dem eingebauten LabVIEW-Fehler-Cluster nachempfunden. Als Fehlercode wurde der Wert 0 (kein Fehler) eingegeben. Zu finden unter '0436-ClusterErzeugung1.vi'

Man kann den so erzeugten Fehler-Cluster genauso wie den vom LabVIEW-System gelieferten an die Funktion 'Einfacher Fehlerbehandler' anschließen, siehe Bild 4.35.

Startet man das VI mit Fehlercode 0 (kein Fehler), wird der Text in 'Fehlerquelle (" ")' im Clusterelement 'Quelle' nicht angezeigt. Stellt man dagegen einen Fehlercode ungleich 0 ein, z.B. 1 oder 2, wird neben diesem Code im Cluster auch der Text aus dem Clusterelement 'Fehlerquelle (" ")' übertragen und in 'Quelle' angezeigt, siehe dazu Bild 4.36.

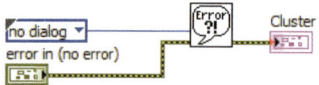

Bild 4.35 Diagramm zur Clustererzeugung in Bild 4.34

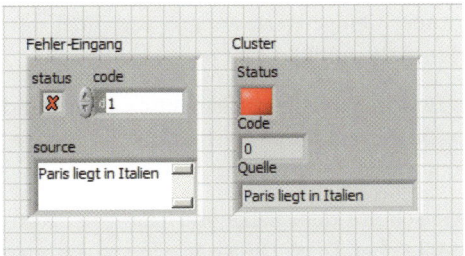

Bild 4.36 Cluster, dem eingebauten LabVIEW-Fehler-Cluster nachempfunden. Als Code wurde 1 eingegeben und der Status durch Anklicken in ein rotes Kreuz verwandelt. Beim Start wird der String 'Paris liegt in Italien' aus dem Fehler-Eingang ins Cluster übertragen und dort zusammen mit dem Code angezeigt. Die Statusanzeige wird rot, sofern man die LED vorher für ihre beiden Zustände grün und rot gefärbt hat

Es gibt eine weitere Möglichkeit, Cluster zu erzeugen, nämlich durch **Bündeln** der einzelnen Komponenten: Man definiert auf dem Panel verschiedene Bedienelemente und vereinigt sie danach unter Verwendung der Funktion 'Bündeln', die man unter 'Funktionen' – 'Programmierung' – 'Cluster, Klasse, Variant' findet. Im Beispiel von Bild 4.37 bzw. Bild 4.38 werden einige Personaldaten wie Name, Vorname, Alter, Geschlecht und Monatsgehalt auf diese Weise zu einem Cluster zusammengefasst. Die Funktion 'Bündeln' ist auf fünf Elemente aufzuziehen, damit die fünf Datenleitungen zugeführt werden können. Zuletzt wird im Kontextmenü dieser Funktion 'Erstellen' – 'Anzeigeelement' angeklickt, was nunmehr automatisch zur Bildung des Rahmens von 'Ausgangs-Cluster' und der fünf Anzeigeelemente darin führt (siehe Bild 4.37). Startet man das Programm, werden die einzelnen Eingabewerte auch im Cluster angezeigt.

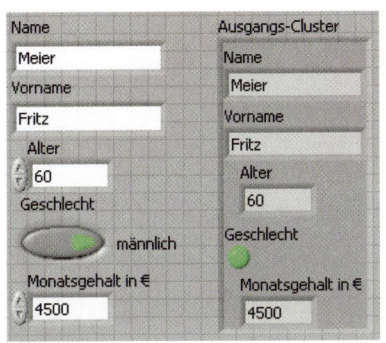

Bild 4.37 Erzeugung des Clusters rechts aus den fünf einzelnen Bedienelementen links ('0437-ClusterErzeugung2.vi')

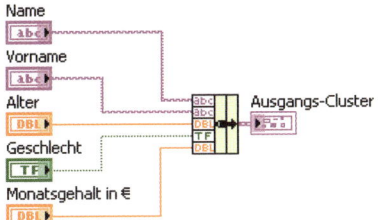

Bild 4.38 Diagramm zu Bild 4.37: Erzeugung eines Clusters aus einzelnen Bedienelementen durch Bündeln

Ist ein Cluster ein Bedienelement, sind auch alle Elemente des Clusters Bedienelemente. Entsprechendes gilt für Anzeigeelemente. Eine **Mischung ist nicht möglich**.

4.5.2   Clusterwerte ändern

Die Funktion für 'Bündeln' in Bild 4.38 hat in der Mitte noch einen weiteren Anschluss. Er kann mit einem bereits vorhandenen Eingangs-Cluster verbunden werden. Die von links der 'Bündel'-Funktion zugeführten Einzelwerte verändern dann die entsprechenden Werte im

Eingangs-Cluster. Will man einen einzelnen Wert oder wenige Werte ändern, verbindet man nur die entsprechenden Eingänge von 'Bündeln'. Bild 4.39 und Bild 4.40 zeigen ein Beispiel.

Man kann Bild 4.39 deuten als Eheschließung zwischen Fräulein Clementine Meier und Herrn Fritz Bauer. Sie ändert dabei ihren Namen und erhält durch Vermittlung ihres Mannes eine Stelle, bei der sie jetzt genauso viel verdient wie er ('0439-ClusterÄndern.vi').

Die booleschen Variablen für das Geschlecht wurden auf dem Panel von Hand per Kontextmenü umgestellt auf 'Sichtbare Objekte' – 'Boolescher Text'. Diesen wiederum hat man von den voreingestellten Werten 'AUS' und 'EIN' auf 'weiblich' und 'männlich' geändert. Außerdem wurde die Schalterbezeichnung 'Boolesch' umgewandelt in 'Geschlecht'.

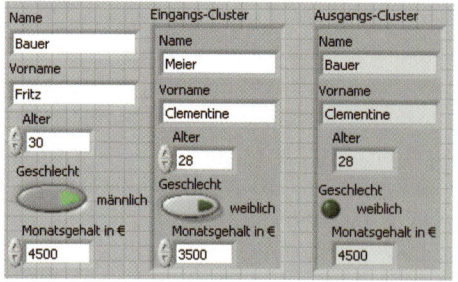

Bild 4.39 Änderung einzelner Elemente (Name und Monatsgehalt in Euro) im Eingangs-Cluster. Das Ergebnis wird im Ausgangs-Cluster angezeigt

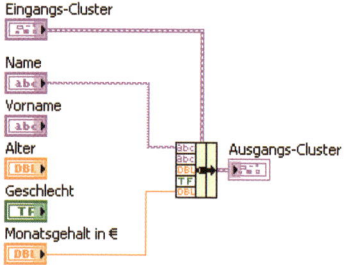

Bild 4.40 Änderung einzelner Werte (Name und Monatsgehalt in Euro) im Eingangs-Cluster, siehe Bild 4.39

Neben der Funktion 'Bündeln' gibt es auch die Funktion **'Nach Namen bündeln'**. Sie dient dem Zweck der Änderung einzelner Werte in einem Cluster, eignet sich aber **nicht zur Erzeugung eines Clusters**, weil am Mittelanschluss ein bereits existierender Cluster angeschlossen werden **muss**. Ein weiterer Unterschied besteht darin, dass jetzt nicht mehr die Typen der Eingangsdaten angezeigt werden, sondern deren Namen. Siehe dazu Bild 4.41, das die Programmierung von Bild 4.40 ersetzen kann. Schließlich dürfen **keine** unbenutzten Eingänge auftreten. Löschen im Kontextmenü mit 'Element entfernen'.

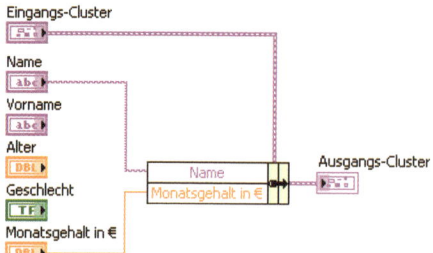

Bild 4.41 Änderung einzelner Werte eines Clusters mit der Funktion 'Nach Namen bündeln'. Wirkt genauso wie 'Bündeln' in Bild 4.40

4.5.3 Aufschlüsseln eines Clusters

Rechenoperationen wie Addieren oder Multiplizieren lassen sich mit Clustern im Normalfall nicht ausführen. Nur wenn in den zu verknüpfenden Clustern alle Elemente numerisch sind (Clusterterminal im Blockdiagramm wird in diesem Falle **braun**), ist das möglich. Enthalten aber Cluster nichtnumerische und numerische Daten (Terminal im Blockdiagramm rosa), mit denen man operieren will, muss man diese vorher aus den Clustern isolieren oder **aufschlüsseln**. Die zwei Funktionen dazu befinden sich im selben Untermenü wie 'Bündeln'. Sie heißen 'Aufschlüsseln' und 'Nach Namen aufschlüsseln'.

Bild 4.42 gibt ein Beispiel, wie man die Gehälter einer dreiköpfigen Familie (Vater, Mutter und Sohn) aufschlüsseln und dann addieren kann. Bild 4.43 zeigt das Diagramm dazu.

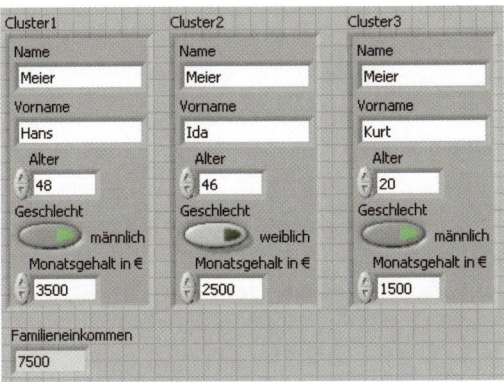

Bild 4.42 Berechnung des Familieneinkommens durch Aufschlüsseln der Einzelgehälter in den drei Clustern und anschließende Addition

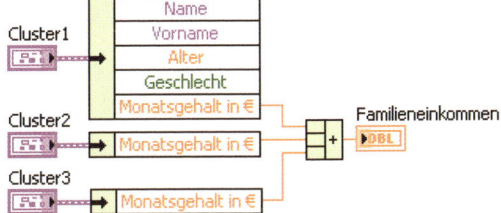

Bild 4.43 Nach Namen aufschlüsseln. Diagramm zu Bild 4.42. 'Cluster2' und 'Cluster3' wurden in der Anzeige auf das allein wichtige Element 'Monatsgehalt in €' reduziert

Bemerkungen zu Bild 4.43

1. Gewählt wurde die Funktion 'Nach Namen aufschlüsseln', zu finden unter 'Funktionen' – 'Programmierung' – 'Cluster, Klasse, Variant'. Ebenso gut hätte man aber auch 'Aufschlüsseln' wählen können.

2. Bei Cluster1 wurde die Aufschlüsselfunktion ganz aufgezogen, so dass man alle Elemente des Clusters mit ihren Namen sehen kann. Nötig ist das jedoch nicht. Es genügt, die interessierende Variable 'Monatsgehalt in €' herauszuziehen. Das geschieht, indem man die Aufschlüsselfunktion auf eine Zeile beschränkt und dann im Kontextmenü über 'Objekt auswählen' die richtige Variable sucht.

3. Die Addition von drei Operanden könnte über zwei hintereinander gehängte Aufrufe des Plusoperators erfolgen. Einfacher wählt man den Operator 'Mehrfacharithmetik' bei 'Funktionen' – 'Programmierung' – 'Numerisch'. Diesen kann man per Kontextmenü und 'Modus ändern' übrigens auch auf Multiplizieren und logische Funktionen umstellen.

Aufgabe 4.9

Schreiben Sie ein VI, das ein Eingangs-Cluster aus Personaldaten wie in Bild 4.37 für eine Person bildet. Auf dem Panel soll ferner eine Matrix (2-dimensionales Array) stehen, bei der in der linken Spalte die Erhöhung des Alters *aplus* in Jahren vermerkt wird und in der rechten die Prozentsätze p der Gehaltserhöhung. Der Einfachheit halber soll die Matrix nur vier Zeilen haben. Ferner gibt es ein Bedienelement Index mit Werten von 0 bis 3. Das VI soll die i-te Zeile aus der Matrix entnehmen und daraus das Alter berechnen, ferner den Prozentsatz p und damit das um p Prozent erhöhte Gehalt. Das neue Alter und das neue Gehalt sind in einem Ausgangs-Cluster neben den gleich gebliebenen Daten anzuzeigen.

Hinweis: Verwenden Sie auch hier die Funktion 'Array indizieren' unter 'Funktionen' – 'Programmierung' – 'Array' in der Mitte der ersten Zeile.

Merke: Ein Cluster ist die Zusammenfassung mehrerer Datenelemente von (in der Regel) verschiedenem Typ unter einem Namen.

Merke: Cluster erstellt man entweder manuell auf dem Panel durch Erzeugung eines Cluster-Rahmens, in den die einzelnen Bedienelemente gezogen werden. (Achtung! Reihenfolge ist wichtig!) Oder:
Man erzeugt sie per Programm aus einzelnen Bedienelementen (oder auch aus Anzeigeelementen), indem man die Funktion 'Bündeln' verwendet.

Merke: Man kann einzelne Elemente eines Clusters verändern, indem man mit ihm den Mitteleingang der Funktion 'Bündeln' oder 'Nach Namen Bündeln' von links einzelne geänderte Daten zuführt.

Merke: Nur mit den numerischen Elementen eines Clusters kann man numerische Operationen durchführen. Dazu benötigt man die Aufschlüsselfunktionen.

4.5.4   Umordnen der Elemente eines Clusters

Die Cluster links in Bild 4.44 dienen als Eingabe- und Ausgabeelement. Beabsichtigt ist die Übertragung der Werte im Eingabe-Cluster links an das Ausgabe-Cluster rechts. Versucht man aber, diese Elemente zu verbinden, erhält man in '0442-ClusterElementOrdnung.vi' eine gebrochene Linie.

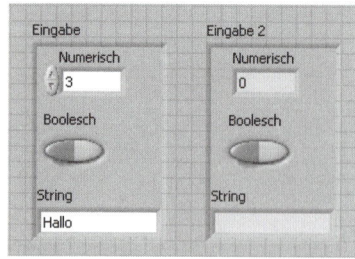
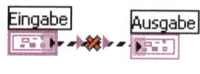

Bild 4.44 Versuch einer Datenübertragung. Sie misslingt, obwohl die Struktur der Cluster gleich zu sein scheint

Der Grund dafür ist, dass die Reihenfolge der Elemente in den Clustern, d.h. ihre interne Nummerierung, verschieden ist. Davon kann man sich überzeugen, wenn man im Kontextmenü des Clusters 'Elemente in Cluster neu ordnen...' anklickt. Die Reihenfolge der Clusterelemente Numerisch, Boolesch und String ist 1, 2, 0 im Eingabe-Cluster, dagegen 0, 1, 2 im Ausgabe-Cluster, wie Bild 4.45 zeigt.

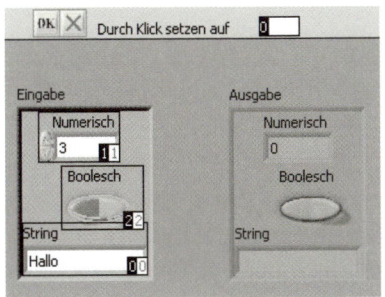 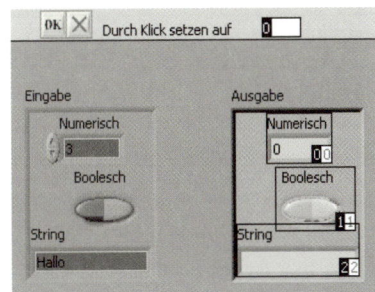

Bild 4.45 'Bedienelemente in Cluster neu ordnen'.   Man sieht verschiedene interne Nummerierungen

Ändert man die interne Reihenfolge z.B. im Eingabe-Cluster durch Anklicken der schwarzen Nummern unter Beachtung der Hinweise in der obersten Zeile, werden beide Cluster bezüglich ihrer inneren Struktur angeglichen. Die Verbindung im Diagramm ist dann problemlos möglich. Das VI zeigt nach dem Start ein Frontpanel gemäß Bild 4.46.

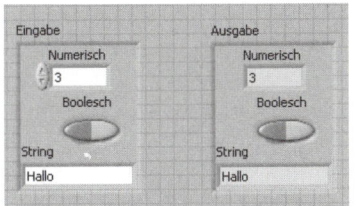

Bild 4.46 Enthalten die beiden Cluster nicht nur gleiche Variablentypen, sondern ist auch ihre interne Nummerierung die gleiche, kann man Eingabe- und Ausgabe-Cluster im Diagramm miteinander verbinden. Das VI lässt sich starten und sorgt für die Datenübertragung von links nach rechts

4.5.5   Cluster-Arrays

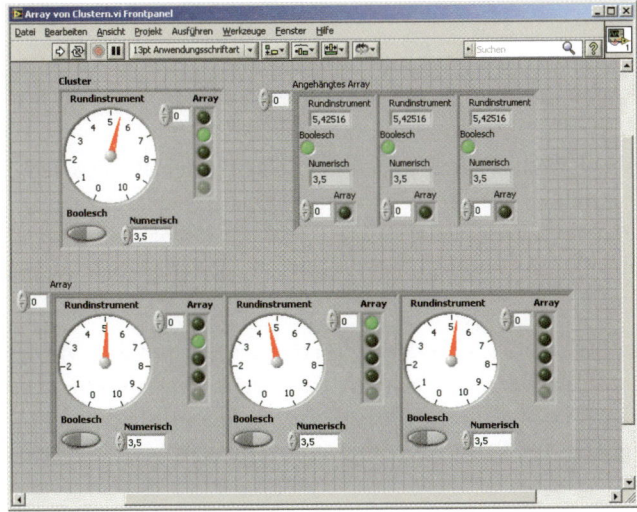

Bild 4.47 Arrays von Clustern: oben programmatisch gebildet (siehe Bild 4.48), unten manuell

Man kann Arrays von Clustern bilden, siehe Bild 4.47. Das Array dort oben rechts wurde programmatisch im Diagramm gemäß Bild 4.48 beim Start des Programms gebildet, daher zeigen die drei Elemente auch gleiche Inhalte.

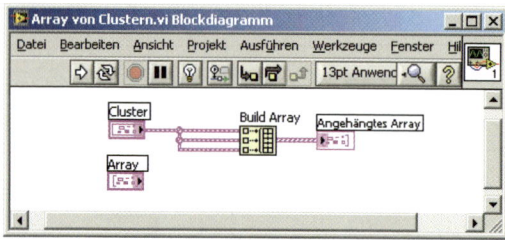

Bild 4.48 Array von Clustern

Dagegen wurde das Array unten in Bild 4.47 mit 'Elemente' – 'Modern' – 'Array, Matrix & Cluster' – 'Array' manuell gebildet. Dabei wurde das Element 'Cluster' links oben auf dem Frontpanel in das Array geschoben. **Achtung!** Der Mauszeiger muss ins Innere des leeren Quadrates des Arrayelements zeigen. Dann loslassen. Das anfangs kleinere Quadrat passt sich den Grenzen des größeren Clusters an. Anschließend wurde das Cluster-Array horizontal aufgezogen und mit verschiedenen Daten bestückt. Interessant ist dabei, dass man ein Array von Clustern bilden kann, die selbst Arrays enthalten. Dagegen kann man **keine Arrays von Arrays** bilden!

Merke: Man kann keine Arrays von Arrays bilden!

Dagegen kann man Arrays von Clustern mit Arrays bilden.

4.6   Ring & Enum

Unter 'Elemente' – 'Modern' – 'Ring & Enum' findet man die Elemente **'Textring', 'Menü-ring', 'Enum', 'Grafik-Ring'** und **'Text- & Grafikring'**. Alle diese Elemente sind standardmäßig ganze vorzeichenlose Zahlen vom Typ U16, die aber folgende zusätzliche Eigenschaften aufweisen:

1. Sie können vom Anwender mit beliebigen Texten und/oder Bildern verknüpft werden. Das heißt, wenn man beim Programmieren z.B. drei Texte eingibt, werden diesen die drei Zahlen 0, 1 und 2 zugeordnet.

2. Die jeweils verwendeten Zahlen sind zyklisch angeordnet. Das bedeutet, dass beim Hochzählen am Bedienelement mit der kleinen nach unten gerichteten Pfeiltaste die Zahlen und damit die zugeordneten Texte in der Folge 0, 1, 2, 0, 1, 2, … durchlaufen werden. Arbeitet man mit der nach oben zeigenden Pfeiltaste, erhält man die Zahlenfolge 2, 1, 0, 2, 1, 0, …

Der Typ 'Enum' wurde bereits in Abschnitt 3.3 bei der Programmierung von Case3.vi vorgestellt. Er diente damals zur Auswahl der verschiedenen Fälle einer Case-Struktur. Die anderen textorientierten Typen wie 'Textring' und 'Menüring' werden hier nicht besprochen. Sie unterscheiden sich nur geringfügig von 'Enum'. Ihre Erkundung sei dem Leser in folgender Aufgabe überlassen:

Aufgabe 4.10

Bringen Sie die verschiedenen Ringtypen und 'Enum' auf das Panel eines VI. Versuchen Sie, jeweils drei oder vier Texte einzugeben. Am einfachsten wählen Sie dazu im Kontextmenü die Vorgabe 'Objekte bearbeiten …'. Dann erscheint eine Tabelle, in die Sie die Texte schreiben können. Bei 'Enum' lassen sich auch die Vorgaben 'Objekt davor einfügen' und 'Objekt danach einfügen' nutzen. In diesem Fall kann man die Texte direkt ins Bedienelement schreiben. Bei 'Textring' und 'Menüring' ist das nicht möglich.

Gehen Sie ins Kontextmenü und wählen Sie 'Sichtbare Objekte' – 'Zahlenanzeige'. Sie erhalten rechts vom Bedienelement ein kleine Anzeige mit der Zahl, die dem Text zugeordnet wurde.

Versuchen Sie, mit den verschiedenen Ringtypen Case-Strukturen zu steuern, und beobachten Sie die Anzeigen, die dort im Selektorfeld auftauchen.

Bild-Ring

Die Erstellung eines Bild-Rings erfordert zusätzliche Informationen. Dazu ein Beispiel, das zwei Bilder automatisch jeweils nach einer Sekunde auswechselt. Zunächst benötigt man die Bilder, am besten PNG- oder JPG-Dateien, die nicht so speicherintensiv wie BMP-Dateien sind. Auch sollten die Bilder nicht zu groß sein, weil sonst VIs mit unmäßig großem Speicherplatz entstehen könnten.

Folgende Schritte sind auszuführen:

1. Element 'Grafik-Ring' auf das Panel ziehen und der geplanten Bildgröße entsprechend aufziehen,
2. in der Menüleiste mit 'Bearbeiten' – 'Bild in Zwischenablage einfügen …' erstes Bild von der Festplatte in den Arbeitsspeicher holen,
3. im Kontextmenü zum Grafik-Ring 'Bild aus Zwischenablage einfügen' anklicken. Das Bild erscheint nun in der freien Fläche des Grafik-Rings.
4. Nächstes Bild gemäß Punkt 2 holen,
5. im Kontextmenü zum Grafik-Ring 'Bild danach einfügen' anklicken (oder 'Bild davor einfügen').

Ist der Grafik-Ring als Bedienelement angelegt, kann man nun mit den Bedienpfeilen links zwischen den zwei Bildern hin- und herblättern. Im Beispiel Bild 4.49 bis Bild 4.51 wurde dagegen der Grafik-Ring als Anzeigeelement angelegt, damit der Bildwechsel programmgesteuert ablaufen kann; Bild 4.51 zeigt den Bildwechselmechanismus. Die While-Schleife erhöht nach einer Wartezeit von 1000 Millisekunden = 1 Sekunde den Indexzähler links unten. Er zählt nach dem Programmstart 0, 1, 2, 3, 4, … Dabei entsteht das Problem, dass bei zwei Bildern wie in diesem Beispiel wegen der zyklischen Natur der Zahlenfolge bei Ringen die Zahlen 2, 3, 4 usw. gar nicht vorkommen. Es würde dann nur noch das zweite Bild gezeigt und nie mehr das erste. Aus diesem Grunde muss man den Index durch 2 teilen und den Bild-Ring mit dem Rest der ganzzahligen Division steuern. Der Operator dazu steht unter 'Funktionen' – 'Programmierung' – 'Numerisch' als 'Quotient und Rest' in der Mitte der zweiten Zeile.

Merke: Ringe sind standardmäßig ganze Zahlen vom Typ U16, die sich mit Texten und/oder Bildern verknüpfen lassen. Sind sie Bedienelemente, kann man mit ihnen Case-Strukturen steuern. Sind sie Anzeigeelemente, kann man mit ihnen wechselnde Texte oder Bilder anzeigen.

Bild 4.49 Erstes Bild für automatischen Bildwechsel nach jeweils einer Sekunde

Bild 4.50 Zweites Bild für automatischen Bildwechsel nach jeweils einer Sekunde

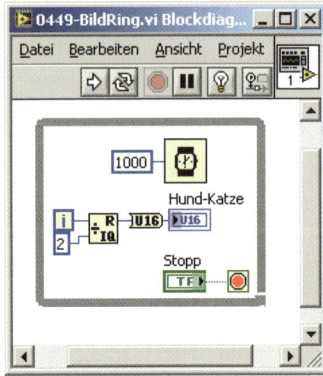

Bild 4.51 Bildwechsel-VI. Es schaltet nach jeweils 1000 Millisekunden von Bild 0 (Hund) zu Bild 1 (Katze)

Aufgabe 4.11

Erweitern Sie das Beispiel von Bild 4.49 bis Bild 4.51 auf drei Bilder.

4.7   Datentyp FXP

Der Datentyp FXP wird z.B. beim Compact RIO-System im Zusammenhang mit der FPGA-Programmierung benötigt, weil dort bislang keine Gleitpunktzahlen unterstützt wurden.

FXP ist eine Art von Festkommaarithmetik, mit der sowohl ganze Zahlen als auch Zahlen mit Nachkommastellen dargestellt werden können. Dazu erzeugt man ein Eingabeelement und stellt danach im Kontextmenü unter 'Representation' von 'DBL' auf 'FXP' um. Im Kontextmenü dieser Variablen erhält man unter 'Eigenschaften' Bild 4.52.

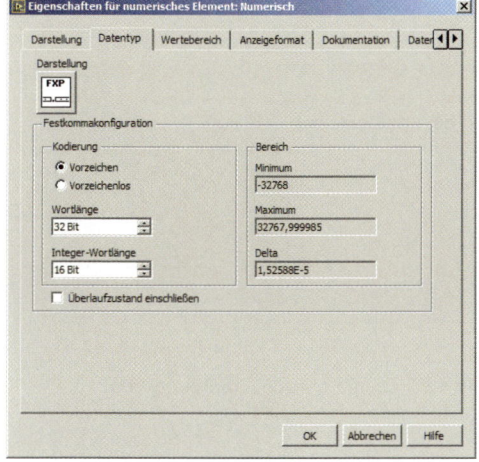

Bild 4.52 Darstellung mit insgesamt 32 bit, davon 16 bits für den ganzzahligen Anteil und 16 für die Nachkommastellen. Der kleinste Abstand zweier FXP-Zahlen ist daher in diesem Beispiel 1:2^16 oder 1.52588E-5 wie rechts unten als Delta angezeigt wird

Das Rechnen mit FXP-Daten ist nicht so aufwendig wie bei Gleitkommadaten, die ja die Darstellung x = Mantisse x 10 hoch Exponent nutzen, z.B. 12.25 = 0.1225*10^2 (und alles im Binärsystem). Dagegen schreibt man dieselbe Zahl in FXP-Darstellung einfacher als x = 1100.01 (= 1*2^3 + 1*2^2 +0*2^1 + 0*2^0 + 0*2^(-1) +1*2^(-2)).

Erzeugt man auf dem Frontpanel eine neue Variable und repräsentiert sie als FXP, erhält man eine Defaultdarstellung nach Bild 4.53. Sie liefert eine Darstellung mit 64 bit, 32 für den ganzzahligen Anteil und 32 bit für die Nachkommastellen. Wie Bild 4.52 zeigt, kann der Anwender das ganz nach seinen Wünschen ändern.

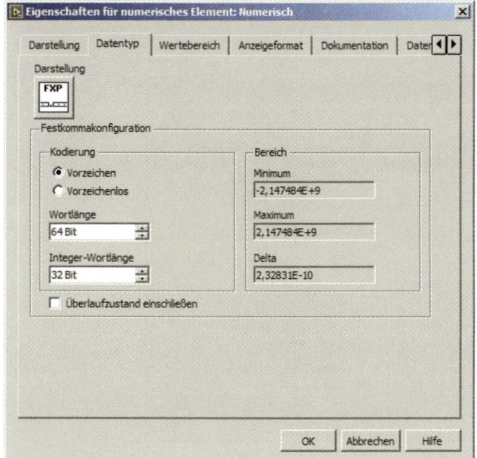

Bild 4.53 Defaultdarstellung einer FXP-Zahl unter LabVIEW 2014

Bild 4.54 zeigt die Auswirkung verschiedener FXP-Einstellungen bei der Anzeige ein und derselben Zahl 7.25. Man erhält dort die Binärdarstellung mit 'Sichtbare Objekte' – 'Radix' im Kontextmenü und anschließend mit 'Anzeigeformat' – 'Binär' (in der Typeneinstellung).

a als FXP	Binärdarstellung a mit 64 + 32 bit	(32 bit Integer-Teil, 64 bit insgesamt)
7,25	b00000000000000000000000000000111.01000000000000000000000000000000	

b als FXP	Binärdarstellung a mit 32 + 16 bit	
7,25	b000000000000111.0100000000000000	

c als FXP	Binärdarstellung a mit 10 + 4 bit	
7,25	b0111.010000	

Bild 4.54 Verschieden lange Bitmuster zur Darstellung ein und derselben Zahl 7.25

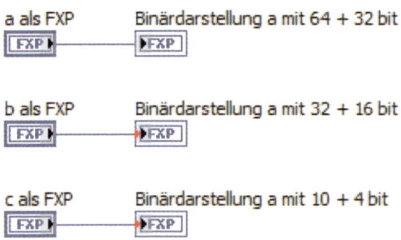

Bild 4.55 Diagramm zum Frontpanel von Bild 4.54

4.8   Datentyp Variant

Manchmal möchte man Daten unabhängig von ihrem Typ einheitlich behandeln, z.B. bei der in Abschnitt 7.1 behandelten Vertauschung zweier Variablen. In diesen Fällen arbeitet man mit dem Datentyp 'Variant', der neben dem Variablenwert auch eine Beschreibung des Datentyps enthält. Man kann jeden Datentyp in den Typ Variant verwandeln. Bild 4.56 zeigt die Umwandlung im Diagramm links und die zugehörigen Anzeigen auf dem Frontpanel rechts. Die Funktionen für die Umwandlung in 'Variant' und ebenso die Rückverwandlung findet man unter 'Funktionen' – 'Cluster, Klasse, Variant' – 'Variant', siehe Bild 4.57. Die Rückverwandlung von Variantdaten mit Hilfe des Zahnradsymbols ist z.B. erforderlich, wenn man numerische Variantdaten addieren will, was direkt nicht möglich ist. Siehe Beispiel in Bild 4.58.

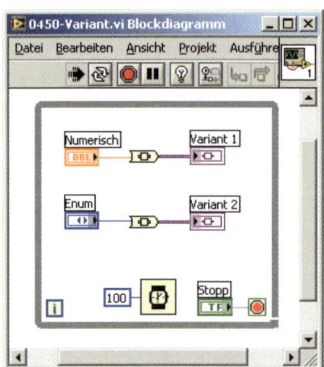

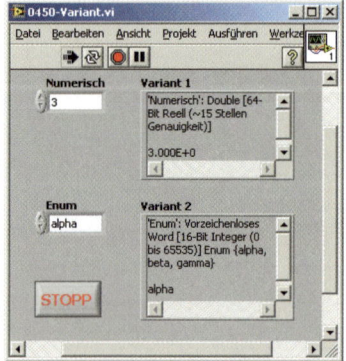

Bild 4.56 Verwandlung der Datentypen 'Numerisch' und 'Enum' in Variant. Rechts die Darstellung auf dem Frontpanel, wenn im Kontextmenü von 'Variant 1' und 'Variant 2' die Eintragungen 'Typ anzeigen' und 'Daten anzeigen' markiert sind

Bemerkung: Umwandlung von Stringdaten-Variants in numerische Daten führt zu Fehler 91.

Bild 4.57 Oben die zwei Funktionen zu Verwandlung eines Datentyps in 'Variant' und wieder zurück (Zahnradsymbol)

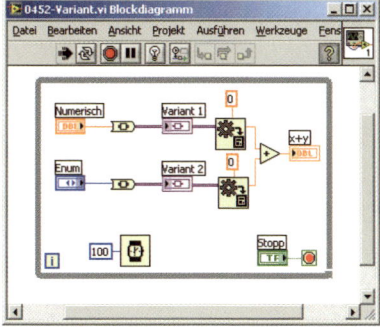

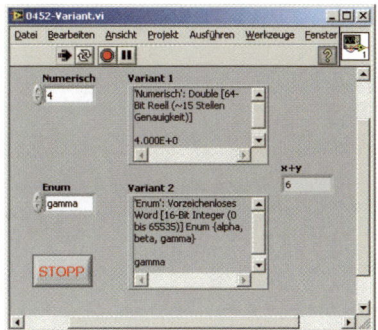

Bild 4.58 Addition '4' vom Datentyp 'Numerisch' und '2' für 'gamma' aus dem Datentyp 'Enum'

Was wird nun eigentlich in einer Variablen vom Typ Variant gespeichert? Aufschluss gibt hier die Funktion 'Variant To Flattened String', wie sie in der Palette nach Bild 4.57 zu finden ist.

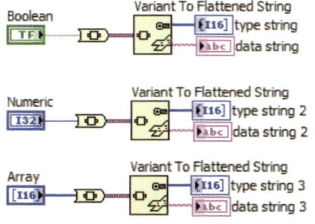

Bild 4.59 Anwendung der Funktion 'Variant To Flattened String' auf verschiedene Datentypen. Als Ausgang erhält man den Datentyp und den Datenwert. Siehe Bild 4.60

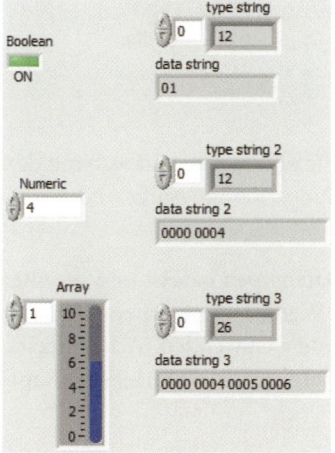

Bild 4.60 Typ und Wert für verschiedene Datentypen wie Boolesch, Numerisch (I32) und Array (I16) von 2 Thermometern mit den Werten 3 und 6

4.9   Guter Programmierstil

Man kann nicht in wenigen Worten 'guten Programmierstil' beschreiben. Auf jeden Fall gehört dazu die **übersichtliche Gestaltung von Frontpanel und Diagramm**. Wir haben versucht, diesem Grundsatz bei unseren bisherigen kleinen Programmbeispielen zu entsprechen, z.B. so wie in Bild 4.37 oder Bild 4.38: Die Eingabeelemente sind linksbündig angeordnet, haben gleichmäßige Abstände usw. Werkzeuge dazu findet man in der Symbolleiste eines VI unter 'Texteinstellungen' (Mitte der Symbolleiste) und daneben unter 'Objekte ausrichten', 'Objekte anordnen', 'Objektgröße verändern' und 'Neu ordnen', siehe Bild 4.61.

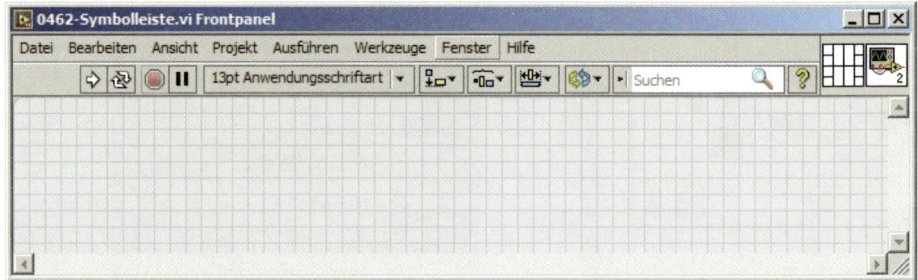

Bild 4.61 Symbolleiste eines VIs: Rechts neben den zwei Startknöpfen, dem roten Stopp-Knopf und der Pausentaste befinden sich Werkzeuge zur Gestaltung von Panel und Diagramm

Damit kann man z.B. Objekte, die zunächst ungeordnet auf dem Panel oder im Diagramm stehen, linksbündig anordnen: Man umfährt sie mit gedrückter linker Maustaste und markiert sie. Es erscheinen dann gestrichelte Linien um die Objekte, die gemeinsam bearbeitet werden sollen. Nun 'Objekte ausrichten' aufrufen und das passende (hier zweite Zeile links) unter den angebotenen Symbolen wählen, siehe Bild 4.62.

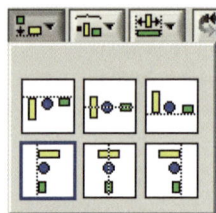

Bild 4.62 Werkzeuge zum Ausrichten von Objekten linksbündig, rechtsbündig usw.

Aufgabe 4.12

Platzieren Sie einige Objekte auf dem Panel eines neuen VIs und machen Sie sich mit den verschiedenen Möglichkeiten der Ausrichtung, Anordnung, Veränderung und Gruppierung (unter 'Neu ordnen') vertraut.

Sie haben sich in diesem Kapitel näher mit verschiedenen Datentypen befasst und so unter anderem die Datentypen Enum und Cluster kennengelernt. Werden diese Datentypen verwendet, empfiehlt es sich, Typ-Definitionen auf diese Elemente anzuwenden. Wie man eine Typ-Definition erstellt und welchen Vorteil das mit sich bringt, wird in den nächsten Kapiteln näher erläutert.

Zum guten Stil gehört auch, dass man versucht, möglichst Zeit- und Resourcen sparend zu programmieren. In Bild 4.60 ist das Diagramm eines VIs dargestellt, das eine Einheitsmatrix beliebiger Größe erzeugt. Auf dem Computer, auf dem dieses Kapitel geschrieben wurde, benötigt dieses Programm für die 5000-fache Wiederholung der Erstellung einer Einheitsmatrix der Dimension 100 x 100 etwa 232 Millisekunden. Ein VI mit einem Diagramm nach Bild 4.61 benötigt dagegen unter sonst gleichen Voraussetzungen nur 85 Millisekunden. Im Kontrast dazu braucht das VI nach Bild 66 sogar 2156 Millisekunden.

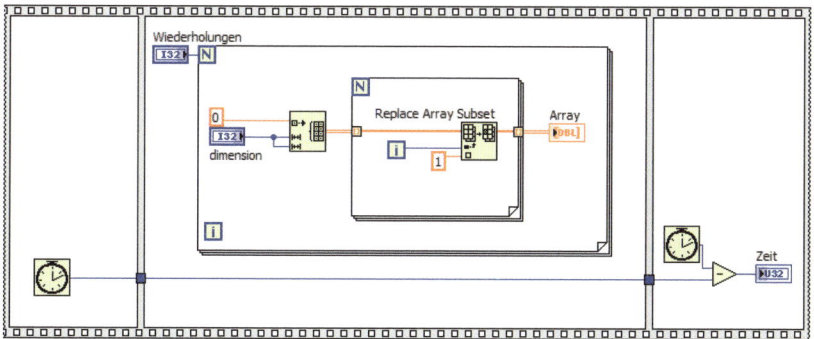

Bild 4.63 Zeitmessung für Bildung der Einheitsmatrix nach dem Schema von Bild 4.31

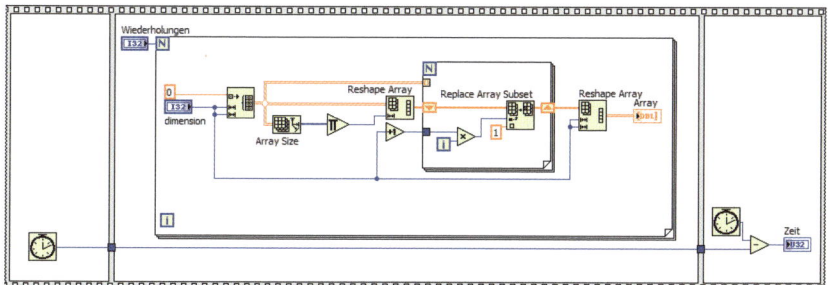

Bild 4.64 Hier wird die Einheitsmatrix wesentlich schneller gebildet. Der Aufbau des Programms ist allerdings komplizierter

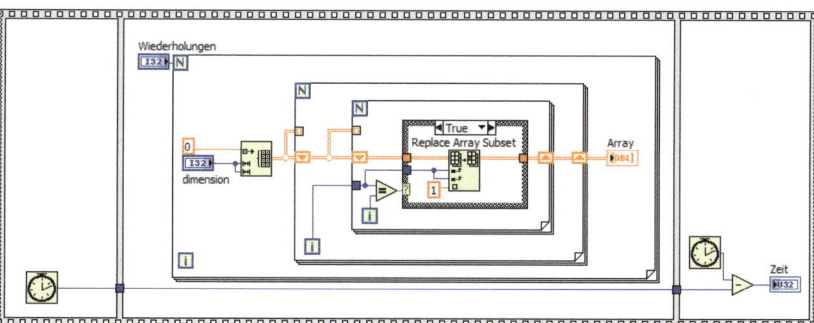

Bild 4.65 Programm, das die Einheitsmatrix sehr viel langsamer erstellt

Versuchen Sie die Array-Funktionen in Bild 4.64 zu finden und zu verstehen. Wieso ist dieses Programm schneller als das VI in Bild 4.63 und sogar wesentlich schneller als das in Bild 4.65?

5 Unterprogramme und Typdefinitionen

Lernziele

1. Anschlüsse für eigene LabVIEW-Unterprogramme (SubVIs) erstellen können.
2. Polymorphe SubVIs entwickeln können.
3. SubVIs statisch ins aufrufende Programm einbinden können.
4. VI-Referenzen zum dynamischen Einbinden von SubVIs nutzen können.
5. SubVIs ablaufinvariant (reentrant) machen können.
6. Rekursiven Aufruf von SubVIs verstehen.
7. Benutzerdefinierte Elemente erstellen.
8. Programme mit SubVIs und benutzerdefinierten Elementen vereinfachen.
9. VIs auf verschiedene Weise kommentieren können.

5.1 Wozu Unterprogramme (SubVIs)?

Unterprogramme werden in allen Programmiersprachen verwendet. Sie dienen folgenden Zwecken:

- Code, der häufig benutzt wird, z.B. für die Berechnung eines Sinus, soll nicht jedes Mal neu programmiert werden ('...das Rad nicht ständig neu erfinden...'). Stichwort: Wiederverwendbarkeit.
- Der Code für einen Programmteil, der in einem größeren Programm häufig verwendet wird, soll nicht mehrfach gespeichert werden.
- Speziell für die grafische Darstellung in LabVIEW gilt: Das (Block-)Diagramm auf dem Bildschirm darf nicht unübersichtlich werden. Heute hat sich eine Auflösung von 1920 x 1080 Bildschirmpunkten als Standard etabliert. Das begrenzt die Zahl der Symbole im Diagramm. Werden es zu viele, fasst man mehrere in geeigneter Weise in einem Unterprogramm zusammen, das durch ein einziges Symbol dargestellt wird.

Wir haben in den bisherigen Kapiteln ständig Unterprogramme verwendet. Nur waren es systemeigene LabVIEW-Unterprogramme. In diesem Kapitel werden wir lernen, eigene Unterprogramme zu erstellen und anzuwenden.

Generell muss der Aufbau eines Programms gut geplant werden, d.h., es ist die Frage zu beantworten, welche Unterprogramme sinnvoll sind. Dabei sollte darauf geachtet werden, überflüssige Entwicklungen möglichst zu vermeiden. Ein guter Ansatz dazu ist die so genannte **Top-Down-Methode** zur Programmentwicklung. Einzelheiten zu diesem Verfahren sind der einschlägigen Literatur zu entnehmen, etwa in [6].

LabVIEW bietet zwei unterschiedliche Methoden an, Unterprogramme in einem VI zu verwenden. Die am häufigsten genutzte Art ist das **statische** Einbinden. Der Code für den Aufruf des SubVIs wird mit dem Programm abgespeichert. Diese Bindung kann während der Laufzeit nicht mehr aufgelöst und verändert werden. Das entspricht dem Einfügen eines Symbols aus der Funktionspalette in das Blockdiagramm.

Man kann Unterprogramme aber auch **dynamisch** einbinden, d.h., es wird erst während der Laufzeit festgelegt, welches Unterprogramm verwendet werden soll.

5.2 Erstellen von Unterprogrammen

5.2.1 Einführendes Beispiel

Vermessungsingenieure verwenden häufig eine bestimmte Form der Dreiecksberechnung, um die Lage unzugänglicher Punkte (etwa eines Leuchtturms) zu bestimmen. Gegeben sind dann die Länge der Seite c eines Dreiecks und die angrenzenden Winkel α und β. Gesucht sind der dritte Winkel γ im Dreieck und die Längen der Seiten a und b. Eine Skizze der Situation findet sich in Bild 5.1.

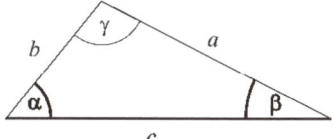

Bild 5.1 Dreieck mit bekannten Werten für c, α und β. Gesucht sind γ, a und b

Diese Berechnung kann man in LabVIEW sehr übersichtlich gestalten, wie Bild 5.2 und Bild 5.3 zeigen. Man sieht im Panel sechs Bedien- und Anzeigeelemente sowie die Stopp-Taste, einen Fehlerausgang, eine Aufgabenbeschreibung und eine erläuternde Skizze. Das Diagramm ist noch einfacher: sieben Anschlüsse und in der Mitte ein Dreieckssymbol.

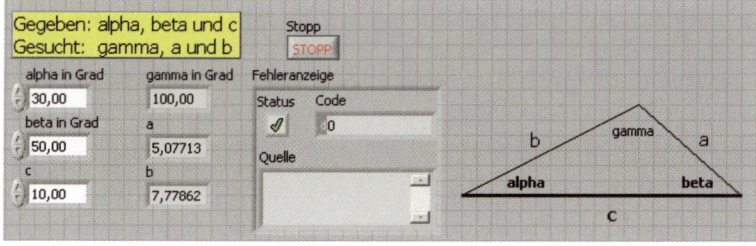

Bild 5.2 Panel des VIs '0502-Dreieck.vi' zur Dreiecksberechnung

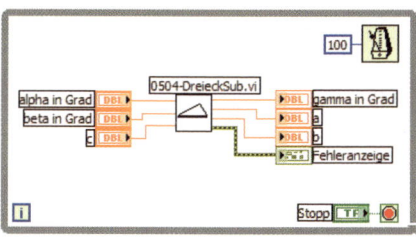

Bild 5.3 Diagramm zum Panel von Bild 5.2. Die Funktionalität steckt im Wesentlichen in dem durch das Dreieckssymbol dargestellten Unterprogramm. Die Wartezeit von 100 ms ist in Schleifen üblich. Damit wird verhindert, dass LabVIEW unterbrochen rechnet und andere Tasks kaum zum Zuge kommen lässt

Beim Zahlenbeispiel von Bild 5.2 treten keine Fehler auf. Doch kann dies geschehen, wenn man versehentlich α und β mit $\alpha+\beta \geq 180°$ eingibt. In diesem Fall erscheinen auf dem Panel der Fehlercode 5001 und die Meldung 'Winkelsumme >= 180 Grad'. Im Diagramm von Bild 5.3 ist von all dieser Funktionalität nichts zu sehen. Geht man jedoch mit einem Doppelklick auf das Dreieckssymbol, dann öffnet sich ein Unterprogramm, das in Bild 5.4 bis Bild 5.6 dargestellt ist. Hier werden alle Rechnungen und Entscheidungen durchgeführt, von denen das aufrufende Programm profitiert.

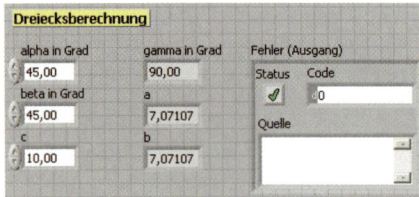

Bild 5.4 Panel des Dreiecks-Unterprogramms '504-DreieckSub.vi' in Bild 5.3

In Bild 5.5 ist der TRUE-Teil des Unterprogramms zu sehen. Er wird durchlaufen, wenn die Winkelsumme $\alpha+\beta < 180°$ ist. Der FALSE-Teil in Bild 5.6 wird bearbeitet, wenn der Anwender aus Versehen eine Winkelsumme $\alpha+\beta \geq 180°$ eingibt.

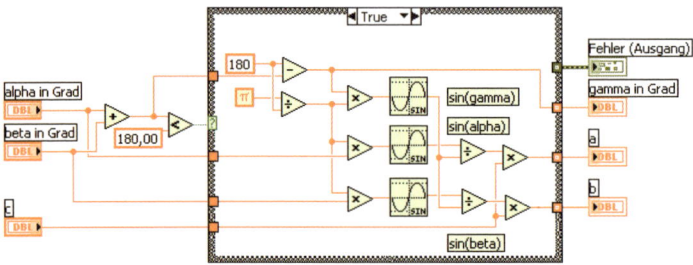

Bild 5.5 TRUE-Teil des Unterprogramms: Winkel- und Seitenberechnung

Zur Berechnung des Sinus wird eine eingebaute LabVIEW-Funktion verwendet, die unter 'Funktionen' – 'Mathematik' – 'Grund- und Spezialfunktionen' – 'Trigonometrische Funktionen' zu finden ist. Sie benötigt den Winkel im Bogenmaß, deshalb auch die Division $\pi/180$ im Diagramm von Bild 5.5. Die Berechnung von γ ergibt sich aus der Beziehung $\gamma = 180-(\alpha+\beta)$, die Berechnung von a und b aus dem Sinussatz für Dreiecke:

$$\frac{a}{c} = \frac{\sin \alpha}{\sin \gamma}, \qquad \frac{b}{c} = \frac{\sin b}{\sin \gamma}$$

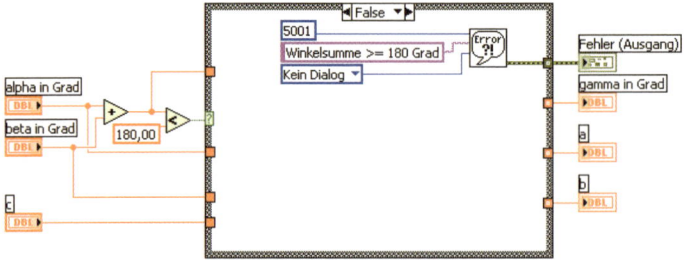

Bild 5.6 FALSE-Teil des Unterprogramms: Fehlermeldung, wenn Winkelsumme $\alpha+\beta \geq 180°$

Vorgehen bei der Entwicklung des Dreiecks-Unterprogramms:

1. Programmieren wie ein gewöhnliches VI,

2. Verknüpfen der Bedien- und Anzeigeelemente auf dem Panel mit dem Anschlussfeld (siehe nachfolgende Bemerkung),

3. Gestaltung des VI-Symbols. Hier: Dreieck,

4. Speichern. Anschließend im Diagramm des aufrufenden Programms platzieren mit 'Funktionen' – 'VI auswählen…' und Öffnen des gewünschten VI in dem Verzeichnis, in dem es zuvor gespeichert wurde.

Bemerkungen zu Punkt 2

Bild 5.7 zeigt das Anschlussfeld im Frontpanel eines VI. Es ist seit der Version 2012 stets sichtbar, falls sich das VI im Edit-Modus und nicht im Run-Modus befindet.

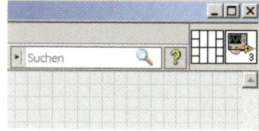

Bild 5.7 Kontextmenüs für die Festlegung der Anschlüsse

Das Anschlussfeld ist standardmäßig in 12 Felder unterteilt, wie Bild 5.7 zeigt. Diese Aufteilung kann man der Zahl der Bedien- und Anzeigeelemente auf dem Panel anpassen. In unserem Beispiel mit dem Dreiecks-SubVI haben wir eine Unterteilung gemäß Bild 5.8 gewählt. Dazu im Kontextmenü des Anschlussfelds 'Muster' wählen und gewünschtes Muster anklicken. Findet man nicht die gesuchte Einteilung, wählt man zunächst ein ähnliches Muster und vergrößert oder verkleinert es mit 'Anschluss hinzufügen' oder '… entfernen'.

Bild 5.8 Anschluss-Symbol, geeignet für drei Bedien- und vier Anzeigeelemente

Die Bedienelemente auf dem Panel sind nun eins nach dem anderen mit den anfangs weißen Kästchen des Anschlussfelds zu verbinden. Dazu das Werkzeug 'Verbinden' (Drahtrolle) wählen. Nicht verbundene Anschlüsse bleiben weiß. Verbundene Anschlüsse werden **entsprechend ihrem Datentyp farblich** dargestellt. Die Anschlussbelegung kann auch nachträglich bearbeitet werden.

Bemerkungen zu Punkt 3

Im Kontextmenü des Anschlussfeldes 'Symbol bearbeiten…' wählen. Man erhält das Standardsymbol gemäß Bild 5.9, das man mit Hilfe der rechts davon angebrachten Werkzeuge und verschiedener Menüs ändern kann.

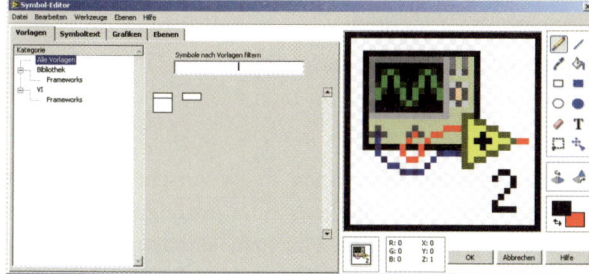

Bild 5.9 Symbol-Editor zum Verändern des Standardsymbols

Aufgabe 5.1

Entwickeln Sie das in Bild 5.4 bis Bild 5.6 dargestellte Programm von Anfang an neu, ebenso das aufrufende Programm von Bild 5.2 und Bild 5.3.

Aufgabe 5.2

Versuchen Sie, das Symbol für das Unterprogramm als kleines Dreieck oder in anderer sinnfälliger Weise darzustellen.

Merke: In der Regel kann jedes VI sowohl als Hauptprogramm als auch als Unterprogramm (SubVI) verwendet werden (Ausnahmen bei Referenzen als Eingangsvariablen, siehe Kapitel 7).

Merke: Das SubVI unterscheidet sich vom gewöhnlichen VI im Regelfall durch die Festlegung von Anschlüssen für Eingabe- und Ausgabedaten im Anschlussfeld.

Merke: Ein SubVI wird im Diagramm des aufrufenden VI platziert mit 'Funktionen' – 'VI auswählen…' und Öffnen unter seinem Namen. Oder einfach per Drag&Drop das Symbol des SubVIs in das Blockdiagramm des aufrufenden VIs ziehen.

Merke: Das Symbol eines VI zeigt zunächst das Standardbild (Gerät, Pluszeichen und fortlaufende Nummer). Der Anwender kann es nach eigenen Wünschen umgestalten.

5.2.2   Weitere Hinweise für die Erstellung eines Unterprogramms

Das Anschlussfeld kann – unabhängig von der automatischen Systemvorgabe – für jedes Unterprogramm individuell angelegt werden. Die Anzahl der Anschlüsse sollte bereits vor der Verwendung des Unterprogramms ausreichend überlegt werden, denn Änderungen an der Anordnung der Anschlüsse ziehen das Neueinbinden der betroffenen VIs an jeder verwendeten Stelle nach sich. Dies kann man umgehen, indem man einige Dummy-Anschlüsse vorsieht, die nicht belegt sind. Verwendet man diese später, entfällt das Neueinbinden. LabVIEW bietet eine große Auswahl an vordefinierten Mustern für die Anordnung und Anzahl der Anschlüsse, siehe Bild 5.10. Man wählt ein passendes Muster per Kontextmenü mit 'Muster' aus.

Hinweis: Achten Sie beim Erstellen mehrerer zusammengehöriger VIs immer auf gleiche Anschlusssymbole!

Man kann den gewählten Anschluss per Kontextmenü auch nachträglich noch an eigene Bedürfnisse anpassen. Zum Beispiel lassen sich die Anschluss-Symbole in 90-Grad-Schritten drehen oder horizontal und vertikal kippen. Außerdem kann man zusätzliche Anschlüsse einfügen oder bestehende entfernen.

Mit dem Werkzeug 'Verbinden' (Drahtrolle) wählt man einen freien Anschluss aus und verknüpft ihn durch einfachen Mausklick mit einem Bedien- oder Anzeigeelement des Frontpanels. Die umgekehrte Reihenfolge ist auch möglich. Hat man bereits mehrere Anschlüsse verknüpft, kann die Übersicht verloren gehen, weil die Verknüpfung nicht durch

Linien markiert wird. Man kann aber durch Anklicken eines bereits eingefärbten Kästchens im Anschlussfeld das Panel-Element finden, mit dem es verbunden ist. Dieses Element wird mit einem gestrichelten Rahmen markiert. Will man einen Anschluss anders belegen, kann man die bestehende Verknüpfung trennen. Dazu im Kontextmenü den Punkt 'Diesen Anschluss trennen' oder 'Alle Anschlüsse trennen' auswählen.

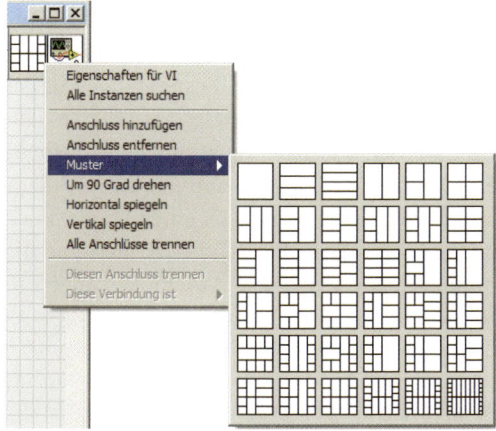

Bild 5.10 Vordefinierte Auswahl 'Muster'. Sehr häufig wählt man das dritte Muster von links in der letzten Zeile

Alternativ kann man die Anschlussbelegung auch ohne vorherige Trennung verändern: Den zu verändernden Knoten auswählen, danach mit <Strg> an den gewünschten neuen Platz im Muster verschieben.

Ausgänge werden zur Unterscheidung von den Eingängen mit einem dickeren Rahmen im Anschlussfeld dargestellt. Bei der Verknüpfung ist darauf zu achten, dass Eingänge den linken/oberen und Ausgänge den rechten/unteren Anschlüssen zugeordnet werden. Das ist zwar nicht notwendig, verbessert aber die Lesbarkeit des Programms.

Im Kontextmenü zu einem Kästchen im Anschlussfeld findet man bei 'Diese Verbindung ist' drei Kategorien:

- Erforderlich
- Empfohlen
- Optional

Erklärt man einen Anschluss für **erforderlich**, erzwingt man später im aufrufenden Programm die Verdrahtung des betreffenden Eingangs. Dies erleichtert die Fehlersuche, da die fehlende Verdrahtung des Eingangs sofort als Fehler angezeigt wird. Jeder Eingang, der für das Funktionieren des Unterprogramms notwendig ist, sollte als 'Erforderlich' definiert werden. Das machen z.B. alle LabVIEW-Array-Funktionen so, die ein Array als Eingang benötigen. Für Ausgänge steht diese Einstellung nicht zur Verfügung.

Erklärt man eine Verbindung für empfohlen oder optional, kann das aufrufende Programm arbeiten, auch wenn die Anschlüsse fehlen. In diesem Fall werden keine Fehlermeldungen ausgegeben. Das System setzt dann einen Standardwert ein. Anzeigeelementen kann man nur 'Empfohlen' oder 'Optional' zuordnen.

Im Frontpanel kann man einen Standardwert für Bedien- und Anzeigeelemente eingeben und über 'Datenoperationen' – 'Aktuellen Wert als Standard' aus dem Kontextmenü des entsprechenden Elements dauerhaft festlegen. Bei 'Empfohlen' und 'Optional' sollte der Standardwert zusätzlich in der Beschriftung angegeben werden, damit der Anwender des SubVIs informiert ist.

Unterprogramme lassen sich auch **direkt aus Teilen eines bestehenden LabVIEW-Programms** erstellen. Mit der Maus wird der Teil, der als Unterprogramm gespeichert werden soll, markiert und aus dem Menü des Diagramms die Funktion 'Bearbeiten' – 'SubVI erstellen' aufgerufen. LabVIEW erzeugt automatisch ein neues VI und ersetzt mit diesem den markierten Bereich. Alle Eingänge und Ausgänge werden selbstständig ermittelt, als Bedien- bzw. Anzeigeelemente im neu erstellten Unterprogramm eingetragen und mit entsprechenden Anschlüssen verknüpft. Das Frontpanel des SubVIs lässt sich durch einen Doppelklick anzeigen. Der Benutzer kann jetzt die Ein- und Ausgänge nach Wunsch beschriften und die Verbindlichkeit (erforderlich, empfohlen, optional) der einzelnen Anschlüsse angeben. Danach muss er das neu erstellte SubVI speichern.

5.2.3 Einstellungen für Programme und Unterprogramme

Für jedes VI lassen sich unterschiedliche Einstellungen wählen. Wir besprechen hier die für die Art der Ausführung und die Darstellung des Frontpanels wichtigsten. Der Dialog wird über 'Datei' – 'VI-Einstellungen...' aus dem Menü oder aus dem Kontextmenü des Anschluss-Symbols des VI mit 'Eigenschaften für VI' geöffnet. In die interessierende Ansicht kann über 'Kategorie' gewechselt werden. Die folgenden Bilder zeigen die Standardeinstellungen für ein neues VI.

Diese Einstellungen gelten **nur für statische** Bindungen. Wird ein SubVI dynamisch eingebunden, muss man diese Angaben mit Hilfe von Eigenschafts- oder Methodenknoten für jedes VI einzeln machen.

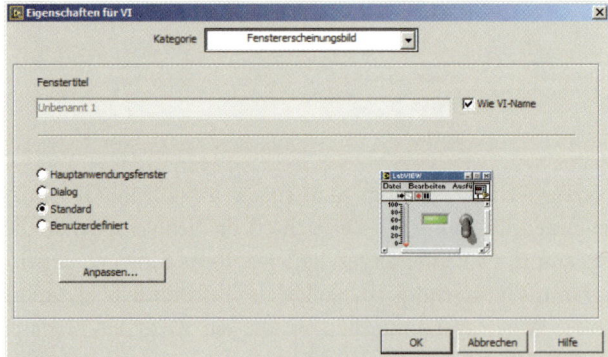

Bild 5.11 Dialog für Einstellungen des Fenstererscheinungsbilds

Bild 5.11 zeigt den Dialog zum Einstellen des Erscheinungsbilds des Frontpanels bei der Ausführung des VI. Hier kann zunächst der Fenstertitel eingegeben werden. Alles andere ist voreingestellt. Außer 'Voreinstellung' kann man 'Hauptanwendunsfenster', 'Dialog' und 'Benutzerdefiniert' wählen. Nur über die Schaltfläche 'Anpassen...' lässt sich das Erscheinungsbild nach eigenen Vorstellungen gestalten. Bild 5.12 zeigt die Auswahl, die sich bietet, wenn man von 'Benutzerdefiniert' aus 'Anpassen…' aufruft.

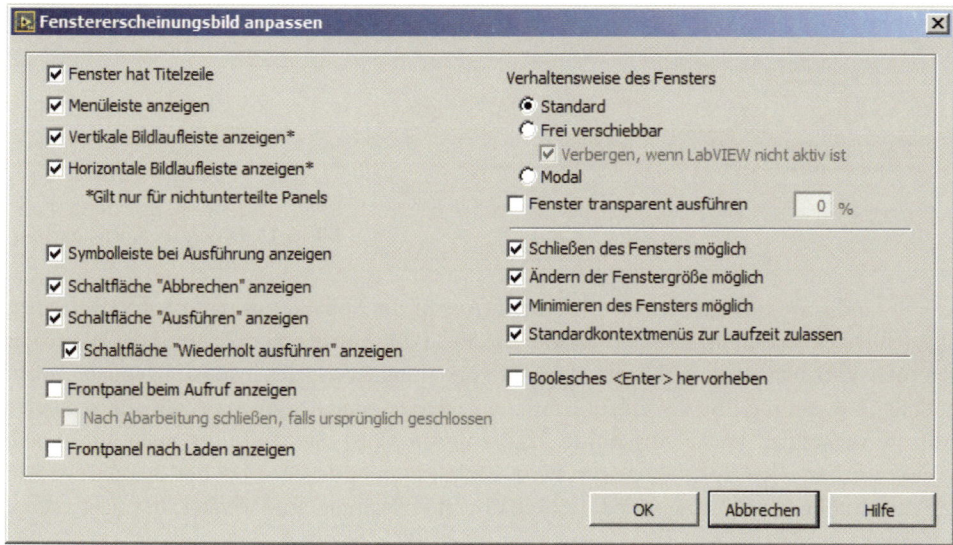

Bild 5.12 Fenstererscheinungsbild anpassen

Der obere Teil der Optionen auf der linken Seite legt die Sichtbarkeit von Titelzeile, Menüleiste und Symbolleiste mit den dort enthaltenen Systemschaltflächen fest.

Die unteren Optionen links beziehen sich auf SubVIs. Man kann wählen, ob das Frontpanel bereits beim Laden des aufrufenden VIs angezeigt werden soll oder nicht. Wenn nicht, kann man festlegen, ob das Frontpanel des SubVIs erscheinen soll, sobald es vom übergeordneten VI aufgerufen wird. Werden bei der Programmierung mehrere Instanzen desselben VIs verwendet, wird das Frontpanel genau einmal geöffnet, da sich alle Instanzen nacheinander das Fenster teilen.

Die 'Verhaltensweise des Fensters' oben auf der rechten Seite kann einen von drei Werten annehmen: 'Standard', 'Frei verschiebbar' oder 'Modal'. Bei **'Standard'** kann das Fenster hinter einem anderen Fenster liegen, so dass es ganz oder teilweise verdeckt ist. Wird der Wert **'Frei verschiebbar'** gewählt, erscheint das Fenster über den anderen mit 'Standard' definierten Fenstern auf dem Bildschirm. Existieren gleichzeitig mehrere verschiebbare Fenster, wird das gerade aktive in den Vordergrund gebracht. Wird ein Fenster **'Modal'** geöffnet, so sind **nur dort** Benutzereingaben zulässig. Erst nachdem ein modales Fenster geschlossen wurde, können wieder andere Fenster benutzt werden.

Weitere Optionen verhindern oder erlauben das Schließen, die Änderung der Fenstergröße und das Minimieren des Fensters während des Programmlaufs. Man kann auch festlegen, ob die Kontextmenüs der Frontpanel-Elemente zur Laufzeit angezeigt werden können. Wichtige Einstellungen findet man ferner in der Kategorie 'Ausführung', siehe Bild 5.13.

Hier ist besonders die Option **'Ablaufinvariante** Ausführung...' interessant. Wird eine dieser Optionen gewählt, kann ein und dasselbe SubVI erneut aufgerufen werden, noch bevor

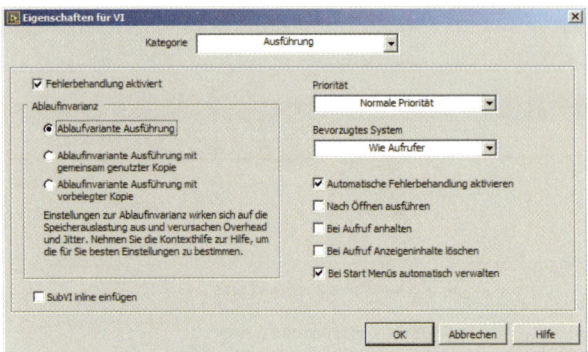

Bild 5.13 Dialog zur Einstellung der Ausführungseigenschaften eines VIs

es vollständig abgearbeitet wurde. Bei jedem Aufruf des SubVIs legt dann LabVIEW einen eigenen Datenbereich im Speicher an, der die Stelle des Aufrufs markiert und die Werte der internen Variablen zum Zeitpunkt der Unterbrechung durch den nächstfolgenden Aufruf enthält. Programme, die als ablaufinvariant deklariert sind, kann man z.B. für rekursive Aufrufe verwenden (siehe Abschnitte 5.3.2.4 und 5.3.2.5). Sie sind aber auch auf andere Weise nutzbar, wie Kapitel 12 zeigen wird. Belässt man es dagegen bei der Standardoption 'Ablaufvariante Ausführung', wird das SubVI erst vollständig abgearbeitet, bevor es erneut aufgerufen werden kann.

5.2.4 Erstellen von Unterprogrammen mit internem Zustand

Wenn man von einem Hauptprogramm aus mehrfach eines der nach den bisherigen Methoden erstellten Unterprogramme aufruft, geht dieses stets von einem festen Grundzustand aus. Will man diesen Grundzustand zwischen zwei Aufrufen ändern, kann man eine While-Schleife mit **uninitialisierten** Schieberegistern (siehe Abschnitt 3.4) verwenden. Dort lassen sich Daten aus dem Unterprogramm speichern, die beim nächsten Aufruf zur Verfügung stehen. Somit kann sich der Grundzustand von Aufruf zu Aufruf verändern. Als Beispiel zeigen wir das Unterprogramm '0514-InternerZustandSub.vi'. Es zählt, wie oft es aufgerufen wurde, und gibt die Zahl der Aufrufe pro Millisekunde ab dem ersten Aufruf aus.

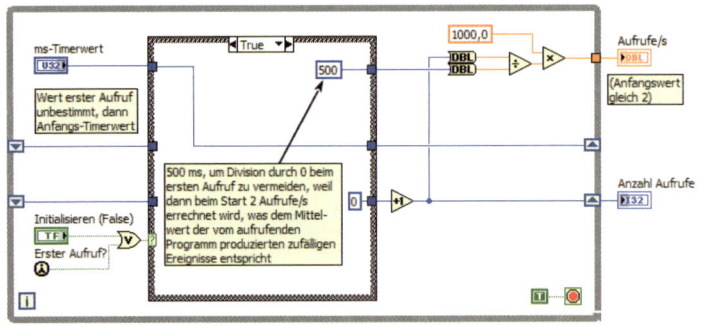

Bild 5.14 SubVI mit internem Zustand: Initialisierungsteil, der ausgeführt wird, wenn entweder manuell 'Initialisieren' auf TRUE gesetzt wird oder wenn es sich um den ersten Aufruf des SubVIs handelt

Bild 5.14 zeigt den Aufbau dieses Programms. Wichtig ist hier, dass die Schieberegister **nicht** initialisiert werden, weil sonst das VI bei jedem Aufruf von dem definierten Grundzustand ausgehen würde. Ferner muss die Abbruchbedingung konstant auf 'TRUE' stehen, damit die Schleife nur genau einmal durchlaufen wird. Da die Schieberegister nicht initialisiert werden dürfen, ist dafür zu sorgen, dass sie wenigstens beim ersten Aufruf sinnvolle Werte enthalten.

Mit der Funktion 'Funktionen' – 'Datenkommunikation' – 'Synchronisation' – 'Erster Aufruf?' kann überprüft werden, ob ein SubVI zum ersten Mal aufgerufen wurde. Ist das der Fall, liefert die Funktion TRUE zurück, sonst FALSE. Der FALSE-Teil des Diagramms ist in Bild 5.15 dargestellt. Damit das Unterprogramm nachträglich zurückgesetzt werden kann, sollte es einen zusätzlichen Eingang (hier: 'Initialisieren (False)') haben. Nur wenn 'Erster Aufruf?' oder 'Initialisieren' TRUE ist, wird das VI initialisiert. Sonst wird der Inhalt der Schieberegister durchgeschleift.

Bild 5.16 zeigt das aufrufende Programm. Es erzeugt eine zufällige Wartezeit zwischen 0 und 1000 Millisekunden und ruft das Unterprogramm auf. Bei jedem Schleifendurchlauf werden die Rückgabewerte des Unterprogramms ausgegeben. Das Programm wird über die 'Stopp'-Taste beendet.

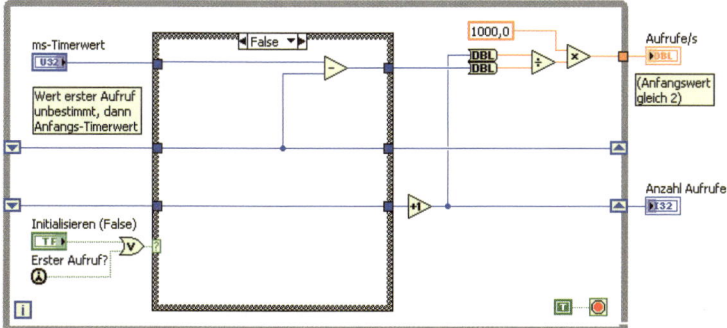

Bild 5.15 FALSE-Teil des VIs aus Bild 5.14 für die folgenden Aufrufe

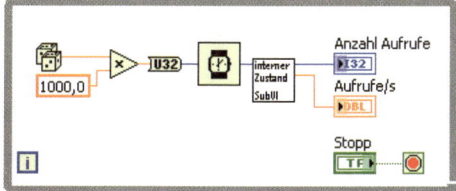

Bild 5.16 Aufruf von '0514-InternerZustandSub.vi', dessen Diagramm in Bild 5.14 und Bild 5.15 dargestellt ist

Aufgabe 5.3

Entwickeln Sie die VIs aus Bild 5.14 bis Bild 5.16 von Beginn an. Sehen Sie für das Hauptprogramm eine grafische Ausgabe vom Typ 'Signalverlaufsdiagramm' vor.

5.2.5 Erstellen von polymorphen Unterprogrammen

Polymorphe Unterprogramme bündeln mehrere SubVIs, die gleichartige Funktionen ausführen, sie aber auf verschiedene Datentypen anwenden. Beispiel: Der interne Plusoperator ist polymorph. Er addiert Integerzahlen ebenso wie Gleitkommazahlen oder Vektoren. Er addiert aber keine Strings, selbst wenn diese nur Zahlen darstellen. Man kann nun ein **eigenes polymorphes** Unterprogramm erzeugen, indem man von der Menüzeile im Frontpanel oder Diagramm aus 'Datei' – 'Neu...' – 'Polymorphes VI' aufruft und in der damit aktivierten Tabelle die Namen von zwei verschiedenen Unterprogrammen einträgt, von denen das eine die Addition von Zahlen, das andere die Addition von Strings ausführt.

Es gibt keine LabVIEW-eigene Funktion zur Stringaddition, also muss man sie selbst als SubVI schreiben. Wir geben ihr den Namen 'Poly_AddString.vi'. Dieses VI wandelt die Eingabestrings in Zahlen um, addiert diese und verwandelt das Ergebnis zurück in einen String. Anschließend wird die Tabelle unter dem Namen 'Poly_Addieren.vi' gespeichert. Ein solches VI präsentiert sich nicht mit Frontpanel und Diagramm, sondern zeigt sich entsprechend Bild 5.17. Es dient als **Container** für die beiden gewöhnlichen VIs 'Poly_AddNumerisch.vi' und 'Poly_AddString.vi'.

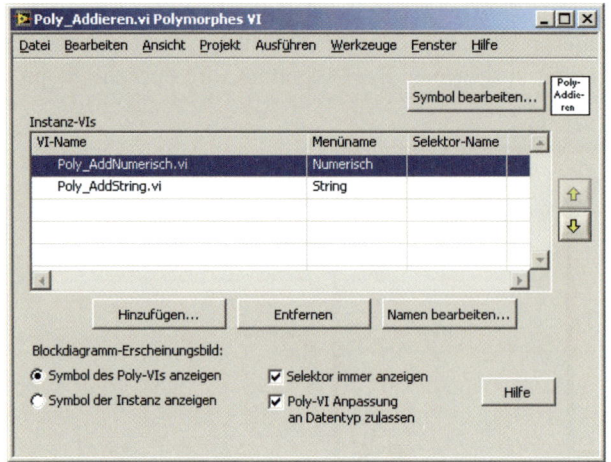

Bild 5.17 Polymorphes VI als Container für zwei gewöhnliche VIs, deren Namen in den beiden oberen Zeilen eingetragen sind. Mit 'Symbol bearbeiten' wurde der Name 'Poly-Addieren' in das Icon des polymorphen VI geschrieben

Tipp: Da polymorphe VIs als Container für andere VIs dienen, sollten diese VIs ähnliche Namen haben, um so die Zusammengehörigkeit anzuzeigen. Das erleichtert die Pflege des polymorphen VIs und seiner SubVIs.

Die einzelnen VIs werden dem polymorphen VI über die Schaltfläche 'Hinzufügen' zugeordnet und im Fehlerfall mit 'Entfernen' wieder beseitigt. Für jeden Eintrag kann zusätzlich der 'Menüname' und 'Selektor-Name' angegeben werden. Fehlen diese Eintragungen ganz oder teilweise, wird als Menüname der VI-Name und als Selektor-Name der Menüname verwendet. Im Diagramm des aufrufenden Programms erscheint ein polymorphes VI mit dessen Symbol, sofern man bei der Konfiguration links unten 'Symbol des Poly-VIs anzeigen' gewählt hat. Anderenfalls werden die Symbole der verwendeten VIs dargestellt. Hat man rechts unten 'Selektor immer anzeigen' gewählt, erscheint im Diagramm unter dem VI-Symbol ein Selektor. Klappt man diesen mit Linksklick auf, sieht man die Menünamen der eingetragenen VIs sowie den Eintrag 'Automatisch'. Die Wahl dieser Option bewirkt, dass der zugeführte Datentyp automatisch das richtige Unterprogramm aus dem polymorphen Container wählt. Eine manuelle Auswahl aus dem Menü ist ebenfalls möglich. Ist der Selektor geschlossen, trägt er den Selektor-Namen des gewählten VIs oder – falls keine Selektor-Namen angegeben wurden – dessen Menünamen. Siehe dazu Bild 5.18.

Bei der Belegung des Anschlussfeldes müssen einige Dinge beachtet werden. Alle VIs, die zum selben polymorphen VI gehören, müssen dasselbe Muster für das Anschlussfeld aufweisen. LabVIEW quittiert den Versuch, verschiedene Anschlussfelder zusammenzufassen, mit einem Fehler. Außerdem müssen Eingänge und Ausgänge an exakt derselben Stelle eingefügt werden. Wird der Anschluss nicht von jedem VI benötigt, kann er auch frei bleiben. Es ist nicht zulässig, einen Ausgang mit einem Anschluss zu verbinden, der bereits von einem anderen VI als Eingang verwendet wird. Entsprechendes gilt für die Eingänge.

Bild 5.18 zeigt das Diagramm eines Hauptprogramms, welches das polymorphe VI für das Addieren von numerischen Daten und von Stringdaten verwendet. Man erkennt, dass das Symbol die gleich bleibende Bezeichnung 'Poly-Addieren' trägt, die Symbole im Selektor darunter aber die Namen 'Numerisch' bzw. 'String'. Bild 5.19 zeigt das Panel des Hauptprogramms '0518-PolyAddAufruf.vi'.

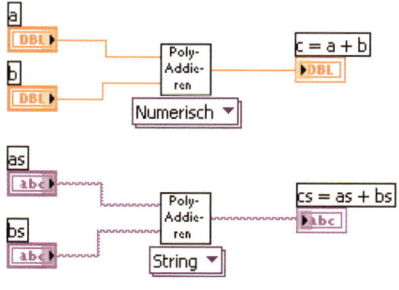

Bild 5.18 Doppelte Verwendung desselben polymorphen Unterprogramms mit verschiedenen Datentypen im aufrufenden Programm. Das Unterprogramm wird über den Selektor am unteren Rand des Symbols an seine Aufgabe entweder manuell oder automatisch angepasst

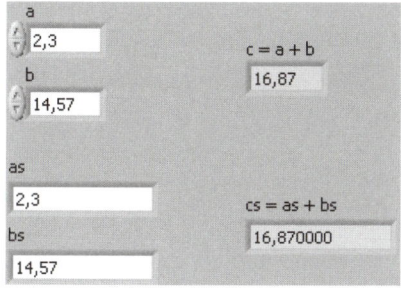

Bild 5.19 Ergebnisse der Addition zweier numerischer Daten 'a' und 'b' und zweier Stringdaten 'as' und 'bs'

Bild 5.20 zeigt das Diagramm des VIs im polymorphen Unterprogramm, das die Strings addiert. Im anderen Unterprogramm wird lediglich der eingebaute LabVIEW-Plusoperator verwendet.

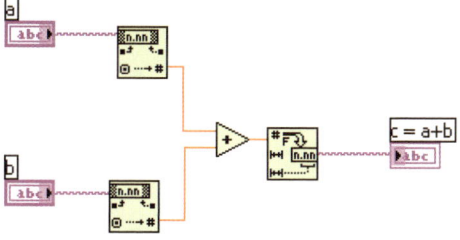

Bild 5.20 Diagramm des Additionsprogramms '0520-AddString.vi' für Strings, die Zahlen darstellen. Dies ist das zweite der beiden VIs, die Teile des in Bild 5.17 gezeigten polymorphen Programms sind

Aufgabe 5.4

Schreiben Sie ein polymorphes VI, das die Multiplikation von Vektoren, Matrizen und Zahlenstrings realisiert. Entwickeln Sie ein Hauptprogramm, das alle drei Fälle nutzt.

5.3   Aufruf von Unterprogrammen

Unterprogramme können auf zwei verschiedene Arten aufgerufen – gebunden – werden. Werden sie über die Funktionspalette eingebunden, spricht man von **statischer Bindung**. Sie kann während der Programmlaufzeit nicht mehr geändert werden. Soll aber erst zur Laufzeit festgelegt werden, welches Unterprogramm zu verwenden ist, muss man die Methode der **dynamischen Bindung** nutzen.

5.3.1   Statische Bindung

Eine statische Bindung wird gebildet, wenn man ein Unterprogramm aus der Funktionspalette auswählt und ins Blockdiagramm einfügt. Es spielt keine Rolle, ob man dabei eine der vielen LabVIEW-Funktionen wählt oder ob man ein eigenes, selbst entwickeltes VI aus 'Funktionen' – 'VI auswählen…' verwendet. Das Unterprogramm ist in jedem Falle fest mit dem aufrufenden Programm verbunden und kann nur noch während des Editierens im Blockdiagramm durch ein anderes ersetzt werden. Besteht kein Zugriff auf das Blockdiagramm, z.B. bei kompiliertem Code, hat man keine Möglichkeit, dieses Unterprogramm auszutauschen.

Ein anderes Merkmal der statischen Bindung besteht darin, dass auch das aufrufende Programm nach Änderung des Unterprogramms als geändert angezeigt wird, was man am Stern in der Titelzeile des Fensters erkennt. Das kann verwirren.

Lokale Einstellungen des Frontpanels für ein SubVI

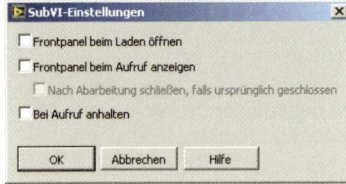

Bild 5.21 Frontpanel anzeigen für lokale Instanzen

Globale Einstellungen wurden bereits in Abschnitt 5.2.3 beschrieben. Die Anzeige des Frontpanels lässt sich aber für jedes SubVI auch **lokal** einstellen. Man geht dazu ins Kontextmenü des im aufrufenden Programm platzierten SubVI und wählt dort 'SubVI-Einstellungen…'. Diese Option zeigt ein Fenster wie in Bild 5.21. Man kann dort festlegen, wie sich das Unterprogramm während der Laufzeit verhält. Die Wahl gilt für jeden Aufruf des statisch gebundenen VIs und überschreibt dann seine globalen Einstellungen.

Frontpanel beim Laden öffnen: zeigt das SubVI-Frontpanel, sobald das direkt oder auch indirekt aufrufende Programm geladen wird. Das geschieht sofort, auch wenn der Programmfluss noch nicht an der Stelle des Aufrufs angekommen ist. Haben mehrere Instanzen desselben VIs diese Option, wird das Frontpanel nur einmal geöffnet.

Frontpanel beim Aufruf anzeigen: zeigt das Frontpanel des SubVIs erst, wenn der Programmfluss im aufrufenden Programm an der Stelle angelangt ist, an der das SubVI eingebunden wurde. Ist diese Option aktiviert, lässt sich zusätzlich auswählen, ob das Frontpanel nach Beendigung wieder geschlossen wird. Beide Optionen müssen gesetzt werden, wenn an die Frontpanels von VIs sehen möchte, die als reentrant deklariert wurden, siehe dazu Abschnitt 5.3.2.4.

Bei Aufruf anhalten: verhindert die Ausführung des Unterprogramms. Der Benutzer muss es manuell starten.

Ändert man das Anschlussfeld eines Unterprogramms, erscheint es eventuell im Diagramm des aufrufenden Programms aufgehellt, und es wird ein Fehler angezeigt. Das ist ein Indiz dafür, dass das Anschlussfeld des Unterprogramms so geändert wurde, dass es nicht mehr zum aufrufenden Programm passt. Das Unterprogramm muss dann überall, wo es aufgerufen wird, neu eingebunden werden. Dazu wählt man im Kontextmenü die Aktion 'Mit SubVI neu verbinden'. **Tipp:** Man kann das umgehen, wenn man vorher ausreichend viele Anschlüsse für eventuelle Erweiterungen vorgesehen hat.

5.3.2 Dynamische Bindung

Die dynamische Bindung ist flexibler als die statische. Sie bietet dem Benutzer vor allem die Möglichkeit, ein Unterprogramm erst dann von der Festplatte in den Hauptspeicher zu holen, wenn es gebraucht wird. Das aufrufende Programm wird dadurch schlanker und benötigt weniger Speicherplatz. Unter 'Funktionen' – 'Programmierung' – 'Applikationssteuerung' (Anwendungssteuerung) findet man auch die Funktionen in Tabelle 5.1, die für die dynamische Bindung von VIs besonders wichtig sind.

Tabelle 5.1   Dynamischer Aufruf von Unterprogrammen: wichtige Funktionen

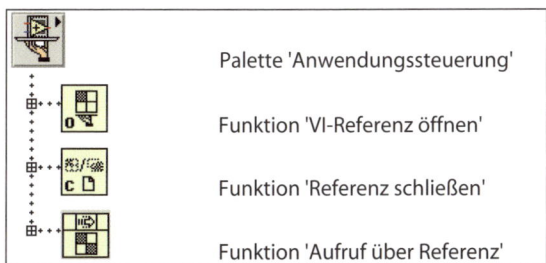

5.3.2.1   VI-Referenz öffnen und schließen

Eine VI-Referenz ist eine Zahl, die das LabVIEW-System einem VI zuordnet, sobald man den Operator 'Funktionen' – 'Programmierung' – 'Applikationssteuerung' – 'VI-Referenz öffnen' aufruft. Bild 5.22 zeigt die Kontexthilfe zu dieser Funktion.

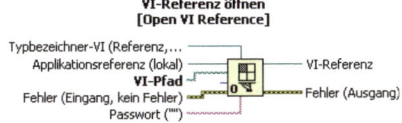

Bild 5.22 Kontexthilfe zu 'VI-Referenz öffnen'

Man kann diese Zahl, die so genannte 'Refnum', auch sichtbar machen, indem man den Ausgang 'VI-Referenz' des Operators auf dem Panel ausgibt. Zwar erhält man zunächst nur ein Symbol, doch lässt sich dieses gemäß Bild 5.23 auch in eine Zahl verwandeln.

Aufgabe 5.5

Rufen Sie das VI in Bild 5.23 mehrfach auf. Sie werden sehen, dass bei jedem Aufruf eine andere Referenz-Nummer angezeigt wird.

Achtung: Die Funktion 'Aktueller Pfad des VI' kann erst aufgerufen werden, wenn das VI bereits auf Festplatte gespeichert ist!

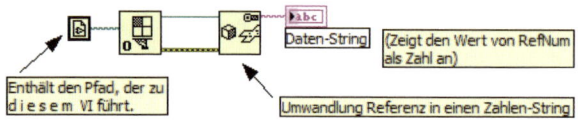

Bild 5.23 Programm '0523-VIReferenz.vi', das die Referenz-Nummer (RefNum), die ihm selbst vom System zugewiesen wird, auf dem Panel als Hex-Zahl ausgibt

Hinweise:

- Die Funktion für den Pfad zum eigenen VI findet sich unter 'Funktionen' – 'Datei-I/O' – 'Dateikonstanten' unter der Bezeichnung 'Pfad des aktuellen VIs'.

- Die Funktion zur Umwandlung der Referenz-Nummer in einen Zahlenstring steht unter 'Funktionen' – 'Programmierung' – 'Numerisch' – 'Datenbearbeitung' unter der Bezeichnung 'Daten serialisieren' (Genau so gut geht auch die Funktion 'Typumwandlung').

- Die Stringvariable 'Daten-String' auf dem Panel wird zunächst mit 'Normale Anzeige' wiedergegeben, wobei man keine Zahlen erkennen kann. Stellen Sie deshalb bitte im Kontextmenü auf 'Hexadezimalanzeige' um.

Lässt man das Programm im Modus 'Wiederholt ausführen' laufen, sieht man, dass in großer Geschwindigkeit ständig Referenz-Nummern produziert werden. Sie sind alle verschieden und werden auch nicht gelöscht, damit immer eine eindeutige Zuordnung zum VI und seinem jeweiligen Aufruf existiert. Das ist bei heutigen PCs mit ihrem großen Hauptspeicher kein Problem, wenn man das Programm nur einige Minuten laufen lässt. Bei industriellen Einsätzen mit Laufzeiten von Stunden oder Tagen wird sich jedoch der Rechner 'aufhängen', sobald ihm der Speicherplatz ausgeht. Solche Fehler sind später nur schwer zu finden. Deshalb muss man jede geöffnete Referenz so bald wie möglich wieder schließen. Dazu verwendet man die Funktion in Bild 5.24. Diese Funktion kann auch einen Vektor von Referenzen schließen.

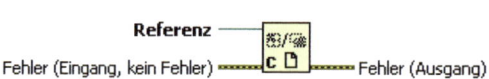

Bild 5.24 Kontexthilfe zu 'Referenz schließen'. Diese polymorphe Funktion kann auch mehrere Referenzen schließen, z.B. einen Vektor von Referenzen, die in einer Schleife erzeugt wurden

Merke: Man muss jede Referenz auf ein Objekt so bald wie möglich wieder schließen, um bei länger laufenden Programmen einen Speicherüberlauf zu vermeiden.

Sobald man eine Referenz auf ein VI erzeugt hat, kann man mit dieser in vielfältiger Weise auf das VI einwirken. Man kann seine Eigenschaften abfragen oder sie ändern. Man kann das VI starten oder stoppen usw. In dieser Einführung müssen wir uns auf einige wenige Möglichkeiten beschränken, die später mehr oder weniger rezeptartig dargestellt werden.

5.3.2.2   Aufruf eines VI über seine Referenz

Eine Methode des dynamischen Aufrufs ist in Bild 5.25 dargestellt. Damit kann man nicht nur ein ganz bestimmtes SubVI aufrufen, sondern jedes beliebige kompatible Unterprogramm. 'Kompatibel' heißt in diesem Zusammenhang, dass zwei SubVIs das gleiche Anschlussfeld, die gleiche Anordnung und den gleichen Typ der Eingabe- und Ausgabe-

Variablen haben. Der Wechsel von einem solchen SubVI zum anderen kann **auch noch während der Laufzeit** des aufrufenden VI erfolgen.

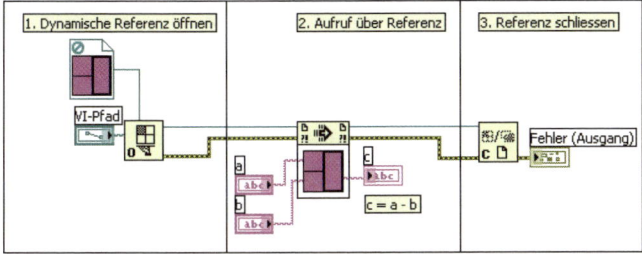

Bild 5.25 Beispiel zum dynamischen Aufruf über eine VI-Referenz

Die Programmstruktur nach Bild 5.25 wird in folgenden Schritten erstellt:

1. VI-Referenz öffnen und am oberen Eingang 'Typenbezeichner VI (Referenz, nur für Typ)' im Kontextmenü mit 'Erstellen' – 'Konstante' das LabVIEW-Standardsymbol zuordnen. Links am Eingang 'VI-Pfad' mit 'Erstellen' – 'Bedienelement' ein Bedienelement auf dem Frontpanel erzeugen, in das man durch Anklicken des rechts stehenden gelben Symbols den SubVI-Namen eintragen kann (hier: 'D:\.....\AddString.vi').

2. Typ der VI-Referenz anpassen, indem man im Kontextmenü zum oben erstellten LabVIEW-Standardsymbol 'Klasse auswählen (VI Server)' – 'Suchen…' aktiviert. Dann wird ein Verzeichnisbaum angezeigt, in dem man das gewünschte Muster-SubVI sucht und öffnet. Im Beispiel wurde AddString.vi gewählt. Man könnte aber auch SubString.vi nutzen oder jedes andere VI kompatibler Struktur: Ein solches VI hat zwei Eingangs- und eine Ausgangsvariable, alle vom Typ 'String'. Im Symbol, das jetzt erscheint, ist das grafisch angedeutet. Die **Farbe** entspricht der für den **Typ String**.

3. 'Aufruf über Referenz' aus 'Funktionen' – 'Programmierung' – 'Applikationssteuerung' im Diagramm setzen und den Ausgang 'VI-Referenz' der linken Funktion mit dem Eingang dieser Funktion verbinden. Die Verbindungslinie ist grün.

4. Eingänge (hier 'a', 'b' und 'c') am Symbol der Funktion 'Aufruf über Referenz' anbringen, am einfachsten ebenfalls über das Kontextmenü.

5. Funktion 'Referenz schließen' setzen und verbinden.

6. Die Fehlereingänge und -ausgänge gemäß Bild 5.25 verbinden. Das ist zwar nicht notwendig, gehört aber zum guten Programmierstil. Rechts per Kontextmenü ein Symbol für den Fehlerausgang setzen. Auf diese Weise werden Fehler, die irgendwo auftreten, durchgeleitet und dem Anwender mit einer Nummer angezeigt.

Bemerkungen:

- Während der Ausführung können Fehler auftreten. Häufig kommt es vor, dass das Anschlussfeld des geöffneten VIs nicht mit dem des Typ-Bezeichners übereinstimmt, auch wenn scheinbar beide Anschlussfelder gleich sind. Sie sind aber nicht identisch, wenn z.B. Gleitkommazahlen unterschiedlicher Genauigkeit angeschlossen sind. Sie werden nicht automatisch konvertiert, wie das sonst bei der statischen Bindung geschieht.

- Dadurch, dass man für die Funktion 'VI-Referenz öffnen' ein Bedienelement für den VI-Pfad verwendet, erhält man die schon erwähnte Möglichkeit, noch während des Programmlaufs das SubVI auszutauschen.

5.3.2.3   Beispiel für den SubVI-Austausch während der Laufzeit

Im Beispiel von Bild 5.25 wurde der Name 'AddString.vi' verwendet. Auf der Festplatte gibt es noch drei andere Unterprogramme mit gleichem Anschlussfeld. Sie heißen 'SubString.vi', 'MultString.vi' und 'DivString.vi'. Ihre Funktion ergibt sich aus den Namen. Alle diese Sub-VIs können noch während der Laufzeit des aufrufenden Programms durch Änderung der Pfadangabe gemäß Bild 5.26 ausgetauscht werden. Bild 5.27 zeigt das Diagramm.

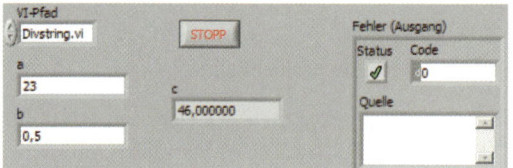

Bild 5.26 Beispiel: Panel des Programms '0525-DynamischerSubVIAustausch', bei dem man noch während der Laufzeit zwischen vier verschiedenen SubVIs auf der Festplatte wählen kann. Derzeit wird dividiert

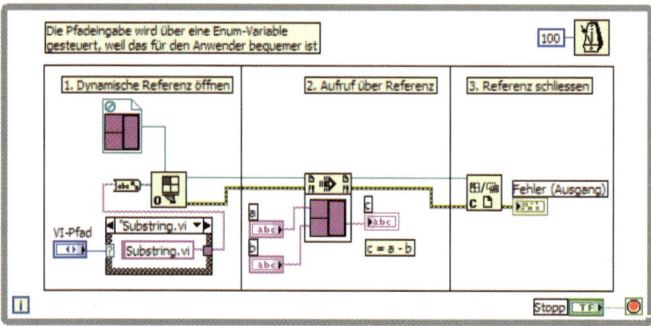

Bild 5.27 Diagramm zum Panel von Bild 5.26

Aufgabe 5.6

Entwickeln Sie weitere Programme nach dem Muster von AddString.vi, welche die drei anderen Grundrechenarten mit Zahlenstrings durchführen. Testen Sie damit, ob Sie wirklich während der Laufzeit des Programms von Bild 5.26 bzw. Bild 5.27 die Rechenoperation wechseln können.

5.3.2.4   Rekursiver Aufruf von Unterprogrammen

Versucht man, ein VI in sich selbst einzufügen, meldet LabVIEW einen Fehler. Diesen Fehler kann man beheben, indem man in den VI-Eigenschaften unter 'Ausführung' die **'Ablaufinvariante Ausführung mit vorbelegter Kopie'** auswählt. Auf diese Weise lässt sich ein rekursiver Aufruf realisieren. In Abschnitt 5.2.3 wurde gezeigt, wie man ein SubVI ablaufinvariant macht. Bild 5.28 und Bild 5.29 zeigen als Beispiel die rekursive Berechnung von $n!$, die jedem Informatiker geläufig ist.

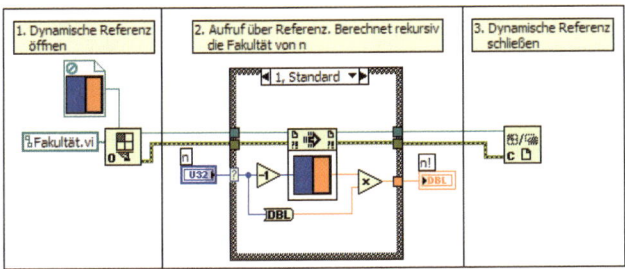

Bild 5.28 Rekursive Berechnung der Fakultät von 'n'; Case $n > 0$

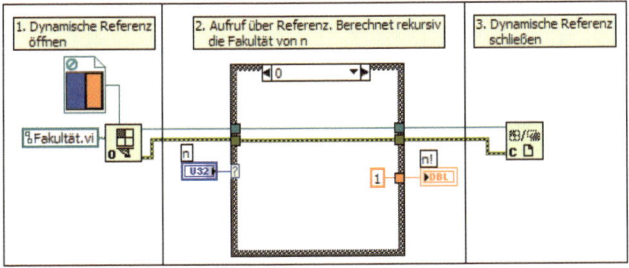

Bild 5.29 Rekursive Berechnung der Fakultät von 'n'; Case $n = 0$

Bemerkung: Mit Integerzahlen vom Typ U64 kann man $n!$ nur bis $n = 20$ berechnen. Mit DBL kommt man bis $n = 170$ und mit EXT (Extended) bis $n = 1754$.

5.3.2.5 Testen (Debugging) von ablaufinvarianten SubVIs

In Version 2014 kann man auch ablaufinvariante VIs ohne Einschränkung wie normale VIs debuggen. Dazu muss man nur die Option 'VI-Einstellungen...' – 'Ausführung' – **Automatische Fehlerbehandlung aktivieren'** wählen. Insgesamt sind die Eigenschaften für das VI in der Kategorie 'Ausführung' gemäß Bild 5.31 gesetzt. Als Testbeispiel wurde 'Fakultät.vi' vom vorigen Abschnitt, Bild 5.28, gewählt, das ausführlicher in Bild 5.31 dargestellt ist. Man sieht dort in der Funktionsleiste das Highlight-Symbol, obwohl das VI als **ablaufinvariant** definiert wurde! Schaltet man dieses Symbol auf Gelb, kann man wie beim gewöhnlichen VI den Datenfluss auf den Leitungen verfolgen.

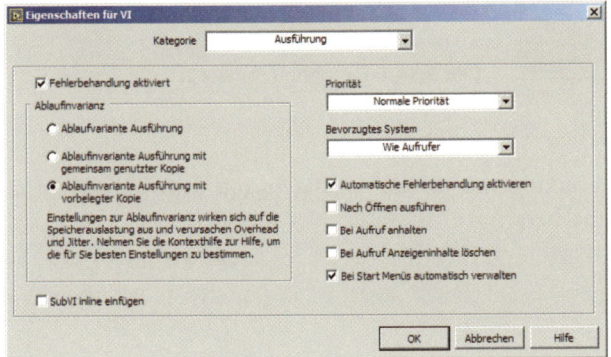

Bild 5.30 Eigenschaften von 'Fakultät.vi' in der Kategorie 'Ausführung'

Für $n = 3$ lässt sich Folgendes beobachten, wenn man das VI zuvor mit $n = 3$ und $n! = -1$ über 'Bearbeiten' – 'Aktuelle Werte als Standard' auf Festplatte gespeichert hat: Nach dem Start kommt man schrittweise zum ersten rekursiven Aufruf. Dabei wird eine Kopie Nr. 1

des Frontpanels (auch Klon genannt) erzeugt, das nunmehr $n = 2$ anzeigt. Der Defaultwert –1.00 für $n!$ ändert sich dabei nicht. Außerdem entsteht eine Kopie Nr. 1 des Diagramms. Wenn man auch dort die Highlight-Funktion aktiviert, kann man schrittweise weitergehen bis zum zweiten rekursiven Aufruf. Kopie Nr. 2 des Frontpanels zeigt $n = 1$ und immer noch $n! = -1,00$. Beim dritten rekursiven Aufruf wird $0! = 1$ **ohne** weitere Rekursion im FALSE-Teil der Case-Struktur berechnet. Das VI multipliziert danach Schritt für Schritt die bisher erhaltenen Zwischenwerte und speichert die Resultate in den Kopien des Frontpanels. Zuletzt erhält man die Werte $1! = 1$, $2! = 2 \times 1!$ sowie das Endergebnis $3! = 3 \times 2!$ in den Kopien Nummer 2, Nummer 1 des Frontpanels und im Frontpanel selbst. Das ist in Bild 5.32, Bild 5.33 und Bild 5.34 angezeigt.

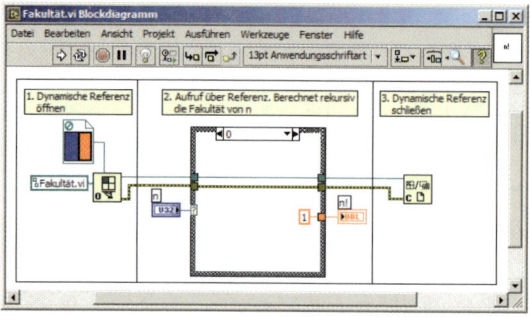

Bild 5.31 Rekursiv arbeitendes Programm zur Berechnung von n!

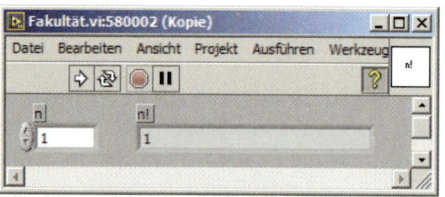

Bild 5.32 Zwischenergebnis 1!

Bild 5.33 Zwischenergebnis 2! = 2 x 1!

Bild 5.34 Endergebnis 3! = 3 x 2!

Aufgabe 5.7

Entwickeln Sie das VI zur Berechnung von n! von Anfang an mit dem Datentyp I32. Welche Fakultät lässt sich maximal berechnen? Ist es 20! Oder 30! Oder …?

Merke: Auch in LabVIEW können Unterprogramme rekursiv aufgerufen werden. Sie müssen dann aber ablaufinvariant sein.

Wählt man zusätzlich die Option 'VI-Einstellungen...' – 'Ausführung' – 'Automatische Fehlerbehandlung aktivieren', kann man auch ablaufinvariante VIs wie üblich debuggen. Das System erzeugt dann Kopien (Klone) von Frontpanel und Diagramm.

Geklonte VIs zeigen Zwischenergebnisse an. Sie können aber nicht editiert, d.h. verändert werden. Änderungen sind nur direkt am Ursprungs-VI möglich.

5.4 Typdefinitionen

Man kann ein VI auch mit **benutzerdefinierten Bedien- oder Anzeigeelementen**, den so genannten Typdefinitionen, vereinfachen.

5.4.1 Beispiel einer Typdefinition für Enum-Variablen

Wie Strings bestehen Enum-Variable aus Zeichenketten, mit denen man die Lesbarkeit des Programms erhöhen kann. Während aber jeder String nur eine Zeichenkette enthält, kann man eine Enum-Variable mit mehreren Zeichenketten füllen und sie als Typdefinition speichern. Eine Methode des Füllens mit Hilfe des Kontextmenüs und 'Objekt danach einfügen' (oder davor) wurde bereits in Abschnitt 3.3 behandelt. Das folgende Vorgehen verschafft dem Programmierer eine bessere Übersicht:

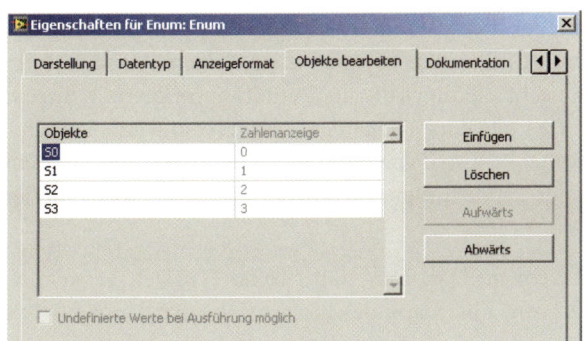

Bild 5.35 Fenster zum Eintragen von Werten in eine Enum-Variable

Wir starten, indem wir auf dem Frontpanel eines VIs eine Enum-Variable absetzen. Sie hat den Standardnamen 'Enum', den wir wie üblich ändern können, z.B. in 'Muster-Enum'. Dann rufen wir im Kontextmenü dieses Elements die Funktion 'Objekte bearbeiten…' auf und erhalten ein Fenster nach Bild 5.35. Dort tragen wir Bezeichnungen für verschiedene Objekte ein, z.B. 'S0', 'S1', 'S2' und 'S3'. Auch ganz andere Bezeichnungen wie 'Haus', 'Auto' sind möglich. Nach 'OK' enthält 'Muster-Enum' im Beispiel 4 nummerierte Objekte.

Nun treffen wir im Kontextmenü von 'Muster-Enum' die Auswahl 'Fortgeschritten' – 'Anpassen…', worauf sich ein zweites Frontpanel gemäß Bild 5.36 öffnet. Dort können wir uns in der Symbolleiste entscheiden für 'Element', 'Typ-Def.' und 'Strikte Typ-Def.'. Wir wählen zunächst 'Strikte Typ-Def.' und speichern dieses Bedienelement unter einem Namen, hier als 'Muster-Enum.ctl', ab. Das Verzeichnis zur Speicherung müssen wir ebenso wie den

Namen wählen. Dagegen wird die Erweiterung 'ctl' automatisch gesetzt. Wir haben damit ein selbst definiertes 'Control-Element', kürzer Ctl-Element erzeugt.

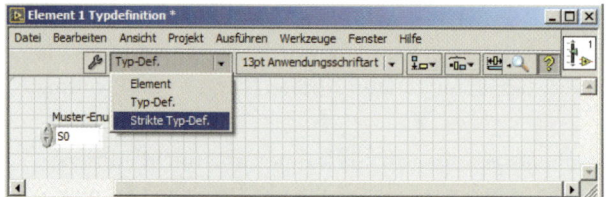

Bild 5.36 Frontpanel eines VI mit Enum-Element und zugehöriger Typdefinition

Wenn wir nun ein VI öffnen und dieses Ctl-Element auf dem Panel absetzen, bringt es alle seine Eigenschaften, d.h. Größe und Farbe des Elements, seine Inhalte S0 bis S3 usw., unveränderlich mit sich, und zwar für alle Instanzen, die man von ihm bildet. Es ist also **nicht möglich, diese Enum-Variable zu vergrößern oder ihre Inhalte versehentlich zu ändern.** Wir können nur eine beliebige Beschriftung oder einen Untertitel für jede Instanz wählen. Das ist ähnlich wie bei der Wahl eines auf der Palette bereits von LabVIEW verfügbar gemachten Elements, etwa 'Numerisches Element'. Da wir das Ctl-Element im Beispiel als **strikt**, d.h. 'streng' definiert haben, können wir es auf dem Panel eines VI in keiner Weise verändern. Wir sollten das durch den Namen des Ctls deutlich machen, indem wir es z.B. von 'Muster-Enum' umbenennen in 'EnumStrikt.ctl'. Der Vorteil ist, dass bei mehrfachem Aufruf alle Instanzen gleiche Größe und Farbe haben und sich gleich verhalten. Was aber kann man tun, wenn von 10 Elementen, die alle die gleiche Farbe Gelb haben, eines bei sonst gleichen Eigenschaften grün aussehen soll?

Dann kann man das Ctl-Element entweder durch ein anderes ersetzen oder ergänzen. Dazu wählt man entweder im Kontextmenü des Elements 'Typdefinition öffnen', wandelt dann wunschgemäß ab und speichert. Damit geht allerdings die alte Definition verloren. In diesem Fall ändern sich auch im aufrufenden VI alle entsprechenden Anzeigen und Inhalte automatisch. Oder man wählt im Kontextmenü 'Von Typdefinition trennen' und separiert ein einzelnes Frontpanel-Element von seiner Typdefinition. Das zugehörige Ctl-Element auf der Festplatte ist davon nicht betroffen.

Hätte man bei der Erstellung des Ctl-Elements 'Typ-Def.' statt 'Strikte Typ-Def.' verwendet, könnte man zwar später im VI noch Form und Farbe des Elements ändern, doch blieben auch hier die **Inhalte der im VI benutzten Instanzen fest mit dem auf der Festplatte gespeicherten Element verbunden.**

Wählt man schließlich ein Ctl-Element mit der Festlegung 'Bedienelement', sind **beliebige Änderungen** auch der Inhalte im aufrufenden VI möglich: z.B. 'S0' bis 'S4' oder auch mit geänderten Namen 'Zustand 0' bis 'Zustand 3'.

Bild 5.37 fasst die verschiedenen Festlegungen bei einem Ctl-Element und die Auswirkungen bei der Verwendung in einem VI zusammen.

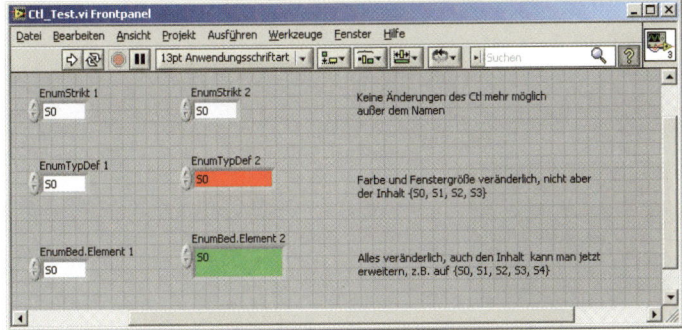

Bild 5.37 Ctl-Elemente mit je zwei Instanzen bei Festlegung auf 'Strikte Typ-Def.', 'Typ-Def.' und 'Bedienelement'

Merke: Zur Speicherung benutzerdefinierter Elemente bieten sich drei Varianten:

- Speicherung als Element,
- Speicherung als Typdefinition und
- Speicherung als strikte Typdefinition.

5.4.2 Beispiel einer Typdefinition für Registerkarten

Der Sinn von Registerkarten ist die Verbesserung der Übersichtlichkeit von Eingabe- oder Anzeigeelementen. Man könnte z.B. eine Messgröße auf den verschiedenen Seiten der Karte verschiedenartig darstellen, sodass ein Benutzer die Anzeige wählen kann, die ihm besonders zusagt. Ein anderer Benutzer könnte eine andere Darstellung bevorzugen. Ein Beispiel dazu gibt '0539-Test_Registerkarte.vi'.

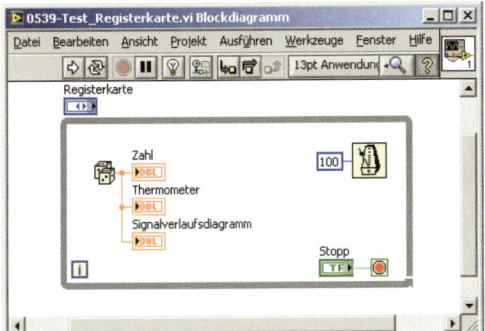

Bild 5.38 Darstellung einer Zufallszahl in verschiedener Weise auf verschiedenen Seiten einer Registerkarte

Hier kann man einen simulierten Zufallsmesswert als digitale Anzeige, als Thermometerwert oder als grafische Darstellung sehen. Bild 5.38 zeigt das Diagramm, Bild 5.39 das Frontpanel des VI bei Wahl der grafischen Anzeige.

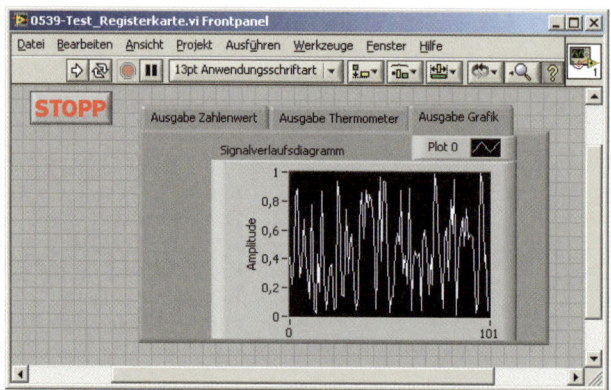

Bild 5.39 Darstellung von zufälligen, simulierten Messwerten auf einer Seite der Registerkarte

Wenn man in einem VI **mehrfach** eine Registerkarte mit **drei** (oder mehr) Seiten verwenden möchte, kann man unter 'Elemente' – 'Modern' – 'Container' eine Registerkarte mit zwei Seiten (Standardwert) auf das Frontpanel holen, durch Rechtsmausklick mit 'Seite danach einfügen' und 'Seiten neu anordnen' erweitern und dann unter einem passenden Namen mit der Erweiterung 'ctl' auf der Festplatte speichern.

Man kann auch Anzeigeelemente als Typdefinitionen einsetzen.

Aufgabe 5.8

Erstellen Sie das Programm 'Test_Registerkarte.vi' von Anfang an nach dem Beispiel von '0539-Test-Registerkarte.vi' und untersuchen Sie dabei auch die Seiten 'Ausgabe Zahlenwert' und 'Ausgabe Thermometer' der Registerkarte.

5.5   Guter Programmierstil

Wir haben bereits in Abschnitt 4.7 die Wichtigkeit eines guten Programmierstils erwähnt. Dort ging es um die übersichtliche Anordnung der Objekte auf dem Frontpanel und im Diagramm eines VI. Folgende Aspekte sind mindestens gleich wichtig:

- Vereinfachung durch den Einsatz von Unterprogrammen (SubVIs) und Typdefinitionen
- Kommentierung der Elemente und Funktionen eines VI

5.5.1   Vereinfachung durch Unterprogramme und Typdefinitionen

Das Programm '0540-Dreieck_OhneSubVI.vi' zeigt ein Diagramm nach Bild 5.40. Man vereinfacht, indem man mit dem Auswahlpfeil der Werkzeugpalette die Case-Struktur gemäß Bild 5.41 markiert und dann mit 'Bearbeiten' – 'SubVI erstellen' automatisch ein Unterprogramm gemäß Bild 5.42 erzeugen lässt. Das in der Mitte befindliche Standard-VI-Symbol bezeichnet dieses Unterprogramm, das bereits mit allen Ein- und Ausgabedaten verknüpft ist. Es lässt sich mit Doppelklick öffnen und zeigt zunächst sein Frontpanel. Das Diagramm dazu ist in Bild 5.43 zu sehen.

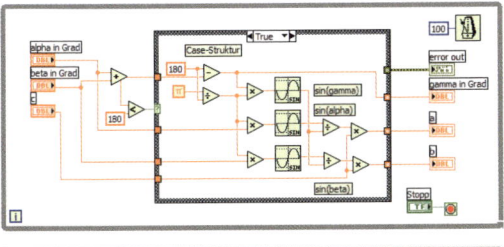

Bild 5.40 Diagramm von
'0540-Dreieck_OhneSubVI.vi'

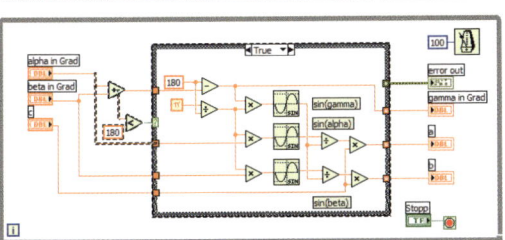

Bild **5.41** Markierung des Teils, der das Unterprogramm bilden soll

Es hat praktisch den gleichen Aufbau wie das SubVI aus Bild 5.40, nur die Bezeichnungen der Anzeigeelemente sind verschieden. Die Verbindungen der Anschlüsse zwischen aufrufendem Programm und Unterprogramm sind ebenfalls bereits geknüpft. Damit bleiben nur noch die Aufgaben

- sinnvolle Namensgebung für die Eingänge und Ausgänge im SubVI,
- Änderung des Standardsymbols von 'Unbenannt 4 (SubVI)', z.B. wie in Bild 5.3, und
- Speicherung dieses Unterprogramms unter einem aussagekräftigen Namen.

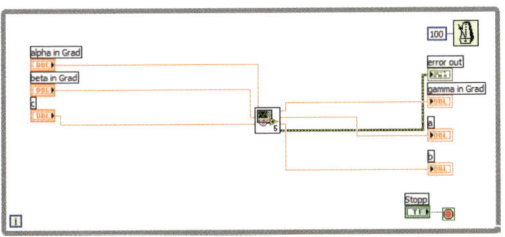

Bild 5.42 Automatische Erzeugung des Unterprogramms aus den markierten Teilen in Bild 5.41

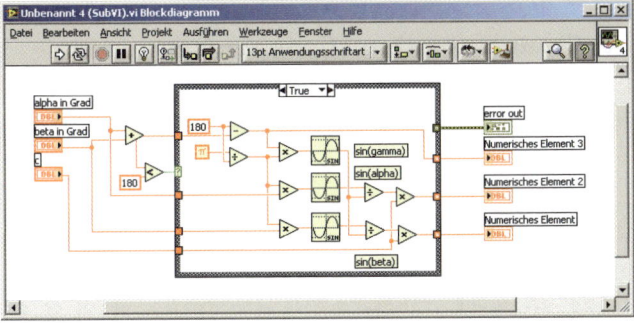

Bild 5.43 Diagramm des automatisch gebildeten Unterprogramms von Bild 5.42

Damit gelangt man zu einer Kombination Hauptprogramm – Unterprogramm ähnlich der in Abschnitt 5.2.1 beschriebenen Aufteilung.

Die Vereinfachung des Frontpanels durch Typdefinitionen wurde bereits in Abschnitt 5.4 behandelt.

5.5.2　Aussagekräftige Symbole (Icons)

Schon im Beispiel des Dreieckunterprogramms (Abschnitt 5.2.1) wurde das Standardsymbol des Unterprogramms verändert, siehe Aufgabe 5.2. Das ist ganz allgemein zu empfehlen, damit man das Diagramm eines VIs mit SubVIs besser 'lesen' kann. Dazu mit der Maus zum Symbol gehen und nach Rechtsmausklick 'Symbol bearbeiten' aufrufen. Es erscheint ein Fenster wie in Bild 5.9, indem man das Icon verändern, Text oder Grafiksymbole eintragen kann. Zunächst kann man die Farben in der Ecke rechts unten mit Mausklick auf schwarz und weiß stellen (statt schwarz und rot) und dann durch Doppelklick auf das blaue Quadrat am oberen rechten Rand das Standardsymbol entfernen. Wählt man nun den Reiter 'Grafiken', kann man dort eines der vorgefertigten Symbole einfügen, z.B. ein Thermometer. Mit 'OK' verlässt man den Symboleditor. Man erhält ein Icon wie in Bild 5.44.

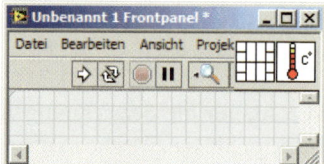

Bild 5.44 Verändertes Symbol in einem VI

Weiter kann man auch die Leitungen zwischen den Terminals und Knoten im Diagramm kommentieren. Dazu Rechtsmausklick auf die Leitung, 'Sichtbare Objekte' – 'Beschriftung', dann Text eintragen. Das Ergebnis könnte aussehen wie in Bild 5.45.

Bild 5.45 Kommentierung einer Leitung

5.5.3　Anordnung häufig verwendeter Elemente

Die häufig verwendeten Wartefunktionen 'Warten (ms)' und 'Bis zum nächsten Vielfachen von ms warten' sollten im Diagramm stets in der rechten oberen Ecke stehen. Bild 5.3 und Bild 5.38 geben Beispiele.

5.5.4　Kommentierung der Elemente und Funktionen eines VI

Kommentare mit aussagekräftigen Bezeichnungen oder Sätzen sind unverzichtbar, wenn man Programme nach einiger Zeit noch verstehen will, und damit eine notwendige Voraussetzung für ihre Wiederverwendbarkeit.

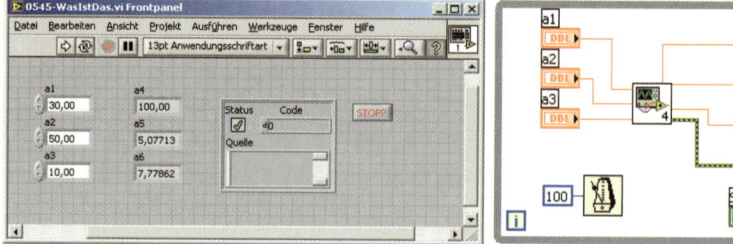

Bild 5.46 Schlecht bezeichnetes Paar Hauptprogramm – Unterprogramm

So zeigt Bild 5.46, wie man es nicht machen soll. Die Funktionalität ist die gleiche wie bei dem Dreiecksprogramm in Bild 5.2 und Bild 5.3, doch lässt sich das nur erraten!

Beschreibung der Elemente eines VIs

Allen Bedien- und Anzeigeelementen auf dem Frontpanel wird bei ihrer Erzeugung eine Standardbeschriftung zugeordnet, z.B. 'Numerisches Element' bei numerischen Variablen. Wie schon in Abschnitt 1.4.1. erwähnt, kann man diese Beschriftung ändern, z.B. in 'a'. Davon abgesehen wird empfohlen, im Kontextmenü 'Anzeigeformat' – 'Dokumentation' zusätzliche Informationen einzutragen, etwa so wie in Bild 5.47.

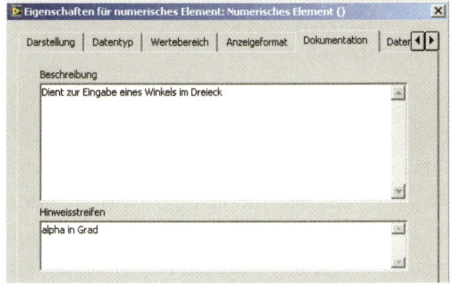

Bild 5.47 Beschreibung und Hinweisstreifen für ein (numerisches) Bedienelement

Man erreicht dadurch im **laufenden** VI eine Anzeige des **Hinweisstreifens** unterhalb des Elements auch bei ausgeschalteter Kontexthilfe. Es dauert etwa ein halbe Sekunde, bis diese Information nach Überstreichen des Elements mit dem Mauszeiger angezeigt wird. Ist die Kontexthilfe eingeschaltet, sieht man auch die Information oben in der **Beschreibung**.

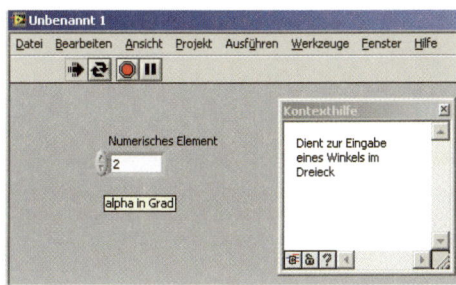

Bild 5.48 Anzeige von Hinweisstreifen und Beschreibung (Letzteres nur, falls Kontexthilfe eingeschaltet)

Beschreibung der Funktionen eines VIs

Entsprechend kann man auch Informationen über Funktionen im Diagramm erstellen. Bei den **eingebauten** LabVIEW-Funktionen gibt es diese schon. Sie sind über die Kontexthilfe abrufbar. Bei **eigenen** Funktionen in Form von SubVIs erstellt LabVIEW automatisch einige Informationen betreffend Ein- und Ausgabeparameter. Hält man das für unzureichend, ruft man das SubVI per Mausdoppelklick auf und öffnet dann im Kontextmenü des Anschluss-feldes über 'Eigenschaften für VI' – 'Dokumentation' eine etwas umfangreichere Eingabe-maske als die von Bild 5.47. Dort kann man zusätzlich Informationen eintragen.

Freie Beschriftungen, die Kommentarfunktion

Man kann einen Kommentar auch **ohne Kontexthilfe** direkt im Diagramm oder im Front-panel erzeugen, indem man dort auf einen freien Bereich doppelt klickt. Dann erscheint ein Rechteck, in das man Text eingeben kann. Im Diagramm befindet sich ab LabVIEW 2013 an der rechten unteren Ecke des Kommentars ein kleines Viereck mit Pfeil, das sichtbar wird, sobald man mit der Maus dorthin fährt. Klickt man mit dem Mauszeiger auf dieses Viereck, erscheint ein Pfeil, den man auf jedes Objekt im VI ziehen und so mit dem Kommentar verbinden kann. Verschiebt man das Objekt, wird der Pfeil aktualisiert. Somit bleibt die Zuordnung Kommentar – Objekt erhalten. Will man die Zuordnung lösen, klickt man rechts auf den Kommentar und wählt im Kontextmenü 'Beschriftung von Objekt trennen'.

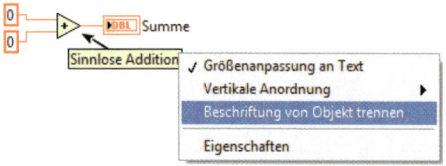

Bild 5.49 Das Trennen eines angehefteten Kommentars über das Kontextmenü

Kommentare kann man auch dazu verwenden, bestimmte Stellen im VI zu kennzeichnen. Dazu dient die „Lesezeichen-Funktion" des Kommentars. Schreibt man ein '#' ohne Leerzeichen vor irgendein Wort im Kommentar, wird es als Lesezeichen gedeutet und fett markiert. Man kann beliebig viele Markierungen setzen. Der Sinn des Markierens ergibt sich, wenn man den Lesezeichen-Manager mit 'Ansicht' – 'Lesezeichen-Manager öffnen' aufruft. Er zeigt die Lesezeichen und die VIs an, in denen die Lesezeichen definiert wurden. Mit Doppelklick auf einen Eintrag kann man das Blockdiagramm des entsprechenden VIs öffnen. Das kann sehr nützlich sein, z.B. wenn man im Team entwickelt oder wenn man sich selbst eine ToDo-Liste erstellen möchten. Siehe dazu Bild 5.50.

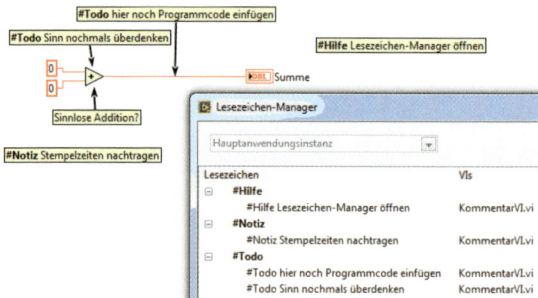

Bild 5.50 Lesezeichen-Manager, zeigt gesetzte Lesezeichen im VI an

5.5.5   Detaillierte Hilfe

Wie man einen Text in die Kontexthilfe eines VIs oder einer Funktion schreibt, wurde in Abschnitt 5.5.4 besprochen. Wie aber kommt man zur 'ausführlichen Hilfe'? Dazu öffnet man 'Datei' – 'VI-Einstellungen' – 'Dokumentation'. Unter der Eingabemaske für die Beschreibung des VIs befindet sich ein Eingabefeld für den Hilfepfad zur Hilfedatei. Dort können neben einer kompilierten Hilfedatei auch Dateien vom Typ ".hlp", ".chm", ".htm", ".html" oder ".pdf" eingebunden werden. In der Kontexthilfe erscheint dann der blau markierte Link "Ausführliche Hilfe", der die zusätzliche Hilfe öffnet.

Weitere Details findet man im Internet unter http://www.geho-labview.de im Online-Abschnitt 5.5.5.

Aufgabe 5.9

Verbessern Sie das Programm '0545-WasIstDas.vi'. Was ist seine Funktion?

6 Prozessvisualisierung

Lernziele

1. Begriff OOP kennen lernen, Eigenschafts- und Methodenknoten aufrufen können.
2. Verschiedene grafische Ausgabeelemente wie Signalverlaufsdiagramm (Chart), Signalverlaufsgraph (Graph) und XY-Graph erstellen können.
3. Eigenschafts- und Methodenknoten auf Frontpanel-Elemente anwenden können.
4. Gestaltungsmöglichkeiten wie Farbe, Strichstärke, Skalierung nutzen können.
5. Signalverlaufsfunktionen zur Erzeugung von Sinuskurven, Rechteckkurven, Sägezahnkurven usw. einsetzen können.
6. Express-VIs finden, konfigurieren und nutzen können.

6.1 OOP-Konzepte

In Abschnitt 3.1 haben wir kurz die Konzepte der **strukturierten Programmierung** vorgestellt. Ein anderes Konzept, das in den letzten Jahren mehr und mehr an Bedeutung gewonnen hat, ist das Konzept der **objektorientierten Programmierung**, kurz **OOP** genannt. LabVIEW selbst ist zwar objektorientiert aufgebaut, doch konnte der Anwender bis Version 8.0 nur sehr umständlich objektorientiert programmieren. Ab Version 8.2 hat sich das geändert und in Version 2014 weiter verbessert, wie in Kapitel 18 gezeigt wird. Das Ziel von OOP ist es, **wiederverwendbaren** Code zu produzieren. Dies wird dadurch erreicht, dass der Entwickler sein Programm aus so genannten **Klassen** aufbaut, die als **gekapselte** Module aufzufassen sind. Kapseln bedeutet hier, dass der Anwender beim Programmieren nur diejenigen Variablen und Funktionen einer Klasse benutzen kann, die der Entwickler der Klasse explizit freigegeben, d.h. für **publik** (öffentlich) erklärt hat. In LabVIEW heißen solche öffentlichen Variablen **Eigenschaftsknoten** und die öffentlichen Funktionen **Methodenknoten**. Ihre Nutzung soll am Beispiel der für messtechnische Anwendungen so wichtigen grafischen Ausgabe von Messwerten in Abschnitt 6.3 behandelt werden. Abschnitt 6.2 bringt zunächst einige allgemeine Ausführungen zur Anwendung von Eigenschaftsknoten. Ein weiterer Begriff aus der OOP ist die **Vererbung**. Wir werden in Kapitel 7 darauf zurückkommen.

6.2 Eigenschafts- und Methodenknoten

Eigenschafts- und Methodenknoten findet man im Kontextmenü von Bedienelementen und Anzeigeelementen. Bild 6.1 zeigt das Beispiel eines Eigenschaftsknotens zu einem Anzeigeelement, das der Anwender mit Hilfe eines Schalters auf dem Panel sichtbar oder unsichtbar machen kann.

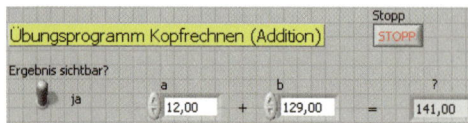

Bild 6.1 Panel von '0601-Eigenschaft_ Sichtbar.vi': Anwendung eines Eigenschafts-knotens, mit dem man das Ergebnis sichtbar oder unsichtbar macht

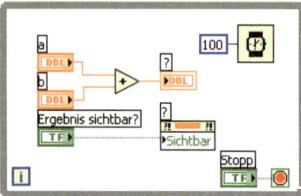

Bild 6.2 Diagramm von '0601-Eigenschaft_ Sichtbar.vi' zum Panel in Bild 6.1

Bemerkungen zur Programmierung von 'Eigenschaft_Sichtbar.vi':

1. Addition 'a + b = ?' programmieren gemäß Bild 6.1 und Bild 6.2.
2. Kontextmenü des Anzeigeelements '?' öffnen und 'Erstellen' – 'Eigenschaftsknoten' – 'Sichtbar' aufrufen. Auf dem Diagramm erscheint nun ein neues Element mit demselben Namen '?', aber mit der Anzeige 'Sichtbar' und Pfeil rechts von der Anzeige. Dies ist der Eigenschaftsknoten, der auf 'Lesen' voreingestellt ist.
3. Zum Eigenschaftsknoten gehört wiederum ein Kontextmenü, in dem man von 'Lesen' auf 'Schreiben' umstellen muss. Versäumt man das, kann man den Knoten nur lesen, d.h. feststellen, ob das Anzeigeelement '?' gerade sichtbar ist oder nicht.
4. Im Kontextmenü des Eigenschaftsknotens hat man unter 'Eigenschaften' viele Wahl-möglichkeiten. 'Sichtbar' ist eine davon, siehe auch Bild 6.3.
5. 'Umschalter (vertikal)' auf Panel setzen und mit dem Eigenschaftsknoten verbinden.
6. Das Ganze mit einer While-Schleife umgeben, die mit einem Stopp-Knopf beendet wird. Im Innern ist eine Wartezeit von 100 ms (oder ähnlich) zu programmieren, damit der Prozessor nicht ununterbrochen die Addition ausführt.

Das in dieser Weise entwickelte Programm '0601-Eigenschaft_Sichtbar.vi' zeigt nach dem Laden die Aufgabe 12 + 129 = ? **ohne** Ergebnis. Erst nach Betätigung des Schalters 'Ergebnis sichtbar?' wird der Wert 141 angezeigt.

Aufgabe 6.1

Versuchen Sie, das Programm '0601-Eigenschaft_Sichtbar.vi' so zu ändern, dass es nach dem Laden das Ergebnis sofort anzeigt.

Aufgabe 6.2

Schreiben Sie ein Programm 'Eigenschaft_Blinkend.vi', das die Bedienelemente 'a' und 'b' blinken lässt. Dazu die Eigenschaft 'Blinkend' wählen.

Aufgabe 6.3

Schreiben Sie ein Programm 'Eigenschaft_Tastenfokus.vi', das das Bedienelement 'a' mit der Eigenschaft 'Tastaturfokus' ausstattet. Tastaturfokus an einem Bedienelement bedeutet, dass Tastatureingaben automatisch auf dieses Bedienelement gelenkt werden. Auf die Eigenschaft 'Blinkend' können Sie hier verzichten.

Hinweis: Wird das neue Programm aus dem alten abgeleitet, haben 'a' und 'b' noch die Eigenschaft 'Blinkend'. Das heißt, diese Bedienelemente blinken auch dann noch, wenn man die entsprechenden Eigenschaftsknoten entfernt hat. Abhilfe: **Entweder** vorher im Programm auf 'Blinkend' falsch umstellen und das Programm einmal laufen lassen, bevor man die Eigenschaft 'Blinkend' im Diagramm löscht, **oder** Bedienelemente 'a' und 'b' auf dem Panel entfernen und nebst gewünschten Eigenschaftsknoten neu setzen.

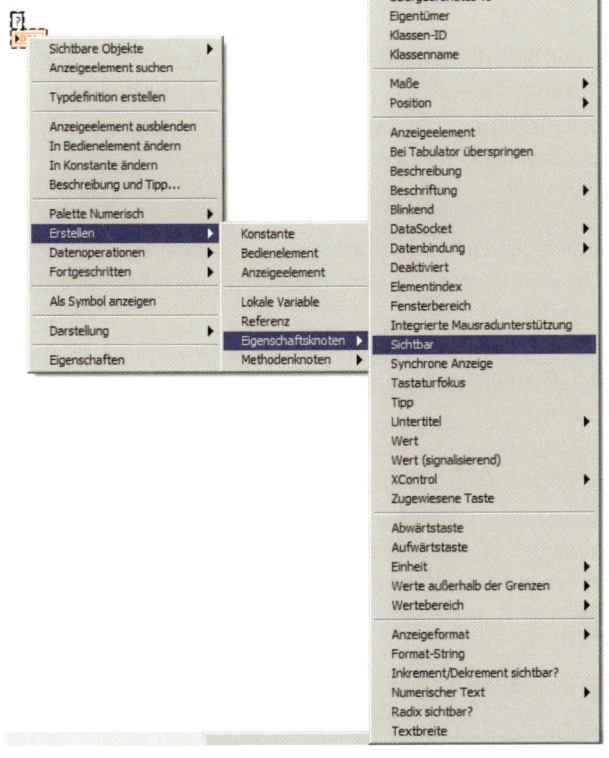

Bild 6.3 Kontextmenü zum Ausgabeelement '?' in Bild 6.1 bzw. Bild 6.2 unter LabVIEW 2014. Im Beispiel wurde die Eigenschaft 'Sichtbar' ausgewählt

Wenn Sie in Aufgabe 6.3 das Programm 'Eigenschaft_Tastenfokus.vi' unmittelbar nach dem Vorbild des Diagramms in Bild 6.2 entwickeln, sehen Sie nach dem Start in der Symbolleiste links neben dem 'Ausführen'-Pfeil einen kleinen Haken, der nicht mehr verschwindet. Eigentlich soll der Anwender dort klicken und so das Ende seiner Eingabe in 'a' quittieren.

Doch wird das Verschwinden hier nicht sichtbar, weil der nächste Schleifendurchlauf sofort wieder die Eigenschaft 'TastenFokus' aktiviert. '0604-Eigenschaft_TastenfokusKorrekt.vi' behebt dieses Problem, es ist in Bild 6.4 dargestellt: Dort sieht man eine dreiteilige flache Sequenz. Im ersten Teil wird 'TastenFokus' auf 'TRUE' gesetzt. Im zweiten Teil befindet sich eine While-Schleife, die erst verlassen wird, wenn 'TastenFokus' den Wert 'FALSE' liefert. Das geschieht in dem Moment, in dem der Anwender seine Eingabe in 'a' quittiert hat. Dann läuft das VI (nach mindestens 1000 ms Wartezeit) in den letzten Teil der Sequenz, in dem es die Summe errechnet. Anschließend wiederholt sich dieser Ablauf, bis der Stopp-Knopf betätigt wird.

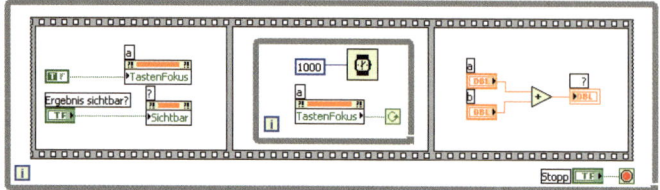

Bild 6.4 Beispiel für die Verwendung der Eigenschaft 'Tastenfokus'

Aufgabe 6.4

'Eigenschaft_TastenfokusKorrekt.vi' hat den Nachteil, dass der Tastaturfokus nur auf die Eingabe für 'a' angewandt wurde. Schreiben Sie ein Programm, das nach dem Quittieren der Eingabe für 'a' den Tastaturfokus auf 'b' lenkt, so dass der Anwender durch die einzelnen Schritte der Definition einer neuen Rechenaufgabe geführt wird.

Bemerkungen:

- Man kann die Eingabe in ein Bedienelement auch quittieren, indem man auf irgendeine freie Fläche des Panels klickt. Die Quittierung auf dem Hakensymbol links neben dem Startknopf des VIs ist **nicht notwendig**.
- Soll ein Bedien- oder Anzeigeelement mehrere Eigenschaften aufweisen, ist es nicht nötig, für jede einzelne Eigenschaft einen neuen Knoten zu erzeugen. Man kann den Knoten auch gemäß Bild 6.5 aufziehen.
- Bild 6.5 zeigt ferner, dass man ein und dieselbe Eigenschaft auch mehrfach verwenden kann, einmal zum Setzen der Eigenschaft (Schreiben) und dann zum Lesen.
- Hat man mehrere Eigenschaftsknoten wie in Bild 6.5, werden diese von oben nach unten abgearbeitet. Gibt es darin z.B. zweimal dieselbe Eigenschaft, muss man sie erst oben setzen, bevor man weiter unten den neuen Wert lesen kann.

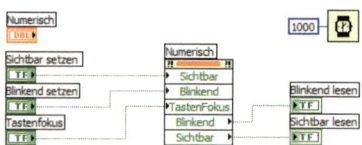

Bild 6.5 Eigenschaftsknoten mit mehreren Eigenschaften zum Bedienelement 'Numerisch'. Siehe dazu das Programm '0605-MehrereEigenschaften'

Aufgabe 6.5

Ergänzen Sie das Programm in Bild 6.5 mit einer While-Schleife, damit es nach einfachem Start mehrfach ausgeführt wird. Überzeugen Sie sich von der Wirkung der Eigenschaften, die Sie während des Programmlaufs verändern können, auf das Bedienelement 'Numerisch' und auf die Anzeigeelemente 'Blinkend lesen' und 'Sichtbar lesen'.

> **Merke:** Zu jedem Bedien- oder Anzeigeelement kann man im Kontextmenü Eigenschaftsknoten erzeugen. In diesen wiederum lassen sich verschiedene Eigenschaften auswählen.
>
> **Merke:** Ein Eigenschaftsknoten kann mehrere Eigenschaften enthalten. Dann werden sie von oben nach unten abgearbeitet.
>
> **Merke:** Die Eigenschaften in einem Eigenschaftsknoten lassen sich in vielen Fällen sowohl lesen als auch schreiben.

Beispiele zu Methodenknoten werden im Zusammenhang mit der grafischen Ausgabe im folgenden Abschnitt behandelt.

6.3　Grafische Ausgabe

Anzeigeelemente für die grafische Ausgabe auf dem Panel findet man bei 'Elemente' – 'Modern' ('Silber', 'Klassisch') – 'Graph'. Die wichtigsten sind:

- Signalverlaufsdiagramm, hier kürzer Chart genannt,
- Signalverlaufsgraph, hier kürzer Graph genannt, und
- XY-Graph.

6.3.1　Chart (Signalverlaufsdiagramm)

6.3.1.1　Darstellung einer Sinuskurve

Bild 6.6 zeigt auf dem Panel einen Chart mit einer Kurve im Aktualisierungsmodus **'Überschreiben'** bzw. als **Laufdiagramm**. Das bedeutet, der jeweils älteste Teil der angezeigten Kurve wird von der senkrechten roten Geraden, die nach rechts läuft, weggewischt (sweep). Links von dieser Geraden sieht man die Gegenwart und jüngere Vergangenheit, unmittelbar rechts davon die älteste Vergangenheit. Ein Chart hat also eine **Historie**. Normalerweise umfasst diese Historie 1024 Daten- bzw. Bildpunkte, aber das lässt sich ändern. Im Kontextmenü zum Chart findet man die Eigenschaft 'Diagramm-Historienlänge…'. Beim Anklicken öffnet sich ein Fenster, in das man z.B. auch 2000 oder 2048 eintragen kann. Startet man dann das Programm erneut, sieht man ein längeres Teilstück der Kurve in Bild 6.7 als in Bild 6.6.

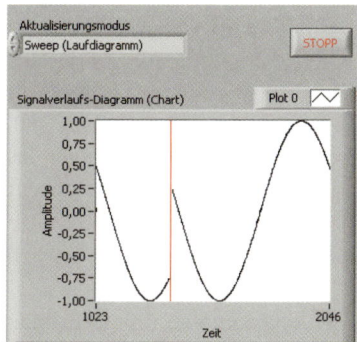

Bild 6.6 Anzeige einer Sinuskurve im Sweep-Modus im Programm '0606-Graph1_Chart.vi'.
Zunächst zeigt das Element Chart einen schwarzen Hintergrund. Er wurde hier mit dem Werkzeug 'Farbe setzen' auf Weiß umgestellt und die Farbe der Linienart in der Plot-Legende auf Schwarz

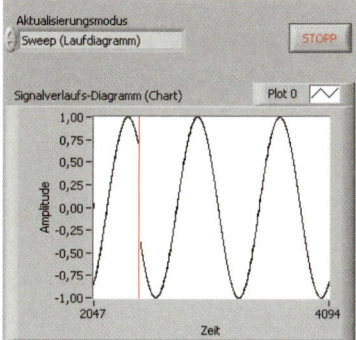

Bild 6.7 VI wie in Bild 6.6, aber mit einer Historienlänge von 2048 Datenpunkten

Die Steuerung des 'Anzeigemodus' erfolgt mit einer Enum-Variablen, in die hier die englischen Begriffe 'Scroll (Streifendiagramm)' (0), 'Scope (Oszilloskopdiagramm)' (1) und 'Sweep (Laufdiagramm)' (2) eingetragen wurden. Den Sweep-Modus kann man während des Programmlaufs mit Hilfe des Eigenschaftsknotens 'Aktualisierungsmodus' in 'Scope' oder 'Scroll' ändern. Das Diagramm von '0606-Graph1_Chart.vi' in Bild 6.8 zeigt das.

'Scope' bedeutet: Die Anzeige erfolgt wie auf einem Oszilloskop, d.h., die Kurve wird von links nach rechts gezeichnet und unmittelbar danach der Bildschirm komplett gelöscht. Dann erscheinen die nächsten Bildpunkte wieder am linken Rand usw.

'Scroll' bedeutet: Zunächst wird der Bildschirm wie bei 'Scope' mit den Bildpunkten beschrieben. Danach wird aber nicht gelöscht, sondern die Kurve als Ganzes nach links geschoben, damit am rechten Rand Platz für die nächsten Bildpunkte entsteht.

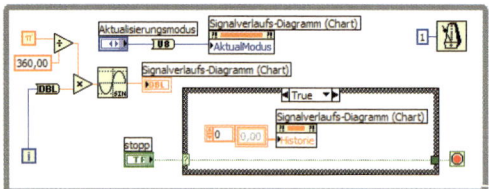

Bild 6.8 Programmierung von '0606-Graph1_Chart.vi'

Erklärung des Diagramms in Bild 6.8:

1. Die in Bild 6.6 und Bild 6.7 gezeigte Sinuskurve wird links im Diagramm von Bild 6.8 erzeugt. Dazu wird der Index 'i' der While-Schleife mit $\pi/360$ multipliziert und der Sinusfunktion zugeführt. π findet man unter 'Funktionen' – 'Programmierung' – 'Numerisch' – 'Konstanten in Mathematik und Wissenschaft' (ganz unten), die Sinusfunktion unter 'Funktionen' – 'Mathematik' – 'Grund & Spezialfunktionen' – 'Trigonometrische Funktionen'. Die Sinusfunktion verlangt ein Argument im Bogenmaß. Läuft nun 'i' von 0 bis 360, erhält die Sinusfunktion Argumente zwischen 0 und π, was $180°$ entspricht. Wäre nun für den Chart eine Historienlänge von 1080 eingestellt, liefe das Argument für die Sinusfunktion von 0 bis 3π, man sähe also eineinhalb Wellen der Sinusfunktion. Mit einer Historienlänge von 1024 sieht man etwas weniger.

2. Oben rechts im Diagramm ist eine Wartezeit von 1 ms eingetragen. Ohne diese Wartezeit läuft das Bild so schnell, dass die Sinuskurve nicht deutlich zu erkennen ist.

3. Oben in der Mitte des Diagramms befindet sich ein Eigenschaftsknoten, mit dem man den 'Aktualisierungsmodus' einstellen kann, also 'Sweep' (Laufdiagramm), 'Scope' (Oszilloskopdiagramm) oder 'Scroll' (Streifendiagramm).

4. Rechts unten im Diagramm findet sich eine Case-Struktur, die vom Stopp-Knopf gesteuert wird. Solange noch nicht Stopp gedrückt wurde, liefert das zugehörige Terminal den Wert 'FALSE'. Der FALSE-Teil der Case-Struktur ist leer (hier nicht dargestellt), so dass im Normalfall nichts geschieht. Drückt man dagegen die Stopp-Taste, wird der in Bild 6.8 dargestellte TRUE-Teil ausgeführt. Er schreibt einen leeren Vektor in den Eigenschaftsknoten mit der Eigenschaft 'Historiendaten'. Das bedeutet die Löschung aller Daten nach Stopp des VI in diesem Array, in dem der 'Historienlänge…' entsprechend viele Elemente gespeichert sind. Der Effekt ist, dass keine Daten mehr für die Anzeige im Chart verfügbar sind: Die Sinuskurve verschwindet, der Chart wird gelöscht. Den leeren Vektor erhält man, wenn man im Kontextmenü am Eingang des 'Historie'-Eigenschaftsknotens 'Erstellen' - 'Konstante' wählt.

Aufgabe 6.6

Starten Sie das Programm '0606-Graph1_Chart.vi' und lassen Sie die Sinuskurve in den Modi 'Sweep', 'Scope' und 'Scroll' anzeigen.

6.3.1.2 Darstellung von zwei oder mehr Kurven in einem Chart

Will man mehrere Kurven in einem Chart darstellen, z.B. die Temperatur und die Luft-feuchtigkeit in Abhängigkeit von der Zeit, muss man die Datenquellen für beide Funktionen im Diagramm zusammenführen. Außerdem sollte man sich um die Darstellung auf dem Panel kümmern, etwa indem man verschiedene Farben für die Kurven wählt oder eine Kurve durchgezogen, die andere gestrichelt darstellt. Der Einfachheit halber zeigen wir ein Beispiel mit trigonometrischen Funktionen. In Bild 6.9 werden eine Sinus- und eine Kosinuskurve im Scroll-Modus gezeichnet.

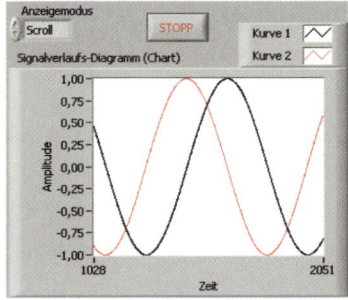

Bild 6.9 Darstellung von zwei Kurven in einem Chart. Statt 'Aktualisierungsmodus' wurde hier die kürzere Bezeichnung 'Anzeigemodus' gewählt. Der Anzeigemodus ist jetzt 'Scroll'

Während in Bild 6.6 rechts auf dem Chart die Legende für **eine** Kurve zu sehen ist, gibt es in Bild 6.9 eine Legende mit **zwei** Kurven. Hier können unabhängig voneinander für jede Kurve die Farbe, der Linienstil (gestrichelt, durchgezogen usw.), die Linienbreite und vieles andere eingestellt werden. Die Legende ist dazu von Hand aufzuziehen.

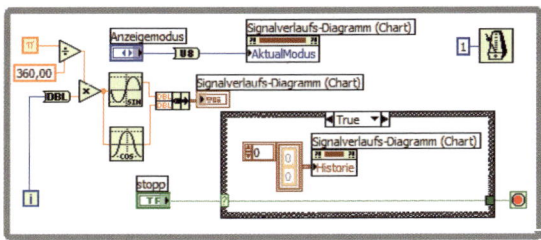

Bild 6.10 Diagramm zu '0609-Graph1_Chart_2Kurven.vi' in Bild 6.9. Statt 'Aktualisierungsmodus' wurde die kürzere Bezeichnung 'Anzeigemodus' verwendet

Erklärung des Diagramms in Bild 6.10:

1. Im Unterschied zum Diagramm in Bild 6.8 werden jetzt zwei Funktionen, eine Sinus- und eine Kosinuskurve, zum Terminal 'Signalverlaufs-Diagramm (Chart)' geführt. Dazu muss man sie vorher **bündeln** ('Funktionen' – 'Programmierung' – 'Cluster, Klasse, Variant' – 'Bündeln').

2. Zum Löschen der Kurven nach Programmstopp muss man den Eigenschaftsknoten 'Historie' diesmal mit einem **leeren Vektor von Clustern** aus je zwei Zahlen füllen. Doch erhält man auch diesen Vektor automatisch mit einem Rechtsmausklick auf den Eingang von 'Historie' und der Wahl von 'Erstellen' – 'Konstante'.

6.3.1.3   Legende zu einem Chart oder Graphen

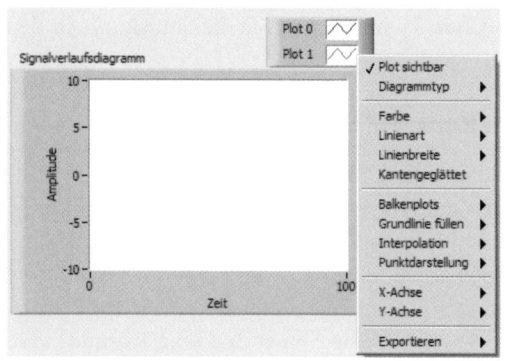

Bild 6.11 Kontextmenü zur **Plot-Legende** eines Charts (Signalverlaufsdiagramms). Zu fast allen Optionen gibt es Untermenüs

Unter der Plot-Legende versteht man beim Chart das (oder die) kleine(n) Felder rechts oben mit der Dreieckskurve. Man kann die Legende auch ausblenden, indem man im Kontextmenü des Charts 'Sichtbare Objekte' wählt und 'Plot-Legende' deaktiviert.

Andererseits zeigt Bild 6.11 Möglichkeiten, mit Hilfe der Legende den Chart und die Kurve darin zu gestalten. Einige dieser Möglichkeiten werden hier behandelt. Fährt man mit dem Mauszeiger über die Menüeinträge, öffnet sich das entsprechende Untermenü:

- **Diagrammtyp:** verdeutlicht häufig verwendete Arten der Gestaltung eines Charts. Ist man mit einer der in Bild 6.12 gezeigten Darstellungen zufrieden, erübrigt sich das Zusammensuchen der gewünschten Eigenschaften aus den folgenden Zeilen wie 'Farbe', 'Linienstil' usw.

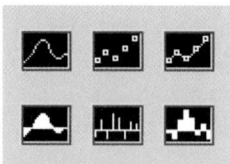

Bild 6.12 Häufig benutzte Darstellungen für einen Satz von Bildpunkten

Links oben werden die Bildpunkte durch Geradenstücke verbunden, d.h., es wird interpoliert. **Oben in der Mitte** sind die Bildpunkte markiert und isoliert gezeichnet. **Oben rechts** werden sie markiert und durch Geradenstücke verbunden. In der **zweiten Zeile links** ist die Fläche zwischen Kurve und Abszisse gefüllt. In der **Mitte der zweiten Zeile** werden isolierte Punkte durch Geraden mit der Abszisse verbunden. Man spricht hier vom **Balkendiagramm**. In der **zweiten Zeile ganz rechts** stehen die Balken im Balkendiagramm nicht mehr isoliert voneinander.

- **Farbe:** Der Anwender kann sich aus einer Farbpalette die gewünschte Farbe für seine Kurve aussuchen.
- **Linienart:** Auswahl von durchgezogenen, gestrichelten, strichpunktierten Linien usw.
- **Linienbreite.**
- **Interpolation:** Auswahl von keiner Interpolation (isolierte Punkte) oder verschiedenen Arten der Verbindung der Bildpunkte mit direkt von Punkt zu Punkt verlaufenden Geraden oder durch Treppenfunktionen unterschiedlicher Art.
- **Punktdarstellung:** Auswahl von Punkten verschiedener Größe und Form.

Die genannten Einstellungen lassen sich nicht nur manuell, sondern auch per Programm mit Hilfe von Eigenschaftsknoten erzielen. Bild 6.13 zeigt ein mögliches Ergebnis solcher durch verschiedene Bedienelemente definierten Kurvendarstellung.

Aufgabe 6.7

Versuchen Sie, das Diagramm für das VI in Bild 6.13 zu programmieren. Experimentieren Sie mit dem fertigen Programm, um sich einen Überblick über die vielen Möglichkeiten der Darstellung von Kurven zu verschaffen.

Hinweis: Gehen Sie vom Programm '0606-Graph1_Chart.vi' in Bild 6.8 aus und führen Sie einen neuen, mehrfach mit Eigenschaften belegten Eigenschaftsknoten ein. Die Eigenschaften finden Sie im Kontextmenü unter 'Erstellen' – 'Eigenschaftsknoten' – 'Plot'.

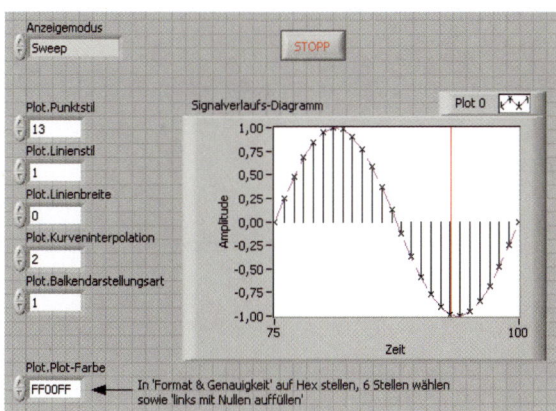

Bild 6.13 Einstellungen zur Darstellung von Bildpunkten. Hier als Balkendiagramm mit Bildpunkten, die durch kleine Kreuze markiert sind. Ferner Einstellungen zur Interpolation

6.3.1.4 Skalierung der Ordinate in einem Chart

Für die Achsen im Chart und ihre Skalierung gibt es ebenfalls mannigfache Wahlmöglichkeiten. Wir besprechen hier die Ordinate (Y-Achse). Zur Skalierung der Abszisse (X-Achse) verweisen wir auf entsprechende Möglichkeiten beim Graphen (Waveform-Graph).

Ordinate oder Y-Achse

Die Amplitude der Sinuskurve in Bild 6.7 hat den Wert 1. Das Offset ist 0. Will man nun z.B. die Funktion

$$y = A \cdot \sin(x) + Offset \quad \text{einstellen, etwa}$$

$$y = 3 \cdot \sin(x) + 1,$$

so hat man verschiedene Möglichkeiten:

1. Man schreibt eine andere Formel im Diagramm nach Bild 6.8 (siehe Aufgabe 6.8).
2. Man nützt die Möglichkeiten, die LabVIEW zur Skalierung der Y-Achse bietet.

Aufgabe 6.8

Verändern Sie das Programm in Bild 6.8 so, dass es die Funktion $y = 3 \sin(x) + 1$ anzeigt. Starten Sie das Programm und beobachten Sie die Ausgabe auf dem Panel.

Denselben Effekt wie in Aufgabe 6.8 kann man erreichen, wenn man die Y-Achse entsprechend skaliert. Dazu im Kontextmenü des Charts auf 'Y-Achse' – 'Formatieren…' gehen, wie in Bild 6.14 zu sehen, und 'Formatieren…' anklicken. Es öffnet sich ein Fenster, in dem man auf die Registerkarte 'Skalen' umschaltet, siehe Bild 6.15. Dort trägt man in der rechten unteren Hälfte die Skalierungsfaktoren Offset = 1 und Faktor = 3 ein. Dann zeigt das **unveränderte** Programm von Bild 6.8 nach dem Start die gleiche Ansicht wie das nach Aufgabe 6.8 geänderte VI entsprechend Bild 6.16.

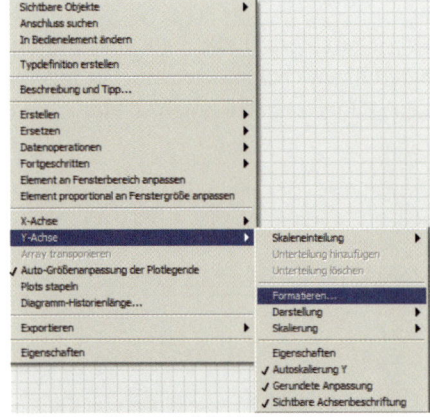

Bild 6.14 Weg zur Formatierung der Y-Achse

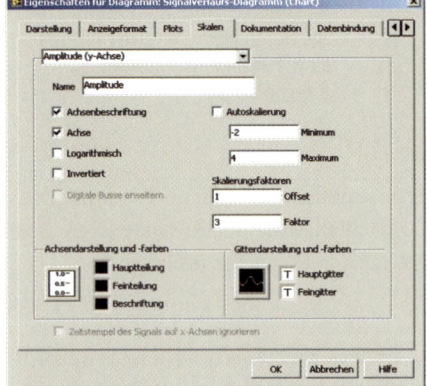

Bild 6.15 Skalierung der Y-Achse

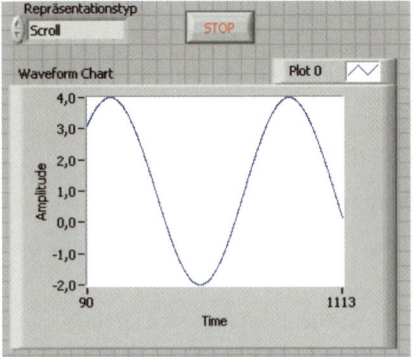

Bild 6.16 Amplitude = 3 und Offset = 1, erzeugt durch entsprechende Skalierung der Y-Achse

6.3.2 Graph (Signalverlaufsgraph)

Im Unterschied zum Chart akzeptiert ein Graph **nicht einzelne** Werte als Eingang, sondern immer nur die gesammelten **Werte eines Arrays**. Das hat Konsequenzen für die Programmierung und auch für das Löschen des Diagramms.

6.3.2.1 Darstellung einer Sinuskurve

Wir versuchen wie zuvor in Bild 6.6 eine Sinuskurve darzustellen. Zuerst fällt das Raster im Signalverlaufsgraphen in Bild 6.17 auf. Der Versuch, wie beim Chart mit der Farbe Weiß auf einen Schlag einen gleichförmigen Hintergrund zu erzeugen, misslingt. Man muss mehrmals Farbe auf den Hintergrund 'auftupfen' (Untergrundfarbe Weiß einstellen und mit Werkzeug Pinsel antupfen), bis man wie in Bild 6.17 ein großflächiges Raster erhält. Will man auch dieses verschwinden lassen, muss man zusätzlich noch die Vordergrundfarbe auf Weiß stellen.

Das Diagramm in Bild 6.18 ähnelt auf den ersten Blick dem in Bild 6.8. Doch gibt es wichtige Unterschiede:

- Die Eigenschaft 'Aktualisierungsmodus' fehlt beim Anzeigeelement Graph.
- Ein Graph (Waveform-Graph) akzeptiert keine einzelnen Datenpunkte, sondern stets nur ein Array von Datenpunkten. Deshalb wurde eine For-Schleife um die Erzeugung der Sinus-Bildpunkte gelegt. Die Zahl 'n' der Schleifendurchläufe muss vom Anwender eingegeben werden.
- Für die Beendigung des Programms ist es wichtig, eine Datenleitung von der For-Schleife zur abschließenden Case-Struktur zu ziehen und so eine Datenabhängigkeit zu erzeugen. So wird sichergestellt, dass die Case-Struktur erst nach Abschluss der For-Schleife zur Ausführung kommt. Andernfalls springt LabVIEW zwischen beiden Strukturen hin und her, weil es prinzipiell alles parallel bearbeitet, was nicht in eine Sequenzstruktur eingebettet ist oder auf Grund von Datenabhängigkeiten sequenziell ausgeführt werden muss. Das ist – anders als beim Chart-Beispiel von Bild 6.8 – hier besonders störend, weil bei falscher Reihenfolge nicht nur ein einzelner Punkt, sondern alle Punkte des in der For-Schleife erzeugten Arrays nach dem Löschen des Bilds neu gezeichnet werden könnten.

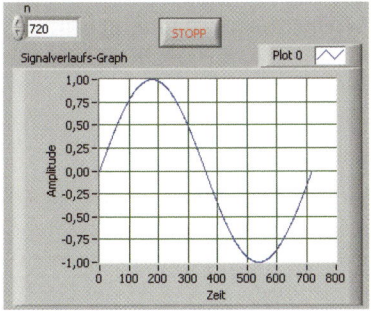

Bild 6.17 Nutzung des Anzeigeelements Graph (Signalverlaufsgraph) in '0617-Graph2_Graph.vi' zur Darstellung einer Sinuskurve. Vergleiche mit Bild 6.6 oder Bild 6.7

- Ein Graph (Waveform-Graph) kennt keine Historie wie der Chart. Daher gibt es auch keine Eigenschaft 'Historiendaten'. Das Löschen des Bilds beim Stoppen des VI erfolgt deshalb über den **Methodenknoten** 'Standardwert wiederherstellen', was das Entfernen der Kurve bedeutet, wenn 'keine Kurve' der Standard war (vorher einzustellen!).

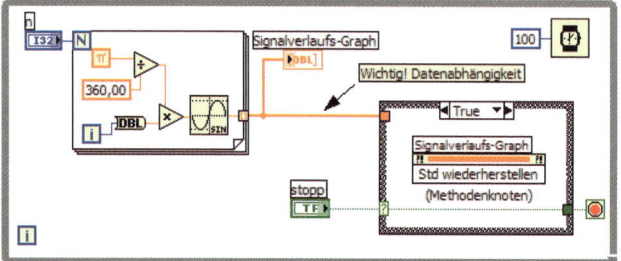

Bild 6.18 Diagramm zur Erzeugung der Sinuskurve in Bild 6.17

- Eine Wartezeit **innerhalb** der For-Schleife zwischen der Erzeugung der einzelnen Bildpunkte wie in Bild 6.8 oder Bild 6.10 ist überflüssig. Das würde nur die Rechenzeit verlängern, ohne dass sich an dem **unmittelbaren Erscheinen** der gesamten Sinuskurve etwas ändern würde. Sinnvoll ist dagegen eine Wartezeit **außerhalb** der For-Schleife zur Entlastung des Prozessors.

Das VI von Bild 6.18 lässt sich übrigens mit '0619-Graph2_Graph.vi' (siehe Bild 6.19) vereinfachen:

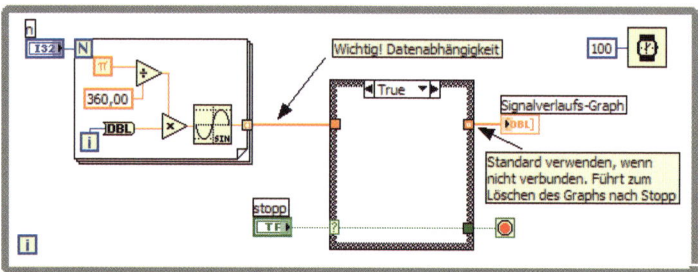

Bild 6.19 Vereinfachte Version des Löschens bei Programmende durch Nutzung von 'Standard verwenden, wenn nicht verbunden'. Der TRUE-Teil der Alternative ist leer, der FALSE-Teil führt die Daten unverändert zur Ausgabe

Man ersetzt den Methodenknoten 'Standard wieder herstellen' in der Case-Struktur rechts durch die von dieser Struktur gelieferte Alternative 'Standard verwenden, wenn nicht verbunden'. Hier wird im Falle 'FALSE' die Leitung einfach durchgezogen und im Falle 'TRUE' als Ausgang dieser Standardausgang verwendet, der bei einem Array immer das leere Array bedeutet. Später werden wir immer diese elegantere Methode verwenden.

6.3.2.2 Darstellung von zwei oder mehr Kurven in einem Graphen

Zwei oder mehr Kurven lassen sich in einem Graphen darstellen, wenn aus den Vektoren, die für die einzelnen Kurven in der For-Schleife angelegt werden, ein Array zweiter Ordnung gebildet wird. Bild 6.20 zeigt drei Kurven, die in dieser Weise erstellt wurden. Die Bildung des Arrays ist dem Diagramm in Bild 6.21 zu entnehmen.

Zu beachten ist, dass die Bildung des 2-dimensionalen Arrays **außerhalb** der For-Schleife erfolgen kann. Die Funktion dafür findet man unter 'Funktionen' – 'Programmierung' – 'Array'. Sie hat die Bezeichnung 'Array erstellen'. Diese Funktion macht aus drei Vektoren mit jeweils 'n' Elementen eine Matrix mit drei Zeilen.

Verwendet man denselben Operator **im Innern** der Schleife, erzeugt er bei jedem Schleifen-durchlauf einen Vektor mit drei Elementen. Man erhält außerhalb der Schleife eine Matrix mit 'n' Zeilen von je drei Elementen. Um die gleiche Matrix wie in Bild 6.20 zu bekommen, muss man diese Matrix **transponieren**. Das ist in Bild 6.23 zu erkennen.

Beachten Sie die in Bild 6.20 und Bild 6.22 dargestellten Matrizen. Sie entstehen, wenn man außerhalb bzw. innerhalb der For-Schleife von den Vektoren zum 2-dimensionalen Array übergeht. Sie sind zueinander transponiert, d.h., Zeilen und Spalten sind vertauscht.

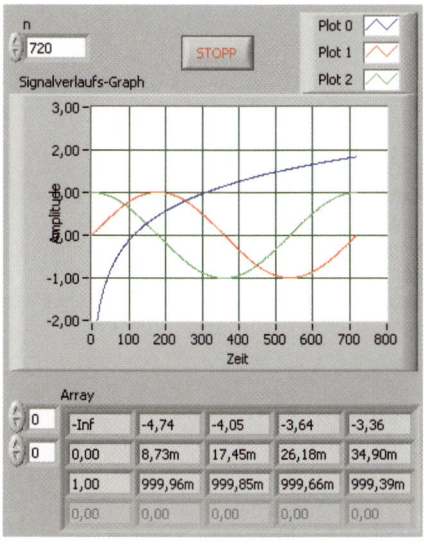

Bild 6.20 Panel eines VI, das drei verschiedene Kurven in einem Graphen darstellt: Natürlicher Loga-rithmus, Sinus und Kosinus. Achtung: Die X-Achse zeigt nur Indizes, keine x-Werte oder Zeitwerte! Die Vektoren im Array sind zeilenweise angeordnet, vgl. Bild 6.21

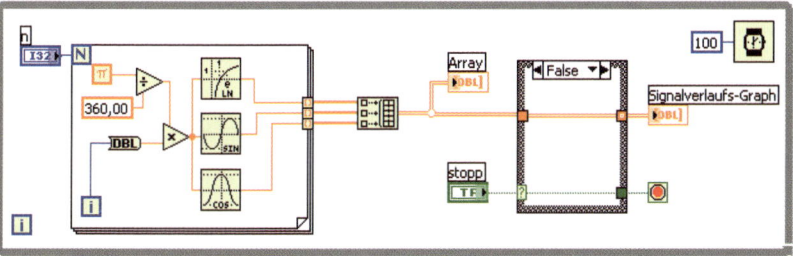

Bild 6.21 Diagramm für das VI in Bild 6.20

Eine andere Möglichkeit zeigt Bild 6.23 Hier werden Zeilen und Spalten vertauscht. Dazu benötigt man eine Transponier-Funktion. Man findet sie findet man unter 'Funktionen' – 'Programmierung' – 'Array' unter der Bezeichnung '2D-Array transponieren'.

Aufgabe 6.9

Was geschieht, wenn Sie im Diagramm von Bild 6.23 die Funktion zum Transponieren weglassen? Verändern Sie das Programm entsprechend und beobachten Sie die ent-stehenden Kurven. Haben Sie eine Erklärung für das seltsame Ergebnis?

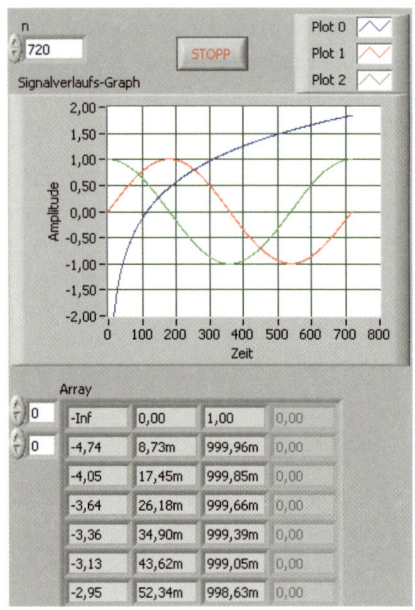

Bild 6.22 Panel eines VI, das drei verschiedene Kurven in einem Graphen darstellt: Natürlicher Logarithmus, Sinus und Kosinus. Achtung: Die X-Achse zeigt nur Indizes, keine *x*-Werte oder Zeitwerte! Hier sind die Vektoren im Array spaltenweise angeordnet, vgl. Bild 6.20

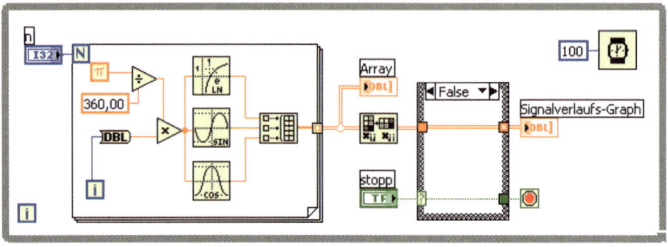

Bild 6.23 Diagramm zum Erzeugen der in Bild 6.22 gezeigten Ausgabe

6.3.2.3   Skalierung der Abszisse in einem Graphen

Voreingestellt sind die Beschriftung 'Zeit' für die X-Achse und automatische Skalierung ('Autom. Skalierung X' nach Bild 6.24), wie z.B. in Bild 6.13 zu sehen. Dort wurde eine Historienlänge von 26 vorgegeben. Das heißt, man sieht zu Beginn die Zahlen 0 bis 25 als Achsenbeschriftung. Das sind die Indizes der ersten 26 Bildpunkte. Danach springt die Beschriftung auf 25 bis 50, dann auf 50 bis 75 usw. Bild 6.13 zeigt die Beschriftung 75 bis 100 nach drei Bildwechseln. Will man die **Zeit selbst anzeigen und nicht die Indizes** der auszugebenden Bildpunkte, muss man im Kontextmenü zum Graphen auf 'x-Achse' – 'Formatieren…' gehen (Bild 6.24) und 'Formatieren…' anklicken. Damit öffnet sich unter 'Anzeigeformat' ein Fenster gemäß Bild 6.25.

Auch dort gibt es viele Wahlmöglichkeiten. Es wird geraten, die Einstellungen von Bild 6.25 unverändert zu übernehmen. Vor dem 'OK' sollte noch die Registerkarte 'Skalen' aufgerufen und die Einstellungen von Bild 6.26 gewählt werden.

Achtung: Passen Sie auf, dass dort in der obersten Zeile auch wirklich 'Zeit (x-Achse)' eingetragen ist und nicht die Y-Achse! Gegebenenfalls korrigieren.

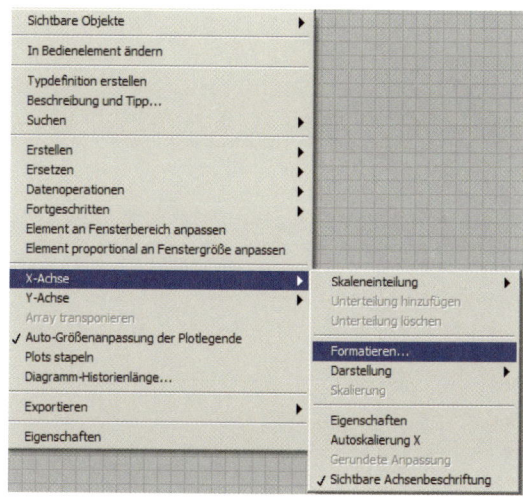

Bild 6.24 Kontextmenü zum Graphen

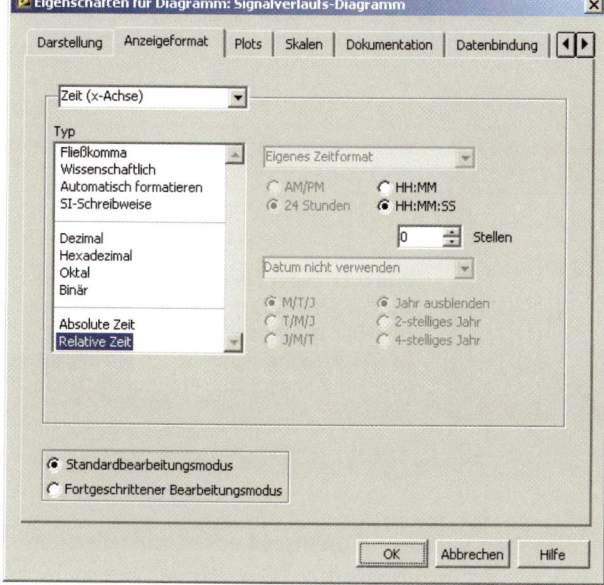

Bild 6.25 Auswahl der verschiedenen Beschriftungen für die X-Achse

Übernimmt man die dort angezeigten Einstellungen für die X-Achse des Programms aus Bild 6.13, erhält man im Anzeigemodus 'Scroll' eine Darstellung gemäß Bild 6.27.

Die Anzeige der tatsächlichen Uhrzeit wird später in Abschnitt 6.3.4 besprochen.

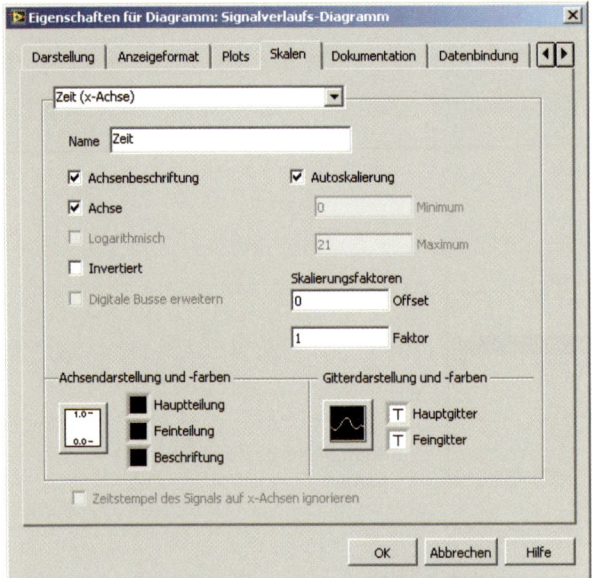

Bild 6.26 Skalierungen für die X-Achse

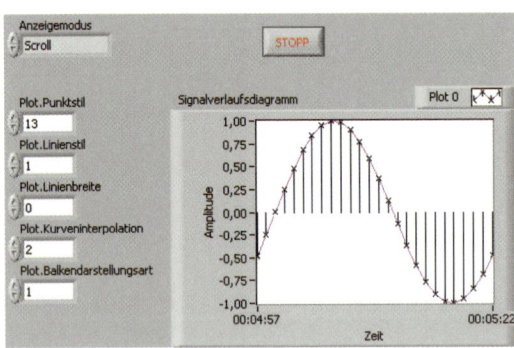

Bild 6.27 Hier ist die X-Achse auf relative Zeit umgestellt. Den Indizes 0, 1, 2, ... entsprechen die Zeiten 0 s, 1 s, 2 s, ..., weil LabVIEW die Indizes als Sekunden interpretiert. Die Zeit wird vom Programmstart an gemessen

6.3.3   XY-Graph

Charts und Graphen ist gemeinsam, dass man mit ihnen **Funktionskurven** darstellen kann. Das heißt, zu jedem Index auf der X-Achse gehört genau ein y-Wert. Kurven mit mehr als einem y-Wert, so genannte **Relationen** wie z.B. ein Kreis, lassen sich dort nur mühsam abbilden: Man muss z.B. den Kreis in seine obere und untere Hälfte zerlegen und die so entstehenden zwei Kurven nach den Methoden von Abschnitt 6.3.2.2 anzeigen. Außerdem sind nur äquidistante x-Werte möglich.

Eine elegantere Methode zur Visualisierung der Kurven von Relationen bietet der XY-Graph. Er erlaubt die Abbildung beliebiger ebener Kurven in Parameterdarstellung:

$$x = f(t)$$
$$y = g(t)$$

Als Parameter t wirkt dabei der Index 'i' in der For-Schleife, welche die x- und y-Werte berechnet. Bild 6.28 und Bild 6.29 zeigen die Parameterdarstellung eines Kreises.

6.3.3.1 Darstellung einer Relation im XY-Graphen

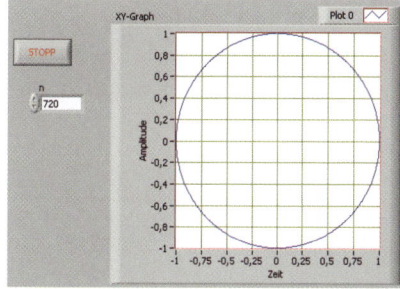

Bild 6.28 Kreis in Parameterdarstellung: $x = \sin t$, $y = \cos t$ mit Parameter $t = i * \pi / 360$ (i Index der For-Schleife)

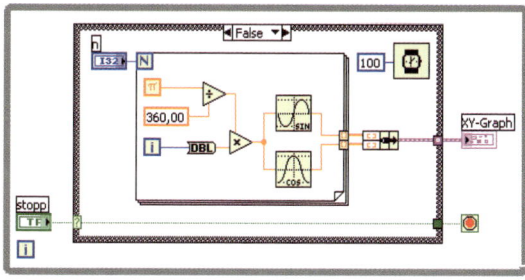

Bild 6.29 Diagramm zum VI von Bild 6.28

Bemerkung

Das Anzeigeelement XY-Graph ist vom Typ Cluster. Daher muss man die Vektoren X und Y zu einem Cluster bündeln.

Aufgabe 6.10

Versuchen Sie, das Programm zur Anzeige zweier Kurven in einem (Signalverlaufs-) Graphen nach der in Bild 6.32 gezeigten Struktur zu entwickeln.

Aufgabe 6.11

Stellen Sie eine Zykloide (Kurve eines Punktes, der mit einem abrollenden Rad verbunden ist) im XY-Graphen dar. Die Zykloide hat die Parameterdarstellung

$$x = a \cdot (\varphi - \mu \sin \varphi), \qquad y = a \cdot (\varphi - \mu \cos \varphi)$$

Dabei ist φ der Winkel des abrollenden Rades, von der Radachse aus gerechnet. Der Faktor μ ist das Verhältnis des Punktabstands R von der Radachse zum Radius a des Rades. Ist $\mu > 1$, erhält man eine Kurve wie in Bild 6.30.

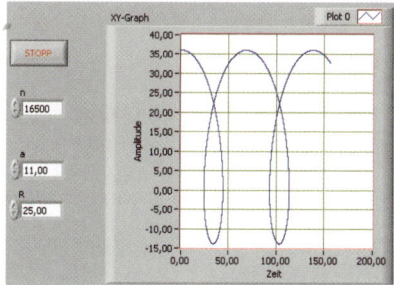

Bild 6.30 Radkurve (Zykloide), bei welcher der am Rad befestigte Punkt von der Achse weiter entfernt ist als die Radlauffläche

6.3.3.2 Darstellung mehrerer Relationen in einem XY-Graphen

Bei mehreren Funktionen bzw. Relationen verfährt man im Prinzip ähnlich wie bei den schon bekannten Diagrammtypen. Bild 6.31 und Bild 6.32 geben ein Beispiel. Die Zusammenfassung der Kurven geschieht in Form der Bildung eines Arrays mit zwei Clusterelementen, wie das Diagramm in Bild 6.32 zeigt.

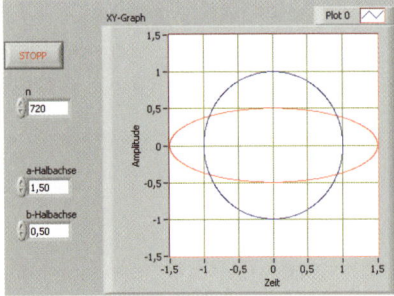

Bild 6.31 Kreis und Ellipse mit frei wählbaren Halbachsen a und b in einem XY-Graphen

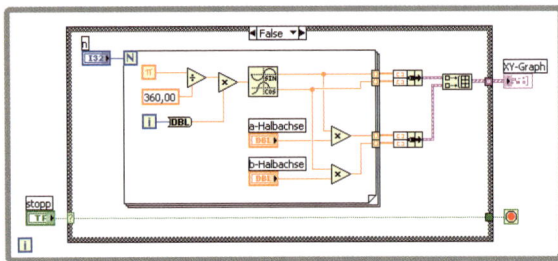

Bild 6.32 Diagramm zu den Kurven in Bild 6.31

Die Diagramme von '0633-EineKurveZeichnen.vi' und '0634-MehrereKurvenZeichnen.vi' in Bild 6.33 sowie Bild 6.34 bringen eine Übersicht der wichtigsten grafischen Aufrufe.

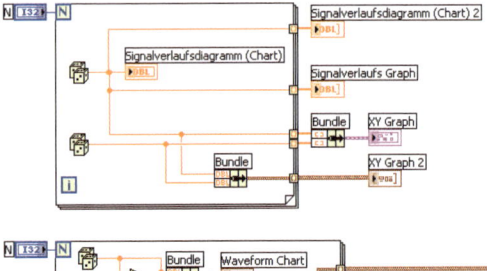

Bild 6.33 Möglichkeiten zur Darstellung **einer** Kurve in Signalverlaufsdiagrammen und -graphen

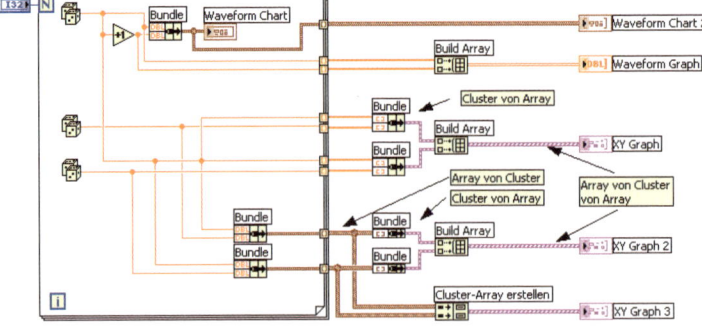

Bild 6.34 Methoden zur Darstellung **von mehreren** Kurven in Signalverlaufsdiagrammen und -graphen

Merke: Die grafische Ausgabe von Datenreihen erfolgt in LabVIEW-Programmen meist in einem der drei Anzeigeelemente Chart (Signalverlaufsdiagramm), Graph (Signalverlaufsgraph) oder XY-Graph.

Merke: Der Chart akzeptiert einzelne numerische Werte (und auch Arrays), der Graph nur Arrays numerischer Werte und der XY-Graph entweder Cluster von zwei Arrays oder ein Array von Clustern mit zwei Werten.

Merke: Will man mehrere Kurven zusammen darstellen, so muss man bilden:
- beim Chart ein Cluster der Elemente der verschiedenen Kurven,
- beim Graphen ein 2-dimensionales Array der verschiedenen Kurven und
- beim XY-Graphen ein Array von Clustern (von Arrays).

Merke: Die Achsen der grafischen Anzeigeelemente lassen sich skalieren, die Kurven in vielfältiger Weise bezüglich Farbe, Strichstärke usw. variieren. Dazu dient die Legende.

Merke: Kurven löscht man
- beim Chart mit dem Eigenschaftsknoten 'Historiendaten',
- beim Graphen mit dem Methodenknoten 'Standardwert wiederherstellen' oder b e s s e r : mit Hilfe des Ausgangs 'Standard verwenden, wenn nicht verbunden' aus der Case-Struktur,
- beim XY-Graphen wie beim Graphen.

6.3.4 Signalverlauf

Die meisten der bisher gebrachten Programmierbeispiele lassen sich stark vereinfachen, wenn man Signalverlaufsfunktionen (engl. Waveforms) verwendet. Man findet sie unter 'Funktionen' – 'Programmierung' – 'Signalverlauf'. Die Untermenüs dazu sind in Bild 6.35 und Bild 6.36 dargestellt.

Waveforms sind eine spezielle Art von Clustern, speziell entwickelt zur Darstellung von Funktionen der Zeit. Sie enthalten die Komponenten

- $t0$ als Anfangszeitpunkt,
- dt als Zeitdifferenz zwischen zwei Messwerten und
- Y als Vektor der aufgenommenen Messwerte.

Man kann diese Funktionen wie Cluster aufschlüsseln und bündeln, darf dazu aber keine gewöhnlichen Cluster-Funktionen benutzen. Vielmehr ist man auf die beiden Funktionen links oben in der ersten Zeile in Bild 6.35 bzw. in Bild 6.36 angewiesen ('Signalverlaufskomponenten lesen' bzw. 'Signalverlauf erstellen').

Spezielle Funktionen erstellt man, indem man aus 'Funktionen' – 'Programmierung' – 'Analoger Signalverlauf' – 'Signalverlaufserzeugung' links unten in Bild 6.36 auswählt.

 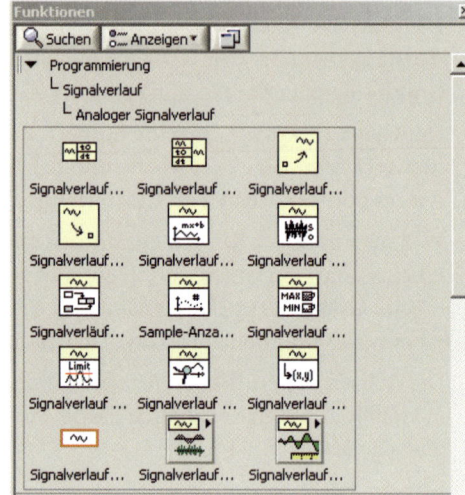

Bild 6.35 Untermenü 'Signalverlauf' **Bild 6.36** Unter-Untermenü 'Analoger Signalverlauf'

Waveforms sind abgestimmt auf den Waveform-Graphen. Man kann also den Ausgang einer solchen Funktion ohne aufzuschlüsseln direkt mit dem Waveform-Graphen verbinden. Bild 6.37 zeigt eine Auswahl von Funktionen wie Sinusfunktion, Rechteckfunktion usw. aus dem Untermenü dritter Stufe 'Signalverlaufserzeugung'.

Waveforms wurden schon im einführenden Beispiel in Abschnitt 1.5, Bilder 1.17 und 1.18, dargestellt. Wir wiederholen dieses Beispiel, um die vielen Varianten von Sinuskurven anzudeuten, die sich auf einfache Weise mit der Funktion 'Sinussignal' erzeugen lassen. In Bild 6.38 und Bild 6.39 sind Panel und Diagramm dargestellt.

Man erkennt zunächst, dass sich problemlos Frequenz, Amplitude und Phase einstellen lassen, während wir früher meist mit konstanten Werten wie Amplitude = 1 und Phase = 0 gearbeitet hatten.

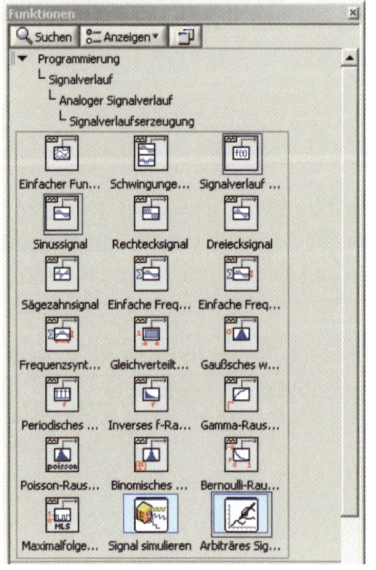 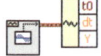

Bild 6.37 Untermenü dritter Stufe mit einer Auswahl von Funktionen wie Sinus, Rechteck, Sägezahn usw.
Rechts sieht man die Aufschlüsselung des Ausgangs dieser Funktion in die drei Komponenten $t0$, dt und Y

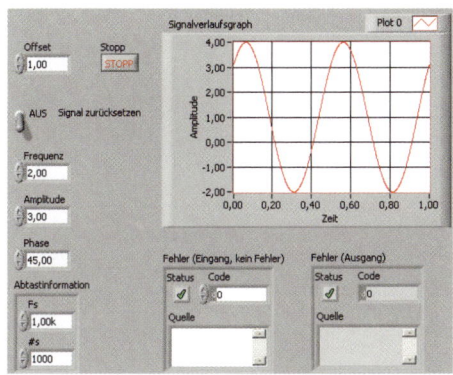

Bild 6.38 Ausgabe des VI 'SinussignalWaveform' auf dem Panel, wenn alle Eingänge und Ausgänge dieser Funktion genutzt werden

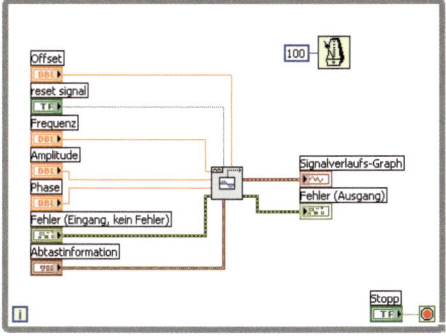

Bild 6.39 Diagramm zum VI in Bild 6.38

Ferner gibt es einen **Offset**, der im Beispiel auf 1 gesetzt wurde. Die Sinusfunktion mit der Amplitude 3 schwankt also nicht zwischen –3 und +3, sondern zwischen –2 und +4.

Die Phase steht auf 45°, so dass nicht $\sin(2\pi f\, t)$, sondern $\sin(2\pi f\, t + 45°)$ angezeigt wird.

Sehr wichtig ist die **'Abtastinformation'**, ein Cluster mit den Variablen 'Fs' gleich Abtastfrequenz (scan Frequency) und '#s', der Zahl der Abtastungen. 1000 Abtastwerte sind voreingestellt. Das bedeutet im Beispiel bei einer Frequenz von 2 Hz, dass für zwei Sinusperioden 1000 Funktionswerte berechnet und in einem Vektor gesammelt werden (interne Bezeichnung Y, wie man in Bild 6.37 rechts sehen kann). Ebenfalls voreingestellt ist die Abtastfrequenz, und zwar auf 1000 Abtastungen pro Sekunde. Die Vorstellung dabei ist also, dass die 1000 Funktionswerte in einer Sekunde erfasst werden. Dementsprechend steht rechts auf der X-Achse jetzt auch die Zahl 1,00, was als Simulation einer Sekunde gedeutet werden kann. **Achtung:** Die Frequenz der dargestellten Sinuskurve **darf nicht** mit dieser Abtastfrequenz verwechselt werden!

Schließlich haben wir noch den Schalter 'Signal zurücksetzen', der auf 'AUS' voreingestellt ist. Das bedeutet 'Nicht zurücksetzen'. Die Wirkung ist die, dass in der While-Schleife die Sinus-Endwerte vom ersten Durchlauf als Anfangswerte des zweiten verwendet werden. Andernfalls würde immer mit den gleichen Anfangswerten gearbeitet. Reduziert man nun die Zahl der Funktionswerte bei gleich bleibender Abtastfrequenz, fängt die Sinuskurve an, nach rechts zu laufen! In Bild 6.40 und Bild 6.41 wird gezeigt, wie man mit Waveform-Funktionen **mehrere Kurven in einem** Signalverlaufsgraphen darstellen kann. Verwendet wird dabei '0640-SinusplusSägezahn.vi'.

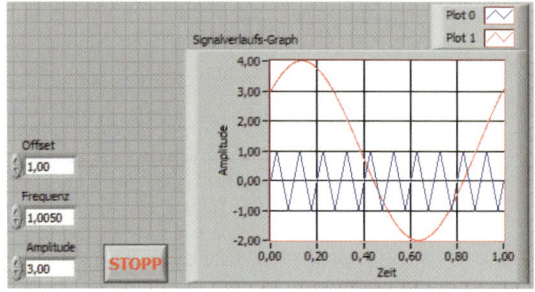

Bild 6.40 Zwei Kurven in einem Signalverlaufsgraphen. Der Sinus wandert, die Sägezahnkurve ist ortsfest! Siehe Bild 6.41

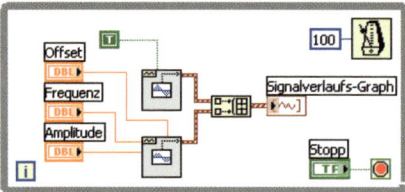

Bild 6.41 Diagramm zu Bild 6.40

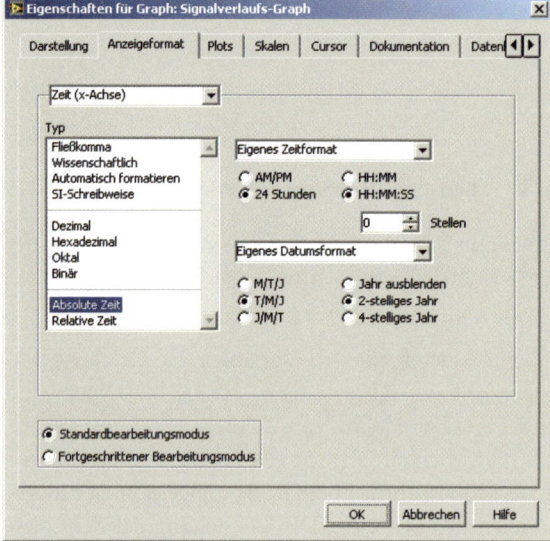

Bild 6.42 Einstellungen für eine Echtzeitbeschriftung der X-Achse

Mit Hilfe von Waveforms lässt sich nun auch die **X-Achse mit der echten Zeit,** d.h. mit der im Computer gespeicherten Momentanzeit, versehen. Dazu im Kontextmenü des Waveform-Graphen auf dem Panel 'x-Achse' – 'Formatieren' wählen und im dadurch geöffneten Fenster Einstellungen entsprechend Bild 6.42 vornehmen. Das Ergebnis ist eine Darstellung gemäß Bild 6.43. Die Programmierung ist in Bild 6.44 zu sehen.

Aufgabe 6.12

Starten Sie das in Bild 6.38 dargestellte VI und begründen Sie, warum bei einer eingestellten Anzahl der Abtastungen '#s'= 999 und einer Abtastfrequenz 'Fs'= 1000 Hz die Sinuskurve langsam nach rechts wandert. Untersuchen Sie auch die Wirkung von Änderungen anderer Parameter.

Erläuterungen:

- Auf dem Panel links oben befindet sich ein so genannter Zeitstempel. Man findet ihn unter 'Elemente' – 'Modern' – 'Numerisch' mit der Bezeichnung 'Zeitstempel-Eingabe'.

- Die kleine Uhr rechts neben dem Zeitstempel anklicken und 'Aktuelle Zeit verwenden' wählen. Diese Zeit ändert sich nicht automatisch während der Programmausführung! Dies soll der Leser mit Bild 6.44 erreichen.

- Im Diagramm den Eingang 't0' der Funktion 'Signalverlauf erstellen' (unter 'Programmierung' – 'Signalverlauf') mit dem Zeitstempel verbinden, siehe Bild 6.44.

- Im Kontextmenü des Signalverlaufsgraphen unter 'X-Achse' die 'Autoskalierung X' einschalten und 'Gerundete Anpassung' ausschalten.

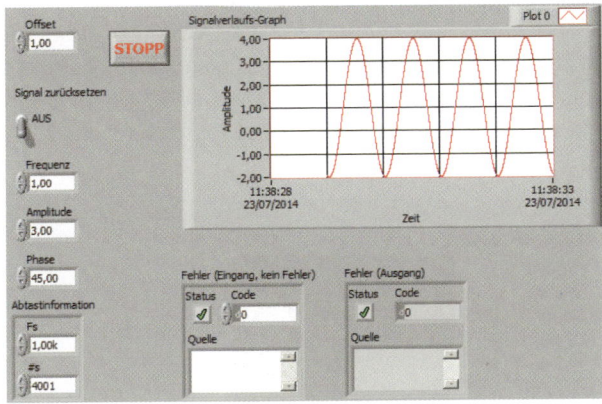

Bild 6.43
Skalierung der X-Achse im Signalverlaufsgraphen mit Echtzeit. Der Sinus wandert dann langsam nach links

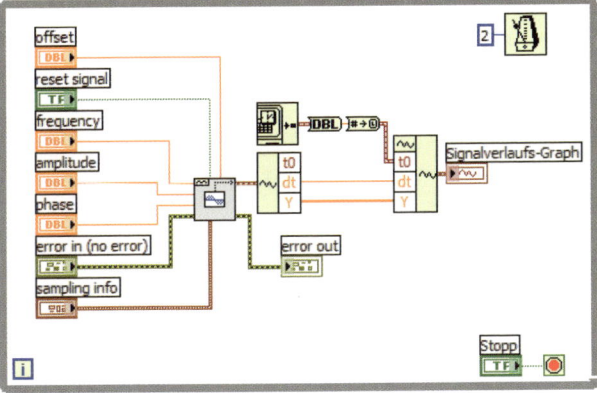

Bild 6.44 Diagramm zu Bild 6.43

Aufgabe 6.13

Versuchen Sie, soweit möglich, alle bisherigen Beispiele aus Abschnitt 6.3 durch die Verwendung von Waveforms zu vereinfachen.

Merke: Mit Signalverlaufs- oder Waveform-Funktionen kann man die Programmierung vieler VIs stark vereinfachen.

Merke: Auch die Skalierung der X-Achse als Zeitachse mit Angabe der (Computer-)Echtzeit ist hier in einfacher Weise möglich.

6.4　Express-VIs, Programmierstil

6.4.1　Express-VI zur Erzeugung von Kurven

Der Begriff 'Express-VI' taucht erstmals mit der LabVIEW-Version 7.0 (auch 'LabVIEW 7 Express' genannt) unter dem Schlagwort **'Konfigurieren statt programmieren'** auf. In gewisser Weise kann man die Signalverlaufskurven aus Abschnitt 6.3.4 als Vorläufer dieser Denkrichtung ansehen: Der Anwender soll ein Programm aus vorgefertigten VIs bilden und dort nur noch einige Parameter den speziellen Wünschen entsprechend eintragen (konfigurieren). Im Zusammenhang mit Waveforms findet man ein solches Express-VI unter 'Funktionen' – 'Express' – 'Eingabe' –'Signal simulieren'.

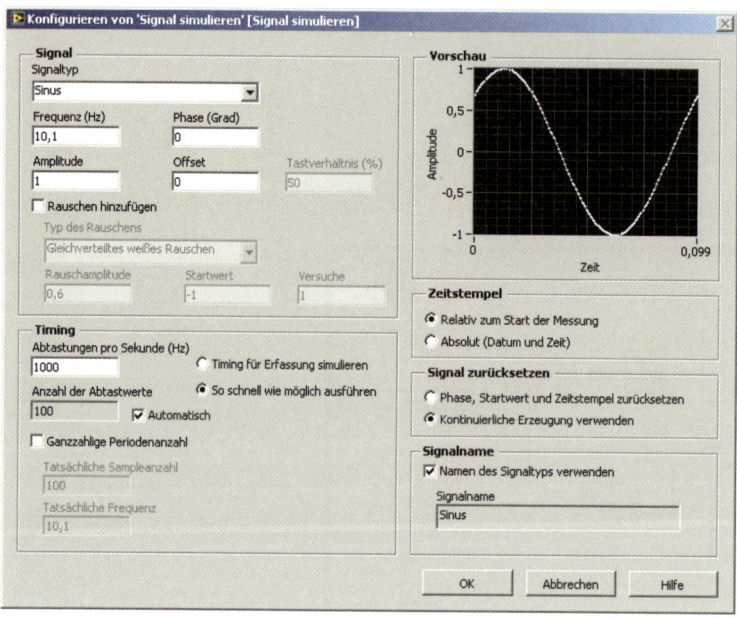

Bild 6.45 Anzeige einer sich bewegenden Sinuskurve, die man erhält, wenn man das Express-VI 'Signal simulieren' mit Doppelklick öffnet

Zieht man dieses Express-VI in ein Diagramm und öffnet es mit Doppelklick, sieht man eine sich bewegende Sinuskurve ähnlich der in Bild 6.43. Sie ist in Bild 6.45 dargestellt. Dort kann man die Konfiguration vornehmen. Bild 6.46 und Bild 6.47 zeigen ein Beispiel, in dem statt der Sinusfunktion eine Sägezahnfunktion konfiguriert wurde.

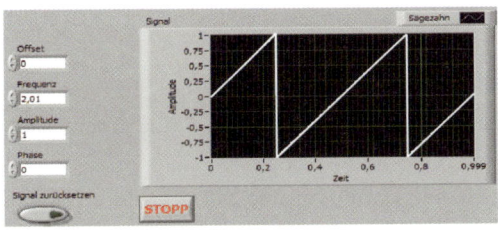

Bild 6.46 Programm
'0647-SägezahnSinalExpress.vi', entwickelt
mit dem Express-VI 'Signal simulieren'

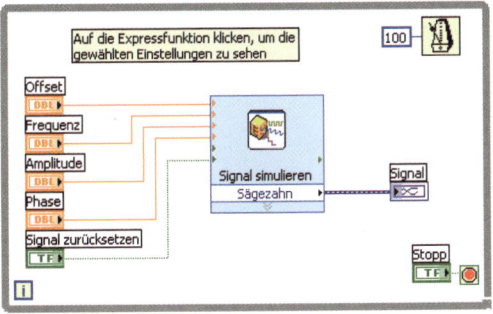

Bild 6.47 Diagramm mit dem Express-VI
'Signal simulieren' nebst Bedien- und Anzeigeelementen. Es liefert das Panel in Bild 6.46

Express-VIs können LabVIEW-Programme deutlich vereinfachen und auf diese Weise einen guten Programmierstil unterstützen. Findet man passende Express-VIs, kann man überdies die Entwicklungsarbeit verkürzen.

Aufgabe 6.14

Versuchen Sie, soweit möglich, alle bisherigen Beispiele aus Abschnitt 6.3 mit Hilfe des Express-VIs 'Signal simulieren' zu vereinfachen.

6.4.2 Express-VI zur Erstellung von Berichten

Häufig möchte man das Ergebnis einer Untersuchung in Form eines Berichts ausdrucken oder als Web-Datei darstellen. Dazu kann man unter 'Funktionen' – 'Programmierung' die Unterpalette 'Protokollerstellung' nutzen. Die Handhabung der einzelnen Funktionen ist jedoch recht umständlich. Hier ist das Express-VI 'Report' unter 'Funktionen' – 'Express' – 'Ausgabe' sehr hilfreich. Beim Absetzen dieser Funktion im Diagramm erscheint automatisch ein Konfigurationsfenster, in seiner Funktion vergleichbar mit dem in Bild 6.45, mit dem man den Bericht nach eigenen Wünschen gestalten kann. Das Diagramm eines einfachen Programms mit Express-VIs könnte so aussehen wie in Bild 6.48.

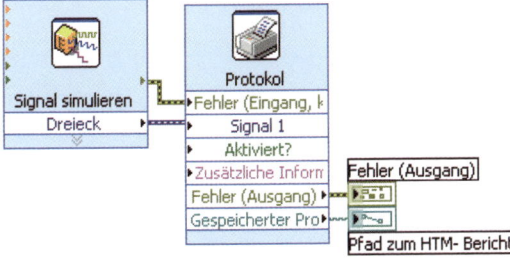

Bild 6.48 Programm zur Erstellung eines
Berichts über eine Dreieckskurve

Aufgabe 6.15

Konfigurieren Sie die beiden Express-VIs in Bild wie folgt:

- Rechteckkurve mit 5 Hz über 1 Sekunde, einer Amplitude von 1,3 und einem Tastverhältnis von 70 %;
- geeignete Überschriften festlegen, Zeit- und Datumsangabe, Kommentar einfügen und Ausgabe in HTML-Datei statt auf den Drucker veranlassen.

Korrigieren Sie so lange, bis Sie einen ansprechenden Bericht erhalten.

Merke: Mit Hilfe von Express-VIs kann man viele Probleme noch einfacher lösen als mit Waveforms.

Bequem sind Express-VIs auch für die Erstellung von Berichten.

7 Referenzen, Fehlerfunktionen

Lernziele

1. Referenzen auf Bedien- und Anzeigeelemente erzeugen können.
2. Referenzen an Unterprogramme übergeben können.
3. Vererbungsstruktur bei Eigenschaften und Methoden erklären können.
4. Geeignete VI-Server-Klasse aussuchen können.
5. Fehlerfunktionen nutzen können (Schleifenabbruch, Erzwingen eines sequenziellen Ablaufs).

7.1 Einführendes Beispiel

7.1.1 Vertauschung von zwei Variablenwerten

Wir versuchen, die Werte der beiden Variablen a und b in einem Hauptprogramm mit Hilfe eines geeigneten Unterprogramms zu vertauschen. Bild 7.1 zeigt Diagramm und Panel des aufrufenden VIs, Bild 7.2 das Diagramm des SubVIs und Bild 7.3 dessen Panel.

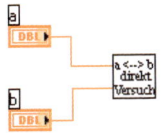
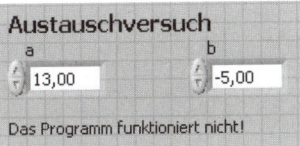

Bild 7.1 Diagramm (links) und Panel eines VI, bei dem die Werte von 'a' und 'b' zu tauschen sind

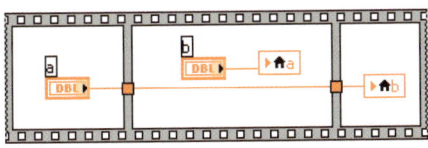

Bild 7.2 SubVI, das vom Programm in Bild 7.1 aufgerufen wird. Es vertauscht 'a' mit 'b'

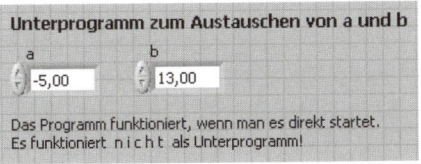

Bild 7.3 Panel des SubVIs aus Bild 7.2

Wenn man das SubVI direkt aufruft, tauscht es die Werte von 'a' und 'b'. Üblicherweise führt man dazu eine Zwischenvariable ein, z.B. 'c'. Erst speichert man 'a' nach 'c', dann 'b' nach 'a' und zuletzt 'c' nach 'b'. Davon ist hier nichts zu sehen. Die Zwischenvariable 'c' ist nicht nötig. Sie wird durch die Leitung ersetzt, die vom linken Rahmen der Sequenzstruktur zum rechten Rahmen führt. Auf diese Weise wird in Bild 7.3 die 13 mit –5 vertauscht. Ruft man nun das SubVI vom Hauptprogramm auf, geschieht dort, also in Bild 7.1, nichts. Der Grund: Beim Aufruf eines SubVI werden die Daten **kopiert** (Call by value). Das 'a' im SubVI ist nur eine Kopie des 'a' im aufrufenden Programm, die auf einem anderen Speicherplatz steht. Wir werden das Problem deshalb mit Hilfe von Referenzen lösen.

Aufgabe 7.1

Überzeugen Sie sich davon, dass das 'a' im Hauptprogramm (Bild 7.1) und das 'a' im SubVI (Bild 7.2) wirklich auf verschiedenen Speicherplätzen stehen. Lesen Sie dazu zuerst Abschnitt 7.1.2.

7.1.2   Referenzen auf Bedien- und Anzeigeelemente

Referenzen auf VIs haben wir bereits in Abschnitt 5.3.2 beim dynamischen Aufruf von Unterprogrammen kennen gelernt. Doch sind sie nicht nur in diesem Zusammenhang von Bedeutung. Man kann mit Referenzen auch auf **Bedien- oder Anzeigeelemente** zugreifen. Solche Referenzen werden durch Wahl von 'Erstellen' – 'Referenz' im Kontextmenü eines Bedien- oder Anzeigeelements zugänglich, siehe Bild 7.4. Diese Operation kann sowohl auf dem Panel als auch im Diagramm ausgeführt werden. Das Symbol für die Referenz erscheint aber nur im Diagramm. Die Referenz hat stets denselben Namen wie das Bedien- oder Anzeigeelement, auf die sie sich bezieht.

Bild 7.4 Bedien- und Anzeigeelement mit zugehörigen Referenzen. Referenzen kann man nur lesen, aber nicht verändern (schreiben)

Eine Referenz entspricht einer Speicheradresse. Von dieser ausgehend findet LabVIEW in einem zweistufigen Prozess den Speicherplatz, wo die Variable selbst mit ihrem Inhalt und ihren Eigenschaften gespeichert ist. Man kann den Zahlenwert einer Referenz, d.h. die Zeigeradresse, sichtbar machen, indem man ein kleines VI nach dem Muster Bild 7.5 schreibt. Erstellt man nämlich per Kontextmenü ein Anzeigeelement zu einer Referenz, erhält man auf dem Panel ein RefNum-Symbol, aber keinen Zahlenwert. Man muss die Referenz erst umwandeln. Dazu dient eine Funktion mit Röhren-Symbol, die man unter 'Funktionen' – 'Programmierung' – 'Numerisch' – 'Datenbearbeitung' als 'Typumwandlung' findet. Zu beachten ist ferner, dass die Anzeige, die als String erfolgt, im Kontextmenü des Strings auf 'Hex-Anzeige' gestellt werden muss.

Der Zahlenwert der Referenz auf eine Variable bleibt immer konstant: Dagegen erhält man beim Öffnen von Referenzen auf VIs, Queues und Melder (siehe Kapitel 14) immer unterschiedliche Werte, worauf schon in Abschnitt 5.3.2.1 im Zusammenhang mit einem möglichen Speicherüberlauf hingewiesen wurde (siehe auch Bild 5.23).

 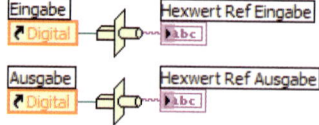 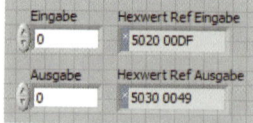

Bild 7.5 Diagramm und Panel zur Anzeige der Speicheradressen von Referenzen

7.1.3 Lösung des Vertauschungsproblems

Wir machen nun einen zweiten Versuch, das Vertauschungsproblem zu lösen, und verwenden dazu Referenzen (Call by reference).

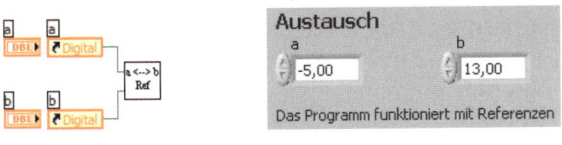

Bild 7.6 Diagramm und Panel von '0706-Austausch.vi' zum Tausch der DBL-Werte von 'a' und 'b'. Dieses Programm arbeitet korrekt

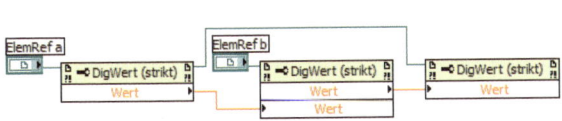

Bild 7.7 Unterprogramm '0706-AustauschSub.vi', das vom Programm in Bild 7.6 aufgerufen wird und 'a' mit 'b' vertauscht. 'Wert' muss strikt vom Typ 'Digital' sein

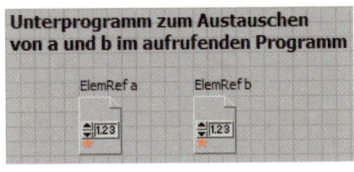

Bild 7.8 Panel des SubVI aus Bild 7.7. Es zeigt im Gegensatz zum ursprünglichen SubVI aus Bild 7.3 keine Zahlen, sondern nur Referenz-Symbole

Schritte zur Entwicklung des SubVIs aus Bild 7.7:

1. 'Elemente' – 'Modern' – 'Referenz' – 'Elementreferenz' aufs **Panel** ziehen. Das Symbol ist in Bild 7.8 zu sehen. Es hat den voreingestellten Namen 'Elem Referenz'. Wir benennen es mit dem A-Werkzeug um in 'ElemRef a'.

2. Den Vorgang wiederholen und 'ElemRef b' platzieren (siehe Bild 7.8).

3. Nun im Kontextmenü von 'ElemRef a' gehen auf 'Klasse auswählen (VI-Server)' – 'Allgemein' – 'GObject' – 'Element' – 'Numerisch' – 'Digital'. Ebenso für 'ElementRef b'.

4. Die Icons haben ihr Aussehen geändert. Zuletzt im Kontextmenü der Icons einstellen 'Datentyp hinzufügen'. Dann erhält man Icons wie in Bild 7.8.

5. Beide Symbole auf dem Panel in Bild 7.8 mit dem Anschlussfeld des SubVI in der Ecke rechts oben verbinden. Dabei sind links zwei Eingänge vorzusehen. Das Ausgangsfeld rechts bleibt unverbunden, denn das SubVI hat keine Ausgangsvariablen. Es arbeitet unmittelbar mit den Variablen des aufrufenden Programms.

6. Nun im **Diagramm** zu 'ElemRef a' im Kontextmenü 'Erstellen' – **'Eigenschaft für Digital(strikt)-Klasse'** – 'Wert' wählen und das neue Symbol mit 'ElemRef a' verbinden. Wert ist vom Typ 'DBL'. Entsprechend mit 'ElemRef b' verfahren.

7. Die Verdrahtung im Diagramm ist Bild 7.7 zu entnehmen. Der **erste große Vorteil** des Arbeitens mit Referenzen ist, dass die Variablen im Hauptprogramm nicht ins Unterprogramm kopiert werden. Das Unterprogramm arbeitet **direkt mit den Variablen des aufrufenden Programms**.

Ein **zweiter Vorteil ist die mögliche Universalität**. Verzichtet man auf die Punkte 3. und 4. oben und nimmt einfach die unveränderten Referenzen, so arbeitet das Tausch-SubVI nach Bild 7.7 nicht mehr speziell mit dem Datentyp 'Digital' sondern mit dem Datentyp 'Variant'. Damit kann man nicht nur numerische Gleitkomma-Typen tauschen, sondern beliebige Variablen anderen Typs, z.B. auch zusammengesetzte Typen wie Arrays oder Cluster.

Aufgabe 7.2

Schreiben Sie ein VI, in dem Sie zwei Cluster gleicher Struktur anlegen. Erzeugen Sie Referenzen auf die Cluster und führen Sie diese zu einem modifizierten Vertauschungsprogramm. Überzeugen Sie sich vom richtigen Tausch der Cluster-Werte. Nachteil: Im Diagramm des aufrufenden VIs sieht man rote Punkte an den Referenzeingängen. LabVIEW muss in diesem Fall eine implizite Typumwandlung vornehmen.

Merke: Mit Referenzen in einem SubVI kann man direkt auf die Daten des aufrufenden Programms zugreifen.

Merke: Mit Referenzen kann man große Flexibilität in Bezug auf die Behandlung verschiedener Datentypen gewinnen.

7.2   Vererbung

In Abschnitt 6.1 hatten wir bereits die Konzepte der objektorientierten Programmierung (OOP) angesprochen und in den nachfolgenden Abschnitten ausgiebig **Eigenschaften** und **Methoden** auf grafische Ausgabeelemente angewandt. Das Prinzip der **Vererbung** dagegen hatten wir zurückgestellt. Damit wollen wir uns jetzt befassen.

In der OOP ordnet man Klassen **hierarchisch** an. Das geschieht in der Weise, dass Klassen, die in der Hierarchie tiefer stehen, Eigenschaften und Methoden von den höher stehenden erben. Man kann sich das so vorstellen wie bei Lebewesen, bei denen die Kinder stets einen Teil ihrer Eigenschaften von den Eltern erben, aber immer auch neue Eigenschaften aufweisen, die nicht auf die Vererbung zurückgeführt werden können. So verhält es sich auch bei den Klassen von LabVIEW. Wir machen uns das an der in Bild 7.9 dargestellten Baumstruktur klar. Man erhält sie wie folgt:

1. In 'Funktionen' – 'Programmierung' – 'Applikationssteuerung' die 'Klasse auswählen (VI Server)-Konstante' ins Diagramm ziehen. Dort erhält ihr Symbol die Bezeichung 'Allgemein'.

2. Im Kontextmenü der 'Klassenbezeichner-Konstante' zum Eintrag 'VI-Server-Klasse auswählen' gehen, dort von 'Allgemein' zu 'GObject', von dort zu 'Element' usw., wie das Bild 7.9 zeigt.

Klickt man schließlich innerhalb dieses Baumes auf eines der Elemente, von denen keine weitere Verzweigungen ausgehen, z.B. auf 'Digital', verwandelt sich die 'Klassenbezeichner-Konstante' in ein ähnliches Symbol, jetzt allerdings mit der Inschrift 'Digital' an Stelle von 'Allgemein'. Man ist in der Hierarchie von der Klasse mit den allgemeinen Eigenschaften und Methoden zur Klasse mit den speziellen Eigenschaften und Methoden für digitale Elemente herabgestiegen. Diese Klasse hat alle Eigenschaften der übergeordneten Klassen wie GObjekt geerbt, hat aber zusätzliche Eigenschaften, die man dort nicht findet.

VI-Server ist übrigens ein Teil des LabVIEW-Systems, den man als **dienenden** Bestandteil (**serve**) für die Programmierung von VIs betrachten kann. Er macht die Hierarchie deutlich. Wie Bild 7.9 zeigt, kann man neben 'Plot', 'Cursor' und 'Seite' auch 'GObjekt' wählen. Man hat schon früh zu Beginn der LabVIEW-Entwicklung die zu Grunde liegende Programmiersprache 'G' (Abkürzung für Grafik) genannt. Die Bedienelemente (nebst Anzeigeelementen) sind Teile oder Objekte von 'G'. Unter 'Elemente' fallen, wie wir in Kapitel 4 gesehen haben, neben Strings, booleschen Elementen usw. auch numerische Elemente. Die wiederum kann man unterteilen in digitale Elemente und solche, die zusammengesetzt sind aus numerischem Zahlenwert und zugehörigem Text ('NumerischMitText') wie 'Enum' oder 'Ring'. Weiter gibt es noch 'Farbrampe' und 'NumerischesElementMitSkala'.

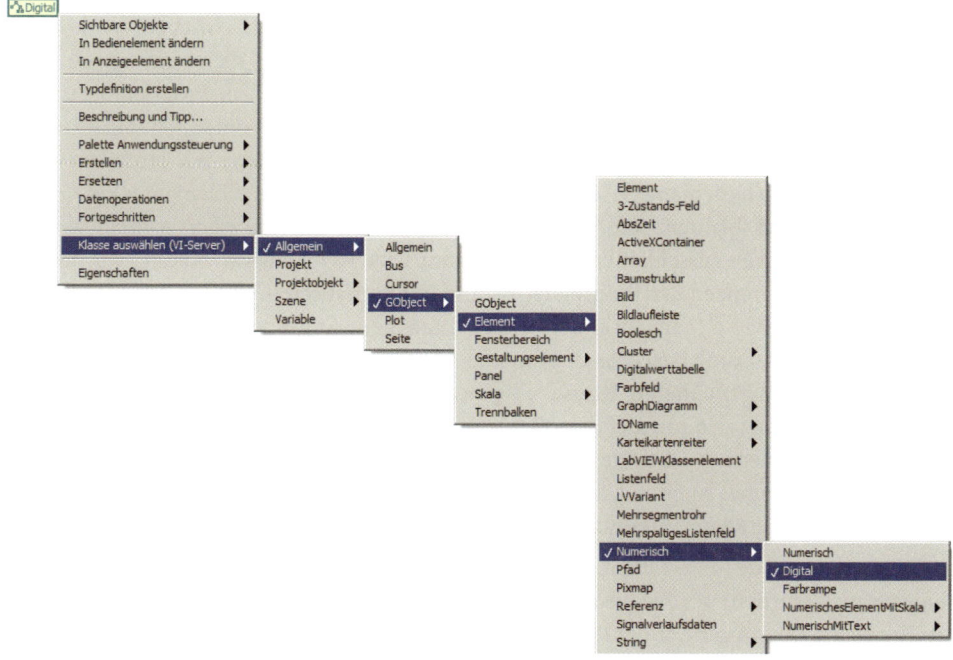

Bild 7.9 Kontextmenü 'VI-Server-Klasse auswählen' und weitere Untermenüs

Wir wollen nun zwei Beispiele für die Nutzung der hierarchisch geordneten Eigenschaften bei der Programmierung geben. Das erste nutzt allgemeine Eigenschaften, die **alle Elemente** haben. Das zweite verwendet speziellere Eigenschaften, die man nur bei den **numerischen Elementen** findet. Da wir uns in beiden Fällen nicht auf ein einziges Element beschränken wollen, entwickeln wir vorbereitend ein SubVI, das die Referenzen aller Frontpanel-Elemente in einer Liste sammelt. Das entsprechende Diagramm ist in Bild 7.10 dargestellt. Die Entwicklungsschritte sind folgende:

- 'VI-Referenz' aus 'Elemente' – 'Modern' – 'Referenz' im Panel platzieren.
- Im Diagramm per Kontextmenü 'Erstellen' – 'Eigenschaft für VI-Klasse' – 'Frontpanel' Eigenschaftsknoten mit dem Symbol 'Panel' erzeugen und mit 'VI-Referenz' verbinden.
- Entsprechend vom Knoten 'Panel' ausgehend, den Eigenschaftsknoten 'Erstellen' – 'Eigenschaft für Panel-Klasse' – 'Elemente[]' erzeugen und gemäß Bild 7.10 verbinden.
- Per Kontextmenü zu 'Elemente[]' Anzeigeelement auf dem Panel erzeugen.
- Referenz schließen.
- Ein SubVI herstellen durch Verbinden der Panel-Elemente mit dem VI-Anschlussfeld.

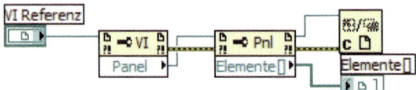

Bild 7.10 Auslesen der Referenzen aller Elemente eines Frontpanels. Ein Cluster gilt als **ein** Element. Referenzen auf die Elemente im Cluster werden nicht zurückgeliefert!

7.2.1 Eigenschaften der Basisklasse

Mit Hilfe des SubVIs in Bild 7.10, dessen Symbol in 'Elemente' umgeschrieben wurde, kann man ein Programm entwickeln, das nach dem Start alle Frontpanel-Elemente 'tanzen' lässt. Genauer gesagt: Sie bewegen sich auf Kreisen, deren Radien nach dem Programmstart einmal zufällig gewählt werden. Bild 7.11 zeigt das Diagramm. Das Frontpanel enthält unterschiedliche Elemente, deren Typen im Diagramm links unten zu sehen sind. Trotzdem liefert das SubVI '0710-ListeElemente.vi' eine Liste von Referenzen auf diese Elemente. Ein Cluster gilt als **ein einziges** Element, die Referenzen der Cluster-Elemente werden **nicht** zurückgeliefert! Da ein Array ausschließlich Elemente vom selben Typ enthalten kann, wurden alle verschiedenen Referenzen der Frontpanel-Elemente automatisch in Referenzen auf Elemente (allgemeinere Klasse!) umgewandelt. Das ist möglich, weil alle Bedien- und Anzeigeelemente die gemeinsame Basisklasse 'Elemente' besitzen. Hier wird also eine beliebige Referenz nach einer allgemeineren Klasse umgewandelt. '0710-ListeElemente.vi' benötigt als Eingang die Referenz des aufrufenden VI, als **'VI-Server-Referenz'** unter 'Programmierung' – 'Applikationssteuerung' zu finden. Sie zeigt auf das VI, in dessen Diagramm sie steht. Um auch Fehlermeldungen zu berücksichtigen, erweitern wir '0710-ListeElemente.vi' und setzen das SubVI '0710-ListeElementeBesser.vi' ein, siehe Bild 7.15.

Nachdem dann in der For-Schleife mit Hilfe der Referenzen die Positionen aller Elemente eingesammelt wurden, werden sie an die While-Schleife übergeben, welche die Berechnung der Kreisbahn übernimmt, indem sie Schritt für Schritt die Positionen der Bedienelemente verändert. Die Eigenschaft 'Position' ist in der Klasse 'GObjekt' definiert und wird an alle Frontpanel-Elemente vererbt. Wenn es Ihnen gelingt, nach dem Start die Stopp-Taste zu treffen, können Sie das Programm auch beenden. Die am Beispiel gezeigte Vorgehensweise gilt nicht nur für **Eigenschaften**, sondern sinngemäß auch für **Methoden**.

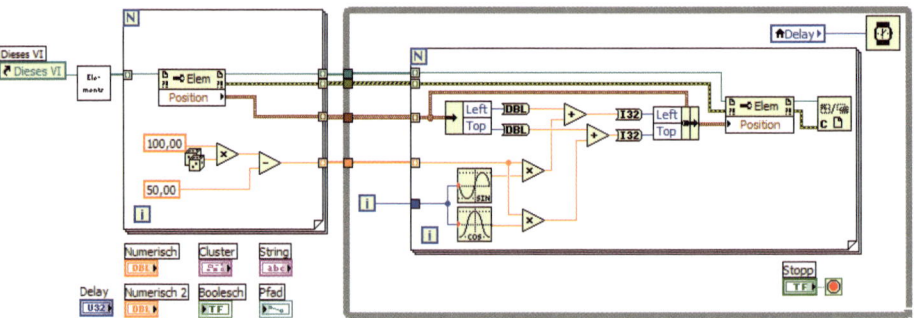

Bild 7.11 Manipulation der Position von Bedien- und Anzeigeelementen eines Frontpanels

7.2.2 Eigenschaften von abgeleiteten Klassen

Mit dem 'Elemente'-SubVI können wir auf Eigenschaften von Frontpanel-Elementen zugreifen, die in der Klasse 'Element' definiert sind. Auf Eigenschaften von Klassen, die in der Vererbungshierarchie weiter unten stehen, können wir noch nicht zugreifen. Dazu müssen wir die Referenzen vom SubVI 'Elemente' der Reihe nach in Referenzen auf eine **spezifischere Klasse** umwandeln. Eine geeignete Funktion hierfür ist unter 'Applikationssteuerung' – 'Nach spezifischerer Klasse' zu finden. Sie wird in Bild 7.12 in der Case-Struktur der For-Schleife verwendet, um eine Referenz auf ein Bedienelement in eine Referenz der Klasse 'Digital' umzuwandeln.

Bei diesem Beispiel geht es darum, die Zahlendarstellung der Zahlengröße anzupassen. Hat eine Zahl zu viele Stellen, passt sie nicht mehr in eine numerische Anzeige fester Breite. Man kann dann aber z.B. die Zahl 700 000 000 in der so genannten SI-Darstellung kürzer als 700 M (Mega) schreiben. Das Beispielprogramm soll diesen Vorgang automatisieren. Zahlen bis 10 000 passen in das vorgesehene Anzeigeelement. Zahlen mit mehr Ziffern sollen in SI-Notation dargestellt werden. Da unser Frontpanel nicht nur numerische Elemente (Typ 'Digital') enthält, muss sichergestellt werden, dass allein Elemente vom Typ 'Digital' bearbeitet werden.

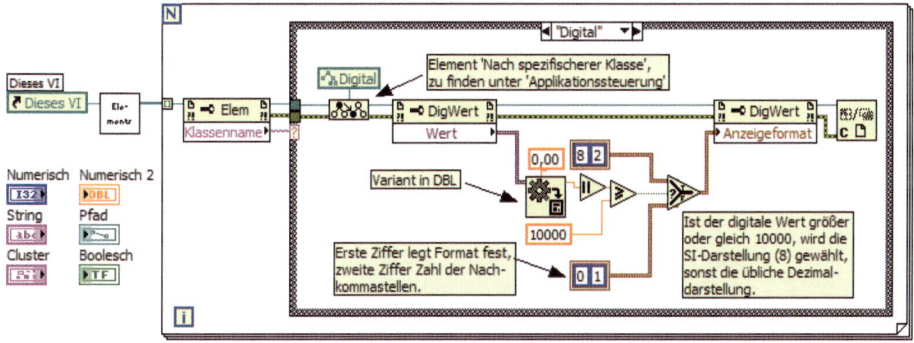

Bild 7.12 Format und Genauigkeit für alle numerischen Elemente des Frontpanels anpassen

Wir nutzen dazu die Eigenschaft 'KlassenName' der Klasse 'Allgemein' als Selektor (Auswahlanschluss). Beim Typ 'Digital' wird der in Bild 7.12 sichtbare Teil der Case-Struktur ausgeführt, sonst der Standard-Rahmen, der leer ist. Nach der Umwandlung haben wir Zugriff auf Eigenschaften der Klasse 'Digital', wie z.B. 'Anzeigeformat'. Bevor der Zahlenwert aber verglichen werden kann, muss das als Variant-Wert ausgegebene Ergebnis in eine DBL-Zahl gewandelt werden. Dazu in 'Programmierung' – 'Cluster, Klasse, Variant' – 'Variant' die Funktion 'Variant nach Daten' verwenden. Ist nun der Wert des Betrages größer oder gleich 10 000, wird der obere, ansonsten der untere Clusterwert in die Eigenschaft 'Anzeigeformat' geschrieben. Die Kommentare im Diagramm erklären den Rest.

Aufgabe 7.3

Entwickeln Sie selbst die VIs aus Bild 7.11 und Bild 7.12 und studieren Sie deren Eigenschaften.

Merke: Die Anwendung des Kontextmenüs auf die 'Klassenbezeichner-Konstante' und die Festlegung von 'VI-Server-Klasse auswählen' verschafft einen Überblick über die Klassenhierarchie von LabVIEW.
Eigenschaften und Methoden einer Klasse gelten auch für alle untergeordneten Klassen. Will man sie jedoch nur für eine s p e z i e l l e untergeordnete Klasse verwenden, muss man sie mit der Funktion 'Nach spezifischerer Klasse' umwandeln.

Bemerkung zum Erscheinungsbild von Eigenschaftsknoten

Erstellt man einen Eigenschaftsknoten zu einem numerischen Element, z.B. zu einem Schieberegler, mit 'Erstellen' – 'Eigenschaftsknoten' und zusätzlicher Auswahl, z.B. 'Wert', erhält man im Diagramm ein gedrungenes Symbol **ohne Referenzanschlüsse**. Benötigt man diese, kann man im Kontextmenü des Symbols durch 'Von Element entfernen' ein längliches Symbol mit der Inschrift 'Schieberegler (strikt)' erzeugen, das jetzt auch Referenzanschlüsse für **die Nutzung im SubVI** aufweist. Man kommt beim Kopieren mit <Strg>+<C> und <Strg>+<V> zum selben Ergebnis, und hat dann beide Symbole im Diagramm. Die Rückwandlung in das gedrungene Symbol erfolgt im Kontextmenü durch 'Verknüpfen mit' – 'Fensterbereich' – 'Schieberegler' (entsprechend bei anderem Element). Siehe Bild 7.13.

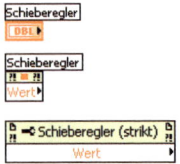

Bild 7.13 Verschiedene Erscheinungsformen eines Eigenschaftsknotens zum Terminal 'Schieberegler'. In der Mitte die **implizite,** unten die **explizite** Definition. Entsprechendes gilt für Methodenknoten

7.3 Fehlerfunktionen

Mit Fehlerfunktionen lassen sich VIs vereinfachen, schon bei der Entwicklung prüfen und auf diese Weise sicherer machen, alles in allem also professioneller gestalten.

7.3.1 Fehlermeldungen mit oder ohne Dialog

Ruft man das Unterprogramm '0710-ListeElemente.vi' direkt auf, wird es nach kurzer Zeit unterbrochen und auf dem **Bildschirm** erscheint die Meldung 'Fehler 1026…' mit dem Hinweis auf eine ungültige Referenz, siehe Bild 7.14.

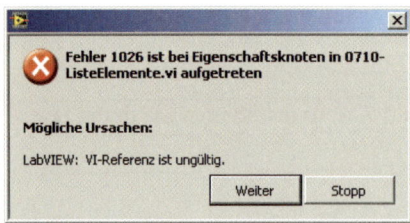

Bild 7.14 Fehlermeldung bei direktem Aufruf von '0710-ListeElemente.vi'

Will man den dadurch erzwungenen Dialog vermeiden, kann man das durch eine veränderte Struktur des Programms '0710-ListeElemente.vi' entsprechend Bild 7.15 erreichen. Hier sind die Fehleranschlüsse der Eigenschaftsknoten miteinander verbunden. Ruft man dieses Unterprogramm direkt auf, erfolgt die Fehlermeldung auf dem Frontpanel, siehe Bild 7.16.

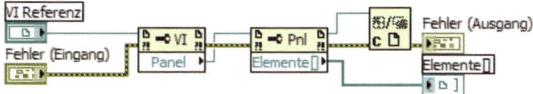

Bild 7.15 Verbessertes Unterprogramm mit Fehlereingängen und -ausgängen

Der Fehlereingang links kann in einem Hauptprogramm entfallen, weil unmittelbar nach Programmstart **kein Fehler** vorliegt, was dem Standardwert am unverbundenen Fehlereingang entspricht. Bei einem SubVI sollte man den Anschluss aber immer verwenden. Bild 7.16 zeigt, dass nach Modifikation des Anschlussfeldes im SubVI die Fehleranschlüsse vom aufrufenden Programm genützt werden können (nicht müssen!) und dass man so ein vollständigeres Programm tanzender Elemente bilden kann, siehe Bild 7.17.

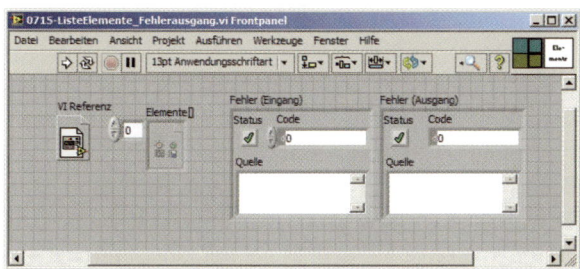

Bild 7.16 Frontpanel des Unterprogramms mit Fehlereingang und Fehlerausgang. Beide Variablen wurden zusätzlich im Anschlussfeld des VI berücksichtigt

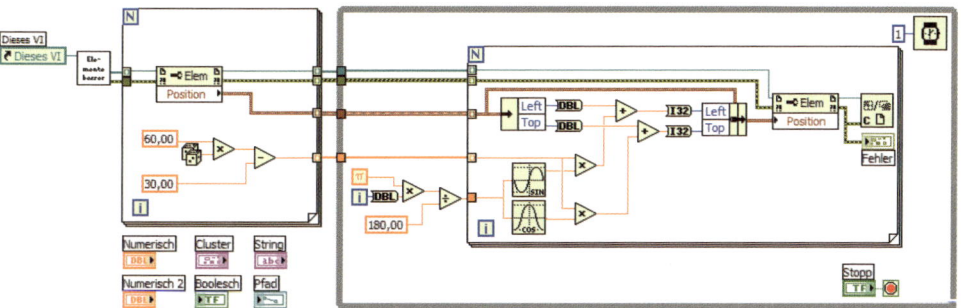

Bild 7.17 Diagramm von '0711-TanzendeElemente_mit_Fehlernutzung.vi'

7.3.2 Wo findet man wichtige Fehlerelemente und Fehlerfunktionen?

Antwort 1

Im **Diagramm** sind 'Einfacher Fehlerbehandler' und 'Fehler zusammenfassen' nützliche Funktionen, siehe Bild 7.18. Man findet sie unter 'Funktionen' – 'Programme' – 'Dialog & Benutzeroberfläche'.

Antwort 2

Die Fehler-Cluster auf dem **Frontpanel** erzeugt man entweder indirekt in gewohnter Weise mit 'Erstellen' – 'Bedienelement' bzw. mit 'Erstellen' – 'Anzeigeelement' oder man setzt sie direkt mit 'Elemente' – 'Modern' – 'Array, Matrix & Cluster' – 'Fehlereingang (3D)' bzw. mit '....Fehlerausgang (3D)'.

Bild 7.18 Zwei wichtige Fehlerfunktionen

Der einfache Fehlerbehandler (Error Handler) zeigt am Ausgang den **ersten Fehler** an, der in der Kette der durch die Fehlerleitung miteinander verbundenen Knoten auftritt. Die Funktion 'Fehler zusammenfassen' zeigt den ersten Fehler, der in **parallelen** Funktionsketten auftritt, wenn deren Fehlerleitungen am Ende miteinander verbunden sind.

7.3.3 Verschiedene Fehlerarten

7.3.3.1 Standardfehlerleitung

Die "hornissenartig gestreifte" Fehlerleitung in Bild 7.15 ist nicht überall verfügbar. Man findet sie bei Eigenschaftsknoten oder in Express-VIs. Verbindet man sie mit einem Anzeigeelement, erhält man im Fehlerfalle eine Anzeige auf dem Panel mit einer automatisch zugeordneten Fehlernummer. Sie ist ungleich null. So sieht man in Bild 7.16 die Fehlernummer 1026. Ihre Bedeutung wird im String 'Quelle' darunter kurz beschrieben. Ferner wird ein **Fehler mit einem roten Kreuz** angezeigt, was 'Status' TRUE bedeutet, also Fehlerstatus wahr. Ist kein Fehler aufgetreten, sieht man dort einen **grünen Haken** und die Fehlernummer 0. Möglich ist auch die Anzeige einer Nummer **ungleich** null zusammen mit dem grünen Haken. Das bedeutet eine **Warnung**. Bild 7.19 zeigt ein einfaches Beispiel.

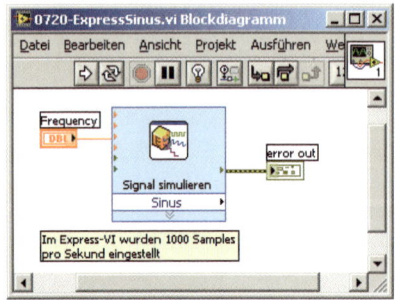 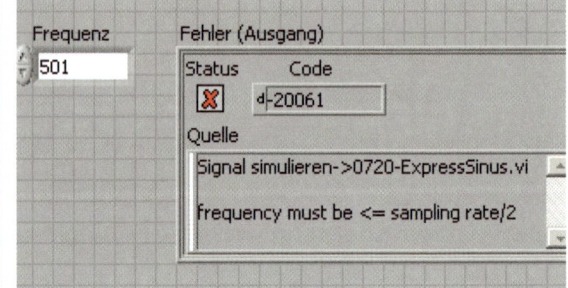

Bild 7.19 Express-VI Sinus-Simulation Fehleranzeige für Frequenz >1000/2

7.3.3.2 Funktionen ohne oder mit vereinfachter Fehlerleitung

Versucht man, das Skalarprodukt zweier Vektoren verschiedener Länge entsprechend Bild 7.20 zu bilden, erhält man die Fehlermeldung –20002 als Integerzahl, aber keine weitere Information.

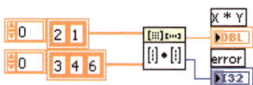 

Bild 7.20 Funktion Skalarprodukt Ergebnis bei verschieden langen Faktoren

Die Funktionen arcsin x und arccos x liefern für $|x| > 1$ kein reelles Ergebnis, haben aber dennoch keinen Fehlerausgang. Hier muss der Programmierer für Abhilfe sorgen, wenn er – was sinnvoll ist –, eine Fehlermeldung in Standardform wünscht.

Dafür gibt es verschiedene Methoden. Eine ist die Verwendung des 'Einfachen Fehlerbehandlers', eine andere die vereinfachte Nachbildung des Fehlerbehandlers mit Cluster-Funktionen. Wir zeigen das für die Funktion arcsin x (und arccos x). Da diese Funktion keinen Fehlerausgang hat, muss man eigene Fehlernummern wählen, die sich von den vom System automatisch zugewiesenen unterscheiden sollten. Die LabVIEW-Hilfe schlägt eine der Nummern

-8999 bis -8000, 5000 bis 9999 oder $500\,000$ bis $599\,999$ vor.

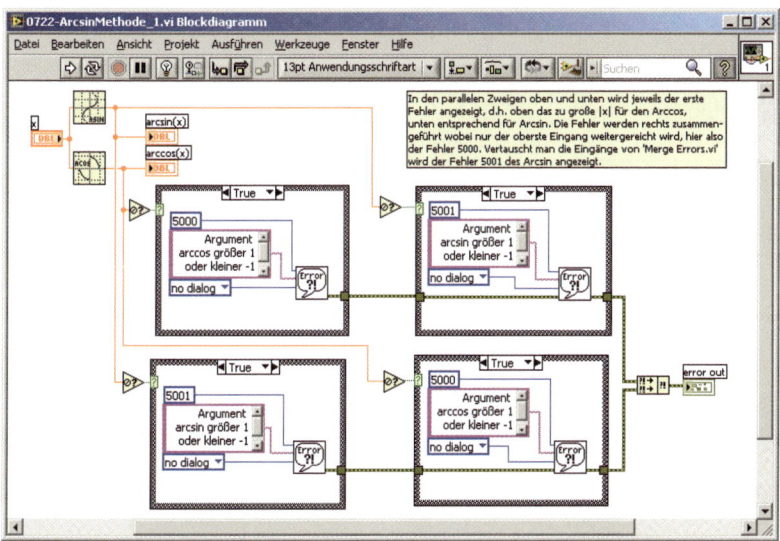

Bild 7.21 Fehler im arccos$|x|$ und arcsin$|x|$ für $|x| > 1$. Angezeigt wird nur Fehler 5000 von oben

Bild 7.21 zeigt die erste Methode der Fehlerbehandlung. Dazu würde bereits eine der Case-Strukturen genügen. Hier soll aber darüber hinaus gezeigt werden, dass der Fehlerbehandler jeweils nur den ersten entdeckten Fehler über die Fehlerleitung weiterreicht. Außerdem wird gezeigt, dass die Funktion 'Fehler zusammenfassen' ('Merge Errors.vi') nur den Fehler des obersten Eingangs weiterleitet. Das Frontpanel zeigt dementsprechend Fehler 5000 an.

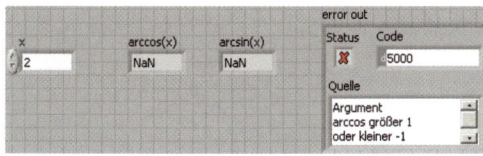

Bild 7.22 Anzeige des Programms von Bild 7.21 für den Wert $x = 2$

Vertauscht man die Eingänge von 'Fehler zusammenfassen', erhält man den Fehler 5001.

Bemerkungen:

- Der Fehlerbehandler enthält jeweils eine selbst gewählte Fehlernummer, einen selbst geschriebenen Text und am Eingang 'Dialogtyp (OK msg:1)' eine Konstante, die auf 'no dialog' gestellt wurde. Anderenfalls gibt das System zusätzlich Meldungen aus.
- Für Werte $|x| > 1$ geben der arcsin und der arcos das Ergebnis 'NaN' aus. Das ist keine Zahl und kann mit dem Vergleichsoperator 'Keine Zahl/Kein Pfad/Keine Referenz?', zu finden unter 'Funktionen' – 'Programmierung' – 'Vergleich', erfasst werden.

Eine zweite Methode, Standard-Fehleranzeigen zu erzeugen, nutzt Cluster-Funktionen. Die einfachste Methode ist in Bild 7.23 dargestellt. Der TRUE-Teil der inneren Case-Struktur gibt die Cluster-Konstante als Fehler aus. Diese Konstante findet man unter 'Funktionen' – 'Programmierung' – 'Cluster, Klasse, Variant' als 'Cluster-Konstante'. Ihr Standardinhalt bedeutet: kein Fehler, Fehlernummer 0, leerer String als Fehlerbeschreibung und ist vom Anwender entsprechend zu modifizieren. Das VI wurde so erweitert, dass es auch als SubVI dienen kann. Bringt das aufrufende Programm einen Fehler mit sich, wird dieses VI unmittelbar und ohne weitere Fehlerprüfung verlassen, anderenfalls prüft es auf einen Fehler im SubVI und zeigt diesen gegebenenfalls an.

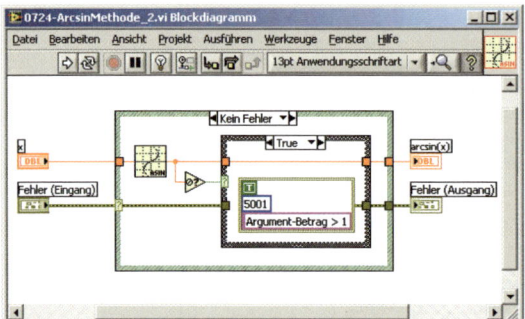 

Bild 7.23 Erzeugung Fehlerausgang mit Clustern　　　　　Fehlermeldung 5001 wegen arcsin $x = 2$

7.3.4　Ausgang aus While-Schleifen

Der Fehlereingang links in Bild 7.23 wirkt auf den Auswahlanschluss der Case-Struktur, obwohl das aus Status, Fehlernummer und Quelle bestehende Cluster vorher nicht aufgeschlüsselt wurde. Das LabVIEW-System berücksichtigt nur die boolesche Variable 'Status' und erzeugt so eine Case-Struktur mit den zwei Alternativen 'True' (Fehler) und 'False' (kein Fehler). Dieses Verhalten kann man auch zur Beendigung von While-Schleifen im Fehlerfall benutzen. 'SchleifenausgangKompliziert.vi' und 'SchleifenausgangEinfach.vi' haben dieselbe Funktion. Sie zählen im Halbsekundentakt die Variable x von 0.0, 0.1 usw. durch und führen sie dem arccos zu. Bei $x = 1.1$ entsteht ein Fehler, der die Schleife beendet. Links in Bild 7.24 ist die komplizierte Fassung, in der Mitte die einfache Fassung und rechts das identische Frontpanel der beiden VIs zu sehen.

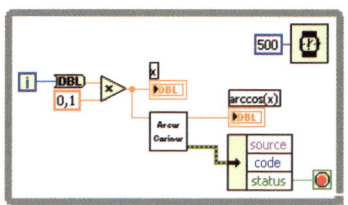 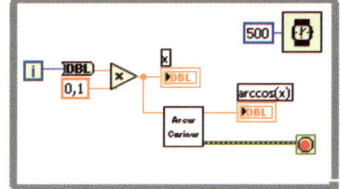 

Bild 7.24 Komplizierter Ausgang   Einfacher Ausgang aus Schleife   Identische Frontpanel

7.3.5   Erzwingung von sequenziellem Ablauf

Ist der sequenzielle Ablauf von Funktionen erforderlich, kann man eine Sequenz verwenden oder die Funktionen über Eingänge und Ausgänge verketten, sofern möglich. Beispiele finden sich in Bild 7.7, Bild 7.10 und Bild 7.15. In den beiden ersteren Bildern wird über Referenzleitungen verkettet, Fehlerleitungen sind nicht unbedingt erforderlich. Vielfach sind aber gerade die Fehlerleitungen eine bequeme Möglichkeit, Funktionen zu verketten, ohne die Sequenz-Funktion zu benutzen.

> **Merke:** Standard-Fehlermeldungen können als Popup erscheinen mit der Forderung nach Benutzereingabe oder ohne solche Aufforderung als Anzeige auf dem Frontpanel. Letzteres erreicht man durch Verkettung der "hornissengelben" Fehlerverbindungen. Express-VIs und Eigenschaftsknoten enthalten Eingänge und Ausgänge für solche Standard-Fehlermeldungen.
>
> Funktionen ohne oder mit vereinfachtem Fehlerausgang kann man mit Hilfe des 'Fehlerbehandlers' (Error Handler) oder mit Cluster-Funktionen in Standard-Fehlermeldungen umwandeln. Für die Fehlernummern sollte man auf zulässige Zahlen zurückgreifen (z.B. 5000 bis 5999).
>
> Mit Fehlerverbindungen kann man auf einfache Weise While-Schleifen abschließen und den sequenziellen Ablauf von Funktionen erzwingen.
>
> Die Fehler in parallelen Funktionsabläufen lassen sich mit der Funktion 'Fehler zusammenfassen' auf einen Fehlerausgang leiten.

Aufgabe 7.4

Das Unterprogramm 'AktuelleZeit_ohneEingang.vi' soll mit anderen SubVIs vom Hauptprogramm in einer Sequenz aufgerufen werden. Zum Beispiel könnte die Folge

1) aktuelle Zeit ausgeben,

2) Zeitverzögerung,

3) erneut aktuelle Zeit ausgeben

gefordert sein. Wie könnte man vorgehen, wenn 'AktuelleZeit_ohneEingang.vi', wie der Name sagt, nur die aktuelle Zeit ausgibt, aber keinen Eingang hat, mit dem man es mit anderen Funktionen durch eine Datenleitung verketten könnte?

8 Datentransfer von und zur Festplatte

Lernziele

1. Strings in Textdateien auf der Festplatte speichern und diese lesen können. Sinngemäß das Gleiche mit Vektoren und Matrizen.
2. Mit dem Datentyp 'Pfad' arbeiten können.
3. Die wichtigsten Pfadkonstanten kennen.
4. Problem bezüglich des Dateipfads beim Erstellen einer EXE-Datei kennen und geeignete Methoden zur Lösung dieses Problems anwenden.

8.1 Dateifunktionen

8.1.1 Allgemeines zur Speicherung von Dateien

Das Schreiben von Daten auf die Festplatte oder Lesen von der Festplatte erfolgt immer nach folgendem Schema: Die Daten sind in Dateien gespeichert (oder sollen dort gespeichert werden), die man mit den Funktionen 'Öffnen', 'Schreiben (oder Lesen)', 'Schließen' bearbeitet. Dazu dienen so genannte 'Low Level'-Funktionen. Zur Erleichterung für den Programmierer gib es auch 'High Level'-Funktionen, in denen Öffnen und Schließen bereits enthalten sind. Doch sind sie **langsamer**, besonders in einer **Schleife** wegen des hier unnötigen ständigen Öffnens und Schließens!

Alle Dateien, die auf einer Festplatte gespeichert sind, werden mit dem Zeichen **EOF** gleich 'End of File' abgeschlossen. Das ist ein vom Rechnersystem abhängiges Zeichen, das normalerweise durch eine negative Zahl, häufig −1, dargestellt wird. Man bekommt es als Anwender nicht zu Gesicht. Das EOF-Zeichen dient einer Lesefunktion, die eine Datei lesen soll, ohne deren Umfang zu kennen. Es ist ein Hinweis, dass nun das Lesen abzuschließen ist. Beispiel: Bilden die drei Buchstaben A, B, C eine Datei, so werden sie auf der Festplatte als

    <A> <B> <C> <EOF>

gespeichert.

Ein weiteres Steuerzeichen ist **EOL** gleich 'End of Line'. Es wird bei der Eingabe von Daten über die Tastatur erzeugt, sobald man die **Return-Taste** betätigt. Die Eingabe von

    <A> <B> <C> <Return> <D> <E> <F>

erscheint in einem String-Element bei Normalanzeige als

    ABC
    DEF

und bei Hexadezimalanzeige als   41 42 43 **0A** 44 45 46

Das ist die Darstellung der verschiedenen Zeichen im ASCII-Format. Die Umschaltung des Anzeigemodus erfolgt über das Kontextmenü des Bedienelements, siehe Abschnitt 4.3.

Die Textdateifunktionen von LabVIEW wandeln das systemabhängige EOL-Zeichen in den Zeilenvorschub '0A' um, falls der Programmierer im Kontextmenü der Dateifunktion einen Haken vor 'EOL konvertieren' gesetzt hat. Falls man **nicht** konvertiert, erhält man dagegen auf einem PC unter Windows 7 im obigen Beispiel die Hex-Anzeige

   41 42 43 0D 0A 44 45 46

Das EOL besteht hier also aus zwei Zeichen, die noch aus der Zeit stammen, als man mechanische Fernschreiber benutzte. Sie haben folgende Bedeutung: 0D gleich 'Wagenrücklauf' und 0A gleich 'Zeilenvorschub'.

Das Programm EOL_EOF_Test.vi erläutert das. Auch hat der Anwender hier die Möglichkeit, eine Datei sowohl vom Anfang her zu lesen als auch vom Ende her. Dabei kann er verschiedene Offsets nutzen. Das Panel ist in Bild 8.1 dargestellt.

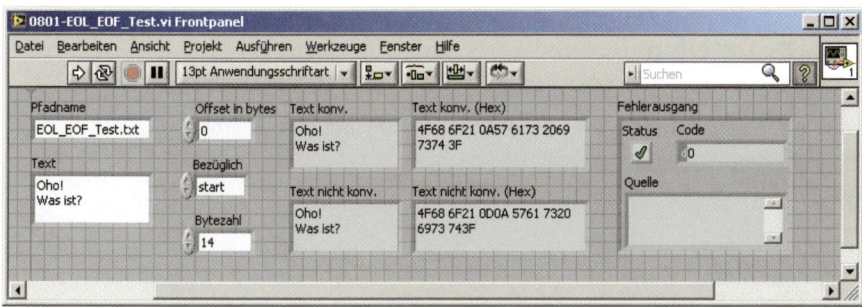

Bild 8.1 VI zum Testen verschiedener EOL-Darstellungen und Lesemodi

Das Diagramm dazu findet sich in Bild 8.2 und wird später erklärt. Vorerst muss man nur wissen, dass die unter 'Text' eingegebenen ASCII-Zeichen in eine Datei auf der Festplatte geschrieben und anschließend von dort auf verschiedene Weise gelesen und dargestellt werden. Wird EOF nicht beachtet, erhält man eine Fehlermeldung.

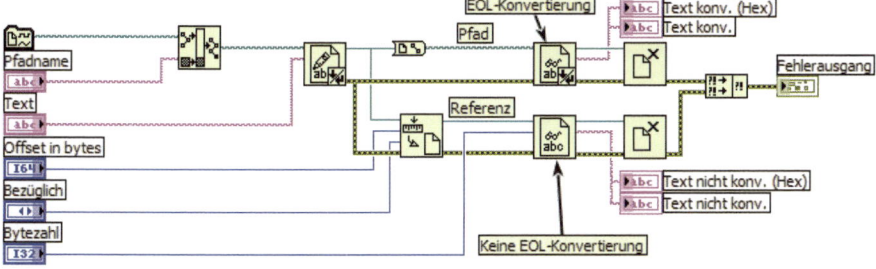

Bild 8.2 Diagramm zum VI von Bild 8.1, wird später erklärt

Aufgabe 8.1

Testen Sie die verschiedenen Möglichkeiten von 'EOL_EOF_Test.vi'. Sie werden erkennen, dass Sie bei ungünstiger Parameterwahl (z.B. von 'Offset in bytes') Fehlermeldungen erhalten. Das geschieht immer, wenn Sie versuchen, über die EOF-Grenze des Datensatzes hinaus Zeichen von der Festplatte zu lesen.

Die Dateifunktionen von LabVIEW nutzen beim Lesen einen **Lesezeiger**. Die Funktion 'Dateiposition festlegen' in der Mitte von Bild 8.2 setzt ihn mit Hilfe des Offsets und des Bezugswerts 'start', 'current' oder 'end'. Das Lesen beginnt an der durch den Lesezeiger gegebenen Stelle und liest von dort an 'Bytezahl' Zeichen. Bild 8.3 zeigt das Prinzip. Setzt man etwa in 'EOL_EOF_Test.vi' die Parameter 'Bezüglich' = 'start', 'Offset in bytes' = 6 und 'Bytezahl' = 2 ein, so werden ab 'start' + 6 = 0 + 6 = 6 die zwei Zeichen 'Wa' gelesen. Dasselbe Ergebnis erzielt man durch Bezug auf die Marke 'end' = 14 und 'Offset in bytes' = –8 ('Bytezahl' = 2 wie bisher). Das setzt den Lesezeiger auch auf 'end' – 8 = 6.

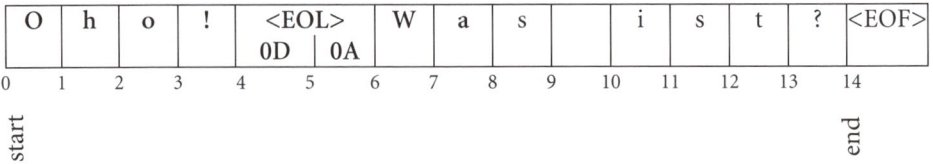

Bild 8.3 Speicherung von ASCII-Zeichen auf der Festplatte. EOL, EOF werden nicht konvertiert, daher je zwei Zeichen

8.1.2 Palette Dateifunktionen

LabVIEW ermöglicht alle Dateioperationen, die man von anderen Programmiersprachen (z.B. C) her kennt. Bild 8.4 und Bild 8.5 zeigen die entsprechenden Paletten.

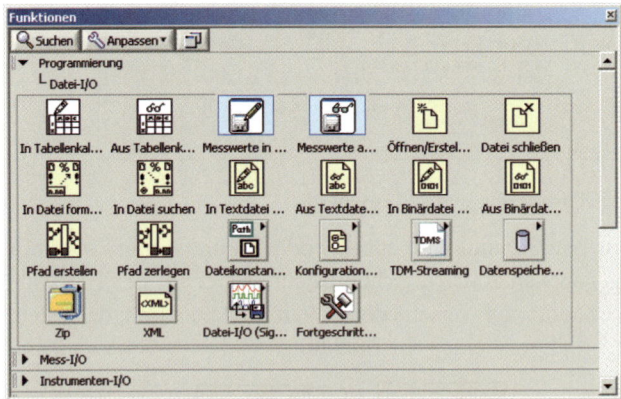

Bild 8.4 Unterpalette 'Datei-I/O', die sich in der LabVIEW-Version 2014 öffnet, wenn man unter 'Funktionen' – 'Programmierung' auf das Diskettensymbol klickt.

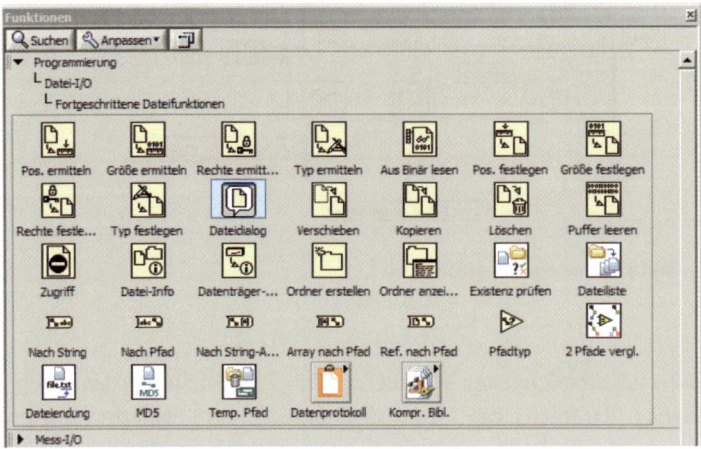

Bild 8.5 Unter-Unterpalette für fortgeschrittene Dateifunktionen

Klickt man in der Unterpalette nach Bild 8.4 ganz unten rechts auf das Hammer-/ Schraubenschlüssel-Symbol, also auf 'Fortgeschrittene Dateifunktionen', erhält man eine weitere Unterpalette entsprechend Bild 8.5.

8.1.3 Einführendes Beispiel

Am einfachsten wird die Programmierung von Dateioperationen, wenn man die Paletten aus Bild 8.4 mit den Funktionen 'In Textdatei schreiben' und 'Aus Textdatei lesen' nutzt, beides **High-Level-Funktionen**. Dazu ein Beispiel: Der Anwender will einen String in ein Eingabefeld schreiben, der anschließend auf der Festplatte in einer Datei mit der Erweiterung 'txt' zu speichern ist. Nach der Betätigung eines speziellen Knopfes soll dieser Text auf der Festplatte wiedergefunden, in den Hauptspeicher gebracht und im Ausgabefeld angezeigt werden. Das VI in Bild 8.6 und Bild 8.7 leistet dies.

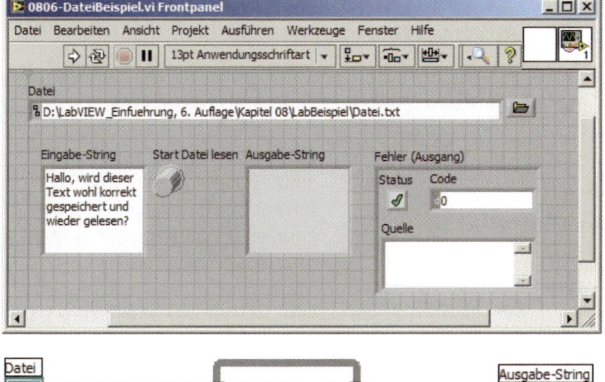

Bild 8.6 Panel eines VI zum Schreiben auf die und Lesen von der Festplatte

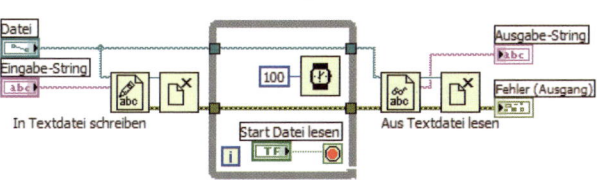

Bild 8.7 Diagramm zu Bild 8.6

Erläuterungen:

- Beim Schreiben in eine Datei oder beim Lesen aus ihr muss üblicherweise die Datei zuerst geöffnet und später wieder geschlossen werden. Solche Funktionen gibt es auch unter LabVIEW, z.B. unter Datei-I/O in Bild 8.4 in der ersten Zeile rechts für das Öffnen und daneben für das Schließen. Beim Aufruf von 'In Textdatei schreiben' oder 'Aus Textdatei lesen' benötigt man sie jedoch nicht, sofern man die Programme mit einer Pfadeingabe aufruft. Dann erfolgt das Öffnen und Schließen automatisch.

- Die Funktion 'In Textdatei schreiben' benötigt entweder den Pfad der Datei, in die man Zeichen schreiben möchte, oder eine Referenznummer. Will man mit dem Pfad arbeiten, ist ein Bedienelement für die Pfadeingabe nützlich, in Bild 8.6 ganz oben mit der Bezeichnung 'Datei'. Man findet es unter 'Elemente' – 'Modern' – 'String & Pfad'. Einen Pfadnamen kann man entweder Zeichen für Zeichen eintippen oder über das Suchsymbol rechts am Eingabefeld auswählen.

- Der gewählte Dateipfad Bild 8.7 steht auch der Funktion 'Aus Textdatei lesen' zur Verfügung. Folglich wird aus der gleichen Datei gelesen, in die vorher geschrieben wurde.

- In der Mitte befindet sich eine While-Schleife, die erst verlassen wird, wenn der Anwender den Knopf 'Start Datei lesen' ('Druckschalter (rund)' aus 'Elemente' – 'Klassisch' – 'Boolesch (Klassisch)') auf dem Panel gedrückt hat.

- Funktionen zum Setzen des Lesezeigers bzw. des Schreibzeigers beim Schreiben auf die Festplatte werden hier nicht benötigt. Benutzt man eine Pfadeingabe, wird von Anfang an geschrieben und gelesen, und zwar alle Zeichen, die im Eingabe-String stehen.

Aufgabe 8.2

Testen Sie das oben beschriebene Programm auf Ihrem Rechner. Sie müssen natürlich die Eintragungen im Bedienelement für die Pfadeingabe entsprechend Ihrer Verzeichnisstruktur modifizieren.

8.1.4 Modifiziertes Beispiel

Das Programm '0806-DateiBeispiel.vi' in Abschnitt 8.1.3 hat den Nachteil, dass die Pfadangabe schon **vor** dem Start bekannt sein muss. Will sich der Anwender erst während der Laufzeit entscheiden, muss er den Programmaufbau ändern, z.B. gemäß Bild 8.8.

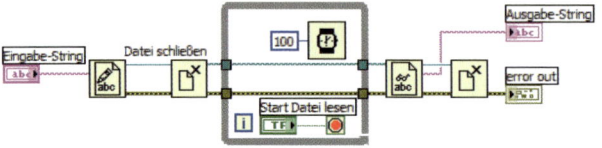

Bild 8.8 Das Programm '0808-DateiBeispielOhnePfad.vi' erfragt die Pfadangabe erst zur Laufzeit. Alle Referenzen sollten geschlossen werden

Dieses VI benötigt kein Bedienelement zur Pfadeingabe. Nach dem Start fragt links die Funktion 'In Textdatei schreiben', der nunmehr die Pfadeingabe über das Terminal fehlt, in einem Dialog entsprechend Bild 8.9 nach dem Pfad der zu öffnenden Datei.

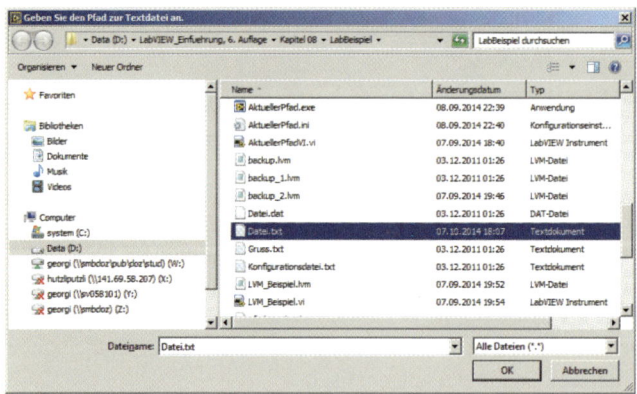

Bild 8.9 Auswahl einer Datei, in die geschrieben werden soll

In unserem Beispiel könnte man nach dem Programmstart dort etwa 'Datei.txt' wählen und mit 'OK' bestätigen. Trägt man keinen Pfad ein, erhält man eine Fehlermeldung.

Die Funktion 'In Textdatei schreiben' liefert allerdings als Ausgabe keine Pfadangabe, sondern eine **Referenznummer**. Würde man diese unmittelbar an die Funktion 'Aus Textdatei lesen' nach rechts weiterreichen, wäre das fehlerhaft: Die Lesefunktion übernimmt nämlich bei **Referenzeingabe** als Lesezeiger die Stellung des Schreibzeigers von der Schreibfunktion. Die aber steht nach Abschluss des Schreibens auf 'end'. Die Lesefunktion kann daher keine Zeichen mehr lesen. Damit bleibt der Ausgabe-String leer! Abhilfe schafft hier das Schließen der Referenz und die Weitergabe des Pfades an die Lesefunktion.

8.1.5 Beispiel: Anlegen einer Protokolldatei

Die Programme aus Bild 8.7 und Bild 8.8 überschreiben bei mehrfacher Anwendung die gewählte Datei: Der alte Inhalt geht verloren. Nun ist aber häufig die Protokollierung von Statusinformationen in einer Textdatei wünschenswert. Eine Lösung dieser Aufgabe ist in Bild 8.10 und Bild 8.11 dargestellt. Hier werden **Low-Level-Funktionen** verwendet.

Bild 8.10 Frontpanel eines VI, das eine Protokolldatei erzeugt, bei welcher die verschiedenen Einträge jeweils an das Dateiende angehängt werden

Bild 8.11 zeigt das Diagramm. Es enthält links zusätzlich die Funktionen 'Öffnen/Erstellen/ Ersetzen einer Datei' aus …'Datei-I/O' und aus den fortgeschrittenen Dateifunktionen 'Dateiposition festlegen', deren Eingang auf 'end', 'current' oder 'start' gesetzt werden kann. Die Einstellung 'start' verursacht Überschreiben der Datei, die Einstellung 'end' dagegen Anhängen neuer Daten an das Dateiende. Die Voreinstellung ist 'start'.

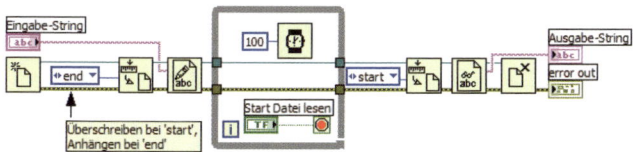

Bild 8.11 Diagramm zu '0810-DateiBeispielProtokoll.vi' aus Bild 8.10

8.1.6 Überschreiben ohne Warnung

Das Programm '0808-DateiBeispielOhnePfad.vi' aus Bild 8.8 fragt, nachdem der Anwender eine Datei gewählt hat, ob er diese wirklich überschreiben will (ist die Datei nicht im Ordner aufgeführt, d.h., gibt der Benutzer den Namen einer nicht existierenden Datei ein, entfällt die Nachfrage; die Datei wird dann neu angelegt). Diese Nachfrage, ob man die bestehende Datei ersetzen möchte, ist als Schutz gegen versehentliches Überschreiben einer falschen Datei nützlich. Sie erfordert aber den manuellen Eingriff des Anwenders. Ein gut getestetes Programm sollte dagegen automatisch und ohne Eingriff des Benutzers ablaufen. Zur Lösung dieses Problems nutzt man die fortgeschrittenere Dateifunktionen, also **Low-Level-Funktionen**. Einen Weg deutete '0810-DateiBeispielProtokoll.vi' in Bild 8.11 an. Man muss hier nur die Eingabe für die Funktion 'Dateiposition festlegen' von 'end' auf 'start' umstellen. Allerdings ist es notwendig, dass die gewählte **Datei bereits existiert**. Ist das nicht der Fall, erhält man eine Fehlermeldung.

Mit einer kleinen Modifikation entsprechend Bild 8.12 kann man diese Fehlermeldung unterdrücken. Man braucht dazu die Funktion 'Öffnen/Erstellen/Ersetzen einer Datei' aus …'Datei-I/O'. Dort wählt man eine Konstante als Eingang und statt der Voreinstellung 'open' (Öffnen) die Alternative 'open or create', d.h. 'Öffnen oder Erstellen'. Zu beachten ist:

Schreibt man in eine bestehende Datei weniger Zeichen, als sie bereits enthält, so werden nur die ersten Zeichen überschrieben. Der Rest bleibt erhalten!

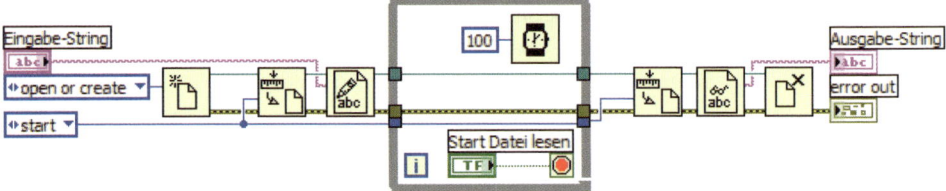

Bild 8.12 Schreiben in eine existierende oder zu erstellende Datei. Lesen ihres Inhalts

Aufgabe 8.3

Finden Sie die in Bild 8.12 verwendeten Dateifunktionen und informieren Sie sich per Kontexthilfe über ihre Parameter. Untersuchen Sie mit einem Editor wie z.B. Notepad den Inhalt der Datei, in welche das LabVIEW-VI geschrieben hat.

8.2   Pfade

Im Beispiel aus Bild 8.6 musste man den kompletten Pfadnamen der Textdatei eingeben (oder den Dateinamen aus einer Liste heraussuchen). Das ist mühselig und fehleranfällig. Es gibt in LabVIEW eine Reihe von Möglichkeiten, diese Aufgabe zu vereinfachen.

8.2.1   Pfadkonstanten

In 'Funktionen' – 'Programmierung' – 'Datei-I/O' findet man weiter unten die 'Dateikonstanten'. Sie sind in Bild 8.13 zu sehen. Eine einfache Methode, die Pfadangabe zu verkürzen, besteht in der Verwendung der Pfadkonstanten 'Aktueller Pfad des VIs' in der Mitte der ersten Zeile. Bild 8.14 zeigt einen Versuch, mit diesem Element zu arbeiten.

Doch ist das eine sehr schlechte Variante: Erstens überschreibt sich das VI selbst mit den eingegebenen Stringdaten, weil die links genutzte Pfadkonstante direkt auf das VI zeigt, in dem sie steht. Zweitens kann der Anwender keinen eigenen Dateinamen wählen. Eine verbesserte, häufig genutzte Variante zeigt das Diagramm in Bild 8.15.

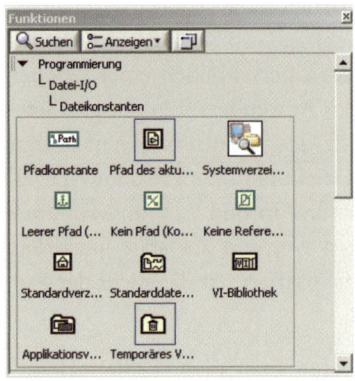

Bild 8.13 Dateikonstanten unter 'Funktionen' – 'Programmierung' – 'Datei-I/O'

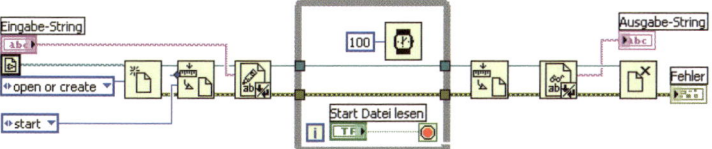

Bild 8.14 Ungeeigneter Versuch, die Pfadangabe zu vereinfachen: Das VI überschreibt sich selbst!

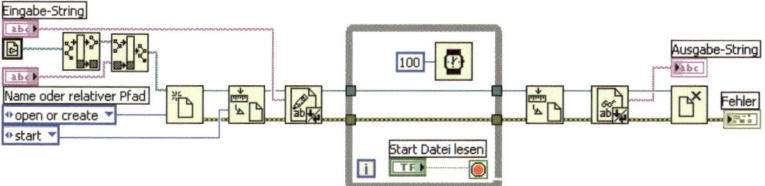

Bild 8.15 Lösung mit Hilfe der Funktionen 'Pfad zerlegen' und 'Pfad erstellen'

Das Panel dazu ist in Bild 8.16 zu sehen.

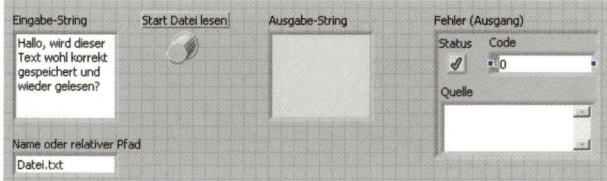

Bild 8.16 Panel des VI in Bild 8.15

Erläuterungen:

- Die links in Bild 8.15 neu verwendeten Funktionen 'Pfad zerlegen' und 'Pfad erstellen' findet man unter 'Funktionen' – 'Programmierung' – 'Datei-I/O'.
- Die Funktion 'Pfad zerlegen' erhält als Eingabe den Pfad des aktuellen VIs. Sie streift stets das letzte Element ab, hier den Namen des VIs, in dem sie steht. Als Ausgabe liefert sie den Rest, d.h. den Pfad auf das Verzeichnis, in dem sich das VI befindet, und den Namen des VIs.
- Die Funktion 'Pfad erstellen' hat zwei Eingänge. Sie verknüpft die Pfadangabe des oberen Eingangs mit einer relativen Pfadangabe am unteren Eingang oder mit einem String, der den Namen der gewünschten Datei enthält. In unserem Beispiel ist das der Name 'Datei.txt', der auf dem Panel in Bild 8.16 eingestellt ist. Als Ausgang erhält man den zusammengesetzten Pfad. Das ist in unserem Beispiel der vollständige Pfad, der zu 'Datei.txt' führt.

Der **Vorteil** dieser Methode besteht vor allem darin, dass ein VI gemäß Bild 8.15 auf jedem Rechner läuft, ohne dass man als Anwender erst die spezielle Umgebung durch Modifikation des Pfadnamens auf dem Panel wie in Bild 8.6 berücksichtigen muss.

8.2.2 Pfadkonstante 'Standardverzeichnis'

Sobald LabVIEW auf einem PC installiert ist, speichert es seine eigenen VIs in verschiedenen Standardverzeichnissen. Eines dieser Verzeichnisse ist auch für den Anwender zugänglich, und zwar unter 'Werkzeuge' – 'Optionen', wenn man 'Pfade' – 'Standardverzeichnis*' wählt, siehe Bild 8.17. 'C:\Programme (x86)\National Instruments\LabVIEW 2014' ist also auf diesem PC das Standardverzeichnis. Man kann sich mit der Pfadkonstanten 'Standardverzeichnis' (Symbol mit kleinem Haus) darauf beziehen. Im VI von Bild 8.15 hätte man auch diese Konstante statt 'Aktueller Pfad des VIs' verwenden und sich so die Funktion 'Pfad zerlegen' sparen können. Dann wäre 'Datei.txt' unter 'C:\Programme (x86)\National Instruments\LabVIEW 2014\Datei.txt' gespeichert worden. Bild 8.18 zeigt das Diagramm des modifizierten VI. Die Funktion 'Pfad zerlegen' wird hier **nicht** benötigt! Das Panel ist dasselbe wie in Bild 8.16.

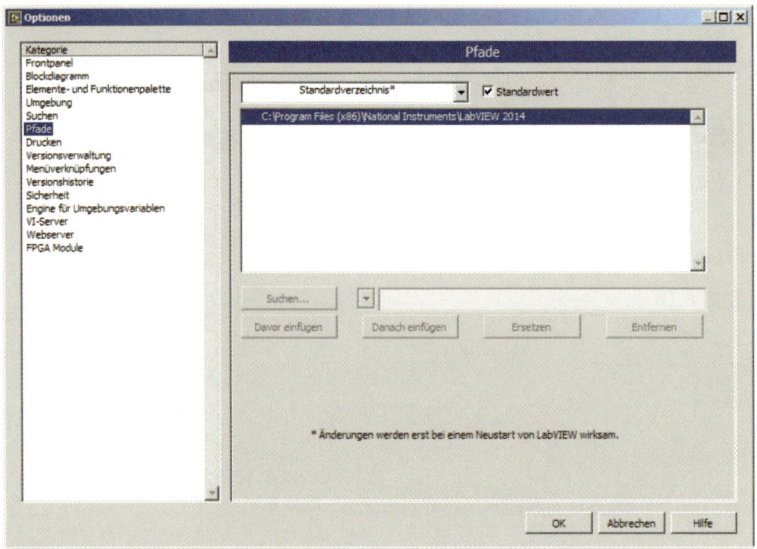

Bild 8.17 Möglichkeiten zur Einstellung des Standardverzeichnisses

Der **Nachteil** dieser Methode besteht allerdings darin, dass Installationen von LabVIEW auf verschiedenen Rechnern zu verschiedenen Standardpfaden führen können. Außerdem werden die Daten dann innerhalb des LabVIEW-Systems gespeichert. Daten, VIs und Projektverzeichnisse sollten aber stets getrennt vom LabVIEW-Installationsordner gehalten werden.

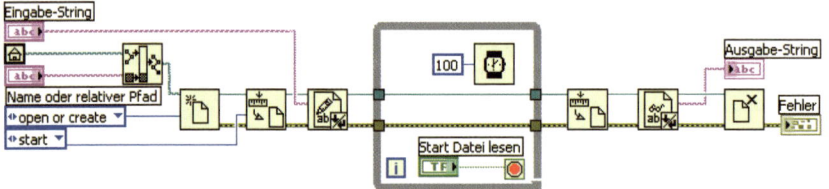

Bild 8.18 Verwendung der Pfadkonstanten 'Standardverzeichnis'

8.2.3   'Standardverzeichnis' ändern

Das LabVIEW-Standardverzeichnis lässt sich ändern. Man muss dazu in Bild 8.17 das Häkchen vor 'Standardwert' entfernen und den Pfadnamen für irgendein anderes Verzeichnis eintragen. Bild 8.19 zeigt das am Beispiel. Man kann den alten Namen nicht direkt überschreiben, sondern muss ihn im unteren Teil des Fensters eintragen und 'Ersetzen' und 'OK' drücken. Die Änderung des Standardverzeichnisses hat ebenfalls den **Nachteil**, dass das VI auf einem PC mit anderem Standardverzeichnis möglicherweise nicht mehr läuft, etwa weil es Dateien in Verzeichnissen sucht, in denen sie nicht stehen. Das Standardverzeichnis ist also für jeden Rechner jedes Mal neu anzupassen.

Achtung: Die Änderung des Standardverzeichnisses wird erst wirksam, wenn man LabVIEW verlassen und danach neu gestartet hat.

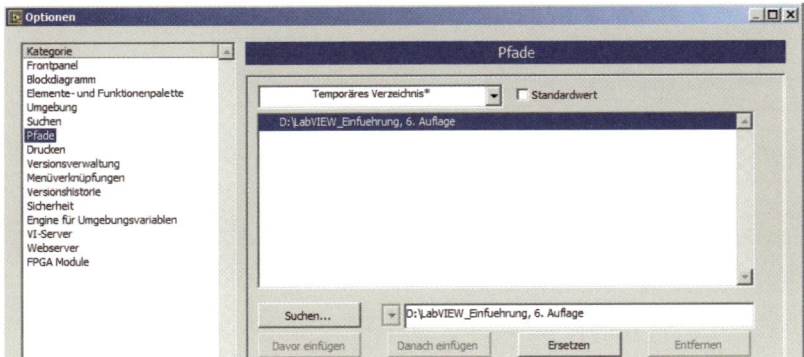

Bild 8.19 Änderung Standardverzeichnis

8.2.4 'Standarddatenverzeichnis' ändern

Meist ist es günstiger, nicht das Standardverzeichnis zu ändern, sondern das Standard**daten**verzeichnis. Man verwendet dann keine Verzeichnisse, die das LabVIEW-System benutzt, sondern allgemeine, dem Benutzer standardmäßig zugeordnete Unterverzeichnisse in '…Dokumente und Einstellungen\...'. Diese Dateikonstante findet man in Bild 8.13 als 'Standarddatenverzeichnis'. Bild 8.20 zeigt ein mit ihr verändertes VI.

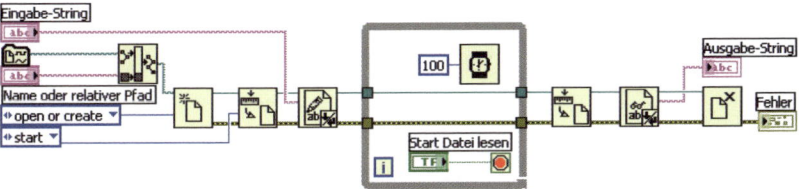

Bild 8.20 VI von Bild 8.18, modifiziert mit der Konstanten 'Standarddatenverzeichnis'

Aufgabe 8.4

Lassen Sie das Programm von Bild 8.20 auf Ihrem Rechner laufen und ermitteln Sie das Verzeichnis, in das die von Ihnen benannte Datei gespeichert wird.

8.2.5 Lesen und Schreiben anderer Datentypen

Will man keine Strings, sondern andere Datentypen auf die Festplatte schreiben, hat man zwei Möglichkeiten:

1. Man wandelt diese Datentypen in Strings um, schreibt sie mit den bisher besprochenen Dateifunktionen auf die Festplatte, liest sie als String und verwandelt sie zurück in den ursprünglichen Datentyp.

2. Man verwendet spezielle binäre Schreib-/Leseoperationen.

Wir werden hier mit der zweiten Methode arbeiten, also **Low-Level-Funktionen** nutzen. Sie stehen unter 'Funktionen' – 'Programmierung' – 'Datei-I/O'. Die **Schreib**funktion passt sich an den Datentyp an, in Bild 8.22 an ein 2-dimensionales Array von Gleitkommazahlen des Typs DBL (Double Precision oder doppelte Genauigkeit).

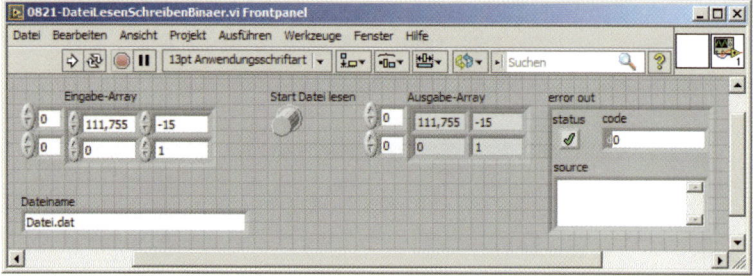

Bild 8.21 Schreiben und Lesen einer 2 x 2-Matrix vom Typ DBL auf die und von der Festplatte

Die Lesefunktion rechts im Diagramm (Bild 8.22) erhält den Datentyp über einen speziellen Eingang. Im Beispiel wird er durch eine entsprechende Konstante definiert. Man hätte aber auch einfach die Leitung 'Eingabe-Array' bis zu diesem Eingang verlängern können. Bild 8.21 und Bild 8.22 zeigen Panel und Diagramm eines VI, das eine 2 x 2-Matrix in eine Datei schreibt und von dort zurückliest. 'Datei.txt' wurde umbenannt in 'Datei.dat'. Das ist zwar nicht notwendig, verhindert aber die Fehleinschätzung, es handle sich um eine aus ASCII-Zeichen bestehende Textdatei.

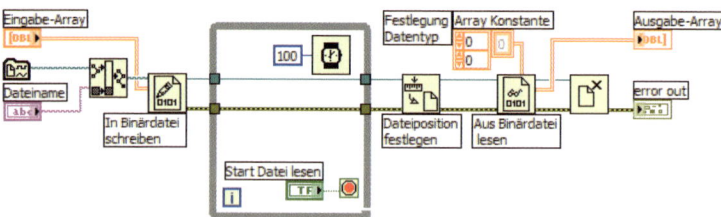

Bild 8.22 Diagramm zum VI in Bild 8.21

8.2.6   Verketten von Schreib- und Lesefunktionen

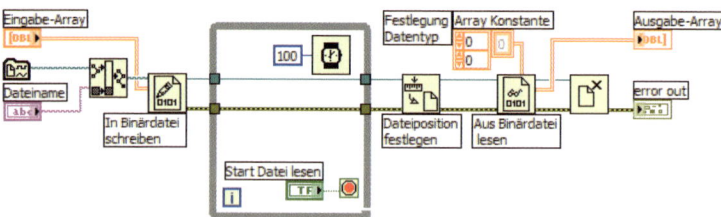

Bild 8.23 Schreiben und Lesen, a) Vektor und b) Matrix

Wenn man für das Schreiben auf die Festplatte eine **Pfadangabe** benutzt, wird die genannte Datei automatisch geöffnet und nach dem Schreiben automatisch geschlossen. Versucht man, andere Daten in dieselbe Datei zu schreiben, geht der alte Inhalt verloren. Das ist anders, wenn man mit **Referenznummern** arbeitet. Die Referenznummer überträgt auch den momentanen Stand des Schreibzeigers. Hängt man also an eine Schreibfunktion per Referenz eine zweite Schreibfunktion, so wird dort weitergeschrieben, wo die erste Funktion aufgehört hat. Entsprechendes gilt für die Lesefunktionen. Ein Beispiel dafür gibt das Programm in Bild 8.23 und Bild 8.24.

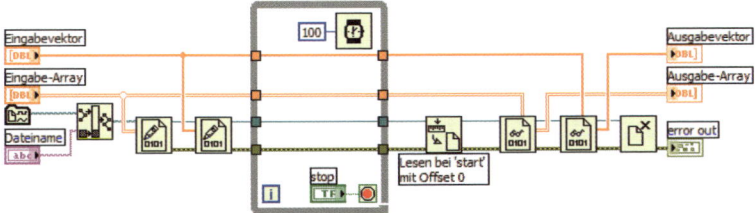

Bild 8.24 Diagramm zum Programm von Bild 8.23

Die Funktion 'Dateiposition festlegen' rechts neben der While-Schleife ist notwendig, weil die Lesefunktion sonst versuchen würde, ab Dateiende-Zeichen EOF zu lesen. Diese Funktion hat zwei Eingänge zur Festlegung der Startposition und des Offsets. Sie müssen aber nicht gesetzt werden, weil die Voreinstellungen die hier erforderlichen Werte liefern.

Aufgabe 8.5

Entwickeln Sie ein VI, das einen Vektor auf die Festplatte schreibt und von dort zurückliest.

8.2.7 Tabellenkalkulation

Zum Schreiben und Lesen im Zusammenhang mit Tabellenkalkulationsprogrammen wie Excel® gibt es spezielle Dateifunktionen in 'Funktionen' – 'Programmierung' – 'Datei-I/O'. Darauf wird in Kapitel 19 näher eingegangen.

8.3 Pfade in einer EXE-Datei

LabVIEW-VIs benötigen für ihre Ausführung die Installation des kompletten LabVIEW-Systems. Das ist unbequem für Anwender, die fertig programmierte VIs von einer Softwarefirma beziehen und vielleicht gar nicht den Wunsch haben, diese VIs selbst zu verändern. Sie müssten trotzdem das ganze LabVIEW-System dazukaufen. Um das zu vermeiden, gab man dem Entwickler die Möglichkeit, ein VI zu **übersetzen**, d.h. eine **EXE-Datei** zu erzeugen, die auf jedem Rechner unabhängig von LabVIEW lauffähig ist. Das Vorgehen bei der Übersetzung eines VIs in eine EXE-Datei wird in Kapitel 9 näher erklärt. Hier geht es um ein Problem, das im Zusammenhang mit Schreib-/Lesezugriffen bei dieser Übersetzung entsteht, und um ein Rezept zur Lösung. Das Problem ist, dass die Funktion 'Aktueller Pfad des VIs' in einer EXE-Datei einen Wert erzeugt, der gegenüber dem Wert in einem normalen VI leicht verändert ist. Das zeigen Bild 8.25, Bild 8.26 und Bild 8.27.

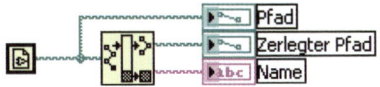

Bild 8.25 Dieses VI gibt den Pfad auf sich selbst aus, den Pfad zum Verzeichnis, in dem es steht, und seinen eigenen Namen

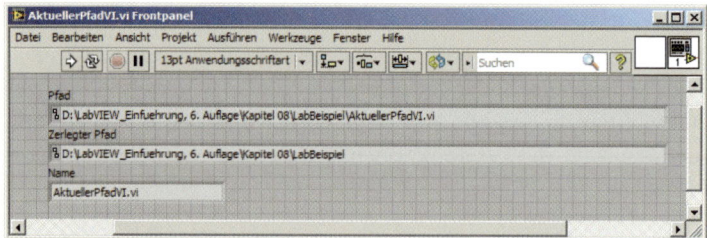

Bild 8.26 Panel nach Ablauf des VIs in Bild 8.25

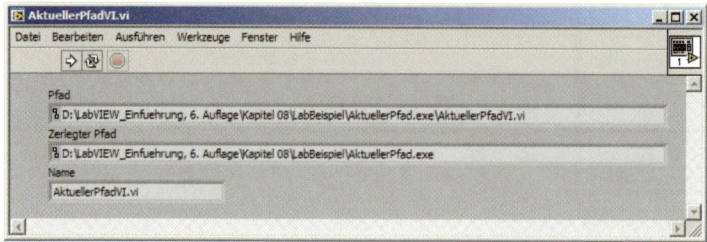

Bild 8.27 Panel nach Ablauf der zum VI in Bild 8.25 gehörenden EXE-Datei

Man sieht, dass beim übersetzten VI (Bild 8.27) der Pfad länger ist als beim gewöhnlichen VI. Statt '…\AktuellerPfadVI.vi' hat man '…\AktuellerPfadVI.exe\AktuellerPfadVI.vi' als Abschluss der ersten Zeile. Daher streift die Funktion 'Pfad zerlegen' in Bild 8.25 nur 'AktuellerPfadVI.vi' ab, nicht aber den Bestandteil 'AktuellerPfadVI.exe'. Der zerlegte Pfad endet daher nicht mit '…Kapitel 08\LabBeispiel' wie beim nicht übersetzten VI, sondern mit '…Kapitel 08\AktuellerPfadVI.exe'. Die Konsequenz ist, dass z.B. das frühere Programm von Bild 8.15 als EXE-Datei einen Fehler produziert, weil der Funktion 'Pfad erstellen' links im Diagramm ein falscher Pfad übergeben wird.

Was kann man tun? Die einfachste Möglichkeit ist, die Funktion 'Pfad zerlegen' zweimal anzuwenden, damit man doch noch zum richtigen Pfad '….Kapitel 08\LabBeispiel' kommt. Bild 8.28 zeigt diese Abwandlung des Programms von Bild 8.15.

Diese Methode hat Erfolg. Beim Aufruf der EXE-Datei gibt es keinen Fehler mehr, und 'Datei.dat' wird richtig im Verzeichnis '…Kapitel 08\LabBeispiel' abgelegt. Der Nachteil ist aber nun, dass das nicht übersetzte und das übersetzte Programm 'Datei.dat' die Daten in **verschiedene Verzeichnisse** schreiben. Das nicht übersetzte Programm speichert nach '…Kapitel 08', das übersetzte nach '…'Kapitel 08\LabBeispiel'.

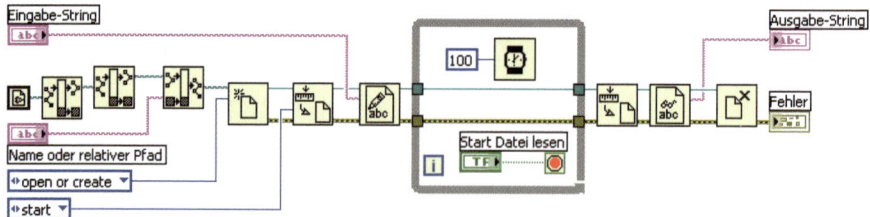

Bild 8.28 Zweimalige Anwendung von 'Pfad zerlegen' zur Bildung einer funktionsfähigen EXE-Datei

Man kann diesen Nachteil durch eine kleine Änderung im linken Teil von Bild 8.28 beheben. Bild 8.29 zeigt diese Modifikation.

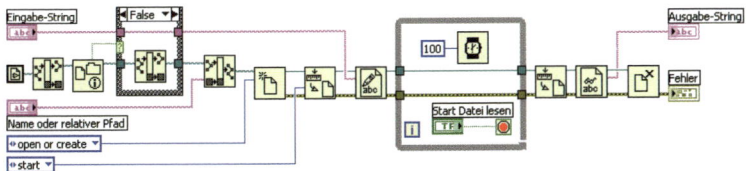

Bild 8.29 Dieses Programm greift als VI und als EXE auf die gleiche Datei zu

Nach der ersten Anwendung von 'Pfad zerlegen' wird der erhaltene Pfad der Funktion 'Datei-/Verzeichnis-Info' zugeführt. Sie steht unter 'Funktionen' – 'Programmierung' – 'Datei-I/O' – 'Fortgeschrittene Dateifunktionen' und prüft, ob der Eingangspfad auf ein Verzeichnis oder auf eine Datei zeigt. Ist es ein Verzeichnis, liefert sie am Ausgang oben 'TRUE', anderenfalls 'FALSE'. Damit wird nun die folgende Case-Struktur gesteuert. Bei einem gewöhnlichen VI zeigt 'Aktueller Pfad des VIs' auf eine Datei und der zerlegte Pfad auf das Verzeichnis, in dem das VI steht. Also wird TRUE ausgegeben. Im TRUE-Teil von Bild 8.29 (hier nicht dargestellt) wird aber der Ausgangspfad von 'Datei-/Verzeichnis-Info' ohne Änderung durch die Case-Struktur gezogen. Anders bei der EXE-Datei: Hier beseitigt die erste Funktion 'Pfad zerlegen' nur den abschließenden Teil 'AktuellerPfadVI.vi', so dass der Pfad jetzt auf die EXE-Datei zeigt. 'Datei-/Verzeichnis-Info' liefert deshalb FALSE, und in diesem Teil der Case-Struktur wird nochmals 'Pfad zerlegen' aufgerufen, wie Bild 8.29 zeigt. Damit verhalten sich jetzt das **nicht übersetzte** und das **übersetzte** VI gleich.

Elegant lässt sich dieses Problem auch durch die 'Bedingte Deaktivierungsstruktur' lösen. Siehe dazu Abschnitt 9.4.1

Merke:	Der Datentyp 'Pfad' wird wichtig, wenn man Daten in eine Datei auf der Festplatte schreiben oder von dort lesen will.
Merke:	Es gibt verschiedene Pfadkonstanten. Eine der nützlichsten ist die Konstante 'Aktueller Pfad des VIs', von der ausgehend man sich mit Hilfe der Funktionen 'Pfad zerlegen' und 'Pfad erstellen' beliebig in den Verzeichnissen eines Rechners bewegen kann.
Merke:	VIs können übersetzt werden: Man bildet so eine EXE-Datei, die unabhängig von der LabVIEW-Entwicklungsumgebung auf jedem PC läuft.
Merke:	Bei übersetzten VIs liefert die Dateikonstante 'Aktueller Pfad des VIs' ein anderes Ergebnis als beim nicht übersetzten VI. Mit einer speziellen Konstruktion kann man die daraus resultierenden Probleme lösen.

Aufgabe 8.6

Lesen Sie in Kapitel 9 das Rezept zum Erzeugen einer EXE-Datei und entwickeln Sie ein VI zum Schreiben von Vektoren auf die Festplatte sowie zum Lesen der erzeugten Datei. Schreiben Sie das Programm so, dass die übersetzte Version dieses VI das gleiche Verhalten aufweist wie die nicht übersetzte Version.

8.4 Fortgeschrittene Dateitypen

Mit LabVIEW werden überwiegend messtechnische Aufgaben behandelt. Ein wesentlicher Bestandteil der Programmierung ist daher die Erfassung und Speicherung von Messdaten, z.B. des Temperaturverlaufs in einem verfahrenstechnischen Reaktorgefäß. Nun genügt es aber in der Praxis nicht, die Temperaturwerte eines Tages aufzunehmen und in einer Datei zu speichern. Man möchte später wissen, wann die Daten erhoben wurden, in welchen Zeitintervallen gemessen wurde, ob die Temperaturwerte in Grad Celsius oder in Fahrenheit vorliegen, aus welchem von mehreren Reaktoren die Daten stammen usw. Es ist üblich, diese zusätzlichen Angaben an den Anfang der Datei in den so genannten 'Header' zu schreiben, bevor die eigentlichen Messwerte folgen. Die Gestaltung des Headers, eine nicht ganz einfache Aufgabe, blieb lange Zeit dem Anwender überlassen. Seit einigen Jahren stellt aber LabVIEW dem Programmierer drei Standardtypen von Messwertdateien zur Verfügung, die ihrer Erweiterung entsprechend

- LVM-Dateien,
- TDMS-Dateien bzw.
- TDM-Dateien

genannt werden. Sie werden zweckmäßigerweise mit Express-VIs, d.h. mit **High-Level-Funktionen** bearbeitet. Das erleichtert die Programmieraufgabe ganz entscheidend.

8.4.1   LVM-, TDMS- und TDM-Dateien

Jede LVM-Datei (LabVIEW Measurement File) besteht aus einem Header-Abschnitt (Kopf), gefolgt von Daten, die in Segmenten angeordnet sind. Jedes Segment kann wiederum einen eigenen Header-Abschnitt enthalten. Das ist zweckmäßig, wenn man zusammengehörige Daten erfasst, die aus verschiedenen Quellen kommen, z.B. Temperatur und Druck eines Reaktors zu einer bestimmten Zeit. Das zugehörige Express-VI kann diese Daten dann entweder als Ganzes lesen oder sie trennen nach Temperatur und Druck.

LVM-Dateien bestehen aus ASCII-Zeichen. Sie belegen mehr Speicherplatz als Binärdateien und ihre Verarbeitung ist zeitintensiver. So kann man mit einer DBL-Zahl, die 64 Bit gleich 8 Byte im Speicher belegt, eine Genauigkeit von etwa 15 Dezimalstellen erzielen. Als ASCII-Zahl benötigt man dazu 16 Zeichen, 15 für die Dezimalziffern und eine für das Komma. Das entspricht 16 Byte, also dem Doppelten. Die Verarbeitungsgeschwindigkeit sinkt auch deshalb, weil die Umwandlung von Strings in die für die Anzeige erforderlichen Gleitkommazahlen Zeit erfordert. Doch sind diese Unterschiede bei kleineren Messwertdateien nicht relevant. Bild 8.30 und Bild 8.31 zeigen ein Beispiel.

Man findet die Funktionen 'Messwerte in Datei schreiben' und 'Messwerte aus Datei lesen' unter 'Funktionen' – 'Datei-I/O'. Beide Funktionen sind zu konfigurieren, z.B. so wie in Bild 8.32 und Bild 8.33 gezeigt.

Die Datenwandlungsfunktion links in Bild 8.31 entsteht automatisch, wenn man den Ausgang der 2-D-Matrix mit dem Signaleingang der Schreibfunktion verbindet. Man findet sie aber auch unter 'Funktionen' – 'Express' – 'Signalverarbeitung' in der untersten Zeile als Funktion 'In dynamische Daten konvertieren'.

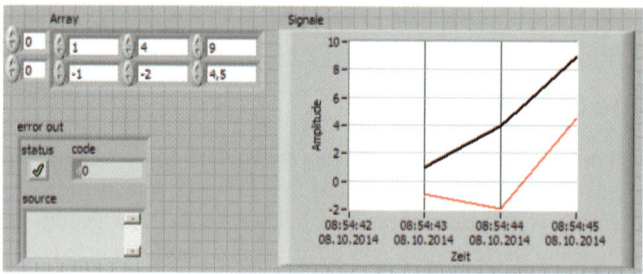

Bild 8.30 Schreiben und Lesen von zwei Messwertreihen (erste und zweite Zeile der Matrix links) in eine bzw. aus einer LVM-Datei

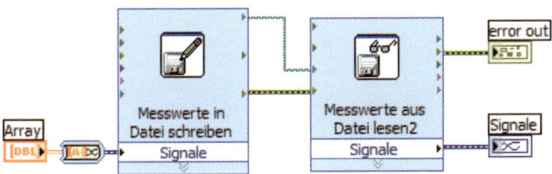

Bild 8.31 Diagramm zu Bild 8.30

Die LVM-Datei, die beim Schreiben erzeugt wird, hat den in Bild 8.34 gezeigten Inhalt. Dies kann man z.B. beim Öffnen mit dem Notepad-Editor erkennen.

Bei der Konfiguration nach Bild 8.32 und Bild 8.33 wurde nicht der per Voreinstellung vorgeschlagene Name gewählt (…\Dokumente und Einstellungen\...\test.lvm), sondern

'D:\LabVIEW_Einführung, 6. Auflage\Kapitel08\LabBeispiel\LVM_Beispiel.lvm'.

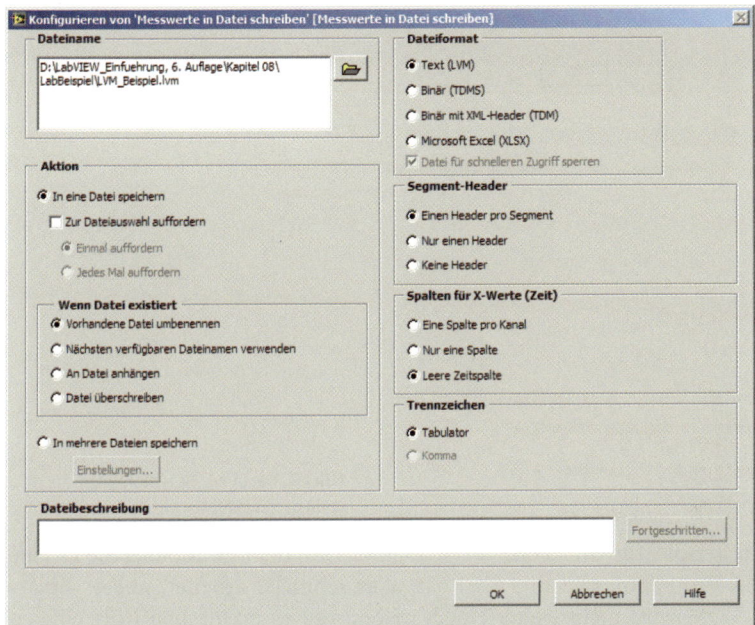

Bild 8.32
Konfigurieren der Schreibfunktion in Bild 8.31

Während der Konfiguration für Lesen und Schreiben wurde ferner als Dateiformat rechts oben in beiden Fällen 'Text (LVM)' festgelegt. Trägt man dort dagegen 'Binär (TDM)' ein, erzeugen bzw. lesen dieselben Express-Funktionen jeweils zwei Binärdateien, die nicht mehr mit einem Texteditor dargestellt werden können. Bei Wahl von TDM haben diese Dateien die Erweiterungen 'tdm' und 'tdx'. Die 'tdm'-Datei kann man mit einem XML-Editor öffnen und die dort enthaltenen Informationen lesen. Doch sind diese in einer Beschreibungssprache niedergelegt, die unverständlich bleibt, wenn man XML nicht kennt. Die anderen Dateien können gar nicht bzw. nur mit Hilfe der oben erwähnten Express-VIs in einer verständlichen Form, z.B. als Grafik, dargestellt werden. Die Abkürzung 'TDM' bedeutet übrigens 'Technical Data Management'. In LabVIEW 2014 steht unter 'Funktionen' – 'Datei-I/O' die Palette 'TDM Streaming' (TDMS). Beim Schreiben werden Dateien mit den Endungen 'tdms' und 'tdms_index' erzeugt. TDMS ist schneller als TDM.

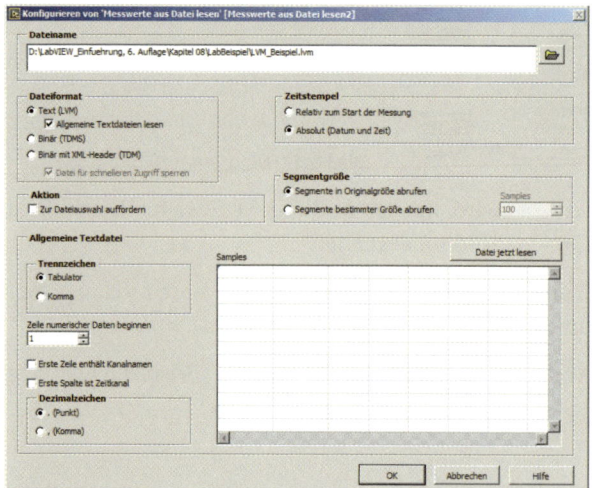

Bild 8.33 Konfigurieren der Lesefunktion in Bild 8.31

```
LabVIEW Measurement
Writer_Version  2
Reader_Version  2
Separator       Tab
Decimal_Separator      ,
Multi_Headings  Yes
X_Columns       No
Time_Pref       Relative
Operator        georgi
Date    2014/10/08
Time    08:54:43,6986522674560546875
***End_of_Header***

Channels        2
Samples 3       3
Date    2014/10/08      2014/10/08
Time    08:54:43,6986522674560546875    08:54:43,6986522674560546875
X_Dimension     Time    Time
X0      0,0000000000000000E+0   0,0000000000000000E+0
Delta_X 1,000000        1,000000
***End_of_Header***
X_Value Untitled        Untitled 1      Comment
        1,000000        -1,000000
        4,000000        -2,000000
        9,000000        4,500000
```

Bild 8.34 LVM_Beispiel.lvm, gelesen mit Notepad

Nachstehend wird ein Beispiel für ein TDMS-VI gezeigt, das auf dem Frontpanel die gleiche Funktionalität wie das Programm von Bild 8.30 hat, aber schneller arbeitet, weil es Binär-dateien erzeugt. Auf TDM wird nicht weiter eingegangen, weil es inzwischen trotz einigen Vorteilen (Einbindung zusätzlicher Funktionalität wie Vergleichsoperationen) "aus der Mode" gekommen ist. Ein Beispiel findet man jedoch in der Lösung zu Aufgabe 8.7. Das TDMS-VI in Bild 8.35 hat man in ähnlicher Weise zu konfigurieren wie im LVM-Beispiel von Bild 8.30.

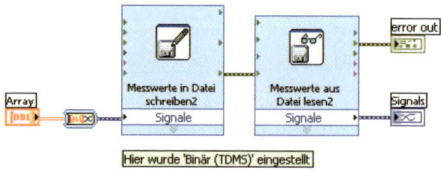

Bild 8.35 Einfaches Beispiel-VI zum Schreiben und Lesen von TDMS-Dateien

Man kann aber stattdessen auch mit Low-Level-Funktionen arbeiten, siehe Bild 8.36.

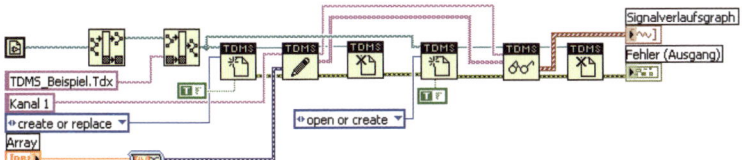

Bild 8.36 VI mit Low-Level-Funktionen, die dieselbe Aufgabe lösen wie das VI in Bild 8.35

Aufgabe 8.7

Schreiben Sie in Anlehnung an das Beispiel von Bild 8.31 drei VIs des Typs LVM, TDM und TDMS, die in einem Diagramm 1000 Punkte zweier Sinuskurven der Frequenzen 1 Hz und 3 Hz darstellen. Die Daten sind in entsprechende Dateien zu schreiben, dann aus diesen zu lesen und in einem Signalverlaufsgraphen darzustellen. Vergleichen Sie die Rechenzeiten in den genannten drei Fällen und den jeweiligen Speicherbedarf.

8.4.2 Diadem

National Instruments vertreibt ein Produkt, das vergleichbare Fähigkeiten wie Excel (siehe Kapitel 19) aufweist. Es hat die Bezeichnung 'Diadem'. Einzelheiten siehe die LabVIEW-Online-Hilfe sowie einschlägige Lehrbücher.

Einige Vorteile von Diadem:

- unmittelbar an LabVIEW angepasst, z.B. für TDM- und TDMS-Dateien,
- einfache Erstellung von Grafiken und Berichten,
- keine Beschränkung von Zeilen- und Spaltenzahl wie bei Excel.

Einige Vorteile von Excel:

- weite Verbreitung,
- häufig bereits vorhanden, also keine zusätzlichen Kosten.

Einzelheiten siehe die LabVIEW-Online-Hilfe sowie einschlägige Lehrbücher

8.4.3 ZIP-Dateien

Ab LabVIEW 8.0 gibt es auch ZIP-Funktionen, mit denen man Archive erstellen und bestehende Dateien hinzufügen kann. Man findet sie unter 'Programmierung' – 'Datei-I/O' – 'Zip'. Bild 8.37 zeigt ein Beispielprogramm, das sich selbst in das ZIP-Archiv 'archiv.zip' speichert.

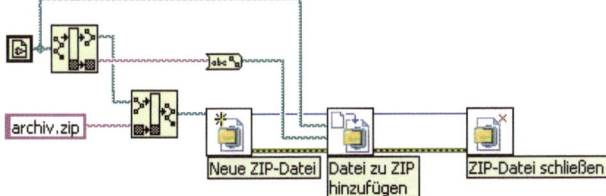

Bild 8.37 Beispiel für die Verwendung von ZIP-Funktionen

Das VI in Bild 8.37 ist sehr einfach. Es archiviert nur eine einzige Datei, nämlich sich selbst. Etwas komfortabler, allerdings auch komplizierter, ist das VI in Bild 8.38 und Bild 8.39. Hier kann der Anwender sowohl den Namen des ZIP-Archivs wählen als auch die Namen aller Dateien, die er in ihm archivieren will.

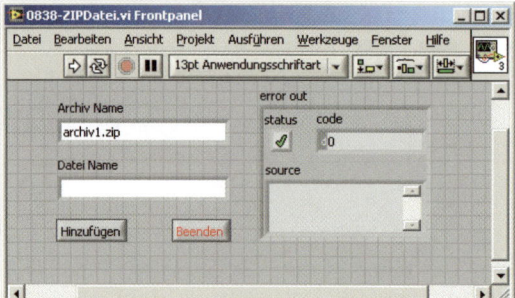

Bild 8.38 VI, mit dem man beliebig viele Dateien in ein Archiv mit frei wählbaren Namen komprimieren kann. Die Dateien und das Archiv müssen allerdings im selben Verzeichnis liegen wie das Programm '0838-ZIPDatei.vi'

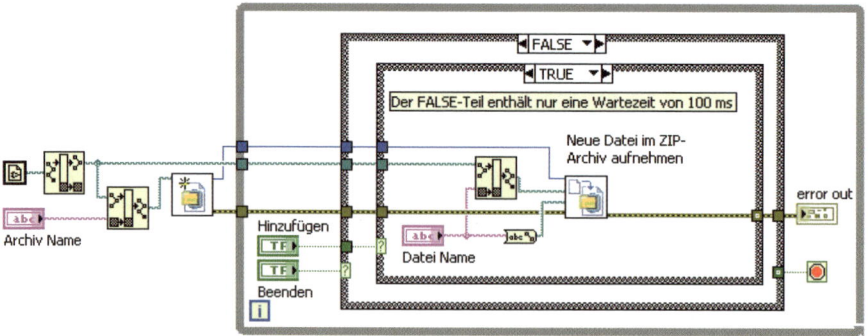

Bild 8.39 Diagramm zu Bild 8.38. Öffnen außerhalb und Hinzufügen innerhalb der While-Schleife. Das Archiv wird im True-Teil der äußeren Case-Struktur geschlossen

Aufgabe 8.8

Das Programm in Bild 8.38 bzw. Bild 8.39 ist verbesserungsbedürftig. Erstens kann das Öffnen der ZIP-Datei mit Hilfe einer Case-Struktur innerhalb der While-Schleife ausgeführt werden. Die While-Schleife wird dazu mit einem Schieberegister für die Referenznummer der Funktion zum Öffnen des Archivs versehen. Der Anfangswert ist 0. Wenn ein Fehler beim Schreiben auftritt, sollte mit der alten Referenznummer weitergearbeitet werden, weil sonst das Archiv beschädigt wird. Man kann ein beschädigtes Archiv löschen, nachdem man LabVIEW verlassen hat – eine umständliche Prozedur. Drittens sollte man mit einem Methodenknoten das Eingabefeld für den Dateinamen löschen, sobald die Datei zum Archiv hinzugefügt wurde.

Anleitung: Eine Teilansicht des gewünschten Programms ist in Bild 8.40 zu sehen.

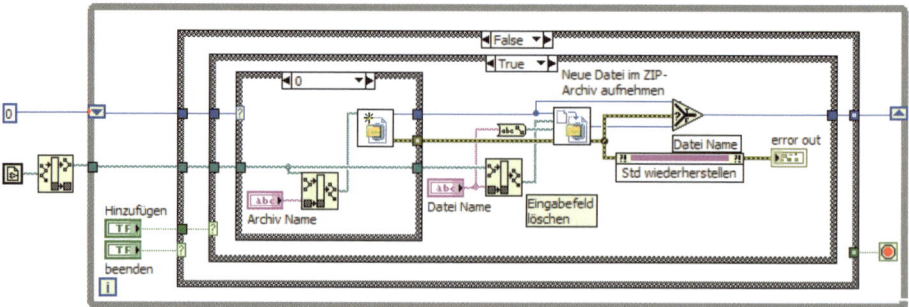

Bild 8.40 Teilansicht des zu entwickelnden Programms

8.4.4 Konfigurationsdateien

In der Informatik ist es üblich, Parameter für ein Programm, die sich gelegentlich, aber nicht ständig ändern, in Textdateien zu schreiben, so genannte Konfigurationsdateien. Heute sind Konfigurationsdateien etwa nach dem Muster von Bild 8.41 aufgebaut.

Danach zerfällt eine Konfigurationsdatei in einen oder mehrere **Abschnitte** (sections), deren an sich beliebige Bezeichnung unbedingt in eckige Klammern einzuschließen ist. Hier wurden die Bezeichnungen '[Abschnitt 1]' und '[Abschnitt 2]' gewählt. **Achtung:** Auch auf Zwischenräume ist sorgfältig zu achten, sofern man sie benutzt! In einem Abschnitt kann man einen oder mehrere **Schlüssel (key)** verwenden, hinter die das Gleichheitszeichen und unmittelbar danach die Werte der Parameter **ohne** Abstand zu schreiben sind.

```
Konfigurationsdatei.txt - Editor
Datei Bearbeiten Format Ansicht ?
[Abschnitt 1]
Boolesch=FALSE
Double=2,000000
String 1=Hallo, hier bin ich!
[Abschnitt 2]
Pfad=D:\LabVIEW_Einfuehrung, 6. Auflage\Kapitel 08\Beispiele\Gruss.txt
Numerisch 2=-120,000000
String 2="und Du bist da."
```

Bild 8.41 Konfigurationsdatei mit zwei Abschnitten und jeweils drei Eintragungen

Um in einem LabVIEW-Programm auf die Parameter zuzugreifen, genügen im Prinzip die Funktionen zur Stringverarbeitung. Doch ist die Programmierung dann mühsam. Deshalb stellt LabVIEW spezielle Funktionen zur Verfügung, mit denen man Konfigurationsdateien bequemer auswerten kann. Bild 8.42 zeigt ein Beispiel.

Dort hat der erste Schlüssel in Abschnitt 1 den Namen 'Boolesch' und den Wert 'FALSE'. Der zweite Schlüssel ist 'Double' und der Wert ist '2,000000'. Sinngemäß wurden die restlichen Schlüsselnamen in Abschnitt 1 und in Abschnitt 2 gewählt.

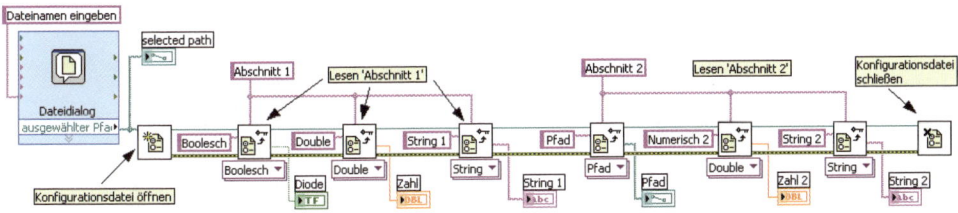

Bild 8.42 Lesen einer Konfigurationsdatei in LabVIEW mit dem Programm '0843-LesenKonfig.vi'

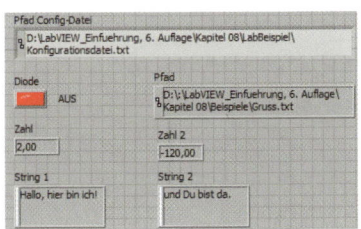

Bild 8.43 Ausgabe der Parameter von 'Konfigurationsdatei.txt' auf dem Panel von 'LesenKonfig.vi'

Links im Diagramm in Bild 8.42 wird ein Dateidialog eröffnet (zu finden unter 'Funktionen' – 'Programmierung' – 'Datei-I/O' – 'Dateifunktionen (Fortgeschritten)' – 'Dateidialog'). Gibt man dort den Namen 'Konfigurationsdatei.txt' ein, holt das polymorphe VI 'LesenKonfig.vi' die Parameter aus der Textdatei und gibt sie auf dem Frontpanel aus, siehe Bild 8.43.

Die erforderlichen Funktionen zum Öffnen, Lesen und Schließen einer Konfigurationsdatei findet man unter 'Funktionen' – 'Programmierung' – 'Datei-I/O' – 'Konfigurationsdatei-VIs'. Sie heißen 'Konfigurationsdatei öffnen', 'Schlüssel lesen' und 'Konfigurationsdatei schließen'. Mit Hilfe von Konfigurationsdateien kann man ein Programm gegebener Struktur an ganz verschiedene Aufgaben anpassen, wenn man entsprechende Eintragungen vornimmt.

Das folgende Beispiel zeigt einen einfachen Automaten, der durch Parameteranpassung wahlweise auf einen Zigaretten-, Getränke- oder Kaugummiautomaten umgestellt werden kann. Dabei ändern sich sowohl das Erscheinungsbild als auch der zu entrichtende Geldbetrag sowie Hinweise und die "musikalische Umrahmung". Das Diagramm in Bild 8.44 von 'FlexiblerAutomat.vi' arbeitet also mit Multimedia-Effekten.

In der oberen While-Schleife werden die Parameter ausgelesen, welche über die Art des Automaten entscheiden. Da hier in der zugehörigen Konfigurationsdatei 'KonfigAutomat.txt' jede Sektion die gleiche Anzahl von 6 Parametern gleichen Typs hat (was keineswegs so sein muss), genügt es, die Fallunterscheidung auf den **Namen** der Sektion zu beschränken. Es sind dies die Bezeichnungen 'Zigaretten', 'Bier' und 'Kaugummi'. Das geschieht in der Case-Struktur links oben. Die Funktion 'Schlüssel lesen' benötigt in jedem Fall die folgenden drei Eingaben:

1. Referenz von der Funktion 'Konfigurationsdatei öffnen',

2. Abschnitt (Name in eckigen Klammern in der Konfigurationsdatei), String,

3. Schlüssel, String. Der Schlüssel selbst erlaubt als Ausgabewert verschiedene Datentypen, Boolesch, Double, I32, Pfad, String und U32. Die Funktion 'Schlüssel lesen' muss wissen, welchen Datentyp sie einlesen soll. Man muss sie deshalb im Kontextmenü mit 'Typ auswählen' entsprechend konfigurieren.

Als Ausgabe von 'Schlüssel lesen' erhält man den Wert, der unter dem betreffenden Abschnitt und unmittelbar nach dem Gleichheitszeichen hinter dem Schlüssel in der Konfigurationsdatei steht.

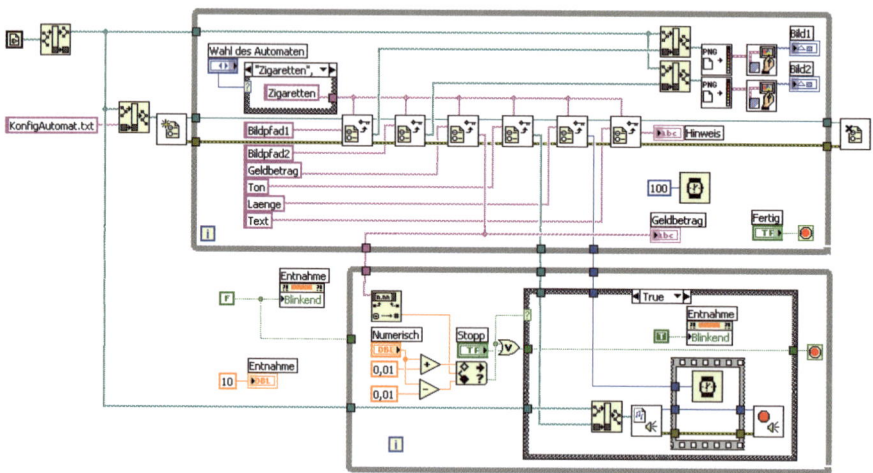

Bild 8.44 Diagramm des Programms 'FlexiblerAutomat.vi'

Die obere While-Schleife in Bild 8.44 wird nun so lange durchlaufen, bis der Anwender auf 'Fertig' drückt. Entscheidet er sich im Enum-Eingabefeld 'Wahl des Automaten' für Zigaretten, werden die Konfigurationsdaten aus diesem Abschnitt der Konfigurationsdatei geholt.

Die beiden ersten Instanzen von 'Schlüssel lesen' links stellen Pfade für zwei Bilder zur Verfügung, die rechts mit der Funktion 'PNG-Datei lesen' (unter 'Funktionen' – 'Programmierung' – 'Audio & Grafik' – 'Grafikformate') auf dem Panel angezeigt werden. Die dritte Instanz von 'Schlüssel lesen' zeigt auf dem Panel den erforderlichen Geldbetrag an, die sechste und letzte gibt einen Hinweis für den Käufer des Produkts, ebenfalls auf dem Panel. Die vierte Instanz gibt einen Pfad auf eine Tondatei mit der Erweiterung 'wav' aus, die fünfte liefert eine Wartezeit zum Hören der Tondatei in Millisekunden. Verwandelt der Anwender den flexiblen Automaten in einen Zigarettenautomaten, sieht er ein Frontpanel gemäß Bild 8.45. Entscheidet er sich dagegen für einen Getränkeautomaten (der hier nur Bier liefern kann), zeigt sich ihm ein Frontpanel wie in Bild 8.46.

Die Angaben aus der dritten bis fünften Instanz von 'Schlüssel lesen' werden erst wirksam, wenn die obere While-Schleife mit 'Fertig' beendet wurde und nunmehr die zweite untere While-Schleife durchlaufen wird. Sie endet erst mit dem Einschreiben des geforderten Geldbetrages. Wechselgeld wird nicht herausgegeben. Der Automat ist eben sehr einfach. Die Funktion zum Spielen der WAV-Datei findet man in 'Funktionen' – 'Programmierung' – 'Audio & Grafik' – 'Audio' – 'Ausgabe' als Funktion 'Audiodatei abspielen' links unten.

Abgespielt wird der Ton nur, wenn der eingetippte Geldbetrag mit dem angezeigten übereinstimmt. Eine Abfrage auf Gleichheit ist problematisch, wenn man mit Gleitkommazahlen (Double) arbeitet. Gebrochene Zahlen wie 0,50 € sind im Dualsystem, in dem sie letztlich dargestellt werden, unendlich periodische Brüche, die im Rahmen der Genauigkeit gerundet werden müssen. Werden zwei solche Zahlen auf verschiedene Weise erstellt, z.B. einmal durch Umwandlung eines Strings in Double und auf der anderen Seite durch Hochzählen von jeweils 0,10 €, können sich beide Werte in den letzten Dezimalen unterscheiden. Aus diesem Grunde wurde hier der Vergleichsoperator 'Wertebereich prüfen und erzwingen' unter 'Funktionen' – 'Programmierung' – 'Vergleich' benutzt, der sich dort (bei Anordnung in drei Spalten) in der fünften Zeile rechts befindet. Im vorliegenden Fall wird also bei 0,50 € nur geprüft, ob die eingetippte Zahl zwischen 0,49 € und 0,51 € liegt.

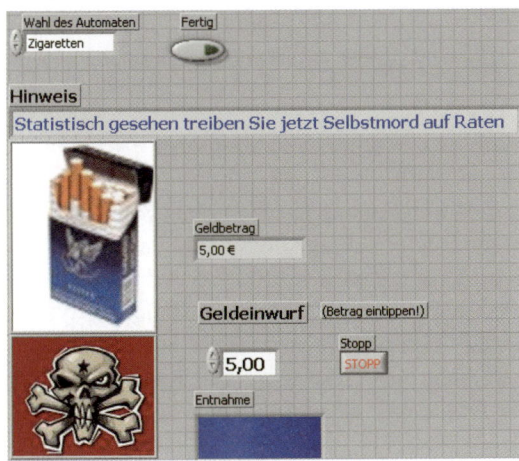

Bild 8.45 Panel des flexiblen Automaten in der Ausprägung als Zigarettenautomat

Bei messtechnischen Anwendungen schreibt man gern den Offset und die Empfindlichkeit von Sensoren in eine Konfigurationsdatei. Diese Werte können sich ändern. Häufig ist deshalb der Messung selbst eine Kalibrierungsstufe vorangestellt, in welcher der Sensor auf bekannte physikalische Größen reagieren muss. Haben sich nun Offset und Empfindlichkeit geändert, sollen sie über das Programm in die Konfigurationsdatei geschrieben werden.

Eine ständige Korrektur per Hand wäre zu umständlich. Aus diesem Grunde findet man nicht nur Lese- sondern auch Schreibfunktionen unter 'Funktionen' – 'Programmierung' – 'Datei-I/O' – 'Konfigurationsdatei-VIs'. Ferner gibt es dort auch Funktionen, mit denen man Abschnitte aus einer Konfigurationsdatei löschen kann, siehe Aufgabe 8.10.

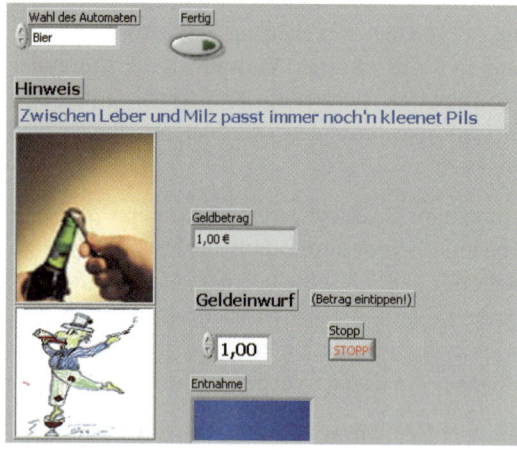

Bild 8.46 Panel des flexiblen Automaten in der Ausprägung als Getränkeautomat für Bier

```
[Zigaretten]
Bildpfad1=Zigaretten.png
Bildpfad2=Totenkopf.png
Geldbetrag="5,00 €"
Ton=SoNimmDenn.wav
Laenge=24500
Text="Statistisch gesehen treiben Sie jetzt Selbstmord auf Raten"
[Bier]
Bildpfad1=Bierflasche.png
Bildpfad2=Säufer.png
Geldbetrag="1,00 €"
Ton=Trumpet1.wav
Laenge=10000
Text="Zwischen Leber und Milz passt immer noch'n kleenet Pils"
[Kaugummi]
Bildpfad1=Kaugummi.png
Bildpfad2=LachendesKind.png
Geldbetrag="0,50 €"
Ton=Yippee.wav
Laenge=6000
Text="Wenn Du schon Deine dritten Zähne hast, nur zu!"
```

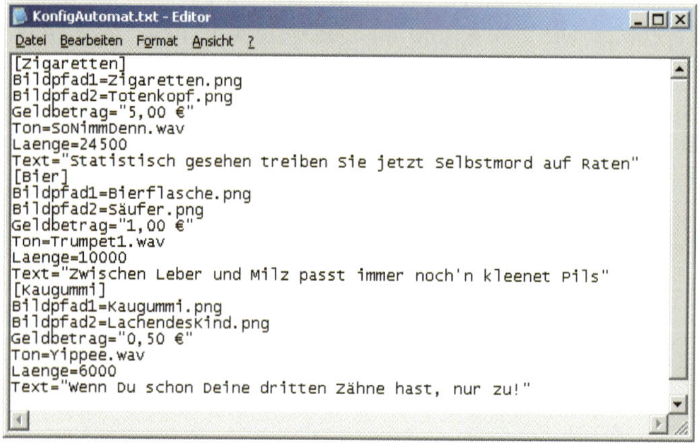

Bild 8.47 Konfigurationsdatei 'KonfigAutomat.txt'

Aufgabe 8.9

Entwickeln Sie das Programm von Bild 8.44 von Anfang an und testen Sie seine verschiedenen Möglichkeiten. Die Konfigurationsdatei 'KonfigAutomat.txt' dazu hat einen Inhalt gemäß Bild 8.47. Vorausgesetzt wird ferner, dass sich im selben Verzeichnis wie as Programm nicht nur 'KonfigAutomat.txt' befindet, sondern dass auch die drei WAV-Dateien 'SoNimmDenn.wav', 'Trumpet1.wav', 'Yippee.wav' sowie die sechs PNG-Dateien 'Zigaretten.png', 'Totenkopf.png', 'Bierflasche.png', 'Säufer.png', 'Kaugummi.png', 'LachendesKind.png' vorliegen. Welches Frontpanel sehen Sie, wenn Sie 'Kaugummi' wählen?

Aufgabe 8.10

Ergänzen Sie das Programm in Bild 8.42 derart, dass 'Konfigurationsdatei.txt' verändert wird, z.B. durch Erhöhen der Zahlenwerte und durch Umschreiben der Texte. Beim zweiten Aufruf des Programms müssten diese neuen Daten dann sichtbar werden.

9 LabVIEW-Kurzüberblick

Lernziele

1. Überblick über den Aufbau von LabVIEW und die VI-Programmierung entwickeln.
2. Mit Projekten arbeiten können.
3. EXE-Datei für ein VI erstellen können.
4. LLBs (LabVIEW Libraries) nutzen können.
5. In C oder C# programmierte DLLs in LabVIEW einbinden können.
6. Informationsquellen und Programmierhilfen für LabVIEW kennen.
7. Methode 'Quickdrop' zur schnelleren Programmierung anwenden können.
8. Nutzen des VI Package Manager erkennen.

9.1 Aufbau des LabVIEW-Systems

Wir haben schon darauf hingewiesen, dass LabVIEW eine Entwicklungsumgebung ist, die die Erstellung von Programmen nach dem Datenflussprinzip gestattet. Aber wie ist Lab-VIEW aufgebaut? Lassen wir uns von einer Beschreibung von National Instruments leiten, die unter http://zone.ni.com/devzone/cda/pub/p/id/1141 zu finden ist, siehe Bild 9.1.

Bild 9.1 Das LabVIEW-System umfasst:
1. Programmierung in G
2. Hardware-Unterstützung
3. Bibliotheken mathematischer und technischer Funktionen
4. Benutzerschnittstelle (Frontpanel-Elemente z.B. XY-Graphen), ferner Funktionen zur Erstellung von Berichten
5. Technologische Abstraktion (bei Einführung neuer Technologien wie FPGA)
6. Rechenmodelle (falls G nicht optimal)

In allen diesen Bereichen findet eine ständige Weiterentwicklung und Anpassung an neue Technologien wie Multicore-Prozessoren, FPGA-Programmierung usw. statt.

9.1.1 Programmierung in G

Der Kern von LabVIEW ist die datenflussorientierte Programmiersprache G.

9.1.1.1 Interpretieren oder kompilieren?

Beim Start von LabVIEW wird zunächst ein Editor aufgerufen, der das Schreiben von Programmen in G erlaubt, den so genannten VIs. Das ist ähnlich wie in herkömmlichen Programmiersprachen, etwa in C oder früher in Basic. Nur werden bei LabVIEW nicht wie dort Zeile für Zeile Anweisungen untereinander geschrieben, sondern grafische Strukturen erstellt. Hat die Summe dieser Eingaben eine gewisse Vollständigkeit erlangt, kann man sie als **Programm** ausführen. Man unterscheidet dabei zwei Methoden:

1. Interpretation

2. Kompilierung (Übersetzung)

Im ersten Fall wandelt bei herkömmlichen Programmiersprachen ein Interpreter die eingegebenen Zeichen **Zeile für Zeile** in ein Maschinenprogramm um, das der Prozessor des Computers versteht und ausführt. Der Nachteil ist, dass in einer Schleife der Interpreter bei jeder Wiederholung einer Zeile dieselben Zeichenketten immer wieder neu interpretieren, d.h. in Maschinencode übersetzen muss. In der LabVIEW-Version 1.0 wurde so verfahren. Aber schon ab Version 2 entschied man sich für die Kompilierung.

Bei der Kompilierung wird das **komplette** Programm in Maschinencode umgewandelt und erst dann ausgeführt. Diese Methode bewirkt kürzere Rechenzeiten.

Wie arbeitet nun ein **grafischer** Editor? In LabVIEW werden keinesfalls die aus Millionen von Pixeln zusammengesetzten Panels und Diagramme interpretiert, die man bei der Entwicklung eines VI bildet. Vielmehr wird beim Setzen von Funktionssymbolen oder Ziehen von Verbindungslinien im Hintergrund ein Zwischencode generiert, der im Prinzip ähnlich arbeitet wie der von herkömmlichen Programmiersprachen.

Im Internet gibt es zu diesem Thema einen interessanten Artikel mit dem Titel 'Ask Dr. VI!' unter http://www.ni.com/white-paper/5314/en/, auf den wir uns beziehen:
Die in der Programmiersprache C geschriebene Anweisung

$$c = (a*a + 0,5)*b; \tag{9.1}$$

würde man in LabVIEW entsprechend Bild 9.2 darstellen.

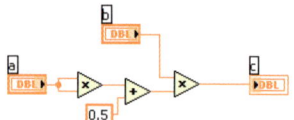

Bild 9.2 LabVIEW-Programm zur Anweisung (9.1)

In beiden Fällen kann man die Befehlsfolge abkürzend so notieren, dass man sie mit einem Taschenrechner ausführen kann, sofern dieser wie etwa die HP®-Taschenrechner die so genannte 'umgekehrte polnische Notation' verwendet. Diese lautet:

$$a, \text{quadrieren}, 0.5, +, b, *, c, \text{enter} \tag{9.2}$$

und bezeichnet die Reihenfolge der Tasten, die nacheinander betätigt werden müssen. Der Name einer Eingabevariablen wie 'a' bedeutet dabei das Eintippen eines Zahlenwerts für diese Variable.

Der LabVIEW-Compiler notiert sich, wenn Sie ein Programm wie in Bild 9.2 schrittweise aufbauen, genau diese Reihenfolge der Operationen, die später beim Programmstart auszuführen sind. Er wandelt sie zusätzlich sofort in den Maschinencode, der vom Prozessor Ihres PCs verstanden wird. Wenn Sie also das fertige Programm starten, ruft LabVIEW ein bereits ausführbares Programm auf, das 'Maschinenprogramm'. Das muss nicht erst kompiliert werden, es **ist** bereits kompiliert.

Natürlich sollte der Compiler noch mehr können. Er muss registrieren, wenn Sie eine falsche Verbindungslinie löschen, einen Operator durch einen anderen ersetzen, den Variablentyp ändern und vieles mehr. In all diesen Fällen hat er die symbolische Befehlsfolge in (9.2) zu korrigieren und fortlaufend das geänderte Maschinenprogramm zu erzeugen. Im Laufe der

Zeit wurde der LabVIEW-Compiler ständig verbessert. Über den neuesten Stand bezüglich LabVIEW 2010 informieren Artikel unter

http://zone.ni.com/devzone/cda/tut/p/id/11472   und
http://zone.ni.com/devzone/cda/tut/p/id/11999

LabVIEW 2014 unterscheidet sich bezüglich des Compilers nach Aussage von NI nicht wesentlich von LabVIEW 2010. Auch fehlen entsprechende Artikel für die Version 2014. Zur Ausrichtung von LabVIEW auf verschiedene Rechnertypen und Betriebssysteme findet man Informationen in

http://www.ni.com/white-paper/14594/de/

9.1.1.2 Datenflussprogrammierung

Die Programmiersprache G in LabVIEW ist **datenflussorientiert**. Das bedeutet, Funktionen werden dann aufgerufen, wenn alle Daten für sie bereitstehen. Besteht keine Datenabhängigkeit, werden die Funktionen (quasi-)parallel abgearbeitet. Siehe auch Aufgabe 1.2 und Abschnitt 1.6.2. Ist die sequenzielle Abarbeitung von Funktionen erforderlich, wie etwa bei der Ermittlung des Zeitbedarfs für die Reihenberechnung in Abschnitt 3.2, kann man sich der Sequenzstruktur bedienen. Doch kann man oft auf sie verzichten, indem man Verbindungslinien, insbesondere Fehlerverbindungen, nutzt, wie das in Kapitel 7, Bild 7.7 und Bild 7.10 zu sehen ist.

Die Sequenzstruktur verstößt gegen das Prinzip der Datenflussprogrammierung. Allerdings hat der Versuch, ein Prinzip unter allen Umständen zu befolgen, auch Nachteile. Z.B. sind die Überlegungen, die man anstellen muss, um die richtige Reihenfolge der Ausführung von Funktionen auch ohne Sequenzstruktur zu bewirken, häufig mühsam und fehleranfällig. Auch kann das Beharren auf Reinheit die Anwender abschrecken und längerfristig sogar zum Untergang einer Programmiersprache führen. Dafür ist APL (**A P**rogramming **L**anguage) von IBM ein warnendes Beispiel. In den 70er-Jahren entwickelt, verbannte APL alle Schlüsselworte wie 'if', 'then', 'else' aus ihrem Konzept und ebenso die Deklaration von Variablen. Diese war implizit durch die Eingabeform bestimmt, die der Anwender wählte. Die Konsequenz war, dass viele Spezialzeichen benötigt wurden und damit spezielle Tastaturen mit zusätzlichen Sonderzeichen. Trotzdem war APL seinerzeit recht verbreitet, und manche Experten erwarteten sogar die Verdrängung aller anderen Programmiersprachen durch APL. Das Gegenteil geschah: APL wird heute nicht mehr benutzt und ist kaum noch bekannt. LabVIEW hat diesen Fehler vermieden. Es hat seine Grundideen mit den erprobten Konzepten anderer Programmiersprachen angereichert und überdies Schnittstellen zu diesen geschaffen. Das wird in Abschnitt 9.7 näher ausgeführt.

> **Merke:** LabVIEW-VIs werden nicht interpretiert, sondern schon während der Editierphase in Maschinencode übersetzt.
>
> **Merke:** **Die Programmiersprache G** als Teil von LabVIEW ist eine datenflussorientierte Programmiersprache.

9.1.2 Hardware-Unterstützung

Der historischen Entwicklung entsprechend, bei der es anfangs nur darum ging, Messgeräte auf dem PC zu simulieren, unterstützt LabVIEW heute eine Fülle verschiedener Geräte wie **reale Messgeräte, Datenerfassungskarten, Sensoren, Kameras, Motoren**. Da diese von vielen **verschiedenen** Herstellern gefertigt werden, entsteht ein enormer Aufwand, diese von einem einzigen Software-System aus anzusprechen. LabVIEW unterstützt Programmierer daher mit

- Tausenden von frei verfügbaren Treibern und einem einheitlichen
- Programmierschema: Initialisieren – Konfigurieren – Lesen/Schreiben – Schließen, wie es später in den Kapiteln 15 und 16 ausführlich erklärt wird.

9.1.3 Bibliotheken mathematischer und technischer Funktionen

LabVIEW umfasst Bibliotheken von Funktionen zur **Signalerzeugung, -verarbeitung und** zur **Regelungstechnik**. Näheres dazu in den Kapiteln 10, 11, 12 und 21.

Ferner gibt es Funktionen zur **Kommunikation**, zur **Dateibearbeitung** und anderes mehr. Diese Funktionen sind auf den vielen Paletten und Unterpaletten oft nur schwer zu finden. LabVIEW stellt deshalb eine Suchfunktion zur Verfügung, die man vom Frontpanel aus über die angepinnte Elementepalette oder vom Diagramm aus über die angepinnte Funktionen-palette mit 'Suchen' (linke obere Ecke) aufrufen kann, siehe Bild 9.3. Bei erstmaligem Aufruf von 'Suchen' muss man einige Zeit warten (eine halbe Minute oder mehr), bis alle Funk-tionen und Elemente gefunden und alphabetisch geordnet worden sind. Mit Doppelklick auf eine der angezeigten Funktionen oder Elemente öffnet sich die Palette, wo das gesuchte Objekt gefunden werden kann. Nun führt ein Doppelklick z.B. auf '1D-Array durchsuchen' zu einer Anzeige gemäß Bild 9.4 links und auf '3D-Bild' zur Anzeige rechts in Bild 9.4.

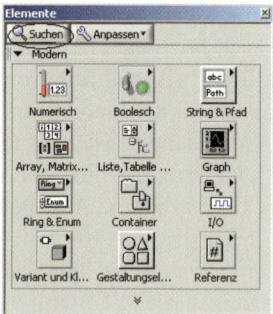
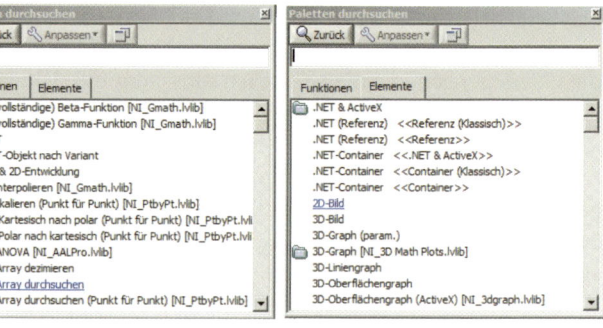

Bild 9.3 Suchfunktion   Funktionen nach Namen   Elemente nach Namen

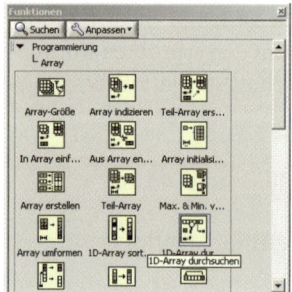
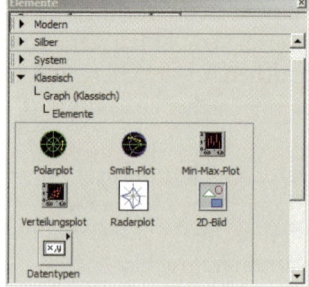

Bild 9.4 Palette Funktion gefunden   Palette Element gefunden

Eine weitere Hilfe zum Suchen bietet die **'Schnelleinfügeleiste'**, zu finden im Kontextmenü von 'Ansicht' oder mit dem Shortcut '<Strg> + <Leerzeichen>'. Sie ist nützlich, wenn man sich an den Namen einer Funktion erinnert, z.B. 'While-Schleife'. Man trägt diesen Namen oder auch nur den Anfang davon in das obere Feld ein und erhält ein Angebot gemäß Bild 9.5. Man wählt eine der Funktionen aus und bringt sie mit Doppelklick ins Diagramm.

Mit Elementen auf dem Frontpanel verfährt man in gleicher Weise. Man gibt z.B. 'Matrix' ein und erhält das Angebot 'Reelle Matrix..', 'Komplexe Matrix..' usw. aus denen man die gewünschte mit Doppelklick auf das Frontpanel transportiert. Für mehr Informationen siehe Abschnitt 9.9.

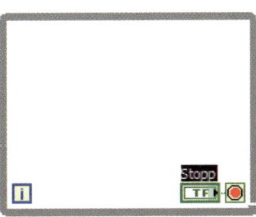

Bild 9.5 Schnelleinfügeleiste zum Diagramm und Ergebnis nach Doppelklick auf die markierte Operation

9.1.4 Benutzerschnittstelle

Der Anwender versorgt die Funktionen im Blockdiagramm über das Frontpanel, auf dem er **Eingabe-** und **Ausgabeelemente** setzt. Er kann diese aus einer Palette holen (siehe auch Abschnitt 9.1.3) oder im Kontextmenü der Eingänge oder Ausgänge von Funktionen voreingestellte Elemente mit 'Erstellen' – 'Bedienelement' oder 'Erstellen' – 'Anzeigeelement' erzeugen lassen.

Zu den Elementen im Frontpanel gehören **Eigenschaften** und **Methoden**, die man über ihr Kontextmenü mit 'Erstellen' – 'Eigenschaftsknoten' bzw. 'Erstellen' – 'Methodenknoten' bilden kann. Davon wurde bereits in Kapitel 6 und Kapitel 7 Gebrauch gemacht.

Der **VI-Server** dient dazu, Eigenschaften und Methoden der Klassenhierarchie entsprechend für ausgewählte Elemente zu konfigurieren, siehe Abschnitt 7.2. Alle **Eigenschaften**, **Methoden** und **Ereignisse** gehören zu einer **Klasse**. Näheres zu Klassen siehe Kapitel 14.

Tabelle 9.1 Komprimierter Überblick über die VI-Serverklassen

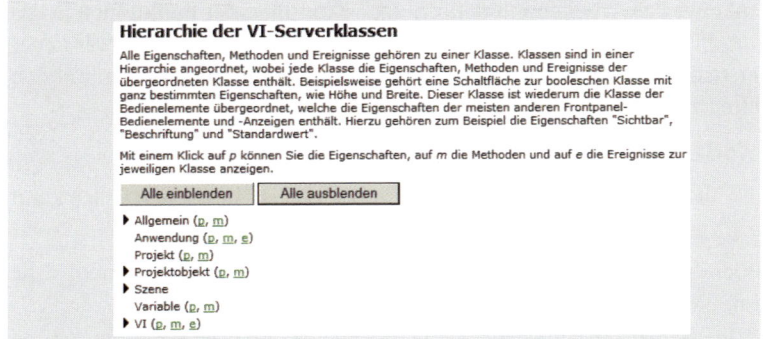

Mit 'Hilfe' – 'LabVIEW-Hilfe' kann man unter dem Schlüsselwort 'Hierarchie' bei 'Hierarchie von VI-Serverklassen' einen Eintrag finden, der mit der Schaltfläche 'Alle ausblenden' den Inhalt von Tabelle 9.1 anzeigt. Mit der Schaltfläche 'Alle einblenden' erhält man den vollständigen Überblick der Klassenhierarchie. Durch Anklicken von p (property) oder m (method) oder e (event) erhält man ausführliche Beschreibungen der aufgerufenen Objekte und einen vertieften Einblick in die Struktur von LabVIEW.

Nachstehend ein Beispiel:

Klickt man in Tabelle 9.1 auf das e in 'Anwendung (p, m, e)' (zweite Zeile der Liste), erhält man die Eintragungen von Tabelle 9.2.

Tabelle 9.2 Anzeige nach Klick mit e in 'Applikation (p, m, e)'

Ereignisse für Anwendung

Erfordert: Base Development System

Klassenhierarchie anzeigen

Ereignis	Beschreibung
Anwendungsaktivierung	Wird erzeugt, wenn der Benutzer LabVIEW aktiviert. Details
Anwendungsinstanz schließen	Bei einem VI in einem LabVIEW-Projekt wird dieses Ereignis erzeugt, wenn die Anwendungsinstanz des Projekts aus irgendeinem Grund geschlossen wird, beispielsweise durch Schließen des Projekt-Explorers, durch Auswahl von **Datei»Alle schließen** oder **Datei»Beenden** oder bei Ausführung eines VIs, das die Funktion LabVIEW beenden enthält. Bei VIs außerhalb eines Projekts wird das Ereignis nur ausgelöst, wenn Sie LabVIEW über die Benutzeroberfläche oder über die Funktion "LabVIEW beenden" verlassen. Details
Anwendungsinstanz schließen?	Bei einem VI in einem LabVIEW-Projekt wird dieses Ereignis erzeugt, wenn die Anwendungsinstanz des Projekts durch den Benutzer geschlossen wird, z. B. durch Schließen des Projekt-Explorers oder durch Auswahl von **Datei»Alle schließen** oder **Datei»Beenden**. Bei VIs außerhalb eines Projekts wird das Ereignis nur ausgelöst, wenn Sie LabVIEW über die Benutzeroberfläche verlassen. Details
Geänderte Lesezeichenangaben	Wird erzeugt, wenn der Benutzer ein Lesezeichen ändert. Details
Kontexthilfe aktualisiert	Wird erzeugt, wenn der Inhalt der Kontexthilfe wechselt. Details
NI-Sicherheit - Benutzeränderung	Wird erzeugt, wenn sich ein Benutzer bei einer Anwendung anmeldet. Details
Timeout	Tritt bei Zeitüberschreitung in einer Ereignisstruktur auf. Zum Festlegen der Wartezeit in Millisekunden verbinden Sie einen Wert mit dem Timeout-Anschluss an der linken oberen Ecke der Ereignisstruktur. Details
VI-Aktivierung	Wird beim Aktivieren eines VI-Fensters erzeugt. Details
VI-Bildlauf	Wird beim Ändern der Bildlaufposition im aktiven VI-Fenster oder beim Ändern der Fenstergröße erzeugt. Details
VI-Deaktivierung	Wird beim Deaktivieren eines VI-Fensters erzeugt. Dieses Ereignis wird ausgelöst, wenn sich das VI nicht mehr im Vordergrund befindet. Details

9.1.5 Technologische Abstraktion

Bei der Einführung neuer Technologien wie z.B. dem Einsatz von FPGAs (Field Programmable Gate Arrays, siehe Kapitel 21) wäre es für den Anwender mühsam, zusätzlich neue Techniken zu erlernen, etwa das Arbeiten mit dem Xilinx®-Kompiler, der Funktionen in das Hardware-Muster eines FPGA umsetzt. LabVIEW abstrahiert deshalb von den Details neuer Technologien und versucht, dem Anwender das weitgehend unveränderte Arbeiten mit den bekannten Eigenschaften von G zu ermöglichen.

9.1.6 Rechenmodelle

Es gibt eine Reihe von Fällen, wo das Arbeiten mit G nicht optimal ist. In solchen Fällen kann der Programmierer u.a. zurückgreifen auf

- DLL-Aufrufe, wobei die DLLs z.B. in C, C+ oder C# programmiert sein können, siehe Abschnitt 9.7. Ferner MathScript-Knoten, siehe Abschnitt 9.7.3.
- Formelknoten für mathematische Ausdrücke, die in zeilenorientierter Programmierung übersichtlicher sind als in grafischer G-Notation, Zustandsdiagramme, siehe Kapitel 17.

9.2 Projekte

Seit der Version 8.0 gibt es auch in LabVIEW die von Entwicklungsumgebungen anderer Programmiersprachen her bekannte Möglichkeit, einzelne Programme in den größeren Zusammenhang eines **Projekts** zu stellen. Mit Hilfe der Projektverwaltung lassen sich

Dateien, die zum selben Projekt gehören, besser handhaben. Ein neues Projekt kann man aus dem Startfenster heraus über 'Projekt erstellen' bilden oder aus einem geöffneten VI heraus mit 'Projekt' – 'Projekt erstellen' (oder auch mit 'Datei' – 'Projekt erstellen'). Man sieht danach ein neues, noch nicht gespeichertes Projekt im **Projekt-Explorer** gemäß Bild 9.6. Besteht schon ein Projekt, kann es im LabVIEW-Startfenster mit 'Öffnen' durch einen Dateiauswahl-Dialog gefunden werden. Wurde das Projekt erst kürzlich bearbeitet, kann man es im Startfenster mit 'Öffnen' – '<dateiname>' oder aus einem geöffneten VI heraus über das Menü 'Datei' – 'Zuletzt geöffnete Projekte' finden.

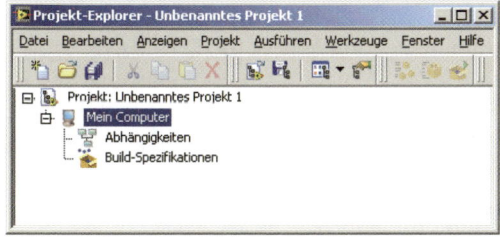

Bild 9.6 Neues, noch unbenanntes und ungespeichertes Projekt

Mit 'Datei' – 'Speichern unter' kann man das Projekt benennen, z.B. 'FlexiblerAutomat' und in einem Verzeichnis eigener Wahl speichern. Das Projekt wird dort unter dem Namen 'FlexiblerAutomat.lvproj' abgelegt, siehe Bild 9.7. Alle Projekte haben die Erweiterung 'lvproj' (LabVIEW-**Proj**ekt). Man kann das Projekt auch mit 'Datei' – 'Speichern' sichern, dann aber nur am bereits festgelegten Ort.

Bild 9.7 Projekt nach Speichern unter dem Namen 'FlexiblerAutomat.lvproj'

Eine neue LabVIEW-Datei wird in das Projekt über das Kontextmenü von 'Mein Computer' mit 'Hinzufügen' – 'Datei' übernommen. Man kann eine Datei auch über ihr Kontextmenü mit 'Aus Projekt entfernen' aus dem Projekt entfernen. Die betreffende Datei wird dabei aber **nicht von der Festplatte gelöscht**, sie verbleibt dort.

Bild 9.8 Projekt nach Einfügen der Datei 'FlexiblerAutomat.vi'

Wie sinnvoll die Nutzung von Projekten sein kann, zeigt das Beispiel des flexiblen Automaten aus Kapitel 8: Wir legen ein neues Projekt nach Bild 9.6 an und speichern es, wie schon erwähnt, unter dem Namen 'FlexiblerAutomat.lvproj' gemäß Bild 9.7. Dann fügen wir zum Projekt mit Hilfe des Kontextmenüs von 'Mein Computer' und 'Datei hinzufügen…' das VI 'FlexiblerAutomat.vi' hinzu, siehe Bild 9.8.

Die Rubrik 'Abhängigkeiten' in Bild 9.7 enthält alle statisch gebundenen LabVIEW-Dateien (z.B. aus vi.lib), die im Projekt aufgerufen werden. Unter 'Build-Spezifikationen' findet man Einstellungen für den Application Builder (Abschnitt 9.3).

9.3 Erstellung von EXE-Dateien

Ausführbare Programme nennt man EXE-Dateien, weil sie unter Microsoft Windows üblicherweise diese Erweiterung haben. Nach Abschnitt 9.1.1.1 ist aber ein korrekt entwickeltes LabVIEW-VI bereits ausführbar. Warum gibt man ihm die Namenserweiterung 'vi' und nicht 'exe'?

Der Grund ist, dass ein normales VI nicht ohne das komplette LabVIEW-System laufen kann, das ihm die verschiedenen Funktionen wie '+', '*' usw. zur Verfügung stellt. Es ist daher naheliegend, LabVIEW-Programme, die für einen Kunden entwickelt wurden, ohne LabVIEW-Editor und andere Werkzeuge, die der Kunde nicht benötigt, auszuliefern.

Dazu dient die Umwandlung in das EXE-Programm (auch: EXE-Datei), das vom ganzen LabVIEW-System nur noch die LabVIEW-Runtime-Bibliothek benötigt.

Nach Abschnitt 9.1.1.1 ist klar, dass ein LabVIEW-EXE-Programm im Wesentlichen nicht schneller und nicht langsamer abläuft als das zugehörige VI, denn auch dieses VI bestand ja schon aus unmittelbar ausführbarem Code.

Hinweis: In der Studentenversion ist der ‚Application Builder' nicht enthalten. Er kann bei National Instruments gekauft werden.

9.3.1 Erstellung einer EXE-Datei

Eine EXE-Datei wird bei moderneren LabVIEW-Versionen (ab LabVIEW 8.0) stets im Rahmen eines Projekts gebildet. Wir greifen zum besseren Verständnis auf das Beispiel des Programms 'DreieckMain.vi' mit dem SubVI 'DreieckSub.vi' aus Abschnitt 5.2.1 zurück. Folgende Schritte sind auszuführen:

1. Erzeugen eines Projekts, das 'DreieckMain.vi' und 'DreieckSub.vi' enthält, siehe Abschnitt 9.2. Der Projekt-Explorer gleicht dem in Bild 9.9.

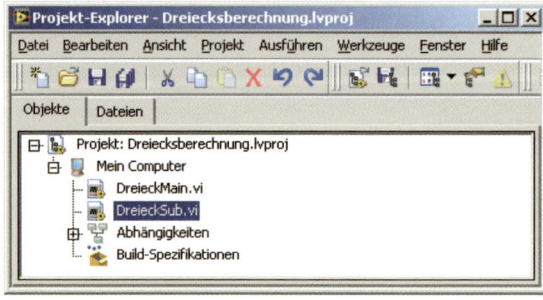

Bild 9.9 Projekt zur Dreiecksberechnung

2. Im Projekt-Explorer Kontextmenü von 'Build-Spezifikationen' aufrufen und 'Neu' – 'Anwendung (EXE)' wählen, siehe Bild 9.10. Es öffnet sich ein Fenster wie in Bild 9.11.

3. Die voreingestellten Werte werden in den Kategorien 'Informationen' und 'Quelldateien' wunschgemäß geändert. Man erhält dann Eintragungen gemäß Bild 9.12 und Bild 9.13. **Achtung**: Der Name der Build-Spezifikation muss im gleichen Projekt **einzigartig** sein!

4. Die bisherigen Eintragungen erfolgten unter der Kategorie 'Informationen'. Weitere Kategorien sind 'Quelldateien', 'Ziele' usw. bis 'Sprachen des Laufzeitsystems'. Wichtig ist die Kategorie 'Quelldateien' nach Bild 9.13. Hier muss man das später beim Aufruf zu startende VI angeben und mit dem Pfeil nach rechts ziehen, in unserem Fall 'DreieckMain.vi'.

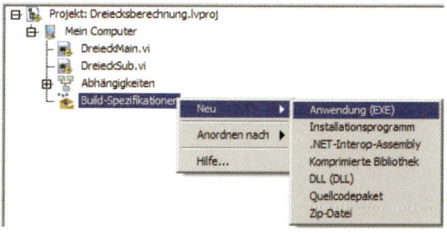

Bild 9.10 Wahl der Bildung einer Anwendung, d.h. einer EXE-Datei

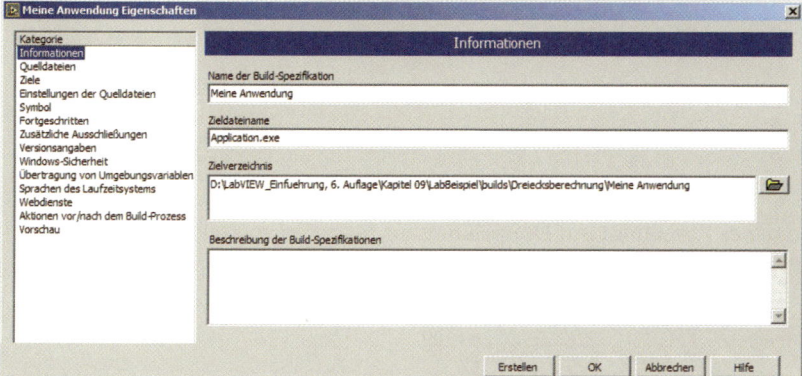

Bild 9.11 Voreingestellte Applikations-Parameter in der Kategorie 'Informationen'

5. Die anderen Kategorien kann man im einfachsten Fall überspringen, d.h. mit den voreingestellten Werten arbeiten. Man kann aber auch unterstützten Sprachen des Laufzeitsystems begrenzen, z.B. auf Deutsch.

6. Schließlich ist eine Vorschau möglich. Sie zeigt die Dateien, die bei der Kompilierung erzeugt werden.

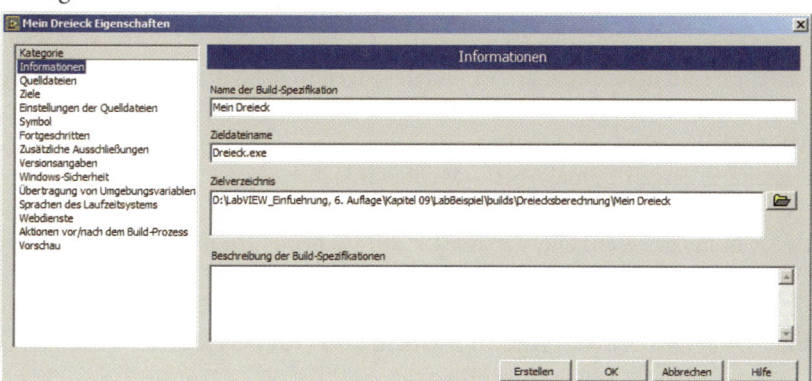

Bild 9.12 Vom Anwender gewählte Applikations-Parameter unter 'Angaben zur Anwendung'

7. Zuletzt Taste 'Erstellen' betätigen. Es erscheint ein kleines Fenster, das den Build-Status anzeigt. Nach kurzer Zeit sollte dort stehen 'Der Build ist vollständig…', ferner der Speicherort der EXE-Datei. Nun mit der Taste 'Fertig' quittieren. Das EXE-Programm steht

dann in unserem Fall unter 'D:\LabVIEW_Einfuehrung, 6. Auflage\Kapitel09\builds\ Dreiecksberechnung \Mein Dreieck' als 'Dreieck.exe'. Die Projektdatei ist leicht verändert, siehe Bild 9.14.

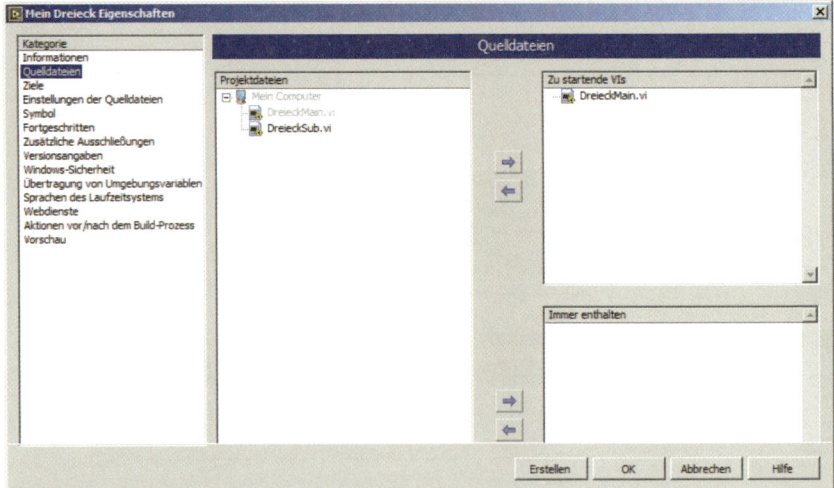

Bild 9.13 Festlegung eines Start-VIs, hier 'DreieckMain.vi'

8. Ruft man dieses Programm mit Doppelklick auf, startet es von selbst. Die EXE-Datei hat ein Panel, aber **kein Diagramm**! Im Übrigen arbeitet das Programm wie das ursprüngliche VI.

Bild 9.14 Projekt-Explorer mit zusätzlicher Eintragung 'Mein Dreieck'. Doppelklick auf die letzte Eintragung zeigt die für die Kompilierung gewählten Parameter

Wie schon erwähnt, sind ursprüngliches VI und die zugehörige EXE-Datei annähernd gleich schnell. Allerdings hat sich der LabVIEW-Compiler in der Version 2010 gegenüber der Version 2009 deutlich verbessert. Ein Test mit den Programmen 'DreieckMainZeit.vi' und 'DreieckMainZeit.exe' ergab damals bei 1-Millionen-facher Berechnung unter LabVIEW 2010 mittlere Laufzeiten von 3087 ms bzw. 2931 ms. Bei der Version 2009 waren es noch 3261 ms bzw. 3144 ms gewesen. Die Version LV 2014 scheint sich in dieser Hinsicht **nicht** verbessert zu haben.

9.3.2 EXE-Datei auf einem Rechner ohne LabVIEW-System

Das Programm 'Dreieck.exe' kann auf dem PC, auf dem es entwickelt wurde, aus seinem Verzeichnis heraus mit Doppelklick gestartet werden. Will man das Programm aber einem Kunden aushändigen, der **kein LabVIEW-System** besitzt, muss man dafür sorgen, dass auf seinem Rechner die LabVIEW-Runtime-Bibliothek vorhanden ist. Das lässt sich auf verschiedene Weise erreichen:

1. Der Kunde holt sich die LabVIEW Runtime Engine (die Version muss zur Entwicklungsumgebung passen!) aus dem Internet. Sie wird von National Instruments kostenlos vertrieben. Oder

2. wir erleichtern dem Kunden die Aufgabe mit einem Installationsprogramm, welches das übersetzte Programm sowie die Runtime-Bibliothek auf dem PC installiert.

Im zweiten Fall ergänzen wir im Projekt-Explorer nach Bild 9.14 die Build-Spezifikationen durch einen so genannten Installer, indem wir im Kontextmenü 'Neu' – 'Installationsprogramm' aufrufen. Hier sind ähnlich wie bei der Erstellung der EXE-Datei Formulare auszufüllen. Das erste ist im Beispiel dargestellt durch Bild 9.15. Nun sind in der Kategorie 'Quelldateien' die Dateien in der Mitte wie schon bei der Erstellung der EXE-Datei nach rechts zu schieben, siehe Bild 9.16. Zuletzt ist die Kategorie 'Zusätzliche Installer' zu bearbeiten. In diesem Fall geschieht das entsprechend Bild 9.17.

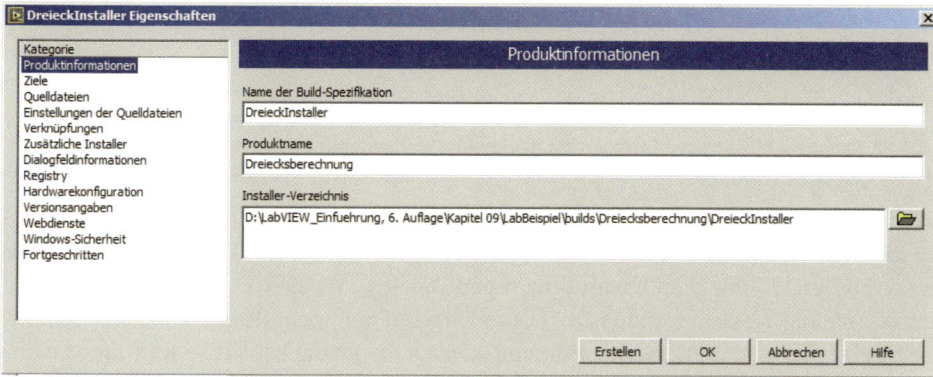

Bild 9.15 Kategorie 'Produktinformationen' bei der Entwicklung eines Installationsprogramms

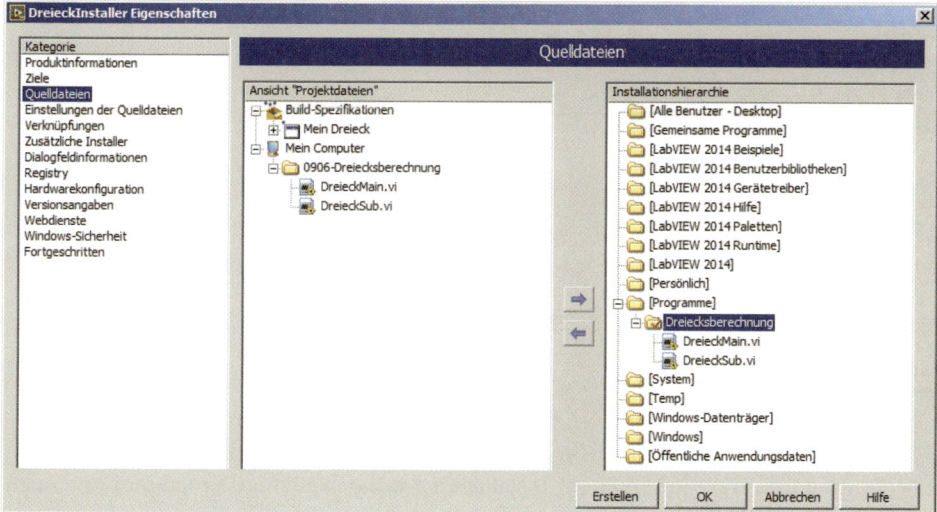

Bild 9.16 Kategorie 'Quelldateien'. Dabei sind die Dateien 'DreieckMain.vi' und 'DreieckSub.vi' aus der mittleren Spalte mit der Pfeiltaste nach rechts zu schieben

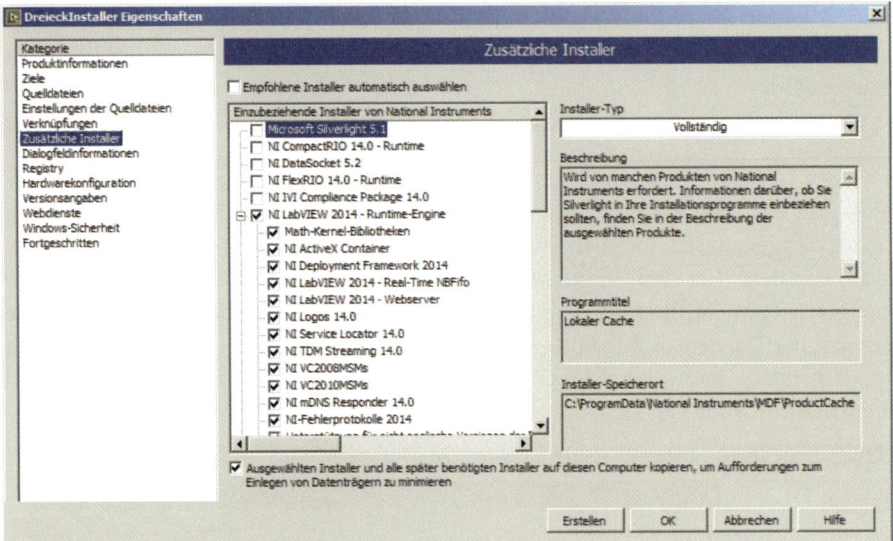

Bild 9.17 Kategorie 'Zusätzliche Installer' bei der Entwicklung eines Installationsprogramms. Die notwendigen Dateien sind bereits voreingestellt. Danach mit 'Erstellen' abschließen

Man findet das Ergebnis in unserem Beispiel unter 'D:\LabVIEW_Einfuehrung, 6. Auflage\ Kapitel 09\LabBeispiel\builds\Dreiecksberechnung\DreieckInstaller'. Dann schreibt man das Verzeichnis 'builds' mit allen Unterordnern und Dateien auf eine CD, eine DVD oder einen Stick und händigt sie dem Kunden aus. Dieser hat dann nur noch 'setup.exe' unter 'Dreiecks- berechnung' – 'DreiecksInstaller' – 'Volume' aufzurufen, um die LabVIEW Run-time Engine auf seinem Rechner zu installieren und so 'Dreieck.exe' lauffähig zu machen. Der Projekt- Explorer hat jetzt eine Struktur gemäß Bild 9.18.

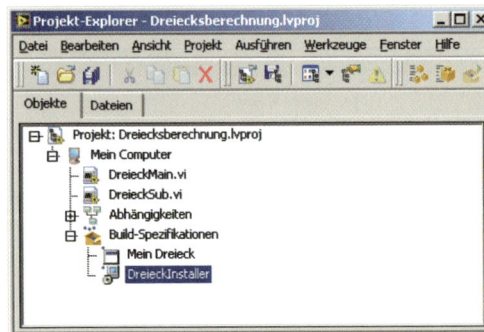

Bild 9.18 Projekt-Explorer nach Erstellung eines Installationspro- gramms für 'Mein Dreieck'

Aufgabe 9.1

Führen Sie die Umwandlung VI → EXE-Datei am Beispiel 'FlexiblerAutomat.vi' aus Abschnitt 8.4.4 durch. Beachten Sie, dass 'FlexiblerAutomat.vi' einige zusätzliche Dateien benötigt, um korrekt zu arbeiten! Installieren Sie das lauffähige Programm auf einen Rechner **ohne** LabVIEW-System.

Merke: VIs können in EXE-Dateien übersetzt werden, die ohne das LabVIEW-System lauffähig sind. Sie benötigen zusätzlich die LabVIEW-Runtime-Bibliothek.

Merke: VIs und ihre zugehörigen EXE-Programme laufen etwa gleich schnell.

9.4　Strukturen zur Programmentwicklung

Ab Version 8.0 von LabVIEW weist die Entwicklungsumgebung einige Neuerungen auf, die sich vorteilhaft bei der Erstellung umfangreicherer Programme auswirken.

9.4.1　Deaktivierungsstrukturen

Es handelt sich um zwei neue Elemente: 'Diagrammdeaktivierungsstruktur' und 'Bedingte Deaktivierungsstruktur'. Sie sind vorteilhaft bei der Entwicklung und beim Debuggen von VIs.

Die 'Diagrammdeaktivierungsstruktur' kann durch eine Case-Struktur ersetzt werden, die früher (bis LabVIEW 7.1) die einzige Möglichkeit war, für das Debuggen zeitweise Teile des Programms zu deaktivieren: Man umgab den Teil, den man testen wollte, mit einer Case-Struktur und setzt den Auswahlanschluss (Selektor) mit einer booleschen Konstante auf TRUE. Der FALSE-Teil enthielt den Programmabschnitt, der entweder schon getestet war oder den man erst später testen wollte. Startete man dieses VI, wurde nur der Teil durchlaufen, der zu testen war. Nachteil dieser Methode: Der FALSE-Teil der Case-Struktur darf keine syntaktischen Fehler enthalten, weil dann das VI überhaupt nicht laufen würde. Dieses Problem vermeidet die 'Diagrammdeaktivierungsstruktur'. Hier muss man keinen Selektor mehr bedienen. Es genügt, die zu testenden Teile des Programms in den Teil der Struktur zu schieben, der am oberen Rand mit 'Aktiviert' gekennzeichnet ist. Der nicht oder später zu testende Teil kommt in den Rahmen der Struktur, der mit 'Deaktiviert' bezeichnet ist. Die Funktionen in diesem Teil werden nicht ausgeführt. Sie sind aufgehellt dargestellt. Man findet die 'Diagrammdeaktivierungsstruktur' unter 'Funktionen' – 'Programmierung' – 'Strukturen', siehe Bild 9.19.

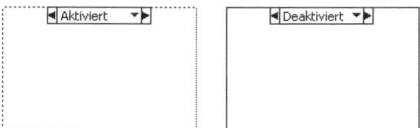

Bild 9.19 Diagrammdeaktivierungsstruktur

Bild 9.20 und Bild 9.21 zeigen ein Beispiel. Im Bild 9.20 sieht man den aktivierten Teil der 'Diagrammdeaktivierungsstruktur', in Bild 9.21 den deaktivierten. Startet man nun das VI, so wird auf dem Panel eine Sinuskurve als Signalverlaufsgraph angezeigt und zusätzlich über 'signal out' die Zahlenwerte des Arrays, das die Sinuskurve definiert. Siehe Bild 9.22.

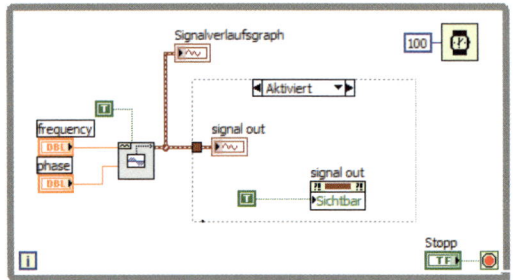

Bild 9.20 Beispiel für die Aktivierung des Programmbereichs, der für das Testen vorgesehen ist, über die 'Diagramm-deaktivierungsstruktur'

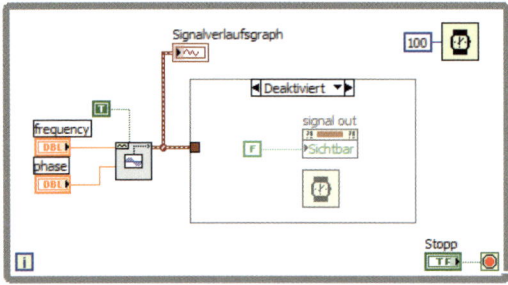

Bild 9.21 Beispiel für die Deaktivierung des Programmbereichs, der später für den Anwender uninteressant ist und außerdem noch fehlerhaft (kein Eingang für die Funktion 'Warten (ms)')

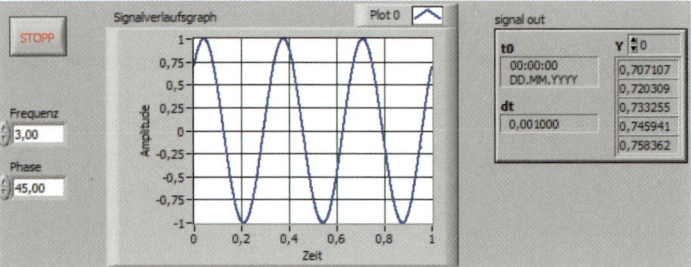

Bild 9.22 Ausgabe des Arrays, das die Sinuskurve für Testzwecke definiert

Schaltet man nun im Kontextmenü der Diagrammdeaktivierungsstruktur den deaktivierten Teil auf aktiviert (und damit automatisch den aktivierten auf deaktiviert), ist das Programm wegen des Fehlers in Bild 9.21 zunächst nicht ausführbar. Gibt man der Funktion 'Warten (ms)' aber einen Eingangswert, z.B. den Wert 0, ist der Fehler behoben und das VI wieder ausführbar. Auf dem Frontpanel erscheint jetzt nur noch der interessierende Graph. Die für die Programmentwicklung nützliche Zusatzausgabe verschwindet, siehe Bild 9.23.

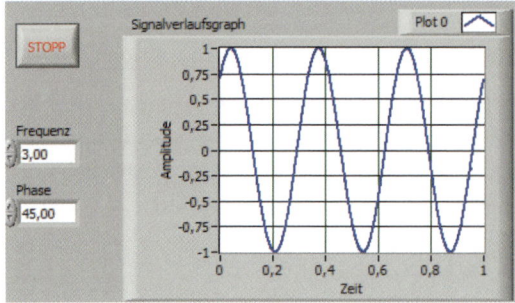

Bild 9.23 Jetzt, im Gegensatz zu Bild 9.22, nur die Ausgabe des Sinus-Graphen, des einzigen Anzeigeelements, das den Anwender noch interessiert. Dazu im Kontextmenü der Diagrammdeaktivie-rungsstruktur mit 'Dieses Unterprogramm aktivieren' die Alternative umschalten und den Fehler durch Angabe einer Wartezeit eliminieren

Unter 'Funktionen' – 'Programmierung' – 'Strukturen' befindet sich neben der 'Diagramm-deaktivierungsstruktur' noch die '**Bedingte Deaktivierungsstruktur**'. Auch mit ihr können

Bereiche des Diagramms deaktiviert werden. Doch erfolgt im Gegensatz zur 'Diagramm-deaktivierungsstruktur' die Aktivierung nicht im Diagramm selbst, sondern global in der Projektverwaltung, und zwar für **alle** 'Bedingten Deaktivierungsstrukturen' zusammen (siehe dazu Abschnitt 9.4.2 zur Projektverwaltung, Bild 9.25, 'Symbole für bedingte Deaktivierung'). Für die Entwicklung großer Programme ist das ein wichtiger Vorteil. Solche Systeme testet man üblicherweise, indem man im Entwicklungsstadium Testausgaben programmiert, die man später beim fertigen Programm beseitigen muss, weil sie den Anwender nur verwirren. Früher mussten die Anzeigeelemente für solche Testausgaben einzeln und von Hand entfernt werden, was bei großen Systemen leicht zu neuen Fehlern führen konnte. Neuerdings lässt man die Testausgaben unverändert stehen und deaktiviert nach Abschluss der Programmierarbeiten generell alle 'Bedingten Deaktivierungsstrukturen', in dic man vorher bei der Programmentwicklung diese Testausgaben eingefügt hatte.

Ein anderer Vorteil ist der folgende: Will man eines Tages das Programmsystem weiter-entwickeln, stehen immer noch alle Testausgaben zur Verfügung. Auch lassen sich, wie oben schon erwähnt, bei der Entwicklung syntaktisch fehlerhafte Abschnitte des VI auskommen-tieren, so dass die interessierenden Teile des Programms trotzdem ausführbar sind.

9.4.2 Debug-Einstellung in der Projektverwaltung

Ein weiterer Vorteil der Einführung von Projekten (siehe Abschnitt 9.2) ist die Möglichkeit, die bedingte Deaktivierungsstruktur dort generell ein- und auszuschalten: Nachstehend ein Projekt für das Beispielprogramm 'BedingteDeaktivierung.vi' (Bild 9.24 und Bild 9.25).

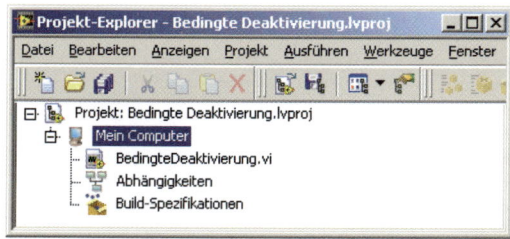

Bild 9.24 Projekt für das Beispielprogramm 'BedingteDeaktivierung.vi'

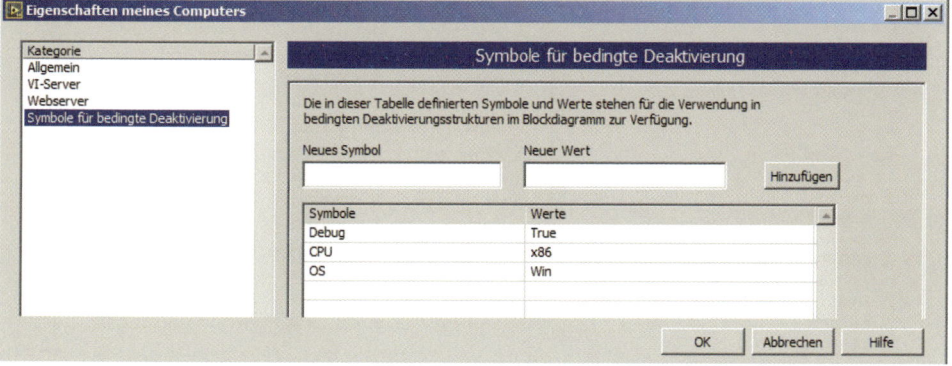

Bild 9.25 Entscheidung über bedingte Deaktivierung. Alle bedingten Deaktivierungsstrukturen im Projekt sind hier auf 'Debug==True' gesetzt. Die anderen Eintragungen zu CPU und Betriebssystem (OS) sind ebenfalls bereits voreingestellt

Man öffnet dieses Fenster im Projekt-Explorer im Kontextmenü von 'Mein Computer', indem man 'Eigenschaften' und als Kategorie 'Symbole für bedingte Deaktivierung' wählt. Zuvor muss man unter 'Werkzeuge' – 'Versionsverwaltung' – 'Einstellungen zur Versionsverwaltung' und 'OK' dafür sorgen, dass die Daten von Computer und Betriebssystem dort auch zur Verfügung stehen. In der zugehörigen Liste rechts werden verschiedene Symbole und ihre aktuellen Werte verwaltet. Die Werte für Debug-Möglichkeit, für die CPU und für das Betriebssystem (OS = Operating System) sind bereits voreingestellt. Man kann diese Werte ändern, also z.B. 'Debug' auf 'False' stellen.

Neue Symbole kann man mit den beiden Eingabefeldern im oberen Bereich rechts erstellen und über 'Hinzufügen' in die Liste unten übertragen. Der Wert eines dort befindlichen Symbols kann nachträglich auch durch Doppelklick auf den Wert geändert werden. Die Namen der Symbole innerhalb der Liste müssen eindeutig sein. Symbole aus der Liste streicht man mit 'Ausgewählte Elemente entfernen'.

Aufgabe 9.2

Programmieren Sie das in Bild 9.21 gezeigte Beispiel mit der **bedingten** Deaktivierungsstruktur statt mit der Diagrammdeaktivierungsstruktur.

9.5 LabVIEW-Bibliotheken

Klickt man auf das Verzeichnis unter '…\National Instruments\LabVIEW 2014', sieht man die Verteilung der Software auf eine Reihe von Unterverzeichnissen gemäß Bild 9.26.

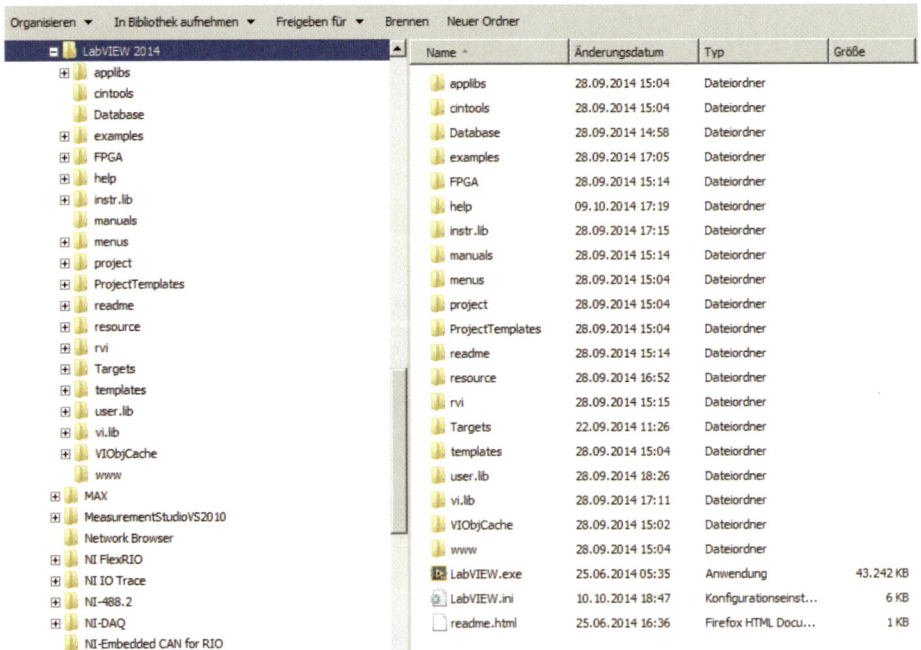

Bild 9.26 Unterordner im System von LabVIEW 2014

Eine ähnliche, aber einspaltige Ansicht erhält man in LabVIEW beim Aufruf von 'Werkzeuge' – '…LLB-Manager' nach Wahl des richtigen Verzeichnisses, siehe Bild 9.27.

LLB ist die Abkürzung für LabVIEW Library. Die Existenz von LLBs ist historisch begründet: Beim Übergang vom Apple Macintosh zum Windows-PC im Jahre 1996 wollte National Instruments nicht auf die Vorteile verzichten, die das Apple-Betriebssystem bezüglich der Wahl von Dateinamen gegenüber Windows damals hatte (z.B. keine Beschränkung auf nur 8 Zeichen). Deshalb erhielt LabVIEW sein eigenes Dateisystem. Eine LLB-Bibliothek ist, vom Betriebssystem aus gesehen, kein Verzeichnis, sondern eine einzelne Datei, in der sich mehrere VIs befinden. Das ist auch heute beim Kopieren vorteilhaft. Man muss nicht befürchten, dass durch einen Bedienungsfehler einzelne VIs verloren gehen.

Die Verzeichnisse in Bild 9.26 rechts sind keine LLBs, sondern gewöhnliche Unterverzeichnisse. Steigt man aber in der Hierarchie weiter ab, findet man an verschiedenen Stellen LLBs, so z.B. in 'vi.lib' – 'Analysis', wie Bild 9.27 zeigt. Öffnet man hier die LLB '2dsp.llb' mit dem LLB-Manager, sieht man, dass diese Bibliothek aus knapp hundert verschiedenen VIs besteht, die u.a. auch die komplexe FFT Fouriertransformation (Bild 9.28) enthalten.

Die Endung 'llb' ist das äußere Kennzeichen einer LLB.

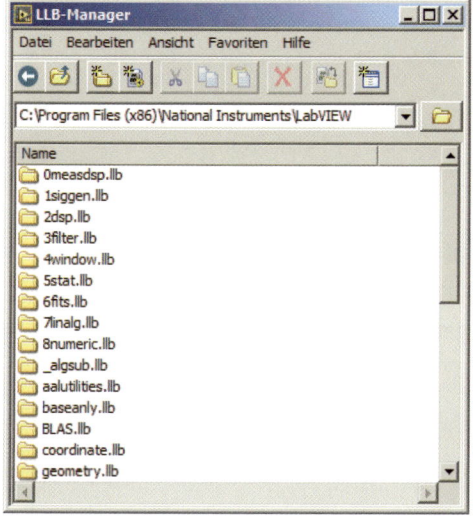

Bild 9.27 Die LLBs in 'vi.lib' – 'Analysis'

Es würde den Rahmen des Buches sprengen, würden wir die Inhalte aller Unterverzeichnisse von Bild 9.26 kommentieren. Wir beschränken uns deshalb auf:

- 'vi.lib' enthält die vom LabVIEW-System genutzten Funktionen. Hier sollte man **keinesfalls** eigene Routinen speichern!

- 'manuals' enthält pdf-Dateien mit Bedienungsanleitungen oder Beschreibungen wie z.B. 'DCT_User_Manual.pdf', eine Beschreibung vom LabVIEW-Zugang zu Datenbanken.

- 'menus' enthält die Aufzeichnungen über die Palettenmenüs in 'Programmierung', 'Mathematik', 'Express' usw., die im Abschnitt 2.2 besprochen wurden.

- 'templates' enthält VIs, die als Vorlagen zur Eigenentwicklung genutzt werden können, damit die Programmierarbeit nicht immer von vorn beginnen muss.

- 'user.lib' kann zum Speichern selbst entwickelter Funktionen genutzt werden. Speichert man dort z.B. die Funktionen 'DreieckSub.vi' und 'TauschenSub.vi' aus den Abschnitten 5.2.1 und 7.1.3, kann man diese beim nächsten Aufruf (!) von LabVIEW unter 'Funktionen' – 'Eigene Bibliotheken' wiederfinden und von dort aus ins Diagramm eines VI ziehen. Bild 9.29 zeigt das.

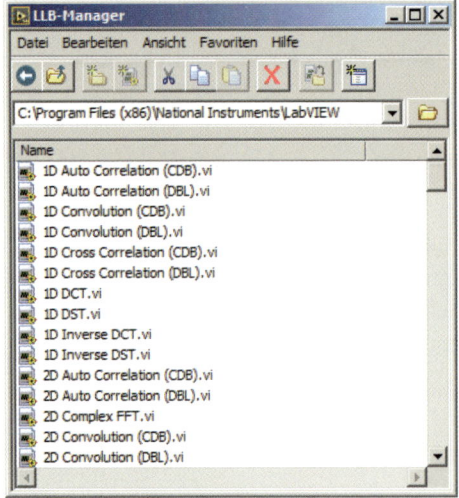

Bild 9.28 VIs in der LLB 'dspxmpl.llb'

Bild 9.29 Selbst entwickelte SubVIs in 'user.lib'

Entsprechend kann man auch eigene Bedienelemente entwickeln und unter 'user.lib' speichern. Zum Beispiel können wir die Typdefinitionen von Abschnitt 5.4 mit neuen Symbolen versehen, in 'user.lib' – '_express' speichern und in 'Elemente' – 'Eigene Elemente' wiederfinden, siehe Bild 9.30.

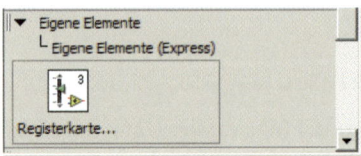

Bild 9.30 Selbst definierte Registerkarte unter 'Elemente' – 'Eigene Elemente (Express)'

9.6   Umwandeln von LLB-Bibliotheken

Wie schon erwähnt, ist eine LLB-Bibliothek kein Verzeichnis, sondern eine einzelne Datei, die meist mehrere verschiedene VIs enthält. Man kann nun eine LLB in ein gewöhnliches Verzeichnis mit verschiedenen Dateien umwandeln und umgekehrt ein Verzeichnis mit verschiedenen VIs zu einer LLB als einzelner Datei zusammenfassen. Allerdings wurden in Version LabVIEW 2014 die meisten Verzeichnisse mit 'llb' als Erweiterung bereits in gewöhnliche Dateiordner umgewandelt, so z.B. auch '2dsp.llb' oben in Bild 9.27. Wir gehen deshalb zum Dateiordner 'C:\\Programme (x86)\National Instruments\LabVIEW 2014 \vi.lib_oldvers'. Dort befindet sich eine echte LLB mit der Bezeichnung '_oldvers.llb', die wir zum Beispiel für den Umformungsprozess wählen. Dafür dient uns das Verzeichnis '…\Kapitel 09\LabBeispiel\0930-Testordner'.

Achtung! Bei der Umwandlung verschwindet die ursprüngliche LLB. Sie wird durch die VIs im Testordner ersetzt. Man sollte deshalb solche Umwandlungen niemals mit den Systemdateien von LabVIEW durchführen. Im schlimmsten Fall ist eine Neuinstallation fällig!

Im nachstehend gezeigten Beispiel wurde deshalb zunächst die Systemdatei '_oldvers.llb' auf übliche Weise nach '…\Kapitel 09\LabBeispiel\0930-Testordner' kopiert (Bild 9.31).

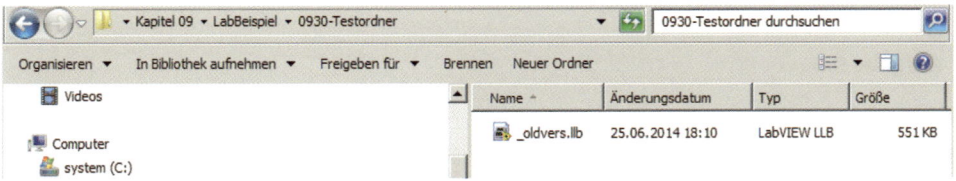

Bild 9.31 Der Testordner enthält hier eine Kopie der LLB-LabVIEW-Systemdatei 'dspxmpl.llb'

Mit 'Werkzeuge' – 'LLB-Manager...' rufen wir aus einem VI den LLB-Manager und stellen ihn auf '…\Kapitel 09\LabBeispiel\0930-Testordner' ein.

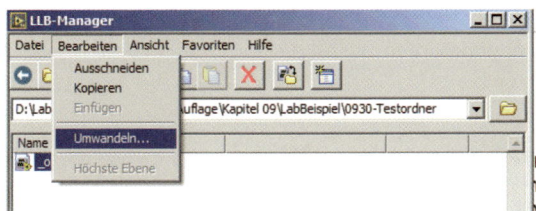

Bild 9.32 Testordner mit markierter LLB. Mit 'Bearbeiten' – 'Umwandeln' erzeugt man das Verzeichnis in Bild 9.34

Mit 'Bearbeiten' – 'Umwandeln…' gemäß Bild 9.32 starten wir die Umwandlung und erhalten das Fenster in Bild 9.33. Dort belassen wir es bei den voreingestellten Parametern.

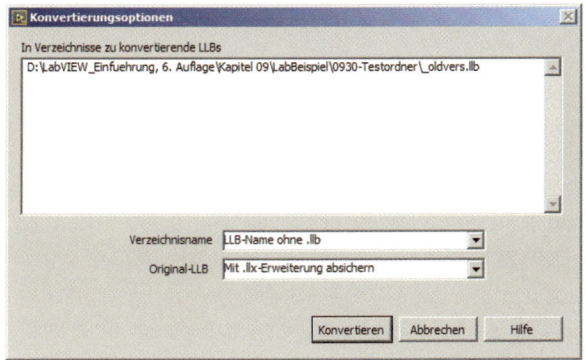

Bild 9.33 Optionen zur Umwandlung

Nach 'Konvertieren' erhalten wir schließlich die in Bild 9.34 dargestellten zwei Einträge.

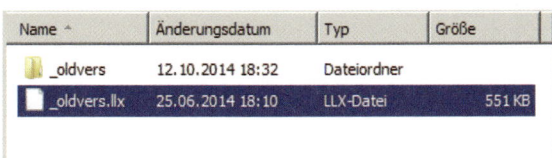

Bild 9.34 '_oldvers.llb' wird umgewandelt in die Sicherungskopie '_oldvers.llx' und ein Verzeichnis '_oldvers', das die einzelnen VIs als Dateien enthält

Das Quellverzeichnis '_oldvers.llb' wurde in die Sicherungskopie '_oldvers.llx' umgewandelt, ebenfalls eine LLB mit den ursprünglichen Einträgen. Außerdem sieht man das Verzeichnis '_oldvers', das die VIs der LLB als Einzeldateien enthält.

Auch der umgekehrte Weg ist möglich. Man kann verschiedene VIs zu einer LLB zusammenfassen. Dabei gilt: VI-Bibliotheken dürfen ausschließlich Dateien enthalten, die aus LabVIEW heraus erzeugt wurden. Der Versuch, eine andere Datei einzufügen, führt zur Fehlermeldung. Außerdem können Bibliotheken keine anderen Bibliotheken oder geschachtelten Verzeichnisstrukturen enthalten. Einzelheiten sind der LabVIEW-Hilfe zu entnehmen, und zwar unter 'Umwandeln Verzeichnisse in LLBs'.

Aufgabe 9.3

Experimentieren Sie mit der Umwandlung von LLBs in Verzeichnisse und umgekehrt. Versuchen Sie es speziell mit dem Beispiel aus diesem Abschnitt.

Merke: Für die Entwicklung größerer Programme sind die Deaktivierungsstrukturen von LabVIEW 2014 nützlich.

Merke: LLBs sind nützlich, wenn es um die übersichtliche Zusammenfassung vieler, logisch zusammengehörender VIs geht.

Merke: Man kann LLBs in normale Verzeichnisse umwandeln und umgekehrt.

9.7 Einbindung von C-Funktionen unter Windows

Unter LabVIEW lassen sich auch C-Funktionen aufrufen: Wir zeigen hier die Einbindung einer DLL (Dynamic Link Library) mit Hilfe eines **CLF-Knotens** (Code Library Function gleich 'Knoten zum Aufruf externer Bibliotheken') bzw. eines 'Konstruktorknotens'

Beispiel: Es soll die Berechnung der Reihe

$$Summe = s_n = \frac{1}{1^2} + \frac{1}{2^2} + \frac{1}{3^2} + ... + \frac{1}{n^2} \tag{9.3}$$

programmiert werden. In LabVIEW könnte das gemäß Bild 9.35 erfolgen. Zusätzlich wird die benötigte Rechenzeit gemessen. Wenn man 1000-mal die Berechnung der Reihe bis zum 25 000sten Glied durchführt, zeigt Bild 9.36 eine Gesamtrechenzeit von 0,750 Sekunden. Können wir das mit einer eigenen C#-Funktion oder C++-Funktion verbessern?

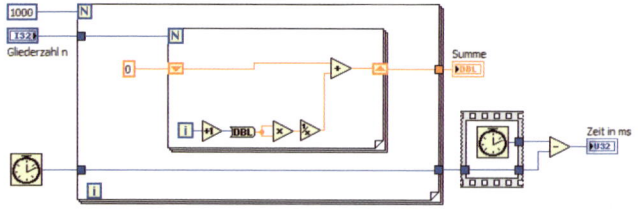

Bild 9.35 Programmierung der Formel (9.3) mit zusätzlicher Zeitberechnung

Bild 9.36 Zeitbedarf für die 1000-fache Berechnung der Reihe mit n = 25000

Wir arbeiten hier mit **Microsoft Visual Studio Express 2012 für Windows.** Dieses System unterstützt verschiedene Programmiersprachen und könnte beim Aufruf eine Ansicht wie in Bild 9.37 bieten. **Achtung! Vor Verwendung von Visual Studio LabVIEW herunterfahren!** Bei gleichzeitigem Arbeiten mit Microsoft Studio und LabVIEW könnten Speicherzuordnungsprobleme entstehen!

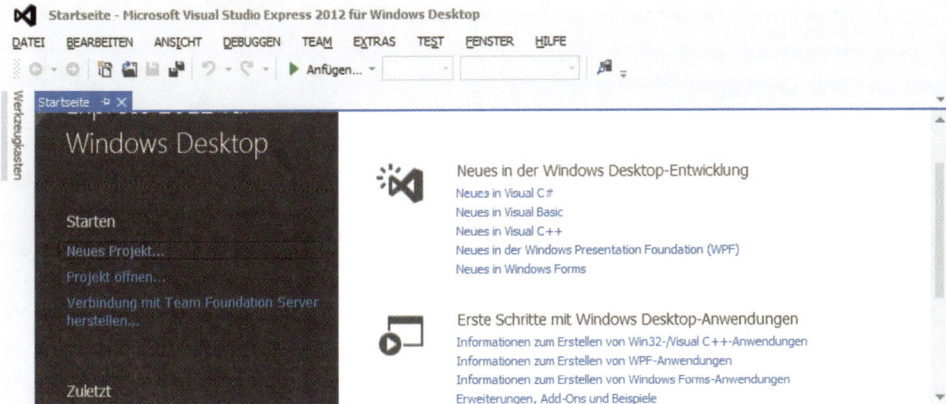

Bild 9.37 Aufruf von Microsoft Visual Studio Express 2012

Wir beginnen mit der Reihenberechnung in C#.

9.7.1 Reihe in C#

Der erste Schritt besteht darin, mit 'Datei' – 'Neues Projekt' ein Visual-C#-Projekt für Windows mit Klassenbibliothek zu wählen und Speicherort, Namen und Projektmappennamen einzutragen (Bild 9.38). Dann folgen 'OK' und 'Ansicht' – 'Projektmappen-Explorer' (Bild 9.39).

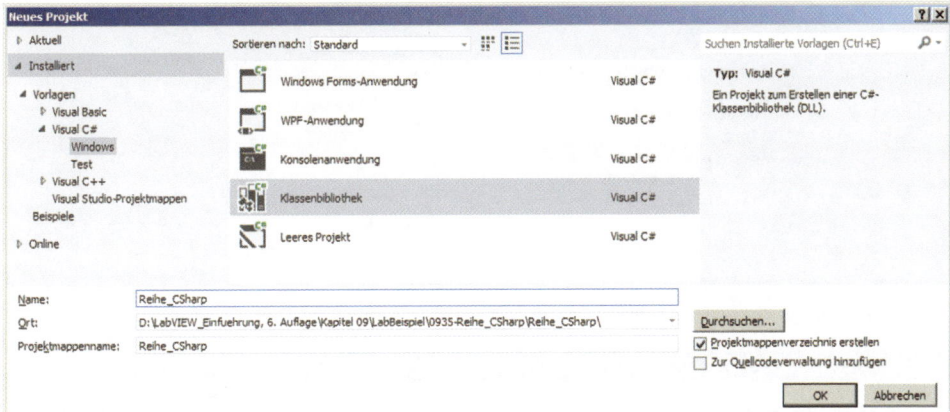

Bild 9.38 Wahl der Sprache C# für Windows mit Klassenbibliothek unter dem Namen 'Reihe_CSharp' für Name und Projektmappenname

Nun in den bereits vorgegebenen Quellcode unter 'Class1.cs' zusätzlich den Quellcode für die Reihenberechnung gemäß Bild 9.40 einfügen. Dann die Kompilierung mit 'Erstellen' – 'Projektmappe erstellen' (oder mit <F6>) veranlassen. Bei Erfolg wird links unten 'Erstellen erfolgreich' ausgegeben. **Microsoft Studio dann schließen!**

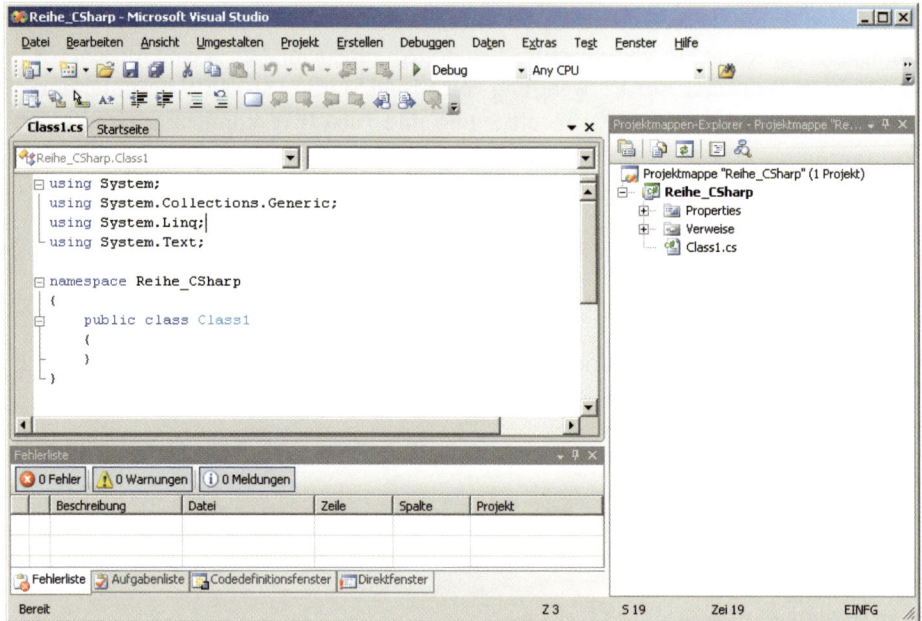

Bild 9.39 Ansicht des vorgefertigten Quellcodes. Rechts Übersicht über die Projektmappe

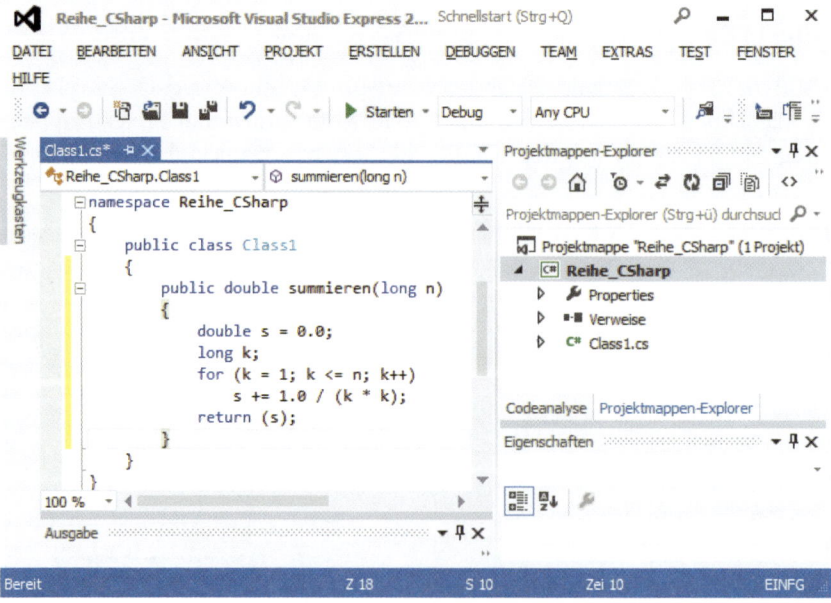

Bild 9.40 Nach Ergänzung mit dem Code für 'Reihe_CSharp' Projekt zur Kompilierung bereit

In dem Verzeichnis '…\LabBeispiel\035-Reihe_CSharp' befinden sich nun verschiedene Unterverzeichnisse und Dateien, darunter auch 'Reihe_CSharp.dll', wie Bild 9.41 zeigt.

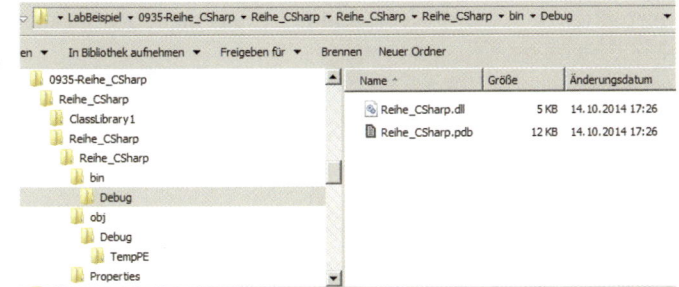

Bild 9.41 Verzeichnisse und Unterverzeichnisse nach der Kompilation

Einbinden in LabVIEW

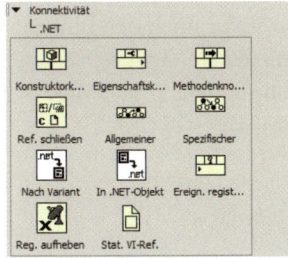

Bild 9.42 Unterpalette '…Konnektivität' – '.NET'

Damit ein LabVIEW-Programm auf das Ergebnis der C#-Berechnung Zugriff bekommt, nutzt man einen **Konstruktorknoten** unter 'Funktionen' – 'Konnektivität' – '.NET'.

Zieht man diesen Knoten auf ein VI-Diagramm, zeigt er sich wie in Bild 9.43 links, gleichzeitig öffnet sich ein Fenster zur Auswahl des speziell benötigten Konstruktors.

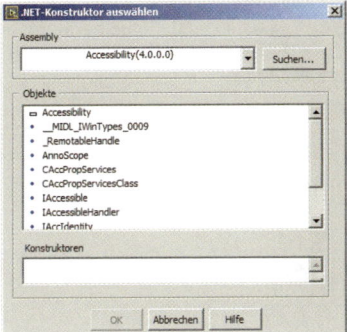

Bild 9.43 Zieht man den Konstruktorknoten in das Diagramm eines VIs, öffnet sich automatisch ein Fenster zur Wahl des speziellen Konstruktors

Mit 'Suchen' geht man zu 'Reihe_CSharp.dll' unter '…\0935-Reihe_CSharp\bin\Debug\', markiert dort 'Class1' und schließt mit 'OK' ab. Der Konstruktor erhält den Namen 'Class1', siehe Bild 9.44.

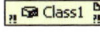

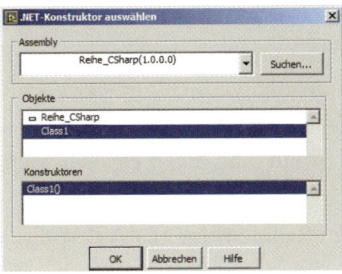

Bild 9.44 Wahl des Konstruktors 'Class1()'

Im VI verbindet man den Konstruktor mit einem Methodenknoten aus derselben Palette und wählt als Methode 'summieren(Int 64 n)', siehe Bild 9.45.

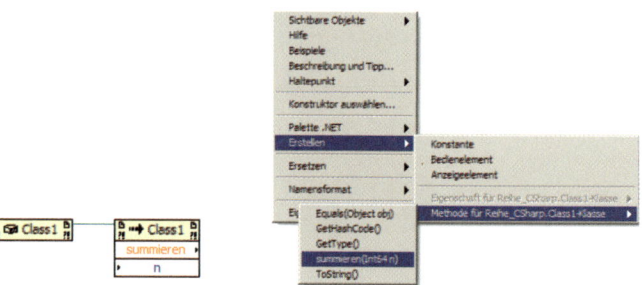

Bild 9.45 .Verbindung mit einem Methodenknoten, **danach erst** Wahl der Methode

Das VI hat nun ein Diagramm wie in Bild 9.46 gezeigt, wenn man zuvor noch den Eingang 'n' mit einem Bedienelement und den Ausgang 'summieren' mit einem Anzeigeelement versieht. Das VI ist sehr viel kompakter als das herkömmliche VI aus Bild 9.35. Die Frage ist, ob es auch schneller arbeitet. Dazu erweitern wir das VI gemäß Bild 9.47.

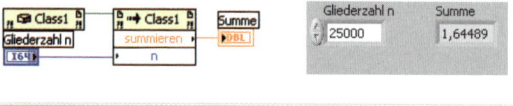

Bild 9.46 Diagramm und Frontpanel von 'Reihe_CSharpEntwurf.vi'

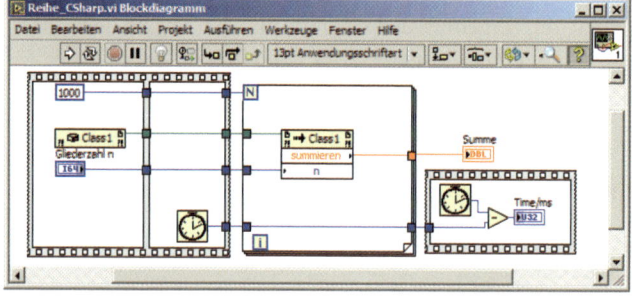

Bild 9.47 Reihenberechnung mit Einbindung einer C#-Bibliothek in LabVIEW mit zusätzlicher Zeitmessung

Die Zeitmessung zeigt **keine Vorteile** gegenüber der reinen LabVIEW-Programmierung nach Bild 9.35, im Gegenteil! Siehe dazu Bild 9.48.

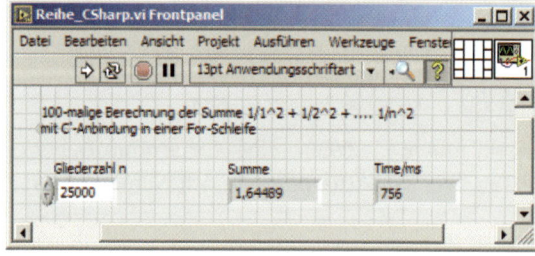

Bild 9.48 Die in LabVIEW eingebundene C#-Bibliothek zur Reihenberechnung ist zwar kompakt, rechnet aber weniger schnell (ca. 750 ms statt 230 ms)

Die hier vorgestellte Lösung lässt sich verbessern:

- Die C#-Kompilierung sollte bei einem getesteten C#-Programm nicht mit 'Debug', sondern mit 'Release' erfolgen. Das verringert den Speicherbedarf.

- Statt des voreingestellten Wertes 'Class1' sollte man einen eigenen Namen verwenden, z.B. 'Reihe'.

- Das Programm 'Reihe_CSharp.vi' sollte im Rahmen eines LabVIEW-Projekts entwickelt werden.

Aufgabe 9.4

Schreiben Sie ein verbessertes VI nach den obigen Vorgaben.

Aufgabe 9.5

(Nur für Programmierer, die sich ein wenig in C# auskennen) Schreiben Sie eine C#-Funktion, die außer der Reihenberechnung noch eine Meldung ausgibt, z.B. 'Fertig'.

9.7.2 Reihe in C++

Eine ältere Methode, C-Funktionen in LabVIEW zu verwenden, nutzt den so genannten CLF-Knoten, zu finden unter 'Funktionen' – 'Konnektivität' – 'Bibliotheken & Programme' mit der Bezeichnung 'Knoten zum Aufruf externer Bibliotheken', siehe Bild 9.49.

 Bild 9.49 CLF-Knoten ('Knoten zum Aufruf externer Bibliotheken') unmittelbar nach dem Einfügen in ein Diagramm

Er eignet sich nicht für C#-Klassen, dafür wurde der Konstruktorknoten unter .NET eingeführt. Wohl aber kann man ihn zum Aufruf von C++-Funktionen nutzen. Das geschieht wie folgt:

Wir rufen erneut Visual Studio Express 2012 auf und starten mit 'Datei' – 'Neues Projekt'. Diesmal wählen wir im Formular 'Neues Projekt' die Parameter: Visual C++ und Win32-Projekt.

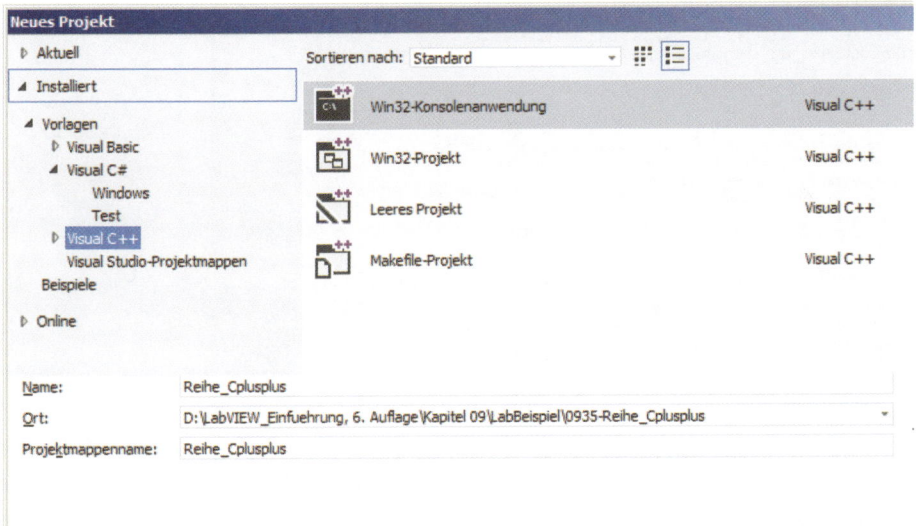

Bild 9.50 Bildung eines C++-Projektes

Nach 'OK' im nächsten Formular 'Weiter' drücken. Unter 'Anwendungseinstellungen' die Parameter gemäß Bild 9.51 wählen.

Nach 'Fertig stellen' zeigt der Text-Editor von Visual Studio unter 'Reihe_Cplusplus.cpp' ein automatisch generiertes Beispielprogramm, das wir anpassen müssen. Wir ändern dabei die ursprünglichen Eintragungen von Bild 9.52 zu denen in Bild 9.53:

Den Vorschlag für den Export einer Variablen können wir streichen, den Vorschlag für den Export einer Funktion ändern wir entsprechend der Deklaration der von uns benutzten Funktion 'summieren' ab. Den Vorschlag zum Export einer Klasse können wir ebenfalls entfernen. Entsprechend muss die Header-Datei geändert werden. Danach ist das Programm zu kompilieren.

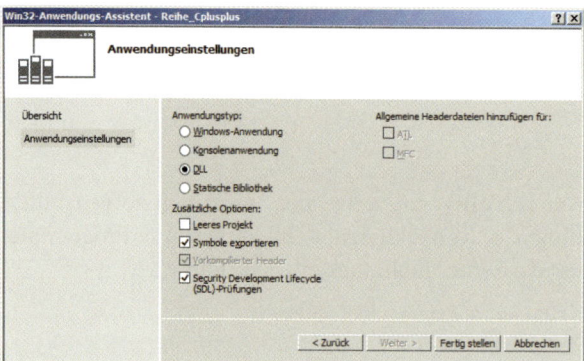

Bild 9.51 Wichtig ist hier: Anwendungstyp 'DLL' und die zusätzliche Option 'Symbole exportieren'

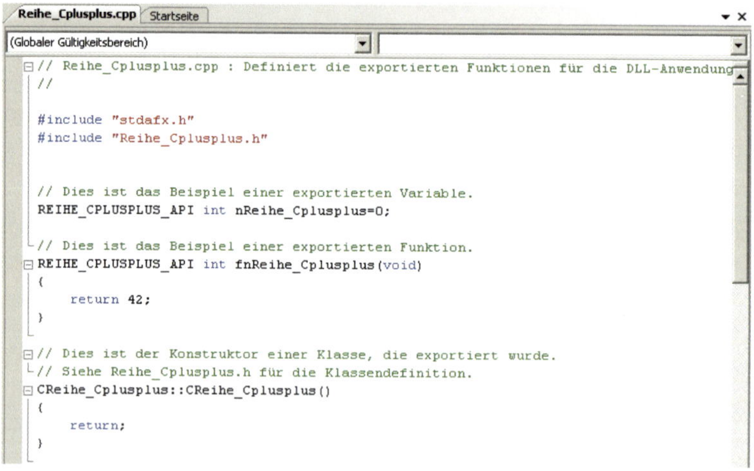

Bild 9.52 Von Visual Studio automatisch erstellter Programmvorschlag

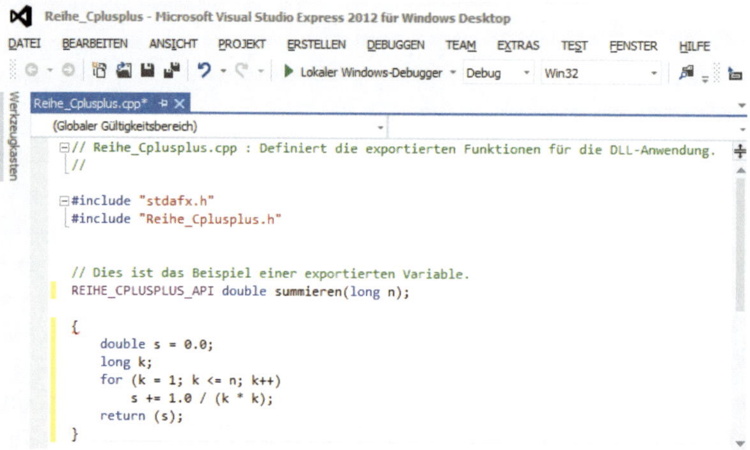

Bild 9.53 Für unser Beispiel aus dem Vorschlag von Bild 9.52 entwickeltes Programm

Wir müssen nun in LabVIEW die Verbindung zur gewünschten DLL erstellen, d.h., wir haben zu **konfigurieren**. Dazu im Kontextmenü des CLF-Knotens 'Konfigurieren…' aufrufen. Wir erhalten ein Fenster gemäß Bild 9.54.

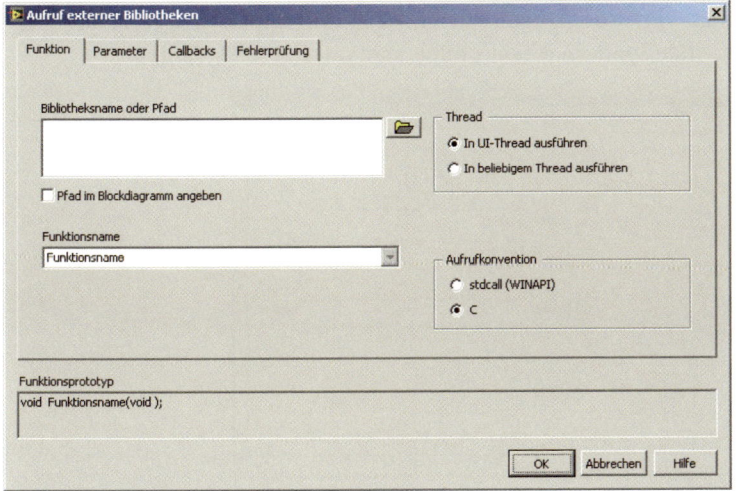

Bild 9.54 Konfigurationsfenster für einen CLF-Knoten beim ersten Aufruf, noch weitgehend leer

Hier sind unter 'Funktion' folgende Eintragungen vorzunehmen:

- Pfad zur DLL unter 'Bibliotheksnamen oder Pfad'. Das kann mit der Suchtaste rechts geschehen. *)

- Als Funktionsnamen wählen wir in unserem Beispiel 'summieren'. Der Funktionsprototyp links unten erhält dabei einige Zusatzzeichen, die man aber nicht beachten muss.

Das Konfigurationsfenster hat dann Eintragungen gemäß Bild 9.55.

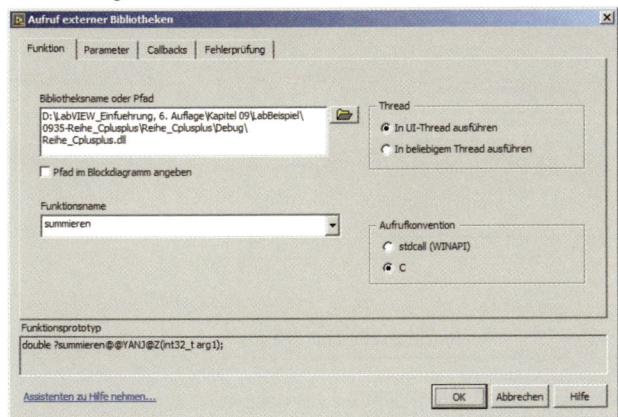

Bild 9.55 Eintragungen unter der Rubrik 'Funktion'

---

*) Zwei andere Möglichkeiten:

   a) Ist die Dll bekannt, genügt es, nur ihren Namen einzutragen.

   b) Markiert man 'Pfad in Blockdiagramm angeben', kann man den Pfad der Dll am Eingang der oberen Leitung übergeben. Vorsicht! Vorher unbedingt Hilfe für den CLF in der LabVIEW-Hilfe nachlesen, um den Umgang von LabVIEW mit DLLs zu verstehen!

Nun werden die Parameter eingetragen.

Bild 9.56 zeigt die Eintragungen für den 'Rückgabetyp', Bild 9.56 für 'arg1'. Dieses Argument wird angezeigt, wenn man auf den blauen Plus-Knopf drückt. In unserem Fall steht 'arg1' für 'n' als Gliederzahl. Damit wird 'double ?summieren@@YANJ@Z(int32_t arg1)' Funktions-Prototyp bzw. einfacher ohne Sonderzeichen: 'double summieren (int32_t arg1)'.

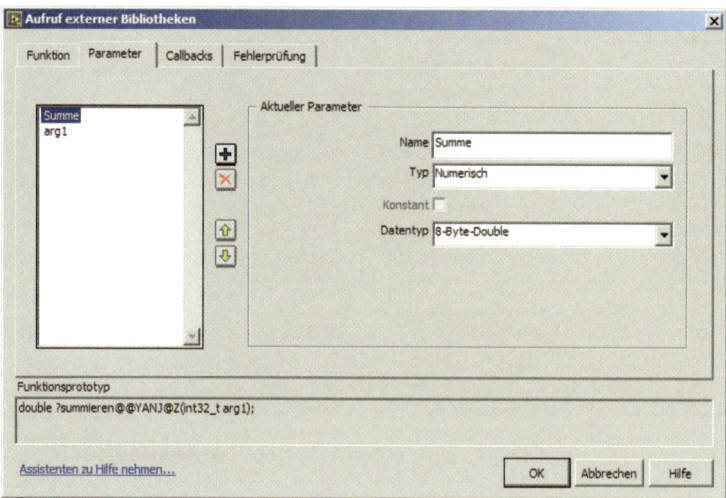

Bild 9.56 Einstellungen für den Rückgabetyp der Funktion 'summieren'

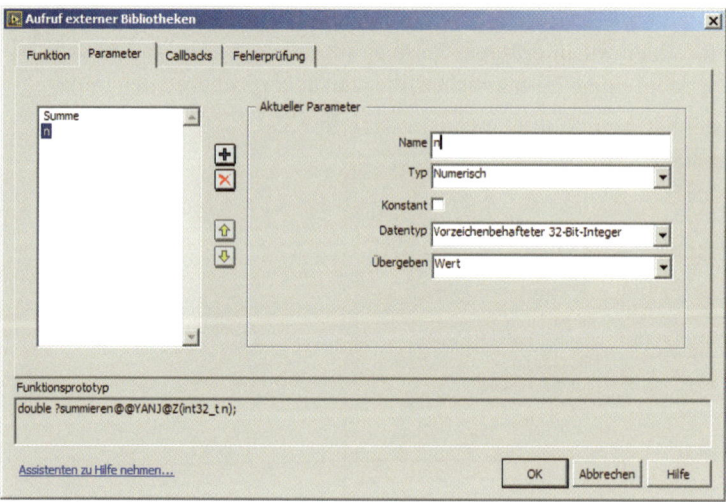

Bild 9.57 Einstellungen für das Argument 'arg1' von 'summieren', die Gliederzahl 'n'

Eintragungen unter 'Callbacks' und 'Fehlerprüfung' sind hier nicht erforderlich. Abschließen der Konfiguration mit 'OK'. Der CLF-Knoten hat sich jetzt verändert und zeigt sich in der Gestalt von Bild 9.58.

 Bild 9.58 CLF-Knoten nach der Konfiguration. Er kann nun die Funktion 'summieren' in LabVIEW einbinden

Dieser Knoten kann nun in einem VI verwendet werden, das dieselbe Funktion wie das VI in Bild 9.36 hat. Siehe dazu Bild 9.59. **Achtung:** Läuft eventuell nicht auf anderem PC ohne Visual Studio 2008! Dann Laufzeitbibliothek installieren!

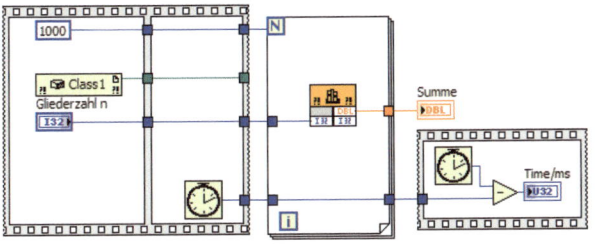

Bild 9.59 VI mit CLF-Knoten, der die Verbindung zu einer C++-Bibliothek herstellt

Dieses VI ist etwa genau so schnell wie das VI von Bild 9.36 und benötigt eine Laufzeit von ca. 230 ms.

9.7.3 Reihe mit MathScript

Gründe für die Einbindung von C#- oder C++-Funktionen sind nicht nur darin zu sehen, dass man vorhandene Software wiederverwenden möchte, sondern auch in dem Umstand, dass für manche Programmierer eine zeilenorientierte Programmierung übersichtlicher ist als die grafische Programmierung in G. Innerhalb LabVIEW gibt es deshalb schon seit längerem den so genannten Formelknoten und den **MathScript-Knoten**. Mit ihm kann man in einer C-ähnlichen Sprache unmittelbar LabVIEW-Programme erzeugen. Auch die Reihenberechnung lässt sich damit behandeln, wie Bild 9.60 zeigt. Hier entfällt der umständliche Prozess der Anbindung über einen CLF- oder .NET-Knoten. Allerdings liegt die Ausführungszeit unter sonst gleichen Voraussetzungen bei 640 ms, also knapp dem **Dreifachen**(!) des Programms mit C++-Anbindung.

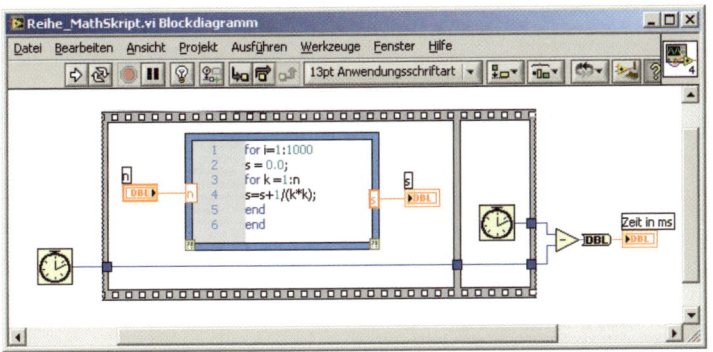

Bild 9.60 Programmierung der Reihenberechnung mit einem MathScript-Knoten

Der MathScript-Knoten ist zu finden unter 'Funktionen' – 'Programmierung' – 'Strukturen'. Auf die Programmierung wird hier nicht eingegangen, sie kann relativ einfach der LabVIEW-Hilfe entnommen werden.

9.8 Hilfen zu LabVIEW

Dieses Lehrbuch – wie auch andere – deckt nur einen Bruchteil der Möglichkeiten ab, die LabVIEW bietet. Man ist also auf zusätzliche Hilfe angewiesen. Dazu einige Anregungen:

1. Kontexthilfe zu Funktionen: aus einem VI heraus 'Hilfe' aufrufen, dort 'Kontexthilfe anzeigen' markieren (oder Shortcut <Strg> + <H>). Fährt man anschließend mit dem Mauszeiger über eine Funktion, erscheint in dem Kontexthilfe-Fenster automatisch eine kurze Erklärung. In vielen Fällen kann man dort noch 'Ausführliche Hilfe' aufrufen.

2. 'Hilfe' – 'LabVIEW-Hilfe…' führt zu einem Fenster, in dem man unter Index ein Stichwort wie 'Array' eingeben kann. Man erhält dann die in Bild 9.61 dargestellte Auflistung, von der aus man durch einen Doppelklick auf die links stehenden Eintragungen weitere Hilfe erhält.

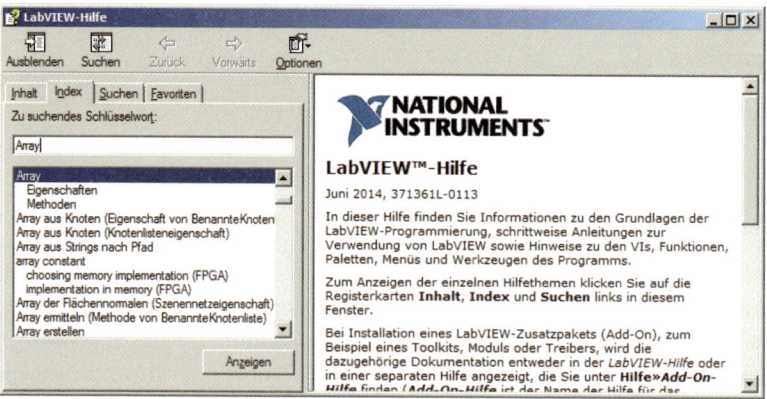

Bild 9.61 Alphabetisch sortierte LabVIEW-Hilfe

3. Die Bedeutung von Fehlercodes erhält man unter 'Hilfe' – 'Fehler beschreiben...' Man gibt eine Fehlernummer ein und erhält Hinweise zu möglichen Ursachen.

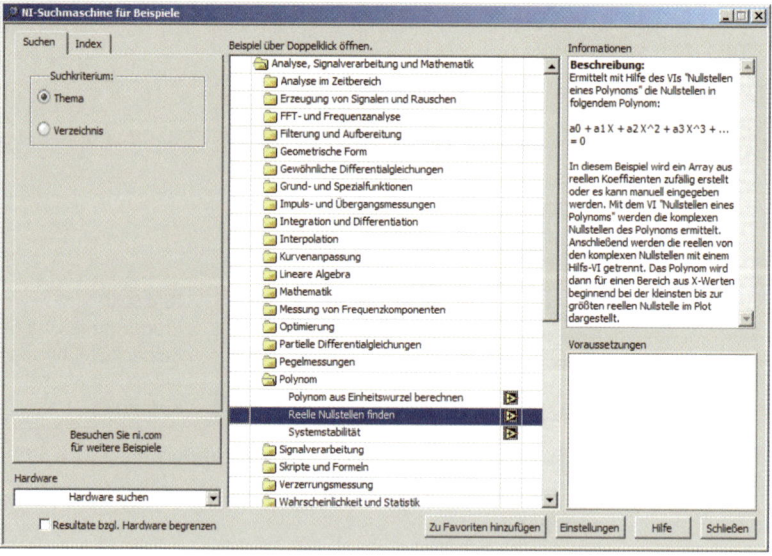

Bild 9.62 NI-Suchmaschine: Auffinden von Beispielen

4. In vielen Fällen helfen Erklärungen allein nicht weiter. Beispiele sind notwendig. Man kann mit 'Hilfe' – 'Beispiele suchen…' ein Fenster öffnen, in dem sich geeignete VIs finden lassen, geordnet nach Sachzusammenhang (Thema) oder nach Verzeichnis. Bild 9.62 zeigt dieses Fenster, das zur so genannten 'NI-Suchmaschine' gehört. Die Handhabung ist selbsterklärend.

5. Wertvolle Hilfe besonders zu tiefer liegenden Problemen erhält man auch von Benutzerkreisen im Internet, z.B. mit 'Ansicht' – 'Startfenster' unter 'Community and Support' – 'NI Developer Community' (Bild 9.63) oder in NI-Diskussionsforen unter 'forums.ni.com' .

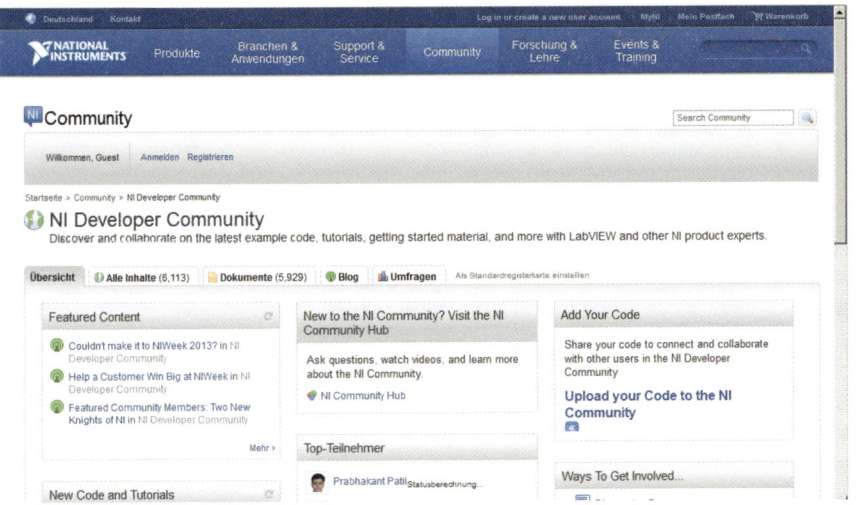

Bild 9.63 Internet-Hilfe von National Instruments

6. Schließlich kann auch die Analyse von Express-VIs hilfreich sein: dazu im Symbol-Kontextmenü 'Frontpanel öffnen' wählen, in Standard-SubVI konvertieren und danach Blockdiagramm studieren.

Merke: Für LabVIEW-Anwender gibt es eine Fülle von Hilfen, die nicht nur für Anfänger von großer Bedeutung sind. Besonders zu erwähnen ist hier die 'NI Developer Community', die man vom NI-Startfenster aus aufrufen kann.

Merke: Die Analyse von Express-VIs nach deren Umwandlung kann ebenfalls sehr hilfreich sein.

9.9 Schnelleinfügeleiste (Quickdrop)

Die Schnelleinfügeleiste wurde bereits in Abschnitt 9.1.3 gestreift. Hier Ergänzungen:

Fragt man den mehrfachen "LabVIEW Coding Challenge Champion" Darren Nattinger, warum er seiner Meinung nach schneller als alle anderen programmiert, so lautet die Antwort: "It's not really a secret. Quick Drop" (http://www.ni.com/newsletter/51642/en/)

Wie arbeitet Quickdrop? Kennt man den Namen einer Funktion, tippt man diesen oder auch nur einige Anfangsbuchstaben des Namens ein. Dann erhält man nach dem Prinzip der Autovervollständigung alle Funktionen, die der Suche entsprechen. Mit <Enter> (oder Doppelklick) zieht man die gewünschte Funktion ins Diagramm. Entsprechend beim Frontpanel. Es ist also nicht mehr nötig, das gesuchte Objekt mühsam in Paletten und Unterpaletten zu suchen.

Man erhält die Schnelleinfügeliste mit der Tastenkombination <Strg> + <Leertaste> oder über das Menü mit 'Ansicht' – 'Schnelleinfügeliste'. Beim ersten Aufruf muss man einige Zeit warten. Dann sieht man alle verfügbaren Funktionen oder Elemente wie in Bild 9.64.

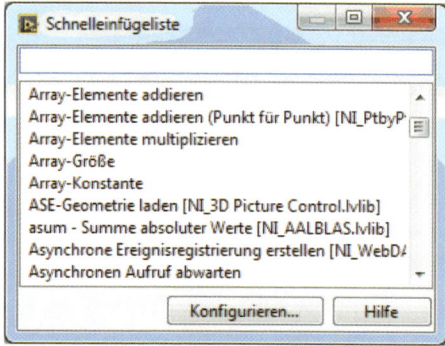

Bild 9.64 Schnelleinfügeliste mit alphabetisch sortierten Eintragungen

Tippt man nun z.B. 'Datei' ein, erhält man eine Ansicht wie in Bild 9.65.

Bild 9.65 Liste, nachdem der Anwender 'Datei' in die Schnelleinfügeliste eingetippt hat.

Wie erwähnt, gilt Entsprechendes für die Schnelleinfügeliste auf dem Frontpanel. Z.B. kann man durch Eingabe von 'num' schnell und einfach ein numerisches Bedienelement erstellen.

> **Merke:** Die Schnelleinfügeliste kann man auch dazu nutzen, eine Funktion zu finden, von der man nicht mehr genau weiß, in welcher Palette sie sich versteckt.

Die Schnelleinfügeliste kann den persönlichen Bedürfnisse des Benutzers angepasst werden. Über die Schaltfläche Konfiguration können personalisierte Shortcuts mit Funktionen verknüpft werden. So kann man z.B. die Eingabe von 'sc' mit einer String-Konstanten verknüpfen. Hierbei unterscheiden sich die Shortcuts auf dem Frontpanel von denen auf dem Blockdiagramm. Nach Anlegen eines Shortcuts wird die Auswahl in der LabVIEW.ini unter den Einträgen 'QuickDropDiagramShortcuts' und 'QuickDropPanelShortcuts' aufgelistet. Darren Nattinger stellt seine Shortcuts im Internet[1] zur Verfügung. Wie diese in die LabVIEW.ini eingebunden werden, ist in seinem Onlineartikel genau beschrieben.

Doch die Schnelleinfügeliste kann noch mehr. Man kann mit ihr sogenannte 'Quickdrop Plugins' aufrufen, die auf dem 'VI Scripting' beruhen. Dazu mehr in Kapitel 23. Hier erläutern wir nur die Auswirkungen von Plugins, die standardmäßig mit LabVIEW ausgeliefert werden, wie etwa das Plugin 'Connect Toolchain VIs'. Dazu ein Beispiel:

---

[1] https://decibel.ni.com/content/docs/DOC-8344

In einem Programm will man ein Messdatenfile auslesen. Dazu muss die Datei geöffnet, dann gelesen und zuletzt wieder geschlossen werden. Der Programmierer legt nun zunächst alle drei Funktionen auf dem Blockdiagramm ab und verbindet sie **manuell** zu einer Funktionskette, der sogenannten 'Toolchain'.

Bild 9.66 Auf dem Blockdiagramm abgelegte Funktionen zum Lesen der Datei, die noch mit Drähten miteinander zu verbinden sind

Seit LabVIEW 2014 geht das auch **automatisch** mit Hilfe der Schnelleinfügeleiste. Dazu selektiert man alle VIs, die zur Toolchain gehören (anklicken bei gedrückter Shift-Taste) und ruft danach durch <Strg> + <Leertaste> die Schnelleinfügeleiste auf. Nun <Strg> + <W> drücken. Diese Kombination ruft das Plugin 'Mehrere Objekte miteinander verbinden' auf, das automatisch die passenden Anschlüsse der ausgewählten Funktionen verbindet.

Bild 9.67 Das Plugin verbindet mit Hilfe von <Strg> + <W> die Funktionen automatisch miteinander

Eine kleine Übersicht über die bereits enthaltenen Quickdrop Plugins zeigt

Shortcut	Auswirkung
<Strg> + <W>	Verbindet Funktionen und richtet diese aus
<Strg> + <I(nsert)>	Fügt das ausgewählte Object an der ausgewählten Stelle ein
<Strg> + <T(ransfer)>	Verschiebt die Bezeichnungen der Bedien- und Anzeigeelemente an die Seite der einzelnen Objekte
<Strg> + <R(emove and Rewire)>	Löscht die ausgewählte Funktion und versucht mögliche Verbindungen wieder miteinander zu verbinden
<Strg> + <D>	Erzeugt alle Bedien- und Anzeigeelemente für die ausgewählte Funktion.
<Strg> + <B>	Wechselt die VI Serverklasse auf die zuvor in der Schnelleinfügeleiste eingestellte Klasse

Hinweis: Einige Plugins verhalten sich beim zusätzlichen Drücken der <Shift> Taste anders als oben in der Tabelle beschrieben. Die Funktion kann der Beschreibung des Quickdrop-Plugins entnommen werden.

9.10 Der VI Package Manager

Der VI Package Manager (VIPM) der Firma JKI ist ein Programm, mit der man die LabVIEW-Entwicklungsumgebung erweitern und verwalten kann. Hierbei können zum Teil kostenlose LabVIEW-Erweiterungen aus dem LabVIEW Tools Network bezogen werden. Der Package Manager kann seit der LabVIEW-Version 2013 mit Hilfe der LabVIEW-Plattform-DVDs installiert werden. Für ältere LabVIEW-Versionen kann man den Package Manager auch direkt bei der Herstellerfirma JKI unter http://www.jki.net/vipm herunterladen. Man beachte beim Download die zwei unterschiedlichen Lizenzierungsmodelle des VI Package Manager. Der VI Package Manager kann sowohl als **freie Version**, aber auch als

kostenpflichtige 'Pro-Version' bezogen werden. Nachfolgend gehen wird nur auf die Möglichkeiten der freien Version ein.

9.10.1 Verwalten der LabVIEW-Entwicklungsumgebung

Mit Hilfe des 'VI Package Manager' kann man Zusatzpakete, sogenannte VI-Packages in die bestehende LabVIEW-Entwicklungsumgebung einbetten und anschließend verwalten. Man startet den VI Package Manager entweder über Windows mit 'Start' – 'Alle Programme' – 'JKI' – 'VI Package Manager' oder über das Startfenster von LabVIEW mit 'Werkzeuge' – 'LabVIEW-Zusatzpakete suchen...'. Siehe Bild 9.68 und Bild 9.71.

Damit der VI Package Manager reibungslos funktioniert, sollte man nach dem Aufruf zunächst die Verbindung zwischen LabVIEW und dem VI Package Manager prüfen. Dazu in der Menüleiste 'Tools' – 'Options...' wählen, danach über den Reiter 'LabVIEW' und mit 'Verify' die Verbindung prüfen. Falls LabVIEW geöffnet ist, wird es herunter gefahren und dann neu gestartet. Im Erfolgsfall erhält man die Meldung 'VIPM successfully connected to LabVIEW 2014'. Konnte dagegen keine Verbindung zwischen VI Package Manager und LabVIEW hergestellt werden, sollte man den Port der Verbindung überprüfen. Dazu kann man über die Schaltfläche 'Edit Port for Selected Item' die Portnummer neu einstellen. Der eingestellte Port muss mit dem im VI Server eingestellten übereinstimmen. Am besten öffnet man dazu LabVIEW und schaut über 'Werkzeuge' – 'Optionen' in der Kategorie 'VI Server' nach. Sind die Portnummern gleich, ist eine Verbindung zwischen dem VI Package Manager und LabVIEW möglich. Zusätzlich kann man im VI Package Manager über verschiedene 'Checkboxes' die LabVIEW-Versionen markieren, die der VI Package Manager verwalten soll. Danach die Einstellungen schließen.

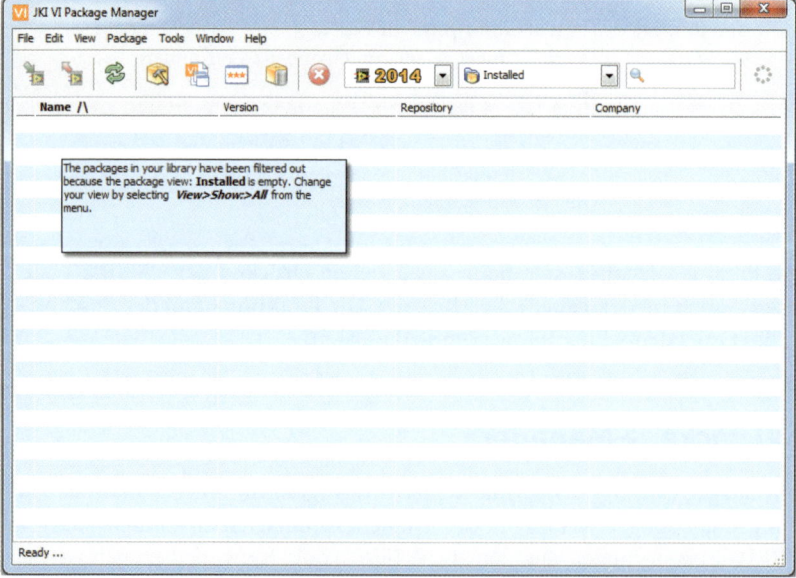

Bild 9.68 Das Startfenster des VI Package Manager. Hier werden alle bis jetzt installierten Pakete für die Version 2014 angezeigt. In diesem Bild ist noch kein Paket installiert. Siehe aber **Bild 9.71**

Sucht man nun ein neues Zusatzpaket, öffnet man mit das Netzwerk mit 'Window' – 'Show LabVIEW Tools Network', was natürlich Internetzugang voraussetzt. Hier werden alle verfügbaren Zusatzpakete angezeigt (Bild 9.69). Über 'Find Add-Ons' kann man zu bestimmten Themenbereichen wie z.B. 'RF', Angebote suchen oder sich auch nur die kostenlosen Angebote anzeigen lassen. Beispiel: Einbindung 'Open G Palette' (Bild 9.70).

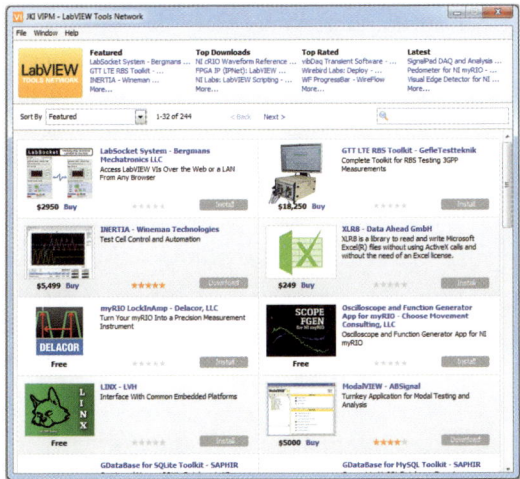

Bild 9.69 Das Startfenster des 'LabVIEW Tools Network'. Mit der Suchleiste oben rechts kann man nach einem bestimmten Toolkit suchen. Man kann die Auswahl auch auf kostenlose oder beliebte Toolkits reduzieren

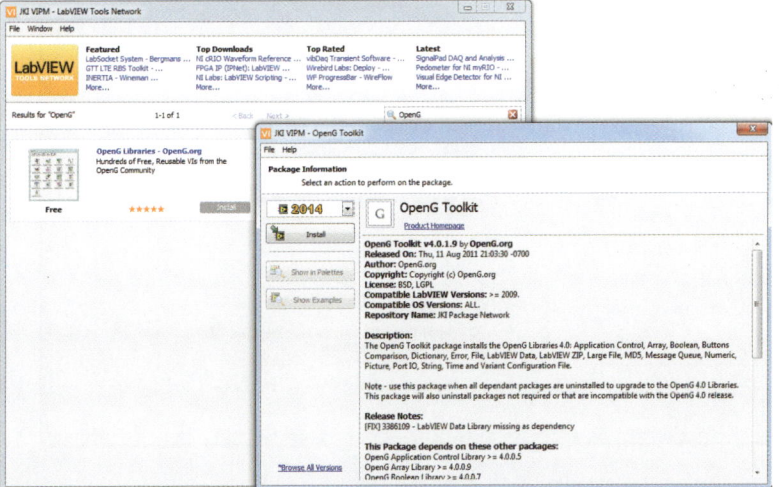

Bild 9.70 Installationsfenster des OpenG Toolkits. Oben links wird die LabVIEW-Version angezeigt, für die das Toolkit installiert wird. Über 'Install' wird die Auswahl bestätigt.

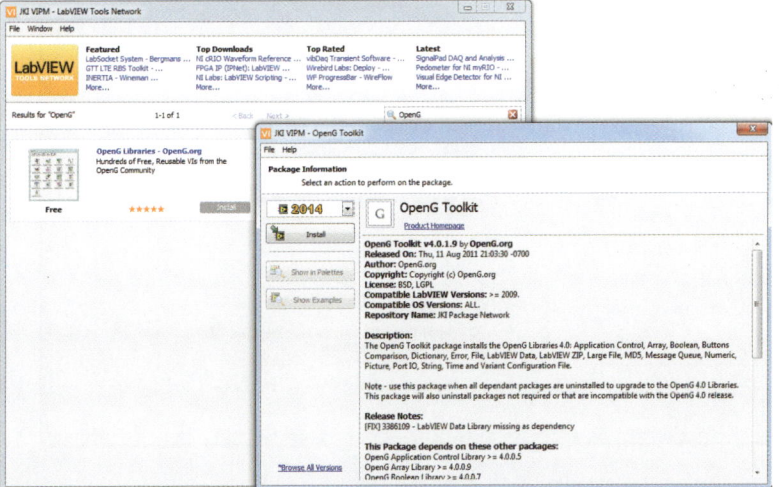

Bild 9.71 Der Package Manager nach der Installation

9.10.2 Eigenes Paket erstellen

Man kann den VI Package Manager auch dazu nutzen, Programmcode zu verpacken und anschließend zu verteilen. Gerade für Firmen, die LabVIEW-Treiber zu Ihren Produkten anbieten, ist das ein neuer bequemer Weg der Softwareverteilung. Über die Schaltfläche 'Build a Package', die einen Karton mit Hammer zeigt, wird der Package Builder aufgerufen. Mit 'Create New' wird ein neues Paket erstellt, mit 'Open Existing' kann ein bereits konfiguriertes Paket modifiziert werden. Will man ein neues Paket erstellen, wählt man zunächst die Quelldateien und definiert Produkt- und Firmenname. Im nächsten Fenster (Bild 9.72) definiert man die Zielverzeichnisse, in das die einzelnen Module zu laden sind.

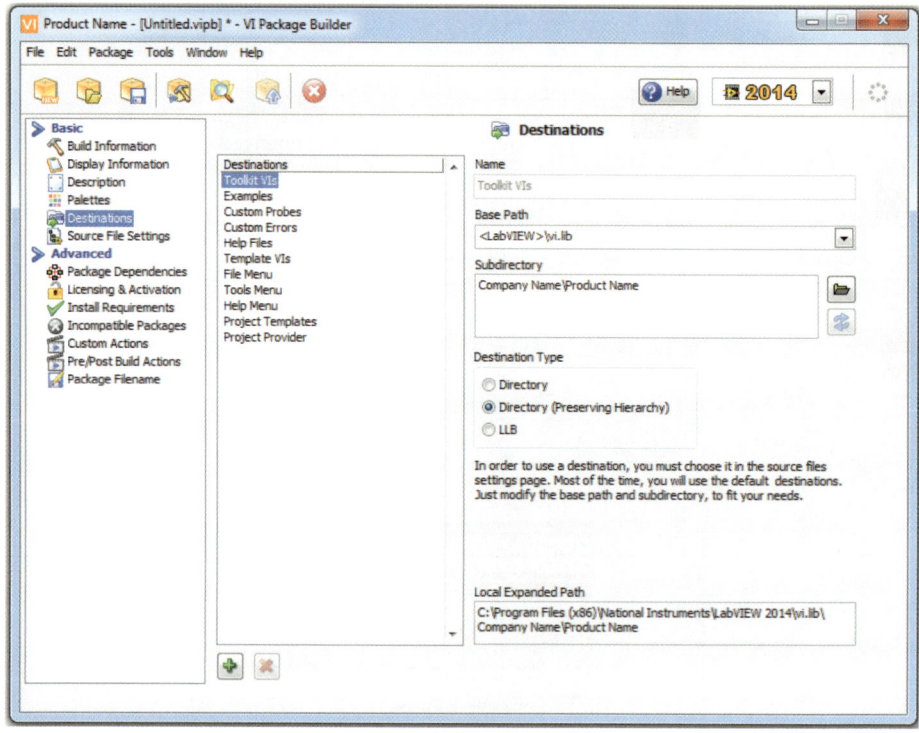

Bild 9.72 Das Konfigurationsfenster des VI Package Builders

Teil II: Technische Anwendungen

Während in Teil I Ausschnitte aus LabVIEW systematisch dargestellt wurden, beschäftigt sich Teil II mit technischen Anwendungen. Neue Elemente von LabVIEW werden nur noch dort eingeführt, wo sie sich aus der jeweiligen Aufgabenstellung ergeben. Eine gewisse Ausnahme bildet Kapitel 14, das sich mit der Synchronisierung von Prozessen und der Event-Struktur beschäftigt.

10 Fouriertransformation

Lernziele

1. Zeit- und Frequenzbereich einer periodischen Funktion kennen.
2. Einseitige und doppelseitige reelle Fouriertransformation sowie die Darstellung der komplexen Werte der doppelseitigen Transformation in LabVIEW beherrschen.
3. Satz von Shannon kennen und berücksichtigen.
4. Aliasing kennen und berücksichtigen.
5. Frequenzauflösung kennen und beachten.

10.1 Zeit- und Frequenzbereich

Erinnern wir uns, dass National Instruments LabVIEW ursprünglich entwickelt hat, um Messinstrumente zu simulieren, d.h., um VIs (Virtual Instruments) zu erstellen. Messinstrumente haben häufig die Aufgabe, Daten zu erfassen und nach periodisch auftretenden Mustern zu durchsuchen. Wir können uns z.B. vorstellen, dass wir von einer Antenne Daten empfangen, die vom 50-Hz-Signal der Spannungsversorgung im Gebäude gestört wird. Dann haben wir diese Störung zu entdecken, durch Filterung zu entfernen und das verbleibende Signal zu analysieren. Die Analyse wird in Kapitel 10 besprochen, die Filterung in Kapitel 11.

Periodische Signale können die verschiedensten Formen annehmen: Rechtecke, Dreiecke, Sägezahnform und wesentlich kompliziertere. In allen technisch interessanten Fällen lassen sie sich in eine **unendliche** Summe von Sinus- und Kosinusfunktionen zerlegen, annähernd auch in eine **endliche** Summe. Man nennt diese Zerlegung **Fourieranalyse**.

Die Fourieranalyse oder Fouriertransformation hat den Zweck, Funktionen $t \rightarrow f(t)$, dargestellt im 'Zeitbereich', umzuformen in eine Funktion im 'Frequenzbereich'. Das ist schon deshalb nützlich, weil einer aus mehreren Sinus- und Kosinusfunktionen zusammengesetzten Funktion im Zeitbereich kaum anzusehen ist, welche Bestandteile sie enthält. Dagegen ist das im Frequenzbereich sehr einfach, wie Bild 10.1 verdeutlicht.

Wir sehen links die Funktion $f(t) = 3 \cdot \sin(2\pi t) + 2 \cdot \sin(2 \cdot 2\pi t) + 1$ im Zeitbereich, wie sich aus der Achsenbeschriftung des Graphen und den links eingestellten Parametern erkennen lässt. Rechts sehen wir dieselbe Kurve transformiert in den Frequenzbereich, dargestellt durch drei Balken mit den Amplituden 3, 2 über den Frequenzen $f = 2\pi/2\pi = 1$, $f = 2 \cdot 2\pi/2\pi = 2$ und dem Offset 1 über $f = 0$. Man nennt diese Darstellung, die eigentlich nur aus drei Punkten besteht, auch das **Amplitudenspektrum** von $f(t)$. Der besseren Erkennbarkeit wegen wird aus diesen drei Punkten ein Balkendiagramm mit drei Linien erzeugt.

Aus der rechten Seite von Bild 10.1 lässt sich leicht die symbolische Darstellung der Funktion ableiten und damit die Kurve links rekonstruieren. Von der linken Anzeige auf die rechte zu schließen ist dagegen rechenaufwändig und Sache der Fouriertransformation.

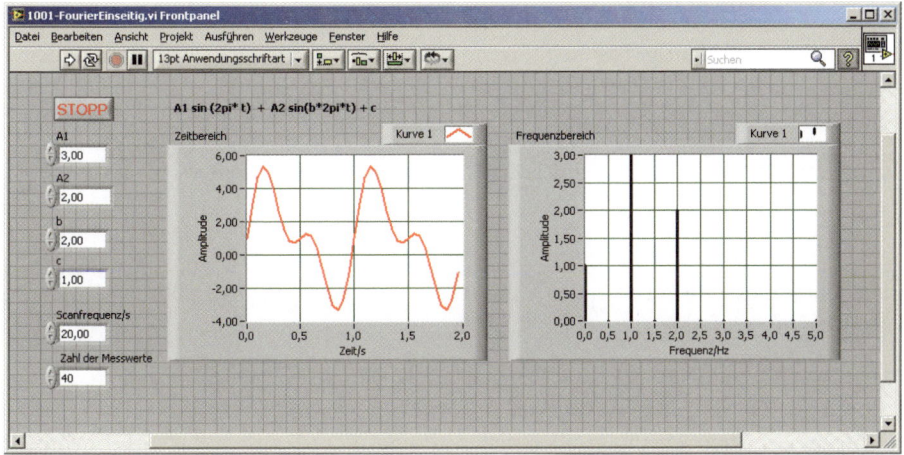

Bild 10.1 Funktion $f(t) = 3 \cdot \sin(2\pi t) + 2 \cdot \sin(2 \cdot 2\pi t) + 1$ im Zeitbereich (links) und im Frequenzbereich

10.1.1 Die reelle Fouriertransformation

Die Grundlage der oben angestellten Überlegungen ist der

Satz von Fourier

Gegeben sei eine Funktion $t \to f(t)$ mit der primitiven Periode T (d.h., T ist die kleinste Periode). Das bedeutet, dass für jede reelle Zahl t gilt: $f(t+T) = f(t)$. Ferner wird angenommen, dass $f(t)$ eine beschränkte Ableitung hat. Dann gilt mit $\omega = 2\pi/T$:

$$f(t) = \frac{a_0}{2} + \sum_{k=1}^{\infty} a_k \cos k\omega t + \sum_{k=1}^{\infty} b_k \sin k\omega t \tag{10.1}$$

Darin ist

$$a_k = \frac{2}{T} \int_0^T f(t) \cos k\omega t \, \mathrm{d}t, \qquad b_k = \frac{2}{T} \int_0^T f(t) \sin k\omega t \, \mathrm{d}t \tag{10.2}$$

Dies gilt für $k = 1, 2, \dots$ und ebenso für $k = 0$, wenn man $b_0 = 0$ voraussetzt. Eine andere Darstellung ist:

$$f(t) = \frac{a_0}{2} + \sum_{k=1}^{\infty} A_k \cos(k\omega t + \varphi_k) \tag{10.3}$$

mit

$$A_k = \sqrt{a_k^2 + b_k^2}, \quad \sin \varphi_k = \frac{-b_k}{\sqrt{a_k^2 + b_k^2}}, \quad \cos \varphi_k = \frac{a_k}{\sqrt{a_k^2 + b_k^2}} \tag{10.4}$$

Die a_k, b_k sind der Formel (10.1) zu entnehmen. Diese Darstellung hat den Vorteil, dass man nicht mehr Sinus- und Kosinusfunktionen unterscheiden muss. Die Parameter sind hier die Amplituden A_k und die Phasen φ_k.

Der Satz von Fourier gilt auch für Funktionen $t \to f(t)$, die zwischen 0 und T endlich viele Sprünge aufweisen, falls jeweils ein rechter und linker Grenzwert existiert (bei sonst gleichen Voraussetzungen wie oben). Die Reihe berechnet dann an jeder Sprungstelle den Funktionswert als arithmetisches Mittel zwischen linkem und rechtem Grenzwert.

Die Fourierreihe ist **eindeutig**. Das heißt, wenn man eine Funktion $t \to f(t)$ auf irgendeine Weise als Reihe nach (10.1) schreiben kann, hat diese Reihe dieselben Koeffizienten a_k, b_k wie die, welche sich aus (10.2) ergeben.

Im Beispiel von Bild 10.1 haben wir eine Fourierreihe mit den Koeffizienten

$$a_0 = 2, \quad a_1 = a_2 = a_3 \ldots = 0,$$
$$b_1 = 3, \quad b_2 = 2, \quad b_3 = b_4 \ldots = 0$$

Wir brauchen in diesem Fall den Index k in Formel (10.2) also nicht von 0 bis ∞ laufen zu lassen, sondern nur von 0 bis 2.

Auch dann, wenn unendlich viele Koeffizienten nötig wären, z.B. wenn wir eine Rechteckkurve durch Sinus- und Kosinuskurven ausdrücken wollten (bekannte Mathematik-Übungsaufgabe), müssen wir mit **endlich vielen Gliedern** der Fourierreihe vorliebnehmen. Die LabVIEW-Funktion für die Fouriertransformation rechnet **numerisch** und nicht symbolisch, muss also nach endlich vielen Rechengängen abbrechen. Sie ersetzt die Integrale in (10.2) durch **endliche Summen**. In diesen Fällen liefert die Fouriertransformation **nicht exakt** die gewünschte Funktion, sondern nur eine Näherung. Diese ist allerdings optimal unter der Voraussetzung, dass nur Sinus- und Kosinusfunktionen gemäß (10.1) erlaubt sind.

Die Fouriertransformation, wie sie eben beschrieben wurde, heißt **reelle** Fouriertransformation. Sie ordnet einer reellen Funktion im Zeitbereich reelle Koeffizienten zu. Dabei entsteht das Problem, zwischen den Sinuskoeffizienten b_k und den Kosinuskoeffizienten a_k bei Formel (10.1) unterscheiden zu müssen bzw. zwischen A_k und φ_k bei Formel (10.3). Wie sollen wir das im Frequenzbereich grafisch darstellen? In Bild 10.1 hatten wir damit kein Problem, weil es nur Sinusfunktionen gab. Was aber sollen wir tun, wenn eine Funktion Sinus- **und** Kosinusfunktionen enthält? Wir müssen dann zwei Graphen aufzeichnen, wobei es üblich ist, ein Balkendiagramm für die A_k und ein zweites für die φ_k zu erstellen. Man nennt diese Darstellungen **Amplitudengang** und **Phasengang**. Die Erfahrung hat ferner gezeigt, dass es günstiger ist, die Koeffizienten a_k und b_k durch komplexe Koeffizienten $\underline{c}_k$ zu ersetzen. Man vermeidet dann ganz die trigonometrischen Funktionen, indem man sie durch die Exponentialfunktion ersetzt. Wir gehen von (10.1) aus und schreiben, wobei wir die Euler-Formel

$$e^{j\varphi} = \cos\varphi + j\sin\varphi$$

benutzen und die Ausdrücke $\cos\varphi$ und $\sin\varphi$ umformen:

$$
\begin{aligned}
f(t) &= \frac{a_0}{2} + \sum_{k=1}^{\infty} a_k \cos k\omega t + \sum_{k=1}^{\infty} b_k \sin k\omega t \\
&= \frac{a_0}{2} + \frac{1}{2}\sum_{k=1}^{\infty}(a_k e^{jk\omega t} + a_k e^{-jk\omega t}) + \frac{1}{2j}\sum_{k=1}^{\infty}(b_k e^{jk\omega t} - b_k e^{-jk\omega t}) \\
&= \frac{a_0}{2} + \frac{1}{2}\sum_{k=1}^{\infty}(a_k e^{jk\omega t} + a_k e^{-jk\omega t} - jb_k e^{jk\omega t} + jb_k e^{-jk\omega t})
\end{aligned}
\tag{10.5}
$$

Fasst man nun in (10.5) die Exponentialfunktionen mit positiven Exponenten zusammen und ebenso die mit negativen, erhält man

$$f(t) = \frac{a_0}{2} + \sum_{k=1}^{\infty} \frac{(a_k - jb_k)}{2} e^{jk\omega t} + \sum_{k=1}^{\infty} \frac{(a_k + jb_k)}{2} e^{-jk\omega t}$$

$$= \underline{c}_0 + \sum_{k=1}^{\infty} \underline{c}_k e^{jk\omega t} + \sum_{k=1}^{\infty} \underline{c}_{-k} e^{-jk\omega t}$$

oder

$$f(t) = \sum_{k=-\infty}^{\infty} \underline{c}_k e^{jk\omega t} \qquad (10.6)$$

mit den Abkürzungen

$$\underline{c}_k = \begin{cases} a_0/2 & \text{für } k = 0 \\ \dfrac{a_k - jb_k}{2} & \text{für } k > 0 \\ \dfrac{a_{-k} + jb_{-k}}{2} & \text{für } k < 0 \end{cases} \qquad (10.7)$$

Damit wird aus (10.2)

$$\underline{c}_k = \frac{1}{T} \int_0^T f(t)\, e^{-j\omega k t} dt \quad \text{oder} \quad \underline{c}_k = \frac{1}{T} \int_{-T/2}^{T/2} f(t)\, e^{-j\omega k t} dt \qquad (10.8)$$

LabVIEW arbeitet genau nach den Formeln (10.6), (10.7) und (10.8), wobei es in der letzten Formel die Integrale durch Summen ersetzt. Obwohl die Ergebnisse $\underline{c}_k$ komplexe Zahlen sind, spricht man immer noch von der **reellen** Fouriertransformation, weil die Eingangsgröße ein Array von reellen Funktionswerten $f(t)$ ist. Man nennt sie auch **zweiseitige** Fouriertransformation im Gegensatz zur **einseitigen** Fouriertransformation, die in Bild 10.1 dargestellt wurde. Bild 10.2 macht das verständlich.

Wenden wir Formel (10.7) auf die Funktion $f(t) = 3 \cdot \sin(2\pi t) + 2 \cdot \sin(2 \cdot 2\pi t) + 1$ an, erhalten wir für die $\underline{c}_k$ folgende Werte:

$$\underline{c}_0 = 1, \quad \underline{c}_1 = -1{,}5j, \quad \underline{c}_2 = -j, \quad \underline{c}_3 = \underline{c}_4 \ldots = 0$$
$$\underline{c}_{-1} = 1{,}5j, \quad \underline{c}_{-2} = j, \quad \underline{c}_{-3} = \underline{c}_{-4} \ldots = 0 \qquad (10.9)$$

Aufgabe 10.1

Bestätigen Sie die Ergebnisse in (10.9).

Im Balkendiagramm werden die Amplituden nun einfach als Beträge der $\underline{c}_k$ dargestellt, die halb so groß sind wie die A_k, denn aus (10.4) und (10.7) folgt

$$A_k = 2 \cdot |\underline{c}_k| = \sqrt{a_k^2 + b_k^2} \qquad (10.10)$$

Der Winkel φ_k aus (10.3) ist einfach der Winkel der komplexen Zahl in der Gaußschen Zahlenebene, wenn man $\underline{c}_k$ in der Exponentialform

$$\underline{c}_k = |\underline{c}_k| \cdot e^{j\varphi_k} \text{ schreibt.}$$

Aufgabe 10.2

Bestätigen Sie die Formel (10.10), indem Sie, beginnend mit $k = 0$, für die $\underline{c}_k$ aus (10.7) die Beträge bilden. Dabei ist $b_0 = 0$ zu setzen.

Man sieht auch am Beispiel von $f(t) = 3 \cdot \sin(2\pi t) + 2 \cdot \sin(2 \cdot 2\pi t) + 1$, dass die zweiseitige Fouriertransformation nur die halben Beträge liefert, denn da hier alle $b_k = 0$ sind, ergibt sich aus (10.7) sofort $|\underline{c}_k| = |a_k|/2$. Nur $\underline{c}_0$ ändert sich nicht, weil auch bei der einseitigen Fouriertransformation nicht a_0, sondern $a_0/2$ ausgegeben wird. Bild 10.2 stellt die Ergebnisse der einseitigen und der zweiseitigen Fouriertransformation am obigen Beispiel dar.

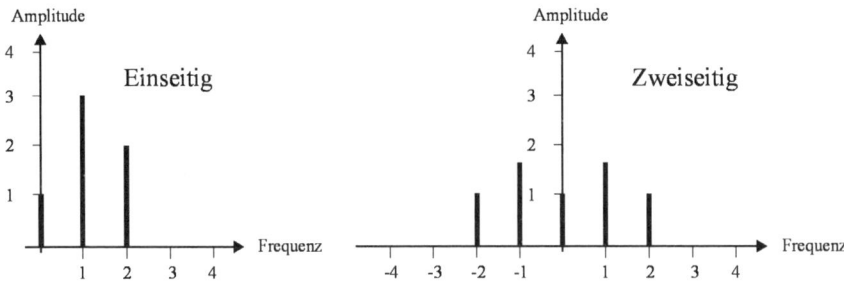

Bild 10.2 Einseitige und zweiseitige Fouriertransformation; Letztere in LabVIEW verwendet

Aufgabe 10.3

Zeigen Sie, dass die $\underline{c}_k$ und die $\underline{c}_{-k}$ konjugiert komplex sind.
Anleitung: Die Zahlen $c = a + jb$ und $c^* = a - jb$ heißen konjugiert komplex.

Merke: Man unterscheidet einseitige und zweiseitige Fouriertransformation. Üblicherweise wird mit der zweiseitigen Transformation gearbeitet, welche die komplexen Koeffizienten $\underline{c}_k$ liefert.

Merke: Stellt man die Beträge der $\underline{c}_k$ als Balkendiagramm dar, spricht man vom Amplitudengang. Stellt man die φ_k dar, spricht man vom Phasengang.

Merke: Die $\underline{c}_k$ und die $\underline{c}_{-k}$ sind konjugiert komplex.

10.1.2 Darstellung der Fourierkoeffizienten $\underline{c}_k$ in LabVIEW

Bild 10.3 und Bild 10.4 zeigen Panel und Diagramm eines VI, das die LabVIEW-Funktion zur reellen Fouriertransformation verwendet. Sie ist zu finden unter 'Funktionen' – 'Signalverarbeitung' – 'Transformationen' (rechts unten) und dort als 'FFT' oben links. Die Funktion benötigt als Eingangsgröße einen **reellen** Vektor und liefert als Ausgangsgröße einen **komplexen** Vektor.

In Bild 10.3 ist die Funktion $f(t) = 3 \cdot \sin(2\pi t + 90°) + 2 \cdot \sin(2 \cdot 2\pi t) + 1$ eingestellt, d.h., wir haben hier die Summe von Kosinusfunktion ($\sin(2\pi t + 90°) = \cos 2\pi t$) und Sinusfunktion. Die Kurve im Zeitbereich unterscheidet sich daher ein wenig von der Kurve in Bild 10.1.

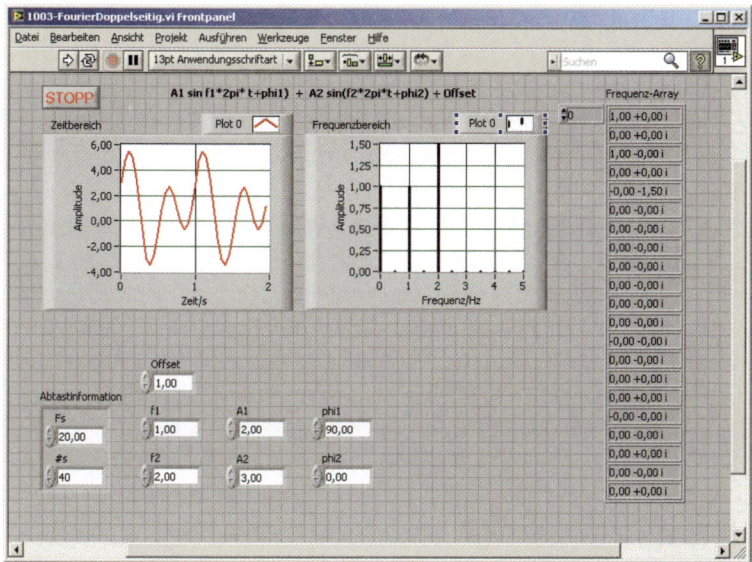

Bild 10.3 Panel eines VI, das die Summe von zwei Sinusfunktionen mit verschiedenen Parametern für Amplitude, Frequenz und Phase in den Frequenzbereich transformiert

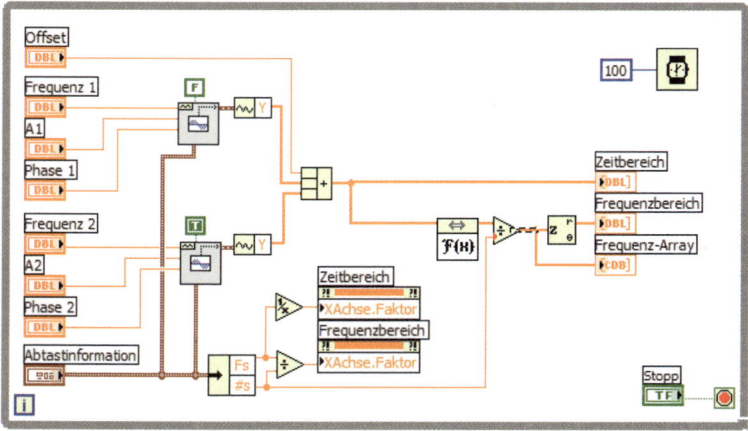

Bild 10.4 Diagramm zu Bild 10.3

Der Frequenzbereich zeigt im Balkendiagramm Amplituden > 0 bei denselben Frequenzen, allerdings halbiert gegenüber Bild 10.1 (mit Ausnahme des Offset, der wie dort die Höhe 1 aufweist).

Erläuterungen zu Bild 10.3 und Bild 10.4:

- Bild 10.3 zeigt links unten als 'Abtastinformation' ('sampling info') eine Scanfrequenz von $Fs = 20$ Hz und eine Punktzahl von $\#s = 40$. Es sei noch einmal betont, dass die Scanfrequenz **nichts** mit der Frequenz der dargestellten Sinus- oder Kosinusfunktionen zu tun hat. Sie besagt nur, dass die im Eingangs-Array verfügbaren Werte (hier 40) mit einer **simulierten** Frequenz von 20 Hz abgetastet werden (der PC arbeitet natürlich viel schneller). Das heißt, Index 0 entspricht 0 Sekunden, Index 20 entspricht 1 Sekunde und Index 40 entspräche 2 Sekunden, wenn es ihn gäbe. Da aber bei 40 Werten der Index nur von 0 bis 39 läuft, gehört der letzte Wert zu einer Zeit von 1,95 Sekunden. Will man nun nicht einfach den Index anzeigen, sondern die simulierte Zeit, muss man die Zeitachse mit einem Eigenschaftsknoten skalieren. Das geschieht im unteren Bereich von Bild 10.4 etwa in Bildmitte mit der Eigenschaft 'XAchse.Faktor', der der Wert $1/Fs$ zugeführt wird (hier $1/20 = 0,05$). Die X-Achse in Bild 10.3 zeigt nur Werte von 0 bis 2, wobei die Funktionskurve diesen Wert nicht ganz erreicht. Zur Skalierung von Signalverlaufsgraphen siehe auch Abschnitt 6.3.2.3.

- Entsprechend wird das Balkendiagramm im Frequenzbereich skaliert. Das ist allerdings komplizierter: Man muss wissen, dass die LabVIEW-Fouriertransformation einen komplexen Ausgangsvektor liefert, der ebenso viele Daten in Form der $\underline{c}_k$ enthält wie der Eingangsvektor, im Beispiel also $\#s = 40$. Die Funktion ordnet nun dem Index 0 den Koeffizienten $\underline{c}_0$ zu. Die restlichen 39 Indizes werden den $\underline{c}_k$ und $\underline{c}_{-k}$ zugeteilt, die paarweise auftreten. Dabei stellt $\underline{c}_k$ **die Frequenz** $k \cdot 20/40\,\text{Hz}$ dar, so dass im Beispiel die 19 Frequenzen 0,5 Hz, 1,0 Hz,… 9,5 Hz auftreten. Die $\underline{c}_{-k}$ benötigen weitere 19 Speicherplätze. Ein Speicherplatz in der Mitte bleibt frei und wird mit 0 belegt. Man kann das Prinzip besser verstehen, wenn man Bild 10.5 betrachtet, in dem für den Frequenzbereich im Gegensatz zu Bild 10.3 'Autoskalierung X' gewählt wurde.

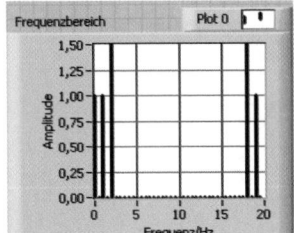

Bild 10.5 Frequenzbereich von Bild 10.3 automatisch skaliert

Will man nun statt der 40 Indizes die Frequenzwerte anzeigen, muss man die X-Achse mit dem Faktor 20/40 skalieren oder allgemeiner mit $Fs/\#s$, wie in Bild 10.4 zu sehen.

- Die LabVIEW-Fouriertransformation liefert nicht die Koeffizienten $\underline{c}_k$, sondern das Produkt der $\underline{c}_k$ mit $\#s$. Man muss deshalb das Ergebnis noch durch $\#s$ dividieren. Das ist ebenfalls rechts im Diagramm von Bild 10.4 zu sehen.

- Ein Array komplexer Zahlen kann zwar als Graph dargestellt werden, doch ist das nicht sinnvoll, weil die Darstellung dreidimensional sein sollte (zwei Achsen für die komplexe Zahl, eine Achse für die Frequenz), ein Graph aber nur zwei Dimensionen zeigt. Er verschluckt die Darstellung der Imaginärteile. Deshalb wird aus dem Array komplexer Zahlen ein **reelles** Array mit den Beträgen der komplexen Zahlen erzeugt. Das geschieht mit Hilfe der Funktion 'Komplex nach Polar', die man unter 'Funktionen' – 'Programmierung' – 'Numerisch' – 'Komplex' (sechste Zeile rechts) findet. Sie liefert mit ihrem oberen Ausgang 'r' den Betrag einer komplexen Zahl, mit dem unteren namens 'Θ' deren Phasenwinkel in der Gaußschen Zahlenebene.

- Die komplexen Ergebnisse werden ebenfalls ausgegeben und an der rechten Seite von Bild 10.3 als Array dargestellt. Man erkennt dort den Offset 1, gespeichert mit Index 0, weiterhin $\underline{c}_1$ mit Index 2 (und nicht mit Index 1 – dieser ist der Frequenz 0,5 Hz zugeordnet, die im Beispiel nicht vorkommt) und $\underline{c}_2$ mit Index 4. Die $\underline{c}_{-k}$ sind spiegelbildlich gespeichert mit dem Index (40 – Index$_+$): als $\underline{c}_{-1}$ mit dem Index 38 = 40 – 2 und als $\underline{c}_{-2}$ mit dem Index 36 = 40 – 4.

- Die Darstellung der Amplitude über der Frequenz in Bild 10.3 und Bild 10.5 erfolgt über die Legende so:

- Farbe: Schwarz wählen
- Linienbreite: vierte Stufe
- Interpolation ausschalten
- Grundlinie füllen: 'Null'
- Kein Balkendiagramm wählen, weil sonst die Linienstärke unberücksichtigt bleibt!

Aufgabe 10.4

Stellen Sie im Panel von Bild 10.3 andere Frequenzen f_1 und f_2 ein und machen Sie sich ein Bild von der Speicherung der $\underline{c}_k$ und von der Auswirkung auf das Balkendiagramm im Frequenzbereich.

Aufgabe 10.5

Stellen Sie im Panel von Bild 10.3 andere Werte von #s ein, z.B. #s = Fs oder andere Vielfache von Fs, etwa das Drei- oder Vierfache, aber auch Werte wie #s = 25 usw. Was beobachten Sie im Balkendiagramm des Frequenzbereichs?

Merke: Im Zeitbereich erfolgt die Skalierung der X-Achse über einen Eigenschaftsknoten mit dem Faktor 1/Fs.

Merke: Im Frequenzbereich geschieht die Skalierung der X-Achse mit Fs/#s.

Merke: Bei der FFT sind die erhaltenen Y-Werte durch #s zu dividieren!

10.2 Diskrete Fouriertransformation

Wie schon erwähnt, werden bei numerischen Berechnungen niemals die Integrale aus (10.2) oder (10.8) ausgewertet. Sie werden durch Rechnungen mit endlichen Summen ersetzt. Dafür gibt es verschiedene Verfahren. Die allgemeine Bezeichnung ist **DFT** oder 'diskrete Fouriertransformation'. Sehr häufig wird der Begriff **FFT** verwendet, der für 'Fast Fourier Transformation' steht. Auch die FFT ist eine diskrete Fouriertransformation, die aber viel schneller arbeitet, wenn die Zahl n der Daten, auf die man sie anwendet, eine Potenz von 2 ist. Es muss also gelten

$$n = \#s = 2^m \quad \text{mit } m = 2, 3, 4,...$$

Häufig wird $n = 256, 512$ oder 1024 gewählt.

Die FFT ist schneller als die gewöhnliche DFT, weil sie die Symmetrien nutzt, die sich ergeben, wenn n eine Zweierpotenz ist. Sie erzeugt aber keine anderen Werte für die $\underline{c}_k$ als die gewöhnliche DFT, denn die Darstellung einer Funktion durch die Fourierreihe ist ja bei gegebenem n nach dem Satz von Fourier eindeutig.

10.2.1 Satz von Shannon

Wenn sich eine Funktion aus Sinus- und Kosinusfunktionen mit Frequenzen zwischen 1 Hz und 9 Hz zusammensetzt, kann man sie nach Formel (10.6) rekonstruieren, sobald man die Werte von $\underline{c}_1, \underline{c}_2, ..., \underline{c}_9$ hat. Die Werte der $\underline{c}_{-1}, \underline{c}_{-2}, ..., \underline{c}_{-9}$ kann man aus diesen als konjugiert komplexe Zahlen errechnen. Wie viele Daten benötigt man bei gegebener Funktion $t \rightarrow f(t)$, um $\underline{c}_0$ bis $\underline{c}_9$ zu berechnen? $\underline{c}_0$ als Offset ist reell, alle anderen $\underline{c}_k$ sind komplex, enthalten also zwei unbekannte reelle Größen a_k und b_k. Folglich benötigt man $1 + 2 \cdot 9 = 19$ Gleichungen, um alle $\underline{c}_k$ zu berechnen. Das geschieht mit Hilfe eines linearen Gleichungssystems mit 19 reellen Unbekannten. Schreibt man das Gleichungssystem nach Formel (10.6) komplex, muss man für 19 Werte von t die nachstehende Beziehung

$$f(t) = \sum_{k=-9}^{9} \underline{c}_k e^{jk\omega t}$$

anschreiben. Man erhält also:

$$\underline{c}_{-9}e^{-9j\omega t_1} + \ldots + \underline{c}_{-1}e^{-j\omega t_1} + \underline{c}_0 e^0 + \underline{c}_1 e^{j\omega t_1} + \ldots + \underline{c}_9 e^{9j\omega t_1} \quad = f(t_1)$$
$$\underline{c}_{-9}e^{-9j\omega t_2} + \ldots + \underline{c}_{-1}e^{-j\omega t_2} + \underline{c}_0 e^0 + \underline{c}_1 e^{j\omega t_2} + \ldots + \underline{c}_9 e^{9j\omega t_2} \quad = f(t_2)$$
$$\ldots \qquad\qquad\qquad\qquad\qquad\qquad\qquad\qquad\qquad\qquad\qquad\qquad \ldots$$
$$\underline{c}_{-9}e^{-9j\omega t_{19}} + \ldots + \underline{c}_{-1}e^{-j\omega t_{19}} + \underline{c}_0 e^0 + \underline{c}_1 e^{j\omega t_{19}} + \ldots + \underline{c}_9 e^{9j\omega t_{19}} \quad = f(t_{19})$$

Daraus lassen sich alle $\underline{c}_k$ errechnen, und das ist die Aufgabe der Fouriertransformation. Man sieht an diesem Beispiel, dass man zur Berechnung von maximal 9 verschiedenen Frequenzen **mehr als die doppelte** Zahl von Gleichungen, nämlich $2 \cdot 9 + 1 = 19$, benötigt und damit 19 bekannte Werte der Funktion $t \to f(t)$ für die rechte Seite des Gleichungssystems. **Eine Periode** dieser Funktion braucht also mindestens 19 Abtastwerte. Mit anderen Worten, Fs muss größer oder gleich 19 sein. Die Verallgemeinerung dieser Überlegungen führt zum

Satz von Shannon (auch: Nyquist-Theorem)

Jede periodische Funktion $t \to f(t)$ mit der kleinsten Periode T, die aus einer Summe von endlich vielen Sinus- und Kosinusfunktionen mit $\omega = 2\pi/T$ besteht und nach der Formel

$$f(t) = \sum_{k=-n}^{n} \underline{c}_k e^{jk\omega t}$$

gebildet ist (d.h., die höchste auftretende Frequenz ist $f_{max} = \omega \cdot n/(2 \cdot \pi) = n/T$), kann exakt rekonstruiert werden, wenn man die Funktionswerte an mehr als $2 \cdot n$ äquidistanten Stellen innerhalb einer Periode T erfasst (gescannt) hat. Als Formel gilt:

$$Fs > 2 \cdot f_{max}$$

Bemerkungen:

- Die Formulierung 'Die Scanfrequenz muss mindestens gleich dem Doppelten der höchsten im Signal enthaltenen Frequenz sein' **ist falsch**. Sie muss **größer** als das Doppelte sein! Im Beispiel mit $f_{max} = 9$ Hz ist $Fs > 18$ Hz zu wählen, also 19 Hz oder mehr. Ist $f_{max} = 1$ kHz, muss $Fs > 2$ kHz sein, also z.B. 2001 Hz usw.

- Will man eine Funktion in LabVIEW im Zeitbereich darstellen, wählt man besser eine Scanfrequenz, die wesentlich größer als das Doppelte von f_{max} ist, z.B. $Fs = 10 \cdot f_{max}$. Das ist sinnvoll, weil LabVIEW die errechneten Punkte nicht (wie theoretisch möglich wäre) mit Sinuslinien verbindet, sondern einfach durch Geradenstücke. Das Kurvenbild leidet darunter. Man sieht das, wenn man im Panel von Bild 10.3 etwa $f_2 = 9$ einstellt.

- Die LabVIEW-Funktion 'Sinussignal' ('Sine Waveform.vi') liefert bei $Fs < 2 \cdot f_{max}$ eine Fehlermeldung, bei $Fs = 2 \cdot f_{max}$ leider nicht, sondern nur falsche Ergebnisse.

10.2.2 Aliasing

Erhält man ein Signal nicht von einer eingebauten Funktion wie 'Sine Waveform.vi', sondern von der Außenwelt, bekommt man keine Warnung bei **Unterabtastung**, d.h. bei einer Abtastung mit $Fs \leq 2 \cdot f_{max}$. Der erste Gedanke, das sei nicht weiter schlimm, die erhaltene Kurve sei dann eben nur etwas ungenau, trügt. Enthält das Signal zu hohe Frequenzen mit größerer Amplitude, kann es zur Vortäuschung niedriger Frequenzen gleicher Amplitude kommen, die im Signal überhaupt nicht enthalten sind. Der Anwender sieht ein anderes Signal, ein **Alias** (lateinisch: anders). Ein Beispiel dafür zeigt Bild 10.6. Wir kennen dieses Phänomen aber auch aus dem Alltag, wenn in einem Wildwestfilm, der ja aus einzelnen Bildern einer Sequenz zusammengesetzt ist, der Zuschauer den Eindruck hat, die Räder einer vorwärts fahrenden Pferdekutsche würden sich rückwärts bewegen. Das liegt an der Unterabtastung der Speichen der sich drehenden Räder durch die Bildfolgefrequenz.

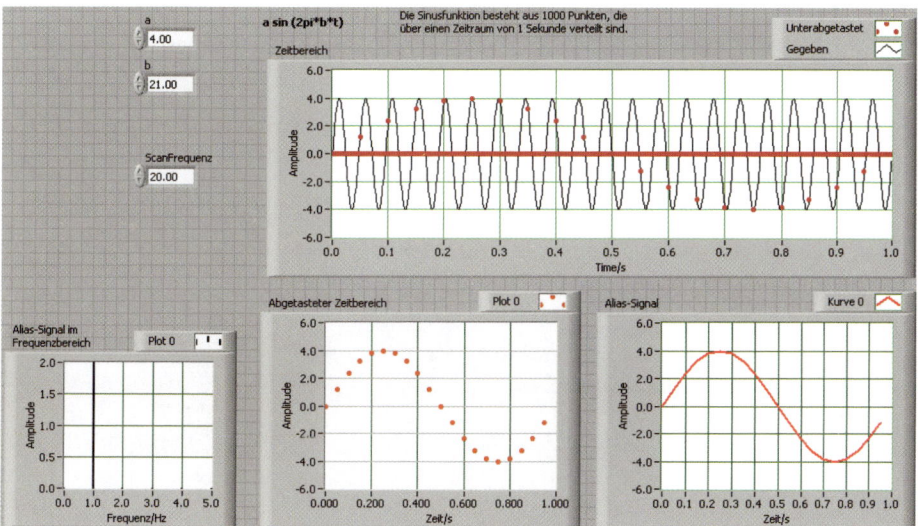

Bild 10.6 Beispiel für den Effekt des Aliasing durch Unterabtastung

Die Vermeidung des Aliasing-Effekts bei externen Signalen mit Softwaremitteln allein ist nicht möglich. Jedenfalls geht es dann nicht, wenn man nicht genau weiß, welche maximale Frequenz das externe Signal enthält. In solchen Fällen muss ein Hardwarefilter vorgeschaltet werden, der Signale ab einer bestimmten Frequenzschwelle sehr stark dämpft. Dann muss man sich nicht mehr um Frequenzen oberhalb dieser Schwelle kümmern. Der Aliasing-Effekt ist zwar immer noch vorhanden, jedoch mit so kleinen Amplituden, dass man ihn vernachlässigen kann.

Merke: Unterabtastung kann zur Bildung falscher Frequenzen führen, die im Originalsignal nicht enthalten sind.

10.2.3 Frequenzauflösung

Stellt man die Parameter im Panel des Fourier-Testprogramms gemäß Bild 10.7 ein, erhält man im Frequenzbereich nicht die erwartete Frequenz von 1,5 Hz, sondern alle Frequenzen zwischen 0 und 9 Hz mit verschiedener Amplitudenhöhe. Der Grund ist die mangelnde Frequenzauflösung. Bei 1,5 Hz passt die Kosinuskurve bzw. eine Folge mehrerer Kosinuskurven nicht vollständig in den gewählten Bereich von 20 Werten. Die Fouriertransformation geht aber von einer periodischen Funktion aus, verarbeitet also eine Funktion, die beim Index 0 den Wert 1 hat und beim Index 19 mit einem Wert von knapp (−1) aufhört, in der folgenden Periode aber wieder mit 1 beginnt. Das heißt, die Funktion hätte beim Übergang von Index 19 zu Index 20 (in der Folgeperiode) einen Sprung. Die Fouriertransformation versucht, diese Funktion mit Sprungstelle optimal nach dem Prinzip der kleinsten Quadrate darzustellen. Dabei ergeben sich die unten angezeigten Frequenzen.

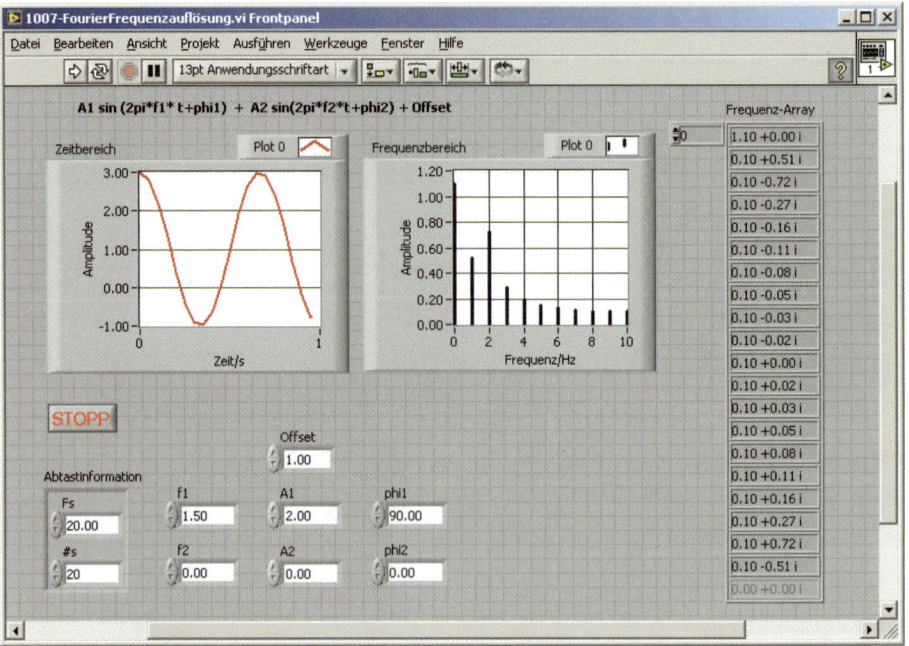

Bild 10.7 Mangelhafte Frequenzauflösung

Anders verhält es sich, wenn man die Zahl der Werte von #s = 20 auf #s = 40 erhöht. Jetzt werden auch die Frequenzen 0,5 und 1,5 dargestellt. Das Ergebnis ist in Bild 10.8 zu sehen.

Definition

$$\text{Frequenzauflösung} = \frac{\text{Scanfrequenz}}{\text{Zahl der Scans}} = \frac{Fs}{\#s}$$

Zusammenfassung

Ist die Zahl der Scans (der von einem Signal erfassten Werte) $n = 2 \cdot m$, versucht die LabVIEW-Fourierfunktion die Koeffizienten der Fourierreihe mit den Frequenzen

$$0, \quad 1 \cdot \frac{f_{\text{scan}}}{n}, \quad 2 \cdot \frac{f_{\text{scan}}}{n}, \quad 3 \cdot \frac{f_{\text{scan}}}{n}, \dots \ (m-1) \cdot \frac{f_{\text{scan}}}{n}$$

so zu bestimmen, dass die im Bereich [0, 1, 2, ..., $(m-1)$] gegebene und als periodisch vorausgesetzte Funktion bestmöglich approximiert wird. 'Bestmöglich' heißt: approximiert nach der Methode der kleinsten Quadrate.

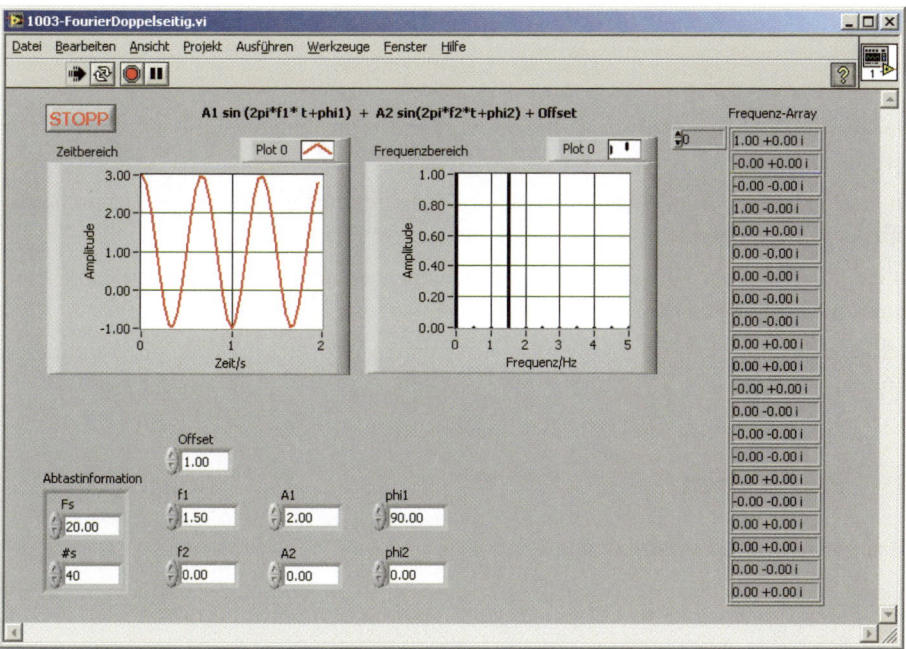

Bild 10.8 Gegenüber Bild 10.7 verbesserte Frequenzauflösung

Merke: Eine hohe Frequenzauflösung ermöglicht eine genauere Darstellung der gegebenen Funktion.

Merke: Generell wird eine gegebene Funktion nach der Methode der kleinsten Quadrate approximiert, wenn sie nicht exakt dargestellt werden kann.

11 Filterung

Lernziele

1. Die Begriffe Tiefpass, Hochpass, Bandpass, Bandstopp erklären und mit einer Skizze beschreiben können.
2. Unterscheiden zwischen Analogfiltern und Digitalfiltern. Einige wichtige Eigenschaften digitaler Filter kennen.
3. Einige Methoden der Filterung im Zeitbereich erlernen und mit eingebauten LabVIEW-Funktionen realisieren können.
4. Methode der Filterung im Frequenzbereich kennen und in LabVIEW programmieren können.

11.1 Filtertypen

Filter kann man nach ihrer Funktion in

- Tiefpass,
- Hochpass,
- Bandpass und
- Bandstopp

unterteilen. Bild 11.1 und Bild 11.2 zeigen das Prinzip beim idealen Filter.

11.1.1 Ideale und reale Filter

Ein **idealer Filter** hat die Eigenschaft, alle in einem Signal enthaltenen Sinus-/Kosinus-Bestandteile, deren Frequenzen in ein bestimmtes Intervall fallen, unverändert durchzulassen und Bestandteile mit anderen Frequenzen vollkommen zu stoppen, d.h. ohne Rest zu löschen. Denkt man sich die Frequenzen bezogen auf eine wählbare **Grenzfrequenz** f_g auf der X-Achse aufgezeichnet und die Amplitudenverhältnisse Ausgangs-/Eingangssignal A_a/A_e auf der Y-Achse, kommt man für die vier oben genannten Filtertypen im Idealfall zu den in Bild 11.1 und in Bild 11.2 dargestellten Verhaltensweisen. Hier bedeutet ein Amplitudenverhältnis = 1 keine Veränderung des eingespeisten Frequenzanteils, ein Amplitudenverhältnis = 0 dagegen die komplette Löschung. Diese Darstellung heißt auch **Frequenzgang** des Filters. Stellt man die Amplitude dar, spricht man vom Amplitudengang, entsprechend bei Darstellung der Phase vom Phasengang.

In der Realität zeigen Filter nicht dieses ideale Verhalten. Die Sprünge bei der Grenzfrequenz sind nicht scharf. Nur mit hohem Aufwand kann man sich dem gewünschten Idealzustand nähern. Man unterscheidet Hardware- und Softwarefilter. Hardwarefilter arbeiten mit elektronischen Schaltkreisen, die Widerstände, Kondensatoren und andere elektronische Elemente enthalten. Man nennt sie auch **Analogfilter**. Softwarefilter nutzen bestimmte Rechenmethoden mit diskreten Zahlenwerten. Sie heißen **Digitalfilter**.

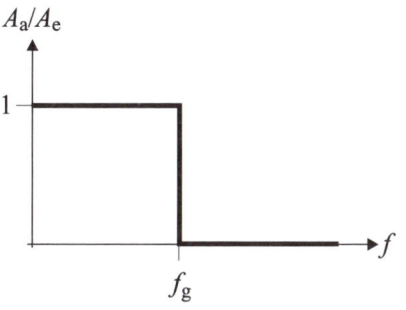

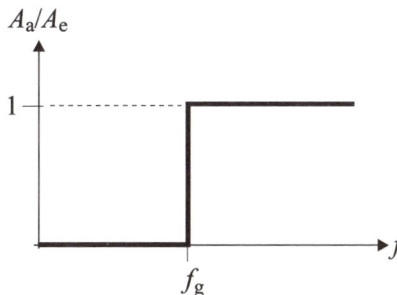

Bild 11.1 Idealer Tiefpass   Idealer Hochpass

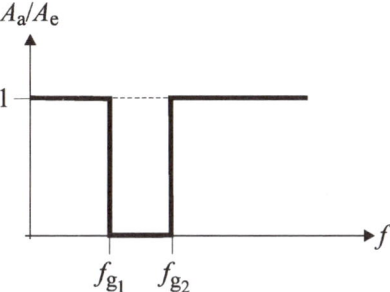

Bild 11.2 Idealer Bandpass   Idealer Bandstopp

11.1.2   Beispiel eines digitalen Filters

Es ist nicht schwer, einen **realen Filter**, z.B. einen digitalen Tiefpass, zu konstruieren. Denn schon die **arithmetische Mittelwertbildung** zweier benachbarter Werte eines Signals **glättet** dieses, d.h. entfernt bis zu einem gewissen Grade die höheren Frequenzen. Bessere Ergebnisse erhält man mit dem arithmetischen Mittel mehrerer Werte, z.B. von fünf. Bild 11.3 zeigt das Verhalten eines solchen Filters, Bild 11.4 das Bode-Diagramm dazu.

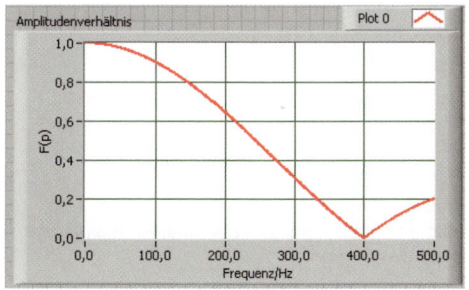

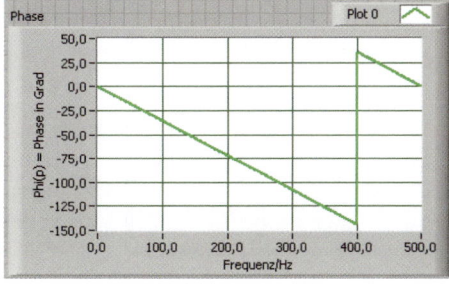

Bild 11.3 Amplitudengang beim arithmetischen Mittel aus fünf Daten, $\#s = 2000$ Phasengang, Filtermethode wie links

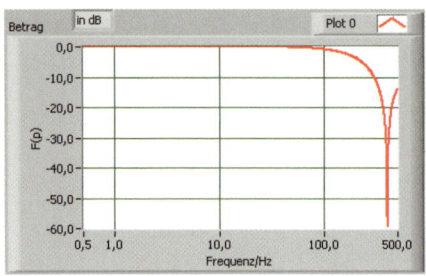
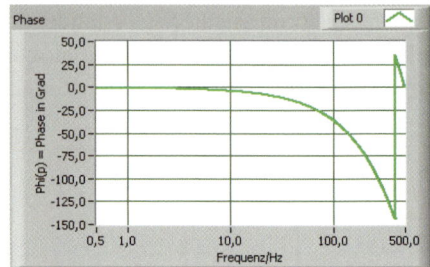

Bild 11.4 Logarithmische Darstellung des Amplitudengangs von Bild 11.3

Logarithmische Darstellung des Phasengangs von Bild 11.3

Das Bode-Diagramm (auch: Frequenzkennlinien-Diagramm) stellt sowohl die Frequenzen auf der X-Achse als auch die Amplitudenverhältnisse auf der Y-Achse logarithmisch dar. Das ist in LabVIEW sowohl beim Signalverlaufsgraphen als auch beim XY-Graphen möglich. Man wählt im Kontextmenü 'X-Achse' – 'Achsenskalierung' – 'Logarithmisch' an Stelle der Voreinstellung 'Linear'. Man kann diese Einstellungen getrennt für X- und Y-Achse vornehmen, so dass auch halblogarithmische Achseneinteilungen möglich sind. Die Besonderheit beim Bode-Diagramm ist die Darstellung des Amplitudenverhältnis in dB.

Es gilt:

$$A_a/A_e \text{ in dB} = 20 \cdot \log_{10} A_a/A_e$$

Da das Amplitudenverhältnis normalerweise bei der Filterung kleiner als 1 ist, werden die Zahlen in dB negativ. Man sieht das schön in Bild 11.4 links. 20 dB entsprechen einer Dekade. Das heißt, wenn $A_a/A_e = 0{,}1$ ist, hat man einen Wert von -20 dB.

Bild 11.3 und Bild 11.4 links zeigen nun deutlich, dass ein realer Tiefpass dem gewünschten Idealverhalten in Bild 11.1 nur wenig ähnelt. Zwar werden Frequenzen bis etwa 100 Hz nicht wesentlich geschwächt, Frequenzen ab 200 bis 400 Hz dagegen deutlich. Bei 400 Hz sinkt die Amplitude des gefilterten Signals bis auf 1/1000 entsprechend -60 dB. Über 400 Hz wird aber die Filterwirkung sogar wieder geringer. Bei 500 Hz etwa beträgt die Amplitude des gefilterten Signals wieder 1/5 des Originalsignals.

Nun wirkt die arithmetische Mittelwertbildung zwar als Tiefpassfilter, allerdings ziemlich schlecht. In LabVIEW kann man diesen Filter mit dem SubVI aus Bild 11.5 realisieren.

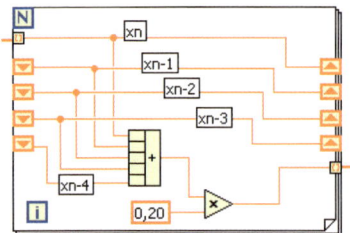

Bild 11.5 Ausschnitt eines SubVIs, das einen Tiefpass durch Mittelwertbildung von je fünf Werten eines Arrays realisiert. Links oben der Anschluss für die Eingangsdaten, rechts unten der Ausgang für die gefilterten Daten.

Für die ersten vier Werte ist die Mittelwertbildung nicht korrekt, weil die Schieberegister nicht initialisiert sind. Erst danach stimmt das Ergebnis

Wie wirkt sich nun ein solcher Tiefpass auf ein Signal aus, das von Störungen überlagert wird? Bild 11.6 gibt darüber Auskunft. Obwohl die Mittelwertbildung kein gutes Filterverfahren ist, ergibt sich eine beachtliche Glättung. Die zufällige Störung kann in ihrem Ausmaß mit dem ‚Zufallsfaktor' links unten in Bild 11.6 eingestellt werden. Bild 11.7 zeigt den Mechanismus dieser Störung im Diagramm von '1106-SinusFilter_Mittelwert5.vi'.

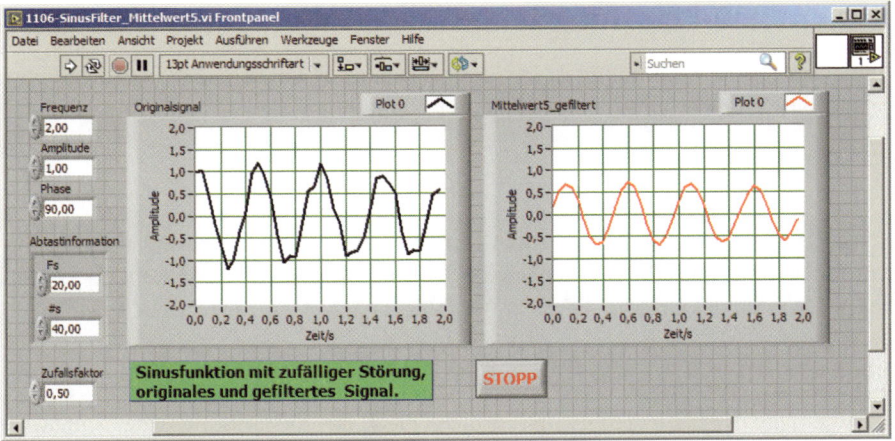

Bild 11.6 Filterung eines zufällig gestörten Signals durch arithmetische Mittelwertbildung

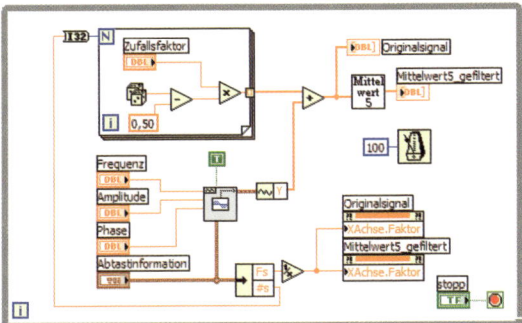

Bild 11.7 Diagramm zu Bild 11.6

Aufgabe 11.1

Verwandeln Sie den in Bild 11.5 dargestellten Programmausschnitt in ein SubVI, das die Funktion des Unterprogramms in Bild 11.7 mit dem Symbol ‚Mittelwert 5' übernehmen kann.

Aufgabe 11.2

Das Diagramm in Bild 11.5 lässt sich entsprechend Bild 11.8 vereinfachen. Versuchen Sie, dieses Unterprogramm von Anfang an aufzubauen.

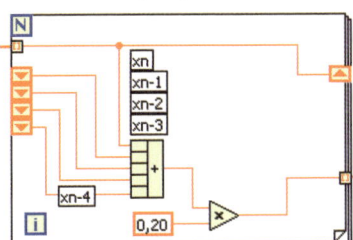

Bild 11.8 Vereinfachte Version des Unterprogramms zur arithmetischen Mittelwertbildung. Das Schieberegister links lässt sich im Kontextmenü mit ‚Element hinzufügen' aufziehen. Es speichert dann nicht nur einen Zwischenwert, sondern die letzten vier

Merke: Die arithmetische Mittelwertbildung wirkt als Tiefpassfilter.

11.2   LabVIEW-Filterfunktionen

Die arithmetische Mittelwertbildung ist der Spezialfall eines FIR-Filters (FIR bedeutet 'Finite Impulse Response'), dessen allgemeines Bildungsgesetz durch

$$y_n = \sum_{k=0}^{L} a_k x_{n-k} \tag{11.1}$$

gegeben ist. Das gefilterte Signal y_n ergibt sich aus dem Wert des Originalsignals mit gleichem Index und den L vorausgehenden Werten. Die Mittelwertbildung aus fünf benachbarten Werten des Originalsignals in Abschnitt 11.1.2 ist ein einfaches Beispiel.

Aufgabe 11.3

Wie lauten die Koeffizienten a_k in Formel (11.1) für die arithmetische Mittelwert bildung aus fünf Elementen?

Die allgemeine Formel zur Bildung digitaler Filter berücksichtigt nicht nur die Werte x_k des Originalsignals, sondern auch bereits ermittelte Werte y_k des gefilterten Signals. Man arbeitet also auch mit Rückkopplung. Die Formel für diese IIR-Filter ('Infinite Impulse Response') lautet:

$$y_n = \sum_{k=0}^{L} a_k x_{n-k} - \sum_{k=1}^{M} b_k y_{n-k} \tag{11.2}$$

Die Behandlung der damit zusammenhängenden Fragen wie etwa des Filterentwurfs ist nicht Thema dieses Buchs. Einzelheiten dazu siehe z.B. [4], Kapitel 19 oder [5], Kapitel 12.

Hier ist nur interessant, dass in der LabVIEW-Funktionsbibliothek eine Reihe von Filter-funktionen bereitgestellt wird, die nach den genannten Prinzipien konstruiert wurden. Man findet sie in 'Funktionen' –'Signalverarbeitung' – 'Filter', siehe Bild 11.9.

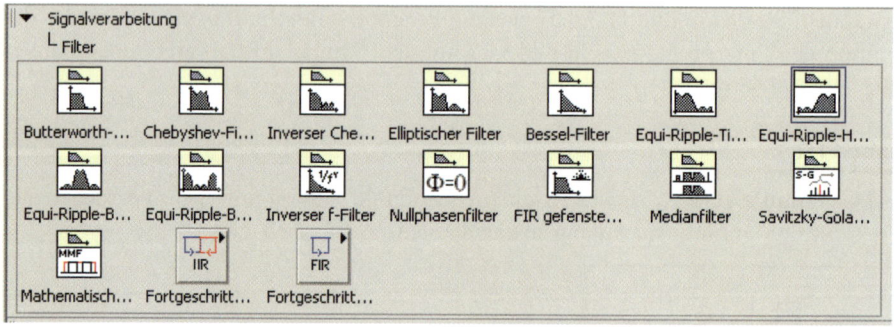

Bild 11.9 Palette von Filterfunktionen

Hier steht ganz links oben der Butterworth-Filter, gleich rechts daneben der Tschebyscheff-Filter. Alle Filterfunktionen sind ähnlich zu bedienen. Sie haben einen Eingang für das Array der Originalwerte und einen Array-Ausgang für die gefilterten Werte. Von Bedeutung sind:

- Ordnung des Filters mit Werten wie 2, 3, 4 usw. Die Ordnung sagt etwas aus über die Zahl der verwendeten Reihenglieder nach Formel (11.1) und damit über die Annäherung an einen idealen Filter.

- Grenzfrequenz. Ein Tiefpass sollte bis knapp unterhalb der angegebenen Grenzfrequenz das Amplitudenverhältnis möglichst genau bei 1 halten und oberhalb der Grenzfrequenz möglichst dicht bei 0 liegen. Die Grenzfrequenz selbst ist per Definition der Wert, bei dem das Amplitudenverhältnis $\sqrt{2}/2 \approx 0{,}707$ beträgt. Er ist am Eingang 'Untere Grenzfrequenz: fl' einzustellen. Der Eingang 'Obere Grenzfrequenz: fh' wird beim Tiefpass nicht benötigt, nur beim Bandpass und Bandstopp.

- Filtertyp. An diesem Eingang oben am Funktionssymbol kann man zwischen Tiefpass, Hochpass, Bandpass und Bandstopp wählen. Bei den beiden Letzteren sind sowohl die untere als auch die obere Grenzfrequenz einzustellen.

In Bild 11.10 sind die Frequenzgänge eines Butterworth-Filters der Ordnungen 2, 4 und 8 dargestellt. Als untere Grenzfrequenz wurde 200 Hz gewählt.

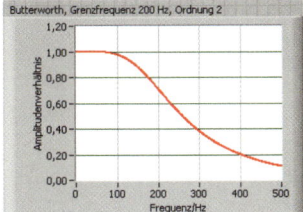 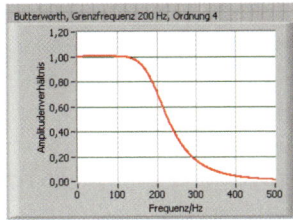 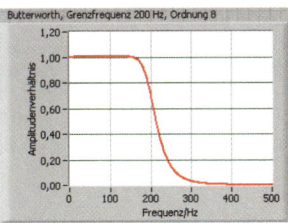

Bild 11.10 Butterworth, Ordn. 2,   Ordnung 4,   Ordnung 8

Bild 11.11 zeigt die anderen Filtertypen für eine untere Grenzfrequenz von 200 Hz und die Ordnung 8. Für Bandpass und Bandstopp beträgt die obere Grenzfrequenz 300 Hz.

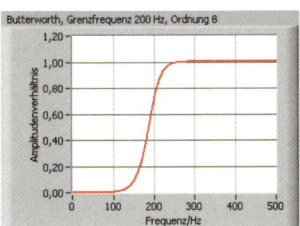 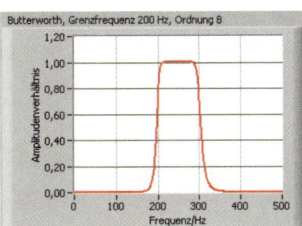 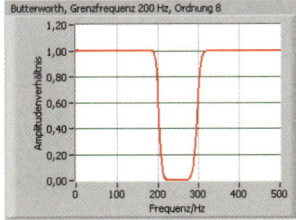

Bild 11.11 Butterworth-Hochpass,   -Bandpass,   -Bandstopp

Will man einen steileren Abfall des Amplitudengangs bei der Grenzfrequenz haben, kann man den Tschebyscheff-Filter wählen. Bild 11.12 zeigt einen Tiefpass der Ordnung 8.

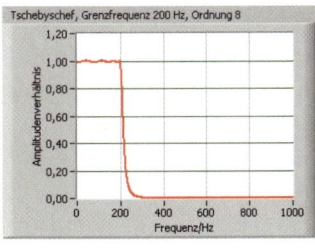 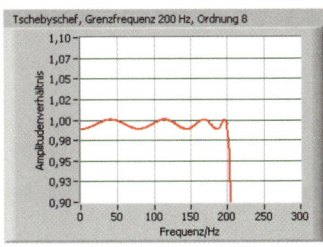

Bild 11.12 Tschebyscheff-Tiefpass   Ausschnitt aus linker Darstellung: deutliches Überschwingen

Der Tschebyscheff-Tiefpass hat unter sonst gleichen Voraussetzungen einen wesentlich steileren Abfall bei der Grenzfrequenz als der Butterworth-Tiefpass in Bild 11.10 rechts. Man erkauft dieses Verhalten allerdings mit einem Überschwingen im Durchlassbereich, wie Bild 11.12 rechts deutlich zeigt.

Die Auswahl eines für die jeweilige Anwendung geeigneten Filters ist nicht Aufgabe dieses Buchs, siehe dazu [4], Kapitel 19.

Aufgabe 11.4

Schreiben Sie ein Programm, das wie in Bild 11.7 den Einfluss der Filterung auf ein gestörtes Signal anzeigt. Ersetzen Sie dabei das Unterprogramm ‚Mittelwert 5' durch eine Case-Struktur, in der einige der LabVIEW-Filter aufgerufen werden können, z.B. Butterworth, Tschebyscheff, Bessel usw. Steuern Sie die Case-Struktur durch eine Enum-Variable mit den entsprechenden Bezeichnungen.

Aufgabe 11.5

Ergänzen Sie das VI aus Aufgabe 11.4 durch verschiedene Arten der Störung. Bild 11.7 verändert das erzeugte Sinussignal durch Addition einer zufälligen Störung (Würfel-symbol links oben im Diagramm). Doch bietet LabVIEW noch viele andere Möglich-keiten, z.B. eine Störung durch ‚Gleichverteiltes weißes Rauschen' oder ‚Gaußsches weißes Rauschen'. Die Funktionen dazu findet man neben anderen unter ‚Funktionen' – ‚Signalverarbeitung' – ‚Signalerzeugung' in den unteren Zeilen. Auch hier sollte die Art der Störung vom Anwender wählbar sein.

Aufgabe 11.6

Testen Sie das Programm aus Aufgabe 11.5 und verschaffen Sie sich einen Überblick über die Wirkung verschiedener Filtertypen bei unterschiedlichen Arten der Störung.

Merke: LabVIEW stellt eine Fülle digitaler Filter zur Verfügung wie Butterworth-, Tschebyscheff- oder Bessel-Filter und andere.

11.3 Filterung im Frequenzbereich

Die LabVIEW-Filterfunktionen kommen dem idealen Filter nahe, wenn man die Ordnung hinreichend hoch wählt. Es gibt aber eine Möglichkeit, das Filterverhalten auf eine ganz andere Weise zu verbessern, nämlich durch Filterung im Frequenzbereich.

11.3.1 Idee der Filterung im Frequenzbereich

Der Gedanke besteht darin, das Array der Eingangsdaten in den Frequenzbereich zu trans-formieren, dort die störenden Frequenzen gleich null zu setzen und das Ergebnis mit Hilfe der inversen Fouriertransformation zurück in den Zeitbereich zu wandeln.

11.3.2 Die inverse Fouriertransformation in LabVIEW

Die inverse Fouriertransformation findet man unter 'Funktionen' – 'Signalverarbeitung' – 'Transformationen' als 'Inverse FFT'. Die einfachste Anwendung zeigt Bild 11.13. Eine Sinus-funktion im Zeitbereich wird in den Frequenzbereich transformiert und mit Hilfe der inver-sen Fouriertransformation wieder zurückgewandelt. Beide Funktionen haben dann identi-sche Signalverlaufsdiagramme, siehe Bild 11.14.

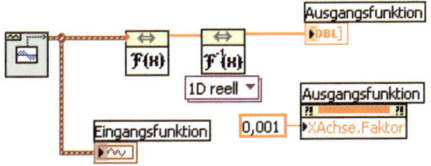

Bild 11.13 Fouriertransformation und Rücktransformation. Die X-Achse der Ausgangsfunktion muss mit 1/1000 skaliert werden, weil anderenfalls die Indizes angezeigt würden. Das sind 1000, weil die Sinussignal-Funktion links standardmäßig mit #s = 1000 arbeitet

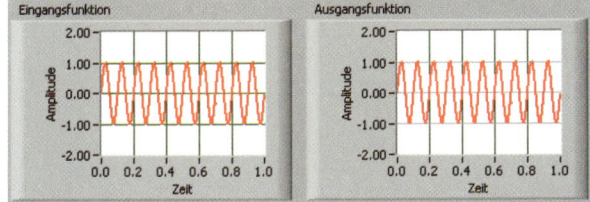

Bild 11.14 Eingangsfunktion und mit Fouriertransformation und inverser Fouriertransformation erzeugte Ausgangsfunktion. Panel zu Bild 11.13

11.3.3 Beispiel eines Tiefpasses

Die Programmierung eines Tiefpasses mit Hilfe der inversen Fouriertransformation ist etwas aufwändiger. Bild 11.15 zeigt das Prinzip, Bild 11.16 das Ergebnis:

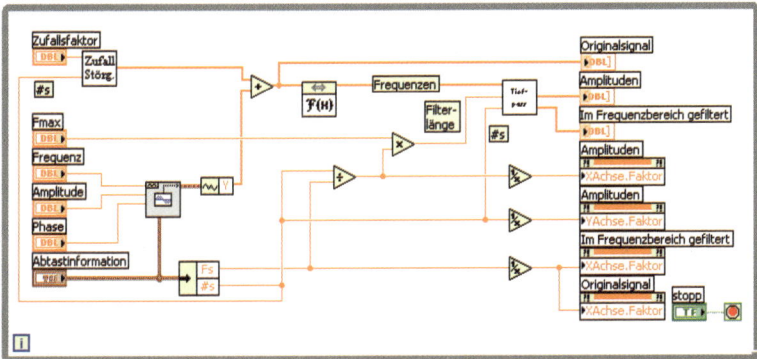

Bild 11.15 Diagramm eines VI, das Zufallsstörungen im Frequenzbereich per Tiefpass filtert

Bemerkungen zu Bild 11.15 und Bild 11.16:

- Das VI erzeugt eine Sinusfunktion, deren Frequenz am Panel eingestellt werden kann. Sie wird gestört durch Zufallsschwankungen wie in dem VI aus Bild 11.7. Der dafür zuständige Programmteil wurde jetzt in ein SubVI umgewandelt. Dazu den Bereich, der zum SubVI gemacht werden soll (das ist die For-Schleife links oben), durch Umfahren mit linker Maustaste markieren, dann ‚Bearbeiten' – ‚SubVI erstellen' aufrufen. Man erhält dann ein SubVI mit Standardsymbol, aus dem Ein- und Ausgänge herausgeführt sind. Danach sollte noch ein passendes Symbol für das SubVI erzeugt werden. Wir haben in unserem Beispiel ‚Zufall Störg.' editiert.

- Das SubVI ‚Tiefpass.' rechts in Bild 11.15 ist die Bezeichnung für ‚1117-Tiefpass.vi'. Das Diagramm dieses SubVIs ist in Bild 11.17 dargestellt.

- Es setzt im Feld der komplexen Fourierkoeffizienten einen Bereich ab dem Index $F_{max} \cdot (\#s/Fs)+1$ gleich $0+0 \cdot j$, und zwar auf einer Länge von $(\#s - 1) - 2 \cdot F_{max} \cdot (\#s/Fs)$. Die Verdoppelung ist nötig, weil die Fourierkoeffizienten bei der doppelseitigen Fouriertransformation symmetrisch gespeichert werden, siehe Abschnitt 10.1.2, Bild 10.5. Die

Funktion, die das ausführt, heißt ‚Teil-Array ersetzen', zu finden unter ‚Funktionen' –
‚Programmierung' – ‚Array'.

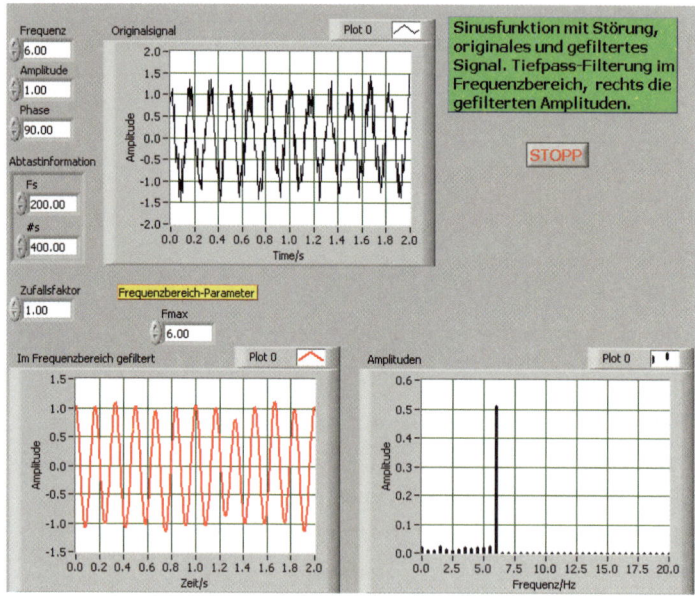

Bild 11.16 Panel zu Bild 11.15

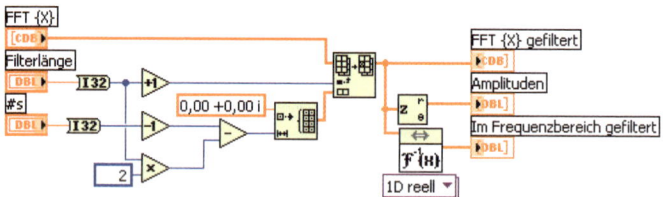

Bild 11.17 SubVI ‚FrequenzTiefpass.vi' zur Tiefpassfilterung im Frequenzbereich

- In Bild 11.16 wurde oben links eine Frequenz von 6 Hz eingestellt, ebenso in der Mitte
  unten F_{max} = 6 Hz. Man sieht im Amplitudengraph, dass alle Frequenzen größer 6 Hz exakt gleich 0 sind. Unterhalb von 6 Hz sind kleine niederfrequente Störungen des
  Zufallsgenerators zu erkennen. Man könnte auch diese entfernen, wenn man einen
  entsprechend konstruierten Bandpass einsetzen würde.

- Die Filterung im Frequenzbereich ist sehr trennscharf. Nachteil: Sie ist rechenintensiver
  als die übliche Filterung im Zeitbereich.

Aufgabe 11.7

Entwickeln Sie nach dem Muster von Bild 11.17 einen Bandpass. Hier muss natürlich
neben F_{max} auch F_{min} einstellbar sein.

Merke: Man kann Signale nicht nur im Zeitbereich filtern, sondern auch im
Frequenzbereich.

Vorteil: große Trennschärfe
Nachteil: höherer Rechenaufwand

12 Differenzialgleichungen

Lernziele

1. Einfache Differenzialgleichungen mit LabVIEW-ODE-Funktionen lösen können.
2. MATLAB®-ähnliche Blockdiagramme für Differenzialgleichungen aufstellen können.
3. MATLAB®-ähnliche Blockdiagramme in LabVIEW-Diagramme umsetzen können.
4. Eine Vorstellung über die Genauigkeit numerischer Rechenverfahren entwickeln.

12.1 Lösen mit LabVIEW-ODE-Funktionen

Wir wählen als erstes Beispiel das bekannte Problem des gedämpften Feder-Masse-Systems in Bild 12.5.

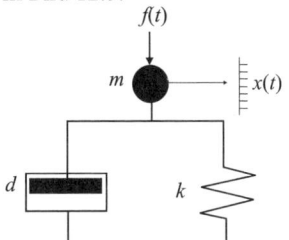

Bild 12.1 Gedämpftes Feder-Masse-System mit Masse m, geschwindigkeitsproportionaler Dämpfung d, Federkonstante k und von oben wirkender Kraft $f(t)$

Die Differenzialgleichung dieses Systems lautet:

$$m \cdot \ddot{x}(t) + d \cdot \dot{x}(t) + k \cdot x(t) = f(t) \tag{12.1}$$

Man kann zur Lösung der Differenzialgleichung die LabVIEW-Funktion Runge Kutta (4. Ordnung)' wählen, die unter 'Funktionen' – 'Mathematik' – 'Differenzialgleichungen' – 'Gewöhnliche Differenzialgleichungen' zu finden ist.

Diese Funktion gehört zur Gruppe der **ODE**-Funktionen. 'ODE' ist die Abkürzung der englischen Bezeichnung für eine gewöhnliche Differenzialgleichung, nämlich 'Ordinary Differential Equation'.

Mit dieser Funktion kann man Differenzialgleichungssysteme numerisch lösen. Eine **einzelne** Differenzialgleichung muss man folglich erst in ein System umwandeln. Das ist hier nicht schwer: Man setzt die Geschwindigkeit $dx/dt = \dot{x} = y$ und erhält so aus (12.1) die Beziehung

$$\dot{x} = y$$
$$\dot{y} = -\frac{d}{m} \cdot y - \frac{k}{m} \cdot x + \frac{f(t)}{m} \tag{12.2}$$

Bild 12.2 zeigt das Frontpanel eines VI, das die Runge-Kutta-Funktion mit den Werten $d/m = 0.2$, $k/m = 1$ und $f(t) \equiv 0$ aufruft.

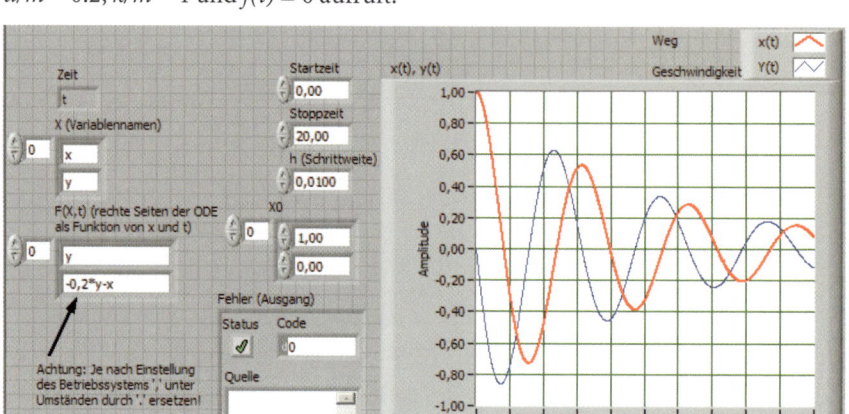

Bild 12.2 Lösung der Differenzialgleichung einer gedämpften Schwingung mit Runge-Kutta in 'DGL_ODE1.vi'

Der Aufruf von 'ODE: Runge-Kutta (4. Ordnung)' benötigt mehrere Parameter, die man in Bild 12.3 sehen kann.

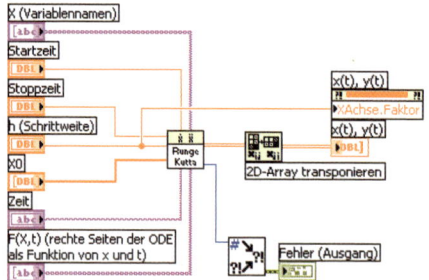

Bild 12.3 Diagramm mit Aufruf von Runge-Kutta. Eingabewerte und Ergebnisse in Bild 12.2. Die Runge-Kutta-Funktion liefert das Ergebnis in Spalten, die für die Ausgabe als Vektoren zuvor zu transformieren sind

Dabei kann man sich besonders bei der Eingabe der String-Konstanten für die Variablennamen leicht verschreiben und erst recht bei der Eingabe der rechten Seite des Differenzialgleichungssystems. Die Funktion reagiert darauf mit einer Fehlernummer und bricht den Lösungsprozess ab. Man sieht keine Ergebniskurven und weiß nicht den Grund. Deshalb ist es hier besonders wichtig, den Fehlerausgang der Funktion zu nutzen, damit man sich anhand der Fehlernummern über die Ursache informieren kann. Dazu auf dem Panel im Fehler-Cluster im Kontextmenü der Fehlernummer 'Fehler beschreiben' bzw. 'Warnung beschreiben' aufrufen.

Die Lösung zur Federschwingung mit diesem Programm ist trotzdem unbefriedigend. Man kann z.B. nicht unmittelbar Masse m, Dämpfung d und Federkonstante k variieren, sondern muss erst auf dem Papier kleine Nebenrechnungen machen und dann die neuen Werte als Strings eingeben. Bild 12.4 und Bild 12.5 zeigen einen verbesserten Ansatz. Die Strings werden, ausgehend von den genannten Parametern, vom VI selbst erzeugt. Außerdem ist noch eine anregende Sinusfunktion für $f(t)$ vorgesehen, die von einem vibrierenden Boden herrühren könnte; Zuletzt kommt noch die Wirkung der Gravitationskonstanten g dazu.

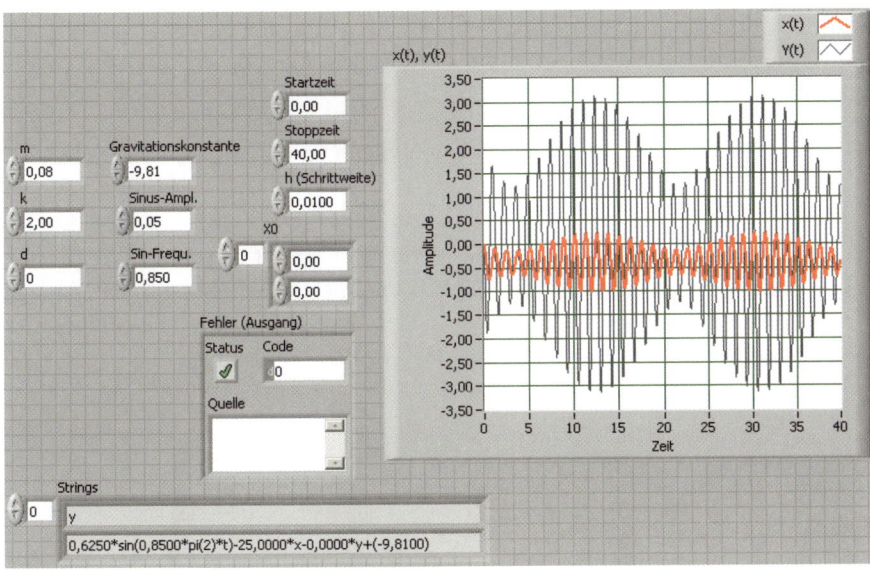

Bild 12.4 Erzwungene Schwingung mit 'DGL_ODE2.vi': Sinusfrequenz nahe der Eigenfrequenz

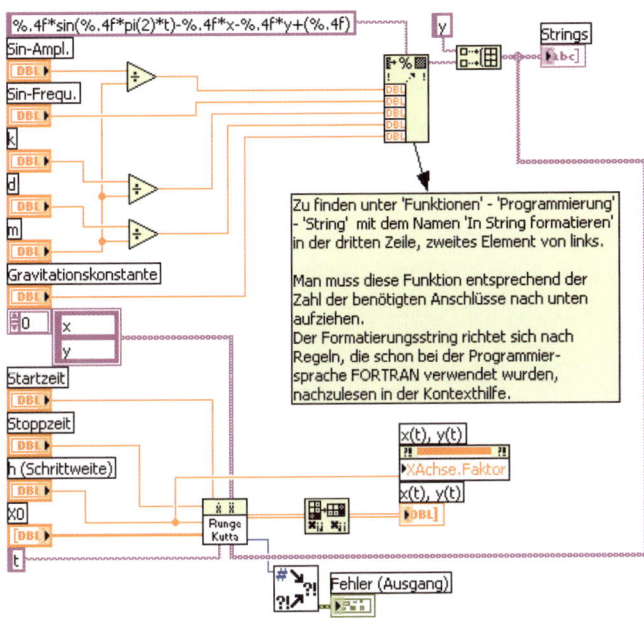

Bild 12.5 Diagramm zu Bild 12.4. Der ganze obere Teil dient nur der Bereitstellung der rechten Seite des Differenzialgleichungssystems in Form von Strings

12.2 Lösen nach dem Analogrechnerprinzip

12.2.1 Blockdiagramm-Darstellung

Das VI nach Bild 12.4 ist jetzt zwar vom Benutzer gut bedienbar, doch ist sein Diagramm wenig übersichtlich. Man sieht nicht gleich, was programmiert wurde. Ein anderer Ansatz geht davon aus, die Differenzialgleichung wie in MATLAB® als Blockdiagramm abzubilden und in ein übersichtliches LabVIEW-Diagramm umzusetzen. Die Differenzialgleichung (12.1) lässt sich z.B. wie in Bild 12.6 darstellen.

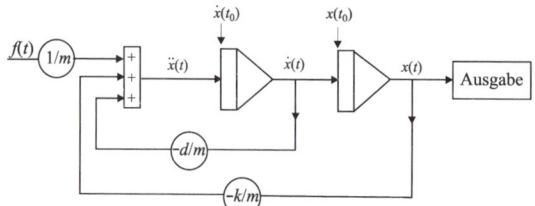

Bild 12.6 Differenzialgleichung (12.1) als Blockdiagramm ähnlich wie in MATLAB®

Das Blockdiagramm (nicht zu verwechseln mit demselben Begriff in LabVIEW!) ist eine prägnante grafische Darstellung der Differenzialgleichung. Sie diente früher auch als Vorlage für die Verdrahtung von Analogrechnern, die in den 60er- und 70er-Jahren eingesetzt wurden. Auch in LabVIEW kann man damit arbeiten, wie Bild 12.7 zeigt.

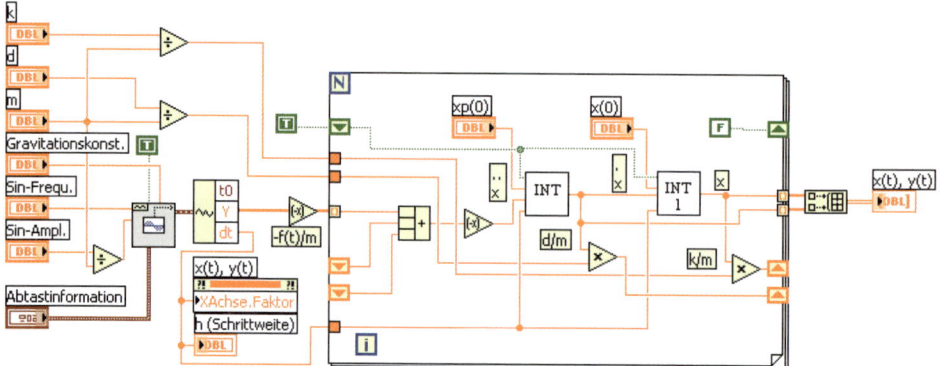

Bild 12.7 Programmierung der Differenzialgleichung (12.1) in einem Blockdiagramm in '1207-DGL_Block1.vi'

Erläuterungen:

- Das Blockdiagramm in Bild 12.6 wird durch die For-Schleife in Bild 12.7 realisiert. Statt der Dreieckssymbole werden SubVIs mit der Bezeichnung 'INT' und 'INT 1' verwendet.

- Die Rückführungen von x und dx/dt sind durch Schieberegister realisiert, welche die Ergebnisse eines Schleifendurchlaufs zum nächsten übertragen. Dieses Prinzip wurde bereits in Abschnitt 3.4 erläutert. Siehe dort besonders Bild 3.16.

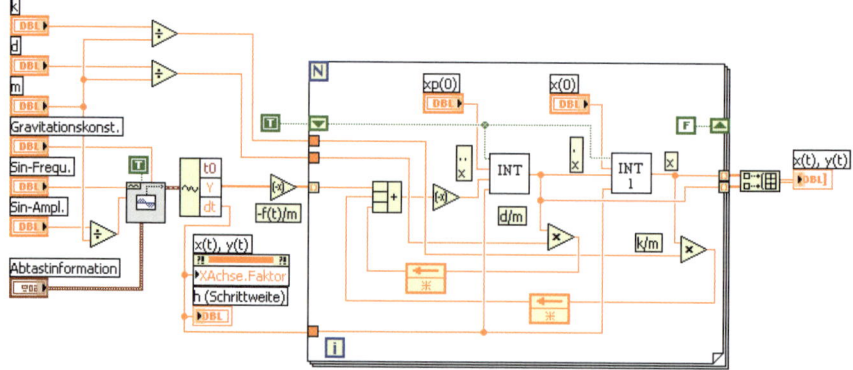

Bild 12.8 Programmierung der Differenzialgleichung (12.1) in einem Blockdiagramm, diesmal unter Verwendung von Rückkopplungsknoten in '1209-DGL_Block2Rückkopplung.vi'

- Weil das Prinzip der Rückkopplung bei Verwendung von Schieberegistern nicht so deutlich wird, wurde in LabVIEW ein von rechts nach links gerichteter Pfeil eingeführt, der in 'Funktionen' – 'Programmierung' – 'Strukturen' als 'Rückkopplungsknoten' zu finden ist. Man muss ihn aber nicht unbedingt von dort holen. Wenn man innerhalb einer For- oder While-Schleife den Ausgang einer Funktion mit ihrem Eingang verbindet, stellt sich dieser Pfeil automatisch ein, sofern in den LabVIEW-Optionen ('Werkzeuge' – 'Optionen' – 'Blockdiagramm') die Auswahl 'Rückkopplungsknoten automatisch in Schleifen einfügen' markiert ist.

- Dritte Möglichkeit: Im Kontextmenü eines Schieberegisters 'Durch Rückkopplungsknoten ersetzen' wählen. Bild 12.8 zeigt das Diagramm von Bild 12.7, gestaltet mit diesem neuen Element. Das Diagramm wird so leichter verständlich und einem MATLAB®-Blockdiagramm ähnlicher. Die Ergebnisse sind die gleichen. Der Rückkopplungsknoten hat dieselbe Funktion wie ein Schieberegister. Er wird nur optisch anders dargestellt. Man kann das auch an den rautenförmigen Symbolen am linken Rand der For-Schleife erkennen. Damit können Rückkopplungsknoten genauso initialisiert werden wie Schieberegister.

Erläuterungen zur Integration:

- Die Bezeichnungen 'INT' und 'INT 1' bedeuten Integrationen. Die Funktion 'Int.vi' macht aus der zweiten Ableitung d2x/dt2 die erste Ableitung dx/dt, 'Int1.vi' erzeugt aus dx/dt die Funktion x(t).

- Die Integration erfolgt mit Hilfe eines numerischen Näherungsverfahrens. Die einfachste Methode ist die von Euler:

$$x(t_1) = x(t_0 + \Delta t) = x(t_0) + \int_{t_0}^{t_0 + \Delta t} \dot{x}(t)\mathrm{d}t \approx x(t_0) + \dot{x}(t_0) \cdot \Delta t$$

- Grafisch bedeutet das, den Punkt x(t1) zu berechnen, indem man in x(t0) die Tangente an die unbekannte Kurve x(t) legt, von der man anfangs nur den Funktionswert und die Ableitung in t0 kennt. Man ersetzt also die unbekannte Funktionskurve näherungsweise durch die bekannte Tangente. In x(t1) wiederholt man das Verfahren, erhält x(t2) usw. Auf diese Weise wird schließlich x(t) durch einen Polygonzug ersetzt, der näherungsweise mit der gesuchten Funktion übereinstimmt. Das Verfahren ist sehr grob, doch kann man in vielen Fällen recht gute Ergebnisse erzielen, wenn man die Zeitschritte h = Δt hinreichend klein macht. Dieses Verfahren wird in den Funktionen 'Int.vi' und 'Int1.vi' verwendet. Bild 12.9 zeigt die Panel von 'Int.vi' und 'Int1.vi', Bild 12.10 die beiden Rahmen der Case-Struktur von Int.vi. Das Programm Int1.vi hat den gleichen Aufbau, nur andere Variablennamen.

Das Programm Int.vi besteht aus einer Case-Struktur mit zwei Fällen. Ist die Variable 'Init' gleich TRUE, wird der Anfangswert als 'x(t)' gespeichert. Ist 'Init' gleich FALSE, wird einmal die Eulersche Näherungsformel ausgeführt und zu 'x(t)' addiert. Auf diese Art ändert sich schrittweise die Ausgangsgröße 'x(t)', die Näherung für den Integralwert. Beim Lösen einer Differenzialgleichung wird nur zu Beginn der TRUE-Teil von Int.vi verwendet, danach stets der FALSE-Teil. Im Diagramm von Bild 12.8 wird das durch ein Schieberegister oben an der For-Schleife erreicht. Beim Eintritt wird 'TRUE' eingespeist und 'Int.vi' und 'Int1.vi' zugeführt. Dann wird (oben rechts) sofort auf FALSE umgestellt, so dass die folgenden Schleifendurchläufe mit 'FALSE' arbeiten.

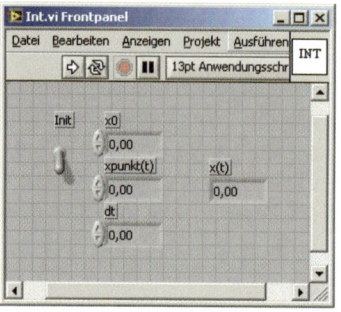 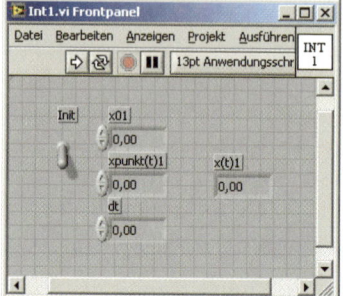

Bild 12.9 Panel von Int.vi und Int1.vi. Sie unterscheiden sich nur durch die Namen

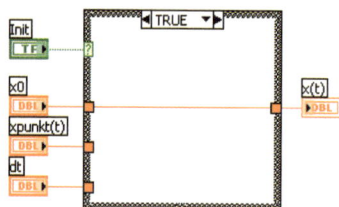 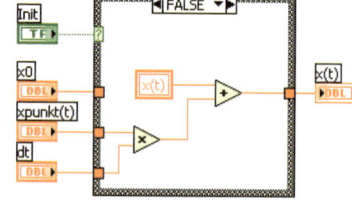

Bild 12.10 TRUE-Rahmen von Int.vi   FALSE-Rahmen von Int.vi

Aufgabe 12.1

Stellen Sie die Parameter auf dem Panel von 12-DGL_Block1.vi (siehe Bild 12.7) so ein, dass Sie die gleichen Resultate erzielen wie in Bild 12.2.

12.2.2   Vereinfachungen

Das Diagramm in Bild 12.8 lässt sich noch in verschiedener Weise vereinfachen:

- Die Verwendung unterschiedlicher Variablenspeicher für die Anfangswerte von x(t) und von dx(t)/dt ist zwar notwendig, muss aber nicht so ungeschickt erfolgen, dass man zweimal praktisch identische VIs schreibt. In Abschnitt 5.2.3 wurden ablaufinvariante (reentrant) Unterprogramme besprochen, die hier bestens geeignet sind. Man braucht nur Int.vi mit 'Datei' – 'VI Einstellungen…' – 'Ausführung' – 'Ablaufinvariante Ausführung mit vorbelegter Kopie' umzustellen und in dieser Form zu speichern. Dann benötigt man nur ein SubVI, hier gespeichert unter IntR.vi.

- Der Eingang für die Initialisierung von IntR.vi kann entfallen, wenn man die Funktion 'Erster Aufruf?' gemäß Abschnitt 5.2.4 verwendet.

- Schließlich ist auch die Eingangsvariable für dt verzichtbar, wenn man eine globale Variable nutzt. Siehe die folgende Seite!

Bild 12.11 Panel des SubVI IntR.vi

Fasst man alle Verbesserungsvorschläge in IntR.vi zusammen, kommt man zu einem SubVI, das in Bild 12.11 und Bild 12.12 dargestellt ist.

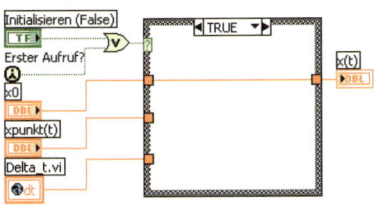 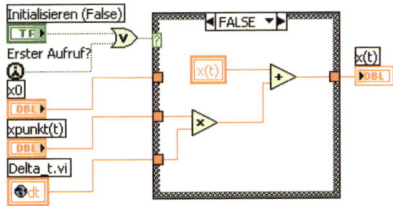

Bild 12.12 TRUE-Rahmen von IntR.vi   FALSE-Rahmen von IntR.vi

Unter Verwendung dieses einen SubVI vereinfacht sich das Diagramm aus Bild 12.8 erheblich. Das zeigt Bild 12.13. Das Symbol 'INT' wurde dort durch '1/s' ersetzt. Das bezeichnet üblicherweise die Integration in Blockdiagrammen. Es leitet sich ab von der Laplace-Transformation einer Differenzialgleichung, bei der das Differenzieren durch Multiplizieren mit s und das Integrieren durch Dividieren durch s ersetzt wird.

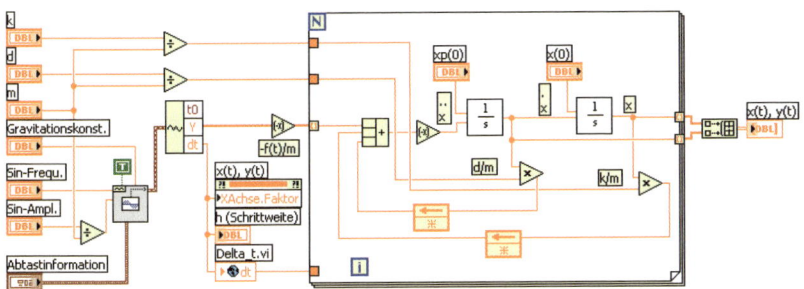

Bild 12.13 Vereinfachtes Blockdiagramm (1214-DGL_Block.vi) zur Berechnung von (12.1)

Die Ergebnisse bei der Wahl gleicher Eingabeparameter sind dieselben wie in Bild 12.2. In '1214-DGL_Block.vi' wurde zur Vereinfachung des Diagramms eine **'Globale Variable'** verwendet. Man findet sie unter 'Funktionen' – 'Programmierung' – 'Strukturen' als Symbol 'GLOB' mit der Bezeichnung 'Globale Variable'. Während **lokale Variablen** dazu dienen, Daten zwischen verschiedenen Stellen **im selben** VI auszutauschen, kann man mit **globalen Variablen** auch Daten zwischen **verschiedenen**, parallel laufenden VIs austauschen. Alle VIs können auf sie lesend und schreibend zugreifen. Das Prinzip ist in Bild 12.14 skizziert. Details folgen in Abschnitt 14.6.

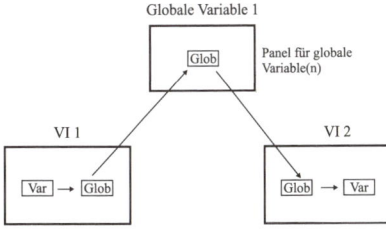

Bild 12.14 Prinzip des Zugriffs von zwei VIs auf dieselben Daten mit Hilfe einer globalen Variablen

Aufgabe 12.2

Versuchen Sie, ein VI zu entwickeln, das die Differenzialgleichung eines RC-Gliedes von der Form $R \cdot C \cdot du_a/dt + u_a = u(t)$ löst. Wählen Sie als Beispiel $u(t) = u_0 = \text{const} = -0{,}2$ Volt, $R = 1$ Ohm, $C = 1$ Farad.

12.3   Genauigkeit numerischer Verfahren

Das in Abschnitt 12.2 verwendete Integrationsverfahren nach Euler ist sehr anspruchslos. Komplexere Verfahren verwenden nicht nur die Tangente im Anfangspunkt t_0, sondern zusätzlich solche in einem oder mehreren Zwischenpunkten zwischen t_0 und t_1. Das im VI von Bild 12.3 benutzte Runge-Kutta-Verfahren arbeitet mit vier Punkten, ist recht genau und gilt als eines der Standardverfahren für die numerische Berechnung von Differenzialgleichungen. Aber auch die mit dem Euler-Verfahren errechneten Werte sind recht gut, wie ein Vergleich der Panels in Bild 12.4 mit dem Panel von '1207-DGL_Block1.vi' zeigt.

Die Frage ist aber, ob nicht doch beträchtliche Unterschiede existieren, was die Abweichung von der wahren Lösungskurve betrifft. Die Berechnung der wahren Lösung ist bei unseren einfachen Beispielen möglich, doch schon recht aufwändig. Wir gehen deshalb einen anderen pragmatischen Weg. Wir vergleichen die Lösungs-Arrays, die wir bei verschiedenen Verfahren und mit verschiedener Schrittweite erzielen, in einem speziellen Programm namens Genauigkeit.vi, dem wir die Daten parallel laufender VIs über globale Variable zur Verfügung stellen.

Dazu modifizieren wir das mit Runge-Kutta arbeitende ODE-VI von Bild 12.3 in der Weise, dass wir den Matrix-Ausgang 'x(t), y(t)' einer globalen Variablen zuführen. Eingestellt ist dort die Schrittweite h = 0,01 (10 m). Wir bilden eine Modifikation mit h = 0,001 (1 m) und verwenden für den Ausgang eine zweite globale Variable. Entsprechend verfahren wir mit dem Programm, das nach Euler arbeitet (Bild 12.13). Das gibt zwei weitere globale Variablen. Sie alle werden in 'Global_Genauigkeit.vi' gespeichert, siehe Bild 12.17.

Das Programm 'Genauigkeit.vi' liest diese globalen Variablen und bildet verschiedene Differenzen der Ergebnisse für Weg und Geschwindigkeit:

- Euler 10 m – Runge-Kutta 10 m,

- Euler 1 m – Runge-Kutta 1 m und

- Runge-Kutta 10 m – Runge-Kutta 1 m.

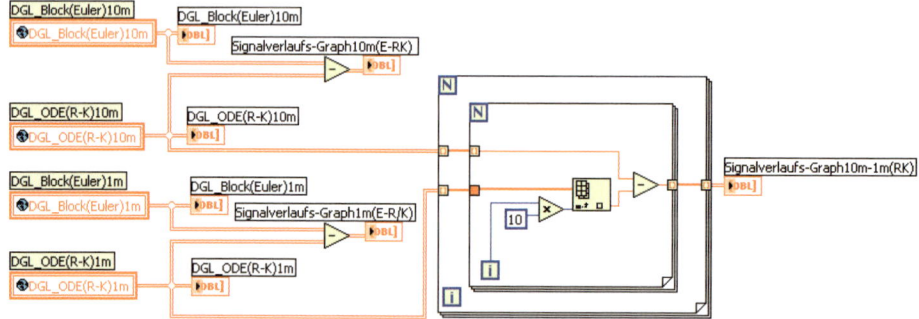

Bild 12.15 Verarbeitung der Ergebnisse verschiedener Lösungsverfahren. Panel in Bild 12.16

Das Diagramm von 'Genauigkeit.vi' ist in Bild 12.15 dargestellt, das Panel, in dem man die Ergebnisse ablesen kann, in Bild 12.16.

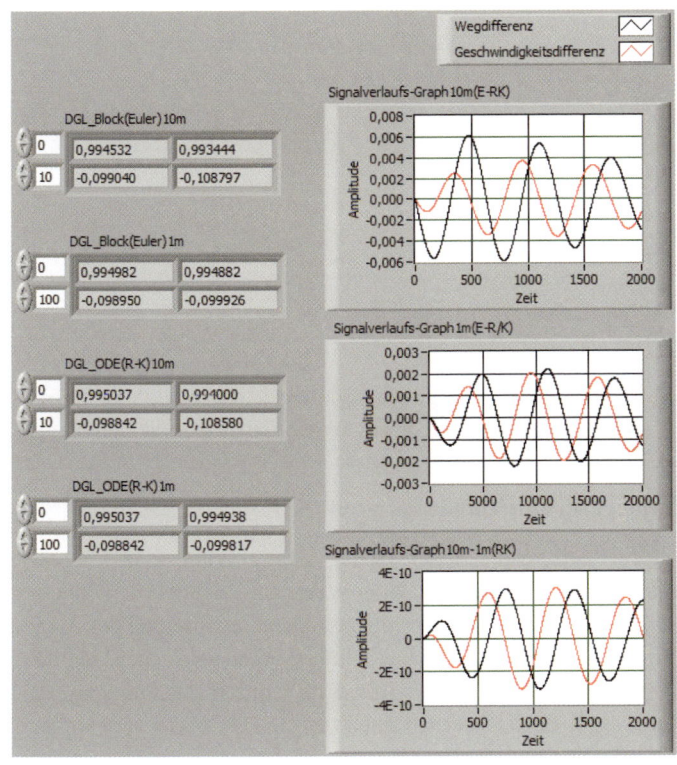

Bild 12.16
Grafische Darstellung
der Genauigkeit von
Runge-Kutta im Vergleich
mit Euler.
Jeweils zwei unterschied-
liche Schrittweiten für
die Berechnung

Diskussion der Ergebnisse

Der Vergleich der Runge-Kutta-Ergebnisse mit $h = 0,010$ und $0,001$ zeigt sehr kleine Differenzen bis maximal ca. 3×10^{-10}. Das trifft sowohl auf die Auslenkung der Feder zu als auch auf ihre Geschwindigkeit, die im unteren Diagramm von Bild 12.16 dargestellt sind. Man kann also davon ausgehen, dass eine weitere Verkleinerung von h keine nennenswerte Verbesserung mehr bringen würde. Das ist zwar kein mathematischer Beweis, praktisch wird aber gern so geschlossen. Wir können also annehmen, dass die wahren Werte mit dem Verfahren von Runge-Kutta vollkommen ausreichend ermittelt werden.

Daran lässt sich nun die Genauigkeit des Euler-Verfahrens messen, dargestellt in den oberen beiden Graphen von Bild 12.16. Der erste Graph zeigt Abweichungen bis zu maximal $0,006$, der untere bis $0,002$. Die Verkleinerung der Schrittweite von $0,010$ auf $0,001$ hat also einen gewissen Effekt, jedoch keinen großen. Geht man noch weiter, etwa zu $h = 0,0001$, bekommt man Probleme mit der Rechenzeit. Auch kommt irgendwann der Moment, in dem eine weitere Vergrößerung der Zahl der Rechenschritte (das bedeutet ja die Verkleinerung von h) nichts mehr bringt, weil die Rundungsfehler den theoretischen Gewinn an Genauigkeit wieder aufheben. Das Runge-Kutta-Verfahren ist demnach weit überlegen. Auch hier bestätigt sich wieder der alte Satz von Max Planck: "Es gibt nichts Praktischeres als eine gute Theorie."

Geht man davon aus, dass physikalisch im SI-System gerechnet wird, handelt es sich beim Euler-Verfahren in unserem Beispiel um Fehler in der Größenordnung von $0,6$ mm (Weg) bzw. $0,2$ mm/s (Geschwindigkeit), wenn die Feder mit einer Auslenkung von 1 m startet. Auch diese Genauigkeit dürfte in den meisten Fällen völlig genügen.

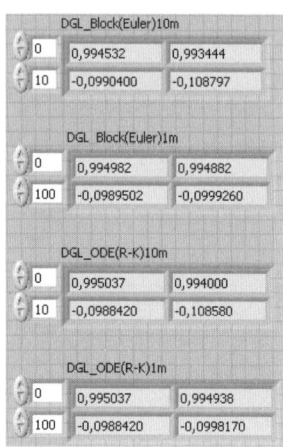

Bild 12.17 Vier globale Variablen in einem speziellen VI ohne Blockdiagramm namens 'Global_Genauigkeit.vi'

Bemerkungen zur Programmierung von 'Genauigkeit.vi'

Ein Problem ist der Vergleich der Daten verschieden langer Arrays. Wählt man $h = 0{,}01$, fallen in unserem Beispiel, in dem t von 0 bis 20 läuft, 2000 Werte an. Rechnet man dagegen mit $h = 0{,}001$, erhält man 20000 Werte. Man kann also nicht einfach die Differenz der Arrays bilden, sondern muss vom längeren VI nur jeweils den zehnten Wert nehmen. Das heißt, man vergleicht den ersten Wert des kürzeren Arrays mit dem zehnten des längeren, den zweiten mit dem zwanzigsten usw. Als Ergebnis erhält nach dem in Bild 12.15 verwendeten Verfahren ein kürzeres Array wie in dem unteren Graphen von Bild 12.16.

Aufgabe 12.3

Vergleichen Sie die Genauigkeit des Euler-Verfahrens für die Schrittweiten $h = 0{,}001$ und $h = 0{,}0001$ nach der Methode des Blockdiagramms von Bild 12.15.

Merke: Gewöhnliche Differenzialgleichungen (genauer: Systeme von Differenzial-gleichungen) kann man mit Hilfe eingebauter LabVIEW-Funktionen (ODE = Ordinary Differential Equation) numerisch lösen. Man sollte ein ODE-SubVI wählen, das mit dem Runge-Kutta-Verfahren arbeitet.

Merke: Gewöhnliche Differenzialgleichungen lassen sich auch lösen, indem man sie als (Analogrechner-)Blockdiagramm darstellt und davon ausgehend ein Lab-VIEW-Programm entwickelt. Benötigt wird dazu ein SubVI, das ablaufinvariant sein muss (sofern es im Blockdiagramm mehr als einmal benötigt wird). In vielen Fällen ist es ausreichend, in diesem SubVI das Euler-Verfahren zu verwenden.

Merke: Das Runge-Kutta-Verfahren erzielt bei gleicher Schrittweite wesentlich genauere Ergebnisse als das Euler-Verfahren. Man kann das in gewissen Grenzen durch Verkleinerung der Schrittweite ausgleichen.

Merke: Der Datenaustausch zwischen zwei verschiedenen VIs kann auch über globale Variablen erfolgen. Man muss die Daten nicht auf der Festplatte als Zwischenträger speichern.

13 Systeme von Differenzialgleichungen

Lernziele

1. Differenzialgleichungssysteme mit LabVIEW-ODE-Funktionen lösen können.
2. Blockdiagramme (im Sinne von MATLAB®) für Differenzialgleichungssysteme aufstellen können.
3. Blockdiagramme für Differenzialgleichungssysteme in LabVIEW-Diagramme umsetzen können.

13.1 Systeme gewöhnlicher Differenzialgleichungen

In Abschnitt 12.1 waren wir gezwungen, die Differenzialgleichung zweiter Ordnung für den gedämpften Massenschwinger in ein System von zwei Differenzialgleichungen erster Ordnung umzuwandeln. Anderenfalls hätten wir die mit dem Verfahren von Runge-Kutta arbeitende LabVIEW-ODE-Funktion nicht anwenden können. Bei der Umsetzung des Blockdiagramm-Verfahrens nach Abschnitt 12.2 dagegen war das nicht erforderlich, einer der Vorteile dieser Methode.

Nun gibt es Fälle, in denen von vornherein Differenzialgleichungssysteme vorliegen. Diese kann man direkt mit der LabVIEW-ODE-Funktion lösen.

Ebenso gut kann man aber auch hier das Differenzialgleichungssystem als Blockdiagramm modellieren, das im Rahmen einer gewissen Genauigkeit dieselben Ergebnisse liefert.

13.2 Gekoppeltes Feder-Masse-System

Bild 13.1 zeigt ein ungedämpftes Feder-Masse-System in der Ruhelage, das durch folgendes System von Differenzialgleichungen beschrieben werden kann:

$$m_1\ddot{x}_1 + k_1 x_1 + (x_1 - x_2)k_2 = 0$$
$$m_2\ddot{x}_2 + (x_2 - x_1)k_2 = 0 \tag{13.1}$$

Die Pfeile mit x_1 und x_2 verdeutlichen darin die Richtung, in der Abweichungen der Massen aus der Ruhelage positiv gezählt werden.

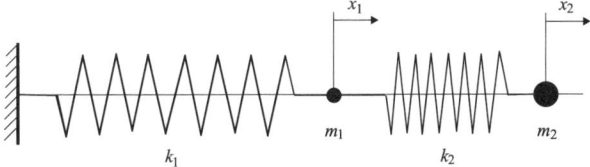

Bild 13.1 Ungedämpftes System mit zwei Massen und zwei Federn

13.2.1 Lösung mit eingebauter ODE-Funktion

Wie schon in Abschnitt 12.1 muss man Hilfsvariablen einführen, weil die ODE-Funktion nur mit Differenzialgleichungssystemen erster Ordnung arbeitet. Wir setzen

$$\dot{x}_1 = y_1, \quad \dot{x}_2 = y_2$$

und erhalten damit aus (13.1) Formeln für vier Funktionen:

$$\begin{aligned}
\dot{x}_1 &= y_1 \\
\dot{x}_2 &= y_2 \\
\dot{y}_1 &= -\frac{(k_1 + k_2)}{m_1} x_1 + \frac{k_2}{m_1} x_2 \\
\dot{y}_2 &= \frac{k_2}{m_2} x_1 - \frac{k_2}{m_2} x_2
\end{aligned} \tag{13.2}$$

Wie wir schon in Abschnitt 12.1 gesehen haben, ist es mühsam, ein Programm zu schreiben, das der ODE-Funktion variable Parameter k_1, k_2 usw. übergibt. Wir beschränken uns deshalb auf folgendes Beispiel: $k_1 = 80$, $k_2 = 30$, $m_1 = 500$, $m_2 = 200$. Die Anfangsbedingungen seien: Anfangsauslenkung $x_{10} = 0{,}30$, $(dx_1/dt)_0 = 0$, $x_{20} = 0$, $(dx_2/dt)_0 = 1$. Bild 13.2 zeigt das Panel, Bild 13.3 das zugehörige Blockdiagramm zur Lösung des Problems.

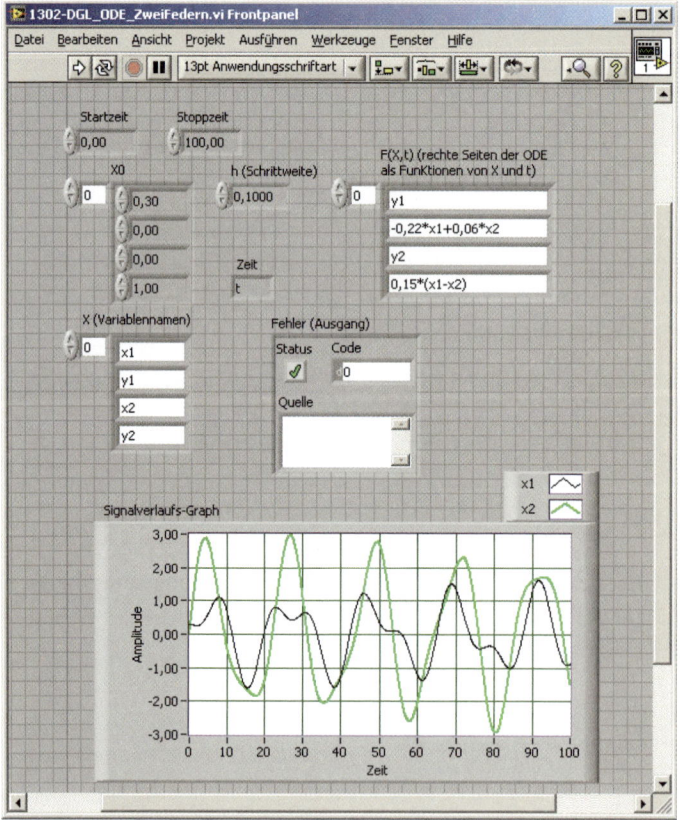

Bild 13.2 Auslenkungen der Massen m_1 und m_2 im Verlauf von 100 s bei vorgegebenen Parametern. Panel zum Diagramm von Bild 13.3

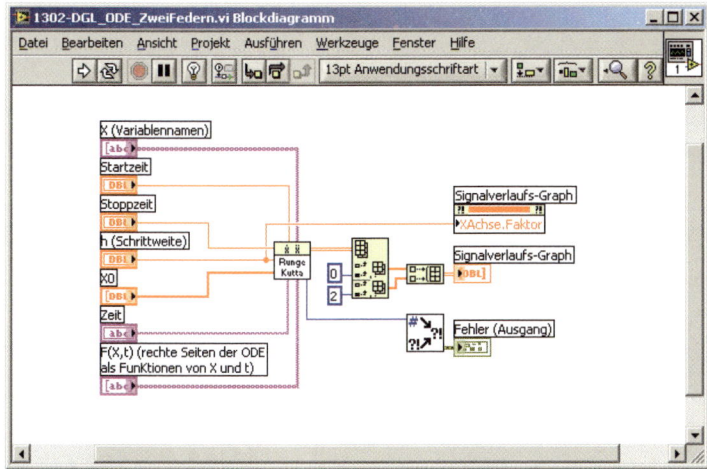

Bild 13.3 Berechnung der Lösung für ein ungedämpftes Zwei-Feder-Masse-System mit der LabVIEW-ODE-Funktion nach Runge-Kutta

Bemerkungen zum VI in Bild 13.2 und Bild 13.3:

- Da das in der ODE-Funktion verwendete Runge-Kutta-Verfahren sehr genau ist, genügt die Schrittweite h = 0,1 s.
- Damit im Signalverlaufsgraphen auf dem Panel rechts nicht der Index 1000 (für die Schrittzahl), sondern die Zeit 100 s angezeigt wird, nutzt man einen Eigenschaftsknoten zur Skalierung der X-Achse mit dem Wert von h.
- Die Runge-Kutta-LabVIEW-Funktion liefert eine Matrix mit 1000 Zeilen und vier Spalten für die Variablen x1, y1, x2 und y2. Das ergibt sich aus der Reihenfolge, in der die Variablen auf dem Panel unter 'X (Variablennamen)' eingetragen wurden. Will man nun x1 und x2, die Auslenkungen der Massen m1 und m2, anzeigen, muss man die Spalten 0 und 2 auswählen, was durch Indizierung der Matrix erfolgt. Das ist in Bild 13.3 zu sehen.

Aufgabe 13.1

Schreiben Sie ein VI ähnlich dem in Bild 13.3, das aber nur die Geschwindigkeiten grafisch anzeigt.

Aufgabe 13.2

Wie Aufgabe 13.1, aber mit Ausgabe für beide Auslenkungen und beide Geschwindigkeiten.

Hinweis: Die Aufgabe vereinfacht sich, weil die Indizierung der Matrizen nun nicht mehr nötig ist.

13.2.2   Lösung mit Blockdiagramm wie in MATLAB®

Flexibler in der Handhabung der Parameter ist die Lösung des Problems bei der Programmierung als Blockdiagramm wie in MATLAB®, dargestellt in Bild 13.4 und Bild 13.5.

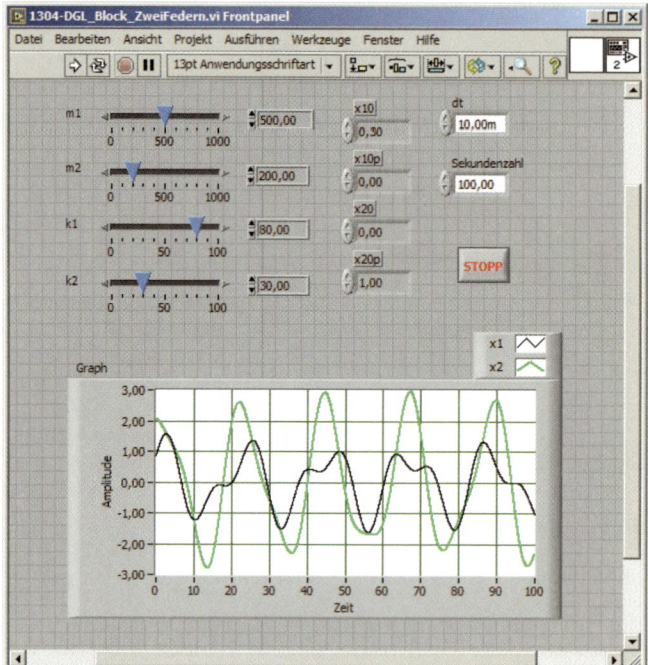

Bild 13.4 Auslenkungen der Massen m_1 und m_2 im Verlauf von 100 s bei vorgegebenen Parametern. Panel zum Diagramm von Bild 13.5, diesmal mit der Blockdiagramm- oder Analogrechnermethode ermittelt

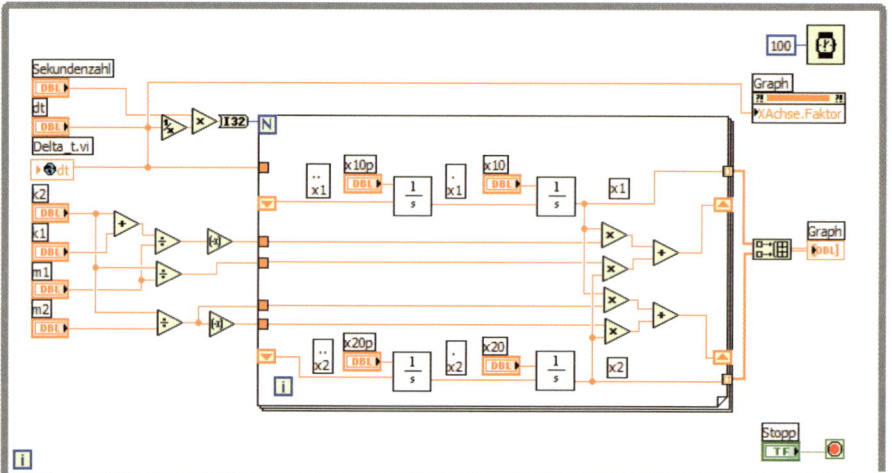

Bild 13.5 Berechnung der Lösung für ein ungedämpftes Zwei-Feder-Masse-System, ausgehend von einer Blockdiagramm-Darstellung im Stile von MATLAB®

Bemerkungen zum VI in Bild 13.4 und Bild 13.5:

- Die Parameter im Panel sind abgesehen von den Anfangswerten alle an Schiebereglern einzustellen. Sie können wegen der alles umschließenden While-Schleife auch während des Programmlaufs verändert werden. Man sieht dann das Verhalten der zwei Federn in Abhängigkeit von den Parametern wie Massen und Federkonstanten.

- Die While-Schleife im Diagramm sorgt dafür, dass alle 100 ms eine Neuberechnung der Kurven erfolgt, die dann die Startwerte aus den Endwerten des vorhergehenden Durchlaufs beziehen: Die Kurve scheint zu wandern.

Aufgabe 13.3

Verifizieren Sie, dass das Blockdiagramm in Bild 13.5 tatsächlich dem Differenzialgleichungssystem (13.2) entspricht.

Aufgabe 13.4

Testen Sie das VI in Bild 13.4 und verschaffen Sie sich einen Eindruck vom Verhalten der Federschwingung. Testen Sie besonders Randfälle wie Masse oder Federkonstante gleich null. Entspricht alles Ihren Erwartungen?

13.3 Umwelt und Tourismus

Das folgende Beispiel behandelt die Einwirkung des Massentourismus auf die Umweltqualität eines Ferienziels. Man kann diese Wechselwirkung nach [1] (dort Abschnitt 6.2: Dynamische Systeme mit zwei Zustandsgrößen, S. 293) durch das folgende gekoppelte System von zwei Differenzialgleichungen beschreiben:

$$\dot{x} = -a \cdot x + b \cdot y$$
$$\dot{y} = d \cdot y \cdot (1 - y/k) - c \cdot x \cdot y$$

Die Funktionen und Parameter bedeuten:

- x(t) Massenstrom der Touristen,
- y(t) Qualität der Umwelt,
- a Touristenzahlenverlustrate infolge Überfüllung,
- b Werbewirkung durch Umweltqualität,
- c Rate der Umweltzerstörung,
- d Rate der Umwelterholung,
- k Tragfähigkeit der Umwelt.

Die Zahlenwerte für diese Konstanten sind aus Beobachtungen einzelner Beispiele touristischer Regionen entnommen. Sie müssen möglichst sorgfältig ermittelt werden. Bild 13.6 zeigt die Darstellung dieser Differenzialgleichungen in MATLAB®-Simulink®.

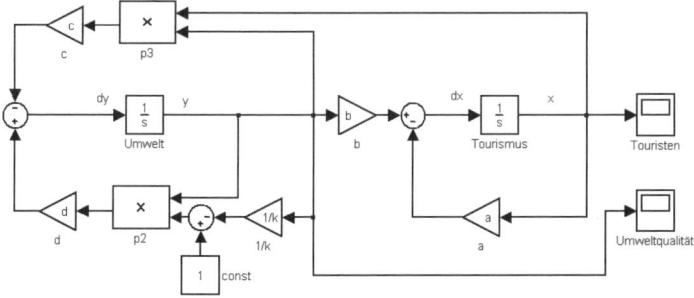

Bild 13.6 Differenzialgleichungssystem, das die gegenseitige Abhängigkeit der Umweltqualität und des Touristenstroms in MATLAB®-Simulink® beschreibt

Bild 13.7 verdeutlicht die Lösung für das Verhalten von Umwelt und Tourismusstrom, wobei die mit Simulink® durchgeführten Rechnungen voraussetzen:

- $x(0) = 0$, $c = 1.00$,
- $y(0) = 1.00$ bzw. $= 2.00$, $d = 1.00$,
- $a = 1.00$, $k = 1.00$.
- $b = 5.00$,

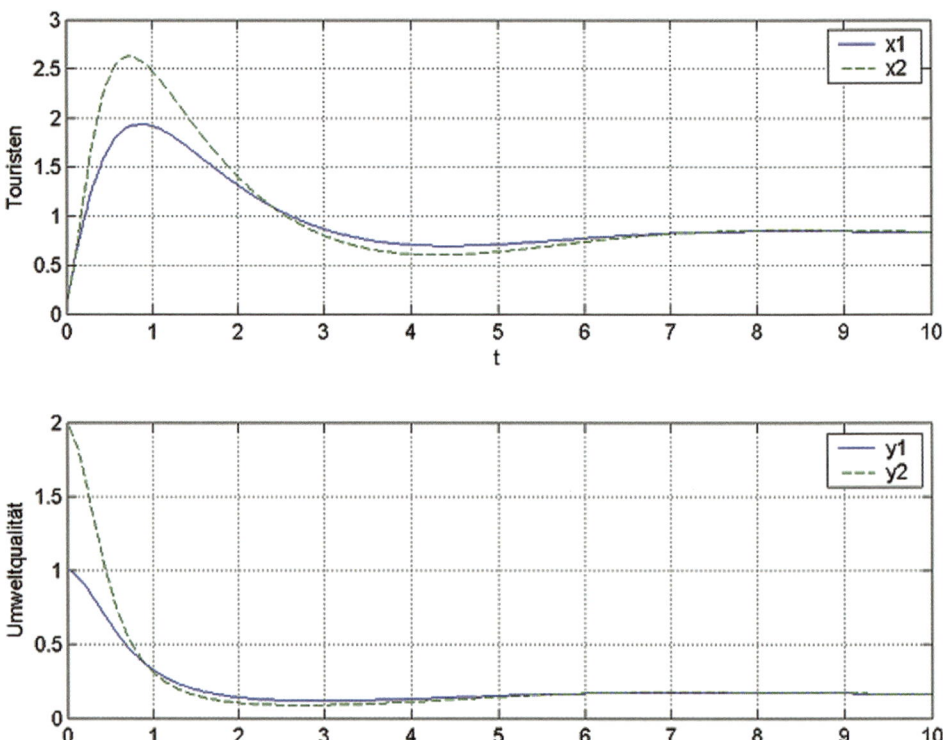

Bild 13.7 MATLAB®-Simulink®-Ergebnisse für zwei Umweltkonstellationen und die oben genannten Parameterwerte

Die ausgezogenen Kurven zeigen den Fall mit den Anfangswerten $x(0) = 0$, $y(0) = 1.00$, die gestrichelten den Fall $x(0) = 0$, $y(0) = 2.00$. Ferner gilt $t_{Start} = 0$, $t_{Stopp} = 10$, $h = 0.01$.

Auch hier lassen sich mit LabVIEW leicht Ergebnisse erzielen, die im Rahmen hinreichender Genauigkeit mit denen von MATLAB®-Simulink® übereinstimmen. Wir verzichten diesmal auf die Lösung mit der LabVIEW-ODE-Funktion und zeigen nur Panel und Diagramm eines im Analogrechnerstil entwickelten VI.

Aufgabe 13.5

Entwickeln Sie ein VI unter Zuhilfenahme der LabVIEW-ODE-Funktion, das gleiche Ergebnisse liefert wie das MATLAB®-Simulink®-Modell für die Fälle von Bild 13.7.

Es folgt die Vergleichsrechnung mit einem LabVIEW-VI.

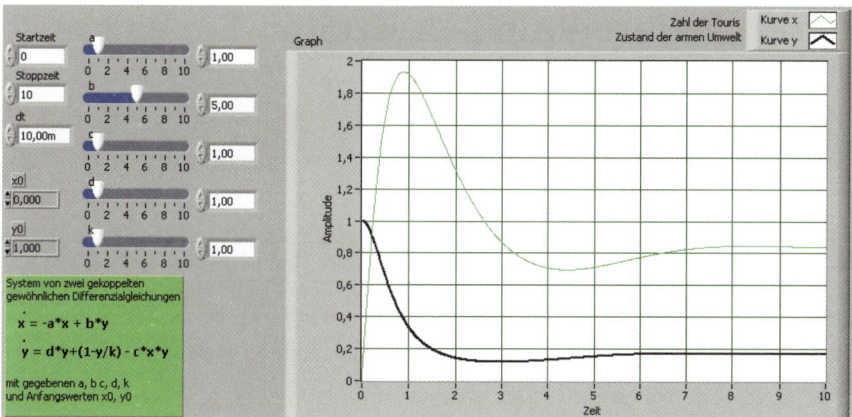

Bild 13.8 Eines der Ergebnisse von Bild 13.7, berechnet mit einem LabVIEW-VI

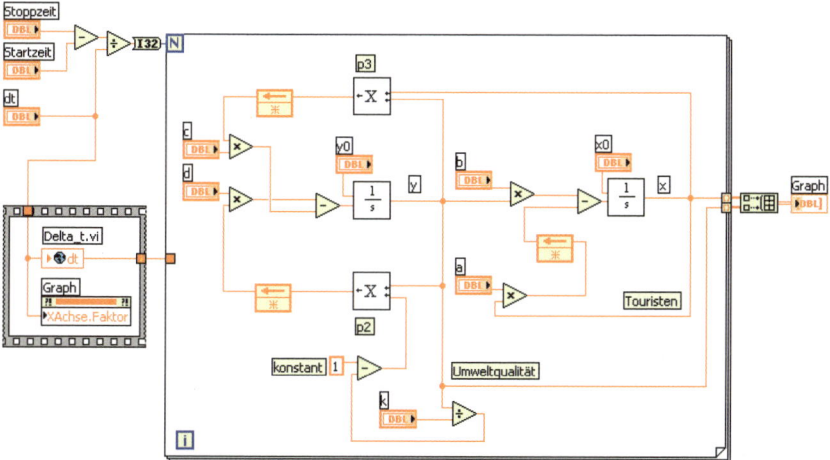

Bild 13.9 Diagramm zum Panel von Bild 13.8

Aufgabe 13.6

Starten Sie das Programm von Aufgabe 13.5 mit 'Wiederholt ausführen' und beobachten Sie die Abwandlung der Ergebniskurven bei Parameteränderungen.

Aufgabe 13.7

In LabVIEW bewegt sich der Signalfluss, anders als in den Simulink®-Diagrammen, üblicherweise von links nach rechts. In Bild 13.9 läuft er aber trotzdem teilweise von rechts nach links. Das wurde durch ein Unterprogramm für die Multiplikation mit dem Symbol 'X' möglich. Versuchen Sie, selbst ein solches SubVI zu schreiben.

Merke: Die LabVIEW-ODE-Funktion mit dem Runge-Kutta-Verfahren eignet sich besonders für Differenzialgleichungssysteme.

Merke: Mit dem Blockdiagramm-Verfahren (Analogrechnerverfahren) lassen sich LabVIEW-VIs erstellen, die Diagrammen von MATLAB®-Simulink® gleichen und im Rahmen der Genauigkeit zu denselben Ergebnissen führen.

14 Parallelverarbeitung, Laufzeiten, Ereignisse

Lernziele

1. Begriffe Multiprocessing, Multitasking, Multithreading erklären können.
2. Beschreiben können, unter welchen Bedingungen verschiedene Teile eines VI parallel und unter welchen Bedingungen sie sequenziell ablaufen.
3. Prozesse synchronisieren können.
4. Mit globalen Variablen arbeiten können.
5. Daten zwischen Prozessen austauschen lassen. Laufzeitprobleme behandeln.
6. Events programmieren können.
7. Zeitgesteuerte Schleifen kennen und nutzen können.

14.1 Einführendes Beispiel

LabVIEW-Programme werden ohne spezielles Zutun des Programmierers parallel ausgeführt. Aus diesem Grund müssen wir einigen Aufwand betreiben, um einen sequenziellen Ablauf zu erreichen, siehe Abschnitt 3.2. Einleitend wollen wir den Begriff 'parallele Ausführung' am Beispiel von einfachen While-Schleifen gemäß Bild 14.1 untersuchen. Wir werden dabei auf unerwartete Probleme stoßen. Im nächsten Abschnitt lernen wir Werkzeuge zur Lösung dieser Probleme kennen.

Beginnen wir mit dem VI in Bild 14.1. Was wird passieren, wenn wir es starten? Wir könnten vermuten, dass beide Schleifen unbegrenzt oft ausgeführt werden, denn es gibt ja keinen Stopp-Knopf und die Konstanten an den Bedingungsterminals stehen auf FALSE, während die Abbruchbedingung auf 'Stopp wenn TRUE' steht. Doch diese Vermutung ist nicht richtig. Nach einigen Sekunden zeigt uns das Panel das in Bild 14.2 dargestellte Ergebnis. Die linke Schleife wurde 17-mal durchlaufen, die rechte überhaupt nicht. Warum?

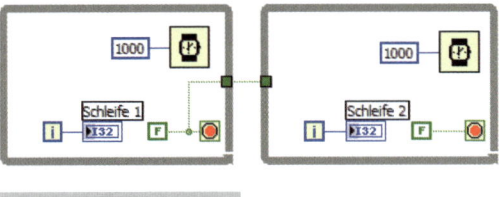

Bild 14.1 Zwei While-Schleifen mit Datenabhängigkeit im Programm '1401-WhileSchleifenAbhaengig.vi'

Bild 14.2 Ergebnis des Programms aus Bild 14.1 nach einigen Sekunden Laufzeit

Erklärung

Die Verbindungslinie zwischen den beiden While-Schleifen führt zur Datenabhängigkeit. Die rechte Schleife kann erst dann ausgeführt werden, wenn die linke beendet ist. Diese wird aber nicht beendet und folglich die rechte Schleife gar nicht erst begonnen. Daher das Ergebnis von Bild 14.2.

Bemerkung

Die Wartezeiten in den Schleifen erlauben dem Anwender, das Hochzählen des Index zu beobachten.

Wenn wir die Datenabhängigkeit zwischen den beiden While-Schleifen wie in Bild 14.3 beseitigen, werden beide Schleifen parallel und unabhängig ausgeführt. Die Anzeigeelemente geben denselben Wert an, wie man Bild 14.4 entnimmt. Das Programm läuft unbegrenzt lange, die Abbruchbedingungen wurden ja nicht verändert.

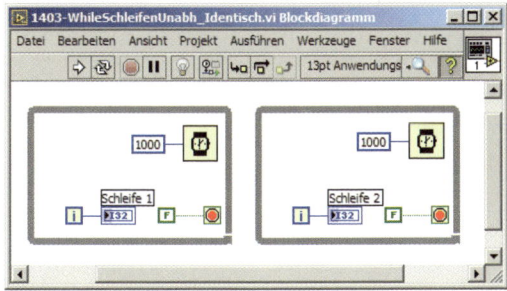

Bild 14.3 Zwei While-Schleifen ohne Datenabhängigkeit

Bild 14.4 Ergebnis des Programms aus Bild 14.3 nach einigen Sekunden Laufzeit

In Wirklichkeit kann ein Computer mit **einem** Prozessor natürlich nicht parallel arbeiten. Doch verteilt das Betriebssystem die Rechenleistung des Prozessors auf verschiedene **Tasks** bzw. **Threads**, die jeweils nur für kurze Zeiten im Millisekundenbereich aktiv sind. Für den Anwender sieht das so aus, als ob beide Programmteile parallel abliefen. Man spricht deshalb auch von **quasiparalleler** Ausführung.

Was passiert, wenn die Wartezeiten in den Schleifen wie in Bild 14.5 verschieden sind?

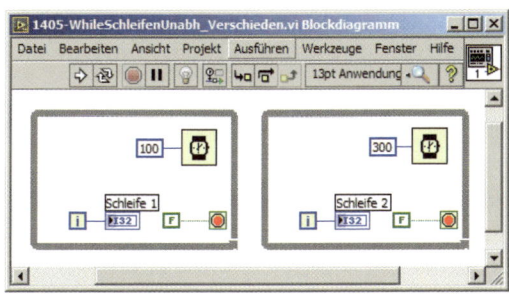

Bild 14.5 Zwei unabhängige While-Schleifen mit unterschiedlichen Ausführungszeiten

Bild 14.6 Die While-Schleifen werden unterschiedlich oft ausgeführt

Das Panel in Bild 14.6 zeigt, dass jetzt beide Schleifen verschieden oft ausgeführt werden. Wir können uns vorstellen, dass die Wartezeiten Rechnungen unterschiedlichen Umfangs **simulieren**. Möglicherweise ist es erwünscht, dass diese Rechnungen trotz abweichenden Zeitbedarfs gleich oft ausgeführt werden. Wie das obige Beispiel zeigt, geschieht das nicht automatisch. Man benötigt Werkzeuge zur Synchronisierung, auf die wir in den nächsten Abschnitten eingehen werden.

Wartezeiten innerhalb einer While-Schleife sind auch aus einem ganz anderen Grund sehr nützlich: Sie setzen die Priorität eines Threads herab. Befindet sich nämlich ein Thread im

Wartezustand, verbraucht er **keine Prozessorzeit**. Die frei gewordene Rechenkapazität kann anderen Tasks oder Threads (z.B. parallel laufenden Schleifen) zugewiesen werden.

Aufgabe 14.1

Schreiben Sie ein Programm mit einer While-Schleife ohne Wartezeit. Betrachten Sie die Systemleistung (CPU-Auslastung) der LabVIEW-Anwendung im Task-Manager. Setzen Sie dann eine Wartezeit von 100 Millisekunden ein. Wie verändert sich die Belastung des Prozessors?

Merke: Die Teile eines Blockdiagramms werden in LabVIEW stets (quasi-)parallel ausgeführt, sofern sie nicht durch eine Sequenzstruktur oder durch Datenabhängigkeiten daran gehindert werden.

Achtung: Auch der mehrfache Aufruf desselben SubVIs verhindert die Parallelausführung!

14.2 Grundbegriffe der Parallelverarbeitung

Die bisher genannten Beispiele setzen moderne Betriebssysteme, wie Windows 7 oder Linux, voraus. Diese unterstützen Multiprocessing, Multitasking und Multithreading. Was heißt das genau?

14.2.1 Multiprocessing, Multitasking, Multithreading
Multiprocessing

Hat ein Computer zwei oder mehr Prozessoren und ist das Betriebssystem in der Lage, sie verschiedenen Programmen oder Teilen eines Programms zuzuordnen, sprechen wir von **Multiprocessing**. Die Prozessoren, z.B. in einem Dual-Core-Prozessor, arbeiten dabei wirklich parallel. Hat ein PC aber nur **einen** Prozessor, wird seine Rechenleistung vom Betriebssystem verteilt. Dies nennt man

Multitasking

Multitasking bezeichnet die Möglichkeit des Betriebssystems, die Prozessorleistung nacheinander auf verschiedene Anwendungen (Tasks) zu verteilen. Jede Anwendung bekommt für eine kurze Zeit den Prozessor zugewiesen. Ist die Zeit abgelaufen, wird der Prozessor an eine andere Task vergeben. Der Wechsel zwischen den Tasks verläuft so schnell (im Millisekundenbereich), dass der Benutzer den Eindruck hat, verschiedene Anwendungen würden simultan bearbeitet. Bild 14.7 zeigt den Task-Manager unter Windows 7, der die gerade laufenden Tasks auflistet. Eine Anwendung lässt sich ihrerseits in kleinere Einheiten zerlegen, die ebenfalls quasiparallel verarbeitet werden. In diesem Fall spricht man von

Multithreading

Das Programm wird hier in einzelne 'Fäden' (Threads) aufgeteilt, denen der Prozessor zugewiesen wird. Bei VIs übernimmt nicht der Programmierer diese Unterteilung, sondern LabVIEW. Dies geschieht unter Berücksichtigung der Datenabhängigkeiten im Diagramm des VI. Die zwei While-Schleifen in Bild 14.3 oder Bild 14.5 laufen z.B. als verschiedene Threads innerhalb einer einzigen Anwendung, nämlich der Anwendung LabVIEW.

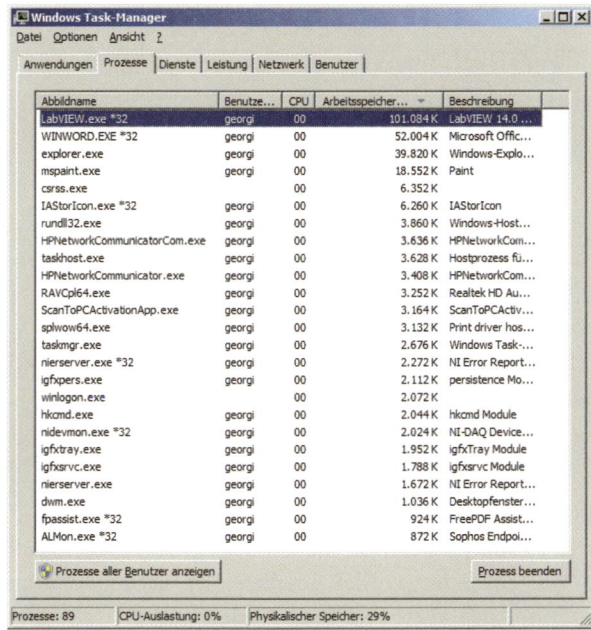

Bild 14.7
Task-Manager unter Windows 7.
Zur Zeit werden 25 Tasks
(im Task-Manager 'Prozesse'
genannt) ausgeführt

14.2.2 Synchronisierung von Prozessen

Parallel laufende Prozesse müssen oft synchronisiert werden. Man denke etwa an die Datenerfassung von Messwerten, die anschließend einer Fouriertransformation unterzogen werden. Am einfachsten geschieht das mit der sequenziellen Methode: Das Programm veranlasst eine Datenerfassungskarte, 1024 Messungen auszuführen. Dann **wartet** es, bis die 1024 Messwerte aufgezeichnet und in einen Speicherbereich geschrieben sind. Anschließend führt das Programm die Fourieranalyse durch und stellt das Ergebnis auf dem Bildschirm dar. Damit ist ein Zyklus durchlaufen und der Prozess kann wiederholt werden. Allerdings nutzt diese Methode den Prozessor nicht optimal. Während die Datenerfassungskarte Daten sammelt, **wartet der Prozessor untätig**. Das muss nicht sein. Er kann parallel dazu die vorher erfassten Daten einer Fourieranalyse unterziehen. Doch erfordert das eine Synchronisierung beider Prozesse. Die Fourieranalyse kann erst beginnen, wenn 1024 Messwerte eingelesen sind und im Speicher bereitstehen. Die Datenerfassungskarte darf auch nicht in denselben Speicherbereich schreiben, während die Fourieranalyse läuft. Sie benötigt einen anderen Bereich. zuletzt muss sie dem Prozess zur Fourieranalyse mitteilen, dass neue Daten bereitstehen. Umgekehrt muss der Prozess der Fourieranalyse dem Datenerfassungsprozess mitteilen, wenn die Analyse des einen Bereichs abgeschlossen und der Speicher dort wieder frei zur Aufnahme neuer Daten ist.

Man kann das Problem allgemein so formulieren, dass ein Speicherbereich, der von mehreren Prozessen genutzt wird, zu jedem Zeitpunkt stets **nur von einem** Prozess genutzt werden darf. Die Standardlösung für dieses Problem sind die von dem Holländer Edsger Wybe Dijkstra 1965 eingeführten Semaphoren, die man mit den Verkehrszeichen am Anfang und Ende eines wegen Bauarbeiten einspurig geführten Straßenabschnitts vergleichen kann.

Verwendung von Semaphoren

Semaphor bedeutet Zeichen oder Zeichenträger. Zwei parallel laufende Programme, die sich beim Zugriff auf eine Ressource, z.B. einen Speicherbereich oder ein Peripheriegerät, wechselseitig ausschließen sollen, können dies durch Zugriff auf einen Semaphor tun, ein kleines Stück Code, wie es unten stehend skizziert ist:

```
P(Semaphor s) /* Prozess kann erst weiterlaufen, wenn s > 0 ist */
{
 wait until s > 0, then s := s-1; /* Prozess sperrt andere Prozesse, falls s = 1
 war */
 /*atomar, sobald s > 0 erkannt, d.h.: s:=s-1 darf durch keinen Prozess unter-
 brochen werden! */
}

V(Semaphor s) /* Prozess gibt den Zugriff für andere Prozesse frei */
{
 s := s+1;    /* muss atomar sein */
}

Init(Semaphor s, Integer v) /* Initialisierung des Semaphors */
{
 s := v; /* v ist eine positive Integerzahl, im einfachsten Fall gleich 1 */
}
```

Eine Befehlsfolge kann man auf verschiedene Weise 'atomar' machen, z.B. durch Sperrung von Interrupts oder durch Verwendung spezieller Befehle im Instruktionssatz des Prozessors. Der Wert 'v' des Semaphors ist die Zahl der Benutzer, denen man gleichzeitig Zugriff auf die Ressource erlaubt. Ist es z.B. nur **ein** Benutzer, der drucken darf, verwendet man einen 'binären Semaphor'. Dieser kann nur den Wert 0 (Drucker belegt) oder 1 (Drucker verfügbar) haben. Von diesem Begriff des Semaphors ausgehend werden in LabVIEW verschiedene Möglichkeiten zur Prozess-Synchronisierung bereit gestellt.

14.3 Parallelverarbeitung unter LabVIEW

LabVIEW kennt verschiedene Funktionen zur Prozess-Synchronisierung. Man unterscheidet zwischen der reinen Synchronisierung der Abläufe von Threads und der Synchronisierung mit zusätzlicher Datenübertragung. 'Semaphor' und 'Rendezvous' (auch 'Occurrences', aber veraltet) dienen der reinen Synchronisierung. Sie werden in Abschnitt 14.4 behandelt. Zur zweiten Kategorie gehören 'Melder' (Notifications) und 'Queues', siehe Abschnitt 14.5. Nutzt man diese Funktionen, hat man generell wie folgt vorzugehen:

- Erzeugen des Betriebsmittels (auch 'Ressource' genannt), z.B. eines Semaphors,
- Nutzen der Ressource (synchronisieren, Daten übertragen, Status abfragen usw.) und
- Freigeben oder Schließen.

Tabelle 14.1 Synchronisierung von Prozessen: verwendete Paletten

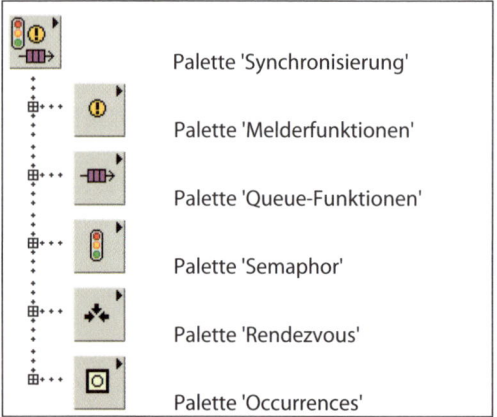

Erzeugen und Schließen sind in allen Fällen recht ähnlich. Sie werden in Abschnitt 14.3.1 und 14.3.2 behandelt. Die Nutzung der Ressourcen ist vielfältiger. Sie wird in Abschnitt 14.4 und 14.5 besprochen. Unter 'Funktionen' – 'Datenaustausch' – 'Synchronisation' findet man folgende Elemente, die in Tabelle 14.1 zusammengefasst sind. Es handelt sich um fünf Unterpaletten, die alle auf bestimmte spezielle Zwecke hin ausgerichtet sind. Die Grenzen sind fließend. Man kann manche Probleme auf die eine oder andere Art lösen, aber manche typische Aufgaben wird man zweckmäßigerweise mit den Funktionen der Unterpalette bearbeiten, die dafür besonders geeignet sind. Vereinfachend können wir sagen:

Synchronisierung o h n e Datenübertragung zwischen den Threads:

Occurrences: (Occurrence = Ereignis) Methode zur Synchronisierung zweier Threads.

> **Merke:** Es wird empfohlen, diese Funktion durch **Melder** zu ersetzen.

Semaphor: Verhindert die gleichzeitige Verwendung gemeinsam genutzter Daten. Semaphor bedeutet griechisch 'Zeichenträger'. Man denke an Baustellen, bei der eine Fahrbahn gesperrt ist und die andere jeweils nur auf ein Zeichen hin freigegeben wird.

Rendezvous: Synchronisierung der Ausführungszeitpunkte verschiedener Threads (Rendezvous = Verabredung, Zusammentreffen).

Synchronisierung m i t Datenübertragung zwischen den Threads:

Melder: (Notification) Wirken wie Occurrences, aber mit zusätzlicher Datenübertragung zwischen den Threads.

Queues: Warteschlange für mehrere Datenpakete nach dem FIFO-Prinzip (First In, First Out). Im Gegensatz zum Melder, der nur ein Datenpaket übermittelt, das auch überschrieben werden kann, puffert die Warteschlange 'beliebig' viele Datenpakete. Ist der Puffer trotzdem voll, muss man das älteste Datenpaket (First In) entweder auslesen oder überschreiben.

Alle diese Unterpaletten enthalten verschiedene Funktionen. Bild 14.8 zeigt dies für die Unterpalette 'Occurrences' mit den Funktionen 'Occurrence erzeugen', 'Auf Occurrence warten' und 'Occurrence festlegen'. Die Auswahl bei den anderen Unterpaletten ist reichhaltiger, enthält aber auch stets eine Funktion, die mit 'anfordern' oder 'erstellen' bezeichnet wird, was dem 'erzeugen' entspricht. Ferner gibt es die Funktionen 'freigeben' oder 'auflösen'. Sie dienen der Erzeugung und Freigabe der Ressourcen zur Prozesskommunikation.

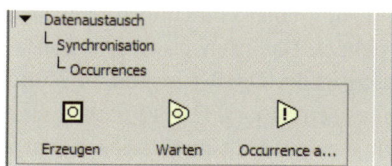

Bild 14.8 Funktionen 'Erzeugen', 'Warten' und 'Occurrence auslösen' (von links nach rechts) in der Unterpalette 'Occurrences'

14.3.1   Erzeugen von Ressourcen für die Prozesskommunikation

In Tabelle 14.2 sind die Funktionspaletten aufgelistet, mit denen man Ressourcen für die Prozesskommunikation erstellt. Sie haben, abgesehen von 'Occurrences', hinsichtlich der Funktion identische Ein- und Ausgänge, die aber teilweise verschieden beschriftet sind. Sie werden hier deshalb gemeinsam beschrieben. Abweichungen sind im entsprechenden Abschnitt erklärt.

Tabelle 14.2 Funktionen für das Erzeugen von Ressourcen für die Prozesskommunikation (aus Kontexthilfe)

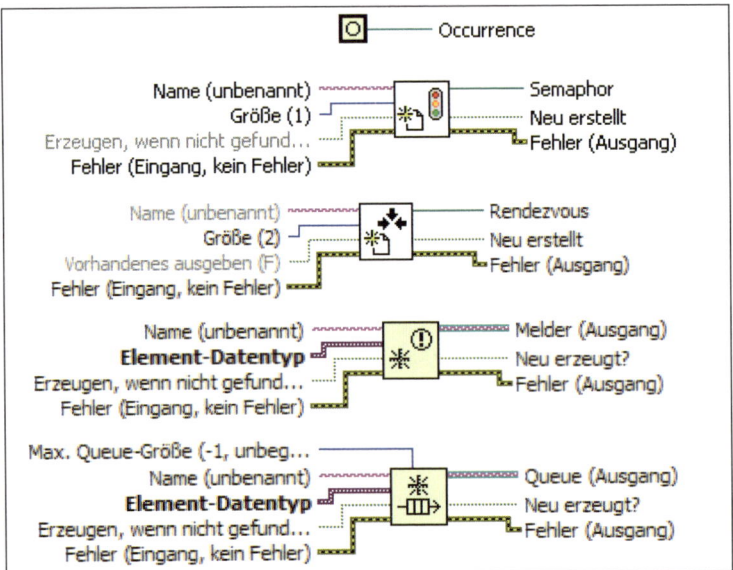

Das Erzeugen von Ressourcen wird im Symbol der zuständigen Funktion mit einem Stern angedeutet. Eingänge und Ausgänge in Tabelle 14.2 haben folgende Bedeutung:

'Name (unbenannt)'

Über diesen Eingang kann man der Ressource (dem reservierten Speicherplatz) einen Namen geben. Wird an verschiedenen Stellen innerhalb derselben Anwendung derselbe Name verwendet, erhält man Referenzen auf dieselbe Ressource (vereinfacht: Adressen auf denselben Speicherplatz). Allerdings kann man innerhalb einer Anwendung den gleichen Namen für Elemente von **verschiedenem Ressourcentyp** verwenden. Das heißt, man kann z.B. einem Semaphor und einem Rendezvous den gleichen Namen 'Fritz' geben. Lässt man den Eingang für den Namen unverdrahtet oder übergibt man einen leeren String, erstellt LabVIEW bei jedem Aufruf eine andere Ressource.

Intern bedeutet das Erzeugen einer Ressource die Festlegung einer eindeutigen Speicheradresse und die Reservierung des betroffenen Speicherplatzes. Das Prinzip wurde schon in Abschnitt 7.1.2 im Zusammenhang mit Referenzen beschrieben. Das VI in Bild 14.9 und Bild 14.10 zeigt dieselbe Vorgehensweise am Beispiel eines Semaphors. Das VI enthält eine Schleife. Bei jedem Durchlauf wird ein neuer Semaphor erzeugt. Gibt man dagegen einen Namen vor, im Beispiel 'Emil', wird nur **ein** einziger Semaphor namens 'Emil' erzeugt. In beiden Fällen werden neue Referenznummern erstellt.

Das Erstellen einer Ressource mit Namen hat also den Vorteil, dass die Referenz auf die Ressource nicht jedem VI oder SubVI als Parameter übergeben werden muss. Das SubVI kann sich die Ressource selbst erzeugen, sofern es nur den Namen kennt.

Weitere Eingänge und Ausgänge sind:

'Vorhandenes ausgeben (F)' bzw. 'Erzeugen, wenn nicht gefunden? (T)'

Dieser Eingang muss für unbenannte Ressourcen auf jeden Fall auf den entsprechenden Standardwert gesetzt werden oder unverdrahtet bleiben, anderenfalls tritt ein Laufzeitfehler auf. Allgemein gibt man hier an, ob eine bereits existierende Ressource verwendet oder eine neue erstellt werden soll.

'Neu erstellt' bzw. 'Neu erzeugt?'

Liefert TRUE, wenn eine Ressource neu erzeugt wurde, sonst FALSE.

Semaphor, Rendezvous usw.

Alle Funktionen liefern hier die Referenz auf die jeweilige Ressource, die für nachfolgende Aufrufe von Funktionen verwendet wird.

'Fehler (Ausgang)'

Zeigt, ob Fehler aufgetreten ist. Sollte auf jeden Fall überprüft werden.

Aufgabe 14.2

Starten Sie das Programm '1402-Semaphor_Beispiel_1.vi' mit und ohne Namensgebung und beobachten Sie das Verhalten in beiden Fällen. Kopieren Sie das VI unter dem Namen 'Semaphor_Beispiel_2.vi' und lassen Sie beide VIs parallel laufen. Was geschieht, wenn Sie in **beiden** Programmen denselben Namen 'Emil' für den Semaphor vergeben?

Bild 14.9 '1409-Semaphor_Beispiel_1.vi', Panel

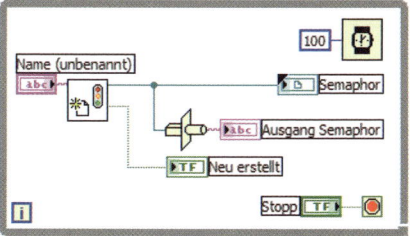

Bild 14.10 Diagramm zu Bild 14.9

14.3.2 Freigabe von Ressourcen der Prozesskommunikation

Generell gilt, dass alle Ressourcen einer Anwendung auch wieder freigegeben werden müssen. Für jede Ressourcenart existiert eine eigene Funktion, siehe Tabelle 14.3. Nur die 'Occurrences' müssen nicht vom Programmierer freigegeben werden. Sie verschwinden automatisch bei Beendigung des VI. Das Freigeben von Ressourcen wird im Symbol der zuständigen Funktion mit einem Kreuz angedeutet.

Tabelle 14.3 Funktionen für das Freigeben von Ressourcen für die Prozesskommunikation

Als Eingang verlangen alle Funktionen die Referenz der Ressource, die wir als Ausgang der Erzeugungs-Funktionen in Tabelle 14.2 erhalten haben.

Bei 'Semaphor', 'Melder' und 'Queue' kann man über den Eingang 'Eliminieren? (F)' die Ressource sofort freigeben, indem man den Eingang auf TRUE setzt. Andernfalls muss man alle geöffneten Referenzen an jeder Stelle durch Aufruf dieser Funktion freigeben.

Als Ausgang liefern die Funktionen den Namen der frei gewordenen Ressource, bei unbenannten Ressourcen ist dies eine leere Zeichenkette. Bei 'Melder' und 'Queue' werden zusätzlich 'Letzte Meldung' bzw. 'Verbliebene Elemente' mit ausgegeben.

Greift eine Funktion innerhalb der Anwendung auf eine bereits gelöschte Ressource lesend oder schreibend zu, wird sie mit einem Fehler beendet. Dies ist ein probates Mittel, eine While-Schleife zu verlassen, indem man die Fehlermeldung mit dem Schleifenausgang verbindet: Die Schleife wird erst dann verlassen, wenn ein Fehler auftritt.

14.3.3   Zeitbegrenzung Ressource schont Prozessor

Viele Funktionen der Prozess-Synchronisierung besitzen den Eingang 'Timeout in ms (–1)'. Er gibt an, wie lange die Funktion warten soll, bis die Ausführbedingung eintritt, z.B. dass bei einem Lesezugriff auf eine Queue Daten vorhanden sind oder dass ein Semaphor belegt werden kann. Solange die Funktion im Wartezustand ist, wird der gesamte Thread nicht ausgeführt. Er benötigt also keine Prozessorleistung. Die Zeitbegrenzung wird in Millisekunden angegeben. Eine –1 bedeutet, dass die Funktion unendlich lange wartet. Gibt man eine Zahl ungleich –1 an, lässt sich über den Ausgang 'Zeitbegrenzung überschritten?' feststellen, ob die Zeitbegrenzung abgelaufen oder die Ausführbedingung eingetreten ist.

14.4   Prozess-Synchronisierung ohne Datenaustausch

14.4.1   Occurrences

Mit **Occurrences** können wir das im Zusammenhang mit Bild 14.5 und Bild 14.6 gestellte Problem lösen. Beide Schleifen sollen trotz unterschiedlicher Wartezeiten gleich oft durchlaufen werden. '1411-Beispiel4_Occurrences.vi' in Bild 14.11 zeigt eine einfache Lösung.

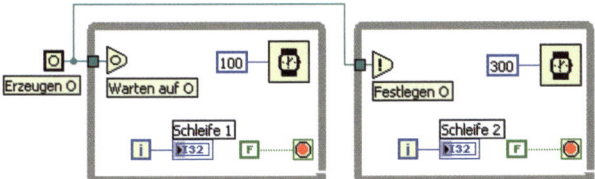

Bild 14.11 Synchronisierung zweier Schleifen mit verschiedenen Laufzeiten

Aufgabe 14.3

Starten Sie '1411-Beispiel4_Occurrences.vi' und überzeugen Sie sich, dass beide Zähler 'Loop 1' und 'Loop 2' jetzt gleich häufig zählen.

Nachteil der Lösung von Bild 14.11: Die Schleife mit der längeren Wartezeit muss die Funktion 'Occurrence festlegen' enthalten, die mit der kürzeren Wartezeit 'Auf Occurrence warten'. Wenn die Wartezeiten aber Rechenzeiten simulieren, ist oft nicht bekannt, welche Schleife mehr Zeit benötigt. Auch kann dies in Abhängigkeit von den zugeführten Daten fallweise verschieden sein. Um dieses Problem zu lösen, benötigen wir die Rendezvous-Funktionen, siehe Abschnitt 14.4.3.

14.4.2 Semaphor

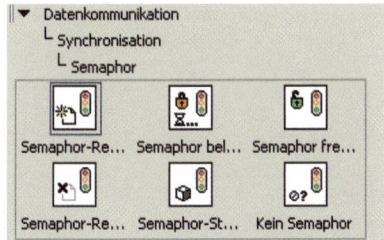

Bild 14.12 Palettenansicht: 'Semaphor'-Funktionen

Bild 14.12 zeigt die Semaphor-Funktionen. Sie arbeiten im Prinzip wie folgt: Mit 'Semaphor-Referenz anfordern' wird der Semaphor angelegt. Mit 'Semaphor belegen' entnimmt ein Programmteil eine Marke aus dem Topf, der beim Anfordern der Referenz standardmäßig mit **einer** Marke gefüllt wurde (Tabelle 14.2, 'Größe (1)'). Man kann durch Eingabe eines Wertes größer 1 für diesen Parameter anfangs auch mehrere Marken in den Topf geben. Jeder Programmteil, der auf einen geschützten Datenbereich zugreifen will, muss nun mit 'Semaphor belegen' eine Marke entnehmen. Ist keine Marke mehr im Topf, wird ein Programmteil nicht ausgeführt, sofern ein anderer Programmteil im Besitz der Marke ist. Am Ende muss dieser Programmteil die Marke mit 'Semaphor freigeben' zurücklegen.

Eine einzige Marke (Standardwert für 'Größe (1)') genügt, um das in der Informatik recht bekannte Beispiel vom Produzenten und Konsumenten zu behandeln. Zunächst dieses Beispiel ('1413-SemaphorOhne_ProduzentKonsument.vi') **ohne** Semaphor nach Bild 14.13:

Der Produzent produziert Daten in einer bestimmten Geschwindigkeit, und der Konsument soll auf diese Daten erst dann zugreifen, wenn sie vollständig erzeugt wurden. Wir können uns z.B. vorstellen, dass eine Schleife Sinuswerte hervorbringt und eine andere diese in einem Chart anzeigt. Bild 14.13 zeigt zwei solche Schleifen (Threads), die zunächst noch unkoordiniert arbeiten. Die Wartezeiten simulieren die Rechenzeiten einer realen Anwendung. Der Produzent benötigt in diesem Beispiel 1080 ms (360 x 3), der Konsument etwa 10 ms. Da beide Schleifen parallel laufen, nachdem das Array 'Daten' bei Programmbeginn mit 360 Nullen gefüllt ist, wird der Konsument viel zu früh Daten anzeigen. Er hat nur einen Teil der erzeugten Sinuswerte erhalten, der Rest besteht aus Nullen. Einen ähnlichen Effekt hat man, wenn man während der Laufzeit auf dem Panel z.B. von zwei Perioden auf eine Periode umschaltet. Die Anzeige sieht dann kurzfristig so aus wie in Bild 14.14.

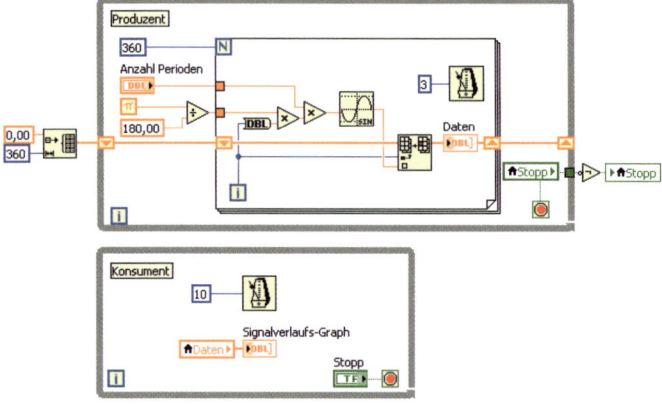

Bild 14.13 Zugriff auf gemeinsame Daten **ohne** Synchronisierung

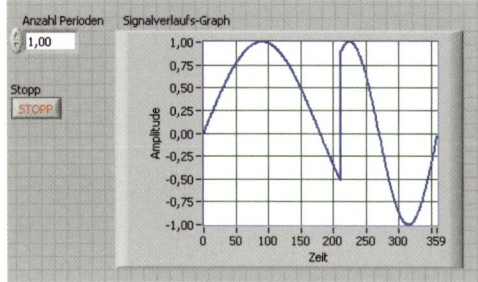

Bild 14.14 Ausgabe unvollständiger Datensätze beim Umschalten 'Anzahl Perioden' von 2 auf 1

Bild 14.15 zeigt das **korrekte** Programm ('1415-SemaphorMit_ProduzentKonsument.vi').

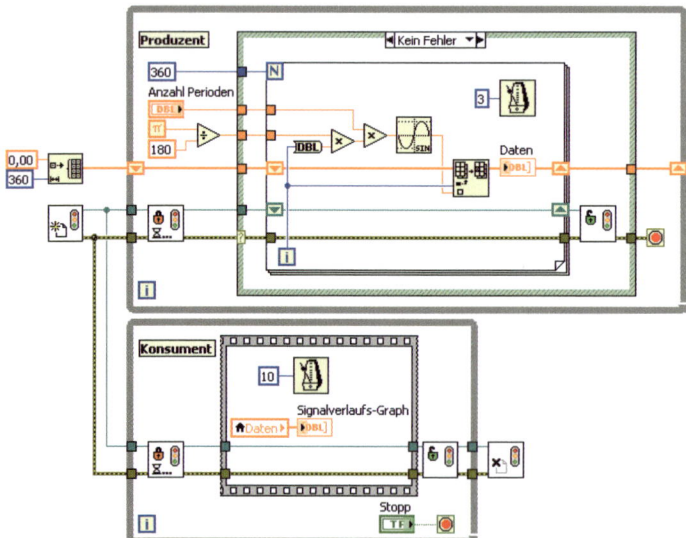

Bild 14.15 Zugriff auf gemeinsame Daten mit Synchronisierung

Es nutzt einen Semaphor. Entweder der Produzent oder der Konsument entnimmt zuerst eine Marke. Da nur eine existiert, ist der andere Thread blockiert. Er kommt erst zum Zuge, wenn der momentane Markenbesitzer den Semaphor freigibt (rechts, Symbol geöffnetes Schloss). Erhält nun zuerst der Konsument die Marke, bevor Sinuswerte erzeugt wurden, zeigt er bisher noch nicht definierte Werte an. Danach aber kommt der Produzent zum Zuge und erzeugt alle Sinuswerte, so dass der Konsument von da an immer nur vollständige Kurven ausgibt. Erhält (zufällig) der Produzent zuerst die Marke, werden schon von Beginn an nur vollständige Sinuslinien dargestellt.

Beendet der Anwender das Programm per Stopp, löst der Konsument den Semaphor auf. Der Produzent erzeugt bei dem Versuch, danach noch eine Marke zu entnehmen oder eine Marke zurückzulegen, einen Fehler, der nun auch die Produzentenschleife beendet. Dies ist ein üblicher Weg, ein VI mit mehreren Schleifen zu beenden, ohne wie in Bild 14.13 mit einer lokalen Variablen für Stopp zu arbeiten.

14.4.3 Rendezvous

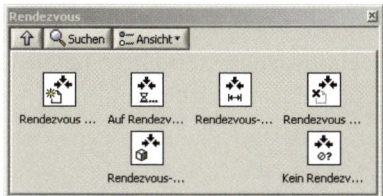

Bild 14.16 Palettenansicht: 'Rendezvous'-Funktionen

Mit den Rendezvous-Funktionen aus Bild 14.16 können wir nun endlich unser altes Problem der parallel laufenden Schleifen mit **unbestimmten** Ausführungszeiten lösen. Wir simulieren diese Zeiten mit dem Zufallsgenerator (Würfel) aus 'Funktionen' – 'Programmierung' – 'Numerisch'. Bild 14.17 zeigt das Diagramm von '1417-Synchronis_mitRendezvous.vi'.

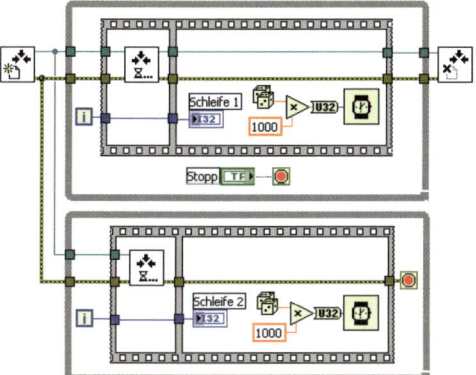

Bild 14.17 Synchronisierung zweier While-Schleifen unbestimmter Ausführungsdauer mit Rendezvous-Funktionen (noch nicht optimal, da untere Schleife nach Stopp noch einen Schritt weiter zählt)

Mit Rendezvous kann man den Ausführungszeitpunkt an beliebig vielen Punkten im Blockdiagramm synchronisieren. Ruft man die Funktion 'Rendezvous erstellen' auf, hat man für 'Größe (2)' den Standardwert 2. Das bedeutet, dass mindestens **zwei** Threads am Rendezvous teilnehmen müssen, bevor die Ausführung fortgesetzt wird. Im Beispiel von Bild 14.17 wird mit diesem Standardwert gearbeitet, weil es um die Synchronisierung von **zwei** Schleifen geht. Nachdem das Rendezvous erstellt wurde, kann eine der beiden Schleifen erst dann weiterarbeiten, wenn **beide** Schleifen ihre jeweilige Funktion 'Auf Rendezvous warten' erreicht haben. Damit ist dieser Zeitpunkt synchronisiert. Nun wird (quasiparallel) in beiden Schleifen gewürfelt und die entstehende Wartezeit 'abgearbeitet'. Hat nun z.B. die obere Schleife eine Wartezeit von 600 ms und die untere eine von 230 ms, wird die untere versuchen, den nächsten Schleifendurchlauf zu starten. Dabei stößt sie erneut auf die Funktion

'Warten auf Rendezvous' und kommt erst weiter, wenn auch die obere Schleife an der entsprechenden Stelle angelangt ist, d.h. erst nach weiteren 370 ms. Das synchronisiert die Wartezeiten: Die längere Zeit setzt sich durch. Beim Programmlauf beobachtet man zufallsbedingtes unregelmäßiges Aufwärtszählen, aber mit gleichen Werten für 'Schleife 1' und 'Schleife 2'. Am Ende zählt allerdings 'Schleife 2' einen Schritt weiter.

Aufgabe 14.4

Schreiben Sie ein VI, das sinngemäß wie das in Bild 14.17 drei Schleifen mit Hilfe von Rendezvous synchronisiert und außerdem **nach Stopp mit gleichen Werten** für alle Schleifen endet.

14.5 Prozess-Synchronisierung mit Datenaustausch

Dieser Abschnitt beschreibt die Möglichkeiten, Daten zwischen mehreren Threads auszutauschen. Melder und Queues können beliebige Daten übertragen. Ihr Typ wird beim Erstellen der Ressource am Eingang 'Element-Datentyp' festgelegt. Für benannte Ressourcen mit dem gleichen Namen muss der Datentyp identisch sein, sonst tritt ein Laufzeitfehler auf.

14.5.1 Melder-Operationen

'Melder' werden verwendet, um Daten zwischen zwei Threads bzw. VIs auszutauschen. Im Gegensatz zu Queues werden die Daten beim Melder nicht gespeichert. Wird eine Meldung verschickt, aber nicht abgeholt, geht sie beim nächsten Schreibzugriff verloren. Eine Meldung, die von einem Thread verschickt wird, kann von **mehreren** anderen Threads empfangen werden ('Auf Meldung warten'). Genauso kann ein Thread Meldungen von **mehreren** anderen Threads empfangen ('Auf Meldung von mehreren warten').

Beispiel Produzent – Konsument

Bild 14.18 und Bild 14.19 zeigen eine Variante des Produzenten-Konsumenten-Problems von Bild 14.15. Im Unterschied zu dort werden die Daten hier nicht in einem Array gespeichert, auf das Produzent und Konsument gemeinsam zugreifen. Vielmehr übergibt der Produzent die Daten direkt an den Konsumenten.

Bild 14.18 zeigt das Programm für das Erzeugen von Sinuswerten, die über einen Melder übertragen werden. Damit keine Daten verloren gehen, muss sichergestellt werden, dass der Thread für die Entgegennahme der Daten vorher gestartet wurde. Nun ist aber im Produzenten-VI der Eingang 'Erzeugen, wenn nicht gefunden? (T)' der Funktion 'Melder anfordern' auf FALSE gesetzt. Die Erzeugung des Melders ist Aufgabe des Konsumenten-VI, denn dort steht am selben Eingang ein TRUE. Wurde das Konsumenten-VI noch nicht gestartet, existiert also im Produzenten-VI noch kein Melder, so dass dort ein Fehler entsteht, der die Case-Struktur umschaltet. Der Anwender erhält die Nachricht 'Bitte starten Sie erst Melder_Konsument.vi'. Wurde dagegen das Konsumenten-VI bereits gestartet, existiert ein Melder und das Produzenten-VI beginnt sofort mit der Produktion von Sinusdaten. Über die Taste 'Stopp' im Produzenten-VI kann der Melder freigegeben werden. Das Freigeben der Melder-Referenz bewirkt das Beenden aller Threads, hier also auch des Konsumenten-Threads, der mit derselben Melder-Referenz arbeitet.

Bild 14.19 zeigt den Thread für die Darstellung der empfangenen Daten. Dieser Thread wird indirekt auch über die Stopp-Taste beendet. Denn der Produzent zerstört in diesem Fall den

Melder, sodass der Konsument beim Warten auf eine Meldung einen Fehler erhält, durch den er beendet wird. Die Case-Struktur im Konsumenten verhindert, dass er im Fehlerfall ungültige Daten ausgibt.

Als Ergebnisse erhält man die gleichen Werte wie im VI von Bild 14.15, nur werden hier einzelne Punkte im Chart übertragen. Die Geschwindigkeit kann über die Wartezeit auf dem Panel eingestellt werden. Die Historienlänge des Charts wurde auf 360 gesetzt (entsprechend einer Sinusperiode, sofern 'Anzahl Perioden' auf 1 steht).

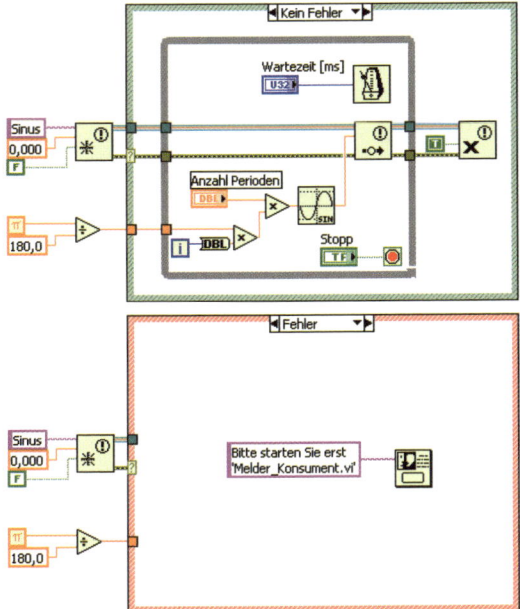

Bild 14.18 Thread für die Datenerzeugung (Produzent). Der obere Teil (Rahmen 'Kein Fehler') wird erst ausgeführt, nachdem der Konsument gestartet wurde. Anderenfalls erhält der Anwender einen Hinweis

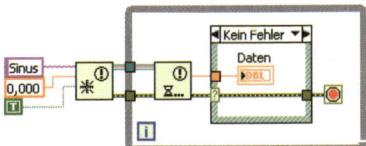

Bild 14.19 Thread für den Datenempfang (Konsument). Fehlerzweig der Case-Struktur ist leer

Rezept: Verwenden Sie Melder, wenn ein eventueller Datenverlust keine Rolle spielt.

14.5.2 Queue-Operationen

Eine weitere Möglichkeit ist die Datenübertragung über **Queues**. Sie dienen wie Melder zum Datenaustausch zwischen verschiedenen Threads und können mehrere Datensätze speichern. Die maximal zulässige Zahl der Blöcke gibt man beim Erzeugen der Queue über den Eingang 'Max. Queue Größe (−1, unbegrenzt)' vor. Beim Auslesen der Queue wird das zuerst gespeicherte Element auch zuerst ausgelesen (FIFO: First In, First Out). Würde beim Schreiben die maximale Anzahl der Elemente überschritten werden, blockiert die Schreibfunktion so lange, bis durch einen Lesezugriff wieder Platz in der Queue entstanden ist. Im Gegensatz zum Melder werden also standardmäßig **keine Elemente überschrieben**. Man kann aber mit der Funktion 'Element einfügen (verlustbehaftet)' bei Erreichen der Maximalgröße der Queue den ältesten Wert überschreiben. Die Maximalgröße wird bei der Initialisierung festgelegt. Wird der Defaultwert (–1) verwendet, kann die Queue theoretisch unbegrenzt anwachsen. Praktisch wird sie durch den Speicher des Computers begrenzt.

Aufgabe 14.5

Ändern Sie die Programme von Bild 14.18 und Bild 14.19, indem Sie die Datenübertragung mit Queues an Stelle von Meldern realisieren. Beachten Sie, dass hier die Startreihenfolge der Threads **gleichgültig** ist, weil die Daten gepuffert werden.

Merke: Zur Synchronisierung von Prozessen o h n e Datenübertragung dienen Occurrences, Semaphoren und Rendezvous.

Merke: Zur Synchronisierung von Prozessen m i t Datenübertragung nutzt man Melder (Notifications) und Warteschlangen (Queues).

Merke: Häufig ist es möglich, ein Synchronisierungsproblem mit verschiedenen der oben genannten Ressourcen zu lösen.

14.6   Globale Variablen

Globale Variablen wurden erstmals in Abschnitt 12.2.2 im '1214-DGL_Block.vi' verwendet. Hier folgt die ausführlichere Erklärung. Siehe dazu Bild 14.20.

Rezept zur Nutzung globaler Variablen

Im Diagramm eines VI wird unter 'Funktionen' – 'Programmierung' – 'Strukturen' das Symbol 'Globale Variable' ausgewählt, wobei wir als Beispiel das Unterprogramm IntR.vi von Bild 12.12 aus Abschnitt 12.2.2 nehmen. Dann erscheint dort eine zunächst noch nicht definierte globale Variable als kleine Erdkugel mit Fragezeichen. Sie kann mit Doppelklick der linken Maustaste zu einem Frontpanel wie für ein gewöhnliches VI geöffnet werden. Jedoch hat dieses Spezial-VI **kein Blockdiagramm**. Danach ist dort wie folgt zu verfahren:

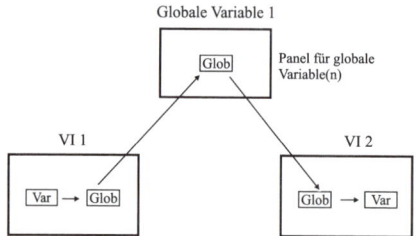

Bild 14.20 Prinzip der Nutzung einer globalen Variablen

Standardsymbol für die zuerst verwendete globale Variable

- Auf dem Panel für die globale Variable passendes Bedienelement oder Anzeigeelement wählen. Im Beispiel wurde ein numerisches Bedienelement gesetzt.

- Geeigneten Namen wählen. Im Beispiel war das 'dt'.

- Speichern der globalen Variablen. Das Panel für die globale Variable wird im Prinzip wie ein Unterprogramm behandelt. Also diesem Panel einen Namen geben, indem man mit 'Datei' – 'Speichern unter…' arbeitet. Mit 'Datei' – 'Speichern' allein erhielte man den voreingestellten Namen 'Globale Variable 1'. Im Beispiel wurde die Bezeichnung 'Delta_t' gewählt. Die Endung '.vi' wird automatisch angehängt.

- Nun erst kann man dem Erdkugelsymbol im Diagramm des VI, das mit einer globalen Variablen arbeitet, einen Namen geben. Man klickt dazu mit der rechten Maustaste im Kontextmenü der globalen Variablen (Erdkugel) auf 'Objekt auswählen'. Dann erscheinen die Namen aller Variablen, die im Moment zugeordnet werden können. Im Beispiel ist das nur 'dt', weil das Panel der globalen Variablen nur dieses Bedienelement aufweist. Nun mit der Maus gewünschte Bezeichnung auswählen und loslassen. Damit ordnet man diesen Namen dem Symbol der globalen Variablen zu, im Beispiel 'dt'. Andere Möglichkeit: Linksmausklick auf die globale Variable zeigt alle derzeit verfügbaren Variablen.

- Hat man mehrere globale Variablen, wird man sie normalerweise in einem Panel zusammenfassen. Dazu muss man das VI der globalen Variablen wie ein gewöhnliches Unterprogramm mit 'Funktionen' – 'VI auswählen…' öffnen (sofern es nicht bereits geöffnet ist) und dort weitere Bedienelemente definieren. Dagegen würde eine simple Wiederholung von 'Funktionen' – 'Programmierung' – 'Strukturen' – 'Globale Variable' zu einem anderen Panel mit dem Namen 'Globale Variable 2' usw. führen.

- Will man globale Variablen in einem anderen VI verwenden, muss man sie dort ebenfalls wie ein Unterprogramm laden. Im Beispiel ist das 'DGL-Block3.vi', dessen Diagramm in Bild 12.14 (Abschnitt 12.2) dargestellt ist.

- Da globale Variablen formal wie Unterprogramme behandelt werden, kann man im Frontpanel auch das Symbol oben rechts ändern (anklicken mit rechter Maustaste, dann 'Symbol bearbeiten…' wählen und nach Wunsch verändern). Im Beispiel wurde von dieser Möglichkeit nicht Gebrauch gemacht, siehe Bild 14.20.

14.7 Laufzeitprobleme und ihre Behandlung

In der LabVIEW-Hilfe ist zu lesen, dass Laufzeitprobleme (race conditions) immer dann auftreten, wenn mehrere parallel ausgeführte Codeabschnitte versuchen, den Wert derselben Ressource zu ändern. Das kann zu unvorhersehbaren Ergebnissen führen. Oft treten Laufzeitprobleme bei Nutzung von lokalen und globalen Variablen oder externen Dateien auf.

14.7.1 Laufzeitprobleme bei lokalen Variablen

In der Hilfe findet man folgendes einfache Beispiel 'LaufzeitLokal0.vi', siehe Bild 14.21.

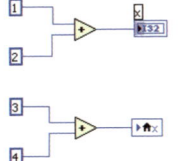

Bild 14.21 Das Anzeigeelement 'x' erhält den Wert 1 + 2 = 3, aber die lokale Variable von 'x' den Wert 7. Was wird auf dem Frontpanel angezeigt? Das hängt von der Einteilung der parallel laufenden Prozesse durch das Betriebssystem ab. Auf diesem Rechner unter Windows 7 und bei der dabei gewählten Reihenfolge der Entwicklung des VIs wird auf dem Frontpanel der Wert 3 + 4 = 7 angezeigt

Man kann die Unbestimmtheit des Ergebnisses besser verdeutlichen durch Einführung von Wartezeiten in 'LaufzeitLokal1.vi', siehe Bild 14.22. Je nach Wahl der Wartezeiten sieht man das Ergebnis 3 oder 7 auf dem Frontpanel. Bei einem dieser Versuche ergab sich, dass ein Verhältnis der Wartezeiten von 16 zu 1 bei 'Wiederholt ausführen' einen ständigen Wechsel beider Werte verursachte.

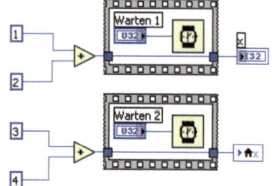
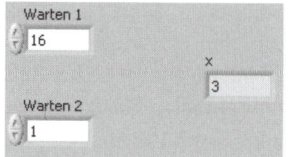
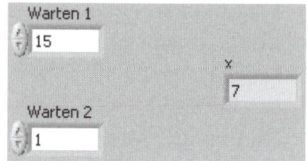

Bild 14.22 Diagramm   Anzeige zwischen 3 und 7   Anzeige eindeutig 7

Dieses Beispiel ist leicht verständlich, aber nicht besonders realistisch. Praxisnäher ist das Programm 'LaufzeitLokal2.vi' nach Bild 14.24.

Man kann es als Zählung von Werkstücken interpretieren, die von **zwei** Förderbändern kommen und in **einen** Sammelbehälter fallen. Jedes Förderband zählt seine eigenen Werkstücke, eine lokale Variable wird um 1 erhöht, wenn auf einem der Förderbänder eine Lichtschranke den Abwurf in den Sammelbehälter registriert. Im Normalfall erhält man ein Ergebnis wie in Bild 14.24. Ist aber eine der Wartezeiten zu kurz, kann man ein Ergebnis wie in Bild 14.25 bekommen.

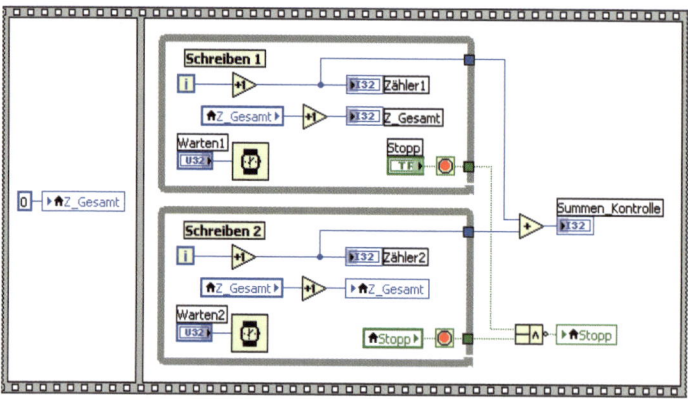

Bild 14.23 Paralleles Inkrementieren in 'LaufzeitLokal2.vi'

Stopp	Zähler1	Zähler2	Z_Gesamt
STOPP	931	931	1862
	Warten1	Warten2	Summen_Kontrolle
	1	1	1862

Bild 14.24 'Z_Gesamt' wird richtig als Summe von 'Zähler1' und 'Zähler2' gebildet. Die 'Summen_Kontrolle' stimmt

Stopp	Zähler1	Zähler2	Z_Gesamt
STOPP	6331150	1043	6267970
	Warten1	Warten2	Summen_Kontrolle
	0	1	6332193

Bild 14.25 'Z_Gesamt' ist kleiner als die Summe von 'Zähler1' und 'Zähler2'. Beim Zählen von 'Z_Gesamt' wurden Zählvorgänge übersprungen

Der Grund des Zählverlustes in Bild 14.25 liegt darin, dass die Werte von 'Z_Gesamt' in beiden Schleifen manchmal zufällig zur **gleichen Zeit** oder nahezu zur gleichen Zeit gelesen und geschrieben werden statt **nacheinander**. Dann wird nicht zweimal, sondern nur einmal inkrementiert. Diese beiden Möglichkeiten sind in Bild 14.26 dargestellt. Wie man sieht, ist die Zählung für 'Warten1' = 'Warten2' = 1 ms i.a. **korrekt**, also 'Z_Gesamt' = 'Summen-kontrolle', weil alle Zählvorgänge nach dem Schema des oberen Teils von Bild 14.26 ablaufen. Wählt man dagegen 'Warten1' = 0 und 'Warten2' = 1, kommt es schon nach einigen Sekunden zu dem Effekt von Bild 14.26 unten, d.h. dem Zählen beider Zähler mit (fast) gleichem Zeitbeginn, siehe Bild 14.25. Bei 'Warten1' = 1 ms und 'Warten2' = 2 ms muss man auf diesen Zufall sehr viel länger warten. Das erklärt die Schwierigkeit, Laufzeitfehler eines Programms zu entdecken.

Man kann Laufzeitfehler mit Semaphoren oder auch mit *funktionalen globalen Variablen* vermeiden. Darunter versteht man VIs, auch **FGV** genannt, die (Funktions-)Werte in einem nicht initialisierten Schieberegister speichern. Es enthält eine Schleife, die bei jedem Aufruf des VIs nur einmal durchlaufen wird. Die Grundstruktur ist in Bild 14.28 zu sehen. Die beiden Fälle der Case-Struktur werden durch die Enum-Variable 'Auswahl' gesteuert.

Sobald dieses Unterprogramm aufgerufen ist, kann es nicht mehr von der parallel laufenden Schleife unterbrochen werden. Erst wenn das SubVI beendet ist, kommen wieder andere Threads zum Zuge. Natürlich darf dieses SubVI **keinesfalls ablaufinvariant** sein.

Wird in der FGV neben der einfachen Datenspeicherung auch Programmcode hinterlegt, nennt man diese FGV auch '**Action Engine**'. Streng genommen könnte man also das VI in Bild 14.29 schon 'Action Engine' nennen.

Im Beispiel von Bild 14.23 muss man zusätzlich diese Grundstruktur modifizieren. Es geht ja darum, nach dem Lesen von 'Z_Gesamt' diese Variable zu inkrementieren und zu speichern, ohne dass die Parallelschleife diesen Prozess unterbrechen kann.

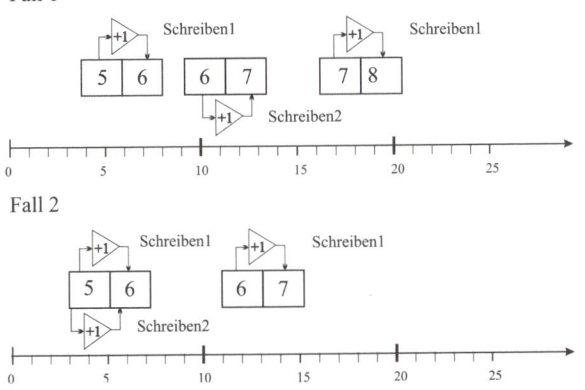

Bild 14.26 Oben: Lesen und Schreiben der beiden Schleifen zeitlich getrennt. Drei Zählvorgänge führen von 5 zu 8 (korrekt).
Unten: Lesen und Schreiben der beiden Schleifen zeitlich überlappend. Drei Zählvorgänge führen von 5 zu 7 (falsch) Ein Schreibvorgang am Anfang ging verloren

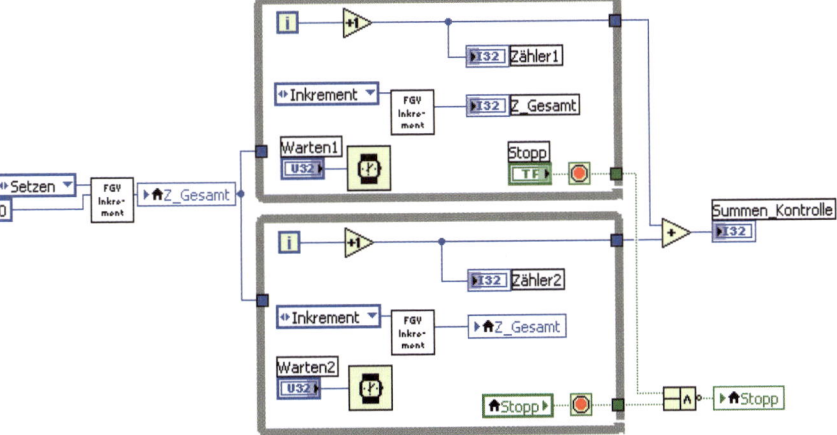

Bild 14.27 Vermeidung von Verlusten in 'Z_Gesamt' durch "funktionale globale Variable"

Also muss das Inkrementieren mit ins SubVI genommen werden. Wir kommen dann z.B. zu einer Struktur wie der in Bild 14.29 skizzierten von 'FGV_Inkrement.vi' und dem Zählprogramm 'LaufzeitLokal3.vi' in Bild 14.27.

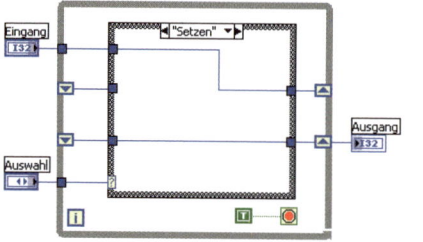

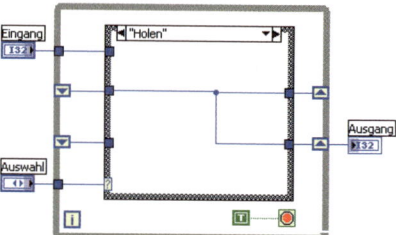

Bild 14.28 Speichern Eingang im Schieberegister ('FGV_Grundstruktur.vi')

Lesen Ausgang aus Schieberegister ('FGV_Grundstruktur.vi')

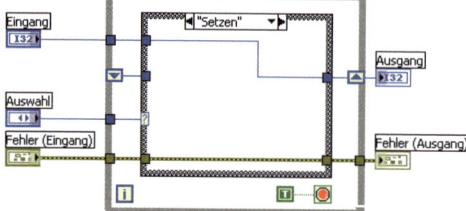

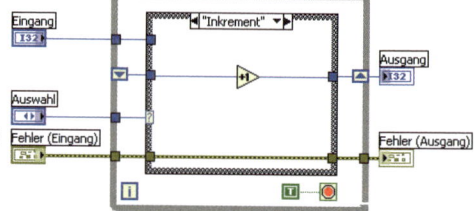

Bild 14.29 Eingang nach Ausgang übertragen (Struktur von 'FGV_Inkrement.vi')

Ausgang inkrementieren, d.h. 1 addieren (Struktur von 'FGV_Inkrement.vi')

14.7.2 Laufzeitprobleme bei globalen Variablen

Die bisherigen Beispiele zur Laufzeitproblematik bezogen sich auf parallele Schleifen in **einem** VI. Sie können natürlich auch in parallelen Schleifen in **verschiedenen** VIs auftreten, die ihre Daten über **globale** Variablen austauschen. 'FGV_Inkrement.vi' ist in diesem Falle ebenfalls wirksam. Deshalb auch die Bezeichnung 'Funktionale Globale Variable'.

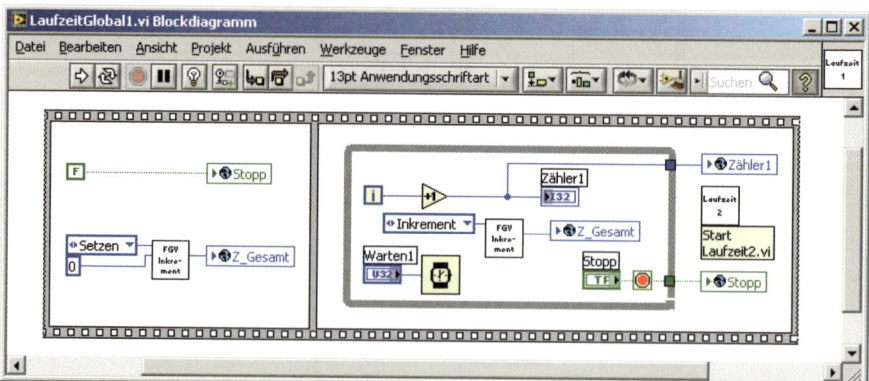

Bild 14.30 'LaufzeitGlobal1.vi' startet 'LaufzeitGlobal2.vi' und zählt mit 'Zähler1' und 'Z_Gesamt'

'LaufzeitGlobal1.vi' oben in Bild 14.30 initialisiert im linken Rahmen der flachen Sequenzstruktur die globalen Variablen 'Stopp' und 'Z_Gesamt' und startet im zweiten Rahmen rechts das Programm 'LaufzeitGlobal2.vi' aus Bild 14.31. Danach laufen beide VIs parallel, bis der Anwender 'LaufzeitGlobal1.vi' stoppt. Die verwendete globale Variable hat hier den Namen 'Global.vi'.

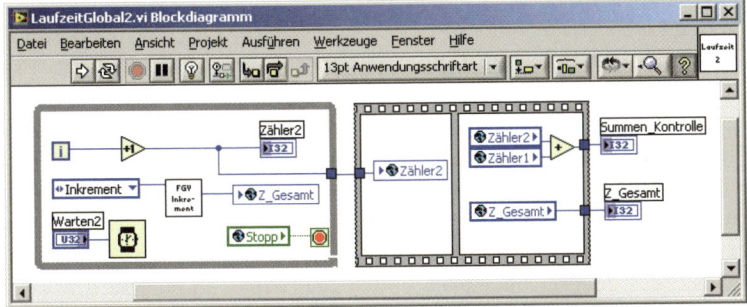

Bild 14.31 'LaufzeitGlobal2.vi' zählt mit 'Zähler2' und 'Z_Gesamt' bis zum Stopp

Aufgabe 14.6

Ein in der Struktur ähnliches Problem ist das Geldabheben von einem Konto an zwei Bankautomaten, auf die zwei Personen Zugriff haben. Sie heben Beträge zwischen 1 € und 500 € ab oder zahlen sie dort ein. Das Konto habe keinen Überziehungskredit, so dass es bei negativen Werten "notleidend" wird. Der Anfangswert sei 1 Million €. Wenn zufällig die zwei Berechtigten exakt zur selben Zeit je 100 € abheben, also zusammen 200 €, könnte es bei einem schlechten Programm geschehen, dass nur 100 € vom Konto abgebucht werden. Das ist natürlich schlimm, weil dann im Extremfall sogar die Banker notleidend würden. Sie sorgen daher mit Ihrer Hilfe dafür, dass so etwas nie geschehen kann. Bitte schreiben Sie die hilfreichen VIs, die mit globalen funktionalen Variablen arbeiten.

14.8 Ereignisgesteuerte Programmierung

14.8.1 Frontpanel-Ereignisse

Normalerweise möchte der Anwender während des Programmlaufs Parameter ändern. Man spricht hier auch von **Frontpanel-Aktivitäten**. Soll das VI darauf schnell reagieren, muss es alle Eingabeparameter in kurzer Zeit, z.B. im 100-ms-Rhythmus, abfragen. Diese Methode heißt 'Polling' (poll = abfragen). Dabei werden die meisten Abfragen überflüssig sein, weil sich in der Zwischenzeit nichts geändert hat. Das Polling erkauft also kurze Reaktionszeiten im Ernstfall mit vielen überflüssigen Abfragen im Normalfall, die unnötige Prozessorzeit verschlingen. Eine bessere Lösung als das Polling ist die Interrupt-Methode. LabVIEW stellt hierfür die 'Ereignisstruktur' unter 'Funktionen' – 'Programmierung' – 'Strukturen' zur Verfügung. Tabelle 14.4 gibt eine Übersicht: Jedes Frontpanel-Element, VIs und auch LabVIEW selbst können Ereignisse erzeugen, auf welche die Anwendung reagieren kann. Die Anzahl der möglichen Ereignisse ist vielfältig, und das VI soll ja auch nicht auf jedes Ereignis reagieren. Über die 'Ereignisstruktur' legt der Programmierer daher fest, auf welche Ereignisse die Anwendung zu reagieren hat. Eine Ereignisstruktur besteht analog zur Case-Struktur aus Rahmen, die man über den Selektor an der oberen Kante auswählen kann. Jeder Rahmen besitzt eine eindeutige Nummer und als Text das zu bearbeitende Ereignis. Bild 14.32 zeigt die Standardansicht einer Ereignisstruktur, nachdem man sie mit dem Aufruf 'Funktionen' – 'Strukturen' – 'Ereignisstruktur' ins Diagramm gezogen hat.

Innerhalb dieses Rahmens kann man den 'Ereignisdatenknoten' links nach oben oder unten verschieben. Man kann ihn anfangs bis auf drei Elemente aufziehen und sich die Inhalte anschauen, siehe Bild 14.33. Hier wurde die Timeout-Konstante links, deren Standardwert gleich −1 entsprechend unendlich ist, auf 1000 ms gesetzt und dann das VI, das nichts außer der Eventstruktur enthält, mit 'Wiederholt ausführen' gestartet. Das Frontpanel dieses VIs zeigt 'LabVIEW-UI' (LabVIEW-User-Interface) als **Quelle** des Interrupts, wobei der Interrupt durch die Timeout-Bedingung 1000 ms = 1 Sekunde erfolgt. Auf dem Frontpanel sieht man daher '**Typ** = Timeout'. Das VI stoppt nach diesem Interrupt, wird aber wegen des Modus 'Wiederholt ausführen' sofort erneut gestartet und nach 1 Sekunde durch Timeout gestoppt. Die Zeiten in ms nach dem Computerstart werden als '**Zeit**' ausgegeben. Man sieht daher, dass sich dieser Wert jede Sekunde um jeweils 1000 vergrößert. Im Beispiel befinden wir uns also ca. 13 718 Sekunden oder reichlich 3,5 Stunden nach dem Computerstart.

Tabelle 14.4 Ereignisgesteuerte Programmierung: Paletten, Strukturen und Funktionen

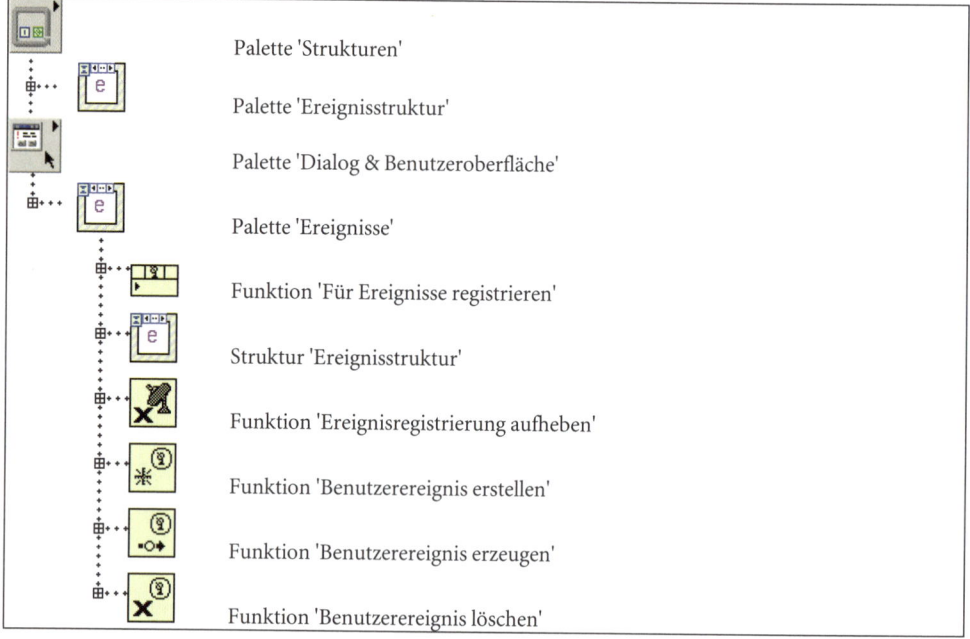

Palette 'Strukturen'

Palette 'Ereignisstruktur'

Palette 'Dialog & Benutzeroberfläche'

Palette 'Ereignisse'

Funktion 'Für Ereignisse registrieren'

Struktur 'Ereignisstruktur'

Funktion 'Ereignisregistrierung aufheben'

Funktion 'Benutzerereignis erstellen'

Funktion 'Benutzerereignis erzeugen'

Funktion 'Benutzerereignis löschen'

Bild 14.32 Standardansicht einer Eventstruktur unmittelbar nach dem Platzieren im Diagramm eines VI und Verschiebung des 'Ereignisdatenknotens' links nach unten

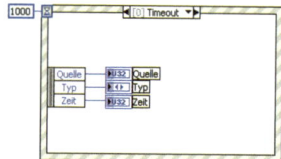

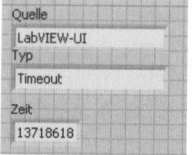

Bild 14.33 Bedeutung der Elemente 'Quelle', 'Typ' und 'Zeit', dargestellt im Programm 1432-'Ereignistest1.vi'. Die Zeit wird in ms nach dem Computerstart angegeben

Merke: Tritt in der Ereignisstruktur ein Ereignis auf, gilt die Struktur als abgearbeitet und wird sofort verlassen. Die Struktur wird erst wieder bei Neustart aktiv oder wenn sie in eine Schleife eingebettet ist.

Außer dem Interrupt durch Timeout gibt es eine Fülle anderer Ursachen, aus denen der Programmierer wählen kann. Dazu kann er im Kontextmenü der Ereignisstruktur neue Rahmen [1], [2] usw. mit 'Ereignis-Case hinzufügen' erstellen. Auch ist es möglich, mit 'Diesen Ereignis-Case löschen' einen überflüssigen Rahmen zu entfernen.

Besteht eine neues VI lediglich aus einer Ereignisstruktur gemäß Bild 14.32, so führt der Aufruf 'Ereignisse dieses Cases bearbeiten…' zu einem Fenster nach Bild 14.34. Voreingestellt ist die Ereignisquelle '<Applikation>'. Das betrifft kein spezielles VI, sondern die LabVIEW-Instanz allgemein, die ja mehrere parallel laufende VIs enthalten kann. Man kann in der mittleren Spalte umstellen auf '<Dieses VI>'. In der rechten Spalte sieht man dann andere mögliche Ereignisse (Interrupts) wie 'Panel schließen'. Es gibt aber noch keine Elemente auf dem Frontpanel, auf deren Änderungen das VI reagieren könnte.

Anders in '1436-Ereignistest2.vi', das eine Kopie der Funktion 'SinussignalWaveform.vi' (Abschnitt 6.3.4, Bild 6.38) mit anschließender Fouriertransformation (Abschnitt 10.1.1) ist. Es ist hier nochmals als Bild 14.35 dargestellt. Geht man im Kontextmenü der Ereignisstruktur auf 'Ereignisse dieses Cases bearbeiten…', hat man nach Umschalten der Ereignisquelle auf '<Dieses VI>' den Dialog von Bild 14.36.

Hier klicken wir in der mittleren Spalte unter 'Abtastinformation' auf '<All Elements>', in der rechten Spalte auf 'Wertänderung' und in der linken Spalte unten auf '+ Hinzufügen'. Man erhält eine Anzeige gemäß Bild 14.36. Zuletzt bestätigen wir mit 'OK'. Entsprechend erhalten wir Wertänderungsereignisse für 'Offset', 'Frequenz' und 'Signal zurücksetzen'.

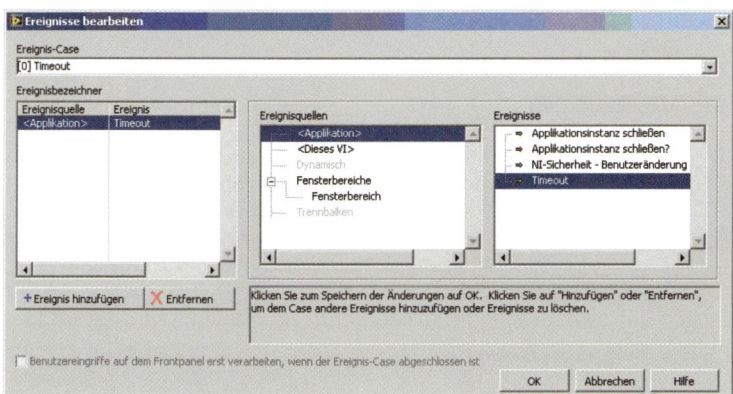

Bild 14.34 Ereignisquelle '<Applikation>'

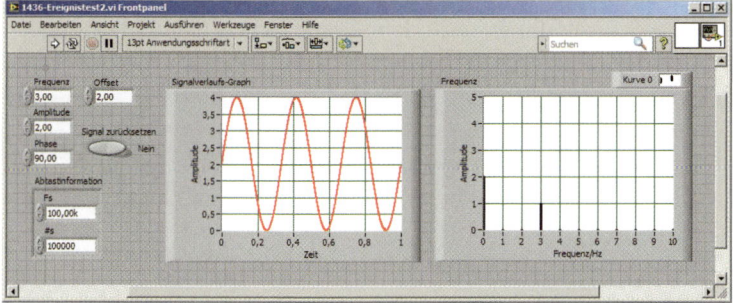

Bild 14.35 Sinusfunktion mit Offset links, rechts das Amplitudenspektrum

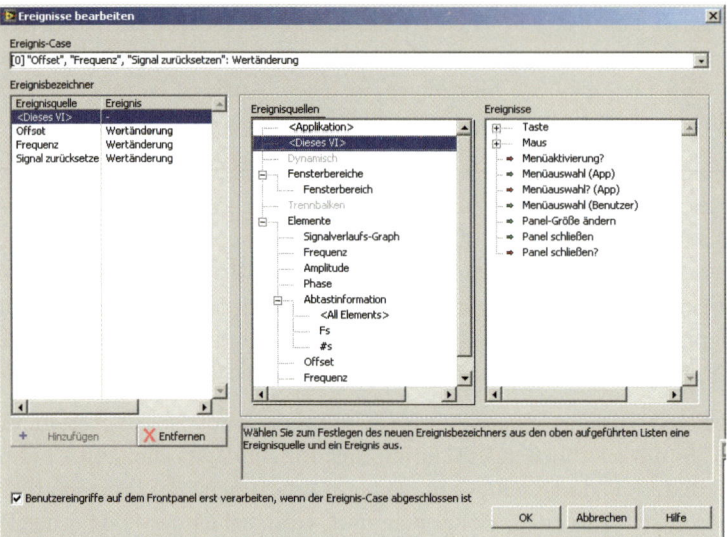

Bild 14.36 Ereignisquelle '<Dieses VI>' im Falle von 'Ereignistest2.vi'

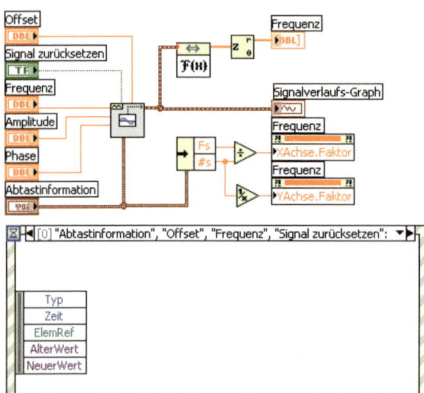

Bild 14.37 Ereignisstruktur, die auf Wert-änderungen von 'Abtastinformation', 'Offset', 'Frequenz' und 'Signal zurücksetzen' reagiert. Darüber das Diagramm des schon bekannten Programms 'SinussignalWaveform.vi'

Die Ereignisstruktur hat sich nun gemäß Bild 14.37 verändert. Im oberen Teil dieses Bildes ist das Diagramm des alten 'SinussignalWaveform.vi' zu sehen, dessen Variablen für die Konfiguration der Ereignisstruktur unverzichtbar sind.

Was nützt diese Ereignisstruktur? Startet man '1437-Waveform**Ohne**Ereignis.vi', welches das alte 'SinussignalWaveform.vi' **ohne** Ereignisstruktur enthält, führt es **ununterbrochen** Berechnungen in einer While-Schleife durch, auch dann, wenn sich an den Eingangsdaten nichts geändert hat. Die 4 Prozessoren eines PC mit einer Taktfrequenz von 2,40 GHz sind dann bei den gewählten Parametern von $Fs = 100,20$ kHz und $\#s = 100000$ zu ca. 50 % ausge-lastet. Es ist daher vernünftig, die Rechnungen **nur dann** auszuführen, wenn sich die Daten wie etwa Frequenz und Amplitude der Sinusschwingung **verändert** haben. Genau das lässt sich mit der Struktur in Bild 14.38 erreichen, die '1437-Waveform**Mit**Ereignis.vi' zugrunde liegt.

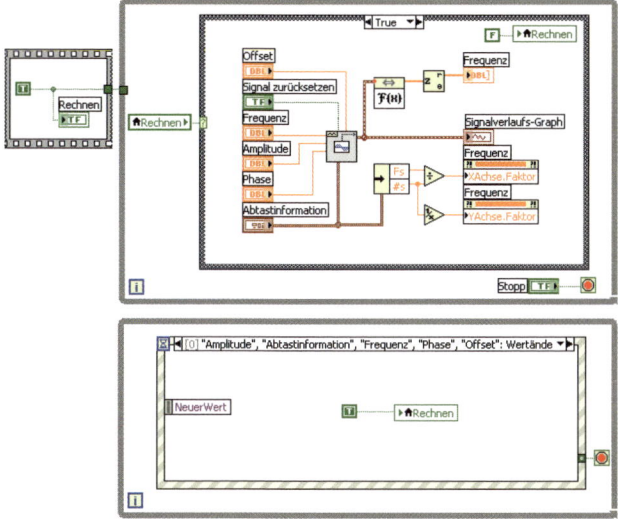

Bild 14.38 Sinusprogramm
mit Ereignisstruktur

Hier wurde die Berechnung der Sinusfunktion mit anschließender Fouriertransformation in eine Case-Struktur gebettet, die nur ausgeführt wird, wenn die boolesche Variable 'Rechnen' auf TRUE steht. Das ist beim Start der Fall, wie man oben sieht. Doch wird diese Variable schon während der ersten Berechnung auf FALSE gesetzt. Damit wird beim zweiten Durchlauf der FALSE-Zweig der Case-Struktur aufgerufen, welcher eine Wartezeit von 100 ms enthält, sonst aber leer ist. So geht die Prozessorbelastung zurück auf weniger als 1 %. Wenn der Anwender jedoch einen Parameter ändert, erkennt das die Ereignisstruktur, die 'Rechnen' dann wieder für einen Durchlauf auf TRUE setzt. Die Prozessorbelastung steigt in diesem Falle kurzfristig auf 1 bis 3 % an.

Ferner braucht man in der Ereignisstruktur einen zweiten Rahmen, der das Stoppen des Programms behandelt. Fehlt dieser, wird bei Betätigung von 'Stopp' im Panel zwar die Hauptschleife beendet, das VI insgesamt befindet sich aber immer noch im Run-Modus, weil die Schleife um die Ereignisstruktur nicht abgeschlossen wurde. Man legt also per Kontextmenü einen zweiten Rahmen [1] an, behandelt ihn sinngemäß wie den Rahmen [0], jedoch nur für das eine Ereignis 'Stopp', und verdrahtet ihn wie Bild 14.39 zeigt.

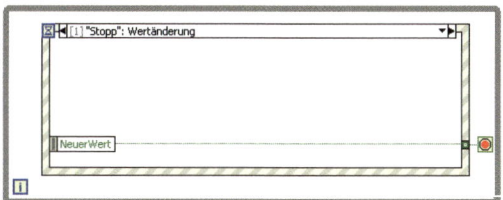

Bild 14.39 Rahmen in der
Ereignisstruktur für den Fall 'Stopp'

Aufgabe 14.7

Programmieren Sie das VI von Bild 14.38 ohne Ereignisstruktur.

Merke: An Stelle von Polling, der ständigen Abfrage nach Änderung von Eingabeparametern, sind vielfach Interrupts vorzuziehen, die beim Auftreten bestimmter Ereignisse ausgelöst werden.

Merke: LabVIEW bietet dazu die Ereignisstruktur an, die vom Anwender den jeweiligen Bedürfnissen angepasst werden kann.

14.8.2　Wertänderungs-Ereignisse

Nicht nur Frontpanel-Aktivitäten lassen sich in die Ereignisstruktur einbeziehen, sondern auch Wertänderungs-Ereignisse **ohne Benutzereingabe**. Wir zeigen das am Beispiel einer verbesserten Version des Programms aus Bild 14.38. Das VI dort verzichtete nämlich zwar weitgehend auf Polling, aber nicht vollständig: Alle 100 ms wurde abgefragt, ob 'Rechnen' auf TRUE steht. Die in Bild 14.40 und Bild 14.41 dargestellte Variante des Programms '1440-WaveformMitEreignisSignalisierend.vi' arbeitet dagegen gänzlich ohne Polling.

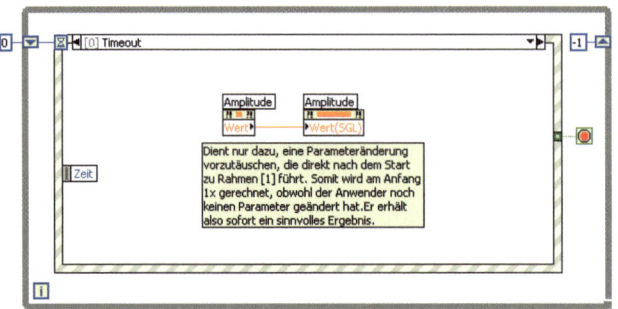

Bild 14.40
Timeout-Rahmen der Ereignisstruktur, wird nur einmal ausgeführt

Der Kern des Programms läuft hier nicht mehr in einer parallel ausgeführten Schleife, er ist vielmehr Teil der Ereignisstruktur in Rahmen [1]. Bei Parameteränderungen auf dem Panel wird er aufgerufen. Die ganze Ereignisstruktur besteht aus drei Rahmen, wobei Rahmen [2] für Programm-Stopp sorgt und wie in Bild 14.39 programmiert ist. Rahmen [0] bedient den Timeout. Er wird angelegt, indem man im Ereignis-Editor '<Applikation>' wählt und danach rechts 'Timeout', siehe Bild 14.34.

Wird nun das VI gestartet, erfolgt sofort ein Timeout, weil als Timeout-Zeit der Wert 0 an die Schleife um die Ereignisstruktur übergeben wird. Beim nächsten Durchlauf wird aber dieser Wert per Schieberegister auf –1 gesetzt, was einer Wartezeit von ∞ entspricht. Damit kann später kein Timeout mehr auftreten. Beim ersten Timeout wird nun dem Rahmen [1] eine Parameteränderung vorgespielt, indem der Wert von 'Amplitude' auf sich selbst gespeichert wird. Wichtig ist dabei, dass der zweite Eigenschaftsknoten zu 'Amplitude' die Eigenschaft **'Wert (signalisierend)'** erhält, denn nur so wird das Ereignis ausgelöst, das anschließend sofort zur ersten Berechnung führt. Wenn man auf den Timeout-Rahmen verzichtet, läuft das VI auch, aber es zeigt ein Ergebnis **erst nach der ersten Änderung** eines Parameters durch den Anwender.

Merke: Über einen Eigenschaftsknoten einer Variablen mit der Eigenschaft 'Wert (signalisierend)' kann man die Frontpaneleingabe eines Anwenders simulieren.

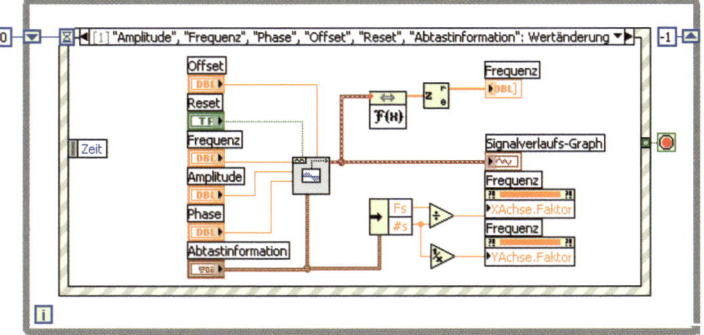

Bild 14.41 Hauptteil der Eventstruktur, wird aufgerufen bei jeder Wertänderung am Panel

14.8.3 Gefilterte Ereignisse

Der Programmierer kann entscheiden, ob ein Ereignis, das einen Interrupt auslöst, sofort verarbeitet wird oder erst nach "Filterung".

Filterung kann eine Nachfrage beim Anwender sein, ob das VI wirklich tun soll, was seine Eingabe bewirken würde. Die Filterung kann auch gewisse Eingaben verwandeln oder verhindern, z.B. alle Buchstaben zu Großbuchstaben machen oder alle Zahleneingaben verhindern, wenn nur Text gewünscht wird. Wir geben ein Beispiel für eine Nachfrage: Der Anwender wünscht, das Programm zu beenden. Das Programm '1441-Filterbeispiel.vi' stellt ihm die Frage, ob er das wirklich möchte.

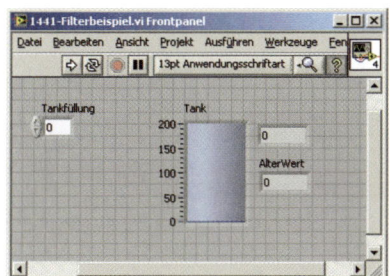

Bild 14.42 Dieses VI hat keinen Stopp-Knopf. Es lässt sich nur mit dem roten Symbol 'Ausführung abbrechen' beenden oder mit dem Kreuz rechts oben in der Titelzeile des Frontpanels. Diese zweite Möglichkeit wird in der Ereignisstruktur abgefragt

Rahmen [0] der Ereignisstruktur in Bild 14.43 arbeitet konventionell. Er ändert auf Wunsch den Füllstand des Tanks und zeigt das an; gefiltert wird hier nicht. Dagegen verursacht der Rahmen [1] in Bild 14.44 eine Anfrage an den Anwender, sobald dieser mit der Maus auf das Kreuz zum Schließen des Frontpanels rechts oben drückt. Das geschieht so:

Öffnet man im Kontextmenü von Rahmen [1] 'Ereignisse dieses Cases bearbeiten…', sieht man rechts unter 'Maus' eine Auswahl verschiedener Möglichkeiten ohne und mit Fragezeichen. Letztere sind zusätzlich mit einem roten Pfeil markiert. Wählt man nun zum Beispiel 'Menüauswahl (App)' oder 'Panel-Größe ändern', zeigt der Rahmen der Ereignisstruktur das übliche Aussehen wie etwa in Bild 14.43. Trifft man dagegen eine **rot markierte** Auswahl wie hier mit 'Panel schließen?', kann man das Ereignis über die jetzt im Rahmen am rechten Rand auftauchenden Anschlüsse filtern. Im Beispiel haben wir den Anschluss 'Verwerfen?', an den wir eine Entscheidungsfrage über ein 'Dialogfeld mit zwei Schaltflächen' aus der Palette 'Dialog & Benutzeroberfläche' anschließen. Bild 14.45 zeigt die Auswahl, die in unserem Beispiel getroffen wurde.

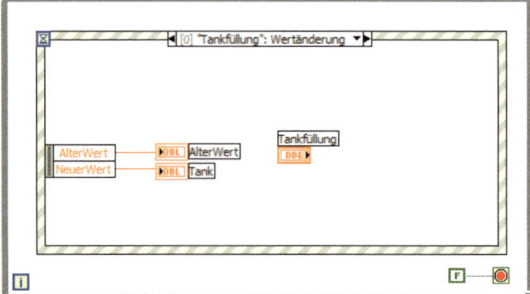

Bild 14.43 Rahmen [0] der Ereignisstruktur. Er reagiert auf Änderungen des Füllstandes des Tanks. Alter und neuer Wert werden auf dem Frontpanel angezeigt

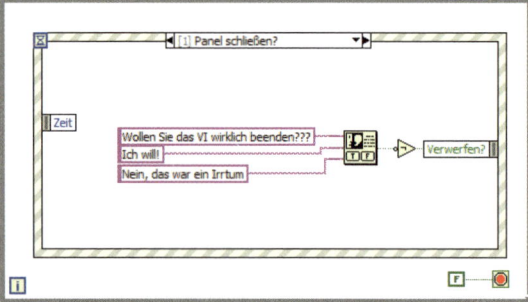

Bild 14.44 Rahmen [1] der Ereignisstruktur mit Filterwirkung

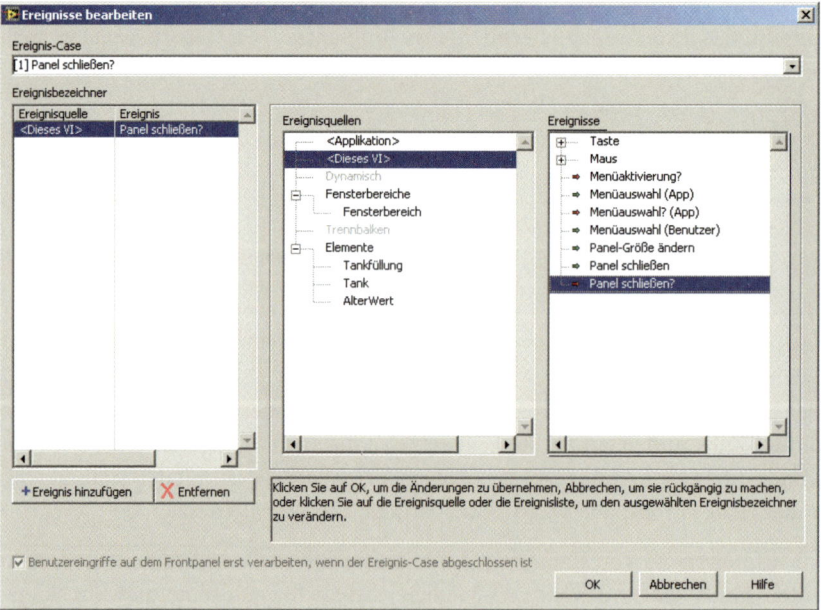

Bild 14.45 Auswahl eines Ereignisses, das gefiltert werden kann

Aufgabe 14.8

Programmieren Sie ein VI, das mit der Filterung von Ereignissen einen vom Anwender eingegebenen Text Zeichen für Zeichen in **Groß**buchstaben umwandelt, sofern es sich um Buchstaben handelt. Alle anderen Zeichen bleiben unverändert.

14.9 Zeitschleifen

Die Dauer einer While- oder For-Schleife lässt sich mit der Funktion 'Programmierung' – 'Timing' – 'Warten (ms)' bestimmen. Jedoch lässt die Genauigkeit zu wünschen übrig, wenn man in den Bereich von 1 ms kommt. Das folgende Beispiel in Bild 14.46 zeigt das.

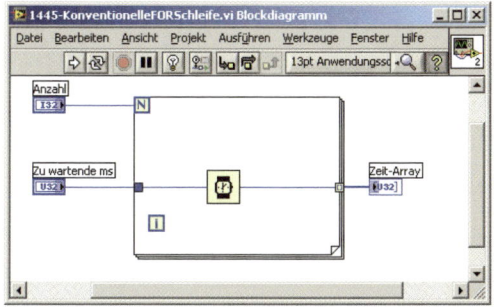

Bild 14.46 Konventionelle For-Schleife zur Erzeugung einer festgelegten Wartezeit zwischen zwei Durchläufen

Stellt man hier für 'Zu wartende ms' den Wert 1 ein, konnte ein **älteres** System nicht folgen, wie man Bild 14.47 entnimmt. Der Grund liegt im Betriebssystem, das in unregelmäßiger Weise Zeit für andere Operationen benötigt, z.B. für eine Mausbewegung. Auch bei einem moderneren Mehrprozessorsystem kann dieses Problem auftreten, wenn auch nicht so ausgeprägt.

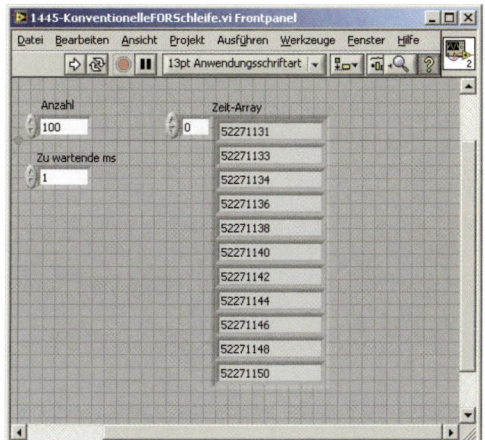

Bild 14.47 Zwischen zwei Schleifendurchläufen wurden bei diesem Rechner meist 2 ms benötigt, obwohl nur 1 ms gewünscht war

Auch die Verwendung der Funktion 'Programmierung' – 'Timing' – 'Bis zum nächsten Vielfachen von ms warten' (Metronom) bringt hier keine Besserung. Erst bei etwas längeren Wartezeiten von 2 oder 3 ms werden die Wünsche des Anwenders genauer, aber auch nicht ganz zuverlässig erfüllt.

Schon seit LabVIEW 7.1 hat man ein Mittel gegen diese Ungenauigkeiten entwickelt, die so genannte 'Zeitgesteuerte Schleife', in LabVIEW 2014 zu finden unter 'Programmierung' – 'Strukturen' – 'Zeitgesteuerte Strukturen'. Dort steht neben der 'Zeitgesteuerten Schleife' links oben auch die 'Zeitgesteuerte Sequenz'. Erstere wird in Bild 14.48 verwendet. Das Ergebnis ist jetzt auch für eine einzige Millisekunde Wartezeit korrekt, siehe Bild 14.49 und Bild 14.50. Dies gilt unabhängig von der Zahl der Schleifendurchläufe.

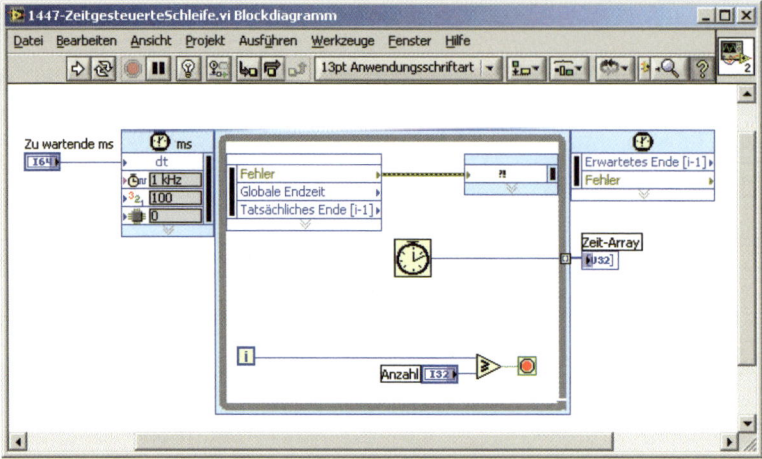

Bild 14.48 Zeitgesteuerte Schleife zur Realisierung derselben Aufgabe wie in Bild 14.46

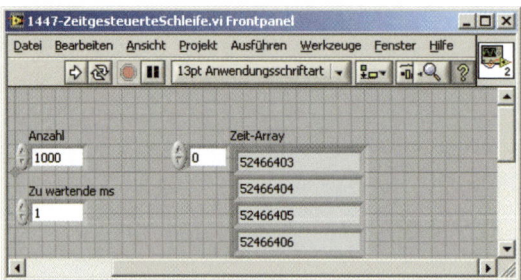

Bild 14.49 Angezeigte Zeiten bei 1 ms Differenz. Die Differenz ist auch nach dem tausendsten Schleifendurchlauf noch die gleiche, siehe Bild 14.50

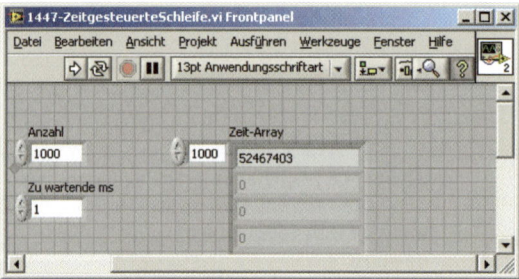

Bild 14.50 Der tausendste Zeitwert liegt genau 1000 ms nach dem nullten in Bild 14.49

Merke: Zeitschleifen erlauben eine präzisere Einhaltung von Zeitvorgaben als gewöhnliche While-Schleifen.

Teil III: Kommunikation

Für Teil III gilt sinngemäß das Gleiche wie für Teil II. Nur steht hier die Kommunikation im Vordergrund. Weitere Funktionen von LabVIEW werden nur dann besprochen, wenn die Aufgabenstellung das erfordert.

15 Serielle Eingabe/Ausgabe

Lernziele

1. Zwischen 'Instrumenten-I/O' und 'Mess-I/O' unterscheiden können.
2. Mit VISA programmieren können.
3. Serielle Eingabe/Ausgabe über die RS-232-Schnittstelle programmieren können.
4. USB-Schnittstelle in LabVIEW programmieren können.
5. CAN-Bus programmieren können.

Überblick

Bisher haben wir den LabVIEW-Datentransfer stets nur innerhalb des Rechners betrachtet: Vom Hauptspeicher zum Hauptspeicher zwischen den VIs oder vom Hauptspeicher zur Festplatte und zurück, wie in Kapitel 8 beschrieben. Messtechnik will jedoch mit realen Daten arbeiten, die aus der Außenwelt kommen.

Für diesen Zweck hat National Instruments (NI) Datenerfassungskarten, so genannte DAQ-Boards (**Data Acquisition Board**), entwickelt. NI war ursprünglich eine hardwareorientierte Firma. Das hat sich zwar mit der Erfindung und Einführung von LabVIEW geändert, doch stand immer noch die Softwareunterstützung für die DAQ-Boards im Vordergrund. Die LabVIEW-Funktionen dazu findet man heute unter der Bezeichnung 'Mess-I/O'. Mit diesem Thema wird sich Kapitel 16 befassen.

Das vorliegende Kapitel dagegen bespricht Datenübertragungssysteme wie die RS-232, den USB und den CAN-Bus, die unabhängig von LabVIEW – teilweise seit Jahrzehnten – zur Übertragung von Messdaten und zur Ausgabe von Steuersignalen verwendet werden. Die LabVIEW-Software dazu ist unter der Bezeichnung '**Instrumenten-I/O**' zu finden.

15.1 RS-232

Eines der ältesten und auch einfachsten Hilfsmittel, mit der Außenwelt zu kommunizieren, ist die serielle RS-232-Schnittstelle. Außerdem hat sich in der Praxis gezeigt, dass für Messaufgaben bei Tests mit langer Laufzeit RS-232 zuverlässiger arbeitet als die moderne USB-Schnittstelle und deshalb auch heute noch bevorzugt wird.

Unter dem Begriff **seriell** versteht man meist **bitseriell** im Gegensatz zum Verfahren einer Parallelschnittstelle wie dem GPIB-Bus (General Purpose Interface Bus), der **byteseriell** arbeitet und jeweils 8 Bits auf 8 Leitungen parallel überträgt.

Der Vorteil einer seriellen Schnittstelle ist der minimale technische Aufwand. Im Prinzip braucht man nur zwei Drähte, einen für das Bezugspotenzial, normalerweise GND ('Ground' oder 'Erde'), den anderen zur Übertragung von 'high' und 'low', z.B. von +12 V und –12 V.

Der Nachteil ist die geringe Geschwindigkeit. Im einfachsten Fall arbeitet man asynchron nach DIN 44302. Sender und Empfänger synchronisieren sich über Start- und Stoppbits. Dem Startbit folgen 4 bis 8 Datenbit, danach 1 oder 2 Stoppbit. Natürlich müssen Sender und Empfänger mit ungefähr gleicher Frequenz arbeiten. Der Empfänger erkennt das Startbit und tastet dann die Datenbits jeweils zeitlich in der 'Bitmitte' ab, bis die Übertragung beendet ist. Das ist nach 5 bis 10 weiteren Bit (Stoppbits eingeschlossen) geschehen. Das nächste Datenpaket wird wieder mit einem Startbit eingeleitet. Daher rührt die Bezeichnung **asynchron**. Ein kleiner Unterschied zwischen Sender- und Empfängerfrequenz kann die korrekte Übertragung nicht stören. Die Phasenverschiebung innerhalb eines Pakets darf nur nicht größer werden als die Zeit für ein halbes Bit. Das entspricht einer Frequenzdifferenz von etwa 6 %.

Ein weiterer Nachteil der asynchronen Übertragung besteht darin, dass ungefähr 20 % der Bits keine Datenbits sind, sondern als Start- und Stoppbits lediglich der Synchronisation dienen. Man verwendet deshalb zur Datenübertragung von PC zu PC normalerweise nicht die RS-232, sondern das LAN (Local Area Network) bzw. drahtlos auch das WLAN (Wireless LAN), die später behandelt werden. Wenn jedoch nur zwei PCs miteinander kommunizieren sollen, kann man auch die RS-232-Schnittstelle verwenden.

Normung

Für das serielle PC-Interface gibt es einige Standards. Zum Beispiel leitet sich die Bezeichnung 'RS-232-Interface' vom US-Standard RS232C ab. Ein anderer Name ist 'V.24-Interface' (CCITT-Empfehlung V.24). Die zwei DIN-Normen 66020 und 66022 beschreiben im Wesentlichen dasselbe. Wichtig für uns ist:

Elektrisch: High-Zustand +3 V bis +25 V

Low-Zustand −3 V bis −25 V

Häufig verwendet: ±12 V (V.24-Interface)

Daten werden in negativer Logik übertragen (z.B. $0 \rightarrow +12$ V, $1 \rightarrow -12$ V), Steuersignale wie Startbit und Stoppbit in positiver Logik

Flankensteilheit ≤ 30 V/µs usw.

Mechanisch: Standardstecker hat 25 Pins, der PC-Stecker üblicherweise 9 Pins.

Standardmäßig werden zwei PCs mit einem Kabel, dem so genannten **Nullmodem**, verbunden, das alle für die Übertragung selbst nicht benötigten Verbindungen einseitig innerhalb der Stecker links und rechts verdrahtet. Nur die zwei Verbindungen TxD für 'Transmit Data' und RxD für 'Receive Data' gehen neben der Masse GND von einer Seite des Kabels zur anderen. Wenn also z.B. PC 1 in Bild 15.1 sendet, gehen seine Daten von TxD zu RxD von PC 2, der sie empfängt. Umgekehrt, wenn PC 2 senden will. Diese Leitungen sind also **gekreuzt**, wie auch Bild 15.1 deutlich macht.

Die Hauptanwendung der RS-232 besteht heute allerdings im Anschluss von älteren Messgeräten an einen PC. Sie haben dann, wie z.B. eines der programmierbaren Multimeter von Keithley®, eine Verbindung ähnlich der in Bild 15.1, aber mit **nicht gekreuzten** Leitungen.

Normalerweise werden die Daten als einzelne, im ASCII-Code verschlüsselte Zeichen übertragen. Der ASCII-Code benutzt heute 8 Bit zur Codierung eines Zeichens wie 'a', 'A', '3', '!' usw. Also kann man mit den 10 Bit, die einen Abschnitt des asynchronen Bitstroms darstellen, genau ein ASCII-Zeichen übertragen. Meist will man aber mehr als ein Zeichen übermitteln. Dann muss man diese Zeichen mit **steigenden** Adressen im Hauptspeicher ablegen. Jedes Zeichen belegt ein Byte. Entsprechend werden auch die einzelnen Bits eines Zeichens in **aufsteigender** Folge übertragen, d.h. zuerst Bit 0, dann Bit 1 bis Bit 7. Die Übermittlung der beiden Zeichen 'to' (zu) erfolgt daher gemäß Bild 15.2. Dabei wurde eine Geschwindigkeit von 9600 Baud = 9600 Bit/s angenommen. Ferner wurden 1 Startbit, 8 Datenbits, 1 Stoppbit und keine Parität (das würde ein weiteres Bit erfordern) festgelegt.

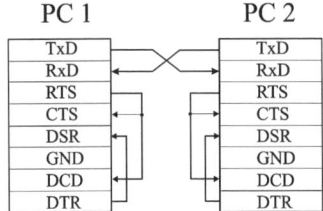

Bild 15.1 Verdrahtung eines Nullmodems. Hier ist die Leitung links von TxD zu RxD geführt und von RxD zu TxD. Man spricht daher von *gekreuzten* Leitungen. Beim Anschluss von Messgeräten an einen PC arbeitet man dagegen mit *nicht gekreuzten* Leitungen: TxD führt zu TxD und RxD zu RxD

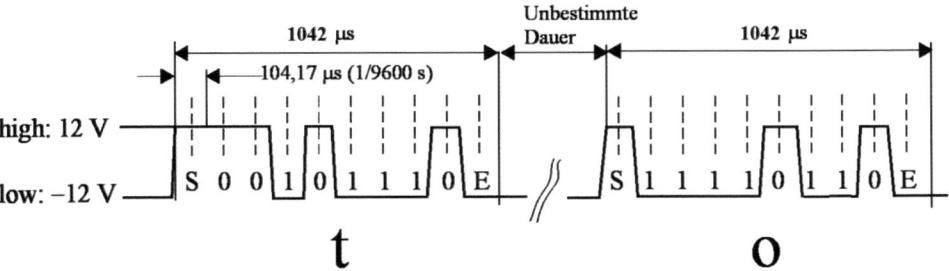

Bild 15.2 Übertragung von zwei ASCII-Zeichen 't' und 'o' über eine RS-232-Schnittstelle

15.2   Programmierung der RS-232 in LabVIEW

Ab LabVIEW-Version 7.0 programmiert man die serielle RS-232-Schnittstelle mit Hilfe von VISA-Funktionen. VISA ('Virtual Instrument Software Architecture') erlaubt es, Schnittstellen symbolisch zu benennen. Außerdem fasst diese Methode verschiedene Schnittstellentypen unter einem Dach zusammen, serielle ebenso wie parallele. Man findet die zugehörigen Funktionen unter 'Funktionen' – 'Instrumenten-I/O' – 'VISA' bzw. noch eine Stufe tiefer unter '…' – 'VISA: Fortgeschritten', siehe Bild 15.3. Wir bringen ein Beispiel für die VISA-Programmierung:

Ein Programm namens 'SeriellPC1_VISA.vi' soll Texte an einen zweiten PC senden, auf dem 'SeriellPC2_VISA.vi' läuft. Dieses VI soll den empfangenen Text zur Kontrolle an den ersten PC zurücksenden, an dem der Anwender vergleichen kann, ob gesendeter und empfangener Text identisch sind. Bild 15.4 zeigt das Panel des VIs, das auf PC 1 läuft. Bild 15.5 und Bild 15.6 verdeutlichen die wesentlichen Teile des zugehörigen Diagramms. Bild 15.7 zeigt entsprechend das Diagramm des VIs, das auf PC 2 läuft.

Zunächst muss der Anwender eine **Schnittstelle auswählen**. Die früher bei PCs üblichen Hardware-Ein-/Ausgänge COM1 und COM2 fehlen meist bei modernen Laptops. Dann sind sie wie hier durch USB-Converter zu ersetzen, die an einem Ende einen USB-Anschluss haben und auf der Gegenseite einen SubD-Stecker mit 9 oder 25 Pins. Ein Beispiel ist der **UA0042 von LogiLink**, für den man den Treiber (beigefügte CD oder Internet) installieren muss. Anschließend kann man im MAX (siehe Kapitel 16) bei 'Geräte und Schnittstellen' – 'Serial & Parallel' eine virtuelle COM-Schnittstelle einrichten (COM3).

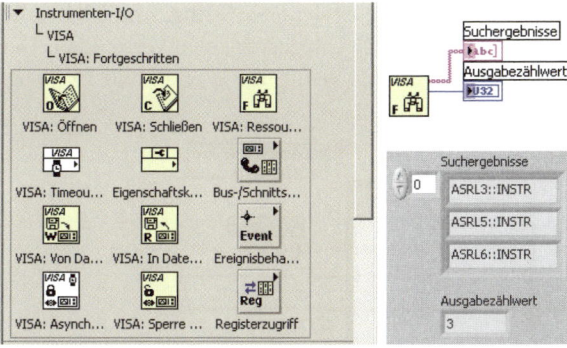

Bild 15.3 Fortgeschrittene VISA-Funktionen in LabVIEW (links)

Mit der Funktion rechts oben 'VISA: Ressource finden' kann man die E/A-Anschlüsse des PC finden, die sich mit VISA bearbeiten lassen. Hier waren es 3 Schnittstellen 'ASRL3::INSTR', 'ASRL5::INSTR' und 'ASRL6::INSTR', d.h. die (virtuellen) seriellen Schnittstellen COM3, COM5 und COM6

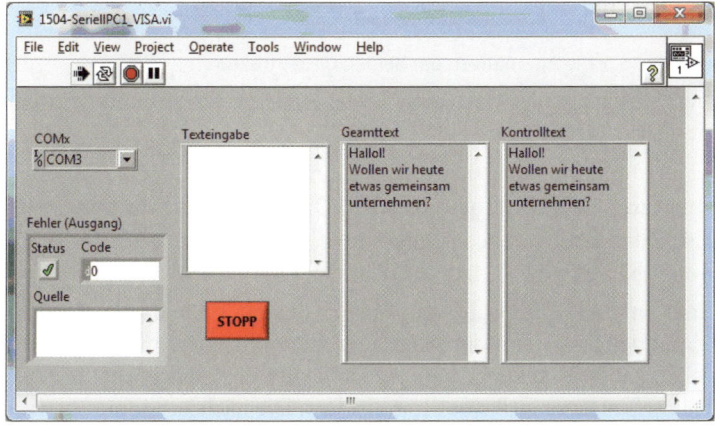

Bild 15.4
Panel von '1504-SeriellPC1_VISA.vi'

Der Anwender startet nun auf PC 1 das Programm in Bild 15.4 (hier unter Windows 7) und schreibt den Text 'Hallo! Wollen wir heute etwas gemeinsam unternehmen?' in das Texteingabefeld. Dann klickt er mit der linken Maustaste neben dieses Fenster, was die serielle Übertragung der Daten auslöst und den Inhalt von 'Texteingabe' löscht. Die komplette Eingabe wird im Feld 'Gesamttext' vermerkt. Im Feld 'Kontrolltext' gibt das VI den Text aus, den PC 2 zurücksendet. Danach ist 'Texteingabe' für die Eingabe der nächsten Botschaft bereit.

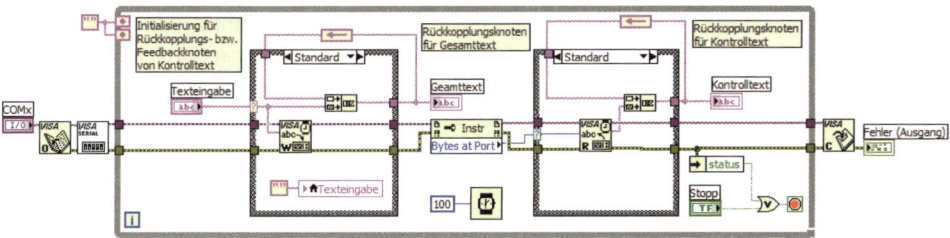

Bild 15.5 Hauptteil des Diagramms von '1504-SeriellPC1_VISA.vi'

Die Wirkung des Diagramms in Bild 15.5 ist folgende:

- Öffnen der seriellen Schnittstelle und Schließen links bzw. rechts im Diagramm.

- Der Kern des VIs ist eine While-Schleife, die nur mit 'Stopp' beendet werden kann oder wenn ein Fehler aufgetreten ist. Sie enthält zwei Case-Strukturen, deren Selektoren nicht wie üblich mit booleschen Variablen verbunden sind. Vielmehr ist die Case-Struktur links mit einem String verbunden. Der Standardfall (Voreinstellung) tritt ein, wenn der

String 'Texteingabe' Zeichen enthält. Die Alternative ist der leere String. Ähnlich bei der Case-Struktur rechts: Hier ist der Selektor mit einer Integervariablen verbunden. Der Standardfall tritt für Integerwerte $\neq 0$ ein, die Alternative für den Wert 0. Bild 15.6 zeigt diese Alternative.

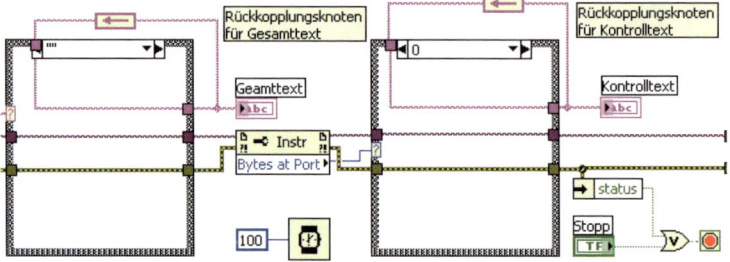

Bild 15.6 Ausschnitt aus Bild 15.5: die Alternativen der beiden Case-Strukturen

- Die Verbindung einer Stringvariablen mit dem Selektor der Case-Struktur wird in folgender Weise hergestellt:

   1. Case-Struktur von der Funktionenpalette ins Diagramm ziehen,
   2. String-Bedienelement mit Case-Selektor verbinden. Die Selektor-Beschriftung zeigt dann einmal ' "False", Standard' und in der Alternative ' "True" '.
   3. Letztere Bezeichnung abändern in ' "" ' bzw. in '0', wie das in Bild 15.6 zu sehen ist.

- Die Case-Struktur links in Bild 15.5 prüft nun, ob der String 'Texteingabe' Zeichen enthält. Das ist erst dann der Fall, wenn der Anwender nach Eingabe von Zeichen mit der Maus neben das Eingabefeld geklickt hat. Bis dahin ist der String leer und die Case-Struktur schaltet auf "". Dieser Teil (Bild 15.6) ist leer. Die nächste Abfrage betrifft die Case-Struktur rechts. Hier wird geprüft, ob Bytes im seriellen Puffer anliegen. Auch das ist zunächst nicht der Fall, denn da noch nichts gesendet wurde, konnte das VI auf PC 2 noch nicht reagieren, hat also keine Kontrolldaten an PC 1 geschickt. Hier schaltet die Case-Struktur auf den leeren 0-Rahmen. Solange also der Anwender noch nichts definitiv eingegeben hat, läuft das VI leer in der While-Schleife. Um die Belastung des Prozessors zu verringern, wurde eine Wartezeit von 100 ms einprogrammiert.

- In beiden Sequenzen wird der schon in Abschnitt 12.2.1 besprochene Rückkopplungs-knoten verwendet. Das spart lokale Variable.

- Löst der Anwender durch Mausklick neben das Texteingabefenster in Bild 15.4 die Übertragung aus, schaltet zuerst die Case-Struktur links auf 'Standard' (Zeichenkette nicht leer). Dort wird der neue Text mit 'VISA: Schreiben' an PC 2 gesendet. Außerdem wird er mit dem Gesamttext verkettet und danach die Texteingabe gelöscht.

- Nun läuft das VI wieder so lange leer, bis PC 2 die Kontrolldaten gesendet hat. Sobald Bytes im Puffer der seriellen Schnittstelle angekommen sind, schaltet die rechte Case-Struktur auf 'Standard'. Die Zahl der angekündigten Bytes wird gelesen und dem Kontrolltext hinzugefügt.

Das Programm auf PC 2 arbeitet ähnlich, nur mit umgekehrter Reihenfolge der Abfragen. Für das Funktionieren der VIs sind auch noch Initialisierung und Schließen wichtig. Sie sind, was die serielle Übertragung betrifft, bei den VIs auf PC 1 und PC 2 identisch. Siehe dazu Bild 15.7.

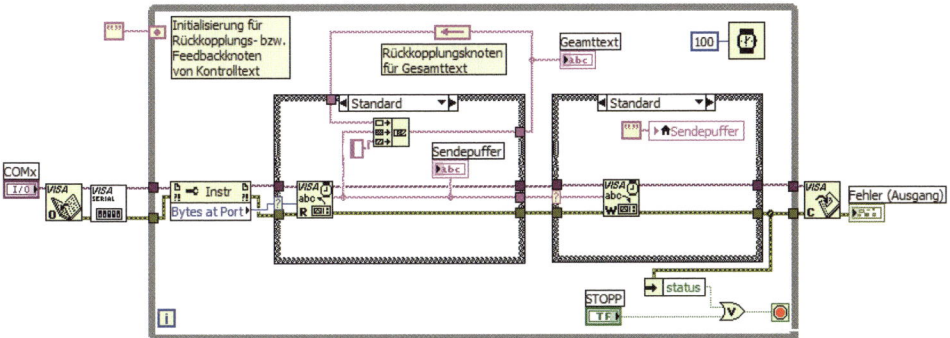

Bild 15.7 Hauptteil des Diagramms von '1507-SeriellPC2_VISA.vi'

Aufgabe 15.1

Versuchen Sie, '1507-SeriellPC2_VISA.vi', vom Diagramm in Bild 15.7 ausgehend, zu vervollständigen.

Aufgabe 15.2

Bauen Sie auch '1504-SeriellPC1_VISA.vi' von Beginn an neu auf und testen Sie die Kommunikation zwischen zwei verschiedenen PCs.

> **Merke:** Die serielle Schnittstelle RS-232 wird mit VISA-Funktionen programmiert. VISA bedeutet 'Virtual Instrument Software Architecture'. VISA vereinheitlicht die Programmierung verschiedener Schnittstellentypen.

15.3 Die USB-Schnittstelle

USB ist die Abkürzung von 'Universal Serial Bus', einem modernen schnellen Bus, der schon fast vollständig die bekannte RS-232-Schnittstelle verdrängt hat. In letzter Zeit wird er auch zur Übertragung analoger Messwerte verwendet, nachdem ein AD-Wandler, auch Analog-Digital-Konverter (ADC) genannt, diese in eine Bitfolge umgewandelt hat. Das kann man im Prinzip auch mit der RS-232 machen. Nur ist das für Echtzeitdaten kaum möglich, weil die Übertragungsrate normalerweise nur bei 9600 bit/s und maximal bei 128000 bit/s liegt, während USB 1.1 bis zu 12 Mbit/s gewährleistet, also das 100- bis 1000fache, und USB 2.0 bis 480 Mbit/s, schließlich USB 3.0 (seit 2008) bis zu 5 Gbit/s.

Manche Firmen liefern bereits die erforderlichen USB-LabVIEW-Treiber zusammen mit ihrer Hardware. Andere stellen DLLs bereit, welche die erforderlichen Funktionen zur Ansteuerung der Hardware enthalten. Im letzteren Fall können wir mit CLF-Knoten nach dem Muster von Abschnitt 9.7 arbeiten. Um die Programmierung (Abschnitt 9.7.1) brauchen wir uns dabei nicht zu kümmern. Wir geben ein Beispiel: Conrad Elektronik bietet unter dem Namen 'USB EXPERIMENT INTERFACE BOARD' (Bestellnr. 191003-62) eine preiswerte Platine nebst Software-CD zum Experimentieren mit der USB-Schnittstelle an. Darin enthalten ist eine DLL mit dem Namen 'K8055D.dll', die alle Funktionen zur Ansteuerung der Platine enthält. Die Platine selbst hat zwei analoge Eingänge, zwei analoge Ausgänge, einige digitale I/Os und verschiedene andere Funktionen, die hier nicht interessieren. Der AD-Wandler arbeitet mit 8 Bit. Das ist nicht überwältigend, reicht aber für erste Versuche. Bild 15.8 zeigt die Platine. Um mit der Software K8055D arbeiten zu können, braucht man eine Auflistung der darin enthaltenen Funktionen mit Namen und Kurzbeschreibung. Diese wird auszugsweise in Tabelle 15.1 wiedergegeben. Man erhält sie von der CD unter '...\Demo PC software\BCB \k8055D.h'.

Bild 15.8 Experimentierplatine der Firma Vellemann, 2014 vertrieben von Conrad Elektronik

Eine ausführlichere Beschreibung findet man im Handbuch auf der mitgelieferten CD unter K8055_VM110 USB Board\Software Manual\MAN_UK_K8055_DLL.pdf

Programmierung unter Windows

Bild 15.9 zeigt die Ausgabe von Analogwerten, die von einem Funktionsgenerator erzeugt, auf die Experimentierplatine von Bild 15.8 geleitet (Anschluss links oben im Bild) und von dort über den USB-Stecker (vorn rechts im Bild) als Bitstrom per Kabel an den PC weitergegeben wurden. Das Diagramm dazu ist in Bild 15.10 bis Bild 15.11 dargestellt.

Kern des Programms ist die Konfiguration von drei CLF-Knoten unter Verwendung der in Tabelle 15.1 aufgeführten drei Funktionen 'Open Device', 'ReadAnalogChannel' und 'CloseDevice'. Sie erfolgt nach dem in Abschnitt 9.7.2 besprochenen Verfahren.

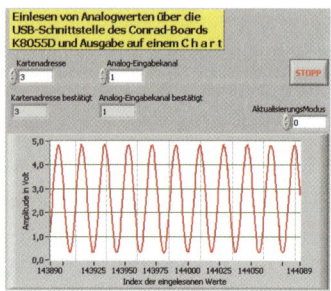

Bild 15.9 Panel des Programms USB_Analog_Chart.vi bei der Aufnahme einer mit einem Funktionsgenerator erzeugten Sinusschwingung von etwa 7 Hz

Es genügt übrigens, als DLL die Datei 'K8055D.dll' (mit Pfadangabe) zu benennen. Die Namen aller dort verfügbaren Funktionen kann man aus dem Menü zu 'Funktionsname' entnehmen, siehe Bild 15.12. Es enthält eine Kurzfassung der in Tabelle 15.1 aufgelisteten Namen. Trotzdem kann man auf diese Tabelle nicht verzichten, weil man auch die **Datentypen** wissen muss.

Tabelle 15.1 Inhalt der Headerdatei K8055D.h

```
#ifdef __cplusplus
extern "C" {
#endif

#define FUNCTION __declspec(dllimport)

FUNCTION long __stdcall OpenDevice(long CardAddress);
FUNCTION __stdcall CloseDevice();
FUNCTION long __stdcall ReadAnalogChannel(long Channel);
FUNCTION __stdcall ReadAllAnalog(long *Data1, long *Data2);
FUNCTION __stdcall OutputAnalogChannel(long Channel, long Data);
FUNCTION __stdcall OutputAllAnalog(long Data1, long Data2);
FUNCTION __stdcall ClearAnalogChannel(long Channel);
FUNCTION __stdcall ClearAllAnalog();
FUNCTION __stdcall SetAnalogChannel(long Channel);
FUNCTION __stdcall SetAllAnalog();
FUNCTION __stdcall WriteAllDigital(long Data);
FUNCTION __stdcall ClearDigitalChannel(long Channel);
FUNCTION __stdcall ClearAllDigital();
FUNCTION __stdcall SetDigitalChannel(long Channel);
FUNCTION __stdcall SetAllDigital();
FUNCTION bool __stdcall ReadDigitalChannel(long Channel);
FUNCTION long __stdcall ReadAllDigital();
FUNCTION long __stdcall ReadCounter(long CounterNr);
FUNCTION __stdcall ResetCounter(long CounterNr);
FUNCTION __stdcall SetCounterDebounceTime(long CounterNr, long DebounceTime);

#ifdef __cplusplus
}
#endif
```

Das Programm beginnt im linken Rahmen der Sequenz mit dem Öffnen der USB-Schnittstelle. Dazu ist die Kartenadresse entsprechend der Anordnung von zwei Jumpern einzugeben, wie dem Kommentar in Bild 15.10 zu entnehmen ist. Der Funktionsprototyp muss am Ende 'int32_t OpenDevice(int32_t arg1);' bzw. 'int32_t OpenDeviceCard Address);' sein. Der CLF-Knoten ist gemäß Bild 15.10 anzuschließen. Wichtig ist besonders, **den oberen Ausgang** anzuschließen. Findet das VI die richtige Kartenadresse, gibt es die am Eingang angegebene Kartennummer zurück, andernfalls –1. Der untere Eingang liefert immer zurück, was links eingegeben wurde, unabhängig davon, ob die Kartenadresse existiert oder nicht. Es wurde schon erwähnt, dass beim CLF die links stehenden Größen, abgesehen vom obersten Ausgang, einfach durchgereicht werden.

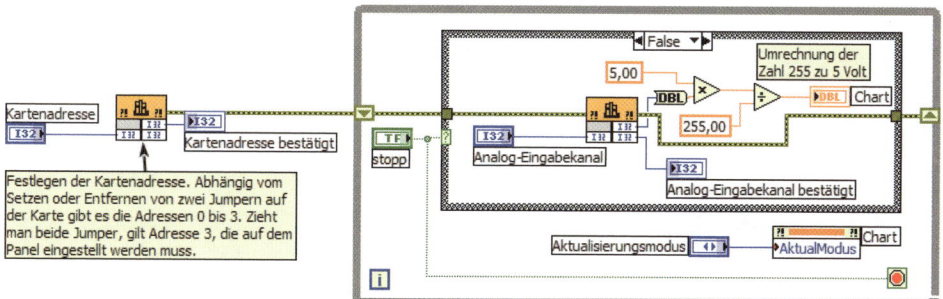

Bild 15.10 'Open Device' im linken Rahmen des VI. Dazu ist die Kartenadresse erforderlich. Siehe auch Bild 15.12

In rechten Rahmen wird im FALSE-Teil der Case-Struktur ein umgewandelter Analogwert nach dem anderen eingelesen und auf einem Chart ausgegeben. Man erhält Daten zwischen

0 und 255, weil ein 8-Bit-AD-Wandler nur $2^8 = 256$ verschiedene Werte bilden kann. Es ist eine Besonderheit der Vellemann-Karte, dass sie nur positive Spannungen akzeptiert. In unserem Beispiel wurden deshalb am Funktionsgenerator ein Offset von 2,5 V und eine ebensolche Amplitude eingestellt. Man erhält so eine Sinusfunktion zwischen 0 und 5 V. Die Anzeige soll in Volt erfolgen, also muss man umrechnen mit 5/255.

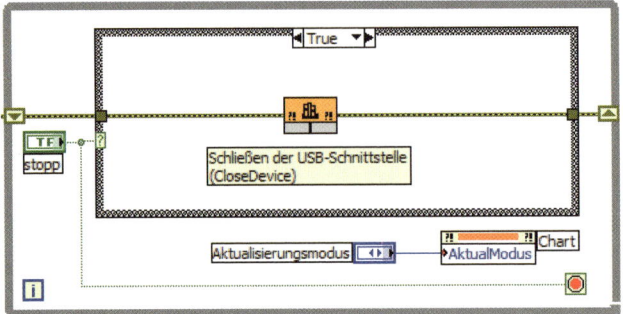

Bild 15.11 Schließen der USB-Schnittstelle nach Stopp

Nach dem Stopp muss die USB-Schnittstelle geschlossen werden. Das erfolgt im TRUE-Teil im rechten Rahmen der Sequenz, dargestellt in Bild 15.11.

Aufgabe 15.3

Im Panel von Bild 15.9 ist eine Sinusschwingung von ca. 7 Hz abgebildet. Das lässt sich aber nicht an den dort angegebenen Indizes auf der X-Achse ablesen. Wie könnte man im LabVIEW-VI den am Funktionsgenerator abgelesenen Wert von 7 Hz bestätigen?

Aufgabe 15.4

Tabelle 15.1 zeigt viele andere Funktionen, z.B. Einlesen und Ausgeben von Digitalwerten, Einlesen aller Analogwerte usw. Experimentieren Sie damit und schreiben Sie entsprechende LabVIEW-VIs, die einige dieser Funktionen nutzen.

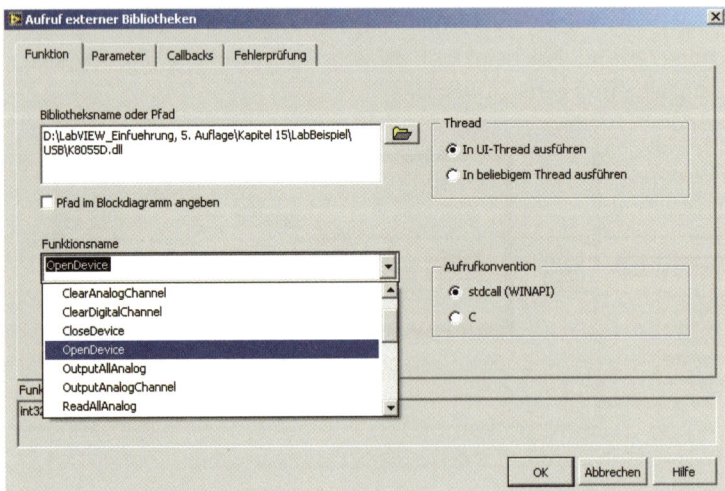

Bild 15.12 Beginn des Konfigurationsprozesses für 'Open Device'. Am Ende muss links unten als Funktionsprototyp 'int32_t OpenDevice (int32_t CardAddress)' stehen. Diese Konfigurationsansicht gilt für LabVIEW 2014

Merke: Man kann Messdaten auch mit der seriellen Schnittstelle RS-232 einlesen und verarbeiten. Doch lassen sich damit nur recht niedrige Frequenzen erfassen, bei einer Übertragungsrate von 9600 Bit/s bestenfalls einige 100 Hz.

Merke: Die USB-Schnittstelle 2.0 hat eine Übertragungsrate von bis zu 480 Mbit/s, die USB-Schnittstelle 3.0 von bis zu 5 Gbit/s. Damit kommt man in den MHz-Frequenzbereich.

Merke: Mit Hilfe von CLF-Knoten kann man DLLs anderer Hersteller im eigenen LabVIEW-Programm nutzen und damit auch Schnittstellentreiber verwenden, die von National Instruments noch nicht unterstützt werden.

15.4 Feld-Bus, CAN-Bus

Mit Feld-Bus bezeichnet man eine Familie von Protokollen für Computernetzwerke, die in industrieller Umgebung zur Messdatenerfassung und zur Steuerung von Fertigungsmaschinen dienen. Sie sind nach IEC 61158 genormt. Zu den Feldbussen gehört z.B. der Profibus, der BIT-Bus und unter anderem auch der CAN-Bus. Dabei war der von der Firma Bosch 1973 entwickelte CAN-Bus ursprünglich nur für Anwendungen in Kraftfahrzeugen gedacht. Er hat sich aber rasch auch als tauglich für die Industrieautomatisierung erwiesen. Während die serielle RS-232 einen PC nur mit einem Messgerät oder zwei PCs miteinander verbinden kann, erlaubt es der CAN-Bus, mehrere Messgeräte bzw. Sensoren an einen PC anzuschließen. Dafür sorgt das Bus-Prinzip, das allen ('omni**bus**' lateinisch: 'für alle') eine Teilnahme zum Senden und Empfangen erlaubt.

Damit mehrere Sensoren, die am Bus hängen, sich nicht gegenseitig stören, sind Regeln zu beachten, die in ihrer Gesamtheit das CAN-Protokoll bilden. Somit benötigt der CAN-Bus, obwohl er wie die RS-232 auch nur zwei Drähte zur Datenübertragung verwendet, doch ein wesentlich komplizierteres Protokoll.

15.4.1 CAN-Protokoll

Im Folgenden werden nur die wichtigsten Prinzipien von CAN (Controller Area Network) vorgestellt. Eine genauere Beschreibung ist der Literatur zu entnehmen, z.B. [7]. Darin wird auch über geplante Erweiterungen des CAN-Bus-Konzepts informiert.

Die physikalischen Gegebenheiten sind in ISO 11898 festgelegt. Der CAN-Bus besteht aus zwei Leitungen, auf denen ein und dasselbe Bit redundant mit entgegengesetzten Potenzialen abgebildet wird. Die elektrisch weniger störempfindliche Differenzspannung sieht für den logischen Pegel 0 den Wert 5 V (> 3,5 V) und für den logischen Pegel 1 den Wert 0 V (< 1,5 V) vor. Der logische Wert 0 ist dominant, d.h., legt ein Knoten diesen Wert auf die beiden Busleitungen, überschreibt er den logischen 1-Wert eines anderen Knotens, der zufällig zur gleichen Zeit auf den Bus zugreift. Das ist die Grundlage des prioritätengesteuerten Bus-Zugangs, der Kollisionen im Ansatz vermeidet. Im Gegensatz dazu steht das CSMA/CD-Prinzip beim Ethernetprotokoll (siehe Abschnitt 20.1.1), das Kollisionen erkennt, die gestörten Sendungen verwirft und sie nach einem zufallsgesteuerten Zeitintervall wiederholt, notfalls auch mehrmals. Bild 15.13 illustriert für drei Knoten und in Anlehnung an [7] das Prinzip des prioritätsgesteuerten Zugangs, wenn alle drei Knoten zufällig zur gleichen Zeit mit einer Datenübertragung beginnen wollen. Hier 'gewinnt' Knoten 3, der seine Sendung ungestört und ohne Datenverlust überträgt. Er beginnt mit dem **'Identifier'**

$$I_3 = 2^{10} + 2^9 + 2^6 + 2^4 + 2^3 + 2^0 = 1625,$$

Knoten 1 dagegen hat $I_1 = 1663$ und Knoten 2 den Wert $I_2 = 1695$

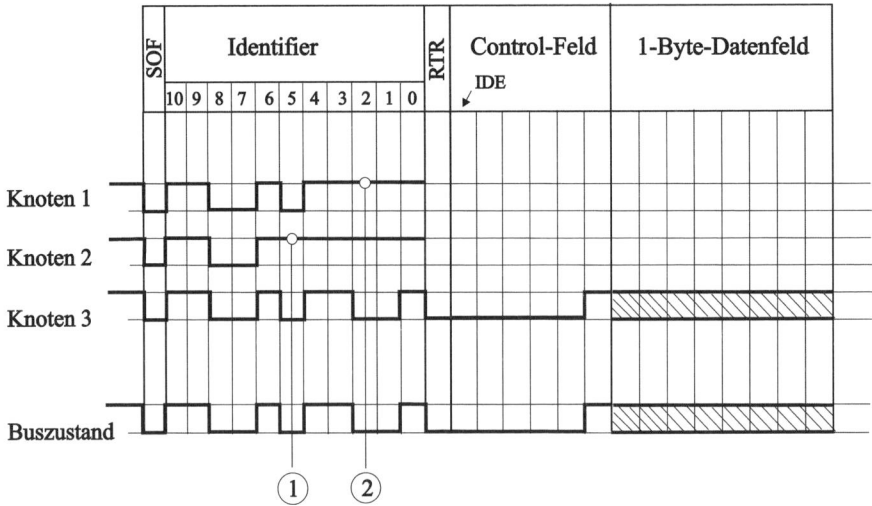

Bild 15.13 Beispiel für den prioritätengesteuerten Arbitrierungsprozess beim CAN-Protokoll. Knoten 3 'gewinnt', weil Knoten 2 an der Marke 1 (im Kreis) und Knoten 1 an der Marke 2 durch die dominante Null von Knoten 3 ihren Zugang verlieren

> **Merke:** Der Knoten mit dem niedrigsten Identifier gewinnt den Bus und kann seine Nachricht ohne Datenverlust übertragen.

Jede Datensendung beginnt mit einem dominanten SOF-Bit (Start of Frame), gefolgt vom Identifier und dem RTR-Bit (Remote-Transmission-Request). Dann kommt das Control-Feld, das auch die Zahl der zu übertragenden Datenbytes enthält. Schließlich folgen die eigentlichen Daten (0 bis 8 Bytes) und am Ende ein CRC-Feld (Cyclic Redundancy Check), das die korrekte Übertragung der bisher gesendeten Bits überprüft, sowie das Acknowledgement-Feld. In Bild 15.13 wurde nur ein Datenbyte versandt, das CRC-Feld und das Acknowledgement-Feld sind hier nicht dargestellt. Dagegen sieht man das IDE-Bit im Control-Feld, das darüber entscheidet, wie lang der Identifier ist, 11 oder 29 Bit gemäß Norm. Im Beispiel haben wir 11 Bit gewählt, die übliche Länge. Das wird durch IDE = 0 angezeigt.

Das zweite Bit des Kontrollfelds ist für spätere Erweiterungen des CAN-Protokolls reserviert und derzeit gleich 0. Die restlichen vier Bit verschlüsseln die Länge der Daten in Bytes. In unserem Beispiel von Bild 15.13 übertragen wir nur ein einziges Datenbyte.

Zur Übertragung dieser Daten genügt eine Zweidrahtleitung, doch wird üblicherweise eine an einen 9-poligen Sub-D-Stecker angeschlossene Leitung verwendet, die zwei Datenleitungen und eine Masseleitung enthält sowie optional weitere Leitungen für Schirmung, eine zweite Masse und die Versorgungsspannung VCC.

15.4.2   CAN-Interface

Zur Steuerung der oben beschriebenen Abläufe verwendet man ein CAN-Interface. Das ist entweder eine mit Mikroprozessoren bestückte Einsteckkarte für den PC oder es sind in jüngster Zeit auch zunehmend so genannte USB-to-CAN-Interfaces. Sie haben den Vorteil, auch mit einem Laptop zu arbeiten, für den die Auswahl an Einsteckkarten wegen des beschränkten Platzes immer schon eher dürftig war.

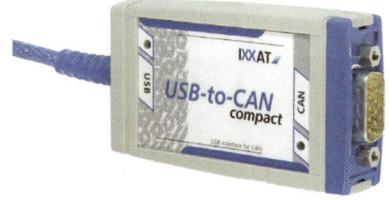

Bild 15.14 USB-to-CAN-compact, Interface der Firma IXXAT aus Weingarten, das auch von einem Laptop gesteuert werden kann

Eines der Unternehmen, die solche USB-to-CAN-Interfaces herstellen und – was besonders wichtig ist – auch die erforderliche Steuer-Software entwickeln, ist die Firma IXXAT in Weingarten (http://ixxat.com). In der fünften Auflage dieses Buches wurde ein Gerät dieser Firma vom Typ 'USB-to-CAN compact' nebst Treibersoftware 'VCI V3' aus dem Jahre 2010 verwendet, siehe Bild 15.14. Zur Software gehört ein Monitor, genannt 'MiniMon', mit dem man das Senden und Empfangen von Daten im Detail verfolgen kann, siehe Bild 15.15. In dieser Auflage beschränken wir uns auf ein entsprechendes Gerät der Firma NI. Das Kapitel aus der fünften Auflage ist jedoch noch im Internet nachzulesen.

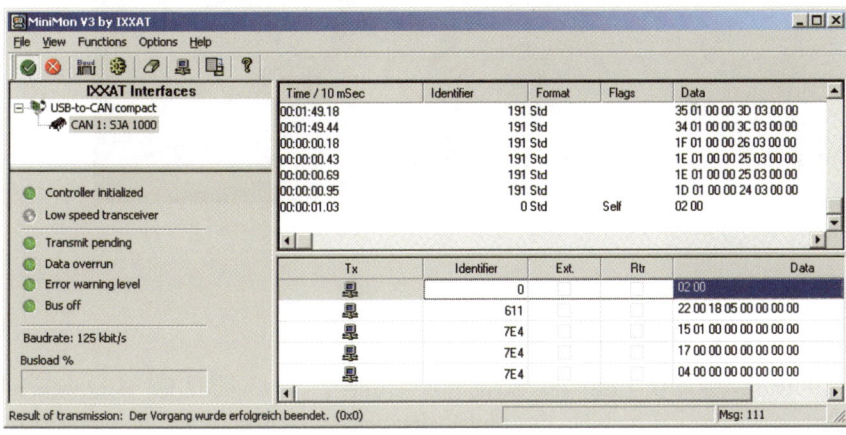

Bild 15.15 Minimonitor der Firma IXXAT. Mit ihm kann man rechts unten einzelne Sendungen auf dem CAN-Bus veranlassen und sich die Resultate oben rechts anzeigen lassen

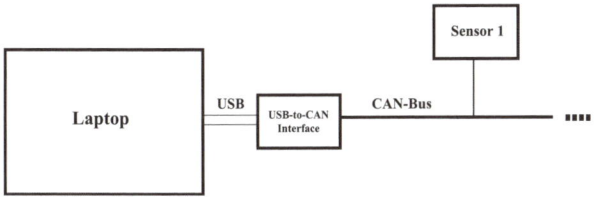

Bild 15.16 Ein Laptop steuert das USB-to-CAN-compact Interface. Er tauscht Konfigurationsdaten mit Sensor 1 aus und empfängt danach Messdaten von diesem

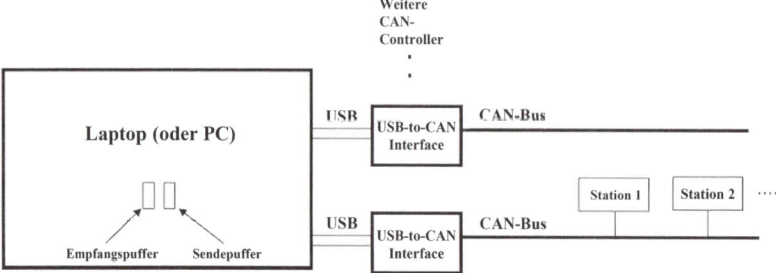

Bild 15.17 Mögliche Anordnung eines Laptop mit einem oder mehreren USB-to-CAN-Interfaces

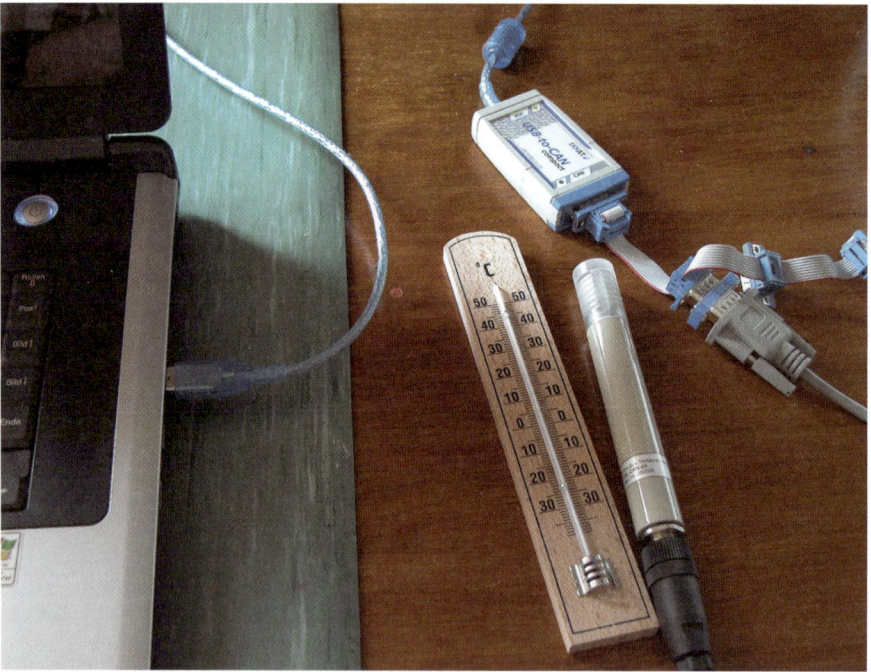

Bild 15.18 Laptop, CAN-Interface und ZILA-Sensor TSL-CAN-03 verbunden gemäß Bild 15.16. Daneben ein einfaches Zimmerthermometer zur Kontrolle

15.4.3 CANopen-Protokoll, ZILA-Sensor

Bisher wurden beim CAN-Bus nur die Schichten 1 und 2 im OSI-Modell besprochen. Schicht 1 (Physical Layer) behandelt die **physikalischen Vorschriften** für den Bus, z.B. mechanische Eigenschaften, verwendete Spannungen, auch Steckerbelegungen. Schicht 2 (Data Link Layer) behandelt die Datenübertragung zwischen zwei Knoten, also den **Aufbau eines Datenpakets**, zu dem auch die Codesicherung und Fragen der Konfliktbewältigung wie Dominanz eines Knotens auf Grund seines Identifiers gehören. Die Frage nach der **Bedeutung** eines Datenpakets wurde bisher nicht gestellt, sie betrifft die höhere Schicht 7 (Application Layer): Welches Datenpaket muss man z.B. an einen Sensor schicken, damit er beginnt, Messwerte in Form von Datenpaketen zu übermitteln? Welches Datenpaket muss man schicken, um dem Sensor zu veranlassen, jede Sekunde zu messen oder vielleicht auch nur jede Minute? Es wäre unpraktisch, wenn jeder Sensorhersteller diese Fragen individuell für sich beantworten würde. So wurde 1992 die Anwender-/Hersteller-Gruppe CiA (CAN in Automation, http://www.can-cia.de) gebildet, in der solche Fragen geklärt werden. Im Jahre 2008 gehörten ungefähr 500 Firmen zu dieser Non-Profit-Organisation mit Hauptsitz in Nürnberg. Die Regeln, auf die man sich geeinigt hat, werden unter dem Begriff des **CANopen-Protokolls** zusammengefasst.

Tabelle 15.2 Muster von Sendungen an den und Antworten vom ZILA-Sensor TSL-CAN-03

Sendung an ZILA-Sensor			Antwort vom Sensor			Bemerkung
Identifier	DLC	Sendung	Identifier	DLC	Sendung	
0	2	01 00 (alle Sensoren) 01 Knoten-ID (1 Sensor mit dieser ID)	180+K-ID	8	LL HH 00 00 RL RH AS FS mit HH LL = Temperatur in °C, RH RL = Temperatur in F, AS = Alarmstatus, FS = Fehlerstatus	Sensor(en)→ Operationsmodus (zyklisches Senden)
0	2	02 00 (Stopp-Modus alle) 02 Knoten-ID (1 Sensor)			Keine Antwort	
0	2	80 00			Keine Antwort	Sensoren→ Preoperational Mode
0	2	81 Knoten-ID	700+K-ID	1	00	Sensor-Reset, auch beim Einschalten der Spannung
			Abfragen Taktzeit während des laufenden Betriebs			
0	2	80 00			Keine Antwort	
600+K-ID	8	22 00 18 05 00 00 00 00	580+K-ID	8	60 00 18 05 LL HH 00 00	HH LL = Taktzeit in ms
0	2	01 00			Keine Antwort	Sensor sendet wieder
			Setzen Taktzeit während des laufenden Betriebs (und dauerhaft speichern)			
0	2	80 00			Keine Antwort	
600+K-ID	8	22 00 18 05 LL HH 00 00	580+K-ID	8	22 00 18 05 LL HH 00 00	HH LL = Taktzeit setzen
600+K-ID	8	22 10 10 01 73 61 76 65 (S A V E)	580+K-ID		22 10 10 01 73 61 76 65 (S A V E)	Dauerhaft im Sensor speichern
0	2	01 00			Keine Antwort	Sensor sendet wieder
			Umstellen CAN-Bus auf andere Frequenz, z.B. von 20 KBaud auf 125 KBaud			
7E5	8	04 01 00 00 00 00 00 00			Keine Antwort	Konfiguration
7E5	8	13 00 04 00 00 00 00 00	7E4	8	13 00 00 00 00 00 00 00	04 = 125 KBaud
7E5	8	15 01 00 00 00 00 00 00			Keine Antwort	Aktivierung
7E5	8	17 00 00 00 00 00 00 00	7E4	8	17 **00 00** 00 00 00 00 00	(Falls **kein** Fehler)
7E5	8	04 00 00 00 00 00 00 00			Keine Antwort	Operationsmode (schon mit neuer Baudrate)

Einzelheiten zum CANopen-Protokoll können hier nicht erläutert werden (siehe dazu [7]), doch soll anhand des ZILA-Sensors beispielhaft gezeigt werden, welche Kommandos man verwenden kann, siehe Tabelle 15.2. ZILA stellt dazu die ausführliche Anleitung 'ZILA TSL/TSR-CAN-03' zur Verfügung, die einen Auszug der CANopen-Vorschriften darstellt.

Man unterscheidet dort zwischen PDO- und SDO-Kommunikation (*P*rocess bzw. *S*ervice *D*ata *O*bjects). Vom Werk ist der Sensor so eingestellt, dass er jede Sekunde automatisch die Temperatur misst und diese als CAN-Datenpaket versendet, sobald man den Prozess einmal angestoßen hat. Die Einstellung des Sensors auf eine andere Zykluszeit gehört zur SDO-Kommunikation.

15.4.4 CAN-Bus mit Laptop und zwei Sensoren

Als Sensor 1 wurde der TSL-CAN-03 von ZILA gewählt, der Temperaturen in Luft misst. Er wurde auf den Identifier 10 h und auf automatische Übermittlung von **vier** Temperaturwerten pro Sekunde eingestellt. Sensor 2 ist ebenfalls ein TSL-CAN-03. Er hat den Identifier 11 h und misst die Temperatur nur **einmal** pro Sekunde. Das Problem besteht darin, diese verschiedenen Zyklen in einem Diagramm darzustellen. Die Struktur des Systems entspricht der von Bild 15.19.

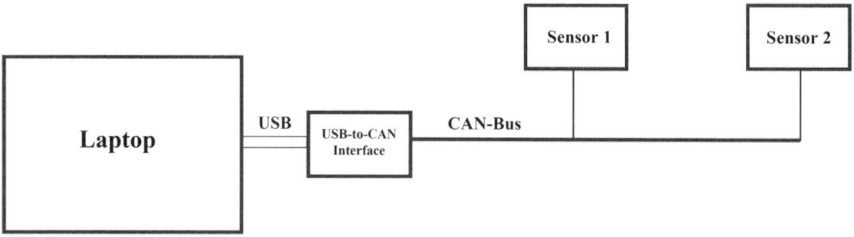

Bild 15.19 Laptop mit zwei Sensoren am CAN-Bus

15.4.5 XNET-System von National Instruments

Dieses im August 2009 vorgestellte Softwaresystem unterstützt, anders als das in 'Mess-I/O' zu findende NICAN-System, auch den LIN- und den FlexRay-Bus. Bild 15.20 zeigt die Leistungsfähigkeit der verschiedenen Systeme aus Sicht von National Instruments.

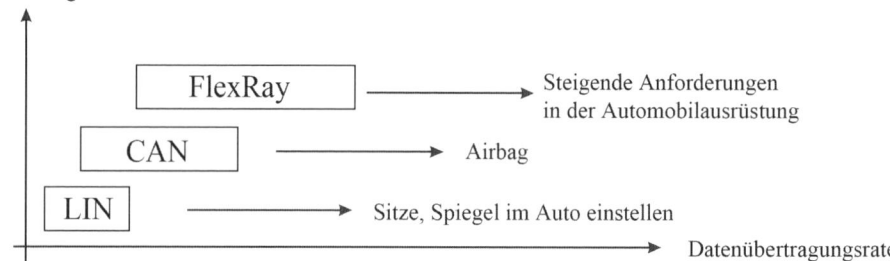

Bild 15.20 Vergleich verschiedener Bus-Systeme

Während CAN mit Datenübertragungsraten bis zu 1 MBaud arbeitet, bietet das FlexRay-System bis zu 10 MBaud. LIN (Local Interconnected Network) ist dagegen ein von CAN abgeleitetes Lowcost-System.

Mit der XNET-CAN-Software kann man das Hardware-System NI cDAQ-9171 mit dem Einschub NI 9862 betreiben, das im Herbst 2011 von National Instruments eingeführt wurde. Bild 15.21 zeigt das Gerät.

Die NI-XNET-Funktionen findet man unter 'Mess-IO', wie Bild 15.22 zeigt. Öffnet man die Unterpalette 'XNET', erhält man eine Übersicht über die Funktionen nach Bild 15.23. Weitere Funktionen sieht man eine Stufe tiefer, nach Aufklappen von 'Advanced', in Bild 15.24.

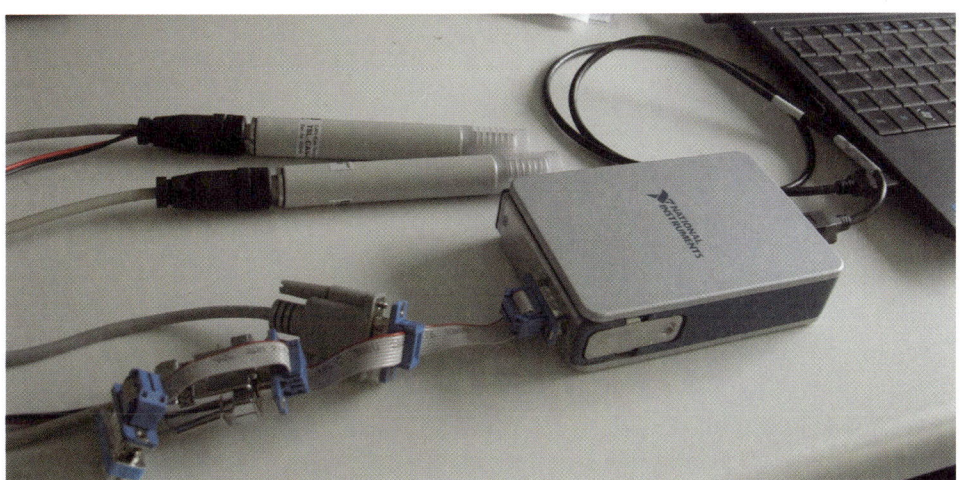

Bild 15.21 NI cDAQ-9171 mit dem Einschub NI 9862, geeignet zur Erfassung von CAN-Daten

Für einfachere Anwendungen muss man sich nicht um diese Funktionen kümmern, weil XNET mit Datenbankunterstützung arbeitet. Wir zeigen das am Beispiel der Erfassung der CAN-Telegramme zweier Zila-Sensoren. XNET arbeitet mit dem Datenbankformat FIBEX (Field Bus Exchange), einem XML-Format, das in der Fahrzeugindustrie oder 'automotive industry' eingesetzt wird. Grundbausteine der Datenbank sind die **'Cluster'**, welche ein einzelnes Netzwerk beschreiben. Meist genügt ein Cluster pro Datenbank, jedoch kann FIBEX auch mehrere Cluster verwalten, z.B. das komplette Netzwerk eines Autos. Im Cluster wird die **CAN-Baudrate** voreingestellt. Dieser Wert wird automatisch für alle 'Sessions' übernommen, die wir später beschreiben werden.

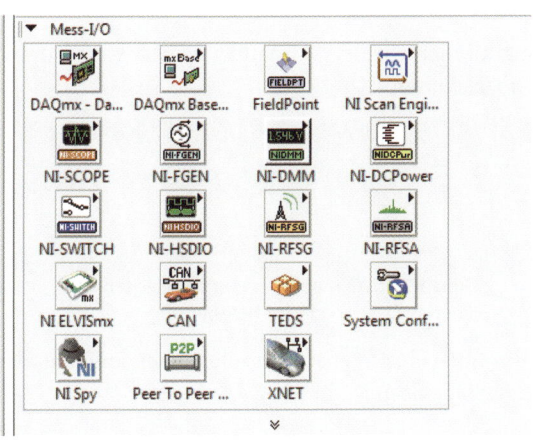

Bild 15.22 Unter der Funktionspalette 'Mess-IO' findet man u.a. die Unterpaletten 'CAN' und 'XNET' nach Anschluss von NI 9862

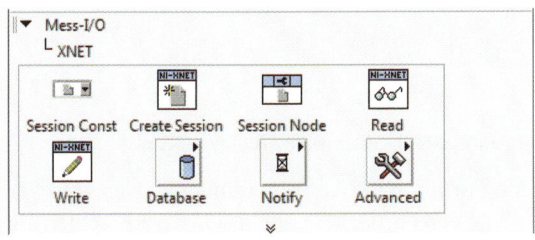

Bild 15.23 Übersicht über die XNET-Funktionen

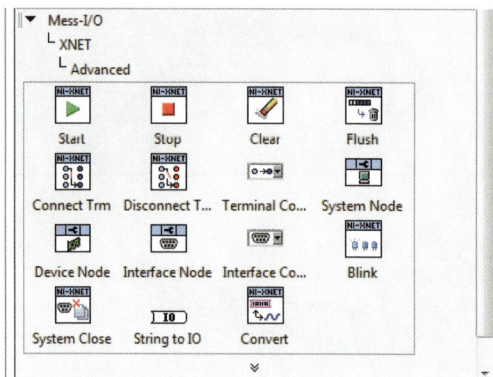

Bild 15.24 Fortgeschrittene (Advanced) XNET-Funktionen

Jeder **Cluster** enthält beliebig viele 'Frames', welche beim CAN-Protokoll vor allem den ID (Identifier) eines Telegramms enthalten sowie die Nutzdatenlänge (bis 8 Bytes). Jeder Frame enthält eines oder mehrere **Signale**. Die Signaleigenschaften sind:

- Startbit

- Bitzahl

- Datentyp (mit Vorzeichen, ohne Vorzeichen oder Fließkomma)

- Byte-Folge (Little Endian (niederwertige Bytes zuerst) oder Big Endian)

- Skalierungsfaktor und Offset zur Umwandlung von Binärdaten in physikalische Daten

Wir beginnen mit dem Aufbau einer Datenbank unter Verwendung des **Datenbankeditors** (aus '…\NI-XNET\editor\XNetDbEd.exe'). Wählen wir nach dem Aufruf 'Datei' – 'Neu' und speichern unmittelbar darauf mit 'Speichern unter' als 'Zila_Datenbank', so erhalten wir den Rumpf einer Datenbank als XML-Datei, siehe Bild 15.27.

Rufen wir den Datenbankeditor erneut auf, können wir bei 'Vorhandene Datenbank öffnen' den Eintrag 'Zila_Datenbank' gemäß Bild 15.25 finden.

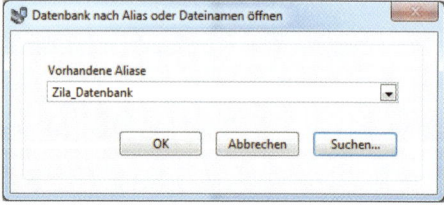

Bild 15.25 Öffnen der eben angelegten 'leeren' Datenbank zur Bearbeitung

Nun im Kontextmenü von 'Netzwerke' links oben einen Cluster erstellen, nachdem man das Protokoll 'CAN' nach Bild 15.26 gewählt hat. Siehe dazu Bild 15.27.

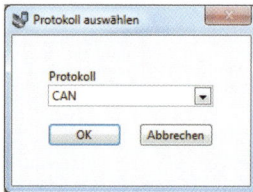

Bild 15.26 Wahl von 'CAN'. Es wäre auch FlexRay möglich

Die vorgeschlagenen Namen haben alle die Form '_NEU_n'. Wir wählen aussagekräftigere Namen, so wie das Bild 15.29 und Bild 15.30 zeigen. Dabei sollten wir darauf achten, für verschiedene Objekte auch verschiedene Namen zu vergeben.

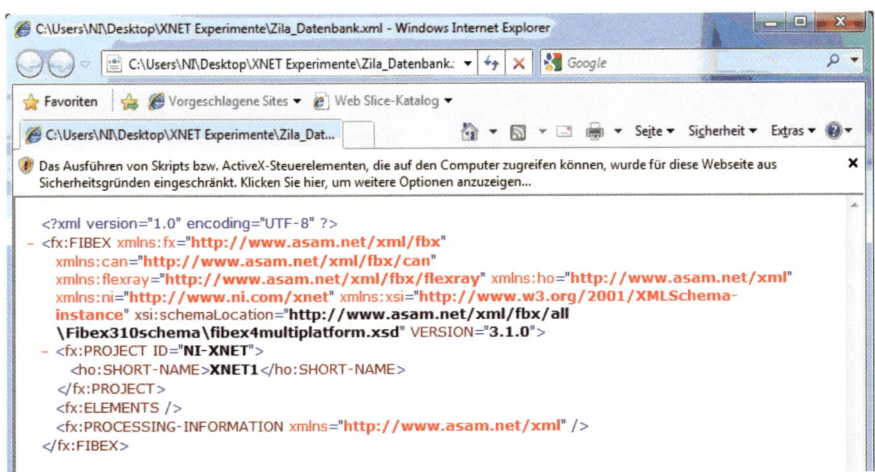

Bild 15.27 Erscheinungsbild einer 'leeren' XNET-Datenbank als XML-Datei

Im Frame 'Zila_Sensor_1' wird der Sensor 1 mit seiner ID = 'x 190' = 190 h eingetragen, in 'Zila_Sensor_2' entsprechend 'x 191' für Sensor 2. In den Signalen 'Lesen_Sensor_1' und 'Lesen_Sensor_2' findet man den Skalierungsfaktor 0,1, weil die Zila-Sensoren die Temperatur in 1/10 Grad liefern. Negative Zahlen werden im Zweierkomplement dargestellt, was der Angabe 'Vorzeichen' entspricht. Startbit = 0 und Bitanzahl = 16 besagen, dass die ersten zwei Bytes der Zila-Telegramme die Temperaturdaten enthalten. Zuletzt wird die Datenbank gespeichert. Sie hat sich nun erheblich vergrößert, wie Bild 15.31 andeutet.

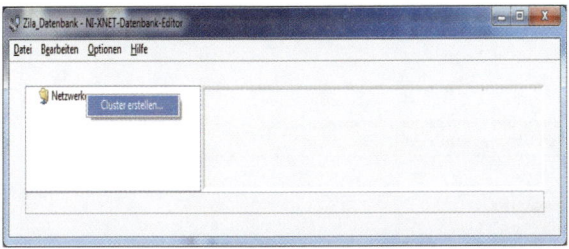

Bild 15.28 Vorbereitung zur Erstellung eines Clusters

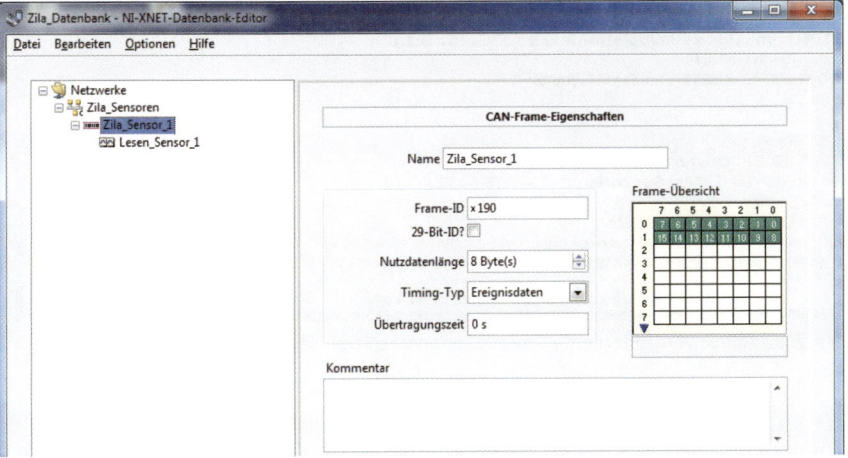

Bild 15.29 Nach Wahl des Namens 'Zila-Sensoren' für den Cluster wird ein Frame mit der ID der Can-Botschaft angelegt. Das ist x190 für Zila-Sensor_1. Als Timing-Typ wählt man Ereignisdaten. Zwei Zeilen sind grün markiert, weil das im Signal 'Lesen_Sensor_1 so vorgeschrieben ist

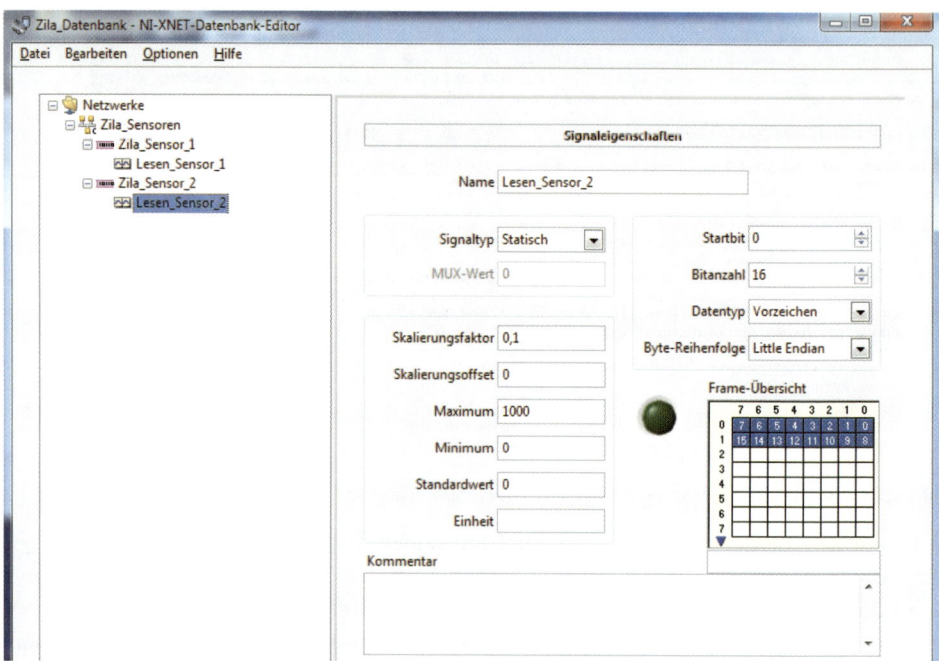

Bild 15.30 Das Signal 'Lesen_Sensor_2' beschreibt ebenfalls Skalierung und den Ort der Daten

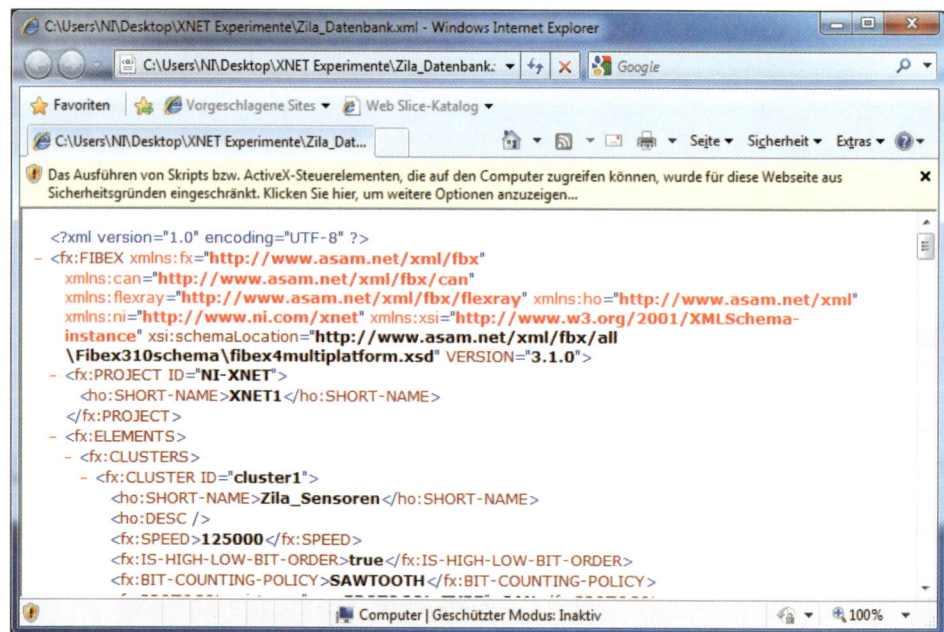

Bild 15.31 Zila_Datenbank, vergrößert auf mehrere Seiten nach Definition von Cluster, Frames und Signalen

Nun wird ein VI, das mit CAN-Daten arbeitet, im Projekt 'Zila.lvproj' entwickelt. Dort wird mit 'Mein Computer' – 'Neu' – 'NI-XNET Session' eine **'Session'** gebildet, siehe Bild 15.32.

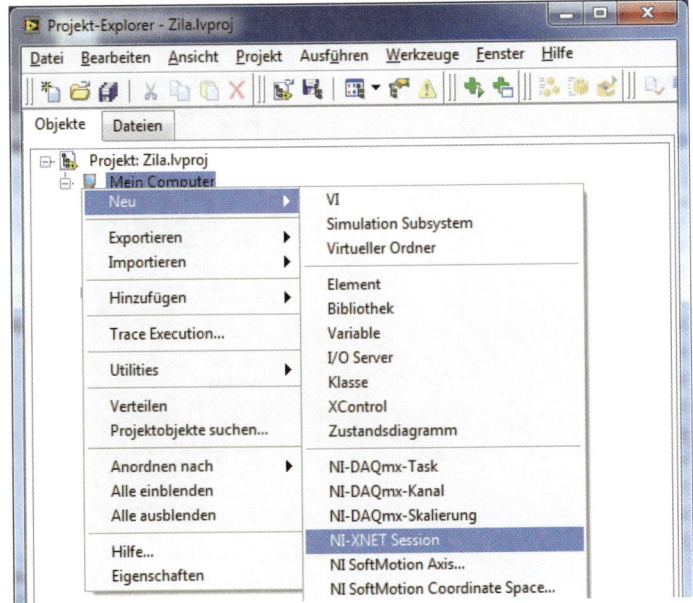

Bild 15.32 Bildung einer XNET-Session in einem LabVIEW-Projekt

Die Konfiguration einer Session umfasst die Konfiguration von:

- Interface, d.h. der anzusprechenden Hardware,
- Datenbankobjekten, d.h. der oben erwähnten Objekte wie Frames und Signale, und
- des Modus, d.h. Festlegung der Darstellung der Daten und ihrer Richtung (E/A).

Nach Bildung der XNET-Session im LV-Projekt öffnet sich ein Fenster gemäß Bild 15.33.

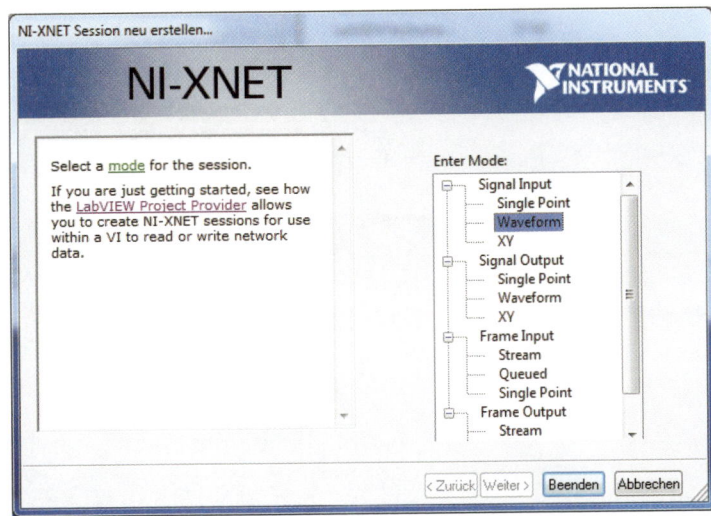

Bild 15.33 Wahl des Session-Modus, hier Signaleingabe und Darstellung als Waveform

Wir wählen zunächst den Eingabemodus 'Signal Input' – 'Waveform'. Damit wird gesagt, dass die über den CAN-Bus eintreffenden Signale als Waveform ausgegeben werden.

Nach 'Beenden' öffnet sich das Fenster von Bild 15.34. Hier ersetzen wir bei 'Hardware Selection' die Standardbezeichnung 'New NI-XNET Session' durch 'Lesen_Zila_Sensoren'.

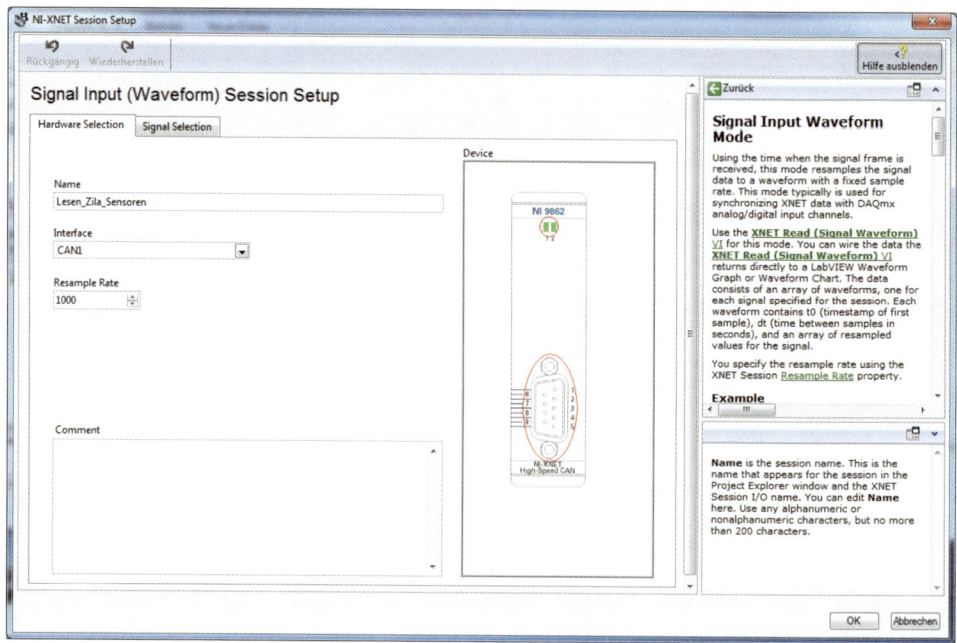

Bild 15.34 Hardware Selection für die neue Session. 'New NI-XNET Session' wird durch 'Lesen_Zila_Sensoren' ersetzt

Dann stellen wir um auf 'Signal Selection', siehe Bild 15.35.

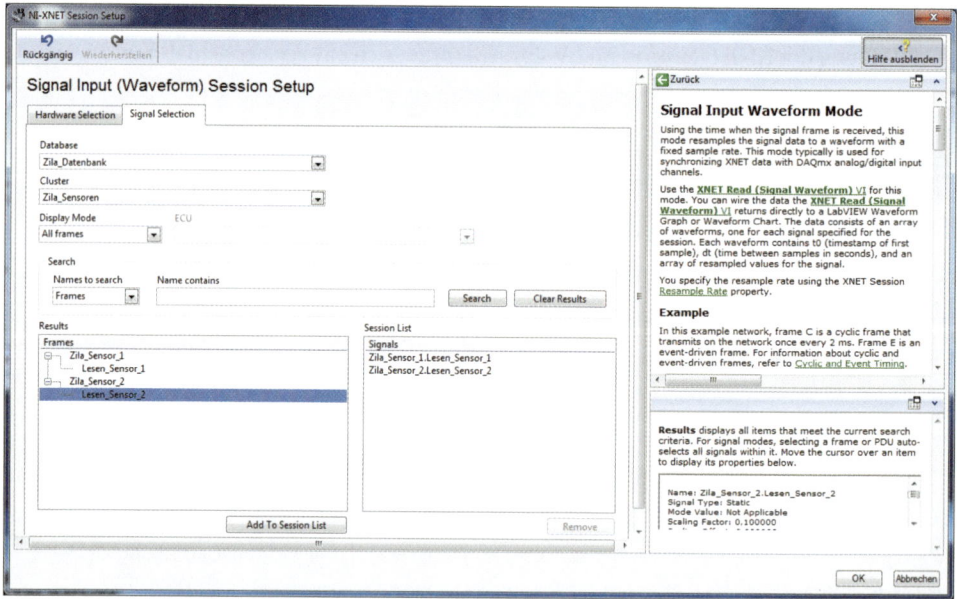

Bild 15.35 Signal Selection für die neue Session. Eintragung verschiedener Namen

Dort tragen wir für 'Database' den Namen 'Zila_Datenbank' ein und für 'Cluster' die Bezeichnung 'Zila_Sensoren'. **Wichtig** ist besonders, dass wir die angezeigten Resultate 'Lesen_Sensor_1' und 'Lesen _Sensor_2' markieren und mit 'Add to Session List' nach rechts zu den 'Signals' übertragen. Anderenfalls wären die Informationen der Datenbank wie

ID-Nummern, Skalierungsfaktoren usw. in der Session nicht verfügbar. 'OK' bringt uns zurück zum LabVIEW-Projekt, das jetzt die Gestalt von Bild 15.36 annimmt, sofern wir noch ein neues VI mit dem Namen 'Zila_Main_Einfach.vi' einfügen.

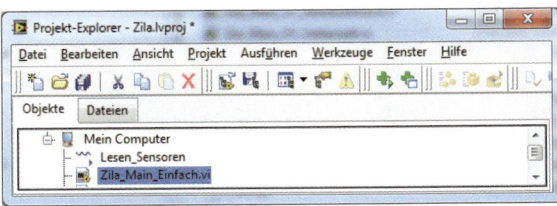

Bild 15.36 LabVIEW-Projekt mit zwei neuen Eintragungen für die Session 'Lesen_Sensoren' und das noch zu schreibende Programm 'Zila_Main_Einfach.vi'

Die eigentliche Programmierung ist nun recht einfach: Wir ziehen aus dem Projekt einfach die Session 'Lesen_Sensoren' mit drag & drop ins Diagramm des VIs und erhalten automatisch einen Eingang 'XNET Session', verbunden mit der polymorphen XNET-Lesefunktion, die schon auf 'Waveform' eingestellt ist. Wir umhüllen diese Funktion mit einer While-Schleife, bei der eine gewisse Wartezeit unabdingbar ist (hier wurden zunächst 300 ms gewählt, weil der langsamere Zila-Sensor alle 256 ms neue Daten liefert), dann erhalten wir die Ansicht von Bild 15.37.

Dieses VI kann nur lesen, aber die Zila-Sensoren nicht starten. Man benötigt eine weitere Session, die den Startbefehl schreibt. Sie wird prinzipiell nach dem gleichen Muster angelegt wie die Lese-Session. Wir wählen aber 'Frame **Output**' – 'Stream' nach Bild 15.38. Das LabVIEW-Projekt zeigt sich nach Konfigurationsende gemäß Bild 15.39.

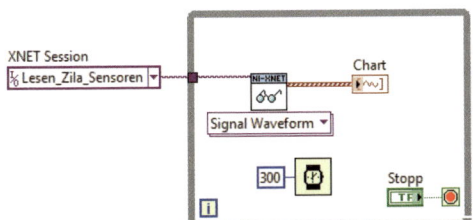

Bild 15.37 Einfaches VI zum Lesen der zwei Zila-Sensoren unter der Voraussetzung, dass diese bereits zyklisch senden

Wieder können wir mit drag & drop das Startframe vom LabVIEW-Projekt ins Diagramm von 'Zila_Main.vi' ziehen. Zuletzt gestaltet sich das Diagramm von 'DB1_Main.vi' nach Bild 15.40, sofern wir in die Cluster-Konstante die Startbytes 1 und 0 (entsprechend dem Startsignal 01 00 hex) eintragen.

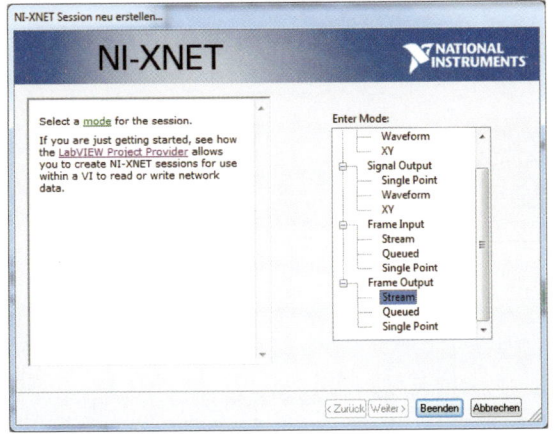

Bild 15.38 Erstellung der Start-Session für die Zila-Sensoren

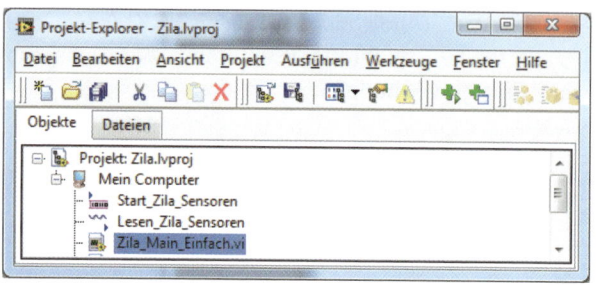

Bild 15.39 LabVIEW-Projekt mit zwei Sessions

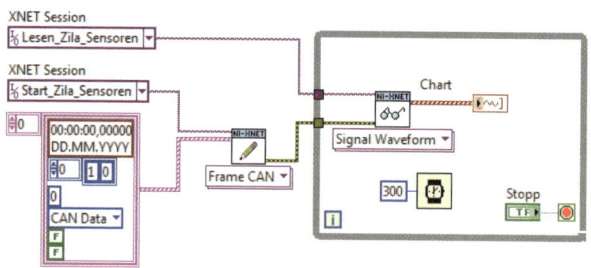

Bild 15.40 VI, das die beiden Zila-Sensoren startet und ihre Telegramme liest

Dieses VI ist voll funktionsfähig, allerdings ist die Frontpanel-Anzeige unbefriedigend. Wenn man in der Graphpalette nach Bild 15.41 links eine feinere Einstellung in horizontaler Richtung wählt, sieht man, dass beide Sensoren anscheinend Temperaturwerte in äquidistanten Zeitabschnitten von 1 ms liefern. Dabei liefert Sensor 1 nur alle 256 ms und Sensor 2 nur alle 50 ms einen neuen Temperaturwert. Verantwortlich dafür ist die NI-XNET-Lesefunktion im Waveform-Modus, die immer den jeweils letzten Messwert alle Millisekunden wiederholt, bis sie einen neuen Messwert erhält. Will man die echten Zeiten der Datenerfassung anzeigen, benötigt man eine XY-Signalerfassung anstelle der Waveform. Das wird nunmehr im neuen Projekt 'Zila_XY.lvproj' durchgeführt, siehe Bild 15.42.

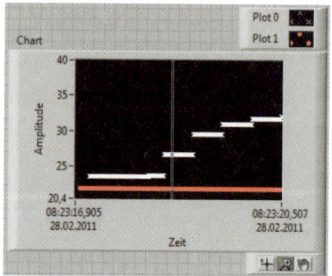 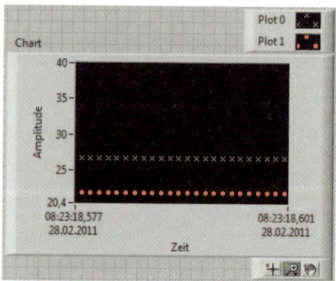

Bild 15.41 Vergößerung der Datenanzeige in horizontaler Richtung

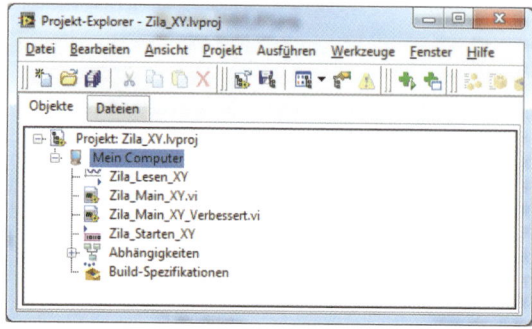

Bild 15.42 Projekt für die Anzeige der Messwerte in einem XY-Diagramm

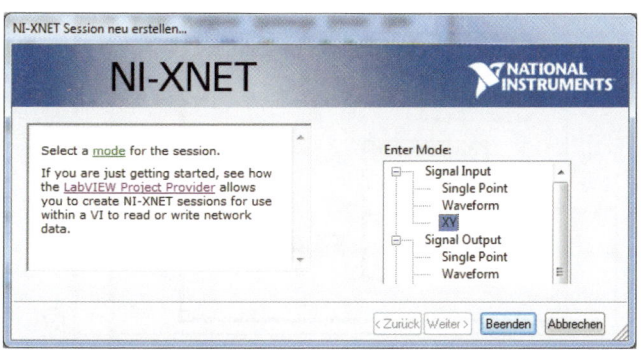

Bild 15.43 Auswahl einer Signaleingabe zur Darstellung im XY-Diagramm

Die 'Zila_Lesen_XY'-Session erhalten wir durch eine Auswahl nach Bild 15.43. Der Rest der Projektentwicklung ähnelt der im Projekt 'Zila.lvproj'. Bild 15.44 zeigt das Diagramm, Bild 15.45 die Temperaturausgabe der beiden Sensoren.

Wenn wir die Anzeige verbessern wollen, müssen wir das VI noch weiter modifizieren. Das betrifft jetzt aber nicht mehr die XNET-Funktionen, sondern lediglich das Problem einer besseren Darstellung. Bild 15.46 zeigt eine mögliche Lösung. Das Frontpanel liefert dann z.B. Anzeigen wie in Bild 15.47.

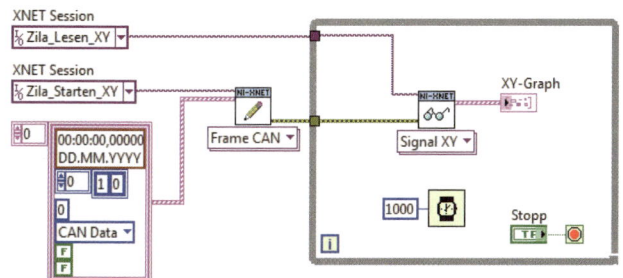

Bild 15.44 Polymorphe Lesefunktion in der Form 'Signal XY'

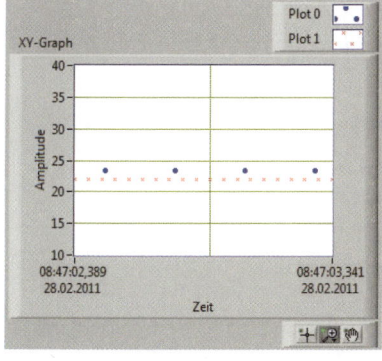

Bild 15.45 Ausgabe der Temperaturwerte der beiden Zila-Sensoren mit korrekter Zeitangabe. Plot 0 zeigt den Zila-Sensor 1 mit einer Zykluszeit von 256 ms, Plot 1 den zweiten Sensor mit der Zykluszeit 50 ms

Das Programm 'Zila_Main_XY_Verbessert.vi' in Bild 15.46 enthält eine innere For-Schleife, welche die Telegramme der am Bus angeschlossenen Zila-Sensoren der Reihe nach abarbeitet. Im Beispiel mit zwei Sensoren wird die Schleife also genau zwei Mal durchlaufen. Die Daten mit Uhrzeit und Temperatur werden in einem Array von Clustern gesammelt und bei Programmende in 'Übersicht' ausgegeben. Ferner werden in der While-Schleife laufend Momentanwerte der Temperatur ausgegeben.

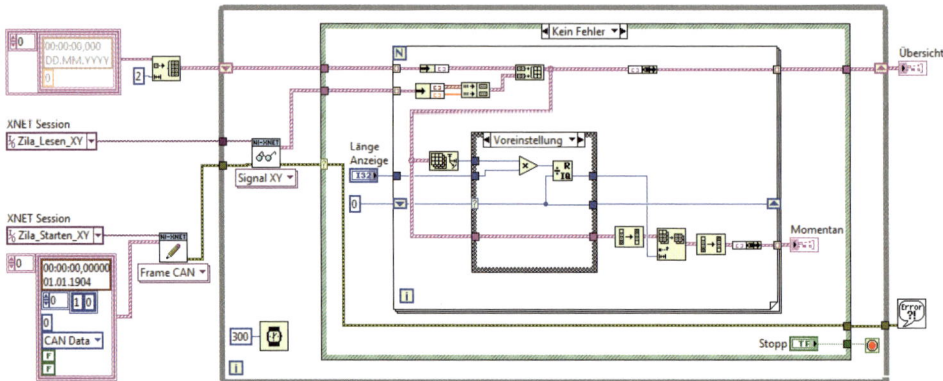

Bild 15.46 Verbesserte Version 'MainVerbessert.vi' des Originals 'Main.vi' aus Bild 15.44

Deshalb werden im Frontpanel von 'DB1_MainVerbessert.vi' links 500 Werte von einem der Zila-Sensoren als 'LängeAnzeige' vom Anwender vorgegeben. Daraus wird die Zahl der Werte des anderen Sensors ermittelt. Im Beispiel ist der eine Sensor auf eine Zykluszeit von 50 ms eingestellt, der andere auf 256 ms (also Wartezeit > 256 ms, gewählt 300 ms). Dementsprechend werden unterschiedlich viele Punkte angezeigt, damit man stets den gleichen Zeitbereich sieht. Im Beispiel sind das ca. 2 Minuten. Im rechten XY-Diagramm dagegen sieht man alle Werte, die sich während des Programmlaufs von knapp 3 Stunden angesammelt haben.

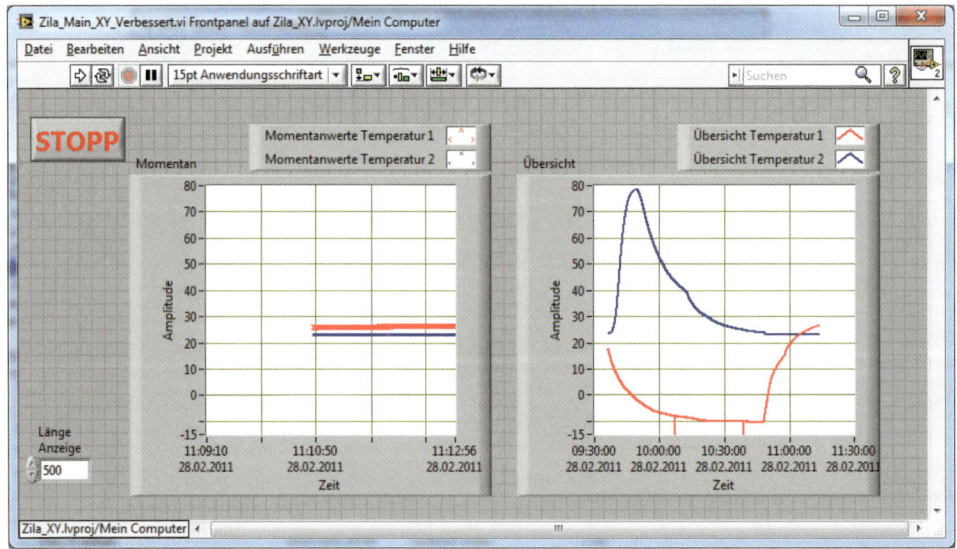

Bild 15.47 Links Anzeige der letzten 500 Werte von Temperatur 1 und wesentlich mehr Werte von Temperatur 2 (Dauer ca. 2 Minuten). Rechts die Gesamtanzeige über knapp 3 Stunden. Kurz nach 10 Uhr und nach 10:30 zeigt Temperatur 1 Ausreißer nach unten*

---

* Eine genauere Untersuchung zeigt, dass statt −8,100 zweimal −33,100 übertragen wurde, bzw. −81 statt −331, da die Sensoren in 1/10 Grad rechnen. In Binärdarstellung also 11111110|10110111 statt 11111111|10101111. Das sind 3 Bitfehler, welche die Software nicht korrigieren konnte. Vermutlicher Grund: provisorische Kabelverlegung, wie in Bild 15.21 im Hintergrund zu erkennen.

Aufgabe 15.5

Schreiben Sie ein VI, das neben der Temperaturmessung auch die Zykluszeit **abfragt** und auf dem Frontpanel anzeigt.

Aufgabe 15.6

Schreiben Sie ein VI, das neben der Temperaturmessung die Zykluszeit während des laufenden Betriebs beliebig oft neu setzt und prüft, ob der neue Wert auch richtig an den Sensor übermittelt wurde. Achten Sie besonders auf die korrekte Zeitmessung während der ganzen Messung!

Aufgabe 15.7

Erklären Sie das Blockdiagramm von Bild 15.46 im Detail. Was wird von den verschiedenen Funktionen im Einzelnen geleistet? Wie sieht das nicht dargestellte Frame der inneren Case-Struktur aus?

15.5 Der byte-serielle GPIB-Bus

Der GPIB-Bus (General Purpose Interface Bus) ist eines der ältesten Bussysteme überhaupt. Er wurde in den 70er-Jahren von der Firma Hewlett Packard entwickelt und hat deshalb auch die Bezeichnung HP-Bus. Später wurde er unter IEEE 488.2 genormt. Er sollte den Anschluss mehrerer Messgeräte an einen Bus ermöglichen, wobei die Messdaten mit hinreichender Geschwindigkeit zu übertragen waren. Die serielle RS-232-Schnittstelle war dafür nicht geeignet, einmal weil sie nur eine Verbindung zwischen Sender und Empfänger vorsieht, also keinen Bus (lateinisch 'omnibus': für **alle**) darstellt. Zum anderen ist die bitserielle Übertragung zu langsam. Der GPIB-Bus nutzt deshalb 8 Leitungen zur parallelen Übertragung von 8 Bits oder 1 Byte. Man spricht deshalb auch von **Byte-serieller** Übertragung. Diese 8 Bits allein reichen jedoch nicht. Zur Steuerung des Busses, an den bis zu 30 Messgeräte angeschlossen werden können, sind weitere Leitungen erforderlich. Insgesamt nutzt der GPIB-Bus 16 Leitungen, siehe Bild 15.48.

Die Frage, ob ein so altehrwürdiges System von Interesse ist, muss mit 'ja' beantwortet werden. Die Ausrüstung vieler Unternehmen enthält auch heute noch GPIB-Bus-fähige Messgeräte, deren Lebensdauer wesentlich größer ist als die durchschnittliche Lebensdauer einer PC-Generation. Deshalb fördert auch National Instruments heute noch LabVIEW in Verbindung mit dem GPIB-Bus. Nähere Erklärungen finden sich in einem Kapitel der fünften Auflage dieses Buches, das hier nicht mehr übernommen wurde. Es ist aber im Internet nachzulesen.

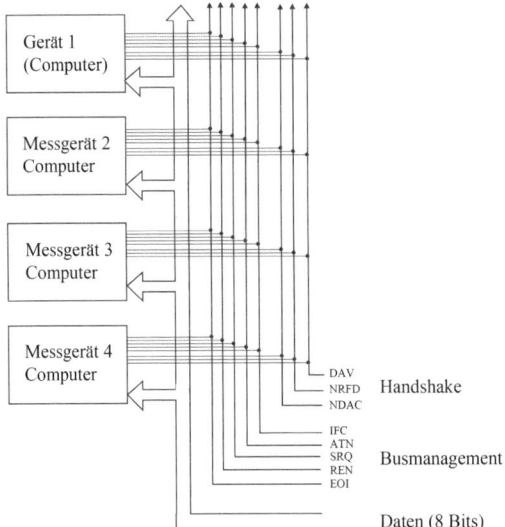

DAV
NRFD   Handshake
NDAC

IFC
ATN
SRQ   Busmanagement
REN
EOI

Daten (8 Bits)   **Bild 15.48** GPIB-Bus-Konfiguration

16   Datenerfassungsgeräte

Lernziele

1. Treibertypen und ihre Funktion in LabVIEW kennen.
2. Einige Funktionen des Measurement & Automation Explorers (MAX) kennen.
3. Nicht verfügbare PC-Karten (z.B. NIDAQ PCI-MIO-16E-4) simulieren können.
4. Messwerterfassung und Messwertausgabe des NI USB-6251 in LabVIEW programmieren können.
5. Bedeutung von TEDS kennen.
6. Nutzen von IVI-Treibern und die Funktion des Digitizers NI USB-5133 kennen.

16.1   Datenerfassungskarten/Datenerfassungsgeräte

Wann benutzt man Datenerfassungskarten?

Die Übertragungsgeschwindigkeit der in Kapitel 15 besprochenen Schnittstellen ist für die Messdateneingabe und -ausgabe manchmal nicht ausreichend. Für solche Fälle bieten verschiedene Firmen schon seit langem **Datenerfassungskarten** (Data Acquisition Boards) an, die in einen PC eingebaut werden können. Ferner gibt es externe Geräte, die über ein Kabel, neuerdings häufig ein USB-Kabel, mit dem PC verbunden werden können.

Auch die Firma National Instruments, bekannt geworden durch die Entwicklung von LabVIEW, gehört zu diesen Anbietern. Die Produktpalette umfasst derzeit im Wesentlichen Karten der

- E-Serie (ab 1995, Treibersoftware NIDAQ), inzwischen weitgehend abgelöst durch die leistungsfähigere, aber trotzdem im Vergleich zu früher preisgünstige
- M-Serie, zu der die neue Treibersoftware NIDAQmx gehört, ferner der
- R-Serie, die mit FPGA (Field Programmable Gate Array, siehe Kapitel 21) arbeitet, und der
- S-Serie für besonders hohe Ansprüche, z.B. simultane Abtastung mehrerer Kanäle, hohe Abtastraten usw.

Inzwischen gewinnt die USB-Verbindung zwischen Messdatenerfassungsgeräten und dem PC immer mehr an Bedeutung. Das Prinzip wurde bereits in Abschnitt 15.3 am Beispiel der preiswerten Velleman-Karte erklärt. Der Nachteil der dort genutzten konventionellen USB-Technologie mit ihrer geringen Abtastrate liegt auf der Hand. Inzwischen hat NI mit der zum Patent angemeldeten 'Streaming-Technologie' diesen Engpass überwunden. Die NI USB-6251 gehört zur M-Serie und zeigt mit einer Rate von 1,25 Mbit/s eine höhere Leistung als z.B. die an der Hochschule Ravensburg-Weingarten früher eingesetzte Datenerfassungskarte 'NIDAQ PCI-MIO-16E-4' aus der E-Serie. **PCI** in dieser Spezifikation besagt, dass die Karte an den PCI-Bus des PCs anzuschließen ist, **MIO** ist die Abkürzung für Multiple Input Output, meint also eine Multifunktionskarte. Der Rest der Bezeichnung ist eine interne Produktnummer.

Wir werden daher in diesem Kapitel besprechen:

- Allgemeines zur Messdateneingabe und -ausgabe und die dafür benötigten Treiber: physikalische und virtuelle Kanäle, Tasks. Deren Konfiguration mit dem 'Measurement and Automation Explorer' (MAX), Simulation von Datenerfassungskarten,
- Dateneingabe und -ausgabe mit dem USB-Gerät NI USB-6251,
- Simulation von Karten, z.B. von Karten, die man nicht in einen Laptop einbauen kann,
- Bedeutung der intelligenten TEDS-Sensoren,
- IVI-Treiber am Beispiel des Digitizers NI USB-5133. Diese sind für bestimmte Klassen von Messgeräten, z.B. für Digitalmultimeter, Oszilloskope usw., verfügbar.

16.2 Allgemeines

Will man LabVIEW für die Messdatenverarbeitung nutzen, muss man zunächst folgende Fragen klären:

- Um welche Daten handelt es sich? Will man Analogwerte erfassen oder Digitalwerte oder geht es um die Zählung von Ereignissen? Will man vielleicht umgekehrt Analogwerte oder Digitalwerte erzeugen und zur Steuerung ausgeben?
- Hat man bereits Stand-Alone-Messgeräte, deren Daten an einen PC geliefert und dort mit LabVIEW bearbeitet werden sollen, oder möchte man das Messgerät als virtuelles Messgerät erst mit Hilfe von LabVIEW auf dem PC entwickeln?
- Mit welcher Geschwindigkeit sind die Daten zu erfassen oder auszugeben? Möchte man alle Daten oder einen Teil davon im Hauptspeicher oder auf der Festplatte speichern?

16.2.1 Treiber, MAX (Measurement and Automation Explorer)

Von der Beantwortung dieser Fragen hängt es ab, welche Auswahl man hat, ob man z.B. auf eine der in Kapitel 15 besprochenen Methoden zurückgreifen kann oder ob man eine Datenerfassungskarte benötigt. Das bestimmt letztlich auch den erforderlichen Treiber. Die Firma National Instruments unterstützt drei Typen von Gerätetreibern:

- VISA-Treiber (z.B. für die serielle Schnittstelle aus Kapitel 15),
- NI-DAQmx-Treiber (weiterentwickelt aus den früheren NI-DAQ-Treibern) und
- IVI-Treiber.

Ganz allgemein sind Treiber Programme, die einen Software-Befehl **höherer Ebene** wie z.B. 'Lies die auf Kanal 0 des Geräts NI USB-6251 als Analogwert anstehende Spannung' auf der **Ebene des Maschinencodes** ausführen und das Ergebnis unter einer bestimmten Adresse des Computerhauptspeichers ablegen können. Je nachdem, welche Hardware in der Datenerfassungskarte realisiert ist, wird der Treiber von Karte zu Karte sehr verschieden sein. Der Anwender, der einen Lesebefehl in LabVIEW programmiert, will sich darum nicht kümmern. Da man Analogdaten mit unzähligen Datenerfassungskarten lesen kann, benötigt man auch sehr viele Treiber für die auf höherer Ebene identische Funktion, nämlich das Lesen eines Analogwerts. Das erklärt die Größe z.B. des DAQmx-Treibers, der im Grunde eine

Treibersammlung ist und in der Version NI-DAQmx 9.1.5 insgesamt ca. 1 Gigabyte Code umfasst. Die neueste Version von NI-DAQmx kann man über das Internet unter http://www.ni.com holen. Verwechseln Sie diese Treiber bitte nicht mit 'NI-DAQmx Base'! Das ist nur eine Untermenge von NI-DAQmx, allerdings mit dem Vorteil, dass sie schon früh auch für Betriebssysteme wie MAC OS X verfügbar war.

Wie findet nun das LabVIEW-System den richtigen Treiber? Dazu bedarf es vorbereitender Eingriffe des Anwenders, die man in relativ einfacher Weise mit dem Measurement and Automation Explorer, kurz **MAX,** vornehmen kann. Man kann MAX aufrufen vom

- Desktop als Stand-Alone-Programm, vom
- LabVIEW-Startfenster mit 'Werkzeuge' – 'Measurement & Automation Explorer...' oder
- von einem VI oder Projekt aus in gleicher Weise.

Damit erhält man ein Fenster nach Bild 16.1.

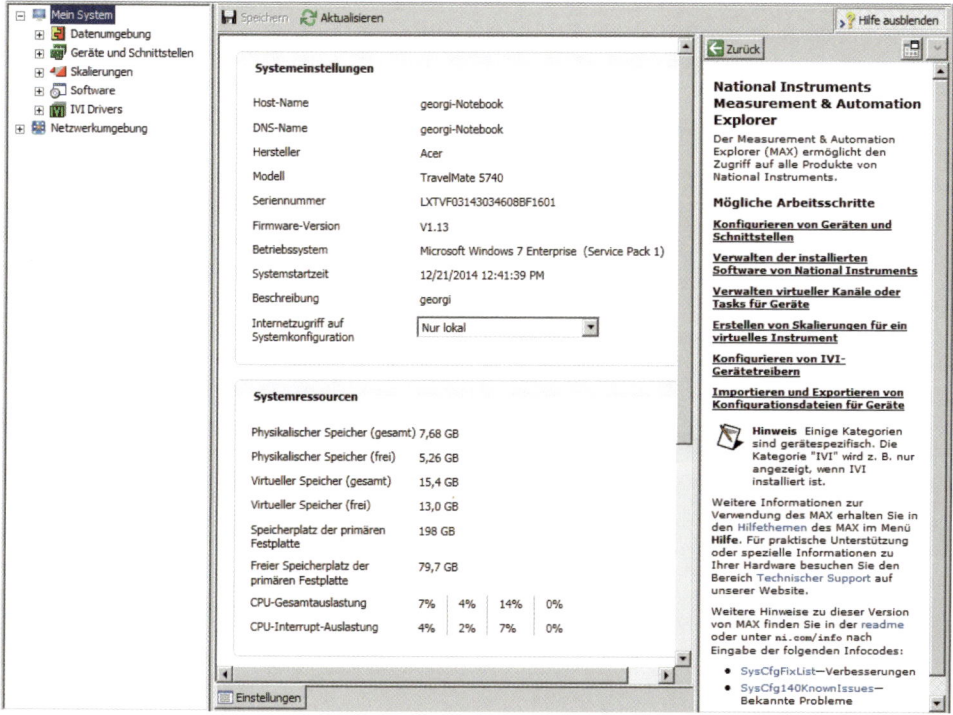

Bild 16.1 Startfenster des MAX, Version 14.0.0f0, unmittelbar nach dem Aufruf

Achtung: Der PC muss in der Systemsteuerung bei den Ländereinstellungen auf Deutsch als Standard eingestellt sein. Anderenfalls spricht MAX mit Ihnen Englisch oder auch Französisch oder Japanisch!

Sehr wichtig im MAX sind die links in Bild 16.1 angezeigten Themen **Datenumgebung** sowie **Geräte und Schnittstellen**. Hat man bisher noch keine Einstellungen vorgenommen, zeigt der MAX nach teilweiser Expansion z.B. die Ansicht von Bild 16.2.

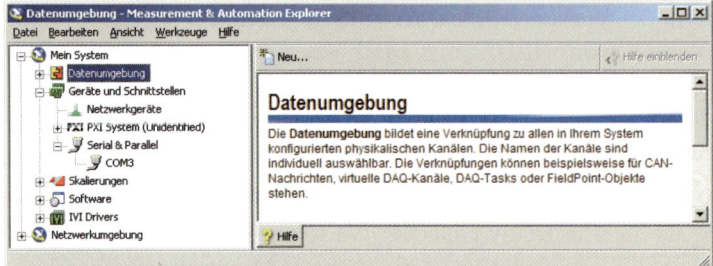

Bild 16.2 'Datenumgebung' ist leer. Mit 'Neu…' wird das geändert

Will man nun Messdaten einlesen, **z.B. vom Gerät 'NI USB-6251'**, ist nach der Installation von LabVIEW zunächst

1. die Treibersoftware 'NI-DAQmx' zu installieren. Man kann danach im MAX durch Aufklappen der Kategorie 'Software' links kontrollieren, ob diese Installation erfolgreich war.
2. Anschließend ist der PC mit dem USB-Anschluss von 'NI USB-6251' zu verbinden und dieses Gerät einzuschalten. Dann erscheint folgendes Fenster:

Bild 16.3 Beginn der Konfiguration der USB-Karte 'NI USB-6251'

3. Auswählen 'Dieses Gerät konfigurieren und testen …' und 'OK'.
4. Danach ändert der MAX sein Aussehen entsprechend Bild 16.4.

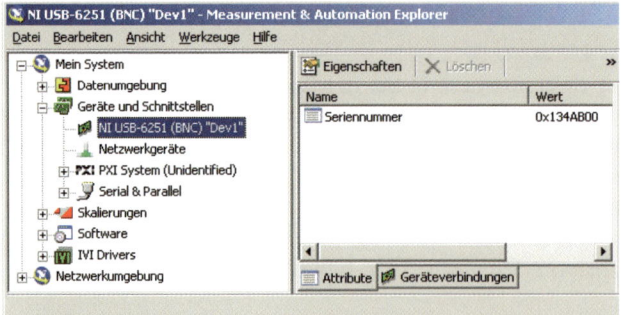

Bild 16.4 Anzeige der Datenerfassungskarte NI USB-6251 im MAX nach der Konfiguration mit einem grünen Fähnchen. Bezeichnung mit "Dev1"

5. Im Kontextmenü der Datenerfassungskarte 'Selbsttest' anklicken. Es sollte die Meldung erscheinen: 'Das Gerät hat den Selbsttest bestanden'.

6. Dort ebenfalls Wahl von 'Testpanels…'. Man erhält Bild 16.5: Bevor man eine Spannung an den Eingangskanal AI 0 im Felde 'ANALOG INPUT' angelegt hat, zeigt dieser nach Start und Stopp den links dargestellten Spannungsverlauf (ungefähr 0 Volt). Führt man ihm über ein BNC-Kabel eine 2-Hz-Sinusspannung zu, sieht man nach dem Start das rechte Bild. Weitere Details zur USB-Karte sind in Abschnitt 16.3 zu finden.

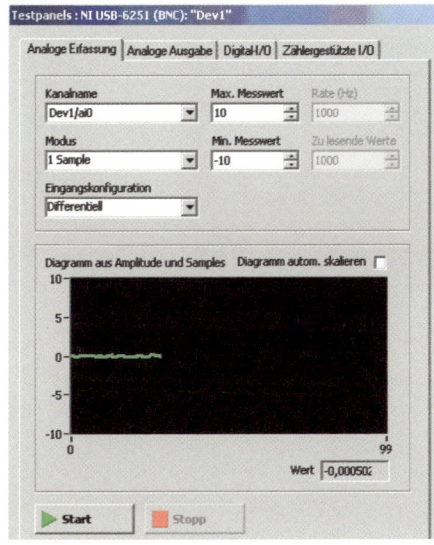 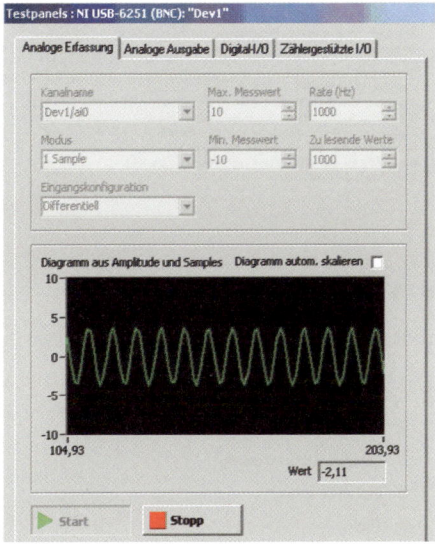

Bild 16.5 Anzeige, ohne Spannung   Anzeige mit 2-Hz-Sinusspannung

Erstellen eines Tasks

Damit ist klar, dass die Datenerfassung prinzipiell funktioniert. Die Frage ist nun, wie man diese Daten in einem VI verarbeiten kann. Dazu muss man einen **Task** erstellen, was in diesem Zusammenhang bedeutet: eine **Messdatenerfassu**ngsaufgabe definieren. Wir gehen so vor, dass wir jetzt im MAX (Bild 16.1) die Kategorie 'Datenumgebung' wählen und im Kontextmenü auf 'Neu…' klicken. Im Fenster nach Bild 16.6 wählen wir 'NI-DAQmx-Task' und dann 'Weiter >'.

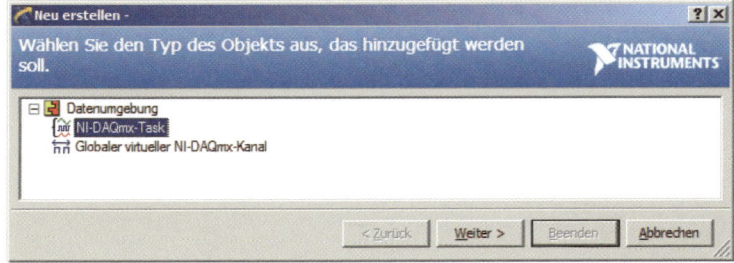

Bild 16.6 Gestaltung der Datenumgebung im MAX

Das System bietet nun eine Wahl gemäß Bild 16.7 an und außerdem auf der linken Seite eine kurze Erklärung. Wenn wir Daten **lesen** wollen, klicken wir rechts auf 'Signale erfassen'.

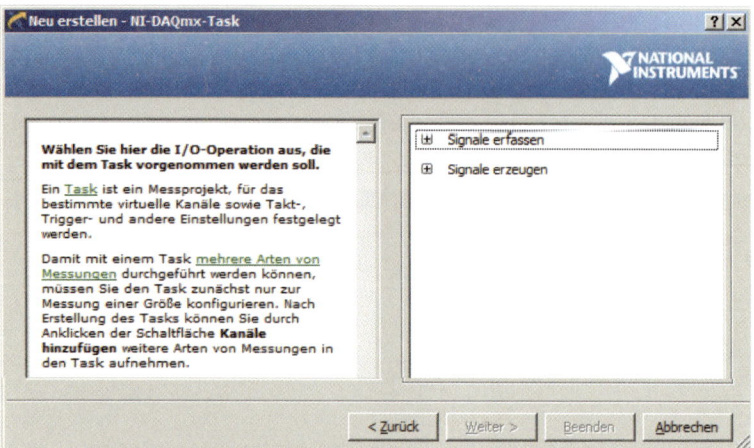

Bild 16.7 Wahl von Lesen (Signale erfassen) oder Schreiben (Signale erzeugen)

Aufklappen von 'Signale erfassen' führt zu einer Auswahl nach Bild 16.8.

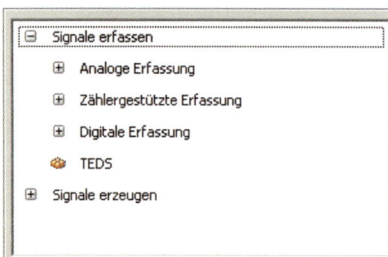

Bild 16.8 Wahlmöglichkeiten beim Unterpunkt 'Signale erfassen'

Wir wählen 'Analoge Erfassung' und dort 'Spannung', was zum Angebot aller physikalisch verfügbaren Kanäle der Datenerfassungskarte 'NI USB-6251' führt, siehe Bild 16.9.

Bild 16.9 Wahl eines oder mehrerer physikalischer Kanäle der jeweiligen Datenerfassungskarte

Wir wählen 'ai0' und 'Weiter >', dann überschreiben wir 'SpannungTask' in Bild 16.10 mit einem beliebigen Namen, etwa 'AnalogEingabe'. Zuletzt drücken wir 'Beenden' und erhalten nach einigen Sekunden eine Anzeige entsprechend Bild 16.11.

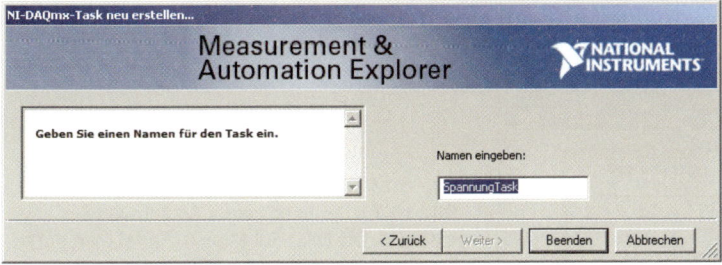

Bild 16.10 Wahl eines Namens für den Task

In der Rubrik 'Datenumgebung' des MAX wird jetzt unter der Zeile 'NI-DAQmx – Tasks' ein Task mit dem Namen 'AnalogEingabe' angezeigt.

Im mittleren und rechten Teil des MAX-Fensters zeigt sich dabei der DAQ-Assistent, den man auch unabhängig vom MAX als Funktion in einem LabVIEW-VI nutzen kann. Dazu später mehr. Er ermöglicht weitere Einstellungen, welche die Schaltungsart, den Erfassungsmodus, die Zahl der einzulesenden Analogwerte (zu lesende Samples) und die Abtastfrequenz (Rate in Hz) betreffen. Wir haben hier von 'N Samples' auf '1 Sample' umgestellt, sonst aber die voreingestellten Werte übernommen.

Ferner haben wir von außen mit einem Funktionsgenerator eine Dreiecksspannung auf Kanal ai0 des USB-Geräts gegeben und diese Spannung mit 'Ausführen' zur Anzeige gebracht. Man muss dazu im oberen Fenster 'Darstellungsart' auf 'Diagramm' stellen. Ist man mit dem Ergebnis der Einstellungen zufrieden, klickt man 'Speichern' und hat damit eine der möglichen Voraussetzungen zur Analog-Datenerfassung mit LabVIEW geschaffen.

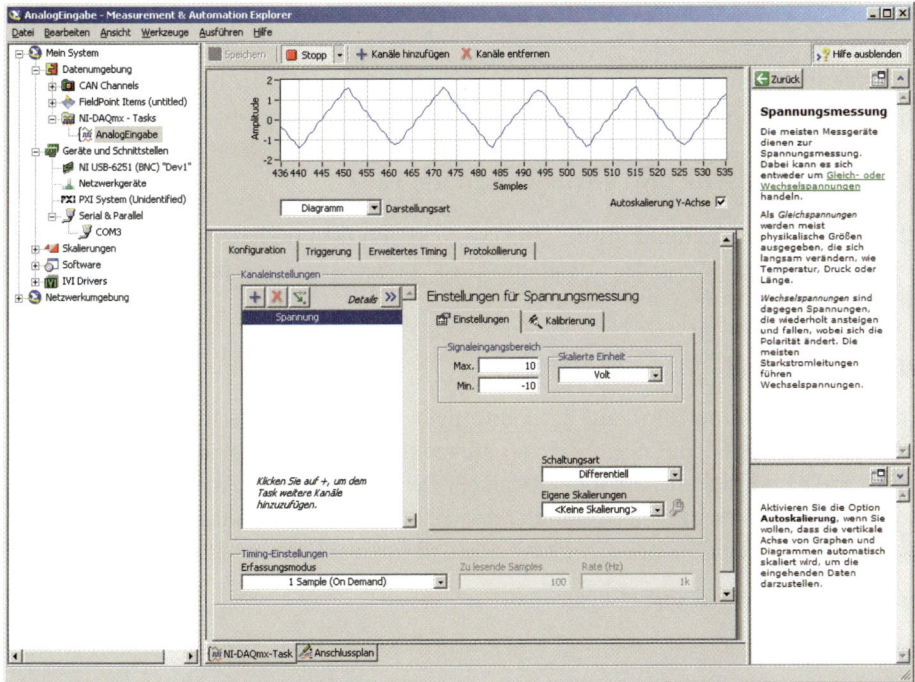

Bild 16.11 Zum Abschluss ruft MAX den DAQ-Assistenten zu weiteren Einstellungen auf

Ein einfaches VI, das diese Einstellungen nutzt, findet sich in Bild 16.12 und in Bild 16.13.

VI zum Lesen einzelner Analogwerte auf einem Kanal

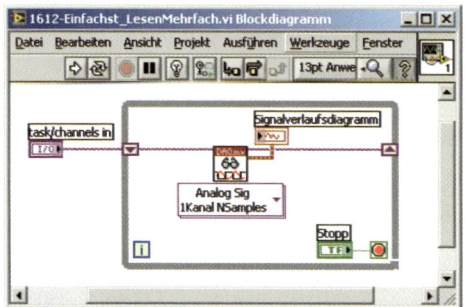

Bild 16.12 Lesen einzelner Analogwerte in einem VI. Die DAQ-Funktionen findet man unter 'Funktionen' – 'Mess-I/O' – 'DAQmx–Datenerfassung'. Die hier verwendete Funktion 'DAQmx–Lesen' ist polymorph und muss dem jeweiligen Task angepasst werden

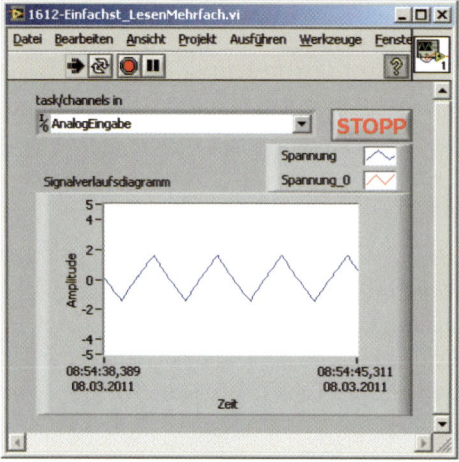

Bild 16.13 Frontpanel zu Bild 16.12. Man muss hier als Task-Namen einen der im MAX unter Datenumgebung festgelegten Namen eintragen. Im Augenblick gibt es nur einen verfügbaren Task-Namen, nämlich 'AnalogEingabe'. Die Dreiecksfunktion hat eine Frequenz von ca. 1 Hz. Das Signalverlaufsdiagramm ist auf eine Historienlänge von 256 und auf automatische Skalierung der x-Achse als Zeit eingestellt

Die Programmiermethoden werden in Abschnitt 16.2.3 ausführlich besprochen. Weitere Beispiele folgen dort und in Abschnitt 16.3.

16.2.2 Physikalische und virtuelle Kanäle, Task

Die oben beschriebene Verbindung des 'NI USB-6251' mit dem PC hat uns mit den Begriffen 'Physikalischer Kanal', 'Virtueller Kanal' und 'Task' in Berührung gebracht. Darunter ist zu verstehen:

Physikalischer Kanal

Real existierende Leitung (Pin), auf der man Analog- oder Digitalwerte ein- oder ausgibt. Gewöhnlich sind das Spannungen, die von außen angelegt und in einem Analog-Digital-Konverter (ADC) in Bits und Bytes umgewandelt werden, die der PC speichert. Umgekehrt werden im Falle der Ausgabe im Computer gespeicherte Zahlen mit einem Digital-Analog-Konverter (DAC) in eine Spannung umgewandelt, die man außen abgreifen kann.

Alternativ zu Spannungen sind üblich:

- **Ströme**,
- **Frequenzen**, d.h. Rechteckspannungen, die mit einer bestimmten Frequenz an einer Eingangsleitung angreifen bzw. die erzeugt und auf einer Ausgangsleitung verfügbar gemacht werden.

Virtueller Kanal

Jedem physikalischen Kanal im obigen Sinn ist mindestens ein **virtueller Kanal** zuzuordnen. Das ist eine Software, welche zur Sammlung der Vorgaben dient, die dem Computer sagen, was er mit der Spannung (oder dem Strom oder der Frequenz) an einem bestimmten Pin zu tun hat und wie er das Ergebnis interpretieren soll.

Geht es im einfachsten Fall um die Messung der Spannung und nicht um ihre Interpretation als Temperatur oder irgendeine andere physikalische Größe, ist im Wesentlichen nur die **Scan-Frequenz** festzulegen, d.h. die Häufigkeit, mit welcher der Computer die anliegende Spannung pro Sekunde zu messen hat (**Abtast**- oder **Scan**-Frequenz). Man unterscheidet:

- **Einfachmessung** ('1 Sample' im DAQ-Assistent; die Scan-Frequenz ist nicht verlangt),
- **Mehrfachmessung** ('N Samples' im DAQ-Assistent) mit gegebener Scan-Frequenz und
- **kontinuierliche Messung**, d.h. die mit der vorgeschriebenen Scan-Frequenz getätigten Messungen werden erst nach einem Stopp-Kommando beendet.

Einem physikalischen Kanal können auch mehrere virtuelle Kanäle zugeordnet werden, die dann durch ihre Namen zu unterscheiden sind. Zum Beispiel könnte man virtuellen Kanälen die Namen

- 'AnalogLesen_Einmal' und
- 'AnalogLesen_Kontinuierlich'

geben und beide demselben physikalischen Kanal Pin ai0 des NI USB-6251 zuordnen.

Task

Ein Task bedeutet in diesem Zusammenhang eine **Messdatenerfassungsaufgabe** bzw. eine Aufgabe zur computergesteuerten **Eingabe/Ausgabe** von Spannungen, Strömen usw. Zu einem Task gehört mindestens ein **virtueller Kanal (zusammen mit dem physikalischen Kanal, der ihm zu Grunde liegt)**. Ein Task kann aber auch **mehrere** virtuelle Kanäle enthalten. Allerdings darf ein Task nicht gleichzeitig Eingabe- und Ausgabekanäle umfassen. Er ist also **entweder** für die Daten**eingabe** zuständig oder für die Daten**ausgabe**.

> **Merke:** Zum Einlesen oder Ausgeben von Spannungen ist ein Task zu definieren.
>
> **Merke:** Zu jedem Task gehört (mindestens) ein virtueller Kanal zur Beschreibung des Lese- oder Schreibmodus.
>
> **Merke:** Ein Task dient entweder zur Dateneingabe oder zur Datenausgabe, aber niemals für beide Operationen gleichzeitig.

16.2.3 Programmierung von Datenerfassungs-VIs, simulierte Geräte

Der Einfachheit halber besprechen wir hier zunächst die Erfassung von Spannungen in Form von Analogwerten auf einem oder mehreren Kanälen. Ein VI, das diesen Zweck erfüllt, enthält im allgemeinen Fall diese fünf Funktionen:

- Erzeugen eines Tasks oder Bezugnahme auf einen zuvor im MAX definierten Task,
- Starten des Tasks,
- Lesen des Analogwerts bzw. der Analogwerte,
- Stoppen des Tasks und
- Zurücksetzen des Tasks (Löschen aus dem Arbeitsspeicher). Ein zuvor mit dem MAX definierter Task bleibt aber auf der Festplatte erhalten.

Dazu gibt es fünf Funktionen, die bei 'Funktionen' – 'Mess-I/O' – 'DAQmx-Datenerfassung' zu finden sind. Siehe Bild 16.14, in dem die Angaben der Kontext-Hilfe dargestellt sind.

Nicht immer benötigt man alle fünf Funktionen. Zum Beispiel kann man auf die erste verzichten, wenn der Task und damit mindestens ein Kanal bereits im MAX definiert wurden. Auch für den Start des Tasks braucht man nicht notwendig eine Funktion im Diagramm des VI. Normalerweise startet die Lesefunktion automatisch den Task, falls er noch nicht läuft. Ebenso kann man auf die Stopp-Funktion verzichten, weil der Task gestoppt wird, sobald das VI mit der zugehörigen Lesefunktion beendet wird. Schließlich kann man auch auf das Zurücksetzen verzichten. Ein Primitivprogramm könnte also wie das in Bild 16.12 aussehen. Ein Frontpanel dazu wurde bereits in Bild 16.13 dargestellt. Mit einem anderen Task wird es in Bild 16.15 gezeigt. Dieses VI ist also trotz seiner Einfachheit flexibel. Es kann eine einzelne Analogspannung oder auch mehrere darstellen je nach dem Task, der auf dem Frontpanel ausgewählt wird. Diese Tasks sind zuvor im MAX zu definieren. Im Beispiel haben wir ihnen folgende Namen gegeben:

- Simuliert_SpannungTask_1Sample,
- Simuliert_NSpannungenTask_NSamples,
- Simuliert_NSpannungenTask_Kontinuierlich.

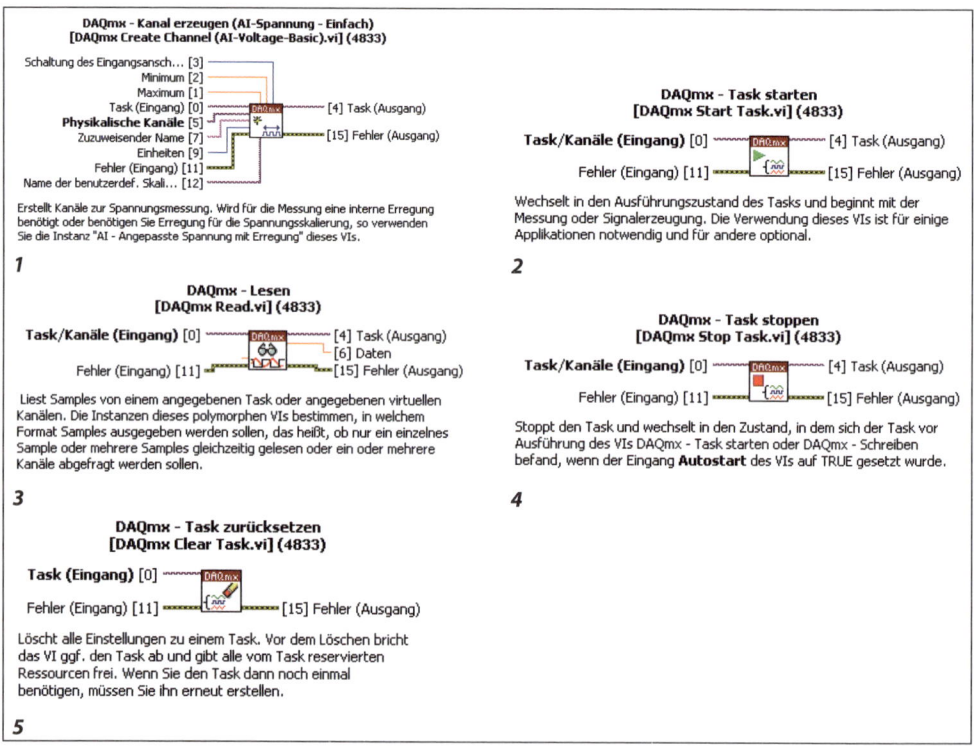

Bild 16.14 Die fünf wichtigsten Funktionen zum Aufbau eines VIs, das Analogwerte einliest

Wählt man 'Simuliert_SpannungTask_1Sample' als Task für das in Bild 16.12 dargestellte VI 'Einfachst_LesenMehrfach.vi', erhält man Bild 16.15. Wählt man dagegen 'Simuliert_NSpannungenTask_NSamples' als Task, erhält man die Anzeige von Bild 16.16.

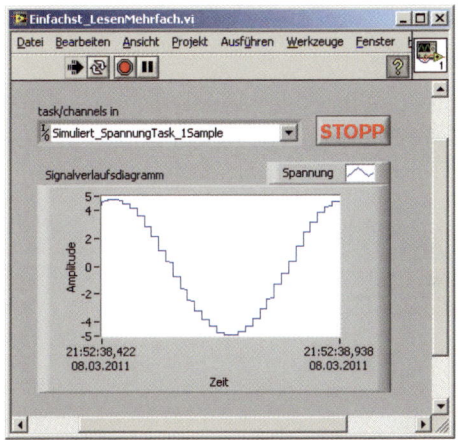 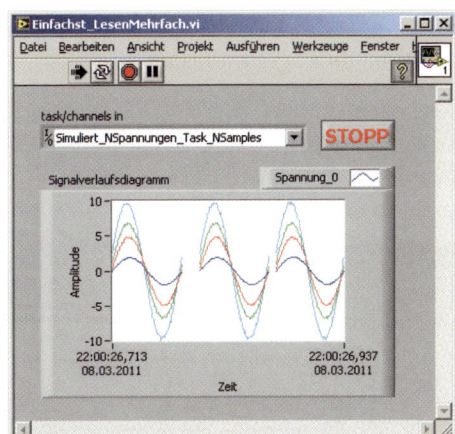

Bild 16.15 Frontpanel zu Bild 16.12, diesmal mit einem anderen Task. Das VI liest innerhalb einer Schleife jeweils nur einen Analogwert von einem Kanal. Es liest hier aber zu schnell, d.h. denselben Wert mehrfach. Die Historienlänge beträgt 1024 bei automatischer Skalierung der x-Achse

Bild 16.16 Das VI liest innerhalb der Schleife jeweils N Werte von vier verschiedene Analogkanälen mit verschiedenen Amplituden. Historienlänge 1024, Skalierung der x-Achse erfolgt automatisch

Wählt man schließlich 'Simuliert_NSpannungenTask_Kontinuierlich', sieht man die vier Kurven von Bild 16.17.

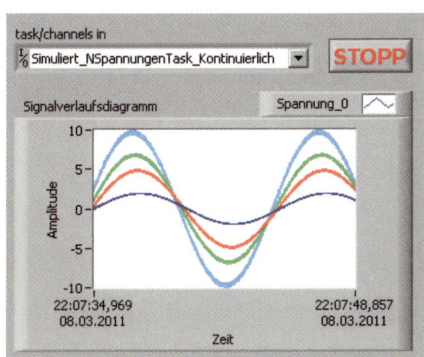

Bild 16.17 VI bei Auswahl eines Tasks, der vier simulierte Spannungen kontinuierlich einliest. Historienlänge 400, automatische Skalierung der x-Achse

Das Ergebnis von Bild 16.15 ist nicht ganz befriedigend. Das VI sollte um eine Wartezeit pro Schleifendurchlauf ergänzt werden. Außerdem sollte die Stoppfunktion genutzt werden, die Rücksetzfunktion zur Freigabe nicht mehr genutzter Hauptspeicherbereiche und eine Fehleranzeige. Das so verbesserte VI ist in Bild 16.18 dargestellt.

Bei Wahl von 1 ms Schleifen-Wartezeit entsteht aus der Kurve von Bild 16.15 die geglättete Kurve in Bild 16.19. Die Darstellungen in Bild 16.16 und Bild 16.17 ändern sich dagegen mit dem neuen VI nur unwesentlich. Doch wird das VI durch 'DAQmx – Task zurücksetzen' gestoppt und alle vom Task benötigten Ressourcen im Hauptspeicher werden freigegeben.

Bemerkung

Die in Bild 16.16 dargestellten vier Kurven haben Unterbrechungen. Das liegt daran, dass in dem 'Simuliert_NSpannungenTask_NSamples' zugeordneten Task N Samples eingelesen werden. Das N wird im virtuellen Kanal eingestellt, der bei der Taskauswahl definiert wurde. In unserem Fall sind es 'N Samples', 'Zu lesende Samples' = 100 bei einer Scanfrequenz

(Rate) von 1 kHz, der Schaltungsart 'Differentiell' und dem 'Signaleingangsbereich' +-10 Volt für alle vier Kanäle.

Das bedeutet, dass jeweils 100 Analogwerte gelesen und dann im Signalverlaufsdiagramm auf dem Frontpanel ausgegeben werden. Wegen der While-Schleife (die für diesen Modus im Prinzip überflüssig ist) wiederholt sich das Ganze mit einem kleinen Zeitversatz von geschätzten 20 ms.

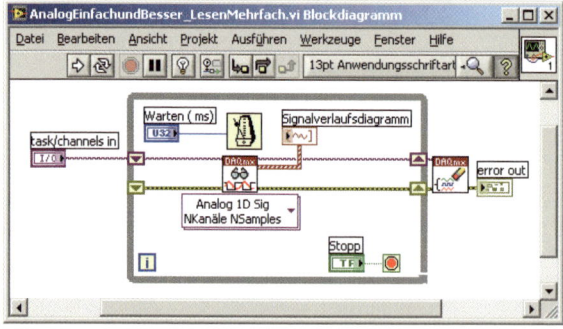

Bild 16.18 Verbessertes Analogwert-Erfassungs-VI mit einstellbarer Warte-zeit

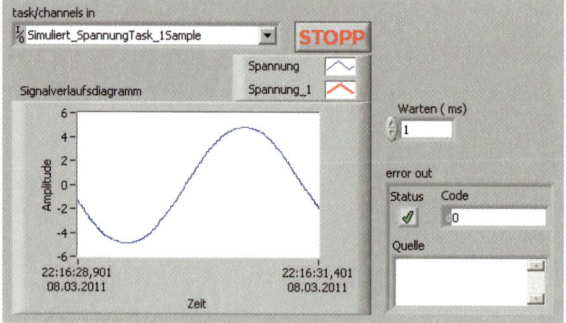

Bild 16.19 Hier ist unter sonst gleichen Voraussetzungen wie in Bild 16.15 eine glatte Kurve zu sehen, weil infolge der Wartezeit von 1 ms derselbe Messwert jetzt nicht mehr-fach erfasst wird

Simulierte Geräte

Warum haben die letzten Tasks oben Namen erhalten, die mit 'Simuliert_....' beginnen?

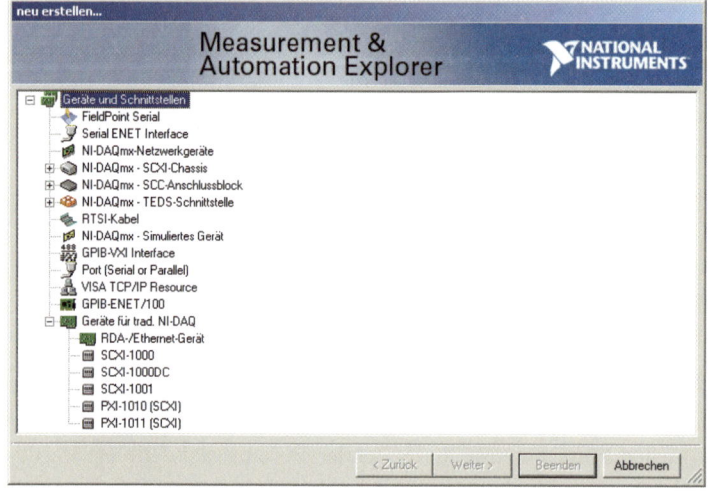

Bild 16.20 Ein simuliertes Gerät im MAX erstellen. Beginn dieser Operation

Der Grund ist, dass VIs, die sich auf diese Tasks beziehen, auf jedem PC laufen, **auch wenn keine** Datenerfassungs-Hardware angeschlossen ist. Man bildet solche Tasks im MAX, indem man zuerst unter 'Geräte und Schnittstellen' ein Gerät (Device) auswählt, das **simuliert** werden kann. Dazu gehört z.B. die Karte 'NI PCI-MIO-16E-4'. Im Einzelnen bedeutet dies, dass man im MAX unter 'Geräte und Schnittstellen' auf 'Neu…' klickt. Dann erscheint ein Fenster gemäß Bild 16.20.

Hier wählt man 'NI-DAQmx – Simuliertes Gerät' aus und drückt 'Beenden'. Im nächsten Fenster nach Bild 16.21 wählen wir **beispielsweise** die 'DAQ (E-Serie)' aus und dort die Karte 'NI PCI-MIO-16E-4'.

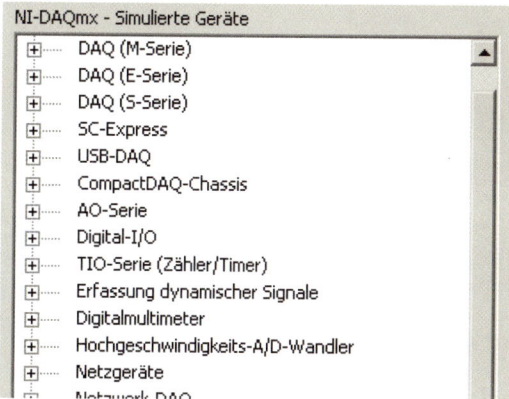

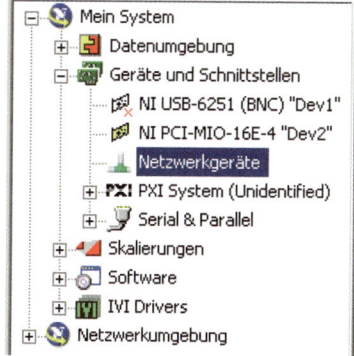

Bild 16.21 Zweiter Schritt bei der Erstellung eines simulierten Geräts. Auswahl eines Kartentyps

Bild 16.22 Ergebnis im Max nach Wahl der speziellen Karte NI PCI-MIO-16E-4

Die Konfiguration im MAX hat, wenn das USB-Gerät nicht angeschlossen ist, das Aussehen von Bild 16.22. Die Tasks werden bei simulierten Geräten genauso erstellt wie bei echten Geräten. Simulierte Geräte sind im MAX durch ein gelbes Fähnchen gekennzeichnet, echte und an den PC angeschlossene Geräte durch ein grünes. Ist das Gerät gerade nicht angeschlossen oder spannungslos, wechselt die Farbe des Fähnchens auf weiß, und ein kleines rotes Kreuz weist darauf hin, dass "Dev1" im Augenblick nicht verfügbar ist.

Bemerkungen:

1. Beim Einlesen von simulierten Geräten erzeugt die LabVIEW-Umgebung ausschließlich Sinuskurven als Eingangsdatenstrom.

2. Nach dem Austesten des dafür entwickelten VIs kann man leicht auf ein echtes Datenerfassungsgerät umstellen. Man hat nur einen neuen Task zu definieren, der auf dieses Gerät Bezug nimmt. Dann wird das gleiche VI die Kurven anzeigen, die das Gerät real erfasst, z.B. Rechteck- oder Sägezahnkurven, die man über einen Funktionsgenerator einspeist.

Aufgabe 16.1

Erstellen Sie im MAX die Tasks 'Simuliert_SpannungTask_1Sample', 'Simuliert_NSpannungenTask_NSamples' und 'Simuliert_NSpannungenTask_Kontinuierlich' mit den zugehörigen virtuellen Kanälen zum oben beschriebenen Datenerfassungs-VI. Überzeugen Sie sich, dass Sie die gleichen Ergebnisse erhalten.

Aufgabe 16.2

Erstellen Sie einen weiteren Task 'Simuliert_ZweiSpannungenTask'. Stellen Sie dabei für die Kanäle '1 Sample', Signaleingangsbereich auf +−7 Volt für den ersten Kanal ein und +−5 Volt für den zweiten. Ferner Schaltungsart auf 'Differentiell'. Damit sollte das 'AnalogEinfachundBesser_LesenMehrfach.vi' nachstehende Anzeige produzieren:

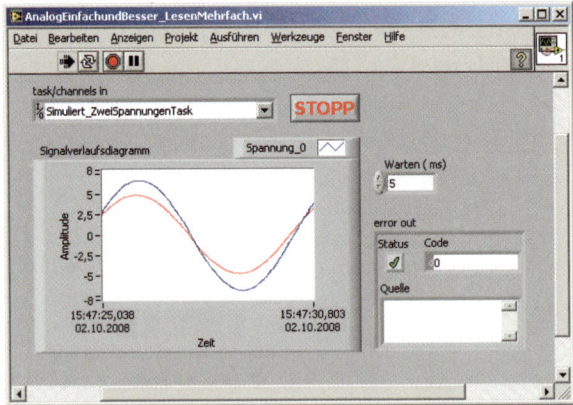

16.2.4   Programmierung von VIs zur Analogausgabe

Die Programmierung der Analogausgabe verläuft sinngemäß wie die Eingabe. Zunächst ist ein Task zu erstellen. Man erzeugt ihn mit dem MAX nach dem Rezept von Abschnitt 16.2.1, nur dass man bei der Wahlmöglichkeit von Bild 16.7 'Signal erzeugen' anklickt und später 'Analoge Ausgabe'. Der Rest verläuft sinngemäß.

Für das folgende Beispiel '1623-AnalogAusgabeAllgemeiner_SchreibenMehrfach.vi' wurde wie schon zuvor die Simulation gewählt und die drei Tasks

- 'AnalogAusgabeSimuliert_SpannungTask_1Sample',
- 'AnalogAusgabeSimuliert_NSpannungen_NSamples' und
- 'AnalogAusgabeSimuliert_NSpannungen_Kontinuierlich'

definiert. Bild 16.23 zeigt das Diagramm, Bild 16.24 das Frontpanel des VIs.

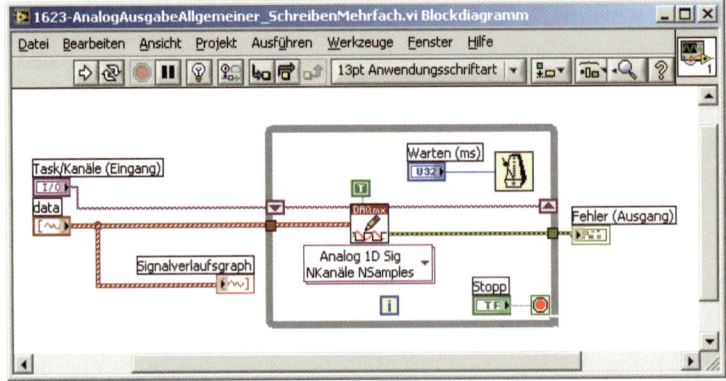

Bild 16.23 Diagramm eines VI, das eine oder mehrere Spannungen analog ausgibt

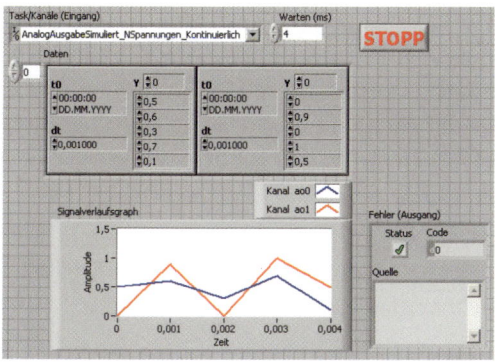

Bild 16.24 Frontpanel von
'1623-AnalogAusgabeAllgemeier_ Schreiben
Mehrfach.vi'

Aufgabe 16.3

Für den Task **'AnalogAusgabeSimuliert_NSpannungen_NSamples'** zeigt das VI in Bild
16.23 einen Fehler an. Analysieren Sie warum und korrigieren Sie das VI, so dass es für
alle oben genannten drei Tasks korrekt arbeitet.

16.2.5 Programmierung von VIs zum Digital-I/O

Einfache VIs zum simulierten Digital-I/O lassen sich ebenso leicht wie in Abschnitt 16.2.3
und 16.2.4 programmieren. Bild 16.25 zeigt ein Beispiel zur Digitaleingabe, die im Falle der
Simulation regelmäßig zwischen 0 und 1 hin und her schaltet. Dazu muss das VI zur Analogeingabe nur leicht verändert sowie ein neuer Task definiert werden.

Weitere Einzelheiten zur digitalen Ein-/Ausgabe finden sich in Abschnitt 16.3.

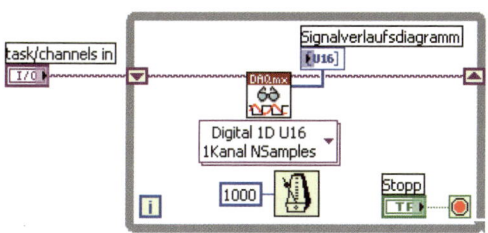 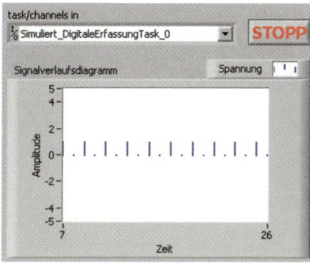

Bild 16.25 Programm 1625-DigitalEinfach_LesenMehrfach.vi zur Digitaleingabe auf einer Leitung

Aufgabe 16.4

Definieren Sie einen Task so, dass das VI in Bild 16.25 die rechts gezeigte Ausgabe liefert.
Anleitung: Die Historienlänge in der Anzeige wurde von 1024 auf 20 verkürzt.

16.2.6 Programmierung mit Hilfe des DAQ-Assistenten

Tasks müssen nicht unbedingt über den MAX erstellt werden: Eine andere Methode (wenn
auch mit eingeschränkten Möglichkeiten) bietet die Funktion 'DAQ-Assistent', die unter
'Mess-I/O' – 'DAQmx-Datenerfassung' zu finden ist. Damit können wir beispielsweise das
Programm 'Einfachst_LesenMehrfach.vi' für den Fall einer Funktion in folgender Weise
nachbilden:

Im leerem VI While-Schleife erzeugen und dort die Funktion 'DAQ-Assistent' platzieren, siehe Bild 16.26 links. In diesem Moment öffnet sich ein Auswahlfenster wie in Bild 16.7, wo wir die gleiche Prozedur durchlaufen wie schon dort beim expliziten Aufruf des MAX (allerdings mit N Samples). Wir schließen die Konfiguration mit 'OK' ab und erhalten dann einen automatisch geändertes VI gemäß Bild 16.26 rechts, an den wir bereits manuell einen grafischen Ausgang angeschlossen haben.

Dieses VI arbeitet wie das Programm in Bild 16.19 und ist schneller zu erstellen. Dafür hat es aber den Nachteil der geringeren Flexibilität: Es zeigt nur eine Kurve und kann nicht vom Frontpanel aus auf einen anderen Task umgestellt werden. Siehe dazu Bild 16.27.

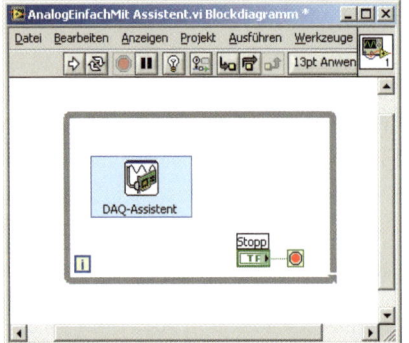 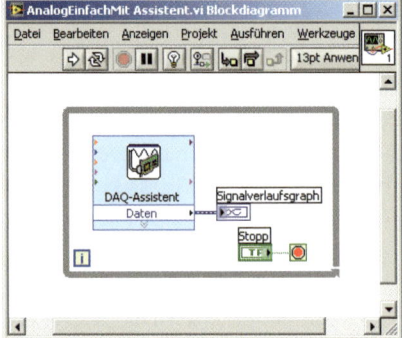

Bild 16.26 Erstellung eines VI zur Datenerfassung mit dem DAQ-Assistenten

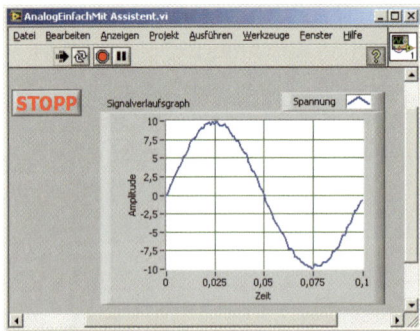

Bild 16.27 Das mit dem DAQ-Assistenten erzeugte VI zeigt eine ähnliche Anzeige wie die in Bild 16.19

Man kann auch erkunden, was sich **hinter** dem DAQ-Symbol rechts in Bild 16.26 verbirgt. Dazu in dessen Kontextmenü 'NI-DAQmx-Code erzeugen' anklicken und einige Sekunden warten. Das LabVIEW-System zeigt dann ein verändertes Diagramm gemäß Bild 16.28.

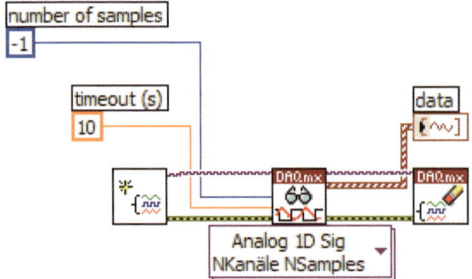

Bild 16.28 Automatisch aus Bild 16.26 (rechts) entstehendes VI, sobald man im Kontextmenü 'NI-DAQmx-Code erzeugen' anklickt

Dieses VI ist voll funktionsfähig und erzeugt auf dem Frontpanel dieselbe Anzeige wie das Programm 'AnalogEinfachMitAssistent' in Bild 16.27, siehe auch Bild 16.29.

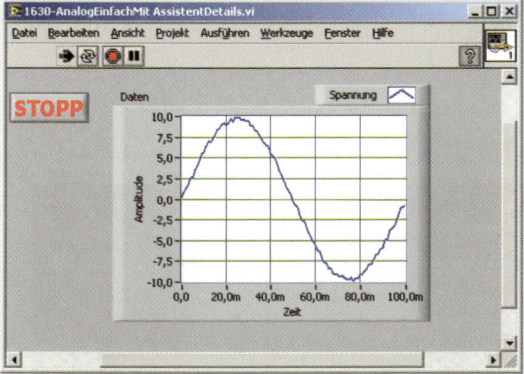

Bild 16.29 Frontpanel zu Bild 16.28

Das so entstandene VI nutzt das SubVI 'DAQmx-Config-Vorlage.vi' (links in Bild 16.28), das zusammen mit dem aufrufenden VI zu speichern ist.

16.2.7   Programmatische Task-Erstellung

Ein dritte Möglichkeit zur Erstellung von Datenerfassungsprogrammen besteht schließlich darin, die Funktionen des MAX bzw. des DAQ-Assistenten an spezielle Funktionen innerhalb des VIs zu übertragen, mit anderen Worten, Task- und Kanaleinstellungen programmatisch durchzuführen. Auch hierzu ein Beispiel: Wesentlich sind dabei die Funktionen 'DAQmx-Virtuellen Kanal erzeugen' und 'DAQmx–Timing', siehe Bild 16.30.

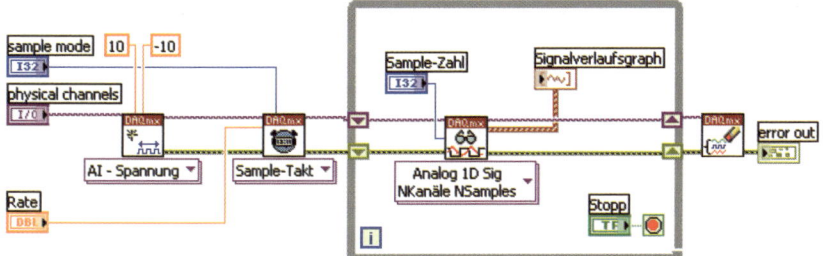

Bild 16.30 Diagramm für programmatische Festlegung der Task-Eigenschaften

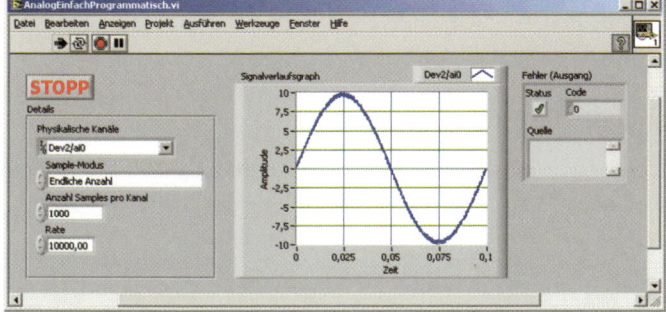

Bild 16.31 Einfaches Einlesen simulierter Analogwerte, Frontpanel zu Bild 16.30

Das Ergebnis in Bild 16.31 ähnelt wieder dem von Bild 16.27.

Nachteil der programmatischen Task-Erstellung: Das Programm wird etwas komplizierter.

Vorteil: Die Parameter sind auf dem Frontpanel einzusehen und können dort auch verändert werden.

16.3 USB-Gerät NI USB-6251

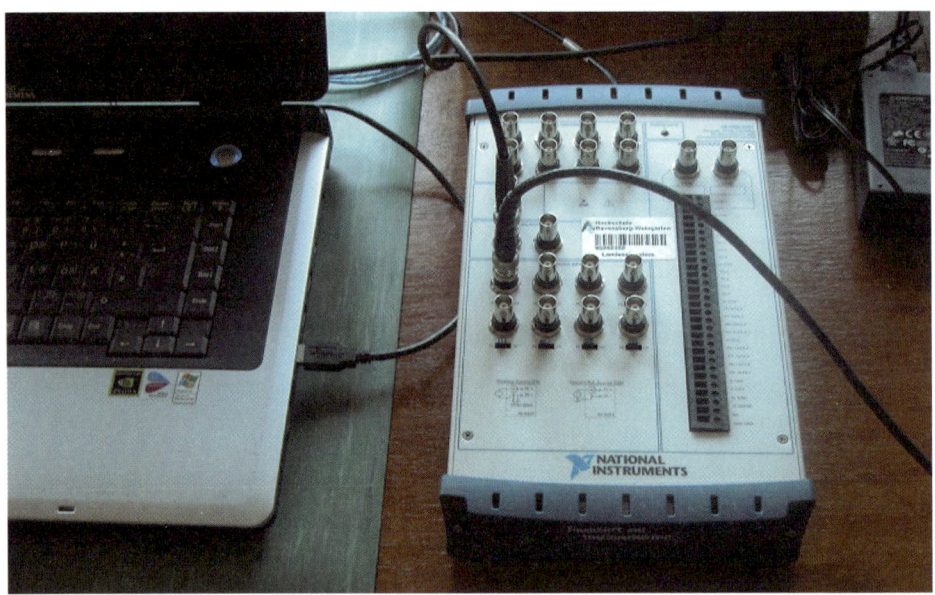

Bild 16.32 Datenerfassungsgerät NI USB-6251 mit BNC-Kabel am Analog-Input-Kanal AI 0 zum Einlesen von Analogwerten und einem zweiten Kabel am Analog-Output-Kanal AO 0 (verdeckt)

Dieses Gerät muss nicht in den PC eingebaut werden. Es ist mit ihm über ein USB-Kabel verbunden, wie Bild 16.32 zeigt. Im folgenden Abschnitt setzen wir voraus, dass uns das Gerät NI USB-6251 zur Verfügung steht. Es hat 8 Digital- und Timer-Ein-/Ausgänge mit der Bezeichnung 'PFI 0/PF 1.0', 'PFI 1/PF 1.1'…, ferner 8 Analogeingänge AI 0 bis AI 7, zwei Analogausgänge AO 0 und AO 1 sowie den Analogtrigger APFI. Die Analog-Digital-Konverter-Auflösung (ADC-Auflösung) beträgt 16 Bit. Jeder Analogeingang dieses Geräts kann mit einem Schalter auf FS (Floating Source) oder auf GS (Ground Ref. Source) eingestellt werden. Die Bedeutung der beiden Möglichkeiten ergibt sich aus den Begriffen NRSE, RSE und differentiell, die in Bild 16.33 dargestellt sind.

16.3.1 Begriffe 'differenziell', 'RSE' und 'NRSE'

Bild 16.33 zeigt das Prinzip vereinfacht am Beispiel von Kanal0+ und Kanal0−. Real sind mehr Kanäle vorhanden, die je nach Wahl über einen Multiplexer an Stelle von Kanal0 geschaltet werden, also z.B. Kanal1+ und Kanal1−, Kanal2+ und Kanal2− usw.

Man benötigt zur Messung einer Spannung in Volt zwei Eingangsleitungen. Beim NRSE-Verfahren werden die negativen Eingänge aller Kanäle durch **die einzige** Leitung AISENSE ersetzt, was Hardware spart, dem differentiellen Verfahren aber noch nahe kommt. Beim

RSE-Verfahren wird dafür einfach das Bezugspotenzial des Instrumentenverstärkers genutzt.

Die genauesten Messungen, weil am ehesten ungestört, erhält man mit der differenziellen Methode, doch halbiert man dann normalerweise die für Messungen verfügbaren Kanäle: Statt z.B. acht Analogspannungen nach dem RSE-Verfahren kann man nur noch vier Spannungen nach dem Differenzverfahren aufnehmen.

Das Gerät NI USB-6251 bildet hier eine Ausnahme, weil man jeden der acht Analogeingänge AI0 bis AI7 individuell auf FS (Floating Source) oder auf GS (Ground Ref. Source) stellen kann. Das Erstere entspricht dem Differenzverfahren, das Zweite dem RSE-Verfahren.

Die Schaltungsart kann man bei der Definition eines Tasks im MAX bestimmen. Die Faustregel heißt:

- differenzielle Schaltung wählen (oder RSE), wenn die zu messende Spannung von einer nicht geerdeten Spannungsquelle wie einer Batterie stammt,

- differenzielle Schaltung (oder NRSE) wählen, wenn die Spannungsquelle geerdet ist. In diesem Fall ist RSE unbedingt zu vermeiden, weil sonst Erdschleifen entstehen, die als Resonanzkreis wirken und damit einen 'Brumm' erzeugen oder – im schlimmsten Fall – das Gerät beschädigen können.

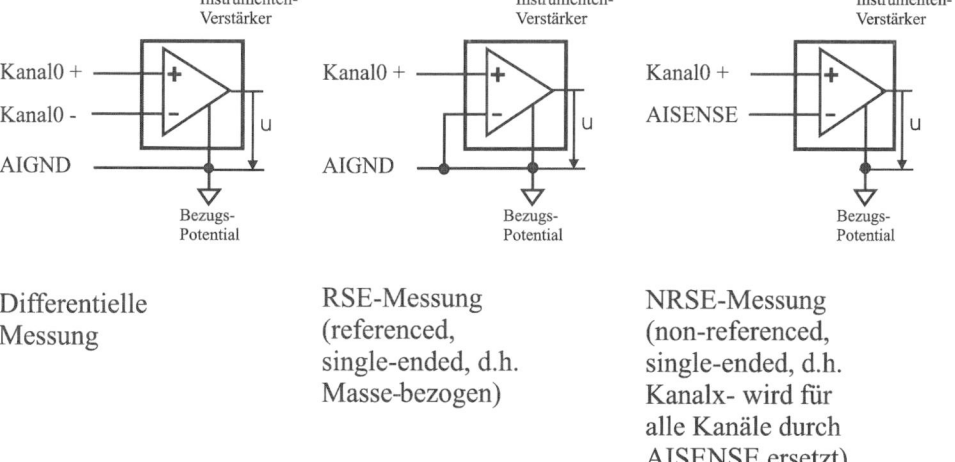

Bild 16.33 Prinzipschaltungen differenziell, RSE und NRSE. Hier auf Kanal 0 bezogen

Hinter dem Begriff 'Instrumentenverstärker' können sich verschiedene Schaltungen verbergen, deren Details dem Datenblatt des Erfassungsgeräts zu entnehmen sind. Bild 16.34 zeigt eine einfache Ausführung eines Differenzverstärkers.

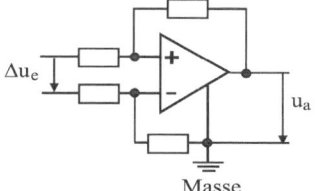

Bild 16.34 Prinzipschaltung eines Differenzverstärkers, der als Instrumentenverstärker verwendet werden könnte

Je nachdem, ob die zu erfassende Spannung mit Masse verbunden ist (was häufig zutrifft, wenn sie von einem Funktionsgenerator kommt) oder ob sie massefrei ist (z.B. im Falle einer Batteriespannung), sind also die in Bild 16.35 gezeigten Schaltungen geeignet, sofern man nicht auf die differenzielle Messung zurückgreifen kann oder will.

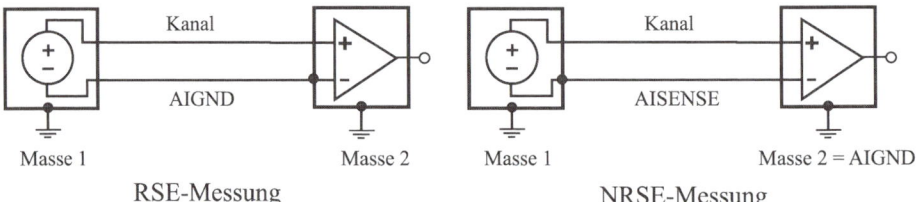

Bild 16.35 RSE-Schaltung bei nicht geerdeter Differenz-Spannung, NRSE bei geerdeter Spannung

16.3.2 Zwei Analogsignale mit der NI USB-6521 lesen

Wir können dazu von 'AnalogEinfachundBesser_LesenMehrfach.vi' in Bild 16.18 ausgehen, zu dem wir einen neuen Task definieren: 'ZweiSpannungenTask' nach Bild 16.36.

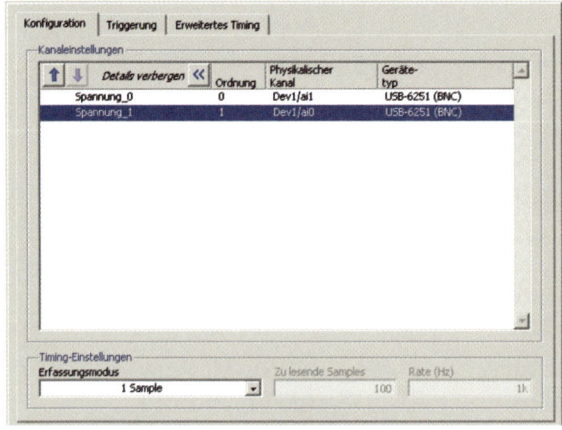

Bild 16.36 Definition eines Task für NI USB-6521

Bei entsprechender Beaufschlagung von Kanal 0 und Kanal 1 durch die Spannungen zweier Funktionsgeneratoren erhalten wir die Anzeige von Bild 16.37.

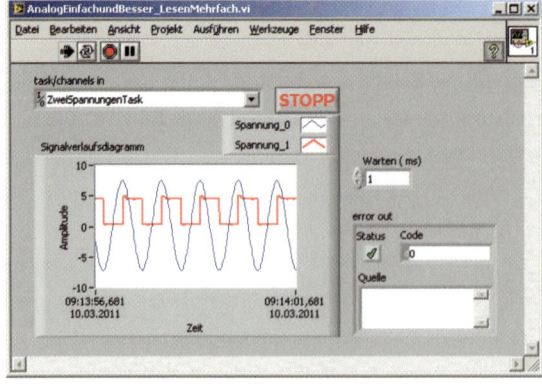

Bild 16.37 Diagramm, entwickelt aus 'AnalogwertEinzelnLesen.vi' in Bild 16.12

Die Anzeige zeigt jetzt Datum und Uhrzeit. Man erreicht das, indem man das polymorphe VI 'DAQmx Read.vi' gemäß Bild 16.38 auf '1D-Signalverlauf' umstellt.

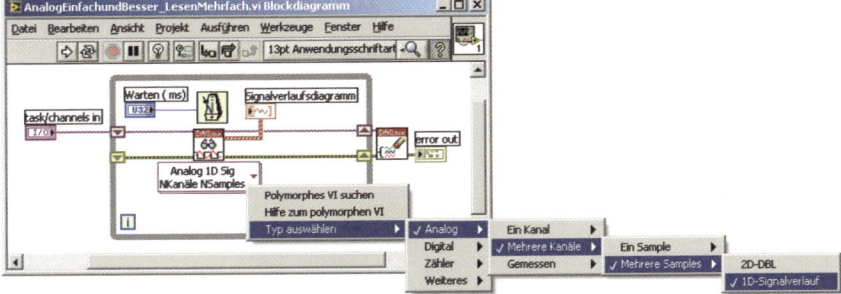

Bild 16.38 Stellt man die polymorphe Funktion 'DAQmx Read.vi' auf DBL, erhält man beim Anschluss eines Charts Indizes auf der x-Achse. Stellt man aber auf '1D-Signalverlauf', erscheint dort die Echtzeit

16.3.3 Triggern mit NI USB-6521

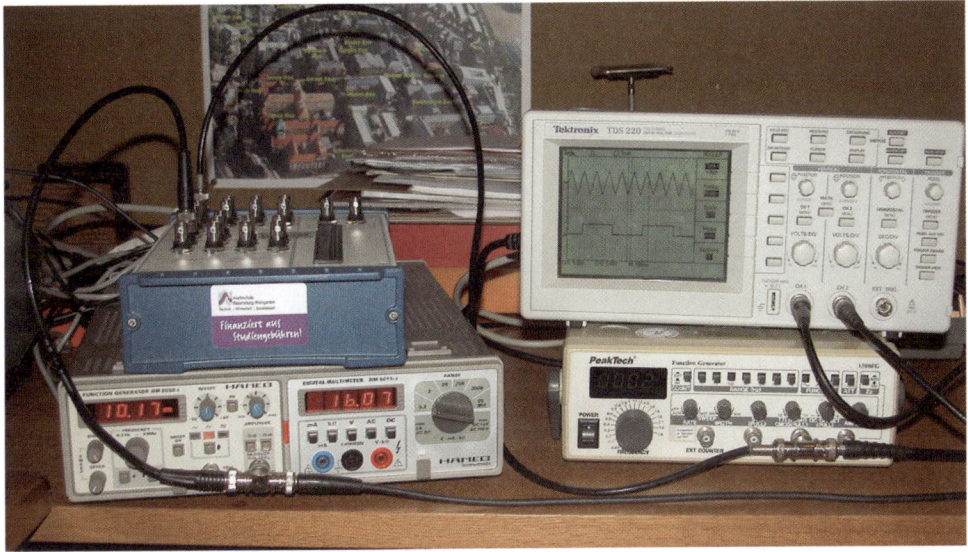

Bild 16.39 Triggern einer 10,17-Hz-Dreiecksspannung mit einer 2-Hz-Rechteckspannung

Eine häufige Forderung bei der Messdatenerfassung ist die exakte Bestimmung des Zeitpunkts, von dem an die Daten einzulesen sind, man denke z.B. an Hochgeschwindigkeitsaufnahmen einer Gewehrkugel. Man nennt das 'triggern'.

In Bild 16.39, wo die Datenquellen und -senken gezeigt werden, geht es allerdings nicht um Bildverarbeitung, sondern um die Verarbeitung von Analogwerten. Bild 16.40 zeigt das Diagramm und Bild 16.41 das Frontpanel von '1641-USB-6251_Triggern.vi'. Dazu wurde der Task 'USB-6521_Triggern' auf 'N Samples' = 1 k eingestellt, die 'Rate' auf 10 k und 'Physikalischer Kanal' auf 'Dev1/ai0'. Die Dreiecksspannung von 10,17 Hz, die vom Funktionsgenerator links unten in Bild 16.39 erzeugt und im Oszilloskop rechts oben angezeigt wird, wird erst erfasst, wenn eine steigende Flanke an Kanal Dev1/PFI0 erscheint. Das geschieht etwa alle 0,5 s, da der Funktionsgenerator (rechts unten in Bild 16.39) dort eine Rechteckspannung von ungefähr 2 Hz einspeist. Erfasst werden immer nur 1000 Analogwerte entsprechend der Einstellung im MAX für den Task 'USB-6521_Triggern'. Da die Scan-Rate 10 kHz beträgt, werden die Analogwerte in 0,1 s eingelesen. Danach ruht die Datenerfassung ca. 0,4 s bis zur nächsten steigenden Flanke.

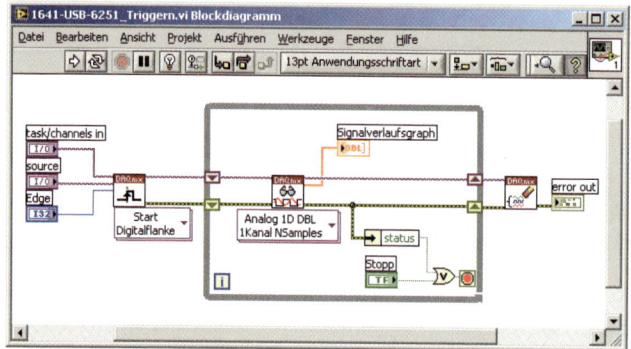

Bild 16.40 Die DAQmx-Funktion zum Triggern findet man unter 'Funktionen' – 'Mess-I/O' – 'DAQmx-Datenerfassung'. Die nötigen Parameter kann man der Kontexthilfe entnehmen

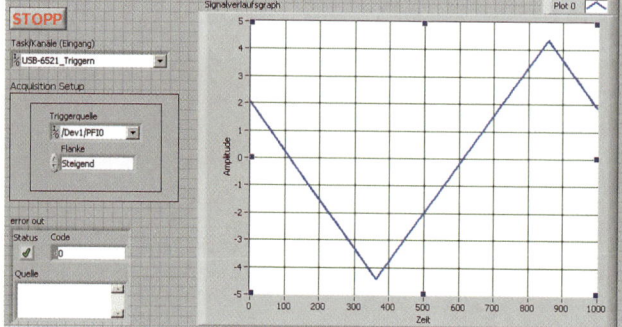

Bild 16.41 Frontpanel zum Diagramm in Bild 16.40

Aufgabe 16.5

In Bild 16.41 ist nicht zu erkennen, welche Einstellungen sich hinter dem Task 'USB-6521_Triggern' verbergen. Schreiben Sie ein Programm 'USB-6521_TriggernProg.vi', in dem die oben verwendeten Eigenschaften nicht im MAX, sondern programmatisch festgelegt werden.

Aufgabe 16.6

Schreiben Sie ein Programm 'USB-6521_TriggernSoft.vi', das jeweils 2000 Analogwerte nach Betätigung eines Schalters auf dem Frontpanel einliest. Hier wird also der Eingang /Dev/PFI0 nicht benötigt. Man nennt das Soft-Triggern.

16.3.4   Streaming mit NI USB-6521

Messwerte müssen häufig längerfristig aufgezeichnet werden, damit man sie später, nach Abschluss der Messkampagne, in Ruhe auswerten kann. Zu diesem Zweck sollte man die Daten auf Festplatte speichern.

Lesen von Analogwerten für einen bestimmten kurzen Zeitraum

Bild 16.42 und Bild 16.43 zeigen '1643-USB-6251_StreamOhneSchleife.vi' als Beispiel eines solchen VIs zur Messung von Analogwerten. Das zugehörige Lese- und Anzeigeprogramm wurde der Einfachheit halber nicht von der Datenerfassung getrennt, es folgt als zweiter und dritter Teil einer flachen Sequenz.

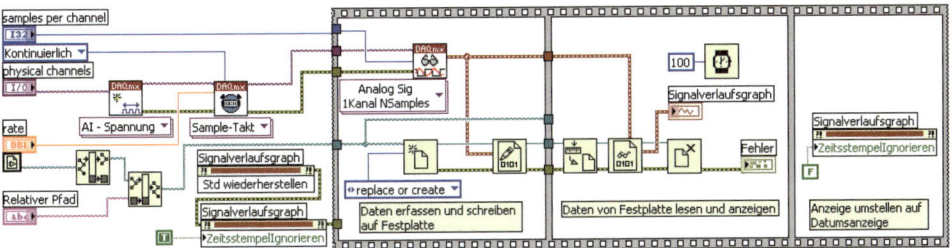

Bild 16.42 Im ersten Teil der Sequenz werden 5 s lang Analogwerte gelesen und in einer Datei gespeichert. Im zweiten und dritten Teil werden diese Daten gelesen und auf dem Frontpanel angezeigt

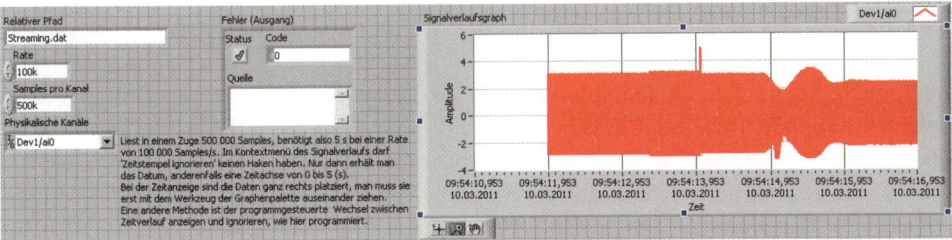

Bild 16.43 Frontpanel zu Bild 16.42. Die Daten können mit der Lupe der Graphenpalette auseinandergezogen und im Detail betrachtet werden, wie Bild 16.44 zeigt

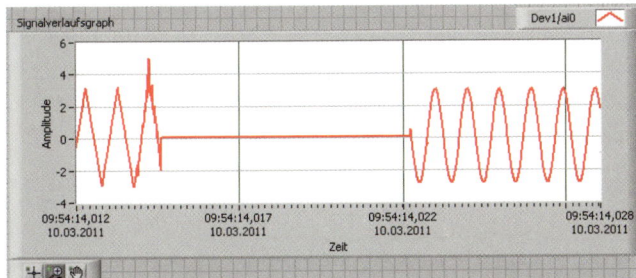

Bild 16.44 Ausschnitt aus dem Signalverlaufsgraph in Bild 16.43 am 10.3.2011 um ca. 9:54:14 Uhr

Lesen von Analogwerten mit Schleifentechnik

Das Programm in Bild 16.43 liest einmalig 500 000 Analogwerte mit einer Samplerate von 100 000 pro Sekunde. Es benötigt also ziemlich genau 5 s und stoppt dann. Was aber macht man bei Langzeitmessungen oder wenn das Ende der Datenerfassung nicht von vornherein feststeht? Dann nutzt man natürlich eine Schleife, die per Stopp-Knopf beendet werden kann.

Das erscheint einfach, doch sollte man, ehe man sich ans Programmieren macht, einen Augenblick innehalten und sich zuvor mit dem Mechanismus der Messdatenerfassung und der Datenübertragung zwischen Datenerfassungsgerät und PC befassen. Das Prinzip ist in Bild 16.45 dargestellt.

Zunächst erfasst das Gerät NI USB-6251 eine Anzahl von Analogwerten mit einer bestimmten Scan-Frequenz. Diese Werte kann der Anwender einstellen, siehe Bild 16.46.

In diesem Beispiel sind 100 000 Analogwerte zu übertragen, die Scan-Frequenz oder Rate beträgt 100 000 Samples pro Sekunde. Der Vorgang der Datenerfassung dauert also 1 s.

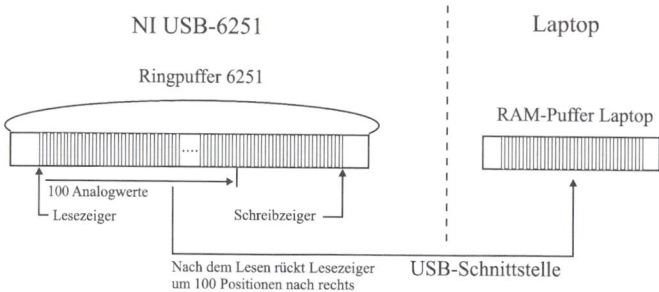

Bild 16.45 Lesen der Messwerte im NI USB-6251 und in einem Laptop (mit 2 GHz, 2 GByte RAM)

Dazu benötigt das USB-6251 einen Pufferspeicher für mindestens 100 000 Analogwerte. Dieser Speicher wurde hier mit 5 M = 5 000 000 Bytes angelegt (Samples pro Kanal in der Funktion 'DAQmx-Timing (Sample-Takt)'). Die Datenerfassung ist auf 'Kontinuierlich' eingestellt, wie Bild 16.47 zeigt. Das bedeutet, dass das USB-6251 während der Laufzeit des VI ständig Daten erfasst, unabhängig davon, ob sie das VI abholt oder nicht. Ist der Puffer von 5 M vollgeschrieben, werden die ältesten Werte überschrieben. Das ist das Prinzip des Ringpuffers. Man muss die Daten also rechtzeitig abholen, anderenfalls zeigt das VI beim Leseversuch den Fehler -200279 ('Measurements: Es wurde versucht, Abtastwerte zu lesen, die nicht mehr zur Verfügung stehen. Der geforderte Abtastwert war zuvor verfügbar, wurde jedoch überschrieben').

Das Programm '1647-USB-6251_StreamOhneSchleifeTestZeit.vi'. (Bild 16.46, Bild 16.47) misst die Zeit für die Übertragung von 100 000 Analogwerten aus dem Puffer des USB-6251 in das RAM des Laptop. Ohne Messwertanzeige im Signalverlaufsgraphen erhält man 5 ms, mit Anzeige etwa 6 bis 7 ms (Durchschnittswerte).

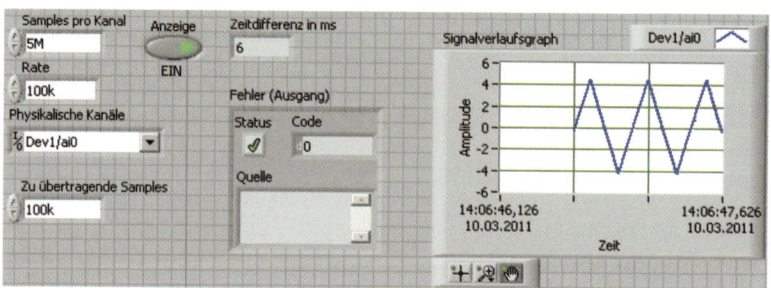

Bild 16.46 Auslesen des USB-6251-Pufferspeichers in den RAM des Laptop dauert durchschnittlich 5 ms o h n e Anzeige im Signalverlaufsgraph und 7 ms mit Anzeige. Siehe auch Bild 16.47

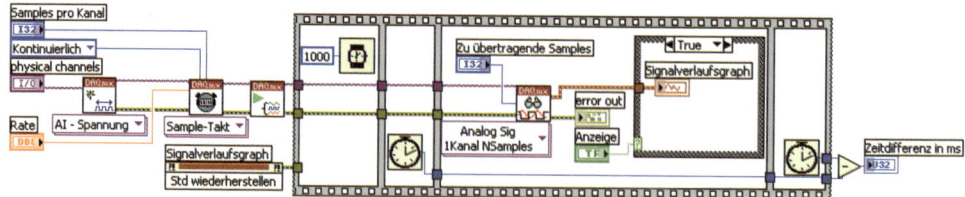

Bild 16.47 Diagramm zu Bild 16.46: Zeitbestimmung für Puffer lesen und Anzeigen in einem Graph. Die Verzögerung von 1000 ms links dient dazu, dass das Gerät USB-6251 erst seinen Pufferspeicher füllen kann, ohne dass der Laptop darauf warten muss

Auch das Speichern der zunächst in das RAM des PC übertragenen Daten auf die Festplatte benötigt Zeit. Bei 100 000 Analogwerten (Bild 16.46) sind es 13 bis 14 ms, bei 1 Million Analogwerten wächst die Zeit überproportional auf ungefähr 280 ms an. Das liegt daran, dass das Windows-Betriebssystem diese Datenmenge stückweise, d.h. ebenfalls gepuffert, übertragen muss, worauf der Anwender keinen Einfluss hat.

Aufgabe 16.7

Schreiben Sie ein VI, etwa nach dem Muster von Bild 16.47, das die Zeit für die Umspeicherung der Daten aus dem RAM des PC auf die Festplatte ermittelt.

Die Frage ist nun, ob man bei Verwendung einer Schleife die Daten rechtzeitig zum PC transferieren und dort auch auf Festplatte speichern kann.

Zunächst zeigt Bild 16.48 ein VI, das Auskunft über den Stand des Ringpuffers im USB-6251 gibt. Denn während die Datenübertragung zum PC erfolgt, wird mit 'Kontinuierlich' als Modus weiter in den Ringpuffer geschrieben. 'VerfügbSampProKanal' als Eigenschaftsknoten zu 'DAQmx – Lesen' gibt darüber Auskunft (Bild 16.48).

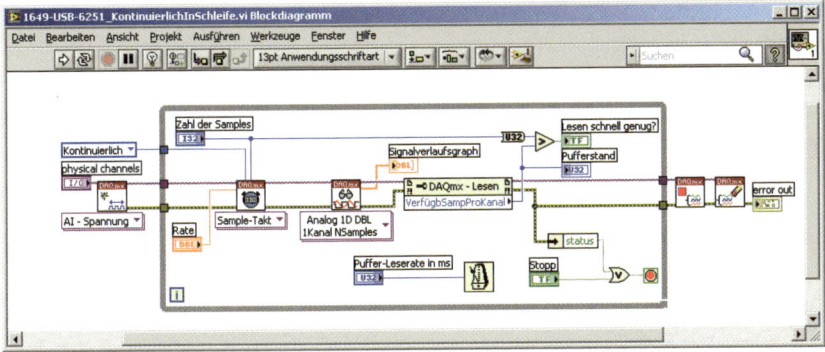

Bild 16.48 Diagramm '1649-USB-6251_KontinuierlichInSchleife.vi', das über die restlichen Samples im Puffer informiert

Eine zweite Frage ist, warum überhaupt eine 'Puffer-Leserate in ms', im Beispiel 5 ms, eingeführt wurde. Am schnellsten erfolgt ja der Datentransfer, wenn diese Größe gleich null gesetzt wird. Dann wird auch 'Scan Backlog' gleich null oder fast null, wovon man sich leicht überzeugen kann. Die Antwort lautet: Man gewinnt so Zeit für Aktivitäten, die parallel ausgeführt werden sollen, etwa Fouriertransformationen oder noch umfangreichere Berechnungen. Werden die Daten mit hoher Scan-Frequenz erfasst, bleibt dafür keine Zeit, weil sonst Daten verloren gehen. Man kann aber, während die Datenerfassung läuft, bereits beginnen, sie parallel zu bearbeiten, z.B. um sich einen ersten Eindruck zu verschaffen. Die hohe Transfergeschwindigkeit USB-6251 → PC lässt dafür etwas Zeit, auch wenn man die Daten nicht komplett bearbeiten kann. Erfasst man sie z.B. mit einer Geschwindigkeit von 100 000 Analogwerten in der Sekunde und überträgt sie in Blöcken zu 100 000 an den PC, so benötigt man dazu nach Bild 16.46 bei Anzeige in einem Chart 6 bis 7 ms. Speichert man die Daten zusätzlich auf der Festplatte, kommen weitere 14 ms dazu. Das sind zusammen 23 ms. Ruft man die Schleife nun mit einer Puffer-Leserate von 100 ms auf, verbleiben 77 ms für andere Aktivitäten. Allerdings läuft dann der **Ringpuffer** des Datenerfassungsgeräts **recht schnell voll**, auch wenn er mit 5 MB großzügig bemessen wird.

Deshalb versuchen wir, mit 8 ms auszukommen, in denen jeweils 10 000 Messwerte bei einer Erfassungsrate von 1 250 000 Messwerten pro Sekunde im Hauptspeicher des PC abgelegt werden. Diese müssen **vor Ablauf der 8 ms** auf die Festplatte transferiert werden.

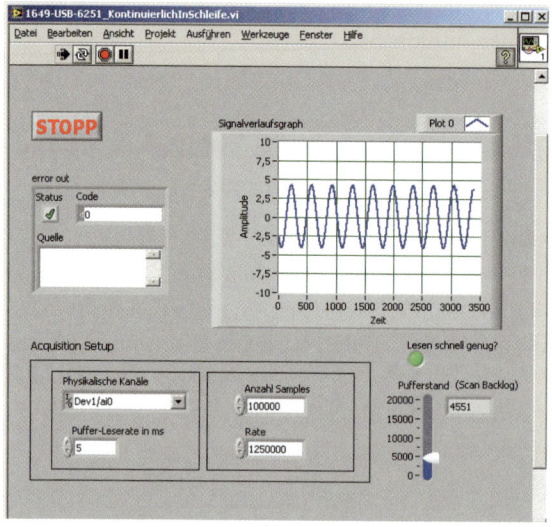

Bild 16.49 Frontpanel zum Diagramm in Bild 16.48. Momentan befinden sich nach Lesen von 100 000 Analogwerten noch 4 551 Werte im Ringpuffer des USB-6251. Aus dem Puffer wird alle 5 ms gelesen. Das reicht, also zeigt die LED 'Lesen schnell genug?' grün

Da die Fourieranalyse mehr Zeit benötigen könnte, speichern wir ihre Ergebnisse kurzfristig in einer Queue ebenfalls im Hauptspeicher, sorgen aber dafür, dass wir sie abschalten können, nachdem wir einen Eindruck von der Art der erfassten Daten gewonnen haben. Die Größe des Ringpuffers wird jetzt automatisch von LabVIEW aus der 'Zahl der Samples' errechnet. Hat die Queue mehr als 500 Elemente, schaltet das VI ab. Trotzdem kann der Benutzer immer wieder mit 'Anzeige Fourier?' interessierende Datensätze anzeigen.

Das Problem des zeitaufwändigen Transfers eines einzelnen Datensatzes auf die Festplatte lösen wir, indem wir mehrere Datensätze gemeinsam abspeichern, nämlich jeweils den Inhalt der Queue. Diese wird abgearbeitet, sobald der Benutzer sich hinreichend informiert fühlt und die Fourier-Anzeige abschaltet. Zur Erhöhung der Geschwindigkeit wird – wie schon in früheren Beispielen – binär gespeichert. Siehe dazu Bild 16.50. Die Bearbeitungszeit für die Fouriertransformation wird künstlich um 'Bearbeitungszeit (ms)' verlängert. Im Beispiel sind es 300 ms, siehe Anzeige Mitte links in Bild 16.51. Sie könnte auch real entstehen, wenn statt der Fouriertransformation eine aufwändigere Bearbeitung der Messdaten vorgenommen würde. Der Anwender hat im Beispiel 'Anzeige Fourier' auf EIN gestellt, sodass sich in der Warteschlange bereits 12 Datensätze gesammelt haben. Schaltet er nun diese Anzeige wieder aus, werden die gespeicherten Datensätze der Reihe nach abgearbeitet und rechts als Fourierspektrum dargestellt. Am Funktionsgenerator wurde eine Sinusfunktion mit rasch wechselnder Frequenz (so genanntes 'Wobbeln') zwischen etwa 20 und 600 Hz erzeugt, die ein auseinandergezogenes Frequenzspektrum liefert.

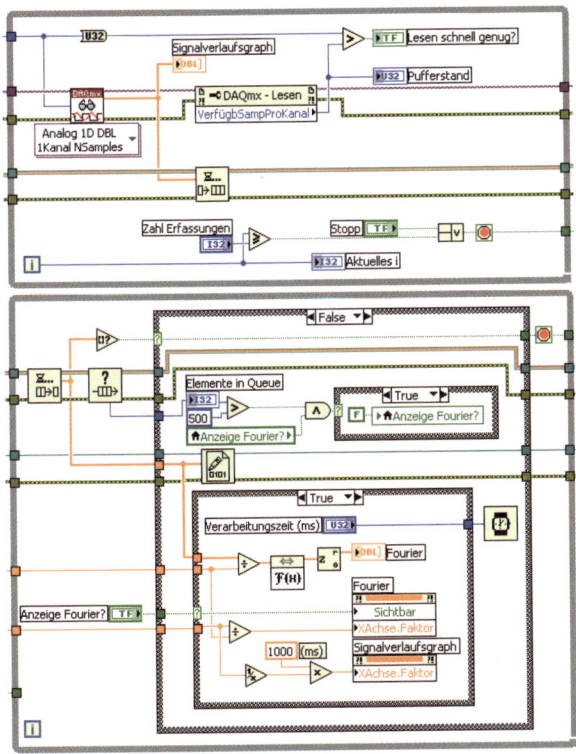

Bild 16.50 Ausschnitt aus dem Diagramm von '1651-USB-6251_Streaming.vi'

Bild 16.52 ist ähnlich, nur wurden die Datensätze in der Warteschlange auf 7 abgearbeitet. In Bild 16.53 ist der Prozess abgeschlossen und die Fourieranzeige verschwunden.

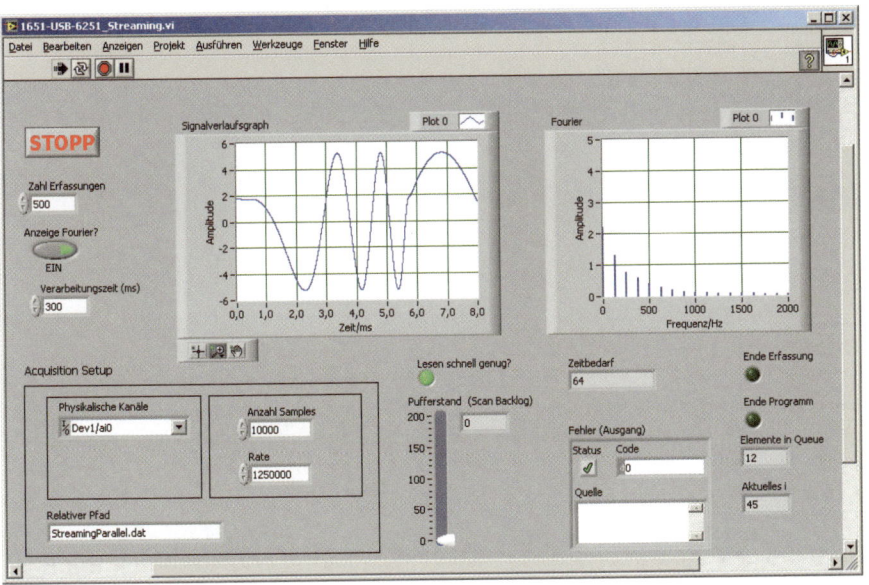

Bild 16.51 Der Anwender hat 'Anzeige Fourier' links auf EIN gestellt. Sie ist rechts oben zu sehen. In der Queue befinden sich 12 Datensätze, die abzuarbeiten sind (Anzeige rechts unten)

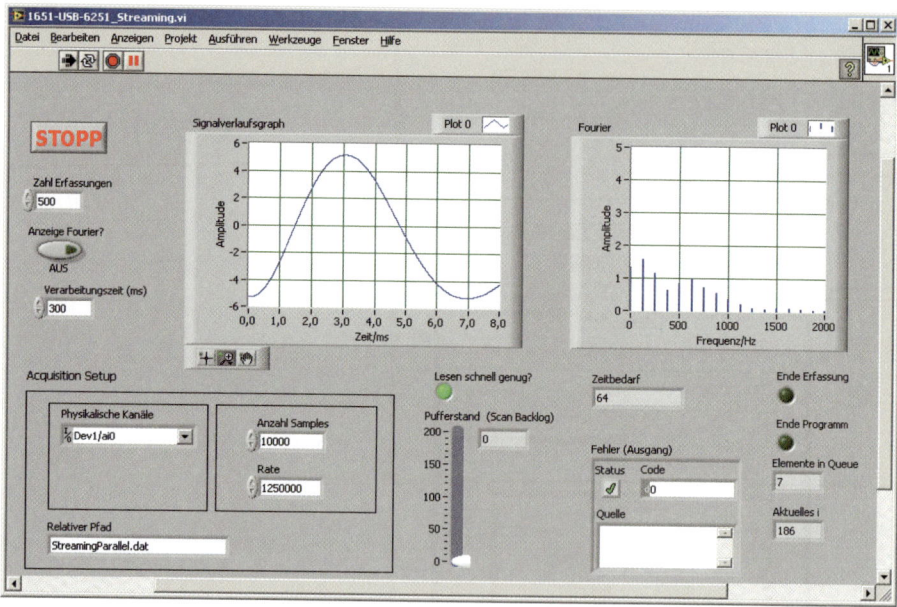

Bild 16.52 Die 'Anzeige Fourier' steht jetzt auf AUS. Die Fouriertransformation von 5 Datensätzen (von anfangs 12) wurde bereits angezeigt, 7 Elemente in der Queue sind noch abzuarbeiten

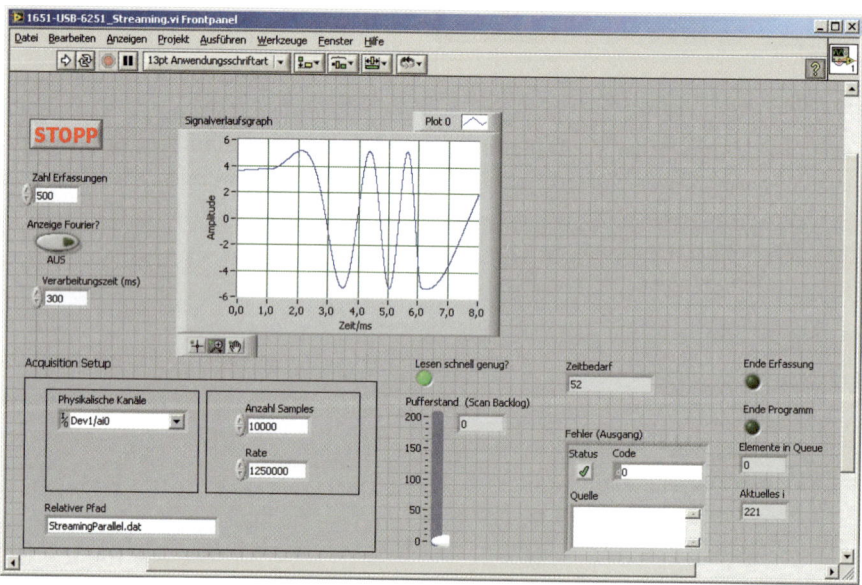

Bild 16.53 Die vom Anwender zwischenzeitlich gewünschten Fouriertransformationen wurden angezeigt, die Queue ist wieder leer, das Fourierdiagramm wird nicht mehr durchgeführt oder dargestellt

Aufgabe 16.8

Analysieren Sie den Aufbau und die Funktionen des oben dargestellten Programms '1651-USB-6251_Streaming.vi'.

16.4 Ältere Datenerfassungskarten/-geräte

Ältere Datenerfassungskarten (auch 'Legacy' genannt) werden in der 6. Auflage nicht mehr behandelt. Wir verweisen auf die "Einführung in LabVIEW", Auflage 4. Die wesentliche Erkenntnis war, dass man mit Hilfe des Measurement & Automation Explorers (MAX) auch älteren Messdatenkanälen symbolische Namen geben kann, die sich in LabVIEW-VIs verwenden lassen. Informationen kann man unter http://www.geho-labview.de abrufen.

16.5 TEDS

Bisher haben wir nur mit Spannungen gearbeitet, ohne uns um die physikalischen Größen zu kümmern, die durch Spannungen ausgedrückt werden, z.B. Temperaturen, Dehnungen, Widerstände. Eine Liste dieser Optionen erhält man, wenn man im MAX einen neuen Task mit 'Datenumgebung' – 'Neu' – 'NI-DAQmx-Task' – 'Signale erfassen' gemäß Bild 16.54 erstellt. Wir werden im Folgenden nicht näher darauf eingehen. Die Online-Hilfe sagt hierzu das Nötigste. Vielmehr werden wir uns mit den so genannten **TEDS** beschäftigen. Dies bedeutet '**Transducer Electronic Data Sheets**'. Gemeint sind intelligente Sensoren, die Informationen in Datenblättern (electronic sheets) speichern. Damit kann ein Messgerät den Sensor (unter mehreren) identifizieren, die gelieferten Messwerte empfangen und **korrekt** interpretieren. Die IEEE-Norm 1451.4 definiert, in welcher Weise die Datenblätter zu codieren sind.

Herkömmliche Sensoren liefern ein Signal, häufig z.B. eine Spannung, deren Bedeutung als physikalische Größe erst noch im MAX oder im zugeordneten Verarbeitungsprogramm festgelegt werden muss. Das ist mühsam, wenn es sich nicht um einige wenige, sondern um viele Sensoren handelt. Ein TEDS-Sensor sagt dagegen dem Anwender sofort, dass eine Spannung bestimmter Größe, z.B. 1 Volt, eine Beschleunigung von 35,6 m/s^2 bedeutet, denn diese Kalibrierungsdaten sind im Sensor-Datenblatt abgelegt. TEDS sind besonders dann von Vorteil, wenn **viele** gleichartige Sensoren benötigt werden. Man denke etwa an Belastungsversuche an der Tragfläche eines neu entwickelten Flugzeugs, wo das Schwingungsverhalten an Hunderten von Messstellen gleichzeitig aufzunehmen ist.

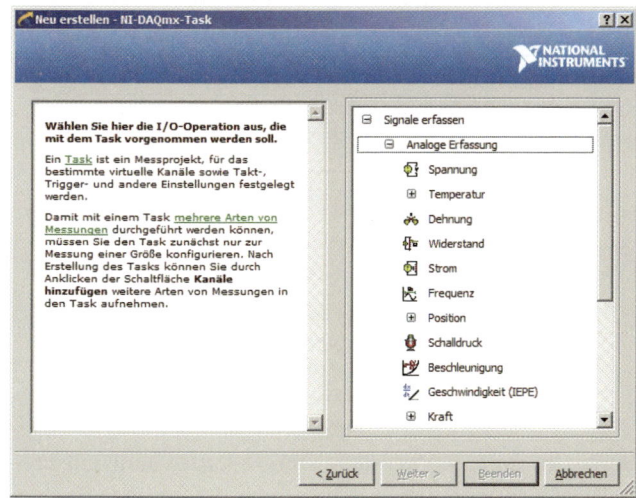

Bild 16.54 Auswahl von Messmethoden für verschiedene physikalische Größen im MAX

Für die folgenden Versuche wurde der Beschleunigungsmesser 4507 B s/n 30124 Theta Shear Delta Tron mit 10 mV/ms^{-2} von Brüel & Kjaer verwendet. Er hat eine Leitung, die im 'mixed mode' betrieben wird. Das heißt, die Leitung kann sowohl Digitalwerte (die Eintragungen in den 'data sheets') als auch Analogwerte (die Messdaten) übertragen. Die Umschaltung erfolgt über ein Relais. Man kann sich dieses Datenblatt im MAX anschauen. In der älteren Version von 2008 bringt der MAX eine Anzeige gemäß Bild 16.56. Brüel & Kjaer erklärt das TEDS-Prinzip seiner Sensoren gemäß Bild 16.55 (Jahr 2008).

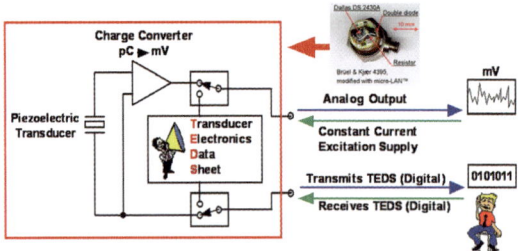

Bild 16.55 Wirkungsweise eines TEDS, mit freundlicher Genehmigung von Brüel & Kjaer (Jahr 2008)

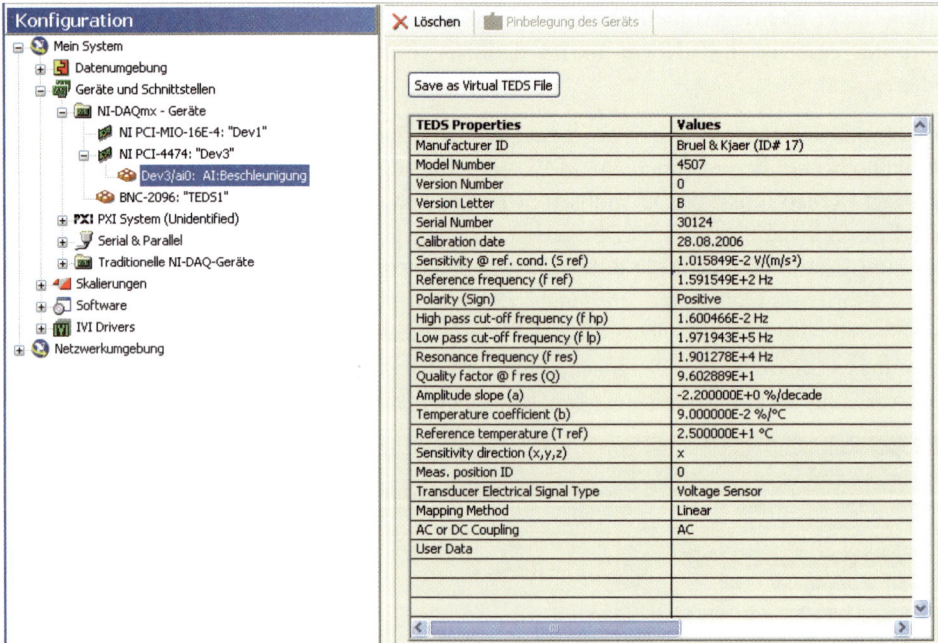

Bild 16.56 Datenblatt des Beschleunigungssensors 4507 B s/n 30124 von Brüel & Kjaer

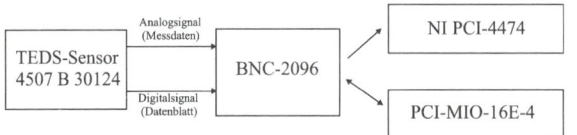

Bild 16.57 Die Karte PCI-MIO-16E-4 steuert die Erfassung der Sensordaten über das Gerät BNC-2096. Die hochauflösende NI PCI-4474 empfängt die analogen Messwerte

Eine Verbindung des Sensors mit dem PC unter Verwendung von NI-Karten kann entsprechend Bild 16.57 gestaltet werden. Diese Konfiguration wurde auch für das folgende Beispiel verwendet.

Bemerkung

Das oben schon mehrfach als Beispiel angeführte Gerät USB NI-6251 kann hier nicht verwendet werden. Der Beschleunigungssensor von Brüel & Kjaer misst Ladungen am Eingang. Zur Umwandlung in eine Spannung benötigt er die Speisung mit einem **Konstantstrom von 4 mA, auch IEPE** genannt. IEPE oder 'Integrated Electronics Piezo-Electric' ist eine Industrienorm für piezoelektronische Sensoren, zu denen auch der oben beschriebene Sensor von Brüel & Kjaer gehört. Die Karte NI PCI-4474 ist mit einer solchen Konstantstromquelle ausgerüstet. Doch benötigt man noch eine zweite Karte für die Übertragung der Informationen im Datenblatt (data sheet). Dafür genügt auch die ältere PCI-MIO-16E-4. Beide Datenströme laufen über das Anschlussgerät BNC-2096.

Die Konfiguration für das Beispiel aus Bild 16.57 wird wie folgt erstellt: Zuerst die neue Karte NI PCI-4474, wie schon früher beschrieben, vom System und vom MAX erkennen lassen, siehe Bild 16.58.

Das Gerät BNC-2096 einbeziehen über 'Geräte und Schnittstellen' – 'NI-DAQmx-Geräte' – 'Neues NIDAQmx-Gerät erzeugen…' (zu "Dev3") – 'BNC-2096', siehe Bild 16.59.

Nun muss der richtige Eingang und Ausgang am 'BNC-2096' gewählt werden: Im Fenster 'BNC 2096 (Anschlussblock für TEDS-Sensoren)' nach Bild 16.60 einen Kanal wählen, im Beispiel Kanal 0, und dort 'Dev3/ai0' einstellen. "Dev3" steht hier für 'NI PCI-4472'. Dann 'Nach TEDS suchen' drücken. Bei hardwaremäßig richtig angeschlossenem Sensor färbt sich die LED neben Kanal 0 grün. 'OK' drücken. Der MAX (ältere Version von 2008) bringt jetzt eine Anzeige nach Bild 16.60.

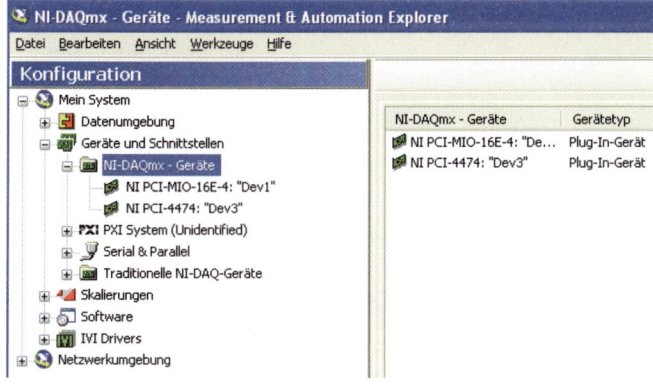

Bild 16.58 Karte NI PCI-4474 vom MAX (in seiner älteren Version von 2008) als "Dev3" erkannt (zuvor war eine andere als "Dev2" bezeichnete Karte aus Platzgründen aus dem PC entfernt worden)

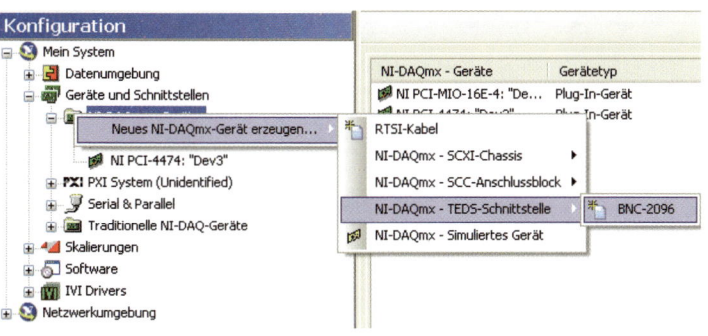

Bild 16.59 BNC-2096 mit PCI-4474 verbinden

Nach erfolgreicher Konfiguration nimmt der MAX das Aussehen von Bild 16.61 an.

Nun muss ein Task erstellt werden. Dazu im Kontextmenü von 'NI PCI-4474' anklicken 'Task erstellen…' – 'Signale erfassen…' – 'TEDS'. Wählen 'AI: Beschleunigung', dann einen Task-Namen eintragen und beenden. Im MAX werden N Samples, $2k$ Samples und $20k$ Rate vorgeschlagen. Im Beispiel wurden diese Werte übernommen, siehe Bild 16.62.

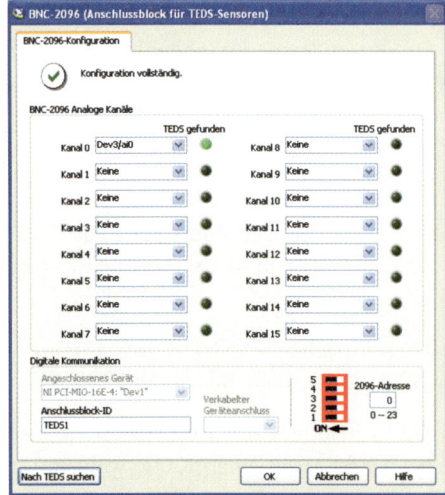

Bild 16.60 Suchen des hardwaremäßig angeschlossenen TEDS-Sensors, hier an Kanal 0

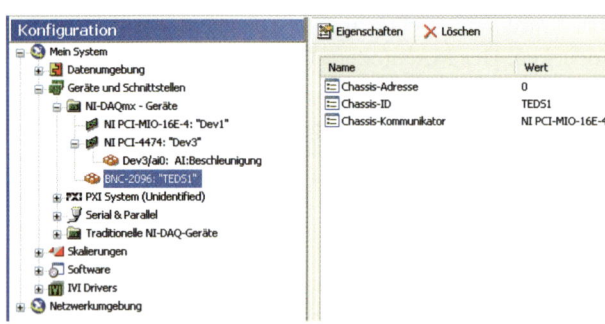

Bild 16.61 Anzeige im MAX nach erfolgreicher Identifikation des Beschleunigungssensors (ältere Version des MAX von 2008)

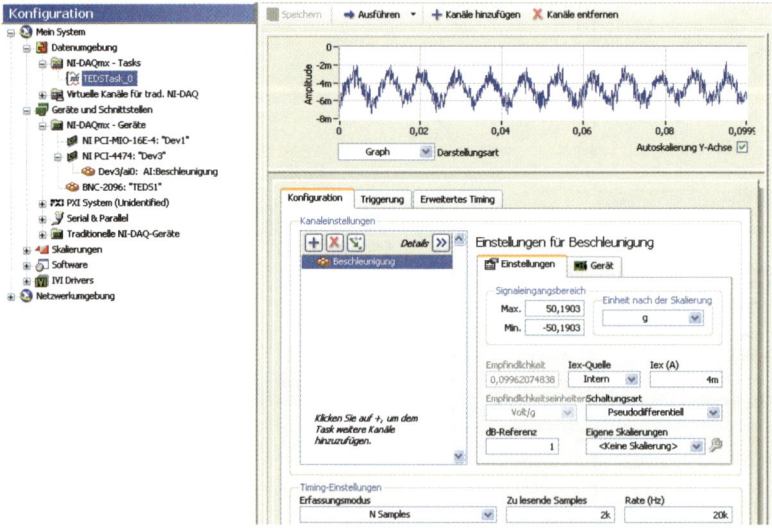

Bild 16.62 Erstellung Task für die Aufnahme von Beschleunigungswerten mit dem TEDS-Sensor

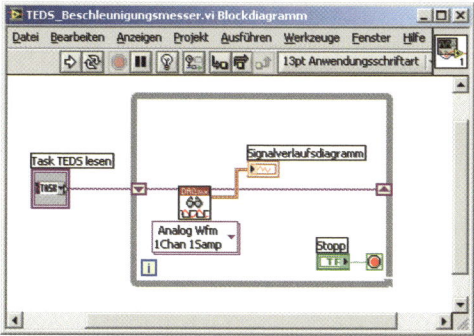

Bild 16.63 Diagramm eines einfachen VI zum Auslesen des TEDS-Beschleunigungssensors

Bild 16.63 und Bild 16.64 zeigen ein sehr einfaches VI, das in der Lage ist, ein simuliertes Erdbeben (Tritt an den Labortisch) mit dem Brüel & Kjaer-Sensor aufzunehmen und in einem Diagramm darzustellen.

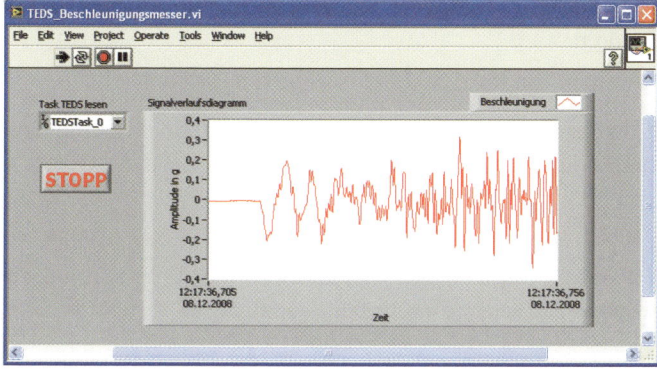

Bild 16.64 Aufzeichnung eines simulierten Erdbebens (Tritt gegen den Labortisch) mit dem TEDS-Beschleunigungssensor von Brüel & Kjaer im Jahre 2008

16.6 IVI-Gerät NI USB-513

Dieses Gerät wird ebenfalls über einen USB-Anschluss am Rechner betrieben. Es ist ein sehr kleines Gerät, das zusammen mit dem PC ein Oszilloskop ersetzen kann. Bild 16.65 zeigt dies links. Rechts sieht man die Anschlüsse für zwei Analogkanäle und einen Triggereingang. Zusammen mit der zugehörigen Software 'NI-SCOPE' und dem PC kann man damit ein vollwertiges virtuelles Oszilloskop aufbauen.

Bild 16.65 IVI-Digitizer neben Laptop

IVI-Gerät mit zwei Analogeingängen und einem Triggereingang

'IVI' bedeutet 'Interchangeable Virtual Instruments'. IVI-Treiber sind einer der drei von National Instruments unterstützten Gerätetreibertypen:

- VISA,
- DAQmx und
- IVI. Der Zweck von IVI und seine Vorteile sind:
  - Erleichterter Austausch von Messgeräten. Man kann ein Gerät einer Klasse (z.B. aus der Multimeter-Klasse) durch ein anderes Gerät der gleichen Klasse **ohne** oder höchstens mit geringfügigen Änderungen des LabVIEW-Programms ersetzen.
  - Gerätesimulation auf dem PC. Die Hardware für ein Oszilloskop z.B. ist stark reduziert. Alle Bedien- und Anzeigeelemente befinden sich auf dem Frontpanel des zugehörigen LabVIEW-Programms.
  - Es gibt zur Zeit 8 Geräteklassen: Digitalmultimeter, Oszilloskope, Funktionsgeneratoren, Gleichspannungsgeneratoren, Schalter, Leistungsmesser, Spektrum-Analysatoren und RF-Signalgeneratoren.
  - Zertifizierte IVI-Treiber werden von National Instruments technisch unterstützt.

Zur Festlegung der Ziele und Standards für gängige Prüfgeräte hat National Instruments 1998 die IVI Foundation gegründet, die im Jahre 2008 aus 25 Mitgliedern bestand.

Installation

Achtung: Zuerst muss LabVIEW installiert sein, danach hat man die NI-SCOPE-Software zu installieren und **zuletzt** die Hardware. Die Schritte im Einzelnen sind:

1. DVD mit NI-SCOPE-Instrumententreibern einlegen und in der üblichen Weise die Software installieren.

2. Damit der PC später nicht Messungen abbricht, wenn er automatisch in den Ruhezustand geht, in der Systemsteuerung 'Energieoptionen' aufrufen und bei 'Energieschemas' für Netzbetrieb 'Festplatten ausschalten' und 'Standby' auf 'nie' setzen.

3. Hardwareinstallation durch Verbinden des Geräts NI USB-5133 mit dem Laptop über das beiliegende USB-Kabel starten. Dann erscheint ein Assistent (Wizard), der den Anwender durch den weiteren Installationsprozess führt. Dabei wird Software für das Gerät bereitgestellt. Zuletzt wird automatisch der Measurement and Automation Explorer (MAX) aufgerufen.

4. Wählen 'Dieses Gerät konfigurieren und testen'. Damit wird das IVI-Gerät im MAX automatisch unter 'Geräte und Schnittstellen' – 'NI-DAQmx-Geräte' eingetragen. Die 'Datenumgebung' verändert sich dabei nicht.

5. Seriennummer aufschreiben (die auch auf der Rückseite des Geräts steht). In unserem Fall war das 0xE9CEFC. Sie wird später bei der LabVIEW-Programmierung benötigt.

6. Selbsttest durchführen. Dieser muss positiv verlaufen.

7. Testpanel aufrufen. Im Beispiel wurde auf Kanal 0 eine Sinusspannung von 2 MHz angelegt, die zu folgender Anzeige führte, siehe Bild 16.66.

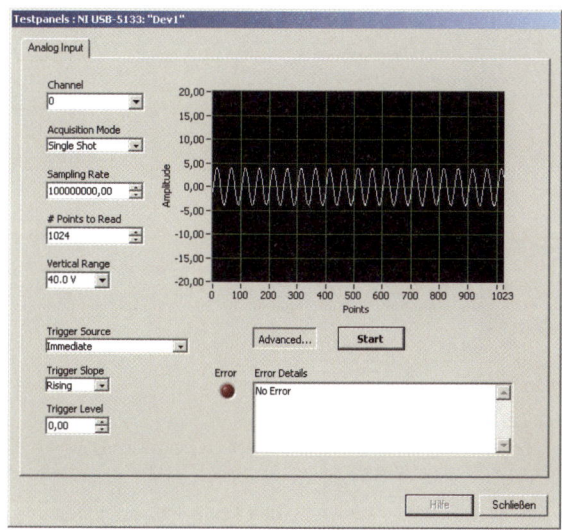

Bild 16.66 Testpanel bei der Installation. Von außen wurde auf Kanal 0 eine 2-MHz- Sinusspannung angelegt

Eigene Oszilloskop-Programme

Nun kann man LabVIEW-Programme unter Benutzung der IVI-Treiber erstellen, die unter 'Funktionen' – 'Mess-I/O' – 'NI-SCOPE' zu finden sind. Das verläuft prinzipiell so ähnlich wie in den vorigen Kapiteln beschrieben. Ein einfaches Beispiel der Datenerfassung auf zwei Kanälen erhält man wie folgt:

Unter 'Funktionen' – 'Mess-I/O' – 'NI-SCOPE' die Funktion 'NI-Scope Express' auswählen und in ein leeres VI ziehen, siehe Bild 16.67. Nach einigen Sekunden erscheint eine Anzeige nach Bild 16.68. Hier wurden die Parameter gemäß Bild 16.69 verändert. Danach wurde noch eine grafische Ausgabe hinzugefügt.

Nun wurden extern eine Dreiecksspannung auf Kanal 0 des IVI-Digitizers und eine Sinusspannung auf Kanal 1 dieses Geräts gegeben, beide mit einer Frequenz von 1,9 MHz. Damit man diese Kurven besser sehen kann, wurden 500 statt 2000 Samples gewählt.

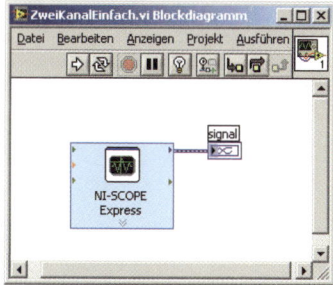

Bild 16.67 Express_VI für IVI-Oszilloskope, nach Installation der zugehörigen Software zu finden unter 'Funktionen' – 'Mess-I/O' – 'NI-SCOPE'

Startet man nun das so konfigurierte VI aus Bild 16.67, zeigen sich im Frontpanel ähnliche Kurvenzüge wie in der Anzeige des Express-VIs, siehe Bild 16.70. Diesmal wurde mit Sinus- und Rechteckkurven der Frequenz 1 MHz gearbeitet. Eine so hohe Auflösung wäre z.B. mit dem NI USB-6251 nicht möglich. Das virtuelle 'Oszilloskop' zusammen mit dem schnellen Digitizer verhält sich also tatsächlich wie ein 'Hardware-Oszilloskop'. Natürlich ist das Frontpanel dazu noch entsprechend auszubauen.

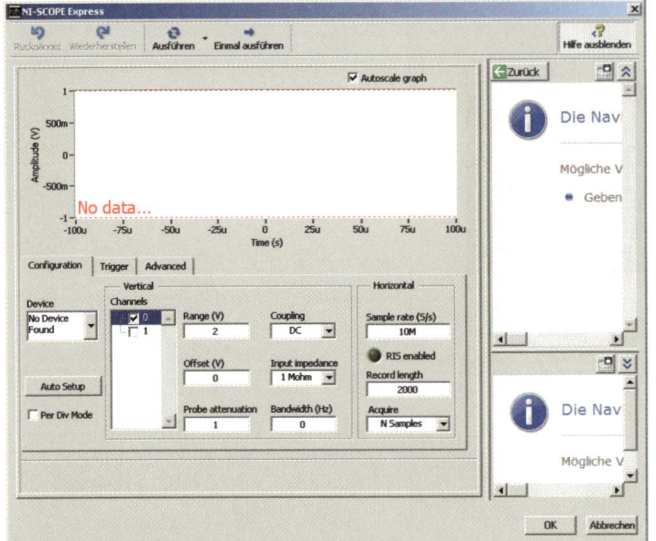

Bild 16.68 Express-VI für IVI-Oszilloskope

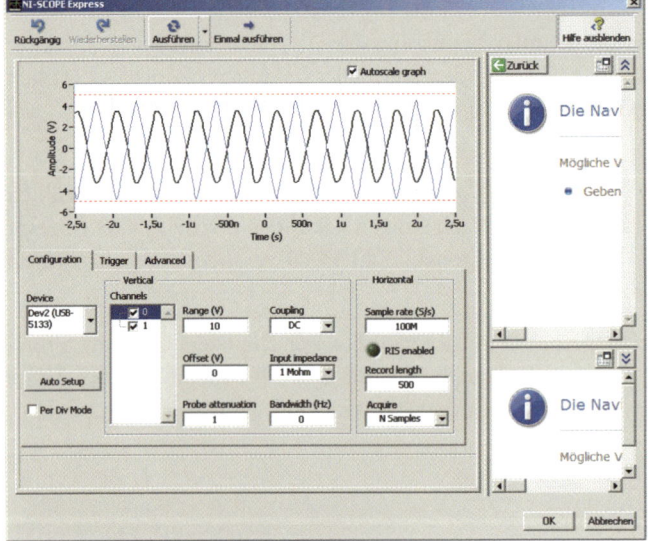

Bild 16.69 Anzeige zweier Spannungen mit etwa 1,9 MHz. Die Abtastrate wurde auf 100 M umgestellt, der Bereich auf 10 V und beide Kanäle 0 und 1 wurden markiert

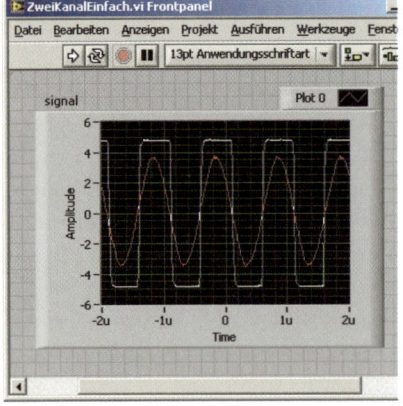

Bild 16.70 Frontpanel zum Diagramm von Bild 16.67, diesmal mit Sinus- und Rechteckspannung von etwa 1 MHz

Neustart

Startet man das 'ZweiKanalEinfach.vi' nach dem Hochfahren des Rechners ohne die USB-Verbindung zum Digitizer, erhält man eine Fehlermeldung in 'niScopeInitialize.vi'. Steckt man dann den USB-Stecker in den PC, erscheint erneut der oben bei der Installation erwähnte Assistent. Diesmal wählt man 'Keine Aktion ausführen', startet 'ZweiKanal Einfach.vi' erneut und erhält wieder korrekte Ergebnisse.

Umwandlung 'NI-Scope Express.vi'

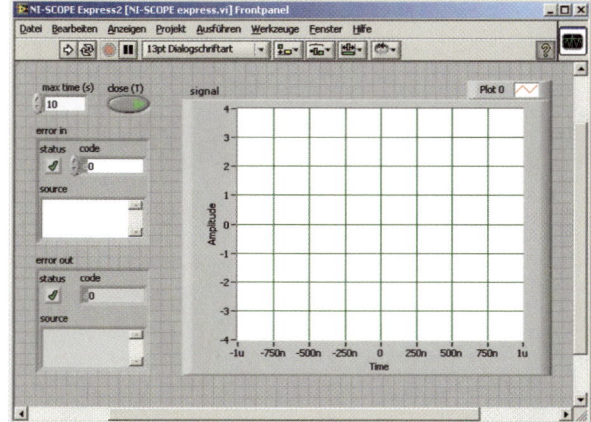

Bild 16.71 Frontpanel eines umgewandelten Express-VIs

Man kann 'NI-Scope Express.vi' auch in ein eigenes VI umwandeln. Dazu vorgehen wie oben beschrieben, d.h. in das Diagramm eines leeren VIs einfügen, automatische Installation abwarten und in Bild 16.69 – nach eventueller Modifizierung der Parameter – 'OK' drücken. Dann Rechtsmausklick auf das Symbol des Express-VIs und aufrufen 'Frontpanel öffnen'. Die Frage nach 'Konvertieren' mit ja beantworten und als 'NI-SCOPE-Vorlage.vi' speichern. Man erhält ein VI mit Frontpanel nach Bild 16.71. Das Diagramm ist recht kompliziert, gibt aber eine Fülle von Anregungen, wie man mit IVI-Befehlen auf Low-Level-Niveau umgehen kann.

Teil IV: Fortgeschrittene Techniken

Teil IV behandelt fortgeschrittene Techniken der LabVIEW-Programierung. Darunter fällt die objektorientierte Programmierung (OOP) sowie Tabellenkalkulation und Datenbankkommunikation unter Windows. Der Aufbau von Programmen als Zustandsautomaten und die Behandlung von Webservern und Clients werden ebenfalls besprochen. Eine Einführung in das cRIO-System 9014 von National Instruments nebst FPGA-Programmierung schließt sich an. Den Abschluss bilden die Kapitel zur Erstellung und Handhabung von XControls, Scripting und XNodes.

17 Professionelle Programmentwicklung

Lernziele

1. LabVIEW-VIs als Sequenz und als Zustandsautomat programmieren können.
2. Begriff Zustandsautomat erklären können.
3. Zustandsautomaten in LabVIEW auf einfache Weise (Polling) programmieren können.
4. Zustandsautomaten in LabVIEW mit Queues und Events programmieren können.
5. Hilfsmittel zur Erstellung umfangreicherer Programme wie Templates kennen.

17.1 Sequenzstruktur

Umfangreichere VIs kann man in Form einer Sequenz gestalten, wie Bild 17.1 zeigt. Dabei raten heute manche Programmierer von der gestapelten Sequenz ab, mit der Begründung, sie würde **Code verdecken**.

Bild 17.1
Flache Sequenz mit zwei Rahmen

Nun wird auch anderweitig Code verdeckt, z.B. in einer Case-Struktur oder in einem Unterprogramm, das im Diagramm des aufrufenden VIs als quadratisches Symbol erscheint, ohne dass der Leser hinreichend Bescheid weiß, was sich dahinter verbirgt. Gemeint ist mit der 'Codeverdeckung' etwas anderes: In einem Programm mit SubVIs und Case-Strukturen kann jeder mögliche Weg, den die Daten auf Grund äußerer oder innerer Bedingungen nehmen können, offengelegt und **zusammenhängend** dargestellt werden. Bild 17.2 zeigt ein einfaches Beispiel: Zunächst sieht man im Diagramm des VI, das Winkel im Bogenmaß ins Gradmaß oder in Neugrad umrechnen soll, nur einen Teil der Funktionalität.

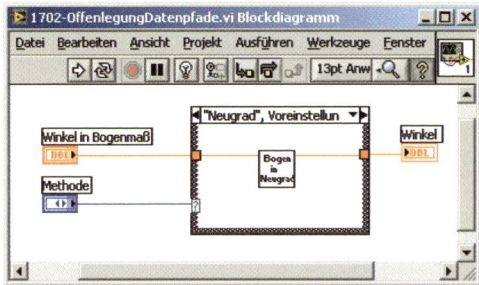

Bild 17.2 Die Funktionen des VI sind in diesem Diagramm noch weitgehend verdeckt

Wenn man aber **einen** der beiden Datenpfade, nämlich denjenigen für die Umrechnung vom Bogenmaß in Neugrad, wählt und ferner das SubVI öffnet, hat man für diese Alternative den kompletten Weg der Daten offengelegt und **zusammenhängend** dargestellt (Bild 17.3).

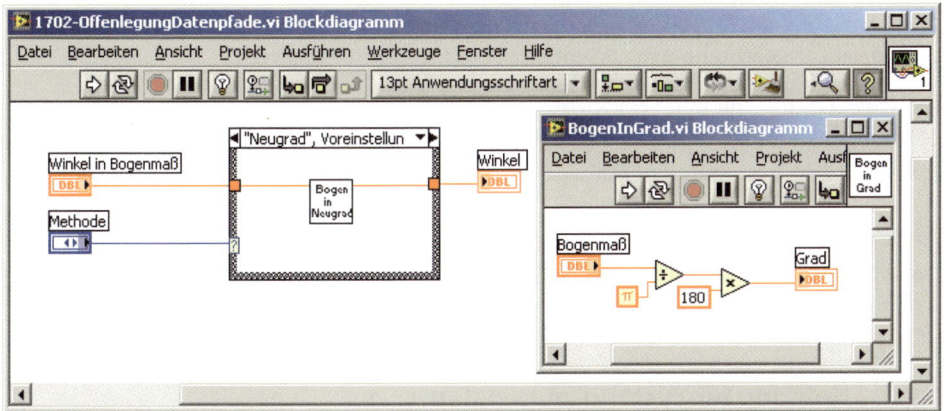

Bild 17.3 Der Weg des Datums 'Winkel im Bogenmaß' kann komplett verfolgt werden auf seinem Weg in das SubVI 'BogenInNeugrad.vi', wo es die Bezeichnung 'Bogen' annimmt. Diese Variable wird im SubVI in 'Neugrad' umgerechnet. Dessen Wert wiederum verlässt das SubVI und geht im aufrufenden Programm in das Terminal 'Winkel' über

Entsprechend kann man auch den kompletten Weg für die Alternative der Umrechnung in Grad zusammenhängend darstellen. Genau dies ist nun bei der **gestapelten Sequenz nicht möglich**. Hat sie mehr als einen Rahmen, lässt sich **nur ein Teil** des Datenpfades im Überblick darstellen. Den Rest kann man nur sichtbar machen, indem man sich durch die Sequenz hindurchklickt.

Merke: Professionelle Programmierer verzichten auf die gestapelte Sequenz.

In diesem Lehrbuch haben wir uns meist, aber nicht ausnahmslos an die genannte Regel gehalten.

Die Programmierung umfangreicherer VIs mit Hilfe der Sequenzstruktur hat einen schwerwiegenden Nachteil, auch wenn man sich auf die flache Sequenz beschränkt: Die Reihenfolge der Schritte ist durch die Sequenz starr festgelegt. Hat man z.B. den Rahmen 3 durchlaufen, folgt unweigerlich Rahmen 4. Ein Rücksprung zu Rahmen 2, wo möglicherweise eine Korrektur der eingegebenen Daten erfolgen könnte, ist nicht möglich. Auch spätere Modifikationen am VI auf Grund neuer Anforderungen sind bei der Sequenzstruktur oft sehr aufwändig. Dies hat dazu geführt, dass in jüngerer Zeit meist eine andere Programmstruktur bevorzugt wird, nämlich der Aufbau eines VI als **Zustandsautomat**.

17.2   Zustandsautomaten

Mit dem Begriff **Automat** verbindet man gemeinhin Geräte wie den Getränkeautomaten, eine automatische Ampelsteuerung im Straßenverkehr oder auch einen Roboter, der automatisch seine Aufgabe erledigt. Im weiteren Sinn ist aber jeder Computer zusammen mit der ihn steuernden Software ein so genannter **endlicher Automat**, auch EA oder FSM (Finite State Machine) genannt. Wie der Name schon sagt, kann ein endlicher Automat nur **endlich viele verschiedene** Zustände annehmen, wenn auch deren Zahl häufig jedes Vorstellungsvermögen sprengt. Stellen wir uns z.B. einen Computer mit dem winzigen Speicher von 100 Bit vor. Jedes Bit kann den Wert 0 oder 1 haben, was $2^{100} \cong 10^{30}$ Möglichkeiten der Speicherbelegung erlaubt und damit die entsprechende Zahl von Zuständen. 10^{30} ist eine

Zahl mit 30 Nullen! Welche Möglichkeiten ein heutiger PC mit 1 GB ≅ 8 Milliarden Bit Hauptspeicher bietet, kann man sich praktisch nicht mehr vorstellen.

Die Sichtweise, die von den verschiedenen möglichen Zuständen eines Geräts ausgeht und die Frage stellt, unter welchen Bedingungen es von einem Zustand zu einem anderen gelangt, wird in der Automatentheorie schon seit längerem genutzt. Inzwischen hat sich herausgestellt, dass man sie auch mit Vorteil bei der Programmierung von Computern einsetzen kann. Besonders bei komplexeren Anwendungen ist das sinnvoll, weil es die Übersichtlichkeit der zu erstellenden Software erhöht. Die Architektur einer so entwickelten Software erlaubt außerdem eine einfache Anpassung an wechselnde Anforderungen.

17.2.1 Notation für Zustandsautomaten

Zustandsautomaten werden in Form von gerichteten Graphen dargestellt. Sie zeigen Zustände, die durch Pfeile ('gerichtete Kanten') mit anderen Zuständen oder auch mit sich selbst verbunden sind. Damit das Programm von einem Zustand in den anderen übergeht, muss die mit dem Pfeil verknüpfte Bedingung ('Bedingung der Kante') erfüllt sein. Fehlt diese Bedingung, erfolgt der Zustandswechsel bedingungslos.

Bild 19.1 zeigt das Zustandsdiagramm für einen Zähler, der zyklisch 0, 1, 2, 3, 0, … zählt, wenn ein Schalter auf dem Panel an ist, und 0, 1, 2, 0, …, wenn dieser Schalter aus ist.

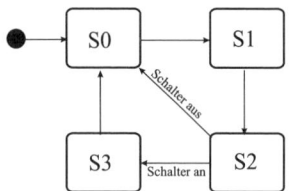

Bild 17.4 Zustandsdiagramm eines zyklischen Zählers, der je nach Schalterstellung von 0 bis 2 oder von 0 bis 3 zählt

Das Zustandsdiagramm nach Bild 17.4 ist recht einfach. Wo bleiben hier die unzählig vielen Zustände des Computers, von denen einleitend die Rede war? Die Antwort lautet:

Der schwarze Kreis links oben bedeutet nicht, dass beim Programmstart der Computer in einem ganz bestimmten Zustand ist. Vielmehr sind unübersehbar viele verschiedene Zustände denkbar, die sich daraus ergeben, dass neben dem hier allein interessierenden Zählerprogramm normalerweise noch viele andere Programme gespeichert sind. Jede dieser unzähligen Kombinationsmöglichkeiten versetzt den Computer in einen anderen Zustand. Das wird im Diagramm nicht berücksichtigt. Im obigen Beispiel läuft der Zähler endlos. Bei anderen Zustandsautomaten ist ein Endzustand gewünscht, der durch einen Kreis mit schwarzem Innenpunkt dargestellt wird.

Die durch Rechtecke angedeuteten Zustände eines Zustandsautomaten zeigen in den meisten Fällen nicht einen, sondern eine Menge vieler Zustände an. Das Rechteck, das einen 'Zustand' darstellt, ist also häufig eine mehr oder weniger große Menge an Einzelzuständen, die ihrerseits wiederum als untergeordnetes Zustandsdiagramm dargestellt werden können. Damit lassen sich komplexe Aufgabenstellungen hierarchisch entwickeln, und zwar beginnend mit einer groben Aufgliederung in der obersten Ebene. Anschließend verfeinert man die Beschreibung der einzelnen Zustände in den darunterliegenden Ebenen. Geht der Programmierer mit entsprechender Übung und Geschicklichkeit ans Werk, kann er das Problem nach der bewährten Top-Down-Methode lösen.

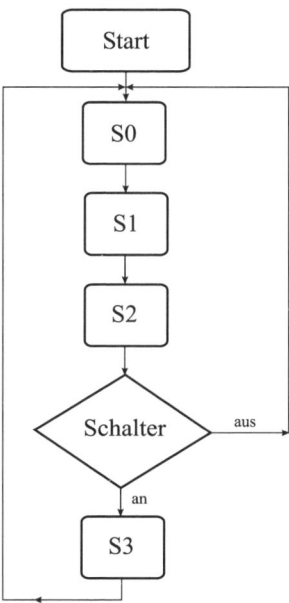

Bild 17.5 Programmablaufplan, äquivalent zum Zustandsdiagramm in Bild 17.1

Das Zustandsdiagramm in Bild 17.4 kann übrigens auch als Programmablaufplan gemäß Bild 17.5 dargestellt werden. Man erkennt, dass Zustandsdiagramme nicht etwa spezielle Funktionen sind, die erst ab einer gewissen Versionsnummer von LabVIEW bereitgestellt werden. Das Arbeiten mit Zustandsdiagrammen ist nur eine von verschiedenen Programmiermethoden, allerdings häufig eine sehr effektive, speziell bei komplexen Aufgabenstellungen. LabVIEW stellt dafür schon seit jeher geeignete Werkzeuge zur Verfügung. Mit ihnen werden wir uns im nächsten Abschnitt befassen.

17.2.2 Umsetzung Zustandsdiagramm → LabVIEW-Programm

Zustandsdiagramme arbeiten nur selten rein sequenziell. Meist enthalten sie Verzweigungen, Rückführungen und Sprünge. Doch kann die Eins-zu-eins-Umsetzung eines Programmablaufplans nach Bild 17.5 leicht recht unübersichtlich werden, zumal wenn er nicht den Bedingungen der strukturierten Programmierung nach Abschnitt 3.1 genügt. Besser ist hier die Umsetzung des Zustandsdiagramms in Bild 17.4 mit Hilfe einer While-Schleife, die eine Case-Struktur enthält. Jeder Zustand wird als eigener Rahmen innerhalb der Case-Struktur implementiert und durch eine eindeutige Bezeichnung am Auswahlanschluss aufgerufen. Die umschließende While-Schleife erlaubt es, alle Zustände abzuarbeiten. Doch ist die Reihenfolge nicht notwendig sequenziell. Deshalb muss jeder Rahmen einen Rückgabewert liefern, der angibt, welches sein Folgezustand ist. Dieser Wert wird der While-Schleife über ein Schieberegister zurückgeführt. Das Ende des Programms kann gemäß Bild 17.6 erfolgen. Dieses Bild zeigt den Standard-Zustandsautomaten von LabVIEW 2012, wenn man aus dem Startfenster 'Datei' – 'Neu' – 'VI' – 'Aus Vorlage' – 'Entwurfsmuster' – 'Standard-Zustandsautomat' aufruft. In LabVIEW 2014 fehlt dieses Entwurfsmuster, man muss es selbst erstellen.

Generell kann man Zustände mit jedem beliebigen Datentyp beschreiben, doch sind numerische Typen weniger geeignet, weil sie weniger aussagekräftig sind. Besser nimmt man

Datentypen, die mit Zeichenketten arbeiten. Dabei unterscheidet man üblicherweise zwischen 'String' und 'Enum'.

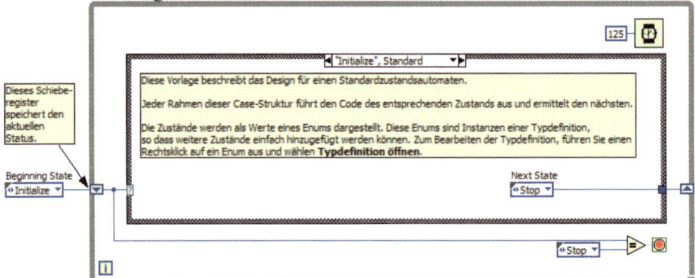

Bild 17.6
Standard-Zustandsautomat in LabVIEW 2012. Hier wird der Zustand mit Enum-Variablen beschrieben

17.2.2.1 Strings für die Zustandsauswahl

Strings können direkt mit dem Auswahlanschluss der Case-Struktur verbunden werden.

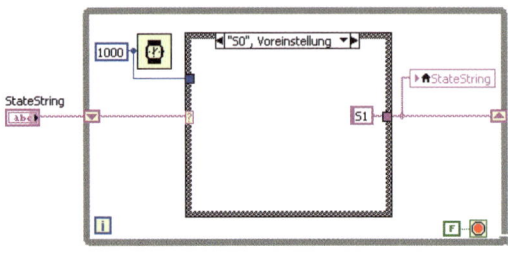

Bild 17.7 Zustand S0 mit Folgezustand S1 des Zählers gemäß Bild 17.4. Dieses VI läuft unbegrenzt lange, weil der Schleifenausgang auf 'False' steht

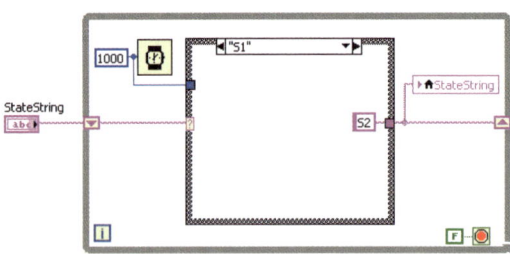

Bild 17.8 Zustand S1 mit Folgezustand S2 des Zählers gemäß Bild 17.4

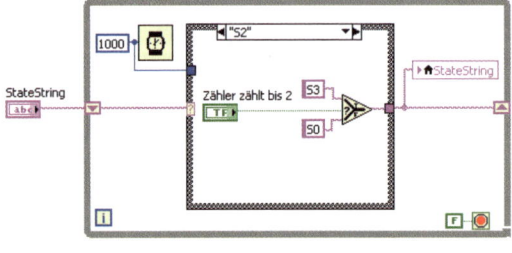

Bild 17.9 Zustand S2 mit Folgezuständen S3 und S0 in Abhängigkeit von der Schalterstellung 'Zähler zählt bis 2' des Zählers. In Bild 17.4 ist das 'Schalter aus' oder 'Schalter an'

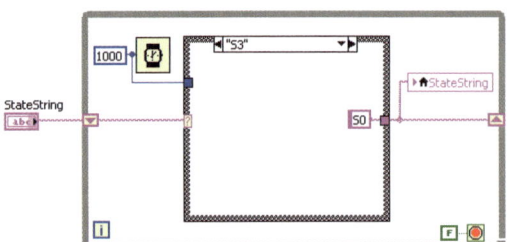

Bild 17.10 Zustand S3 mit Folgezustand S0 des Zählers nach Bild 17.4

Die Farbe des Anschlussfeldes passt sich dann der Stringfarbe an. Nun ordnet man jedem Zustand in Bild 17.4 eine Stringkonstante zu, wobei man auf möglichst verständliche Beschreibung des Zustandes achten sollte. Bild 17.7 bis Bild 17.10 verdeutlichen die Realisierung des Zustandsdiagramms aus Bild 17.4 mit Hilfe von Strings. Bild 17.11 zeigt das Frontpanel.

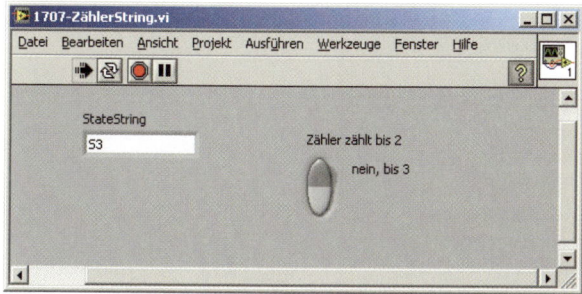

Bild 17.11 Frontpanel des mit Strings arbeitenden Zustandsautomaten '1707-ZählerString.vi'

Ferner sollte man noch folgende Punkte beachten: Es kann passieren, dass man sich bei der Eingabe der Zustandsbezeichnung vertippt. Besonders Leerzeichen am Anfang und am Ende sind Fehlerquellen, die nur schwer zu finden sind. Abhilfe kann man durch folgende Maßnahmen schaffen:

- Verwendet man für die Auswahl einer Case-Struktur den Datentyp String, kann man im Kontextmenü über den Punkt 'Groß/Kleinschreibung ignorieren' die Unterscheidung zwischen Klein- und Großschreibung aufheben, siehe Bild 17.13. Dann sind die Bezeichnungen 'ZUSTAND' oder 'Zustand' oder auch 'ZuStand' usw. gleichbedeutend. Die Voreinstellung der Case-Struktur dagegen ist 'case sensitive', d.h., es wird die genaue Schreibweise beachtet.

- Eine weitere Alternative besteht darin, die Funktionen 'In Großbuchstaben' bzw. 'In Kleinbuchstaben' aus der Stringpalette zu verwenden und im Auswahlfeld der Case-Struktur die Bezeichnungen ausschließlich groß- bzw. kleinzuschreiben.

- Will man Leerzeichen am Ende und Anfang der Zeichenkette ignorieren, kann man diese über die Stringfunktion 'Nicht darstellbare Zeichen trimmen' entfernen.

Mit diesen Vorkehrungen lassen sich bereits viele Programmierfehler vermeiden.

Weiter sollte man zur Vermeidung von Fehlern bei jedem Zustandsautomaten einen Rahmen 'Voreinstellung' gemäß Bild 17.12 vorsehen. Damit wird schon während der Programmentwicklung ein Dialog angezeigt, falls ein Zustand abgearbeitet werden soll, der nicht existiert.

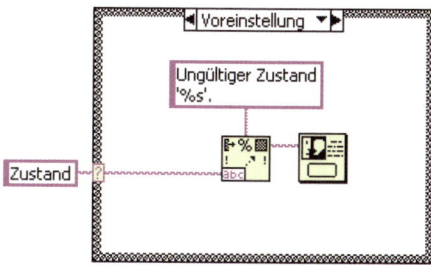

Bild 17.12 Ungültige Zustandsbezeichnungen anzeigen lassen

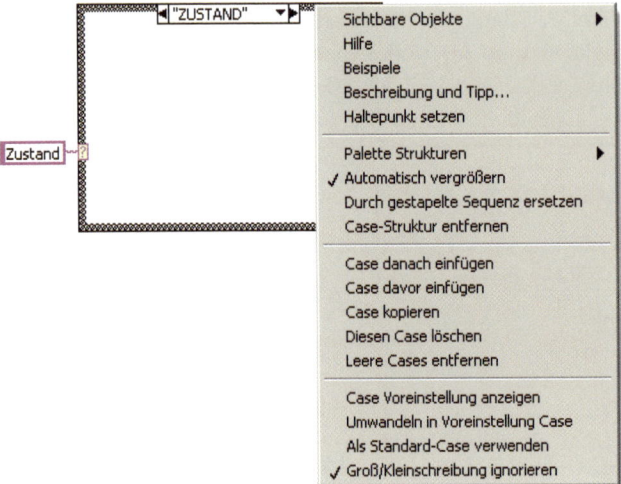

Bild 17.13 Groß- und Klein-
schreibung ignorieren

17.2.2.2 Enum für die Zustandsauswahl

Wie Strings bestehen auch Enum-Variable aus Zeichenketten, mit denen man die Lesbarkeit des Programms erhöhen kann. Während aber jeder String nur eine Zeichenkette enthält, kann man eine Enum-Variable mit mehreren Zeichenketten füllen und das Ergebnis als Typdefinition speichern. Bild 17.14 zeigt einen Ausschnitt aus dem Zählerprogramm von Bild 17.4, diesmal mit einer Enum-Variablen ausgeführt.

Die anderen Zustände entsprechen denen von 'ZählerString.vi'. Das Frontpanel ist bei laufendem Programm praktisch identisch mit dem von '1707-Zählerstring.vi'. Nach dem Start sieht man in beiden Programmen alle 1000 ms einen Zustandswechsel mit identischen Anzeigen.

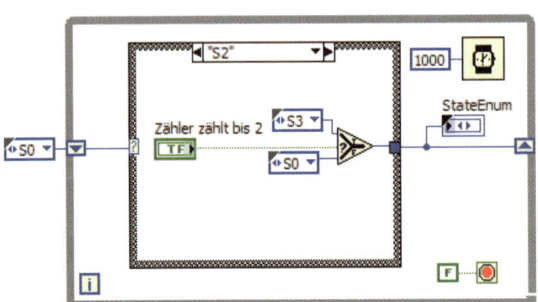

Bild 17.14 Zustand S2 und seine
beiden Folgezustände in
'1714-ZählerEnum.vi'

Das Füllen des Enum-Feldes auf dem Frontpanel geschieht über das Kontextmenü der Variablen 'StateEnum' mit 'Objekt danach einfügen' (oder davor) und anschließendem Löschen eventuell noch leerer Felder. Alternativ ruft man im Kontextmenü die Funktion 'Objekte bearbeiten…' auf und erhält ein Fenster nach Bild 17.15. Dort trägt man die Bezeichnungen für die Zustände ein. Anschließend benötigt man noch die Konstanten 'S0', 'S1' usw. Man erhält sie in unserem Beispiel im Kontextmenü der Variablen 'StateEnum' im Blockdiagramm mit 'Erstellen' – 'Konstante'. Sie haben hier Namen wie 'S0' oder 'S3' in Bild 17.14 und lassen sich mit Linksmausklick aufklappen, siehe Bild 17.16. Man muss dann nur noch den passenden der vier Werte wählen.

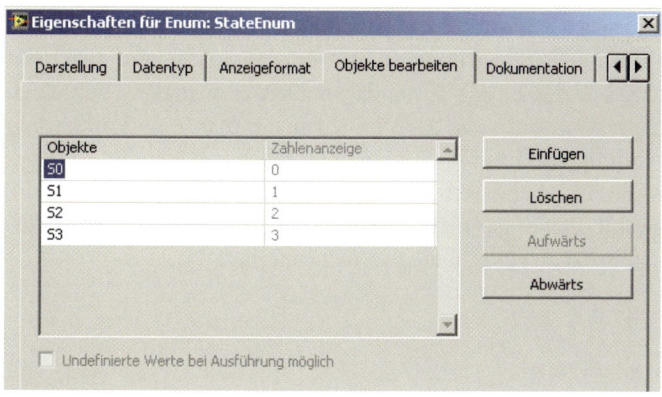

Bild 17.15 Fenster zum Eintragen von Werten in eine Enum-Variable

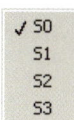

Bild 17.16 Aufklappen der Enum-Konstante 'S0' in Bild 17.14

Aufgabe 17.1

Entwerfen Sie das Zustandsprogramm und das LabVIEW-VI für einen Zähler, der je nach Stellung eines Schalters 'Richtung' auf dem Panel zyklisch von 0 bis 3 vorwärts- oder rückwärtszählt,

a) mit Strings,

b) mit einer Enum-Variablen und

c) mit einer Integervariablen (wurde bisher nicht besprochen).

17.3 Münzautomat

Wir wollen nun zu einer komplexeren Aufgabe kommen und einen Münzautomaten nach dem Zustandsdiagramm in Bild 17.17 programmieren. Während es beim Beispiel des flexiblen Automaten in Kapitel 8 um den Vorteil von Konfigurationsdateien ging, mit denen man einen festgelegten – einfachen – Typ eines Automaten an verschiedene Aufgaben anpassen kann (Verkaufsgegenstand, Warnhinweise, Geldbetrag usw.), geht es hier darum, die variable Struktur eines Automaten zu entwickeln, die später in einfacher Weise höheren Anforderungen wie gesteigerter Funktionalität angepasst werden kann. Bild 17.17 zeigt das Zustandsdiagramm für diesen Münzautomaten, den wir in zwei Varianten programmieren werden.

Wir wählen eine Enum-Variable für die Bezeichnung der verschiedenen Zustände und bilden ein Ctl-Element mit strikter Typdefinition entsprechend Bild 17.18. Jetzt können wir im Kontextmenü von 'State' über 'Objekte bearbeiten…' die Tabelle von Bild 17.19 aufrufen und dort die gewünschten Einträge vornehmen.

Die Enum-Variable kann nun mit dem Auswahlanschluss einer Case-Struktur verbunden werden. Mittels 'Case für jeden Wert hinzufügen' aus dem Kontextmenü der Case-Struktur erzeugen wir für jeden Zustandswert einen Rahmen. Für möglichst fehlerfreies Programmieren empfiehlt es sich, den Eintrag 'Voreinstellung' zu löschen, denn dann wird man beim Hinzufügen eines neuen Eintrags in der Enum-Zustandsvariablen gezwungen, auch einen neuen Rahmen zu erzeugen. Vergisst man das, ist das VI nicht ausführbar. Eine Vorkehrung wie in Bild 17.12 ist bei Verwendung von Enum-Variablen nicht mehr notwendig. Ist dagegen ein Rahmen mit 'Voreinstellung' gekennzeichnet, kann man das VI auch laufen lassen, wenn man einen Rahmen auswählt, den es gar nicht gibt, weil man vergessen hat, ihn anzulegen. Das VI ist dann zwar ausführbar, arbeitet aber eventuell fehlerhaft.

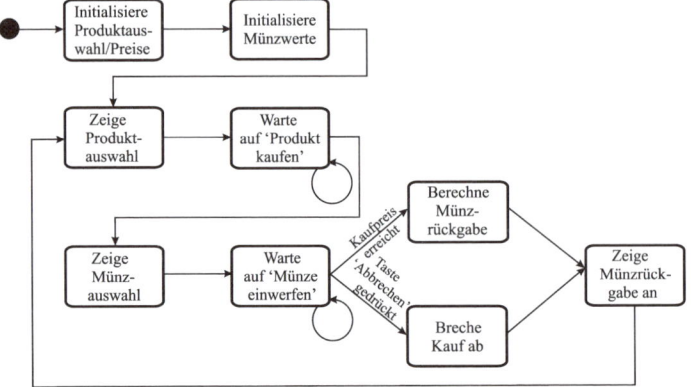

Bild 17.17 Zustandsdiagramm für einen einfachen Münzautomaten

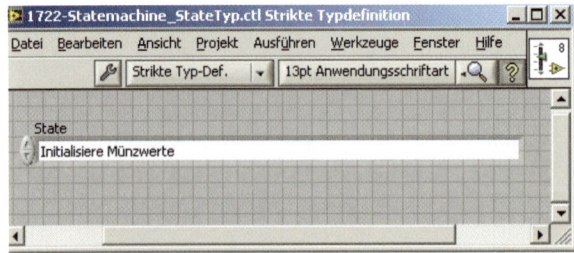

Bild 17.18 Strikte Typdefinition für Zustandsvariablen

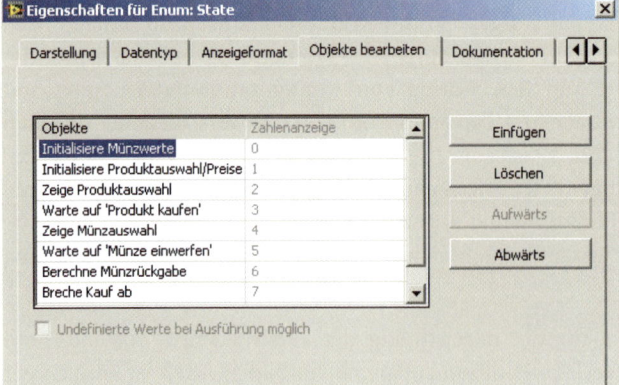

Bild 17.19 Liste der möglichen Zustände aufstellen

Bild 17.20 zeigt das Panel des Münzautomaten beim Start, Bild 17.21 nach der Produktauswahl und dem Drücken der Taste 'Produkt kaufen'. Man sieht jetzt die Variable 'Münzauswahl', die bis dahin verborgen war. Das Terminal dazu findet sich im Case 'Warte auf Münze einwerfen'. Über sein Kontextmenü lässt sich die Variable sichtbar machen.

Das Blockdiagramm besteht auch im Falle des Münzautomaten aus einer While-Schleife und einer Case-Struktur, die für jeden Zustand einen eigenen Rahmen bereitstellt.

Der Automat startet mit dem Anfangszustand 'Initialisiere Münzwerte', der von außen mit dem Schieberegister der While-Schleife verbunden ist, siehe Bild 17.22. Die in diesem Zustand benötigten Daten erhält er über die Konstante 'Daten', die in Bild 17.22 links über ein zweites Schieberegister zur While-Schleife führt. 'Daten' ist eine **Cluster-Konstante**, kein Eingabe- oder Ausgabeelement! Sie wird mit 'Funktionen' – 'Programmierung' – 'Klasse, Cluster, Variant' aufgerufen und von dort als 'Cluster-Konstante' in das Blockdiagramm gezogen. Sie stellt sich zunächst als leerer Rahmen mit Doppelumrandung dar. Diesen Rahmen füllt man nun wie bei einer Cluster-Variablen mit den drei Arrays 'Münzwerte', 'Preise' und 'Rückgabe' sowie den beiden Integervariablen 'Preis' und 'Rest'. Siehe dazu die Anleitung in Abschnitt 4.5.1.

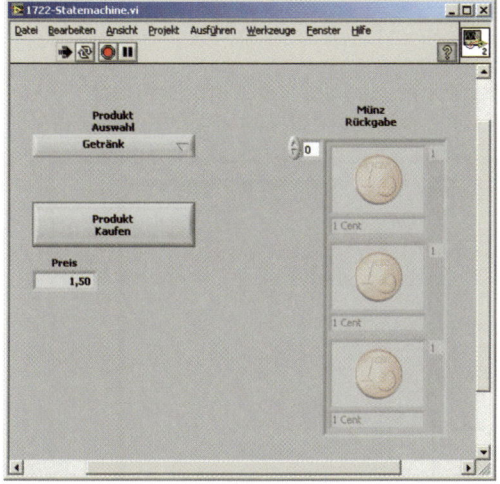

Bild 17.20 Münzautomat unmittelbar nach dem Start. Warten auf die Produktauswahl des Kunden

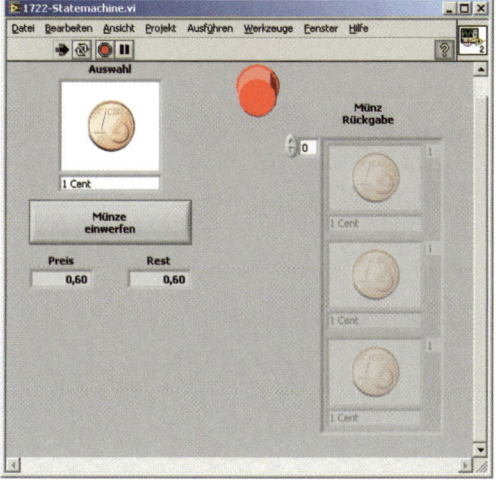

Bild 17.21 Münzautomat nach Produktauswahl und Betätigung der Taste 'Produkt kaufen'

Die anfänglich leere Konstante wird nun im Inneren der Case-Struktur mit den Münzwerten gefüllt, die in 'Münzauswahl' gespeichert sind. 'Münzauswahl' ist ein 'Text- & Grafikring', in dem die Bilder der Münzen, ihre Stringbezeichnungen und die Münzwerte als Integerzahlen in Cents gespeichert sind. Der Aufbau von 'Text- & Grafikring' erfolgt nach früher beschriebenen Prinzipien wie folgt:

- 'Elemente' – 'Modern' – 'Ring & Enum' – 'Text- & Grafikring' aufs Panel ziehen.

- Münzbilder, die man z.B. unter Google mit dem Stichwort 'Euromünzen' finden kann, auf den eigenen Rechner kopieren (hier unter 'xxx_CS.png' gespeichert). Danach in LabVIEW zuerst mit 'Bearbeiten' – 'Bild in Zwischenablage einfügen…' und dann im Kontextmenü von 'Münzauswahl' mit 'Bild aus Zwischenablage einfügen' in den 'Text- & Grafikring' kopieren. So verfährt man mit allen Münzen, wobei man im Kontextmenü ab dem zweiten Bild 'Bild danach einfügen' wählt. Siehe dazu auch die ausführliche Beschreibung in Abschnitt 4.6.

- Im Kontextmenü von 'Münzauswahl' aufrufen: 'Objekte bearbeiten'. Man erhält dann ein ähnliches Fenster wie in Bild 17.15, nämlich Bild 17.23. Dort trägt man links Münzbezeichnungen wie '1 Euro' und rechts Zahlenstrings wie '100' (gerechnet in Cent) ein. Dazu vorher 'Sequentielle Werte' deaktivieren!

- Es ist günstig, zuletzt im Kontextmenü von 'Münzauswahl' mit 'Fortgeschritten' – 'Anpassen' eine strikte Typdefinition zu erzeugen und z.B. als 'Element 1.ctl' zu speichern.

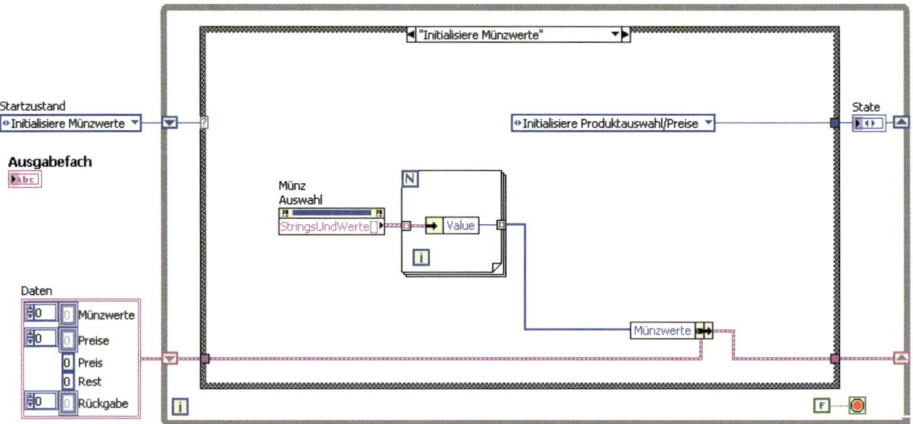

Bild 17.22 Zustandsautomat (State Machine) als Münzautomat

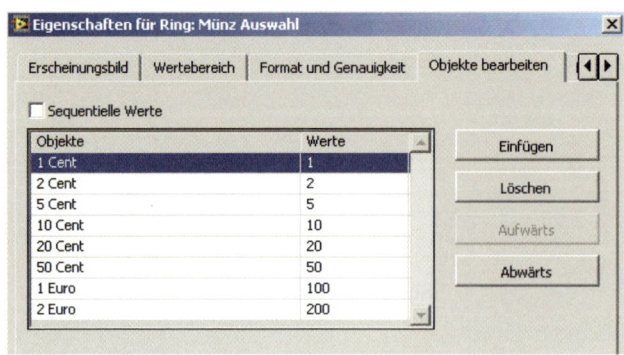

Bild 17.23 Münzwerte in Eurocent

Aufgabe 17.2

Verfolgen Sie im Debug-Modus unter Verwendung einer geeigneten Sonde, wie die Cluster-Konstante 'Daten' schrittweise mit den Münzwerten gefüllt wird.

Erläuterungen zum Programm

Wenn der erste Rahmen der Case-Struktur 'Initialisiere Münzwerte' ausgeführt wird, liest die For-Schleife im Inneren alle Münzwerte aus 'Münzauswahl', dem 'Text- & Grafikring', der ja sowohl Stringdaten als auch Bilder enthält, mit Hilfe des Eigenschaftsknotens 'StringsUndWerte[]', der im Kontextmenü des Text- und Grafikrings zu erzeugen ist. Er liefert ein Array von Clustern mit String und Wert (Value). Innerhalb der For-Schleife holt man sich die Werte mit der Cluster-Funktion 'Nach Namen aufschlüsseln'. Diese Werte werden rechts mit der zweiten Cluster-Funktion 'Nach Namen bündeln' in die Konstante 'Daten' eingefügt.

Der Automat springt danach in den Zustand 'Initialisiere Produktauswahl/Preise', in dem er die Bezeichnungen der Produkte und ihre Preise einliest, siehe Bild 17.24.

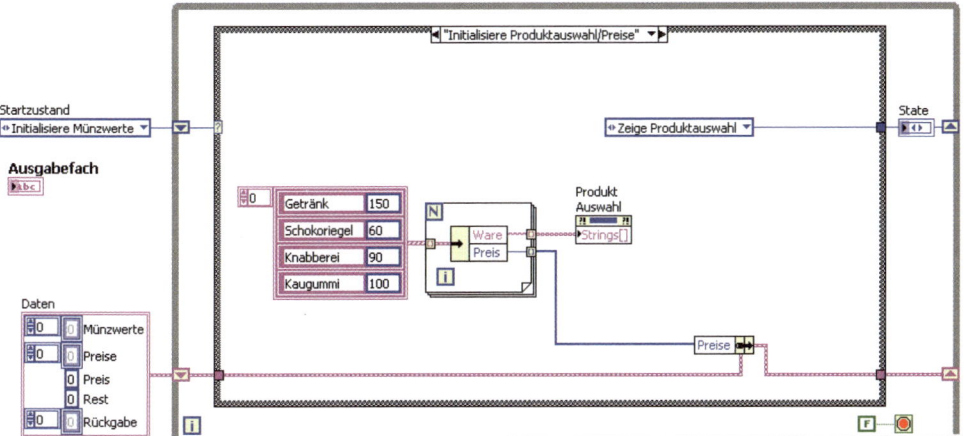

Bild 17.24 Übertragen der Preise in die Konstante 'Daten' und der Warennamen in den Menü-Ring 'Produktauswahl'

Sie sind in einer Arraykonstante von Cluster-Konstanten gespeichert. Ihr Aufbau erfolgt so:

- Cluster-Konstante mit einer Stringkonstanten und einer Integerkonstanten füllen.

- Stringrahmen etwas in die Breite ziehen, so dass dort später Worte wie 'Schokoriegel' Platz haben. Ebenso Integerrahmen für Zahlen wie '150' verbreitern.

- Im Kontextmenü des Clusters 'Auto-Größenanpassung' – 'Horizontal anordnen' wählen.

- Arraykonstante ins Blockdiagramm ziehen und die Cluster-Konstante dort hineinziehen. Die Eintragungen sind anfangs angegraut, weil die Arraykonstante noch leer ist.

- Array der besseren Übersichtlichkeit wegen auf vier Felder aufziehen, siehe Bild 17.24.

- Mit dem Werkzeug 'Hand mit Zeigefinger' in den leeren String gehen und mit 'Getränk' überschreiben. Entsprechend für die Integerzahl '150' eintragen. Der Index der Arraykonstante muss dabei auf 0 stehen.

- Für den Index 1 entsprechend die Werte 'Schokoriegel' und '60' eintragen. Sinngemäß das Gleiche für die Indizes 2 und 3.

Ähnlich wie im Rahmen 'Initialisiere Münzwerte' werden hier die Preise der Produkte in die Cluster-Konstante 'Daten' übertragen. Zusätzlich hat man die Warennamen 'Getränk', 'Schokoriegel' usw. mit dem Eigenschaftsknoten 'Strings[]' im Eingabeelement 'Produktauswahl' gespeichert. Dieses wurde als zunächst leerer 'Menü-Ring' auf dem Panel erzeugt (zu finden unter 'Elemente' – 'Modern' – 'Ring & Enum').

Alternativ wäre hier auch die Verwendung von Konfigurationsdateien denkbar, siehe Abschnitt 8.4.4. In diesem Fall könnte die Produktliste angepasst werden, ohne die Anwendung selbst zu ändern.

Aufgabe 17.3

Versuchen Sie, das Programm 'Statemachine.vi' alternativ mit Konfigurationsdateien gemäß Abschnitt 8.4.4 zu gestalten.

Anschließend wird automatisch in den Zustand 'Zeige Produktauswahl' gewechselt. Hier werden die Elemente 'Produktauswahl' und 'Produkt kaufen' auf dem Panel sichtbar gemacht, dagegen 'Münzauswahl', 'Einwerfen', 'Rest' und 'Abbruch' unsichtbar, siehe dazu Bild 17.25. Außerdem ist 'Münz Rückgabe' zurückgesetzt. Das ist wichtig, falls vorher bereits eine Kaufaktion durchgeführt wurde.

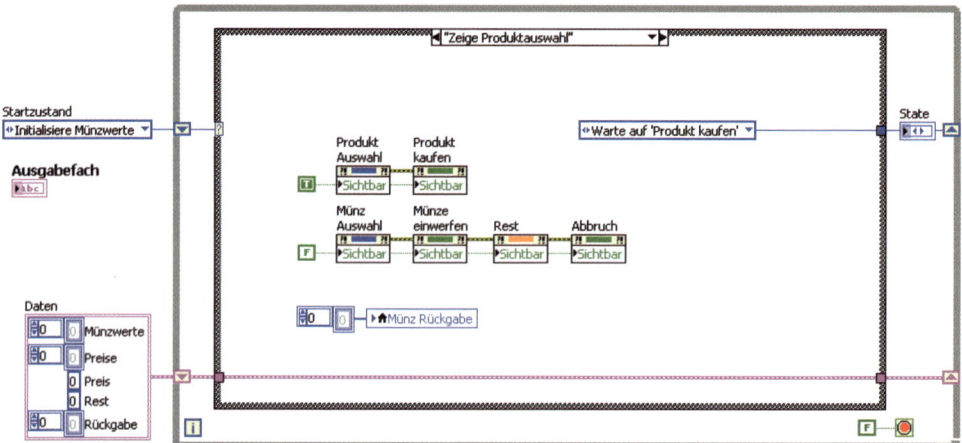

Bild 17.25 Sichtbar- und Unsichtbarmachen verschiedener Elemente auf dem Panel, Rücksetzen 'Münz Rückgabe'

Danach folgt der Zustand 'Warte auf Produkt kaufen', in dem so lange verweilt wird, bis der Anwender die Taste 'Produkt kaufen' drückt. Der Kunde soll am Automaten das gewünschte Produkt wählen können. Nachdem er die Taste 'Produkt kaufen' betätigt hat, kann er nacheinander Münzen einwerfen. Er hat das Produkt erworben, sobald die eingezahlte Geldmenge größer oder gleich dem Kaufpreis ist. Er kann den Kaufvorgang auch vorher beenden. In diesem Fall bekommt der Käufer alle eingeworfenen Münzen zurück. Nach einer kurzen Wartezeit für die Entnahme der Ware und des Wechselgeldes steht der Automat für weitere Käufe bereit.

In Bild 17.26 wird der Zustand angezeigt, in dem gewartet wird, bis der Benutzer das gewünschte Produkt auswählt. Als Information wird der 'Preis' des gewählten Produkts angezeigt. Erst wenn die Taste 'Produkt kaufen' gedrückt wurde, wird in den Zustand 'Zeige

Münzauswahl' gewechselt. Solange der Benutzer sich noch nicht entschieden hat, wird der Zustand in Bild 17.26 beibehalten (Rückführung, dargestellt als kleiner Kreis im Zustandsdiagramm nach Bild 17.17). Der Kaufpreis wird als 'Preis' und 'Rest' in 'Daten' geschrieben und steht den anderen Zuständen zur Verfügung.

Der Folgezustand 'Zeige Münzauswahl' ähnelt dem Zustand 'Zeige Produktauswahl' in Bild 17.25. Hier werden alle Frontpanel-Elemente für die Produktauswahl ausgeblendet und dafür die Eingabeelemente für die Münzwahl gezeigt, siehe Bild 17.27.

'Rückgabe' im 'Daten'-Cluster wird zunächst auf ein leeres Array gesetzt und enthält später nach dem Kauf das Wechselgeld. Während der Eingabe der einzelnen Münzen sind diese erst einmal im 'Rückgabe'-Array im 'Daten'-Cluster gespeichert, damit bei Betätigung des Schalters 'Abbruch' alle eingezahlten Münzen in der Einwurfreihenfolge als Wechselgeld ausgegeben werden.

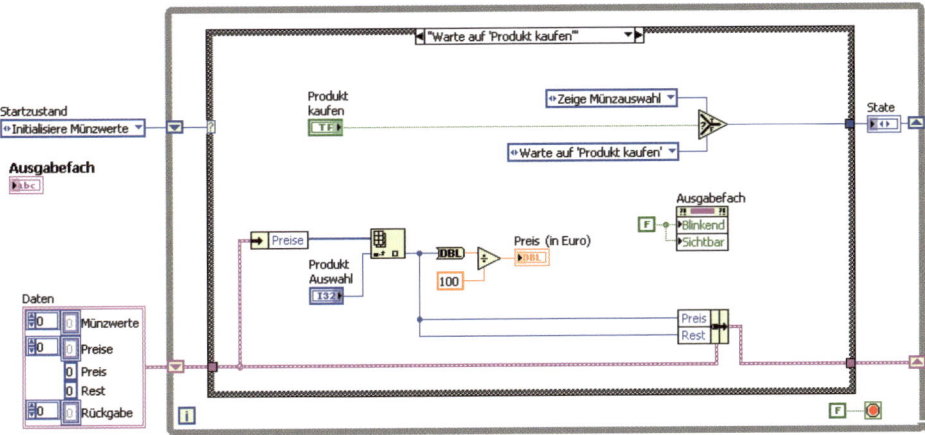

Bild 17.26 Zustand 'Warte auf Produkt kaufen'

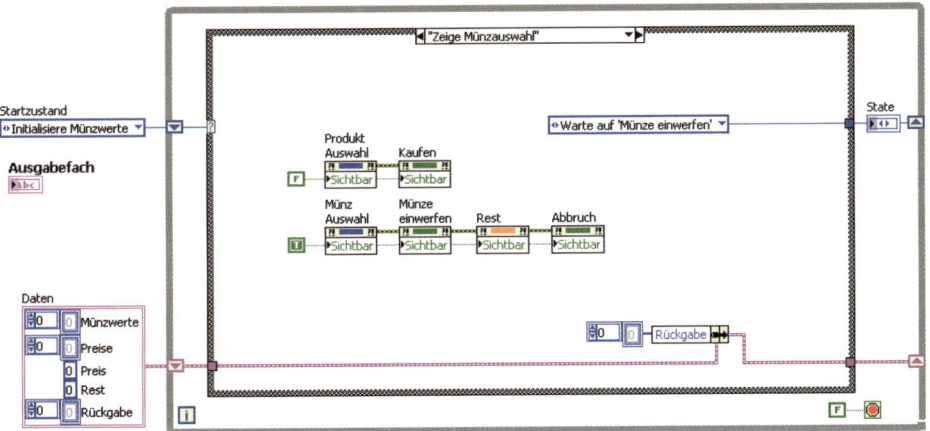

Bild 17.27 Zustand 'Zeige Münzauswahl'

Anschließend erfolgt der automatische Wechsel in den Zustand 'Warte auf Münze einwerfen', siehe Bild 17.28. Er enthält eine dreifache Verzweigung. Entspricht die Summe der eingeworfenen Münzen nicht dem Kaufpreis und wurde 'Abbruch' nicht gedrückt, dann wird der Zustand 'Warte auf Münze einwerfen' beibehalten. Drückt der Bediener während des Kaufs den Knopf 'Abbruch', wird in den Zustand 'Breche Kauf ab' gewechselt. Wurde der vollständige Kaufpreis oder mehr Geld eingeworfen, dann wird der Zustand 'Berechne Münzrückgabe' abgearbeitet. Achtung: 'Berechne Münzrückgabe' besitzt eine höhere Priorität als 'Breche Kauf ab'. Stimmt das eingeworfene Geld mit dem Kaufpreis überein und wird die Taste 'Abbruch' gedrückt, wird der Kauf trotzdem durchgeführt.

Jede eingeworfene Münze wird innerhalb der Case-Struktur der 'Rückgabe' hinzugefügt und von 'Rest' abgezogen. Der Kaufpreis ist bezahlt, wenn der Rest kleiner gleich null ist. Der FALSE-Zweig leitet nur die unveränderten 'Daten' weiter.

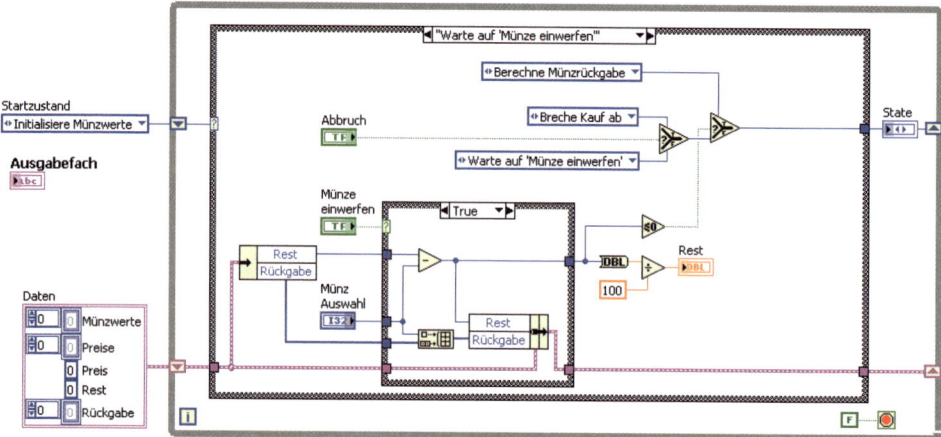

Bild 17.28 Zustand 'Warte auf Münze einwerfen'

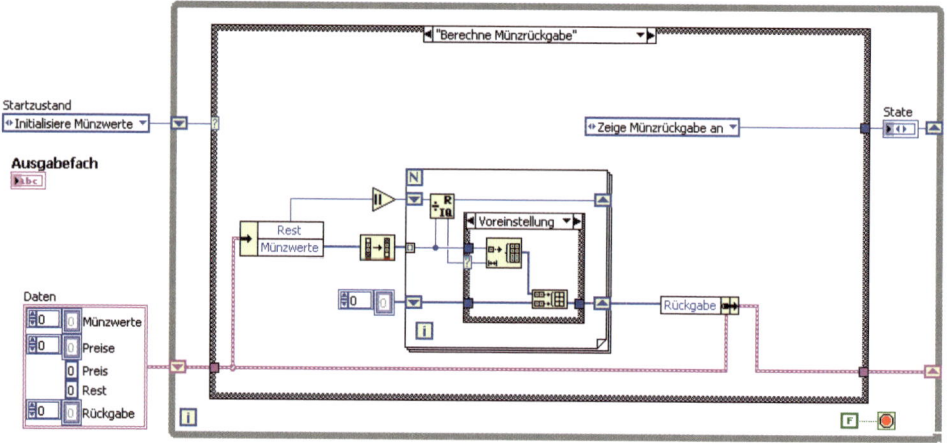

Bild 17.29 Zustand 'Berechne Münzrückgabe'

In Bild 17.29 wird die Berechnung des Wechselgeldes durchgeführt. 'Rest' enthält nach dem Kauf eine Zahl kleiner gleich null. Deshalb muss vorher der Absolutbetrag gebildet werden. Beginnend vom höchsten Münzwert (2 €) wird innerhalb der For-Schleife der 'Rest' durch den Münzwert geteilt und die Modulofunktion 'Quotient und Rest' ausgeführt. Ist der Ausgang 'Quotient' gleich null, geschieht nichts. Für alle anderen Werte wird der Fall 'Voreinstellung' ausgeführt. Dieser erstellt ein neues Array mit 'Quotient' Elementen der entsprechenden Münze und fügt es der 'Rückgabe' zu. Der Ausgang 'Rest' dieser Funktion wird über das Schieberegister in den nächsten Durchlauf zurückgeführt, bis alle

'Münzwerte' abgearbeitet sind. Danach erfolgt der automatische Wechsel in den Zustand 'Zeige Münzrückgabe an', siehe Bild 17.31.

Der Zustand 'Breche Kauf ab' leitet ohne sonstige Aktivitäten direkt zum Folgezustand über. Wir hätten also auch direkt aus 'Warte auf Münze einwerfen' zum Zustand 'Zeige Münzrückgabe an' wechseln können. Doch macht es Sinn, auch Leerzustände einzuführen, um so Zustandsdiagramme besser zu verstehen. Der Wert 'Rückgabe' im 'Daten'-Cluster enthält die bereits eingeworfenen Münzen.

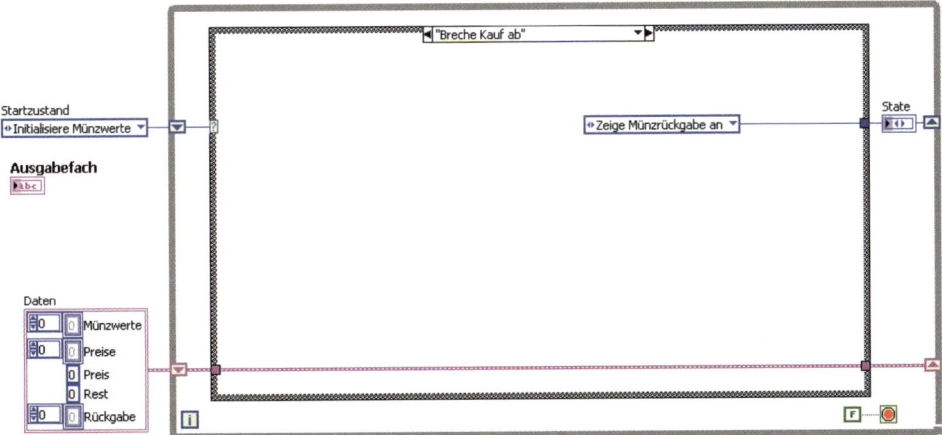

Bild 17.30 Zustand 'Breche Kauf ab'

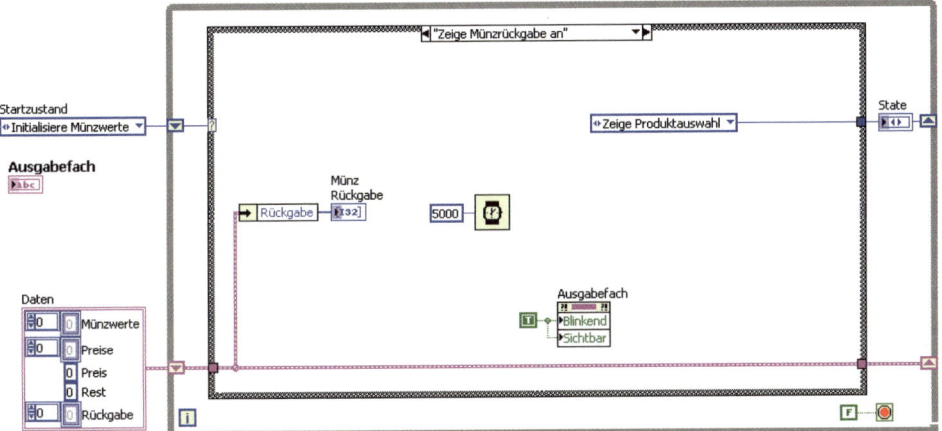

Bild 17.31 Zustand 'Zeige Münzrückgabe an'

Der letzte Zustand 'Zeige Münzrückgabe an' wartet fünf Sekunden für die Entnahme von Produkt und Wechselgeld. Danach springt der Automat von selbst in den Zustand 'Zeige Produktauswahl' zurück und ist bereit für den nächsten Kauf.

Beachte: Das obige Beispiel des Münzautomaten arbeitet mit dem Pollingverfahren, verbraucht also mehr Prozessorzeit als unbedingt erforderlich.

17.4 Münzautomat mit Queues und Ereignisstrukturen

Das Beispiel Abschnitt 17.3 reagiert auf Zustandsänderungen, indem es ununterbrochen Benutzereingaben abfragt. Bereits in Abschnitt 14.6 wurde aber darauf hingewiesen, dass das nicht optimal ist, weil durch Polling anderen Prozessen Ressourcen entzogen werden. Mit Queues und Ereignisstrukturen lässt sich eine bessere, Ressourcen schonende Möglichkeit entwickeln. Wir greifen das vorangegangene Beispiel auf und ändern es entsprechend.

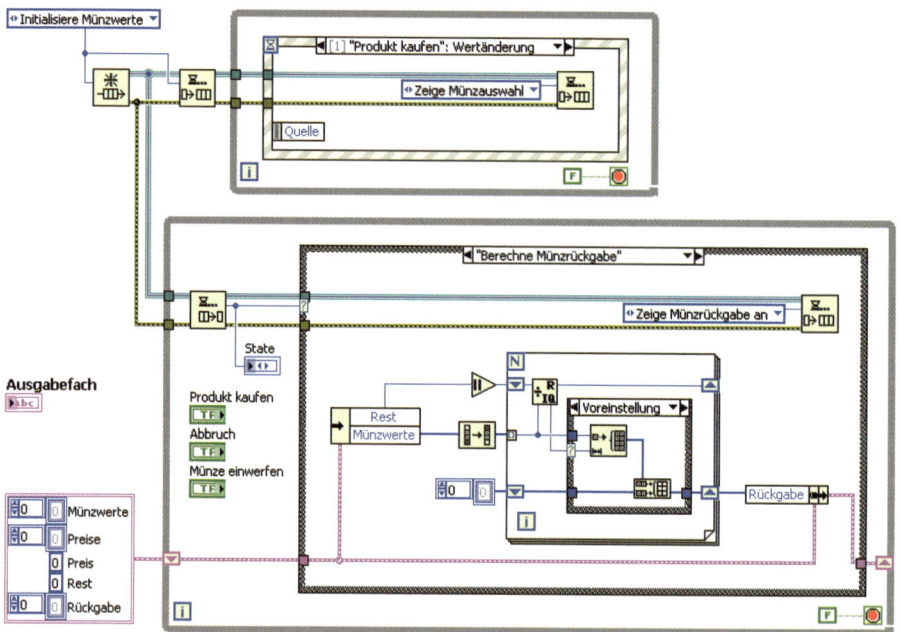

Bild 17.32 Programm für Münzautomat als 'QueuedStatemachine.vi'

In Bild 17.32 ist der Zustandsautomat dargestellt. Im **oberen** Bereich wird eine Queue erzeugt, welche stets den Zustand speichert, der als Nächster auszuführen ist, am Anfang also 'Initialisiere Münzwerte'. Im unteren Bereich wird der aktuelle Zustand aus der Queue gelesen. In einem Zustand, dessen Folgezustand **ohne** Bedingung (z.B. eine Benutzereingabe) feststeht, wird dieser in die Queue geschrieben. Erfolgt der Übergang aber nur unter einer Bedingung, fehlt diese Operation. Dann wird das Programm im nächsten Schleifendurchlauf beim Versuch, aus der Queue zu lesen, blockiert, wobei aber **keine Prozessorzeit** verbraucht wird. Das Programm läuft erst weiter nach Erfüllung der erforderlichen Bedingung durch ein entsprechendes Ereignis in der Eventstruktur, die nunmehr den fälligen Folgezustand in die Queue schreibt. Oben in der Ereignisstruktur ist für folgende Bedienelemente jeweils das Ereignis 'Wertänderung' definiert:

- Produkt Auswahl → Aktualisiere Preis
- Produkt kaufen → Zeige Münzauswahl
- Münze einwerfen → Berechne Rest
- Abbruch → Breche Kauf ab

Anschließend folgen Ausschnitte der Bilder weiterer Zustände. Dabei unterscheiden sich Bild 17.33 und Bild 17.34 in ihrer Funktionalität nicht von den entsprechenden Bildern in Abschnitt 17.3. Dort kann man eine ausführliche Beschreibung nachschlagen. Der Rahmen 'Aktualisiere Preis' enthält keine Zustandsänderung, das heißt, es wird kein neuer Wert in die Queue geschrieben. Das führt dazu, dass die Funktion 'Aus Queue lesen' nicht ausgeführt wird. Die Ereignisstruktur bewirkt ein beliebig langes Warten – ohne Belastung des Prozessors – auf ein neues Element. Erst wenn der Benutzer ein anderes Produkt ausgewählt hat, kann wieder aus der Queue gelesen werden.

Der Zustand in Bild 17.36 wird durch Wertänderung der Taste 'Produkt kaufen' erreicht. Danach wird automatisch in den Zustand 'Aktualisiere Rest' gesprungen, siehe Bild 17.37.

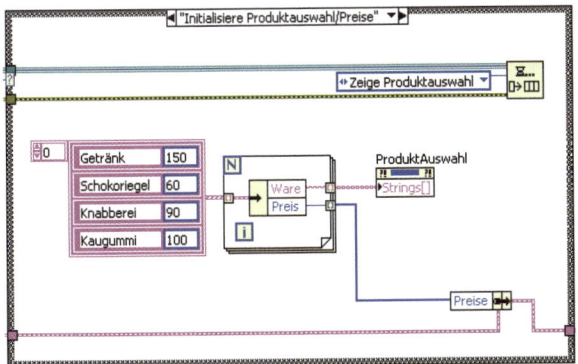

Bild 17.33 Zustand 'Initialisiere Produktauswahl/Preise'

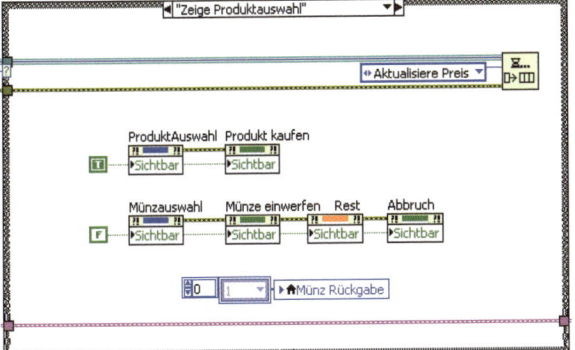

Bild 17.34 Zustand 'Zeige Produktauswahl'

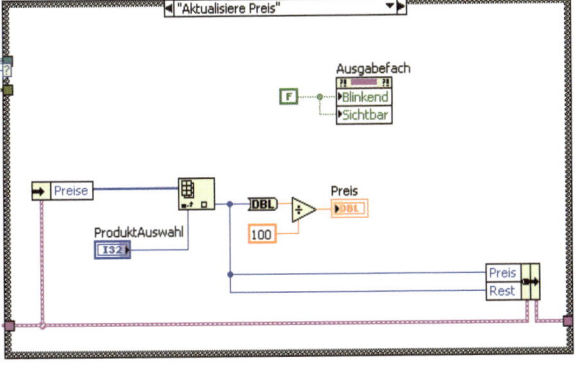

Bild 17.35 Zustand 'Aktualisiere Preis'

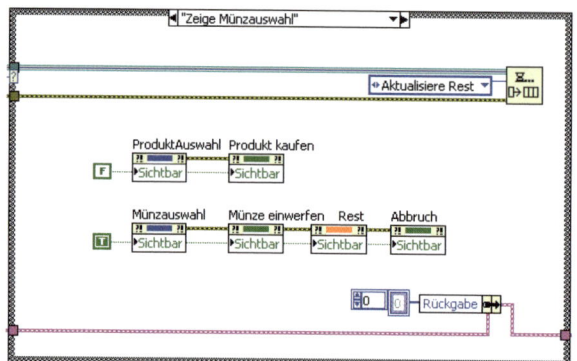

Bild 17.36 Zustand 'Zeige Münzauswahl'

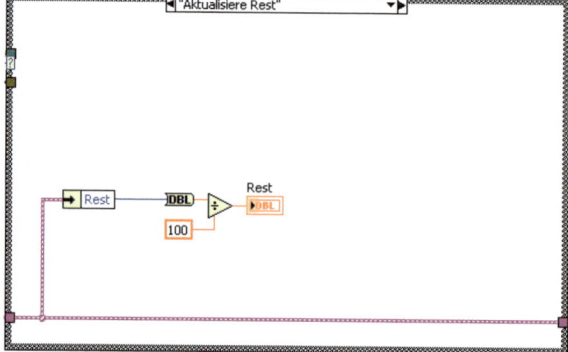

Bild 17.37 Zustand 'Aktualisiere Rest'

In 'Statemachine.vi' im vorigen Abschnitt erfolgte die Aktualisierung und Berechnung des Restbetrags in einem Rahmen. Dies ist hier nicht mehr möglich. Würde man beide Zustände zusammenfassen, würde der Restbetrag gleich nach 'Produkt kaufen' zum ersten Mal verringert werden. Es ist aber nur sinnvoll, den Restbetrag zu korrigieren, wenn der Bediener eine neue Münze eingeworfen hat. Daher wird der Zustand 'Berechne Rest' erst dann ausgeführt, wenn die Taste 'Münze einwerfen' gedrückt wurde.

Vom Zustand 'Berechne Rest' (Bild 17.38) aus erfolgt der Wechsel in den Zustand 'Aktualisiere Rest'. Ist der Restbetrag kleiner gleich null, wird ein zweites Element in die Queue geschrieben. Das bewirkt, dass der Zustand 'Berechne Münzrückgabe' ausgeführt wird, gleich nachdem der Restbetrag am Bildschirm aktualisiert wurde.

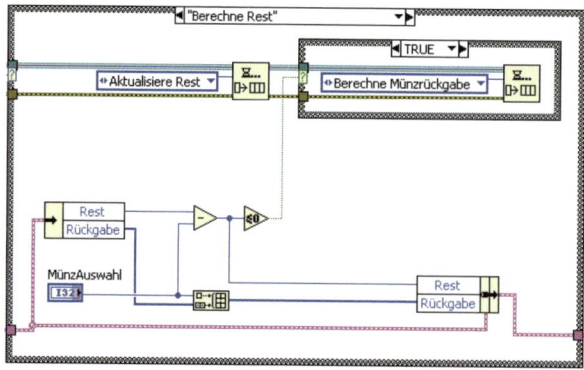

Bild 17.38 Zustand 'Berechne Rest'

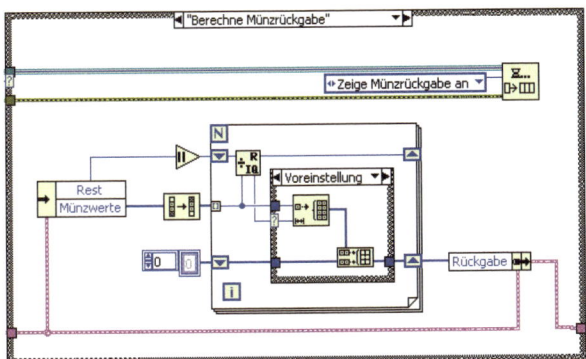

Bild 17.39 Zustand 'Berechne Münzrückgabe'

Die dargestellten Zustände entsprechen denen im Abschnitt 17.3. Durch die Betätigung der Taste 'Abbruch' wird über die Ereignisstruktur der Zustand in Bild 17.40 ausgeführt. Nachdem die Münzrückgabe erfolgt ist, wird die Produktauswahl angezeigt und der Automat ist für den nächsten Kauf bereit.

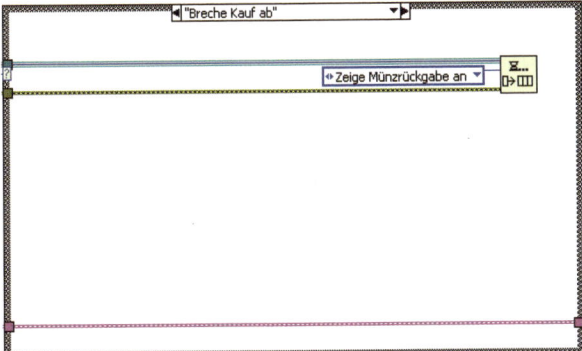

Bild 17.40 Zustand 'Breche Kauf ab'

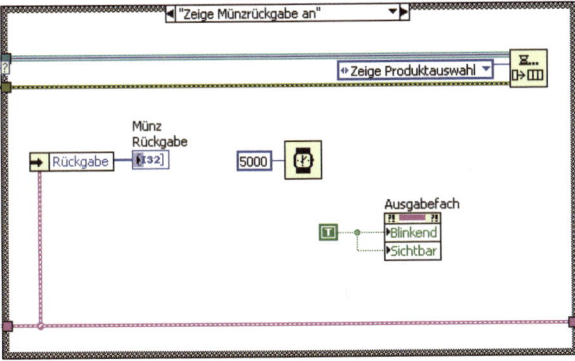

Bild 17.41 Zustand 'Zeige Münzrückgabe an'

Merke:	Das oben behandelte Beispiel eines Münzautomaten nutzt Queues und Ereignisstrukturen. Es ist daher in Bezug auf sparsame Prozessorauslastung dem Pollingverfahren in Abschnitt 17.3 vorzuziehen.
Achtung:	Die Programmierung des Münzautomaten hat einen schwer wiegenden Nachteil: Zur Steuerung der State Machine werden Enum-Konstanten verwendet, die nicht von einer Typdefinition abhängen. Beim Hinzufügen neuer Zustände erfordert das viele manuelle Eingriffe.

17.5 Programmierhilfen

17.5.1 Arbeiten mit vorgefertigten Strukturen (Templates)

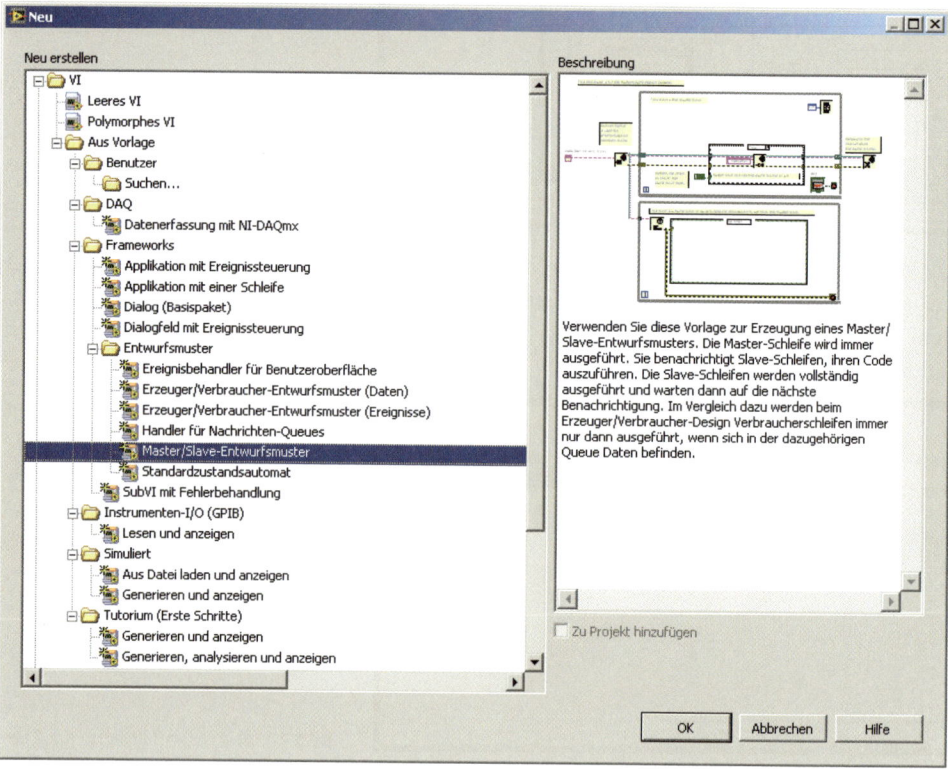

Bild 17.42 In der LabVIEW-Entwicklungsumgebung verfügbare Design-Muster (Patterns)

Bei der Erstellung eines Programms fängt man sinnvoller Weise nicht jedes Mal von vorn an, sondern benutzt Teile früherer Programme. Das können eigene VIs sein, man kann aber auch mit Vorteil die in der LabVIEW-Umgebung bereitgestellten 'Templates', d.h. vorgefertigte Strukturen nutzen. Wir haben darauf schon in Abschnitt 17.2.2 hingewiesen, siehe Bild 17.6. Diese Struktur ist im Startfenster unter 'VI aus Vorlage…' zu finden. Doch gibt es dort noch eine Fülle weiterer Grundstrukturen, z.B. das Master/Slave-Entwurfsmuster, den Handler für Nachrichten-Queues usw., siehe Bild 17.42. Diese Angebote kann man nutzen, wenn man größere Programmsysteme entwickelt.

17.5.2 Beurteilung Programmeffizienz und geeignete Werkzeuge dazu

Man kann die Effizienz eines VI beurteilen und damit seine Qualität. Als Beispiel betrachten wir 'SinusGraph_Schlecht.vi', 'SinusGraph_Gut.vi' und 'SinusGraph_Besser.vi'. Alle drei VIs haben dieselben Frontpanel gemäß Bild 17.43.

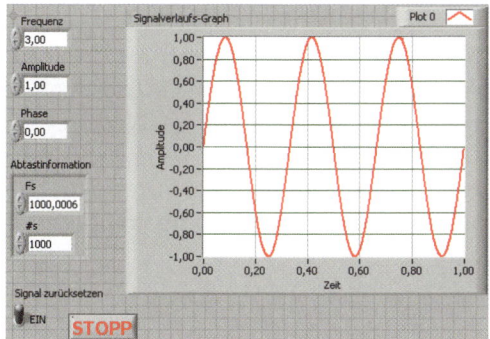

Bild 17.43 Frontpanel der drei Test-VIs 'SinusGraph_Schlecht.vi', 'SinusGraph_Gut.vi' und 'SinusGraph_Besser.vi'

Die Diagramme aber sind verschieden. Bild 17.44 zeigt 'SinusGraph_Schlecht.vi'. Auch der ungeübte LabVIEW-Programmierer erkennt, dass dieses VI Prozessorleistung vergeudet.

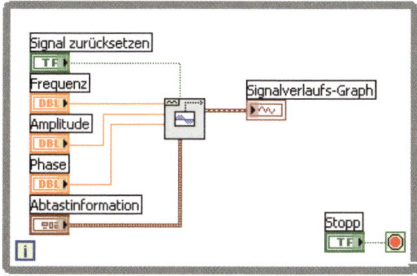

Bild 17.44 Ungeschickte, CPU-Leistung verschwendende Programmierung

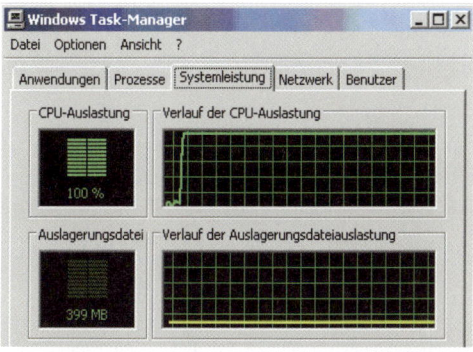

Bild 17.45 Anzeige des Task-Managers

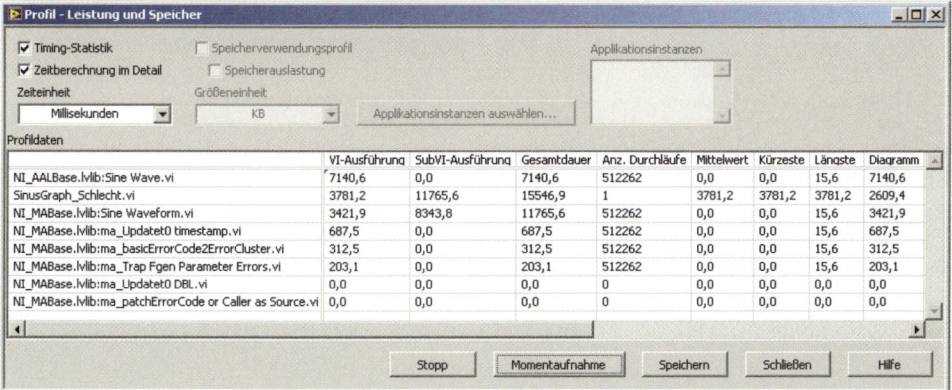

Bild 17.46 Anzeige der Prozessorzeit für verschiedene Teile des VIs 'SinusGraph_Schlecht.vi'

Auch wenn der Anwender keine Werte ändert, berechnet das VI die in Bild 17.43 dargestellte Sinuskurve ununterbrochen neu. Man erkennt das schon im Task-Manager, der eine hohe CPU-Auslastung anzeigt. Einen genaueren Einblick erhält man mit dem Werkzeug 'Profil – Leistung und Speicher': Man lädt 'SinusGraph_Schlecht.vi' und ruft dann mit 'Werkzeuge' – 'Profil' - 'Leistung und Speicher…' das in Bild 17.46 gezeigte Fenster auf. Dann startet man dieses Fenster, wobei alle Anzeigen auf 0 zurückgesetzt werden. Danach startet man das VI und stoppt es nach etwa 20 Sekunden. Mit 'Stopp' oder 'Momentaufnahme' im Profil-Fenster erhält man dann z.B. die Werte von Bild 17.46.

Die dritte Spalte zeigt eine Gesamtdauer von 15546,9 ms an. Davon werden 11 765,6 ms allein für die unnötige Wiederholung der Funktion 'Sine Waveform.vi' verschwendet.

Mit einer einfachen Wartezeit von 10 ms kann man 'SinusGraph_Schlecht.vi' wesentlich verbessern, siehe Bild 17.47. Wiederum nach ca. 20 s Laufzeit von 'SinusGraph_Besser.vi' ergeben sich für das Profil die Werte von Bild 17.48.

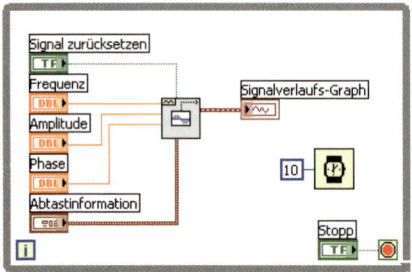

Bild 17.47 Prozessor entlastende Programmierung in 'SinusGraph_Besser.vi'

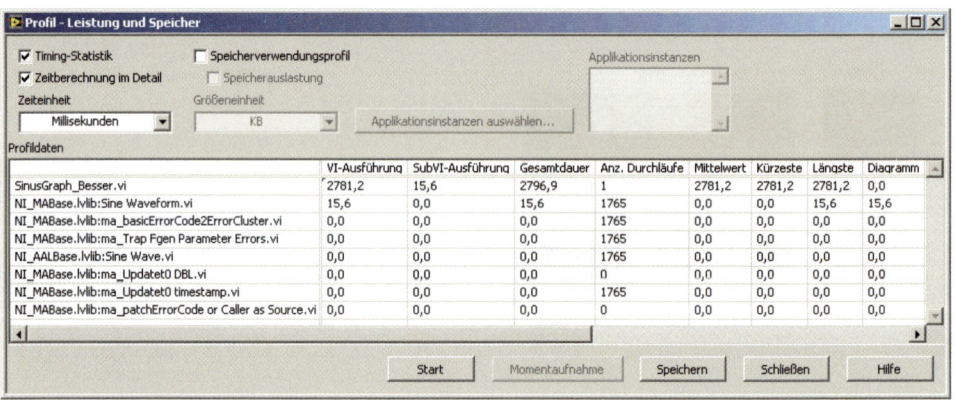

Bild 17.48 Statistik für 'SinusGraph_Besser.vi', Laufzeit ca. 20 s, die Prozessorzeit ist viel kürzer

In 'SinusGraph_Gut.vi' erfolgt eine Berechnung nur noch bei Parameteränderungen. Der Schalter 'Signal zurücksetzen' in Bild 17.43 wird dabei allerdings wirkungslos, weil das Wandern der Sinuskurve im Falle des Nichtzurücksetzens hier nicht mehr sichtbar wird.

Im vorliegenden Beispiel könnte man natürlich auf das Profilbild in Bild 17.50 verzichten. Mit einer gewissen Erfahrung weiß man auch so, was passiert. Für komplexere Programme trifft das allerdings nicht zu.

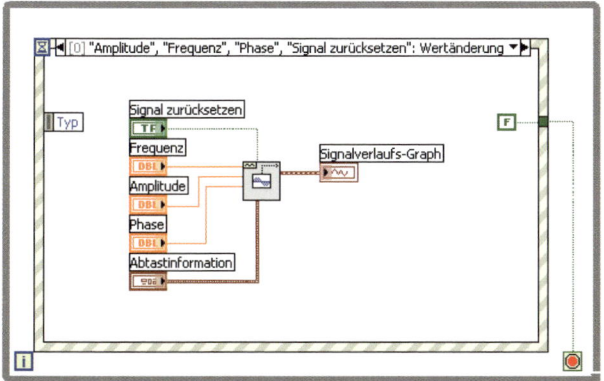

Bild 17.49 Prozessor noch stärker entlastende Programmierung in 'SinusGraph_Gut.vi' durch Nutzung der Eventstruktur

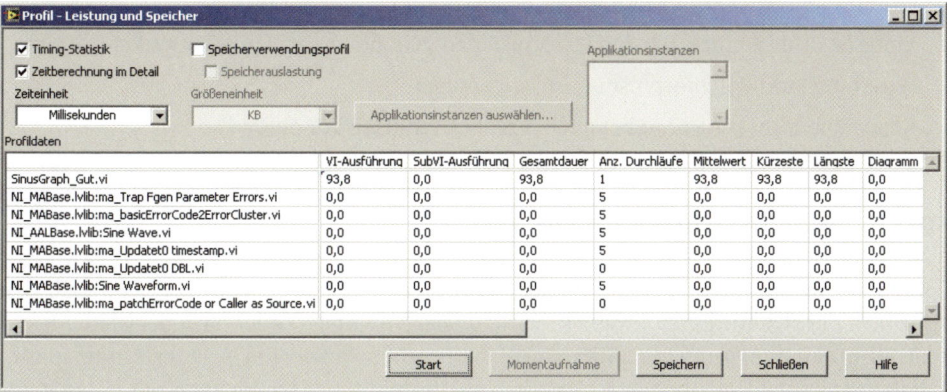

Bild 17.50 Statistik für 'SinusGraph_Gut.vi': Hier hat der Anwender während der 20 Sekunden Laufzeit 5-mal einen Parameter geändert. Nur in diesen Fällen entstehen Rechenzeiten für das Unterprogramm 'Sine Waveform.vi'. Sie sind aber so klein, dass sie weniger als 1 ms betragen, daher der Wert 0,0 für die Gesamtdauer

Merke: Bei der Entwicklung umfangreicherer Programmsysteme ist es sinnvoll,

a) mit vorgefertigten Strukturen (Templates) der LabVIEW-Entwicklungsumgebung zu arbeiten und

b) das Werkzeug 'Profil – Leistung und Speicher' zu nutzen.

Aufgabe 17.4

Wandeln Sie die Enum-Konstante zur Steuerung der Münzautomaten in Abschnitt 17.3 und 17.4 in Typdefinitionen um.

18 Objektorientierte Programmierung

Lernziele

1. Grundprinzipien der objektorientierten Programmierung (OOP) erklären können.
2. Einfache Programme nach den Prinzipien der OOP unter LabVIEW entwickeln können.
3. Vererbung und Polymorphismus nutzen können.
4. Klassenbibliotheken vor unbefugtem Einblick schützen können.

18.1 Warum objektorientiert?

Computerprogramme kann man auf sehr verschiedene Weise entwickeln, z.B. nach den Prinzipien der strukturierten Programmierung (siehe Kapitel 3) oder nach der Methode der Zustandsprogrammierung, die in Kapitel 17 besprochen wurde. Ein weiterer Ansatz nimmt sich das natürliche Verhalten von Menschen als Vorbild. Ein Mensch kann mit vielen komplexen Dingen seiner Umgebung, den **Objekten**, umgehen, ohne dass er eine Ahnung von ihrer Struktur hat. Er kennt z.B. einige Eigenschaften eines Hundes, seinen Namen, seine Farbe, seinen momentanen Zustand (müde, gereizt, hungrig …). Er weiß ferner, wie er mit dem Hund umzugehen hat: Er kann ihm Befehle erteilen wie 'Sitz!' oder 'Hierher!'. Er kann ihn mit einer Wurst locken. Dazu braucht er weder Kenntnisse über den Knochenaufbau des Hundes noch über die Struktur seines Gehirns. Er muss nur einige seiner **Eigenschaften** kennen und einige **Methoden**, ihn zu beeinflussen. Dann kann er den Zustand und das Verhalten des Hundes ändern.

Diese Erkenntnis lässt sich auf die Programmierung übertragen. Hier ist ein **Objekt** ein Stück Software, das bestimmte Eigenschaften hat und durch bestimmte Methoden verändert werden kann. Einzelheiten über die Struktur der Software sind nicht bekannt. Sie sind verborgen oder **gekapselt** (encapsulated). Verschiedene Objekte wirken zusammen, indem sie mit den verfügbaren (**public**) **Methoden** aufeinander zugreifen und die verfügbaren **Eigenschaften, d.h. Variablen**, ändern.

Der Mechanismus, mit dem dies erreicht wird, ist die Klasse. Sie ist der Bauplan für eine Datenstruktur mit bestimmten Eigenschaften (Variablen) und Methoden (Funktionen). Sie ist aber noch nicht diese Datenstruktur selbst. Dazu muss die Klasse erst instanziiert werden. Zum Vergleich mit der realen Welt: Die Skizze eines Hundes ist noch kein lebender Hund. So wie es nun mehrere Hunde einer bestimmten Rasse gibt, so kann es auch mehrere **Instanzen** einer Klasse geben. Dieses Prinzip ist schon von einfacheren Objekten der Informatik her bekannt: Der Typ einer vorzeichenbehafteten Integerzahl z.B. ist selbst noch keine Integerzahl, sondern nur ihr Konstruktionsplan. Erst die Zahlen 5 oder 7 oder –23 sind Instanzen dieses Typs.

Verschiedene Instanzen einer Klasse können unterschiedliche Variablenwerte und Zustände haben. Wiederum zum Vergleich mit dem realen Leben: Es gibt nicht nur einen Hund, sondern verschiedene Hunde mit unterschiedlichen Namen, Farben und Gemütszuständen. Bild 18.1 gibt einen groben Überblick über das Arbeiten mit Klassen, wie man es z.B. von C++ her kennt.

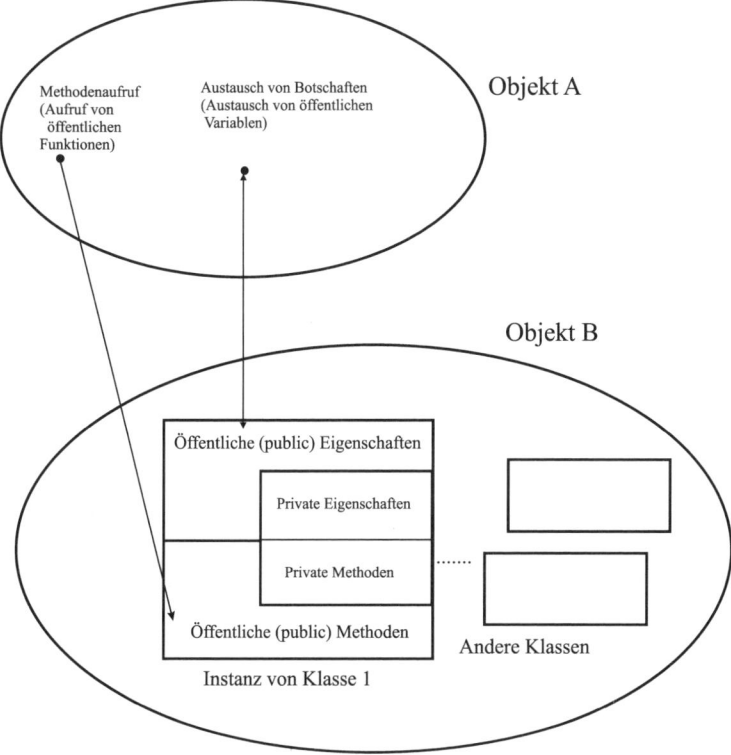

Bild 18.1 Prinzipskizze: Die zwei Software-Objekte A und B wirken mit Hilfe von öffentlichen Eigenschaften (Variablen) und öffentlichen Methoden zusammen

Ein weiterer Aspekt aus dem realen Leben ist die **Vererbbarkeit** (in Bild 18.1 nicht dargestellt). Man kann eine sehr allgemeine Beschreibung eines Hundes geben, ohne dabei auf Größe, Rasse und dgl. einzugehen. Alle Hunde sind Säugetiere mit vier Beinen und Fleischfresser. Ein Dackel ist ebenso ein Hund wie ein Rottweiler. Also besitzen (**erben**) sie die oben genannten zwei Eigenschaften. Darüber hinaus haben sie jeweils zusätzliche Eigenschaften, durch die sie sich voneinander unterscheiden. Überträgt man das auf die Software, bedeutet dies Folgendes: Bei der Entwicklung einer speziellen Klasse nutzt man eine geeignete übergeordnete Klasse, verwendet (**erbt**) ihre Eigenschaften und Methoden und programmiert nur diejenigen Eigenschaften und Methoden neu, die in der übergeordneten Klasse nicht auftreten.

Was spricht für OOP? Zunächst die Tatsache, dass viele Softwareprojekte erfolgreich auf diese Weise durchgeführt wurden. So hat man z.B. auch LabVIEW selbst als großes OOP-Projekt entwickelt. Allerdings konnte ein LabVIEW-Programmierer die objektorientierte

Methode früher nicht zur Entwicklung seiner eigenen VIs nutzen. Er konnte zwar Eigenschafts- und Methodenknoten von LabVIEW verwenden, aber z.B. selbst keine Klassen bilden. **Seit Version 8.2 hat sich das grundlegend geändert**. Es gibt eine **vereinfachte Version** objektorientierter Programmierung auch für LabVIEW-Anwender.

Eine dieser Vereinfachungen besteht darin, dass es in den Klassen nur noch private Daten gibt. Man kann auf sie ausschließlich mit einer der stets öffentlichen Methoden zugreifen. Somit haben wir hier in Abwandlung von Bild 18.1 eine Situation gemäß Bild 18.2.

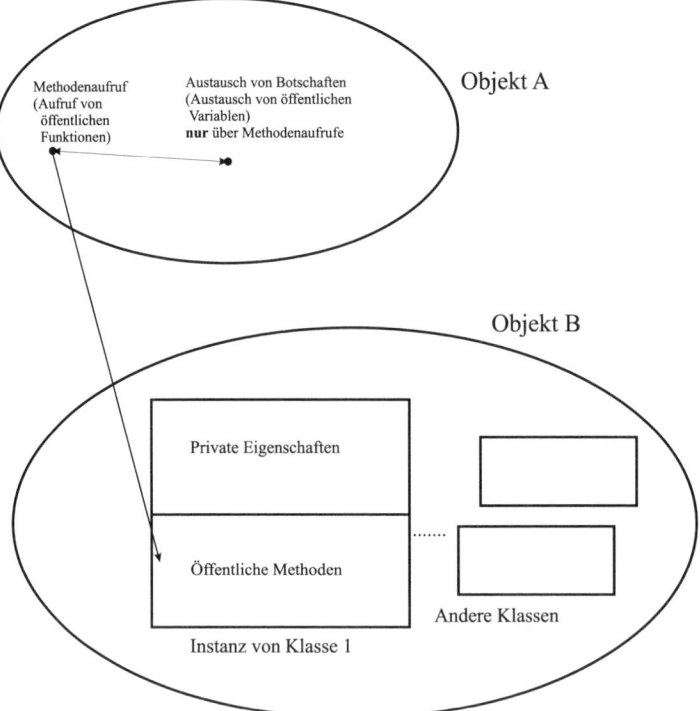

Bild 18.2 Prinzipskizze: Unter LabVIEW wirken zwei Software-Objekte A und B bei objektorientierter Programmierung nur mit Hilfe öffentlicher Methoden zusammen

Wir werden nun mit einfachen Beispielen zeigen, wie die objektorientierte Programmierung im Falle von LabVIEW funktioniert.

Die Frage, ob man dann OOP auch sofort und überall anwenden soll, ist damit noch nicht beantwortet. Als Vorzüge werden genannt:

- Modularität: Man kann einzelne Bausteine abwandeln, ohne das System zu ändern.
- Kapselung. Der Anwender hat nur zu den als öffentlich erklärten Eigenschaften und Methoden Zugang.
- Wiederverwendbarkeit des Codes.
- Vereinfachte Wartungsmöglichkeit.

Trotzdem erfolgt in der Praxis die Wahl der Programmiermethode eher nach individuellen Gesichtspunkten. OOP allein ist noch kein Garant für die erfolgreiche Umsetzung von Softwareprojekten, besonders wenn sich der Programmierer nicht mit dieser Methode identifiziert.

18.2 Erstes Beispiel zur objektorientierten Programmierung

In den folgenden Beispielen wollen wir die Funktion

$$z = F(x,y)$$

berechnen. Zunächst ist nicht klar, um welche Funktion es sich handelt. Man weiß nur, dass zu den Werten zweier Variablen x und y nach irgendeiner Vorschrift ein Wert z zu ermitteln ist. Im konkreten Fall könnte z.B. $z = x + y$ sein. Die Variablen x und y sollen Strings darstellen, dagegen z einen Double-Wert (DBL). Anderenfalls wäre es zu einfach. Wir versuchen, diese Aufgabe mit OOP zu lösen.

18.2.1 Bildung einer Klasse

Man bildet eine Klasse in folgender Weise: zuerst ein leeres Projekt anlegen (siehe Abschnitt 9.2) und unter geeignetem Namen, z.B. 'Test.lvproj', speichern. Dann gemäß Bild 18.3 im Kontextmenü von 'Mein Computer' aufrufen: 'Neu' – 'Klasse'.

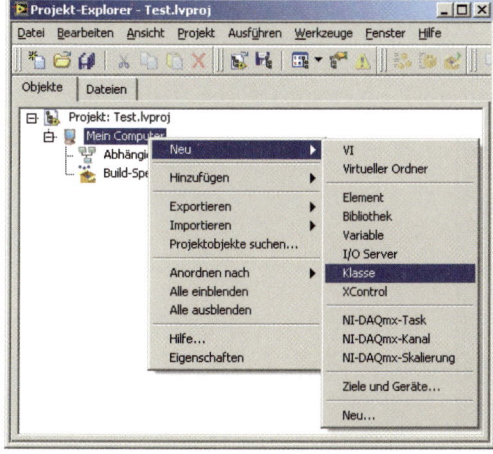

Bild 18.3 Neue Klasse erstellen

Die Ansicht ändert sich nun entsprechend Bild 18.4. Achtung, die Klasse ist noch nicht auf der Festplatte gespeichert. Sie befindet sich nur im Arbeitsspeicher des Computers.

Bild 18.4 Neue Klasse 'Klasse 1'

Die Klasse kann jetzt unter einem Namen gesichert werden. LabVIEW sieht für alle Klassendefinitionen die Erweiterung '*.lvclass' vor. Im Gegensatz zu normalen benutzerdefinierten Bedienelementen, die im Abschnitt 9.5 beschrieben sind, wird das Bedienelement 'Klasse 1.ctl' nicht unmittelbar auf der Festplatte gespeichert, sondern in die lvclass-Datei eingefügt. Es kann also nur indirekt über die Klasse geöffnet werden. In 'Klasse 1.ctl' kann man die **privaten** Variablen definieren.

Versucht man jetzt, das geänderte Projekt zu speichern, erhält man den Hinweis, dass nicht alle Daten im Projekt auf der Festplatte vorliegen, siehe Bild 18.5. Folglich speichert man erst das neue Element, normalerweise unter einem selbst gewählten Namen. Hier verwenden wir statt 'Klasse 1' den Namen 'Addition' und speichern erst dann.

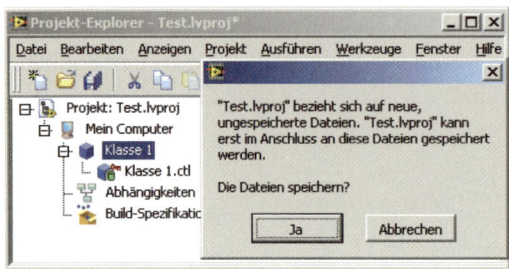

Bild 18.5 Hinweis auf ungespeicherte Elemente innerhalb des Projekts

18.2.2   Private Eigenschaften der Klasse

Jede Klasse kann mehrere **private Eigenschaften** besitzen, die in einem Cluster zusammengefasst werden müssen. Der Versuch, das Cluster durch ein anderes Bedienelement zu ersetzen oder mehr als ein Cluster zu erzeugen, führt zu einem Fehler. Man bildet dieses Cluster durch Doppelklick auf 'Addition.ctl' und erhält ein Frontpanel gemäß Bild 18.6.

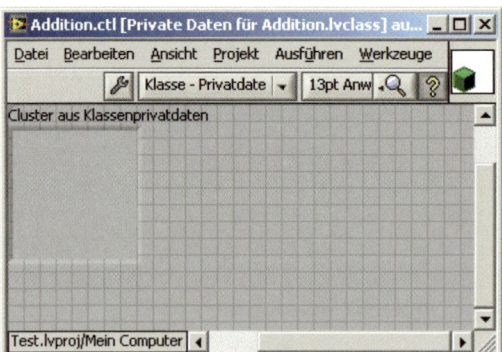

Bild 18.6 Cluster zur Definition privater Daten einer Klasse

Wir fügen nun zwei Stringelemente 'xs' und 'ys' in das Cluster ein, ferner die konvertierten DBL-Daten 'x', 'y' als Zwischenergebnisse und zuletzt das Ergebnis 'x+y'. So erhalten wir ein Kontrollelement entsprechend Bild 18.7.

Bild 18.7 Private Daten von Addition.lvclass. Später wird sich zeigen, dass die Variablen 'x', 'y' und 'x + y' an dieser Stelle nicht notwendig sind

Während der Laufzeit sind hier die Funktionsparameter gespeichert. Auf sie können alle Methoden derselben Klasse zugreifen. Werden mehrere Instanzen der Klasse im Programm erzeugt, können diese auch unterschiedliche Daten enthalten.

18.2.3 Methoden der Klasse

Methoden definieren die (öffentlichen) Schnittstellen der Klasse. Mit ihnen können Daten gelesen und geschrieben werden.

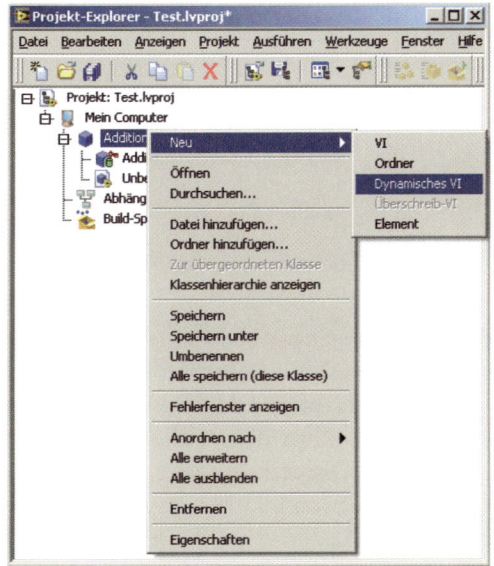

Bild 18.8 Neue Methode ('Dynamisches VI') erstellen

Zur Erstellung einer Methode muss man im Kontextmenü von 'Addition.lvclass' den Eintrag 'Neu' – 'Dynamisches VI' wählen, siehe Bild 18.8. Damit wird automatisch ein VI geöffnet, dessen Frontpanel in Bild 18.9 und dessen Diagramm in Bild 18.10 zu sehen ist, nachdem es zuvor als 'Setzen.vi' gespeichert und dessen Standardsymbol geändert wurde.

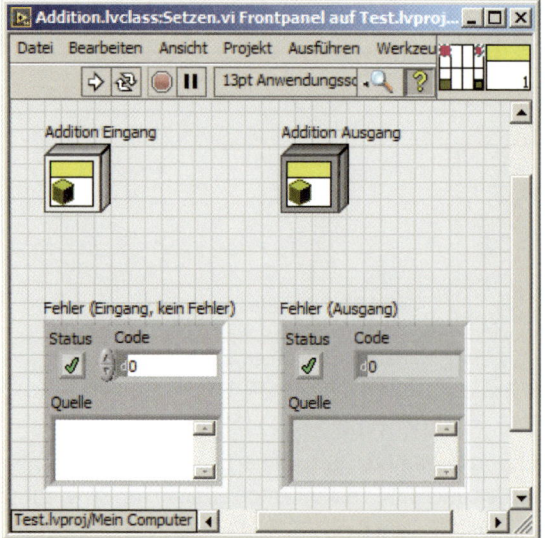

Bild 18.9 Frontpanel des automatisch erzeugten dynamischen VI nach Speicherung als 'Setzen.vi'

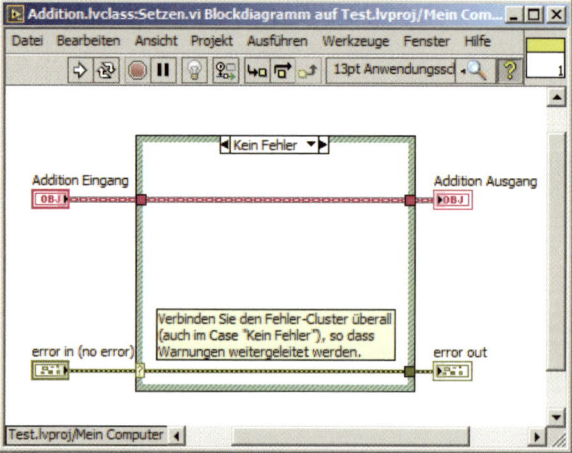

Bild 18.10 Blockdiagramm des automatisch erzeugten dynamischen VI. Der Name wird zu 'Addition.lvclass:Setzen.vi', nachdem man das VI als 'Setzen.vi' gespeichert hat

Da die Methode 'Setzen.vi' für jede Instanz gültig ist, muss angegeben werden, auf welche Instanz sie angewandt werden soll, damit stets die richtigen Daten verwendet werden. Dazu erzeugt das System automatisch zwei LabVIEW-Objekte, hier 'Addition Eingang' und 'Addition Ausgang' im Frontpanel. Sie sind mit dem Anschluss des VI als 'Dynamischer Dispatch-Eingang (erforderlich)' bzw. als 'Dynamischer Dispatch-Ausgang (empfohlen)' verbunden. Beide Anschlüsse sind im Panel des Programms von Bild 18.9 im Anschlussfeld oben rechts mit einer gestrichelten Markierung dargestellt.

Zum Setzen der privaten Daten im aufrufenden VI ist es erforderlich, diese Werte der Methode 'Setzen' zu übergeben. Man muss daher das Diagramm mit Eingängen für 'xs' und 'ys' versehen. Dann erhält man ein neues Diagramm gemäß Bild 18.11 und ein neues Frontpanel entsprechend Bild 18.12 mit den Eingabeelementen 'xs' und 'ys', die mit dem Anschlussfeld des VIs verbunden sind.

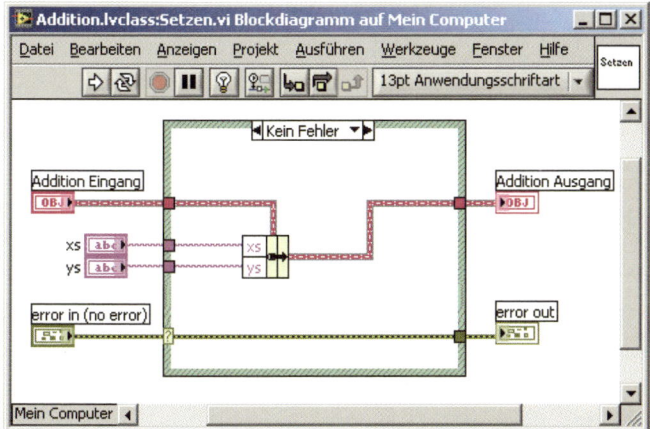

Bild 18.11 Diagramm 'Addition.lvclass:Setzen.vi' mit Eingangsvariablen 'xs' und 'ys'

Die Programmierung des Diagramms wird so durchgeführt: Dem 'Addition Eingang' werden nun die **Werte** für 'xs' und 'ys' zugewiesen (die Namen dieser privaten Variablen sind der Klasse schon aus 'Addition.ctl' bekannt). Die Zuweisung erfolgt durch 'Funktion' – 'Programmierung' – 'Cluster & Variant' – 'Nach Namen bündeln' und anschließend im Kontextmenü der Eingänge 'xs' und 'ys' mit 'Erstellen' – 'Element'. Ferner sind 'xs' und 'ys' als Eingänge im **Anschlussfeld einzutragen** (siehe Abschnitte 5.2.1 und 5.2.2)! Nur so kann der Anwender die privaten Variablen von außen beschreiben.

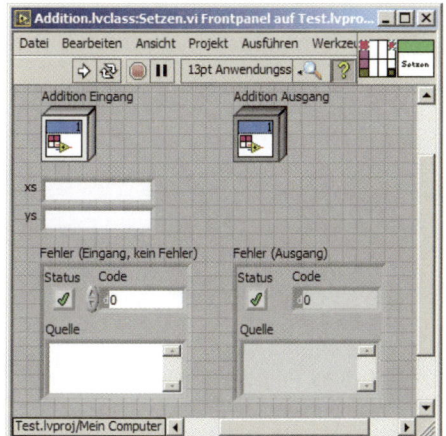

Bild 18.12 Frontpanel 'Addition.lvclass:Setzen.vi' mit den Eingangsvariablen 'xs' und 'ys'. Auch im Anschlussfeld sind 'xs' und 'ys' als Eingangsvariablen einzutragen

Ganz entsprechend der Methode 'Setzen.vi' werden die Methoden 'Konvertieren.vi' und 'Addieren.vi' programmiert. 'Konvertieren.vi' wandelt die Zahlenstrings in Variablen vom Typ Double um und 'Addieren.vi' steht für die Bildung von $x + y$. Dabei sind für den Anwender nur 'Setzen.vi' und 'Addieren.vi' von Interesse, weil er damit Daten ein- und ausgeben kann. Das dritte Programm 'Konvertieren.vi' dient dem Arbeiten mit den privaten Klassendaten. Die Diagramme dieser beiden anderen Methoden (oder dynamischen VIs) finden sich in Bild 18.13 und Bild 18.14. Zu beachten ist, dass 'Addieren.vi' die Methode 'Konvertieren.vi' verwendet.

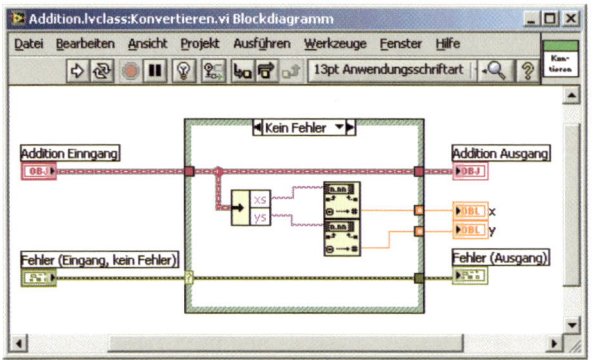

Bild 18.13 Diagramm 'Addition.lvclass:Konvertieren.vi' mit den privaten Variablen 'xs', 'ys' und den Ausgängen 'x' und 'y'

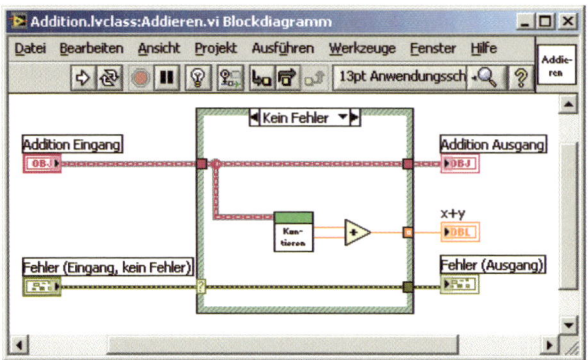

Bild 18.14 Diagramm 'Addition.lvclass:Addieren.vi' mit der Ausgangsvariablen 'x + y'. Sie ist im Anschlussfeld als Ausgangsvariable einzutragen.

Hier wird auch das oben beschriebene dynamische VI 'Konvertieren.vi' verwendet

Der Projekt-Explorer besitzt nun Eintragungen gemäß Bild 18.15.

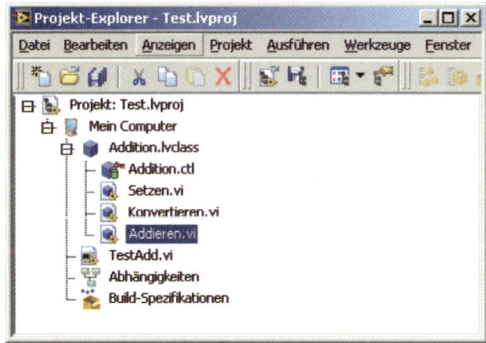

Bild 18.15 Projekt-Explorer mit der Klasse 'Addition.lvclass' und ihren verschiedenen Methoden. Auch das Programm 'TestAdd.vi' ist bereits eingetragen

Mit 'Mein Computer' – 'Neu' – 'VI' im Projekt-Explorer öffnet man ein leeres VI im Projekt, das man anschließend gemäß Bild 18.16 und Bild 18.17 als 'TestAdd.vi' programmiert.

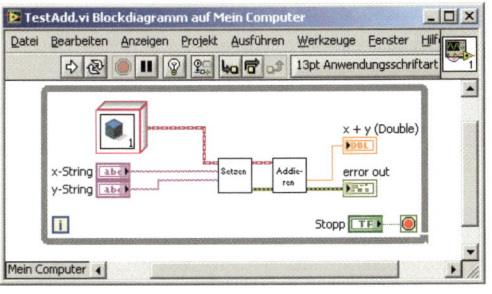

Bild 18.16 Verwendung von Klassen-methoden zur Programmierung einer Summe von Zahlenstrings als DBL-Wert. Diagramm

Bild 18.17 Verwendung von Klassen-methoden zur Programmierung einer Summe von Zahlenstrings als DBL-Wert. Frontpanel mit dem Beispiel einer Addition

Aufgabe 18.1

Programmieren Sie analog zu dem oben beschriebenen Beispiel für die Addition die Subtraktion von zwei Zahlenstrings mittels OOP.

Aufgabe 18.2

Programmieren Sie das Additionsbeispiel **ohne** OOP. Vergleichen Sie Ihren Aufwand und den Speicherbedarf für die Software bei beiden Methoden.

> **Merke:** Die objektorientierte Programmierung (OOP) beruht auf der Bildung von Klassen. Sie enthalten Methoden, mit denen allein man auf die privaten Daten der Klassen zugreifen kann.

18.3 Weitere Beispiele zur OOP

18.3.1 Vererbung

Das Beispiel von Abschnitt 18.2 sowie Aufgabe 18.1 und Aufgabe 18.2 zeigen, dass es recht mühsam ist, mit den bisher benutzten OOP-Methoden alle vier Grundrechenarten zu behandeln. Auch ist das Ergebnis eher mager. Von den oben genannten Vorteilen der OOP ist hier nur das Prinzip der **Kapselung** zu erkennen: In Bild 18.16 sind die Eingabevariablen 'x-String' und 'y-String' sowie die Ausgabevariable 'x + y (Double)' zu sehen. Dagegen laufen die privaten Daten, für den Anwender nicht sichtbar, in den Verbindungsdrähten von 'Setzen.vi' und 'Addieren.vi'.

Weitere Vorteile von OOP werden erst deutlich, wenn man das Prinzip der **Vererbung** nutzt. In unserem neuen Beispiel werden wir damit die vier Grundrechenarten bearbeiten, nämlich

$z = x + y$, $z = x - y$, $z = x \cdot y$ und $z = x/y$.

Dazu benutzen wir eine übergeordnete Klasse mit dem Namen 'AbstrakteFunktion.lvclass'. Sie heißt so, weil wir von ihr keine Instanz bilden werden, wie wir das beispielsweise mit 'Addition.lvclass' in 'TestAdd.vi' getan haben. Sie dient lediglich als eine Art von 'Bauplan' für 'Addition.lvclass', 'Subtraktion.lvclass', 'Division.lvclass' und 'Multiplikation.lvclass', die wir von ihr ableiten.

Wir bilden ein neues Projekt 'Test1.lvproj' und dort zuerst 'AbstrakteFunktion.lvclass'. Das geschieht, wie in Abschnitt 18.2.1 beschrieben, einschließlich der Programmierung von Setzen.vi und Konvertieren.vi.

Anschließend erzeugen wir jeweils neue Klassen für Addition, Subtraktion, Multiplikation und Division. Wir beginnen mit der Addition. Unter 'Mein Computer' im Kontextmenü 'Neu' – 'Klasse' wählen, in 'Addition.lvclass' umbenennen und speichern. Im Kontextmenü dieser Klasse kann man nun unter 'Eigenschaften' die Vererbung festlegen.

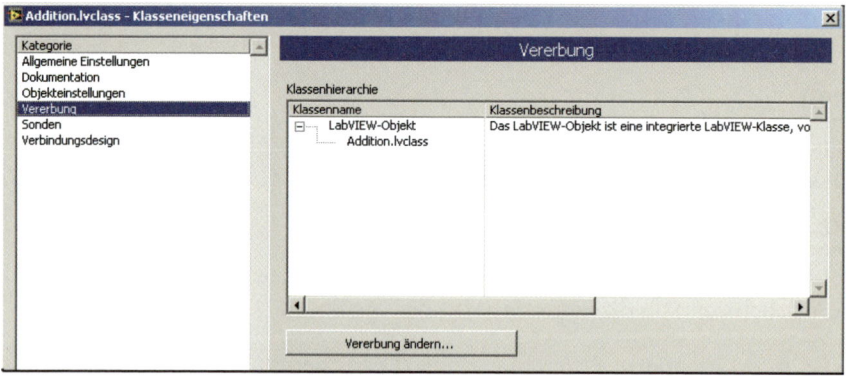

Bild 18.18 Eigenschaftsfenster für 'Vererbung'

Dazu wählt man die Kategorie 'Vererbung' gemäß Bild 18.18. Auf der rechten Seite ist die Klassenhierarchie der gewählten Klasse 'Addition' angezeigt. Jede benutzerdefinierte Klasse wird zuerst automatisch von 'LabVIEW-Objekt' abgeleitet und kann über die Schaltfläche 'Vererbung ändern…' angepasst werden.

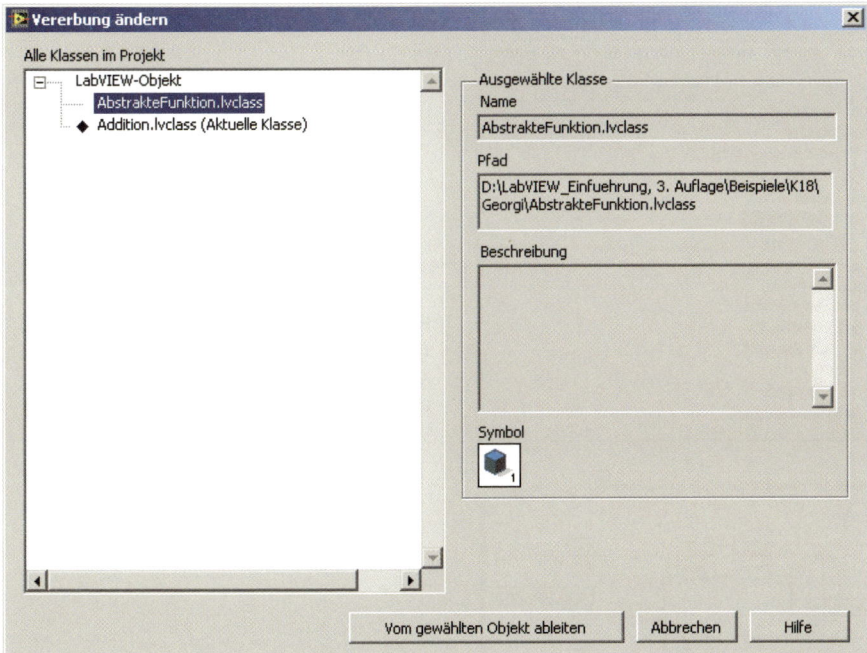

Bild 18.19 Eingabedialog 'Vererbung ändern'

Der Dialog in Bild 18.19 enthält eine hierarchische Liste aller Klassen, die im aktuellen Projekt enthalten sind. Die ausgemalte Raute markiert die aktuelle Klasse, deren Vererbungseigenschaft geändert werden soll. Wir klicken jetzt auf 'AbstrakteFunktion.lvclass' und aktivieren 'Vom gewählten Objekt ableiten'. Man erhält so die geänderte Vererbungshierarchie nach Bild 18.20 und bestätigt mit 'OK'.

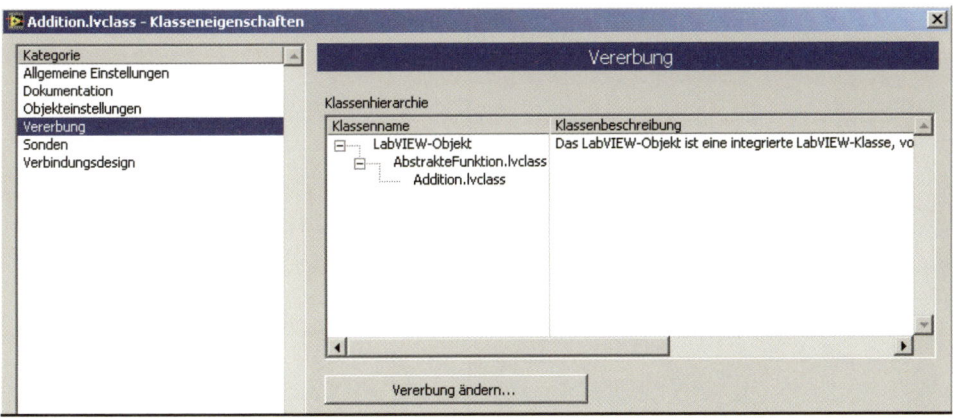

Bild 18.20 Geänderte Vererbungshierarchie

Tun wir dasselbe auch für die Subtraktion, sehen wir im Projekt-Explorer einen Zwischenstand nach Bild 18.21.

Die Klassen für Addition und Subtraktion enthalten weder die Methode 'Setzen.vi' noch 'Konvertieren.vi'. **Sie erben sie** einfach von 'AbstrakteFunktion.lvclass'. Dagegen sind die Methoden für 'Addieren.vi' und 'Subtrahieren.vi' individuell für die jeweilige Klasse bestimmt. Sie wurden nach dem Muster von Bild 18.14 geschrieben.

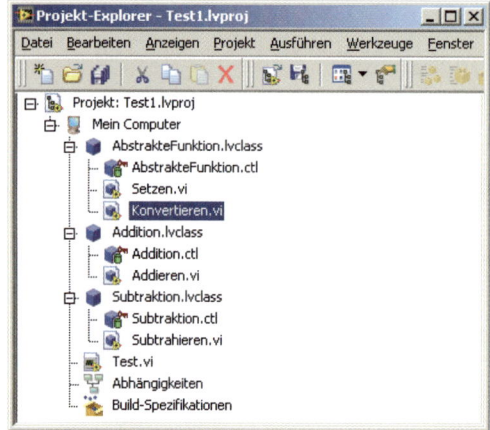

Bild 18.21 Zwischenstand nach dem Einrichten einer abstrakten und zweier gewöhnlicher Klassen für Addition und Subtraktion. Auch das Testprogramm Test.vi wurde bereits eingefügt

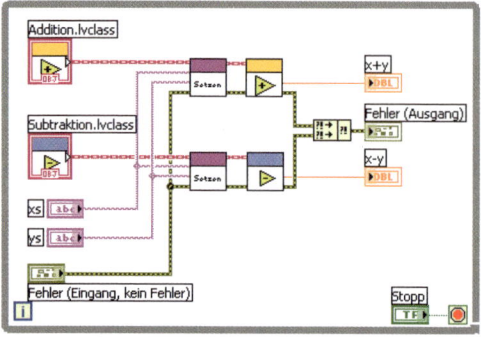

Bild 18.22 Diagramm von Test.vi

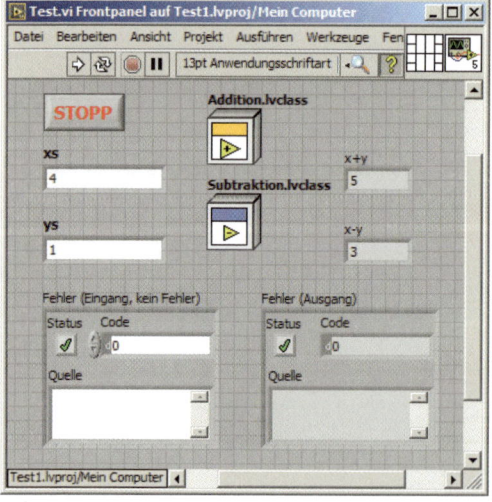

Bild 18.23 Frontpanel von Test.vi

Zum Überprüfen der Funktionalität dient Test.vi. Es entspricht dem Objekt A in Bild 18.2. Diagramm und Frontpanel sind in Bild 18.22 und Bild 18.23 dargestellt.

Zur Bildung von Test.vi zieht man 'Addition.lvclass' und 'Subtraktion.lvclass' vom Projekt-Explorer aus auf das Frontpanel. Danach holt man sich in gleicher Weise die Methoden 'Setzen', 'Addieren' und 'Subtrahieren' ins Diagramm und verbindet alle Symbole nach dem Schema von Bild 18.22. Die Terminals links oben sind mit 'Als Symbol anzeigen' gesetzt.

Wie erhält man die Symbole mit Plus- und Minuszeichen für die Klassen? Standardmäßig sieht man hier einen Würfel mit einer Nummer, welche die Reihenfolge der Bildung im Projekt-Explorer angibt. **Antwort:** Im Kontextmenü von 'Addition.lvclass' aufrufen 'Eigenschaften' – 'Allgemeine Eigenschaften' und 'Symbol bearbeiten…' wählen. Anschließend wie üblich ein eigenes Symbol editieren. Ebenso verfährt man mit 'Subtraktion.lvclass'.

Aufgabe 18.3

Ergänzen Sie das Projekt 'Test1.lvproj' um Klassen zur Multiplikation und Division, die ebenfalls von 'AbstrakteFunktion.lvclass' erben sollen. Schreiben Sie die individuellen Programme 'Multiplikation.lvclass' und 'Division.lvclass' sowie ein Testprogramm, das auch diese beiden Operationen mit überprüft.

Merke: Bei der objektorientierten Programmierung (OOP) ist ein wichtiger Vorteil die Möglichkeit, von einer Basisklasse aus Eigenschaften und Methoden an untergeordnete Klassen zu vererben. Man muss gemeinsame Eigenschaften und Methoden nur einmal in der Basisklasse programmieren.

Die Wahl, welche Klasse von welcher anderen erbt, wird im Kontextmenü der unterzuordnenden Klasse unter 'Eigenschaften' getroffen.

18.3.2 Polymorphie

Das Beispiel aus dem letzten Abschnitt hat den Nachteil, dass die VIs für Addieren, Subtrahieren usw. jeweils mit einem eigenen Namen neu entwickelt werden müssen. Eleganter wäre es, eine Methode 'Rechnen.vi' in der Basisklasse 'AbstrakteFunktion.lvclass' einzuführen, die von den verschiedenen abgeleiteten Klassen nur noch zu modifizieren ist. Die Idee dabei ist, dass 'Addition.lvclass', 'Subtraktion.lvclass' usw. zunächst die Methode 'Rechnen.vi' erben und dann so modifiziert ('überschrieben') werden, dass sie $F(x,y) = x + y$ bzw. $F(x,y) = x - y$ bilden und so fort.

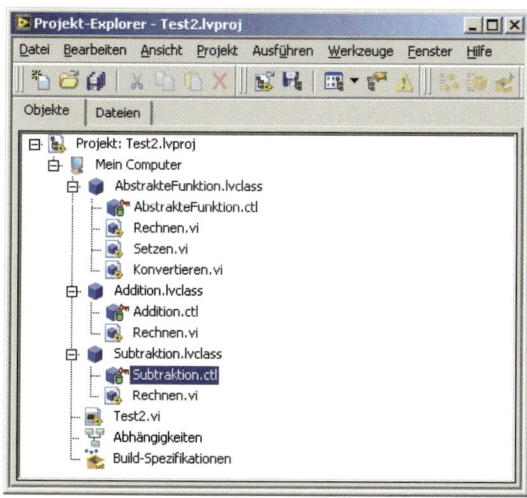

Bild 18.24 Polymorphie: Die Methode 'Rechnen.vi' taucht in drei verschiedenen Klassen auf

Wir entwickeln also ein Projekt 'Test2.lvproj'. Da die Programme für die Operationen $F(x,y) = x + y$, $F(x,y) = x - y$ usw. alle den gleichen Namen 'Rechnen.vi' haben sollen, kann man sie nicht mehr wie bisher in einem einzigen Verzeichnis unterbringen. Wir benötigen Unterverzeichnisse, die wir mit den Namen 'Addition', 'Subtraktion' usw. versehen. Der Projekt-Explorer zeigt sich nach der Behandlung von Addition und Subtraktion nunmehr entsprechend Bild 18.24. Die Verzeichnisse, in denen die Klassen und VIs gespeichert sind, verdeutlicht Bild 18.25. 'Rechnen.vi' in der Basisklasse 'AbstrakteFunktion.lvclass' ist in Bild 18.26 dargestellt.

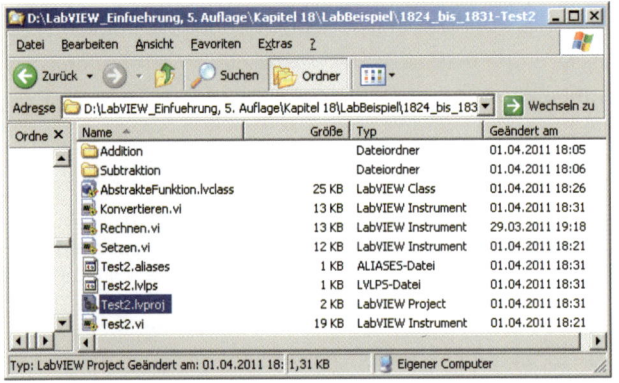

Bild 18.25 Verzeichnis mit dem Projekt 'Test2.lvproj', der abstrakten Klasse, verschiedenen Methoden und dem Testprogramm. Die abgeleiteten Klassen für Addition und Subtraktion befinden sich neben den Varianten von 'Rechnen.vi' in den Unterverzeichnissen 'Addition' und 'Subtraktion'

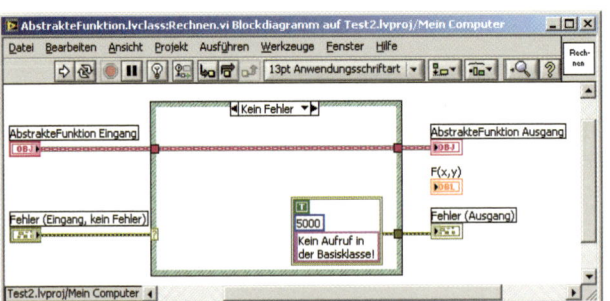

Bild 18.26 Muster für 'Rechnen.vi' in der Basisklasse 'AbstrakteFunktion.lvclass'. Der Ausgang 'F(x,y)' ist nicht verbunden, weil die Art der Funktionsbildung noch offen ist. Jedoch ist 'F(x,y)' im Anschlussfeld des Frontpanels als Ausgang einzutragen

Der Ausgang 'F(x,y)' ist im Anschlussfeld des VI als Ausgang markiert, doch ist er nicht mit den anderen Teilen des Diagramms verbunden, weil in der Basisklasse noch nicht festgelegt werden kann, wie $F(x,y)$ später gebildet wird. Deshalb sollte 'Rechnen.vi' aus der Basisklasse auch nicht aufgerufen werden. Geschieht es versehentlich doch, weist Fehlerausgang 5000 mit einem entsprechenden Text darauf hin. Diese Fehlerkonstante ist ein Cluster, den man erhält, indem man bei 'Fehler (Ausgang)' im Kontextmenü 'Erstellen' – 'Konstante' anfordert und dann die entsprechenden Daten einträgt. Im Case-Fehlerteil ist 'Fehler (Eingang, kein Fehler)' mit 'Fehler (Ausgang)' verbunden.

Nun müssen die Klassen 'Addition.lvclass' usw. eine geänderte Rechenfunktion erhalten. Dazu im Kontextmenü von 'Addition.lvclass' wählen: 'Neu' – 'Überschreib-VI'. Man erhält ein Fenster nach Bild 18.27 mit einer Auswahl aller Funktionen der Basisklasse. Hier wählen wir 'Rechnen.vi', bestätigen mit 'OK' und erhalten eine veränderte Funktion mit einem Diagramm gemäß Bild 18.28.

Bild 18.27 Fenster zur Auswahl der Funktionen aus der Basisklasse, die man in einer abgeleiteten Klasse überschreiben möchte

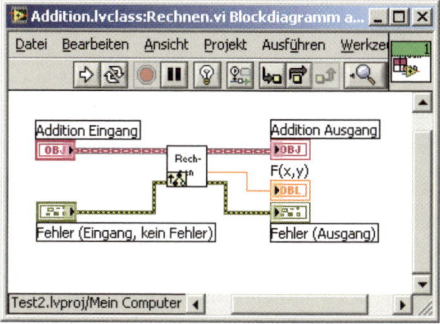

Bild 18.28 'Neu' – 'VI für Überschreiben' in der Klasse 'Addition.lvclass' abgeleitete Rechenfunktion. Der Block in der Mitte deutet an, dass hier die Funktion 'Rechnen' der Basisklasse aufgerufen wird, die nun durch die jeweils passende Funktion zu ersetzen ist

Nun ersetzen wir das 'Rechnen'-Symbol in der Mitte von Bild 18.28 durch 'Konvertieren.vi', korrigieren den Ausgang für $F(x,y)$ und kommen schließlich nach Änderung des VI-Symbols zu einer Funktion entsprechend Bild 18.29.

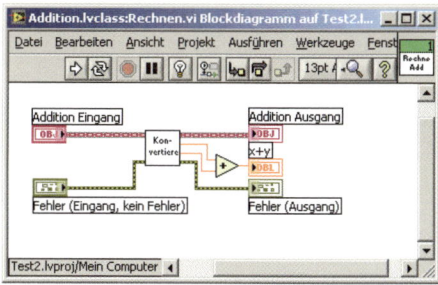

Bild 18.29 Hier wurde aus $F(x,y)$ die spezifische Funktion 'x+y' gebildet

Der Ausgang 'x + y' muss im Anschlussfeld des Frontpanels als Ausgang eingetragen sein. Anderenfalls ist das VI fehlerhaft. Es benötigt nämlich als abgeleitete Funktion stets dieselbe Anschlusskombination wie das VI der Basisklasse, von der es geerbt hat.

Aufgabe 18.4

Ergänzen Sie im Projekt 'Test2.lvproj' die noch fehlenden Klassen für Multiplikation und Division. Bilden Sie die entsprechenden abgeleiteten Funktionen 'Rechnen.vi' und überprüfen Sie Ihre Ergebnisse in einem erweiterten 'Test.vi'.

Merke: Bei der objektorientierten Programmierung kann man von einem dynamischen VI der Basisklasse beliebig viele VIs mit jeweils unterschiedlichen Funktionen und gleichem Namen ableiten (Polymorphie). Deshalb gehören diese in verschiedene Unterverzeichnisse. Das Anschlussfeld der abgeleiteten Funktion muss die gleiche Struktur wie das der Funktion der Basisklasse haben.

Bemerkungen:

1. Macht man einen Fehler, z.B. indem man vergisst, die Anschlussfelder abgeleiteter VI gleich zu strukturieren, werden alle Methoden der Klasse und der abgeleiteten Klassen fehlerhaft. Es ist dann oft mühsam, den Fehler zu entdecken. Man geht in diesem Fall am besten durch die Diagramme aller VI und sucht nach gebrochenen Verbindungen und ihren Ursachen. Ferner sollte man in den Anschlussfeldern der Frontpanels 'Anschluss zeigen' aufrufen und die Eintragungen überprüfen, besonders hinsichtlich der Übereinstimmung bei abgeleiteten Funktionen.

2. Im Beispiel von 'Test2.lvproj' hat die Methode 'Konvertieren.vi' zwei Aufgaben:
   - Konvertierung von String nach DBL,
   - Ausgabe von zwei DBL-Variablen, die nunmehr für den Anwender verfügbar sind.

   Es ist üblich, besonders in komplexeren Fällen, diese beiden Funktionen auch auf zwei verschiedene Methoden zu verteilen. In unserem Beispiel heißt das, eine Methode 'Holen.vi' getrennt von 'Konvertieren.vi' zu entwickeln.

3. In 'AbstrakteFunktion.ctl' kann man auf alle privaten Variablen außer 'xs' und 'ys' verzichten. Bild 18.30 zeigt das. Die anderen Variablen werden daraus errechnet. Würde man dagegen auch 'xs' und 'ys' weglassen, erhielte man bei der Programmierung von 'Setzen.vi' einen Fehler, weil man dann aus dem Eingang der abstrakten Funktion mit 'Funktionen' – 'Programmierung' – 'Cluster & Variant' – 'Nach Namen bündeln' nicht mehr die Werte für 'xs' und 'ys' einführen könnte.

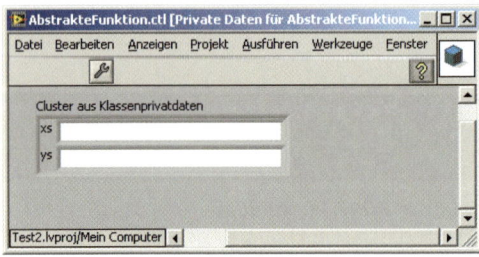

Bild 18.30 'AbstrakteFunktion.ctl' benötigt nur die zwei privaten Variablen 'xs' und 'ys'

4. Man kann ziemlich einfach in einem nach Abschnitt 18.3.2 strukturierten Programm einzelne Module austauschen. Das wird in Abschnitt 18.3.3 gezeigt.

5. Die Hierarchie der bisher erstellten Klassen kann man sich anzeigen lassen, indem man im Projekt-Explorer im Kontextmenü von 'AbstrakteFunktion.lvclass' aufruft: 'Klassenhierarchie anzeigen', siehe Bild 18.31.

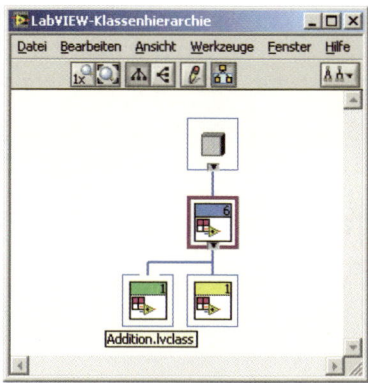

Bild 18.31 Klassenhierarchie im Projekt 'Test2.lvproj'. Man erhält dieses Fenster, wenn man im Kontextmenü von 'AbstrakteFunktion.lvclass' aufruft: 'Klassenhierarchie anzeigen'.

Der oberste Würfel stellt die LabVIEW-Klasse dar, darunter kommt 'AbstrakteFunktion.lvclass' und wiederum eine Stufe tiefer folgen die zwei Klassen für die Grundrechenarten Addieren und Subtrahieren

18.3.3 Modulaustausch

Die Methode 'Konvertieren.vi' wandelt Strings in Zahlen um, genauer: Sie wandelt, ausgehend von in **arabischer Notation** gebildeten Zahlenstrings, diese um in DBL-Gleitkommazahlen. Was kann man tun, wenn man in **römischer Notation** geschriebene Zahlenstrings in DBL umwandeln will?

Zunächst braucht man ein Umwandlungsprogramm etwa nach Bild 18.32. Es ist der Funktion 'Bruch-/Exponential-String nach Zahl' in der Palette 'Funktionen' – 'Programmierung' – 'String' – 'String/Zahl-Konvertierung' nachempfunden und besitzt dieselbe Schnittstelle. Römische Zahlen werden im so genannten Additionssystem dargestellt. Dabei wird die Wertigkeit einer Ziffer nicht durch ihre Stellung innerhalb der Zahl festgelegt, sondern in recht komplizierter Weise durch verschiedene Buchstaben. Wir wollen darauf nicht näher eingehen und verweisen auf möglicherweise noch vorhandene alte Schulkenntnisse.

Das VI in Bild 18.32 ist eine einfache Umsetzung dieser Schulkenntnisse, wobei fehlerhafte Angaben nicht vollständig abgefangen werden. Die Regeln heißen:

- 'I' steht für 1, 'V' für 5, 'X' für 10, 'L' für 50, 'C' für 100, 'D' für 500 und 'M' für 1000
- Zwei oder mehr Zeichen in Folge bedeutet die Addition ihrer Zahlenwerte
- Ein 'I' vor 'V' oder 'X' bedeutet Subtraktion 5 – 1 oder 10 – 1, wobei weiter gilt
  - I steht nur vor V oder X
  - X steht nur vor L oder C
  - C steht nur vor D oder M

Im VI wird nun zuerst die römische Zahl (Zeichenkette) in ihre 'Ziffern' zerlegt. Ziffern können Grundzeichen (GZ: I, X, C, M), Hilfszeichen (HZ: V, L, D) oder eine subtraktive Kombination von GZ und HZ entsprechend den oben genannten Regeln sein. Die Zerlegung erfolgt schrittweise über einen regulären Ausdruck im oberen Bereich des Diagramms und liefert als Ergebnis ein Array mit den römischen Ziffern. Die Zerlegung wird vorzeitig beendet, wenn die Eingabe ein ungültiges Zeichen enthält. Dies wird erkannt, wenn der Ausgang 'vor Übereinstimmung' der Funktion 'Regulären Ausdruck suchen' keine leere Zeichenkette liefert. Dann muss das letzte Element aus dem Ausgangsarray entfernt werden, da es bereits die Ziffer nach einem ungültigen Zeichen ist. Liefert die Schleife ein leeres Array aus, war 'String' keine römische Zahl und das VI gibt 'Standard (0 DBL)' als 'Wert' zurück. Wurde eine römische Ziffer im Sinne der oben genannten Definition erkannt, erfolgt das

Aufaddieren. Dazu wird die Ziffer in ihre einzelnen Zeichen gespalten, wobei bei einem GZ oder HZ kein zweites Zeichen existiert, so dass die Funktion 'Teilstring' eine leere Zeichenkette liefert. Auf diese Weise erhalten wir die dezimalen Werte für alle römischen Ziffern.

Wir können nun im einfachsten Fall Projekt 'Test3.lvproj' aus 'Test2.lvproj' entwickeln, indem wir die Methode 'Konvertieren.vi' von Bild 18.13 ändern. Wir ersetzen die LabVIEW-Funktion 'Bruch-/Exponential-String nach Zahl' durch 'RoemischNachDbl.vi'. Rufen wir dann 'Test3.vi' auf, erhalten wir beispielsweise ein Panel wie in Bild 18.34.

Der Nachteil des Überschreibens von 'Konvertieren.vi' besteht darin, dass nun das Rechnen im üblichen arabischen Zahlensystem nicht mehr möglich ist. Man sollte die Auswahl haben, in beiden Zahlensystemen rechnen zu können. Die Idee dazu ist:

1. Anwendung einer zweistufigen Vererbung. 'Konvertieren' wird zuerst von 'Abstrakte Funktion.lvclass' vererbt, dann von 'Addition.lvclass' zu 'Roemisch_Addition.lvclass', von 'Division.lvclass' zu 'Roemisch_Division.lvclass' usw.

2. Die Vererbung erfolgt als 'VI für Überschreiben', d.h., in der abgeleiteten Klasse ändert sich das Verhalten von 'Konvertieren'.

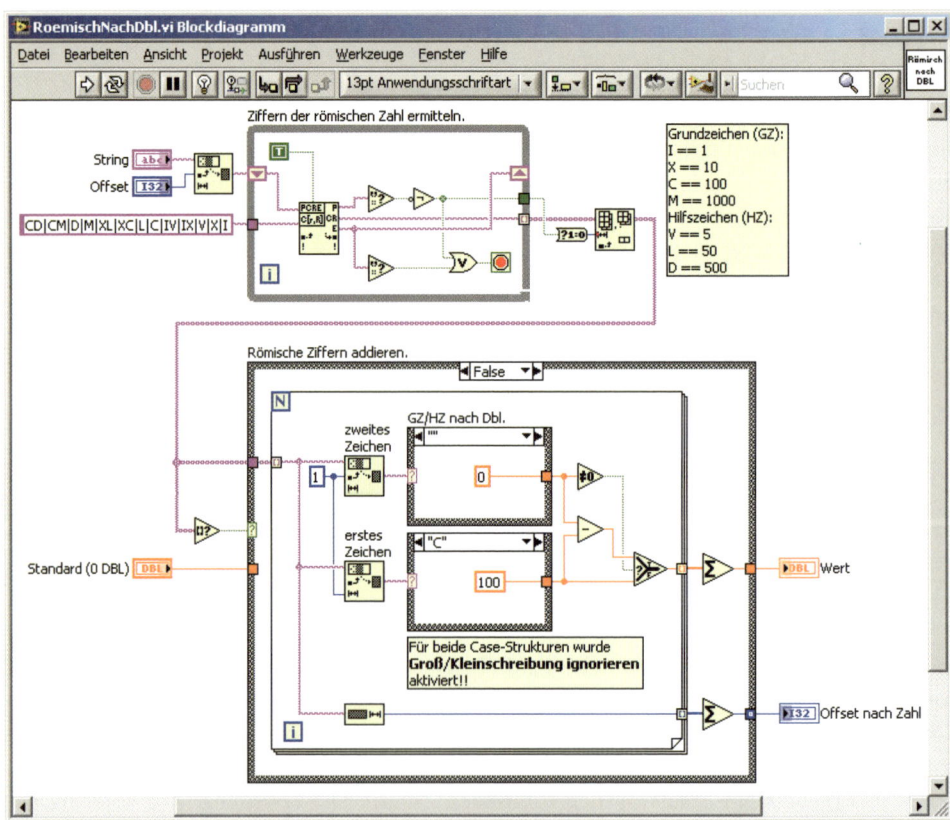

Bild 18.32 Umwandlung einer römischen Zahl in eine Fließkommazahl

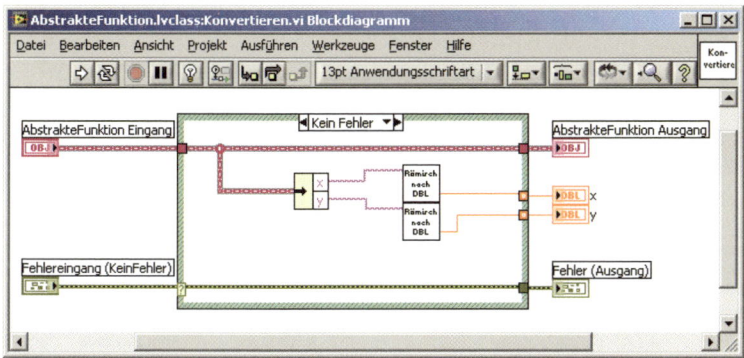

Bild 18.33 'Konvertieren.vi' im Falle der Umwandlung römischer Zahlenstrings

3. Wenn die Zeichenkette eine gültige römische Ziffernkombination liefert, wird mit dem VI nach Bild 18.32 gearbeitet. Anderenfalls erfolgt die übliche Konvertierung mit der Bibliotheksfunktion für arabische Zahlenstrings: 'Bruch-/Exponential-String nach Zahl'.

4. **Wir benötigen nun endgültig eine Methode 'Holen.vi'.** Anders haben wir nämlich mit dem abgeleiteten 'Konvertieren.vi' keinen Zugriff mehr auf die Daten der Basisklasse.

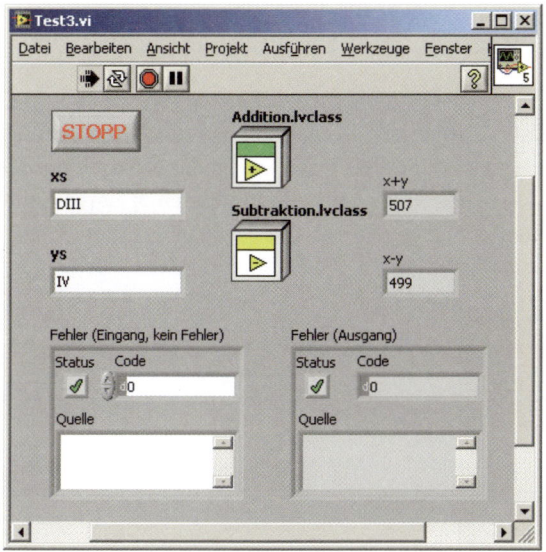

Bild 18.34 Rechnen mit römischen Zahlen: 503 + 4 = 507 und 503 − 4 = 499

Wir versuchen, diese Aufgabe mit 'FvonX_Y.lvproj' zu realisieren. Die Struktur der Verzeichnisse ist in Bild 18.35 dargestellt.

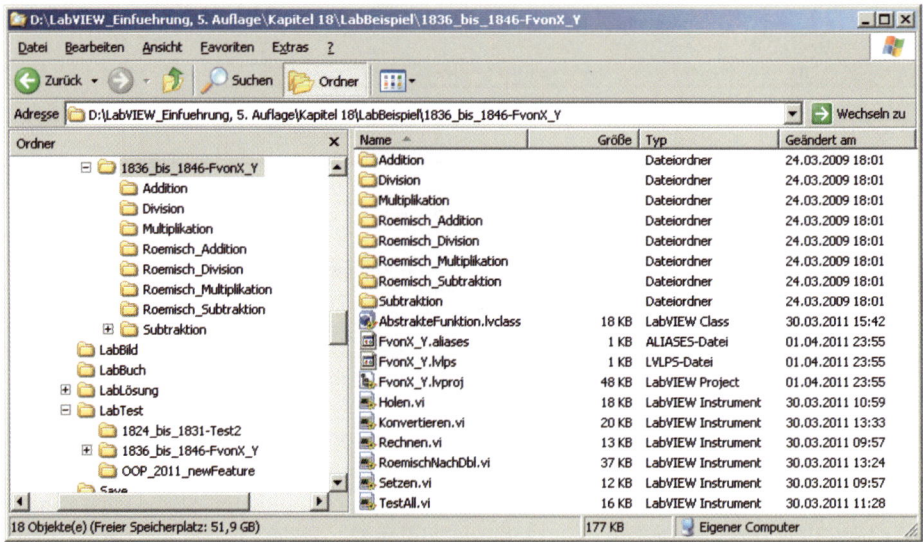

Bild 18.35 Aufbau der Verzeichnisse und Unterverzeichnisse für das Projekt 'FvonX_Y.lvproj'

Der Projekt-Explorer zeigt für '1836_bis_1846-FvonX_Y' eine Struktur nach Bild 18.36. Eines der Unterverzeichnisse in Bild 18.35 heißt 'Roemisch_Addition'. Sein Inhalt ist in Bild 18.37 dargestellt.

Zuerst werden nun die Methoden 'Setzen.vi', 'Holen.vi', 'Konvertieren.vi' und 'Rechnen.vi' programmiert. 'Setzen.vi' bleibt unverändert, wie Bild 18.11 zeigt. Nur das Symbol wurde gemäß Bild 18.38 angepasst. Dort ist auch das Diagramm der Methode 'Holen.vi' dargestellt. Es entspricht in seinem Aufbau der Methode 'Setzen.vi', nur speist es keine Daten in die Klasse ein, sondern gibt sie nach außen weiter.

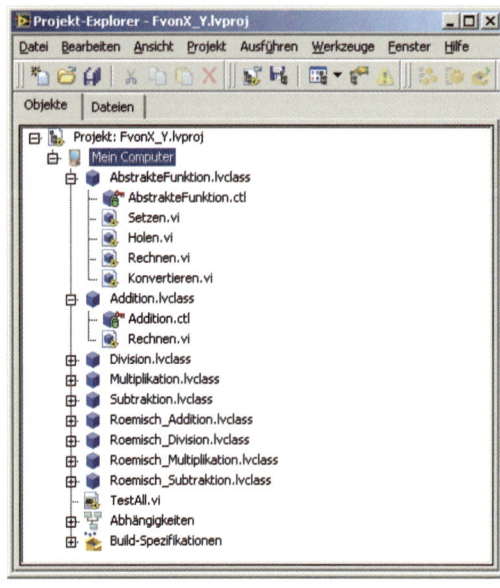

Bild 18.36 Aufbau des Projekts 'FvonX_Y.lvproj'

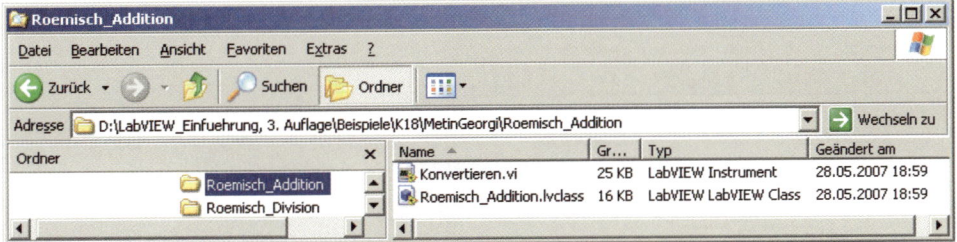

Bild 18.37 Ordner 'Roemisch' mit dem zweimal abgeleiteten 'Konvertieren.vi' und der Klasse 'Roemisch_Addition.lvclass'

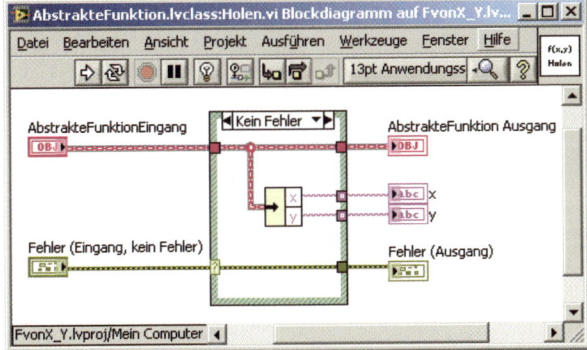

Bild 18.38 Diagramm der Methode 'Holen.vi'

Bild 18.39 zeigt das Diagramm von 'Konvertieren.vi'. Dieses VI hat sich gegenüber der alten Methode gleichen Namens verändert. Die Daten werden nicht mehr direkt durch Aufschlüsseln der privaten Daten von 'AbstrakteFunktion.lvclass' gewonnen, sondern mit Hilfe der Methode 'Holen.vi'. Die Methode 'Holen.vi' ist notwendig, damit auch eine 'erbende' Klasse wie z.B. 'Roemisch_Addition' auf die Daten der Basisklasse zugreifen kann.

'Rechnen.vi' ist mit der in Bild 18.26 dargestellten Methode identisch, abgesehen vom geänderten VI-Symbol, das in Bild 18.40 rechts oben zu sehen ist.

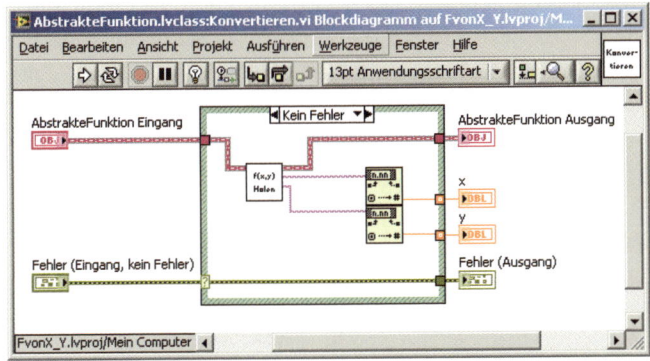

Bild 18.39 Diagramm der Methode 'Konvertieren.vi'

Wir leiten nun, wie schon in Abschnitt 18.3.1 beschrieben, die **Methode 'Rechnen.vi'** für die Klassen 'Addition.lvclass', 'Division.lvclass', 'Multiplikation.lvclass', 'Subtraktion.lvclass' durch 'Neu' – 'VI für Überschreiben' im Kontextmenü ab. Die Methode 'Addition.lvclass: Rechnen.vi' hat dann nach entsprechender Korrektur durch Einfügen von 'Konvertieren.vi' ein Diagramm gemäß Bild 18.40.

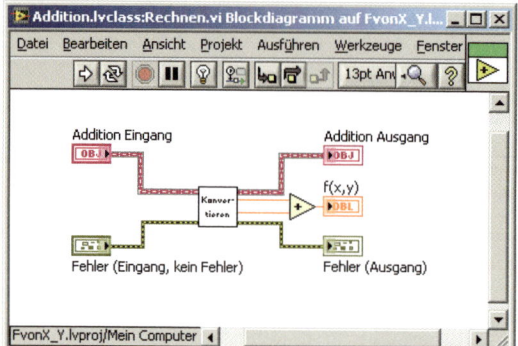

Bild 18.40 Diagramm von 'Addition.lv class: Rechnen.vi' nach dem Einfügen von 'Konvertieren.vi'. Das vom System zunächst automatisch erzeugte VI wurde bereits in Bild 18.28 dargestellt

Sinngemäß sind die Varianten für das abgeleitete 'Rechnen.vi' bei den übrigen drei Klassen zu entwickeln.

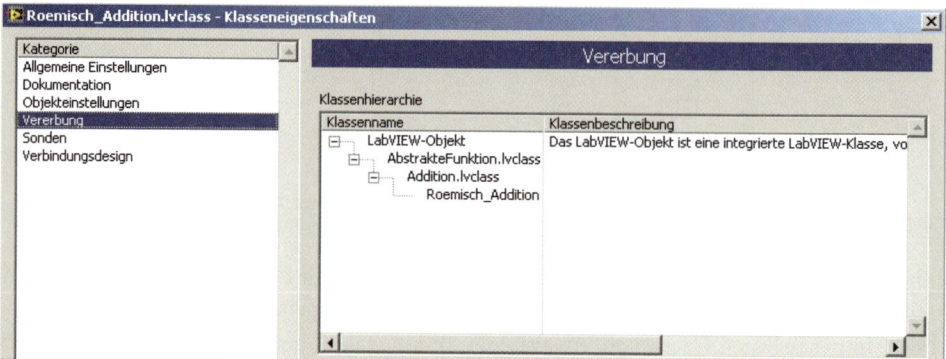

Bild 18.41 'Addition.lvclass' erbt von 'AbstrakteFunktion.lvclass' und 'Roemisch_Addition.lvclass' erbt von 'Addition.lvclass'

Der nächste Schritt besteht nun darin, die **Methode 'Konvertieren.vi'** an die in zweiter Stufe abgeleiteten Klassen 'Roemisch_Addition.lvclass', 'Roemisch_Division.lvclass', 'Roemisch_Multiplikation.lvclass' und 'Roemisch_Subtraktion.lvclass' zu vererben und dort individuell zu modifizieren. Im Kontextmenü von 'Roemisch_Addition.lvclass' hat man zunächst mit 'Eigenschaften' – 'Vererbung' für eine Abhängigkeit gemäß Bild 18.41 zu sorgen. Entsprechend ist mit den drei anderen Klassen zu verfahren.

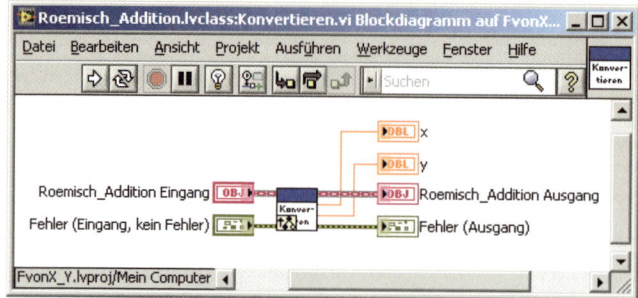

Bild 18.42 Diagramm des vom System automatisch erstellten VI für die abgeleitete Methode 'Konvertieren.vi' in 'Roemisch_Addition.lv class'

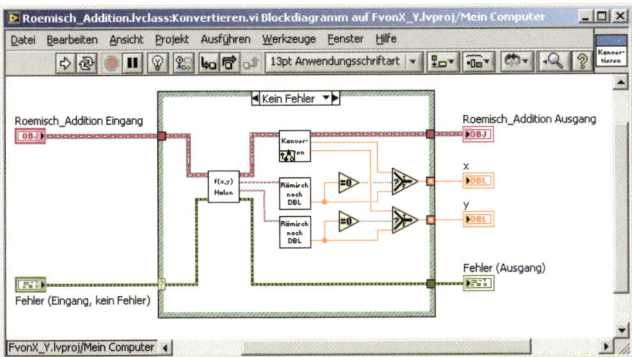

Bild 18.43 Modifikation des Musters für 'Konvertieren.vi' in 'Roemisch_Addition.lv class' aus Bild 18.42

Nun ist 'Konvertieren.vi' zu modifizieren. Im Kontextmenü von 'Roemisch _Addition.lvclass' erhält man mit 'Neu' – 'VI für Überschreiben' nach Auswahl von 'AbstrakteFunktion.lvclass: Setzen.vi' zunächst ein Standard-VI gemäß Bild 18.42. Dieses VI wird entsprechend dem Beispiel in Bild 18.43 für jede der vier Roemisch-Klassen modifiziert.

Der Sinn dieser etwas mühsamen Umformung ist folgender: Das Holen-VI versorgt die unteren beiden Blöcke in der Mitte, die das Symbol für das in Bild 18.32 dargestellte Konvertierungsprogramm römischer Strings in Zahlen darstellen ('RoemischNachDbl.vi'), mit den Strings 'xs' und 'ys'. Der darüberliegende Block mit dem Symbol zum Aufruf der übergeordneten Methode 'Konvertieren.vi' erhält dieselben Daten direkt aus dem Draht 'Roemisch_Addition Eingang'. Ist nun z.B. der String 'xs' **nicht römisch**, liefert 'Roemisch NachDbl.vi' als Wert die Zahl 0. In diesem Fall wird über die 'Auswählen'-Funktion rechts der Zahlenwert von der übergeordneten Konvertierungsfunktion geholt, die **arabische Strings** konvertiert. Entsprechendes geschieht mit 'ys'. Das bedeutet, dass der Anwender die Strings auch gemischt eingeben kann, etwa einen römischen String für 'xs' und einen arabischen für 'ys' oder umgekehrt. Bild 18.44 zeigt ein Beispiel.

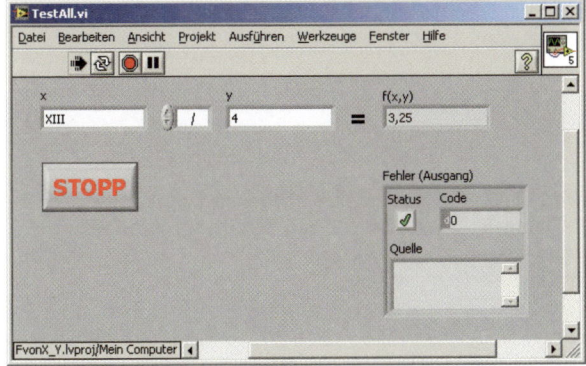

Bild 18.44 Gemischtes Rechnen mit römischen und arabischen Zahlen

Das Diagramm des Testprogramms 'TestAll.vi' ist in Bild 18.45 zu sehen. Man beachte die im Vergleich zur doch recht anspruchsvollen Aufgabenstellung sehr übersichtliche Anordnung, die dank OOP möglich wird.

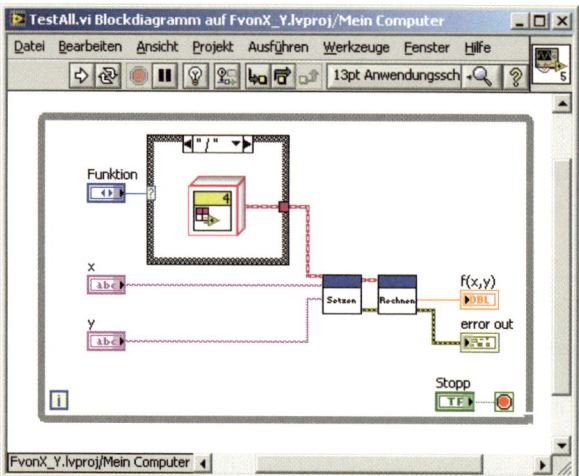

Bild 18.45 Diagramm des Test-VIs für Berechnungen mit römischen und arabischen Zahlenstrings

Aufgabe 18.5

Bauen Sie das oben beschriebene Projekt 'FvonX_Y.lvproj' von Anfang an auf.

Aufgabe 18.6

Schreiben Sie eine Rechenmethode für $F(x,y) = \sqrt{x^2 + y^2}$ und binden Sie diese in das Programm nach Aufgabe 18.5 ein.

Merke: Die objektorientierte Programmierung (OOP) erlaubt in bestimmten Fällen eine sehr einfache Änderung bereits bestehender Programme zur Erweiterung ihres Funktionsumfangs.

Man kann sich die Hierarchie der verschiedenen Klassen anzeigen lassen, indem man im Kontextmenü von 'AbstrakteFunktion.lvclass' aufruft: 'Klassenhierarchie anzeigen'. Im Falle des Projekts 'FvonX_Y.lproj' erhält man eine Darstellung nach Bild 18.46.

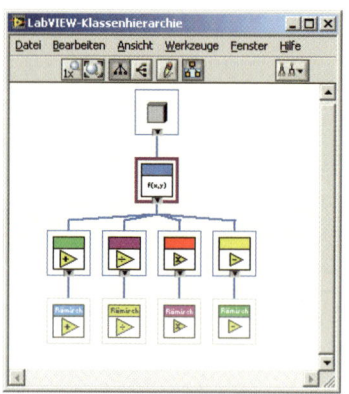

Bild 18.46 Klassenhierarchie im Projekt 'FvonX_Y.lvproj'. Man erhält dieses Fenster, wenn man im Kontextmenü von 'AbstrakteFunktion.lvclass' aufruft: 'Klassenhierarchie anzeigen'.

Der oberste Würfel stellt die LabVIEW-Klasse dar, darunter kommt 'AbstrakteFunktion.lvclass', dann die Klassen für die arabischen Grundrechenoperationen und ganz unten die für das Rechnen mit römischen Zahlen

18.4 Schutz einer Klassenbibliothek

In größeren Softwareprojekten wird oft auf bestehende Komponenten zurückgegriffen, die entweder selbst entwickelt oder von einem Drittanbieter zugekauft werden. Ein Drittanbieter wird seine Quellen dem Käufer nicht zugänglich machen, sondern sie vor unerlaubter Vervielfältigung schützen. Der Softwareentwickler kann aber anhand der bereitgestellten öffentlichen Methoden die Komponenten der im Übrigen unbekannten Software nutzen und damit eigene Programme entwickeln. In der Kategorie 'Einstellungen der Quelldateien' in Bild 18.49 sind die 'Einstellungen der Quelldateien' gezeigt, die man benötigt, um die Quellen vor unerlaubter Einsicht zu schützen. Das bedeutet, dass ein unbefugter Benutzer die Diagramme nicht einsehen kann.

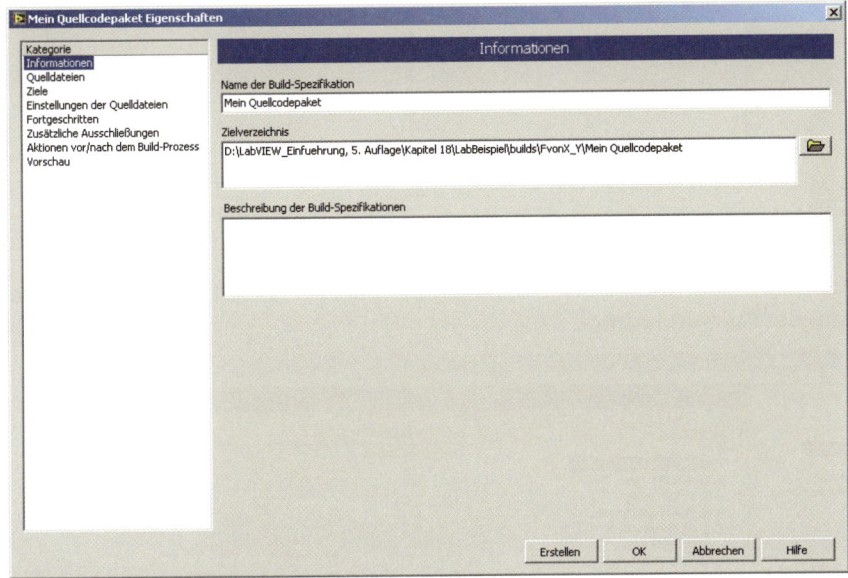

Bild 18.47 Eigenschaftsfenster für 'Quellcodepaket'

Das Erstellen von geeigneten Schnittstellen in der OOP, die eine einfache Nutzung erlauben, benötigt viel Erfahrung. In LabVIEW kann man die Quellen vor unerlaubtem Einblick schützen, indem man ein **Passwort** verwendet. Dazu im Projekt-Explorer unter 'Build-Spezifikationen' den Punkt 'Neu' – 'Quellcodepaket' im Kontextmenü auswählen. Man erhält Bild 18.47. Es zeigt die Kategorie 'Informationen' für das neu zu erzeugende 'Quellcodepaket' mit seinen Standardeinstellungen. Im Eingabefeld 'Name der Build-Spezifikation' kann man einen anderen Namen für das Quellcodepaket eingeben, im 'Zielverzeichnis' einen anderen Pfad als den vom System vorgeschlagenen. Anschließend zur Kategorie 'Quelldateien' wechseln und dort die links stehenden Dateien mit dem blauen Pfeil nach rechts ziehen, siehe Bild 18.48. Danach Schaltfläche 'Erstellen' drücken.

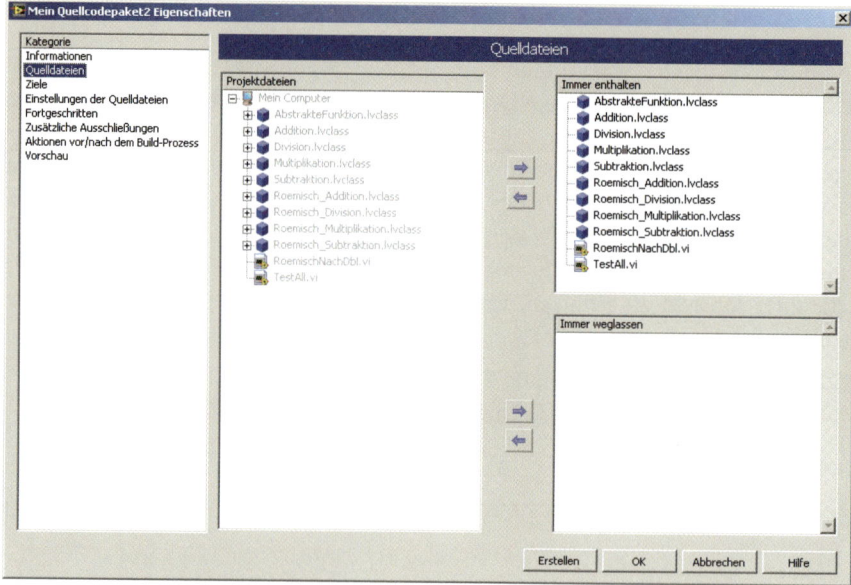

Bild 18.48 Auswahl der Quelldateien

Trotzdem lässt sich während der Entwicklungsphase das Diagramm jederzeit ansehen, sofern man nur das Passwort kennt.

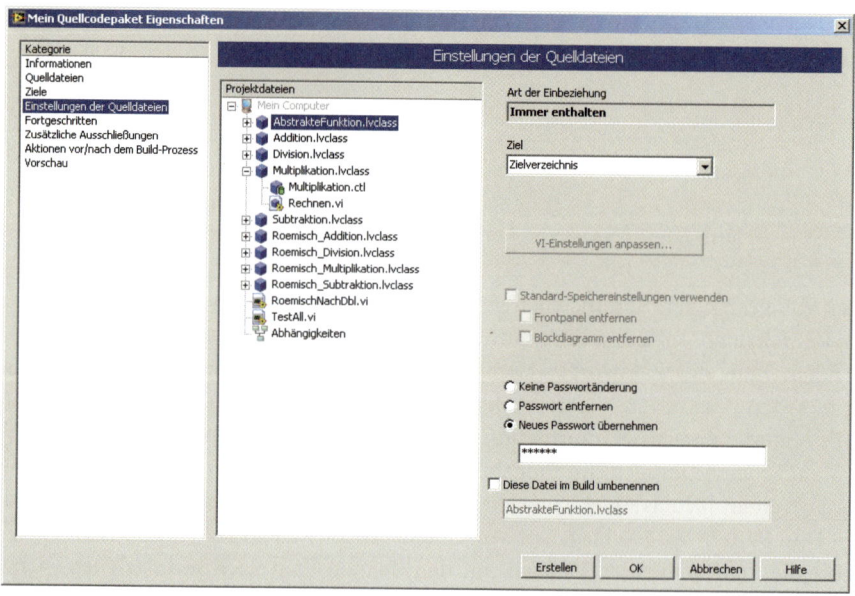

Bild 18.49 Eingaben für den Passwortschutz

Für die Passwortvergabe müssen nacheinander für jede LabVIEW-Klasse folgende Änderungen der Voreinstellung vorgenommen werden: Durch die Auswahl 'Neues Passwort übernehmen' wird das darunterliegende Eingabefeld aktiviert. Hier wird das zu benutzende Passwort, z.B. 'Geheim', eingetragen. Die Einstellungen werden nur auf den ausgewählten Eintrag aus 'Projektdateien' angewandt. Daher müssen sie für alle weiteren Einträge wiederholt angegeben werden!

Für 'TestAll.vi' wird kein Passwort vergeben. Dieses VI dient als Beispiel für den Anwender des Quellpakets und sollte daher einsehbar und veränderbar sein. Versucht der Anwender aber, das Diagramm von 'AbstrakteFunktion.lvclass:Rechnen.vi' über das Testprogramm einzusehen, erhält er eine Aufforderung zur Passworteingabe, siehe Bild 18.50.

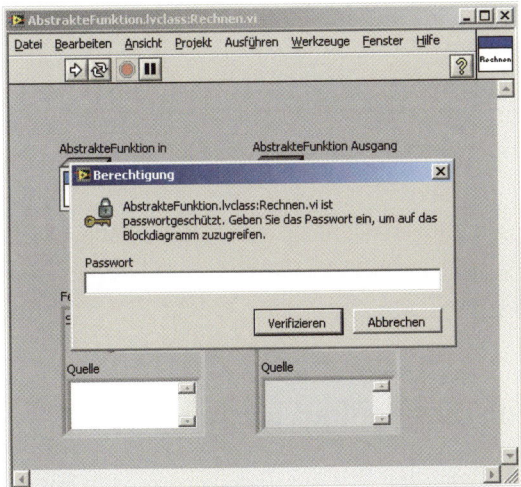

Bild 18.50 Aufforderung zur Passworteingabe

> **Merke:** Man kann die Quellen selbst erstellter VIs vor unbefugtem Zugriff schützen, indem man unter 'Build-Spezifikationen' den Punkt 'Neu' – 'Quellcodepaket' im Kontextmenü auswählt und dort entsprechende Eintragungen vornimmt.

Aufgabe 18.7

Versuchen Sie, das Projekt 'FvonX_Y.lvproj' durch ein Passwort zu schützen, ohne dabei die Funktionalität der einzelnen Module zu zerstören.

19 LabVIEW: Tabellenkalkulation, Datenbanken

Lernziele

1. Schreib-/Lesebefehle zur Tabellenkalkulation mit CSV-Dateien nutzen können.
2. Prinzipien von ActiveX verstehen.
3. Datenaustausch LabVIEW ←→ Excel programmieren können (mit Hilfe von ActiveX).
4. Von LabVIEW aus Funktionskurven in Excel darstellen können.
5. Datenbankanbindung von Access zu LabVIEW verstehen.

19.1 Schreib-/Lesebefehle zur Tabellenkalkulation

LabVIEW stellt unter 'Funktionen' – 'Programmierung' – 'Datei-I/O' die zwei Funktionen 'In Tabellenkalkulationsdatei schreiben' und 'Aus Tabellenkalkulationsdatei lesen' zur Verfügung, siehe Bild 19.1. Diese Funktionen schreiben und lesen CSV-Dateien (Comma Separated Value). Das sind ASCII-Dateien, deren Werte durch ein Komma, einen Tabulator oder irgendein anderes, nicht zu den Daten selbst gehörendes Zeichen getrennt werden.

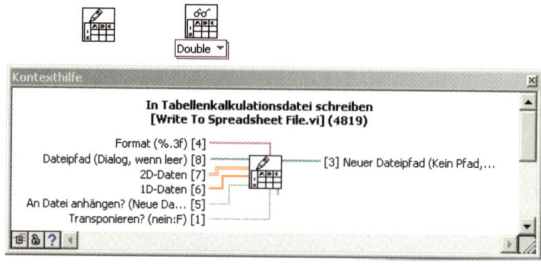

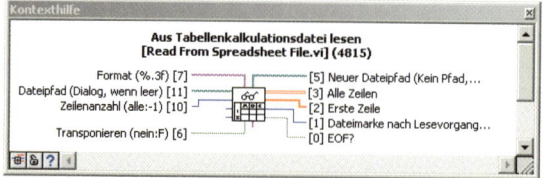

Bild 19.1 LabVIEW-Funktionen Schreiben in und Lesen aus eine(r) Tabellenkalkulationsdatei. Darunter kann man zusätzliche Erläuterungen finden

Bild 19.2 zeigt Diagramm und Frontpanel eines **noch nicht** gestarteten VI, das die Daten eines 2-dimensionalen Arrays in einer Datei speichert, von dort sofort wieder ausliest und im VI rechts zur Anzeige bringt. Der Inhalt des Frontpanels **nach** dem Start ist in Bild 19.3 zu sehen. Da das VI kein Eingabeelement zur Eingabe des Dateipfades aufweist, wird dieser im Dialog abgefragt. Wir haben hier den Namen 'Testdatei.xls' gewählt. Die Erweiterung 'xls' bezeichnet den Dateityp einer Excel-Arbeitsmappe. Beim Aufruf der Datei mit Doppelklick wird das Office-Programm Excel gestartet und die Werte in einer Excel-Tabelle angezeigt, siehe Bild 19.4.

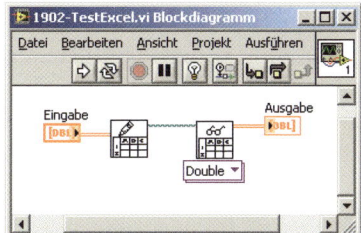

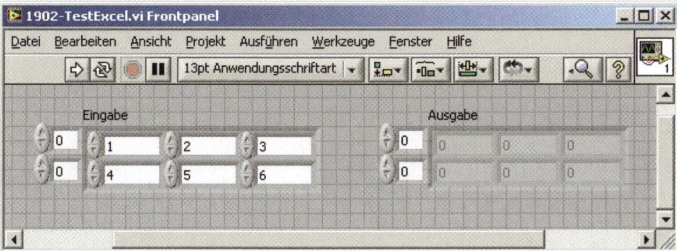

Bild 19.2 Diagramm und Frontpanel eines VI zum Schreiben in und Lesen aus eine(r) CSV-Datei **vor** dem Start

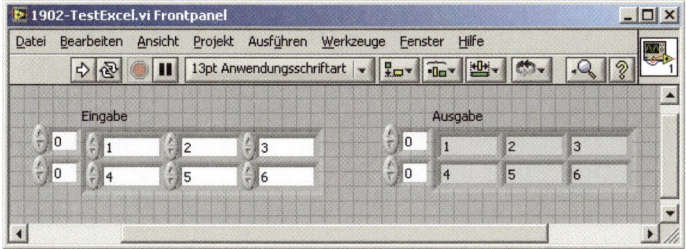

Bild 19.3 Frontpanel des VI aus Bild 19.2 **nach** dem Start

	A	B	C	D	E	F	G
1	1	2	3				
2	4	5	6				
3							
4							
5							
6							
7							
8							
9							
10							

Bild 19.4 Ausschnitt aus 'Testdatei.xls', in die das LabVIEW-Programm 'TestExcel.vi' geschrieben hat

Bemerkung: Man darf aus der Darstellung der Daten in einer Excel-Tabelle nicht den Schluss ziehen, dass die LabVIEW-Schreibfunktion 'In Tabellenkalkulationsdatei schreiben' eine Excel-Datei erzeugt. Sie erzeugt eine CSV-Datei, die man z.B. auch mit einem Editor wie Wordpad öffnen kann, siehe Bild 19.5.

```
Testdatei.xls - Editor                    _ □ ×
Datei  Bearbeiten  Format  Ansicht  ?
1,000    2,000    3,000
4,000    5,000    6,000
```

Bild 19.5 Öffnen einer CSV-Datei mit dem Editor

Wenn wir dagegen Excel aufrufen, dieselben Werte wie oben eintragen, speichern und dann mit dem Editor anschauen, erhalten wir ein völlig anderes Muster, wie in Bild 19.6 zu sehen ist. Auch ist eine echte Excel-Datei wesentlich größer (im Beispiel 14 KByte gegenüber 1 KByte bei der CSV-Datei).

Excel kann jedoch CSV-Dateien lesen. Will man mit Excel erstellte Tabellen in LabVIEW mit der Funktion 'Aus Tabellenkalkulationsdatei lesen' verarbeiten, so ist darauf zu achten, die Excel-Arbeitsmappe mit dem Dateityp CSV abzuspeichern. Im Normalfall erzeugt Excel eine xls-Datei, die sich nicht einfach mit der LabVIEW-Funktion verarbeiten lässt. Wir benötigen deshalb andere Hilfsmittel, auf die in den nächsten Abschnitten eingegangen wird. Eines dieser Hilfsmittel ist 'ActiveX'.

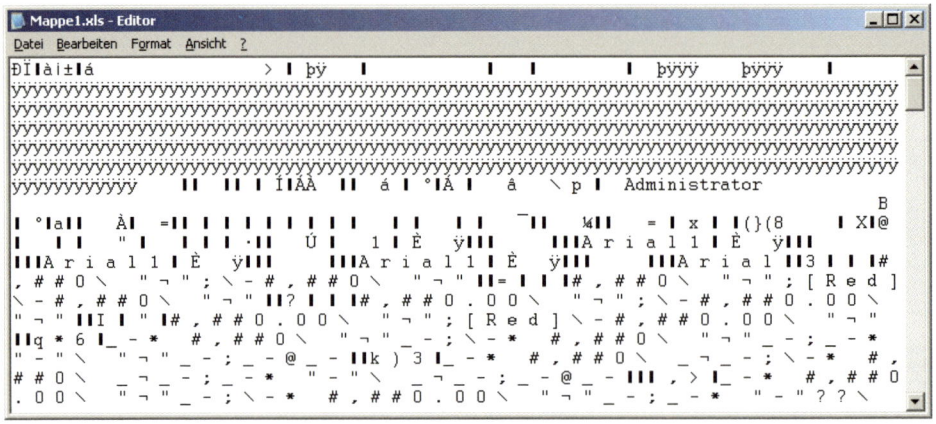

Bild 19.6 Öffnen einer xls-Datei mit dem Editor

Aufgabe 19.1

a) Schreiben Sie ein VI ähnlich dem in Bild 19.2, das einen Vektor in eine Zeile einer CSV-Datei schreibt und wieder ausliest. Verwenden Sie Dezimalzahlen mit Nachkommastelle(n) als Eingabe.

b) Wie a), aber der Vektor soll in eine Spalte geschrieben werden.

Merke: LabVIEW besitzt zwei Funktionen, mit denen man 1- oder 2-dimensionale Arrays in eine CSV-Datei schreiben bzw. aus ihr lesen kann.

Excel erzeugt im Normalfall einen eigenen Dateityp, der sich mit der Funktion 'Aus Tabellenkalkulationsdatei lesen' nicht verständlich lesen lässt!

19.2 Allgemeines über ActiveX

'ActiveX' ist eine von Microsoft entwickelte Methode, mit der verschiedene Anwendungen miteinander kommunizieren können. So lässt sich z.B. von Microsoft Word aus Microsoft Excel aufrufen, eine Tabelle und die zugehörige Grafik erstellen und ins Word-Dokument einbetten. Programme, die unter Linux laufen, haben diese von Microsoft etablierte Schnittstelle nicht. Hier muss man andere Methoden verwenden.

Programme, die unter Windows laufen und mit ActiveX arbeiten, etablieren eine Server-Client-Beziehung, wobei der Client öffentliche Methoden des Servers nutzt und öffentliche Daten austauscht. Das Prinzip ist in Bild 19.7 dargestellt. Vergleiche auch Abschnitt 18.1.

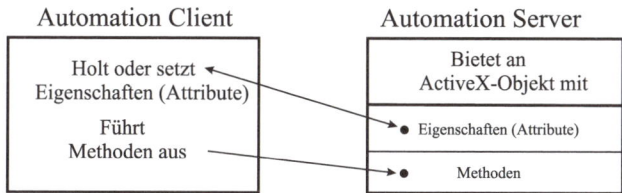

Bild 19.7 Ein Automation Server bietet dem Client an, sich bestimmter Eigenschaften und Methoden des ActiveX-Objektes zu bedienen

Kompilierte LabVIEW-VIs können sowohl als 'ActiveX Automation Server' wie auch als 'ActiveX Automation Client' verwendet werden. Das bedeutet, dass ein VI z.B. Funktionen von Excel aufrufen kann. Dann ist dieses VI der Client. Oder man kann das kompilierte VI von Excel oder einer anderen geeigneten Anwendung mit ActiveX-Merkmalen aus aufrufen und starten. Dann ist dieses VI der Server.

19.2.1 ActiveX-Container in LabVIEW

Damit man verschiedene Softwarepakete mit ActiveX-Schnittstelle nutzen kann, zeigt LabVIEW in einer Liste alle ActiveX-Elemente an, die auf dem jeweiligen Rechner verfügbar sind. Diese lassen sich auf dem Frontpanel in einem Rahmen darstellen, der 'ActiveX-Container' genannt wird, siehe Bild 19.8 rechts.

Die Verbindung zwischen Server und Client wird dann in der Weise gebildet, dass man **ActiveX-Elemente** (ActiveX Controls) auf dem Panel absetzt und ihre Funktionalität nutzt. Ein einfaches Beispiel ist die Einbettung eines Web-Browsers in ein LabVIEW-VI (siehe auch [8], Kapitel 16).

Dazu 'Elemente' – '.NET & ActiveX' – 'ActiveX-Container' aufrufen und das zunächst leere Quadrat ins Frontpanel ziehen. Im Kontextmenü 'ActiveX-Objekt einfügen…' wählen. Nun erhält man eine Auswahlbox gemäß Bild 19.9. Sie zeigt eine Fülle von Softwarepaketen mit ActiveX-Schnittstellen, soweit sie auf dem speziellen Rechner installiert sind. Hier wählen wir den 'Microsoft Web Browser', markieren ihn und bestätigen mit 'OK'.

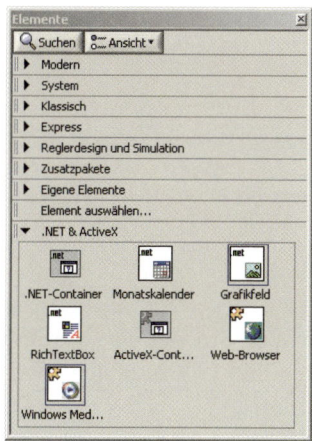

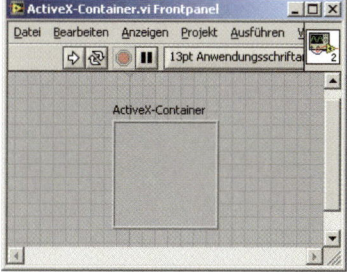

Bild 19.8 LabVIEW enthält eine Sammlung von ActiveX-Objekten, die auf installierte Objekte wie Excel, Word usw. hinweisen

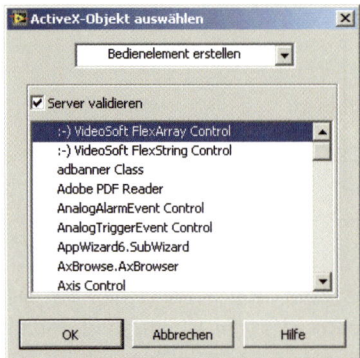

Bild 19.9 Auswahlbox für ActiveX-Objekte

Bild 19.10 zeigt das sehr einfache Diagramm und Bild 19.11 das Frontpanel mit der Homepage der Hochschule Ravensburg-Weingarten.

Erläuterungen zur Programmierung des VIs in Bild 19.10:

1. Nachdem man den 'Microsoft Web Browser' aus der Auswahlbox auf das Panel gebracht hat, muss man ihm die Internetadresse (URL) der Seite mitteilen, die man besuchen möchte. Dazu im Diagramm unter 'Funktionen' – 'Konnektivität' – 'ActiveX' (siehe Bild 19.12) aufrufen 'Methodenknoten (Active X)', ins Panel ziehen und mit dem Web-Browser-Symbol verbinden (grüne Linie in Bild 19.10, Referenz auf den Web-Browser).

2. Der Methodenknoten ändert seine Überschrift durch das Verbinden von 'Automation' in 'IWebBrowser2'. Nun im Kontextmenü 'Methode auswählen' – 'Navigate' wählen.

3. Den Eingang von 'URL' mit einem Stringeingabeelement versehen, eine Internetadresse eintragen und dann starten.

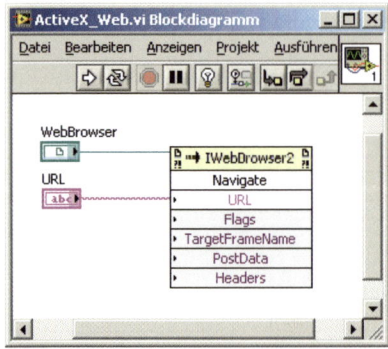

Bild 19.10 VI zum Anzeigen einer Internetseite mit Hilfe eines ActiveX-Elements. Siehe Bild 19.11

Aufgabe 19.2

Versuchen Sie, in entsprechender Weise wie oben mit dem Web-Browser eine Verbindung zu Excel herzustellen. Excel ist in der Auswahlliste nach Bild 19.9 zu finden unter 'Microsoft Office Spreadsheet…'.

Merke: LabVIEW besitzt einen ActiveX-Container, mit dem man andere Anwendungen nutzen kann.

Bild 19.11 Microsoft Web Browser als ActiveX-Element in LabVIEW. Zu sehen ist die Homepage der Hochschule Ravensburg-Weingarten

19.2.2 ActiveX in LabVIEW zur Steuerung von Anwendungen

Im Beispiel von Abschnitt 19.2.1 ging die Steuerung an den Web-Browser über. Ergebnisse werden vom Anwender abgerufen, indem er mit dem Web-Browser arbeitet und nicht mehr mit LabVIEW. Doch wünscht man häufig, im Rahmen von LabVIEW zu bleiben. Man will von einer anderen Anwendung Daten **programmgesteuert** holen oder sie setzen und Methoden aufrufen, ohne sich auf das Arbeiten mit einem fremden System einzulassen.

Dazu nutzt man wie im vorigen Abschnitt 'Funktionen' – 'Konnektivität' – 'ActiveX', wobei man die Palette in Bild 19.12 erhält.

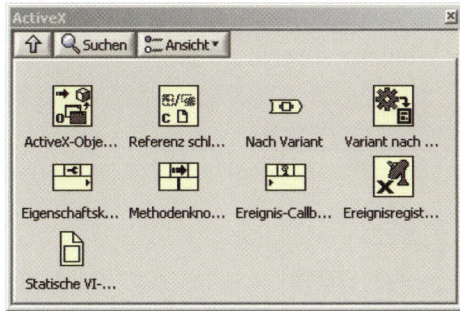

Bild 19.12 Palette der ActiveX-Funktionen

Wir werden im folgenden Abschnitt mit diesen Funktionen arbeiten.

19.3   Beispiele zur Anwendung auf Excel

Excel ist ein weit verbreitetes Werkzeug nicht nur zum Anlegen von Tabellen und zum Rechnen mit ihnen, sondern auch für das Erstellen von Grafiken. So kann man z.B. zu einer Excel-Tabelle nach Bild 19.13 eine Grafik entsprechend Bild 19.14 erstellen.

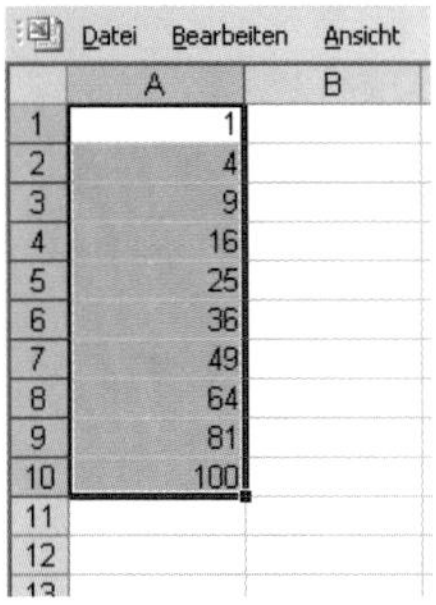

Bild 19.13 In der Spalte A stehen die Quadrate der Zahlen 1 bis 10, die den Indizes der Zeilen links daneben entsprechen. Man markiert sie und gewinnt daraus eine grafische Darstellung nach Bild 19.14

Dazu geht man wie folgt vor:

- Excel aufrufen und Quadratzahlen 1 bis 100 eintragen. Zahlen markieren, wie in Bild 19.13 zu sehen.

- Aufrufen von 'Einfügen' – 'Diagramm'. Es zeigt sich ein Diagramm-Assistent, in dem man links 'Linie' und rechts als Diagrammuntertyp die Linien in der linken oberen Ecke wählt.

- Mit 'Weiter' kommt man zur Anzeige der Tabellenwerte. Man markiert 'Spalten', falls nicht schon voreingestellt. Danach 'Weiter'.

- Markieren von 'Hauptgitternetz' unter 'Gitternetzlinien'. Dann 'Weiter' und als 'Objekt in Tabelle 1' fertig stellen.

Danach hat man noch viele andere Möglichkeiten, wie Farbe und Strichstärke der Kurve zu ändern, Markieren der Punkte (1,1), (2,4) … (10,100), Beschriften der Achsen usw.

Kann man diese Aktionen von LabVIEW aus steuern, **ohne dass der Bediener direkt in das Excel-Blatt eingreifen muss? Die Antwort lautet: Ja.** Wir bedienen uns dazu des ActiveX-Konzepts entsprechend Bild 19.7, sofern wir **unter Windows** arbeiten.

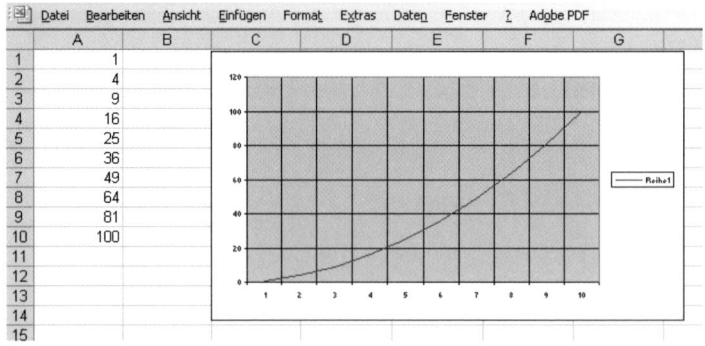

Bild 19.14 Grafische Darstellung der Funktion $y = x^2$, wobei x die Zeilenindizes und y die Werte in Spalte A verkörpert

Wir versuchen nun, die Anfertigung einer grafischen Darstellung wie in Bild 19.14 von LabVIEW aus durchzuführen, und gehen dabei in kleinen Schritten vor:

19.3.1 Öffnen und Schließen von Excel

Das Programm 'TestExcelOpenClose.vi' aus Bild 19.16 öffnet Excel, wie man im Task-Manager erkennen kann. Dann wartet das VI in einer While-Schleife auf den Anwender-Stopp. Anschließend wird sowohl Excel.exe als auch die Referenz auf diese Applikation geschlossen. Auf dem Bildschirm kann man Excel aber nicht sehen, nur im Taskmanager ist zu beobachten, wie 'EXCEL.EXE' geöffnet und nach Stopp wieder geschlossen wird.

Vorgehen:

- 'Funktionen' – 'Konnektivität' – 'ActiveX' – 'ActiveX-Objekt öffnen', Symbol ins Diagramm ziehen und am oberen Eingang links (ActiveX Referenz) mit 'Erstellen' – 'Bedienelement' das Terminal 'ActiveX (Referenz)' erzeugen.

- Im Kontextmenü des Terminals nun 'ActiveX-Klasse auswählen' – 'Excel._Application' einstellen. Falls 'Excel._Application' noch nicht angeboten wird: 'Suchen…' (Browse) wählen. Nach einiger Zeit erscheint ein Fenster, das Typbibliotheken anzeigt. Im oberen Feld wählen: 'Microsoft Excel 11.0 Object Library Version 1.5' und in der nun erscheinenden Objektliste 'Application (Excel.Application.11)' wählen, siehe dazu Bild 19.15. Nun enthält das Kontextmenü von 'ActiveX-Klasse auswählen' mindestens 'Excel._Application'.

- Excel beenden, indem man 'Funktionen' –'Konnektivität' – 'ActiveX' –'Referenz schließen' auswählt und ins Diagramm zieht. Zu den Einzelheiten siehe Bild 19.16.

Bild 19.15 Auswahl der richtigen ActiveX-Klasse

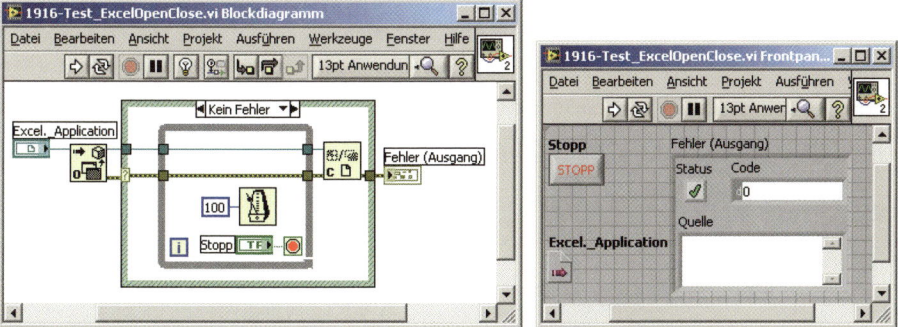

Bild 19.16 Einfaches Testprogramm zum Öffnen und Schließen von Excel

19.3.2 Sichtbarmachen einer Excel-Tabelle

Beim manuellen Aufruf von Excel öffnet sich eine Mappe (Workbook), die per Voreinstellung den Namen 'Mappe1' trägt. Jede Mappe enthält – wiederum per Voreinstellung – drei Tabellen mit den Namen 'Tabelle1', 'Tabelle2' und 'Tabelle3' ('Sheet1', 'Sheet2', 'Sheet3'). Davon ist beim Aufruf von Excel durch LabVIEW gemäß Abschnitt 19.3.1 nichts zu sehen, es kann aber mit Hilfe von Eigenschafts- und Methodenknoten sichtbar gemacht werden. Das Vorgehen dazu ist in Bild 19.17 dargestellt und enthält folgende Schritte:

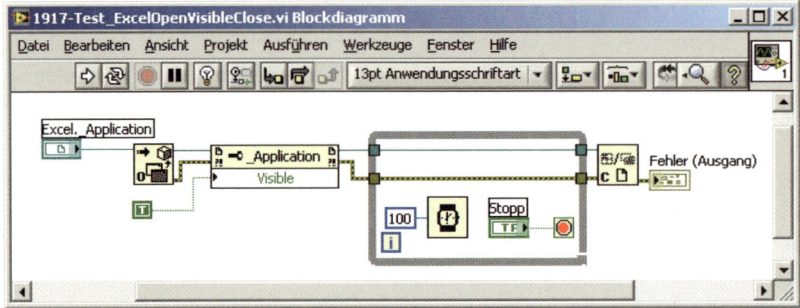

Bild 19.17 Öffnen von Excel. Nach dem Start sieht man nur eine graue Fläche, die nach Drücken der Stopp-Taste wieder verschwindet. Excel wird dann aus dem Arbeitsspeicher entfernt

'Funktionen' – 'Konnektivität' – 'ActiveX' – 'Eigenschaftsknoten' ins Diagramm ziehen und mit der 'Excel._Application'-Referenz verbinden. Dann im Kontextmenü die Eigenschaft 'Visible' aussuchen, auf 'Schreiben' umstellen und den Eingang mit der Konstanten 'TRUE' verbinden. Auch die Fehlerleitung wird jetzt wie üblich durchgeschleift. Dieses VI lässt sich unter Verwendung von zwei SubVIs, die wir auch später noch nutzen können, übersichtlicher gestalten. Verschiedene solcher SubVIs sind in der LabVIEW-Bibliothek 'Excel.lvlib' zusammengefasst. Alle diese VIs verwenden oder **umhüllen** die Eigenschaften und Methoden des ActiveX-Servers Excel. Man nennt daher solche SubVIs auch 'Wrapper'. Bild 19.18 zeigt SubVIs zum Öffnen und Beenden von Excel.

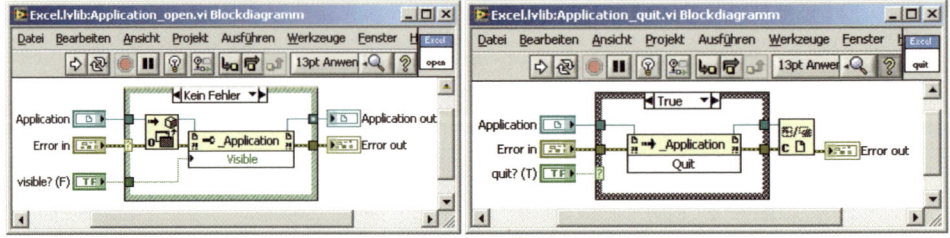

Bild 19.18 Blockdiagramme der SubVIs zum Öffnen und Beenden von Excel

Bild 19.19 zeigt das geänderte Blockdiagramm von Bild 19.17.

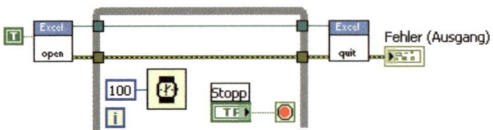

Bild 19.19 Übersichtlichere Gestaltung der Funktionalität des VIs aus Bild 19.17

Wie programmiert man den Wrapper 'Application_open.vi'? Ein Rezept findet sich bereits in Abschnitt 19.3.1. Ein leicht geänderter Weg ist der folgende: Wir starten mit 'Elemente' – 'Modern' – 'Referenz' und ziehen 'ActiveX (Referenz)' aufs Frontpanel, im Beispiel umbenannt in 'Application'. Im Diagramm im Kontextmenü des Terminals 'ActiveX-Klasse auswählen' – 'Excel._Application' wählen. Nun im Kontextmenü des Terminals 'Palette ActiveX' wählen und mit 'ActiveX-Objekt öffnen' verbinden. Danach im Kontextmenü dieser Funktion nochmals 'Palette ActiveX' wählen und 'Eigenschaftsknoten (ActiveX)' ins Diagramm ziehen und verbinden. Unter den Eigenschaften 'Visible' wählen. Dies ist der Kern des Wrappers. Der Rest bleibe dem Leser als Übung vorbehalten. Wichtig ist noch, die Ausgangsreferenz mit dem Anschlussfeld zu verbinden. Zum Schließen von Excel dient der 'Wrapper' aus Bild 19.18 rechts.

Startet man das Programm von Bild 19.17 oder Bild 19.19, sieht man allerdings zunächst nur eine leere graue Fläche. Die Arbeitsmappe (Workbook), die sich beim manuellen Start von Excel automatisch öffnet, existiert noch nicht. Will man auch diese sehen, könnte man den **Eigenschaftsknoten** in Bild 19.17 um 'Workbooks' erweitern und für diese Referenz die Methode 'Add' aufrufen. 'Add' fügt ein neues Workbook zur Liste der bereits vorhandenen hinzu. Wir gehen hier aber den anderen Weg durch Verwendung einer weiteren Wrapper-Funktion gemäß Bild 19.20.

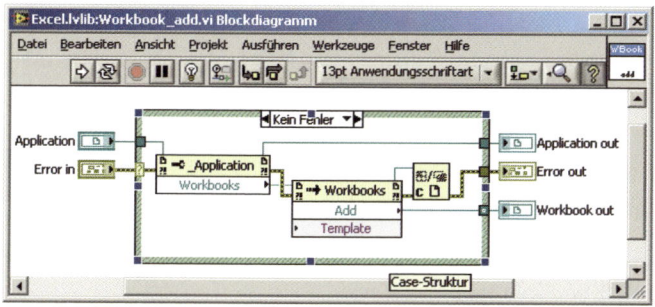

Bild 19.20 Hinzufügen einer neuen Arbeitsmappe zu einer geöffneten Excel-Instanz

Bild 19.21 dient zum Schließen der Arbeitsmappe.

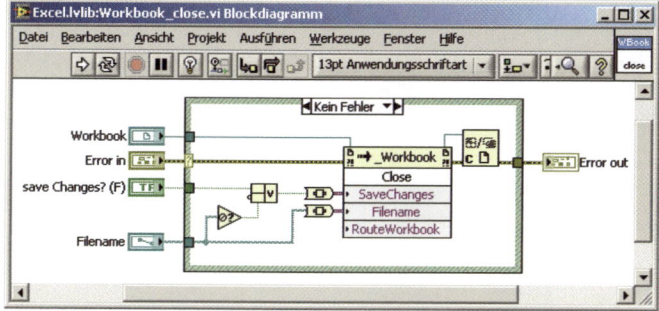

Bild 19.21 SubVI zum Schließen einer Arbeits-mappe. 'Save Changes' und 'Filename' verlangen den Datentyp Variant. Siehe dazu Abschnitt 4.7

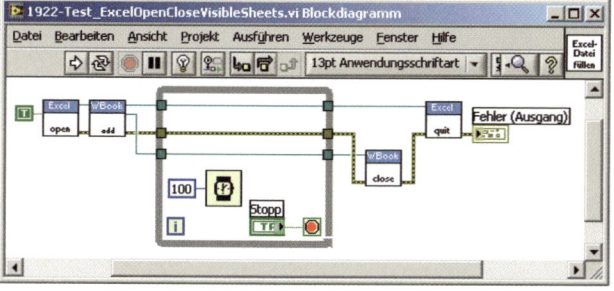

Bild 19.22 VI zum Öffnen von Excel und Anzeigen von 'Mappe1' mit drei Tabellen, von denen Tabelle 1 angewählt ist

Bild 19.22 zeigt das VI, das Excel öffnet und eine Arbeitsmappe erstellt. Der Anwender kann jetzt wie gewohnt mit Excel arbeiten. Sobald er Stopp im Frontpanel des VI drückt, wird Excel geschlossen.

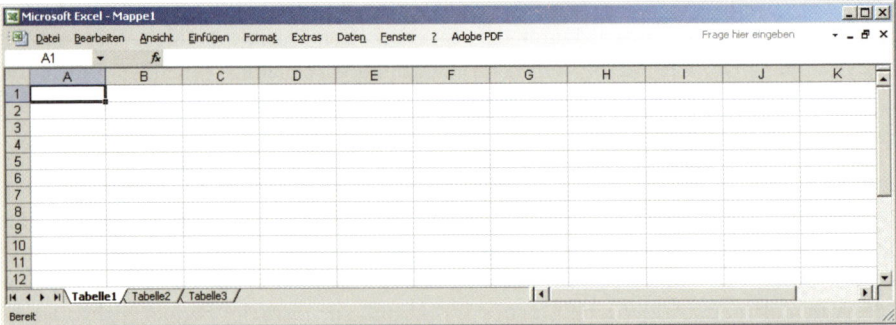

Bild 19.23 Excel-Arbeitsmappe mit drei Tabellen, automatisch erzeugt mit dem VI von Bild 19.22

Es ist nicht notwendig, nicht einmal üblich, Excel während der Bearbeitung durch LabVIEW sichtbar werden zu lassen. Doch ist das bei der Entwicklung eines LabVIEW-Programms unter Umständen nützlich. Ist die Entwicklung abgeschlossen, macht man Excel unsichtbar, indem man einfach die boolesche Konstante 'TRUE' beim Aufruf des SubVIs 'Application_open.vi' in Bild 19.22 auf 'FALSE' setzt.

19.3.3 Eintragen von Daten in eine Excel-Tabelle

Eine wichtige Aufgabe ist das Eintragen von Daten in die Zellen einer Tabelle (Excel-Sheet). Auch hierfür nutzen wir die LabVIEW-Bibliothek 'Excel.lvlib'.

Ein Beispiel ist das Programm 'WriteTableToXL_Test.vi', dargestellt in Bild 19.24 und Bild 19.25. Sein Ergebnis ist in Bild 19.26 zu sehen.

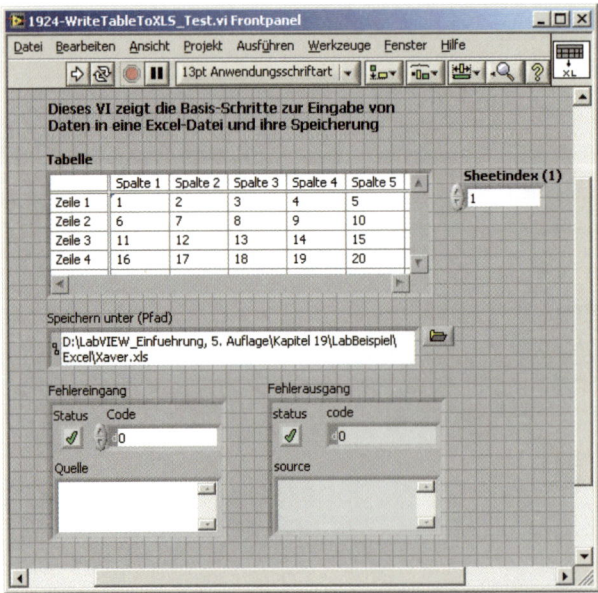

Bild 19.24 Panel eines VIs, das in eine Excel-Tabelle (Spreadsheet) schreibt

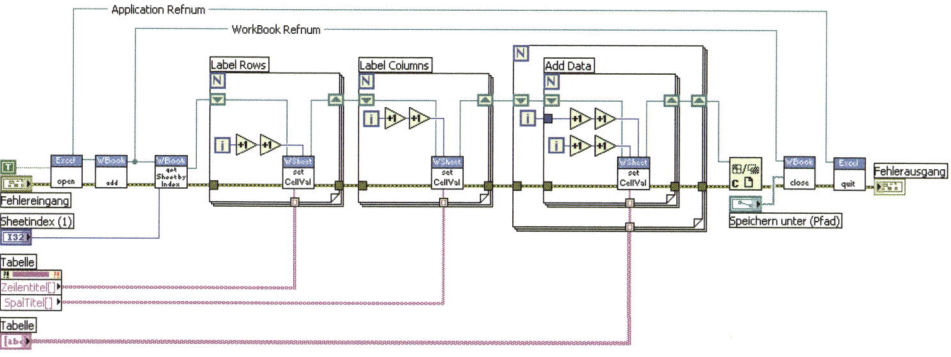

Bild 19.25 Diagramm des VI aus Bild 19.24

Bild 19.26 Ergebnis des VI von Bild 19.25, das 'Mappe1' erzeugt und später unter dem Namen 'Xaver.xls' speichert

Später werden wir auch eines der genannten SubVIs, nämlich 'Worksheet_setCellValue.vi', näher beleuchten, siehe dazu Bild 19.27 bis Bild 19.29.

Bemerkung zum VI in Bild 19.24

Die auf dem Frontpanel sichtbare Tabelle erhält man mit 'Elemente' – 'Modern' – 'Liste & Tabelle' – 'Tabelle', wobei man im Kontextmenü des entstehenden Tabellenbedienelements mit 'Sichtbare Objekte' – 'Zeilentitel' und 'Spaltentitel' für das gewünschte Erscheinungsbild sorgt. In diese Tabelle kann man anschließend die oben dargestellten Inhalte eintragen.

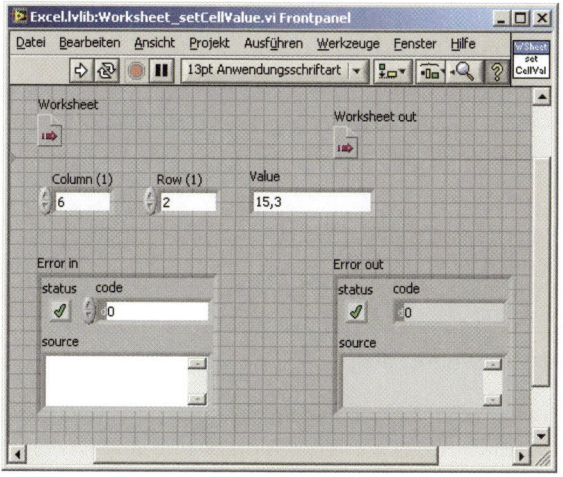

Bild 19.27 SubVI zum Setzen eines Zahlenwerts in einer Excel-Tabelle, hier 15,3 in Zeile 2, Spalte 6

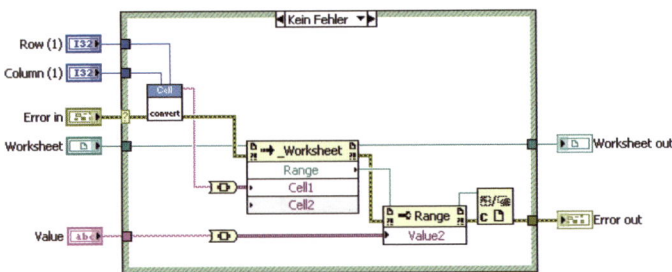

Bild 19.28 Diagramm zum SubVI in Bild 19.27

Das Programm 'Worksheet_setCellValue.vi' wird für das Einfügen von Daten in eine Excel-Tabelle nach Bild 19.26 mehrfach aufgerufen. Es verwendet das SubVI 'Cell_convert.vi' links in der Case-Struktur, dessen Aufgabe darin besteht, die Zeilen-/Spaltenindizes in Excel-Bezeichnungen zu transformieren, also z.B. die Angabe '3 5' in 'E3' oder '65536 256' in 'IV65536' (Maximalwerte für Zeilen und Spalten). Erst danach kann man mit Hilfe von ActiveX einen Zahlenwert in diese Excel-Zelle schreiben.

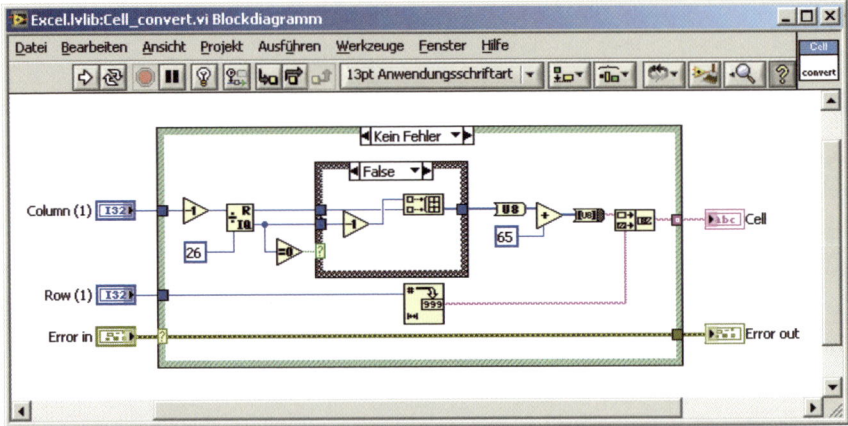

Bild 19.29 SubVI 'Cell_convert.vi', verwendet links in der Case-Struktur von Bild 19.28

Aufgabe 19.3

Analysieren Sie die Funktion von 'Cell_convert.vi' für den Fall Zeile − 3, Spalte = 30, indem Sie den Datenfluss über die eingeschaltete Highlight-Funktion verfolgen.

Aufgabe 19.4

Analysieren Sie 'Worksheet_setCellValue.vi' für den Datensatz Zeile = 3, Spalte = 30, Wert = 20,7.

Bemerkung: Dieses Programm erzeugt, alleinstehend getestet, eine Fehlermeldung, weil die Referenznummer Worksheet = 0 ungültig ist.

19.3.4 Geschwindigkeit der Datenspeicherung

Vereinfacht man das Programm 'WriteTableToXL_Test.vi', indem man einerseits die Überschriften von Zeilen und Spalten weglässt, andererseits aber eine Zeitmessung einbaut, kann man die Zeit für die Speicherung von 10 x 100 = 1000 Zahlen als Strings ermitteln, siehe Bild 19.30.

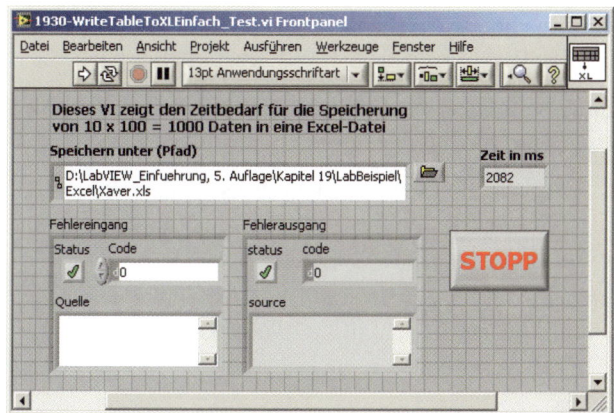

Bild 19.30 Zeitbedarf von ca. 2 s zur Speicherung von 1000 Daten bei Verwendung des SubVIs 'Worksheet_set CellValue.vi'

Aufgabe 19.5

Modifizieren Sie das Blockdiagramm von 'WriteTableToXL_Test.vi' aus Bild 19.25 zu 'WriteTableToXLEinfach_Test.vi' entsprechend Bild 19.30.

Der Zeitbedarf von 2,082 s zur Speicherung von nur 1000 Werten ist recht hoch. Man kann ihn drastisch verringern, wenn man die Funktion 'In Tabellenkalkulationsdatei schreiben' verwendet. Es ergeben sich etwa 0,05 s, wenn man das VI aus Bild 19.32 nutzt.

Bild 19.31 Speicherzeit für 1000 Werte bei Verwendung der Funktion 'In Tabellen-kalkulationsdatei schreiben'

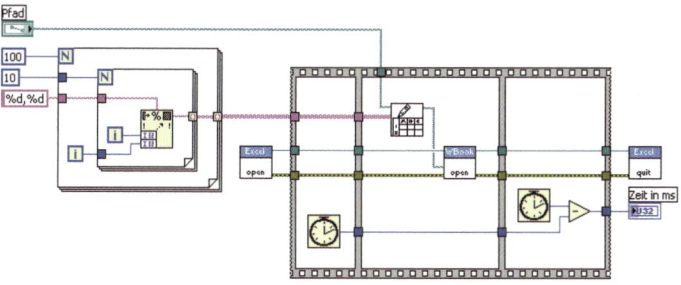

Bild 19.32 Diagramm zu Bild 19.31

19.3.5 Erstellen von Makros zum Umwandeln einer Tabelle in eine Grafik

Die in Abschnitt 19.3 zu Beginn beschriebenen Schritte zum Erzeugen einer Grafik aus einer gegebenen Datenreihe lassen sich in einem so genannten **Makro** speichern und später über ActiveX von LabVIEW aus aufrufen. Ein Makro in Excel und anderen Office-Programmen von Microsoft ist ein unter **Visual Basic** geschriebenes Programm, mit dem man den Ablauf einer Folge von Bedienerhandgriffen, z.B. in Excel, automatisieren kann. Das Makro lässt sich entweder wie jedes andere anweisungsorientierte Programm Zeile für

Zeile niederschreiben oder man kann es von **Excel selbst erstellen lassen**, indem man die manuell durchgeführten Bedienungsschritte aufzeichnen lässt. Wir geben ein Beispiel:

Angenommen, wir haben nach Öffnen von Excel eine Datenreihe mit den Quadratzahlen 1 bis 100 entsprechend Bild 19.13 vorliegen. Nun durchlaufen wir folgende Schritte:

1. Man wählt 'Extras' – 'Makro' – 'Aufzeichnen'. Es erscheint ein Fenster, siehe Bild 19.33. Mit 'OK' quittieren, eventuell nach Namensänderung von 'Makro1'. Von nun an wird jeder manuelle Bedienerhandgriff in ein Visual-Basic-Programm eingetragen.

2. Diagramm-Assistent unter 'Einfügen' – 'Diagramm…' wählen. Es erscheint ein Fenster gemäß Bild 19.34, in dem man 'Linie' (dritte Zeile) aktiviert, dann den Diagrammuntertyp links oben, zuletzt 'Weiter >'.

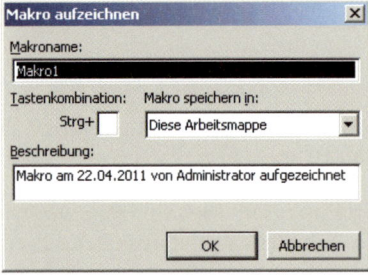

Bild 19.33 Beginn der Aufzeichnung von 'Makro1'

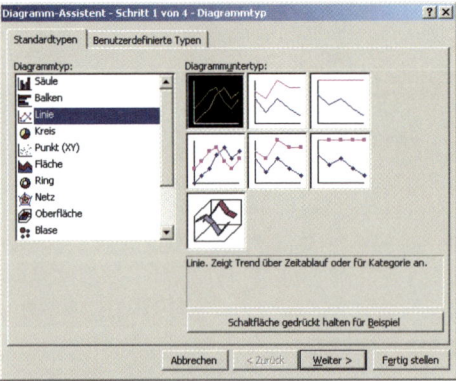

Bild 19.34 Wahl von Linie

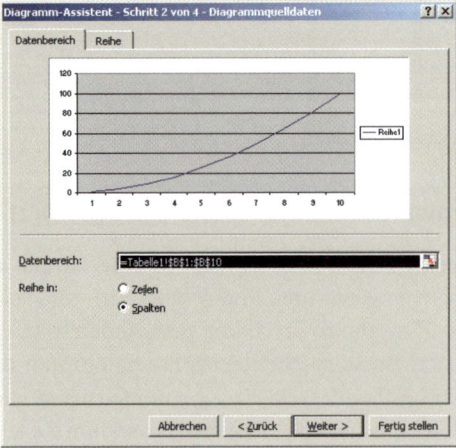

Bild 19.35 Vorschau auf die gewünschte Kurve

3. Man sieht nun eine Vorschau auf die gewünschte Kurve der Quadratzahlen entsprechend Bild 19.35. Fortfahren mit 'Weiter >'.

4. Im nächsten Fenster nach Bild 19.36 kann man Titel, Achsen, Gitternetzlinien usw. eintragen. 'Weiter >' führt zur nächsten Ansicht.

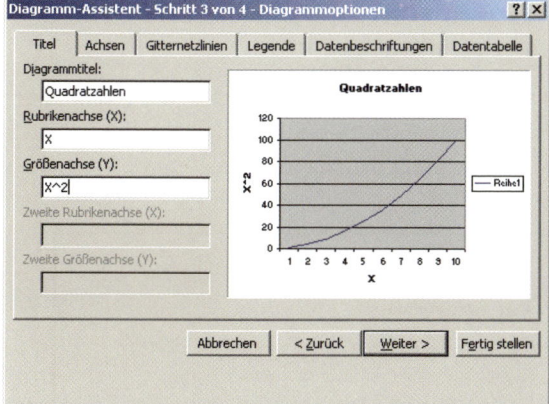

Bild 19.36 Vervollständigung der gewünschten Grafik

5. Der letzte Schritt der Grafikerstellung lässt uns die Wahl, ob diese in einem neuen Blatt dargestellt wird oder innerhalb eines bestehenden Arbeitsblattes. Wir entscheiden uns für 'Tabelle1'.

Bild 19.37 Wo soll die Grafik gezeigt werden?

6. Danach sieht man die Grafik auf dem Excel-Blatt entsprechend Bild 19.38.

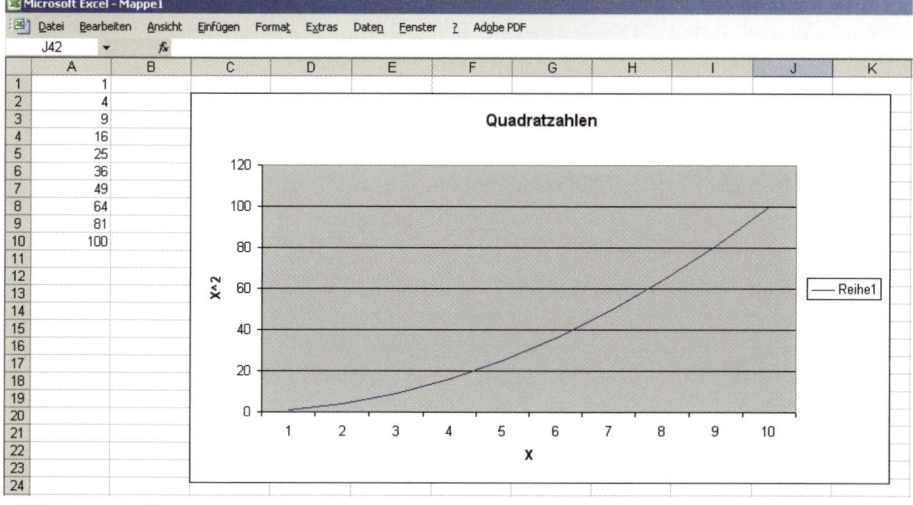

Bild 19.38 Grafik zur Reihe der Quadratzahlen in Spalte A des Excel-Blatts

7. Es folgen 'Extras' – 'Makro' – 'Aufzeichnung beenden'. Damit ist ein Visual-Basic-Programm erzeugt worden, das man mit 'Extras' – 'Makro' – 'Makros…' – 'Bearbeiten' anschauen kann, siehe Bild 19.39.

Mit 'Extras' – 'Makro' – 'Makros…' – 'Schritt' lässt sich das Makro debuggen. Mit 'Extras' – 'Makro' – 'Makros…' – 'Ausführen' kann man die Grafik auch dann neu erzeugen, wenn man vorher die manuell erstellte Grafik gelöscht hat.

Natürlich ist es auch möglich, das Visual-Basic-Programm von Hand zu verändern, zu erweitern und umzuschreiben. In den Programmiermodus gelangt man mit 'Extras' – 'Makro' – 'Makros…' – 'Bearbeiten'. Doch benötigt man dann einige Kenntnisse über Visual Basic, auf die hier nicht näher eingegangen wird.

```
Sub Makro1()
'
' Makro1 Makro
' Makro am 22.04.2011 von Administrator aufgezeichnet
'

'
    Range("A1:A10").Select
    Charts.Add
    ActiveChart.ChartType = xlLine
    ActiveChart.SetSourceData Source:=Sheets("Tabelle1").Range("A1:A10"), PlotBy _
        :=xlColumns
    ActiveChart.Location Where:=xlLocationAsObject, Name:="Tabelle1"
    With ActiveChart
        .HasTitle = True
        .ChartTitle.Characters.Text = "Quadratzahlen"
        .Axes(xlCategory, xlPrimary).HasTitle = True
        .Axes(xlCategory, xlPrimary).AxisTitle.Characters.Text = "X"
        .Axes(xlValue, xlPrimary).HasTitle = True
        .Axes(xlValue, xlPrimary).AxisTitle.Characters.Text = "X^2"
    End With
End Sub
```

Bild 19.39 Visual-Basic-Programm, welches das Makro1 bildet

19.3.6 Aufruf von Makros in LabVIEW mit Hilfe von ActiveX

Mit Hilfe eines geeigneten Methodenknotens kann man Makros auch von LabVIEW aus aufrufen, siehe Bild 19.43. Dieser wird im Beispiel von 'WriteTableMakroGrafik_Sinus.vi' (Bild 19.40) verwendet.

Beim Aufruf dieses Programms wird in die Excel-Datei geschrieben, die das Makro enthält. Gespeichert wird allerdings in eine andere Datei, deren Namen im Panel eingestellt werden kann. Versucht man, in eine Datei zu schreiben, die schon existiert, läuft der Vorgang nicht vollständig automatisch ab: Der Benutzer wird gefragt, ob er wirklich überschreiben will. Diese Frage muss er beantworten. Verneint er, erzeugt das VI eine Fehlermeldung. Der Hauptnachteil des Programms ist wieder die lange Laufzeit. Im Beispiel wird das nicht so deutlich, weil nur 10 Zahlen darzustellen sind. Erweitert man auf 10 000 Zahlen, ergeben sich beträchtliche Laufzeiten, wie das VI von Bild 19.40 bzw. Bild 19.41 zeigt.

Aufgabe 19.6

Entwickeln Sie aus dem Programm in Bild 19.40 ein VI, das 20000 Sinuswerte der Amplitude 2,5 darstellt. Nehmen Sie dazu ein $\Delta t = 0{,}001$.

Merke: Man kann in LabVIEW mit Hilfe von ActiveX auch Makros aufrufen, die in Visual Basic geschrieben wurden oder durch Aufzeichnung entstanden sind.

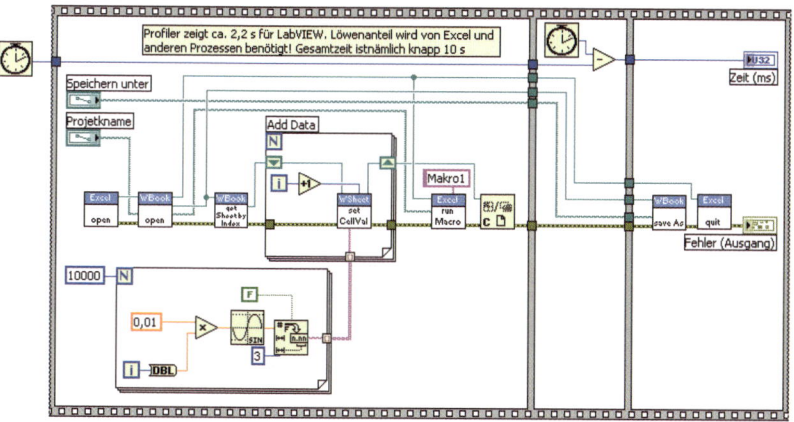

Bild 19.40 Aufruf eines Makros im LabVIEW-Programm '1941-WriteTableMakroGrafik_Sinus.vi'. Es erzeugt zu den 10 000 links im Diagramm gebildeten Sinuswerten eine Grafik ähnlich der von Bild 19.38, benötigt dazu allerdings ungefähr 10 Sekunden

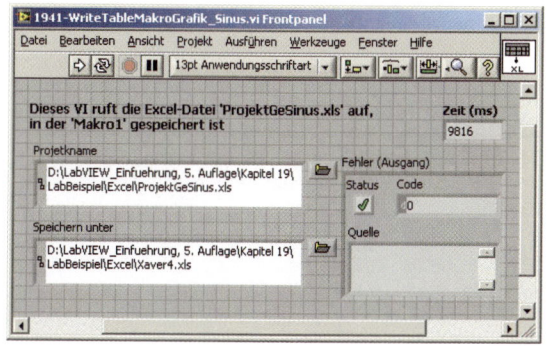

Bild 19.41 Frontpanel des Programms von Bild 19.40

19.3.7 Erhöhung der Geschwindigkeit

Wie schon erwähnt, beruht die geringe Geschwindigkeit des VI in Bild 19.40 hauptsächlich auf dem wiederholten Aufruf von 'Worksheet_setCellValue.vi'. Das Programm benötigte auf dem verwendeten Laptop ca. 10 Sekunden! Eine bessere Methode arbeitet mit der Funktion 'In Tabellenkalkulationsdatei schreiben'. Dabei hat man allerdings das Problem, dass eine CSV-Datei erstellt wird und keine Excel-Datei, die ja das Makro zur Umwandlung der Daten in eine Grafik enthalten soll. Eine Lösung besteht darin, dass man in einer **getrennten Excel-Datei, z.B. mit Namen 'Projekt.xls', ein Makro schreibt, das auf die zu erstellende CSV-Datei, etwa 'SinusDaten.csv', Bezug nimmt.** Die Erstellung des Makros erfolgt zunächst durch Aufzeichnung im 'Projekt.xls' und verläuft wie in Abschnitt 19.3.5 beschrieben. Danach rufen wir mit 'Extras' – 'Makro' – 'Makros' – 'Bearbeiten' das Makro auf und fügen von Hand die Anweisung 'Windows("SinusDaten.cvs").Activate' hinzu, siehe Bild 19.42. Ferner ändern wir, ebenfalls manuell, einige Anweisungen zur Bildung der Überschrift und zur Beschriftung der x-Achse und y-Achse sowie die Bereichsangabe 'Range("A1:A10000")'.

Das Makro in 'Projekt.xls' bewirkt mit Hilfe von 'Windows("SinusDaten.csv").Activate', dass die Daten von 'SinusDaten.csv' (und nicht von 'Projekt.xls' wie bisher) in eine Grafik innerhalb von 'SinusDaten.csv' umgewandelt werden. **Anschließend wird daraus die Excel-Datei** 'SinusDaten.xls' **erzeugt.**

In Bild 19.40 wird 'Application_runMacro.vi' verwendet. Das Blockdiagramm dieses SubVI ist in Bild 19.43 dargestellt.

```
(Allgemein)                                        ▼   Makro1

    Sub Makro1()
    '
    ' Makro1 Makro
    ' Makro am 03.07.2007 von georgi aufgezeichnet
    '|
        Windows("SinusDaten.csv").Activate
        Range("A1:A10000").Select
        Charts.Add
        ActiveChart.ChartType = xlLine
        ActiveChart.SetSourceData Source:=Sheets("SinusDaten").Range("A1:A10000"), PlotBy _
            :=xlColumns
        ActiveChart.Location Where:=xlLocationAsNewSheet
        With ActiveChart
            .HasTitle = True
            .ChartTitle.Characters.Text = "Funktionen"
            .Axes(xlCategory, xlPrimary).HasTitle = True
            .Axes(xlCategory, xlPrimary).AxisTitle.Characters.Text = "x"
            .Axes(xlValue, xlPrimary).HasTitle = True
            .Axes(xlValue, xlPrimary).AxisTitle.Characters.Text = "f(x)"
        End With
        ActiveChart.HasLegend = False
        ActiveChart.PlotArea.Select
    End Sub
```

Bild 19.42 Visual-Basic-Programm von Projekt.xls. Es wurde manuell aus dem Programm von Bild 19.39 entwickelt, geändert hinsichtlich des Bereichs, der Texte zur Beschriftung des Excel-Blattes und ergänzt um den Befehl 'Windows ("SinusDaten.csv").Activate'

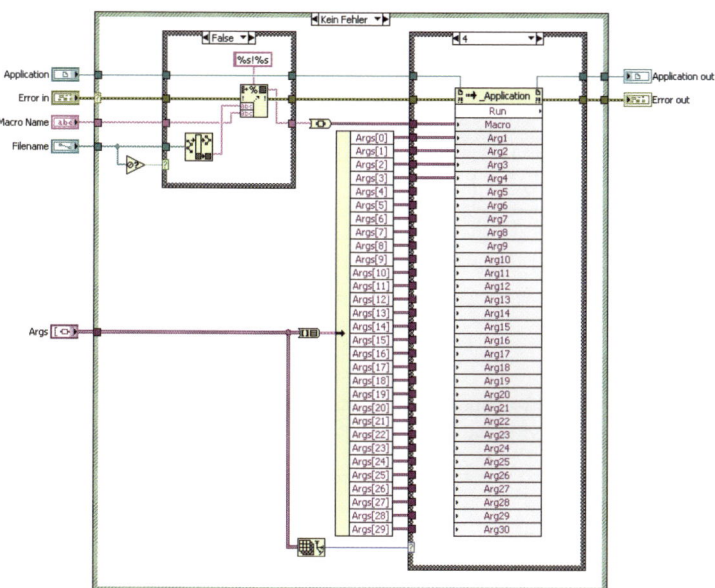

Bild 19.43 Unterprogramm 'Application_runMacro.vi', verwendet im VI von Bild 19.40

Bild 19.44 und Bild 19.45 zeigen Panel und Diagramm des leistungsfähigeren Programms '1944-WriteTableMakroGrafik_SinusSchnell.vi'. Bild 19.46 zeigt ein Rechenergebnis.

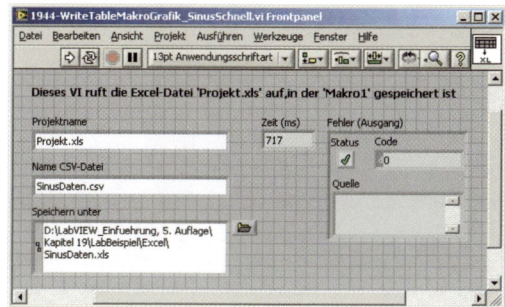

Bild 19.44 Die Speicherung mit dem Befehl 'In Tabellenkalkulationsdatei schreiben' erhöht die Geschwindigkeit wesentlich: knapp 1 s statt ca. 10 s! Siehe auch Bild 19.41

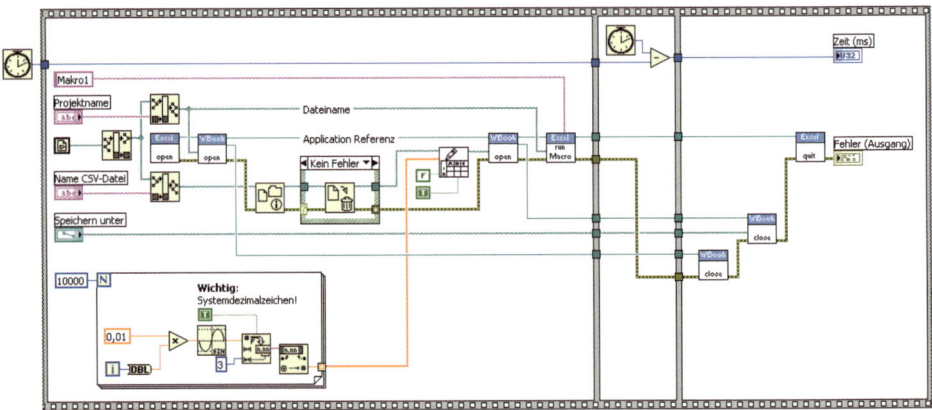

Bild 19.45 Diagramm zum Frontpanel aus Bild 19.44

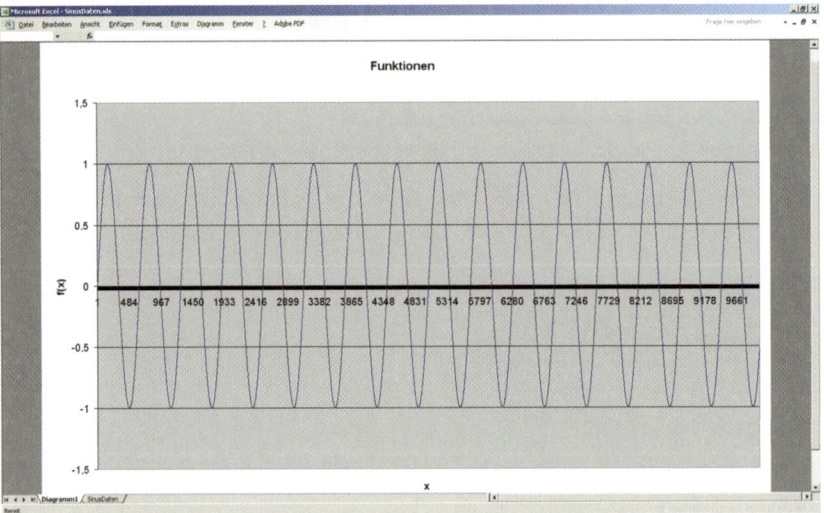

Bild 19.46 Berechnung von '1944-WriteTableMakroGrafik_SinusSchnell.vi' in Bild 19.45

19.3.8   Schreiben mehrerer Dateien

In der Praxis fallen häufig sehr viele Messdaten an, die man nicht in einer einzigen Excel-Tabelle darstellen kann. Entweder speichert man diese in mehreren Dateien, deren Namen mit einem angehängten Index durchgezählt werden. Oder man speichert sie in einer Excel-Mappe in verschiedenen Tabellen.

Das Programm '1947-SchreibenMehrfach.vi' verfolgt den **ersten Weg**. Man kann auf dem Frontpanel Anfangs- und End-Index vorgeben, ferner den Diagrammtitel, die Beschriftung der x- und y-Achse und anderes mehr, siehe Bild 19.47. Dort ist 'ProjektmitParametern.xls' eingetragen, dessen Visual-Basic-Programm in Bild 19.48 zu sehen ist.

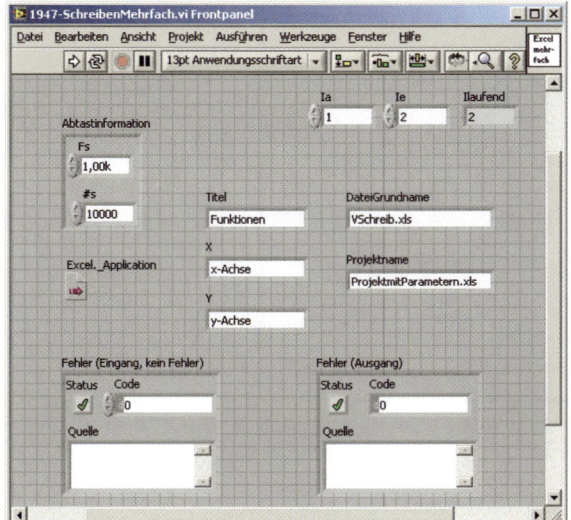

Bild 19.47 VI zur Erzeugung mehrerer Excel-Dateien. Im Beispiel werden die Dateien 'VSchreib_001.xls' bis 'VSchreib_002.xls' erzeugt

```
(Allgemein)                                                    ▼    GraphData

Sub GraphData(Dateiname As String, Dateirumpf As String, Bereichsname As String, Titel As _
String, X As String, Y As String)
'
' GraphData Makro
' Makro am 30.04.2011 von Georgi aufgezeichnet
'
    Windows(Dateiname).Activate
    Range(Bereichsname).Select
    Charts.Add
    ActiveChart.ChartType = xlLine
    ActiveChart.SetSourceData Source:=Sheets(Dateirumpf).Range(Bereichsname), _
        PlotBy:=xlColumns
    ActiveChart.Location Where:=xlLocationAsNewSheet
    With ActiveChart
        .HasTitle = True
        .ChartTitle.Characters.Text = Titel
        .Axes(xlCategory, xlPrimary).HasTitle = True
        .Axes(xlCategory, xlPrimary).AxisTitle.Characters.Text = X
        .Axes(xlValue, xlPrimary).HasTitle = True
        .Axes(xlValue, xlPrimary).AxisTitle.Characters.Text = Y
    End With
    ActiveChart.HasLegend = False
    ActiveChart.PlotArea.Select
End Sub
```

Bild 19.48 Visual-Basic-Programm von 'ProjektmitParametern.xls'. Man findet es nach Aufruf der Excel-Datei mit 'Extras' – 'Makro' – 'Visual Basic-Editor'

'ProjektmitParametern.xls' geht aus 'Projekt.xls' durch folgende Änderungen hervor:

- In die Klammer nach 'Sub GraphData()' werden alle Parameter geschrieben, die von außen vorgegeben werden sollen, also 'Dateiname', 'Dateirumpf' usw. Der Typ dieser Parameter ist durch 'As String' (oder auch 'As Integer', 'As Double' usw.) anzugeben.

- Alle betroffenen Konstanten sind durch die Parameter zu ersetzen, z.B. 'Windows ("Schreiben.xls").Activate' durch 'Windows(Dateiname).Activate' u. dgl.

- Nach Speichern des gemäß Bild 19.48 modifizierten Visual-Basic-Programms ist dieses im Makro des VI von Bild 19.49 wirksam.

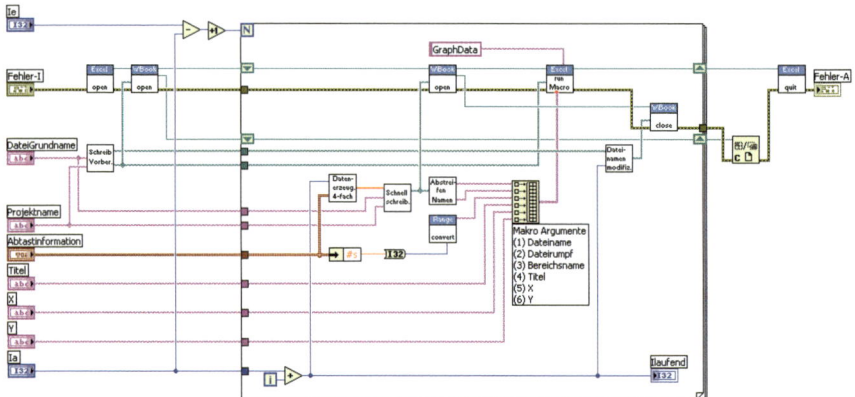

Bild 19.49 'SchreibenMehrfach.vi' verwendet Parameter beim Makro-Aufruf. Gegenüber dem Programm in Bild 19.47 leicht verändert: Die Zeitmessung ist hier eliminiert

Bemerkungen:

- Die Parameter sind mit den Argumenten 'Arg1', 'Arg2' usw. in derselben Reihenfolge einzutragen, wie sie in der Klammer von 'Sub Makro1 (….)' auftreten. Diese werden dem SubVI 'Application_runMacro.vi' als String-Array übergeben.

- Die Datenerzeugung erfolgt im SubVI 'UP_DatenerzeugungWahlweise.vi' auf vierfache Weise als Sinus, Parabel, Sägezahn und Dreieck abhängig vom Index modulo 4.

- Die Verarbeitungszeit beträgt durchschnittlich 0,3 Sekunden pro 10 000 Messwerte, also etwa 40-mal weniger als mit dem SubVI 'Worksheet_setCellValue.vi'.

Aufgabe 19.7

Analysieren Sie das Programm 'WriteTableMakroGrafik_Sinus.vi'. Versuchen Sie, die nicht erklärten SubVIs von Anfang an neu zu entwickeln.

Aufgabe 19.8

Analysieren Sie das Programm 'WriteTableMakroGrafik_SinusSchnell.vi'. Versuchen Sie, alle noch nicht erklärten SubVIs von Anfang an neu zu entwickeln.

Merke: Visual-Basic-Makros kann man auch mit Parametern aufrufen. Damit lassen sich z.B. Parameter aus dem LabVIEW-Frontpanel in Excel-Tabellen übertragen.

Aufgabe 19.9

Versuchen Sie, das in LabVIEW abgefragte Datum nebst Uhrzeit (mit 1/100 Sekunden) durch Parameterübergabe in mehrere Excel-Blätter zu übertragen.

Aufgabe 19.10

Versuchen Sie, über LabVIEW die x-Achse in den Excel-Blättern mit Zeitmarken statt mit Indexnummern zu versehen.

Aufgabe 19.11

Versuchen Sie, ein VI zu entwickeln, das nach der eingangs erwähnten zweiten Methode arbeitet und mehrere Diagramme in einer einzigen Excel-Datei speichert.

Das Programm '1944-SchreibenMehrfach.vi' ist insofern nicht praxisbezogen, als es seine Daten selbst erzeugt. Will man Messdaten mittlerer Frequenz bis zu etwa 100 Hz einlesen und parallel zur Erfassung in Excel-Tabellen speichern, sind Modifikationen notwendig.

Im Programm '1950-SchreibenMehrfachMessdaten.vi' nach Bild 19.50 ist das geschehen. Das Frontpanel wurde dabei kaum verändert und wird deshalb hier nicht erneut dargestellt. Das SubVI 'UP_Datenerzeugung Wahlweise.vi' mit dem Icon 'Datenerzeugung 4-fach' in Bild 19.49 wurde durch 'UP_Messdatenerzeugung.vi' mit dem Icon 'USB-Messdaten' ersetzt. Dieses SubVI entstand aus 'USB_Analog_Chart.vi'. von Abschnitt 15.3. Bild 19.51 zeigt eines der mit 'UP_Messdatenerzeugung.vi' erzeugten Excel-Diagramme.

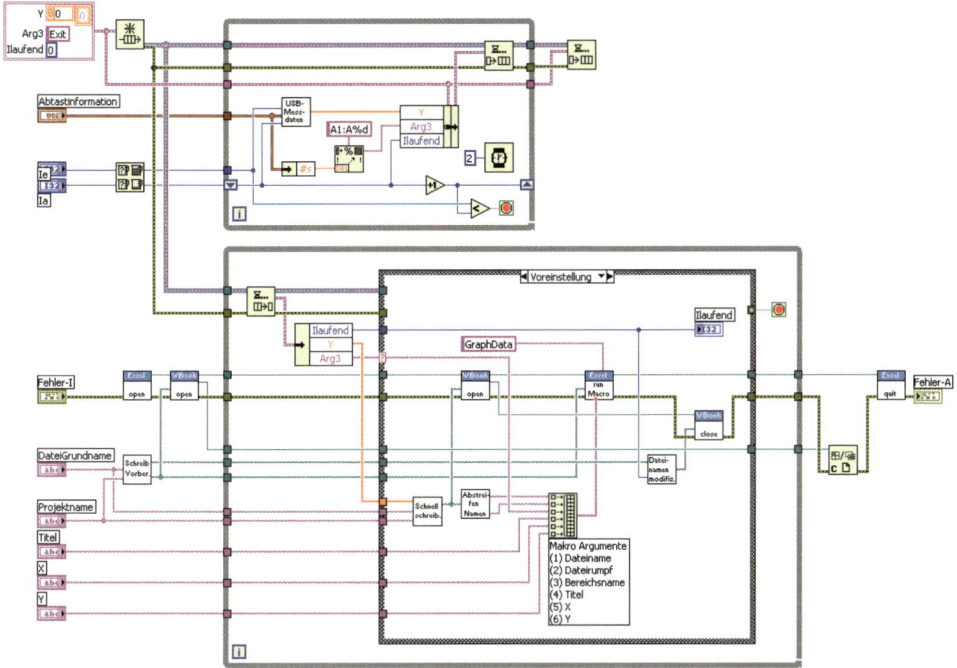

Bild 19.50 Parallele Datenerfassung und Schreiben in Excel. Einlesen der Daten im SubVI 'UP_Messdatenerzeugung.vi' mit dem Symbol 'USB-Messdaten' über eine USB-Schnittstelle

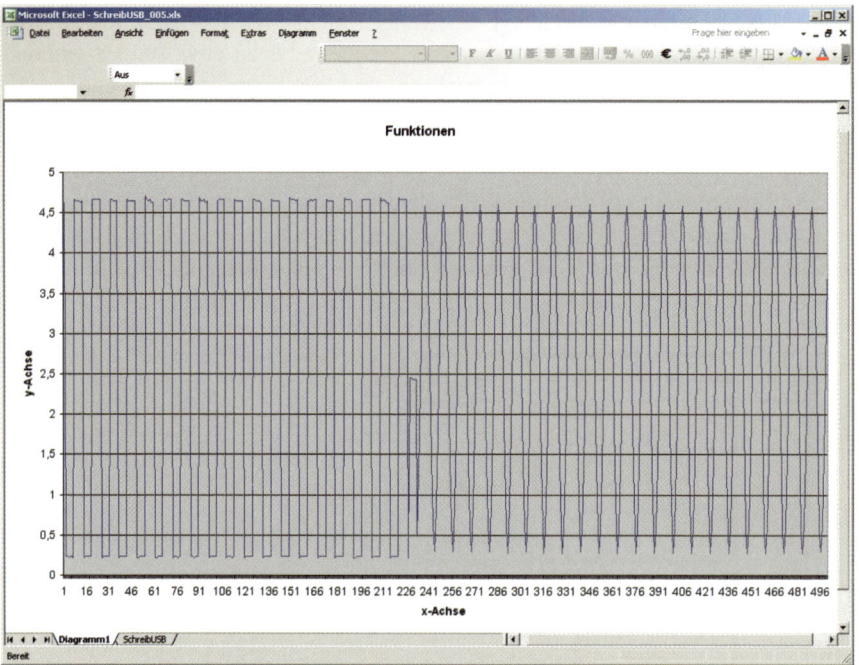

Bild 19.51 Excelblatt, erzeugt mit 'UP_Messdatenerzeugung.vi'. Der Experimentierplatine von Vellemann (siehe Abschnitt 15.4, Bild 15.19) wurden per Funktionsgenerator verschiedene periodische Spannungsfunktionen mit einer Frequenz von etwa 10 Hz zugeführt

Aufgabe 19.12

Analysieren Sie 'SchreibenMehrfachMessdaten.vi' von Bild 19.50 und bauen Sie vor allem das SubVI 'UP_Messdatenerzeugung.vi' neu auf. Überzeugen Sie sich davon, dass Ihr Programm ähnliche Excel-Blätter wie in Bild 19.51 erzeugt.

19.4   Microsoft-Datenbank Access

19.4.1   Einführung

LabVIEW lässt sich nicht nur mit Programmen zur Tabellenkalkulation wie Excel verbinden, sondern auch mit Datenbanken. Das soll hier am Beispiel von **MS Access** (Microsoft Access) gezeigt werden. Das Prinzip ist dasselbe wie bei der Tabellenkalkulation: Man benutzt ActiveX-Funktionen.

In einem neuen VI aufrufen 'Funktionen' – 'Konnektivität' – 'ActiveX' – 'ActiveX-Objekt öffnen' und ins Diagramm ziehen. Am Eingang des Symbols oben links im Kontextmenü von 'ActiveX-RefNum' zu 'ActiveX-Klasse wählen' gehen, dort 'ADODB._Connection' holen und, wie üblich, einen Fehlereingang vorsehen, siehe Bild 19.52.

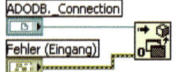

Bild 19.52 Beginn einer Datenbank-Programmierung

Danach Öffnen der Datenbank im Kontextmenü des Ausgangs 'ActiveX-Refnum' mit Aufruf von 'Erstellen' – 'Methode' – 'Open'. In dieser Weise arbeitet man weiter und erhält so ein einfaches VI zum Auslesen einer Zeile der Datenbank (Bild 19.53, Bild 19.54).

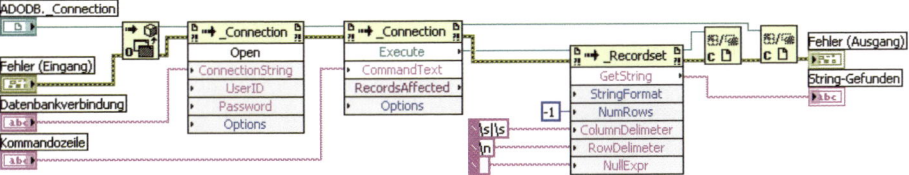

Bild 19.53 Sehr einfaches VI zum Auslesen einer oder mehrerer Zeilen aus einer Datenbank

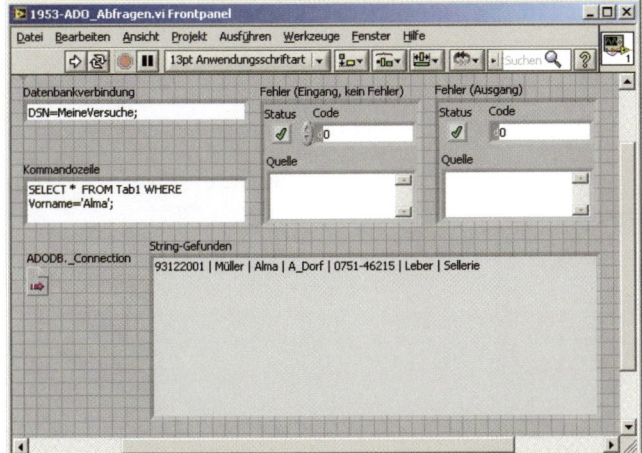

Bild 19.54 Frontpanel zum VI in Bild 19.53

Ein Blick auf das Frontpanel von Bild 19.54 wirft verschiedene Fragen auf:

1. Was bedeutet die Eintragung 'DSN=MeineVersuche' unter 'Datenbankverbindung'?

2. Was bedeutet die Eintragung im Feld 'Kommandozeile'?

19.4.2 Verbindung mit der Datenbank

Antwort zu Punkt 1: DSN oder 'Data Source Name' gibt den Namen der Datenquelle an, die hier 'MeineVersuche' genannt wurde. Ihr wird der Name einer Datenbank zugeordnet. Auch wenn diese Datenbank bereits existiert, hat man zunächst von LabVIEW aus noch keine Verbindung zu ihr. Sie muss erst in der **Systemsteuerung** hergestellt werden. Dazu 'Systemsteuerung' – '**Verwaltung**' aufrufen. Man erhält eine Anzeige wie in Bild 19.55.

Nun auswählen 'Datenquellen (ODBC)'. Das bedeutet 'Open Database Connectivity' und meint einen standardisierten Zugang mittels der ebenfalls genormten Datenbanksprache **SQL** oder 'Structured Query Language', mit der die bekannten **relationalen** Datenbanken bearbeitet werden. Man erhält eine Anzeige entsprechend Bild 19.56.

Dort 'System-DSN' wählen und mit 'Hinzufügen' einen Treiber zur Quelle 'MeineVersuche' benennen, hier 'Microsoft Access-Treiber (*.mdb)', siehe Bild 19.57.

Nach 'Fertig stellen' erhält man ein weiteres Fenster gemäß Bild 19.58. Dort trägt man die Bezeichnung 'MeineVersuche' als Datenquelle ein und in der zweiten Zeile, falls gewünscht, einen Kommentar. Die Verbindung mit der bereits unter dem Namen 'Datenbank zum Lernen.mdb' gespeicherten Datenbank erhält man durch den Aufruf von 'Auswählen' und Angabe des Pfades dorthin.

Woher kommt die erwähnte Datenbank?

In vielen Fällen existiert sie bereits. Sonst müssen wir sie selbst anlegen, wie z.B. 'Datenbank zum Lernen.mdb'. Wir sind hier vom fiktiven Beispiel einer Kurklinik ausgegangen, die ihre Patienten mit Namen, Wohnort, Krankheit und Allergien in einer Datenbank verwaltet. Die Eintragungen wurden mit MS Access unter dem Tabellennamen 'Tab1' gespeichert. Das VI in Bild 19.53 und Bild 19.54 bezieht sich auf diese Datenbank.

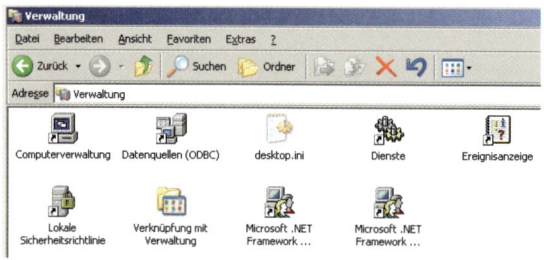

Bild 19.55 Anzeige der Verwaltung in der Systemsteuerung bei Einstellung der Ansicht auf Symbole

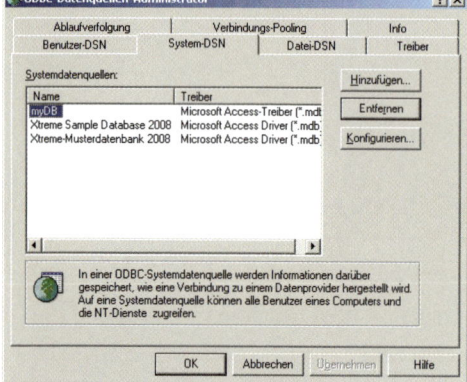

Bild 19.56 ODBC-Datenquellen-Administrator. Dient zum Herstellen einer Verbindung mit einer existierenden Datenquelle (Datenprovider). Dazu hat man 'System-DSN' aufzurufen

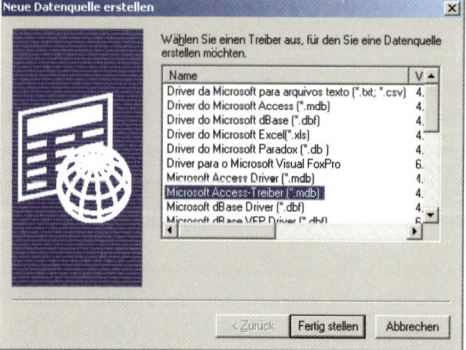

Bild 19.57 Auswahl eines Treibers

Bild 19.58 Zuordnung der Datenbank 'Datenbank zum Lernen.mdb', gespeichert unter dem Pfad 'D:\...\Datenbank zum Lernen.mdb' zur Datenquelle mit der Bezeichnung 'MeineVersuche'

Patient_Nr	Name	Vorname	Wohnort	Telefon	Diagnose	Allergie
93122001	Müller	Alma	A_Dorf	0751-46215	Leber	Sellerie
93122002	Müller	Bernhard	B_Dorf	0711-30413	Leber	Erdbeeren
93122801	Müller	Fritz	A_Dorf	0751-43604	Leber	Primeln
93122801	Müller	Fritz	A_Dorf	0751-43604	Leber	Erdbeeren
93122801	Müller	Fritz	A_Dorf	0751-43604	Leber	Sellerie
94010201	Müller	Hans	C_Dorf	0725-56043	Leber	NUL
94010202	Müller	Ida	B_Dorf	0711-83526	Galle	Erdbeeren
94010202	Müller	Ida	B_Dorf	0711-83526	Galle	Sellerie
94011501	Müller	Max	A_Dorf	0751-55687	Lunge	NUL
94012201	Müller	Max	B_Dorf	0711-18467	Galle	NUL
94020701	Müller	Xaver	B_Dorf	NUL	Leber	NUL
94020702	Schulze	Balduin	A_Dorf	0751-42331	Leber	Primeln
94020702	Schulze	Balduin	A_Dorf	0751-42331	Leber	Erdbeeren
94020702	Schulze	Balduin	A_Dorf	0751-42331	Leber	Hausstaub
94020702	Schulze	Balduin	A_Dorf	0751-42331	Leber	Mango
94020702	Schulze	Balduin	A_Dorf	0751-42331	Leber	Sellerie
94021401	Schulze	Eva	A_Dorf	0751-98765	Galle	Erdbeeren
94021402	Schulze	Hans	C_Dorf	0725-34478	Lunge	Erdbeeren
94021403	Schulze	Ute	B_Dorf	0711-12666	Lunge	NUL

Bild 19.59 Tabelle 'Tab1' aus der Datenbank 'Datenbank zum Lernen.mdb', die man unter der Datenquelle 'MeineVersuche' findet

19.4.3 SQL

Antwort zu Punkt 2: 'SELECT * FROM Tab1 WHERE Vorname = 'Alma';' ist eine SQL-Anweisung, die besagt, dass man **alle** Zeilen aus Tab1, in denen der Vorname Alma steht, angezeigt haben möchte. Das Zeichen '*' steht für **alle** Spalten. Interessiert man sich **nur** für die **Telefonnummern** der Patienten mit dem Vornamen Max, müsste man schreiben

SELECT Telefon FROM Tab1 WHERE Vorname = 'Max';

'1953-ADO_Abfragen.vi' aus Bild 19.54 zeigt dann das Ergebnis von Bild 19.60.

```
GetString
0751-55687
0711-18467
```

Bild 19.60 Telefonnummernabfrage

Die Datenbanksprache SQL kann hier nur im Ansatz besprochen werden. Der interessierte Leser sei auf ein einschlägiges Lehrbuch verwiesen oder z.B. auf das Internet, in dem man eine gut verständliche Einführung finden kann unter

http://www.w3schools.com/sql/default.asp

SQL zerfällt in zwei Teile, die DML oder 'Data Manipulation Language' und die DDL oder 'Data Definition Language'. Die wichtigsten Befehle der DML sind:

SELECT	(zur Auswahl),
UPDATE	(zum Ändern),
DELETE	(zum Löschen) und
INSERT INTO	(zum Hinzufügen neuer Daten).

Zur DDL gehören vor allem

CREATE DATABASE	(Erstellen einer neuen Datenbank),
ALTER DATABASE	(Modifizieren, z.B. Anlegen einer neuen Tabelle),
CREATE TABLE	(Tafel neu erstellen),
ALTER TABLE	(Tafel modifizieren),
DROP TABLE	(Tabelle löschen),
CREATE INDEX	(Index erstellen, z.B. Primärindex zur Schlüsselsuche) und
DROP INDEX	(Index löschen).

Wir bringen noch ein Beispiel zum Ändern von Daten mit dem UPDATE-Kommando. Dazu dient '1961-ADO_Überschreiben.vi', dargestellt in Bild 19.61 und Bild 19.62.

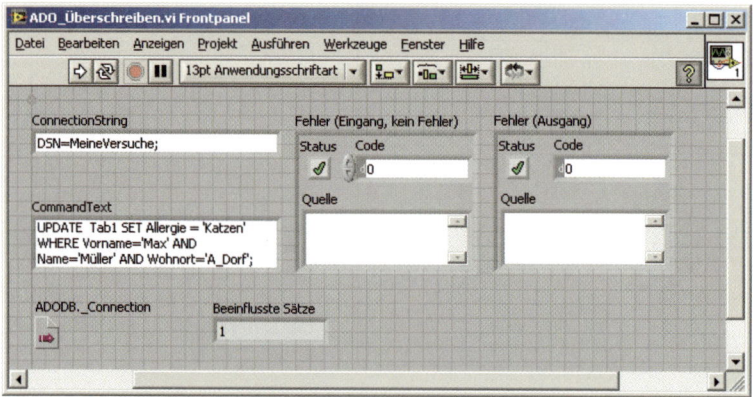

Bild 19.61 Herr Max Müller aus A_Dorf wurde ohne Allergie eingetragen (Wert NUL).
Das war ein Irrtum, er ist gegen Katzen allergisch. Hier wird es korrigiert. Mit '1953-ADO_Abfragen.vi'
kann man sich davon überzeugen

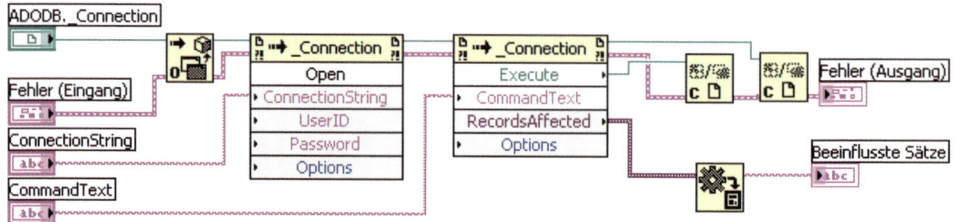

Bild 19.62 Diagramm zum VI in Bild 19.61

Die Abfrage 'SELECT * FROM Tab1 WHERE Vorname ='Max';' liefert jetzt das in Bild 19.63
gezeigte Ergebnis.

Bild 19.63 Die Katzen-Allergie von
Herrn Max Müller aus A_Dorf ist nunmehr eingetragen

19.4.4   Verwendung von SubVIs

Es ist sinnvoll, zur Bearbeitung einer Datenbank SubVIs einzusetzen. Man kann sich selbst
eine Liste geeigneter Unterprogramme erzeugen, ähnlich den bisher gezeigten '1953-
ADO_Abfragen.vi ' oder '1961-ADO_Überschreiben.vi'. Einfacher ist es jedoch, auf bereits
vorliegende Bibliotheken im Unterordner 'LABSQL ADO functions' zurückzugreifen. Dieser
Ordner ist Teil einer frei verfügbaren Bibliothek, die von Jeffrey Travis, dem Verfasser
von [8], im Jahre 2002 angelegt wurde. Details sind bei den Beispielen zu Kapitel 19 unter
'Access' – 'LabSQL ADO functions' in 'README_FIRST.txt' zu finden.

20 Internet, Server und Client

Lernziele

1. Ethernet-Prinzip erklären können.
2. MAC-Adresse und IP-Adresse erklären können.
3. Datenaustausch zwischen zwei PCs nach dem DataSocket-Prinzip in LabVIEW programmieren können.
4. TCP/IP-Prinzip und Port-Nummer erklären können.
5. Datenaustausch zwischen Server und Client nach dem TCP/IP-Prinzip in LabVIEW programmieren können.
6. Mit dem Webdienst von National Instruments einen Webserver installieren können.
7. Mit dem NI-Webserver und HTML einfache Webdienste programmieren können.

20.1 Allgemeine Bemerkungen zum Internet

Das Internet dient nicht nur dem weltweiten Informationsaustausch. Man kann es auch zur Überwachung von Maschinen und Fabriken einsetzen. Stellen Sie sich z.B. eine Maschine in Australien vor, die in Deutschland hergestellt wurde und vorbeugend gewartet werden soll. Dazu braucht man heute keine Spezialisten mehr, die lange und teure Flugreisen unternehmen, um nach dem Rechten zu sehen. Diese Art von Wartung kann per Internet erfolgen: Spannungen, Ströme, Geräusche, welche die Maschine produziert, lassen sich über das Internet nach Deutschland übertragen und dort von Fachpersonal überprüfen. Treten Unregelmäßigkeiten auf, kann die Bestellung und der Austausch von Ersatzteilen angeordnet werden.

20.1.1 Ethernet

Heutzutage wird im Internet hauptsächlich Ethernet verwendet (erfunden von Dr. Robert M. Metcalfe, später genormt nach IEEE 802.3). Die Rechner hängen an einem Bus. Jede Station, die senden möchte, prüft, ob der Bus frei ist (Potenzial 0 Volt). Ist er frei, beginnt die Station mit 0,85 V für die logische 1 und –0,85 V für die logische 0 zu senden. Dabei hört sie die eigene Nachricht ab. Beginnt zufällig im selben Zeitpunkt eine andere Station zu senden, kommt es zu einer so genannten 'Kollision'. Diese wird von beiden bemerkt, da auf der Leitung jetzt eine Mischung aus den Nachrichten entsteht, die mit keiner der beiden ursprünglichen Nachrichten übereinstimmt. Beide Stationen stoppen und nehmen nach einer von Zufallsgeneratoren bestimmten kurzen Zeitspanne ihren Sendeversuch wieder auf. Aller Wahrscheinlichkeit nach kommt dann eine Station etwas früher zum Zuge und kann ihre Nachricht absetzen, da nunmehr die andere Station bemerkt, dass die Leitung belegt ist. Diese Methode heißt auch CSMA/CD-Protokoll, was 'Carrier Sense Multiple Access/Collision Detection' bedeutet. Die Datenübertragungsrate ist in den letzten Jahren auf 100 Mbit/s oder sogar auf einige Gbit/s gestiegen. Allerdings dürfen die Stationen nicht weiter als 500 m voneinander entfernt sein. Für größere Strecken braucht man eine Art von Verstärker, der als 'Repeater' bezeichnet wird.

20.1.2   Ethernet-Karten, MAC- und IP-Adresse

Ein PC enthält heute normalerweise bereits standardmäßig eine so genannte Ethernet-Karte, die für den Datentransfer über das Internet auf der physikalischen Ebene sorgt. Es besteht die wichtige Vereinbarung, dass jede dieser Netzwerkkarten eine **weltweit einmalige** Adresse hat. Das ist eine Hardwareadresse, die 'MAC'-**Adresse** genannt wird (Media Access Control) und nach der Produktion der Karte nicht mehr geändert werden kann. Sie identifiziert eindeutig jeden Knoten im Internet, wie zum Beispiel die MAC-Adresse 00-A3-41-DE-E9-89. Man darf sie nicht mit der für den Anwender wichtigen **IP-Adresse** verwechseln. Die IP-Adresse kann per Software an jedem PC beliebig eingestellt werden. Doch strebt man auch hier Eindeutigkeit an, was durch verschiedene Organisationen gewährleistet werden soll. Man erfährt beide Adressen des eigenen Computers, indem man in einem DOS-Fenster (Eingabeaufforderung) das Kommando

ipconfig/all

absetzt. Dabei zeigt sich Folgendes: Derzeit wird meist noch mit 32 bit oder 4 Bytes gearbeitet, der sogenannten IPv4-Adresse.

Merke: Eine IPv4-Adresse hat die Form aaa.bbb.xxx.yyy

Hierin bedeuten 'aaa', 'bbb',… jeweils ein dezimal geschriebenes Byte (neuerdings gibt es auch IPv6-Adressen mit 16 Byte). Da ein Byte 8 Bit hat, entstehen 256 Möglichkeiten, so dass man Zahlen zwischen 0 und 255 erhält. Mit 'aaa' und 'bbb' werden größere Organisationen (Domains) bezeichnet. Diese Zahlen teilt das Network Information Center (NIC, Internetadresse: http://www.nic.com) in den USA zu. Die Hochschule Ravensburg-Weingarten hat z.B. die Ziffern 141.069. Sie gehört zum Bereich '.de', also Deutschland, der seit Dezember 1996 vom 'Interessenverband DE-NIC' betreut wird (Adresse: http://www. denic.de).

Die Adressteile 'xxx' und 'yyy' werden von den Systemadministratoren in den durch die ersten beiden Ziffern bestimmten Organisationen zugewiesen. Folgende Ausnahme gilt:

Merke: Jeder Computer kann auf seine eigene Ethernet-Karte mit der IP-Adresse

127.0.0.1

zugreifen. Sie wird symbolisch als 'localhost' bezeichnet.

20.1.3   TCP/IP-Protokoll

Daten zwischen zwei Computern kann man nur austauschen, wenn man sich an gewisse, zuvor festgelegte Vereinbarungen hält. Schon am einfachen Beispiel der seriellen Datenübertragung über eine RS 232 (siehe Abschnitt 15.1) sieht man, dass der Sender nicht einfach mit der Übertragung von Daten beginnen kann. Er hat zuerst ein Startbit in positiver Logik zu senden, dann die Daten in negativer Logik. Ferner muss die Geschwindigkeit von Sender und Empfänger bis auf wenige Prozent übereinstimmen usw.

Die Menge dieser Vereinbarungen wird **Protokoll** genannt. Computer, die unter dem Betriebssystem UNIX arbeiten, verwenden schon seit über 30 Jahren das so genannte TCP/IP-Protokoll. Darin bedeuten:

TCP = Transmission Control Protocol

IP = Internet Protocol

> **Merke:** Ein Protokoll ist die Menge aller Regeln, die man zu beachten hat, wenn Daten auf zuverlässige Weise vom Sender zum Empfänger übertragen werden sollen.
>
> **Merke:** Eines der bestbekannten Protokolle für den Datentransfer im Internet ist TCP/IP.

Wie schon der Name sagt, besteht TCP/IP aus zwei 'Schichten'. IP hat die Aufgabe, eine **Verbindung** zwischen Sender und Empfänger herzustellen. Es enthält Vereinbarungen über die Bildung der Adressen. Man kann das mit den Vereinbarungen der Post über die weltweit eindeutige Bezeichnung von Orten durch Länderkennzahlen und Postleitzahlen vergleichen. TCP dagegen kümmert sich um die **Übertragung** selbst. Um beim Beispiel zu bleiben: Wo werden die Briefe gesammelt? Auf welche Weise werden sie befördert usw.?

IP ist ein **verbindungsloses** Protokoll. Das bedeutet, der Sender schickt seine Daten, ohne dass zuvor eine Verbindung zum Empfänger hergestellt wurde, wie das beim Telefonieren üblich ist. Der Sender ist normalerweise Teil eines Subnetzes. Alle Computer in diesem Subnetz empfangen die Nachricht. Befindet sich der Adressat auch im Subnetz, behält er die Daten, anderenfalls ignoriert er sie. Im Subnetz ist ferner ein Router. Er entscheidet, wohin eine Nachricht weitergeleitet wird, die keinen Adressaten im Subnetz hat. Um Zufallsentscheidungen zu vermeiden, benötigt er dazu eine gewisse Kenntnis der Netzstruktur.

Beim verbindungslosen Versenden von Daten ist nicht vorherzusehen, ob und wann der Empfänger die Nachricht erhält. Bei komplizierten Netzwerkstrukturen kann es zu einer Verdoppelung der Nachrichten kommen, wenn sie von zwei Routern weitergegeben werden. Dabei kann es auch geschehen, dass die Pakete in der falschen Reihenfolge ankommen. Auch können Datenpakete infolge von Leitungsstörungen verloren gehen. Das IP-Protokoll kümmert sich nicht darum. Das ist vielmehr Aufgabe des TCP-Protokolls, das **verbindungsorientiert** arbeitet. TCP stellt eine Verbindung zwischen Sender und Empfänger her und löst diese nach Übertragung aller gesendeten Daten auf.

Unter einem Multitaskingbetriebssystem wie UNIX, das verschiedene Tasks quasiparallel bearbeitet, kann ein Sender mehrere Empfänger bedienen. Die einzelnen Verbindungen müssen dann auseinandergehalten werden. Das geschieht beim TCP/IP-Protokoll mit Hilfe der so genannten 'Port-Nummer'. Wir werden darauf in Abschnitt 20.4 zurückkommen.

20.2 Einfaches LabVIEW-Beispiel: Ping

Wenn wir wissen wollen, ob ein Computer mit einer bestimmten IP-Adresse ansprechbar ist, d.h. ob er eingeschaltet wurde und seine Ethernet-Karte sowie die entsprechende Software funktionsfähig sind, können wir das erfahren, indem wir ihm ein 'Ping'-Kommando schicken. Dazu genügt ein DOS-Fenster (Eingabeaufforderung), in das man die Eingabe 'ping <IP-Adresse>' schreibt, z.B. 'ping 141.69.58.134'. Voraussetzung: Die Firewall des Zielrechners darf das nicht verhindern.

Ein LabVIEW-Programm kann dasselbe bewirken. Bild 20.1 zeigt Panel und Diagramm eines solchen VIs, Bild 20.2 das Ergebnis im Erfolgsfall.

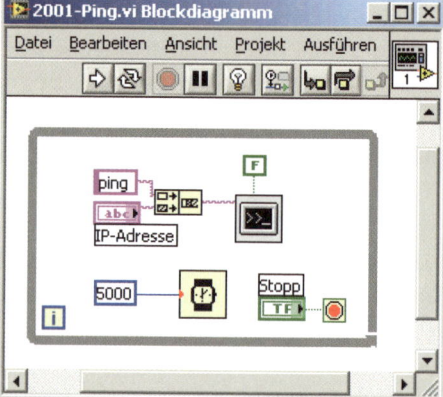

Bild 20.1 Panel und Diagramm eines Ping-VI. Es sendet alle 5 Sekunden einen Ping an die im Panel links eingestellte IP-Adresse

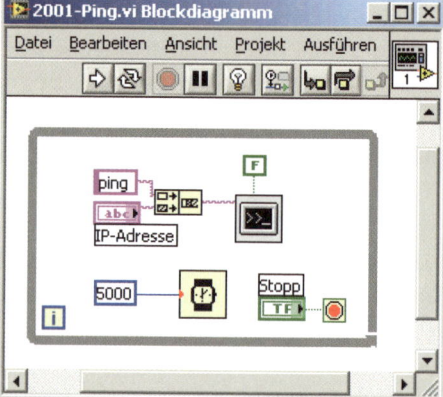

Bild 20.2 Ergebnis eines Ping-Kommandos an den 'localhost', also die eigene Ethernet-Karte

Rufen wir dagegen dasselbe Programm mit der IP-Adresse eines Computers auf, der abgeschaltet ist (z.B. 141.69.58.133), erhalten wir eine Reaktion wie im Bild 20.3.

Bild 20.3 Antwort, wenn eine IP-Adresse nicht verfügbar ist

Die IP-Adresse des Rechners, an den man den Ping gesendet hat, erscheint oben in der Antwort. Aus Bild 20.2 können wir so entnehmen, dass der Ping an die eigene Netzwerkkarte ging (IP 127.0.0.1) und dass der Rechner den Namen 'Georgi-Notebook' ([::1]) hat. In Bild 20.3 hat der Computer mit der IP-Adresse 141.69.58.133 nicht geantwortet.

Bemerkungen zum Programm Ping.vi:

- Im Diagramm wird die Stringkonstante 'ping ' (das Leerzeichen am Ende ist **wichtig**, damit wird der Systembefehl 'ping' von der IP-Adresse getrennt) mit der am Panel eingestellten IP-Adresse verkettet und der Funktion 'Systembefehl ausführen' unter 'Funktionen' – 'Konnektivität' – 'Bibliotheken & Programme' zugeführt.

- Diese Funktion hat oben einen Eingang 'Auf Abschluss der Operation warten'. Er muss auf FALSE stehen, sonst kann man die Antwort des Systems nicht sehen.

20.3 Programmieren mit DataSocket

Ist die Verbindung mit einem zweiten Computer über das Internet möglich, möchten wir Daten übertragen. Dazu hat National Instruments eine Methode entwickelt, die auch unter UNIX bzw. Linux, wenn auch **eingeschränkt**, verfügbar ist. Damit wird die direkte Programmierung mit TCP/IP, die in Abschnitt 20.4 beschrieben wird, erleichtert. Wir werden sie hier nur kurz anhand eines kleinen Beispiels streifen. Bild 20.4 zeigt ein einfaches Client-Server-Paar, hier als Sender und Empfänger bezeichnet.

Bild 20.4 Sender-Empfänger-Paar: Bewegt man beim Sender den Zeiger des Drehinstruments, folgt ihm sofort der Zeiger im Empfänger

Zum Testen des Programms ist es sehr bequem, beide Programme auf **einem** Rechner zu haben. Das ist der große Vorteil des 'localhost', dass er genau dies ermöglicht.

Nachdem die VIs auf einem Rechner getestet wurden, kann man Sender und Empfänger auf verschiedenen Rechnern laufen lassen. Man muss dann nur im Empfänger statt 'localhost' dessen IP-Nummer eintragen, etwa 141.69.58.134. Man startet nun z.B. auf 141.69.60.68 das Programm 'Sender.vi' und auf 141.69.58.134 das Programm 'Empfänger.vi'.

Ist die Verbindung ok, leuchten auf den Panels beider Programme die kleinen Rechtecke rechts oben neben den Drehinstrumenten grün, anderenfalls rot. Bei Rot stoppt man den Empfänger und startet ihn erneut. Meist ist der Fehler dann behoben. Nun kann man vom Rechner mit 'Sender.vi' das Drehinstrument in 'Empfänger.vi' auf dem anderen Rechner steuern. Die Diagramme von Sender und Empfänger findet man in Bild 20.5 und Bild 20.6.

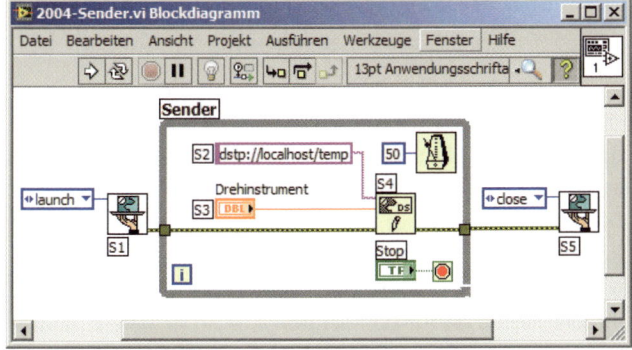

Bild 20.5 Diagramm des Senders

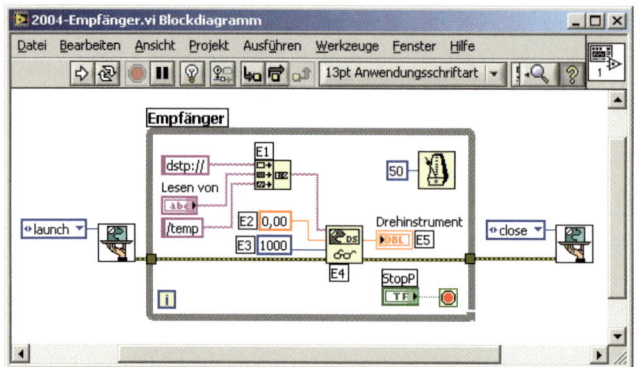

Bild 20.6 Diagramm des Empfängers

Erläuterungen zum Sender (Bild 20.5):

1. Das DataSocket-Konzept erfordert den Start eines LabVIEW-Serverprogramms namens **cwdss.exe**. Man kann diese EXE-Datei manuell starten. Sie ist zu finden im Verzeichnis '…\National Instruments\DataSocket'. Vergisst man das, laufen die VIs nicht. Also startet man cwdss.exe besser automatisch. Das VI dazu ist nicht unmittelbar in der Palette der Funktionen zu finden. Man sucht daher unter 'Funktionen' – 'VI wählen…' und dort '...\LabVIEW 2014\vi.lib\Platform\daskt.llb\DataSocket Server Control.vi'. Es ist per Kontextmenü mit einer Konstanten zu verbinden, welche die vier Möglichkeiten 'launch', 'show', 'hide' und 'close' bietet. Die Marke S1 im Diagramm des Senders zeigt, dass hier 'launch' gewählt wurde, was Starten von cwdss.exe heißt.

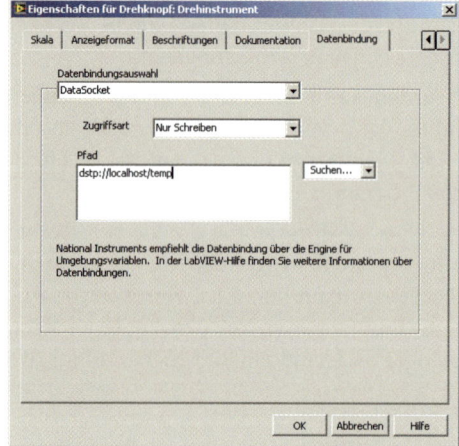

Bild 20.7 Fenster zum Herstellen einer DataSocket-Verbindung

2. Jedes Bedien- oder Anzeigeelement (Marke S3), das Daten nach der DataSocket-Methode übermitteln soll, muss dafür vorbereitet werden. Man ruft im Kontextmenü des Elements 'Eigenschaften' auf, wählt die Registerkarte 'Datenbindung' ganz rechts und erhält das in Bild 20.7 gezeigte Fenster. Dort macht man die dargestellten Eintragungen. Dazu gehört 'dstp://localhost/temp', was bedeutet, dass auf dem Rechner, auf dem 'Sender.vi' läuft, der DataSocket-Server ein internes Verzeichnis (temp) zur Zwischenspeicherung zur Verfügung stellt. Von dort aus kann der Rechner mit dem Programm 'Empfänger.vi' seine Daten abholen. Ferner ist für den Sender 'Nur Schreiben' einzutragen. Die Marke S2 in Bild 20.5 weist darauf hin, dass die obige Adresse 'dstp://localhost/temp' auch der Schreibfunktion (Marke S4) mitgeteilt werden muss.

3. Die Schreibfunktion (Marke S4) in Bild 20.5 findet man als 'DataSocket: Schreiben' unter 'Funktionen' – 'Datenkommunikation' – 'DataSocket'. Sie benötigt als Eingangsparameter einen String, der die Adresse bezeichnet, an die zu schreiben ist, und zweitens die Daten selbst.

4. Nachdem man die While-Schleife von 'Sender.vi' durch Stopp beendet hat, wird der DataSocket-Server cwdss.exe mit 'close' beendet (Marke S5).

Erläuterungen zum Empfänger (Bild 20.6):

1. Die Adresse, von der der Empfänger lesen soll, wird per Stringverkettung (Marke E1) zusammengesetzt aus dem Typ (dstp://), der IP-Adresse des sendenden Rechners, z.B. 141.69.58.134, und dem Unterverzeichnis (hier /temp), in dem 'Sender.vi' die Daten gespeichert hat.

2. Die Lesefunktion (Marke E4) hat den Namen 'DataSocket: Lesen' und ist in der gleichen Palette zu finden wie die Schreibfunktion. Sie benötigt neben der Adresse, von der sie lesen soll, den Datentyp (hier DBL, weil das Drehinstrument standardmäßig DBL-Daten liefert), der durch eine beliebige Konstante dieses Typs (hier 0, Marke E2) repräsentiert wird. Außerdem wurde die Timeout-Zeit, die standardmäßig 10000 ms = 10 s beträgt, auf eine Sekunde herabgesetzt (Marke E3), damit das VI nach Stopp nicht noch 10 Sekunden wartet, bevor es beendet wird.

3. Die von der Schreibfunktion gelieferten Daten werden auf dem Drehinstrument des Empfängers angezeigt (Marke E5). Das Drehinstrument ist wie beim Sender in dem Fenster von Bild 20.7 zu konfigurieren, nur wählt man hier 'Nur lesen'.

Beide VIs haben in ihren While-Schleifen Zeitverzögerungen von 50 ms zur Entlastung des Prozessors.

20.4 Programmieren mit TCP/IP

Das Protokoll DataSocket beruht wie viele andere Protokolle auch (http, ftp usw.) auf dem TCP/IP-Protokoll.

20.4.1 Server und Client

Man kann die Bezeichnung 'Server – Client' in einer ganz simplen Weise als Bedienung und Kunde verstehen. Der Kunde hat einen Wunsch, z.B. in einem Restaurant, und die Bedienung erfüllt den Wunsch. Diese Bedeutung wurde auf die Software übertragen: Ein Programm, Client genannt, stellt eine Anforderung, z.B. eine Information vom Internet zu holen. Ein anderes Programm, Server genannt (manchmal meint man damit auch den Computer, auf dem dieses Programm gespeichert ist), erfüllt sie. Tabelle 20.1 zeigt das Prinzip beim Arbeiten mit dem Internet.

Tabelle 20.1 Entwicklung von Server- und Client-Software auf zwei verschiedenen Rechnern

Computer mit Server-Software und der IP-Adresse 141.69.60.114	TCP/IP-Verbindung mit Ethernet-Karte _____.........._____	Computer mit Client-Software und der IP-Adresse 141.69.58.134

Bei der Entwicklung von Server- und Client-Software ist es unbequem, mit verschiedenen Rechnern zu arbeiten, besonders wenn diese nicht nahe beieinanderstehen. Man könnte daher das Modell von Tabelle 20.1 ersetzen durch das von Tabelle 20.2, bei dem man ein und denselben Rechner sowohl für die Entwicklung der Server- als auch der Client-Software benutzt.

Tabelle 20.2 Entwicklung von Server- und Client-Software auf einem einzigen Rechner

Computer mit Server-Software und der IP-Adresse 141.69.60.114	TCP/IP-Verbindung mit Ethernet-Karte _____.........._____	Computer mit Client-Software und der IP-Adresse 141.69.60.114

Schließlich muss man nicht die zufällige IP-Nummer 141.69.60.114 verwenden, sondern kann sich auf jedem Rechner auf den 'localhost' mit der Nummer 127.0.0.1 beziehen, wie das Tabelle 20.3 zeigt.

Tabelle 20.3 Entwicklung von Server- und Client-Software unter Bezugnahme auf den 'localhost'

Computer mit Server-Software und der IP-Adresse 127.0.00.1 (localhost)	TCP/IP-Verbindung mit Ethernet-Karte _____.........._____	Computer mit Client-Software und der IP-Adresse 127.0.0.1 (localhost)

Auf die letztgenannte Weise wurden auch die beiden VIs programmiert und getestet, die in Abschnitt 20.4.2 besprochen werden.

20.4.2   Beispiel für die Übertragung von Sinusdaten über TCP/IP

Das Server-Programm 'TcpServerMitEinemClient.vi' erzeugt sinusförmige y-Werte vom Typ DBL, die mit der TCP-Schreibfunktion über die Leitung versandt werden.

Bild 20.8 Funktionen zum Arbeiten mit TCP/IP

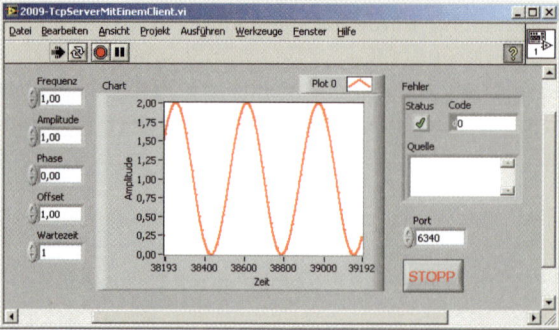

Bild 20.9
'2009-TcpServerMitEinemClient.vi', erzeugt sinusförmige Daten und zeigt sie zur Kontrolle an

Das Client-Programm 'TcpEinClient.vi' empfängt sie und zeigt sie in einem Chart an. Die wichtigsten Funktionen für beide Programme findet man unter 'Funktionen' – 'Datenkommunikation' – 'TCP'. Die Palette dazu ist in Bild 20.8 dargestellt.

Panel und Diagramm von 'TcpServerMitEinemClient.vi' sind aus Bild 20.9 und Bild 20.10 ersichtlich.

Der **Server** erzeugt zunächst einen Listener (Hörer), der auf dem vom Anwender genannten Port auf die Anmeldung des Client wartet. Tritt dabei ein Fehler auf, z.B. weil dieser Port bereits von einer anderen Anwendung belegt ist, wird in der Case-Struktur der Fehler-rahmen durchlaufen, der leer ist. Anderenfalls, also wenn kein Fehler aufgetreten ist, wird im 'Kein Fehler'-Rahmen die von der Ethernet-Karte kommende Leitung auf Anmeldung eines Clients mit seiner IP-Adresse abgefragt. Solange sich kein Client meldet, wird die Funktion 'TCP: Auf Listener warten' nicht verlassen. Meldet sich aber ein Client, erhält der Listener im Server dessen IP-Adresse. Die Funktion 'TCP: Auf Listener warten' liefert am unteren Ausgang eine eindeutige Verbindungs-ID vom Typ RefNum für die erstellte Ver-bindung, auf die sich nun alle anderen TCP-Funktionen beziehen. Danach werden in der While-Schleife von Bild 20.10 Sinusdaten erzeugt und mit der TCP-Schreibfunktion solange abgesetzt, bis der Anwender das Programm stoppt. Diese Daten werden zur Kontrolle auch auf dem Server angezeigt.

Der **Client** wird nach dem Server gestartet. Er verhilft diesem zur Aufnahme der Daten-produktion. Panel und Diagramm des Client sind in Bild 20.11 und Bild 20.12 dargestellt.

Solange der Server noch nicht läuft, stoppt der Client mit einer Fehlermeldung. Wenn er aber läuft, übermittelt er dem Client eine Verbindungs-ID, welche dieser nutzen kann, um Daten vom Server zu empfangen. In der While-Schleife arbeitet der Client mit der TCP-Lesefunktion. Es gibt verschiedene Modi (siehe Online-Hilfe). Hier im Beispiel wird der Modus 'CRLF' verwendet. Das heißt, es werden maximal so viele ASCII-Zeichen gelesen, wie am Eingang 'Bytes zu lesen' angegeben sind. Im Beispiel sind das also 11, was die Über-tragung einer Fließkommazahl mit Vorzeichen, Komma, einer Ziffer vor und 6 Ziffern nach dem Komma sowie den zwei Zeichen CR und LF erlaubt. Das Lesen wird jedoch vorher beendet, wenn die Zeichen CR und LF direkt nacheinander vorkommen, im ASCII-Hex-Code also '0D0A'. Beide Zeichen werden noch mit übertragen. Die restliche Aufgabe der While-Schleife besteht nun darin, CR und LF abzustreifen, den String in eine DBL-Zahl umzuwandeln und der Reihe nach als Funktionskurve auf einem Chart auszugeben. Bild 20.11 zeigt das Ergebnis.

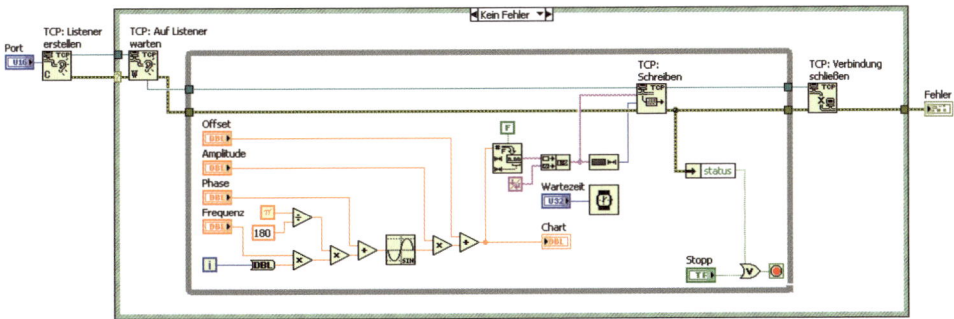

Bild 20.10 Diagramm von '2009-TcpServerMitEinemClient.vi'.

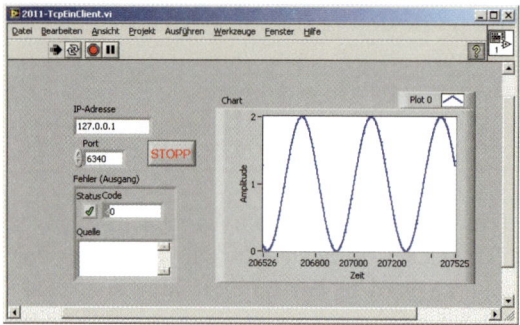

Bild 20.11 Anzeige der vom Client 'TcpEinClient.vi' empfangenen Daten

Bemerkung

Beide Beispielprogramme sind sehr einfach. Sie behandeln nicht den Fall, dass zwei oder mehr Clients Daten von einem Server abrufen wollen. Auch werden die Clients im Normalfall Parameter an den Server senden. Zum Beispiel möchte Client 1 eine Sinusfunktion von 10 Hz mit der Amplitude 2,5 und Client 2 eine Kosinusfunktion mit 50 Hz und der Amplitude 0,7 erhalten. Dieses Problem wird in Abschnitt 20.5 besprochen.

Aufgabe 20.1

Versuchen Sie die Funktionen in Bild 20.12 in der LabVIEW-Funktionspalette zu finden und analysieren Sie diese mit der Online-Hilfe.

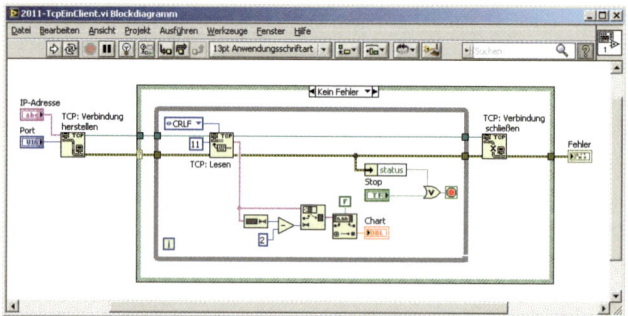

Bild 20.12 Diagramm des Client von Bild 20.11

Aufgabe 20.2

Testen Sie mit **einem** Rechner, ob die beiden Beispielprogramme bei Ihnen laufen.

Aufgabe 20.3

Machen Sie den gleichen Versuch wie in Aufgabe 20.2 mit zwei Rechnern.

Merke: Server-Client-Paare können auf einem einzigen Rechner entwickelt werden. Dazu arbeitet man mit der IP-Nummer 127.0.0.1, auch 'localhost' genannt.

Merke: Bei Windows-Rechnern kann man mit der DataSocket-Methode arbeiten. Allerdings laufen diese VIs nicht unter UNIX bzw. Linux.

20.5 Webdienste

Das Programm in Abschnitt 20.4.2 zeigte ein vereinfachtes Beispiel zur Client/Server-Verbindung über TCP/IP, das nicht den Anforderungen realer Anwendungen genügt. Ein Server sollte nicht einfach jedem Client denselben Dienst erweisen (in Abschnitt 20.4.2: Übertragung einer Sinuskurve konstanter Frequenz, Amplitude und Phase). Vielmehr sollte er auf Anfragen des Clients reagieren können, also z.B. die vom Client gewünschte Frequenz oder Amplitude ausgeben. Alle Einstellungen für eine Anfrage müssen folglich vom Client bereitgestellt werden.

Man kann diese Aufgabe in der Weise lösen, wie es in der 5. Auflage der "Einführung in LabVIEW" in Abschnitt 20.5 gezeigt wurde. Da es aber ab LabVIEW 2013 Vereinfachungen über den sogenannten 'WebDienst' gibt, werden wir uns in der 6. Auflage mit diesem neuen Angebot von National Instruments näher befassen. Der bisherige Abschnitt 20.5 wird aber nach wie vor angeboten, jetzt als Kapitel im Internet (http://www.geho-labview.de).

20.5.1 Grundbegriffe

Für das Folgende brauchen wir die Erklärung einiger oft benutzter Begriffe:

- **Webserver:** Software, die auf einem Computer läuft und über einen oder mehrere Ports auf Anfragen anderer Computer (oder im einfachsten Fall auch des gleichen Computers) reagiert, sofern diese Anfrage als gültige HTTP-Anfrage gestaltet ist.

- **HTTP:** Bedeutet 'Hypertext Transfer Protocol' und wurde entwickelt Ende der 1980er Jahre und zuerst im 'World Wide Web' um 1990 genutzt. HTTP ist zunächst eine Beschreibungssprache für Texte und Bilder, die mit einem Browser wie dem Mozilla Firefox oder dem Internetexplorer von Microsoft angezeigt werden können. Ihre wesentlichen Merkmale sind:
  1. Standardisierte Adressierung über URLs (Uniform Resource Locator).
  2. Erlaubt 'Hyperlinks'. Für den Anwender sind das markierte (z.B. farblich) Textstellen, die ihn beim Anklicken mit der Maus automatisch zu anderen Textstellen führen. Hyperlinks sind eine der wichtigsten Erfindungen bei der Suche nach Informationen.
  3. HTTP arbeitet synchron. Das heißt, stellt der Anwender (der Client) eine Anfrage an einen Webserver, so hat er die Antwort abzuwarten, bevor er die nächste Anfrage starten kann.
  4. HTTP verwendet ein Anfrage/Antwort-Modell (request/response model). Sowohl die Anfrage als auch die Antwort bestehen aus je zwei Teilen, dem 'Header', der stets gewöhnlicher Text ist, und dem Inhalt, der eine beliebige Folge von Bytes sein kann.

- **URL:** Adresse einer 'Resource' (Quelle) im Netz. Man kann sich diese Quelle vorstellen als Bezeichnung oder Adresse für ein Dokument im Netz, also z.B. als Adresse für eine Datei auf diesem Rechner, die den Inhalt dieses Kapitels als Word-Datei enthält. Sie hat die Form: <IP-Adresse>:<Portnummer>/<Pfad zum Webmethoden VI> also zum Beispiel: 141.69.60.40:8080/WebService1/index1.html

- **Webdienst:** Anwenderbasierte Schnittstelle, auf die man über ein Netz, z.B. das Internet, zugreifen kann. Webdienste laufen auf Webservern und kommunizieren mit Hilfe offener Protokolle wie z.B. HTTP. LabVIEW-Webdienste sind spezielle Anwendungen, die auf dem 'NI Application Webserver' laufen.

20.5.2   Struktur der Webdienstkommunikation

National Instruments gibt in Lektion 6 seines 'LabVIEW Connectivity Course Manual' eine Darstellung der Webdienststruktur ähnlich der in Bild 20.13.

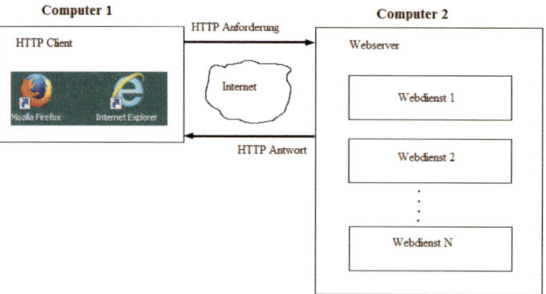

Bild 20.13 Zusammenarbeit von Client mit verschiedenen Webdiensten

20.5.3   Erstes einfaches Beispiel

Von National Instruments wird auch folgendes einfache Anwendungsbeispiel für die Nutzung des Webdienstes gegeben, die in jedem Fall die **Bildung eines Projekts** verlangt:

Der Übersicht halber erstellen wir einen Ordner mit dem Namen 'Webdienst 1'. Dann erstellen wir ein leeres Projekt wie in Bild 20.14. und speichern es im Odner 'Webdienst 1' unter dem gleichen Namen.

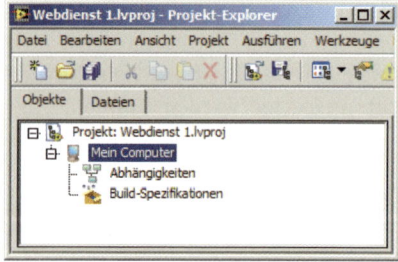

Bild 20.14
Beginn der Bildung eines Webdienstes

Danach rufen wir im Kontextmenü von 'Mein Computer' mit 'Neu' – 'Webdienst' den LabVIEW-Webdienst auf, siehe Bild 20.15.

Bild 20.15 Aufruf des NI-Webdienstes

Wir überschreiben den vorgeschlagenen Namen 'WebService1' mit 'Webdienst 1' (nur der Einheitlichkeit wegen) und erhalten jetzt die Ansicht von Bild 20.16.

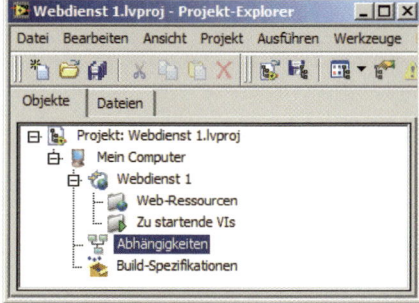

Bild 20.16
Projekt mit Symbol für 'Webdienst 1'.

Das Programm, das dem Client einen Dienst erweist, ist im Kontext von 'Web-Resourcen' als 'Neues VI' einzufügen. Es hat den Standardnamen 'HTTPMethod 1.vi (GET)' und wird von uns durch 'Add.vi (GET)' ersetzt. Öffnet man dieses V, so bieten sich für Panel und Diagramm die folgenden Bilder mit Hinweisen für den Programmierer:

Bild 20.17
Frontpanel des
Methoden-VIs

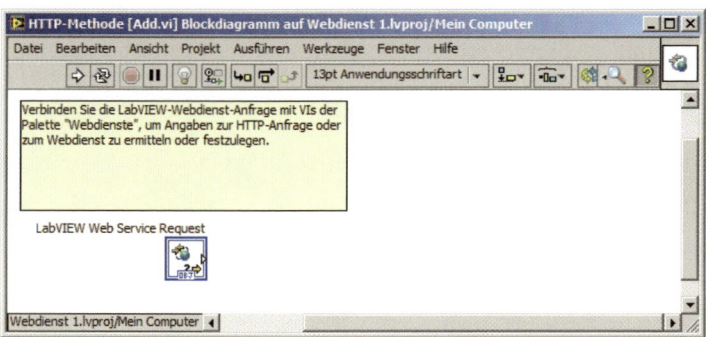

Bild 20.18
Blockdiagramm des
Methoden-VIs

Wir löschen die Hinweise und vereinfachen das Methoden-VI nach Bild 20.19:

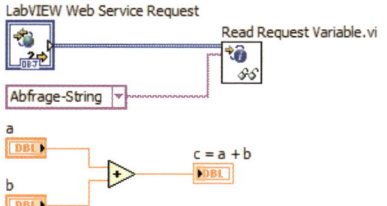

Bild 20.19 Diagramm des
Methoden-VI 'Add.vi (GET)'

Im Anschlussfeld des Frontpanels (Bild 20.20) sind die Variablen a, b, c einzutragen.

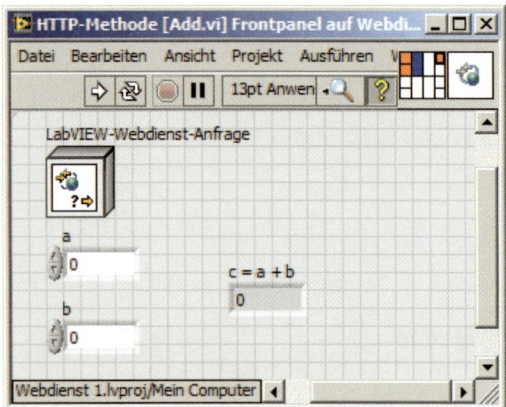

Bild 20.20 Frontpanel de Methoden-VI 'Add.vi (GET)'. Der blaue Anschluss bezieht sich auf die LabVIEW-Webdienst-Anfrage und wird automatisch gesetzt

Das Web-Projekt zeigt sich nun gemäß Bild 20.21, wobei das Kontext-Menü von 'Webdienst 1' aufgeklappt ist.

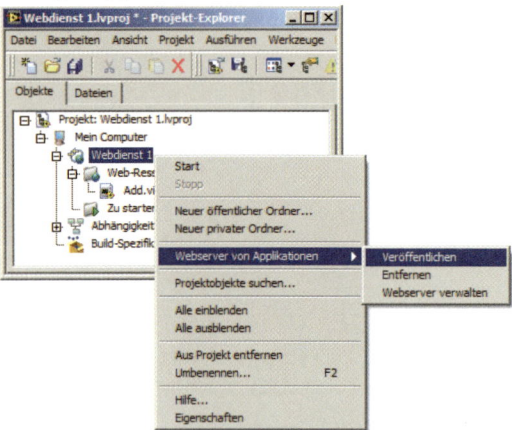

Bild 20.21 Kontext-Menü von 'Webdienst 1'

Man hat nun den Webdienst mit 'Webserver von Applikationen' – 'Veröffentlichen' verfügbar zu machen. Die Veröffentlichung öffnet folgendes Fenster:

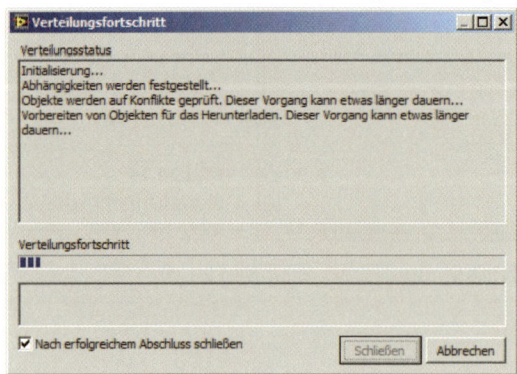

Bild 20.22 Fenster nach 'Veröffentlichen'. Ein weiteres Fenster ist kurzfristig nach 'Start' zu sehen.

Betätigt man **zusätzlich 'Start'**, läuft das VI auf einem Debug-Server (Port-Nummer 8001) und man kann es wie üblich austesten. Ferner benötigt man die URL, mit welcher der Browser (hier Firefox) den Additionsdienst anfordert. Man erhält sie nach dem Start des Dienstes im Kontextmenü von 'Add.vi (GET)' unter 'Methoden-URL anzeigen'. Hier öffnet sich ein Fenster nach Bild 20.23, in dem man die URL 'http://127.0.0.1....' sieht. Sie enthält

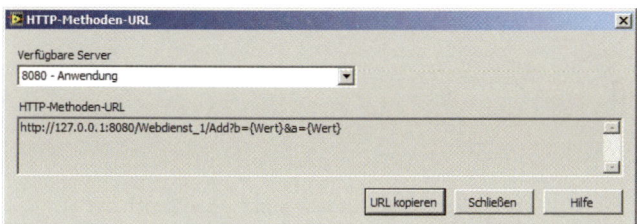

Bild 20.23 Hilfe zur Übertragung der richtigen URL in den Browser

zusätzlich in der Form von{Wert} eine Aufforderung an den Anwender, Werte für die Variablen a und b einzugeben. Klickt man auf 'URL kopieren' und 'Schließen', wandert die URL in die Zwischenablage, aus der man sie mit <Ctrl>V in die Adresszeile des Browsers einfügt. Schickt man diese URL ohne Eingabe von Werten ab, erhält man im Browser die Nachricht: 'Access Error: 400 - Bad Request'. Ersetzt man dagegen '{Wert}' beziehentlich durch zwei Zahlen, etwa '5' und '6', erfolgt die Rückmeldung gemäß Bild 20.24.

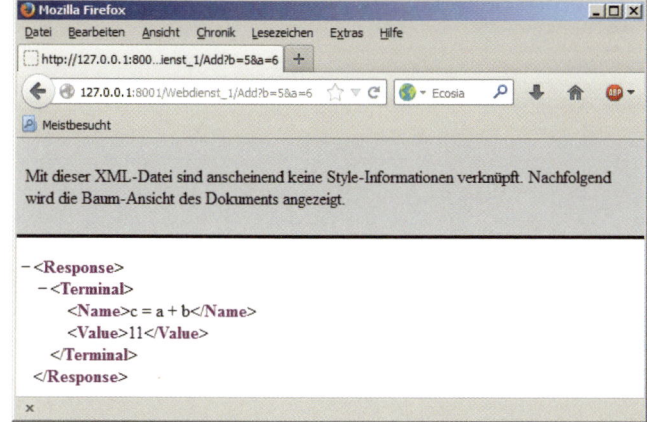

Bild 20.24 Browser zeigt das Ergebnis der Addition c = 5 + 6 an

Der LabVIEW-Webdienst erlaubt noch drei andere Formen der Darstellung als 'Text', HTML und JSON:

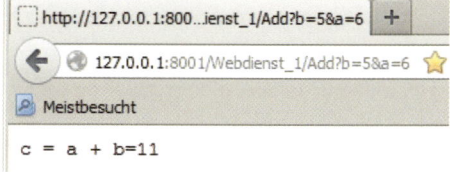

Bild 20.25 Ausgabe von c = 5 + 6 nach der Text-Methode

Wie kann man von einer auf die andere Aufgabe umstellen? **Rezept:**

1. Lauf des Methoden-VI mit 'Stopp' im Kontextmenü von 'Webdienst 1' beenden (nur falls 'Start' gedrückt wurde).
2. Ebenfalls im Kontextmenü mit 'Webserver von Applikationen' – 'Entfernen' den Webdienst deaktivieren.
3. Wiederum im Kontextmenü 'Eigenschaften' aufrufen. Man erhält dann Bild 20.28.

Merke: Bei Änderungen der Eigenschaften eines Webdienstes der Vorsicht halber stets dem oben genannten Rezept folgen, damit nicht unabsichtlich verschiedene Webdienste laufen und sich gegenseitig stören. Dann wieder neu veröffentlichen und starten. Notfalls LabVIEW schließen und neu starten, eventuell sogar auch den Computer herunterfahren und neu starten.

Bild 20.26 Ausgabe von c = 5 + 6 nach der HTML-Methode

Bild 20.27 Ausgabe von c = 5 + 6 nach der JSON-Methode

Bild 20.28 Umstellung von XML-Ausgabe auf Text, HTML oder JSON

Bild 20.29 Palette der Webdienste

Weitere Bemerkungen:

- Im Diagramm des Methoden-VIs in Bild 20.19 sieht man die Funktion 'Read Request Variable.vi', die am Eingang 'Variablenname' mit einer Konstanten 'Abfrage-String' verbunden ist. Man findet sie unter 'Funktionen' – 'Konnektivität' – 'Webdienste', siehe die Webdienstpalette weiter oben in Bild 20.29. Dort hat sie die deutsche Bezeichnung 'Anfragevariable lesen'.

- Mit der Konstanten 'Abfrage-String' verbunden, liest sie den URL-String im Browser mit den Werten für a und b, führt sie über die Anschlüsse dieser Variablen dem LabVIEW-Rechenprogramm c = a + b zu und gibt zuletzt das Ergebnis über den c-Anschluss in einer der vier Formen XML, Text, HTTP oder JSON an den Browser.
- Die Beschränkung auf diese nicht sehr ansprechenden Ausgabemethoden ist nicht willkürlich. Sie beruht auf Normungen, denen sich auch National Instruments angeschlossen hat, und die dazu führten, dass ihr Webdienst nach dem 'RESTful'-Prinzip arbeitet (REST = *Representational State Transfer Architecture*). Alle diese Norm-Festlegungen sind recht kompliziert und vermutlich dem überaus schnellen Wachstum der Internetnutzung geschuldet. So hat z.B. das IETF (*Internet Engineering Task Force*) im Juni 2014 ein umfangreiches Papier mit 88 Seiten allein zu HTTP/1.1 (Message Syntax and Routing) herausgebracht. Eine sinnvolle Auswahl ist also schwer.
- Die Ergebnisdarstellung nach XML, Text usw. ist in allen Fällen recht unübersichtlich und vom Surfen im Internet her nicht bekannt. Auch die Bedienung mit der Eingabe der Zahlenwerte im Anschluss an die URL ist unhandlich, besonders dann, wenn man mehr als zwei Variablen hat. Hier wünscht man sich die Eingabe über eine Maske.

20.5.4 Zweites einfaches Beispiel

In diesem Beispiel soll der Ausdruck d = a*b/c gebildet und in einer **Datei** gespeichert werden, also **nicht** im Browser. Der Anwender soll ferner die Daten in eine Eingabemaske, ein sogenanntes Formular schreiben. Dazu benötigt man eine HTML-Datei (Bild 20.30).

Damit der Anwender nach Ausführung der Berechnung im Webdienst auch eine Rückmeldung erhält, verwenden wir noch eine zweite HTML-Datei nach Bild 20.31.

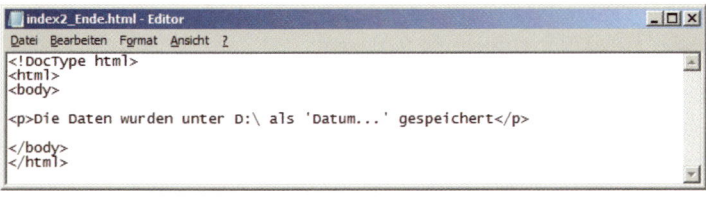

Bild 20.30 Inhalt der HTML-Datei, mit der die Webanfrage gestartet werden soll

Bild 20.31 Mitteilung an den Anwender

In den obigen HTML-Dateien verursacht '<p>.....</p>' die Ausgabe eines Textes im Browser. Die Funktionen dieser und anderer HTML-Anweisungen sind gut verständlich z.B. in 'www.HTML-seminar.de' beschrieben. Hier können wir darauf nicht näher eingehen.

'<form action="Ausdruck">' und die 4 Zeilen danach in Bild 20.30 bewirken die Ausgabe von drei Eingabemasken im Browser, in die der Anwender Werte für die Variablen a, b und c eintragen kann. Sie werden dem LabVIEW-Programm 'Ausdruck.vi' zur Bearbeitung übergeben, sobald der Anwender den Knopf 'ok' anklickt, der im Browser angezeigt wird.

In Programm 'Ausdruck.vi' wird zur zweiten HTML-Datei 'index2_End.html' verzweigt, die dem Anwender erklärt, dass alle Werte auf der Festplatte unter D:\ gespeichert wurden.

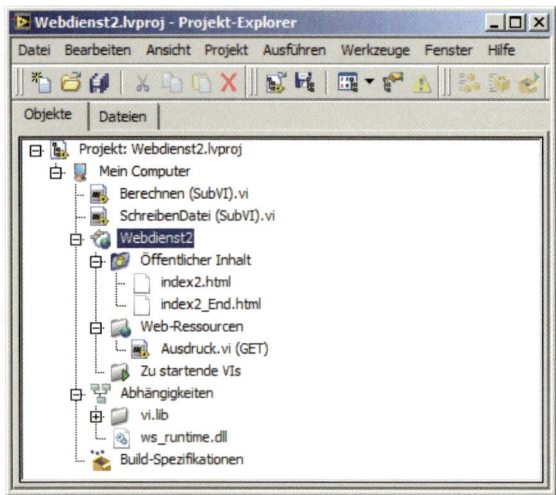

Bild 20.32 Projekt 'Webdienst2.lvproj'

Bild 20.32 zeigt das Projekt nach Fertigstellung. Das Diagramm von 'Ausdruck.vi' ist in Bild 20.33 dargestellt.

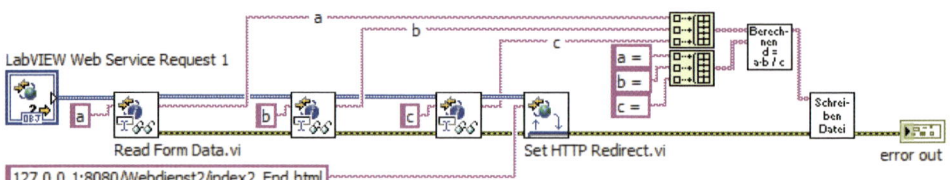

Bild 20.33 Diagramm Webmethode 'Ausdruck.vi', aufgerufen von der HTML-Datei 'index2.html'

Anders als in Bild 20.19 wird diesmal keine Anfragevariable ('Read Request Variable'), sondern dreimal 'Formulardaten lesen' ('Read Form Data.vi') aufgerufen. Diese Funktion liest aus dem Formulareintrag in der HTML-Datei jeweils den Wert der Variablen, deren Namen man ihr als Eingabe übergibt.

Weiter sieht man die Webdienstfunktion 'Set HTTP Redirect.vi', die nach Abarbeitung von 'Ausdruck.vi' zur zweiten HTTP-Funktion 'Index2_End.html' verzweigt. Man findet sie unter '...Webdienste\Ausgabe' als 'HTTP-Umleitung festlegen'.

Will man jede Ausgabe (XML, Text usw.) im Browser vermeiden, hat man unter 'Eigenschaften' von 'Webdienst2' unter 'Einstellungen zum HTTP-Methoden-VI' nach Anklicken von 'Ausdruck.vi' unter 'Ausgabeart' auf 'Stream' umzustellen.

Die Werte von a, b, c werden als Stringvariablen an 'Berechnung (SubVI).vi' gegeben, wo sie zusammen mit Stringkonstanten wie 'a = ' usw. zu einem lesbaren Ergebnis zusammengesetzt werden. Bild 20.34 zeigt das Diagramm dazu.

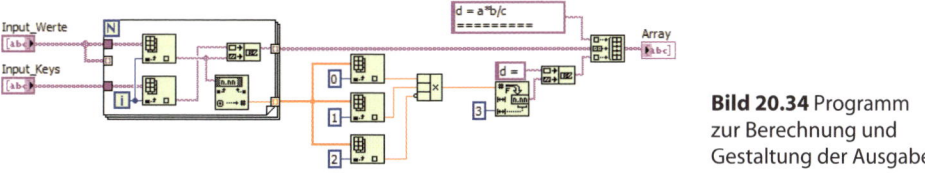

Bild 20.34 Programm zur Berechnung und Gestaltung der Ausgabe

Das so berechnete Ausgabeschema wird im Programm 'SchreibenDatei (SubVI).vi' auf der Festplatte unter D:\ gespeichert. Bild 20.35 zeigt dieses VI.

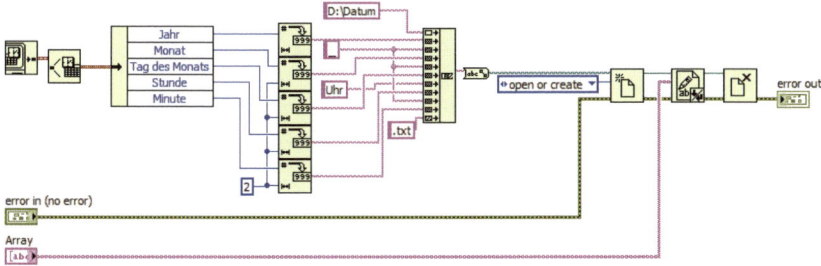

Bild 20.35 VI zum Schreiben der Ergebnisse auf Festplatte unter 'D:\Datum'

Aufgabe 20.4

Bauen Sie das Beispiel von Abschnitt 20.5.4 neu auf und versuchen Sie, die benötigten Funktionen zu finden und zu verstehen

Bemerkungen

Der Anwender sieht die Ergebnisse der Berechnung nicht im Browser, jedoch unter D:\. Gibt er z.B. für a, b und c die Werte 3, 5 und 45 ein, so erwartet er 3*5/45 = 1/3. Tatsächlich findet er auch unter D:\ die Datei 'Datum2014_9_17_Uhr11_24.txt' mit einem Inhalt nach Bild 20.37, wenn er im Browser ein Eingabe wie in Bild 20.36 getätigt hat.

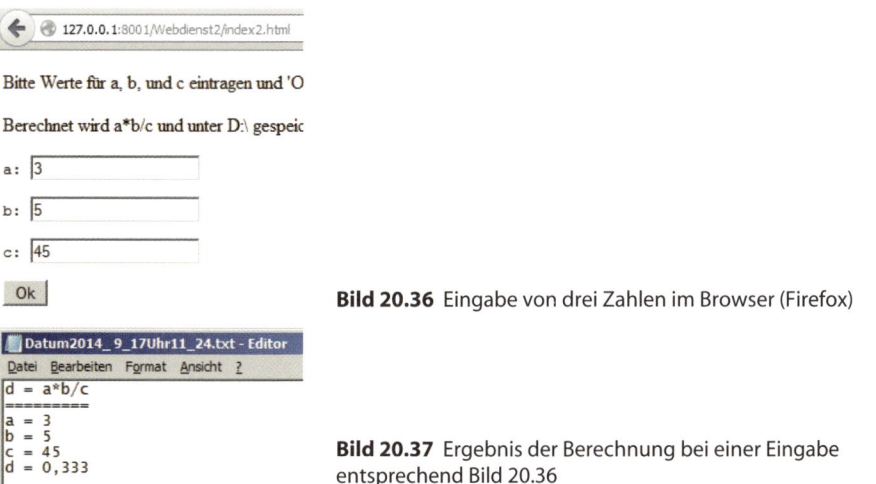

Bild 20.36 Eingabe von drei Zahlen im Browser (Firefox)

Bild 20.37 Ergebnis der Berechnung bei einer Eingabe entsprechend Bild 20.36

Nicht in jedem Fall ist es nötig, Ergebnisse zu berechnen und im Browser anzuzeigen. Man denke etwa an einen Handwerker, der auf der Baustelle Maße aufnimmt und über sein Handy an den Webserver der Firma schickt, wo entsprechend produziert wird. Will man aber doch irgendwelche Berechnungen durchführen, vielleicht nur zur Kontrolle, und diese im Browser sehen, muss man das Webprogramm erweitern, siehe den nächsten Abschnitt.

20.5.5 Drittes Beispiel

Will man die Daten von Bild 20.37 auch im Browser sichtbar machen, kann man sich der Grafik-Funktionen von LabVIEW bedienen: Die Idee dabei ist, ein Bild des VI-Frontpanels auf den Browser zu schicken, das die Ergebnisse der Berechnung nebst Eingabedaten anzeigt. Das Programm 'Bild_Erzeugen.vi' in Bild 20.38 zeigt die Methode:

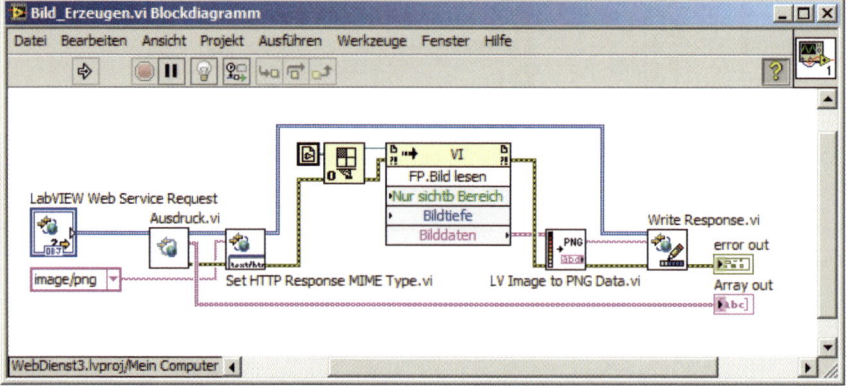

Bild 20.38 Programm 'Bild_Erzeugen.vi, das nicht nur nach D:\ speichert, sondern die Daten auch im Webserver anzeigt

Führt man dieses VI aus, erhält man zunächst eine Eingabemaske wie in Bild 20.37 und nach 'ok' eine Anzeige im Browser nach Bild 20.39.

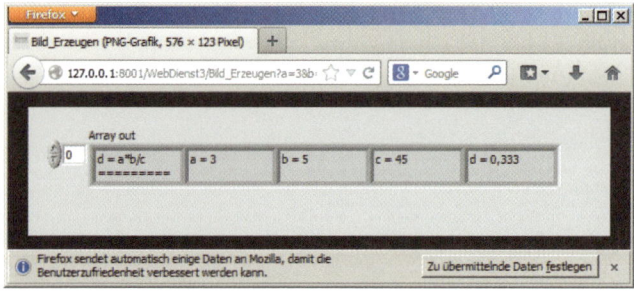

Bild 20.39 Anzeige der Daten von Bild 20.36 mit Ergebnis auch im Firefox

Bild 20.40 zeigt das Projekt.

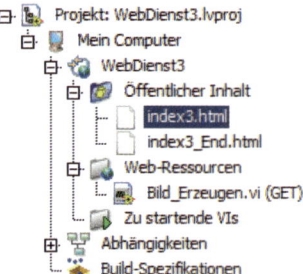

Bild 20.40 Projekt 'WebDienst3.lvproj

Achtung: Geht nur mit 'Start' auf dem Debug-Server!

20.5.6 Dreiecksberechnung

Wir können das Beispiel der Dreiecksberechnung in Abschnitt 5.2.1 auch im Internet verfügbar machen, indem wir ein LabVIEW-Serverprogramm entwickeln, das von beliebigen anderen Computern, aber auch von Smartphones aus aufgerufen werden kann. Ähnliche Programme bedienen sich verschiedener Hilfsmittel wie Java-Programmierung usw. Wir wollen uns hier aber wie bisher auf den LabVIEW-Webserver in Verbindung mit HTML beschränken. Das Konzept dazu wurde bereits in Abschnitt 20.5.5 beschrieben, es genügt daher, die Bausteine der Dreiecksberechnung zu zeigen:

Das Projekt 'WebDreieck.lvproj' ist gespeichert unter 'DreieckPub neben den Unterordnern 'data', 'Sourcecode' und 'Typedefinition'. Öffnen des Projekts zeigt Bild 20.41.

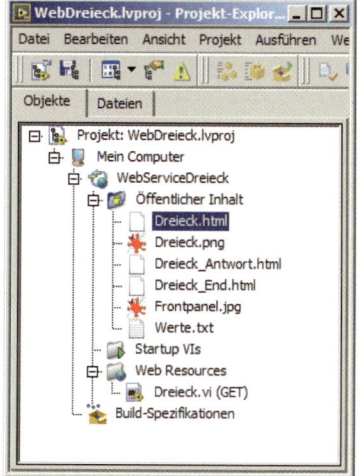

Bild 20.41 Inhalt von 'WebDreieck.lvproj

Darin sieht man die drei HTML-Dateien 'Dreieck.html', 'Dreieck_Antwort.html' und 'Dreieck_End.html', dargestellt in Bild 20.42, Bild 20.43 und Bild 20.44.

```html
1    <!DocType html>
2    <html>
3    <head>
4      <title> Index</title>
5    </head>
6
7    <body>
8    <img src="Dreieck.png?" + new Date().getTime(); alt="Mist_Werte">
9    <br>
10     <p>Bitte Werte in mm oder Grad eintragen, dann 'OK' oder 'Ende' </p>
11
12   <form action="Dreieck">
13
14       <li><Pre>c :      <input type="text" name="c"></Pre>
15       <li><Pre>alpha:   <input type="text" name="alpha"></Pre>
16       <li><Pre>beta:    <input type="text" name="beta"></Pre>
17   </li>
```

Bild 20.42 'Dreieck.html'

Hier wird mit <img src=Dreieck.png?" + ... im Browser ein kleines Dreieck gezeichnet, das in 'Dreieck.png' gespeichert ist. Dann folgt eine Eingabeaufforderung und zuletzt wird mit <form action=Dreieck" und den folgenden Anweisungen ein Eingabefenster geöffnet, in das der Anwender die Werte für c, alpha und beta eintragen kann.

```
1    <!DocType html>
2    <html>
3    <body>
4
5    <img src="Frontpanel.jpg?" + new Date().getTime(); alt="Mist_Werte">
6    <br>
7    <br>
8
9    <INPUT Type="BUTTON" VALUE="Ende" ONCLICK="window.location.href='Dreieck_End.html'">
10
11   <INPUT Type="BUTTON" VALUE="Weiter" ONCLICK="window.location.href='Dreieck.html'">
12   </form>
13
14   </body>
15   </html>
```

Bild 20.43 'Dreieck_Antwort.html'

In diesem Fenster erfolgt in Abhängigkeit von der Eingabe des Benutzers eine Verzweigung entweder zur HTML-Datei 'Dreieck_End.html' oder zurück zu 'Dreieck.html', je nach Betätigung der Schaltfläche 'Ende' oder 'Weiter'.

```
1    <!DocType html>
2    <html>
3    <body>
4
5    <p>Hallo Leute: guten Abend, gute Nacht, die Dreiecksberechnung ist vollbracht!</p>
6
7    </body>
8    </html>
```

Bild 20.44 'Dreieck_End.html'

Die folgenden Bilder bis Bild 20.50 zeigen die verschiedenen Rahmen der State-Maschine im Diagramm, die das Programm 'Dreieck.vi' bilden.

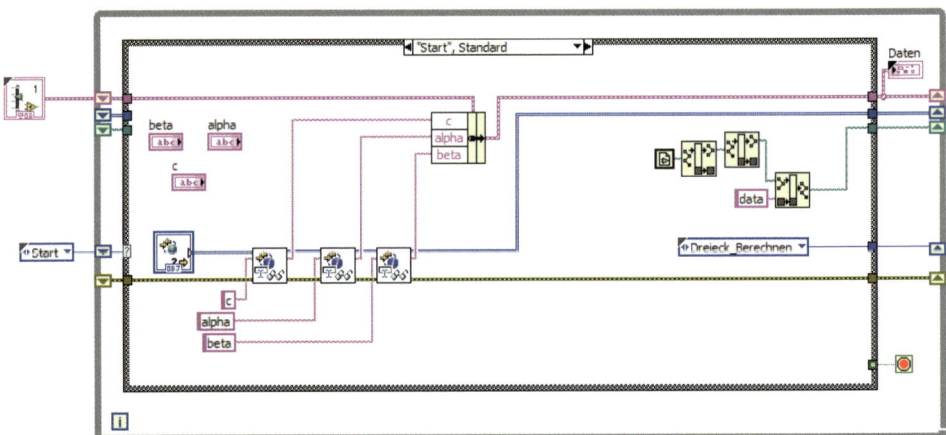

Bild 20.45 Rahmen 'Start' in 'Dreieck.vi'

Aufgabe 20.5

Der Aufruf des Unterprogramms 'Dreieck_NeuSub.vi' im folgenden Bild 20.46 ist unvollständig, weil er nicht beachtet, dass dieses SubVI einen Fehlerausgang im Falle einer Winkelsumme >= 180 Grad hat. Der Anwender erhält dann keine richtige Antwort, und der Webserver muss neu gestartet werden. Ergänzen Sie 'Dreieck.vi' so, dass dieser Fehler vermieden wird.

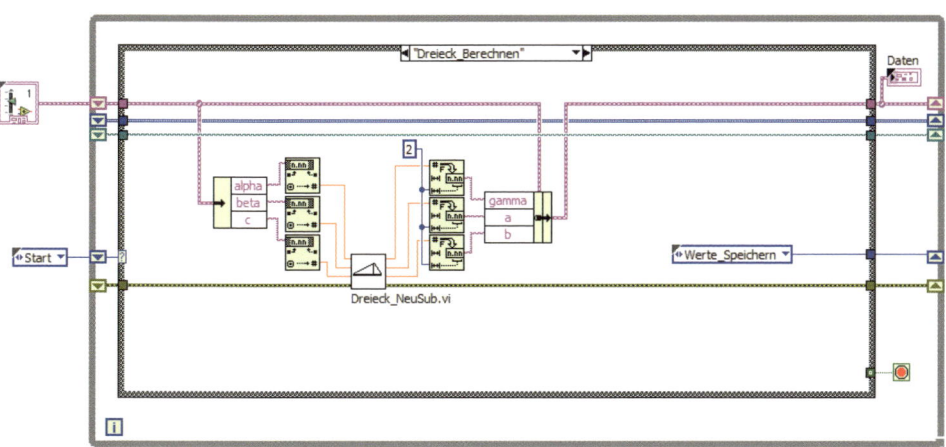

Bild 20.46 Rahmen 'Dreieck_Berechnen' in 'Dreieck.vi'

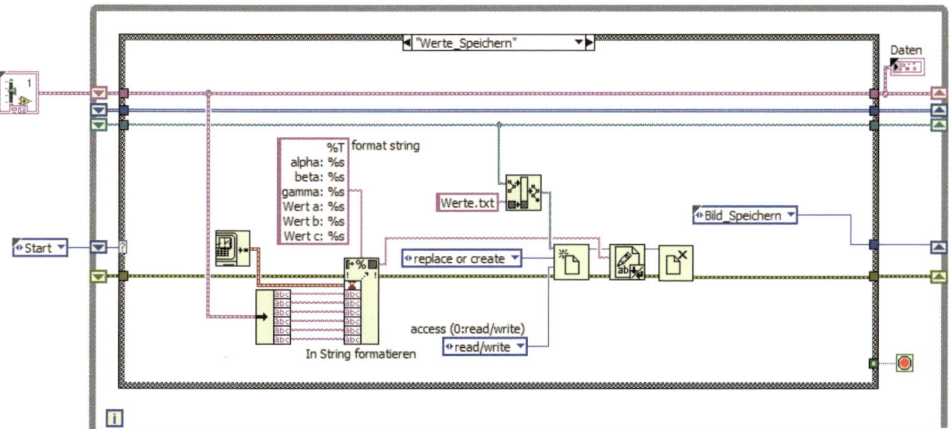

Bild 20.47 Rahmen 'Werte_Speichern' in 'Dreieck.vi'

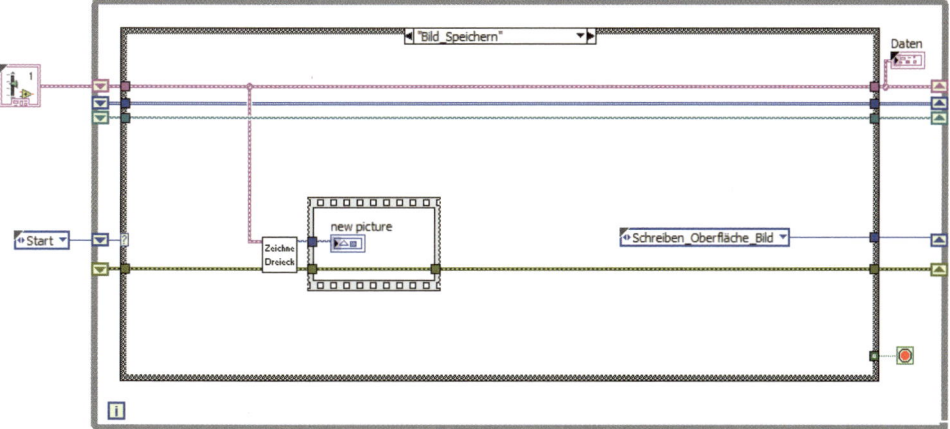

Bild 20.48 Rahmen 'Bild_Speichern' in 'Dreieck.vi'

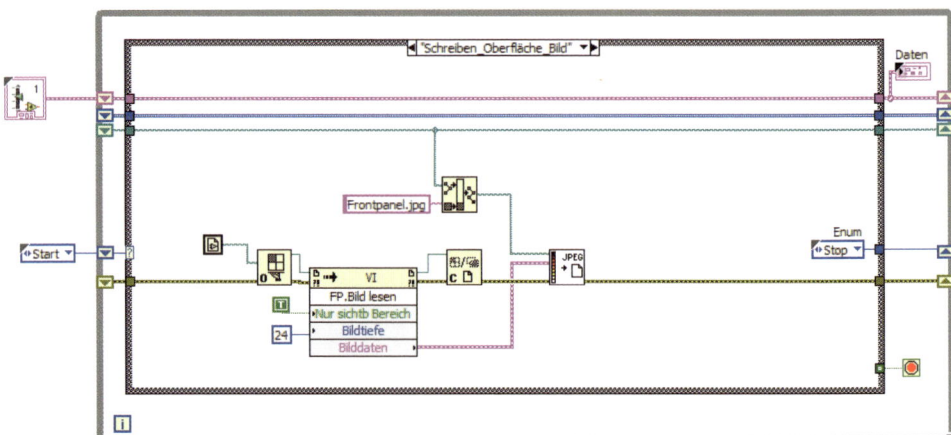

Bild 20.49 Rahmen 'Schreiben_Oberfläche_Bild' in 'Dreieck.vi'

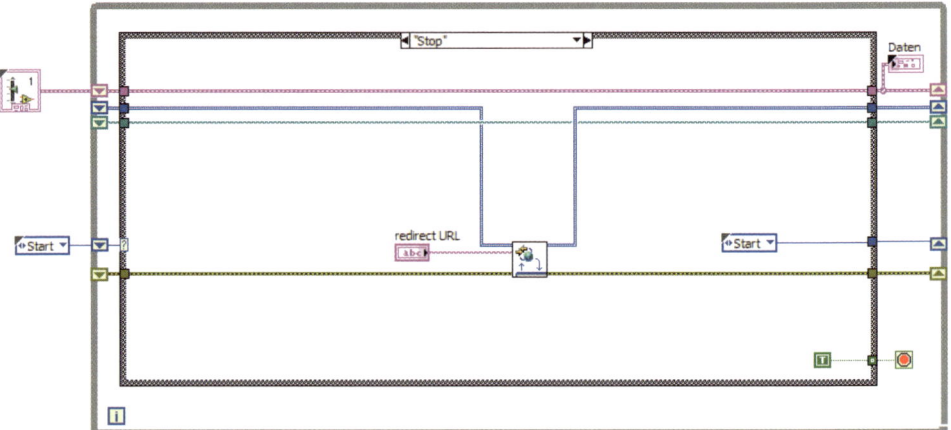

Bild 20.50 Rahmen 'Stop in 'Dreieck.vi'

Anschließend wird in Bild 20.51 das SubVI 'Dreieck_NeuSubVI' mit seinem True-Teil dargestellt. Er wird wirksam, sobald der Anwender zwei Winkel eingibt, deren Summe kleiner als 180 Grad ist.

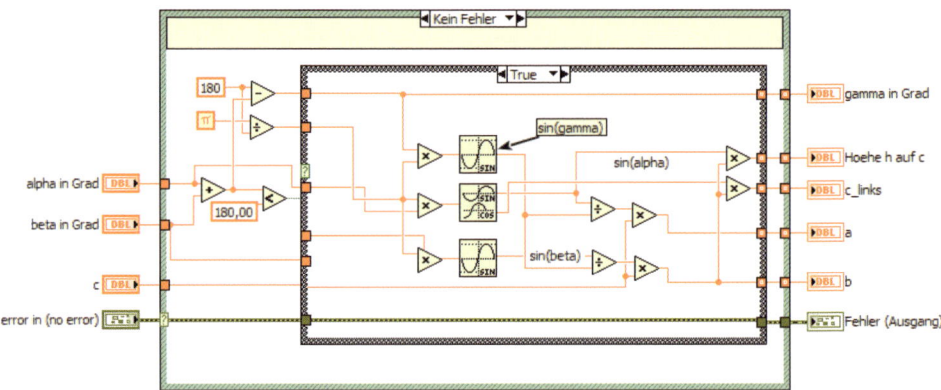

Bild 20.51 Unterprogramm 'Dreieck_NeuSubVI.vi'

Startet man den Webserver und gibt die URL von Dreieck.html in den Browser ein, zeigt sich folgendes Bild:

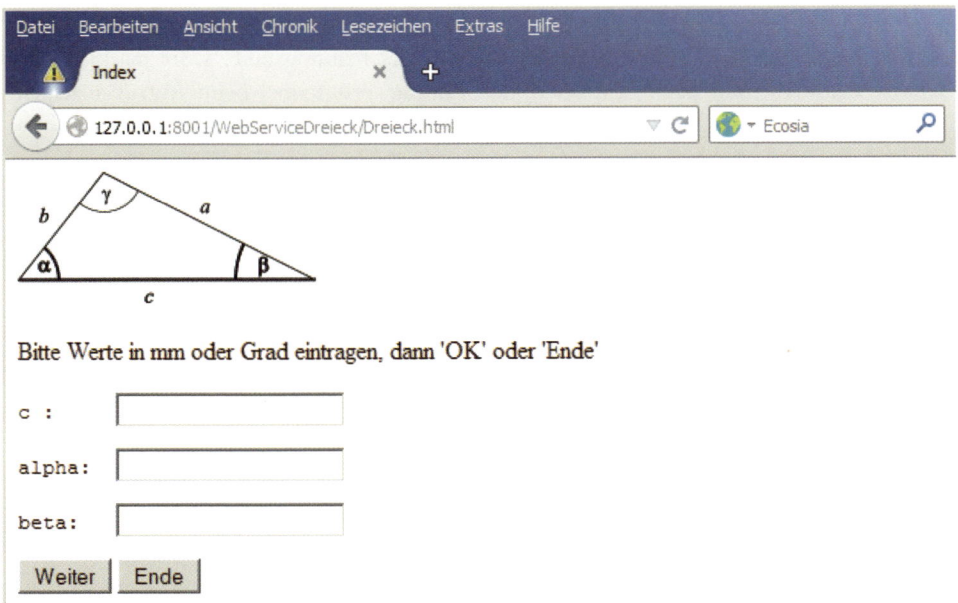

Bild 20.52 Eingabemaske für die Bestimmungsgrößen des oben gezeigten Dreiecks

Trägt man hier die Werte c = 100, alpha = 60 und beta = 30 ein, liefert der Webserver die in Bild 20.53 dargestellte Antwort.

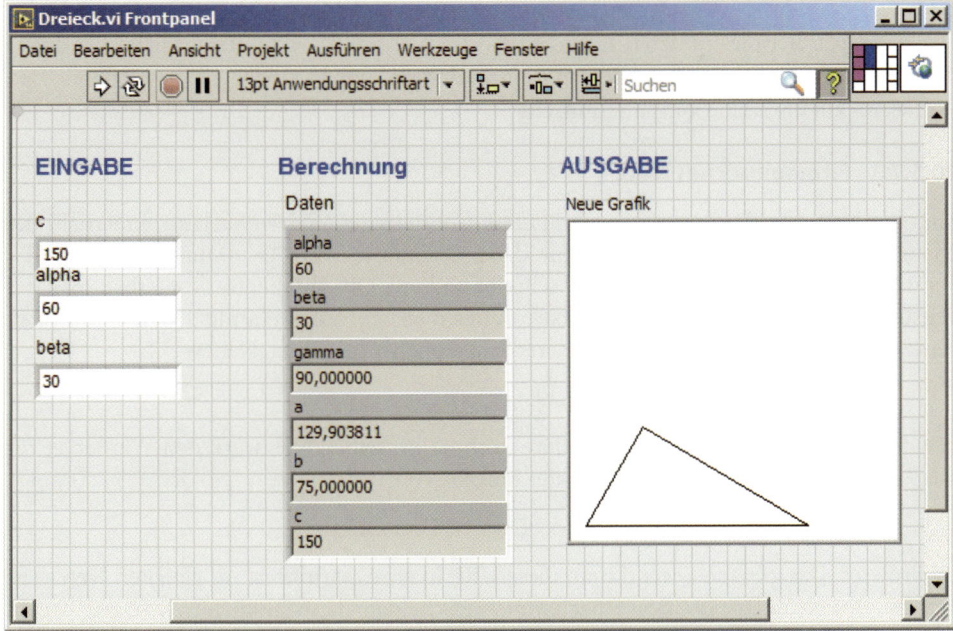

Bild 20.53 Antwort des Webservers bei Eingabe zulässiger Werte für alpha und beta

Wichtig: Das Frontpanel von 'Dreieck.vi' muss **geöffnet** sein. Anderenfalls erscheint Bild 20.53 nicht im Browser!

Damit man 'Dreieck.vi' nicht jedes Mal manuell aufrufen muss, verändert man seine Eigenschaften mit 'Datei' – 'VI-Einstellungen' – 'Fenstererscheinungsbild'. Dort markiert man 'Benutzerdefiniert', und nach 'Anpassen' den Eintrag 'Frontpanel beim Aufruf anzeigen', 'OK', 'OK'. Bild 20.54 zeigt das entsprechende Fenster.

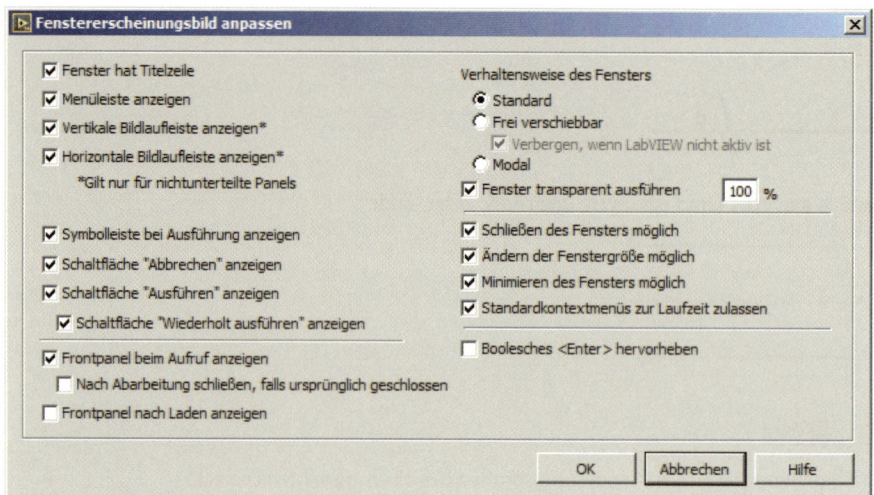

Bild 20.54 Zu markieren ist: 'Frontpanel beim Aufruf anzeigen'

20.5.7   Webserver im Internet

Die bisherigen Beispiele nutzten stets die IP-Adresse 127.0.0.1, d.h. die virtuelle IP-Adresse des **eigenen** Computers. Wie aber kann ein **anderer** Computer oder ein Smartphone den Webserver auf unserem Computer nutzen?

20.5.7.1   Firmeninternes Netz

Man ermittelt die IP-Adresse des Computers, auf dem der Webserver läuft, innerhalb des firmeninternen Netzwerks. Drücken Sie dazu <Windows> + <R>. Damit öffnet sich das Fenster 'Ausführen', in das man 'cmd' schreibt und mit 'OK' abschließt. Nun erhält man das Fenster des Systemprogramms 'cmd.exe', in das man 'ipconfig' einträgt. Man erhält dann verschiedene Informationen, unter anderem (in dem hier benutzten Netzwerk)

$$\text{IPv4} \ldots \ldots \ldots : 192.168.178.29$$

Mit dieser Information kann jeder andere Rechner im **selben Netzwerk** den Webserver für die Dreiecksberechnung erreichen mit der Eingabe von

$$192.168.178.29:8001/WebServiceDreieck/Dreieck.html$$

im Browser. Das gilt auch, wenn man diese URL in ein Smartphone im **gleichen Netzwerk** eingibt. Auf dem Display des Smartphones erscheinen dann ähnliche Anzeigen wie in Bild 20.52 und Bild 20.53. Siehe dazu Bild 20.55.

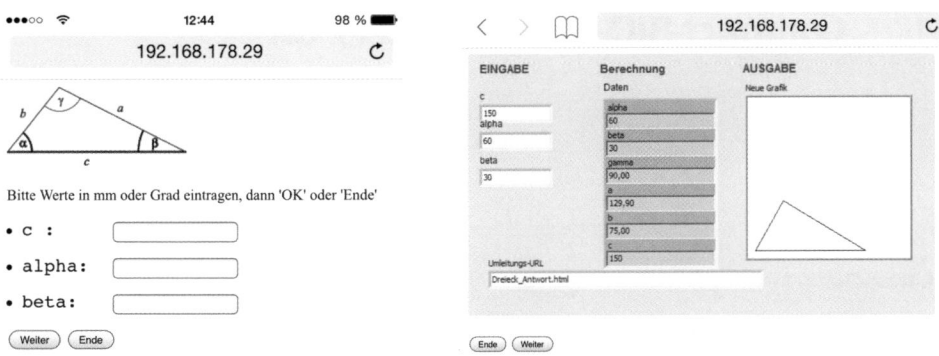

Bild 20.55 Ausgabe der Dreiecksberechnung auf dem Smartphone

20.5.7.2 Aufruf im Internet

Befindet sich der Computer mit dem Webserver in einem nach außen mehr oder weniger stark gesicherten Netzwerk wie dem der Hochschule Ravensburg-Weingarten, hat man, auch aus Sicherheitsgründen, von außen keinen Zugang auf die IP-Adresse (in unserem Beispiel die Adresse 141.69.60.67). Unter Umständen stellt das Rechenzentrum einen Zugang in einer sogenannten 'Demilitarisierten Zone' zur Verfügung (bei der Entwicklung des Dreiecks-Servers war das 141.69.205.114). Das ist mit dem jeweiligen Rechenzentrum zu klären.

Möglicherweise wendet man sich auch an einen Serverdienstleister, der kostenpflichtige Webdienste anbietet.

21 Compact RIO-System und FPGA

Lernziele

1. Begriffe RIO und FPGA erklären können.
2. Einfache Programme für das FPGA eines RIO-Systems programmieren können.
3. Einfache Programme für das Zusammenspiel zwischen PC und RIO-System entwickeln können.
4. Einfache Programme für den Standalone-Betrieb eines RIO-Systems unter Verwendung des FPGA entwickeln können.

21.1 Definition

RIO bedeutet 'Reconfigurable Input Output System'. National Instruments hat verschiedene solche Systeme entwickelt, wir werden hier den 'NI cRIO-9014' besprechen.

'cRIO' steht für 'compact RIO', weil das cRIO-System aus einer kleinen kompakten Box von etwa 70 x 80 x 90 mm³ besteht. An diese kann man einen größeren Träger (FPGA-Chassis) andocken, der ein FPGA enthält und in den man vier oder mehr Einschübe zur Aufnahme von Ein-/Ausgabe-Modulen stecken kann. Wir arbeiten hier mit dem Träger cRIO-9103 (vier Einschübe) und den Modulen NI 9401 für die Digitalein-/-ausgabe, NI 9215 zur Analogeingabe und NI 9263 für die Analogausgabe. Als Software dient **LabVIEW 2014**. Frühere Versionen sind auch möglich, doch erfordern sie zum Teil andere Schritte bei der Programmierung. '**FPGA**' bedeutet 'Field Programmable Gate Array', d.h. ein im Feld programmierbares Gate Array. Im 'Feld programmierbar' heißt, dass man kein spezielles Programmiergerät benötigt, sondern dass man alle Einstellungen am Gate Array unmittelbar vom Computer aus durchführen kann.

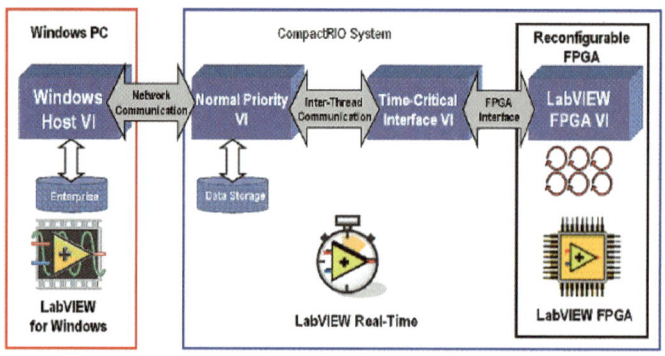

Bild 21.1 Übersichtsbild mit PC, Compact RIO-System und FPGA (übernommen von National Instruments)

Unter '**Gate Array**' versteht man eine Anordnung von Gattern wie AND, OR, Flipflop usw., die nicht fest verdrahtet sind wie in einem fertigen IC, etwa dem TTL-Baustein 7404 mit seinen sechs Invertern, sondern die erst vom Anwender zu verbinden sind. Sieht dieser später, dass die Verdrahtung fehlerhaft war oder dass er sie nicht mehr benötigt, kann er sie auflösen und durch eine neue ersetzen. Das geschieht nicht mit dem Lötkolben und auch nicht auf einem Programmiergerät, sondern per Computer mit einer speziell für diesen Zweck geschriebenen Software. Diese wandelt das LabVIEW-VI in VHDL (Very High Definition Language) um und erzeugt anschließend mit einem VHDL-Kompiler das entsprechende Verdrahtungsmuster, siehe Bild 21.3.

Mit einem Gate Array kann man **hohe Geschwindigkeiten erzielen**. So arbeitet das System cRIO-9103 mit bis zu 200 MHz, was einer Taktzeit von 5 ns entspricht. Der voreingestellte Standardwert beträgt 40 MHz entsprechend 25 ns.

Ferner können hier vom Anwender programmierte Prozesse **wirklich parallel** ablaufen, nicht nur quasiparallel wie auf PCs mit einem Prozessor. Man benötigt dann natürlich auch Hardware für jeden einzelnen der parallelen Prozesse. Das cRIO-9103-System arbeitet mit einem FPGA-Chip der Firma Xilinx® mit 3 Millionen Gattern. Diese Gatter sind zu 'Logic Slices', also 'logischen Scheiben', zusammengefasst, deren Zahl mit 14336 angegeben ist. Eine andere, äquivalente Aussage nennt die Zahl der logischen Zellen (32256 Logic Cells).

Der Kern der Kompilier-Software, die ein LabVIEW-VI in ein Verdrahtungsmuster auf dem FPGA umwandelt, stammt auch von der Firma Xilinx®. Er benötigt selbst bei kleinen Programmen ziemlich viel Zeit (einige Minuten). Das wird sich später bei unseren einfachen Beispielen zeigen.

Das FPGA ist auf der einen Seite mit der Außenwelt durch Module über AD- und DA-Wandler sowie mit digitalen Ein- und Ausgängen verbunden, siehe Bild 21.2 und Bild 21.3 mit der Unterteilung des FPGA in verschiedene Blöcke. Auf der anderen Seite kommuniziert es über ein Interface mit dem 'embedded system' cRIO-9014, das einen eigenen 400-MHz-Realtime-Prozessor vom Typ Freescale MPC 5200 (früher Motorola) besitzt. Das cRIO-9014-System schließlich überträgt und empfängt Daten zum und vom PC über eine TCP/IP-Internet-Verbindung. Diese ist weniger schnell. Daher beschränkt man sich hier oft auf Statusanzeigen, wenn man nicht ganz auf diese Verbindung verzichtet und cRIO-9014 nebst FPGA nach der Programmentwicklung und Erstellung einer rtexe-Datei allein arbeiten lässt. In Bild 21.4 sieht man rechts ein einfaches VI mit zwei parallelen Schleifen, links seine Realisierung auf dem FPGA, die einen komplett parallelen Ablauf gewährleistet.

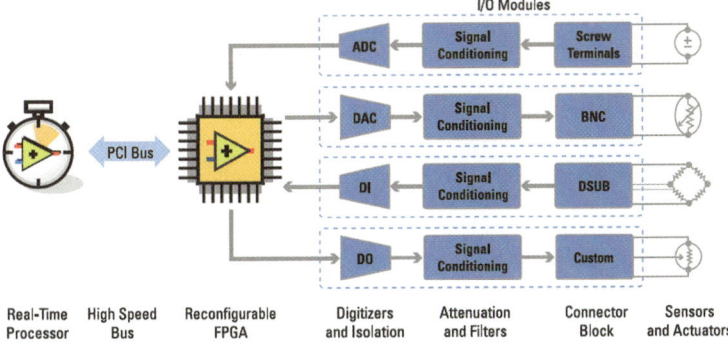

Bild 21.2 Struktur eines FPGA und mögliche Funktionen (nach National Instruments)

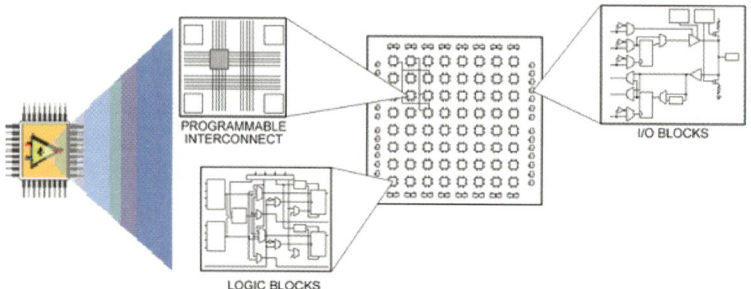

Bild 21.3 cRIO-9014-Architektur mit FPGA-Eingabe-/Ausgabe-Modulen (National Instruments)

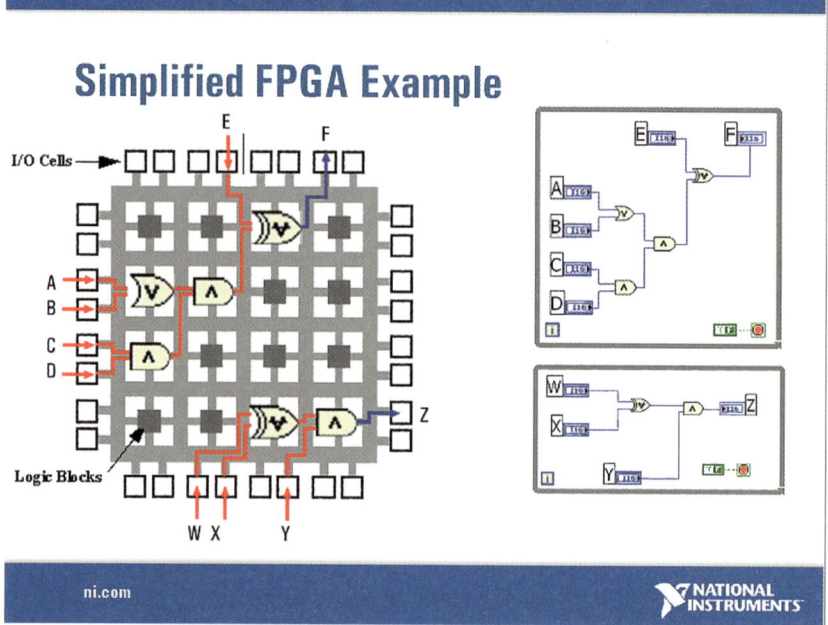

Bild 21.4 In diesem Beispiel führt die Hardware des FPGA zur komplett **parallelen** Durchführung der beiden Schleifen des LabVIEW-Programms rechts, die auf einem PC nur **quasiparallel** ablaufen würden (falls der PC keinen Multicore-Prozessor hat)

21.2 Installation

Schritt 1: Software-Installation auf dem PC

LabVIEW 2014 installieren. Danach mit 'Start' – 'Einstellungen' – 'Systemsteuerung' – 'Software' über 'Neue Programme hinzufügen' die folgenden Module gemäß Bild 21.5 installieren:

- LabVIEW 2014 FPGA Module (nebst den zusätzlichen, automatisch angeforderten Compilation Tools für Vivado 2013.4 und für ISE 14.7)

- LabVIEW 2014 Real-Time Module

- Zusätzliche Treiber von der NI Device Driver DVD

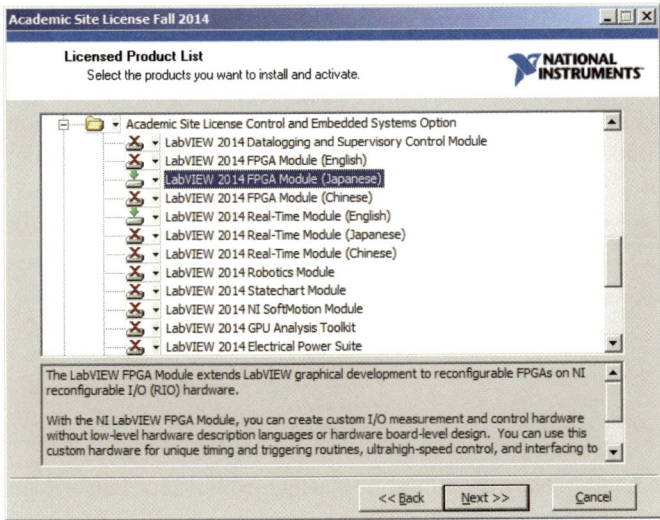

Bild 21.5 Zusätzlich außer LabVIEW 2014 zu installierende Module

Ausführliche Hinweise findet man auch bei National Instruments unter

http://www.ni.com/getting-started/.

Schritt 2: Zusammenstellen der cRIO-Hardware

Zusammenstellen der Hardware, also z.B. des Controllers NI cRIO-9014 mit dem FPGA-Chassis 9103, in das **für die folgenden Beispiele** die drei Module NI 9401 zur **digitalen Ein-/Ausgabe**, NI cRIO-9215 zur **Analogeingabe** und NI 9263 zur **Analogausgabe** gesteckt wurden. Das FPGA-Chassis 9103 bietet Platz für insgesamt vier Module.

Als (Gleich-)Spannungsversorgung genügen 9 bis 35 V. Wir haben hier 15 V gewählt. Die Masse des Labornetzgerätes wurde mit der Buchse C auf dem NI cRIO-9014 verbunden, die positive Spannung mit der Buchse V1. Skizze dazu siehe Titelblatt von 'OPERATING INSTRUCTIONS AND SPECIFICATIONS CompactRIOTM NI cRIO-9012/9014'. Die fünf kleinen DIP-Schalter stehen alle auf OFF. Weitere Details sind dem Handbuch 'INSTALLATION INSTRUCTIONS CompactRIOTM Reconfigurable Embedded System cRIO-9101/9102/ 9103 /9104 Chassis' zu entnehmen.

Schritt 3: Zuweisung einer IP-Adresse zum cRIO-System

Das Vorgehen hat sich gegenüber LabVIEW 2010 geändert. Die Hinweise in der 5. Auflage treffen **für LabVIEW 2014 nicht mehr zu**. Wir gehen hier vom schwierigsten Fall aus, nämlich dass durch Formatieren des cRIO-Systems dort alle Software entfernt und dass die IP-Adresse auf 0.0.0.0 zurückgesetzt*) wurde (bei einfacheren Voraussetzungen siehe http://www.ni.com/getting-started/set-up-hardware/compactrio/d/first-use).

---

*) Dieser Zustand ist mit 'SAVE MODE', 'IP RESET', 'NO APP' auf ON bei angelegter Spannung mit dem MAX im Kontextmenü von 'NI-cRIO...' unter 'Netzwerkumgebung' mit 'Laufwerk formatieren' zu erreichen.

Nach erfolgreicher Installation der LabVIEW-2014-Software auf dem PC verbinden wir das RIO-System über ein TCP/IP-Kabel (UTP-Nullmodemkabel) direkt mit dem Rechner und versorgen es mit Spannung (siehe Schritt 2). Eine Verbindung über das Netz wäre auch möglich, wird hier aber nicht beschrieben. Wir rufen den MAX (Measurement & Automation Explorer), Version 14.0, auf und erhalten Bild 21.6, falls wir 'Netzwerkumgebung' in der linken Spalte erweitern und auf 'NI-cRIO-9014-...' klicken.

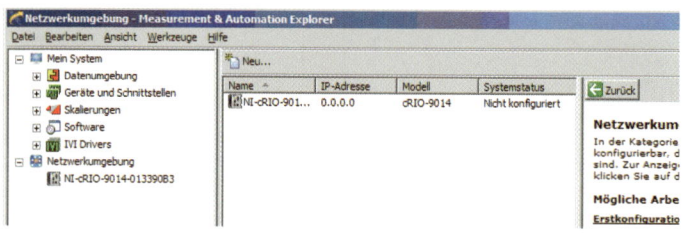

Bild 21.6 Anzeige des MAX eines direkt am PC angeschlossenen cRIO-Systems, das formatiert wurde und die IP-Adresse 0.0.0.0 aufweist

Mausklick auf das cRIO-Symbol unter 'Netzwerkumgebung' zeigt uns Bild 21.7, falls wir am unten Rand 'Netzwerkeinstellungen' wählen.

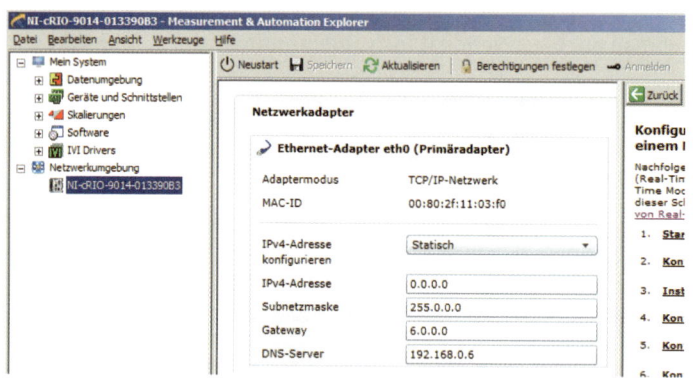

Bild 21.7 Ethernet-Einstellungen des direkt am PC angeschlossenen cRIO-Systems

Am cRIO-System leuchtet jetzt LED1 grün (falls die Spannungsversorgung über V1-C erfolgt, bei V2-C leuchtet sie gelb), während LED 3 im 2-Sekundentakt gelb blinkt. Wir stellen alle Schalter auf OFF mit Ausnahme von 'SAVE MODE', der auf ON zu stehen hat. In unserem Beispiel setzen wir ein Firmennetz voraus, bei dem der PC folgende IP-Adresse hat und man dem cRIO-System eine statische IP-Adresse im gleichen Subnetz zuweisen möchte (Einverständnis Netzwerkadministrator vorausgesetzt):

PC		cRIO-System
IPv4-Adresse	141.69.60.**73**	141.69.60.**228**
Subnetzmaske	255.255.255.0	255.255.255.0
Gateway	141.69.60.1	141.69.60.1
DNS-Server	141.69.1.1	141.69.1.1

Dann ist folgende Prozedur auszuführen:

1. IP-Adressen nach Bild 21.7 im MAX nach dem Muster oben rechts abändern. Hier kann man bei 'Systemeinstellungen' auch den 'Host-Name' ändern, z.B. in 'cRIO-A'.

2. IP-Adresse PC über 'Systemsteuerung' – 'Netzwerk- und Freigabecenter' überprüfen. Der DHCP-Server könnte den Namen links oben geändert haben. Dazu 'LAN-Verbindung' – 'Details' prüfen. Falls die dort angezeigten Adressen nicht den obigen

entsprechen, auf 'LAN-Verbindung' – 'Eigenschaften' gehen und dort unter 'Netzwerk' auf 'Internetprotokoll Version 4 (TCP/IPv4)' klicken. Dann öffnet sich ein Fenster, in dem standardmäßig 'IP-Adresse automatisch beziehen' angekreuzt ist. Umschalten auf 'Folgende IP-Adresse beziehen' und dann die oben links genannten 4 IP-Adressen eintragen. OK, OK und Schließen. Der Grund dafür ist, dass sich PC und cRIO-System im gleichen Subnetz befinden müssen (im Beispiel: Subnetz 60).

3. Im MAX oben am Rand auf 'Speichern' klicken. Es erscheint eine Anfrage, ob man das Zielsystem neu starten will. Mit 'Ja' antworten. Nun erscheint möglicherweise erst die Meldung 'Es wurden keine Netzwerkadapter gefunden', nach einigen Sekunden aber 'Ethernet-Adapter eth0 (Primäradapter)'.

4. Test, ob Verbindung in Ordnung. Aufrufen cmd-Fenster und 'ping 141.69.60.228' eingeben. Es sollte sofort eine Antwort kommen.

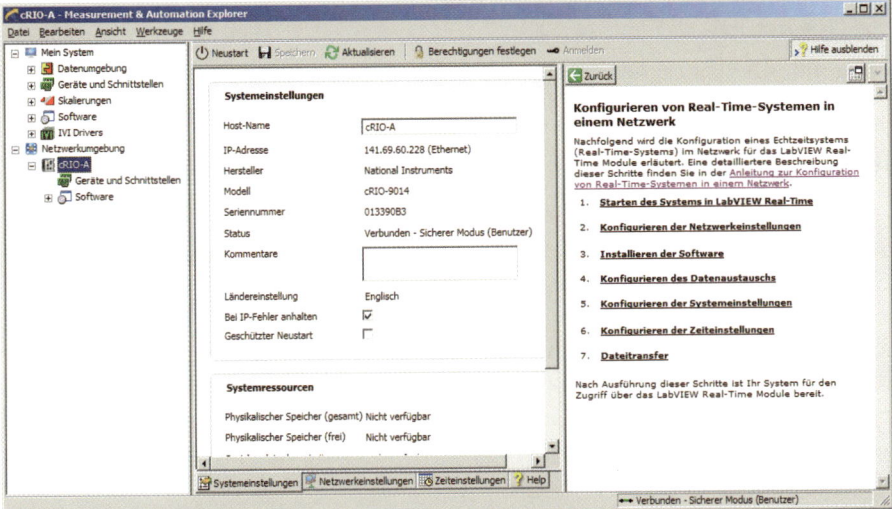

Bild 21.8 Anzeige des cRIO-Systems nach Zuweisung der neuen Adresse im Firmennetz

5. Zuweisung der Software im Kontextmenü von 'Software' mit 'Software hinzufügen/entfernen'. Im Fenster nach Bild 21.9 wählen wir 'NI CompactRIO 14.0.1 - August 2014'. Dreimal 'Weiter >>', dann wird die Software über das Internet aufgespielt und das cRIO-Zielsystem automatisch neu gestartet.

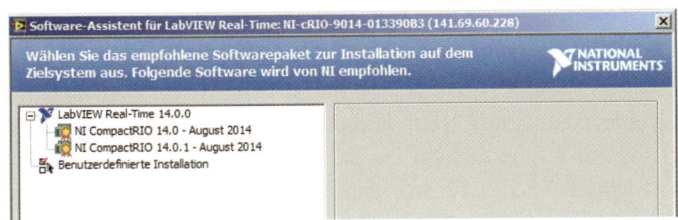

Bild 21.9 Auswahl Software für das cRIO-System

6. Zuletzt am cRIO-System Schalter 'SAVE MODE' auf OFF und neu starten. Das Blinken von LED 3 verschwindet dann.

7. Die Crossover-Verbindung PC zum cRIO-System lösen und sowohl PC als auch cRIO-System separat mit dem Firmennetz verbinden. Neustart cRIO-System. Der MAX sollte auch jetzt Bild 21.8 anzeigen. Gegebenenfalls nochmals Punkt 2 aufrufen und zurückschalten auf 'IP-Adresse automatisch beziehen'.

Erweitert man nun im MAX die Eintragung 'Netzwerkumgebung' links unten, ergibt sich eine Ansicht entsprechend Bild 21.10.

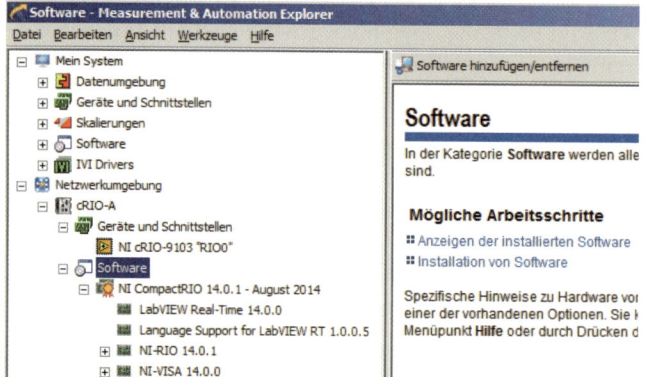

Bild 21.10 MAX nach Konfiguration des cRIO-Systems und Aufspielen der Software

Achtung: Im MAX darf unter 'Systemeinstellungen' im Kontextmenü von 'NI-cRIO-...' die Zeile 'Bei IP-Fehler anhalten' **n i c h t** markiert sein!

Schritt 4: Installation weiterer Software auf dem cRIO-System

Die Software für das cRIO-System wurde möglicherweise zum Teil schon von National Instruments aufgespielt, der Rest ist Sache des Anwenders. Ist man mit der in Bild 21.10 angezeigten Software 'NI-RIO 14.0.1' nicht einverstanden oder hat das RIO-System aus irgendwelchen Gründen Teile seiner Software verloren, kann man das im MAX korrigieren. Dazu Rechtsmausklick auf 'Software' innerhalb der 'Netzwerkumgebung' – 'cRIO-A' und Wahl von 'Software Hinzufügen/Entfernen'. Nun erscheint der 'LabVIEW Real-Time Software-Assistent' von NI, in dem verschiedene Wahlmöglichkeiten angezeigt werden. Weil das später bei der Realisierung von LabVIEW-Projekten zu Problemen führen könnte, behalten wir aber die in Bild 21.10 vorgeschlagene Auswahl bei.

Schritt 5: Verbindung eines PC mit einem cRIO-System im Netz

Dieser Schritt ist nicht immer erforderlich. Will man aber Programme entwickeln, die auf einem PC an beliebiger Stelle im Netz, auch in einem anderen Subnetz, mit einem bereits installierten cRIO-System zusammenarbeiten, muss man dieses Gerät dem PC bekannt machen. Der PC benötigt natürlich die unter Schritt 1 beschriebene Software. Zum Beispiel ist für die Verbindung mit einem System cRIO-9012 und der IP-Nummer 141.69.60.66 auf dem PC die folgende Prozedur erforderlich:

Im MAX öffnet man das Kontextmenü von 'Netzwerkumgebung' und wählt 'Neu…'. Man erhält die Anzeige Bild 21.11, wählt dort 'System im Netzwerk…' und danach 'Weiter >'. Nun öffnet sich ein Fenster gemäß Bild 21.12, wo man die IP-Adresse des cRIO-Systems einträgt. Mit 'Beenden' schließt man die Prozedur ab.

Danach zeigt sich der MAX entsprechend Bild 21.13. Voraussetzung ist, dass das gesuchte cRIO-System mit Spannung versorgt und ans Netz angeschlossen ist!

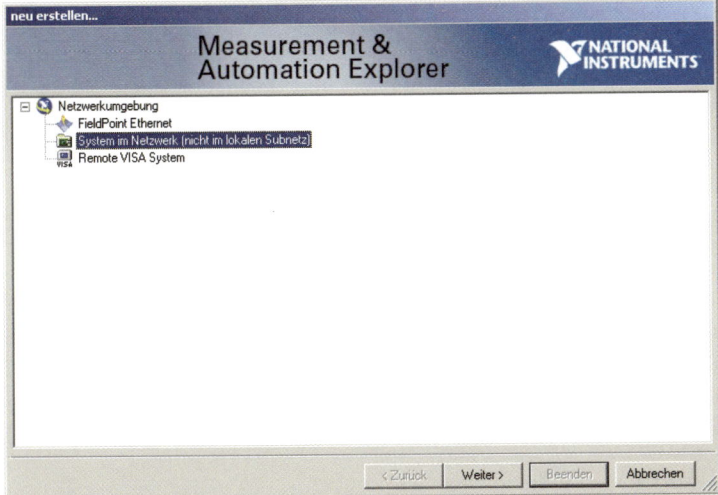

Bild 21.11
Bekanntmachen des
cRIO-Systems für
einen beliebigen
Rechner im Netz

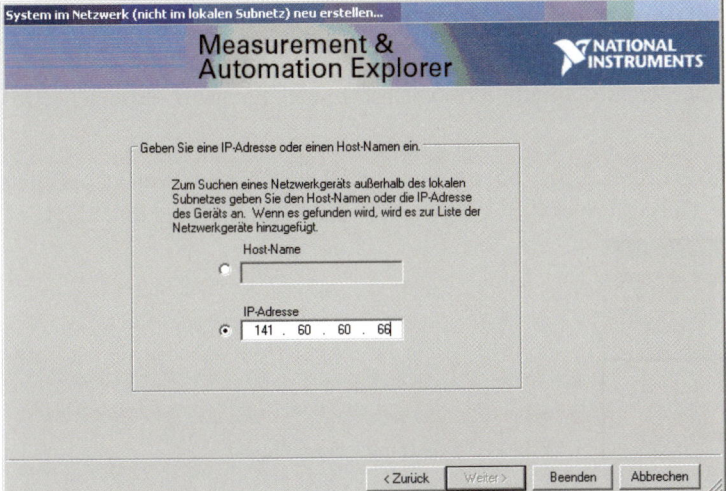

Bild 21.12
IP-Adresse für das
gesuchte RIO-
System eintragen
(das geht auch,
wenn es sich im
gleichen Subnetz
befindet, sofern es
vorher bereits wie
oben gezeigt,
konfiguriert wurde)

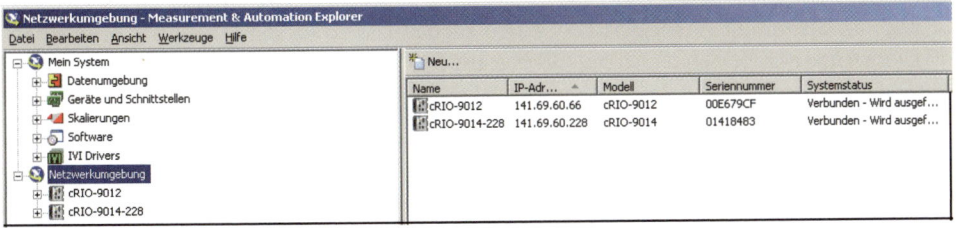

Bild 21.13 Der PC hat jetzt auch Zugriff auf das cRIO-9012-System mit der IP 141.69.60.66

21.3 Programmierbeispiele für FPGA

Wir sind nun so weit, dass wir Programme für ein cRIO-System entwickeln können. Man kann sich dabei eine Reihe verschiedener Konfigurationen vorstellen, von denen hier die folgenden näher ausgeführt werden:

- Das Programm läuft nur auf dem FPGA. Analog- und Digitalwerte, die über Sensoren auf den Modulen erfasst oder ausgegeben werden, gehen an das FPGA bzw. werden von dort geholt. Frontpanel und Diagramm werden automatisch über TCP/IP auf dem PC angezeigt, teilweise auch Daten, sofern sie auf dem Frontpanel ausgegeben werden.

- Es sind umfangreichere Rechenoperationen nötig, die das FPGA überlasten würden. Diese müssen auf dem cRIO-Realtime-Rechner oder auf dem PC ausgeführt und die Daten mit dem FPGA-Programm ausgetauscht werden.

- Das Programm auf dem cRIO-9014 arbeitet autonom im Standalone-Betrieb. Nach der Programmentwicklung wird die Verbindung zum PC getrennt. Über das FPGA und die Module bzw. DIP-Schalter kommuniziert cRIO mit der Umwelt und bildet so z.B. einen Regelkreis, indem es Daten erfasst und Steuersignale über die Analogausgänge zurücksendet. Der PC dient hier nur zur Programmentwicklung und zum Download.

Zu diesen drei Optionen werden nachstehend Beispiele gegeben.

21.3.1   Beispiel zur Digitalausgabe

Wir entwickeln zunächst ein Target-VI für das cRIO-9014-System und nennen es RIO_DO.vi. Es soll eine Rechteckfunktion möglichst hoher Frequenz erzeugen. Das geschieht wie folgt:

1. Im Startfenster von LabVIEW 20104 (oder von einem VI aus) 'Leeres Projekt' aufrufen und im Ordner 'RIO_DO' als Projekt 'RIO_DO.lvproj' speichern. Das zeigt Bild 21.14.

Bild 21.14 Start mit leerem Projekt

2. Im Kontextmenü von 'Projekt: RIO_DO.lvproj' wählen 'Neu' – 'Ziele und Geräte…', im Fenster Bild 21.15 wählen 'Real-Time CompactRIO' und das am PC angeschlossene und mit Spannung versorgte RIO-System suchen lassen, Es sollte 'cRIO-A' erscheinen. Diese Anzeige markieren und mit OK bestätigen.

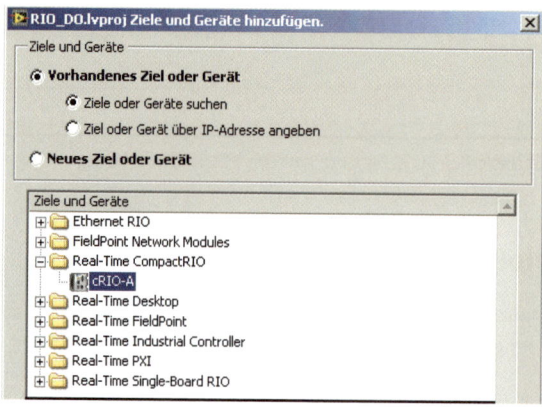

Bild 21.15 Auswahl des am PC angeschlossenen RIO-Systems 'cRIO-A'

3. Im folgenden Fenster von Bild 21.16 'LabVIEW FPGA Interface' wählen und dann mit 'Continue' fortsetzen. LabVIEW fragt nun, ob Sie die C-Module (Module wie 9401, 9215 oder 9263) entdecken wollen. Bestätigen mit 'Discover' führt nach einiger Zeit zur Registrierung aller im 'cRIO-A' eingesteckten Module und zur Veränderung des Projekts (in expandiertem Zustand) gemäß Bild 21.17.

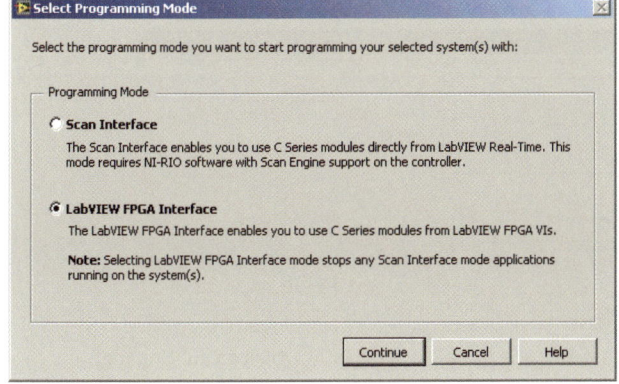

Bild 21.16 Frage nach der Wahl des Interfaces

Bemerkung

Die Wahl von 'LabVIEW FPGA Interface' erlaubt dem Programmierer die Erstellung von FPGA-VIs. Dabei handelt es sich normalerweise um VIs, die sehr schnell ablaufen sollen. Kommt es darauf nicht an, weil man im kHz-Bereich und nicht im MHz-Bereich arbeiten muss, kann man auch 'Scan Interface' wählen. LabVIEW erstellt dann ein vereinfachtes Projekt ohne das Symbol 'FPGA Target...' in Bild 21.17. Der Programmierer kann jetzt nur auf den Prozessor im cRIO-System zugreifen, nicht aber auf das FPGA. Er muss dann aber sein VI auch nicht zeitraubend mit dem Xilinx-Compiler in ein auf dem FPGA ausführbares Bitfile umwandeln. Trotzdem hat er Zugriff zur Dateneingabe und -ausgabe über die Module, weil LabVIEW in diesem Fall im Millisekundenbereich automatisch die Daten an den Realtime-Prozessor übermittelt. Der Anwender kann z.B. 10 ms wählen. Wählt er die Zeit zu kurz, z.B. 1 ms, kann das System allerdings instabil werden. Wir werden das 'Scan Interface' hier nicht weiter verfolgen.

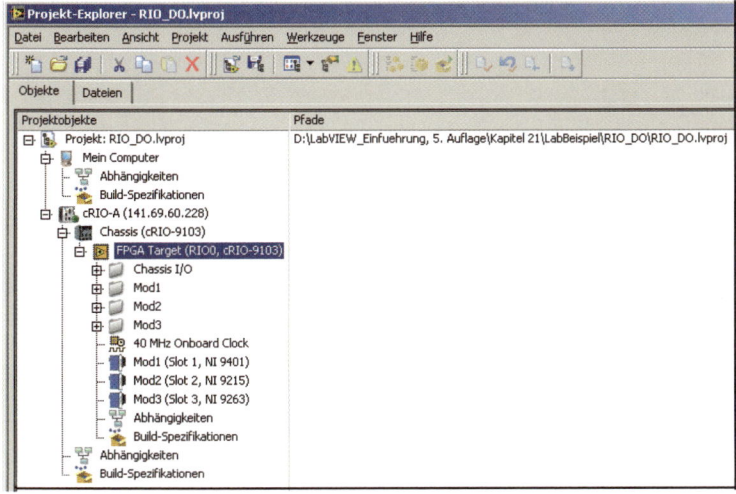

Bild 21.17 Projekt-Explorer nach Abschluss von Punkt 3. Man erkennt die verschiedenen als Hardware verfügbaren Ein- und Ausgänge wie DIO0, DIO1,.. oder AI0, AO0 usw.

4. In unserem Beispiel handelt es sich um eine Digital**ausgabe**. Daher muss Modul 1 auf **Ausgabe** gestellt werden: Im Kontextmenü von 'Mod1 (Slot 1, NI 9401)' (blaues Symbol unten) Eigenschaften wählen. Es erscheint das Fenster Bild 21.18, in dem wir 'Initial Line Direction' für 'DIO3:0' auf 'Output' stellen. Für 'DIO7:4' bleibt die Voreinstellung 'Input' erhalten. Dann mit 'OK' abschließen.

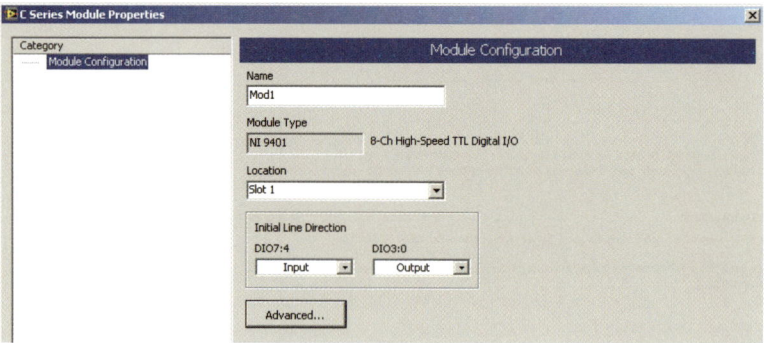

Bild 21.18 DIO 0 bis 3 werden auf Ausgabe gestellt, DIO 4 bis 7 verbleiben auf Eingabe

5. Nun ist das VI zu entwickeln, dass auf dem FPGA die digitale Ausgabe erzeugt. Sein Diagramm ist in Bild 21.19 dargestellt. Es wird im Kontextmenü von 'FPGA Target…' mit 'Neu' – 'VI' eingefügt und dann unter dem Namen 'RIO_DO_228.vi' programmiert. Dieses VI startet mit dem Wert 'TRUE' und wechselt bei jedem Schleifendurchlauf über das Schieberegister auf 'FALSE', wieder zurück auf 'TRUE' usw. Der jeweilige Wert wird über 'Mod1/DIO0' auf den Ausgangspin 0 von Modul 9401 als Spannung von 5 V bzw. 0 V übertragen und kann am Oszilloskop angezeigt werden.

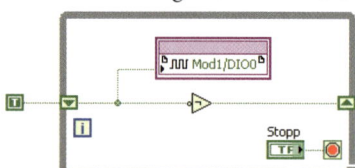

Bild 21.19 Diagramm von 'RIO_DO_228'

6. Die Funktionen findet man jetzt unter 'Functions', deren Palette sich für Programme unter 'FPGA Target…' gegenüber der normalen Palette nach Bild 21.20 geändert hat.

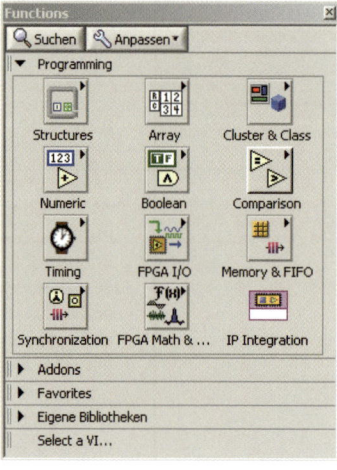

Bild 21.20 Funktionspalette für VIs, die unter 'FPGA Target…' laufen

Hier wiederum muss man zur Unterpalette 'FPGA I/O' gehen und 'I/O Node' wählen, siehe Bild 21.21.

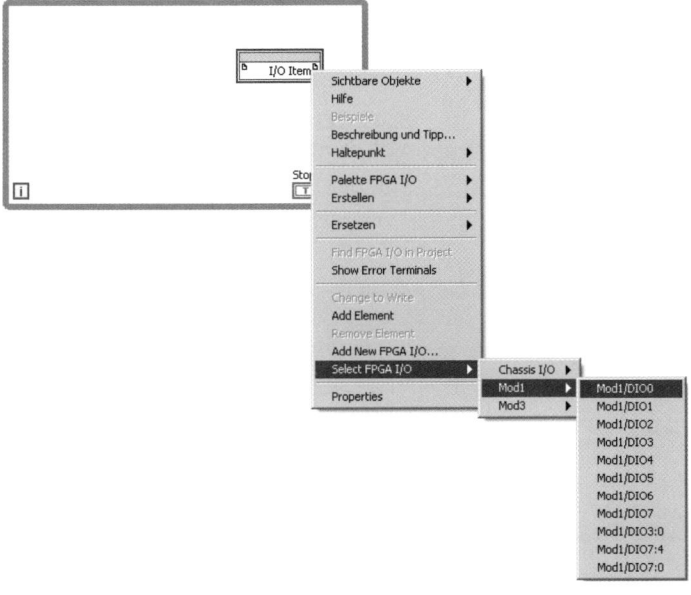

Bild 21.21 Auswahl des Pin für die Ausgabe

Man erhält dann einen noch nicht näher bestimmten Knoten, in dessen **weißer** Fläche man mit Rechtsmausklick eine Liste öffnet, aus der man zuerst mit 'Select FPGA I/O' einen Modul (hier 'Mod1') und dann einen Pin (hier 'MOD1/DIO0') wählt. Der Knoten nimmt danach das in Bild 21.19 gezeigte Aussehen an.

7. Das Programm 'RIO_DO_228.vi' ist nunmehr in eine FPGA-Struktur umzuwandeln. Dazu das VI einfach **starten**. Damit wird automatisch der Xilinx-Compiler aufgerufen, der nach ca. 5 Minuten (!) seine Arbeit beendet hat. Ebenfalls automatisch wird das übersetzte VI auf das RIO-System geladen (deployed) und gestartet. Man sieht dann **am Oszilloskop** eine Kurve gemäß Bild 21.22. Alternativ kann man auch mit den 'Build-Spezifikationen' im Projekt-Explorer arbeiten, mit denen man den Compiler in gewisser Hinsicht steuern kann. Das wird später besprochen.

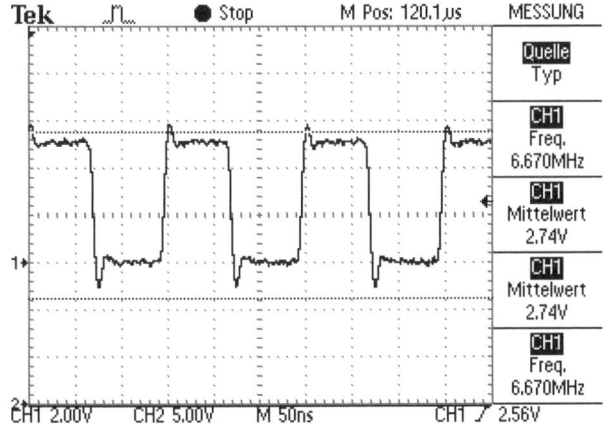

Bild 21.22 'Erzeugung einer schnellen Rechteck-funktion auf dem FPGA' mit RIO_DO_228.vi'

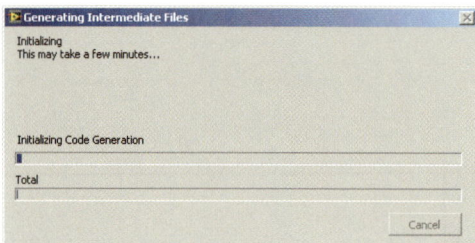

Bild 21.23 Anzeige des Xilinx-Compilers gleich nach dem Start

Einige Sekunden später wandelt sich die Anzeige gemäß Bild 21.24. Dort werden die einzelnen Phasen der Übersetzung durch den Xilinx-Compiler vor Ausführung des Programms im Fenster 'Compilation Status' angezeigt.

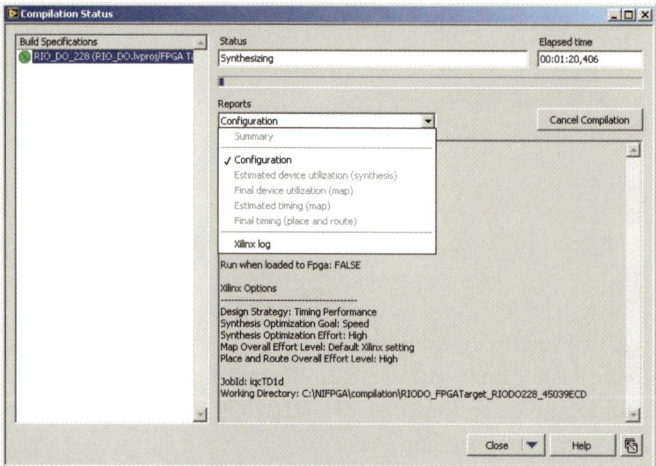

Bild 21.24 Beginn der eigentlichen Übersetzung, die auch bei kleinen VIs zwei bis drei Minuten dauert

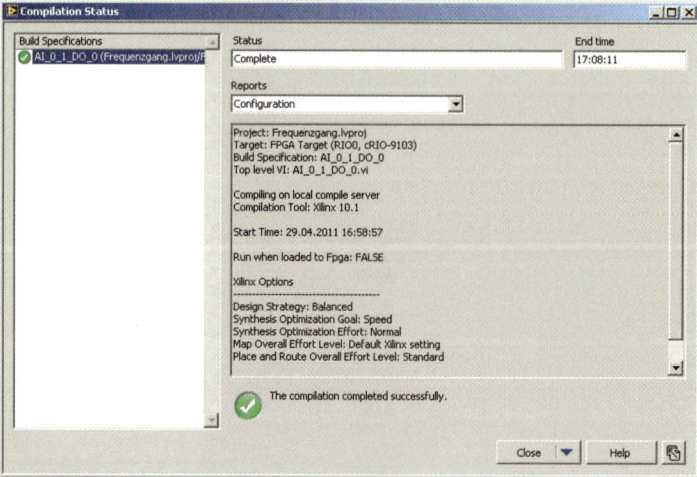

Bild 21.25 Abschluss der Übersetzung, an die sich die automatische Verteilung des Codes auf das cRIO-System anschließt

Während der nun folgenden eigentlichen Kompilierung kann man sich deren Fortgang anzeigen lassen, indem man unter 'Reports' die verschiedenen Stufen der Übersetzung wie 'Configuration' oder 'Estimated Device Utilization (Synthesis)' usw. bis 'Xilinx log' anklickt. Am Ende erhält man eine Anzeige nach Bild 21.25. Nach der automatisch erfolgenden Verteilung des erzeugten Codes auf das FPGA des cRIO-Systems startet das VI, in unserem Fall 'RIO_DO_228.vi', selbsttätig.

Beschleunigung der Ausgabe

Man kann von der 40-MHz-Taktfrequenz die höhere Taktfrequenz 80 MHz ableiten. Zu diesem Zweck im Projekt-Explorer im Kontextmenü von '40 MHz Onboard Clock' 'NEW FPGA Derived Clock' wählen und 80 MHz mit 'OK' bestätigen. Der Projekt-Explorer liefert nun eine Ansicht wie in Bild 21.26. Ein zweites FPGA-Programm wurde 'RIO_DO_228_80.vi' genannt und zeigt ein Diagramm nach Bild 21.27.

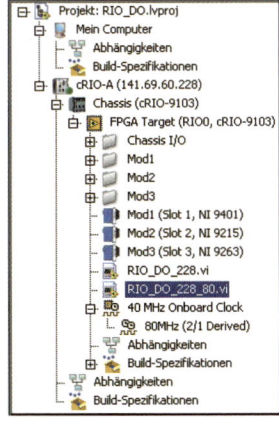

Bild 21.26 Projekt-Explorer mit neuer Frequenz 80 MHz und dem Programm 'RIO_DO_228_80.vi'

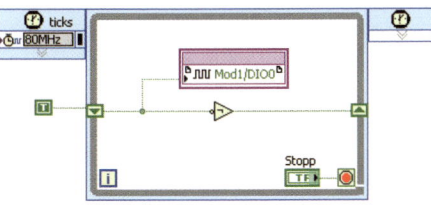

Bild 21.27 Modifiziertes Programm 'RIO_DO_228_80.vi' mit Zeitschleife für 80 MHz

Man findet die Zeitschleife in Bild 21.27 unter 'Functions' – 'Programming' – 'Structures' – 'Timed Structures' als 'Zeitgesteuerte Schleife'. Sie ist in ihrem Kontextmenü mit 'Eingangs-knoten konfigurieren' für 80 MHz auszulegen. Ein Taktzyklus dauert jetzt 12,5 ns. Der Schleifeninhalt benötigt 2 Taktzyklen, also insgesamt 25 ns. Eine normale While-Schleife benötigt dagegen 6 Taktzyklen. Damit wird das Programm 2 x 3 = 6 mal so schnell wie 'RIO_DO_228.vi'. Davon überzeugt man sich am Oszilloskop. Die Schwingung erreicht jetzt wegen der in unserer Versuchsanordnung relativ langen Verbindungsleitungen zum Oszil-loskop nicht mehr den vollen Wert von 5 V. Sie nimmt eher den Charakter einer Dreiecks-schwingung mit einer Amplitude von ca. 1,5 V an.

21.3.2 Beispiel eines Zählers

Auf dem FPGA können nicht mehrere VIs parallel laufen. Es gibt immer **nur ein einziges 'Haupt-VI'**. Doch kann dieses eines oder mehrere SubVIs aufrufen, die zur gleichen Zeit auf dem FPGA realisiert sind. Wir geben ein Beispiel:

Ein VI namens 'Zaehler.vi' auf dem FPGA soll die steigenden Flanken an DIO0 und DIO1 zählen (die jetzt natürlich auf Eingang zu stellen sind!). Dazu wird zuerst ein VI entspre-chend Bild 21.28 entwickelt. Wir nutzen hier den 'Feedback Node', der unter 'Functions' – 'Programming' – 'Structures' zu finden ist und den wir schon in Kapitel 12 bei der Lösung von Differenzialgleichungen verwendet hatten. Ist der neue Wert von 'Mod1/DIO0' größer als der im vorigen Schleifenwert gelesene, wird der Zählwert inkrementiert, anderenfalls nimmt er – ebenfalls über den Feedback Node – den alten Wert an, bleibt also unverändert. Der Eingabeknoten links in Bild 21.28 ist eine Konstante, die man unter 'Functions' – 'Programming' – 'FPGA I/O' als 'FPGA I/O Constant' findet. Man konfiguriert sie im Kontextmenü mit 'Configure I/O Type…' zu 'Mod1/DIO0'.

Das ganze Programm befindet sich in einer Schleife, die man in 'Functions' – 'Programming' – 'Timed Structures' als 'Zeitgesteuerte Schleife' findet. Diese kann man übrigens, **muss aber nicht,** am Bedingungsanschluss mit einer Abbruchbedingung wie Stopp verbinden.

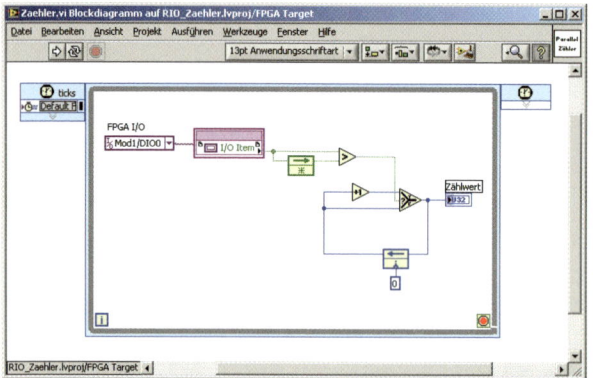

Bild 21.28 'Zaehler.vi' zählt steigende Flanken. Wird eine entdeckt, erhöht sich der Zähler um 1, sonst bleibt 'Zählwert' konstant

Will man sich von der Fixierung des Programms auf DIO0 befreien, bildet man zweckmäßigerweise ein SubVI nach der Methode von Bild 21.29. Nach Benennung dieses SubVIs als 'ZaehlerSubVI.vi' und Erstellung eines Symbols erhält das ursprüngliche 'Zaehler.vi' ein Blockdiagramm gemäß Bild 21.30 links.

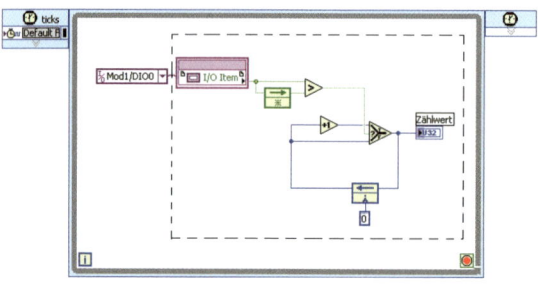

Bild 21.29 Bildung eines SubVIs durch Umfahren des als Unterprogramm gewählten Bereichs und 'Bearbeiten' – 'SubVI erstellen'

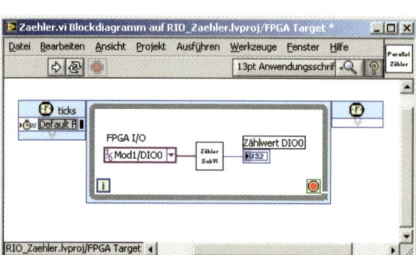

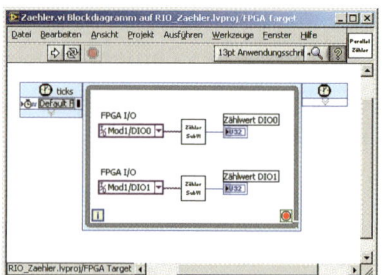

Bild 21.30 'Zaehler.vi' zählt anfangs nur DIO0

Zuletzt zählt dieses Programm DIO0 **und** DIO1

Das endgültige Programm in Bild 21.30 rechts entsteht einfach durch Kopieren des Schleifeninhalts links und Überschreiben von 'Mod1/DIO0' durch 'Mod1/DIO1'. Bild 21.31 zeigt das Frontpanel dieses VIs, wenn die beiden Eingänge DIO0 und DIO1 mit 300 Hz bzw. mit 1 Hz beaufschlagt werden. Obwohl das VI und sein SubVI nur auf dem FPGA laufen, kann man diese Werte am PC sehen, weil LabVIEW über die TCP/IP-Verbindung ständig Schnappschüsse der Ereignisse auf dem FPGA an den Entwicklungsrechner sendet.

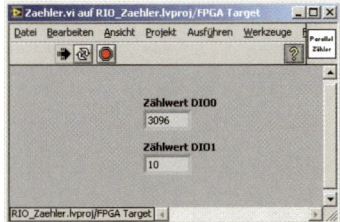

Bild 21.31 Eingang DIO0 erhält eine Rechteckspannung von 300 Hz, Eingang DIO1 von 1 Hz. Schnappschuss des Frontpanels während des Zählvorgangs. Dieser Zähler arbeitet auch noch bei 10 MHz entsprechend 100 ns!

21.3.3 FPGA-Anwendung: Ermittlung eines Frequenzganges

Für umfangreichere Programme lässt man den Realtime-Prozessor des cRIO-Systems mit dem FPGA zusammenarbeiten.

Hier werden wir eine Aufgabe aus dem **Umfeld der Regelungstechnik** behandeln, nämlich die Ermittlung des **Frequenzgangs** eines linearen Systems. Es besteht aus einem RC-Glied, dessen Amplituden- und Phasengang für wechselnde Frequenzen gemessen wird. Dazu erzeugen wir eine Sinusspannung, die auf dem Modul NI 9263 ausgegeben wird. Sie wird einmal direkt zu den Eingängen AI0+ und AI0– des NI 9215 geleitet und zum anderen über das RC-Glied auf die Eingänge AI1+ und AI1– desselben Moduls. Für die Ausgabe der Sinusspannung und das Einlesen der Analogwerte sorgt das FPGA-VI 'AI_0_1_DO_0_DMA.vi', das die Ergebnisse über einen FIFO an den Realtime-Prozessor übermittelt. Dort sorgt 'Frequenzgang.vi' für die Auswertung der Daten und für die Anzeige im XY-Diagramm. Sie wird so langsam aufgebaut, dass die automatische Übertragung vom Realtime-Prozessor an den Entwicklungs-PC über TCP/IP völlig genügt. Bild 21.33 zeigt den Projekt-Explorer, Bild 21.34 und Bild 21.35 die Ergebnisse nach der Berechnung. Bild 21.32 gibt einen vorläufigen Überblick über den Datenaustausch zwischen den verschiedenen Teilen des vernetzten Systems.

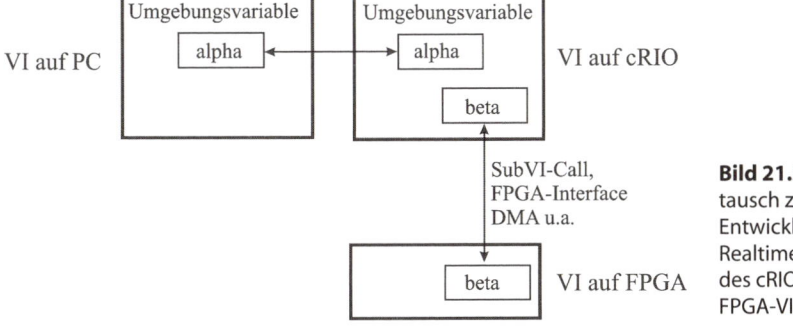

Bild 21.32 Variablentausch zwischen Entwicklungs-PC, Realtime-Prozessor des cRIO-Systems und FPGA-VI

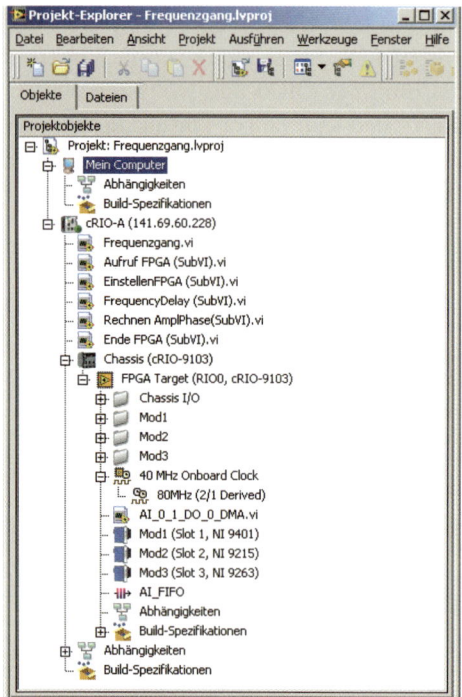

Bild 21.33 Projekt-Explorer für ein Projekt zur Berechnung von Frequenzgängen

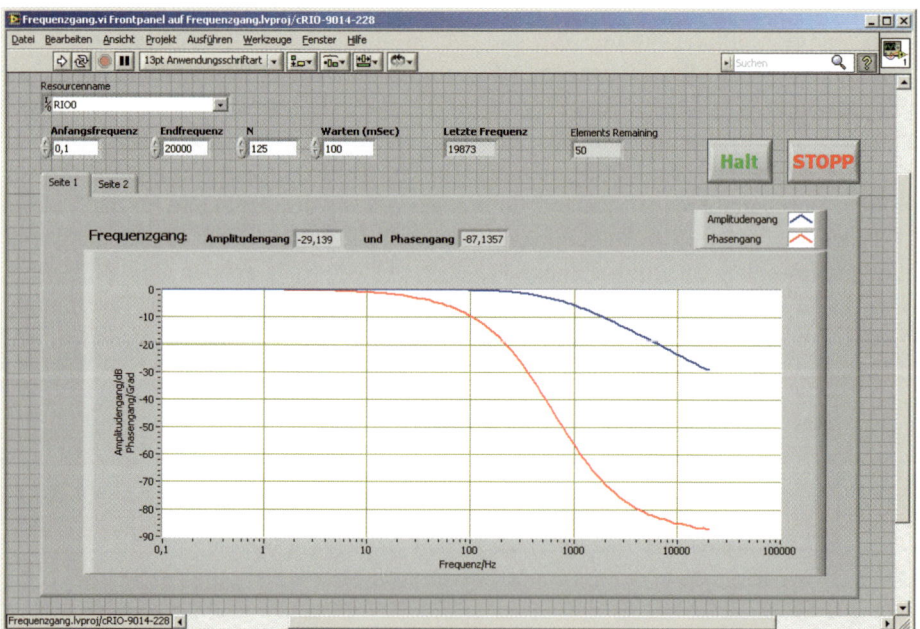

Bild 21.34 Darstellung von Amplituden- und Phasengang für ein RC-Glied mit $R = 22\ k\Omega$ und $C = 11\ nF$ zwischen 0,1 Hz und 20000 Hz

Bild 21.34 zeigt Seite 1 der Registerkarte mit Amplituden- und Phasengang, Bild 21.35 dagegen Seite 2 mit dem Spannungsverlauf der zugehörigen Sinuskurven von Eingangs- und Ausgangsspannung. Letztere sind punktweise, d.h. ohne Interpolation dargestellt. Man erkennt, dass die Programmierung ziemlich genau 40 Punkte auf eine Periode fallen lässt.

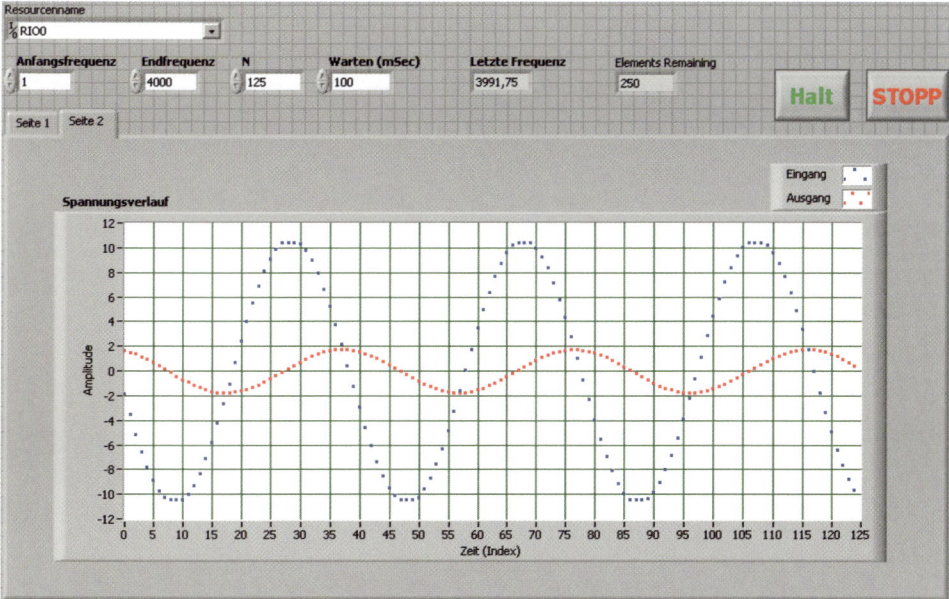

Bild 21.35 Darstellung des Spannungsverlaufs für die Endfrequenz von 3991,75 Hz

Stellt man den Spannungsverlauf **mit** Interpolation dar, kann man gut verfolgen, wie sich die rote Kurve mit wachsender Frequenz verschiebt und in ihrer Amplitude verringert. Dazu friert man die Darstellung mit dem Halteknopf ein, der als Toggelknopf wirkt. Siehe Bild 21.36, das die Kurven für $f = 251{,}638$ Hz darstellt.

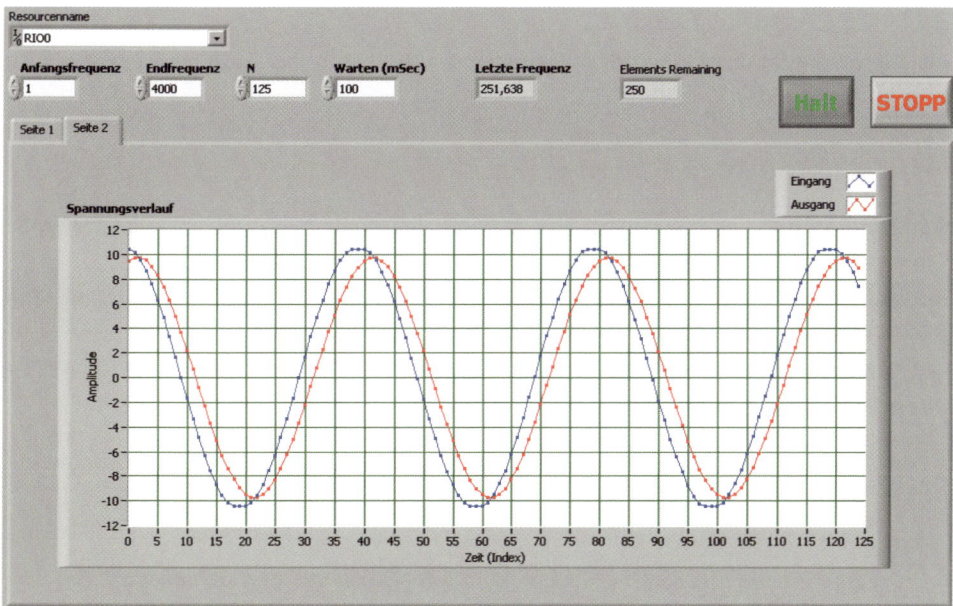

Bild 21.36 Phasenverschiebung der roten Kurve. Auch die Abschwächung der Amplitude ist sichtbar

Bemerkung

Die 'krummen' Frequenzwerte wie 251,638 Hz oder 3991,75 Hz usw. entstehen durch die fortlaufende Multiplikation der Anfangsfrequenz von 1 Hz oder 0,1 Hz mit dem konstanten

Faktor 1,1. Auf diese Weise erhält man bei logarithmischer Darstellung der x-Achse auf Seite 1 der Registerkarte äquidistante Punkte. Das erkennt man sofort, wenn man die Interpolation in der Kurvendarstellung ausschaltet.

Mathematik

Für ein RC-Glied nach Bild 21.37 gilt

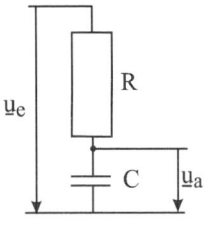

Bild 21.37 RC-Glied mit komplex dargestellten sinusförmigen Eingangs- und Ausgangsspannungen

$$\frac{\underline{u}_a}{\underline{u}_e} = \frac{\dfrac{1}{j\omega C}}{R + \dfrac{1}{j\omega C}} = \frac{1}{1 + j\omega RC}$$

Daraus ergibt sich für das Amplitudenverhältnis von Ausgangs- zu Eingangsspannung

$$\left|\frac{\underline{u}_a}{\underline{u}_e}\right| = \frac{1}{\sqrt{1 + (\omega RC)^2}} \approx \frac{1}{\omega RC} \quad \text{für} \quad \omega RC \gg 1$$

oder mit den reellen Amplituden u_a und u_e

$$20\log\frac{u_a}{u_e} \approx 20\log\frac{1}{\omega RC} = -20\log(\omega RC)$$

Letzteres ist die Beschreibung des Amplitudenverhältnisses u_a/u_e in dB, also eine negative Zahl. Für Werte $\omega RC \ll 1$ gilt

$$\frac{u_a}{u_e} = \frac{1}{\sqrt{1 + (\omega RC)^2}} \approx 1 \quad \text{bzw.} \quad 20\log\frac{u_a}{u_e} \approx 0$$

Man hat also für kleine Frequenzen eine horizontale Gerade bei ungefähr 0 und für große Frequenzen eine Gerade, die mit $20\log(\omega RC)$ fällt.

Dort bedeutet die Verzehnfachung der Frequenz einen Abfall im Amplitudenverhältnis um 20 dB, wie auch in Bild 21.34 gut zu erkennen ist.

Als Übergangspunkt wird die Frequenz mit $\omega RC = 1$ definiert, d.h. mit $u_a/u_e = 1/\sqrt{2}$. Das entspricht ziemlich genau 3 dB.

Für die Phasenverschiebung gilt $\phi = \text{arc}(1) - \text{arc}(1 + j\omega RC) = 0 - \arctan(\omega RC)$. Damit gilt auch

$$\omega RC \ll 1 \;\Rightarrow\; \Phi \approx -\omega RC$$

$$\omega RC = 1 \;\Rightarrow\; \Phi = -45° \quad \text{wie in Bild 21.34 ebenfalls gut zu erkennen ist.}$$

$$\omega RC \gg 1 \;\Rightarrow\; \Phi \approx -90°$$

Im Beispiel von Bild 21.34 wird mit $R = 22\,k\Omega$ und $C = 11\,nF$ gearbeitet. Daher folgt wegen $\omega RC = 1$ bzw. $2\pi f RC = 1$ für die Eckfrequenz der dort angezeigte Wert von

$$f = \frac{1}{2\pi RC} = 657{,}7\ Hz$$

Programmierung

Für die Übertragung der Daten vom FPGA-Programm 'AI_0_1_DO_0_DMA.vi' zum Programm 'Frequenzgang.vi' auf dem cRIO-Realtime-Rechner verwenden wir einen FIFO, der direkten Zugang zum FPGA-Speicher (Direct Memory Access = DMA) erlaubt. Im Projekt-Explorer von Bild 21.33 ist er unter der Bezeichnung 'AI_FIFO' zu finden. Er wird wie folgt gebildet.

1. Im Projekt-Explorer unter 'FPGA Target …' aufrufen 'Neu' – 'FIFO', siehe Bild 21.38.

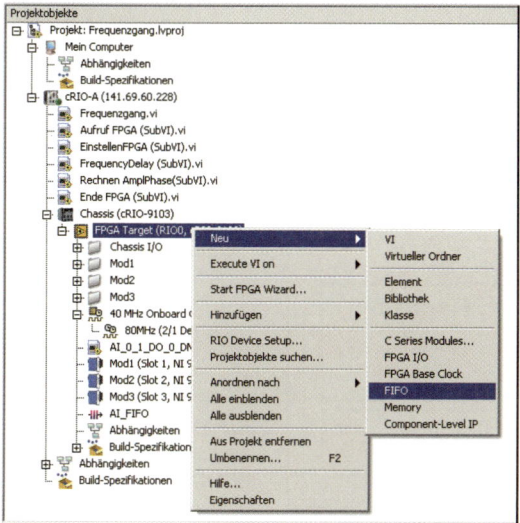

Bild 21.38 Anlegen eines neuen FIFOs

2. Es öffnet sich ein Fenster nach Bild 21.39 zur Konfiguration des FIFOs.

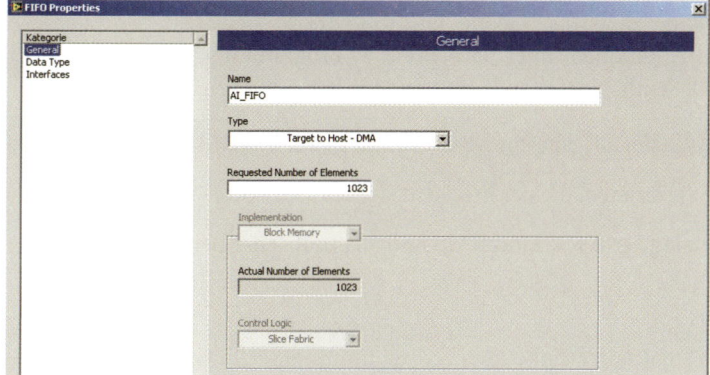

Bild 21.39 Kategorie 'General' für Namensgebung, Richtung und Puffergröße

Dort Namen eintragen, in unserem Beispiel 'AI_FIFO'. Ferner die Richtung wählen. Hier wollen wir mit dem FPGA Analogdaten einlesen und zum Realtime-Rechner transportieren, **und zwar als 'Target to Host-DMA' (und nicht 'Host to Target-DMA'). Standardwert** für die Puffergröße bei 1023 lassen. Anschließend auf die Kategorie 'Data Type' schalten.

3. Der Standardwert für den Datentyp ist I16. Wir ändern ihn auf FXP, weil auf unserem FPGA derzeit noch kein DBL realisiert werden kann. Erst vor kurzem hat Altera FPGAs

entwickelt, die mit Gleitkommazahlen arbeiten können. Zur Wahl des Datentyps siehe Bild 21.40.

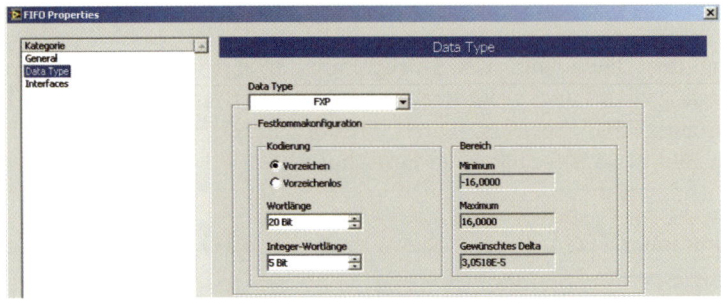

Bild 21.40 Kategorie 'Data Type' zur Bestimmung des Datentyps, hier FXP im Format 20/5 Bit

In der Kategorie 'Interfaces' stellen wir 'Never Arbitrate' ein, weil in unserem FPGA-VI 'AI_FIFO' **nicht gleichzeitig** von mehreren Prozessen beansprucht wird. Diese Einstellung spart FPGA-Ressourcen. Danach beenden wir die Konfiguration mit 'OK'. Die Erstellung des FIFOs erlaubt einen besonders schnellen Datentransfer entsprechend der Skizze in Bild 21.41.

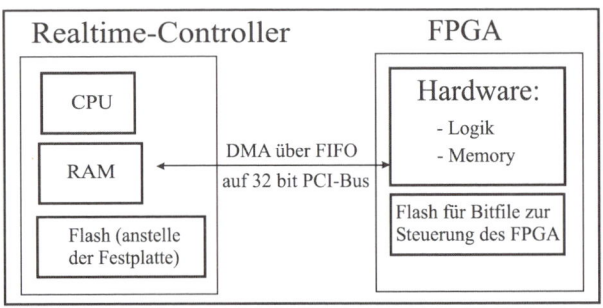

Bild 21.41 DMA (Direct Memory Access) über einen FIFO. Die CPU wird dabei nicht verwendet

4. Ist der FIFO im Projekt-Explorer installiert (Bild 21.38), wird man ihn mit Drag & Drop in das FPGA-VI namens 'AI_0_1_DO_0_DMA.vi' ziehen, das in Bild 21.42 dargestellt ist. Man kann sich aber auch der Palette von Bild 21.20 bedienen, wo man FIFO-Eigenschaften und -Methoden unter 'Functions' – 'Programming' – 'Memory & FIFO' findet. Das FPGA-VI enthält drei parallel laufende While-Schleifen:

- Erzeugung und Analogausgabe einer Sinusfunktion auf Mod3/AO0 oben,

- Erzeugen von Wartezeiten, die der Frequenz der Sinusfunktion angepasst sind, und

- Einlesen der Analogwerte von Mod2/AI0 und AI1 und Schreiben in den FIFO.

5. **Sinusfunktion**

Die Sinusfunktion steht unter 'Functions' – 'Programming' – 'FPGA Math & Analysis' – Generation', siehe Bild 21.43. Sie ist ins VI zu ziehen und per Doppelklick entsprechend Bild 21.44 zu konfigurieren. Beachten Sie die 'FPGA Clock Rate (MHz)' von 80 MHz. Sie ist bei den Eigenschaften von FPGA Target im Projekt-Explorer festzulegen **und** bei der Konfiguration des Sinus. Ferner 'Show frequency terminal' markieren, was die Frequenzvorgabe durch das aufrufende VI auf dem Realtime-Controller erlaubt. Auch 'Full Scale' ist markiert. Deshalb 'Raw' als 'Calibration Mode' bei den Eigenschaften von 'Mod3 (Slot 3, NI 9263)' wählen. Andere Einstellungen sind möglich. Wir beziehen uns aber hier auf die vorhandenen C-Module und das Programm 'Frequenzgang.vi'.

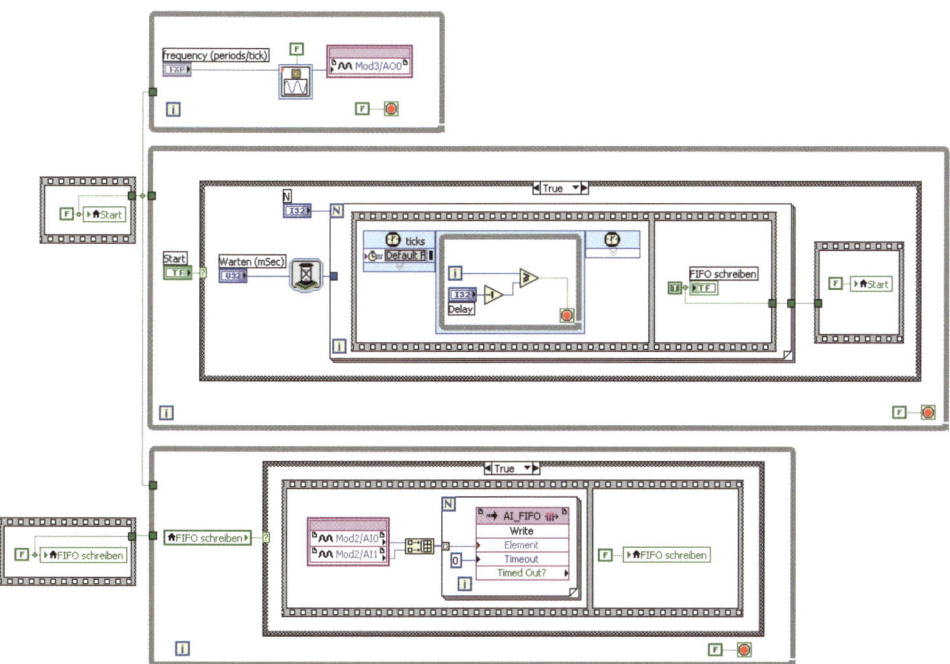

Bild 21.42 FPGA-Programm 'AI_0_1_DO_0_DMA.vi', das zur Datenübertragung 'AI_FIFO' nutzt

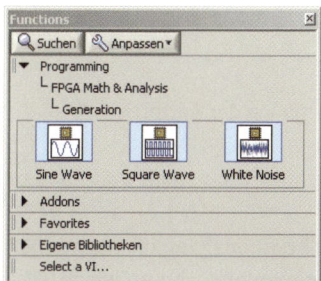

Bild 21.43 Neue Funktionspalette für VIs, die auf dem FPGA laufen, mit Unter-Unterpalette zur Funktionserzeugung

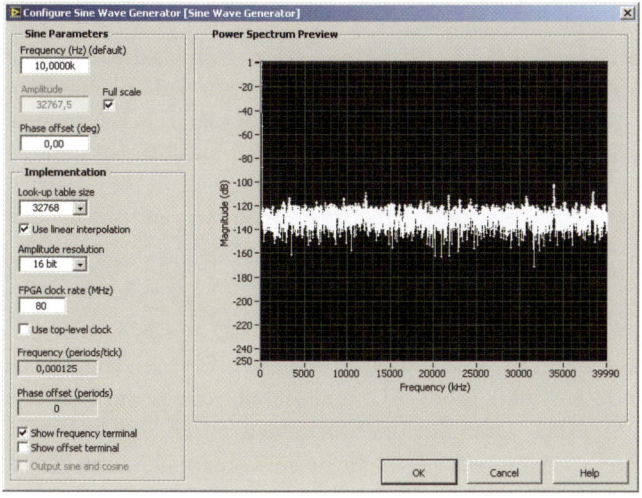

Bild 21.44 Einstellung des Sinusgenerators für das FPGA

6. **Wartezeiten**

Die 'Zeitgesteuerte Schleife' unter 'Functions' – 'Programming' – 'Structures' – 'Timed Structures' läuft in nur 1 Taktzyklus ab, sofern der Inhalt das zulässt. Die Sinusfunktion mit Analogausgabe darf man z.B. nicht in eine solche Schleife einbetten, dies würde zu einem Kompilierfehler führen. Hier wird allerdings nur der Zähler 'Delay' um jeweils 1 verringert und das ist zulässig. Parallel dazu läuft in der oberen Schleife der **Aufruf** der Sinusfunktion, der ebenfalls nur einen Taktzyklus erfordert. Bei 80 MHz beträgt die Taktzeit 12,5 ns. Wesentlich länger dauert es, bis ein neuer Sinuswert an AO0 ausgegeben werden kann, nämlich 3 µs oder 3000 ns beim NI 9263. Das sind 240 Takte oder 240 Aufrufe der Sinusfunktion. Diese liefert allerdings erst dann einen neuen Wert an AO0, wenn von dort ein entsprechendes Fertigsignal kommt. Diese Überlegung führt bei einer Frequenz von 1 Hz auf Delay = 2×10^6. Das entspricht 25 ms oder 40 Punkten zur Darstellung der Sinuslinie. Da auch für andere Frequenzen 40 Punkte für die Sinuslinie vorgesehen sind (siehe Bild 21.36), muss das aufrufende VI dem FPGA-VI stets den richtigen Delay-Wert übermitteln. Das übernimmt 'Frequenzgang.vi' mit Hilfe des Unterprogramms 'FrequencyDelay (SubVI).vi', siehe Bild 21.45.

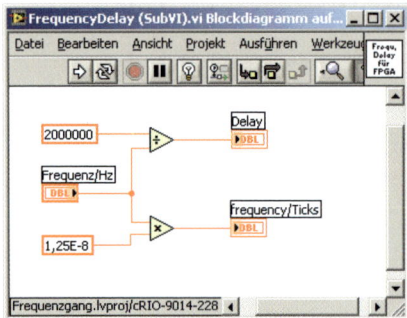

Bild 21.45 Errechnung der Wartezeiten für das FPGA-VI

Die mittlere Schleife in 'AI_0_1_DO_0_DMA.vi' enthält eine Case-Struktur, die nur ausgeführt wird, wenn 'Start' den Wert TRUE hat. Der False-Case ist leer. Im TRUE-Zweig wird zunächst gewartet, wobei 'Warten (ms)' vom 'Frequenzgang.vi' vorgegeben wird. Diese Zeit dient zur Überbrückung des Einschwingvorgangs beim gleichzeitig erfolgenden Wechsel der Frequenz für den Sinusgenerator. Danach wird die Warteschleife N-mal durchlaufen. Wenn 'Frequenzgang.vi' für N den Wert 125 vorgibt (siehe Bild 21.36), werden 125 Punkte der Sinuskurve erfasst, also etwas mehr als drei Perioden bei der oben eingestellten Punktzahl von 40 pro Periode. Nach **jedem einzelnen** Durchlauf der For-Schleife wird die unterste While-Schleife durch 'FIFO schreiben' gleich TRUE dazu aktiviert, den TRUE-Zweig der For-Schleife zu durchlaufen und die zwei Werte in den FIFO zu schreiben. Außerdem wird 'Start' gleich FALSE gesetzt. Die Warteschleife wird erst wieder aktiv, wenn 'Frequenzgang.vi' den entsprechenden Befehl gibt, siehe dazu Bild 21.46 links.

7. **Schreiben in FIFO**

Die FALSE-Schleife in der untersten While-Schleife von 'AI_0_1_DO_0_DMA.vi' ist leer. Die TRUE-Schleife wird von der Warte-Schleife darüber mittels 'FIFO schreiben' gleich TRUE aktiviert. Sie liest 'Mod2/AI0' und 'Mod2/AI1' und schreibt diese zwei Werte in der inneren For-Schleife in 'AI_FIFO'. Dazu dient der Methodenknoten 'FIFO Method' in 'Functions' – 'Programming' – 'Memory & FIFO'. Er ist im Kontextmenü mit 'Select FIFO' mit 'AI_FIFO' zu verknüpfen. Danach ist die Standardmethode 'Write' zu wählen. Die Alternative 'Status' wird hier nicht verwendet.

8. Kompilierung

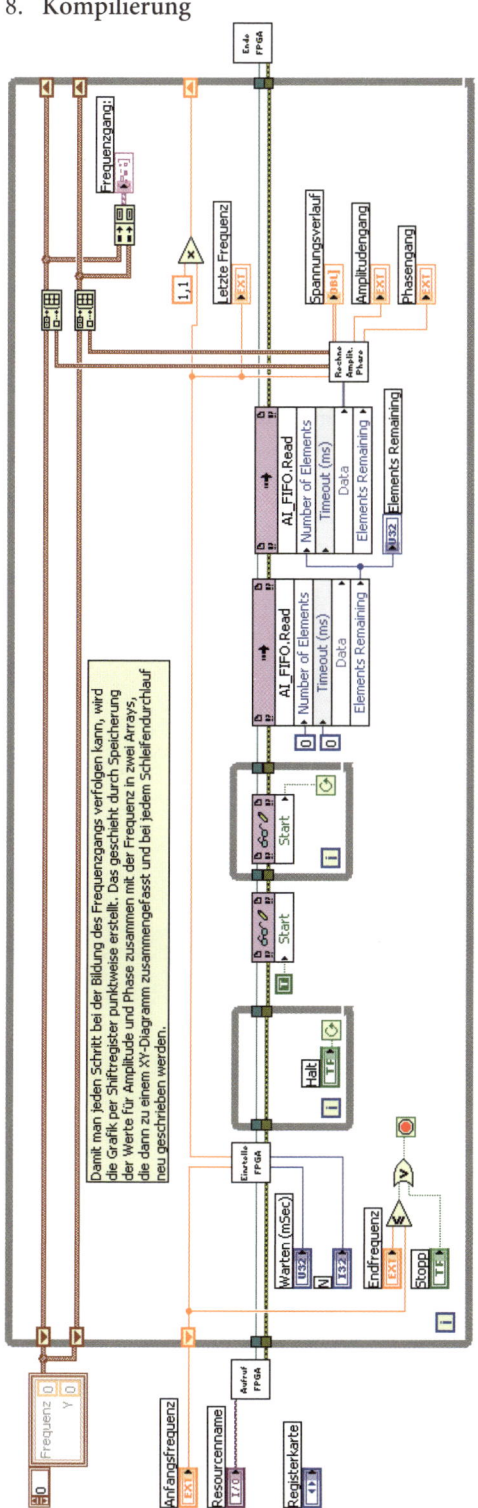

Bild 21.46 Links:
Diagramm von 'Frequenzgang.vi',
das im Projekt-Explorer direkt unter
'cRIO-A (141.69.60.228)' eingetragen ist,
zusammen mit den zugehörigen Unter-
programmen
• 'Aufruf FPGA (SubVI).vi',
• 'Einstellen FPGA (SubVI).vi',
• 'FrequencyDelay (SubVI).vi',
• 'Rechnen AmplPhase (SubVI).vi' und
• 'Ende FPGA (SubVI).vi'
Das Frontpanel von Frequenzgang.vi
wurde bereits in Bild 21.34 bis Bild 21.36
vorgestellt.

Rechts unten:
Nach der Kompilierung des FPGA-VIs
'AI_0_1_DO_0_DMA.vi' zeigt der Projekt-
Explorer unter 'Build-Spezifikationen' ein
gelbes Symbol mit diesem Namen. Im
zugehörigen Kontextmenü kann man unter
'Eigenschaften' die Kompilierungsvorgaben
anzeigen und auch ändern. Wichtig ist hier
'Run when loaded to FPGA' nicht zu markieren. Der Bitfile-Name wird automatisch
erstellt. Nach der Kompilierung Download
im Kontextmenü veranlassen.

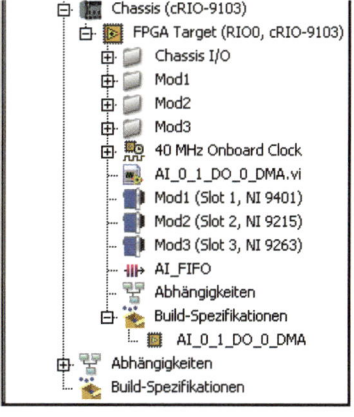

Die Kompilierung könnte einfach durch Start erfolgen wie in Abschnitt 21.3.1. Weitere Möglichkeiten zeigt aber der Projekt-Explorer mit 'Build-Spezifikationen' – 'Neu' – 'Compilation' (unter FPGA Target). Man lässt 'Run when loaded to FPGA' unmarkiert und erklärt bei 'Source Files' das FPGA-VI zum 'Top Level VI'. Danach 'Erstellen', siehe Bild 21.46 rechts unten.

Aufgabe 21.1

Analysieren Sie die SubVIs 'Aufruf FPGA (SubVI).vi', 'Einstellen FPGA (SubVI).vi', 'FrequencyDelay (SubVI).vi', 'Rechnen AmplPhase (SubVI).vi' sowie 'Ende FPGA (SubVI).vi'.

Aufgabe 21.2

Im Beispiel von Bild 21.35 sieht man bei einer Frequenz 3991,75 Hz ziemlich genau 40 Messpunkte für eine Sinusperiode. Wenn man dagegen mit 5000 Hz arbeitet, ergibt sich die Anzeige von Bild 21.47 mit nur noch 20 Messpunkten. Wieso?

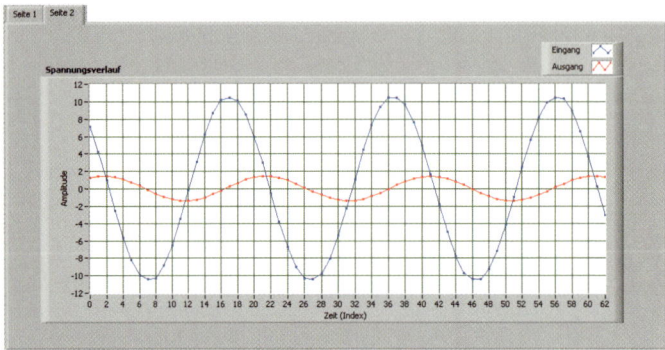

Bild 21.47 Nur noch 20 Messpunkte pro Periode. Warum?

Aufgabe 21.3

Ermittelt man den Frequenzgang für $R = 8\,M\Omega$ und $C = 11\,nF$, erhält man die Grafik von Bild 21.48. Der Phasengang ist nicht korrekt. Grund? Abhilfe?

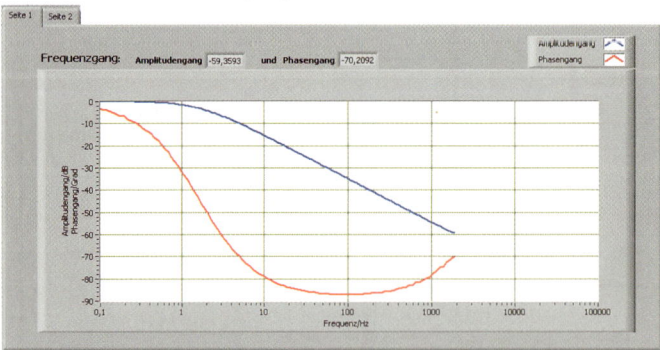

Bild 21.48 Phasengang ab 100 Hz aufwärts fehlerhaft. Ursache?

Bemerkungen

1. Die oben beschriebene Methode zur Ermittlung des Frequenzgangs ist keine Simulation. Sie arbeitet mit beliebigen konkret vorhandenen Widerständen und Kondensatoren. Allerdings ist sie recht zeitaufwändig für kleine Frequenzen wie z.B. 0,1 Hz, weil man

hier für einen einzigen Punkt der Messkurve drei Perioden oder 30 Sekunden warten muss. In der Praxis arbeitet man sehr viel schneller durch Auswertung der Sprungantwort eines Systems. Doch ist das nicht Gegenstand der Einführung in das cRIO-System. Siehe dazu [11].

2. Das Finden logischer Fehler in einem FPGA-VI kann sehr aufwändig werden wegen der oft erforderlichen zeitraubenden Neukompilierungen. Diese kann man vermeiden, indem man im Projekt-Explorer den Simulationsmodus gemäß Bild 21.49 einstellt. Damit kann man die unter 'FPGA Target …' aufgeführten VIs in der üblichen Weise mit Sonden, Highlight-Funktion usw. testen, was sonst nicht möglich ist. Auch sind keine Kompilierungen notwendig, bevor das VI für logisch einwandfrei befunden ist. Dann muss man natürlich wieder auf den 'FPGA Target'-Modus zurückstellen.

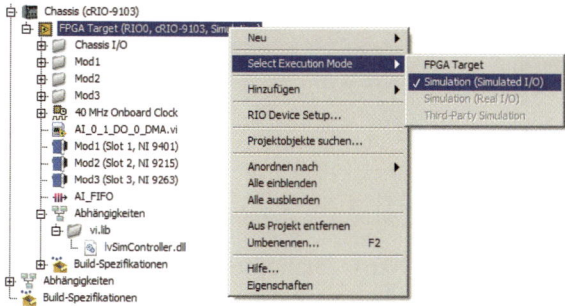

Bild 21.49 FPGA-Target auf Simulationsmodus umstellen und damit auch alle dort vorhandenen FPGA-VIs

Merke: FPGA-Programme für das cRIO-9014-System zeigen eine eingeschränkte Funktionspalette. Es gibt z.B. nur lokale oder globale Variable, aber keine Umgebungsvariablen. Auch die Gleitkommaarithmetik existiert nicht. Dafür gibt es spezielle Erweiterungen, z.B. für schnelle echtzeitgesteuerte Schleifen oder für analoge und digitale E/A.

Merke: Bei VIs, die außerhalb des FPGA-Targets laufen, findet man die normale Funktionspalette, die wiederum keine Funktionen für 'FPGA/IO' aufweist. Nur mit 'Functions' – 'FPGA Interface' findet man Funktionen zum Aufruf von FPGA-Routinen (bzw. für spezielle Funktionen zur Zeitsteuerung auch direkt unter 'Functions' – 'Real-Time').

Merke: Bei der Übersetzung eines FPGA-Programms für das cRIO-9014-System legt der Compiler unterhalb des aktuellen Verzeichnisses ein Unterverzeichnis 'FPGA Bitfiles' an, in dem er den bei der Übersetzung erzeugten Binärcode zur FPGA-Steuerung als so genanntes Bitfile mit der Erweiterung 'lvbit' ablegt.

21.3.4 Umgebungsvariablen

Der Datenaustausch zwischen zwei Computern erfolgt heute vielfach mit dem Ethernet-Verfahren nach dem TCP/IP-Protokoll. Um also Daten zwischen dem Entwicklungsrechner und dem RT-Controller im cRIO-System auszutauschen, könnte man die Methoden von Abschnitt 20.4 oder allgemeiner von Abschnitt 20.5 verwenden. Allerdings ist das aufwändig, weshalb National Instruments die **Data-Socket-Methode** zur Verfügung stellt (Abschnitt 20.3) und speziell für Windows-Rechner die Methode der **Umgebungsvariablen**. Letztere werden auch 'Shared Variables' genannt, was die Namensgebung im Folgenden erklärt. Bild 21.32 hat darauf bereits hingewiesen. Wir geben einige Beispiele zu den Umgebungsvariablen.

21.3.4.1 Projekt 'Shared_Einzeln'

Ein Sender-VI soll Zufallszahlen erzeugen und an ein Empfänger-VI schicken. Dieses Beispiel läuft auf einem einzelnen PC. In Bild 21.50 sieht man den Projekt-Explorer.

Bild 21.50 Projekt-Explorer mit 'Bibliothek_Einzel'

Die Bibliothek erhält man mit 'Mein Computer' – 'Neu' – 'Bibliothek' unter Veränderung des vorgeschlagenen Namens in 'Bibliothek_Einzel.lvlib'. Die Zufallswerte sollen vom Sender an den Empfänger übertragen werden, dazu wird eine Variable 'Zufall' benötigt, die in die Bibliothek geschrieben wird. Entsprechendes gilt für die Variable 'Stopp', die dazu dient, den Empfänger vom Sender aus zu stoppen. Dies geschieht durch 'Neu' – 'Variable' im Kontextmenü von 'Bibliothek_Einzel.lvlib'. Man erhält ein Fenster nach Bild 21.51, wo man in der Kategorie 'Variable' den Namen einträgt und 'Einzelprozess' als Variablentyp wählt. Der Datentyp 'Double' ist voreingestellt. Die anderen Kategorien überschlagen wir.

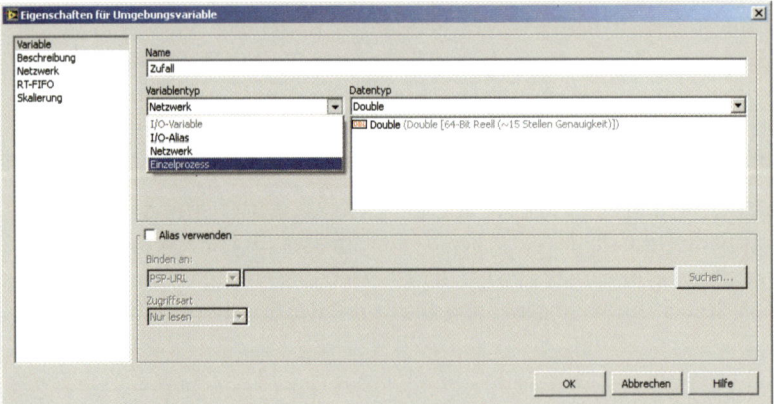

Bild 21.51 Einstellung der Eigenschaften der Umgebungsvariablen. Variablentyp gleich 'Einzelprozess'

Entsprechend fügt man die Variable 'Stopp' in die Bibliothek. Hier ist aber 'Boolesch' als Datentyp einzustellen. Der Projekt-Explorer zeigt sich jetzt in der Gestalt von Bild 21.52.

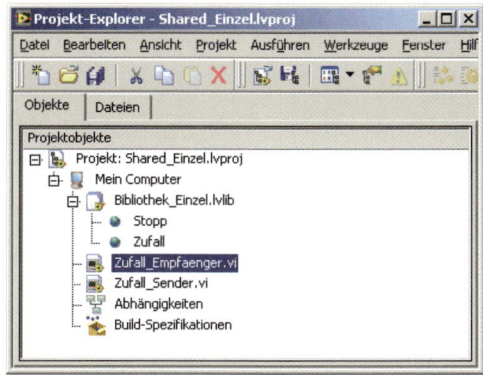

Bild 21.52 Projekt-Explorer mit Bibliothek und zwei Umgebungsvariablen 'Stopp' und 'Zufall'

Nun kann man 'Zufall_Sender.vi' und 'Zufall_Empfaenger.vi' programmieren. Bild 21.53 zeigt die Blockdiagramme. Die Umgebungsvariablen zieht man einfach mit Drag & Drop vom Projekt-Explorer ins Blockdiagramm des VI. Die Umwandlung in 'Schreiben' geschieht im Kontextmenü unter 'Zugriffsmodus'.

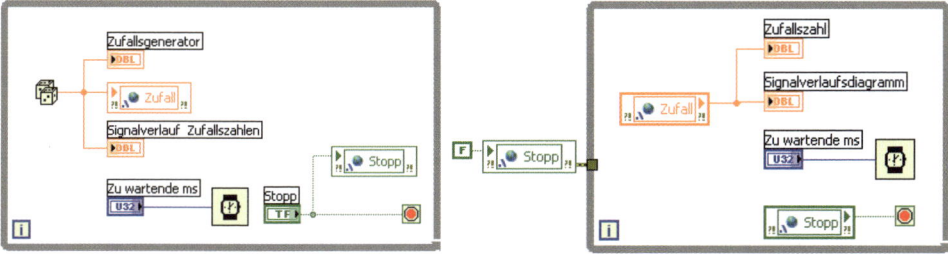

Bild 21.53 'Zufall_Sender.vi' und   'Zufall_Empfaenger.vi'

Eine andere Möglichkeit besteht darin, ein Symbol der Umgebungsvariablen aus '...' – 'Strukturen' zu holen und es gemäß Bild 21.54 mit der Bibliothek zu verbinden.

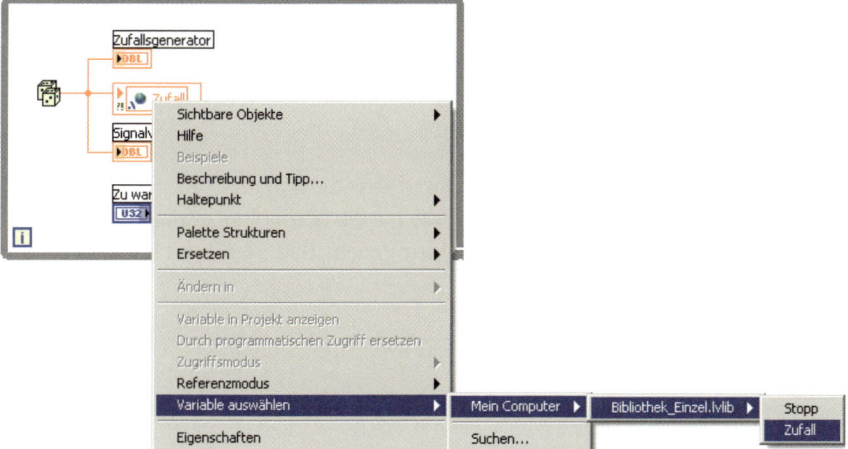

Bild 21.54 Verknüpfung des Standardsymbols der Umgebungsvariablen mit einer Bibliothek

Startet man nun manuell 'Zufall_Empfaenger.vi' und gleich danach 'Zufall_Sender.vi', erhält man Anzeigen wie in Bild 21.55.

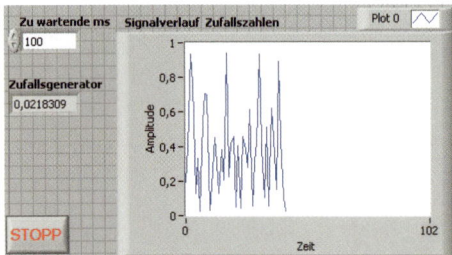 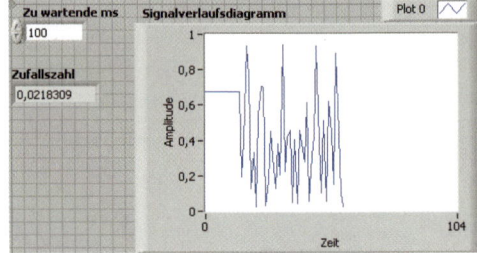

Bild 21.55 'Zufall_Sender.vi' startet und sendet kurz nach dem Start von 'Zufall_Empfaenger.vi'

'Zufall_Empfaenger.vi' erhält die Daten von 'Zufall_Sender.vi'

Dieses Projekt arbeitet mit Umgebungsvariablen, hätte aber genauso gut mit globalen Variablen geschrieben werden können, weil die VIs auf **einem** Computer laufen.

21.3.4.2 Projekt 'Shared_Netzwerk'

Will man Daten zwischen Computern austauschen, benötigt man andere Projekte auf verschiedenen Computern, die wir Computer 1 und Computer 2 nennen. Für ein einfaches Beispiel nehmen wir Computer 1 als Sender und Computer 2 als Empfänger, siehe Bild 21.56. Computer 1 heißt hier 'Computer_Gross', läuft unter Windows XP und arbeitet mit der deutschen Version von LabVIEW 2010, dagegen läuft Computer 2 unter Windows 7, arbeitet mit der englischen LabVIEW-Version und heißt 'ComputerKlein'.

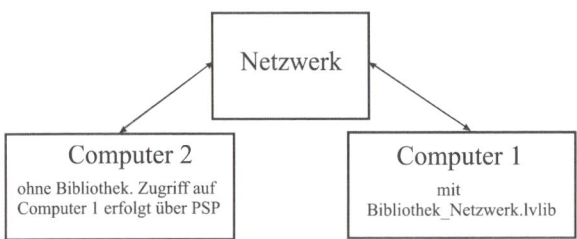

Bild 21.56 Arbeiten mit Umgebungsvariablen auf zwei über ein TCP/IP-Netzwerk verbundenen Computern

Merke: Beim Übergang von einem Projekt zum anderen unbedingt das alte Projekt schließen! Anderenfalls drohen Speicherkonflikte. Zur Vorsicht besser auch LabVIEW verlassen und neu aufrufen.

Wir legen nun auf Computer 1 das Projekt 'Shared_Netzwerk.lvproj' an. Es enthält eine Bibliothek namens 'Bibliothek_Netzwerk.lvlib', welche die Variablen 'Zufall', 'Stopp' und 'Zustand Computer 2' umfasst, Letztere vom Typ String, siehe Bild 21.57 und Bild 21.58.

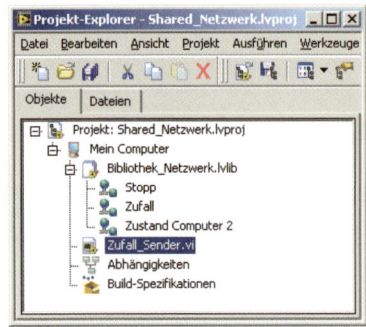

Bild 21.57 Projekt-Explorer auf Computer 1 mit 'Bibliothek_Netzwerk.lvlib' und drei Umgebungsvariablen

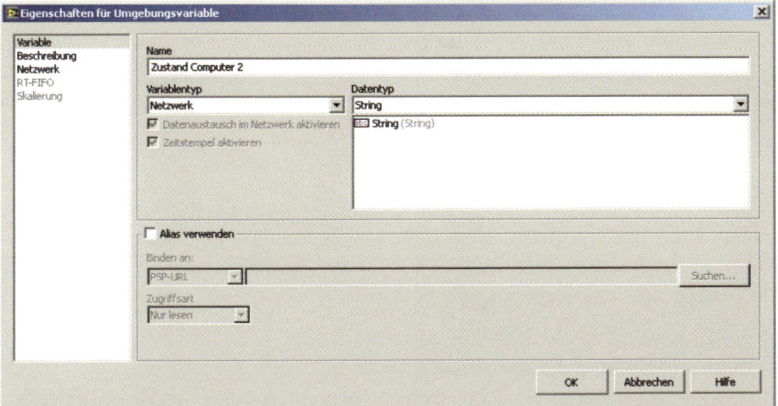

Bild 21.58 Einstellung der Eigenschaften der Umgebungsvariablen, hier mit Variablentyp 'Netzwerk' und der Stringvariablen 'Zustand Computer 2'

Der Variablentyp ist jetzt nicht mehr 'Einzelprozess', sondern 'Netzwerk'. Sinngemäß wie 'Zustand Computer 2' behandeln wir auch die Bibliotheksvariablen 'Zufall' und 'Stopp'. Das Blockdiagramm von 'Zufall_Sender.vi' findet sich in Bild 21.59.

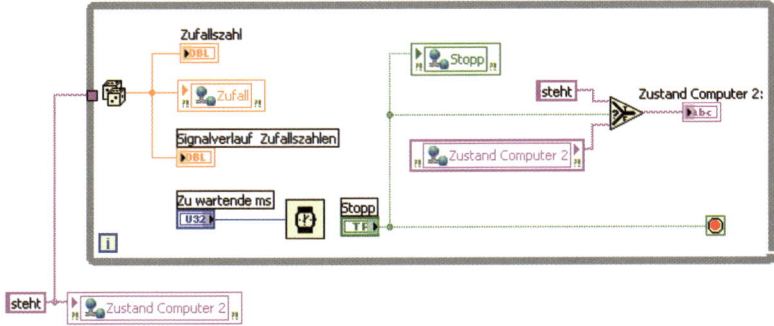

Bild 21.59 Blockdiagramm von 'Zufall_Sender.vi' auf Computer 1

Auf Computer 2 mit dem Namen 'ComputerKlein' entwickeln wir ebenfalls ein Projekt, das aber **keine** Bibliothek enthält, siehe Bild 21.60.

Die drei Variablen 'Zufallszahl', 'Zustand Computer' und 'Stopp' auf dem Frontpanel von 'Zufall_Empfaenger.vi' (siehe Bild 21.61) werden nun mit der Bibliothek auf Computer 1 verbunden. Dazu dient das von National Instruments entwickelte 'PSP'-Protokoll ('Publish Subscribe Protocol'), das allerdings nur unter Windows funktioniert. 21.62 zeigt das Blockdiagramm von 'Zufall_Empfaenger.vi'.

Bild 21.60 Projekt auf Computer 2 mit dem Programm 'Zufall_Empfaenger.vi', aber ohne Bibliothek

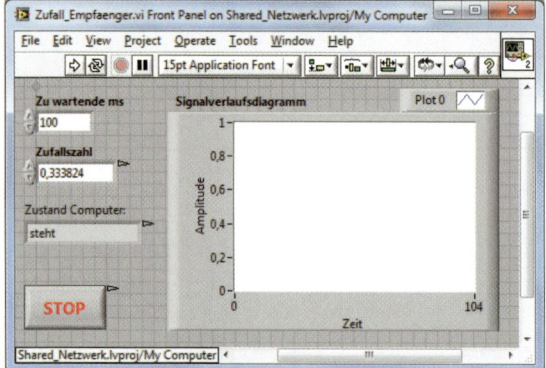

Bild 21.61 'Zufall_Empfaenger.vi' auf Computer 2. Drei Elemente weisen jeweils rechts kleine Dreiecke auf, die auf eine Verbindung über das 'PSP'-Verfahren deuten

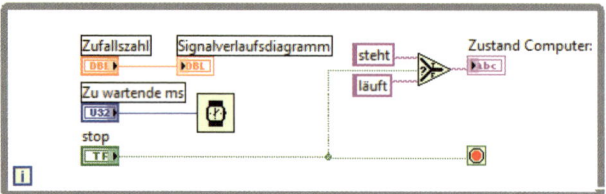

Bild 21.62 Blockdiagramm von 'Zufall_Empfaenger.vi'

Man verbindet z.B. die Variable 'Zufallszahl' mit der Bibliothek auf Computer 1, indem man im Kontextmenü 'Eigenschaften' aufruft. Man erhält dann einen Dialog gemäß Bild 21.63, in dem man 'Datenbindung' aufruft und unter 'Datenbindungsauswahl' den Standardeintrag 'Ungebunden' auf 'Engine für Umgebungsvariablen (NI-PSP)' umstellt sowie als 'Zugriffsart' entweder 'Lesen/Schreiben', 'Nur Schreiben' oder 'Nur lesen' einstellt. Im Beispiel genügt das Letztere. Den Pfad kann man entweder direkt eintragen oder man sucht ihn über den 'Browse…'-Knopf auf 'Laptop_Gross' in 'Bibliothek_Netzwerk'.

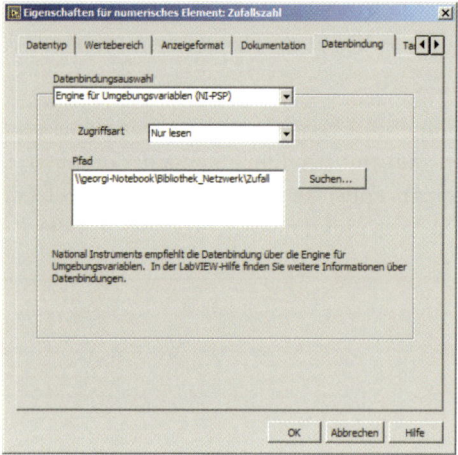

Bild 21.63 Dialog zur Bindung der Frontpanel-Elemente des VIs auf Computer 2 an die Variablen in der Bibliothek auf Computer 1

Startet man jetzt auf Computer 1 das Programm 'Sender.vi', sieht man dort zunächst die Erzeugung von Zufallszahlen nach Bild 21.64. Falls das Empfänger-VI von Computer 2 noch nicht gestartet wurde, erhält man auf dem Frontpanel die Anzeige 'steht'. Startet man dann zusätzlich das Empfänger-VI, ändert sich diese Eintragung in 'läuft' und das VI auf Computer 2 zeigt die gleichen Zufallszahlen an wie 'Zufall_Sender.vi', siehe Bild 21.65.

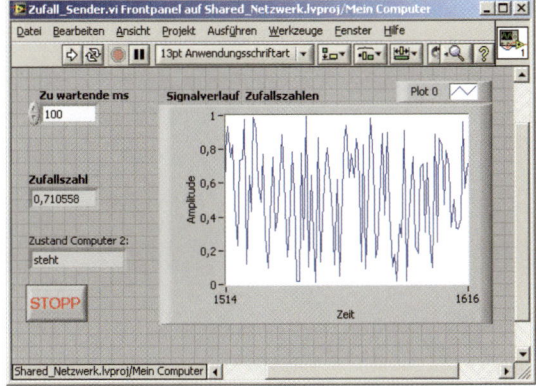

Bild 21.64 'Zufall_Sender.vi' läuft auf Computer 1 und wurde gestoppt. Damit wird auch 'Zufall_Empfaenger.vi' auf Computer 2 gestoppt

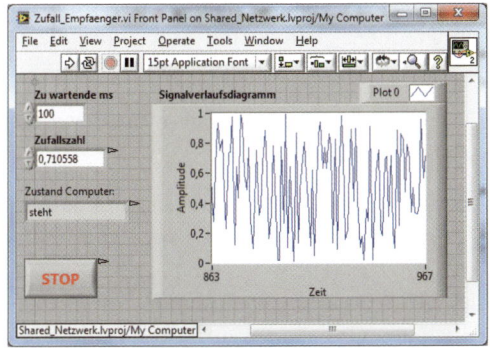

Bild 21.65 Zufall_Empfaenger.vi' auf Computer 2 zeigt die gleichen Zufallszahlen an wie der Sender auf Computer 1. Hier nach dem von 'Sender.vi' ausgelösten Stopp

21.3.4.3 Projekt 'Shared_cRIO'

Ist der Entwicklungsrechner mit dem cRIO-System über TCP/IP verbunden, erhält man dort **automatisch Schnappschüsse** der Daten, die von VIs auf dem Realtime-PC oder auf dem FPGA als Eingabe-/Ausgabeelemente angezeigt werden. **Das trifft für andere PCs im Netzwerk nicht zu.** Will man auch von dort aus die Prozesse auf dem cRIO-System beobachten oder steuern, kann man ebenfalls mit Umgebungsvariablen arbeiten. Der Projekt-Explorer in Bild 21.67 enthält 'Sinus.vi' als FPGA-VI, 'Sinus_Server.vi' auf dem RT-Computer und 'Sinus_Steuerung' auf dem Entwicklungscomputer (Bild 21.66).

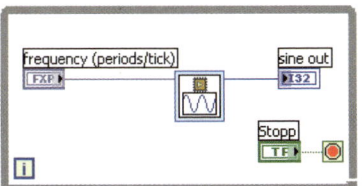
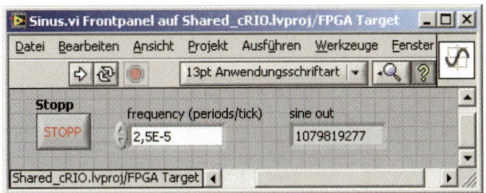

Bild 21.66 Blockdiagramm und Frontpanel des FPGA-Programms 'Sinus.vi'

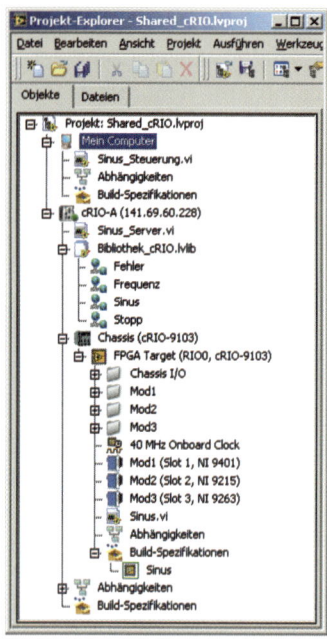

Bild 21.67 Projekt-Explorer für das 'Shared_cRIO'-Projekt

Das Server-Programm 'Sinus_Server.vi' ist in Bild 21.68 dargestellt. Es ruft das FPGA-VI von Bild 21.66 auf und tauscht mit diesem die Daten 'Frequenz', 'Sinus' und 'Stopp' aus, die es über Umgebungsvariable vom Steuerprogramm 'Sinus_Steuer.vi' erhält.

'Sinus_Steuer.vi' wiederum hat das in Bild 21.70 dargestellte Blockdiagramm und zeigt die Sinuswerte in einem Signalverlaufsdiagramm nach Bild 21.70 an.

Sobald 'Sinus_Server.vi' auf dem cRIO-RT-Computer gestartet ist, kann man ihn sowohl vom Entwicklungsrechner aus ('Mein Computer' im Projekt-Explorer) als auch von jedem anderen Rechner im Netz mit 'Sinus_Steuer.vi' steuern. Verwenden wir die Begriffe von Bild 21.56, so ist Computer 1 hier der RT-Rechner des cRIO-Systems und Computer 2 irgendein Rechner im Netz, z.B. der Entwicklungsrechner 'Laptop_Gross' oder auch der Windows-7-Rechner 'LaptopKlein'. Dort genügt das vereinfachte Projekt nach Bild 21.71.

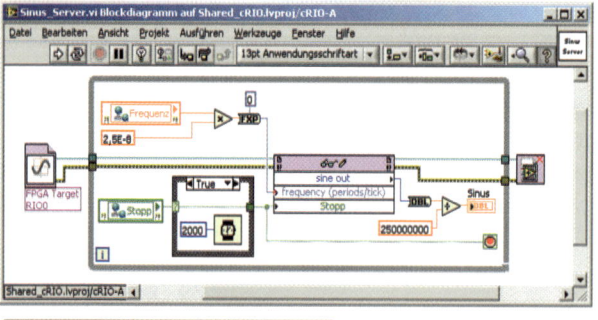

Bild 21.68 Dieses VI läuft auf dem RT-Computer des cRIO-Systems und startet das FPGA-VI

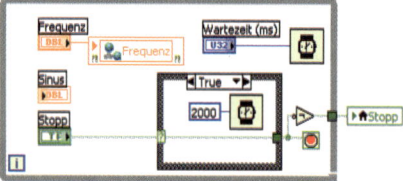

Bild 21.69 Blockdiagramm von 'Sinus_Steuer.vi'

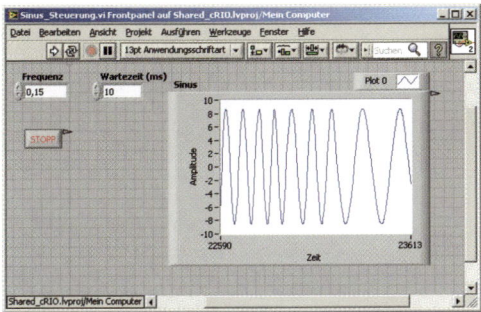

Bild 21.70 Dieses VI gibt 'Sinus_Server.vi' die Frequenz vor und erhält Sinuswerte, die in einem Signalverlaufsdiagramm angezeigt werden. Im Beispiel wurde zuerst mit 0,35 Hz, dann mit 0,25 Hz und zuletzt mit 0,15 Hz gearbeitet

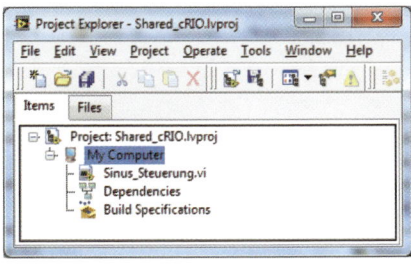

Bild 21.71 Projekt zur Steuerung des cRIO-Systems von einem beliebigen Rechner im Netz aus

Aufgabe 21.4

Verfolgen Sie die Verwendung der Umgebungsvariablen und des PSP-Verfahrens im obigen Beispiel und versuchen Sie, das Projekt von Anfang an neu aufzubauen.

Aufgabe 21.5

Verändern Sie 'Sinus_Steuer.vi' auf dem Entwicklungsrechner so, dass er beim Aufruf 'Sinus_Steuer.vi' automatisch startet.

21.3.5 FPGA-Anwendungen auf dem cRIO-9014 ohne PC-Unterstützung

21.3.5.1 Projekt 'RIO_MOD1_Switch'

Man kann eine Anwendung autonom auf dem cRIO-9014 laufen lassen, d.h. auch nach Lösen der TCP/IP-Verbindung zum PC. Diese Anwendung sollte automatisch starten, sobald das RIO-System mit Spannung versorgt wird. Als Beispiel nehmen wir das Projekt 'RIO_MOD1_Switch.lvproj'. Es enthält nur ein FPGA-VI und kein VI auf dem cRIO-Echtzeitsystem. Trotzdem soll der Anwender nach Entfernung der TCP/IP-Verbindung das System in gewissem Umfang steuern können. Unser Beispiel soll dem Anwender erlauben, auf dem AO-Modul 9263 wahlweise Sinus- oder Rechteckkurven auszugeben. Sobald das VI auf dem FPGA läuft, hat der Anwender nur noch die Möglichkeit, es durch Eingaben auf einem der C-Module zu steuern. **Die DIP-Schalter** stehen ihm in diesem Fall **nicht zur Verfügung**. Wir wählen hier DI01, das entweder mit 5 V oder mit 0 V versorgt wird, also mit logisch 1 oder 0. Die Entwicklung könnte dann wie folgt verlaufen:

1. Zunächst wird das Projekt 'RIO_MOD1_Switch.lvproj' angelegt, wobei nach 'Neu' – 'Ziele und Geräte' unter dem Projektnamen in der obersten Zeile und Ermitteln des Gerätes 'cRIO-A' die Auswahl 'LabVIEW FPGA Interface' gewählt wird, was in der Folge den automatischen Aufbau des Projekts auslöst. Nur der Name des Projekts ist noch zu wählen.

2. Wir fügen nun unter dem FPGA-Target ein neues VI namens 'Sinus_oder_Rechteck.vi' ein, das einen Aufbau nach Bild 21.73 aufweist. Der Projekt-Explorer ist in Bild 21.72 dargestellt. Der AO-Modul wurde im Projekt-Explorer unter 'MOD3 (Slot 3, NI 9263)' wie schon in Abschnitt 21.3.3 auf 'Raw' gestellt.

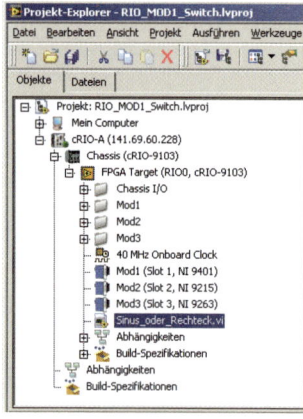

Bild 21.72 Projekt für ein autonom auf dem cRIO-9014 arbeitendes FPGA-VI

Das erfordert die Eingabe der Werte für die Amplituden im Bereich zwischen 0 und 32 767. Nach einigen Versuchen wurde als Sinusfrequenz 0,001 und als Rechteckfrequenz 0,0005 eingestellt. Damit lassen sich später bei der Anzeige auf dem Oszilloskop die Unterschiede gut erkennen.

3. Im Projekt-Explorer Rechtsklick auf 'Build-Spezifikationen' unter dem FPGA-Target (**nicht** ganz unten!) und 'Neu' – 'Compilation' wählen, siehe Bild 21.74. Man erhält ein Formular mit drei Kategorien. Unter 'Information' markieren wir 'Run when loaded to FPGA', unter 'Source Files' verschieben wir 'Sinus_oder_Rechteck.vi' nach rechts als 'Top-Level VI'. 'Xilinx Options' lassen wir unberücksichtigt. Danach 'Erstellen'.

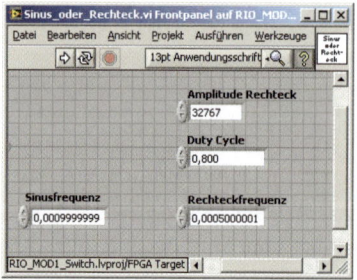 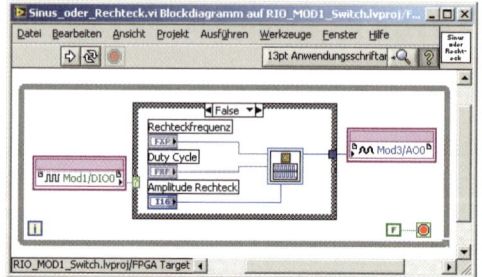

Bild 21.73 FPGA-VI, das wahlweise eine Rechteck- oder eine Sinuskurve (im TRUE-Teil) auf AO0 ausgibt. Steuerung durch DIO0 high oder low

4. Im Kontextmenü von 'Sinus_oder_Rechteck.vi' auswählen 'Download VI to Flash Memory…'. Damit wird nach Abschalten und Wiedereinschalten der Spannungsversorgung eine sehr rasche Aktivierung des FPGA-VIs erreicht (ca. 1 Sekunde).

5. Den Resetknopf auf dem cRIO-System mit einem Kugelschreiber oder einem kleinen Schraubenzieher einige Sekunden lang nach unten drücken.

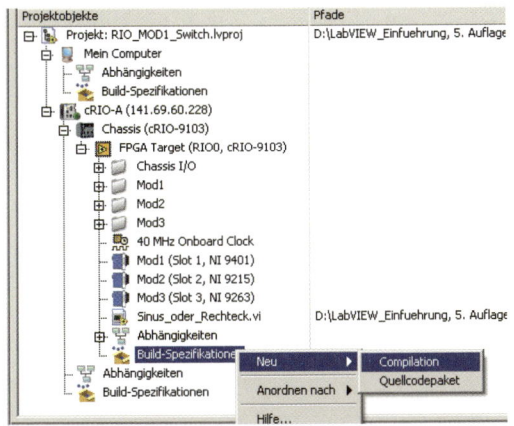

Bild 21.74 Vorbereitung der Kompilierung von 'Sinus_oder_Rechteck.vi'

Nach diesen Schritten läuft das cRIO-System autonom. Es zeigt je nach Spannung an AO0 die Rechteckkurve mit einem Duty Cycle von 0,8 oder die Sinuskurve, siehe Bild 21.76. Das TCP/IP-Kabel kann entfernt werden. Etwa 1 Sekunde nach Einschalten der Versorgungsspannung erzeugt das cRIO-System eine der beiden Kurven mit 20 oder 40 kHz.

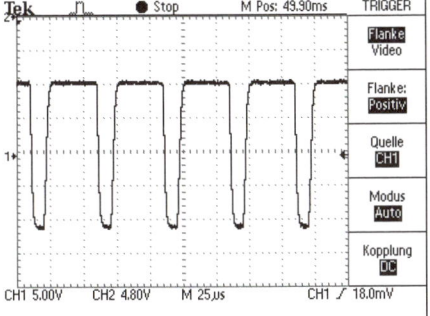

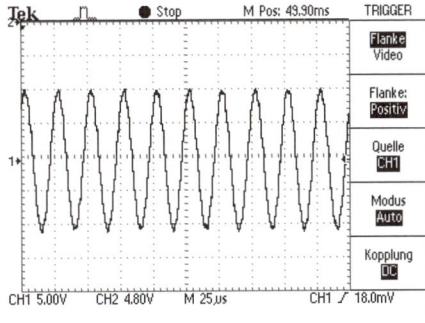

Bild 21.75 Links Rechteck mit Duty Cycle von 0,8 bei DIO0 = 5 V, rechts Sinus bei DIO0 = 0 V

21.3.5.2 Projekt 'RIO_User1_Switch'

Eine andere Art der Steuerung des autonomen Systems ist mit dem DIP-Schalter 'USER1' auf dem cRIO-9014 möglich. Allerdings ist dieser Schalter nicht direkt vom FPGA-VI aus zu erreichen. Man benötigt ein VI auf dem cRIO-Echtzeitcomputer, das die Schalterstellung an das FPGA-VI weiterreicht. In diesem Fall wird die Vorgehensweise etwas komplizierter. Auch benötigt man nach dem Einschalten der Versorgungsspannung wegen des jetzt notwendigen Bootens des RIO-Systems etwa 30 Sekunden, bis sich der alte Zustand wieder einstellt. **Also abwarten** und nicht gleich nach einem Fehler suchen! Die einzelnen Schritte sind in diesem Fall:

1. Projekt 'RIO_User1_Switch.lvproj' anlegen, das zuletzt den Projekt-Explorer gemäß Bild 21.76 zeigt.

2. FPGA-Programm 'Sinus_oder_Rechteck.vi' entsprechend Bild 21.77 entwickeln und kompilieren wie schon beim Beispiel zuvor in Bild 21.74 angedeutet.

3. Aufrufendes Programm 'Mit User1_Sinus_oder_Rechteck.vi' entwickeln. Das Blockdiagramm ist in Bild 21.78 dargestellt. Die Funktion zum Lesen der DIP-Schalter findet man unter 'Funktionen' – 'Realtime' – 'RT Utilities' als 'RT Read Switch.vi'.

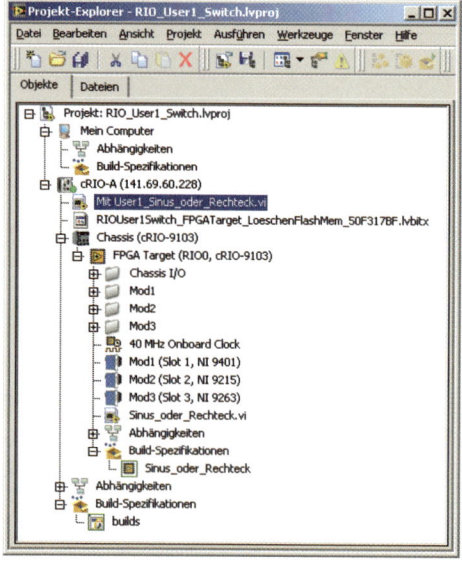

Bild 21.76 Projekt-Explorer enthält hier auch ein VI auf dem RT-Computer des cRIO-Systems

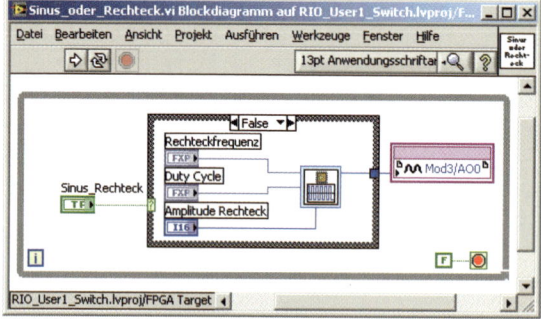

Bild 21.77 FPGA-VI, das wie das VI in Bild 21.73 analoge Spannungen in Sinus- oder Rechteckform ausgibt, diesmal mit einem Duty Cycle von 0,5. Der Sinus wird im True-Teil der Case-Struktur erzeugt.
Die Case-Struktur wird jetzt durch eine boolesche Variable gesteuert und **nicht** wie in Bild 21.73 durch DIO0

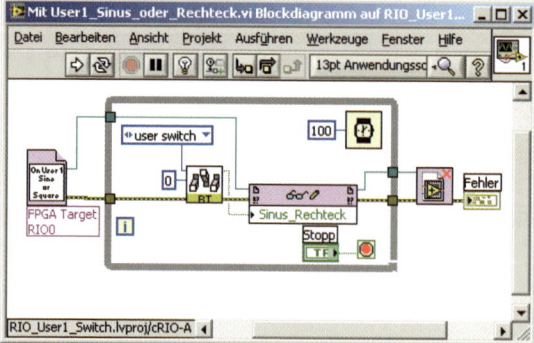

Bild 21.78 VI auf dem RT-Computer, das 'Sinus_oder_Rechteck.vi' aufruft

4. 'Sinus_oder_Rechteck.vi' kompilieren ähnlich wie in Projekt 'RIO_MOD1_Switch'.

5. Wir müssen nun, weil wir nicht nur ein FPGA-VI haben, sondern auch ein VI auf dem RT-Computer des cRIO-Systems, eine **Realtime-Applikation** bilden. Dazu im Projekt-Explorer ganz unten aufrufen 'Build-Spezifikationen' – 'Neu' – 'Real-Time Application'.

Es öffnet sich ein Dialog gemäß Bild 21.79, wo wir in der Kategorie 'Information' nur 'Name der Build-Spezifikation' in 'Build' abändern.

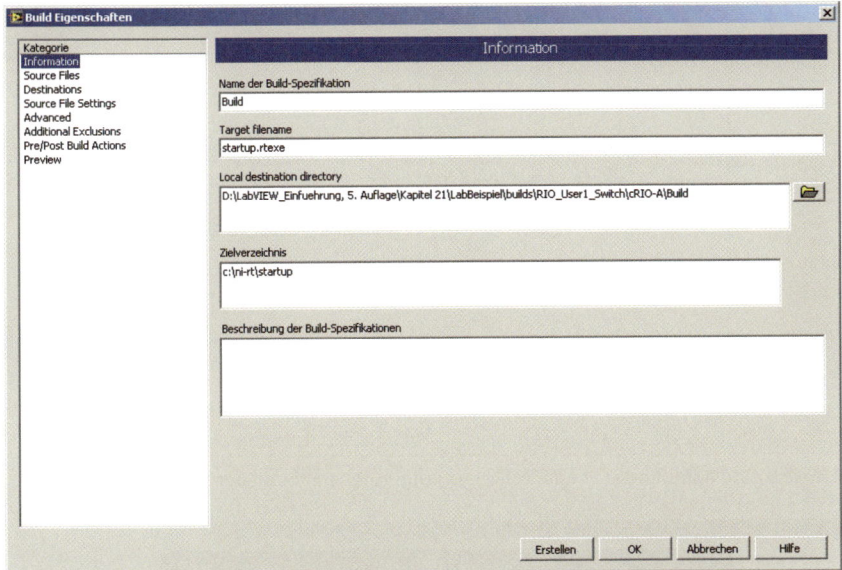

Bild 21.79 Eintragungen zur Bildung einer autonomen (Standalone-)Anwendung. Erster Schritt: Bestimmung der Startup-Datei unter 'Executable filename'

6. In der Kategorie 'Source Files' werden in der Mitte zwei VIs angezeigt, die wir gemäß Bild 21.80 nach rechts ziehen. Das VI im RT-Computer wird mit dem blauen Pfeil unter 'Zu startende VIs' gezogen, das **Bitfile** von 'Sinus_oder_Rechteck.vi' nach rechts unten unter 'Immer enthalten'. Das Bitfile gehört ins Projekt, siehe Bild 21.76.

7. In der Kategorie 'Destinations' brauchen wir bei diesem Beispiel nichts zu ändern, auch in den weiteren Kategorien 'Source File Settings', 'Advanced' usw. nicht.

8. Zuletzt gehen wir zur Kontrolle zur Kategorie 'Preview' und rufen 'Vorschau erzeugen' auf. Wir sollten dann eine Anzeige gemäß Bild 21.81 erhalten. Zuletzt 'Erstellen' drücken. Man erhält eine Anzeige über den Build-Prozess gemäß Bild 21.82.

9. Zuletzt im Kontextmenü von 'Build-Spezifikationen' 'Set as startup' und 'Verteilen'.

Die Ergebnisse sind die gleichen wie in Bild 21.75 dargestellt, nur wird jetzt nicht mit der Spannung an DIO0 geschaltet, sondern mit User1-Schalter auf dem cRIO-System.

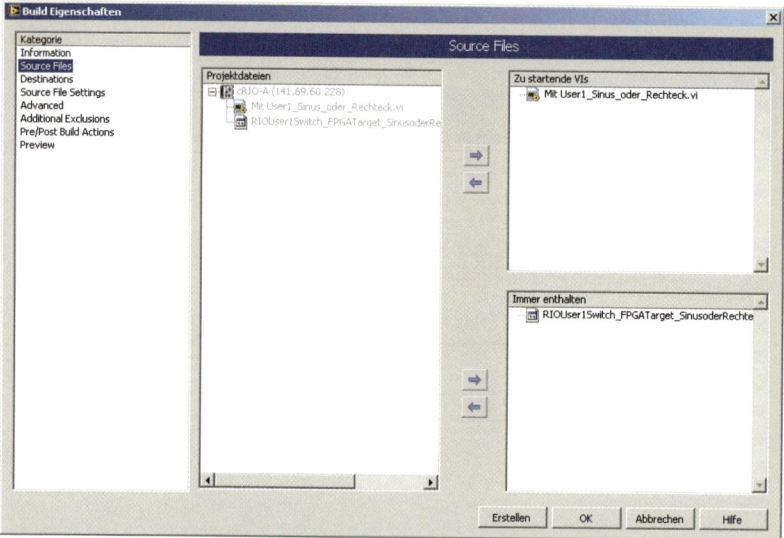

Bild 21.80 Eintragung aufrufendes VI und Bitfile des aufgerufenen VIs auf der rechten Seite

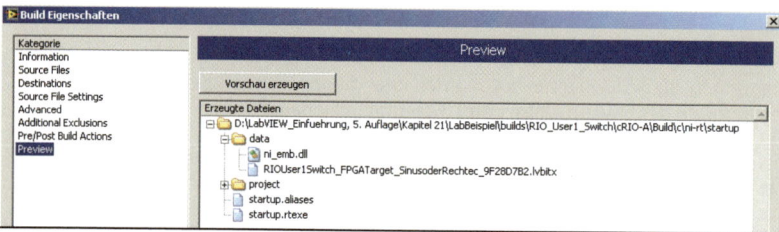

Bild 21.81 Vorschau zur Kontrolle

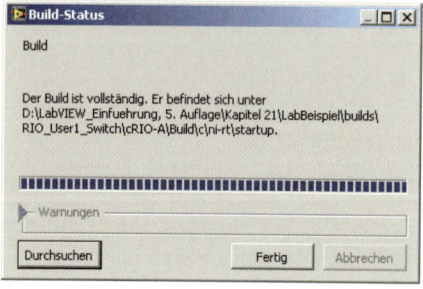

Bild 21.82 Anzeige während der Bildung der Realtime-Applikation. Am Ende 'Fertig' drücken

21.3.5.3 Umstellung des cRIO-Systems von einem Standalone-Projekt zum nächsten

Läuft auf dem cRIO-System das Standalone-Projekt 'RIO_User1_Switch.lvproj' und will man dieses durch ein anderes Projekt ersetzen, z.B. durch 'RIO_MOD1_Switch.lvproj', hat man gewisse Schwierigkeiten zu überwinden. Man muss die dort gespeicherten Dateien, die den automatischen Anlauf bei Spannungszufuhr bewirken, ersetzen. Dazu ist zunächst wieder die TCP/IP-Verbindung zum Entwicklungscomputer herzustellen. Nun ist zu unterscheiden zwischen

1. Dateien auf dem RT-Controller und

2. Dateien im FPGA-Flash-Memory

Den automatischen Anlauf der Ersteren kann man verhindern, indem man den Schalter 'NO APP' am cRIO-9014 auf ON stellt. Anschließend ist das neue Projekt im Projekt-Explorer unter 'Build-Spezifikationen' ganz unten mit 'Build' – 'Verteilen' auf das cRIO-System zu laden. Hat das neue Projekt keine 'Build-Spezifikation', weil es (wie z.B. 'RIO_MOD1_Switch') nur aus einem FPGA-VI besteht, genügt 'Download VI to Flash Memory…'.

Vorher sind die alten Dateien im FPGA-Flash-Memory zu löschen. Dazu im Projekt-Explorer im Kontextmenü von 'FPGA Target…' mit 'RIO Device Setup …' einen Dialog öffnen, der unter 'Advanced' die Möglichkeit von 'Erase Bitfile on Flash' bietet. Anklicken, dann 'Exit'.

Anschließend stellt man den Schalter 'NO APP' wieder auf OFF. Danach kappt man die TCP/IP-Verbindung, nimmt die Spannung weg und schaltet sie wieder ein. Nun sollte das neue Projekt im Standalone-Betrieb wirksam sein.

Aufgabe 21.6

Die beiden Projekte 'RIO_MOD1_Switch.lvproj' und 'RIO_User 1_Switch.lvproj' von Anfang an für die Standalone-Anwendung programmieren und testen, ob das cRIO-System auch wirklich ohne TCP/IP-Verbindung anläuft. Besonders auch den Wechsel von einem Projekt zum anderen durchführen:

Merke: Bei einer Standalone-Anwendung ist zu beachten:

1. Im MAX TCP/IP-Verbindung stets so einstellen, dass eine Unterbrechung dieser Verbindung das cRIO-System nicht stoppt (siehe Abschnitt 21.2, Schritt 3 der Installation).

2. Bitfile des FPGA-VIs mit ins Projekt aufnehmen.

3. Schalter 'NO APP' auf ON. Nach Verteilen der Dateien auf das cRIO-System zurückstellen auf OFF.

4. FPGA-VI mit 'Download VI to Flash Memory…' dorthin bringen.

5. Beim Hochfahren des cRIO-9014 eine halbe Minute warten. Erst dann kann die Standalone-Anwendung starten (FPGA-VIs starten schon nach 1 Sekunde).

22 XControls

Lernziele

1. Unterschied zwischen XControls und Ctls erklären können.
2. Gründe für die Anwendung von XControls kennen.
3. Interaktion Benutzer – VI mit Maus-Events programmieren können.
4. XControl entwickeln können.

22.1 Unterschied zu einfachen Ctls

'Ctls', 'Controls' oder Typdefinitionen sind vom Benutzer definierte Eingabe- oder Anzeige-elemente, die in den LabVIEW-Paletten nicht standardmäßig zur Verfügung stehen. Beispiele haben wir bereits in Abschnitt 5.4 vorgestellt. **XControls können zusätzlich vom Benutzer definierte Funktionen** ausführen, z.B. auf Mausklick in einer speziellen Weise reagieren, die so weder bei Standardelementen noch bei Ctls geboten wird. In Abschnitt 22.2 geben wir ein Beispiel.

22.2 Anzeige der Flugbahn eines Steines

Wirft man einen Stein mit einer bestimmten Anfangsgeschwindigkeit v_0 nach oben, durch-läuft er bei Vernachlässigung der Luftreibung und der Erdkrümmung unter dem Einfluss der Schwerkraft eine Parabel, wie sie in Bild 22.1 als Ergebnis der Berechnungen in 'Stein_0.vi' dargestellt ist. Das Diagramm ist in Bild 22.2 zu sehen. Es realisiert einfach schrittweise die Gleichungen

$$x = v_{x0}t$$
$$y = v_{y0}t - gt^2/2 \quad (\text{bzw. } v_y(t) = v_{y0} - gt) \tag{22.1}$$

Dieses VI hat einen Nachteil: Will man die Veränderung der Bahn in Abhängigkeit vom Abschusswinkel Alpha erkunden, muss man jedes Mal einen neuen Zahlenwert in das Ein-gabefeld schreiben. Bestenfalls kann man den eingestellten Winkel in Schritten von 1 Grad erhöhen oder vermindern. Eine erste Verbesserung mit einem geeigneten LabVIEW-Element zeigt das Programm 'Stein_1.vi' in Bild 22.3. Das Diagramm hat sich nicht geändert, nur im Frontpanel ist das Feld 'Numerische Eingabe' durch einen 'Drehregler' ersetzt. Man findet ihn ebenso wie die 'Numerische Eingabe' unter 'Elemente' – 'Modern' – 'Numerisch'. Die Skalierung kann man entsprechend Bild 22.3 ändern, indem man mit Linksmaus-klick auf die Zahl 0 der Skala geht. Es erscheint ein kleines Drehsymbol, mit dem man die Skala verdrehen kann. Macht man dasselbe mit der höchsten Zahl der Skala, lässt sich der Winkelbereich der Skala vergrößern oder verkleinern.

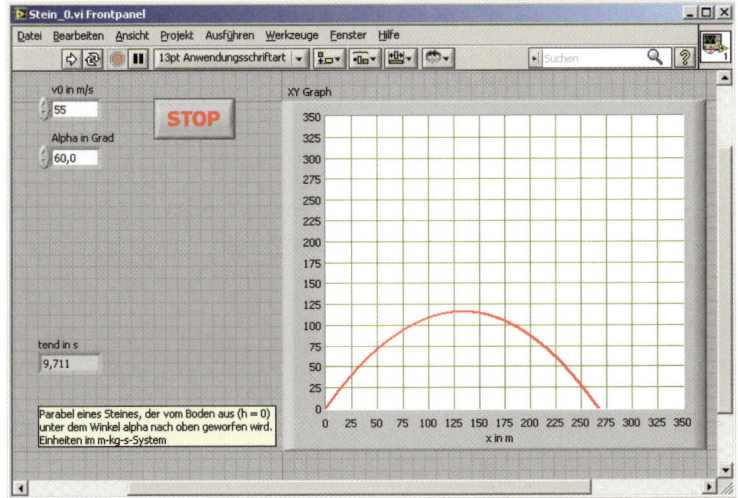

Bild 22.1 Frontpanel zu 'Stein_0.vi'. Der Winkel Alpha wird in ein Eingabefeld eingetragen

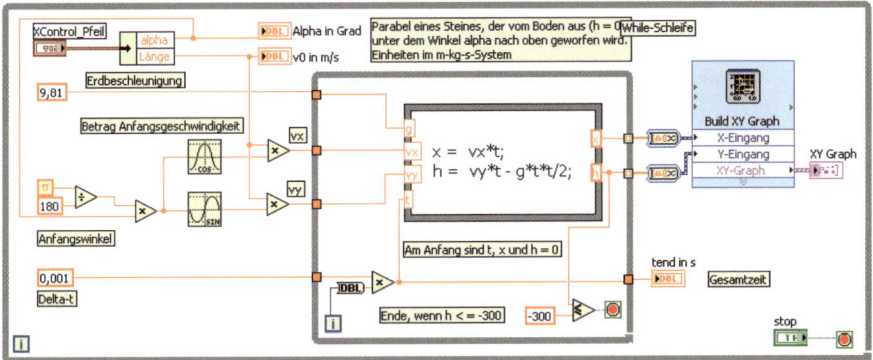

Bild 22.2 Diagramm zu 'Stein_0.vi' und zu 'Stein_1.vi'

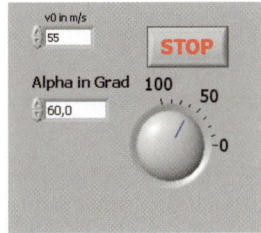

Bild 22.3 In 'Stein_1.vi' ist gegenüber 'Stein_0.vi' das numerische Eingabefeld für Alpha durch einen Drehregler ersetzt

Die Bedienung ist nun handlicher geworden. Man kann mit der Maus den blauen Strich des Drehreglers verstellen und die Veränderung der Flugbahn beobachten. Die Standardanzeige links vom Drehregler ist nicht erforderlich, sie dient nur der Kontrolle. Dagegen kann man die Anfangsgeschwindigkeit nicht in gleicher Weise behandeln. Ein Bedienelement, mit dem man **sowohl** Anfangsgeschwindigkeit **als auch** Anfangswinkel mit der Maus steuern kann, gibt es nicht unter den Standard-Eingabeelementen von LabVIEW. Man muss es selbst programmieren. Das XControl für 'Stein.vi' heißt hier '**XControl_Pfeil.xctl**'.

Diesen Pfeil können wir mit der Maus in **Richtung und Länge** verändern.

22.3   Erstellen eines XControls

22.3.1   Allgemeines Rezept

Wird ein VI mit XControl ausgeführt, so läuft das VI unter **einer** LabVIEW-Instanz und das XControl, das ja nicht nur ein gewöhnliches Element dieses VIs ist, sondern zusätzlich eine Funktion auszuführen hat, unter einer **zweiten** LabVIEW-Instanz. Beide befinden sich im Hauptspeicher des Computers. Das Rezept zur Erstellung eines XControl lautet:

1. Unter einem neuen Verzeichnis, hier 'Pfeil' genannt, mit 'Leeres Projekt' die Projekterstellung vom LabVIEW-Startfenster aus starten. Im Kontextmenü zu 'Mein Computer' wählen 'Neu' – 'XControl'. Dann erhält man nach Expandieren Bild 22.4.

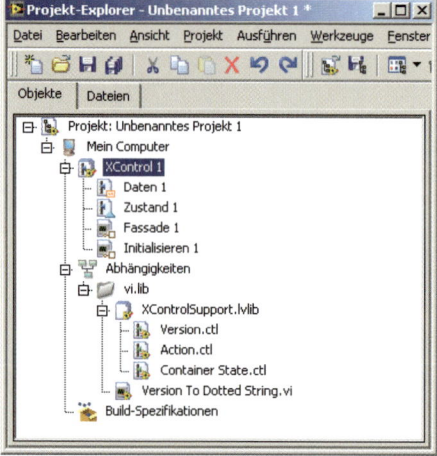

Bild 22.4 'XControl 1' und 'vi.lib' expandiert

2. Das Projekt ist nun unter einem passenden Namen zu speichern. Wir wollen hier denselben Namen vergeben wir für den Ordner, also 'Pfeil'. Wenn wir im Kontextmenü des Projekts 'Speichern unter…' wählen, öffnet sich ein Fenster nach Bild 22.5, das uns zur vorherigen Speicherung von Daten befragt. Wir antworten mit 'Ja'.

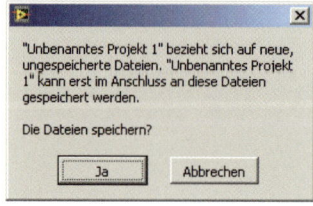

Bild 22.5 Frage zu Abspeicherung der Komponenten des XControls

3. Damit ist 'XControl 1' gemeint, das zusätzlich die Komponenten 'Daten 1', 'Zustand 1', 'Fassade 1' und 'Initialisieren 1' enthält. Es kann sein, dass wir zuerst die Speicheraufforderung für 'Zustand 1' erhalten. Dies ist eine der Komponenten oder 'Leistungsmerkmale' von 'XControl 1'.

4. Wir speichern also 'Zustand 1' im Verzeichnis 'Pfeil' ab. Dabei haben wir die Möglichkeit, den Namen zu ändern. Das ist zwar nicht erforderlich, es erhöht aber die Übersichtlichkeit, wenn wir statt 'Zustand 1' den Namen 'Zustand_Pfeil' wählen.
    Danach schließen sich der Reihe nach Fragen zur Speicherung (und Namensgebung) für 'Unbenanntes Projekt 1', 'Fassade 1', 'XControl 1', 'Initialisieren', 'Daten 1' an. Auch hier ergänzen wir die Namen mit dem Bestandteil '_Pfeil'. Zuletzt haben sich die Bezeichnungen im Projekt gemäß Bild 22.6 gewandelt.

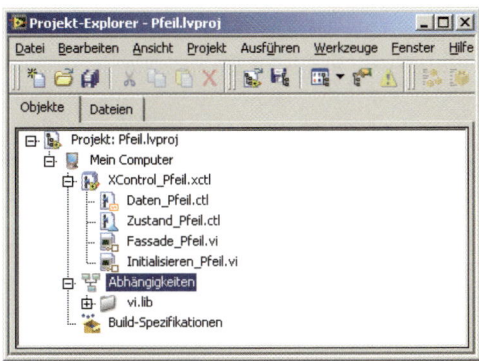

Bild 22.6 'Pfeil.lvproj' nach Speicherung und Umbenennung der Leistungs- merkmale des XControls

Ein XControl ist ein nach dem OOP-Prinzip organisiertes, also gekapseltes Softwarepaket. Der Anwender hat, wenn er das XControl in einem VI verwendet, zunächst nur Zugriff über 'Data in' zur Eingabe und 'Data out' zur Ausgabe. Will er darüber hinaus gehenden Einfluss nehmen, z.B. das Erscheinungsbild (Display State) verändern wie etwa Zeichenfarbe, Strich- stärke usw., benötigt er **Eigenschafts**- und Methodenknoten, siehe Bild 22.7.

Die Komponenten 'Daten.ctl', 'Zustand.ctl', 'Fassade.vi' und 'Initialisieren.vi' heißen die **Leistungsmerkmale** eines XControls. Sie sind Bestandteile des XControls, die **zwingend erforderlich** sind und haben folgende Aufgaben:

Daten

Typdefinition, die den Datentyp des XControls (für 'Data in' und 'Data out') festlegt. Man öffnet die Datentypdefinition mit Doppelklick auf das Leistungsmerkmal "Daten" in der XControl-Bibliothek. Die Datentypdefinition enthält per Voreinstellung ein numerisches Bedienelement. Zum Ändern des Datentyps ersetzt man das Bedienelement durch ein ande- res, das für den gewünschten Datentyp steht, und speichert es anschließend.

Zustand

Auch Status oder Display-Status (für 'Display State In' und 'Display State Out'), ist eine Typdefinition, die alle anderen Informationen (mit Ausnahme der Daten) eines XControls festlegt, welche das Aussehen des XControls beeinflussen. Das XControl passt sich an die Leistungsmerkmale "Daten" und "Zustand" an. Man öffnet die Typdefinition mit Doppel- klick auf das Leistungsmerkmal "Status" in der XControl-Bibliothek. Die Statustypdefinition enthält per Voreinstellung einen Cluster mit einem numerischen Bedienelement. Zum Ändern des Display-Status ersetzt man das Bedienelement durch ein anderes, das für den gewünschten Display-Status steht und speichert es anschließend.

Fassade

Fassade definiert das Aussehen des XControls. Das Leistungsmerkmal "Fassade" wird durch das VI "Fassade" repräsentiert. Das Frontpanel dieses VIs legt das Erscheinungsbild des XControls fest. Das Blockdiagramm definiert das Verhalten des XControls. Man öffnet die- ses VI durch Doppelklick auf das Leistungsmerkmal "Fassade" in der XControl-Bibliothek. für die Bearbeitung mit anschließender Speicherung.

Initialisieren

LabVIEW ruft das Leistungsmerkmal "Init" auf, wenn das XControl zum ersten Mal auf dem Frontpanel eingefügt wird oder wenn das VI, in dem das XControl enthalten ist, in den Arbeitsspeicher geladen wird. Dadurch wird der Display-Status initialisiert.

"Init" kann auch für die Zuweisung von Ressourcen für das XControl verwendet werden. Mit dem Merkmal "DeInit" können diese Ressourcen wieder freigegeben werden. "Init" spielt ferner eine Rolle bei der Aktualisierung früherer Versionen des XControls auf die aktuellste Version. Wenn man ein VI lädt, das ein XControl enthält, ruft LabVIEW das Leistungsmerkmal "Init" auf und überprüft, ob sich die Version des XControls seit dem letzten Speichern des VIs geändert hat. Für diesen Fall kann man "Init" zur Aktualisierung des Leistungsmerkmals "Status" verwenden.

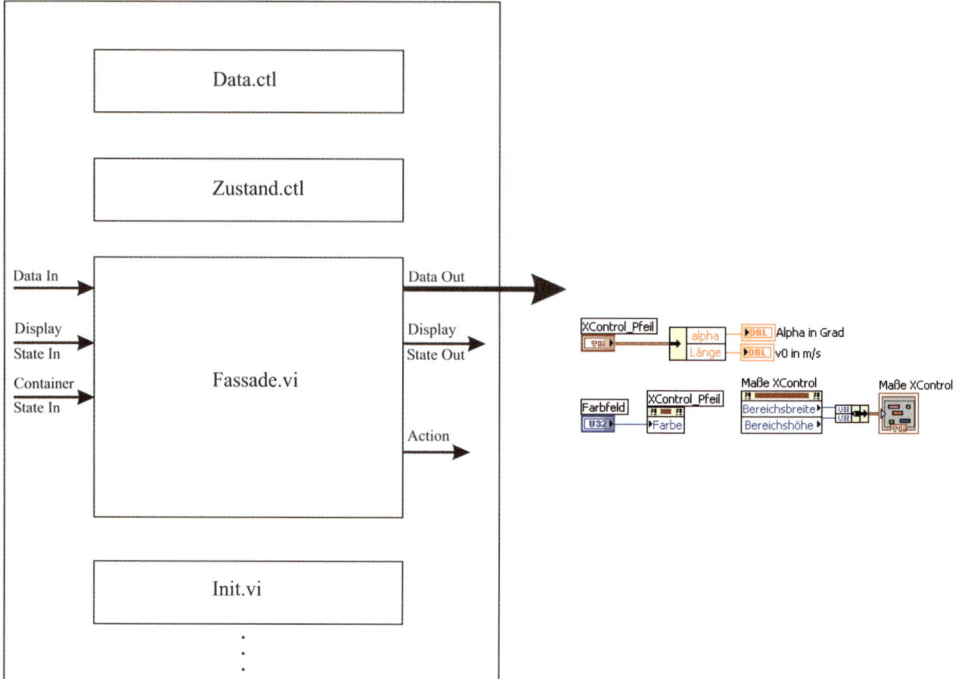

Bild 22.7 XControl mit 'Data Out'   Beispiele im Blockdiagramm

Darüber hinaus gibt es weitere **optionale** Leistungmerkmale. Ihre Aufgaben sind:

DeInit

LabVIEW ruft "DeInit" auf, wenn das XControl aus dem Speicher gelöscht wird. "DeInit" gibt alle dem XControl zugewiesenen Ressourcen frei.

Status für Speichern umwandeln

LabVIEW ruft "Status für Speichern umwandeln" vor dem Speichern des XControl auf. Man verwendet "Status für Speichern umwandeln" zum Löschen von nicht dauerhaftem Inhalt der Felder im Display-Status des XControls.

22.3.2   Beispiel XControl_Pfeil.xctl

In einfacheren Fällen muss sich der Programmierer nur um 'Daten.ctl', 'Zustand.ctl' und 'Fassade.vi' kümmern. Man öffnet sie aus dem Projekt-Explorer heraus mit Doppelklick.

'Daten_Pfeil.ctl' zeigt die Voreinstellung gemäß Bild 22.8 links. Diese Typdefinition muss man ändern, wenn das XControl mehr als einen Wert zu übertragen hat. Das ist im Beispiel der Fall, weil wir den Winkel Alpha und die Pfeillänge als Anfangsgeschwindigkeit benötigen. Da eine Typdefinition immer nur ein Element enthalten kann, müssen wir ein Cluster gemäß Bild 22.8 rechts bilden und die so geänderte Typdefinition abspeichern.

Achtung: Die Voreinstellung zeigt nicht die **Beschriftung** der Elemente, sondern ihre **Untertitel**: Man muss die voreingestellten **Beschriftungen** 'Data', 'Data 2' usw. ändern, wenn andere Namen gewünscht sind.

 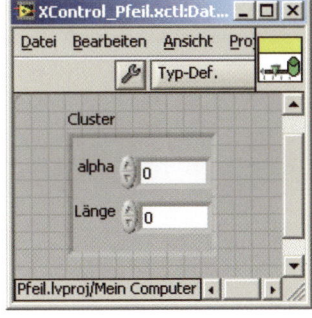

Bild 22.8 Voreingestellt in 'Daten_Pfeil.ctl'   Abgeändert: Cluster mit 'alpha' und 'Länge'

Zustand_Pfeil.vi zeigt die Voreinstellung gemäß Bild 22.9 links.

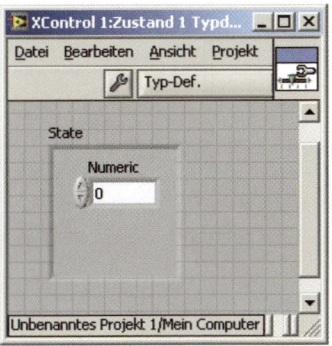 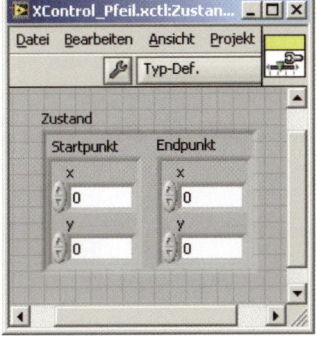

Bild 22.9 Voreingestellt in 'Zustand_Pfeil.ctl'   Abgeändert: Cluster mit 'Startpunkt', 'Endpunkt'

Auch diese Typdefinition muss man ändern, wenn das XControl mehr als einen Wert zu übertragen hat.

'Fassade_Pfeil.vi' zeigt beim Doppelklick ein Standard-Frontpanel nach Bild 22.10 und ein Diagramm mit einer Ereignisstruktur, die fünf Rahmen enthält, von dem der erste in Bild 22.11 zu sehen ist. Dieses VI wird von LabVIEW beim Eintreten eines Ereignisses aufgerufen. Da aber ein Ausgang aus der die Eventstruktur umschließenden While-Schleife nur in Rahmen [0] erfolgen kann, führt dort der Timeout nach 0 ms immer zum Abschluss des 'Fassaden-VIs, wenn keine weiteren Ereignisse anliegen.

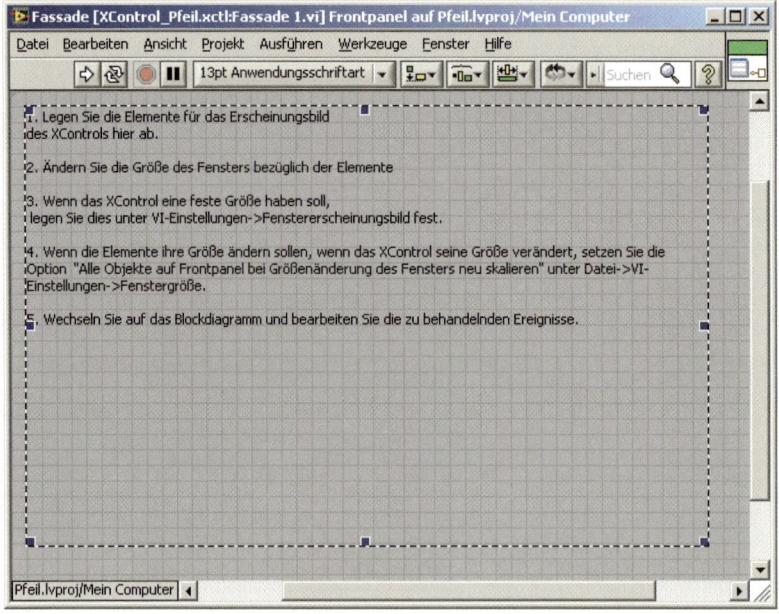

Bild 22.10
Frontpanel des
Fassaden-VIs
mit Rezepten
zur Bearbeitung

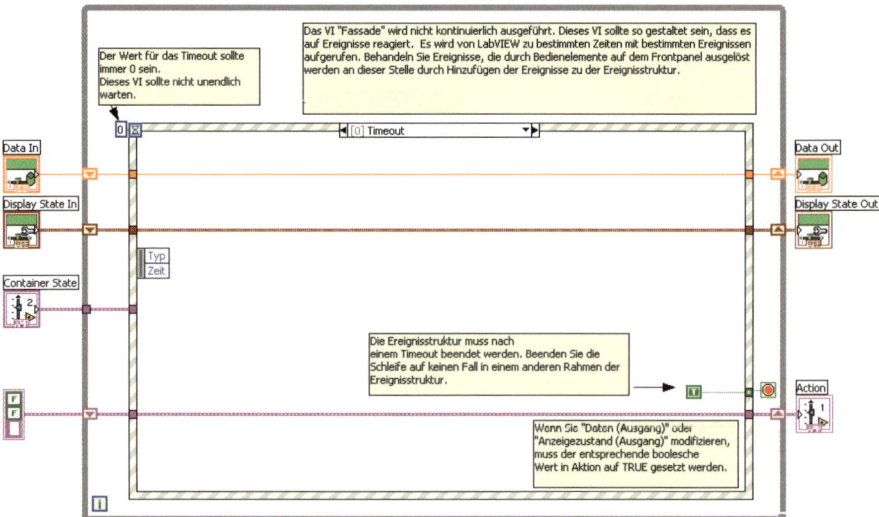

Bild 22.11 Rahmen [0] der Ereignisstruktur in 'Fassade.vi'

'Fassade_Pfeil.vi' erfordert in unserem Fall den größten Aufwand bei der Entwicklung von 'XControl_Pfeil.xctl. Wir beginnen mit einem Entwurf, der noch wenig flexibel ist, aber rasch die Anwendbarkeit eines XControls für die am Ende von Abschnitt 22.2 gestellte Aufgabe zeigt. Wir erstellen einen **neuen Rahmen** [5], der auf Mausbewegung und Mausdruck reagiert, siehe Bild 22.12.

Ganz wichtig ist es dabei, Datenänderungen, die sich hier aus Pfeiländerungen ergeben, LabVIEW mitzuteilen. Das geschieht im unteren Teil von Bild 22.12 über die violette Leitung, die rechts in 'Action' mündet. Anderenfalls würde ein VI, das das XControl nutzt, diese

Änderung nicht wahrnehmen. Ferner sind Änderungen von 'alpha' und 'Länge' von 'Data in' nach 'Data out' zu übertragen (über 'BerechnePfeil.vi', braune Verbindung oben).

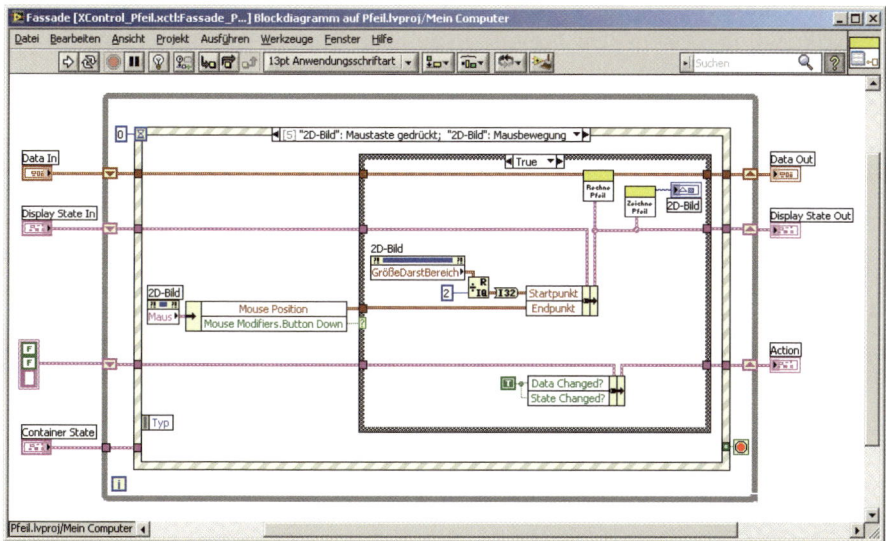

Bild 22.12 Rahmen [5] von 'Pfeil_Fassade.vi'. Im False-Teil der Case-Struktur sind die Drähte einfach durchgezogen

Merke: Ein XControl lässt sich nicht direkt ausführen, es benötigt ein aufrufendes VI, den sogenannten Container. XControl und Container laufen in zwei verschiedenen LabVIEW-Instanzen.

Hier ist 'Stein.vi' der Container, der das Element 'XControl_Pfeil.xctl' vom Panel aus aufruft. Im Diagramm ist es gemäß Bild 22.15 mit 'Alpha in Grad' und 'Länge' verbunden.

Bild 22.13 Fronpanel von 'Pfeil_Fassade.vi'

Erläuterungen

- Im Frontpanel von 'Pfeil_Fassade.vi' ist ein '2D-Bild' aus 'Elemente' – 'Modern' – 'Graph' – 'Elemente' dargestellt, das im Kontextmenü mit 'Element an Fensterbereich anpassen' auf das ganze Frontpanel ausgedehnt wurde. Man kann es nun verkleinern oder vergrößern, der Fensterbereich ist stets mit dem unteren Teil des Frontpanels identisch, siehe Bild 22.13.

- Das in Bild 22.12 dargestellte Ereignis tritt sowohl bei einer Mausbewegung als auch beim Drücken der linken Maustaste auf. Aber infolge des 'Mouse Modifiers' in der Mitte des Diagramms wird der TRUE-Teil der Case-Struktur nur bei gedrückter Maustaste ausgeführt. Dann wird sowohl der Winkel 'alpha' als auch die 'Länge' berechnet und der 'Pfeil' gezeichnet. Bewegt man nur die Maustaste, geschieht nichts, weil der FALSE-Teil der Case-Struktur leer ist.

- Ferner benötigen wir Grafikfunktionen, die unter 'Funktionen' –'Programmierung' – 'Audio & Grafik' - 'Bildfunktionen' zu finden sind. Hier verwenden wir: 'Leere Grafik', in der man mit 'Stift bewegen' einen Punkt wählt, von dem an das eigentliche Zeichnen mit Hilfe der Funktion 'ZeichnePfeil' beginnt. In unserem Beispiel wird immer eine Gerade gezeichnet, die von 'Startpunkt' zu 'Endpunkt', d.h. zur neuen Mausposition führt. Im Cluster 'Stift' kann man die Breite der Geraden und den Stil vorgeben. 'Solid' meint durchgehend gezeichnet, 'Dot' gepunktet, 'Dash' gestrichelt usw. Das Diagramm eines SubVIs für diese Aufgabe ist in Bild 22.18 dargestellt.

- Die Koordinaten werden in Pixeln angegeben, wobei die x-Achse wie üblich nach rechts, dagegen die y-Achse nach unten zeigt. Das ist in 'BerechnePfeil' bei der Anwendung der trigonometrischen Funktionen zu beachten (Vertauschung 'dX' und 'dY' beim ATAN2 sowie Richtungsänderung bei 'alpha'), wenn man wie in 'Stein.vi' zur üblichen Orientierung des Koordinatensystems zurückkehren möchte. Siehe dazu Bild 22.16 und Bild 22.17 zu 'BerechnePfeil'. Als Startkoordinaten werden dem SubVI in Rahmen [5] des Fassaden-VIs die Koordinaten des Mittelpunkts der Zeichenfläche von '2D-Bild' zugeführt. Bild 22.14 zeigt den Steinwurf für 59,9 Grad und die Länge (Pixel) von v0 = 43,9 m/s.

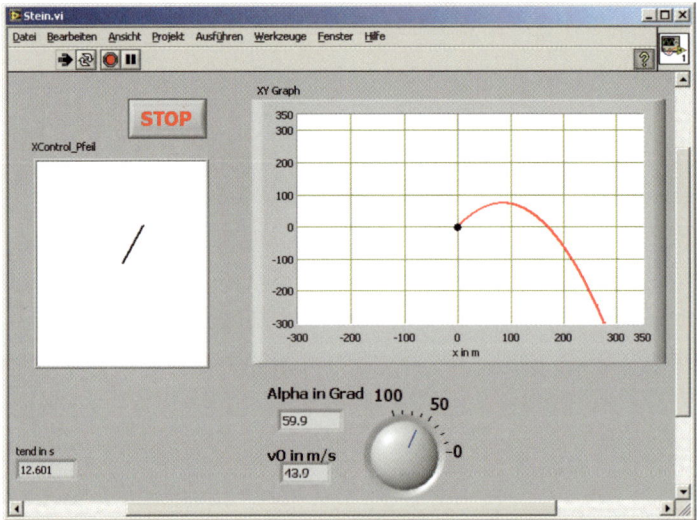

Bild 22.14 VI mit eingebautem XControl. Zur Berechnung der Anzeige siehe Bild 22.15

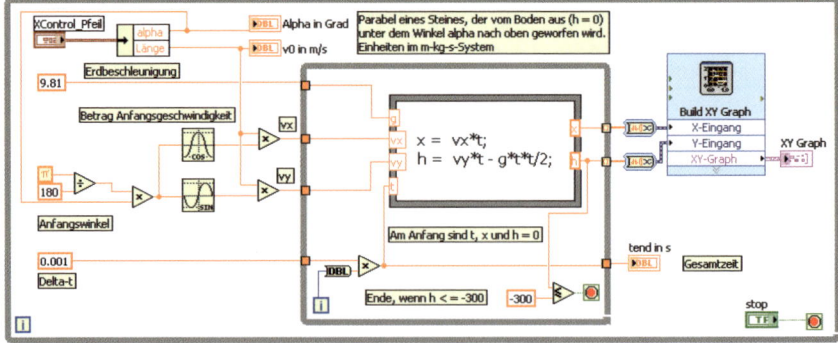

Bild 22.15 Verknüpfung der von 'XControl_Pfeil' errechneten Daten im Diagramm von 'Stein.vi'

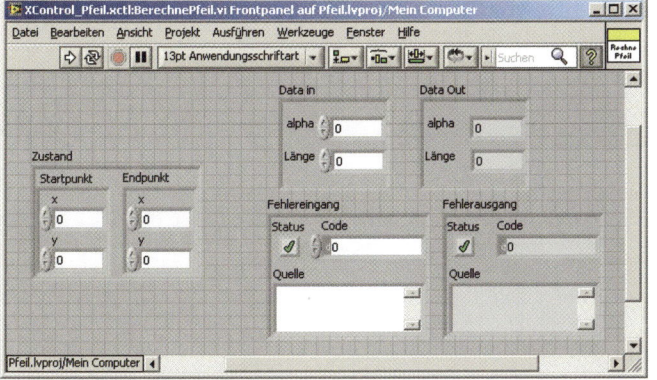

Bild 22.16
Das Frontpanel von
'BerechnePfeil.vi'
enthält links den
Cluster 'Zustand', der
zuvor als Typdefinition
erstellt wurde

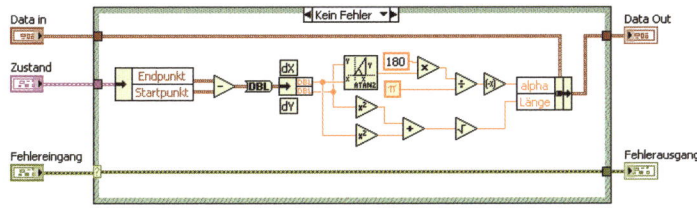

Bild 22.17
Diagramm von
'BerechnePfeil.vi'

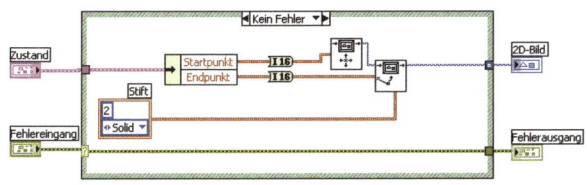

Bild 22.18 Diagramm von
'ZeichnePfeil.vi'. Das
Frontpanel ähnelt dem von
'BerechnePfeil.vi' in Bild 22.16,
nur sind hier keine zusätzli-
chen Daten von 'Data In' nach
'Data Out' zu übertragen

Merke: Um eine Zeichnung zu erstellen, die z. B. von der Bewegung der Maus
gesteuert wird, benötigt man 'Funktionen' – 'Programmierung' – 'Audio &
Grafik' – 'Bildfunktionen'.

Ein XControl soll **wieder verwendbar** sein. Das ist einer der wichtigsten Gründe für die
Erstellung so komplizierter Objekte. Anderenfalls könnte man ihre Funktion unmittelbar im
Hauptprogramm kodieren. Wie und wo könnten wir 'XControl_Pfeil.xctl' noch verwenden?
Man kann sich vorstellen, dass man die Flugbahn eines Steins auch unter Berücksichtigung
des Luftwiderstandes und unter dem Einfluss von Wind bestimmen möchte. Dann benötigt
man das XControl mehrfach, einmal wie bisher zur Eingabe von Richtung und Betrag der
Abschussgeschwindigkeit, das zweite Mal für Windrichtung und Windgeschwindigkeit. Es
sollte dem Anwender dann möglich sein, zur besseren Unterscheidung die Farbe des "Pfeils"
zu bestimmen. Wie kann man dem **Bedienelement** XControl die Farbe hinzufügen? Über
'Data In' (siehe Bild 22.12) ist das nicht möglich. Programmtechnisch kann man das Problem
durch die Erstellung einer **Eigenschaft** zum XControl lösen.

22.3.3 Eigenschaften in einem XControl

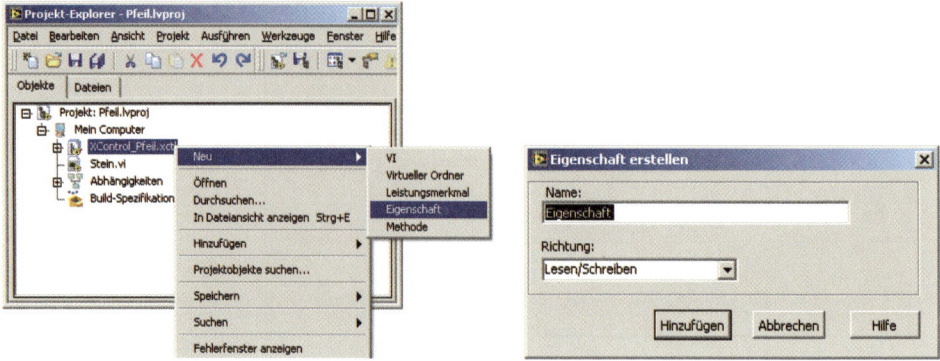

Bild 22.19 Erstellung Eigenschaft zum XControl

Im Kontextmenü von 'XControl_Pfeil.xctl' erstellen wir eine **Eigenschaft** zum XControl nach dem Muster von Bild 22.19 links. Wir erhalten dann automatisch das Fenster von Bild 22.19 rechts, das wir mit 'Hinzufügen' quittieren. Wir nennen diese Eigenschaft 'Farbe'. Wenn wir später bei der Verwendung im Kontextmenü des XControls 'Erstellen' – 'Eigenschaftsknoten' wählen, sehen wir am Ende der Liste den zusätzlichen Eintrag 'Farbe'. Zur Eigenschaft gehören in diesem Fall, wo die Richtung 'Lesen/Schreiben' eingestellt wurde, zwei VIs zum Lesen und Schreiben der Farbe. Wir geben ihnen beim Speichern die Namen 'Farbe lesen' und 'Farbe schreiben'. Der Projekt-Explorer verändert sich nach Expansion entsprechend Bild 22.20.

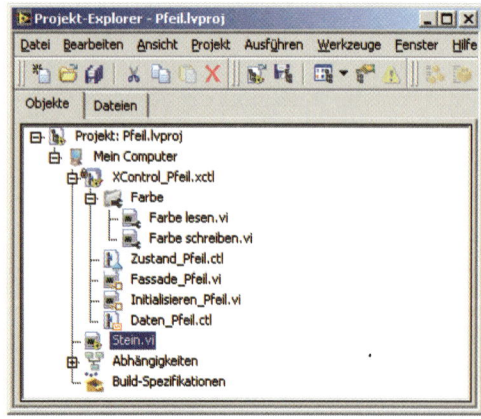

Bild 22.20 Zur neuen Eigenschaft 'Farbe' gibt es zwei VIs, denen wir die Namen 'Farbe lesen.vi' und 'Farbe schreiben.vi' gegeben haben

Nun sind 'Farbe lesen.vi' und 'Farbe schreiben.vi' zu programmieren. Doppelklick auf das erste VI zeigt ein Frontpanel und ein Diagramm entsprechend Bild 22.21 mit Bearbeitungshinweisen. In unserem Beispiel ist das Element 'Wert' durch ein Farbfeld zu ersetzen, das sich unter 'Elemente' – 'Modern' – 'Numerisch' links unten findet.

Eigenschaften beeinflussen das Aussehen des XControls und müssen daher in der XControl-Instanz gespeichert werden. Dazu dient die Typdefinition 'Display State'. Diese muss an unsere Bedürfnisse angepasst werden. Die Typdefinition von 'Display State in' zeigt als Voreinstellung ein Cluster mit einem numerisches Feld. Es ist gemäß Bild 22.22 zu ergänzen. Nur so gelingt es, die Diagramme entsprechend Bild 22.23 zu programmieren.

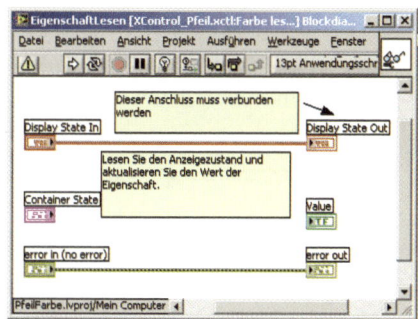

Bild 22.21 Frontpanel 'Farbe lesen.vi' mit Farbfeld   Blockdiagramm 'Farbe lesen.vi', Voreinstellung

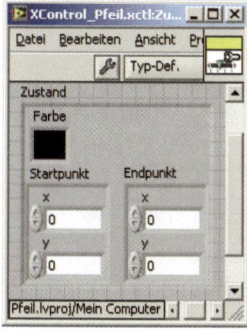

Bild 22.22 Typdefinition 'Zustand_Pfeil.ctl'

Bild 22.23 zeigt die Diagramme von 'Farbe lesen.vi' und 'Farbe schreiben.vi'. Das Panel von 'Farbe schreiben.vi' ist mit dem von 'Farbe lesen.vi' aus Bild 22.21 identisch, nur handelt es sich diesmal beim Farbfeld um ein Bedienelement.

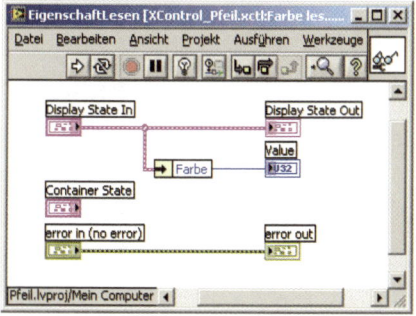

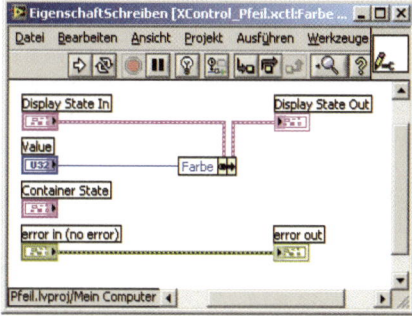

Bild 22.23 Diagramm von 'Farbe lesen.vi' und 'Farbe schreiben.vi'

Der Rahmen [5] im XControl aus Bild 22.12 verändert sich nun wie in Bild 22.24 gezeigt. Das SubVI 'ZeichnePfeil.vi' wurde in den Rahmen [0] verlegt, siehe Bild 22.25. Vorteil gegenüber der ersten Version: Die eingestellte Farbe wird sofort sichtbar, weil das Fassaden-VI bei jedem Aufruf zuletzt den Rahmen[0] erreicht. Bei der früheren Version erfolgte das Zeichnen mit der neuen Farbe erst bei Mausklick im Rahmen [5]. Das leicht veränderte Programm 'Stein.vi' ist in Bild 22.26 und in Bild 22.27 dargestellt.

Außerdem legen wir wegen der besseren Übersicht im Ordner 'Pfeil_Farbe' die Unterordner 'Container PfeilFarbe' für 'Stein.vi' und 'XControl' für das Projekt 'Pfeil.lvproj' zum XControl mit seinen Leistungsmerkmalen an.

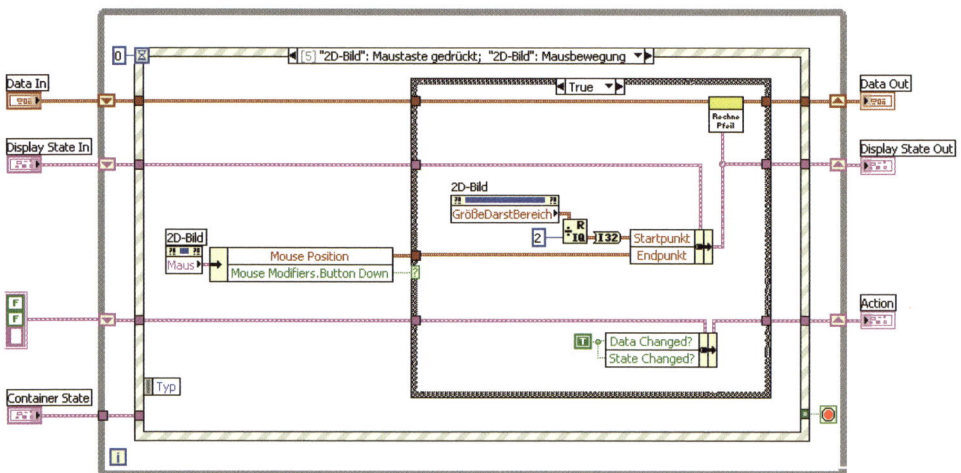

Bild 22.24 Das Fassaden-VI erhält einen Farbwert, der vom aufrufenden VI gesetzt werden kann

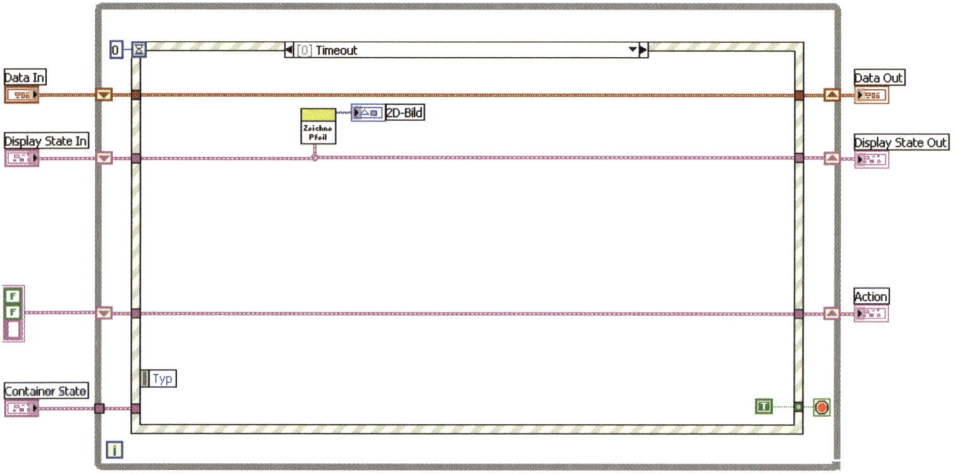

Bild 22.25 Rahmen [0] des Fassaden-VIs mit der Funktion 'ZeichnePfeil.vi'

Merke: Fügt man zum XControl eine Eigenschaft hinzu (hier 'Farbe'), kann man sich im Kontextmenü des XControls mit 'Erstellen' – 'Eigenschaftsknoten' auf diese neue Eigenschaft beziehen. Sie wird dort automatisch am Ende der Liste hinzugefügt.

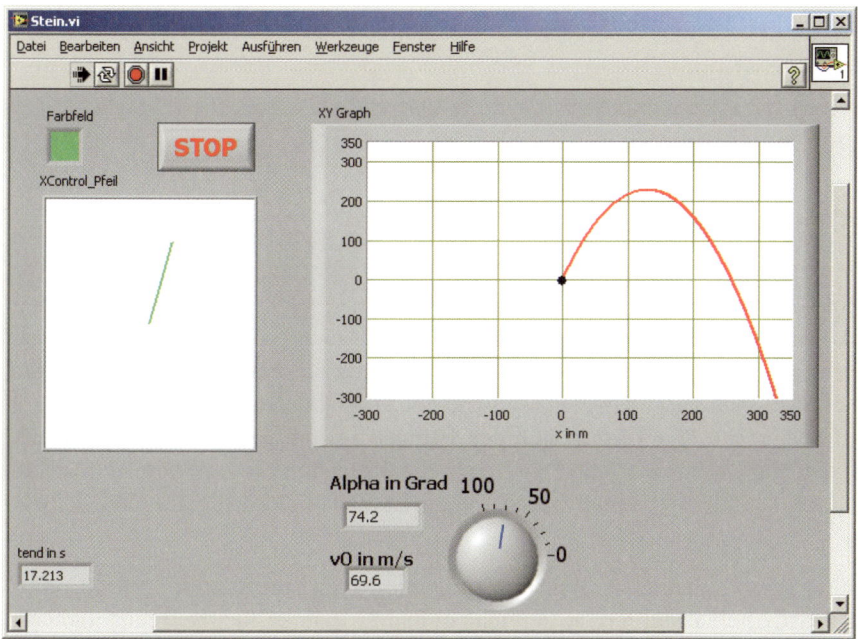

Bild 22.26 Frontpanel von 'Stein.vi', links das XControl

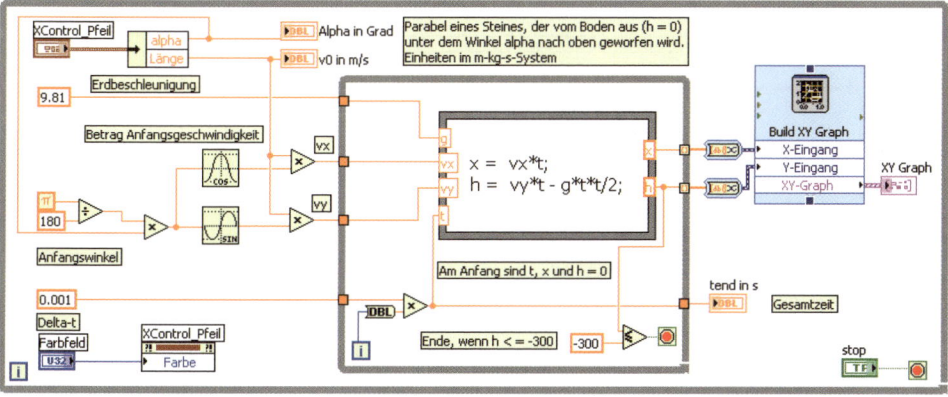

Bild 22.27 Diagramm von 'Stein.vi' aus Bild 22.26. Die Farbe wird über den Eigenschaftsknoten 'Farbe' übertragen, der im Kontextmenü von 'XControl_Pfeil' mit 'Erstellen' – 'Eigenschaftsknoten' zu finden ist

22.3.4 Bedeutung der Rahmen [1] bis [4] im Fassaden-VI

Im vorigen Abschnitt haben wir gezeigt, wie sich Rahmen [0] mit seiner Timeout-Funktion nutzen lässt. Was ist mit den anderen standardmäßig vorgegebenen Rahmen? Wenn wir sie nicht brauchen, lassen wir sie einfach ungenutzt. Das Beispiel-Programm im Ordner 'Pfeil_Farbe' läuft auch allein mit der Programmierung in den zwei Rahmen [0] und [5].

Man erhält einen vollständigen Überblick über die Möglichkeiten der Verwendung aller anderen Rahmen in einem Beispiel-VI von National Instruments, das unter '\LabVIEW 2014\examples\Controls and Indicators\XControls\Dual Mode Thermometer' zu finden ist.

Das ist ein einfaches Beispiel zur Umrechnung von Grad Celsius in Fahrenheit und umgekehrt.

Hier besprechen wir im Zusammenhang mit der Operation "Pfeilzeichnen" Möglichkeiten, die Rahmen [1] bis [4] zu nutzen. Wir beginnen mit Rahmen [4].

Rahmen [4] im Fassaden-VI

Die Eventstruktur zeigt im Rahmen [4] die Überschrift 'Ausführungszustandsänderung'. Das bedeutet eine Änderung des VIs, welches das XControl verwendet, des sogenannten **Containers,** vom Zustand 'VI läuft' zum Zustand 'VI läuft nicht' oder umgekehrt. Hat man im Fenstererscheinungsbild des Containers die 'Symbolleiste bei Ausführung anzeigen' ausgeschaltet, sieht man nach dem Start während des Programmlaufs nicht mehr sofort, ob das VI läuft oder nicht. Wir können nun den Rahmen [4] des Fassaden-VIs gemäß Bild 22.28 gestalten, was voraussetzt, dass wir zuvor die Typdefinition von 'Display State In' um die Anzeige 'Läuft VI?' erweitert haben. Ferner ist 'ZeichnePfeil.vi' nach Bild 22.29 zu erweitern.

Startet man nun den Container 'Ausführungsänderungs.vi', der nichts außer dem XControl enthält, mit 'Wiederholt ausführen', so liest man in Bild 22.30 links 'Rentner rennt' und nach Stopp über 'Ausführen' – 'Stoppen' rechts im Bild 'Rentner umgefallen'. Das XControl reagiert also auf Zustandsänderungen des Container-VIs.

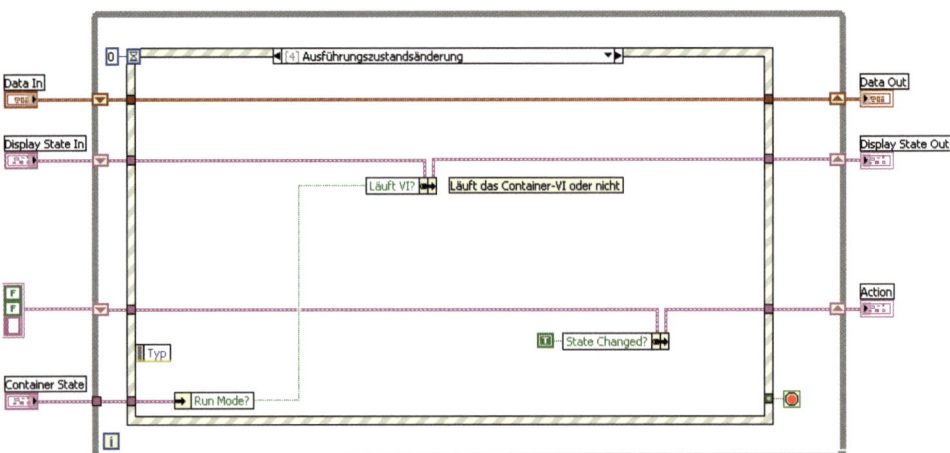

Bild 22.28 Programmierung von Rahmen [4] nach Erweiterung der Typdefinition von 'Display State In'

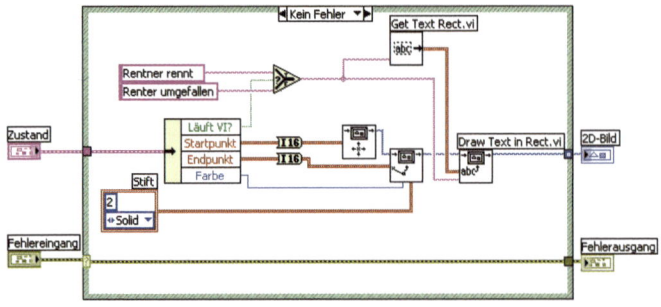

Bild 22.29 Änderung von 'ZeichnePfeil.vi'. Vergleiche mit Bild 22.18

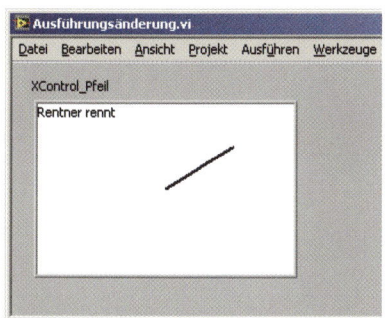 

Bild 22.30 Container 'Ausführungsänderungs.vi' läuft   Container 'Ausführungsänderungs.vi' wurde gestoppt

Rahmen [3] im Fassaden-VI

Wir gehen vom XControl mit geändertem Rahmen [4] aus und modifizieren Rahmen [3] 'Richtungsänderung' mit dem Ziel, zu erfassen, ob das XControl im Container als **Bedien- oder als Anzeigeelement** abgesetzt wurde. Im zweiten Fall wollen wir die für das Bedienelement gewählte Farbe beim Anzeigeelement in die Komplementärfarbe umwandeln. Nochmals erweitern wir die Typdefinition von 'Display State In' entsprechend Bild 22.31 und Rahmen [3] des Fassaden-VIs gemäß Bild 22.32. Außerdem müssen wir 'ZeichnePfeil' modifizieren, diesmal gemäß Bild 22.33.

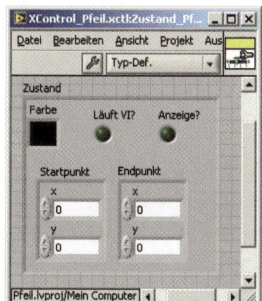

Bild 22.31 Erweiterung der Typdefinition von 'Display State In' um eine zusätzliche Anzeige

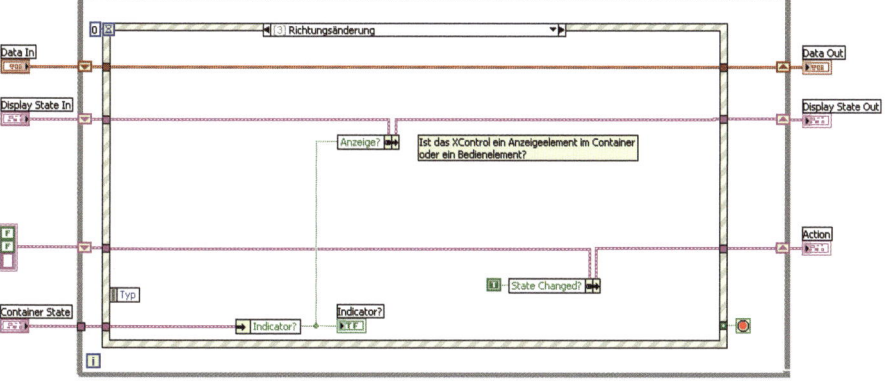

Bild 22.32 Rahmen [3] zur Richtungsänderung von Bedien- in Anzeigeelement oder umgekehrt

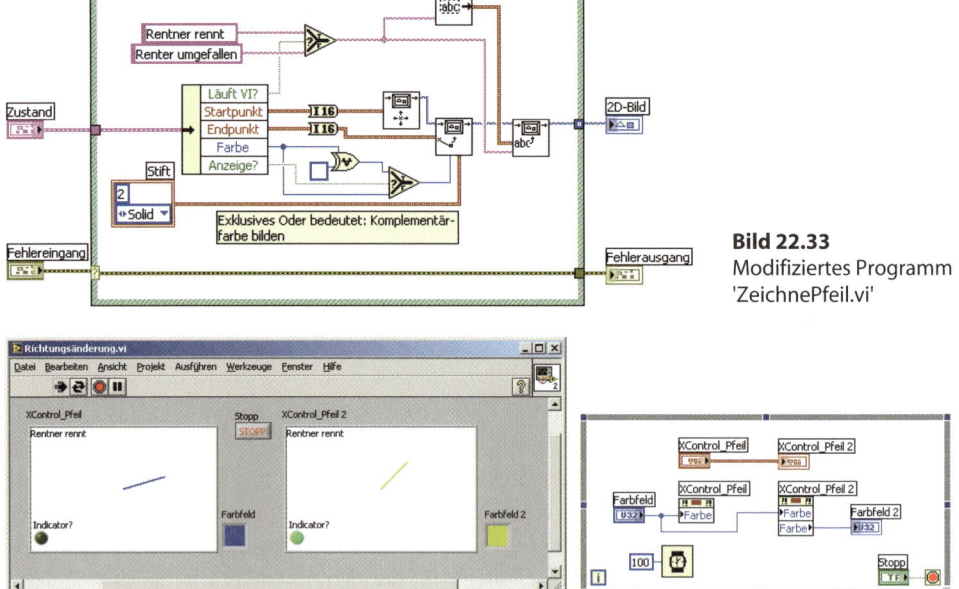

Bild 22.33
Modifiziertes Programm
'ZeichnePfeil.vi'

Bild 22.34 Bedien- und Anzeige-XControls, unabhängig   Diagramm zum Frontpanel links

Damit haben wir das Testprogramm 'Richtungsänderungs.vi' mit einem Frontpanel nach Bild 22.34 links und einem Diagramm gemäß Bild 22.34 rechts erhalten. Die "Pfeile" lassen sich links und rechts unabhängig voneinander drehen, jedoch sind die angezeigten Farben zueinander komplementär.

Rahmen [2] im Fassaden-VI

Rahmen [2] mit der Event-Bezeichnung 'Anzeigezustandsänderung' wird immer aufgerufen, wenn ein Eigenschafts- oder Methodenknoten zum XControl im Container-VI durchlaufen wird. Man erkennt das, wenn man hier Farbänderungen nach Bild 22.35 einfügt. Das Container-VI zeigt dann laufende Farbänderungen, siehe Bild 22.36.

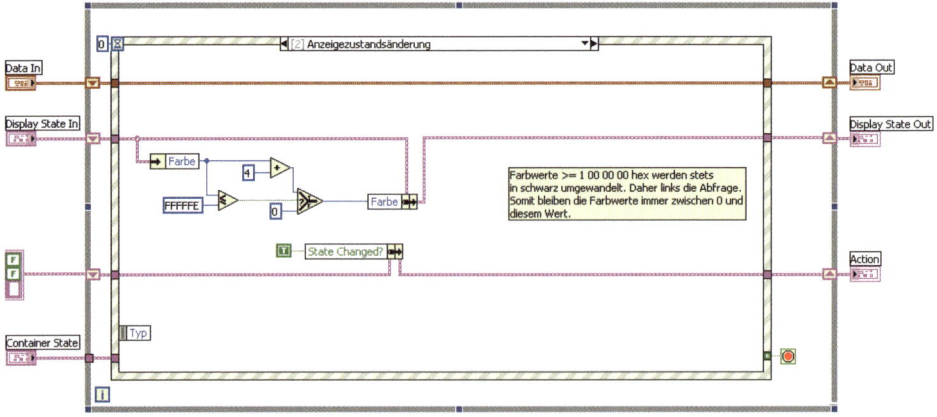

Bild 22.35 Schrittweise Änderung der RGB-Farben, falls Rahmen [2] durchlaufen wird

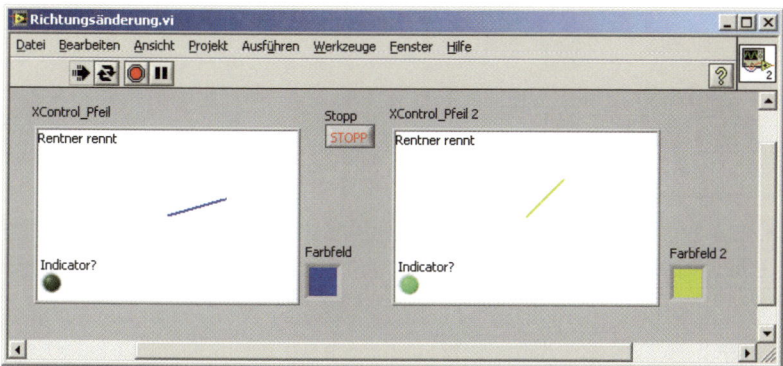

Bild 22.36 Farbänderung durch Rahmen [2], sobald der Eigenschaftsknoten 'Farbe' aufgerufen wird, was dauernd geschieht. 'Anzeigezustandsänderung.vi', Frontpanel

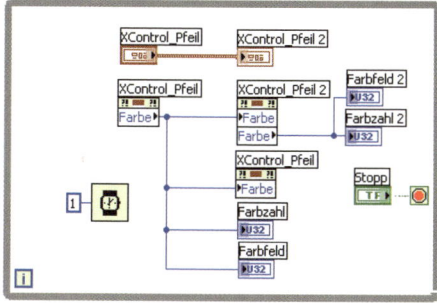

Bild 22.37 Diagramm zu 'Anzeigezustandsänderung.vi'

Rahmen [1] im Fassaden-VI

Will man die Bewegungen der Pfeile in Bild 22.36 voneinander abhängig machen, kann man dazu Rahmen [1] des Fassaden-VIs verwenden. Bild 22.39 zeigt das am Container-Beispiel 'Datenänderung.vi'. Vor dem Start kann man jeden Pfeil in den drei XControls unabhängig voneinander bewegen, nach dem Start synchronisieren sie sich automatisch und nehmen Richtung und Länge des linken Pfeils an. Mittlerer und rechter Pfeil lassen sich also nicht mehr direkt steuern. Das Bild zeigt auch, dass im linken Farbfeld eine beliebige Farbe (auch zur Laufzeit) eingestellt werden kann. Der Pfeil links nimmt diese Farbe an, ebenso der Pfeil ganz rechts, der mittlere Pfeil dagegen die Komplementärfarbe. Weiter zeigt das Bild, dass man die Größe der XControls im Containerprogramm verändern kann (allerdings nicht zur Laufzeit). Bild 22.39 zeigt das Diagramm von 'Datenänderung.vi'.

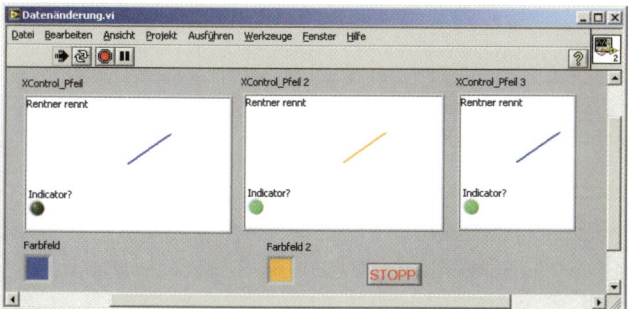

Bild 22.38 Container-VI mit drei Instanzen desselben XControl_Pfeil.ctl', aber in verschiedener Größe. Außerdem einmal als Bedienelement und zweimal als Anzeigeelement. Der Pfeil ganz links synchronisiert die beiden anderen Instanzen

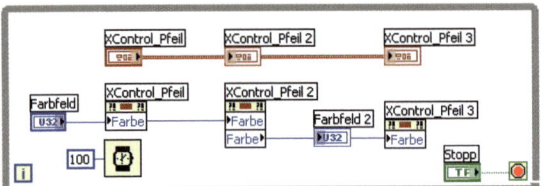

Bild 22.39 Diagramm des Container-VIs in Bild 22.38

Im Diagramm von Bild 22.39 sieht man, dass 'XControl_Pfeil' Daten an 'XControl_Pfeil2' und an 'XControl_Pfeil3' weiterreicht.

Damit das XControl diese Fähigkeit erhält, muss man das Fassaden-VI ändern. Die Rahmen [0], [3] und [4] bleiben bestehen. Aus Rahmen [2] entfernen wir der Einfachheit halber die ständige Farbmodifikation. Wichtig ist aber die Berechnung von Endpunkt und Startpunkt aus den momentanen Pfeildaten (Bild 22.38 links). Siehe dazu auch Bild 22.40.

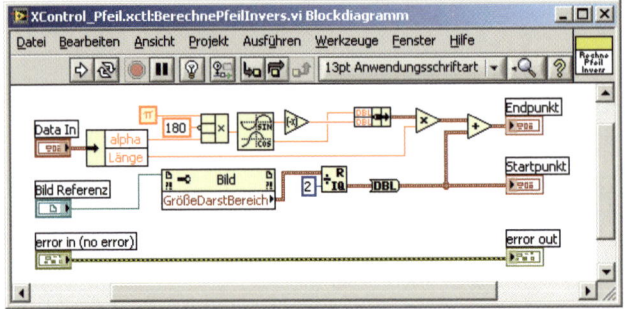

Bild 22.40 Unterprogramm zur Berechnung von Endpunkt und Startpunkt aus alpha, Länge und der Größe des 2D-Bild-Darstellungsbereichs

Diese Berechnung erfolgt in Rahmen [1] des Fassaden-VIs, siehe Bild 22.41. Das **Bedienelement** XControl muss dem **Anzeigeelement** XControl Länge und Winkel übermitteln, damit dieses seinen Pfeil nachführen kann. Dazu wird das SubVI 'BerechnePfeilInvers.vi' verwendet. Die Nachführung des Pfeils soll nur in **einem Anzeigeelement** erfolgen und auch nur, wenn das Container-VI **läuft**. Dazu dient Rahmen [5], der gemäß Bild 22.42 abgewandelt wird.

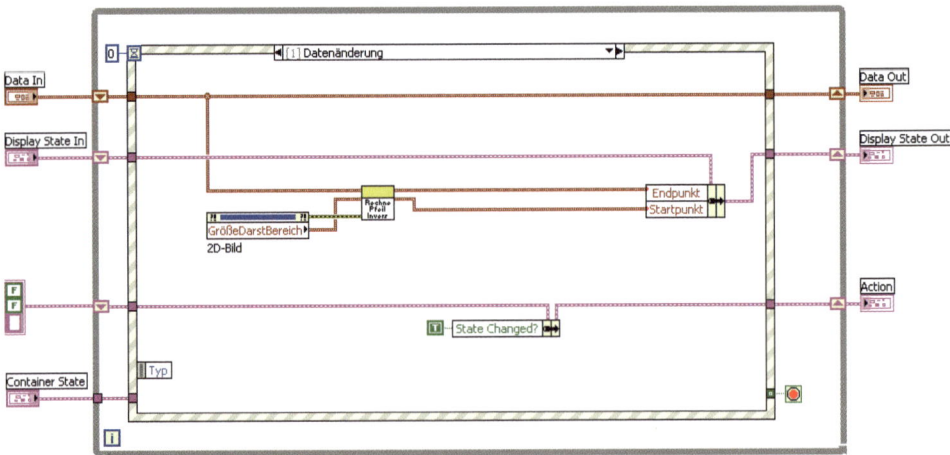

Bild 22.41 Rahmen [1] berechnet Start- und Endpunkt aus den 2D-Bild-Daten und aus alpha und Länge

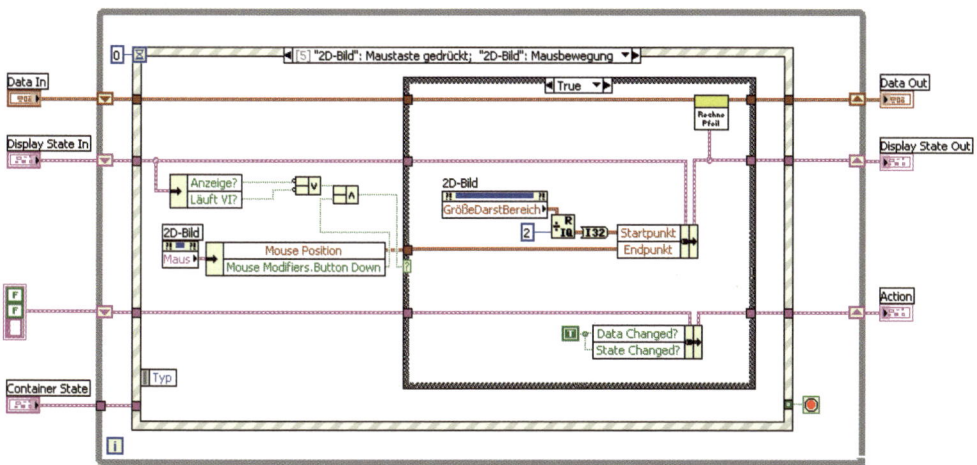

Bild 22.42 Daten und Zustandsdaten (Display State Out) werden nur weitergegeben, wenn der True-Teil der Case-Struktur durchlaufen wird. Der False-Zweig ist leer, d.h. die Verbindungsleitungen werden von links nach rechts unverändert durchgeführt

22.3.5 Weitere Verbesserungen

Wir hatten eingangs von "Pfeilen" gesprochen, haben aber nur Linien mit festem Startpunkt programmiert. Auch war die Rede vom Einfluss der Windgeschwindigkeit auf die Flugbahn des Steins. Es würde hier zu weit führen, alle diese Verbesserungen ausführlich zu erklären. Wir stellen sie daher dem interessierten Leser in Form von Übungsaufgaben mit einigen unterstützenden Hinweisen vor.

Aufgabe 22.1

Ersetzen Sie die bisher verwendeten Linien im XControl in 'Stein.vi' aus dem Verzeichnis 'Pfeil_Farbe' durch echte Pfeile.

Anleitung: Am einfachsten wäre es, den Pfeil als Ganzes zu zeichnen. Eleganter ist die Zerlegung in Rumpf und Spitze. Man kann dann nämlich den Pfeil verlängern, ohne die Pfeilspitze zu deformieren. Die Einzelheiten dieser Maßnahme sind beschrieben in 'Pfeil22.doc' im Verzeichnis 'LabLösung' – 'Aufgabe 22.1'. Das Ergebnis wird durch die Diagramme von Bild 22.43 bis Bild 22.46 angedeutet.

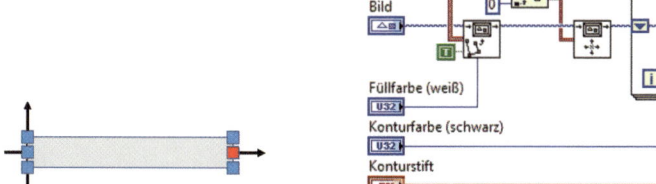

Bild 22.43 Struktur Pfeilrumpf   SubVI zur Bildung des Pfeilrumpfs

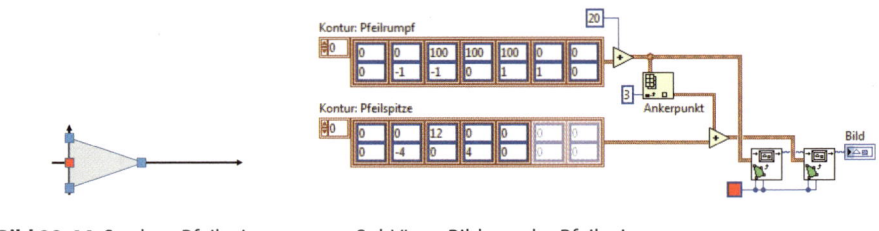

Bild 22.44 Struktur Pfeilspitze   SubVI zur Bildung der Pfeilspitze

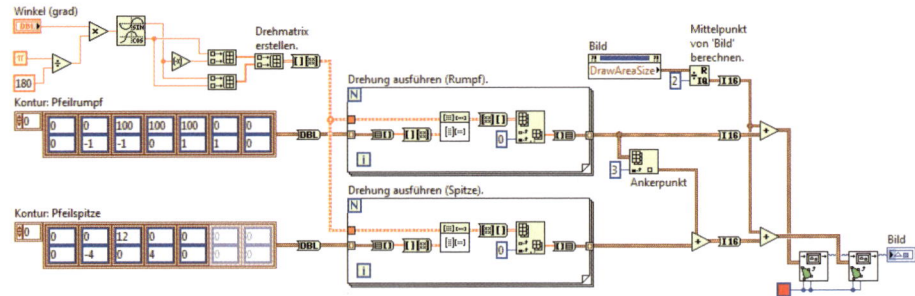

Bild 22.45 SubVI zur Drehung des Pfeils nebst Spitze

Bild 22.46 Ergebnis: Roter, gedrehter Pfeil auf 2D-Bild

Aufgabe 22.2

Die bisherige Steuerung der Abwurfgeschwindigkeit mit dem Pfeil macht es schwierig, Vergleiche zur Wurfweite unter verschiedenen Winkeln zu ziehen, weil man bei der Änderung des Winkels unabsichtlich meist auch die Länge des Pfeils verändert. Es wäre praktisch, wenn man durch zusätzliche Betätigung einer Taste, z.B. <Strg>, nur den Winkel ändern könnte, aber nicht die Länge. Umgekehrt sollte eine andere Zusatztaste nur Längenänderungen bei festem Winkel erlauben. Verwenden Sie dazu das SubVI 'BerechneAlphaOderLaenge.vi' im Verzeichnis 'LabLösung' – 'Aufgabe 22.2' zur Entwicklung eines Programms, das diesen Wünschen genügt.

Aufgabe 22.3

Schreiben Sie ein VI, das zwei Instanzen des XControls verwendet, eines für die Vorgabe der Anfangsgeschwindigkeit des Steins, das andere zu Bestimmung der – dauernd und konstant wirkenden – Windgeschwindigkeit. Die Anzeige könnte z.B. aussehen wie in Bild 22.47.

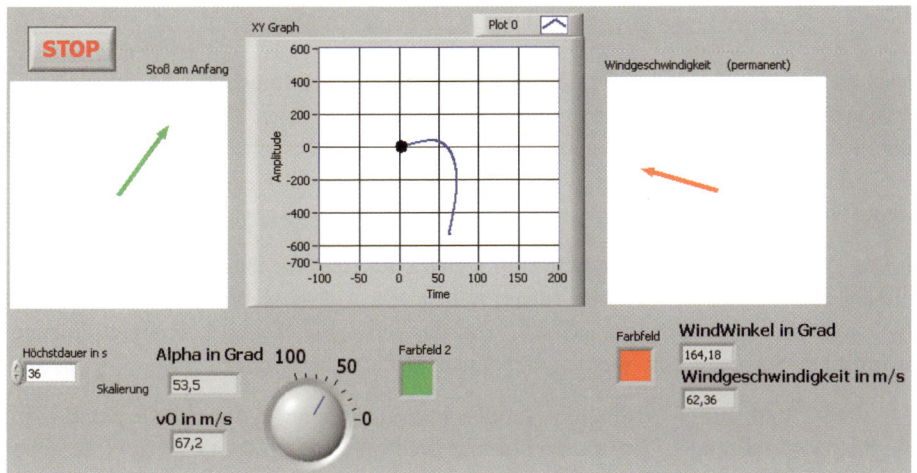

Bild 22.47 Flugbahn des Steins mit Gegenwind

Zu beachten ist dabei, dass hier nicht mehr die einfachen Formeln (1) für die Berechnung der Flugbahn gelten. Vielmehr ist ein Differenzialgleichungssystem unter Berücksichtigung der permanenten, von der Geschwindigkeit des Windes quadratisch abhängigen Krafteinwirkung aufzustellen! Siehe dazu Kapitel 13.

Merke: Man sollte nicht gleichzeitig ein XControl programmieren, etwa das Fassaden-VI, und den zugehörigen Container zum Testen des XControls. Das führt meist zu Konflikten, die nur mühsam aufzulösen sind. Also: Alle Komponenten des XControls schließen, erst danach ein Testprogramm für das XControl entwickeln.

22.4 XControl zur Erstellung von Symbolleisten

Eine Symbolleiste ist ein Standardbedienelement für die Gestaltung einer Benutzerschnittstelle. Es fasst Aktionen zusammen, welche durch sinngemäße Symbole am Bildschirm dargestellt werden. Der Anwender kann eine dieser Aktionen ausführen, indem er das entsprechende Symbol mit der Maus anklickt. Im folgenden Abschnitt stellen wir die Entwicklung einer Symbolleiste als XControl vor.

Für das neue Bedienelement sollen folgende Funktionen umgesetzt werden.

- Hinzufügen beliebig vieler Symbole.
- Löschen aller Symbole.
- Rückmeldung des Symbols, das unter dem Mauszeiger liegt.
- Rückmeldung des angeklickten Symbols.
- Anpassung des Erscheinungsbilds an eigene Bedürfnisse.

22.4.1   Zustand der Symbolleiste

Wie bereits in Abschnitt 22.3 beschrieben, wird das Erscheinungsbild im Leistungsmerkmal 'Zustand' gespeichert. Jede Instanz des XControls besitzt ihren eigenen Zustand. So kann man mehrere Instanzen auf demselben Frontpanel unterschiedlich gestalten. Die Zustände der Instanzen werden mit dem Frontpanel gespeichert und stehen beim erneuten Laden wieder zur Verfügung.

In der Typendefinition 'Zustand.ctl' sind Daten enthalten, die einerseits das Erscheinungsbild beeinflussen, anderseits die Laufzeit reduzieren. Auf diese Weise werden die Symbole nur einmal von der Festplatte geladen und die benötigten Daten berechnet. Solange das XControl im Speicher steht, werden diese Zustandsdaten verwendet:

- 'Pfade' und 'Infos' enthalten jeweils ein Array aller Symbolpfade und Symbolkurzbeschreibungen. Sie werden über die Methode 'FuegeSymbolHinzu.vi' der Symbolleiste gesetzt.

- 'Symbole' enthält eine Liste der Symbole.

- 'Wert' speichert den Index des angeklickten Symbols. Das erste Symbol hat stets den Index 0, danach folgt das Symbol mit dem Index 1 usw. 'Selektion' speichert den Index des Symbols unter dem Mauszeiger (auch wenn nicht angeklickt wurde!). Über beide Variablen wird der Rahmen und die Hintergrundfarbe festgelegt. Ist kein Symbol ausgewählt, wird 'Wert' auf −1 gesetzt, siehe dazu Bild 22.48.

- 'Innen Abstand' und 'Außen Abstand' enthalten Abstände zwischen dem Symbol und dem Rahmen, der um die Symbole gezeichnet wird.

- 'Farbe' des Rahmens. Der Hintergrund des ausgewählten Symbols wird zusätzlich mit derselben, aber aufgehellten 'Farbe' gefüllt.

- 'Rahmen' enthält für jedes Symbol vier Zahlenwerte, welche die linke obere und die rechte unter Ecke innerhalb der Symbolleiste beschreibt.

- Maximaler Rahmen ('Max. Rahmen') ist der größtmögliche Rahmen, der alle anderen 'Rahmen' enthält. Werden der Symbolleiste unterschiedlich große Symbole hinzugefügt, werden diese innerhalb des maximalen Rahmens mittig ausgerichtet.

Bild 22.48 Symbolleiste. Das erste Symbol ist ausgewählt und das letzte Symbol befindet sich unter dem Mauszeiger, zu erkennen am dickgezeichnetem Rahmen

Bild 22.48 zeigt die Symbolleiste mit einigen uns bereits bekannten Tierbildern.

22.4.2 Funktionen der Symbolleiste

Die Symbolleiste wird in einem '2D-Bild' gezeichnet, das sich automatisch an die Größe des Fassaden VIs anpasst. Die hinzugefügten Symbole werden nebeneinander dargestellt.

22.4.2.1 Symbole hinzufügen

Das Hinzufügen der Symbole erfolgt über die Methode 'FuegeSymbolHinzu.vi'. Eine Methode im XControl wird ähnlich wie eine Eigenschaft gebildet, siehe Bild 22.19. Nur wählt man jetzt im Untermenü den Eintrag 'Methode'. Öffnet man dieses VI, erhält man Anleitungen zu Erstellung des Frontpanels und des Diagramms, wie Bild 22.49 zeigt. Im Projekt-Explorer erkennt man sie an einem kleinen violetten, rechts gerichteten Pfeil.

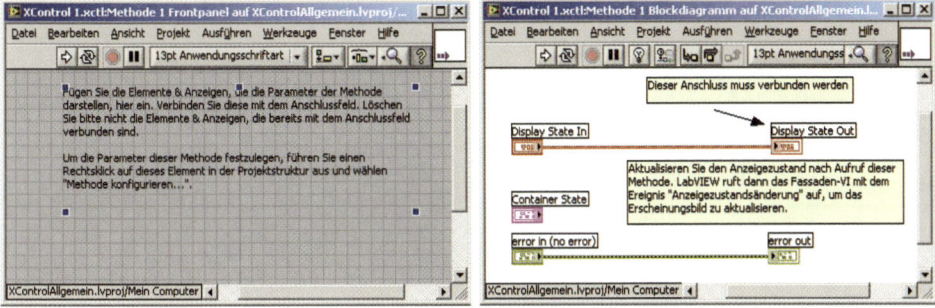

Bild 22.49 Methoden-VI für das XControl   Diagramm des MethodenVIs

Über 'VI-Einstellungen' – 'Fenstererscheinungsbild' kann unter 'Fenstertitel' die Bezeichnung angegeben werden, die später im Diagramm im Methoden-Knoten angezeigt werden soll. Dazu muss 'Wie VI-Name' deaktiviert werden. Wir haben 'Fuege Symbol Hinzu' gewählt, siehe Bild 22.50. Das Diagramm dazu zeigt Bild 22.51.

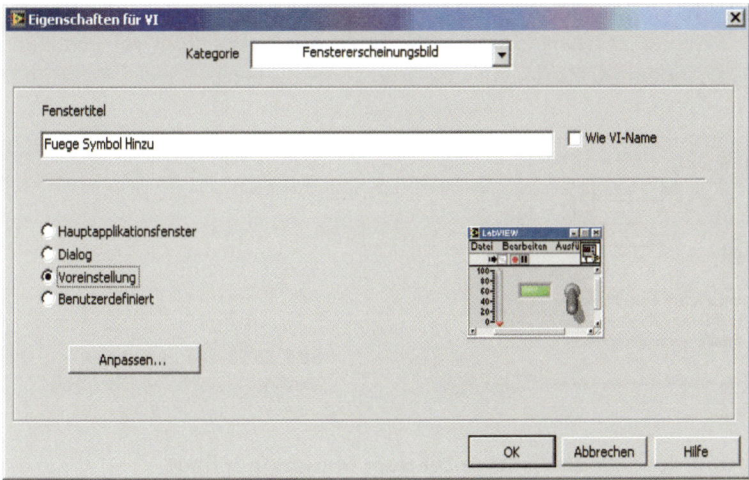

Bild 22.50 Name der Methode wählen

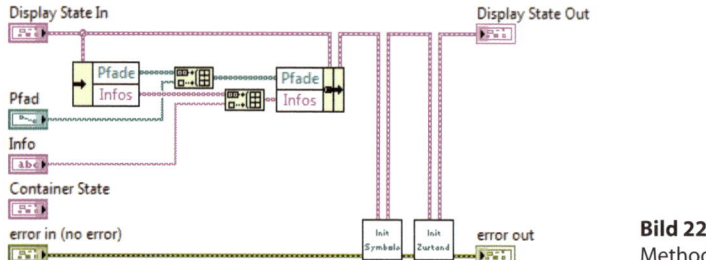

Bild 22.51 Diagramm der Methode 'FuegeSymbolHinzu.vi'

'Display State In' und 'Display State Out' sind vom Typ 'Zustand.ctl'. Die Elemente 'Pfad' und 'Info' wurden von uns zum automatisch erzeugten Methoden-VI hinzugefügt. Über diese Eingänge kann der Pfad zum Symbol und eine Kurzbeschreibung gesetzt werden. Beide Werte werden in den entsprechenden Arrays angehängt.

Der Aufruf des SubVIs 'InitialisiereSymbole.vi' liest alle Symbole ein, die im Array 'Pfade' gespeichert sind. Dabei werden fehlerhafte Pfadangaben aussortiert. 'InitialisiereZustand.vi' dagegen ermittelt 'Rahmen' und 'Max. Rahmen' aller eingelesenen Symbole. Beide VIs verändern gegebenenfalls den Zustand.

Aufgabe 22.4

Der Leser schaue sich beide VIs an und versuche, ihre Funktion zu verstehen.

22.4.2.2 Alle Symbole löschen

Auch das Löschen der Symbole aus der Symbolleiste erfolgt über eine Methode. Sie heißt 'Lösche alle Symbole' ('LoescheAlleSymbole.vi') und benötigt keine Parameter. Bild 22.52 zeigt das Diagramm.

Dieses VI überschreibt alle Arrays der Zustandsdaten des XControls ('Display State in' und 'Display State Out' in Bild 22.52) mit leeren Arrays. Für 'Pfade' und 'Infos' erfolgt das einfach über Konstanten. Für 'Symbole' entfernen wir über die Funktion 'Array Subset' alle Elemente aus dem Eingangs-Array, indem wir für 'length' den Wert Null angeben.

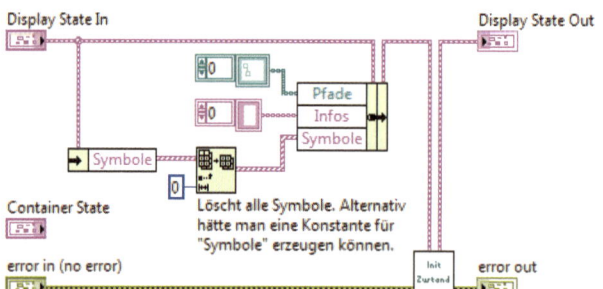

Bild 22.52 Diagramm der Methode 'Lösche alle Symbole'

22.4.2.3 Rückmeldung des Symbols, das unter dem Mauszeiger liegt

Diese Funktion wird im Fassaden VI programmiert. Dazu werden in der Ereignisstruktur zwei weitere Rahmen hinzugefügt, siehe Bild 22.53 und Bild 22.54.

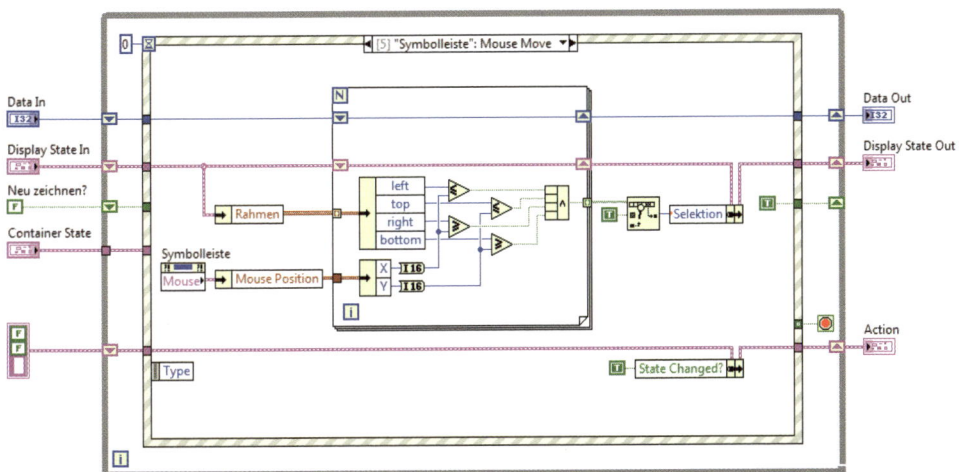

Bild 22.53 Ermitteln des Symbols, das unter dem Mauszeiger liegt

Das Ereignis in Bild 22.53 tritt ein, wenn der Mauszeiger innerhalb der 'Symbolleiste' bewegt wird. Die Koordinaten werden über das Cluster 'Mouse Position' abgefragt: In der For-Schleife wird überprüft, ob sie innerhalb des Rahmens eines Symbols liegen. In diesem Fall liefert die Und-Verknüpfung TRUE zurück, anderenfalls FALSE. Das Ergebnis liegt als Array am Ausgang der Schleife vor, und enthält entweder genau ein oder kein TRUE. Mit der Funktion '1D-Array durchsuchen' wird der Index des TRUE-Elements ermittelt. Falls kein TRUE gefunden wird, d.h. wenn kein Symbol unter dem Mauszeiger liegt, liefert die Funktion eine –1 zurück. Dieser Index wird in den Zustandsdaten als 'Selektion' gespeichert. Zusätzlich muss 'State Changed?' im 'Action'-Cluster auf TRUE gesetzt werden. Das veranlasst LabVIEW, die Zustandsdaten der XControl-Instanz zu speichern, so dass diese beim nächsten Aufruf des Fassaden-VIs wieder zur Verfügung stehen. Über die TRUE-Konstante, die über das Shift-Register der While-Schleife als 'Neu zeichnen?' anderen Rahmen der Ereignisstruktur übergeben wird, kann im Timeout-Rahmen festgestellt werden, ob die Symbolleiste neu gezeichnet werden muss, siehe Bild 22.55. Einfacher wäre es gewesen, den Wert 'State Changed?' zu verwenden, aber leider stellt LabVIEW diese Möglichkeit für Eigenschaften- und Methodenaufrufe nicht zur Verfügung.

Bewegt der Benutzer den Mauszeiger aus der Symbolleiste heraus, wird die 'Selektion' aufgehoben, indem dort der Wert –1 eingetragen wird, siehe Bild 22.54.

Der Timeout-Rahmen wird im Fassaden-VI stets als letztes Ereignis aufgerufen. Insofern ist der Timeout-Wert von 0 irreführend. Der Rahmen wird nicht sofort ausgeführt, sondern erst, wenn alle anderen Ereignisse der Struktur abgearbeitet worden sind. Das SubVI 'ZeichneZustand.vi' übernimmt das Neuzeichnen der Symbolleiste, wenn 'Neu zeichnen?' auf TRUE gesetzt wurde. Danach wird das Fassaden-VI beendet.

Bild 22.56 zeigt das Diagramm zum Zeichnen der Symbolleiste. Alle notwendigen Informationen werden dem VI über 'State' bereitgestellt. Für jedes Symbol wird die For-Schleife einmal ausgeführt. Innerhalb der Schleife wird 'Rectangle' aus dem Cluster der Bilddaten mittig in 'Max. Rahmen' ausgerichtet und verschoben, so dass die Symbole nebeneinander dargestellt werden.

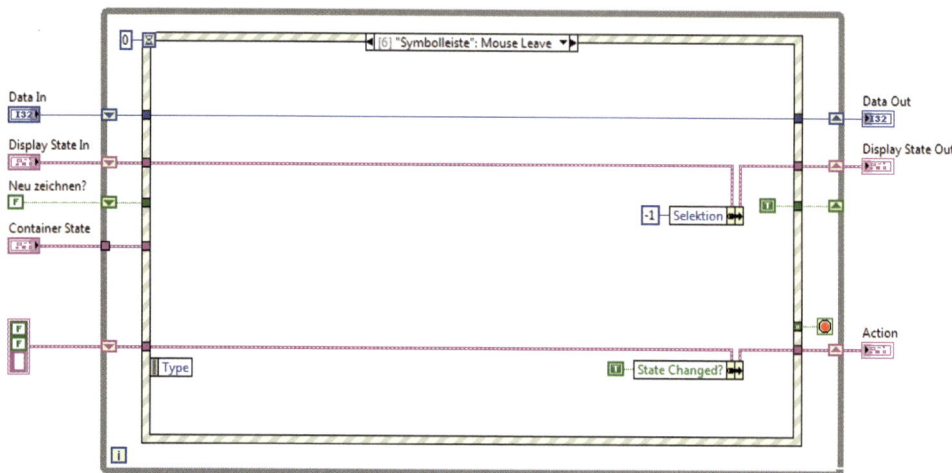

Bild 22.54 Erkennen, wenn der Benutzer mit dem Mauszeiger die Symbolleiste verlässt

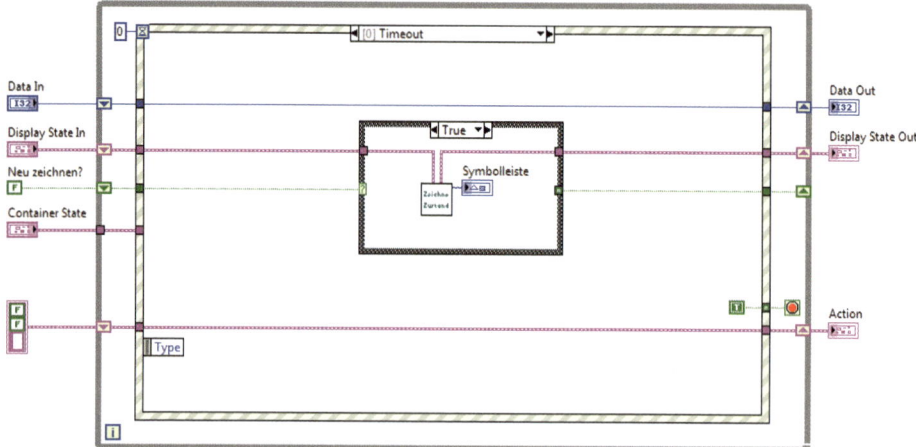

Bild 22.55 Zeichnen der Symbolleiste

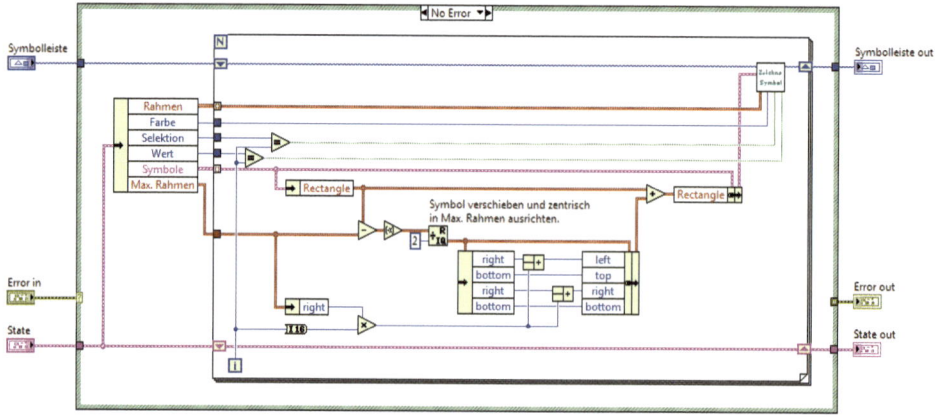

Bild 22.56 Symbolleiste zeichnen

Anschließend wird das Symbol über 'ZeichneSymbol.vi' in der 'Symbolleiste' ausgegeben. Das SubVI erwartet als Eingabewerte die verschobenen Symboldaten, den Rahmen, die Farbe und jeweils einen booleschen Wert, je nachdem, ob es sich um das angeklickte oder um das unter der Maus liegende Symbol handelt. Bild 22.57 zeigt das Diagramm.

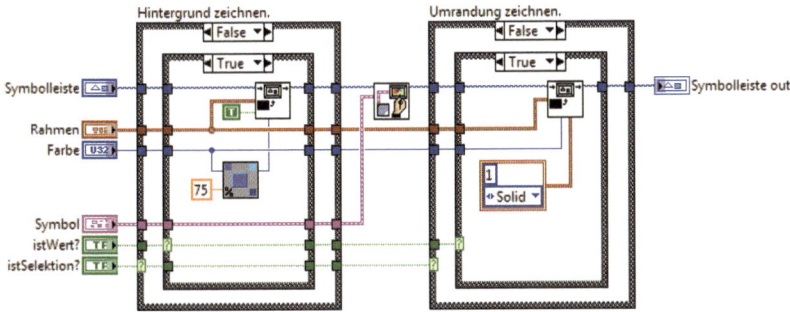

Bild 22.57 Symbol zeichnen

Das Symbol wird in drei Schritten gezeichnet. Zuerst wird der Hintergrund gezeichnet, dann das Symbol und zuletzt der Rahmen. Hintergrund und Rahmen werden in Abhängigkeit von 'istWert?' und 'istSelektion?' unterschiedlich dargestellt.

Ist ein Symbol selektiert (unter dem Mauszeiger liegend), erhält es einen dicken Rahmen. Ist es selektiert und angeklickt, wird zusätzlich der Hintergrund in aufgehellter 'Farbe' gezeichnet. Ist das Symbol angeklickt, aber derzeit nicht selektiert, erhält es einen dünnen Rahmen. Ist schließlich das Symbol weder selektiert noch angeklickt, wird es ohne Rahmen mit weißem Hintergrund gezeichnet. Rückmeldung des gewählten Symbols:

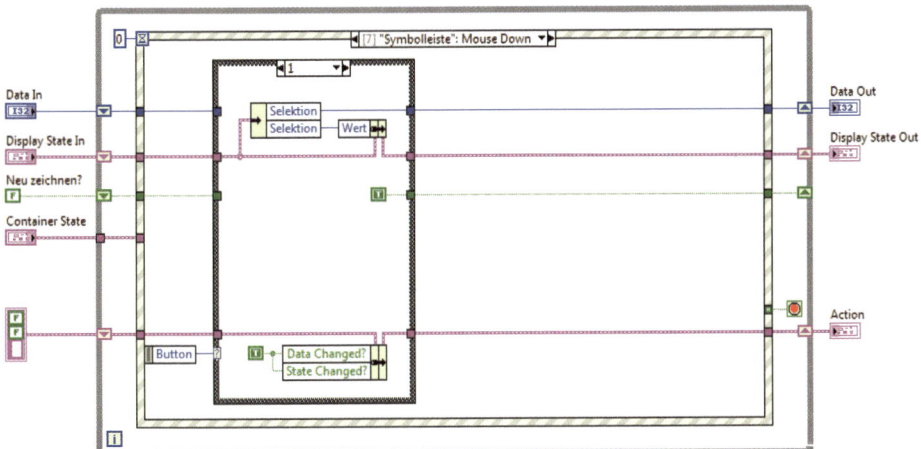

Bild 22.58 Wert der Symbolleiste festlegen

Beim Anklicken des selektierten Symbols wird der zugehörige Index an das aufrufende Container-VI zurückgegeben. Die Programmierung des Diagramms ist nun nicht mehr schwer, da wir bereits vorher den Index des Symbols unter dem Mauszeiger ermittelt haben. Dieser wird als 'Wert' in den Zustandsdaten gespeichert und über ‚Data out' an das aufrufende VI zurückgegeben, wenn die linke Maustaste gedrückt wurde ('Button' gleich 1). Danach wird über 'Neu zeichnen?' die Symbolleiste im Timeout-Rahmen aktualisiert. Im 'Action'-Cluster muss nun 'Data Changed?' und 'State Changed?' auf TRUE gesetzt werden.

22.4.2.4 Anpassung des Erscheinungsbilds an eigene Bedürfnisse

Der Anwender kann über Eigenschaften der Symbolleiste das Erscheinungsbild an eigene Bedürfnisse anpassen. Im XControl wurden Eigenschaften bereitgestellt, mit denen man die Rahmenfarbe und den äußeren und inneren Abstand festlegen kann.

Aufgabe 22.5

Fügen Sie eine Eigenschaft der Symbolleiste hinzu, die wahlweise die Anordnung der Symbole nebeneinander oder untereinander erlaubt.

22.4.3 Leistungsmerkmal 'Status für Speichern umwandeln'

Wie bereits erwähnt, werden alle Zustandsdaten zusammen mit der XControl-Instanz gespeichert. Das kann im Falle vieler Symbole den Speicherbedarf erheblich erhöhen. Doch kann man das vermeiden, weil man die Symbole durch das Array 'Pfade' rekonstruieren kann. Über das optionale Leistungsmerkmal 'Status zum Speichern umwandeln' kann man den Zustand des XControls reduzieren. LabVIEW ruft dieses Leistungsmerkmal automatisch auf, wenn eine Instanz des XControls gespeichert wird.

Wir rufen im Projekt-Explorer 'XControl' – 'Neu' – 'Leistungsmerkmal' auf und erhalten einen Dialog nach Bild 22.59. Dort wählen wir aus der Liste 'Leistungsmerkmale' den Eintrag 'Status für Speichern umwandeln' und quittieren mit 'Hinzufügen'.

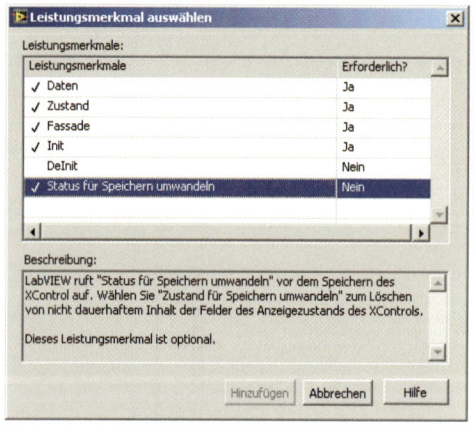

Bild 22.59 Leistungsmerkmal auswählen und dem XControl hinzufügen

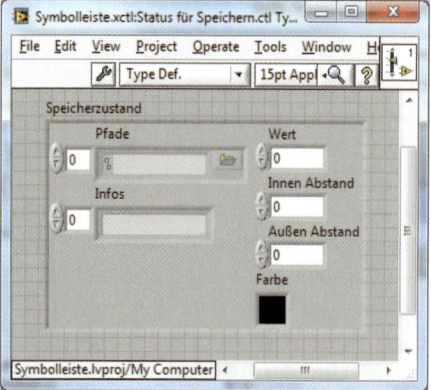

Bild 22.60 Typdefinition zum Speichern des XControl-Zustands als Teilmenge von 'Zustand.ctl'

Wir erstellen eine neue Typendefinition als eine Teilmenge von 'Zustand.ctl' und speichern sie unter 'Status für Speichern.ctl', siehe Bild 22.60. Die Bedeutungen der Elemente sind unverändert geblieben. Aber das Leistungsmerkmal 'Status für Speichern umwandeln.vi' ist anzupassen, um alle Daten von 'Zustand.ctl' in die neue Typendefinition 'Status für Speichern.ctl' zu übertragen, siehe Bild 22.61.

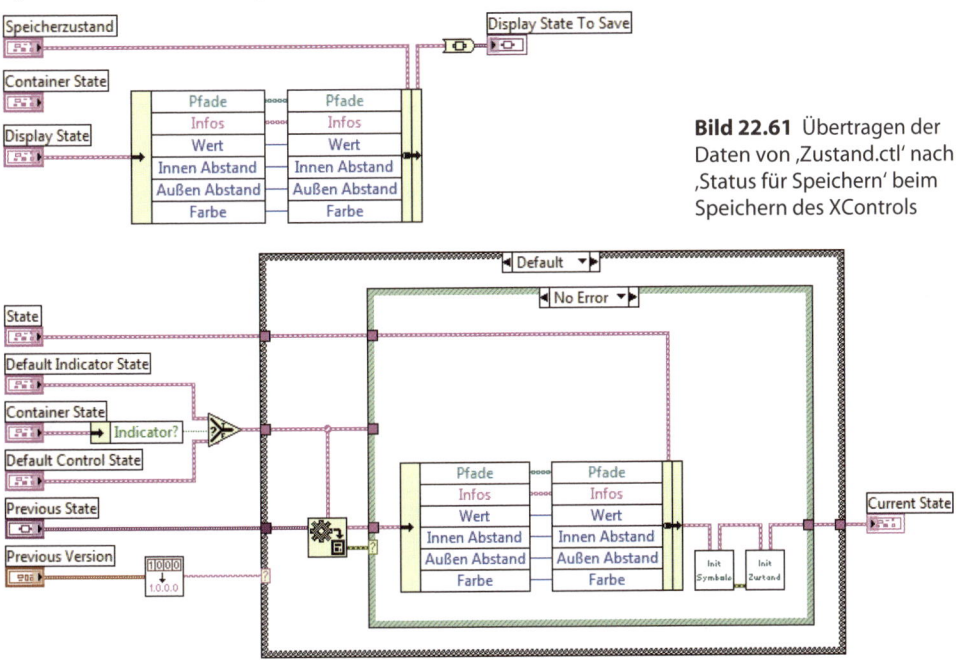

Bild 22.61 Übertragen der Daten von ‚Zustand.ctl' nach ‚Status für Speichern' beim Speichern des XControls

Bild 22.62 Übertragen der Daten von 'Status für Speichern' nach 'Zustand.ctl' beim Laden des XControls

Das Leistungsmerkmal 'Initialisieren' wird automatisch mit den beiden Elementen 'Default Indicator State' und 'Default Control State' vom Typ 'Zustand.ctl' erzeugt. Das ist jetzt nicht mehr korrekt, da für die XControl Instanz nun reduzierte Daten gespeichert werden. Beide Elemente müssen folglich durch die Typendefinition 'Status für Speichern.ctl' ersetzt werden. Ist die Umwandlung des Variant 'Previous State' erfolgreich, können die gespeicherten Daten in das Cluster vom Typ 'Zustand.ctl' übertragen werden, siehe Bild 22.62. Danach erfolgt die Rekonstruktion der Symbole über das SubVI 'InitialisiereSymbole.vi'. Die Daten der zu verwendeten Rahmen wird wie gewohnt über 'InitialisiereZustand.vi' ermittelt. Danach stehen die Zustandsdaten als ‚Current State' der XControl Instanz zur Verfügung.

Aufgabe 22.6

Analysieren Sie 'Symbolleiste.xctl' und das Container-Programm 'ImTierheim.vi', das dieses XControl verwendet.

Aufgabe 22.7

Das Testprogramm 'ImTierheim.vi' liefert nur dann korrekte Tiernamen, wenn in der Symbolleiste die Reihenfolge Fisch, Frosch, Hund, Katze eingehalten wird. D.h. links erscheinen immer die Namen von Fischen, dann von Fröschen usw., unabhängig von der Reihenfolge der Tiersymbole darüber. Korrigieren Sie das!

23 LabVIEW VI-Skripte

Lernziele

1. Die VI Skripte-Palette sichtbar machen und sich in dieser zurechtfinden können.
2. Ein VI-Skript erstellen können.
3. Ein einfaches Quickdrop-Plugin mit 'VI-Skripte' schreiben können.

23.1 Was sind VI-Skripte

Als auf dem VIP-Kongress 2010 ein Vortrag unter dem Titel "VI-Skripting – LabVIEW programmiert sich selbst!" angeboten wurde, war das eine kleine Sensation. Doch beschreibt dieser Titel nur einfach und prägnant den Sinn von 'VI-Skripting'. Was also bieten die VI-Skripting-Funktionen und warum sind sie so nützlich?

Mit 'LabVIEW VI-Skripte' kann man LabVIEW-Code **programmatisch** erzeugen, bearbeiten und überprüfen. Das heißt, man kann eine Funktion im Blockdiagramm per Skripting-Anweisung setzen, statt sie dort **manuell** zu platzieren. Ebenso kann man die Funktion per Skripting mit Anschlüssen versehen, die Anschlüsse mit dem Anschlussfeld verbinden oder Bedienanschlüsse ausblenden. Man kann Funktionen programmatisch auf dem Blockdiagramm verschieben, sie miteinander verbinden und vieles mehr.

Damit lassen sich wiederkehrende, zeitaufwändige Aufgaben automatisieren. Denken Sie etwa an die Aufgabe, von zehn Bedienanschlüssen Referenzen zu erstellen und diese neben dem Anschluss auf dem Blockdiagramm abzulegen. Falls Sie sich nicht "verklicken", sind Sie damit ganze 30 Mausklicks lang beschäftigt. Wäre es nicht schön, eine Methode anzuwenden, welches diese und ähnliche Aufgaben eigenständig und schnell erledigt?

Man kann mit 'Skripting' aber auch komplexere Aufgaben wie das Erstellen von VIs oder die Modifikation bereits bestehender VIs behandeln. Die damit verbundene Automatisierung der LabVIEW-Programmierung hat so mehr und mehr an Bedeutung gewonnen.

LabVIEW VI-Skripte wurde mit der Version LabVIEW 2010 erstmals standardmäßig ausgeliefert. Für die Versionen LabVIEW 2009 und LabVIEW 8.6 kann das 'LabVIEW VI-Skripte Toolkit' von der National Instruments Homepage heruntergeladen werden.

23.2 Die VI-Skripte-Funktionen in der Palette anzeigen

Standardmäßig sind die VI-Skripte-Funktionen in der Funktionspalette zunächst ausgeblendet. Man muss sie erst im Menü mittels 'Werkzeuge' – 'Optionen' – 'VI Server' – 'VI-Skripte' sichtbar machen. Dazu setzt man einen Haken in die Auswahlbox bei 'Funktionen, Eigenschaften und Methoden für VI-Skripte anzeigen' und 'Zusätzliche Angaben zu VI-Skripten in der Kontexthilfe anzeigen'.

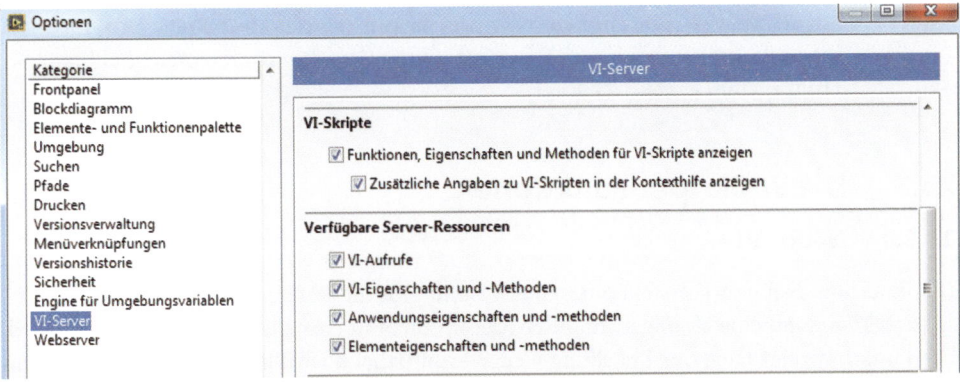

Bild 23.1 Anzeigen der Funktionen, Eigenschaften und Methoden für VI-Skripte beim VI-Server

Mit 'OK' werden die Einstellungen übernommen. Öffnet man nun die Funktionspalette auf dem Blockdiagramm, so erscheint unter 'Programmierung' – 'Applikationssteuerung' die neue Palette 'VI-Skripte'.

Das Icon der Palette zeigt eine Hand mit einem Tablett, auf dem zwei blaue Zahnräder liegen. Die Palette findet sich in Bild 23.2 in der untersten Zeile rechts.

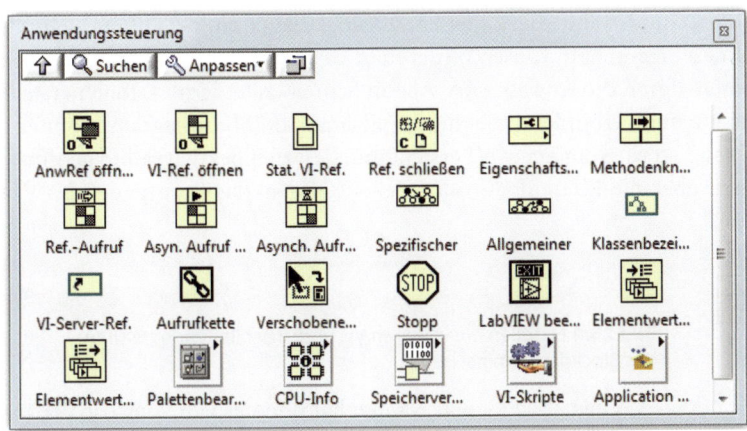

Bild 23.2
Neues Icon
'VI-Skripte' im
Untermenü
'Anwendungs-
steuerung'

Öffnet man die VI-Skripte-Palette, findet man dort sieben Funktionen. Wir werden diese einzeln erklären und ihre Wirkungsweise anhand von Beispielen erläutern.

Bild 23.3 Die Unterpalette VI-Skripte enthält sieben Skriptfunktionen

Merke: Die einzelnen Funktionen von VI-Skripte, sowie Methoden und Eigenschaftsknoten werden zur besseren Unterscheidung mit einem hellblauen Hintergrund gekennzeichnet.

23.3   Die VI-Skripte-Funktionen

23.3.1   Neues VI

Die Funktion 'Neues VI' erstellt ein neues VI und gibt die Referenz auf dieses zurück. Zusätzlich kann man eine Vorlage einbinden, deren Inhalt in das neu erstellte VI kopiert wird. Die Funktion zeigt nach der Erstellung weder Frontpanel noch Blockdiagramm. Man kann das Blockdiagramm jedoch mit einer geeigneten VI-Eigenschaft sichtbar machen.

Beispiel 1: Erstellen neues VI und Öffnen des Blockdiagramm durch
'2304-NeuesVImitBlockdiagrammoeffnen.vi' .

Für die Erstellung eines neuen VIs platziert man die Funktion 'Neues VI' auf dem Blockdiagramm. Am Ausgang 'VI-Referenz' der Funktion wird die Referenz auf das neu erstellte VI ausgegeben. Um das neue VI sichtbar zu machen, erstellt man einen Eigenschaftsknoten, verbindet die VI-Referenz und wählt die Eigenschaft 'Blockdiagramm' – 'Öffnen'. Durch einen Rechtsklick auf den Eigenschaftsknoten öffnet man das Kontextmenü und ändert die Eigenschaft in 'Schreiben' durch die Anwahl von 'Alle in Schreiben ändern'. Danach erstellt man eine True-Konstante und verbindet diese mit der Eigenschaft 'Blockdiagramm öffnen'. Führt man nun das VI aus, so wird ein neues VI erstellt und dessen Blockdiagramm geöffnet. Analog kann man auch über die Methode 'Frontpanel' – 'Öffnen' das Frontpanel des VIs anzeigen.

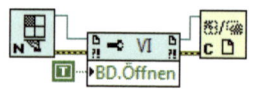

Bild 23.4 Erstellen eines neuen VIs und anschließendes Öffnen des Blockdiagramms

Dieses VI öffnet ein anderes VI, das noch keinen Namen hat und deshalb vom LabVIEW-System mit 'Unbenannt 1', 'Unbenannt 2' usw. durchnummeriert wird. Das neue VI bleibt geöffnet und wird auch nicht gespeichert.

Beispiel 2: Erstellen neues VI nach Vorlage durch '2305-NeuesVImitVorlageOeffnen.vi'.

Mit der Funktion 'Neues VI' lassen sich auch VIs erstellen, die auf einer Vorlage basieren. Dazu nutzt man den Eingang 'Vorlage', der einen Dateipfad erwartet. Angenommen, man möchte ein neues VI basierend auf dem VI 'Fehler aufheben' aus der Palette 'Dialog/UI' erstellen. Zunächst wird daher der Pfad auf das VI benötigt. Dieses VI findet man nicht in einer der bekannten Paletten, sondern im Ordner 'vi.lib' im LabVIEW Installationsverzeichnis, und dort unter:

...\vi.lib\Utility\error.llb\Clear Errors.vi

Gibt man diesen Pfad am Eingang 'Vorlage' an, so wird dessen Inhalt in das neu erstellte VI kopiert. Um das VI sichtbar zu machen, öffnen wir wie schon im vorigen Beispiel das Blockdiagramm. Der Dateipfad mit der Pfadkonstanten 'VIBibliothek' wird in Bild 23.5 erstellt. Die Pfadkonstante findet man in 'Datei-I/O' – 'Konstanten' – 'VI.Bibl.'.

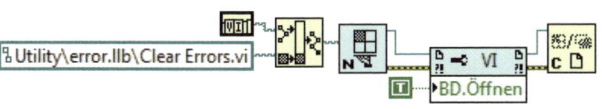

Bild 23.5 Erstellen eines neuen VIs, basierend auf der Vorlage 'Clear Errors' aus der error.llb

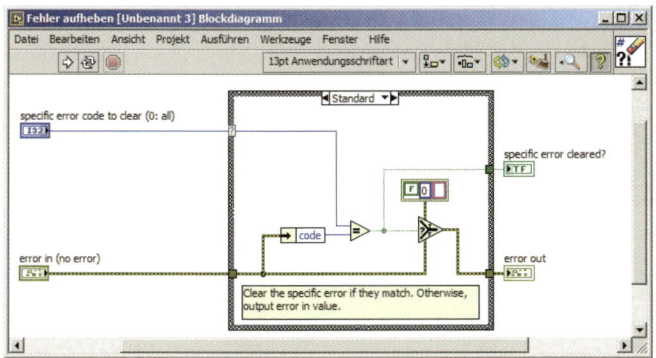

Bild 23.6 Neues VI, erstellt vom Skripting-VI in Bild 23.5

23.3.2 Neues VI-Objekt

Die Funktion **'Neues VI-Objekt'** erstellt ein VI-Objekt und gibt seine Referenz zurück. Mit dieser Funktion kann man alle in LabVIEW enthaltenen Funktionen bilden, egal ob es sich um eine While-Schleife oder ein boolesches Bedienobjekt handelt. Wichtig ist nur, dass man die **Objektklasse** des zu erstellenden Objektes kennt.

Beispiel 3: Erstellen eines VIs mit While-Schleife durch '2307-NeuesVImitWhileSchleife'.

In den vorigen Beispielen hatten wir bereits ein neues VI erstellt. Darauf aufbauend fügen wir nun eine While-Schleife in das VI. Dazu platzieren wir 'Neues VI-Objekt' im Blockdiagramm und verbinden den Eingang 'Eigentümer (Referenz)' mit der Referenz des neuen VIs. Dieser Eingang gibt also an, in **welchem VI** das neue Objekt erstellt und platziert werden soll.

Nun muss man das Objekt definieren. Dazu erstellen wir zuerst eine Konstante am Eingang 'VI Objektklasse' und wählen die **Klasse** des zu erstellenden Objekts. Im Beispiel der While-Schleife klicken wir auf die Referenzkonstante, die zunächst 'Allgemein' anzeigt und wählen im Dropdown-Menü die Klasse der While-Schleife. Man findet sie unter 'Allgemein' – 'GObject' – 'Knoten' – 'Struktur' – 'Schleife' – 'WhileSchleife' – 'WhileSchleife'.

Ferner benötigen wir das **Objekt selbst**. Dazu am Eingang 'Darstellung' eine Konstante erstellen. Sie zeigt alle in LabVIEW enthaltenen Objekte an. Wichtig ist aber, dass die gewählte Darstellung zur gewählten VI-Objektklasse passt. Ist das nicht der Fall, tritt bei der Ausführung ein Fehler auf.

Zusätzlich müssen wir noch angeben, **wo und in welcher Größe** das Objekt zu platzieren ist. Dazu dienen die Eingänge 'Position' und 'Begrenzung'. Die Position bezieht sich immer auf den Container, der mit 'Eigentümer (Referenz)' definiert ist und in den das neue Objekt eingefügt wird. Für Funktionen, die eine feste Größe besitzen, wird der Eingang 'Begrenzung' ignoriert. Im Beispiel wird die While-Schleife an Position (20/20) erstellt. Die gewählte Begrenzung, d.h. Länge in x- und Breite in y-Richtung ist (300/300).

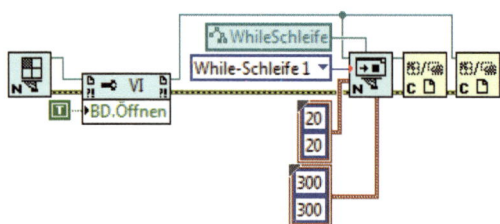

Bild 23.7 Erstellen einer While-Schleife mit der Funktion 'Neues VI-Objekt'

Beispiel 4: Erstellen eines neuen VIs mit Fehlereingang durch '2308-NewVImitFehlereingang.vi'.

Die Konstante am Eingang 'Darstellung' zeigt zwar umfangreiche Wahlmöglichkeiten, enthält aber nur LabVIEW-eigene Objekte. Typdefinitionen sind darin nicht enthalten. Bedienelemente, die von Typdefinitionen abgeleitet werden, z.B. das Cluster Fehlereingang, sind deshalb auf einem etwas komplizierterem Wege zu erzeugen: Analog zur Funktion 'Neues VI' hat auch die Funktion 'Neues VI-Objekt' einen Pfadeingang. Dort kann man den Pfad zu einer Typdefinition anschließen. Das neu zu erstellende Bedienelement wird dann von der Typdefinition abgeleitet. Im Falle des Fehlereingangs findet man die Typdefinition, die das Cluster beschreibt, in 'errclust.llb'.

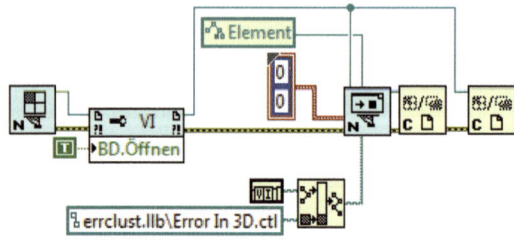

Bild 23.8 Erstellen eines Bedienelements mit einer Typdefinition

Diese Bibliothek ist wieder in 'vi.lib' zu finden. Über die Pfadkonstante 'VI-Bibliothek' aus der Palette 'Datei-I/O' – 'Konstanten' kann man mit der Funktion 'Pfad erstellen' den Pfad zur Typdefinition 'Error In 3D.ctl' zusammenstellen, siehe Bild 23.8. Als VI-Objektreferenz wird eine Konstante der Klasse 'Element' verbunden. Position des Fehlereingangs erfolgt an Stelle (0/0). Bitte Programmablauf im 'Highlight'-Modus ansehen!

23.3.3 VI-Objektreferenz öffnen

Die Funktion 'VI-Objektreferenz öffnen' – verschafft uns die Referenz auf das Objekt, das mit 'name/order' spezifiziert wurde. Man verwendet diese Funktion, um bereits bestehenden Progammcode zu modifizieren.

Beispiel 5: Modifikation eines bestehenden VIs mit '2310-ObtainReferenz.vi'.

Für dieses Beispiel benötigt man ein Test.vi, das später programmatisch verändert werden soll. Man erstellt deshalb zunächst ein leeres VI und platziert eine boolesche Konstante auf dem Blockdiagramm. Man gibt ihr den Namen 'MeineKonstante', siehe Bild 23.9.

MeineKonstante **Bild 23.9** Blockdiagramm des VI, das später programmatisch modifiziert werden soll

Nun erstellt man ein zweites leeres VI und platziert darin die Funktion 'VI-Objektreferenz öffnen', siehe Bild 23.10. Weil die zu modifizierende Konstante in Test.vi liegt, wird eine VI-Referenz auf dieses VI hergestellt und der Ausgang mit 'Eigentümer (Referenz)' von 'VI-Objektreferenz öffnen' verbunden: Die Objektklasse 'BoolescheKonstante' gibt an, welche Art von Referenz das gesuchte Objekt besitzt. Der Name der Konstanten wird am Eingang 'name/order' der Funktion definiert. Am Ausgang von 'VI-Objektreferenz öffnen' wird so die Referenz auf 'MeineKonstante' ausgegeben. Man modifiziert nun die Konstante mit 'Erstellen' – 'Methode für Boolesche Konstanten-Klasse' – 'In Bedienelement ändern'. Zuletzt schließt man die erzeugten Referenzen.

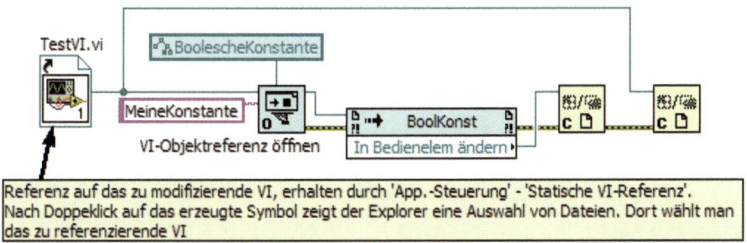

Bild 23.10 Ändern der Konstante 'Meine Konstante' zu einem Bedienelement in Test.vi

Führt man dieses VI aus, wird die Konstante in Test.vi in ein Bedienelement umgewandelt. Wichtig ist, dass der Name der Konstanten mit dem der Konstanten in Test.vi übereinstimmt. Anderenfalls meldet LabVIEW, dass das angegebene Objekt nicht zu finden ist.

Merke: Mit der Funktion 'VI-Objektreferenz öffnen' kann bestehender LabVIEW-Code modifiziert werden.

23.3.4 Abstand des neuen VI-Objekts vom Referenzobjekt

Man kann bestimmte Objekte an bestimmten Positionen im Diagramm ablegen. In den vorigen Beispielen diente dazu der Eingang 'Position'. Das lässt sich mit der 4. Funktion in 'VI-Skripte', dem Cluster **'Abstand des neuen VI-Objekts von Referenzobjekt'** auf relative Positionierung erweitern.

Beispiel 6: Ablegen einer Schaltfläche neben einer bereits bestehenden Schaltfläche durch '2311-RelativePlatzierung.vi'.

Will man ein Objekt relativ zu einem anderen bereits bestehenden Objekt ablegen, benötigt man die Referenz auf dieses Objekt. Im folgenden Beispiel wird zunächst ein neues VI erzeugt, sein Blockdiagramm geöffnet und darin eine boolesche Schaltfläche abgesetzt, die sich an der Position (20/20) mit einer Begrenzung von (100/30) befindet.

Nun erstellt man eine zweite Schaltfläche relativ zur ersten. Dazu kopiert man die bereits bestehende Funktion 'Neues VI-Objekt'. Die Position soll nun aber **relativ** zur ersten Schaltfläche gewählt werden. Dazu wird aus der VI-Skripte-Palette die Funktion 'Abstand des neuen VI-Objekts von Referenzobjekt' verwendet. Man kann sie nicht direkt mit dem Eingang 'Position' von 'Neues VI-Objekt' verbinden, weil dann die Bezugsgröße für die **relative** Positionierung fehlen würde. Stattdessen verbindet man die in der Clusterpalette verfügbare Funktion 'Nach Namen bündeln' mit der Clusterfunktion 'Abstand des neuen VI-Objekts von Referenzobjekt'. Das erzeugt den Eingang 'Refnum', der mit dem Ausgang 'Object (Referenz)' der ersten Funktion 'Neues VI-Objekt' zu verbinden ist. Erweiterung der Bündel-Funktion zeigt den Eingang 'Relative Direction'. Dort kann man die Richtung angeben, in der das neue Objekt verschoben werden soll. Standardwert ist 'Right'. Bei Ausführung des Programms erhält man zunächst eine Schaltfläche im VI, dann eine zweite Schaltfläche daneben, siehe Bild 23.12.

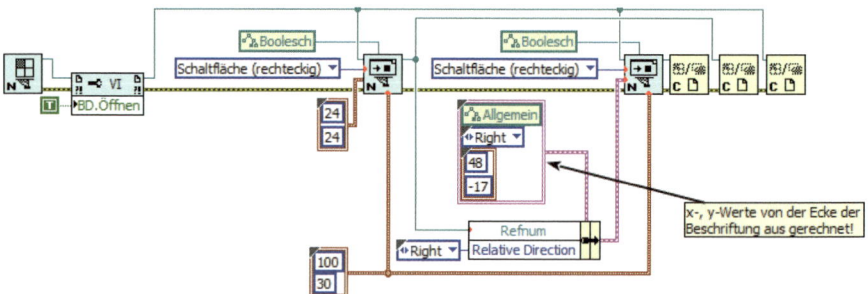

Bild 23.11 Ablegen der Schaltfläche 2 , relativ zu Schaltfläche 1 in 'RelativePlatzierung.vi'

Die Größe der Schaltfläche hat keinen Einfluss auf die Platzierung der Objekte. Bitte im 'Highlight'-Modus durch das Programm gehen!

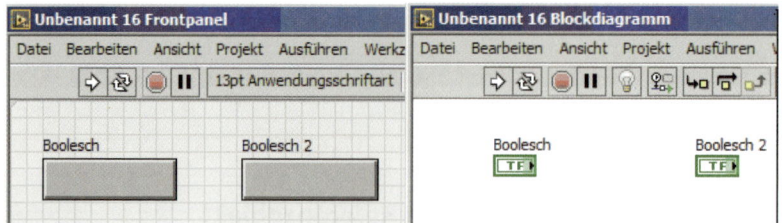

Bild 23.12 Programmatisch vom Programm in Bild 23.12 erzeugtes VI 'Unbenannt 16.vi'

| Aufgabe 23.1

Versuchen Sie, die zweite Schaltfläche links/oben neben der ersten Schaltfläche zu erzeugen.

23.3.5 GObjects suchen

Wie die Funktion 'VI-Objektrefenz öffnen' liefert auch die Funktion **'GObjects suchen'** die Referenz auf bestimmte VI-Objekte. Vorteil von 'GObjects suchen' ist, dass man sich hier nicht auf den Namen, sondern auf die Objektklasse bezieht. Man kann damit also ein VI auf Objekte einer bestimmten Klasse durchsuchen. Als Ergebnis erhält man ein Array aus allen Referenzen auf die gefundenen Objekte. Diese Funktion ist rekursiv, findet also auch Objekte innerhalb anderer Objekte.

Beispiel 7: Finden und Modifizieren von While-Schleifen in einem VI.

Zunächst erstellen wir ein neues VI und legen auf dem Blockdiagramm zwei boolesche Bedienelemente, ein numerisches Bedienelement und zwei While-Schleifen ab. Dieses VI wird unter dem Namen TestVI_2 gespeichert.

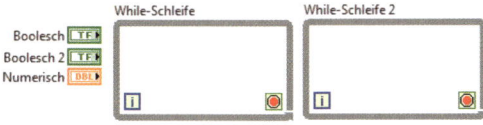

Bild 23.13 Das Programm 'TestVI_2.vi' soll nach Objekten des Typs While-Schleife (hier 'WhileLoop') durchsucht werden

Danach sucht das Programm '2314-ObtainReferencesForWhiles.vi' mit der Funktion 'GObjects suchen' die Referenzen der While-Schleifen heraus, siehe Bild 23.14. Den Suchbereich hatten wir dabei mit der Auswahl 'BD' auf das Blockdiagramm beschränkt. Im Beispiel erhalten wir zwei Referenzen vom Standardtyp 'Control' als Elemente eines Arrays. Aber was können wir damit erreichen?

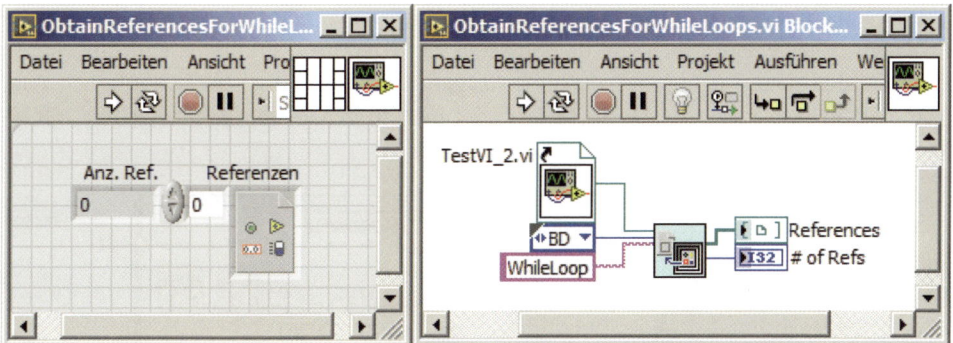

Bild 23.14 Ausgabe der Referenzen und der Zahl der Referenzen im Beispiel Bild 23.13

Zum Beispiel können wir die Beschriftung der While-Schleifen mit 'While-Schleife' und 'While-Schleife 2' in Bild 23.13 unsichtbar machen, siehe Bild 23.15. Die For-Schleife wird zweimal durchlaufen, weil zwei While-Schleifen gefunden wurden. Die Referenzen haben den Standardtyp 'Control' und müssen der Funktion 'Nach spezifischerer Klasse' in den Typ 'WhileSchleife' umgewandelt werden, damit die erforderlichen Eigenschaftsknoten verfügbar werden. Dazu geht man von der Klassenbezeichner-Konstante 'Allgemein' aus und verwandelt sie im Kontextmenü mit 'Klasse auswählen (VI Server)' schrittweise über 'Allgemein' – 'GObject' – 'Knoten' – 'Struktur' – 'Schleife' – 'WhileSchleife' – 'WhileSchleife' in die Klassenbezeichner-Konstante 'WhileSchleife'.

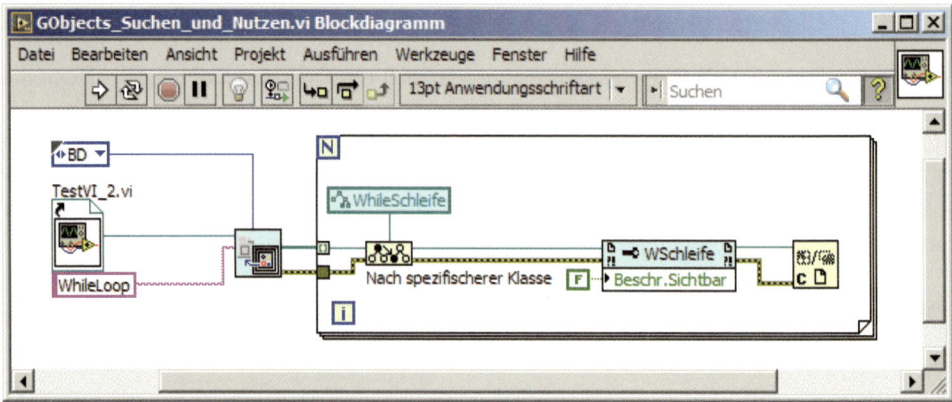

Bild 23.15 Das Suchen von While-Schleifen im Blockdiagramm des TestVI_2.vi und das unsichtbar Machen der Namen an beiden While-Schleifen

23.3.6 GObject-Beschriftung abfragen

'GObject-Beschriftung abfragen' bestimmt über eine GObject-Referenz den Text, mit dem das referenzierte GObject beschriftet ist, und gibt die Referenz auf die Beschriftung zurück.

Beispiel 8: Auslesen der Beschriftung und Ändern der Schriftfarbe.

Basierend auf dem Beispiel aus 23.3.5 erweitert man das VI um die Funktion 'GObject-Beschriftung abfragen', löscht den alten Eigenschaftsknoten und fügt stattdessen den Txt-Eigenschaftsknoten ein. Am Ausgang 'Objektbeschriftung' erhält man die Beschriftung der einzelnen Objekte. Zusätzlich gibt die Funktion die Referenzen auf die Beschriftungen aus. Diese werden dem Txt-Eigenschaftsknoten zugeführt. Die Eigenschaft Textfarbe wird auf blau eingestellt. Das zugehörige Farbfeld findet man in der Palette 'Audio/Grafik' – 'Bildfunktionen' – 'Farbfeldkonstante'

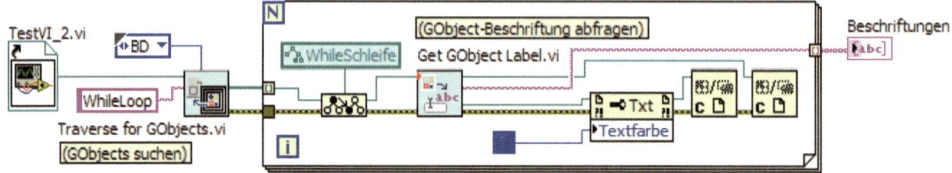

Bild 23.16 Ändern der Textfarbe für die Beschriftungen der While-Schleifen in TestVI_2.vi (nur im Diagramm) und Ausgabe der Beschriftungen im Array "Beschriftungen"

23.3.7 Klassenhierarchie mittels Klassennamen ermitteln

Neu in der Palette 'VI-Skripte' ist seit der Version 2014 die Funktion **'Klassenhierarchie mittels Klassennamen ermitteln'**. Mit dieser Funktion kann die gesamte Klassenhierarchie eines Objekts bestimmt werden. Sie wird in einem Array aus Klassennamen am Ausgang der Funktion bereitgestellt. Hierbei belegt die Hauptklasse den ersten Index des Arrays. Alle darauf folgenden Klassen sind in absteigender Ordnung angeordnet.

Beispiel 9: Anzeigen der Klassenhierarchie für die Klasse 'Cluster'.

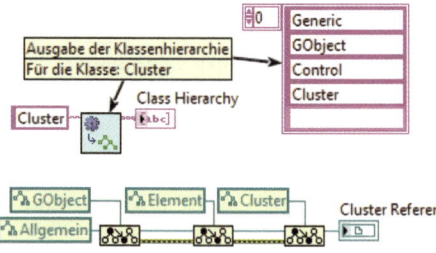

Bild 23.17 Zeigt die Ausgabe der Funktion 'Klassenhierarchie mittels Klassennamen ermitteln'

Im unteren Bildabschnitt wird die Referenz 'Allgemein' analog der Klassenhierarchie mehrmals in eine spezifischere Klasse umgewandelt. Am Ende der Umwandlung entsteht somit eine spezifische Clusterreferenz. Natürlich kann die Anfangsreferenz auch gleich in einem Schritt von der Allgemeinen in eine Clusterreferenz überführt werden. Der mehrmalige Aufruf der Funktion 'Nach spezifischerer Klasse' dient hier zur Veranschaulichung der ausgelesenen Klassenhierarchie.

Achtung: Nicht alle VI-Skripte Funktionen sind in kompilierten Programmen einsetzbar. Ob die Funktion auch in der Run-Time-Engine funktioniert, lässt sich in der Hilfe für die einzelnen Funktion nachlesen.

Beispiel 10: Bearbeitete VIs unter einem bestimmten Namen speichern

In den bisherigen Beispielen wurden die neu eröffneten und veränderten VIs vom LabVIEW-System mit den Namen 'Unbenannt 1', 'Unbenannt 2' usw. durchnummeriert. Will man eigene Namen vergeben, könnte man etwa nach dem Beispiel von '2318-OpenNewVIAnd-SaveUnderGivenName.vi' vorgehen, siehe Bild 23.18 und Bild 23.19.

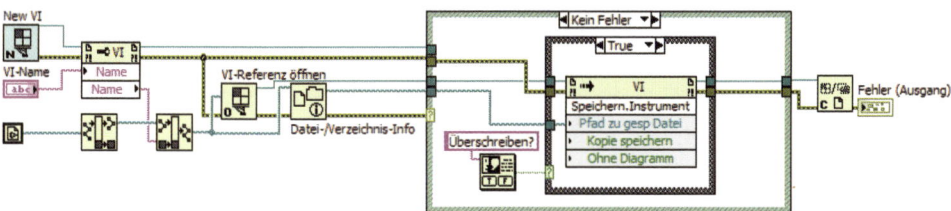

Bild 23.18 'OpenNewVIAndSaveUnderGivenName.vi', Diagrammteil für bereits **existierendes VI**

Dieses Programm erzeugt nur ein neues VI mit bestimmten Namen und speichert es auf der Festplatte, es nimmt allerdings keine VI-Skripting-Veränderungen vor wie in den vorigen Beispielen. Man kann es aber in diese Beispiele einbauen, siehe dazu Aufgabe 23.2.

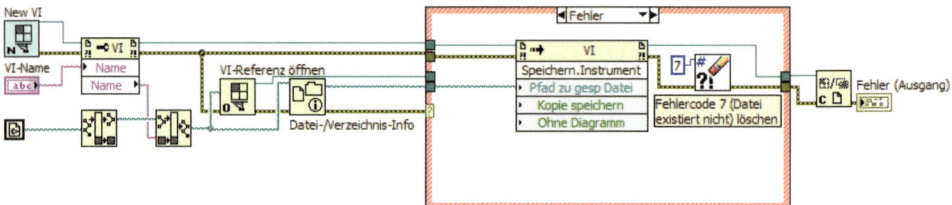

Bild 23.19 'OpenNewVIAndSaveUnderGivenName.vi', Diagrammteil für **nicht existierendes** VI

Aufgabe 23.2

Versuchen Sie, das VI 'OpenNewVIAndSaveUnderGivenName.vi' oder Teile davon in dem existierenden Programm 'RelativePlatzierung.vi' zu verwenden. Sie sollten dann in der Lage sein, einen beliebigen Dateinamen vorzuschreiben.

23.3.8 Weiterführende Informationen

Ab Version 2014 bietet die LabVIEW-Hilfe viele Beispiele und gute Erklärungen zu den VI-Skripten an. Um sie zu finden, öffnet man die LabVIEW-Hilfe und wechselt zum Reiter 'Suchen'. Um die Suchergebnisse einzuschränken, markiert man in der Auswahlbox am unteren Rand des Suchfensters 'Nur Titel suchen'. Nun gibt man oben den Suchbegriff 'VI-Skripte' ein. Ein Suchergebnis heißt 'Anleitung für VI-Skripte' und führt zu einer Anleitung, wie man VIs mit VI-Skripten erstellt, öffnet, speichert und ausführt.

Auch die 'NI-Suchmaschine für Beispiele' bietet ab Version 2014 eine Vielzahl von guten Beispielen. Dazu öffnet man in der Menüleiste eines VIs oder des LabVIEW-Startfensters mit 'Hilfe' – 'Beispiele suchen...' die 'NI-Suchmaschine für Beispiele'. Unter dem Reiter 'Index' findet man mit dem Suchbegriff 'VI-Skripte' viele Beispiele.

Folgende Beispiele werden dem Leser zur Vertiefung in das VI-Skripting empfohlen:

1. Referenzen schließen – Was ist beim Schließen von Referenzen in einer Anwendung mit VI-Skripten zu beachten.
2. Anschlussfeldmuster – Zeigt den Anschlussfeldindex für alle Anschlüsse eines bestimmten Anschlussfeldmusters
3. In Blockdiagrammobjekt verschieben – Veranschaulicht das programmatische Verschieben eines Objekts in eine Struktur im Blockdiagramm
4. Arbeitsschritte rückgängig machen – In diesem Beispiel wird die Verwendung von Rückgängig-Funktionen in Skripten veranschaulicht.
5. VI-Skripte mit Strukturen – Veranschaulicht das Arbeiten mit While- und For-Schleifen, sowie mit Ereignisstrukturen und Sequenzen
6. Skript für zufälliges Streifendiagramm mit Aufräumfunktion – Dieses Beispiel arbeitet mit VI-Skripting, um programmatisch ein VI zu erstellen, danach die Diagrammsäuberung aufzurufen und das VI zuletzt auszuführen.

23.4 Wo werden VI-Skripte eingesetzt?

Auch innerhalb von LabVIEW werden VI-Skripte eingesetzt. Man findet solche Funktionen z.B. im 'VI-Analyzer', der zur Analyse und Überprüfung von Programmcode dient. Der Analyzer befindet sich, falls er installiert ist, unter 'Werkzeuge' – 'VI-Analyzer'.

Der VI-Analyzer ist im Lieferumfang von LabVIEW Professional enthalten. Aber auch bei weniger umfangreichen Lizenzen hat man Zugriff auf die Funktionen des VI-Analyzers. Sie sind nämlich in der VI-Bibliothek '_analyzerutils.llb' zusammengefasst und im Ordner 'vi.lib\addons\analyzer\' zu finden. Die Bibliothek wird standardmäßig mit LabVIEW installiert und ist frei zugänglich. Öffnet man '_analyzerutils.llb' und schaut sich die darin enthaltenen VIs genauer an, erkennt man nahezu in jedem VI die Verwendung von VI-Skripting. Ebenfalls in der Bibliothek enthalten sind die Funktionen 'Klassenhierarchie mittels Klassennamen ermitteln' und 'GObjects suchen', die man bereits von der VI-Skripte-Palette her kennt.

Beispielhaft werden wir nachstehend zwei Funktionen aus den **Projektvorlagen** behandeln, die jeder Programmierer ziemlich sicher schon einmal benutzt hat: Man kann sie im Startfenster von LabVIEW mit 'Projekt erstellen' aufrufen. Siehe dazu Bild 23.20.

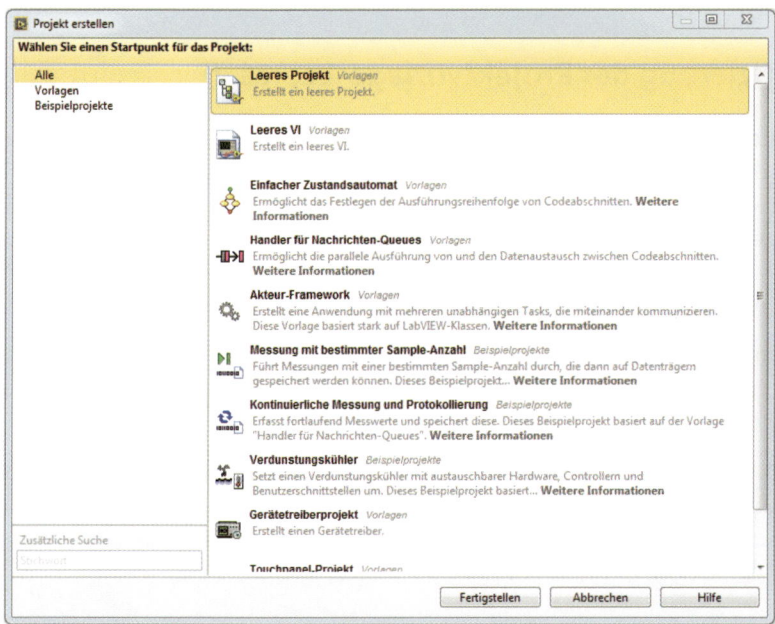

Bild 23.20 Auswahlfenster für Projektvorlagen

In diesem Fester können **vorgefertigte Vorlagen** für Projekte aufgerufen werden. Sie sind im Verzeichnis '...\LabVIEW 2014\ProjectTemplates\Source\Core' enthalten. Entsprechend der Auswahl im Projektvorlagenfenster erstellt LabVIEW ein neues Projekt. Im einfachsten Fall handelt es sich um ein leeres Projekt. Das ist aber kein simpler Kopiervorgang, sondern LabVIEW führt dabei ein kleines VI-Skript aus, das aus einem Methodenknoten besteht, der das leere Projekt erstellt. Siehe Bild 23.21.

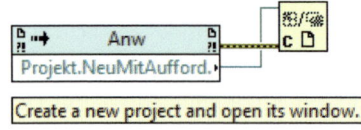

Bild 23.21 Erstellen eines neuen Projekts mit einem VI-Skripte-Methodenknoten.

Auch 'Leeres VI' unter den Projektvorlagen in 'Datei' – 'Neu' – 'Leeres VI' nutzt VI-Skripting. Es wird mit dem VI-Skripte Methodenknoten 'Neues LabVIEW-Dokument' erstellt (Bild 23.22). Dabei definiert der Wert 'Null' beim Eingang 'Dateityp' den Typ des VIs. Durch entsprechende Auswahl des Dateityps kann man auch ein Laufzeitmenü oder eine VI-Vorlage erstellen. Das wird in der Hilfe zu 'Neues LabVIEW-Dokument' ausführlich beschrieben.

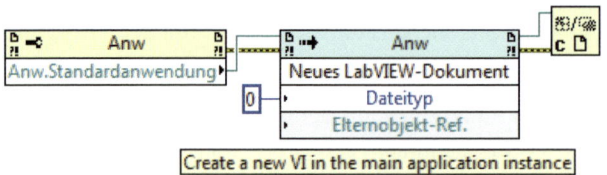

Bild 23.22 Erstellen eines neuen LabVIEW-Dokuments mittels VI-Skripte Methodenknoten

23.5 Modifizierung der Projektvorlage 'Leeres VI'

Es ist allgemein gebräuchlich, den Programmcode in SubVIs mit einer Case-Struktur zu umschließen und den Case-Selektor an ein Bedienfeld 'Fehlereingang' anzuschließen. Bei Aufruf des SubVIs wird im Fehlerfall der Programmcode nicht ausgeführt, sondern nur der Fehler weitergereicht oder entsprechend behandelt. Man kann sich deshalb die Frage stellen, ob es nicht nützlich ist, die Projektvorlage 'Leeres VI' für SubVIs so zu modifizieren, dass die Fehlerbehandlung beim Aufruf bereits implementiert ist.

Es soll also beim Aufruf 'Leeres VI' über die Projektvorlage zusätzlich eine Case-Struktur mit angeschlossenem Fehlereingang und -ausgang im neuen VI platziert werden. Folgende Schritte sind erforderlich:

1. Im Ordner '...\LabVIEW 2014\ProjectTemplates\Source\Core\Blank VI\scripting' das VI 'CreateBlankVI' öffnen und dort 'Anw' und 'Referenz schließen' löschen. Dabei sollte man vorsichtshalber mit einer Kopie arbeiten, damit man im Falle eines Misserfolges nicht das LabVIEW-System beschädigt.

2. Aus der 'VI-Skripte'-Palette die Funktion 'Neues VI' platzieren und die Referenz von 'Anw.Standardanwendung' im Eigenschaftsknoten 'Anw' mit 'Anwendungsreferenz' am VI verbinden. Die Anwendungsreferenz enthält Informationen zur LabVIEW-Umgebung. Für jedes LabVIEW-Projekt wird eine neue Anwendungsinstanz erstellt. Da mehrere Anwendungsinstanzen gleichzeitig geöffnet sein können, ist die Auswahl der LabVIEW-Anwendungsreferenz notwendig, damit LabVIEW die Zuordnung vom VI zur Anwendungsreferenz nicht verliert. So definiert man, in welcher Instanz das neue VI erstellt werden soll. Am Ausgang 'VI-Referenz' von 'Neues VI' erstellt man einen Eigenschaftsknoten über 'Erstellen' – 'Eigenschaft für VI-Klasse' –

'Blockdiagramm' – 'Öffnen', und ergänzt um die weiteren Eigenschaften 'Blockdia-gramm' – 'Ursprung' und 'Blockdiagramm' – 'Anschlussfeld' - 'Referenz'. Mit einem Rechtsklick auf den Eigenschaftsknoten ändert man im Kontextmenü von 'Lesen' in 'Schreiben'. Um das Blockdiagramm des neu erstellten VIs anzuzeigen, verbindet man 'BD.Öffnen' mit einer True-Konstanten. Den Ursprung des Blockdiagramms setzt man auf (0/0). Das ist zwar zu Beginn nicht unbedingt nötig, es gehört aber zum "guten Stil", dass man das Blockdiagramm auf den Ursprung stellt und auch hier die Funktionen ablegt. Es ist nämlich sehr unbequem, wenn man später, beim erneuten Öffnen des VIs, 'irgendwo' abgelegte Funktionen erst mühsam suchen muss.

3. Die Anschlussfeld-Referenz verbindet man über 'Erstellen' – 'Eigenschaft für Anschlussfeld-Klasse' – 'Muster' mit dem **Eigenschaftsknoten** 'AnschlFeld', stellt um auf 'Schreiben' und verbindet den Eingang 'Muster' mit 4815, siehe Bild 23.23. Dieses Muster hat sich als das Standardmuster etabliert. Muster mit mehr Anschlüssen werden recht unübersichtlich. Man sollte sich in diesem Fall überlegen, ob sich nicht einige Anschlüsse zu einem Cluster zusammen fassenlassen. Es empfiehlt sich übrigens, das VI 'Connector Pane Pattern Reference' im Verzeichnis 'labview\examples\VIScripting' zu öffnen. Dort werden alle Anschlussmuster mit ihren Indizes grafisch erklärt.

Anmerkung zu den Anschlussmustern:

Es hat sich bewährt, für VIs, die zu einer Kette von (Software-)Werkzeugen, einer sogenannten 'Toolchain' gehören, stets die gleichen Anschlussmuster zu verwenden. In einer Toolchain sollten gleiche Eingänge immer auf das gleiche Anschlussfeld gelegt werden. Das bedeutet nicht nur einen besseren Programmierstil, sondern vereinfacht auch die spätere Programmierung, da man keine Anschlüssen mehr suchen muss.

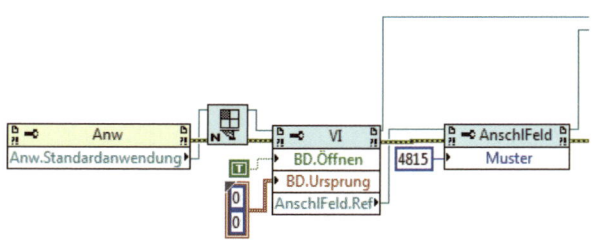

Bild 23.23 Das modifizierte leere VI aus den Projektvorlagen mit Setzen des Anschlussmusters nach Schritt 3

4. Zu diesem Zeitpunkt unterscheidet sich das Skript noch nicht sonderlich vom ur-sprünglichen VI. Nun fügen wir jedoch das Bedienelement Fehlereingang zum Block-diagramm hinzu. Dazu benötigen wir den Pfad zur Typdefinition 'Error In 3D.ctl' in 'errclust.llb', die sich in der 'vi.lib' befindet. Über die Pfadkonstante 'VI-Bibliothek' aus der Palette 'Datei-I/O' – 'Konstanten' bilden wir mit der Funktion 'Pfad erstellen' den Pfad zur Typdefinition. Wir verbinden ihn mit dem Pfadeingang der Funktion 'Neues VI-Objekt'. Am Eingang 'Position' ist die Position des Bedienelements im Diagramm anzugeben. Die VI-Objektklasse wird mit einer Klassenkonstanten vom Typ 'Element' verbunden. Siehe Bild 23.24.

5. Nachdem das Objekt Fehlereingang erstellt ist, gibt der Ausgang der Funktion 'Neues VI-Objekt' die Objektreferenz auf das Bedienelement aus. Mit der Referenz von

'AnschlFeld' aus Schritt 3 wird nun der **Methodenknoten** 'AnschlFeld' mit 'Erstellen' – 'Methode für Anschlussfeld-Klasse' – 'Element an Anschluss zuweisen' gebildet und der Ausgang von 'Neues VI-Objekt' mit der Methode 'Element' verbunden. Den Anschlussindex '8' entnimmt man aus dem ebenfalls in Schritt 3 erwähnten Beispiel VI 'Connector Pane Pattern Reference'.

6. Mit dem Eigenschaftsknoten 'Elem' bestimmt man nun die Referenz des Elementanschlusses, der noch im weiteren Verlauf des Programms benötigt wird. Danach kann man die Referenz von 'Elem' schließen.

Achtung: Zur Begriffsklärung ist zu sagen, dass die Elementreferenz im Beispiel die Referenz auf den Fehlereingang bedeutet, im Beispiel also auf das gesamte Cluster. Dagegen bezeichnet man mit der Elementanschlussreferenz die Referenz auf den Anschluss im Blockdiagramm, bei dem der Mauszeiger die kleine Drahtrolle zeigt.

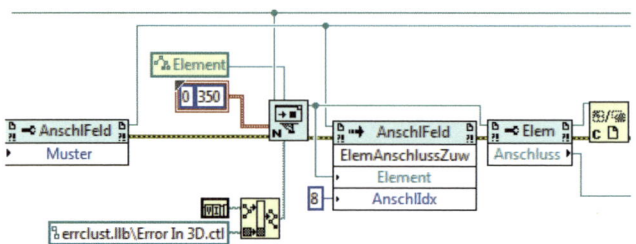

Bild 23.24 Erzeugen eines 'Error In 3D'- Bedienelements mit der Funktion 'Neues VI-Objekt' und anschließende Zuweisung an einen Anschluss im Anschlussfeld

7. Nun setzt man mit 'Neues VI-Objekt' eine Case-Struktur ins Blockdiagramm, siehe Bild 23.25. Als VI-Klasse wird eine Konstante der Klasse 'Case-Struktur' gewählt. Der Eingang 'Darstellung' wird mit einer anderen Konstanten 'Case-Struktur' verbunden. Mit der Konstante am Eingang 'Position' wird die Case-Struktur so platziert, dass sie den bereits erzeugten Fehlereingang nicht überdeckt. Mit 'Begrenzungen' gibt man zuletzt die Größe der Case-Struktur an.

8. An die neu erstellte Objektreferenz der Case-Struktur schließt man einen Eigenschaftsknoten mit den Eigenschaften 'Selektor' – 'Außenanschluss', 'Selektor' – 'Innenanschluss' und 'Selektor' – 'Position' an. Die Position sollte so gewählt werden, dass der Case-Selektor auf einer Linie mit dem Fehlereingang liegt.

9. Nun verbindet man den Fehlereingang mit dem Case-Selektor der Case-Struktur. Dazu von der Eigenschaft 'Selektor.Außenanschl' des Eigenschaftsknoten 'CaseAusw' ausgehend mit 'Erstellen' – 'Methode für ÄußererAnschluss-Klasse' – 'Anschlüsse verbinden' den Methodenknoten 'ÄußAnschl' mit der Bezeichnung 'Verbinden' erstellen. Als Verbindungsquelle wird die Elementanschlussreferenz aus Schritt 6 gewählt. Nicht mehr benötigte Referenzen werden geschlossen, siehe Bild 23.25.

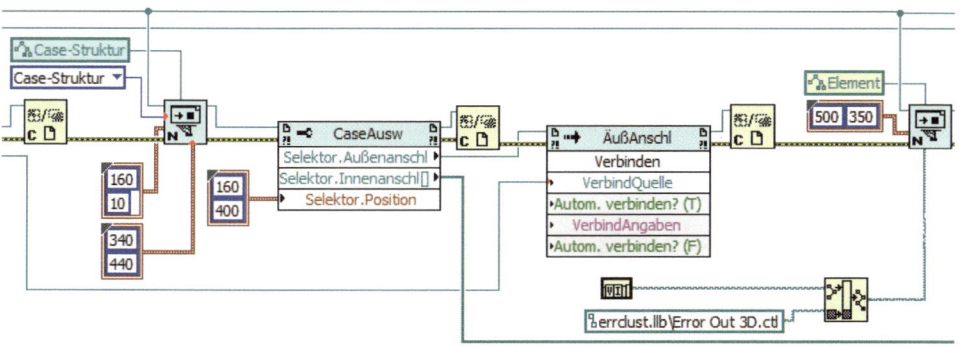

Bild 23.25 Erstellen einer Case-Struktur und Verbinden des Case-Selektors mit einer Element-Anschlussreferenz

10. Für die Ausgabe des Fehlers benötigt man noch einen Fehlerausgang. Dazu erstellt man analog zu Schritt 4 einen Fehlerausgang. Bei der Pfaderstellung ist darauf zu achten, die Typdefinition des Error Out auszuwählen, siehe Bild 23.26.

11. Nun wird der Fehlerausgang mit dem Anschlussfeld des VIs verbunden. Wie bereits in Schritt 5 erwähnt, muss der richtige Index für das Anschlussfeld gewählt werden.

12. Erzeugen der Anschlussreferenz für den Fehlerausgang gemäß Schritt 6.

13. Im Eigenschaftsknoten von Schritt 8 hat man die Innenanschlüsse des Selektors ausgegeben. Diese Anschlussreferenzen bilden einen Array. Dabei entspricht die Arraylänge der Anzahl der verschiedenen Cases. Der Fehlerzustand soll aus allen Cases am Fehlerausgang angezeigt werden. Deshalb platziert man die Methode 'Verbinden' in eine For-Schleife und führt die Innenanschluss-Referenzen über Autoindizierung zu.

14. Zuletzt schließt man alle noch offenen Referenzen.

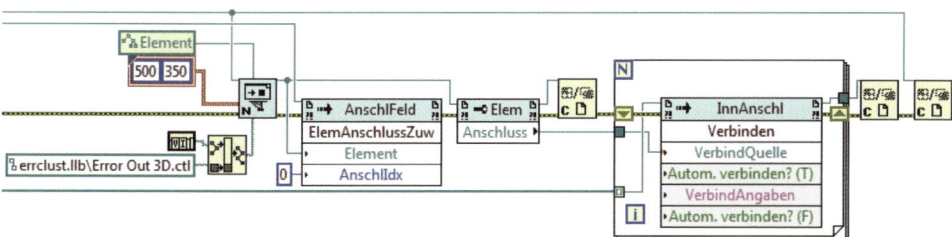

Bild 23.26 Erzeugen des Fehlerausgangs und Verbinden der Fehlerleitung für alle Möglichkeiten

Aufgabe 23.3

Verfolgen Sie den Ablauf Ihres neuen Skripts mit der Highlight-Funktion. Sehen Sie, wie nach und nach die Elemente in Ihrem neuen VI erstellt und verbunden werden?

Aufgabe 23.4

Erstellen Sie ein neues VI, mit dem Sie eine Zufallszahl generieren und anzeigen können.

Aufgabe 23.5

Erstellen Sie ein Test-VI mit einem numerischen Bedienelement, einer Inkrementier-Funktion und einem Anzeigeelement. Versuchen Sie dann, mittels VI-Skript auf das VI zuzugreifen und die Funktion Inkrementieren durch Dekrementieren zu ersetzen.

23.6   Erstellen eines Quickdrop Plugins mit VI-Skripting

Die bereits in Abschnitt 9.9 erwähnten 'Quickdrop Plugins' lassen sich durch VI-Skripting realisieren. Wir zeigen die Entwicklung eines einfaches Plugins und seine Aufnahme in der Schnelleinfügeliste. Für die Bildung von Plugins stellt National Instruments ein Template im Verzeichnis

[LabVIEW 201x]\resource\dialog\QuickDrop\QuickDrop Plugin Template.vit

zur Verfügung. Dieses Template ist eine gute Basis für die Entwicklung eines eigenen Plugins. Es enthält bereits die Funktion, mit der man Arbeitsschritte am VI rückgängig machen kann, ferner die Funktion, die bestimmt, ob 'Shift' gedrückt wurde. Außerdem stellt sie eine Liste mit Referenzen der ausgewählten Elemente bereit. Es obliegt dem Leser, sich den Aufbau des Templates und die bereits hinterlegten Funktionen im Template selbst zu erarbeiten.

> **Merke:** Auch wenn bei der Erstellung eines Plugins mit Hilfe des Templates der Fantasie zur Funktionsweise kaum Grenzen gesetzt sind, gibt es doch eine Regel, an die man sich unbedingt halten muss: Das Anschlussfeld des VIs darf nicht verändert werden.

Erstellung eines Beispiel-Plugins:

Erinnern Sie sich noch an die Aufgabe von Abschnitt 23.1, bei dem Referenzen zu zehn Bedienelementen erstellt werden sollten? Diese langweilige Arbeit mit vielen Mausklicks soll nun über ein Plugin realisiert werden. Dieses Plugin soll zudem über die Tastenkombination <Strg> + <N> in der Schnelleinfügeliste aufgerufen werden. Sinn und Zweck des Plugins ist somit das schnelle Erstellen von Referenzkonstanten zu ausgewählten Bedienelementen im Blockdiagramm. Diese Referenzkonstanten sollen neben den dazugehörigen Bedienelementen auf dem Blockdiagramm abgelegt werden.

Als Basis für die Programmierung wählt man das oben erwähnte Template. Wie dort beschrieben, findet die Programmierung innerhalb der For-Schleife statt. Sie hat als indizierten Eingang das Array 'AuswListe[]', das alle Referenzen auf Objekte im ausgewählten Bereich enthält. Siehe Bild 23.27.

Es wird somit in jedem Schleifendurchlauf mit einer Referenz aus der Auswahlliste gearbeitet. Dazu muss jedoch zunächst bestimmt werden, auf welche Referenzen man den Programmcode anwenden möchte und welche Referenzen nicht benötigt werden. Mittels eines

Eigenschaftsknotens wird deshalb aus der Referenz der Klassenname bestimmt. Dieser wird daraufhin mit dem Klassenname 'ControlTerminal' verglichen. Der Ausgang der Vergleichsfunktion 'Gleich?' gibt also an, ob es sich bei der Referenz um eine Referenz eines Anschlusses für ein Bedienelement handelt. Ist dies der Fall, so wird in der angeschlossenen Case-Struktur der 'True-Case' ausgewählt.

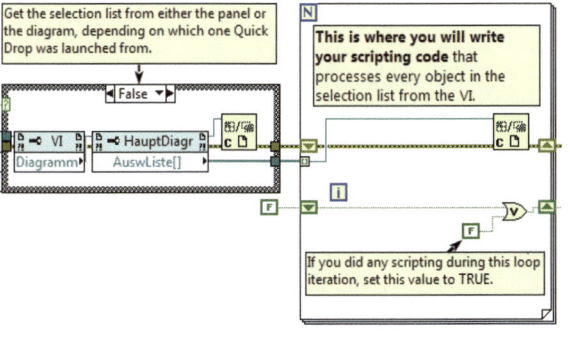

Bild 23.27 Ausschnitt aus dem Quickdrop-Template unter '...LabVIEW 2014\resource\dialog\QuickDrop\QuickDrop Plugin Template.vit'

Ansicht der For-Schleife für das VI-Skript und die Referenzauswahlliste für die gewählten Objekte

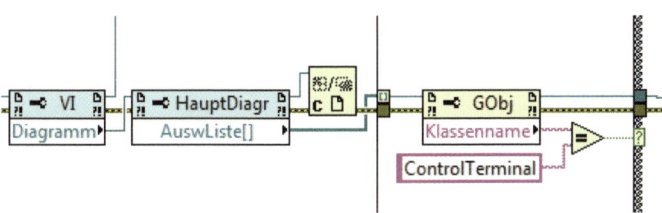

Bild 23.28 Bestimmen des Klassennamens der Referenz und Abgleich auf ControlTerminal

Die Referenz wird daraufhin in die spezifischere Klasse 'Elementanschluss' gewandelt, siehe Bild 23.29. Mit dem Eigenschaftsknoten 'ElemAnschluss' wird die Referenz auf das Element bestimmt. Sie wird danach geschlossen. Aus 'Element' erhält man die Referenz für den Methodenknoten 'Elem', an das zuletzt, ausgehend von 'Erstellen.Elementref' der Methodenknoten 'Knoten' angeschlossen wird. Er erlaubt die Verschiebung des Bedienelements um 100 Pixel nach links.

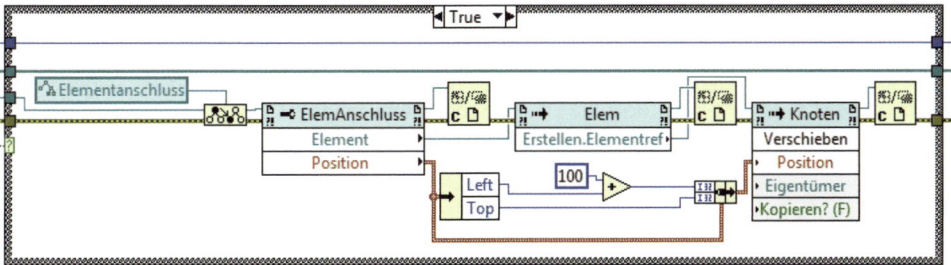

Bild 23.29 Erzeugen der Referenzkonstante aus der Referenz des Elementanschlusses und Verschieben gegenüber dem ursprünglichen Objekt

Im False-Case der Case-Struktur wird die Referenz des Objekts geschlossen. Dieser Case wird dann aufgerufen, wenn es sich bei der einzelnen zu bearbeitenden Referenz aus dem Auswahl-Array nicht um ein Objekt der Klasse 'ControlTerminal' handelt. Beendet wird das

Plugin, indem man die Methode 'Arbeitsschritt.Rückgängig beenden' auswählt. Mit diesem Schritt lassen sich Modifikationen des VIs durch das Plugin rückgängig machen.

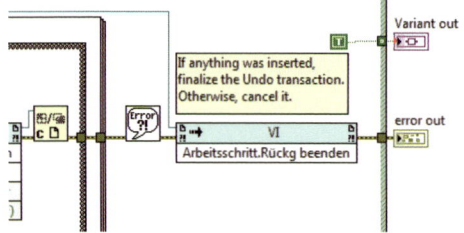

Bild 23.30 Durch die Methode 'Arbeitsschritt.Rückg beenden' zum Schluss des Plugins lassen sich Modifikationen des VIs durch das Plugin rückgängig machen

Um das selbst geschriebene Plugin in der Schnelleinfügeliste verfügbar zu machen, legt man das VI im Ordner '*[LabVIEW 201x]\resource\dialog\QuickDrop*' oder in 'ProgramData' von National Instruments ab. Um das Plugin in der Auswahl sichtbar zu machen, muss man LabVIEW neu starten. Danach die Schnelleinfügeliste aufrufen. Dort in der Schaltfläche 'Konfiguration ...' das Fenster der Schnelleinfüge-Einstellungen laden. Nun wechselt man zum Reiter 'Schnelltasten mit Strg'. Hier wird das neue Quickdrop-Plugin angezeigt, zu dem man eine eigene Shortcut-Tastenkombination wählen kann.

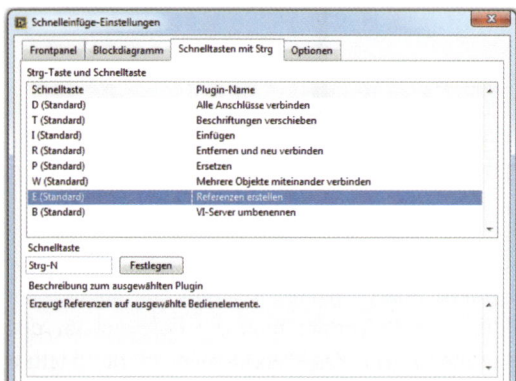

Bild 23.31 Einstellungen der Einfügeleiste mit neu erzeugtem VI. Es liegt noch auf der Taste E, wird aber mit 'Festlegen' auf die Tastenkombination 'Strg +N' gesetzt

Aufgabe 23.6

In Beispiel 6 wurde eine zweite Schaltfläche neben einer ersten abgelegt. Versuchen Sie, danach die erste Schaltfläche zu löschen. Anschließend sollte eine dritte Schaltfläche neben der zweiten gesetzt und die zweite Schaltfläche gelöscht werden. Geschieht das mit einer gewissen Zeitverzögerung, erhält man den Eindruck einer wandernden Schaltfläche.

Aufgabe 23.7

Sehen Sie eine Möglichkeit, Aufgabe 23.6 zu modifizieren, indem Sie statt der Schaltflächen XNodes aus Kapitel 24 (z.B. die Kuh) wandern lassen?

24 XNodes

Lernziele

1. Nutzen von XNodes verstehen.
2. Aufbau von XNodes verstehen.
3. Einfache XNodes programmieren können.

24.1 Einführung

XNodes sind das Gegenstück zu XControls. Während sich XControls als Erweiterung von Typdefinitionen auf das **Frontpanel** beziehen, erweitern XNodes die Eigenschaften von Funktionen im **Diagramm**.

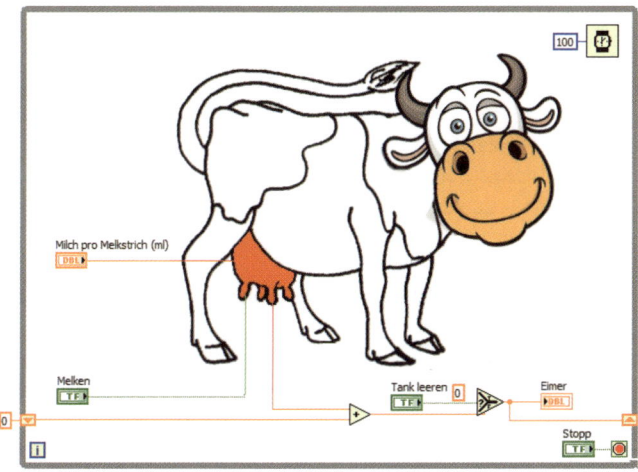

Bild 24.1 Diagramm von 'Melken.vi' mit der Funktion 'NeueKuh.xnode'

Äußerlich am auffälligsten ist, dass man mit Hilfe von XNodes das Erscheinungsbild der Funktionen auf dem Blockdiagramm **beliebig** gestalten kann. Man ist also nicht mehr auf die langweiligen Rechtecke, Quadrate oder Dreiecke angewiesen, die NI mit Funktionen wie Addieren, Array initialisieren, Zeitverzögerung usw. unveränderlich vorgibt. Der Programmierer kann sich jetzt als **frei schaffender Künstler** fühlen und beliebige Funktionen gestalten, die aber nicht einfach nur funktionslose Bilder sind, sondern sich mit Eingängen und Ausgängen ganz real wie normale Funktionen verhalten. Siehe Bild 24.1 und Bild 24.2.

Im Beispiel kann man auf dem Frontpanel von 'Melken.vi' die Menge der Milch einstellen, die man pro Melkstrich in einem Eimer oder Tank auffangen kann. Dann füllt sich der Eimer mit jeder Betätigung des Schalters 'Melken'. Im Beispiel wurde dieser Knopf dreimal gedrückt. Ein anderer Schalter dient zum Tankleeren.

National Instruments nutzt schon seit langem XNodes für den internen Gebrauch, hat aber lange gezögert, Hinweise zu geben, wie man als LabIEW-Programmierer mit diesem Instrument umgehen könnte. Vor wenigen Jahren noch konnte man im Internet Warnungen lesen, sich XNodes auch nur zu nähern. Man sprach von Computerabstürzen, nach denen es angeblich notwendig war, ganz LabVIEW oder sogar das komplette Betriebssystem neu zu installieren. Davon ist heute nichts mehr zu hören, eine offizielle Unterstützung durch NI fehlt aber trotzdem, auch in der Version LV2014. Immerhin gibt es inzwischen ein gewisse Hilfe insoweit, als XNodes, die in LV2012 oder LV2013 erstellt wurden, normalerweise auch unter LV2014 lauffähig sind. Aber **Vorsicht**: Die Namen der Ability-VIs können sich von Version zu Version ändern!

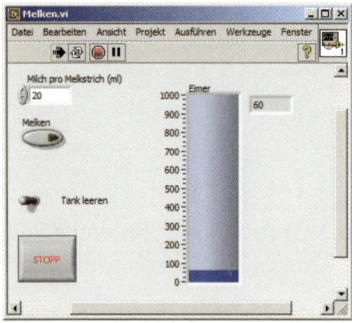

Bild 24.2 Frontpanel von 'Melken.vi'

24.2   Regelungstechnische Anwendung

Die Programmierung der Kuh ist natürlich ein Gag. Dass man XNodes sehr wohl aber auch in technischen Disziplinen vorteilhaft einsetzen kann, zeigt das folgende Beispiel:

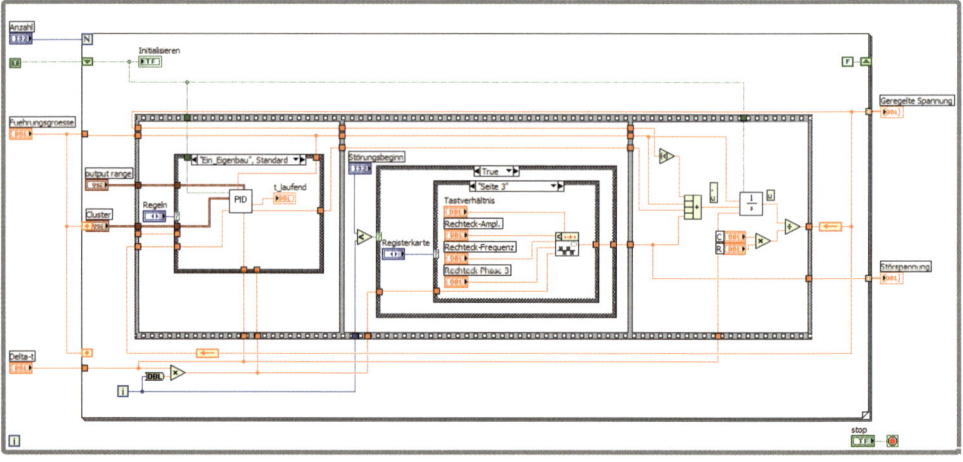

Bild 24.3 Diagramm eines RC-Gliedes (ganz rechts), das mit dem PID-Regler links für verschiedene Störgrößen (Mitte) geregelt werden kann. **Ohne XNodes**

In Bild 24.3 sieht man das Diagramm eines RC-Gliedes, das mit verschiedenen Störgrößen, z.B. einem Sinus oder einer Sprungfunktion versehen werden kann. Auf dem Frontpanel kann man die Sprungantwort im Zeitbereich ungeregelt oder nach Zuschalten eines PID-Reglers beobachten. Ein D-Anteil wäre hier nicht notwendig, als Lernender kann man aber im Experiment sehen, wie sich verschiedene Werte von Kc, Ti und Td auswirken. Dieses Diagramm hat nun leider unübersichtlich viele Verbindungen von Ein- und Ausgängen der verschiedenen SubVIs. Es ist daher auf den ersten Blick nicht so verständlich wie das funktionsgleiche MATLAB®-Simulink®-Programm in Bild 24.4.

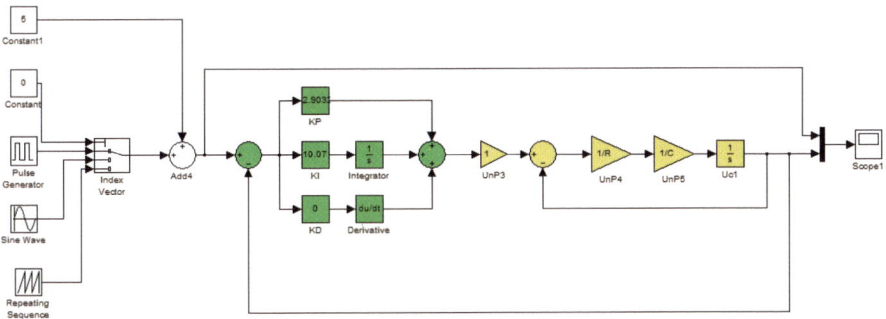

Bild 24.4 MATLAB®-Simulink®-Programm gleicher Funktion wie in Bild 24.3

Mit **XNodes** lässt sich das LabVIEW-VI jedoch drastisch vereinfachen, siehe Bild 24.5:

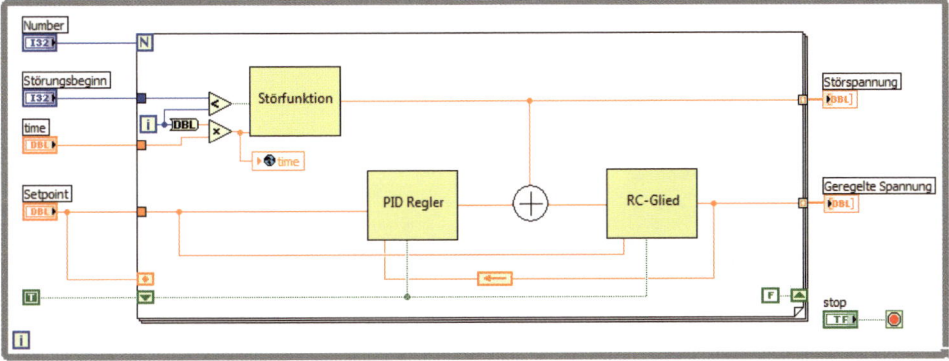

Bild 24.5 Diagramm eines zum LV-Programm von Bild 24.3 funktionsgleichen VIs. **Mit XNodes.**
Der Aufbau entspricht dem des MATLAB®-Simulink®-Programms von Bild 24.4

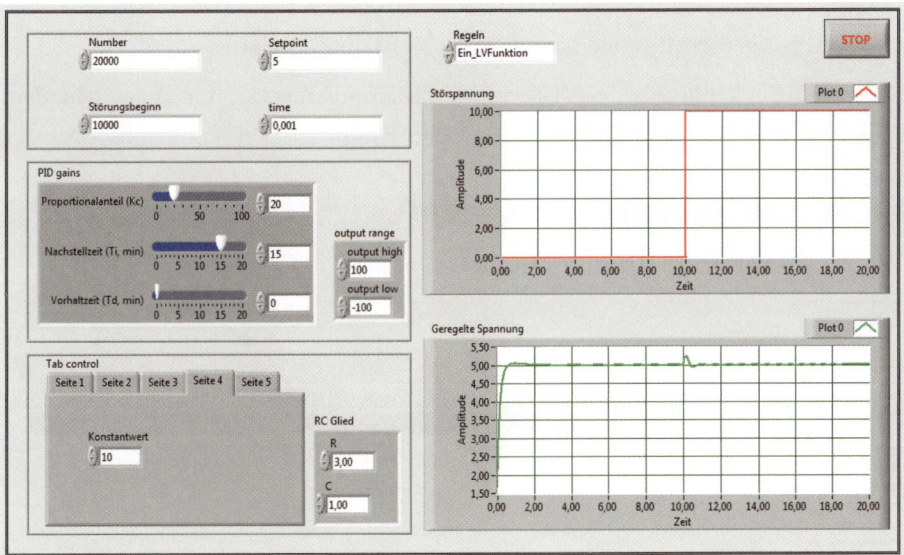

Bild 24.6 Frontpanel zum Diagramm in Bild 24.5

In Bild 24.6 ist das zugehörige Frontpanel zu sehen. Es zeigt den Regelvorgang für eine Sprungfunktion mit Kc = 20, Ti = 15 und Td = 0. Diese Daten lassen sich (anders als beim MATLAB®-Programm) dort direkt ablesen.

24.3   Aufbau eines XNodes

Jeder XNode ist auf der Basis von XML-Dateien als **Bibliothek** organisiert. Darin sind gewisse Hilfsprogramme eingetragen, die man als 'Ability-VIs' ('Fähigkeits'-VIs) zu programmieren hat. Diese dienen den verschiedensten Zwecken, wie dem Zeichnen des Umrisses (z.B. einer Kuh!), der Festlegung der Terminals und letztlich der Erzeugung des Codes für den XNode.

Wenn wir näheren Einblick in den Aufbau eines XNodes und der zugehörigen Ability-VIs suchen, müssen wir eine wichtige Voraussetzung erfüllen. Wir müssen

- xnodewizardmode=true

in die Datei 'LabVIEW.ini' eintragen. Diese befindet sich. im selben Ordner wie 'LabVIEW.exe'. Erst dann erscheint ein Kontextmenü zum XNode gemäß Bild 24.7.

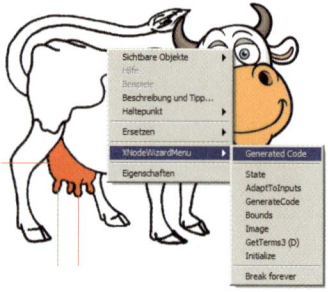

Bild 24.7 Im Kontextmenü erscheint die Zeile 'XNodeWizardMenu', die Auskunft über die Zusammensetzung des XNodes mit seinen Ability-VIs gibt

Fehlt diese Eintragung in 'LabVIEW.ini', fehlt auch die entsprechende Zeile im Kontextmenü und man bekommt keine Information über die erforderlichen Ability-VIs.

Eine weitere Voraussetzung beim Arbeiten mit XNodes ist die Markierung von

- Funktionen, Eigenschaften und Methoden für VI-Skripte anzeigen

unter 'Werkzeuge' – 'Optionen...' – 'VI-Server' – 'VI-Skripte'. Versäumt man das, fehlt dem LabVIEW-System eine Voraussetzung für die Ausführung von XNodes.

24.4   Wie bildet man einen XNode?

24.4.1   Vorbereitende Überlegungen

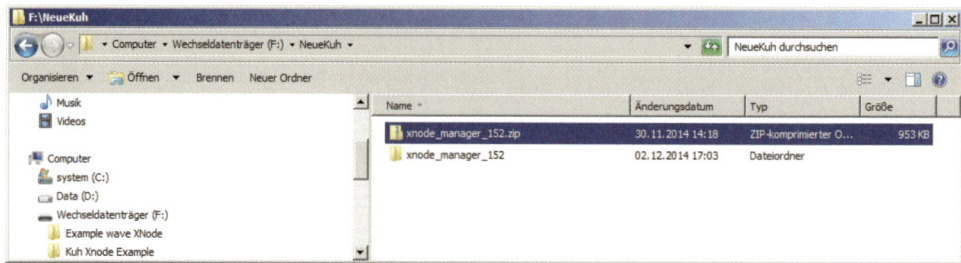

Bild 24.8 ZIP-Datei und entpackte Datei im Ordner 'NeueKuh'

Den Ausgangspunkt bildet ein 'leerer', XNode, der sogenannte 'Blank_XNode.xnode'.

Man findet ihn im Lavaforum im Internet unter: 'lava xnode manager', dort 'XNode Manager – LAVA'. Dann Download von 'XNode Manager' als 'xnode_manager_152.zip' in einen neuen Ordner, z.B. dem Ordner 'NeueKuh'. Nun extrahieren mit '7-zip' – 'Extract to "xnode_manager_152\"' in einem neu angelegten Unterordner, siehe Bild 24.8. Öffnet man xnode_Manager_152, erhält man eine Übersicht nach Bild 24.9.

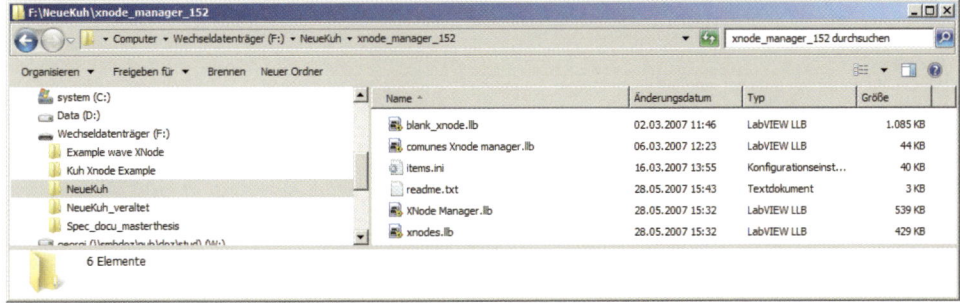

Bild 24.9 Inhalt des Unterordners 'xnode_manager_152'

Nun die Bibliothek 'blank_xnode.llb' öffnen, dann erscheint 'Blank_XNode.xnode' mit den zugehörigen Ability-VIs, siehe Bild 24.10.

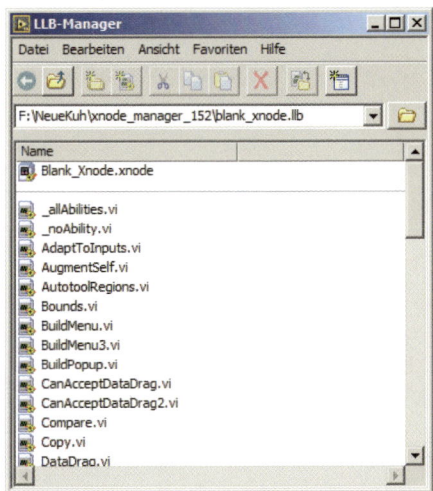

Bild 24.10 LLB-Manager mit 'Blank_Xnode.xnode und den Abilities

Wollen wir einen eigenen XNode bilden, z.B. 'NeueKuh.xnode', müssen wir zuerst 'Blank_Xnode.xnode' in 'NeueKuh.xnode' (oder ähnlich) umbenennen: Im LLB-Manager Doppelklick auf 'Blank_Xnode.xnode'. Es erscheint das Fenster in Bild 24.11.

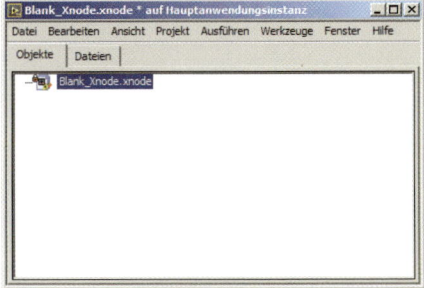

Bild 24.11 Projekt-Explorer-Fenster für einen XNode

Klickt man im Kontextmenü von 'Blank_Xnode.xnode' auf 'Speichern' – 'Speichern unter', öffnet sich ein Fenster nach Bild 24.12. Markieren 'Umbenennen' und 'Weiter'.

Man erhält dann Bild 24.13, in dem man den Ordner 'NeueKuh' auswählt (Bild 24.14) und dann den XNode unter der Bezeichnung 'NeueKuh.xnode' speichert. Im Projekt-Explorer-Fenster ändert sich gleichzeitig automatisch der Name zu 'NeueKuh.xnode' (Bild 24.16).

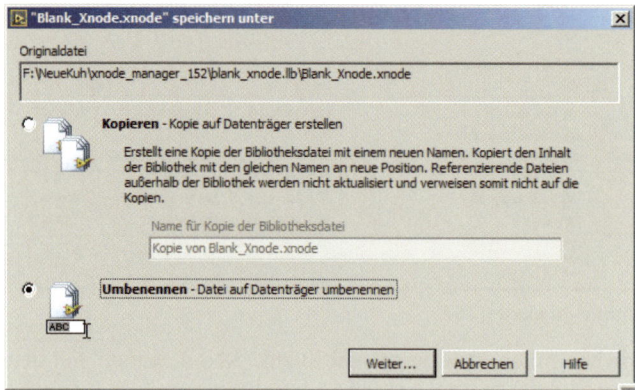

Bild 24.12 Hilfsfenster zur Umbenennung

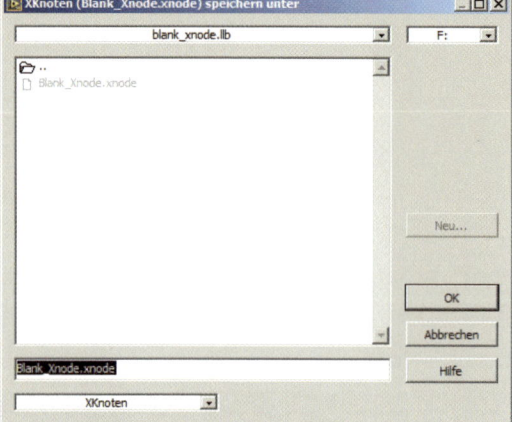

Bild 24.13 Fenster zur Auswahl des Ordners und des Namens des neuen XNodes (er soll 'NeueKuh.xnode' heißen)

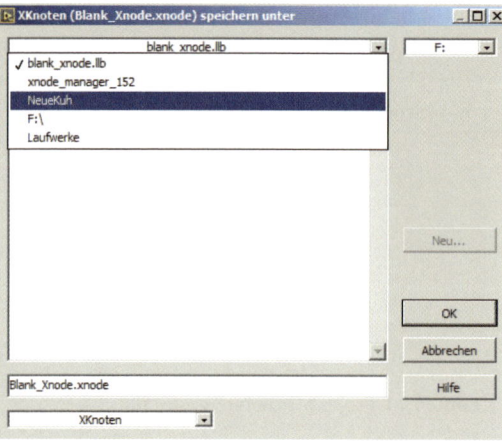

Bild 24.14 Wahl des Ordners 'NeueKuh'

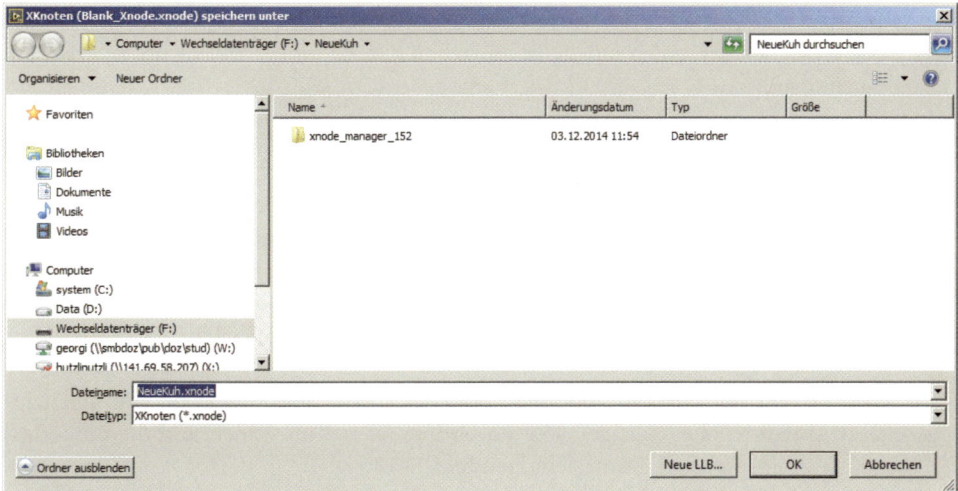

Bild 24.15 Eintragen 'NeueKuh.xnode'

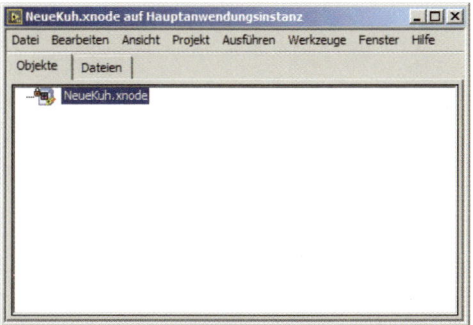

Bild 24.16 Geändertes Projekt-Explorer-Fenster

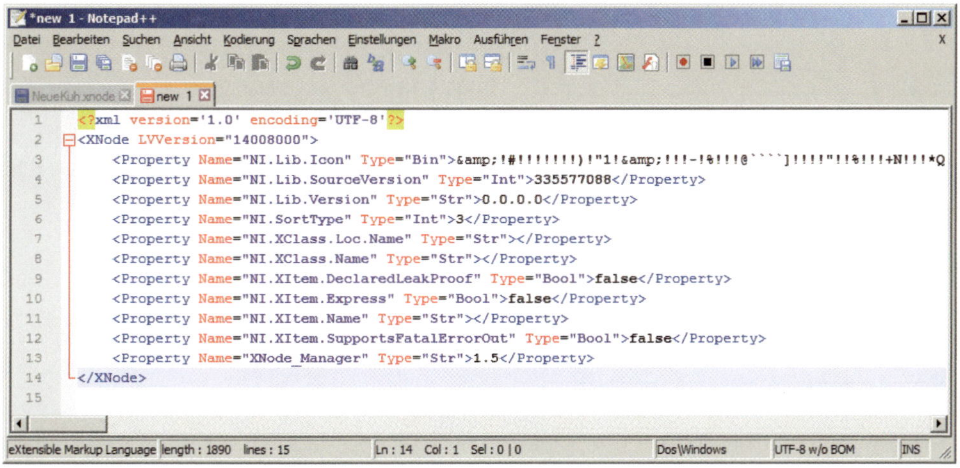

Bild 24.17 XML-Datei für 'NeueKuh.xnode'.

Öffnet man im Ordner 'NeueKuh' die Datei 'NeueKuh.xnode' mit einem Editor (z.B. mit notepad++), zeigt sich folgende XML-Datei (Bild 24.17). Sie ist noch 'leer', d.h. sie enthält keine Eintragungen für die notwendigen Ability-VIs. Welche Ability-VIs braucht man?

Die Antwort richtet sich nach den Anforderungen, die man an das Verhalten des XNodes stellt. Hier versuchen wir, einen möglichst einfachen XNode für die 'neue Kuh' zu erstellen. Dazu braucht man:

- state.ctl (in allen folgenden Ability-VIs benötigt)
- AdaptToInputs.vi (dient der Weiterleitung neuer Eingabetypen an den XNode)
- Image.vi (grafische Darstellung des XNodes im Diagramm)
- Bounds.vi (definiert die Grenzen eines Rechtecks um den XNode)
- GetTerms3.vi (beschreibt I/O-Anschlüsse nach Ort, Datentyp, Richtung usw.)
- GenerateCode.vi (beschreibt das Verhalten des XNodes bei der Ausführung)
- Initialize.vi (beschreibt das Verhalten beim ersten Aufruf des XNodes)

Diese Dateien sind der XNode-Bibliothek, d.h. der XML-Datei 'NeueKuh.xml' hinzuzufügen. Dazu erneut 'xnode_manager_152' im Ordner 'NeueKuh' öffnen und die Bibliothek 'Xnode Manager.llb' aufrufen. Dann sieht man Bild 24.18.

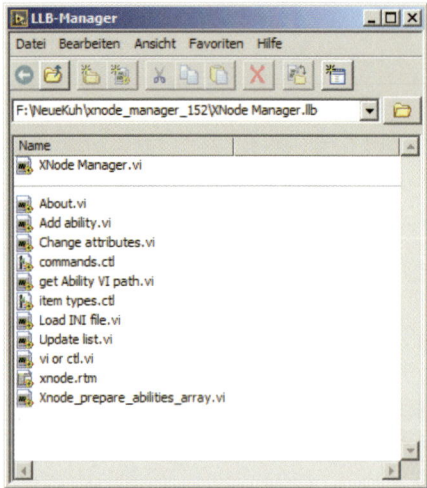

Bild 24.18 Fenster LLB-Manager

Nun 'XNode Manager.vi' mit Doppelklick aufrufen. Es erscheint das Fenster Bild 24.19, in das wir die Ability-VIs eintragen, die dann automatisch in die Datei 'NeueKuh.xnode', d.h.

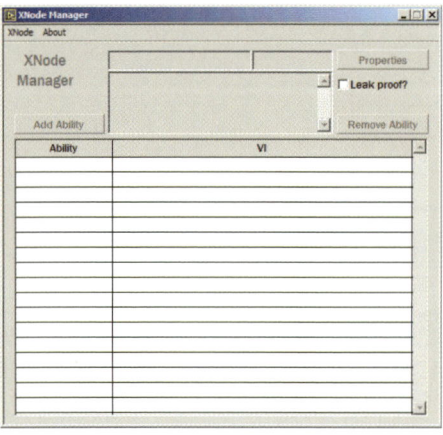

Bild 24.19 Fenster dient zur Eingabe von Ability-VIs

die gewünschte Bibliothek, übernommen werden. In diesem Fenster oben links 'XNode' – 'Open' wählen und dann unter 'Select a Node' den Namen 'NeueKuh.xnode' eintragen, damit die nun anzuführenden Ability-VIs richtig zugeordnet werden, siehe Bild 24.19. Im 'XNode Manager' ist nun der Knopf 'Add Ability' aktiviert.

Nun drücken wir den Knopf 'Add Ability' und erhalten das Auswahlfenster in Bild 24.20.

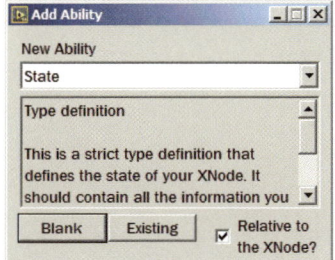

Bild 24.20 Auswahlfenster zum Eintragen von state.ctl und der benötigten Ability-VIs

Aus dem Eingabefeld 'New Ability' kann man aus der Liste aller existierenden Ability-VIs die hier benötigten aussuchen. Existiert es noch nicht, hat man die Taste 'Blank' zu betätigen, anderenfalls 'Existing'.

Wir wählen zuerst 'state.ctl' und drücken den Knopf 'Blank'. Im Explorer-Fenster 'Geben Sie den Dateipfad an' sieht man den Dateinamen 'state.ctl'. Er wird mit 'Save Ability VI' bestätigt. Damit ist automatisch 'state.ctl' in der Bibliothek 'NeueKuh.xml' aufgenommen.

Diese Prozedur wird für alle oben erwähnten Ability-VIs wiederholt. Danach das Auswahlfenster schließen und **speichern**. Die Liste nach Bild 24.19 enthält nun alle ausgewählten Objekte, siehe Bild 24.21.

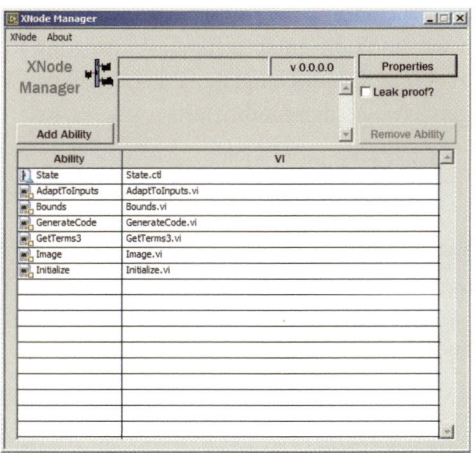

Bild 24.21 Liste mit allen für 'KuhXnode' verwendeten Abilities

24.4.2 Programmierung von NeueKuh.xnode

24.4.2.1 Template-VI

Normalerweise benötigt der XNode ein Basis-VI, das wir hier 'XNodeTemplate.vi' nennen. Es beschreibt die Funktion, die der XNode ausführen soll.

In unserem Fall wurde wie folgt programmiert, siehe Bild 24.22:

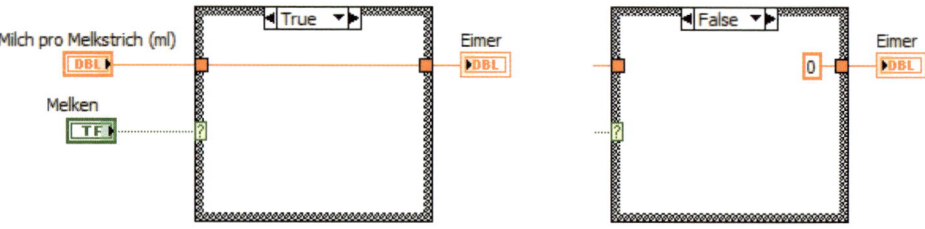

Bild 24.22 Diagramm von 'XNodeTemplate.vi'

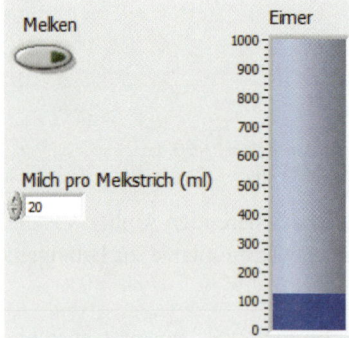

Bild 24.23 Frontpanel zu 'XNodeTemplate.vi'

Dieses VI bewirkt, dass jeder Knopfdruck auf 'Melken' den in 'Milch pro Melkstrich (ml)' eingetragenen Wert in den Eimer befördert.

Das VI ist noch nicht in die XML-Bibliothek 'NeueKuh.xml' eingetragen. Wir müssen die Prozedur aus Abschnitt 24.4.1 wiederholen. Das Problem ist, das sich 'XNodeTemplate.vi' **nicht** in der Vorratsliste der Ability-VIs befindet. Wir greifen zu einem Trick: Wir nehmen irgendein, hier nicht benötigtes Ability-VI, z.B. 'SelectMenu3.vi' und ersetzen es später durch unser 'XNodeTemplate.vi'. Dann müssen wir noch die entsprechende Eintragung in der XML-Bibliothek nach Bild 24.24 korrigieren. Weil 'XNodeTemplate.vi' kein Ability-VI ist, entfallen dort die entsprechenden Eintragungen bzw. werden modifiziert.

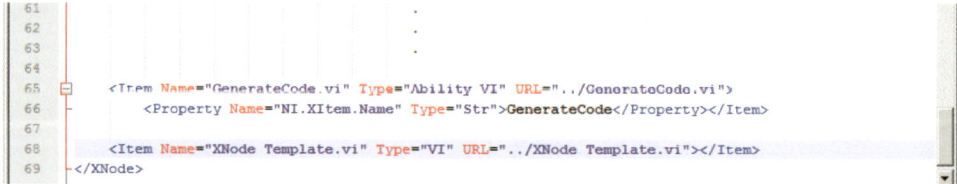

Bild 24.24 Vergleiche die korrigierte letzte Zeile in 'NeueKuh.xml' mit der vorletzten Zeile!

24.4.2.2 Ability-VIs

state.ctl

Beschreibt den inneren Zustand des XNodes und wird für die Ability-VIs benötigt. Es hängt von Ihnen ab, wie dieses strikte Control zu definieren ist. Der Defaultwert im XNode Manager ist ein Cluster mit einem numerischen Datentyp. In Beispiel 'NeueKuh' wollen wir die Referenz auf 'XNodeTemplate.vi' aufnehmen, was zu einer Änderung nach Bild 24.25 führt.

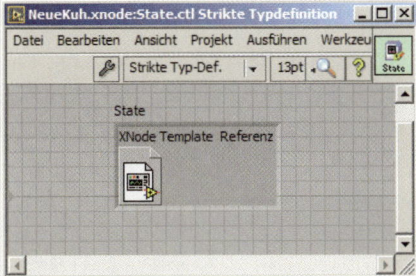

Bild 24.25 state.ctl für 'NeueKuh.xnode'

AdaptToInputs.vi

Dient der Weiterleitung neuer Eingabetypen an den XNode. Bild 24.26 zeigt Frontpanel und Diagramm vor der Programmierung, Bild 24.27 zeigt das Diagramm nach der Programmierung (Frontpanel bleibt unverändert).

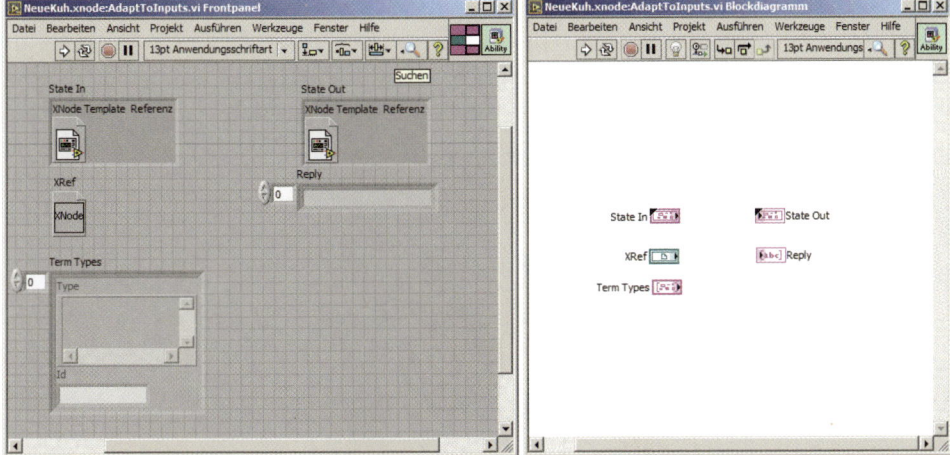

Bild 24.26 Frontpanel und Diagramm von AdoptToInputs.vi **vor** der Programmierung

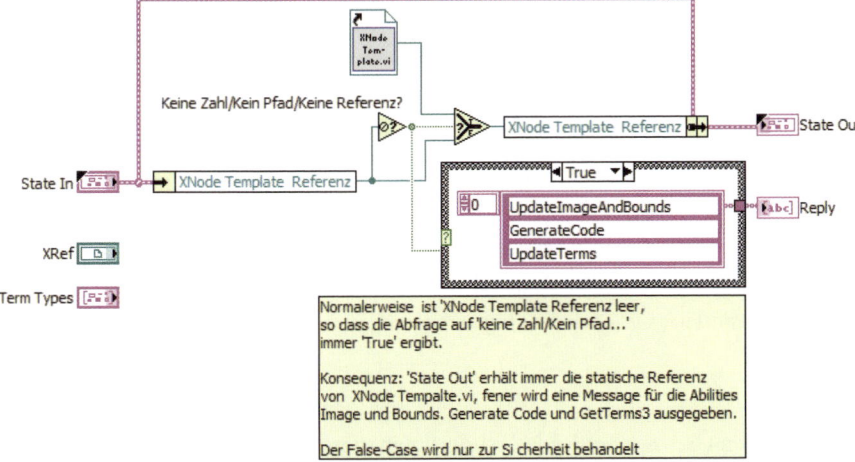

Bild 24.27 Diagramm von AdoptToInputs.vi **nach** der Programmierung

Image.vi

Beschreibt das Aussehen des XNode im Diagramm, in unserem Beispiel also die Kuh. Für einfache Figuren wie den Kreis oder Halbkreis genügen Bildfunktionen unter 'Programmierung' – Audio/Grafik. Komplizierte Figuren wie die Kuh kann man als Image importieren. Image.vi vor der Programmierung ist in Bild 24.28 zu sehen.

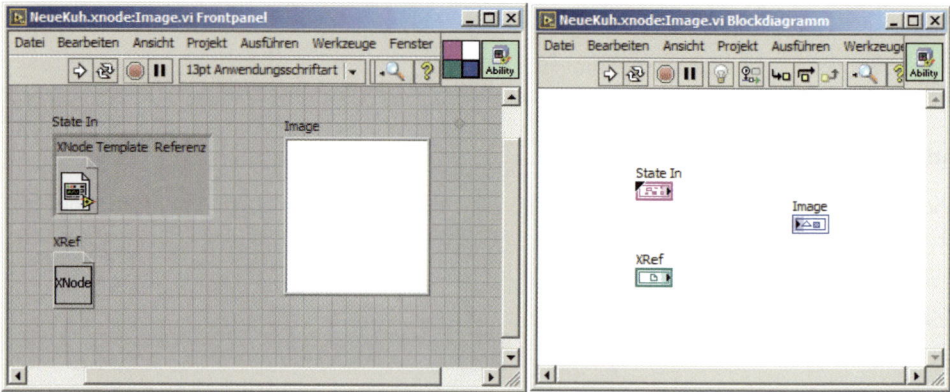

Bild 24.28 Frontpanel und Diagramm von Image.vi **vor** der Programmierung

Bild 24.29 Frontpanel von 'Image.vi' **nach** der Programmierung

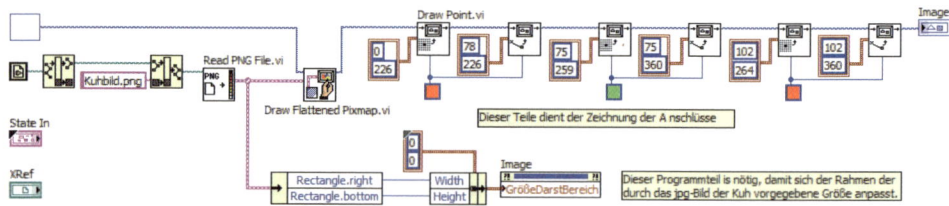

Bild 24.30 Diagramm von 'Image.vi' **nach** der Programmierung

Bounds.vi

Beschreibt die äußeren Grenzen des Bildes. Ändert man diese Grenzen, wird man meist auch das Bild selbst ändern müssen, z.B. wenn es zu groß ist.

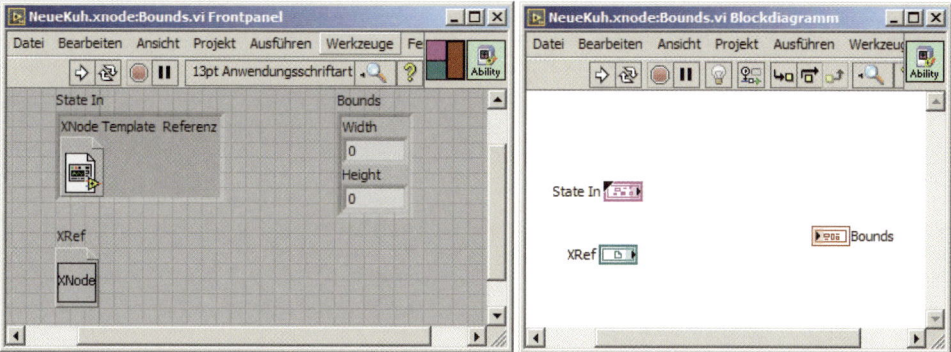

Bild 24.31 Frontpanel und Diagramm von Bounds.vi **vor** der Programmierung

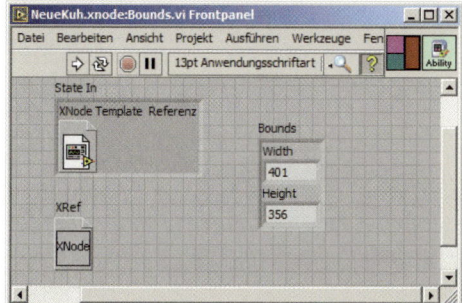

Bild 24.32 Frontpanel von 'Bounds.vi' **nach** der Programmierung mit Werten für Breite und Höhe des rechteckigen Rahmens, der die Kuh umspannt

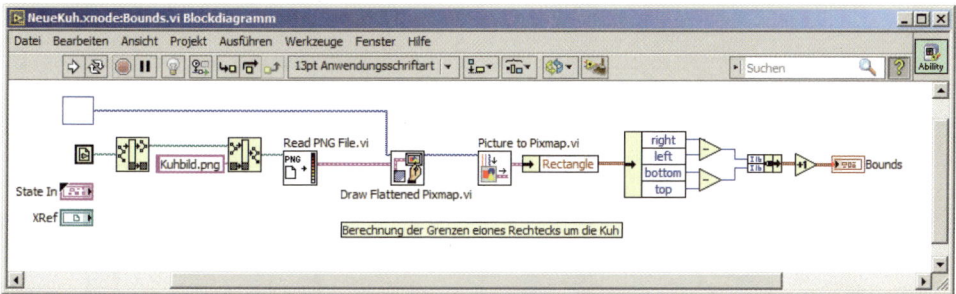

Bild 24.33 Diagramm von 'Bounds.vi' **nach** der Programmierung

GetTerms3.vi

Beschreibt die Lage der Terminals (Anschlüsse) des XNodes im Blockdiagramm in Form eines Clusters. Dabei ist 'ID' der eindeutige Name des Terminals und 'Name' die Bezeichnung, die der Anwender sieht. Im einfachsten Fall trägt man identische Bezeichnungen ein. 'Type' ist der Datentyp, in die man Werte wie 'Boolean' oder 'Numeric' einträgt, wobei die Variantform gewisse Schwierigkeiten macht. Wir werden im Beispiel noch näher darauf eingehen. Ferner ist die Lage jedes einzelnen Anschlusses in Form eines umschließenden Rechtecks anzugeben. Am einfachsten wählt man dabei Breite und Höhe gleich 10. Schrumpft das Rechteck zu sehr, z.B. auf (0,0), lässt sich der Anschluss des XNodes später nicht verbinden. Außerdem muss das Rechteck innerhalb der von 'Bounds' definierten Grenzen liegen.

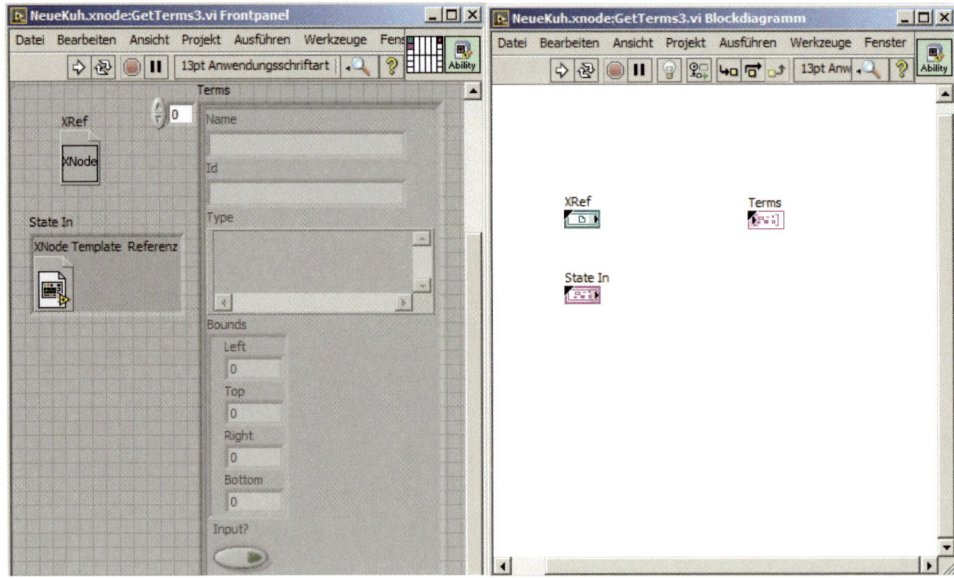

Bild 24.34 Frontpanel und Diagramm von 'GetTerms3.vi' **vor** der Programmierung. Gezeigt wird im Frontpanel nur der obere Teil Ausgangselements 'Terms'

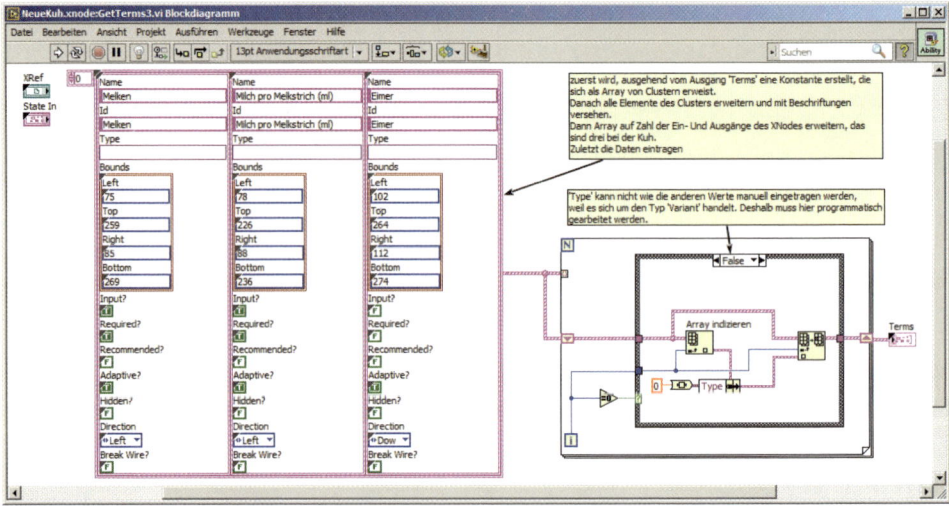

Bild 24.35 Diagramm von 'GetTerms3.vi' **nach** der Programmierung

Nach der Programmierung zeigt das Frontpanel von GetTerms3.vi' alle im Diagramm definierten Daten, sobald man das Ability-VI einmal gestartet hat, siehe Bild 24.36.

GenerateCode.vi

Erzeugt aus den bisher programmierten Ability-VIs den Code, der das Verhalten des XNodes steuert. Fehlt dieses Programm, so ist der XNode nicht ausführbar. Im Wizard zeigt 'GeneratedCode' ein Diagramm, in dem noch kein Code existiert, siehe Bild 24.37.

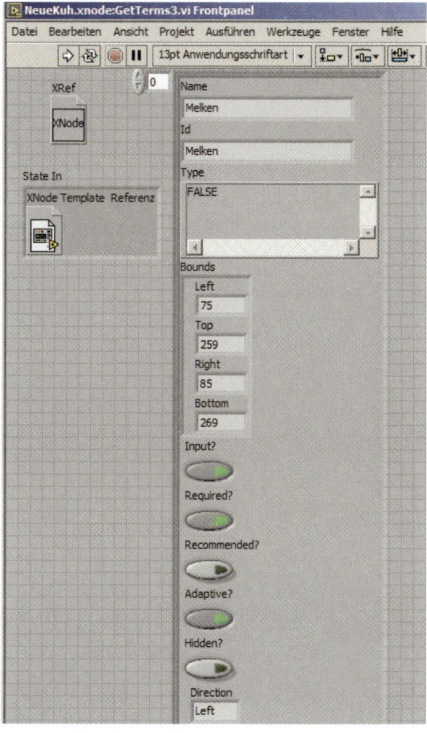

Bild 24.36 Frontpanel von 'GetTerms3.vi' **nach** der Programmierung mit allen zuvor eingetragenen Daten (oberer Teil)

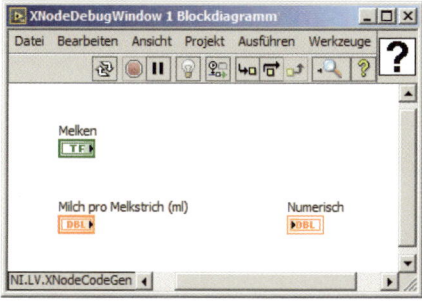

Bild 24.37 Eingänge und Ausgänge im XNode sind noch nicht durch den bereits geschriebenen Code verbunden, weil 'GenerateCode.vi' noch nicht ausgeführt wurde

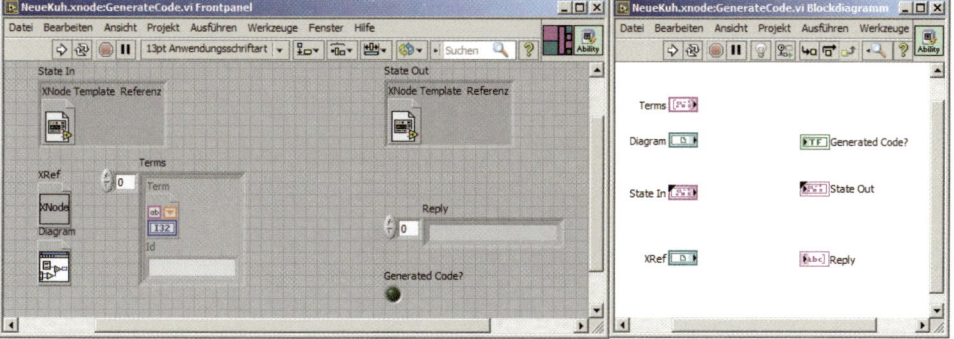

Bild 24.38 Frontpanel und Diagramm von 'GenerateCode' **vor** der Programmierung

GenerateCode.vi arbeitet mit der VI-Scripting-Methode, die in Kapitel 23 dieses Lehrbuchs ausführlich beschrieben wurde. Das darin enthaltene SubVI 'GeneratedCodeSubVI.vi' wird im einfachsten Fall von einem schon existierenden XNode kopiert und lediglich das Symbol angepasst. Dieses Programm ist das anspruchsvollste VI, weil es mit Skripting (siehe Kapitel 23) programmatisch aus den vorhandenen Abilitiy-VIs das Verhalten des XNodes erzeugt. Siehe dazu Bild 24.42.

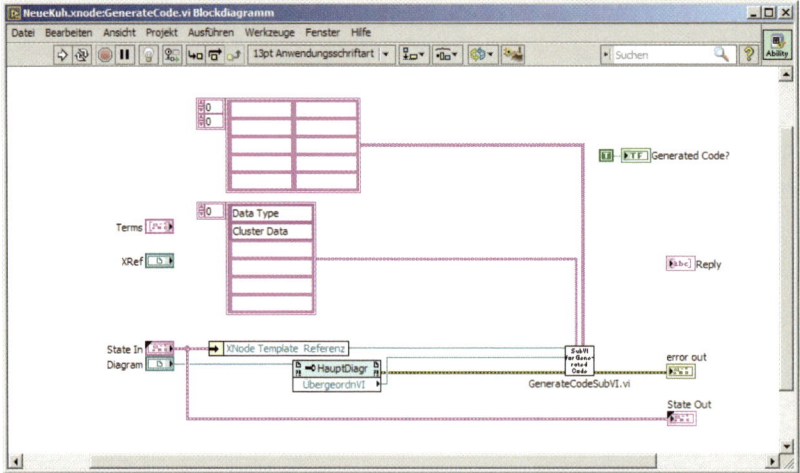

Bild 24.39 Diagramm von 'GenerateCode' **nach** der Programmierung

Initialize.vi

Initialisierungsprogramm für den XNode. Dieses Ability-VI wird verwendet, wenn man den XNode das erste Mal im Diagramm absetzt.

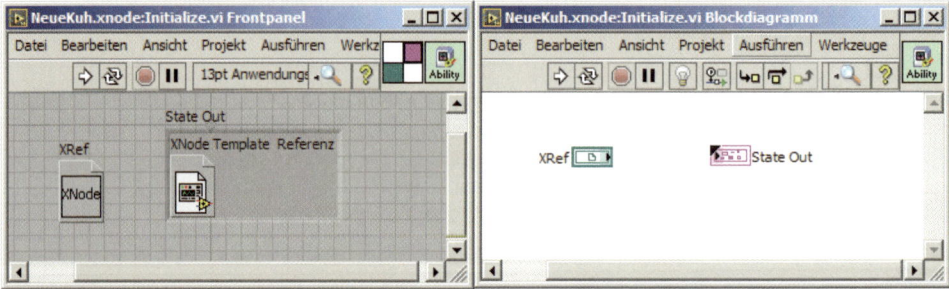

Bild 24.40 Frontpanel und Diagramm von 'Initialize.vi' **vor** der Programmierung

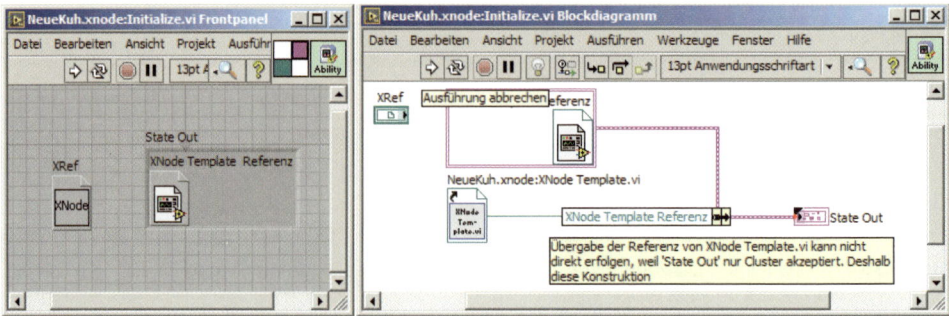

Bild 24.41 Frontpanel und Diagramm von 'Initialize.vi' **nach** der Programmierung

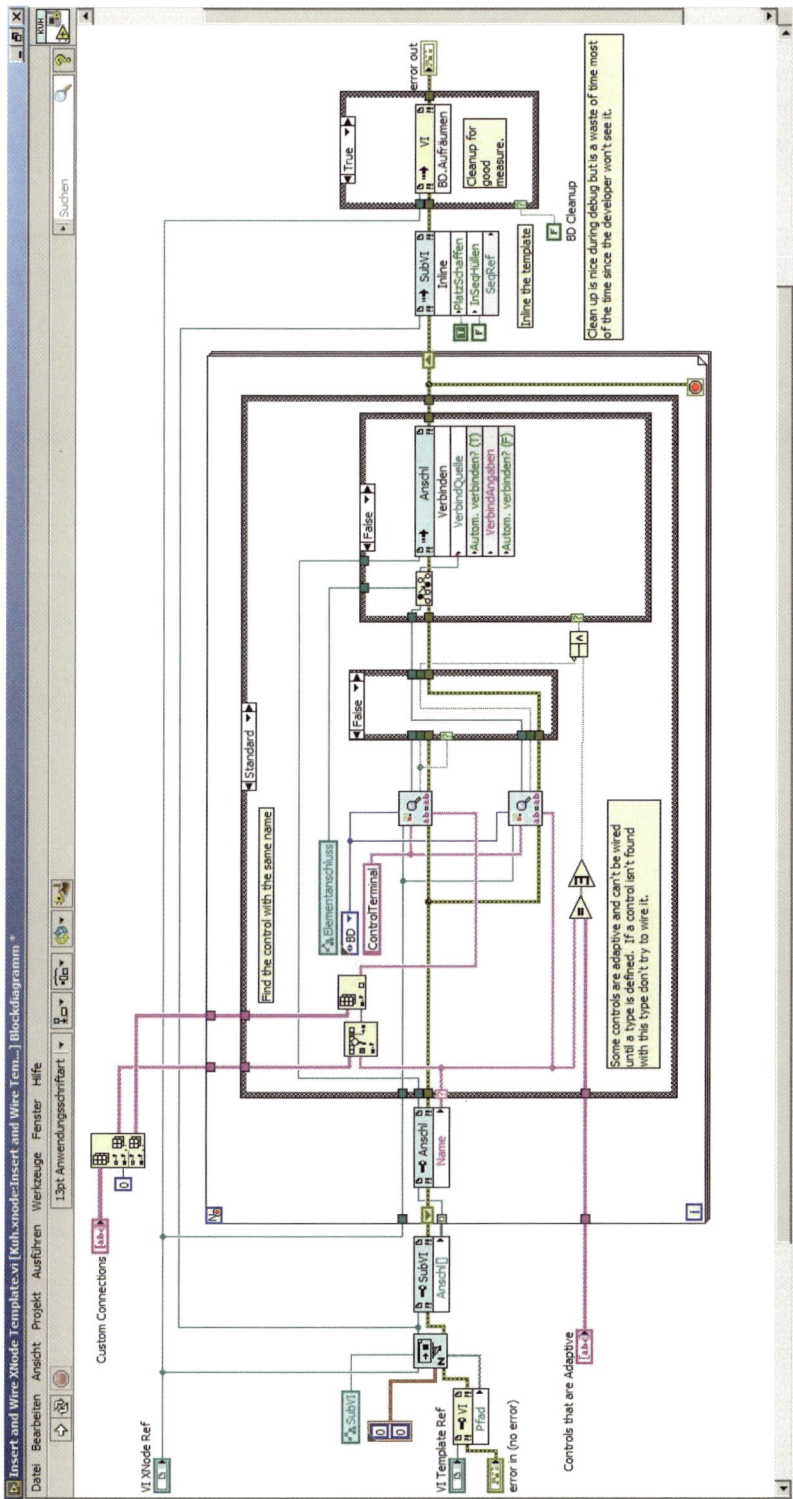

Bild 24.42 SubVI zu 'GenerateCode', arbeitet intensiv mit Scripting

Fertige XML-Bibliothek

Die XML-Datei enthält einen oberen Teil, der von National Instruments stammt. In der zweiten Zeile sieht man die LabVIEW-Version, mit der gerade gearbeitet wird. Das ist hier dokumentiert durch die Eintragung.

XNode LVVersion="14008000"

Ab Zeile 17 sieht man die Eintragungen für die verschiedene Ability-VIs, beginnend mit 'state.ctl', über 'AdaptToInputs' usw. bis 'GenerateCode.vi'. Das entspricht den Eintragungen im 'NeueKuh'-Ordner.

Zuvor, in Zeile 15 und 16 sind die VIs 'XNode Template.vi' und 'GenerateCodeSubVI.vi' aufgeführt, die **keine** Ability-VIs sind.

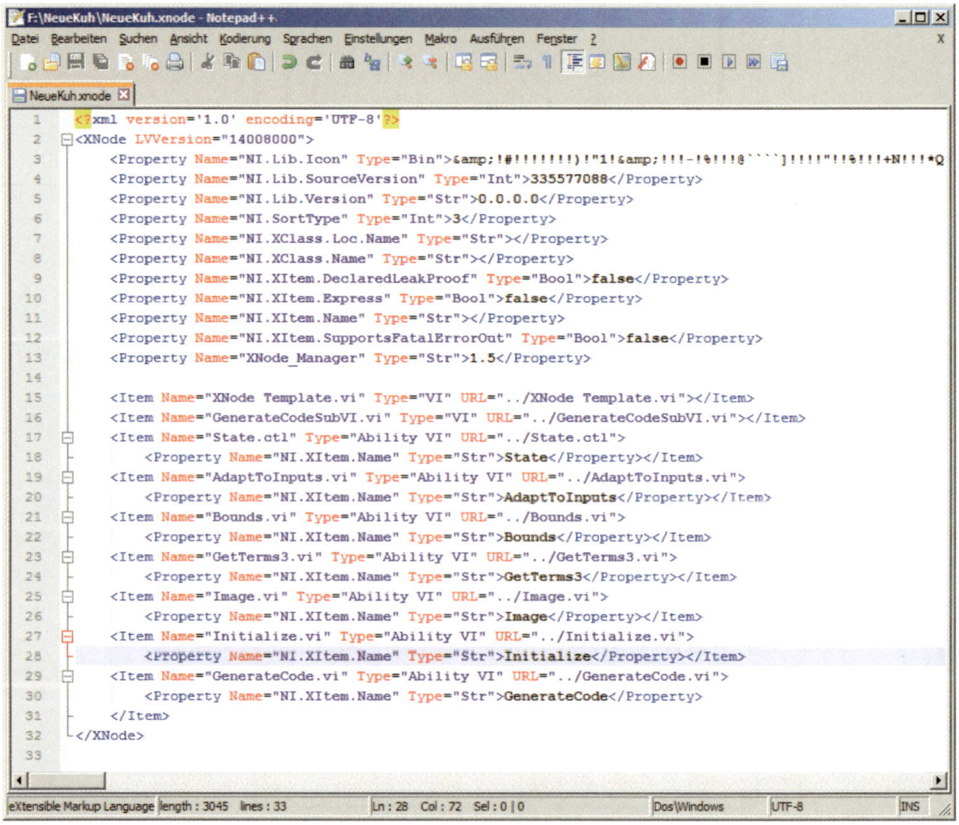


```
1  <?xml version='1.0' encoding='UTF-8'?>
2  <XNode LVVersion="14008000">
3      <Property Name="NI.Lib.Icon" Type="Bin">&amp;!#!!!!!!!)!"1!&amp;!!!-!%!!!@````]!!!!"!!%!!!+N!!!*Q
4      <Property Name="NI.Lib.SourceVersion" Type="Int">335577088</Property>
5      <Property Name="NI.Lib.Version" Type="Str">0.0.0.0</Property>
6      <Property Name="NI.SortType" Type="Int">3</Property>
7      <Property Name="NI.XClass.Loc.Name" Type="Str"></Property>
8      <Property Name="NI.XClass.Name" Type="Str"></Property>
9      <Property Name="NI.XItem.DeclaredLeakProof" Type="Bool">false</Property>
10     <Property Name="NI.XItem.Express" Type="Bool">false</Property>
11     <Property Name="NI.XItem.Name" Type="Str"></Property>
12     <Property Name="NI.XItem.SupportsFatalErrorOut" Type="Bool">false</Property>
13     <Property Name="XNode_Manager" Type="Str">1.5</Property>
14 
15     <Item Name="XNode Template.vi" Type="VI" URL="../XNode Template.vi"></Item>
16     <Item Name="GenerateCodeSubVI.vi" Type="VI" URL="../GenerateCodeSubVI.vi"></Item>
17     <Item Name="State.ctl" Type="Ability VI" URL="../State.ctl">
18         <Property Name="NI.XItem.Name" Type="Str">State</Property></Item>
19     <Item Name="AdaptToInputs.vi" Type="Ability VI" URL="../AdaptToInputs.vi">
20         <Property Name="NI.XItem.Name" Type="Str">AdaptToInputs</Property></Item>
21     <Item Name="Bounds.vi" Type="Ability VI" URL="../Bounds.vi">
22         <Property Name="NI.XItem.Name" Type="Str">Bounds</Property></Item>
23     <Item Name="GetTerms3.vi" Type="Ability VI" URL="../GetTerms3.vi">
24         <Property Name="NI.XItem.Name" Type="Str">GetTerms3</Property></Item>
25     <Item Name="Image.vi" Type="Ability VI" URL="../Image.vi">
26         <Property Name="NI.XItem.Name" Type="Str">Image</Property></Item>
27     <Item Name="Initialize.vi" Type="Ability VI" URL="../Initialize.vi">
28         <Property Name="NI.XItem.Name" Type="Str">Initialize</Property></Item>
29     <Item Name="GenerateCode.vi" Type="Ability VI" URL="../GenerateCode.vi">
30         <Property Name="NI.XItem.Name" Type="Str">GenerateCode</Property>
31     </Item>
32 </XNode>
33 
```

Bild 24.43 XML-Datei 'Add XNode.xnode', geöffnet mit Notepad++

Zurück zu Bild 24.7: Wählt man unter 'XNodeWizardMenu' den Eintrag 'GeneratedCode', wird das Basis-VI oder 'XNode Template VI' angezeigt, das dem XNode zugrunde liegt. In unserem Beispiel erhalten wir Bild 24.44.

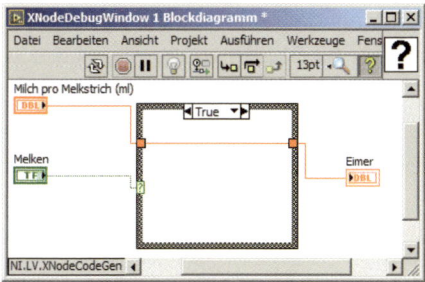

Bild 24.44 'GeneratedCode' zu 'NeueKuh.xnode'. Im False-Teil werden die Eingänge nicht durchgezogen, der Ausgang ist dort mit der Konstanten 0 verbunden

Aufgabe 24.1

Versuchen Sie, 'Add XNode' nach dem Beispiel von 'NeueKuh.xnode' von Beginn an neu aufzubauen.

Aufgabe 24.2

a) Wie könnte ein regelungstechnisches Konzept aussehen, das den Milchertrag einer Kuh. konstant hält? Die Kuh kann ja nicht dauernd Milch geben, ohne entsprechend Futter zu erhalten.

b) Regeln Sie unter Zuhilfenahme von 'NeueKuh.xnode' die Futterzufuhr der Kuh so, dass sie dabei stets nahezu ihr ursprüngliches Gewicht hält.

24.5 Wie ändert man einen XNode?

Da ein XNode eine ganze XML-Bibliothek umfasst, kann man ihn nicht in derselben einfachen Weise ändern wie ein gewöhnliches VI. Folgende Regeln sind zu beachten:

1. Verschönerungsoperationen in den zu einem XNode gehörenden VIs und Ability-VIs wie das Ausrichten oder Verschieben von Objekten, Verkleinern des VI-Rahmens lassen sich unbedenklich vornehmen. Das VI ist natürlich anschließend zu speichern.

2. Das Umbenennen des Blank_XNode ist nur über den 'xnode_manager_152' möglich. Siehe dazu Abschnitt 24.4.1.

3. Das **Umbenennen** der vorgegebenen **Eingabe-/Ausgabeterminals** in einem Ability-VI ist **nicht möglich**.

4. Falls 'xnode_manager_152' wegen vorheriger Nutzung nicht mehr alle notwendigen Elemente enthält, neu aus 'xnode_manager_152.zip' extrahieren.

54. Rezept für Umbenennen eines XNode:
    a) XNode öffnen
    b) 'Speichern' – 'Speichern unter', dann umbenennen
    c) Umbenannten XNode schließen und 'Alles speichern'

24.6 XNodes in der Funktionspalette speichern

Das Aufsuchen der vorhandenen XNodes in Ordnern ist umständlich. Besser wäre es, man könnte sie in einer Palette unter 'Funktionen' – 'Zusatzpakete' bzw. mit der Schnelleinfügeleiste finden.

Das ist im Fall der XNodes nicht ganz einfach, weil XNodes keine VIs sind. Man beginnt mit 'Werkzeuge' – 'Fortgeschritten' – 'Palette bearbeiten'. Es erscheinen drei Fenster, falls man von der Standardeinstellung ausgeht. Sind die Paletten schon verändert, kann man im Fenster links 'Standard wiederherstellen' drücken.

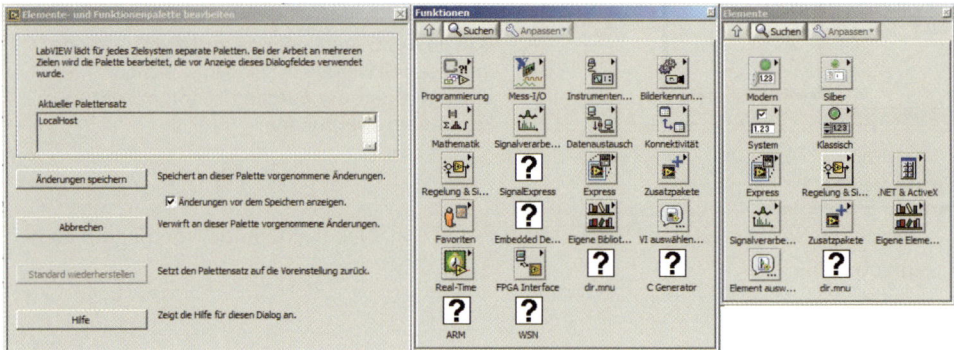

Bild 24.45 Drei Fenster nach dem Aufruf 'Werkzeuge' – 'Fortgeschritten' – 'Palette bearbeiten'

Nun im mittleren Fenster für die Funktionen mit Rechtsmausklick 'Einfügen' – 'Unterpalette' das Fenster von Bild 24.46 öffnen und 'Neue Palettendatei (.mnu) erstellen' wählen.

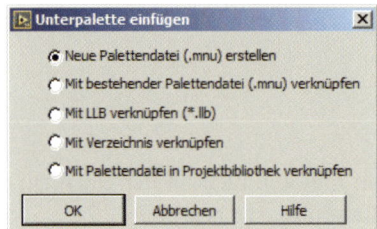

Bild 24.46 Auswahl der Verknüpfungsmöglichkeiten

Wir nennen die neue Palettendatei 'XNodes' und bestätigen das bei der zweiten Abfrage. Nun ändert sich die Funktionspalette gemäß Bild 24.47und zeigt ein Symbol für 'XNodes'.

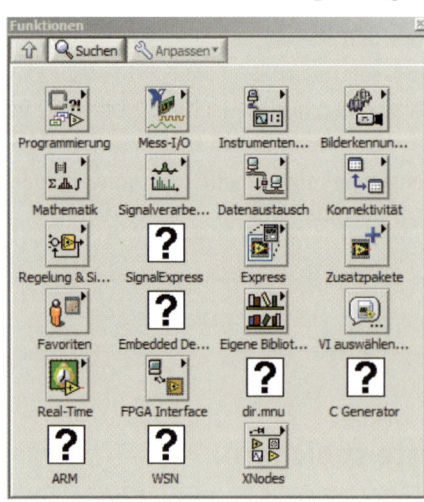

Bild 24.47 Die Funktionspalette enthält rechts unten die neue Palette 'XNodes

Dort trägt man die vorhandenen XNodes wie folgt ein: Linksmausklick auf das Symbol öffnet ein kleines Fenster nach Bild 24.48. Dort 'Einfügen' – 'VIs...' wählen und im Verzeichnis der Lab-Beispiele zu diesem Kapitel den Ordner 'Add XNode' öffnen und als VI 'Add XNode.xnode' wählen.

Bild 24.48 Fenster zum Eintragen der verschiedenen XNodes

Das Fenster von Bild 24.48 verwandelt sich dann in

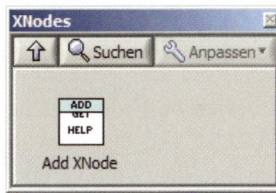

Bild 24.49 XNodes-Fenster nach Eintragen von 'Add XNode.xnode'

Entsprechend verfährt man mit allen anderen verfügbaren XNodes, bis man schließlich zu Bild 24.50 kommt.

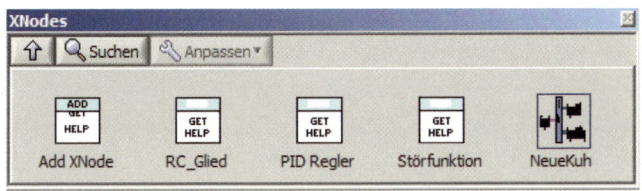

Bild 24.50 Nach Eintragen aller derzeit verfügbaren XNodes

Zuletzt klickt man im Fenster 'Elemente- und Funktionenpalette bearbeiten' auf 'Änderungen speichern' und im nächsten Fenster auf 'Weiter'.

Man schließt nun LabVIEW und öffnet es erneut. In einem neuen VI sieht man nun unter Funktionen die XNode-Palette, von der man die verschiedenen XNodes unmittelbar mit Drag & Drop ins Diagramm ziehen kann, siehe Bild 24.51.

Bild 24.51 Arbeiten mit der neuen XNode-Palette

Hinweise zur Bearbeitung von Paletten findet man auch in der LabVIEW-Hilfe oder im Internet unter

https://decibel.ni.com/content/docs/DOC-8742

Aufgabe 24.3

Die Beschriftung der XNodes in der XNode-Palette ist verbesserungsbedürftig. Die Symbole sollten die richtigen Namen tragen, also z.B. 'Add.xnode' statt 'Help.vi'. Versuchen Sie, die Palette entsprechend zu verbessern.

Aufgabe 24.4

Auch die Symbole der XNodes in der XNode-Palette sind verbesserungsbedürftig. Sie sollten ähnlich aussehen wie die XNodes im Diagramm in Bild 24.51. Das Symbol von 'NeueKuh.xnode' sollte z.B. eine kleine Kuh zeigen. Versuchen Sie, die Symbole entsprechend zu verbessern.

Literatur

Literaturangaben zu LabVIEW werden hier – mit Ausnahme dreier englischsprachiger Lehrbücher am Ende – nicht gemacht. Auf mögliche Hilfen wurde schon ausführlich in Abschnitt 9.8 hingewiesen. Die folgenden Hinweise beziehen sich deshalb auf weiterführende Literatur aus den Bereichen Simulation, Regelungstechnik, Signalverarbeitung, Bussysteme usw.

[1] Bossel, H.: Modellbildung, Analyse und Simulation komplexer System. Books on Demand, Mai 2004; ISBN 13: 978-3833409844

[2] Hütte: Die Grundlagen der Ingenieurswissenschaft, 34. Auflage. Springer Verlag 2012; ISBN 13 978-3642228490

[3] Hering, E. – Steinhart, H. u.a.: Taschenbuch der Mechatronik. Carl Hanser Verlag 2005; ISBN 13: 978-3446228818

[4] Tietze, U. – Schenk, Ch. – Gamm, E.: Halbleiter-Schaltungstechnik, 14. Auflage. Springer Verlag 2012; ISBN 13: 978-3642310256

[5] Stearns, S. D. – Hush, D. R.: Digitale Verarbeitung analoger Signale, 7. Auflage. Oldenbourg Verlag 1999; ISBN 13: 978-3486245288

[6] Back, R. J. H. – Von Wright, J.: Refinement Calculus. Springer Verlag 1998; ISBN 0-387-98417-8

[7] Etschberger, K.: Controller Area Network 3. Auflage. Fachbuchverlag Leipzig 2002; ISBN 13: 978-3446217768

[8] Travis, J. – Kring, J.: LabVIEW for Everyone, 3. Auflage. Person Education, Inc. 2007; ISBN 0-13-185762-3

[9] Johnson, W. G. – Jennings, R.: LabVIEW Graphical Programming, 4. Auflage. McGraw Hill Companies 2006; ISNB 0-07-145146-3

[10] Blume, P. A.: The LabVIEW Style Book. Pearson Education, Inc. 2007

[11] Föllinger, Otto u.a.: Regelungstechnik: Einführung in die Methoden und ihre Anwendung., 11. Auflage. VDE-Verlag GmbH 2013; ISBN 13: 978-3800732319

Index

Gelungener Einstieg in MATLAB

Bosl

Einführung in MATLAB/Simulink

Berechnung, Programmierung, Simulation

284 Seiten. 115 Abb. 43 Tab.

€ 24,90. ISBN 978-3-446-42589-7

Auch als E-Book erhältlich

€ 19,99. E-Book-ISBN 978-3-446-42894-2

Dieses Lehrbuch führt sehr anschaulich in die Benutzung von MATLAB ein. Sie lernen, sich sofort auf dem Startbildschirm zu orientieren, verschiedene Befehle auszuführen und einfache Aufgaben zu lösen. Möglich wird dies durch zahlreiche praktische Tipps und Hinweise, die typische Anfängerfragen beantworten.

Nach dem Einstieg zeigt das Buch, wie sich mit Simulink und der Control-Toolbox simulations- und regelungsstechnische Problem lösen und die Ergebnisse darstellen lassen. Unterstützt wird dies durch zahlreiche Beispiele mit Screenshots und Ein- und Ausgabetexten im MATLAB-Befehlsfenster.

Modularisierung in der Programmierung

Probst

Objektorientiertes Programmieren für Ingenieure

Anwendungen und Beispiele in C++

228 Seiten. 85 Abb. 15 Tab.

€ 29,99. ISBN 978-3-446-44234-4

Auch als E-Book erhältlich

€ 23,99. E-Book-ISBN 978-3-446-44178-1

Mit Anwendungen und Beispielen in C++ gibt dieses Buch Ihnen einen kompakten Überblick über die modernen Methoden der Softwareentwicklung. Anhand von ingenieurwissenschaftlichen Beispielen werden die grundlegenden Konzepte der objektorientierten Programmierung (OOP) nachvollziehbar erläutert. Ausgewählte Diagramme aus dem Vorrat der UML illustrieren die Entwicklungsmethoden. Anhand von Entwurfsmustern werden problemorientierte Lösungsansätze erklärt und an Beispielen dargestellt.

Auf der Website http://www.oop-fuer-ingenieure.de.vu/ finden Sie alle Beispielprogramme sowie Lösungsvorschläge für die Programmierübungen.

010010000011110000

von Grünigen
Digitale Signalverarbeitung
mit einer Einführung in die kontinuierlichen
Signale und Systeme
5., neu bearbeitete Auflage
372 Seiten. 249 Abb.
€ 34,99. ISBN 978-3-446-44079-1

Auch als E-Book erhältlich
€ 27,99. E-Book-ISBN 978-3-446-43991-7

Das Buch bietet Ihnen eine Einführung in die kontinuierlichen Signale und Systeme und vermittelt die Grundlagen der digitalen Signalverarbeitung. Es richtet sich an Studierende und Ingenieure. Der Stoff wird anschaulich dargestellt. Viele Anwendungsbeispiele, Zeichnungen und Übungen mit Lösungen ermöglichen ein spannendes Einarbeiten in die anspruchsvolle Materie.

MATLAB ist ein Programm, das in der digitalen Signalverarbeitung häufig eingesetzt wird. Viele Übungen sind mit diesem Programm ausgeführt und im Internet verfügbar.